TURING 图灵程序设计丛书

游戏开发

世嘉新人培训教材

[日] 平山尚 著
罗水东 译
宣雨松 等 审校

人民邮电出版社
北 京

图书在版编目(CIP)数据

游戏开发:世嘉新人培训教材/(日)平山尚著;
罗水东译. -- 北京:人民邮电出版社,2020.4
(图灵程序设计丛书)
ISBN 978-7-115-52575-8

Ⅰ.①游… Ⅱ.①平… ②罗… Ⅲ.①游戏程序—程
序设计—教材 Ⅳ.①TP311.5

中国版本图书馆CIP数据核字(2019)第253781号

内容提要

本书全面介绍了游戏开发人员需要掌握的相关技术知识。内容由浅入深,从命令行游戏开发讲起,接着介绍如何开发简单的2D游戏,最后介绍如何开发出一个包含模型和动画的3D游戏,涵盖了计算机图形学(3DCG、2DCG、字体、光照、动画)、计算机运算(碰撞处理、计算误差)、编程(模块化、bug预防、性能优化)、游戏处理(状态迁移、实时处理、加载)和声音处理等知识。

本书适合游戏开发人员,特别是有志于从事游戏开发工作的新人阅读。

◆ 著　　[日]平山尚
译　　罗水东
审　校　宣雨松等
责任编辑　杜晓静
责任印制　周昇亮

◆ 人民邮电出版社出版发行　北京市丰台区成寿寺路11号
邮编　100164　电子邮件　315@ptpress.com.cn
网址　https://www.ptpress.com.cn
北京七彩京通数码快印有限公司印刷

◆ 开本:800×1000　1/16
印张:43.5　　2020年4月第1版
字数:1168千字　　2024年11月北京第13次印刷

著作权合同登记号　图字:01-2016-1572号

定价:198.00元

读者服务热线:(010)84084456-6009　印装质量热线:(010)81055316
反盗版热线:(010)81055315
广告经营许可证:京东市监广登字20170147号

版权声明

图灵公司感谢宣雨松、孙俊彦、李旭、陈肯为本书提出宝贵意见！

译者序

2012年夏天，我在东京的书店里闲逛时偶然发现了本书，翻了几下就被吸引住了。当时就想如果能把它翻译成中文该多好。然而考虑到版权等问题，此事就搁浅了。机缘巧合，三年前得知图灵引进了这本书的中文版权，于是便自告奋勇，开始了本书的翻译。

作为一个在游戏行业摸爬滚打了十几年的人，为何我对本书情有独钟呢？

在我的日常工作中，除了游戏产品的研究开发，我还负责公司的一些新人培训工作。如何帮助行业新人扎实地建立起一套知识体系，是我这些年一直思考的问题。游戏行业发展至今已经非常成熟；与此同时，游戏开发这棵"技能树"也可谓枝繁叶茂。编程语言、软件工程、计算机图形学、高等数学、物理模拟、游戏引擎架构、动画控制、人工智能、网络编程……初学者难免陷入一种不知从何开始的窘境。对于有志进入这个行业的人来说，太需要一本提纲挈领、鸟瞰全局的参考书了。

有些读者可能不同意——今时今日，任何一个新手经过短期的学习，都不难用Unity开发出一个简单的游戏，似乎并不需要掌握那样一堆东西。其实，这只是一种错觉。借助强大的现代游戏引擎，让一个游戏"跑起来"确实非常简单。然而要完成一款真正的商业作品，没有相当充分的知识积累是完全不可能的。

本书内容大致分为三个部分：2D游戏基础、3D游戏基础，以及游戏开发实用技术。本书从命令行游戏开发讲起，然后介绍如何开发简单的2D动作游戏，最后介绍如何开发包含模型和动画的3D游戏。全书不借助任何引擎，从无到有最终开发出一个3D游戏。准确地说，这本书是在教我们如何开发出一个简易的引擎，然后用这个引擎开发出一个3D游戏。光是这个过程就足以令人激动了。

事实上，著名的游戏公司世嘉曾长期使用本书作为新人培训教材。说到这里，就需要介绍一下原书的由来了。原书作者平山尚老师曾在世嘉游戏公司负责新人培训工作，整理教材时发现相关的必读图书竟达十几本之多。苦于这种状况，便结合自己的开发经验编写了本书。所以读者可以看到，本书涵盖了编程、物理、数学等知识。若想快速习得游戏开发的相关技术，阅读本书再合适不过了。

一些读者可能会担心："既然是教材，岂不是非常枯燥？"相信读者翻阅几章后就没有这种担心了。平山老师原本就是一名资深程序员，讲解时非常擅长从设计思路切入，每一步都有明确的逻辑根据。为什么要这样处理碰撞检测？为什么要抽象出各个状态基类？为什么要用矩阵来处理旋转？甚至对找bug的思路也有理有据地列出了许多建议。喜欢刨根问底的读者请不要错过本书。

本书的代码采用C++编写，建议读者在阅读之前先大致了解一下C++的基础语法。在Unity和其他各类HTML 5引擎大行其道的今天，直接使用C++编写游戏的情况确实不常见。这是否意味着本书有些过时了呢？非也。Unity这些高级引擎内部都是用C++编写的，因此，学习本书之后会更容易理解这些引擎内部是如何工作的，以及引擎为什么要这样设计。这在优化游戏性能时会有很大帮助。

本书自翻译到付梓，大约用时三年。此间固然有工作繁忙之缘故，而更多的是理解原书、调试代码等耗时所致。为力求全书连贯通顺，译者已将原书熟读三遍。每想到若因词不达意而误人子弟，便诚惶诚恐。当然即便如此，疏漏之处也在所难免，还望读者朋友不吝赐教。

在翻译过程中，热心读者在社区里的留言，对我来说是最大的动力，感谢你们！我能做的唯有精益求精，回馈读者。同样，衷心感谢图灵的编辑老师们，没有你们耐心的指导与帮助，本书不可能问世。最后，借此机会我也要感谢我的妻子，没有她的支持，我想我很难完成这项巨大的工程。感谢所有人！

游戏行业是一个充满激情的行业。入行十几载，庆幸自己依旧斗志昂扬。我可以，你也一定可以。加油，朋友！

罗水东
2019 年 9 月于大连

前　言

0.1 这是一本什么样的书

本书的目标是帮助读者独立开发出3D游戏。

这么讲可能太过空泛，具体来说，就是开发出一个机甲战士射击游戏。

当然，马上就进入这个游戏的开发是不大现实的，我们得从最基础的部分开始学起，而这部分可能会很枯燥。

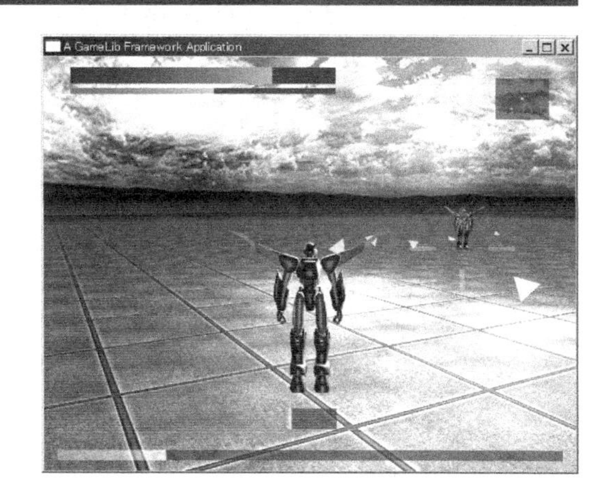

0.2 读者对象

本书的读者对象是下图灰色区域所示的程序员或者立志成为程序员的人。

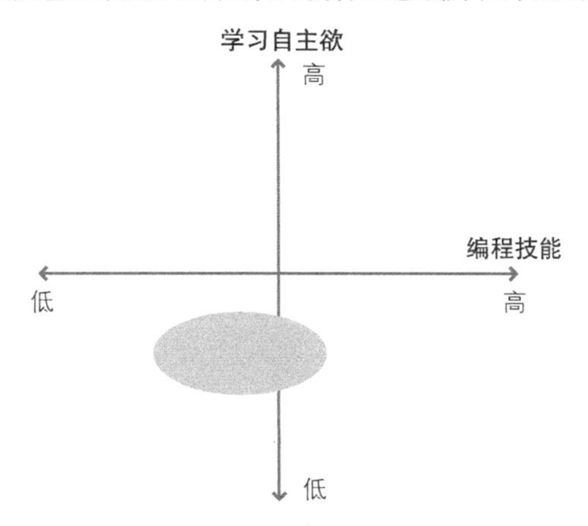

一心想开发出商业水准的游戏，但刚开始也不知道该买什么样的书来读，买了也未必会认真地读下去；勉强写过一些代码，但读了几本专业教材后还是觉得没什么提高，一拿起编程书就昏昏欲睡……

这些可能是该群体的读者共有的特点。

遗憾的是，面向该群体的书少之又少。放眼图书市场，要么是针对游戏各个细分领域的专业图书，要么是旨在向新手传达游戏开发乐趣的入门书。对该群体的读者来说，专业书读起来太费劲，而入门书又很难起到提升水平的作用。他们需要的是一本既能读懂，又能有效提升水平的教材。本书就是这样的一本书。

0.2.1 前提技能

虽然本书在执笔时尽可能地考虑了初学者的接受能力，但也不是说就不需要读者有任何基础。毕竟对零基础的读者来说，开发 3D 游戏这样的目标太高了。具体来说，本书需要读者具备以下技能。

编程相关的技能

游戏制作离不开编程，尤其是以复杂闻名的 C++。

虽然也可能存在不用编程就能制作游戏的方法，但是由于本书旨在介绍游戏编程，如果采用那种方法，本书也就失去存在的意义了。

尽管书中会用相当多的篇幅来讲解编程相关的内容，但对于零基础的读者来说，这些讲解仍然是不够的。因此，本书要求读者具备一定程度的 C++ 编程基础。

所谓“一定程度”，恐怕很难有明确的标准来衡量。不过参考下面列出的几点，读者就能大概感受到具体是什么程度了。

- 会写函数
- 知道如何创建类
- 熟悉变量、数组和流程控制等概念

除此之外，关于下面的内容，书中也会有一些补充说明。这些内容虽然很多读者可能经常用到，但是未必能真正理解。

- 指针、`new` 和 `delete` 等内存操作以及指针和数组的关系

此外，本书假设读者没有接触过下面这些知识。对于这些知识，书中也会进行必要的讲解。

- `const` 的使用方法
- 名称空间
- 模板
- 类的继承
- 运算符重载
- C/C++ 标准库

并不是说没有掌握这些知识就不能开发游戏。实际上，笔者最早参与的游戏项目团队中，也没

有谁完全掌握了这些知识。但是，如果熟悉这些知识，在编程时就更加得心应手，这样就可以把更多的精力用来提高游戏的趣味性。也就是说，熟练掌握编程语言是为了更容易做出有趣的游戏。

另外，有些读者虽然没学过 C++，但是对 C# 或者 Java 非常熟悉。不用担心，这些读者也能读懂本书。关于 C++ 与这些语言的最大区别，也就是指针和 `delete` 相关的内容，我们会在第 1 章最后详细说明，建议这些读者提前阅读该部分内容。不过，本书不会讨论语法细节，关于这方面的知识，读者只要准备一本 C++ 入门教材以便随时查阅就足够了。

数学相关的技能

游戏开发同样需要一些数学知识。

貌似有些开发人员不懂数学也照样能开发游戏，但那只不过是将数学方面的工作推给了他人而已。在独自一人进行开发的情况下，这种做法是行不通的。

正因如此，本书也介绍了很多数学方面的内容。当然，如果读者完全没有数学基础，理解起来可能会有些困难。因此，本书要求读者至少具备高中一年级程度的数学知识。

多项式的操作和函数的概念，以及中学水平的几何知识，这些都是阅读本书所必需的，不过书中都会有详尽的说明，所以即便读者稍微有些忘记了也没有关系，如果实在感到吃力，可以重新翻阅一下中学教材。关于三角函数和联立方程，书中也会有一些介绍，以帮助读者复习。另外，本书假设读者没有向量、矩阵和微分方面的基础，所以也安排了相关章节来讲解。

0.3 必要准备

本书是一本适合自学的书，读者只需准备一台计算机即可，无须他人的协作。

下面是一些详细要求。

0.3.1 编译器和操作系统

计算机需要安装 Visual Studio 2017 版本，免费的 Express 版本也可以。这些版本都要求计算机已安装 Service Pack1 补丁，如果安装后仍无法启动，请参考微软的官方网站。

如果读者是首次使用 Visual Studio，可能会面临操作系统不兼容的问题。安装 Visual Studio 需要 Windows XP 或者 Windows Vista 操作系统，如果读者使用的是 Windows 2000 以前的版本，连同整个计算机都换掉或许是最快的方法。

0.3.2 DirectX

计算机必须安装 DirectX 9.0c 以上的版本。如果没有安装或者版本太低，可以从微软的官方网站下载新版本。

0.3.3 CPU和内存

计算机的配置只要能够支撑 Visual Studio 运行即可。一般而言，1 GHz 以上的 CPU 搭配 1 GB 以上的内存就足以很好地运行，比这个配置稍微差一些也没有问题。

0.3.4 显卡

现在的计算机已经不会仅通过 CPU 来完成图形计算了，本书也假定读者的计算机已经安装了显卡。最近几年出厂的计算机基本上都配置了 3D 显卡，所以这一点读者不需要担心。

计算机配置不足可能会有性能问题，不过画面毕竟只是游戏的一个元素，笔者不想将那些计算机配置较差的读者排除在外，所以本书会尽量兼顾配置较差的计算机，2002 年后的安装了 Windows XP 的计算机应该都没有问题。

另外，有些读者希望能发布自己的游戏，于是会对游戏的画质有一定的要求。在这种情况下，可以在程序中加入判断，当游戏检测到达到某种规格的显卡时就自动提升画质[①]。

如果读者的计算机还有升级的可能，不妨借这个机会升级到最新的硬件，其实不用花费多少钱就能够升级到很好的配置了。

0.3.5 关于图片和音效素材

实际上，仅靠一个程序员是无法制作出游戏的，还需要音效师、美术设计师等。不过，本书并不指望读者周围存在这样的角色。网络上可以搜索到很多没有版权的音效素材，美术素材也可以自己进行涂鸦创作。就像前面所说的那样，本书的目标是帮助读者独立做出一款游戏。因此，需要美术设计师才能做下去的内容不会在本书中出现。

当然，这样创作出来的游戏画面一定是惨不忍睹的。不过，程序弄好之后再替换美术素材其实非常简单，这方面的工作可以在后面的阶段进行。

因此，这里要提醒读者的是，读完本书并不意味着就能够做出商业作品那样绚丽的游戏。那种产品往往需要投入上亿资金才有可能打造出来，不是仅仅依靠技术就可以实现的。

0.4 本书的知识结构

本书就像一条从山脚蜿蜒而上的山路，虽漫长但不陡峭，让读者一路欣赏风景直至顶峰，不会半途而弃。而另一方面，这也导致本书页数超级多。

这些“风景”就是当下游戏编程中最常见的内容，本书力图为读者进行相对全面的介绍。

本书的知识结构大致如下图所示。

---

① 支持 Pixel Shader 2.0 以上的硬件，比如 nVidia 生产的 GeForceFX（5XXX）系列以上、AMD（原 ATI）生产的 Radeon 9500 以上、Intel 生产的 82915G 以上。

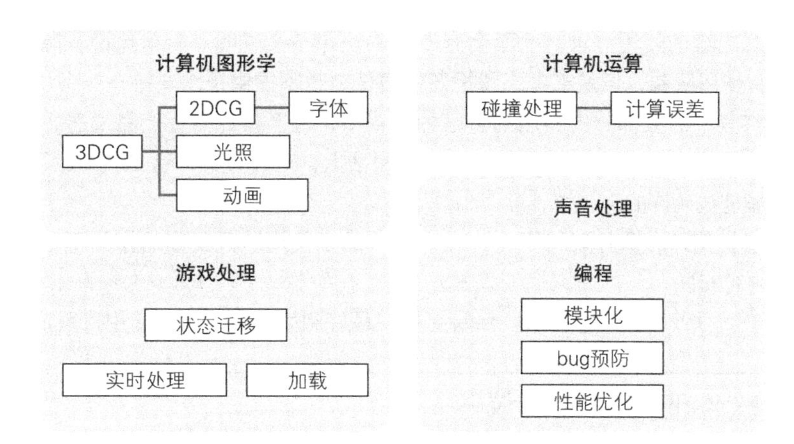

当然，光这些内容，深究起来恐怕再写几千页也不够，因此本书在介绍完必备的基础知识后就进入下一部分的内容，对各部分内容都是点到为止。虽然读者可能会觉得意犹未尽，但重要的是这样可以迅速地对整体有所把握。掌握了相关的基础知识后，读者就可以自行深入研究了。

另外，本书尽量避免贸然引入不知是否有必要的新知识。笔者本人就只对需要用到的知识感兴趣，想必读者也是如此。因此，本书没有一开始就讲数学。虽然读者在读完本书之后能够体会到数学的重要性，但一开始谁又会关心呢？这就像递给从未见过螺丝的人一把螺丝刀一样，这么做毫无意义。

如果过早地向读者灌输一堆不知道能用来做什么的东西，读者就会因为感到枯燥而跳过，后面知道用途时再跳回去阅读，不胜烦琐。本书会尽量避免这种来回折腾的情况。

0.5 本书的阅读方法

本书在讲解技术的过程中夹杂了不少笔者的“私货”，这也是为了增强可读性，避免读者长时间停在某一页。因此，如果读者在阅读时遇到了无法理解的内容，建议先将其跳过。

当然，如果你不喜欢这样，而是习惯每一页都彻底理解后才肯翻到下一页，也不是不可以。实际上这种做法的效果反而是最好的，只不过一旦中途放弃就毫无意义了。

“请读者自己尝试后再继续往下看”“下面让我们来看一下示例代码”……对于书中类似这样的“指示”，笔者在读书时从未遵从过。当然这类指示有其存在的理由，但是如果觉得照着做很麻烦，也可以在暂时没有完全理解的情况下先大致通读一遍。与其花费大量时间试图一遍读懂，反复通读几遍可能更省力一些。

既然读者的最终目的是开发游戏，那么最后肯定会开始自己编写代码，届时就不得不去琢磨细节，到那时再去认真阅读示例代码也不迟。

0.6 关于随书下载

随书下载中包含了所有示例代码。

关于随书下载内容的使用许可，后面会有专业的法律条文说明。简单地说，**除了图片素材之外的所有内容都没有使用限制，但是笔者不承担任何责任，也不提供技术支持**。

读者既可以将其中的大部分内容用到自己的游戏中，甚至作为商业产品发售，也可以按照自己的想法进行改造，并将改造后的作品发布在自己的网站上，对外宣称“这是我做的”，然后拿去发布甚至发售，这些都是被允许的。

但是，图片素材例外，图片素材不允许在商业产品中使用。只要你的作品不用于商业用途，则使用条件与其他内容相同。

如果你想用于学习以外的其他用途，保险起见，最好阅读一下下面的使用许可协议。

0.6.1 软件使用许可协议

以下是用法律语言撰写的相关条款。

本协议是株式会社世嘉（以下称“世嘉”）授权随书下载内容中的软件（包括执行程序、源代码、二进制文件以及类库，以下称“本软件”）以及图片素材（以下称“本图片素材”）的使用权的前提条件。用户只有在同意并接受本协议后，方可使用本软件以及本图片素材。

用户下载随书资源的内容，即被视为同意并接受本协议。请在确定同意并接受本协议后再下载。如果出现违反本协议的情况，世嘉有权按照本协议终止用户的使用权。

使用许可

世嘉承诺，用户在同意并接受本协议各条款的前提下，拥有对本软件和本图片素材在下列各条款约束范围内的免费非独占使用权。

使用许可的范围

使用许可的范围和内容如下所示。

a. 本软件：使用、复制、转让、发布、公开、改变、改编的行为，商业目的和非商业目的均可

b. 本图片素材：使用、复制、免费发布、公开、改变、改编的行为，仅限于非商业目的

禁止事项

禁止用户因使用本软件和本图片素材而损害世嘉或者其他第三方的信用或造成损失等，禁止任何可能会被误认为是世嘉的行为的行为。

免责事项

无论是否明确声明，本软件和本图片素材均按现状提供，世嘉不提供任何保证。此处的保证包括但不限于：正确性、完整性、可用性、可信赖性、商品性、针对特定目的的适用性，以及对不侵害第三方权利的保证。另外，对于与本软件和本图片素材相关的一切请求、损害及其他义务，世嘉不承担任何责任，也不提供相关的技术支持、维护、更新、升级、改良和咨询应对。

目　　录

第3部分 通往商业游戏之路 525

第 1 部分

2D 游戏

第 1 部分我们将学习开发 2D 游戏。在开发 3D 游戏之前需要具备很多知识，这些都将通过开发 2D 游戏来学习。

下面是各章的主要内容，请读者先有一个整体印象。

- 第 1 章　开发一个最简单的游戏
- 第 2 章　从零开始学习在计算机上画图的方法
- 第 3 章　学习如何将准备好的图片素材绘制出来
- 第 4 章　开发画面能够持续变化的实时游戏
- 第 5 章　学习如何使游戏场景在主题画面、游戏画面、关卡选择之间跳转
- 第 6 章　学习如何在画面上显示文字
- 第 7 章　开始开发动作游戏
- 第 8 章　学习墙壁或者敌人之间的碰撞处理
- 第 9 章　学习处理鼠标和手柄等输入设备
- 第 10 章　作为第 5 章内容的拓展，学习如何合理规划大规模游戏的开发
- 第 11 章　学习播放音频的方法，试着播放音效和背景音乐
- 第 12 章　学习对 2D 图像进行旋转和缩放的处理
- 第 13 章　学习使用图形硬件进行绘制处理的方法

读者可能会感到惊讶:“都到第 13 章了竟然还没有开始开发 3D 游戏!”要知道，游戏开发不是一件简单的事，3D 游戏开发更不简单。

如果读者想直接从第 14 章开始阅读也没有关系，要是理解起来没有问题，就意味着可以进入 3D 游戏开发了。有自信的话可以试着去挑战一下，不过估计大部分读者最后还得回来从这部分内容开始学习。

第1章

第一个游戏

主要内容

- 开发一个通过命令行运行的简单游戏
- 学习 C++ 的基本用法

补充内容

- 标志位和位运算
- 指针和内存
- 引用

一说到游戏，很多人脑海中浮现的可能是家用游戏机上的绚丽画面。不过遗憾的是，我们暂时还不能开发那样的游戏，实际上即使技术上没有问题，那种作品也不是一个人就可以完成的。为了让大家对自己目前的技术水平有个了解，我们先试着开发一个最简单的游戏吧。

补充内容是为那些对开发语言不够熟悉的、编程入门级别的读者准备的。同时，如果读者只具备 Java 或者 C# 等高级语言的使用经验，就可能不是特别熟悉位运算和指针。另外，虽然在 Java 等语言中也经常出现“引用”这个概念，但是如果要搞清楚它和指针之间的关系，就必须学习 C++ 的一些特性。关于这些，书中大概有几十页相对枯燥的内容，读者也可以暂时略过，后面需要时再回头重读。

1.1 开发一个益智游戏

提到最简单的游戏，读者会想到什么呢？象棋、日本将棋、五子棋这类游戏虽然很简单，但是都有个缺点，就是不能一个人玩。如果要支持单人游戏模式，就必须加入 AI（Artificial Intelligence，人工智能）程序，但我们暂时不想搞得这么麻烦。游戏中的 AI 开发需要考虑的东西太多，不是一个简单的工作。

因此，作为本书的第一个游戏，我们决定去开发那个非常有名的“推箱子”的游戏。准备好场景数据后就可以进行单人游戏，游戏中也没有什么复杂的动作，因此无须涉及太多东西就能够完成。从结果来看，只需 200 行的代码就可以实现。专业的游戏开发程序员甚至可能用不了 2 个小时。不过即便是这样一个简单的程序，我们也可以从中学到不少东西。

1.1.1 示例

为了将示例程序运行起来，需要做一些准备工作。

下载资源文件

首先从以下网址下载本书附带的资源文件。

http://www.ituring.com.cn/book/1742

打开以上网址，点击“随书下载”，下载资源文件。里面包括 GameLib2017.zip 这个文件，将其解压到合适的位置。这里我们把文件解压到 D 盘的根目录下（d:\）。可以看到解压完成后出现了“d:\GameLib”目录①，里面包含了所有文件。

执行示例程序

在解压后生成的文件夹中，示例程序在 src 目录下。这里存放了示例代码的 Visual Studio 解决方案文件。打开 01_FirstGame 解决方案，然后将其中的 NimotsuKun 项目设置为启动项目，按下 F5 执行。

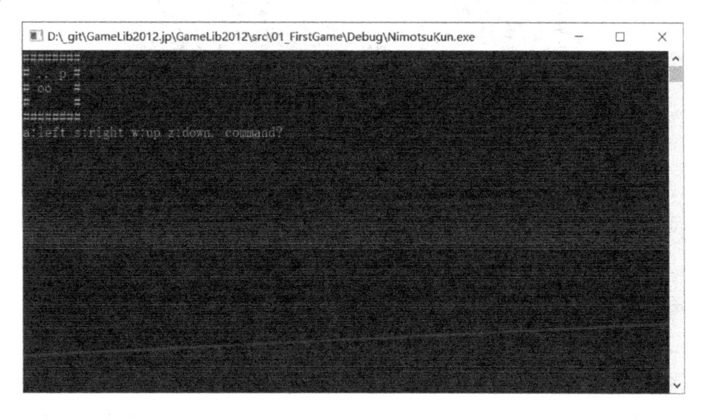

① Windows 的标准术语应该是“文件夹”，但本书统一使用“目录”（directory）一词。原因是在编程语境中，Windows 也使用“目录”一词，比如 `GetCurrentDirectory()` 函数。

可以看到控制台画面上显示了一些单调的字符，一动不动。这就是我们将要开发的第一个游戏的画面。

用键盘进行操作，这里只支持移动操作。"p" 代表玩家角色。上下左右移动分别通过 "w" "z" "a" "s" 键控制，并且需要按下回车键（Enter）。例如，依次按下 "a" 键和回车键后，玩家角色将向左移动。

除了 "p" 外，"#" 代表墙壁，"o" 代表尚未到达目的地的箱子，"." 代表目的地。为了便于识别，玩家到达 "." 处时将变成 "P"，箱子将变成 "O"。等到所有的箱子都被推到 "." 处并变成 "O" 时，就表示游戏成功了。游戏中的箱子只能一个一个地推，不能拉。以上就是游戏大概的玩法。

游戏的名字叫作《箱子搬运工》。为这样一个山寨游戏起名其实还挺纠结的，不过为了避免侵权，暂时就用这个名字吧。

为了避免让读者觉得这样的东西做出来也没什么意思，我们先来展示一下这个游戏最终的成品模样。运行 NonFree 解决方案中的 NimotsuKunFinal 项目（运行游戏前需要设置环境变量，具体步骤请参考 2.2 节），如下所示。

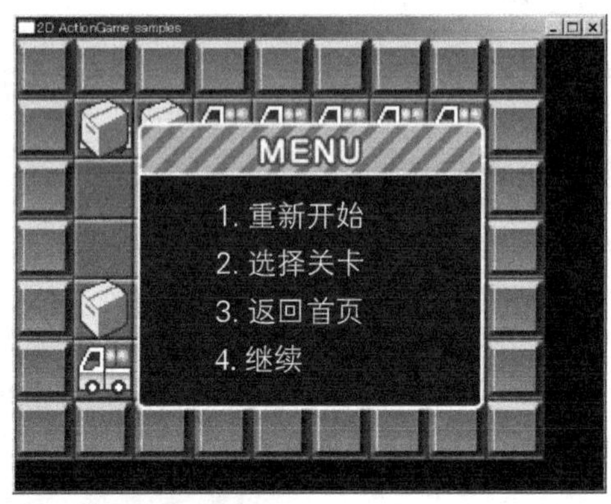

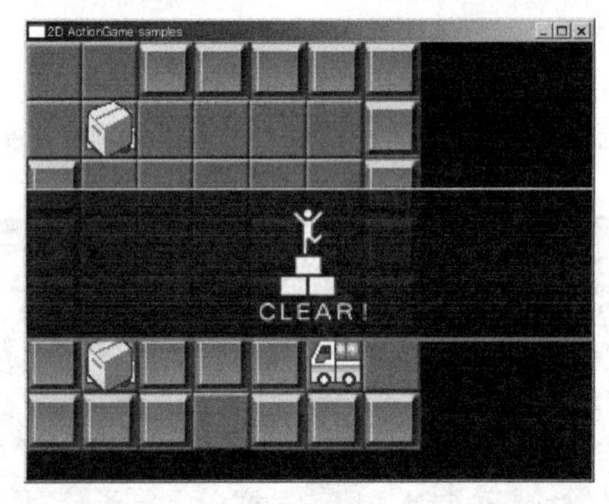

如果有足够的美术资源，那么不久后我们就能够制作出这样的游戏了。

1.1.2 准备

下面我们就开始创建程序，不过这里先对一些基础事项进行说明。

创建项目

首先在 Visual Studio 中创建一个 Win32 控制台应用程序项目。因为暂时只需要一个 main.cpp 代码文件就足够了，所以请选择创建 “Visual C++” 中的 “控制台应用”，其他代码文件以后再添加。本书的所有项目都是这样创建的，还请读者记住这一点。Visual Studio 2017 中的截图如下所示。

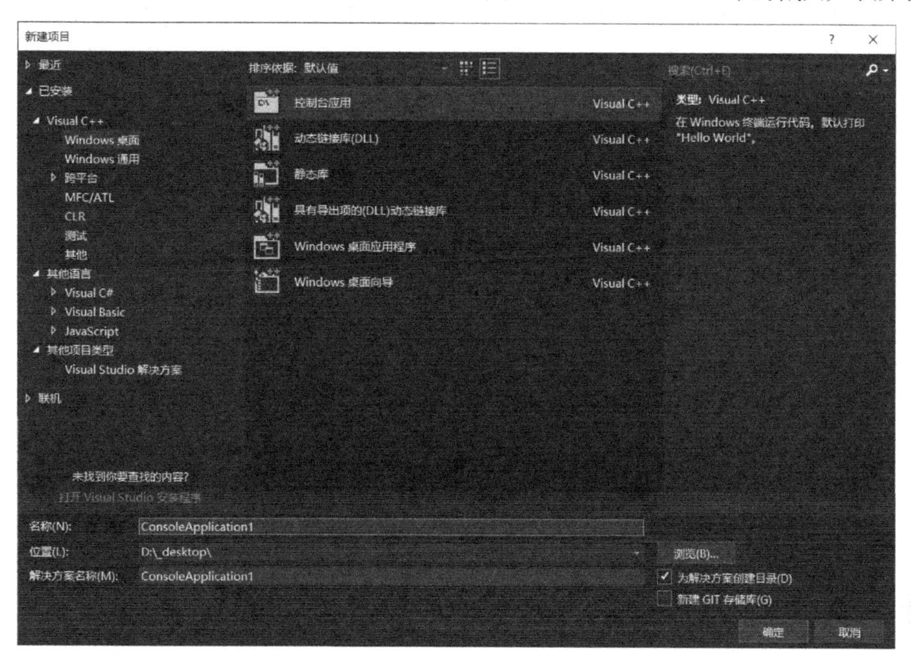

键盘和画面输出

画面上的字符输出，以及键盘输入的获取，都是通过 C++ 标准库 `iostream` 实现的。输入处理主要使用 `istream`（input stream），输出处理则依赖 `ostream`（output stream）。

下面这段代码展示了 `iostream` 的使用方法，我们不妨将其粘贴到 main.cpp 中执行一下看看。

```
#include<iostream>
using namespace std;

int main(){
   char c;
   cin >> c;
   cout << "Input Character is " << c << endl;
   return 0;
}
```

`cin` 和 `cout` 分别是 `istream` 类型和 `ostream` 类型的全局变量[1]，包含 `iostream` 头文件并声明 `using namespace std` 后，就可以在任意位置使用。

`cin` 通过 >> 将输入值写入变量，`cout` 通过 << 将变量值输出。`endl` 是 “end line” 的缩写，也就是换行，程序执行到该处将会输出一行字符到画面上。

---

① 全局变量指的是不属于任何类的变量。在 C# 和 Java 中没有这个概念，它们使用类中的 `static` 且 `public` 的变量来替代。

上面虽然只是一个在键盘上输入字符并通过回车键显示字符的简单程序，但这就是该游戏输入输出处理的全部内容。

结束运行

在某些早期的 Vistual Studio 版本中，按下 F5 执行上述代码后，窗口一闪就消失了，我们很难观察到发生了什么。为了能够看清输出结果，可以在 return 之前添加下面的无限循环。

```
while( true ){
    ;
}
```

这样一来，除非按下 Shift+F5 终止程序，否则窗口将一直显示在屏幕上。当然，因为这是试验性的代码，所以我们能这么做，但是这种做法在商业产品中是不允许的。

为了便于观察，本章的所有示例程序都将加入这种处理。

1.1.3 主循环

所谓游戏程序，无非就是获取输入、将输入反映到游戏世界中、显示结果这三项处理的无限循环，这个过程称为游戏循环或者主循环，代码如下所示。

```
while ( true ){
   getInput();
   updateGame();
   draw();
}
```

代码十分简单，但据笔者所知，所有的游戏程序无一例外地都采用了这种结构。可能根据游戏的不同，在 getInput() 中会有 cin 或手柄输入的不同，或者在 draw() 中会有 cout 或 3D 图形输出的不同，但是最基本的结构都是一致的。

前面的例子中只执行了一次主循环，这是因为该游戏采用了命令行执行的方式。至于如何去掉这种限制，我们将在后续章节中讨论。

1.1.4 编写处理逻辑

接下来开始各个模块的开发。建议读者动起手来，首先试着创建出前面截图中出现的游戏场景。为方便描述，我们将像下面这样使用文本来表示游戏场景。

```
########
# .. p #
# oo   #
#      #
########
```

请读者尽量将书本合上，试着独立完成。一开始可能会觉得这不过是小菜一碟，但实际动手后会就发现并非如此。读者如果能在一小时内完成那就相当了不起了，在半天之内完成也没有问题，但如果超过两天，今后就要加倍努力了[①]。

1.1.5 测试

代码编写完后必须进行测试，这里我们按照下列四个要点进行。

- **移动墙壁所在的格子会如何**
- **移动已经到达目的地的箱子会如何**
- **推动两个以上的箱子会如何**
- **朝着墙壁推动箱子会如何**

测试中是不是发现了很多问题？可能要么墙壁排乱了，要么推动位于目的地的箱子时目标地点不见了，要么箱子被挤到墙壁中了……如果一开始就能正确运行，那固然值得高兴，但从长远来看，现在经历一些挫折或许会更有利。

1.2 示例代码解说

自己开发的《箱子搬运工》能够正常运行吗？如果能，就没有必要再读这一节了，可以进入后面更高级的内容。

但是考虑到一些初学者，这里笔者还是打算以准备好的程序为例进行讲解。请打开 01_FirstGame 解决方案中的 NimotsuKun 项目，它就是前面我们运行过的示例。

代码中只有 main.cpp 一个文件。为了尽可能地简洁，也没有使用类（class）。除了 cout 以外，代码所涉及的基本都是 C 语言的知识。其实对于《箱子搬运工》这样简单的游戏来说，这样的代码已经完全足够了，而且很容易读懂。

1.2.1 包含头文件

代码一开始就包含了头文件，即前面提到的 iostream。接下来的 using namespace std 暂时不理解也没关系（参考 1.4.1 节），但要记住必须写上这一句，否则将发生编译错误，不过也可以看一下都会发生哪些错误。

1.2.2 场景数据常量

刚开始我们使用全局变量来存储场景数据。

```
// "#" 代表墙壁、"_" 代表空间、"." 代表目的地、"o" 代表箱子、"p" 代表玩家
const char gStageData[] = "\
########\n\
# .. p #\n\
```

① 笔者用了大约两个小时。如果是新人的话，一般需要整整一天或者两天的时间。

```
# oo   #\n\
#      #\n\
########";
const int gStageWidth = 8;
const int gStageHeight = 5;
```

首先用一个容易理解的字符串对该变量赋值，游戏开始后再将其转化为其他形式。相比一开始就使用0代表空间、1代表玩家进行赋值，这样做更加简单。但需要注意的是，在C++中，如果字符串常量要中途换行显示，就必须在行末加上符号 \。

这里定义的常量都是全局变量，笔者习惯以 g 开头命名。因为全局变量可以在程序中的任何地方被访问，所以加上这样一个标志以示区别会很方便。此外，按笔者的命名习惯，变量名都以小写字母开头，其后的每个单词则首字母大写，比如 gStageWidth。另外，因为后续没有修改该值的打算，所以使用了 const 关键字，这个习惯可以避免很多bug。

```
const int gStageWidth = 8; // 第一次赋值 OK
gStageWidth = 4; // 编译错误!
```

因为添加了 const，所以如果代码试图在变量定义之外的地方对其赋值，则将导致编译错误，这可以防止某些错误操作。建议读者养成这个习惯，对第一次赋值后就不会再修改的变量添加 const 关键字。

1.2.3 枚举类型

接下来是枚举类型。

```
enum Object{
   OBJ_SPACE,
   OBJ_WALL,
   OBJ_GOAL,
   OBJ_BLOCK,
   OBJ_BLOCK_ON_GOAL,
   OBJ_MAN,
   OBJ_MAN_ON_GOAL,

   OBJ_UNKNOWN,
};
```

场景中的所有状态都被保存在容量等于“宽 × 高”的枚举类型数组中。数组元素的类型可以是 int 或者 char，只要保证元素值不会超出该类型所能表示的范围即可。不过，这样有可能会因为疏忽而代入无意义的值。使用枚举类型则不会有这个问题，并且调试时可以看见枚举类型的名字，很方便，所以应该尽量使用枚举类型。

注意“位于目的地的箱子”和“不在目的地的箱子”的枚举值是不同的。其实也可以采用另一种做法，将是否是目的地的信息单独存储在另外一个数组中，或者通过位运算将两种信息保存在同一个数组里。不过为了便于理解，这里我们采用了最直接的做法。

另外，按照笔者的习惯，枚举类型的名称一律采用大写。注意最后有一个 UNKNOWN，关于它的用法，后面会进行说明。

1.2.4 函数原型

下面我们来看函数原型。

```
// 函数原型
void initialize( Object* state, int w, int h, const char* stageData );
void draw( const Object* state, int w, int h );
void update( Object* state, char input, int w, int h );
bool checkClear( const Object* state, int w, int h );
```

上述代码声明了几个函数：读取场景数据字符串并将其转换为 Object 数组的 initialize()、画面绘制函数 draw()、更新函数 update()、检测游戏是否通关的 checkClear()。至于前面讨论主循环时出现的 getInput() 函数，因为此处我们直接在 main() 函数中添加了输入处理的代码，所以用不上。注意开发时应当尽可能地将各个功能封装成函数。

1.2.5 main 函数

现在来看程序的入口 main 函数。首先创建一个大小等于“宽 × 高”的 Object 数组，并调用初始化函数 initialize()，使游戏处于就绪状态。

```
int main(){
    //创建状态数组
    Object* state = new Object[ gStageWidth * gStageHeight ];
    //初始化场景
    initialize( state, gStageWidth, gStageHeight, gStageData );
    //主循环
    (略)

    //胜利时的提示信息
    cout << "Congratulation's! you win." << endl;
    //通关
    delete[] state; //通过new创建的数组不能使用delete，而应当使用delete[]
    state = 0; //笔者的习惯

    return 0;
}
```

读者可能不太熟悉这种把枚举类型当作类名处理的写法。实际上枚举类型是一种用于列举的类型，所以可以通过 new 生成，也可以用作参数和返回值。记住这一点将大有裨益。虽然枚举类型内部本质上是一个 int，但是如果将 Object 类型的变量赋值为 5 或者 10 等数值，则会导致编译错误，这就保证了只能通过枚举类型来赋值。

另外请注意，虽然逻辑上 Object 应当是个二维数组，但是这里使用了一维数组的创建方式。

初学者往往习惯通过二维数组的方式进行声明，即像下面这样。

```
Object state[ 5 ][ 8 ];
```

但遗憾的是，二维数组无法通过 new 动态创建。如果不采用 new 来动态创建，就必须在定义数组时就确定好数组的尺寸，比如横 8 纵 5，但是这样做会使数组的尺寸永远固定，程序将丧失一定的灵活性。后面我们会讨论如何将一维数组当作二维数组来使用。

主循环结束意味着顺利通关，这时会输出胜利时的提示信息，然后释放 state 空间并结束程序。虽然在程序退出前不执行 delete 也不会有什么问题，但还是应当养成及时释放空间的习惯。注意这里通过 new 创建的数组在释放时必须使用 delete[] 而非 delete。后面我们会解释这么做的原因。

最好将 delete 后的指针赋值为 0，这样可以在很大程度上避免一些指针相关的 bug。笔者在任何时候都遵守这个习惯，哪怕在程序即将退出时，也会将无用的指针赋值为 0。如果不理解原因，读者也可以暂时先不用这样做，后面我们会详细解释（参考 1.6 节）。

接下来我们来看一下主循环处理。

主循环

相关代码大致如下所示。

```
//主循环
while ( true ){
    //首先绘制
    draw( state, gStageWidth, gStageHeight );
    //通关检测
    if ( checkClear( state, gStageWidth, gStageHeight ) ){
        break; //通关检测
    }
    //获取输入
    cout << "a:left s:right w:up z:down. command?" << endl; //操作说明
    char input;
    cin >> input;
    //更新
    update( state, input, gStageWidth, gStageHeight );
}
```

为了将输入前的状态反映到画面上，程序一开始就执行了 draw()，但游戏整体仍然按照输入、更新、绘制的顺序执行。调用 draw() 后立刻执行通关检测是为了应对满足通关条件时的突发情况。试想如果在某个时刻场景数据已经满足了通关条件，这时没有执行通关处理却继续响应输入，那么推动箱子后就又将变成不允许通关的状态了。正因为如此，才需要在响应输入前先判断通关条件。

输入处理只是简单地通过 cin 读取输入的字符，在读取之前程序会提示操作说明。输入的内容会被传递给 update() 以更新游戏的状态。

各个游戏的主循环处理基本上都遵循这个模式。

1.2.6 初始化场景

initialize() 的内容如下所示。

```
void initialize(
Object* state,
int width,
int height,
const char* stageData ){
    const char* d = stageData; //读取指针
    int x = 0;
```

```
    int y = 0;
    while ( *d != '\0' ){ //当字符不为NULL时
        Object t;
        switch ( *d ){
            case '#': t = OBJ_WALL; break;
            case ' ': t = OBJ_SPACE; break;
            case 'o': t = OBJ_BLOCK; break;
            case 'O': t = OBJ_BLOCK_ON_GOAL; break;
            case '.': t = OBJ_GOAL; break;
            case 'p': t = OBJ_MAN; break;
            case 'P': t = OBJ_MAN_ON_GOAL; break;
            case '\n':  //到下一行
                x = 0;  //x返回到最左边
                ++y;  //y进到下一段
                t = OBJ_UNKNOWN; //没有数据
                break;
            default: t = OBJ_UNKNOWN; break; //非法数据
        }
        ++d;
        //如果遇到未知字符则无视
        if ( t != OBJ_UNKNOWN ){
            state[ y*width + x ] = t; //写入
            ++x;
        }
    }
}
```

这段代码会逐个读取字符并将其转换为Object类型。switch后的if语句是为了忽略非法输入。虽然程序考虑了数据中存在注释等无关信息的情况，但是错误处理仍不够完善。比如当场景数据残缺不全，或者宽度、高度值和预想的不一致时，程序的行为都是未知的。最好的做法是通过场景数据自行计算出宽度和高度值，我们可以封装一个函数来实现这个功能。

另外，如前所述，state变量是按照一维数组的方式创建的。

```
state[ y*width + x ] = t; //写入
```

y*width + x表示从左上角向右 x 列，向下 y 行处的网格位置。

这就是将一维数组当作二维数组使用的方法。

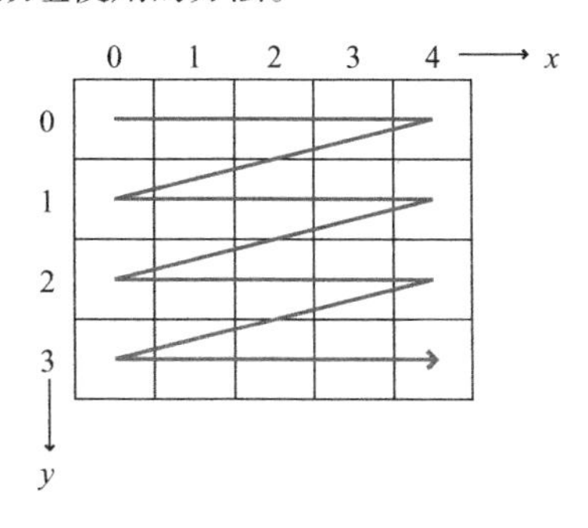

按照图中的顺序增加下标，不难发现下标值就是y*width + x。

1.2.7 绘制

```
void draw( const Object* state, int width, int height ){
    //Object 枚举类型的顺序
    const char font[] = {' ', '#', '.', 'o', 'O', 'p', 'P'};
    for ( int y = 0; y < height; ++y ){
        for ( int x=0; x < width; ++x ){
            Object o = state[ y*width + x ];
            cout << font[ o ];
        }
        cout << endl;
    }
}
```

与 initialize() 的处理相反，绘制处理将 Object 数组的内容转换为玩家能看懂的字符，再通过 cout 输出。这部分处理在一些图形游戏中也是类似的，只不过它们是将程序内的数据（例如类的变量）转换为图像渲染出来。

使用枚举类型作为下标

上面的代码中存在如下写法：

```
cout << font[ o ];
```

该语句使用枚举类型变量作为数组下标，可能不太好理解。枚举类型本质上是 int，因此可以作为下标使用。

如果写成下面这种形式，

```
enum E{
  A, //0
  B, //1
  C, //2
};
```

则结果 A 将等于 0，B 等于 1，C 等于 2，每次都递增 1。可能有些读者不太习惯这种方式，但笔者个人还是很喜欢这种简短风格的。如果读者不愿意用这种方法，也可以像下面这样，使用 switch 进行处理。

```
Object o = state[ y*width + x ];
switch ( o ){
    case OBJ_SPACE: cout << ' '; break;
    case OBJ_WALL: cout << '#'; break;
    case OBJ_GOAL: cout << '.'; break;
    case OBJ_BLOCK: cout << 'o'; break;
    case OBJ_BLOCK_ON_GOAL: cout << 'O'; break;
    case OBJ_MAN: cout << 'p'; break;
    case OBJ_MAN_ON_GOAL: cout << 'P'; break;
}
```

1.2.8 更新

update()的内容是游戏的核心，代码也比较长。这里因为篇幅有限而没有将代码全部列出，不过笔者会尽量介绍得详细一些。读者如果觉得枯燥，也可以先阅读后面的内容。

参数

函数中的参数如下所示。

```
//第一个参数在其他函数中是 state 的形式，但在本函数中因为使用频率非常高，
//所以使用简短的 s 来表示。w、h 也分别表示 width、height
void update( Object* s, char input, int w, int h ){
```

一般而言，用单个字母作为参数变量名并不是一种良好的编码风格，但这里因为使用非常频繁，为了保持简洁，所以暂且这样命名。当然这样就必须在注释中明确写出其含义。也有人认为变量名称写得长一些比较好。笔者的意见是，如果该变量所在的代码很短，使用频率又非常高，而且即使采用单个字母命名也不太容易和其他变量混淆，那么只要在一开始加上详细的注释，就完全可以用单个字母来命名变量。

输入

下面是输入的部分。

```
//转换为移动量
int dx = 0;
int dy = 0;
switch ( input ){
    case 'a': dx = -1; break; //左
    case 's': dx = 1; break; //右
    case 'w': dy = -1; break; //上。y 轴下方为正
    case 'z': dy = 1; break; //下
}
```

有时直接处理从键盘输入的“a”“s”等字符不太方便，可以先将它们转化为 x 轴和 y 轴的移动量。当然这里也可以使用两个枚举类型的常量来表示左和右，不过如果我们按照“向左 +1”“向右 -1”来计算，那么在执行“移动一步”的处理时，就可以很方便地通过“将位置加上偏移量”来实现，无须添加向左则“+1”，向右则“-1”的 if 语句了。

检测玩家位置

接下来检测玩家位置。

```
//查找玩家的坐标
int i = -1; //无具体意义，只是单纯的初始化
for ( i = 0; i < w * h; ++i ){
    if ( s[ i ] == OBJ_MAN || s[ i ] == OBJ_MAN_ON_GOAL ){
        break;
    }
}
int x = i % w; //x 的值为除以宽度后的余数
int y = i / w; //y 的值为除以宽度后的商
```

当然，如果提前将玩家位置保存在某个变量中，此处就不需要这种处理了，而且运行起来更快。之所以像上面那样每次都查找一遍，只是因为在 Object 数组之外再维护一个状态变量太麻烦。如果创建一个 Stage 类等，并在其中设置一个成员变量，用于在查找结束时保存玩家位置，那么就可以在保持代码简洁的同时保证处理效率，这也不失为一种好方法。

不过，把计算后得到的信息保存起来的做法可能会导致矛盾，即通过查找获取的玩家位置和保存在变量中的玩家位置有可能会不一致。为了省事，不妨采取每次都查找一遍的做法。只要不影响速度，在需要时才去生成相应的数据总是不会出错的。

顺便说一下，下面这行代码分别执行了“一般的玩家”和“位于目的地的玩家”的判断，这种写法显得不够简洁。如果能封装成 isPlayer() 之类的函数会更好，或者单独将“是否是目的地”的信息保存到另外的变量中，这样 if 语句会更简洁。读者更喜欢哪种方式呢？

```
if ( s[ i ] == OBJ_MAN || s[ i ] == OBJ_MAN_ON_GOAL ){
```

移动

接下来的移动处理是游戏逻辑的主体。在这个游戏中不存在玩家和箱子分开移动的情况，所以移动处理就是判断玩家朝上下左右哪个方向移动。

不过，在这之前，首先判断要移动到的位置是否处于允许范围之内。

```
//移动后的坐标
int tx = x + dx;
int ty = y + dy;
//检查坐标的最大值和最小值，超出范围则不允许
if ( tx < 0 || ty < 0 || tx >= w || ty >= h ){
    return;
}
```

读者看到变量名可能会感到奇怪：“tx 中的 t 是什么？”因为该变量会被频繁使用，而且只在这附近几行中用到，所以就这样命名了。当然这并不是强制的，读者完全可以按照自己的喜好命名。

顺便说一下，dx 中的 d 是“difference”（偏差）的缩写，tx 中的 t 则是“temporary”（临时）的缩写。这是笔者的缩写习惯。当然，笔者已经在适当的地方添加了注释。

移动处理部分的详细代码如下所示。

```
//A.要移动到的位置是空白或者目的地，玩家移动
int p = y*w + x; //玩家位置
int tp = ty*w + tx; //目标位置(TargetPosition)
if ( s[ tp ] == OBJ_SPACE || s[ tp ] == OBJ_GOAL ){
    //如果是目的地，则将该处设置为“目的地的玩家”
    s[ tp ] = ( s[ tp ] == OBJ_GOAL ) ? OBJ_MAN_ON_GOAL : OBJ_MAN;
    //如果已经在目的地了，则将玩家所在位置设置为目的地
    s[ p ] = ( s[ p ] == OBJ_MAN_ON_GOAL ) ? OBJ_GOAL : OBJ_SPACE;
//B.要移动到的位置有箱子。如果沿该方向的下一个网格是空白或者目的地，则移动
}else if ( s[ tp ] == OBJ_BLOCK || s[ tp ] == OBJ_BLOCK_ON_GOAL ){
    //检测沿该方向的第二个网格的位置是否在允许范围内
    int tx2 = tx + dx;
    int ty2 = ty + dy;
    if ( tx2 < 0 || ty2 < 0 || tx2 >= w || ty2 >= h ){
        return; //无法推动
```

```
    }
    int tp2 = ( ty + dy )*w + ( tx + dx ); //沿该方向的第二个网格的位置
    if ( s[ tp2 ] == OBJ_SPACE || s[ tp2 ] == OBJ_GOAL ){
        //逐个替换
        s[ tp2 ] = ( s[ tp2 ] == OBJ_GOAL ) ?
            OBJ_BLOCK_ON_GOAL : OBJ_BLOCK;
        s[ tp ] = ( s[ tp ] == OBJ_BLOCK_ON_GOAL ) ?
            OBJ_MAN_ON_GOAL : OBJ_MAN;
        s[ p ] = ( s[ p ] == OBJ_MAN_ON_GOAL ) ?
            OBJ_GOAL : OBJ_SPACE;
    }
}
```

在开头第一个if语句中，检测要移动到的位置是否为空，如果为空则移动到该处。这个所谓的“空”可能有“空白”和“目的地”两种情况，所以代码变得有些复杂。如果将“是否是目的地”的信息存储在别处，因为该数据固定而且不会被修改，所以代码写起来可能会更简单。而之所以采用这种写法，主要是因为不想维护两个数组，也不想引入位运算。读者可以选取任意一种喜欢的做法。

接下来的else if部分负责处理要移动到的位置有箱子的情况。同样，这里也需要判断存在“位于目的地的箱子”的情况。然后检测沿该方向的第二个网格的位置，如果该位置不在允许范围内，则推动无效，处理结束。只有当允许范围内存在空间时，才会进行推箱子的处理。

如前所述，这种方法没有额外存储目的地数据，所以连续使用了多个三目运算符来完成判断。

如果要移动到的位置既没有箱子也不为空，就说明该处是墙壁，则什么也不做。这种“什么也不做”的情况是否需要明确地在else代码中体现出来呢？为了保持代码简洁，笔者省略了该内容，但一般来说，游戏的核心逻辑等重要部分应当尽可能地让代码容易理解，所以这里最好写上else部分，并添加“因为是墙壁，所以不做任何处理”的注释。

三目运算符

我们在前面已经陆续接触了三目运算符，

```
a = b ? c : d;
```

相当于

```
if ( b ){
    a = c;
}else{
    a = d;
}
```

的省略写法，两者的含义相同，但笔者偏好更简洁的写法，因此多用前一种形式。如果读者觉得看起来怪怪的也可以不用，不过在阅读他人的代码时，有必要适应这种写法。这就好比我们不一定会写“饕餮”这类复杂的汉字，但是最起码要能看懂。毕竟多学些知识是没有坏处的。

1.2.9 通关判断

如果所有箱子都已经到达目的地，就意味着通关了。

```
bool checkClear( const Object* s, int width, int height ){
    for ( int i = 0; i < width*height; ++i ){
        if ( s[ i ] == OBJ_BLOCK ){
            return false;
        }
    }
    return true;
}
```

需要注意的是，即使场景数据出错，导致目的地数量比箱子数量还多，也依然会被判定为通关。因此，在初始化时必须对场景数据进行验证。

1.2.10 小结

示例代码的讲解到这里就结束了。虽然只有短短 160 行左右，游戏逻辑也很简单，但是需要考虑的东西相当多。不知道读者现在是不是还觉得“这不过是小菜一碟”呢？

笔者在写这份代码时并没有想着一定要写出质量上乘的代码，因此代码中有很多地方可以进一步改善，例如数据的容量、处理的速度、代码的可读性和可拓展性等，以及错误处理的实现方法，甚至变量和函数的命名、括号的位置和空白的使用方法等所谓的代码风格都可以调整。

值得推敲的地方还有很多。

下面我们就来考察一下所谓“值得推敲的地方”吧。

1.3 添加读取场景数据的功能

读者自行开发的《箱子搬运工》是如何存储场景数据的呢？示例程序中使用的是字符串，当然也可以使用其他方法。但是无论使用何种方法，将数据写入到代码中都不是一种好的做法。

如果想让程序员之外的工作人员来制作场景数据，就必须将场景数据从程序代码中分离出来。就算由程序员来制作场景数据，每次改变场景数据时都重新编译程序也是一件很辛苦的事。现在的代码只有一个文件，编译起来还算快，一旦游戏容量变大，编译超过半小时是很常见的事。因此，最好能将数据放到单独的文件中。下面我们将讨论如何在运行时载入数据。

在 Visual Studio 2017 中按下 F5 启动程序后，系统会把 .vcxproj 文件所在的文件夹位置作为标准查找路径。假设项目文件路径是“d:\Foo\Foo.vcxproj”，那么代码中写的“stage.txt”在加载时将被转换为路径“d:\Foo\stage.txt”。注意在 debug 和 release 文件夹下都有一个 exe 文件，如果场景数据等文件在这两个目录下，则按下 F5 时不会被识别。

1.3.1 准备

文件的读取通过 `ifstream` 实现，代码如下所示。

```
#include <fstream>
#include <iostream> // 用于输出。如果只是读取文件，则不需要
using namespace std;
```

```
int main(){
    ifstream inputFile( "stageData.txt", ifstream::binary );
    inputFile.seekg( 0, ifstream::end ); //移动到末尾
    //位置=文件大小
    int fileSize = static_cast< int >( inputFile.tellg() );
    inputFile.seekg( 0, ifstream::beg ); //返回到起始位置
    char* fileImage = new char[ fileSize ]; //分配足够的空间
    inputFile.read( fileImage, fileSize ); //读取文件

    cout.write( fileImage, fileSize ); //显示读取的内容
}
```

运行这段代码后，程序会读取 stageData.txt 文件的内容，并将其显示在画面上。

ifstream(Input File Stream) 是 C++ 标准库提供的类，用于读取文件，使用前需要先在代码中包含 fstream 头文件。

通过构造函数打开文件后，先移动（seekg）到文件的末尾处，并通过探测（tellg）该位置来获取文件的大小，然后再回到（seekg）文件起始位置，分配足够的空间，一次性读取（read）整个文件的内容。

如果将上面的处理封装成函数，就可以通过一行代码来完成文件的读取，在大量使用该功能的情况下会很方便。一般来说，在游戏中读取文件很少有只需要读取一半的情况。

注意，在 ifstream 的构造函数中，传递的第二个参数值为 ifstream::binary。这里先不解释这个参数的意义，但是要记住如果没有它，将无法完整地读取文件。如果是完全无法读取可能还比较容易发现问题，但糟糕的是大多数时候只有一部分内容读取不正确，在这种情况下问题就不容易发现了。不过，如果将文件读取处理封装为函数，那么以后基本上就不需要每次都考虑这个问题了。这也再一次体现了函数封装的优点[①]。

1.3.2 数据格式

场景数据采用什么形式好呢？

无论何种形式，最终在程序处理时都会被转换为枚举类型的数组，即整数的形式，其中 0 表示玩家、1 表示墙壁，等等。但是这对于人类来说太不直观，所以很难按这种格式去配置数据。

```
00000000
01221310
01441110
01111110
00000000
```

读者能够想象出上面这些数字表示什么样的场景吗？即使能，也非常容易出错。为了使配置文件更容易理解，不妨直接把画面上显示的场景字符串存入文件。例如，像下面这样简单地将场景输出的样子记录下来就可以了。

① 如果想了解 binary 的含义，可以查阅“换行符”相关的知识，或许从中还能了解到其发展历程的曲折。另外还有一点需要注意，向 ifstream 或用于写入文件的 ofstream 传入的文件路径中如果带有汉字，必须在调用前加上 setlocale(LC_ALL, "")。但此次的环境只是恰巧出现了这个问题，而且它一般容易在处理桌面文件拖曳的代码中出现，所以此处没有涉及。

```
########
# .. p #
# oo   #
#      #
########
```

虽然和上面表示的是同一个场景，但是这种写法明显要容易理解得多。这样一来，即使不是程序员，也可以配置该文件了。益智游戏的场景制作不一定要由程序员来完成，试想如果游戏需要制作一二百个场景，那么显然大部分场景制作人员不是程序员。因此，应当尽量让配置文件直观易懂，以便后续工作能顺利进行。

众所周知，游戏公司里的开发工作都是多人协作进行的，这种多人协作的做事方法在独立开发游戏时也具有借鉴意义。无论是个人开发还是团队开发，让最困难的任务变得直观和有趣，都是有效节约时间的方法。对游戏公司而言，时间等于金钱（薪水），要想控制开发成本，就必须考虑到这一点。

1.3.3 场景的大小

现在我们来考虑如何设置场景的大小。在示例程序中，场景大小是通过全局变量指定的。因为状态数组可以通过 new 动态地按照所需要的大小创建出来，所以只要通过其他方法把数值传递过去，就可以动态改变场景大小了。

按照这种做法，只有在读取文件时才会生成场景数据。毕竟在载入文件之前宽和高都是未知的。只有读取场景数据后检测到宽和高的值，才能够分配出相应的空间。

当然，如果游戏一开始就设计为“场景大小永远是 12×8”，可能就没有这些问题。但是，谁也无法保证需求不会发生变化。就算自己不愿意变更需求，也无法保证策划换人之后不会修改设计。即使一开始就约定好不再修改设计，但如果有人提出修改后游戏会更好玩，可能也就不得不去修改，有时为了顾及合作关系，也会选择修改设计。其实只需几行代码就可以让它支持可变，所以这种工作一定要在初期完成。游戏中较少用到二维以上的多维数组，也是出于这个原因。

被视为二维数组的一维数组

前面已经介绍过将一维数组当作二维数组使用的方法，如下所示。

```
//访问(x,y)
a[ y * width + x ];
```

但是，每次都这样写未免太麻烦了些，同时也容易造成隐患。最好能像下面这样创建一个模拟多维数组的类。

```
class IntArray2D{
public:
   IntArray2D( int size0, int size1 ) :
   mArray( 0 ), //养成将指针赋值为 0 的习惯
   mSize0( size0 ),
   mSize1( size1 ){
      mArray = new int[ size0 * size1 ];
   }
   ~IntArray2D(){
      delete[] mArray;
      mArray = 0;  //养成将不需要的指针赋值为 0 的习惯
```

```
    }
    int& operator()( int index0, int index1 ){
        return mArray[ index1 * mSize0 + index0 ];
    }
    const int& operator()( int index0, int index1 ) const {
        return mArray[ index1 * mSize0 + index0 ];
    }
private:
    int* mArray;
    const int mSize0;
    const int mSize1;
};
```

operator() 的写法看起来可能有些别扭，但这其实是一种特殊函数的名称，定义后就可以像下面这样使用。

```
IntArray2D array( 4, 3 ); //4×3 的数组
int a = array( 2, 1 ); // 相当于 array[ 2 ][ 1 ]
array( 3, 0 ) = 3; // 还可以赋值
```

```
a.operator()( 4, 3 )
```

可以写成

```
a( 4, 3 )
```

这是 C++ 的运算符重载功能，类似的特殊函数还有好几种，以后我们会逐个介绍。注意这里有两个 operator()，后面的那个在返回值和函数名称后多加了一个 const。另外，构造函数的写法看起来也很奇怪，这些知识在后面都会有详细说明。

另外，依照笔者的习惯，成员变量都以 m 开头命名，清楚这一点对于理解示例代码将会有所帮助。

1.3.4 错误处理

当记录场景数据的文本文件中发生错误时该如何处理呢？

举例来说，如果没有外墙，玩家就可以随便走到任何地方。这样一来，程序内部很可能会因数组索引越界而崩溃[①]。又比如，场景中存在多个玩家，箱子数量比目的地数量更多或者更少，等等，此类异常必须正确处理。在载入文件时就应当对其内容进行检测。还可以特意制作一些有错误的文件，来验证一下程序能否检测出问题。

可是，如果场景的数量超过 1000 个，那该怎么办呢？

场景数据是由多人制作完成的，各工作人员将文件写好后提交给程序员。因为最终向顾客发布游戏时这些文件会被打包，而这个工作一般由程序员来完成。如果每个人都能仔细测试自己制作的场景文件还好，可是如果有人觉得测试太麻烦而直接将未测试的文件提交到程序员那里，结果会发生什么呢？除非打包完成后再将这 1000 个场景都运行一遍，否则不可能保证它们都是好用的。比如

① "崩溃""闪退"一般表示程序因为不正确的处理而异常退出。此外，"卡顿""假死"这类词汇有时也会用到，它们不是指处理异常，而是指陷入了无限循环，没有反应，也用于指处理迟缓，看起来好像停顿了的状态。注意，这些程序员之间常常使用的词汇在非程序员看来是很难理解的。不过因为它们能简短地表达出相应的意思，所以本书中会大量使用这类词汇。

可能有人在修改错误的文件时，不小心再次混入了错误的文件；或者认为只是简单地修改一个字符不会有什么问题，于是没有经过测试就直接替换文件，结果导致游戏出现卡顿。

那么，这种情况该怎么应对呢？

一种办法是在游戏程序启动后立刻载入所有的场景数据并检测，这样就不需要等到实际进入某个场景后才能知道该场景数据的有效性。但是这样做会拖慢游戏启动的速度，对于稍微复杂一些的游戏来说，这种做法是不可取的。

更好的做法是，从根本上确保数据无误。比如，可以另外编写一段用于生成场景文件的程序，令所有的场景数据都只能通过这个程序生成。大家也可以思考其他做法。

如果一直探讨下去，我们就无法继续其他知识的学习了，因此这方面的讨论暂时到此为止，不过这个问题确实会随着游戏规模的扩大而变得越来越重要。实际上，因为疏忽大意而损失数亿的案例并不罕见。

1.3.5 示例代码

NimotsuKun2 项目中包含了文件读取、二维数组以及一些错误处理的内容，项目代码中运用了 C++ 类。对《箱子搬运工》来说可能没必要这样编写代码，不过因为是示例程序，所以笔者还是这样写了。读者可以先运行一下看看[①]。

现在我们来解释一下代码。

不同于之前的例子，这份代码将目的地信息单独存放在别处。对比之下，可以看到 `update()` 变得简洁多了。为了写出 C++ 的风格，代码变得很长，不过也就是 270 行左右的样子，应该还能看得过来。

这里读者可以测试一下自己对 C++ 语言的理解程度。可以一边阅读代码一边对照着下面几点进行确认。

- **是否理解 `using namespace std;` 的含义，是否能够向他人说明什么是名称空间**
- **是否理解 `template` 语法，是否能够使用创建好的模板类**
- **是否理解构造函数、析构函数的概念**
- **是否理解构造函数中初始化的写法，能否在代码中运用**
- **是否理解成员函数的声明后面的 `const` 的含义，能否说明何时该这样使用**
- **是否理解 `operator` 系列成员函数的使用方法，能否在代码中声明并使用**
- **是否知道 `enum` 的名称可以和类、结构体名称一样使用，能否在项目中灵活应用**
- **能否说出 `delete` 和 `delete[]` 的区别，能否解释为何会存在这两种形式**
- **能否理解为何 C++ 的字符串以 `0`（`NULL`）作为结束符号**

面对这么多问题，读者可能会感到灰心，不过实际上并没有多少人能够将上述问题回答得很好，所以即使不会也不用不安。也就是说，即使无法回答这些问题，也可以编程，甚至可以开发游戏。不过，上述知识点还是有必要熟悉一下的。当今市面上有很多耗费了大量时间开发最后却 bug 频出的游戏作品，造成这种现象的一个原因就是很多游戏开发人员的技术基础不够扎实。

本书会对相关的 C++ 知识进行一些介绍。如果读者觉得枯燥，也可以先跳过这部分内容，不过

① 在解决方案内切换执行的项目时，可以在解决方案管理器内用鼠标右键单击相应的项目，选择“设为启动项目”。

要注意的是，如果没有掌握这部分知识，在阅读后面的代码时可能就会感到十分吃力。

1.4 C++ 课堂

下面我们将对前面提到的 C++ 知识点进行讲解。

1.4.1 名称空间

假设一年级二班和一年级三班都有一位姓王的同学。很明显，如果只用姓来表示，将无法区分这两位同学，因此可以用“二班的王同学”和“三班的王同学”来区分。同样，一年级和二年级都有二班。如果二年级二班也有一位姓王的同学，就需要使用“一年级二班的王同学”“二年级二班的王同学”来区分。这种思路体现在编程上就是名称空间，例如 C++ 标准库就被放入了 std 名称空间中。这样一来，虽然 std 中有 ifstream 这个类，但如果我们想创建自己的 ifstream 类，只需要把它放入其他名称空间中，就可以区分开了。

例如，用代码来表示“一年级二班的王同学”和“二年级二班的王同学”，大概就是如下形式。

```
namespace Grade1{
   namespace Class2{
      Student wang;
   }
}
namespace Grade2{
   namespace Class2{
      Student wang;
   }
}
//使用时
Grade1::Class2::wang;
Grade2::Class2::wang;
```

这样两位王同学就是独立的两个人，两个类的内部实现也完全不相干。

因为包含了 fstream 和 iostream 等功能类的 C++ 标准库全部位于 std 名称空间中，所以理论上在使用时都必须添加 std:: 前缀，但是每次都写成下面这样未免太烦琐。

```
std::cout << "aho" << std::endl;
```

方便起见，可以使用 using namespace 声明。using namespace std 声明了“接下来将使用 std 名称空间中的东西”。不过，如果在使用这个声明的同时仍旧在代码中创建了名为 cout 的变量，就可能导致编译器无法区分 std::cout 和 cout 变量而出错。在这种情况下，可以将自己创建的 cout 放入某个名称空间中，比如 Aho，这样就可以通过 std::cout 和 Aho::cout 来区分它们。如果不打算将它放入任何名称空间中，就写作 ::cout。:: 表示全局的名称空间，所有未放入任何名称空间的东西都会被放在这里。

通过划分恰当的名称空间，在多人协作开发的情况下，即使出现了类重名的现象，在代码合并时也不会出现编译错误。

不过，要注意在头文件中使用 using 有时会带来一些麻烦。除了个别情况外，笔者几乎不会在头文件中使用 std 之外的 using 声明。因为 using 无法取消，一旦引入，所有包含了该头文件的 cpp 都将受其影响，变为 using 某名称空间的状态。

1.4.2 模板

使用模板功能，可以让代码写起来更轻松。例如，像下面这样创建了模板类后，

```
template< class SomeClass > class A{
public:
    SomeClass mMember;
};
```

就可以很方便地将 int 或者 float 代入 SomeClass。

```
A< int > aInt;
int bInt = 5;
aInt.mMember = bInt;

A< float > aFloat;
float bFloat = 5.f;
aFloat.mMember = bFloat;
```

第一行

```
template< class SomeClass> class A{
```

中的 SomeClass 可以起任意名字，它相当于函数的参数。如果这里写成 T，那么 mMember 的类型就是 T。不管是什么类型，最后在实际使用时都将被替换为 int 或者 float 这样的具体类型。前面的示例代码中出现的 IntArray2D 是用模板写成的，因此可以创建出任意类型的二维数组。

另外，使用模板类的函数时，必须能看见函数体的内容。所谓“能看见函数体”指的是“包含了该函数”。如果将代码写在 cpp 中，那么其他 cpp 文件将“看不见”函数实现，所以模板的声明和实现都必须写在头文件中。

1.4.3 构造函数和析构函数

构造函数和析构函数分别指类对象生成和销毁时自动调用的函数。

以类型 T 为例，下列代码中的注释说明了调用构造函数和析构函数的时机。

```
void foo(){
    T t; // 构造函数
    T* tp = new T; // 构造函数
    delete tp; // 析构函数
}
```

注意 foo 函数结束前将调用 t 的析构函数。

下面我们来自行定义构造函数和析构函数。

```
class T{
    T(); // 默认构造函数
    T( int a ); // 接收一个 int 型参数的构造函数
```

```
    ~T(); // 析构函数
};
```

构造函数没有返回值，并且函数名和类名相同。析构函数没有返回值，函数名和类名相同，并且函数名前面有个“~”。在 cpp 中写出来，大概如下所示。

```
T::T(){
    // 逻辑代码
}
T::T( int a ){
    // 逻辑代码
}
T::~T(){
    // 逻辑代码
}
```

构造函数可以有多个参数，没有参数的构造函数称为默认构造函数，记住这个概念会很方便。另外，因为析构函数无法传参，所以它没有参数。无论对象是通过哪个构造函数生成的，销毁时都会调用析构函数。

也就是说，在 C++ 中只要生成对象就一定会调用构造函数，销毁时也一定会调用析构函数。因此，不需要自己特意创建初始化函数和结束函数并逐个调用，这一切都将由系统自动完成。

比如下面这样的代码写起来比较烦琐，而且往往容易出错，在这种情况下就应当灵活应用构造函数和析构函数。

```
T* t = new T;
t->initialize(); // 初始化处理
（其他逻辑代码）
t->terminate(); // 结束处理
delete t;
```

1.4.4 初始化

通过构造函数设置变量值时，可以简单地使用下列代码完成赋值。

```
Foo::Foo(){
    mBar = 0;
}
```

当然还有其他做法，比如像下面这样。

```
Foo::Foo() : mBar( 0 ){
}
```

这种写法也称为初始化。“:”的后面跟着“变量名（值）”的形式，如果有多个变量，则使用逗号分隔开。虽然这个例子的两种写法是等价的，但是在某些情况下只能通过后面这种写法才能实现，比如当 mBar 被声明为 const 时就是如此。因为使用了 const 关键字，所以进入构造函数后 mBar 就不能再修改。但是如果像下面的代码这样进行初始化，就可以设置 mBar 的值。

```
class Foo{
    Foo( int bar ) : mBar( bar ){}
    const int mBar;
};
```

这就好比

```
const int a = 5;
```

和

```
const int a;
a = 5;
```

的区别。上面的是初始化，而下面的只能称为赋值。

实际上二者的内部处理完全不同。初始化调用的是构造函数，而赋值调用的是 operator=() 函数。以 int 变量为例，假设有以下两个函数：

```
int::int( int a );
int& int::operator=( int a );
```

其中，

```
int a = 5;
```

将调用构造函数 int a(5);，而

```
int a;
a = 5;
```

会调用 operator=() 函数 a.operator=(5);，大概就类似这样[①]。将 int 换成自己定义的类也是一样的。对 int 而言，构造函数和赋值两种处理的结果看不出有什么区别，但这只是碰巧遇到 int 型是这样而已。在这方面 C++ 确实显得很奇怪，但还是请读者务必理解这个过程并逐步适应。

1.4.5 成员函数的 const

在成员函数声明末尾添加 const，意在告知编译器“调用该函数时不允许改变类中的成员”。此外，如果某变量被 const 关键字修饰，则只允许调用它的 const 函数。例如下列代码：

```
class A{
public:
   void func1() const;
   void func2();
};
```

类 A 中有 func1() 和 func2() 成员函数。其中 func1() 使用了 const 关键字，func2() 则没有。

在这种情况下，接收含有 const 的 A 的函数 foo() 只能调用 func1()。

```
void foo( const A& a ){
   a.func1(); //OK
   a.func2(); /// 编译错误!
}
```

而且，const 类成员函数内不允许调用其他非 const 类成员函数。

```
void A::func1() const {
   func2(); // 该函数不是 const 类，将引起编译错误
}
```

---

① 因为 int 和 float 等类型其实并没有这样曲折的处理过程，而结果又是一样的，所以说“大概就类似这样”。

这样规定是为了保证函数内 A 的内容不会被修改。

这个小例子可能无法体现出添加 const 的好处，但是当程序规模变得庞大以后，这种安全机制的重要性就会凸显出来。

即便如此，在尝到苦头之前往往很难有深刻体会，所以多做做大项目是很有好处的。笔者曾经吃过这方面的亏，所以现在在写函数时，只要能够添加 const，就都会尽量加上。

1.4.6 两种 delete

在介绍 delete 之前，我们先看下面的代码。

```
class T{}; //某个类

void delete( T* p ){
   p->~T();
   deallocate( p );
}
```

~T() 表示析构函数，deallocate() 是清空函数，用于将使用过的内存标记为"不再使用"，以便释放。也就是说，delete 用于在调用析构函数后释放相应的内存。当然这里只是为了便于读者理解而写的伪代码，真正的 delete 代码并非这样。而关于 delete[]，我们先来看一下下列代码。

```
void delete( T* p ){
   for ( int i = 0; i < arraySize; ++i ){
      p[ i ].~T();
   }
   deallocate( p );
}
```

delete[] 会根据数组元素的个数依次调用各元素的析构函数，然后释放内存。很明显，如果在应当调用 delete[] 的地方调用了 delete，就只会调用第一个元素的析构函数。

另外，在上面的伪代码中，arraySize 的位置是由编译器决定的，一般隐藏在 p 附近。因此，如果在应当调用 delete 的地方调用了 delete[]，编译器就可能会将不当的值误认为 arraySize，从而导致出错。毕竟编译器无从判断指针所指是否为数组，必须由人来告知。

后面我们会讨论如何从根本上克服这种麻烦，现在还是请读者先养成正确使用 delete 和 delete[] 的习惯。

1.4.7 字符串常量

虽然这是 C++ 的基础知识，但是仍有相当多的人没有理解透彻。下面我们再来讲解一下这部分内容。

```
const char baka[] = "baka";
const char* aho = "aho";
```

可以看出这段代码是在定义字符串常量，但是在 C++ 的内置类型中并没有字符串这种类型。那么这里的"字符串常量"是什么呢？这个问题不容易回答，很多初学者恐怕也难以理解。

为了不引起误解，我们将其称为"定义 char 数组的简便写法"。以上面的 baka 为例，

```
cosnt char baka[ 5 ] = { 'b','a','k','a','\0'};
```

这种写法和前面的写法本质上是一样的。大概是 C 语言的作者考虑到这样写太过烦琐，所以发明了更加简便的写法，但是程序员一定要理解这才是字符串的本质。用 "" 包围着的内容其实就是一个单纯的 char 数组，只不过会自动在最后加上 '\0'①。因此，baka 的容量是 5 而非 4。

同样地，

```
const char* aho = "aho";
```

大概相当于下列代码的省略形式②。

```
const char ahoINTERNAL[ 4 ] = { 'a', 'h', 'o', '\0'};
const char* aho = &ahoINTERNAL[ 0 ];
```

ahoINTERNAL 只是为了便于说明而随便起的名字，实际上并没有这个变量，但也要注意，在系统中某个看不见的位置确实存放着一个作用相似的变量。

上面我们介绍了 C++ 的一些用法，之后还会对更加基础的内容进行讲解，包括标志位和位运算、指针和内存，以及引用。由于介绍得比较基础，如果读者已经很熟悉了，完全可以跳过。这些对经历过 C 语言时代的程序员来说应该都没有问题，不过 C# 和 Java 程序员可能会不太熟悉，而且即使是学过 C++ 的读者，也未必都能很好地理解，所以如果不着急的话，可以浏览一下。

1.5 补充内容：标志位和位运算

1.5.1 标志位

标志位，英文中叫作“flag”，也就是“旗子”的意思。程序中将保存开或关、有效或无效等状态的变量比拟为旗子，称为标志位。标志位变量一般是 bool 类型。在《箱子搬运工》中，如果要设置一个变量来表示是否到达目的地，那么很明显，这个变量就可以是标志位③。

不过游戏中往往通过一个 unsigned 型④变量来管理多个标志位，而不是使用多个 bool 变量。因为只需要表示 0 或 1 的 1 位（bit）就能表示有或没有的状态，所以 4 字节（byte），也就是 32 位的空间足以用来管理 32 个标志位。

其实也可以使用普通整型变量中未被使用的部分来存储标志位。以《箱子搬运工》为例，Object 数组中的元素都是 unsigned，可以用前半部分作为标志位来记录“该网格是否为目的地”，用后半部分来记录网格的状态。32 位的整数能表示 40 亿种数字状态，而这个游戏最多只需要 5 种状

① '\0' 表示“char 类型的 0”，也可以直接写作 0，不过把 0 作为字符表示时，普遍采用 '\0' 的写法。顺便说一下，'0' 是表示字符“0”的数字，其值为 48，而不是 0。“字符 0”和“数字 0”经常容易混淆，要多加注意。同理，'1' 的值为 49，而不是 1。

② 之所以说“大概”，是因为严格来说两者并不完全等同。不过能够说清楚二者具体区别的读者估计也不需要本书了。

③ 将标志位设为有效状态的行为一般称为“设置标志位”。

④ 本书中将 unsigned int 写作 unsigned。可能有些读者会不习惯，不过笔者的习惯是简洁至上。

态，完全绰绰有余。

因为 32 位的结构看起来太长不利于理解，所以下面我们都将以 8 位的 unsigned char 为例进行说明。

1.5.2 标志位的存储

下面是一个二进制数的例子。

```
00110101
```

用 8 个值为 0 或 1 的数字排成一排，从右往左各个位依次代表十进制的 1, 2, 4, 8, 16, 32, 64, 128。对二进制不熟悉的读者可以确认一下，后一个值依次是前一个值的 2 倍。若将上面用二进制形式表示的数字 00110101 换算成十进制，则等于 1+4+16+32=53①。这 8 个 0 或 1 的数字分别都可以被当作某种标志位使用。

接下来最好能封装一些功能函数，比如用于检测标志位状态的函数、设置标志位状态为有效的函数，以及设置标志位为无效的函数。

标志位相关类的代码大概如下所示。

```
class Flag{
   bool check( 参数未定 ) const;
   void set( 参数未定 );
   void reset( 参数未定 );
private:
   unsigned char mFlags;
};
```

check 函数用于检测标志位状态，set 用于设置标志位为有效，reset 用于设置标志位为无效。参数一般主要用于指定标志位的位置，具体使用方法暂时还没确定。

1.5.3 使用普通计算获取标志位状态

如果把各个位视为标志位，那么为了检测各个标志位的状态，就需要判断对应位的值是 0 还是 1。

在前面的例子中，8 个 0 或 1 排成一排，结果一目了然，而在现实中，例如 87 这个数，我们只能看到一个十进制数 87。当然在计算机中仍是通过二进制来处理的。在计算机中，数字的二进制形式就像一个值只能为 0 或者 1 的 int 数组，类似于一堆 bool 型变量的集合。

因此，对于 0～255 的数，我们需要找到一种能够检测出任意二进制位的值是 0 还是 1 的方法。

最直接的方法

现在试着将“是否是墙壁”和“是否是目的地”两个信息存入标志位变量中。最左边的位用于保存“墙壁标志位”，第二位用于保存“目的地标志位”。因为最左边的位对应 128，所以可以通过数值是否大于 128 来判断该二进制位是否为 1，但是不能通过数值是否大于 64 来判断第二位是否为 1。例如，

---

① 按照二进制与十进制的换算关系，该值可根据 $1*2^0+0*2^1+1*2^2+0*2^3+1*2^4+1*2^5+0*2^6+0*2^7$ 算出。——译者注

```
10000000
```

表示的二进制数中，只有 128 对应的位为 1，所以该数值等于 128。虽然比 64 大，但是第二位是 0，因此不能通过数值是否大于 64 来判断第二位的二进制值。当数值大于 128 时，需要减去 128 才能执行该判断。

```
unsigned char t = mFlags;
if ( t >= 128 ){
   t -= 128;
}
return ( t >= 64 ) ? true : false;
```

但是，这种做法无论怎么看都很麻烦。想象一下，在右边的二进制位都被用上之后，代码中就需要逐次减去 128, 64, 32, 16, 8, 4, 2，非常不便。

使用除法

前面我们看到了减法运算的弊端，现在我们来试试除法运算。

为了检测 64 对应的二进制位等于 0 还是 1，我们先将数值除以 64。如果该数小于 64，那么余数等于 0，如果大于 64，则余数大于等于 1。比如，

```
00111111
```

表示 63，将其除以 64 后，商等于 0。

```
11111111
```

表示 255，除以 64 后商为 3。因为是整数运算，所以小数部分被舍去。

接下来再将商乘以 128。商为 0 的话则结果依然为 0，商为 3 的话则结果等于 384，但因为 8 位的整数值最大不能超过 255，所以溢出被截断，结果值等于 384－256 ＝ 128。如果 128 对应的二进制位的值为 1，那么除以 64 的结果等于 2，再乘以 128 后变为 256，因为 256 超出了 8 位的存储范围，所以将发生溢出而变为 0。也就是说，无论 128 对应的二进制位的值是 0 还是 1，这样计算出的结果都是相同的。另外，32 对应的二进制位和后面的其他二进制位也将在除法过程中变为 0，所以 64 对应的二进制位如果为 1，则计算结果等于 128，如果为 0，则结果等于 0，这样就可以判断出某二进制位的值。

代码如下所示。

```
unsigned char t = mFlags; //因为会修改变量值，所以复制一个副本出来
t /= 64;
t *= 128;
return ( t != 0 ) ? true : false;
```

结果要么是 128 要么是 0，所以判断条件可以根据个人喜好写成“是否等于 128”或者“是否不等于 0”。笔者选择了不易写错的“是否不等于 0”。

64 以外的其他二进制位也使用同样的方法，如果是 32 对应的二进制位，则可以除以 32 后再乘以 128；如果是 16 对应的二进制位，则除以 16 后再乘以 128。像下面这样将除数放入枚举型中，

```
enum Flag{
   FLAG_WALL = 128,
   FLAG_GOAL = 64,
};
```

就可以用下面的 check() 函数来检测某个标志位的状态。

```
bool Flag::check( unsigned char f ){
    unsigned char t = mFlags;
    t /= f;
    t *= 128;
    return ( t != 0 ) ? true : false;
}
```

1.5.4 乘除法运算和移位

通过上面的例子可以看出，使用乘法和除法运算可以高效地算出标志位的值，不过在代码中直接写 64 或者 128 这样的数字显得不太美观。而且例子中只有 8 位，所以问题不大，但如果是 32 位，则会出现 131072 或者 536870912 这类容易写错的数字。因此，应当避免在代码中直接写入这样的数字，最好根据二进制的原理将数字写成 2 的阶乘，也就是 2 的 *n* 次方，这样代码看起来会更清晰。现在就来介绍具体的方法。

下面用二进制表示数字 3。

```
00000011
```

将其乘以 2，变成 6。

```
00000110
```

请注意观察数字的排列变化。可以看到，乘以 2 后 01 序列整体向左移动了 1 位。C++ 中准备了移位（shift）运算用于 01 序列的移动，执行向左移动 *n* 位的代码如下所示。

```
t = ( t << n );
```

它还可以执行类似于 += 和 -= 的运算，非常方便。

```
t <<= n;
```

而二进制序列移动 *n* 位相当于循环 *n* 次乘以 2 的操作，这和乘以 2 的 *n* 次方是等价的。与此相反，右移则意味着除以 2。

```
t >>= n;
```

表示向右移动 *n* 位，这意味着可以循环 *n* 次除以 2，也就是除以 2 的 *n* 次方的操作。通过这个功能，可以用移位操作改写用于检测标志位状态的函数 checkFlag()。

用移位操作改写

首先将枚举类型中的数字定义为 2 的 *n* 次方形式。例如，128 是 2 的 7 次方，64 是 2 的 6 次方，代码如下所示。

```
enum Flag{
    FLAG_WALL = 7,
    FLAG_GOAL = 6,
};
```

然后利用这一点，将函数改写为下列形式。

```
bool Flag::check( unsigned char f ){
    unsigned char t = mFlags;
    t >>= f;
    t <<= 7;
    return ( t != 0 ) ? true : false;
}
```

改写后，原有的乘法或除法运算都可以被视为 01 序列的移位操作。先向右移位，将所关注位右侧的位的值全部消除，然后再向左移位，将所关注位左侧的位的值全部消除。这样一来，乘除法操作就可以很方便地通过位运算来完成。

1.5.5 使用位运算

到现在为止，我们一直在使用普通的加减乘除运算来实现相关的功能。即使引入了移位，本质上它也只是乘除法运算的另一种写法而已。由于在计算机内部，数据是用二进制表示的，如果遇到“第三个二进制位的值等于 1 吗？”这样的问题，该如何解决呢？现在我们来讨论一下解决办法。

首先要知道，C++ 提供了对各个位单独进行乘法运算的功能。

用“×”表示乘法运算，那么 5×6，即：

```
00000101 × 00000110 = 00000100
```

也就是等于 4。请注意每个位的值。最后两位通过 0×1 得到 0，右起第三位，也就是数字 4 对应的二进制位，为 1×1 = 1，最终的运算结果等于 4。

这不是普通的乘法，它的运算规则是“只有对应的两个二进制位的值都等于 1 时结果才为 1”。有了这个方法后，一切都变得简单了。

例如，对于

```
11011110
```

如果想知道 64 对应的二进制位的值是否为 1，只需执行下列运算即可。

```
11011110 × 01000000 = 01000000
```

准备一个只有 64 对应的位等于 1 的二进制数，然后将该数的各个位分别与 11011110 进行乘法运算，如果 64 对应的位等于 1，则结果等于 64，否则等于 0。按位进行乘法运算的运算符是 &，所以如果定义了下列枚举类型，

```
enum Flag{
    FLAG_WALL = 128,
    FLAG_GOAL = 64,
};
```

就可以像下面这样实现 check 函数。

```
bool Flag::check( unsigned char f ){
    return ( ( mFlags & f ) != 0 ) ? true : false;
}
```

为了便于初学者理解，我们还可以写得更简洁些。

```
bool Flag::check( unsigned char f ){
    return ( ( mFlags & f ) != 0 );
}
```

此外，还可以使用移位改写枚举类型中的64、128这些数字，如下所示。

```
enum Flag{
    FLAG_WALL = ( 1 << 7 ),
    FLAG_GOAL = ( 1 << 6 ),
};
```

这是一开始提到的示例代码中枚举类型的标准写法。另外，这种按位进行的乘法运算叫作“逻辑与”，也称为“and”，也就是“A并且B”的意思。

1.5.6 设置标志位为有效

现在我们将指定的标志位设置为有效状态，即值为1。只需对各个二进制位执行一次加法运算即可实现。

例如，如果要把

```
10011110
```

中64对应的二进制位设置为1，那么进行下列运算即可。

```
10011110 + 01000000 = 11011110
```

但是，如果该位原本就等于1，那么执行同样的操作后值将变为0。

实际上C++提供了两种加法操作：1+1 = 0的普通加法和1+1 = 1的另外一种加法。前者的运算符是^，后者的运算符是|。显然这里我们应当使用后者。

使用这个功能，就可以写出设置标志位为有效的set()函数，如下所示。

```
void Flag::set( unsigned char f ){
    mFlags |= f;
}
```

1+1=1的加法运算叫作“逻辑或”，也称为“or”，也就是“A或者B”的意思，如果其中任一方的值为1，则计算结果为1。而1+1=0的加法运算叫作“异或运算”，也称为“xor”，是exclusive or的缩写，表示“如果A或者B中只有一个为1”的意思。这里我们不怎么会用到它。

1.5.7 将标志位设置为无效

下面来编写将标志位设置为无效的resetFlag()函数。

例如下面这个二进制数，如何把64对应的位设置为0呢？

```
11011110
```

虽然稍微有些麻烦，但是并不复杂。我们先创建一个除了64对应的位为0其他位都为1的数，再将它和上面的数按位进行乘法运算即可。

```
11011110 × 10111111 = 10011110
```

问题在于，特意准备这样一个“除了特定位以外其他位都为 1”的数并放到枚举类型中非常麻烦。如果能有一种方法可以快速实现下列转换，就不必修改原来的枚举类型了。

```
01000000 → 10111111
```

要完成这种转换，执行按位相加即可。注意这里用的不是 1+1=1 的 or 运算，而是 1+1=0 的普通加法运算 xor。计算过程如下所示。

```
01000000 xor 11111111 = 10111111
```

和 1 进行 xor 运算后，1 变为 0，0 变为 1。然后再配合 and 运算，函数可以写成如下形式。

```
void Flag::reset( unsigned char f ){
   mFlags &= ( f ^ 255 );
}
```

8 个 1 排列而成的二进制数等于 255，先和它完成 xor 运算，然后再执行 and 运算。不过还有更简单的写法。因为 C++ 提供了按位反转的功能，所以还可以像下面这样使用 ~ 运算符交换 0 和 1。

```
void Flag::reset( unsigned char f ){
   mFlags &= ~f;
}
```

这种交换 0 和 1 的操作称为“取反”，英文叫作 not。也就是说，要将标志位设置为无效，只需要执行 not 和 and 即可。

现在读者已经大致学习了位操作的相关功能。虽然例子中参与运算的数都是 8 位，但换成 16 位或 32 位也都是一样的。实际运用时可以根据自己的需要选择大小合适的类型变量，如果太麻烦也可以全部使用 unsigned 型，其大小占 4 个字节。

int 型变量有可能为负数，如果对 int 型变量执行按位运算或者移位操作，很容易就会产生符号的问题，建议使用不可能为负数的 unsigned 型变量。

1.5.8 一次性操作多个标志位

这里还要补充一点，就是一次性操作多个标志位的方法。

比如需要将墙壁和目的地的标志位都设置为 true，在这种情况下，如果调用两次 check() 就太麻烦了，这时可以通过连接两个枚举类型来解决。

```
flag.check( FLAG_WALL | FLAG_GOAL );
```

像上面这样使用 or 运算将两个枚举值连接起来就可以了。这是为什么呢?

```
01011110 or 11000000 = 11011110
```

对参与 or 运算的各个数来说，相同的位上只要有一个等于 1，那么该位运算的结果就不会等于 0。因为最后只需判断结果是否为 0，所以非 0 结果的具体数值并不重要。64 也好 128 也好，甚至两者相加得来的 192 也好，只要不为 0 就可以了。

不光是标志位的检测，将标志位设置为有效和无效时都可以使用类似的方法。

```
flag.set( FLAG_WALL | FLAG_GOAL );
flag.reset( FLAG_WALL | FLAG_GOAL );
```

众所周知，一个数依次加上 64 和 128 的结果跟一次性加上 192 的结果是相同的。同样，单独将 64 对应的位设为 0 后再将 128 对应的位设置为 0，和一次性将 64 和 128 对应的位都设为 0 的结果也是一样的。不过，像这样一次性地将 or 运算的结果作为参数传递给函数时，不能再使用 0、1、2、3 这种普通数字作为枚举类型值，应当使用移位后的数字。

如果一次只修改一个标志位，就可以像下面这样，从 0 开始按顺序定义枚举值，在函数中执行移位操作。

```
enum Flag{
    FLAG_WALL,
    FLAG_GOAL,
};
```

假设 f 是传入的枚举型变量，则处理的代码如下所示。

```
return ( mFlags & ( 1 << f ) ); //check
mFlags |= ( 1 << f ); //set
mFlags &= ~( 1 << f ); //reset
```

这种写法使 enum 变得简洁明了，而且不容易出错。不过如果需要同时操作多个标志位，这种做法就不可取了。

1.5.9 十六进制数

C++ 不支持在代码中用二进制的形式来表示数字。

```
if(a & 10110110){
```

虽然像上面这样用二进制表示数字更容易理解，但遗憾的是，这是行不通的。

作为替代方案，C++ 提供了十六进制数表示法。顾名思义，十六进制数中每一位都可以用 16 种数字之一表示。0 到 9 有 10 种，再加上 a 到 f 这 6 种，一共 16 种。其中，a 表示 10，b 表示 11，c 表示 12，d 表示 13，e 表示 14，f 表示 15。在变量值开头加上 0x，就表示这是一个十六进制数。这样一来，上面的代码就可以写成下面这样。

```
if(a & 0xb6){
```

虽然仍旧比不上直接采用二进制表示法显得直观，但是相较于十进制表示法已经有很大改善了。

```
if(a & 182){
```

十六进制数的 1 个字符占 4 位，二进制序列 1011 等于 8+2+1，也就是 b，0110 则等于 4+2，也就是 6。熟练以后，程序员在看到 7 或者 d 时，眼前应该很快就能浮现出 0111 或者 1101 这样的二进制序列。

关于标志位的讨论暂且就到这里，读者可以试着改造一下《箱子搬运工》的目的地标志位，以确认自己的理解程度。具体可以参考笔者提供的示例代码 NimotsuKunBitOperation。

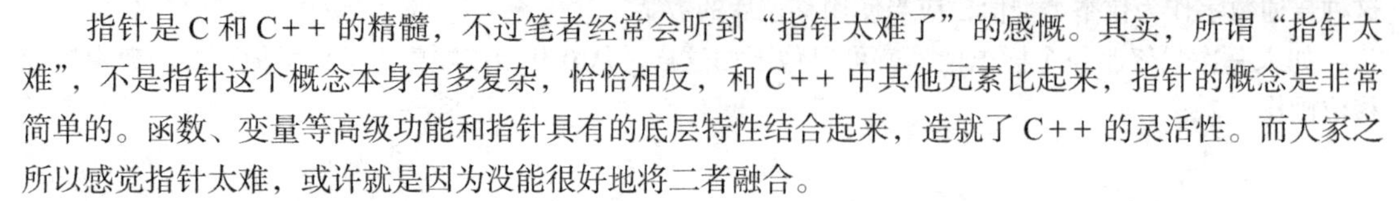

1.6 补充内容：指针和内存

指针是 C 和 C++ 的精髓，不过笔者经常会听到“指针太难了”的感慨。其实，所谓“指针太难”，不是指针这个概念本身有多复杂，恰恰相反，和 C++ 中其他元素比起来，指针的概念是非常简单的。函数、变量等高级功能和指针具有的底层特性结合起来，造就了 C++ 的灵活性。而大家之所以感觉指针太难，或许就是因为没能很好地将二者融合。

本节将从源头讲起，试着梳理一下指针的来龙去脉。读者了解了这些细节后，再遇到不理解的地方时，就可以从底层的角度进行考虑。

1.6.1 内存的数组结构

假设现在有一台内存只有 16 字节的计算机。

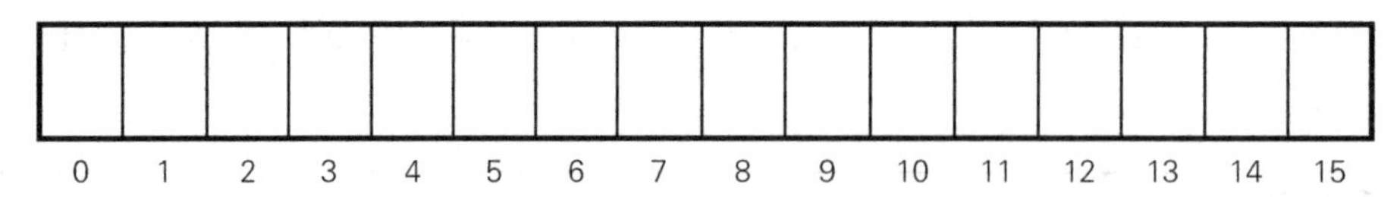

上图表示的是所有内存，1 个格子代表 1 字节。

下面准备计算 2+2。首先必须将数字 2 放入内存中的某个位置，并确定在何处存放计算结果。这里我们将 2 放入 0 号格子。因为内存被看作一个数组结构，所以标记索引从 0 开始。

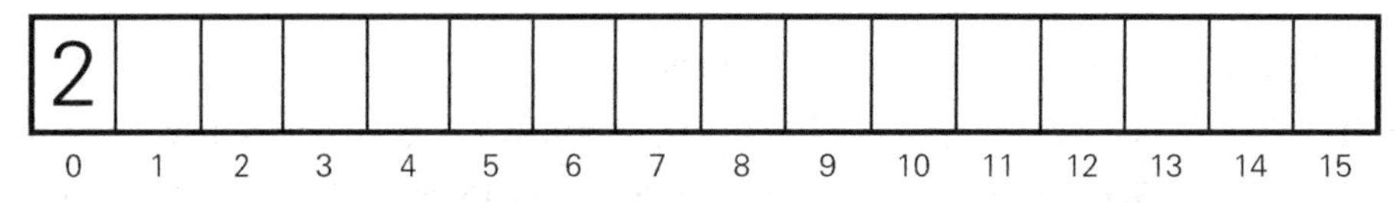

经过 CPU 的计算后，再将结果存入 1 号格子，如下图所示。

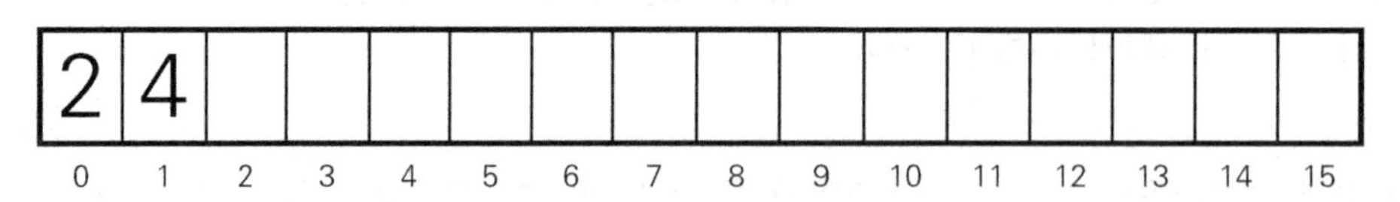

C++ 的伪代码如下所示。

```
char memory[ 16 ];
memory[ 0 ] = 2;
memory[ 1 ] = memory[ 0 ] + memory[ 0 ];
```

貌似和正规的 C++ 代码有些出入。这里除了 memory 外没有其他变量。

下面，我们将刚才计算得到的 4 再加上 2，同样也必须将结果存入某个位置。下图是将结果存入 2 号格子的情况。

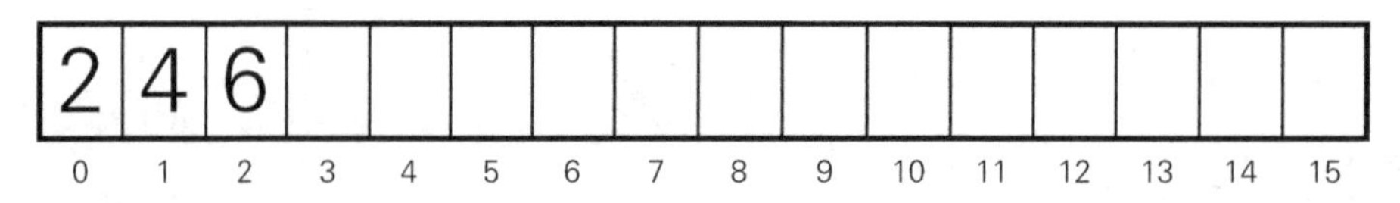

下面是对应的 C++ 伪代码。

```
memory[ 2 ] = memory[ 0 ] + memory[ 1 ];
```

实际上，在用 C++ 进行一般的计算时，完全不用关心这些变量存放的位置，只要像下面这样写代码就可以了。

```
char a = 2;
char b = a + a;
char c = a + b;
```

至于 a、b、c 这些变量存放在哪里，我们无须关心，但是也必须知道，是编译器帮我们进行了类似于“将 a 放在 0 号格子，b 放在 1 号格子，c 放在 2 号格子”的工作。也就是说，上面这段 C++ 代码会被编译器转换为下列形式。

```
memory[ 0 ] = 2;
memory[ 1 ] = memory[ 0 ] + memory[ 0 ];
memory[ 2 ] = memory[ 0 ] + memory[ 1 ];
```

就像这样，各个变量都会被放入 memory 这个巨大的内存数组中，然后通过相应的下标索引进行管理。

1.6.2 指针是什么

前面的伪代码中使用的“开发语言”除了 memory 之外没有其他变量，太不方便了。可以想象，不使用变量名而全靠下标索引值来引用该有多么麻烦。假如用这种语言来编写《箱子搬运工》，结果会是什么样呢？

虽然很麻烦，但笔者还是进行了尝试。读者可以参考 NimotsuKunRawMemory 中的代码，看后应该会感到很绝望吧。

代码中准备了下面这样一个全局变量，除此之外再没有创建任何变量，一切都通过下标索引来管理。

```
char m[ 100 ];
```

另外，因为函数的参数和返回值也是一种变量，所以使用全局变量的 0 号元素来完成交换处理。调用函数前先将参数放入 0 号位置，如果函数有返回值，也将其记录在 0 号位置。这些操作都由编译器在暗地里帮我们完成。

计算机的内存其实可以看作一个 char 数组，变量、数组、结构体、函数和类都被放置在其中。系统通过一张记录了“从哪里到哪里表示的是什么名字的变量”的表来管理它们，负责生成和维护这张表的就是编译器。这一点请牢记。

内存地址

这里要介绍一个重要的概念。

内存数组的下标索引称为**内存地址**（memory address）或者**地址**（address），而存储了该下标的变量称为**指针**（pointer）。

现在来看一下 NimotsuKunRawMemory 的 checkClear() 函数。

```
void checkClear(){
   for ( m[ 1 ] = 20; m[ 1 ] < 20+m[ 18 ]*m[ 19 ]; ++m[ 1 ] ){
      if ( m[ m[ 1 ] ] == OBJ_BLOCK ){
         m[ 0 ] = 0; //返回值存到m[ 0 ] 中
         return;
      }
   }
   m[ 0 ] = 1; //将返回值存到m[ 0 ] 中
   return;
}
```

m[0] 用于存放返回值，m[1] 相当于 for 循环中的计数器 i，m[18] 用于存放场景的宽度 8，m[19] 用于存放场景的高度 5。另外，从 m[20] 开始到 m[59] 存放的是场景的状态数组。现在请大家看一下下面这行代码。

```
if( m[ m[ 1 ] ] == OBJ_BLOCK ){
```

在循环过程中，m[1] 的值从 20 开始逐次加 1，一直到 59。此外，m 的 20 号位置到 59 号位置存储的是场景的状态数组。

如前所述，用于存储内存数组的下标位置的变量称为指针，所以 m[1] 就是一个指针。C++ 代码中的写法如下所示。

```
bool checkClear(){
   char* p = &m[ 20 ];
   for ( p = &m[ 20 ]; p < &m[ 20 + 8*5 ]; ++p ){
      if ( *p == OBJ_BLOCK ){
         return false;
      }
   }
   return true;
}
```

*p 就相当于前面的 m[m[1]]。也就是说，C++ 中的指针 * 运算符可以将指针变量作为下标来访问内存数组。指针本质上就是个整数，下面的代码会在屏幕上打印出一个整数。

```
cout << reinterpret_cast< int >( p ) << endl;
```

关于 reinterpret_cast 后面会具体说明，它可以强制转换变量的类型。指针转换后可能会返回一个特别大的数字，这是内存空间比较大的缘故。如果有 100 MB 的内存，该数字可以达到 1 亿。

反过来，所有的整数都可以作为内存数组的下标，也就是指针来使用。例如，下面的代码会向下标 20 指向的位置写入数值 4。

```
char* p = reinterpret_cast< char* >( 20 );
*p = 4;
```

实际上在代码中这样做很可能导致程序中断退出，因为操作系统会检测出“没有权限向该位置写入数据”，只有在该段范围的内存恰好可用时才能够顺利写入。平常我们在使用变量时可能容易忽略一个事实，就是所有的变量其实都存放在内存这样一个 char 数组中的某个位置。这个特性一定要牢记。

举例来说，类中的 private 变量是禁止外部访问的，但是如果知道该变量的地址，也就是其对应的内存数组的下标位置，就可以创建一个指针向该位置写入数据。比如针对下面这个类：

```
class A{
private:
    char a;
    char b;
};
```

通过下面的代码就可以强行向 b 写入值。

```
A a;
char* p = reinterpret_cast< char* >( &a );
*( p + 1 ) = 5;
```

在实际写代码时，我们当然不可能犯这样低级的错误，但有时可能会由某个 bug 导致类似的操作，这是需要留意的。

1.6.3 指针和数组

我们已经知道了指针相当于内存数组的下标。因为是下标，所以使用加 1 后的值应该就可以定位到数组中的下一个元素了吧。也就是说，

```
m[ 1 ] = 0;
```

和

```
char* p = &m[ 0 ];
*( p + 1 ) = 0;
```

是等价的。

实际上，在 C++ 中，下面的写法也是允许的。

```
char* p = &m[ 0 ];
p[ 1 ] = 0;
```

虽然 p 是指针而不是数组，但是也可以使用和数组相同的写法。另外，下面的写法也是没有问题的。

```
*( m + 1 ) = 0;
```

m 虽然是数组而非指针，但是这里也可以采用和指针相同的写法。

也就是说，在 C++ 中可以认为数组变量等同于指针[①]。可以认为，

```
a[ 3 ];
```

是

```
*( a + 3 );
```

的缩略形式，因为后者的写法比较麻烦。

数组定义的内容

我们不妨再深入看看，下面这行代码到底做了哪些事情呢？

```
char a[ 3 ];
```

① 在某些情况下是不能通用的，因为严格来讲这种说法不完全正确。

如果读者还记得前面说过的“所有的变量其实都存放在内存数组中的某个位置”，就能理解通过这行代码并不会“嘭”地一下生成只存放三个 char 类型变量的内存了。这行代码实际上只是在查找内存中可用的空白区域，并将该地址放入名为 a 的变量中。因为存放地址的变量是个指针，所以数组变量其实就是个指针。再看一下下面这种写法。

```
char* b;
```

两种写法的区别在于，后面这种写法省略了查找内存空白区域并将其地址保存到变量中的过程。因此，b 中并未存放可用的内存地址，在使用前必须对其进行赋值。也就是说，数组变量是“一开始就被初始化过的指针”。

1.6.4 值为 0 的指针

对指针而言，值为 0 表示其未指向任何位置。从内存数组的角度来看，值为 0 意味着指向的是内存数组中的第一个元素，这是不允许的。

下面这段代码中的写法违反了这种规定，将导致程序错误。

```
int* p = 0;
*p = 4; // 写入错误
int a = *p; // 读取错误
```

将销毁后的指针设置为 0，正是在利用这个性质进行 debug。如果销毁后指针仍保存了原来的值，那么再次使用该指针时就很可能会错误地访问内存中的某个位置。这就好比给搬了家的好友原来的家打电话一样。为了防止出现这种情况，现实中我们会将好友原来家里的电话号码抹去。把不再有用的指针设置为 0 也是同样的道理。

由于这个特性，整数 0 可以被赋值给指针。但需要注意的是，只有 0 才可以这样操作。

```
int* p = 0;
```

是正确的，而下面这种写法则是错误的。请读者注意①。

```
int* p = 1;
```

1.6.5 指针的类型

到目前为止我们讨论的主要是 char*，其实 C++ 中还存在 int* 和其他各种类型的指针。类型名称不过是为了防止编译器对类型不同的指针进行复制而使用的检测标记而已，本质上都是内存数组中的一个位置索引。

不过，不同类型的指针在执行加法运算时稍有区别。

假设有下列代码，

```
int* ip;
char* cp;
```

---

① 这个特性有时会导致混乱。譬如某个类存在两个构造函数，原型分别是整数参数的 A(int) 和指针参数的 A(B*)。当代码中写了 A(0) 时，由于无法匹配唯一的函数，编译器将提示错误。如果是普通函数的话还能够修改名称，但是构造函数的话就行不通了。

那么，

```
ip[ 0 ];
cp[ 0 ];
```

意味着将指针所指位置的内容取出。假如空间足够，下面这段代码将取出下一个元素。

```
ip[ 1 ];
cp[ 1 ];
```

但是，因为 char 占 1 字节，而 int 占 4 字节[①]，所以它们和下一个元素的距离分别是 1 和 4。

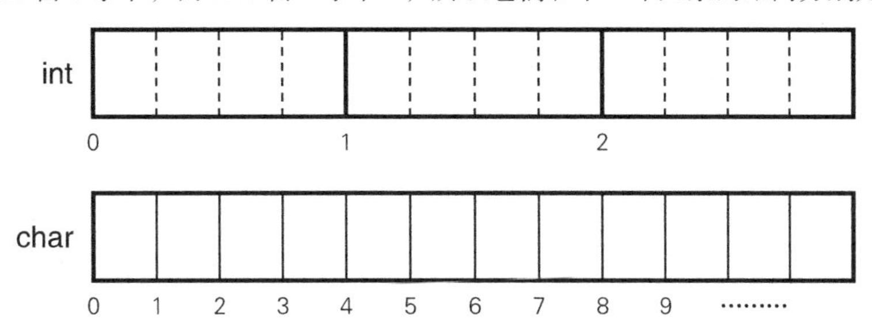

为了使

```
*( ip + 1 );
```

和 ip[1] 表示的意义相同，需要赋予 +1“前进 1 个 int 类型长度的距离”之意，不过这样一来实际上内部增加了 4。因此，当存在类型 T 时，

```
T* p;
p += 2;
```

会将 p 中的地址变为 T 类型大小的 2 倍。

```
address += sizeof( T ) * 2
```

有了这个规则后，数组下标定位和指针加法运算之间的关系就变得简单了。

1.6.6 new 和 delete

C++ 中一般通过 new 来创建类，那么，new 到底做了什么操作呢？

new 有两个功能：一个是在内存中查找空白位置并将该位置索引存入指针；另一个是在该处调用相应的构造函数。

delete 的功能和 new 相反，调用析构函数后释放内存。

通常所说的使用 new 来分配内存，指的就是在内存中查找空白位置并返回该位置索引。

new 功能中的内存管理程序负责检测内存是否空白可用。不过就像之前提到的那样，内存不过是一个特别大的数组而已，只要传入合适的下标值，就能够强行访问相应位置。因此，如果将

```
int* p = new int;
*p = 5;
```

改为

① 根据平台的不同，int 类型也有可能是 2 字节或者 8 字节，但在本书中都当作 4 字节。

```
int* p = reinterpret_cast< int* >( 1000000 );
*p = 5;
```

则也有可能顺利运行。

因此，不能理解为new的过程就是“嘭”地一下凭空生成了变量，而应该是下面这种情形。乘客在车站找空着的椅子，找到后声明“这是我的位置”。这就类似猫生小猫和在空地上搭建房屋的区别，猫的数量可以一直增加，还可以随意走动；而土地的数量是固定的，搭建好的房屋不会随意移动。另外，相对于小猫死亡，将建好的房屋摧毁更接近delete的过程。因为土地的位置是固定的。

虽然在C#和Java中不用delete也能够自动识别并释放那些不再使用的内存，但C++没有这样的功能，因此必须手动执行delete。习惯C#或其他语言的读者可能会觉得有些奇怪，为了便于理解，我们来想象一下打扫卫生间的例子。显然，如果是自己一个人生活，那就得自己打扫卫生间；而如果是车站的卫生间，则会有专门的工作人员来打扫。差别就在于卫生间的使用人数。如果有很多人使用，那么派专人打扫是最有效率的。反之，一个人用的话，自己打扫反而更轻松。C++正是一种“需要自己打扫卫生间”的语言，这可能是因为它在很多人都需要使用的卫生间出现之前就被发明出来了。在C++设计之初，设计者可能没有想到在大规模的程序中会有上万处用到new。

此外，自动delete机制还存在一个弊端，就好比车站的卫生间在打扫时将被停用，实际上C#和Java也有类似的问题，当内存清理程序启动时，其他程序的处理会被暂停。由于使用C++时往往对运行速度要求比较高，如果不能确切地知道何时进行垃圾清理，就会存在一定的风险。

1.6.7 数组和new的区别

请读者再来思考一下下面这个问题。

```
int p[ 5 ];
```

和

```
int* p = new int[ 5 ];
```

有什么区别呢？全部使用数组的写法不是很好吗？

C++的数组中存在一些new所没有的规定，那就是在编译时必须确定所需内存的大小，以及在函数结束时必须释放内存[①]。有了这些规定，在查找可用内存区域时就轻松多了。

实际上new操作会更慢一些，大约相当于1000次加法运算所花费的时间。而在数组操作中，因为查找内存的操作都在编译时进行，当编译结束时所有的地址索引都已确定，所以操作过程中完全没有多余的处理，速度很快。

数组和new的区别就只有这些，在查找可用内存区域并返回地址索引方面，二者是相同的。

1.6.8 关于指针的小结

指针就是内存数组的地址索引。如此而已。

剩下的就是一些语法上的问题，比如a[3]和*(a+3)的写法本质上是相同的、数组变量只不过是保存了可用内存的地址索引的指针，等等，了解了这些应该就不会有什么问题了。如果还能进

① 全局变量因为不在函数中创建，所以不存在这样的限制。

一步理解 new 和 delete 的执行过程，那就更完美了。建议读者试着自己创建内存分配和内存释放函数，这样有助于加深对内部机制的理解。

1.7 补充内容：引用

C++ 中有个叫引用（reference）的概念，简单地说就是别名。请参考下面的代码。

```
int a = 5;
int& aRef = a;
cout << aRef; // 输出 5
```

因为 aRef 是 a 的别名，所以用 cout 输出 aRef，将会输出 a 的值，也就是 5。此外，像下面这样将 aRef 赋值为 6 的话，a 的值就会变为 6。

```
aRef = 6;
cout << a; // 输出 6
```

举个例子，大毛是毛毛的别名，那么毛毛死了的话大毛肯定也死了。因为虽然名字不同，但其实是同一个人。

不过别名这种抽象的解释也不能说完全正确。只有搞清楚内部执行了哪些处理，才能保证写出的程序没有问题。

1.7.1 引用和指针

按照笔者的理解，引用是去掉了某些功能的指针。

下面让我们来对比一下指针和引用。首先是在创建时：

```
int a = 5;
// 创建时
int& aRef = a;
int* aPtr = &a;
```

创建指针时必须通过 & 符号获取目标地址，引用则不需要。

其次是在使用时：

```
// 使用时
aRef = 10;
*aPtr = 10;
```

使用指针时必须添加 *，引用则不需要。我们暂且可以将引用看作“编译器会自动添加 * 的指针”。下面我们来列出它和指针的不同之处。

必须初始化

指针可以在创建时不指向任何位置，如下所示。

```
int* aPtr;
```

引用则必须初始化。如果像下面这样写，程序将无法通过编译。

```
int& aRef;
```

不能变更指向的位置

指针在使用过程中可以修改指向的位置，如下所示。

```
int a;
int* aPtr = &a;
int b;
aPtr = &b;
```

引用则不行。

```
int a;
int& aRef = a;
int b;
aRef = b;
```

上面的代码只是将 b 的值赋给 a 而已，并未修改引用指向的位置。

无法使用下标索引和数字加法

指针可以用数组的形式访问，也可以通过加上数字来指向目标元素，引用则不行。比如，指针像下面这样写是可以的。

```
int* aPtr = &a;
aPtr[ 3 ] = 2;
aPtr += 2;
```

但如果引用采用这样的写法，将无法达到相同的目的，如下所示。

```
int& aRef = a;
aRef[ 3 ] = 2; // 错误!
aRef += 2; // 只是对 a 的值加上 2
```

小结

综上，引用具备下列特性。

- **必须指向某个变量，因此不会出现忘记初始化的 bug**
- **不允许修改指向的位置，因此不容易出现错误修改**
- **无法采用数组的访问形式，因此不容易产生访问错误**

可以看到，引用很好地规避了指针的一些危险特性。例如，我们经常会把指针传给函数，并将计算结果回传，这时通过引用来传值会安全得多。也就是说，将

```
void calc( int* a ){
    *a = 计算结果;
}
```

改写为：

```
void calc( int& a ){
   a = 计算结果；
}
```

当遇到无法使用返回值的情况时会把指针传递给参数，不过这里可以通过引用来避开指针的一些风险操作。因为引用必须指向某个变量，所以不必担心会出现使用指针时忘记初始化的问题，下面这种隐患绝对不会出现。

```
void calc( int* a ){
   a[ 3 ] = 计算结果；
}
```

除此之外，在其他一些情况下也可以使用引用，下面我们就来看一下。

1.7.2 用于改善性能的指针和引用

假设有如下一个类。

```
class T{
public:
   int a[ 1000 ];
};
```

另外有如下一个以该类为参数计算总和的函数。

```
int sum( T t ){
   int ret = 0;
   for ( int i = 0; i < 1000; ++i ){ ret += t.a[ i ]; }
   return ret;
}
```

在调用该函数时，该类发生了复制。

```
int r = sum( t );
```

上面这句看似平淡无奇，其实包含了一个 T 类型对象的复制操作。在 C++ 中，当类作为参数被直接传递给函数时，将发生复制，这是一个基本事实。上面的例子中会对 1000 个 int 逐一进行复制，因此处理速度非常慢。

在这种情况下，可以使用指针，如下所示。

```
int sum( const T* t ){
   int ret = 0;
   for ( int i = 0; i < 1000; ++i ){ ret += t->a[ i ]; }
   return ret;
}
```

注意这里不打算修改 t 的内容，所以将其声明为了 const T*。直接传递对象时会发生复制，函数后续操作对原有的内容不会有影响。但是如果按指针类型传递，函数中的操作就可能会修改原对象，所以为了杜绝这种可能，就需要添加 const。调用函数的代码为

```
int r = sum( &t );
```

这样就避免了类复制的发生，只需传递一个地址即可，处理速度也变得极快。美中不足的是，该方法仍然使用了指针这种“危险”的东西，我们可以将其换成引用。

```
int sum( const T& t ){
    int ret = 0;
    for ( int i = 0; i < 1000; ++i ){ ret += t.a[ i ]; }
    return ret;
}
```

注意这里和使用指针时一样，都要加上 const。调用函数的代码和最初相同。

```
int r = sum( t );
```

不再需要加上 &，并且也回避了指针带来的风险，函数中的代码变得清晰有条理。像这样，当向函数传递 int 和 float 等基本数据类型以外的类时，一般都会使用引用，很少直接传递类，另外也没有必要使用指针。

当然，引用也存在着一些问题。

1.7.3 引用的不足之处

传递引用的函数与直接传递对象的函数的调用代码是一样的。在上面的例子中，二者的调用代码如下所示。

```
int r = sum( t );
```

单凭这句代码，程序员无法得知该函数传递的是否为引用。如果像下面这样将参数加上 const 就没有问题了，因为 t 不允许被修改。

```
int sum( const T& t );
```

但问题在于，只通过观察调用的代码，仍无法判断出函数中是否有修改参数对象的可能性。

```
int r = sum( t );
```

程序员在写完上述代码后，可能没有意识到函数中 t 被修改了，进而导致 bug。当然，通过查看 sum 的函数声明，就可以确认参数是否有 const，但是如果每遇到一个函数就去查看头文件就太不方便了。而假如这里使用的是指针，程序员在遇到下面这种写法时可能就会意识到此处可能修改了参数内容，而引用则无法起到这种作用。

```
int r = sum( &t );
```

笔者的习惯是，当变量会被修改时传递指针，否则传递引用。按照这个原则，一看到带有 &，马上就可以知道函数的参数可以被修改。

但这毕竟只是笔者个人的习惯。就像前面所说的那样，函数中传递指针参数可能会带来一些风险，比如可以随意访问数组、指针的值会发生改变等。如果程序员在写代码时能够意识到传递的参数有可能被修改，那么即使全部使用引用也不要紧。毕竟这样就可以消除使用指针所带来的危险。当然这些都依赖于个人习惯。

要是能够简单看一眼就知道哪些参数会被修改就好了。

比如下面这行代码有多个参数，不查看头文件就无法知道哪些参数会被修改，效率太低了。

```
someFunc( a, b, c, d, e, f, g );
```

而按照笔者的原则，采用下面这种写法，就能一眼看出 a、b、c 会被修改。

```
someFunc( &a, &b, &c, d, e, f, g );
```

但是这里有一个前提，那就是必须遵循笔者的原则，不保证这样的写法适用于其他人写的代码，而且就算是笔者自己也有可能弄错。考虑到这一点，如果要确保绝对安全，除了时时提醒自己所有参数都有可能在函数内被修改之外，或许别无他法了。

1.7.4 返回引用

我们经常可以看到返回成员变量指针的函数。

```
class T{
public:
   const A* getA() const { return &a; }
private:
   A a;
};
```

如果 A 不是 int 或者 float 类型，复制操作会很费时，因此就将函数的返回类型写成指针。又因为不希望返回值被修改，所以添加了 const。为了回避使用指针的风险，还可以改为以下使用引用的方式。

```
class T{
public:
   const A& getA() const { return a; }
private:
   A a;
};
```

像下面这样写也完全没有问题。

```
const A& a = t.getA();
```

但问题在于，它也可以写成下面这种形式。

```
A a = t.getA();
```

如果 A 是一个特别庞大的类，这里就会发生规模巨大的复制操作，代码运行速度很慢。如果函数返回的是指针，如下所示，在前面加上 * 后，就不会发生复制操作，代码的执行效率也不会变低。

```
A a = *t.getA();
```

因此，尽管可能有些不方便，但笔者仍坚持“成员类变量一律通过指针返回”的原则。当然，这种做法必须在前面加上 *，略显麻烦，在对性能要求不高的情况下，未必都需要使用指针，大家根据具体情况来选择即可。

不允许返回局部引用

需要注意的是，指针也好，引用也好，都很容易出现一种错误的使用方式。

```
T& foo(){
   T a;
   return a;
}
```

如上所示，函数返回了函数内所创建的对象的引用。当函数结束时，a 将被析构释放，导致引用的内容发生错误。

```
int* a = new int; //new
int& aRef = *a; //传递给引用
delete a; //销毁原始对象
aRef = 5; //错误！引用所指对象已不存在！
```

参考上面的代码中的注释，很容易就能理解问题出在哪里。尽管引用强制要求初始化，但是无法阻止所引用的对象被销毁。当然这里换成指针也一样。

```
T* foo(){
   T a;
   return &a;
}
```

不过很少有人会这么写，因为指针的写法比较容易看出问题。从这一点来看，引用的写法往往会在不经意间造成 bug。请读者牢记，引用其实就是一种特殊的指针。

1.8 本章小结

本章试着开发了一个简单的《箱子搬运工》游戏。虽然很难说开发到什么程度才可以，但现阶段读者只要能够参考笔者的示例代码开发出可运行的程序就够了。

另外，本章对 C++ 进行了一些介绍。如果读者感到基础没有打好，最好先找本入门书学习，当然也可以继续往下阅读，到完全无法理解时再去查阅。

补充内容中介绍了位运算、指针和引用这三个概念。三者之中最为重要的是指针，这部分内容无论如何都必须掌握。如果没有理解就继续阅读下去，后面的内容学习起来会非常吃力，而且这样的状态也不适合开发大型游戏程序。另外两个概念相对没有那么重要，读者也可以在有必要时再回过头来温习，或者干脆完全不使用它们。

下一章我们将试着向游戏中添加图片素材，工作量也不大。在理解了本章的内容之后，学习起来应该是非常轻松的。

第2章

从像素开始学习 2D 图形处理

主要内容

- 使用类库开发游戏
- 学习 2D 图形处理的基础知识
- 在《箱子搬运工》中绘制图形

补充内容

- 结束处理

上一章开发的《箱子搬运工》已经基本完成了游戏的核心模块。因为玩家对游戏的第一印象往往取决于美术质量，所以就上一章完成的游戏状态而言，作为商业产品肯定是不合格的。因此，本章将更进一步，在游戏中绘制图形。首先从需要的准备工作开始，然后逐步将《箱子搬运工》改写为图形版本。

实际上，绘图处理要做到不依赖运行环境是很困难的。相比文字输出，计算机上的图形显示要复杂得多。即便仅仅是画一个圈，也要根据计算机操作系统和硬件环境的不同而采用不同的方法。但是考虑到对这些细枝末节进行讨论有些浪费时间，所以请读者直接使用笔者提供的类库来创建程序。硬件或者操作系统的差异都交由类库处理，读者只需集中精力学习关键的内容就好。

本书为各章准备了专用的类库，本章只会用到 2D 图形输出的模块。随着读者掌握的知识越来越多，笔者所提供的类库的功能也会越来越丰富。

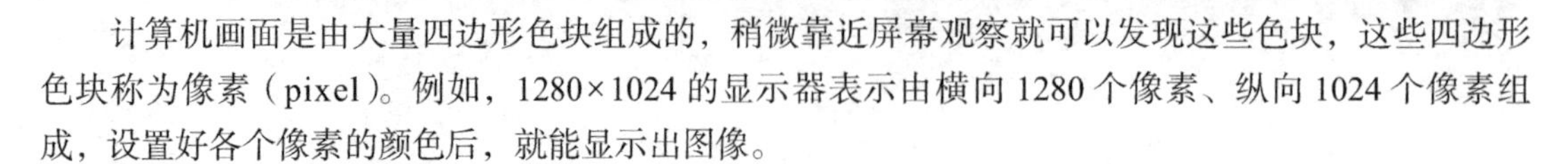

2.1 什么是 2D 图形处理

计算机画面是由大量四边形色块组成的，稍微靠近屏幕观察就可以发现这些色块，这些四边形色块称为像素（pixel）。例如，1280×1024 的显示器表示由横向 1280 个像素、纵向 1024 个像素组成，设置好各个像素的颜色后，就能显示出图像。

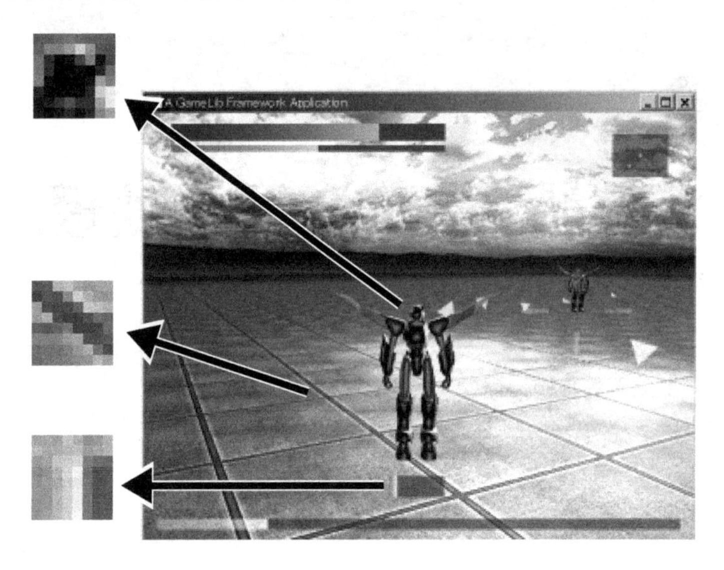

3D 图形处理的情况下也是如此。无论多么绚丽的 CG，本质上都是通过循环设置各个像素的颜色来绘制图形的。

此外，所有颜色都是通过红、绿、蓝三原色来表现的。这方面的知识后面会更详细地介绍，读者暂时只要记住这一点即可。各个原色值的范围是 0 ~ 255。如果红值为 255，其余两种原色值为 0，则显示红色；如果红绿值都为 255，则显示黄色；如果三种原色值全部为 255，则显示白色；如果全部为 0，则显示黑色。颜色的种类有 256×256×256 ≈ 1677 万种，一般情况下完全够用了。

2.1.1 关于类库

本章提供的类库是为了帮助读者理解像素成像的原理而开发的。程序中以数组的形式提供了一组画面像素，分别设置好颜色后，画面就会呈现到屏幕上。下面是读者将会使用到的类库。

```
class Framework{
public:
   static unsigned* videoMemory();
   static int width();
   static int height();
   void update();
};
```

读者有必要学习前三个函数的用法，最后一个函数可以自己填充逻辑。

videoMemory()

videoMemory() 函数用于获取构成画面的像素的数组。在像素数组中，x 从左向右排列，y 从上向下排列。例如，5×4 的像素数组如下图所示。

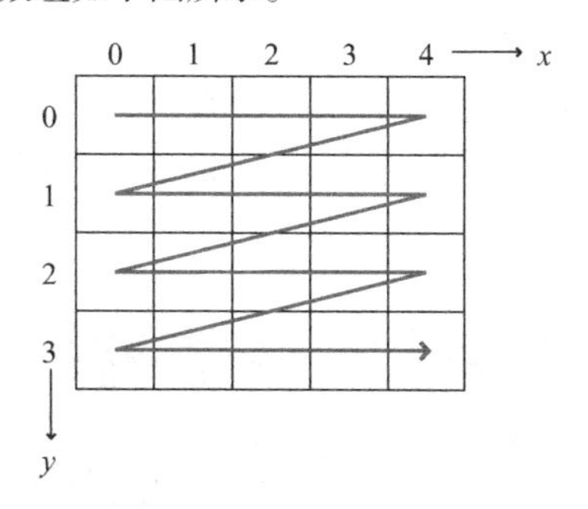

这是个一维数组，坐标 (x, y) 对应的像素的下标为“$y*$ 宽度 $+x$”。

该数组是 unsigned 型数组。1 个 unsigned 表示 1 个像素，按照“变量值的第 0 位到第 7 位表示蓝，第 8 位到第 15 位表示绿，第 16 位到第 23 位表示红”的规则，就可以将三原色的值都保存在 unsigned 变量中。当然也可以通过 3 个 unsigned char 变量来分别表示红、绿、蓝，只是笔者习惯使用 unsigned 型。

如果用 3 个 unsigned char（值的范围是 0～255）来表示三原色，可以像下面这样合成颜色值。

```
unsigned char red, green, blue;
unsigned color = ( red<<16 ) | ( green<<8 ) | blue;
```

读者如果对位运算理解得不够透彻，可以参考第 1 章的补充内容。

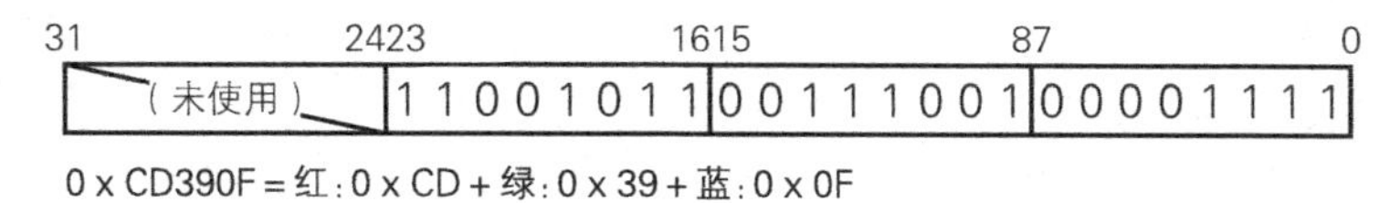

width() 和 height()

width() 和 height() 分别是用于获取画面宽度和高度的函数。本章的类库中画面固定为 320×240，但这样会丧失一些灵活性，最好能通过这两个函数来获取相应的值。这样一来，以后移植到其他环境时也能更省事①。

update()

类库中只是在头文件中声明了 update() 函数，没有实现函数体，读者可以填充自己的游戏逻辑。稍后我们会详细介绍相关内容。

① 函数名称如果是名词，则表示该函数将返回其名称所指代的东西，除此之外的函数都以动词开头。虽然也可以统一为 getWidth()、getHeight() 等形式，但这样会导致代码中到处都是 get，读写起来很不方便。当然全部加上 get 也很好，能够避免混乱。

2.2 准备工作

下面可以开始创建 Visual Studio 项目了。如下图所示，先创建一个空的 Windows 应用程序项目。然后再添加一个 .cpp 文件，否则将无法进行 C++ 关联项目的设置。如果想在设置完成后再添加文件，这里可以先把 main.cpp 加上。现阶段只需要一个 main.cpp 就足够了，不过读者如果想创建各种类的话，也可以继续添加。

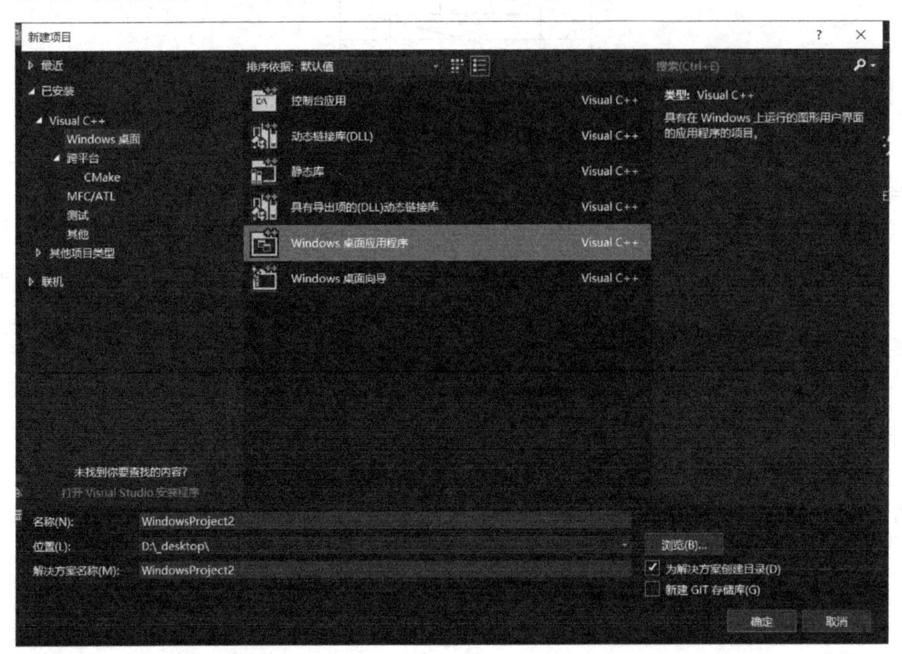

2.2.1 设置类库的查找路径

接下来为使用类库做准备。

所谓“准备”，主要是指通知接下来要创建的程序“这里有可用的类库”，这项操作称为设置路径。在计算机术语中，“路径”（path）表示文件所处的目录位置，即文件存放的位置。

读者是否已经将随书下载中的内容复制到计算机上了？如果还没有，请参考上一章开始部分的内容。我们需要使用解压后的 2DGraphical 目录，并将其中的 include 目录添加到头文件路径，将 lib 目录添加到库路径。

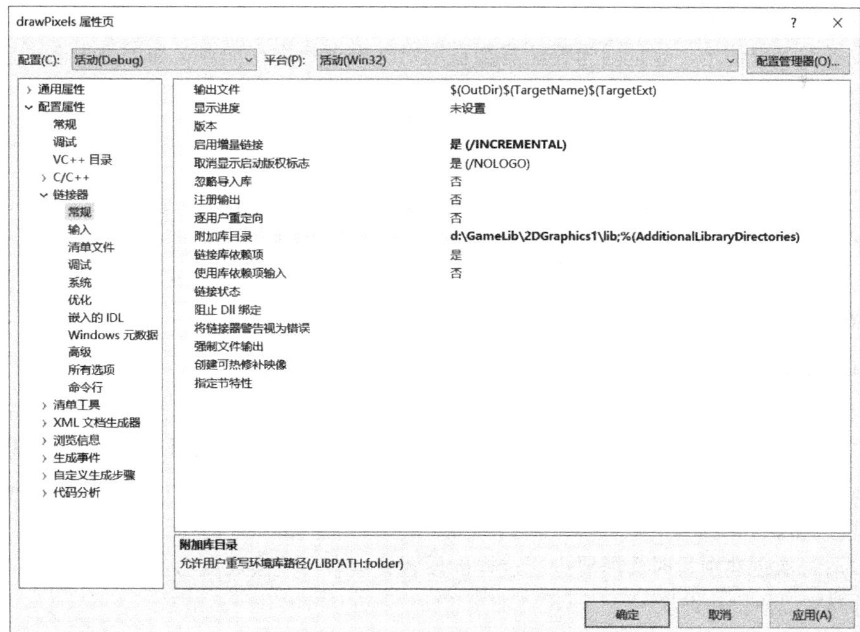

Debug（调试）模式下请在“链接器”的“输入”中添加 GameLib_d.lib，Release（发布）模式下则添加 GameLib.lib。

头文件路径指明了头文件存放的位置，库路径则指明了类库文件的存放位置。ifstream 类无须做任何设置就可以使用，这是因为编译器会自动对标准类库进行配置。如果是自己创建的类，则必须设置相关路径。

2.2.2 Debug 和 Release

Visual Studio 支持 Debug 和 Release 两种配置，我们可以修改其中的设置。开发时一般选择便于调试的 Debug 模式，发布时选择 Release 模式可以将调试功能移除，使程序运行得更快。因为目前不需要发布程序，所以可以只使用 Debug 模式，不过如果选择了“所有配置”，设置的内容会同时反映到 Debug 和 Release 模式中，将来准备发布时会更方便。

另外，在“C/C++”的“代码生成”设置中，如果是 Debug 配置，则将运行库设置为“多线程调试（/MTd）”，如果是 Release 配置，则设置为“多线程（/MT）”，否则将可能导致链接时发生错误而终止。这样设置是为了保证程序在其他计算机上也能运行。因为包含“DLL”的程序版本在缺乏 Visual Studio 附带的 .dll 文件的计算机上无法运行。

因为以后每次创建项目时都需要进行这样的设置，读者可能会反复参考这里的内容，所以建议将本页折叠起来以便快速查找。

2.2.3 环境变量

在编译本书的示例代码前，必须先设置环境变量。环境变量是事先在计算机中设置的变量，程序在执行过程中可以通过查找获得该变量值。在多个程序间共享相同的配置时，使用环境变量非常方便。本书的示例解决方案中要通过查找环境变量来获取类库的安装位置，因此必须进行设置。

如果像前面那样把 zip 文件解压到了 D 盘根目录，那么就可以把环境变量 GAME_LIB_DIR 设置为

“d:\GameLib”。在 WindowsXP 系统的情况下，设置步骤为：右键单击“我的电脑”，在弹出的菜单上选择“属性”，然后在“高级”标签页中选择“环境变量”，之后在用户变量中新建并设置变量名和变量值。

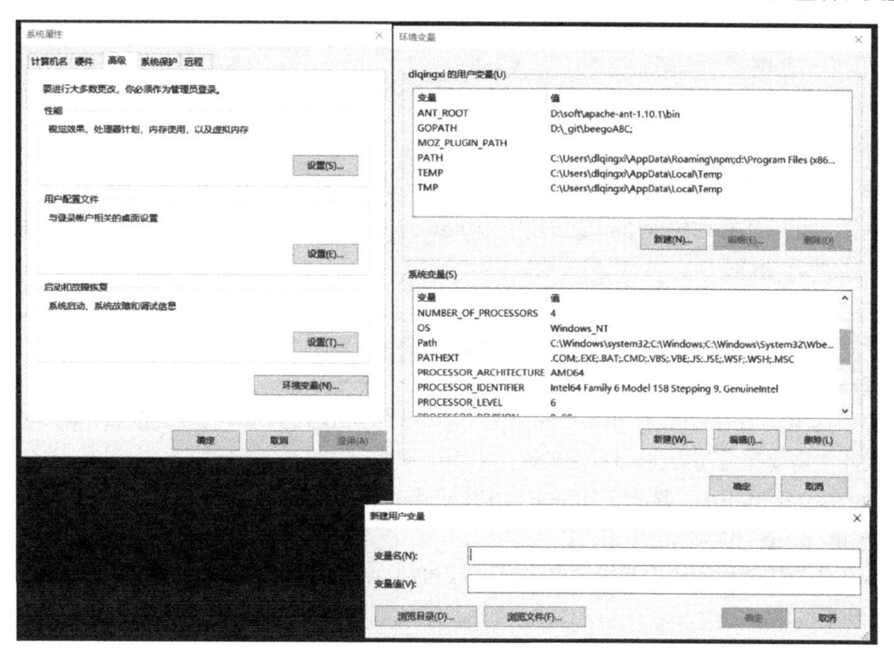

在 Windows 中指定文件名或目录名时采用“\”作为分隔符，比如“d:\GameLib\include”。Windows 以外的系统中则一般使用“/”符号，比如“/usr/local/etc/rc.d”。因为 Visual Studio 和环境变量的设置都在 Windows 上进行，所以要使用“\”，但在代码中不能使用“\”，必须用“/”。

```
ifstream in( "data/foo.txt" );
```

上面这种写法在所有主流编译器中都可以顺利执行。

2.2.4 关于 main 函数

之前我们的程序都是从 main 函数开始写起的，本章我们来写类库中特定的函数。前面提到过，类库中没有对函数 Framework::update() 进行实现，读者必须自行编写逻辑。

需要注意的是，不同于 main()，update() 处理的内容相当于一次主循环，因此不可以将主循环的内容写在 main 函数中。

代码结构大致如下所示。

```
int main(){
    Framework framework;
    while ( true ){
        framework.update();
    }
}
```

可以认为 main() 已经隐含在类库中了。

为了加深理解，下面我们再来看一段示例代码。

```
#include "GameLib/Framework.h"
namespace GameLib{
    void Framework::update(){
        getInput();
        updateGame();
        draw();
    }
}
```

因为整个类库都被包含在 GameLib 名称空间中，所以代码必须放入 namespace GameLib 块中才能通过编译。此外还必须包含 GameLib/Framework.h 头文件，只有这样才可以使用包括 cout 和 cin 在内的所有功能。

2.2.5 与上一章中的 cout 和 cin 的区别

实际上，这里使用的 cin 和 cout 并非上一章介绍的 iostream，而是按照相同的接口仿制的替代品，因此不需要包含 iostream 头文件。

除了向 Visual Studio 的调试窗口而非系统的命令行窗口输出信息以外，该 cout 的其他功能和 iostream 中的 cout 是一样的。

使用方法的差异主要在于名称空间的不同，这里的 cout 和 cin 位于 GameLib 名称空间而非 std。使用时要么每次都像 GameLib::cout、GameLib::cin、GameLib::endl 这样写出名称空间，要么在特定位置写上 using namespace GameLib。

不过使用该类库时有一点需要特别注意，那就是点击“×”按钮可能无法关闭程序。这是因为程序正在等待 cin 的输入而无法响应鼠标操作。如果想结束程序，可以在运行时同时按下 Alt 和 F4，或者直接在 Visual Studio 上按下 Shift+F5 结束调试。

2.3 打印一个点

本章提供的类库的功能其实就是打印一个点而已。如果要在 (100, 200) 处打印一个红点，可以通过下列代码来实现。

```
unsigned* vram = videoMemory();
vram[ 200 * width() + 100 ] = 0xff0000;
```

videoMemory() 返回的是一维数组，如果要将其视作二维数组来访问元素 (x, y)，可以按照之前介绍的方法，将“y* 宽度 +x”作为元素的下标。具体请参考上面的代码。运行后将在画面上打印出一个点。

本章新添加的内容就是这些。类库只提供了这个功能，后面所有的工作都是基于此功能完成的。

我们再看一个例子。下面的代码将绘制一个左上角位于 (100, 100)、右下角位于 (200, 200) 的红色四边形。

```
unsigned* vram = videoMemory();
int width = width();
for ( int i = 100; i <= 200; ++i ){
```

```
    for ( int j = 100; j <= 200; ++j ){
        vram[ j * width + i ] = 0xff0000;
    }
}
```

注意不要让坐标超出画面范围。在移动四边形的过程中，x 和 y 的值很有可能超过宽度和高度的范围或者小于 0。如果没考虑到这一点，程序就可能会出现问题。

另外，在 Debug 版本（GameLib_d.lib）中，程序会检测数组下标是否位于上下方向的合理范围内，一旦发现异常，就会立即终止运行。访问了正常范围外的数据是导致游戏崩溃的一个主要原因，读者一定要养成使用前对下标值进行范围检查的习惯。

2.3.1 示例代码

02_2DGraphical 解决方案中的 drawPixels 示例程序会按上述步骤陆续在适当的位置打印出小点。main.cpp 只有 10 行左右的代码。需要注意的是，不要忘了包含头文件 `GameLib/Framework.h`。`Framework::update()` 要放在 `namespace GameLib` 的大括号中。另外，在向 `videoMemory()` 返回的数组中写入值之前要判断下标的合法性。

因为 `update()` 是 `Framework` 的成员函数，所以在函数内可以直接调用 `videoMemory()` 等函数。但如果要在 `update()` 之外调用，则应当写成如下形式。

```
Framework::instance().videoMemory();
```

先获得一个 `Framework` 类型的变量，然后调用它的函数。`instance()` 函数会返回 `Framework` 类型的变量。后面我们会经常遇到这种用法，请读者留意[①]。

2.4 移植《箱子搬运工》

下面我们将使用类库来开发图形版本的《箱子搬运工》。首先让程序运行起来。

2.4.1 开发没有图形的《箱子搬运工》

我们先将最开始写的控制台版本的游戏整个移植过来，如下所示。

```
int main(){
    while ( true ){
        getInput();
        updateGame();
        draw();
    }
}
```

不过，其实只要把 `while` 内部的逻辑移到 `update()` 中就可以了。

---

① instance 称为“实例”。“for instance” 和 “例如” 意思相近。实际创建了某种类型的变量后，就把这个变量称为该类型的实例。如果创建了 `int` 型的 `a`，那么 `a` 就是 `int` 型的实例。

```
namespace GameLib{
   void Framework::update(){
      getInput();
      updateGame();
      draw();
   }
}
```

试着对之前写好的文本版游戏进行整理，会发现游戏也可以运行起来。虽然画面上一片漆黑，但是 cout 会向 Visual Studio 的调试窗口输出游戏画面的相关内容。这样就表示移植成功了。

示例代码

本节的示例代码位于 NimotsukunTextOnly 中。这是一个画面漆黑、游戏内容都显示在 Visual Studio 输出窗口的非常单调的作品。注意，如果在 Visual Studio 外启动游戏，将什么也看不见。

请读者对比一下在使用类库开发时游戏结构的改变。在这个版本中，基础代码都来自于上一章中第二版的《箱子搬运工》。文件载入模块没有进行任何修改，stageData.txt 位于项目目录下。

2.4.2 为游戏添加图形

现在我们来尝试绘制图形。

为了在画面上绘制出图形，只需要把 draw() 中“通过 cout 输出文字”的处理替换为“向画面打印小点”即可。当然，保留输出文字的处理也没有什么影响，因此我们在保留 cout 输出的基础上，向 draw() 中添加绘制小点的代码。

因为太逼真的图形绘制起来很烦琐，所以我们用各种颜色来代表不同种类的物体，形状则采用简单的小点。墙壁为白色，玩家为绿色，箱子为红色，目的地为蓝色。目的地上的玩家是绿色和蓝色混合而成的淡蓝色，目的地上的箱子则是红色和蓝色混合而成的紫色。如果箱子全部变为紫色，就意味着游戏过关了。

示例代码

本节的示例代码位于 NimotsuKunDot 中，和 NimotsuKunTextOnly 的区别仅在于 draw() 中的处理。代码不算太长，这里将其全部列出来。

```
void State::draw() const {
   unsigned* vram = Framework::instance().videoMemory();
   int windowWidth = Framework::instance().width();
   for ( int y = 0; y < mHeight; ++y ){
      for ( int x = 0; x < mWidth; ++x ){
         Object o = mObjects( x, y );
         bool goalFlag = mGoalFlags( x, y );
         unsigned c = 0; //color
         if ( goalFlag ){
            switch ( o ){
               case OBJ_SPACE: cout << '.'; c = 0x0000ff; break;
               case OBJ_WALL: cout << '#'; c = 0xffffff; break;
               case OBJ_BLOCK: cout << 'O'; c = 0xff00ff; break;
               case OBJ_MAN: cout << 'P'; c = 0x00ffff; break;
            }
         }else{
            switch ( o ){
```

```
                case OBJ_SPACE: cout << ' '; c = 0x000000; break;
                case OBJ_WALL: cout << '#'; c = 0xffffff; break;
                case OBJ_BLOCK: cout << 'o'; c = 0xff0000; break;
                case OBJ_MAN: cout << 'p'; c = 0x00ff00; break;
            }
        }
        vram[ y * windowWidth + x ] = c;
    }
    cout << endl;
  }
}
```

代码中通过 videoMemory() 获取像素数组，通过 width() 获取宽度。然后根据物体种类决定颜色，并将信息写入坐标对应的点。内容并不难理解。

这里，goalFlag 的 if 判断和 switch 之间的顺序也可以倒过来，在 switch 中执行 if 判断。因为笔者坚持“尽量让 switch 内部简单”的原则，所以这里把 if 放在了外面。

2.4.3 输出更大的图形

上一节绘制的图形很难看清。因为一个点只是一个像素，确实太小了。

现在我们让它变得稍微大一些，按照 16×16 的尺寸放大每个点。为此，我们只需要把

```
vram[y * windowWidth + x] = color;
```

替换为以下内容即可。

```
for ( int i = 0; i < 16; ++i ){
  for ( int j = 0; j < 16; ++j ){
    vram[ (y*16+i) * windowWidth + (x*16+j) ] = color;
  }
}
```

但是这样写就意味着代码中将出现 4 层 for 循环，很难阅读，所以不如把它封装成一个函数。

```
void drawCell( int x, int y, unsigned color ){
  unsigned* vram = Framework::instance().videoMemory();
  int windowWidth = Framework::instance().width();
  for ( int i = 0; i < 16; ++i ){
    for ( int j = 0; j < 16; ++j ){
      vram[ (y*16+i) * windowWidth + (x*16+j) ] = color;
    }
  }
}
```

有了这个函数后，图形绘制的逻辑就都在这个函数中完成，而无须在 draw() 中直接调用 videoMemory()。这样一来，将来在修改类库时只需编辑 drawCell() 中的内容就行了。尽量合并那些需要依赖特定类库的代码会便于日后的拓展维护。

关于处理顺序

这里还有一点需要注意。

cout 在接收到字符的瞬间就会输出文字，但是画面上的图形输出却不是这样的。画面输出处理并没有在写入 videoMemory() 返回的空间后立即执行，而是要等到 Framework::update() 结束

后才执行。因此，如果像下面的代码这样把 draw() 提前，最后执行 updateGame() 更新，那么屏幕上显示的将是更新前的图形。输入向上并回车，画面不会发生任何变化，继续输入向左并回车，画面却显示人物在往上走。

```
namespace GameLib{
   void Framework::update(){
      draw();
      getInput();
      updateGame();
   }
}
```

为了避免出现这种“延迟”状态，应当将 draw() 放在最后。

示例代码

完成上述改造后的示例代码位于 NimotsuKunBox 中。读者可以看一下代码发生了什么变化，尤其要注意 draw() 的位置和函数体的内容。

读者可能会发现 drawCell() 中并未执行之前提到的范围检测，这样在生成大场景时是否会因为越界而使程序崩溃呢？其实这里可以在读取大场景数据后以玩家为中心绘制一个屏幕大小的画面，或者在载入该场景时就进行错误检测并提示。是否需要在 drawCell() 中再次执行安全检测依具体情况而定，不过考虑得周全一些总是好的。

本章绘制的图形种类还不够丰富，如果读者有兴趣，可以试着追加绘制三角形或圆形等的函数，让画面更形象。

如果到这里的内容都能理解，那么本章的学习目标就基本达成了。下面是补充内容，以后再读也没什么影响。

2.5 补充内容：结束处理

其实程序中存在一个问题。请读者在 Visual Studio 中启动 NimotsuKunBox，试着按下 Esc 或者

Alt+F4 来结束程序，这时 Visual Studio 的调试窗口中会显示下列信息。

```
[ MemoryManager::write() ]
totalSize = 16777216 ( 1000000 ) : 16.00MB
address    size      file      line
01FFF194      64    unknown         0
01FFF1D4     208    unknown         0
01FFF2A4      40    unknown         0
```

最后 3 行提示代码中没有 `delete`，显示有 3 处内存忘记释放。如果读者在代码中使用了 `new` 操作，很有可能也会出现这个警告。现在程序的规模较小，警告的数量不多，但如果是大规模的游戏，这样的列表中就可能会包含成百上千个警告。不过，现实中这些问题也未必非改不可。毕竟程序已经退出，不会面临内存不足的问题，而且操作系统在程序结束时会清理释放其占有的内存，所以不至于出现内存枯竭的情况。

遗憾的是，我们不能保证所有的机器都会这样处理。世界上有那么多种计算机，说不准哪种机器就不支持这种机制。这么说来，还是有必要学习程序的结束机制，在代码中严格执行释放处理。

另外，有时也可能需要在游戏内终止程序运行。目前的代码中也没有实现这一点，无法做到按下 q 键后终止程序运行。

下面我们就来介绍一下结束处理。后面出现的类库中也都会采用相同的处理。

2.5.1 结束处理函数

`Framework` 类中添加了如下两个函数。

```
class Framework{
public:
   void requestEnd();
   bool isEndRequested() const;
};
```

`requestEnd()` 函数用于向程序发送“可以结束了”的信号，调用该函数后程序将在下一次执行 `update()` 之前结束运行。

后面的 `isEndRequested()` 函数用于检测 `requestEnd()` 是否被调用了。程序调用 `requestEnd()` 后 `isEndRequested()` 肯定会返回 `true`，不过按下“Alt+F4”或者“×”按钮后也会返回 `true`。也就是说，`Framework::update()` 中的每一帧都会调用它来检测是否按下了“×”按钮。如果检测到按下了，则释放所有创建的对象。

考虑到这一点，我们可以像下面这样改写代码。

```
void Framework::update(){
   updateGame();
   if ( playerWantToQuit ){
      requestEnd();
   }
   if ( isEndRequested() ){
      endGame();
   }
}
```

在一般的游戏逻辑处理结束后，如果满足游戏的结束条件，就会通过 `requestEnd()` 发送结束请求，如果探测到有结束请求，程序就会调用 endGame() 函数来销毁游戏中的所有对象。另外，如前所述，鼠标点击“×”按钮时，即使没有在代码中调用 requestEnd()，isEndRequested() 也可能会返回 true。

示例代码

添加了结束处理的示例代码如 NimotsuKunBoxWithTermination 所示。在该示例代码中，按下“q”键后回车，游戏将退出，如果收到了“Alt+F4”这样的外部请求，程序也会执行 delete 操作。美中不足的是，“×”按钮的结束处理并没有实现，在以后的类库中我们再解决这个问题。

和之前的版本相比，该版本只修改了 mainLoop() 函数。可以看到，前一版本在结束时出现的内存泄漏报告在这一版本中不再出现了。

2.5.2 结束处理的必要性

读者可能会问：“家用游戏机也必须执行这种结束处理吗？”

反正每次结束游戏时都是直接将电源切断就完了，好像也没出现什么问题。

遗憾的是，以现在的情况来看，答案是肯定的。

现代的游戏机大多在操作系统上运行，要结束游戏，除了切断电源之外还有很多方法。读者一定见过很多游戏主机的控制手柄中间有一个特别的按钮，它和游戏处理无关，只有当需要结束游戏时才发挥作用。作用类似于 Windows 上的“×”按钮，按下后将执行和计算机游戏相似的结束处理。

2006 年之后的电视游戏机都是这样设计的，一收到结束请求，就必须马上结束游戏。保险起见，需要保证在每个阶段都能响应请求，包括在加载过程中和初始化过程中。虽说实现的难度因游戏机而不同，但至少会比使用本书提供的类库方法麻烦得多。

话虽如此，读者在实际开发正式的游戏之前可能还不太容易理解，但目前也只能先把这部分内容储备起来。在使用其他类库开发游戏时，也务必养成编写结束处理的习惯。

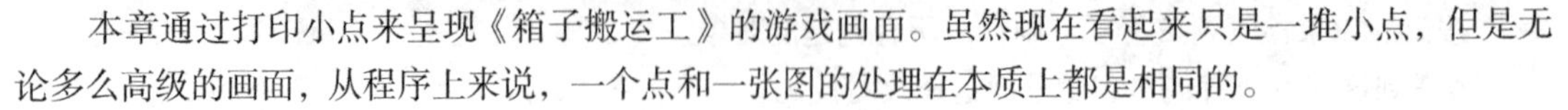

2.6 本章小结

本章通过打印小点来呈现《箱子搬运工》的游戏画面。虽然现在看起来只是一堆小点，但是无论多么高级的画面，从程序上来说，一个点和一张图的处理在本质上都是相同的。

本章还试着使用笔者提供的类库进行了开发。今后我们还会多次执行项目设置，到时可能还要参考本章开头的内容。

另外我们还在补充内容中学习了结束处理，不过读者跳过这一部分内容也没有关系。下一章开始的示例代码中将会包含这部分内容，不过代码很少，不用担心。

下一章我们将尝试让画面变得更高级。我们将学习一种新的绘制方法，用这种方法输出的画面质量是通过逐个打点无论如何也无法企及的。

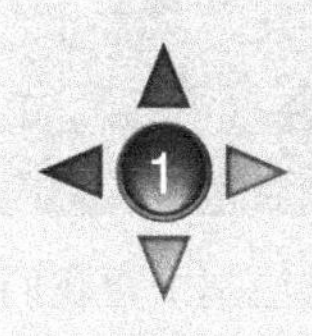

第3章 使用图片素材

● 主要内容

- 读取图片文件
- 透明混合
- 头文件包含关系的设计

● 补充内容

- 透明混合的性能优化
- 加法混合

本章我们来学习图片相关的处理。关于透明混合，读者只要掌握了如何显示图片，就算完成了基本的学习目标。

头文件包含关系是编程方面的细节，也是一个重要但枯燥的话题。这部分内容不是光看文字介绍就能理解的，读者把握住大致思想即可。

补充内容虽然不要求必须掌握，但是读者可以将其当作思维训练，而且通过这部分内容来了解一下性能优化，应该也是不错的体验。

3.1 读取图片文件

通过程序绘制的图形总是有限的。纯色的圆形或三角形还好，如果要编写程序来绘制平常我们用手画出的复杂图形就太难了，而且这也不是一种聪明的做法。如果可能的话，用程序读取画好的图片，再将它显示出来，这样最为自然。下面我们就来介绍这种方法。

3.1.1 图片格式

图片有很多种格式，比如 Windows 上经常见到的 BMP 格式，还有网络上用得比较多的 JPG 和 PNG 格式，这 3 种格式在 Windows 自带的画图板软件中都可以方便地打开或者创建。虽然我们可以自己定义图片格式，但是相应地还必须开发配套的画图程序才有意义，所以这样做不值得。

因此，我们只需要分析这些格式的图片结构，并从中提取出像素信息就可以了，但是这个工作相当麻烦。

一般而言，图片文件都是用文本编辑器打开后完全不可读的二进制文件，和之前介绍的可以用文本编辑器编写和读取的场景数据文件完全不同。另外，有的格式的图片经过了压缩等高级处理，所以读者刚开始接触图片处理时一头雾水也是很正常的。不过自己写代码来解析 BMP、PNG 和 JPG 这些格式确实太过复杂，因此我们要采用更简单的办法。

DDS 格式

本书使用的是 DirectX 的标准图片格式 DDS。这种格式虽然运用得并不广泛，并且很多图片处理软件也不支持，但是它的内部格式非常简单。笔者将提供把 BMP 或 PNG 这些主流格式转换为 DDS 的程序。

另外，这里处理的 DDS 是 32 位 ARGB（DirectX 中叫 A8R8G8B8）格式。实际上 DDS 有很多种类，这里处理的只是其中一种。不过这种格式最常用，而且没有什么特别的缺点。就像它的名字所表达的那样，在 32 位 ARGB 格式中，透明通道（后述）、红、绿、蓝各占 8 位（1 字节），共计 32 位（4 字节）。也就是说，这相当于直接把我们前面使用的 `unsigned` 存入文件中了，我们只需通过几行关键代码就可以获得文件数据。

3.1.2 准备 DDS 图片

DDS 格式的图片可以使用笔者提供的工具生成，该工具位于 tools\DdsConverter.exe 中。将 BMP、PNG 或者 JPG 图片文件拖曳到工具窗口上，点击“开始”按钮后，原文件所处的目录下将会出现一个扩展名为 DDS 的文件。

掌握了这个工具的使用方法后会很方便，不过我们暂时可以不用关心这个工具是怎么实现的。

3.1.3 分析 DDS 的结构

微软公司的网站上有官方的 DDS 技术规范文档，读者可以查看一下。访问 MSDN（https://msdn.microsoft.com/zh-cn/），搜索“DDS file”后应该就能看到结果。

文档中记载了文件最开始的 4 个字节表示什么，接下来的 4 个字节表示什么之类的信息，参考这些信息就可以写出对应的程序。

为了方便阅读，本书摘录了部分信息，但是读者务必要养成到官方网站查阅信息的习惯。虽然以“DDS 格式”等为关键字能搜索到一大堆网站，但这些内容的正确性无法保证，即使是本书也有可能存在疏漏。官方文档都是写给专业人士看的，所以不太好读，但是通过这样的练习，慢慢变成专业人士后，自然就能读懂了。

整体结构

先来大致看一下文件的整体结构。

地址	类型	名称	说明
0	DWORD	dwMagic	'D'、'D'、'S'、' ' 4 个字符
4	DDSURFACEDESC2	ddsd	格式信息
128	BYTE	bData1[]	主体数据

表中出现的类型可能不太常见。DWORD 是 4 字节的无符号整数，BYTE 是 1 字节的无符号整数。这些都是微软公司自己定义的名称，分别相当于 unsigned 和 unsigned char。在 C++ 规范中，int 型并非一定占 32 位，所以这里创建了意思为“4 字节整数”的别名。例如，在 int 型占 16 位的机器上，unsigned long 型就相当于 DWORD。但是我们现在不会在那种机器上开发游戏，因此本书中的 int 型都占 4 字节。也就是说，可以认为 DWORD 相当于 unsigned，BYTE 相当于 unsigned char。

开头的 4 字节叫作 dwMagic，存储了 "DDS " 4 个字符，相当于往一个 unsigned 变量中存入 4 个字符。当然也可以理解为有 4 个 char 变量。这个标识符用来表示这是一个 DDS 文件，因为现在讨论的就是 DDS 文件的话题，所以可以忽略这个信息。当然在正式编写程序时务必要包含这个检测过程，不能因为文件名的后缀是 .dds 就认定它是 DDS 文件，这是不可靠的。

接下来的第 4 字节到第 128 字节存储了图片相关信息的结构体，该结构体类型为 DDSURFACEDESC2。之后存储的是主体数据，因为本书处理的文件都是 32 位的 ARGB32 格式，所以这段数据相当于一个 unsigned 数组。

最后存储的是像素数据。如上所述，目前只处理 unsigned 数据块组成的 DDS 文件，因此也可以把这部分内容看作 unsigned 数组。

下面我们就来看看格式信息 DDSURFACEDESC2 的内容。

格式信息

DDSURFACEDESC2 的内部结构如下所示。

地址	类型	名称	说明
0	DWORD	dwSize	结构体的大小，固定为 124
4	DWORD	dwFlags	标志位信息
8	DWORD	dwHeight	图片高度
12	DWORD	dwWidth	图片宽度
16	DWORD	dwPitchOrLinearSize	一行的字节数
20	DWORD	dwDepth	3D 纹理深度
24	DWORD	dwMipMapCount	MipMap 数量
28	DWORD	dwReserved1[11]	未使用
72	DDPIXELFORMAT	ddpfPixelFormat	图片格式结构体
104	DDCAPS2	ddsCaps	其他信息
120	DWORD	dwReserved2	未使用

可以看到高度和宽度信息都被记录在其中。因为我们只对 32 位的 ARGB 格式进行处理，所以可以忽略图片格式信息。当然如果要读取并区分多种格式的文件，就必须从 DDPIXELFORMAT 结构体中提取信息进行判断。

读取格式信息

格式信息是作为结构体被直接写入文件的，包含了该结构体的头文件后，通过下面的代码就可以将读入的内存地址转换为该结构体的指针。

```
char* fileImage; // 读入数据的起始位置
DDSURFACEDESC2* ddSurfaceDesc =
   reinterpret_cast< DDSURFACEDESC2* >( &fileImage[ 4 ] );
unsigned width = ddSurfaceDesc->dwWidth;
unsigned height = ddSurfaceDesc->dwHeight;
```

reinterpret_cast 主要用于强制转换指针类型。通过 reinterpret_cast 可以将 char* 转换为结构体类型的指针，然后只需读取该成员变量就可以获取宽度和高度值。但是这种方式必须包含定义了 DDSURFACEDESC2 类型的 Windows 头文件，在游戏机上恐怕行不通。

那么在没有头文件时该如何获取格式信息呢？其实知道了宽度和高度信息的存放地址和数据长度后，直接读取就可以了。从官方技术规范文档中可知，dwHeight 存储于第 8 字节到第 11 字节，长度为 4 字节，dwWidth 位于第 12 字节到第 15 字节，长度为 4 字节。再加上开头的 dwMagic 部分，可以算出它们的存储位置分别从第 12 字节和第 16 字节开始，长度都等于 4 字节。我们通过下列代码直接读取。

```
char* fileImage; //读入数据的起始位置
unsigned height, width;
height = *( reinterpret_cast< unsigned* >( &fileImage[ 12 ] ) );
width = *( reinterpret_cast< unsigned* >( &fileImage[ 16 ] ) );
```

将 char* 强制转换为 unsigned*，再按 unsigned 取出。之所以要转换为 unsigned，是因为 DWORD 类型相当于 unsigned。

不过这种强制转换类型的做法其实并不太值得推崇。要了解其原因，必须搞清楚“对齐”（alignment）和“端”（endian）这 2 个概念，以及前面出现过的 reinterpret_cast。

下面我们就来介绍一下这几点。

类型转换

将一种类型转换为另一种类型称为类型转换（cast）。前面出现的 reinterpret_cast 就是一种类型转换。

类型转换有以下 4 种。

- static_cast

这是平时用到的大部分类型转换，比如 int 和 float 之间的相互转换。该类型转换不能将 const 类型转换为非 const 类型。

- reinterpret_cast

用于不同类型的指针之间的转换，或者指针和整数之间的转换。一般不推荐这种转换，除非遇到了像上面那样读取二进制文件后没有其他转换办法可用的情况。另外，该转换也无法去除 const 属性。

- const_cast

该转换不会改变类型，而是仅去除 const 属性。一般来说，如果需要用到这种转换，往往意味着设计存在问题，因此没必要对其深入研究。实际上，笔者的示例代码和类库中完全没有使用过它。

- dynamic_cast

第 10 章会对此进行说明，这里暂不介绍，目前不了解也没关系。

另外，在 C 语言中没有这样的区分，类型转换都只是为类型名加上括号而已。

```
float a = ( int )b;
```

虽然在 C++ 中也可以这么用，而且实际上这么用的人很多，但是这种写法无法直观地表示是哪种转换，而且不容易被搜索到[①]，因此本书不会使用这样的写法。这种写法读者能看懂就好，请不要写在自己的代码中。

① 因为执行了类型转换的地方产生 bug 的概率比较大，所以如果不容易被搜索到，将会给排错带来不便。

对齐

有些 CPU 只允许从能被 4 整除的地址中读取 int 和 unsigned，而这个麻烦的特性就造成了对齐问题。类似地，short 的读取地址必须能被 2 整除，double 的读取地址必须能被 8 整除①。

通过上一章的学习，读者应该已经了解什么是内存地址。之前说过，指针相当于内存数组的下标，而地址也相当于这个下标。对齐指的就是这个下标值必须能被 2 或者 4 整除。创建 int 型变量时，编译器一定会将它存放在下标值能被 4 整除的位置上，char 则并不一定如此。即使编译器将 char 变量存放于能被 4 整除的地址中，若执行“从此处将第 7 个字符的指针进行转换”，则该地址就会变得不能被 4 整除。

也就是说，下面的代码无法保证指针 p 指向的地址一定能被 4 整除，因此这段代码不一定能运行。在这种情况下，只能采用逐字节读取数据后再合成的做法。

```
unsigned* p;
p = reinterpret_cast< unsigned* >( fileData );
unsigned a = *p;
```

以十进制为例，当数字 15 不能直接按照 15 读取时，只能分别读取 1 和 5，再合成为 15。

端

既然要合成，就必须清楚文件中的 unsigned 是何种结构。比如，使用 1 和 5 来合成 15 时，根据文件中是按照 1、5 排列还是按照 5、1 排列，读取方式是不同的。

计算机内部采用的是二进制，32 个二进制数字排在一起就是 1 个 unsigned。计算机只能以 8 位为 1 字节，逐字节地进行读写，因此 4 个字节排在一起就会被当作 unsigned 来处理，相当于 4 个 256 进制的数字排列在一起。这里需要关注的问题是各个位的排列顺序。

各个位按什么顺序排列的问题称为**端**。从低位开始存储的叫作小端（little endian），从高位开始存储的叫作大端（big endian）。比如，我们手写数字 2500 时的顺序就是大端，小端则与此相反。幸运的是只有这 2 种顺序，不可能出现 2、1、3、0 这样奇怪的顺序。

从结果来看，DDS 文件内是按小端排列的。文件中的 unsigned 是这样排列的：最开始的字节对应 1 的位，然后是 256 的位，再然后是 $256\times256 = 65\,536$ 的位，最后是 $256\times256\times256 = 16\,777\,216$ 的位。按照这种规律可以算出对应的 unsigned 数值：最开始的字节乘以 1，第 2 个字节乘以 256，第 3 个字节乘以 65 536，第 4 个字节乘以 16 777 216，最后再把它们的乘积加起来即可。

为了便于理解，我们来看一个十进制数的例子。比如 2435 由 1 的位、10 的位、100 的位、1000 的位组成，通过算式 $2+(4\times10)+(3\times100)+(5\times1000)=5342$ 就可以还原数字。道理是一样的。注意，这里的 2435 是用小端表示的，它相当于大端表示的 5342。

写成代码后大致如下所示。

```
unsigned a = p[ 0 ]
a += ( p[ 1 ] * 256 );
a += ( p[ 2 ] * 256*256 );
a += ( p[ 3 ] * 256*256*256 );
```

不过，为了更容易看出这是 2 的阶乘的乘法运算，一般会写成移位的形式，即像下面这样。

```
unsigned a = p[ 0 ]
```

① 不能一概而论。大部分游戏机肯定有这样的要求，而在计算机上不这么做的话，只是会造成访问速度变慢。

```
a += ( p[ 1 ] << 8 );
a += ( p[ 2 ] << 16 );
a += ( p[ 3 ] << 24 );
```

虽然 DDS 是按小端排序的，但也有很多文件是按大端排序的，因此处理前必须检查文件内的字节排序方式。如果弄错的话，文件中存储的 5342 可能就会被当作 2435 读出来了。

读取格式信息

现在我们终于可以开始读取文件中 char 以外的其他类型的数据了。

首先来看一下下面这个读取 unsigned 的函数。

```
unsigned getUnsigned( const char* p ){ //加上 const
   const unsigned char* up;
   up  = reinterpret_cast< const unsigned char* >( p );
   unsigned ret = up[ 0 ];
   ret |= ( up[ 1 ] << 8 );
   ret |= ( up[ 2 ] << 16 );
   ret |= ( up[ 3 ] << 24 );
   return ret;
}
```

借助该函数，我们就可以通过以下代码来获取文件从第 12 字节开始的高度信息和从第 16 字节开始的宽度信息。

```
char* fileImage; //从该位置开始读取
unsigned height = getUnsigned( &fileImage[ 12 ] );
unsigned width = getUnsigned( &fileImage[ 16 ] );
```

这样就能够获取图片的高度和宽度了，接下来只需提取图片的像素数据即可。

3.1.4 尝试取出数据

获得高度和宽度数据后，现在需要知道像素数据的起始位置。只要循环调用“宽 × 高”次 getUnsigned() 来取出数据就可以了。

根据技术规范文档可知，DDSURFACEDESC2 的大小为 124 字节，加上开头的 dwMagic，可以算出在像素数据之前一共有 128 字节的数据。也就是说，像素数据是从第 128 字节开始的。

从 DDS 中读取数据的代码如下所示。

```
char* fileImage; //从该位置开始读取
unsigned height = getUnsigned( &fileImage[ 12 ] );
unsigned width = getUnsigned( &fileImage[ 16 ] );
unsigned* image = new unsigned[ width * height ];
for ( unsigned i = 0; i < width * height; ++i ){
   image[ i ] = getUnsigned( &fileImage[ 128 + i * 4 ] );
}
```

因为每次前进 4 个字节，所以下标值为 128 + i * 4 的形式[①]。

---

① 也许有读者想过使用 memcpy()，然而通过 void* 直接操作是有风险的，笔者只有在希望提高速度时才这么做。void* 可以转化为任何类型的指针，这与 C++ 中“简单的才是安全的”的理念相悖。本书中几乎不使用 C 语言的标准类库函数，也是因为相对于速度更加重视安全性。

关于错误检测

上面的代码只是实现了最基本的功能，对于可能出现的异常没有做任何处理。如果在运行过程中发现文件不完整会怎样呢？在“高 × 宽”次的循环中很可能会访问合理范围之外的数据，从而造成异常，因此有必要检测数据的正确性。

另外，需要注意程序只能读取 32 位 ARGB 形式的数据，但是由于制作图片的是美工人员而非程序员，他们有可能将图片格式弄错。在出现这种状况时，程序是否能够立刻检测到有时甚至关系着上百万元的效益。**可能出错的地方往往一定会出错**，这个道理读者一定要记住。

3.1.5 显示图片

接下来我们将读取的图片显示出来。下面的代码会将图片显示在画面的左上角。

```
// 在合适的地方对下列 3 个变量赋值
int imageWidth; // 图片宽度
int imageHeight; // 图片高度
unsigned* image; // 图片数据

unsigned* vram = videoMemory();
int windowWidth = width(); // 画面宽度
int windowHeight = height(); // 画面高度

for ( int y = 0; y < imageHeight; ++y ){
   for ( int x = 0; x < imageWidth; ++x ){
      vram[ y * windowWidth + x ] = image[ y * imageWidth + x ];
   }
}
```

读者可以尝试在任意位置显示图片，也可以根据输入的坐标来移动图片。当然在这种情况下必须进行检查，确保不会绘制到允许范围外的区域。

显示图片的示例代码位于解决方案 03_2DGraphics2 下的 DisplayImage 项目中。因为没有加入任何错误处理，所以如果载入的图片尺寸大于画面尺寸，就会发生异常，并且在按下“Alt+F4”结束程序时会出现内存泄露的警告。这些都是为了使代码简短而将相关处理剔除所导致的，请读者不用太在意。

3.1.6 显示图片的一部分

如果将多张图片合成到一个文件中，使用时截取相应的区域来显示，就能减少文件数量，便于管理，还能带来性能的提升。例如，只希望在画面上显示图片右下角 32×32 的部分时，可以使用下面的代码。

```
for ( int y = imageHeight-32; y < imageHeight; ++y ){
    for ( int x = imageWidth-32; x < imageWidth; ++x ){
        vram[ y * windowWidth + x ] = image[ y * imageWidth + x ];
    }
}
```

请注意 `for` 循环的开始和结束条件。当然也可以写成普通的 0 ~ 32 的形式，然后通过修改下标值来实现相同的功能。只要在综合考虑各种方法的优缺点的基础上选择更适合的一种，并注意保持编码风格统一就行。

DisplayImagePartially 是笔者提供的截取并显示局部图片的示例程序。程序随机选取了 32×32 像素的区域，并将其显示到画面上。

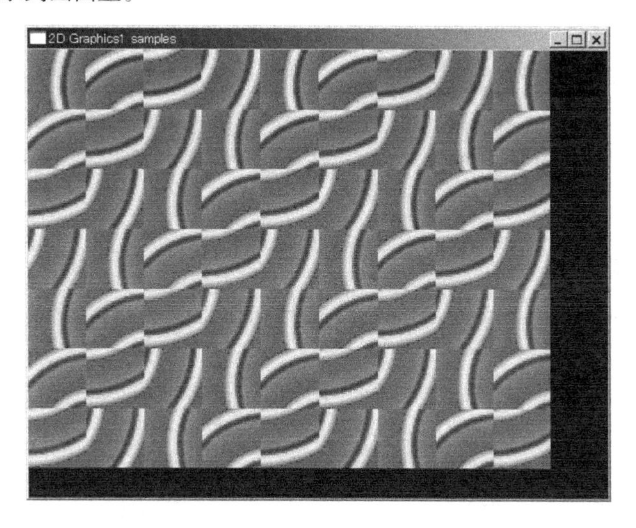

3.1.7 运用到游戏中

下面让我们把目前的成果运用到游戏中，这里大概介绍一下操作流程。

准备图片

需要准备玩家、墙壁、箱子、目的地、放在目的地上的箱子，以及空白这 6 种图片，将其合成到 1 张图片文件中或者各自分开都可以。然后将图片转换为 DDS 文件，并按照之前讲的步骤进行读取。

将显示图片的功能封装为函数

图片的显示处理会涉及比较复杂的 `for` 循环，如果使用到的地方较多且分散，那么不但麻烦而且容易出错，所以最好能将其封装成函数。

```
void drawPicture(
int dstX, int dstY,
int srcX, int srcY,
int width, int height,
const unsigned* image,
int imageWidth, int imageHeight ){
   Framework f = Framework::instance();
   unsigned* vram = f.videoMemory();
   int windowWidth = f.width(); //图片宽度
   int windowHeight = f.height(); //图片高度

   for ( int y = 0; y < height; ++y ){
      for ( int x = 0; x < width; ++x ){
         int pos = ( y + dstY ) * windowWidth + ( x + dstX );
         unsigned* dst = &vram[ pos ];
         *dst = image[ ( y + srcY ) * imageWidth + ( x + srcX ) ];
      }
   }
}
```

上面的代码截取了图片中以 (srcX, srcY) 为左上角的矩形部分，并显示到屏幕上以 (dstX, dstY) 为左上角的 width×height 的矩形中。dst 是 destination 的缩写，表示写入的位置。src 是 source 的缩写，表示读取的位置。缩写不能太随意，为了使代码易读，应当选择让人一看就能明白全称是什么的写法。

不过这段示例代码中没有错误检测机制，这样直接运行是非常危险的，读者自己开发游戏时务必要加上。方便起见，可以忽略超出画面的部分。

将图片封装成类

上面的函数虽然方便，但是参数太多。如果能把图片的宽度、高度以及像素数组整合到一起，就可以减少参数个数，那样就好多了。

于是，我们把图片封装成一个类，姑且称之为 Image 类，其头文件大概如下所示。

```
class Image{
public:
   Image( const char* fileName );
   ~Image();
   int width() const;
   int height() const;
   const unsigned* data() const;
private:
   int mWidth;
   int mHeight;
   unsigned* mData;
}
```

虽然有些麻烦，但是这样能够通过文件构造出该类。

有了这个类，前面的 drawPicture() 的最后 3 个参数就可以合并为一个，用起来更方便了。而且，如果将 drawPicture() 作为 Image 的成员函数，不仅代码会变得更短，data() 也可以不需要了。

我们应当使代码尽量简洁。这么做既能使代码易读，也方便排查 bug，最终都将有助于降低游戏开发的成本。

创建在指定网格绘制图片的函数

代码仍有改进的空间。

让我们用刚才创建的 Image 类来实现一个函数，用它在网格中绘制指定的图片。

```
enum ImageID{
    IMAGE_ID_PLAYER,
    IMAGE_ID_WALL,
    IMAGE_ID_BLOCK,
    IMAGE_ID_BLOCK_ON_GOAL,
    IMAGE_ID_GOAL,
    IMAGE_ID_SPACE,
};
void drawCell( int x, int y, ImageID imageID );
```

函数通过 enum 判断该截取哪张图片中的哪个区域，并指定贴到画面上的哪个位置。函数中存有一张 imageID 和图片区域的位置映射表，表中记录着“0 号表示玩家图片 image.dds 的 (0, 32) 到 (32, 64) 的区域”这样的信息。如果将图片都合成到一个文件中，那么就可以省略指定文件名的步骤。

此外，传入 drawCell() 的 x 和 y，不是画面上的像素位置，而是游戏中的网格编号，这样使用起来会更加方便。毕竟每次调用函数时都要将参数乘以 32 太麻烦了。而且遇到“要修改成 1 个网格对应 64 个像素以提升画质”之类的情况时，需要替换的代码更少。这也是一个优点。有了这个函数，绘制游戏图片的代码写起来是不是变得更简单了呢？

创建该函数时必须确定图片的排列顺序，这里就不列出示例代码了。

关于示例程序

目前为止讨论的内容都包含在示例程序 NimotsuKunImage 中。

下一节我们将对代码进行讲解，读者最好能在此之前先试着自行开发一个可用的版本。应该不会花费太多时间，而且这也是一次比较好的锻炼机会。

很多人觉得遇到问题时赶快查看答案会更有效果，这可能是把记忆当成了学习。但是编程更多时候需要的是思考而非记忆，所以多做一些思维上的训练是很有必要的。

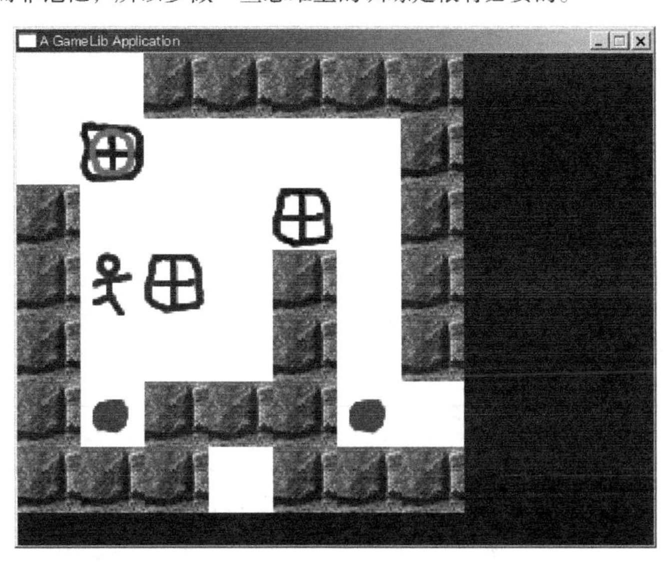

3.2 带图片的《箱子搬运工》的示例代码

下面，我们将对带图片的《箱子搬运工》的示例代码进行详细解说。

能够独立完成的读者可能会觉得这部分内容比较枯燥，如果不感兴趣，直接跳过也无妨。但还是建议读者阅读一下笔者的代码，并和自己写的代码进行比较。

这里并不是说笔者的代码就是最优秀的，编程的方式多种多样，有多少程序员就有多少种“优秀的代码”。对程序员而言，经常阅读他人的代码并和自己的写法进行比较，有助于客观地审视自己的代码。

3.2.1 整体结构

文件列表如下所示。

File（h 和 cpp）	文件读取类
Image（h 和 cpp）	图片类
State（h 和 cpp）	游戏主体类
Array2D.h	二维数组类（模板）
main.cpp	main() 所在的文件

尽管有几个例外，但基本上是一个类对应一个文件，就像 State.h 和 State.cpp 这样，通过类名来命名的头文件和 cpp 是一组。不过，因为 Array2D 是模板类，所以不存在 cpp 文件。而 main.cpp 不存在被其他类调用的情况，所以没有头文件。

我们尝试在该类内部完成文件的读取。虽然前面准备了 readFile() 函数，但是使用 readFile() 很容易出现忘记将 new 创建的对象 delete 的情况。如果将它作为成员添加到类中，就可以通过析构函数完成释放，这种写法不容易遗漏 delete。

```
class File{
public:
   File( const char* filename );
   ~File();
   int size() const;
   const char* data() const;
private:
   int mSize;
   char* mData;
};
```

像这样将常用的功能聚集到一起，即使函数体暂时没有实现，使用起来也没有什么不方便。这是开发类库的第一步。平时在写代码时，读者也可以多思考如何将开发的功能做成类库。

3.2.2 main.cpp

main.cpp 文件中只编写了 mainLoop() 方法。借助 File 类提供的方法，场景数据的读取变得非常简单。

```
if ( !gState ){
   File file( "stageData.txt" );
   if ( !( file.data() ) ){ //没有数据
      cout << "stage file could not be read." << endl;
      return;
   }
   gState = new State( file.data(), file.size() );
   //首次绘制
   gState->draw();
   return; //直接结束
}
```

代码中创建了 `File` 类型的局部变量，在最后的大括号结束后 `file` 会被自动析构。也就是说，代码在完全没有编写 `new` 和 `delete` 的前提下完成了文件的读取处理。既避免了忘记调用 `delete`，又简化了代码。这个例子很好地说明了有时候使用类对象处理比使用函数更为高效。

3.2.3 State.cpp

作为游戏的主体类，本章仅对其改造了图片显示部分。除了在构造函数中通过 `new` 创建了一个 `Image` 对象以及替换了 `draw()` 中的代码之外，其余地方都没有修改。`draw()` 中废弃了向 `cout` 的输出处理，改为完全向画面输出图片。

```
void State::draw() const {
   for ( int y = 0; y < mHeight; ++y ){
      for ( int x = 0; x < mWidth; ++x ){
         Object o = mObjects( x, y );
         bool goalFlag = mGoalFlags( x, y );
         ImageID id = IMAGE_ID_SPACE;
         if ( goalFlag ){
            switch ( o ){
               case OBJ_SPACE: id = IMAGE_ID_GOAL; break;
               case OBJ_WALL: id = IMAGE_ID_WALL; break;
               case OBJ_BLOCK: id = IMAGE_ID_BLOCK_ON_GOAL; break;
               case OBJ_MAN: id = IMAGE_ID_PLAYER; break;
            }
         }else{
            switch ( o ){
               case OBJ_SPACE: id = IMAGE_ID_SPACE; break;
               case OBJ_WALL: id = IMAGE_ID_WALL; break;
               case OBJ_BLOCK: id = IMAGE_ID_BLOCK; break;
               case OBJ_MAN: id = IMAGE_ID_PLAYER; break;
            }
         }
         drawCell( x, y, id );
      }
   }
}
```

`drawCell` 函数能够方便地截取图片的部分区域，并绘制到坐标 (x,y) 指定的网格处。

```
void State::drawCell( int x, int y, ImageID id ) const {
   mImage->draw( x*32, y*32, id*32, 0, 32, 32 );
}
```

函数内部仅有一行代码，但是可以看到这样处理后代码整体变得简洁了。为什么能够这样实现呢？我们看一下图片素材就能理解了。

各种素材横向排列在文件中，并且排列顺序和程序中的枚举型常量是一致的。因此只要把“ID 编号 ×32”的值作为横坐标传入 draw，就可以截取出图片相应的区域。

为了使程序变简洁，创建数据的方法也是很重要的。

3.2.4 File.cpp

原来的外部函数 getUnsigned() 现在也被改成了 File 的成员函数。另外，因为不再使用指针而改用整数来指定位置，所以调用起来更容易了，像下面这样就可以实现。

```
mHeight = f.getUnsigned( 12 );
```

如果有必要，也可以类似地实现 getInt()、getShort() 等各种类型的数据的读取函数。

3.2.5 Image.cpp

该类的构造函数通过 File 类来完成图片的读取，draw() 可以将图片的指定部分显示在指定位置，其实现如下所示。

```
void Image::draw(
int dstX,
int dstY,
int srcX,
int srcY,
int width,
int height ) const {
    Framework f = Framework::instance();
    unsigned* vram = f.videoMemory();
    int windowWidth = f.width();
    for ( int y = 0; y < height; ++y ){
        for ( int x = 0; x < width; ++x ){
            int pos = ( y + dstY ) * windowWidth + ( x + dstX );
            unsigned* dst = &vram[ pos ];
            *dst = mData[ ( y + srcY ) * mWidth + ( x + srcX ) ];
        }
    }
}
```

代码一目了然。当然从性能优化的角度来说，这段代码还有很多有待改进之处，读者不妨将此作为练习自己思考一下。

尽量减少加法和乘法运算的次数可以提升运行速度，因此性能优化的一个基本策略是**尽可能地将循环中执行的计算放到循环外**。例如，这里下标的计算中含有大量的加法运算，完全可以试着提前将这部分运算放到循环外完成。

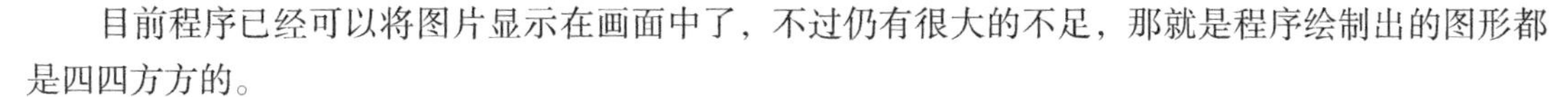

3.3 使用透明通道

目前程序已经可以将图片显示在画面中了，不过仍有很大的不足，那就是程序绘制出的图形都是四四方方的。

试想一下在背景上绘制人物时的情况。如果背景为黑色，那么人物的周边都应该是黑色才能融为一体，所以这时人物以外的空白区域都必须绘制为背景的颜色。

本节将讨论如何实现这个需求。

3.3.1 透明测试

现在我们来考虑如何使图片的一部分变透明。为了实现透明，需要在各像素中添加用于标记是否透明的信息。

根据该信息使图片变透明或者不透明的处理叫作**透明测试**（AlphaTest）。下面我们来看一下透明测试的工作流程。

透明通道

既然要为各像素添加信息，就必须将该信息存储到某个地方。目前像素中已经存储的信息只有红、蓝、绿三原色的值，按照一个`unsigned`对应一个像素，可以看到还剩1字节的空间。正好可以用这部分空间来存储透明与否的信息。

这个信息就叫作**透明通道**。

透明与否只有两种状态，所以用0或者1来表示就够了，不过对1字节的容量来说有些浪费，因此也可以按值大于等于128或者小于128来区分这两种状态。这里我们使用0和255这两个极端值来代表透明和不透明两种状态。因为0表示黑，255表示白，所以一张只用黑白色画成的图片就可以直接被当作透明通道。实际上，如果使用数值0和1来表示透明信息，会发现两者呈现的都是黑色，很难区分。

创建附带透明通道的图片

创建附带透明通道的图片是非常麻烦的。可以分别从DDS中读取图片和透明通道，然后在程序中合成，但是这样就需要读取两张图片，数据量也会增加，确实有些麻烦。可能的话，最好把这个合成处理放在程序外完成。

如果读者使用的图片编辑软件可以直接创建附带透明通道的图片，那么直接把生成的文件放入DDS转换工具就行了。如果没有更好的图片编辑工具，就只能用系统自带的画图板来创建BMP文件了。使用之前介绍的DdsConverter.exe能够将指定图片黑白化，然后复制到透明通道中。准备一张黑白图片，白色表示不透明区域，黑色表示透明区域，在下方的文本框中指定该图片，点击“开始”按钮即可。该工具要求图片中白色可见部分的值大于等于128，黑色可见部分的值小于128即可，不一定要严格地用255表示白，用0表示黑。

编写代码

下面我们就试着利用透明测试来合成显示两张图片。

示例代码位于 displayImageAlphaTest 中。首先准备好背景图片以及要贴在它上面的图片，最后还需要一张用于包含该图片的透明通道的黑白图片。文件大概如下所示，左边两张是彩色的，只有最右边的为黑白色。

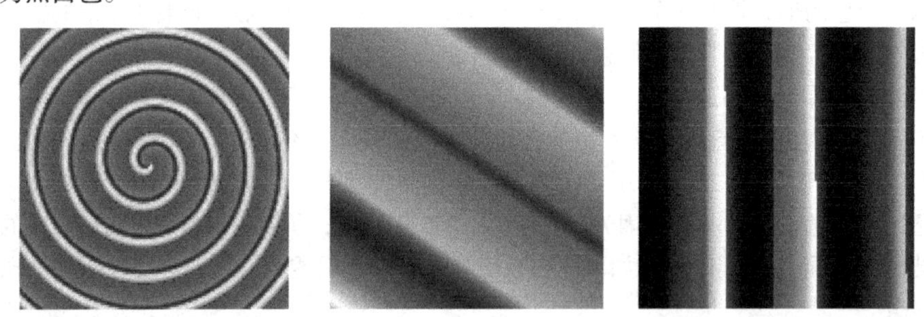

示例代码中对之前介绍的 `Image` 类和 `File` 类进行了改造。透明测试相关处理的代码都在 `Image::draw()` 中。

```
void Image::draw(
int dstX,
int dstY,
int srcX,
int srcY,
int width,
int height ) const {
  Framework f = Framework::instance();
  unsigned* vram = f.videoMemory();
  int windowWidth = f.width();
  for ( int y = 0; y < height; ++y ){
    for ( int x = 0; x < width; ++x ){
      int pos = ( y + srcY ) * mWidth + ( x + srcX );
      unsigned src = mData[ pos ];
      int alpha = ( src & 0xff000000 ) >> 24;
```

```
            if ( alpha >= 128 ){
               pos = ( y + dstY ) * windowWidth + ( x + dstX );
               unsigned* dst = &vram[ pos ];
               *dst = src;
            }
         }
      }
   }
```

需要注意的是代码中的 `if` 判断。

```
int alpha = ( src & 0xff000000 ) >> 24;
if ( alpha >= 128 ){
```

因为透明通道信息存储在最高位的 1 字节中，所以通过和 `0xff000000` 执行 `&`（and，逻辑与）操作来获取，然后再右移 24 位，并和 128 比较。非常直观。

不过，这样写未免太不专业。借助一些位运算的知识，完全可以写出更高效更简短易读的代码。

更好的写法

```
int alpha = ( src & 0xff000000 ) >> 24;
if ( alpha >= 128 ){
```

上面的代码可以分解为以下 3 句。

```
a = src & 0xff000000;
a >>= 24;
if ( a >= 128 ){
```

很明显，中间那行代码是可以省略的，没有必要特意执行右移 24 位的操作。将和 `0xff000000` 执行逻辑与操作后得出的结果直接和（`128 << 24`）比较大小就行了。128 就是 0x80，左移 24 位，也就是 3 字节后，变为 0x80000000。因为 1 字节表示 2 个十六进制数，这样就相当于右边再补 6 个 0，直接和该数进行比较就行了。

```
a = src & 0xff000000;
if ( a >= 0x80000000  ){
```

简化后代码变为 2 行。

我们还可以利用位运算的知识来进一步简化。大于等于 128 小于 255 的数如果用二进制来表示，128 对应位的值必定等于 1，就像在十进制中 1000 以上 9999 以下的数的千位数字肯定不为 0 一样。也就是说，在小于 255 的前提下，如果 128 对应位的值为 1，就意味着该数值大于 128。为了判断 128 对应位的值，只需和 0x80 执行逻辑与操作即可。不过因为透明通道信息位于左移 24 位后的地方，所以要和 0x80000000 进行逻辑与操作，像下面这样写即可。

```
if( src & 0x80000000 ){
```

实际上，之所以采用“大于等于 128”的规则而非其他数字，也有这方面的原因。

示例代码执行后的画面效果大致如下所示，可以看到前景和背景发生了融合。

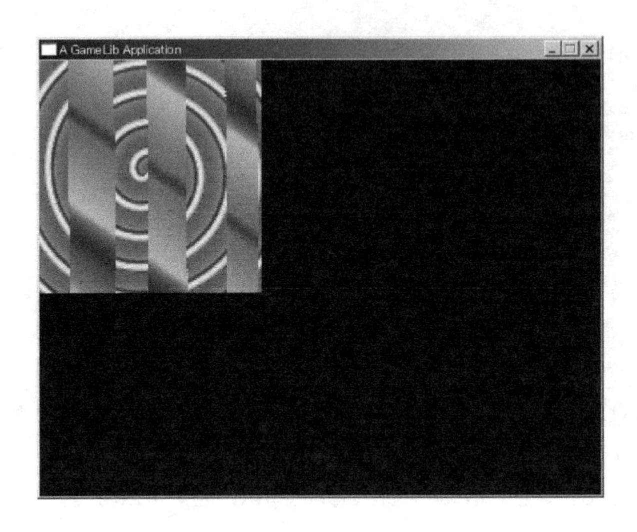

3.3.2 运用到游戏中

现在必要的准备知识都已经介绍完了，让我们尽快把透明测试运用到游戏中吧。

准备图片

首先准备图片。现在需要为原本纯白色的地面素材添加一些图案，还需要准备透明通道。素材中只有人和箱子的线条部分要做透明处理，变成白色。注意如果把黑白颜色互换效果就乱了。白色变成表示不透明，黑色变成表示透明。

另外，墙壁、地面和目的地这些素材相当于背景，没有必要透明化，所以用纯白色填充它们的透明通道。同时，目的地上的箱子这个素材也不再需要了。直接在目的地上绘制箱子图片，再执行透明处理后，就可以看到红色的圆。下图是图片和透明通道的示意图，透明通道图片是黑白的。

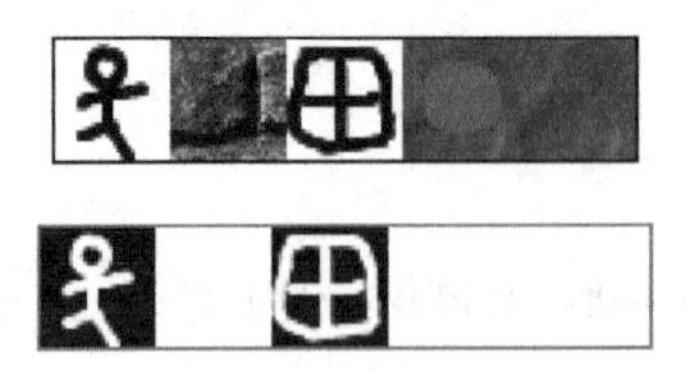

绘制的处理

接下来需要对场景绘制函数进行一些修改。

人物素材图片中只有人的形象，并不包含地面。因此，绘制过程分成两个阶段，首先进行地面的绘制，然后再将人绘制在其上方。这时，像墙壁这种不需要显示地面的网格中就没有必要先绘制地面了。图片的绘制是一个比较重[①]的处理，在墙壁下绘制最终看不见的地面完全是浪费时间。绘制图片的过程中需要复制大量像素，因此开销是非常大的。

① “重”在计算机术语中，表示“非常耗时”之意，相反“轻”则表示不怎么花时间。“昂贵”“廉价”也经常作为类似的意思使用。

综上，正确的绘制顺序应该是，首先在非墙壁的网格中绘制普通地面或者终点所在的地面，然后在第二阶段绘制地面之外的对象。

示例代码

本节的示例代码位于 NimostuKunAlphaTest 中。看起来画面效果好多了。如果将笔者准备的素材替换为专业美工人员设计的素材，看上去可能就跟商业游戏没什么区别。

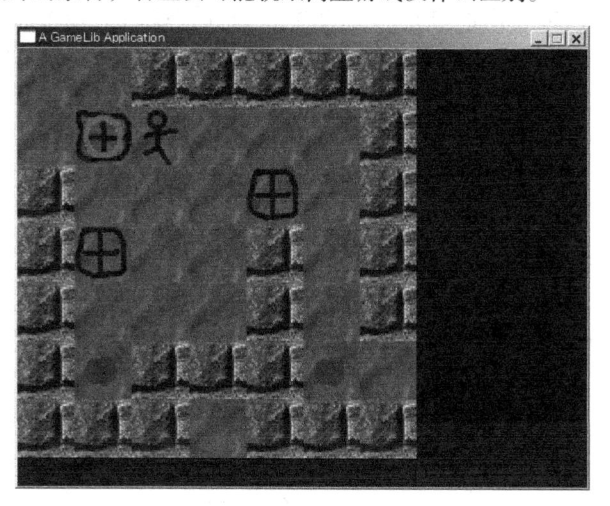

这里来看一下下面的 State::draw() 函数。

```
void State::draw() const {
   for ( int y = 0; y < mHeight; ++y ){
      for ( int x = 0; x < mWidth; ++x ){
         Object o = mObjects( x, y );
         bool goalFlag = mGoalFlags( x, y );
         //如果不是墙壁则绘制地面
         if ( o != OBJ_WALL ){ //不是墙壁则绘制地面
            if ( goalFlag ){
               drawCell( x, y, IMAGE_ID_GOAL );
            }else{
               drawCell( x, y, IMAGE_ID_SPACE );
            }
         }
         //绘制地面上的物体
         ImageID id = IMAGE_ID_SPACE;
         switch ( o ){
            case OBJ_WALL: id = IMAGE_ID_WALL; break;
            case OBJ_BLOCK: id = IMAGE_ID_BLOCK; break;
            case OBJ_MAN: id = IMAGE_ID_PLAYER; break;
         }
         if ( id != IMAGE_ID_SPACE ){ //如果是地面，则已经绘制过了
            drawCell( x, y, id );
         }
      }
   }
}
```

如果网格内不是墙壁，则绘制地面或者终点，然后再在其上绘制墙壁、箱子或者人。注意

IMAGE_ID_SPACE 表示“没有需要绘制的物体”。

代码中并没有什么特别复杂的地方，不过这里的 3 处 drawCell() 调用还是值得关注的。如果将其替换为 Image::draw() 会怎么样呢？起码传递参数时少不了要和数字 32 进行多次运算。

3.3.3 透明混合

有了透明测试功能，我们就能够输出 8 位游戏机时代的图像了，但是仍旧无法输出看上去半透明的画面。因为只能输出透明或者不透明两种像素。虽然有些方法可以对透明和不透明的像素进行配置，使画面看起来有半透明的效果，但是现在完全没有必要使用这种技巧。下面我们将讲解如何用正规的方法来绘制半透明的画面。

混合公式

前面的透明测试中把 alpha 值仅分为大于等于 128 和小于 128 两段来使用，而透明混合则把它分为 255 段。如果值等于 255，则将图片按原样输出；如果值等于 0，则只显示背景；如果值介于二者之间，则根据数值对前景、背景进行混合计算后再输出。这可以使用**线性插值法**（linear interpolation）来实现。

假设现在有苹果汁（A）和橘子汁（B），打算将二者混合为 1 升果汁。取 x 数量的苹果汁和 y 数量的橘子汁进行混合时，有如下公式：

$$xA + yB = \text{混合后的果汁}$$

又因为要合成 1 升果汁，所以有：

$$x + y = 1$$

变形后得到 $y=1-x$，将其代入第一个公式，可以得到：

$$xA + (1-x)B = \text{混合后的果汁}$$

x 等于 1 说明完全用苹果汁，最后将得到白色的果汁；x 等于 0 说明完全用橘子汁，将得到黄色的果汁；x 的值介于两者之间，则将得到带点黄色又带点白色的果汁。

颜色也是同样的道理，若 A 代表前景，B 代表背景，则有如下公式：

$$xA + (1-x)B = \text{混合后的颜色}$$

x 表示透明通道的值。由于透明通道的取值范围是 0 到 255，为了使两个系数加起来总和为 1，需要先除以 255，以确保其值介于 0 到 1 之间。如果 x 等于 1，则意味着没有混合 B，将直接显示 A，即前景的颜色；如果 x 等于 0，则意味着没有混合 A，将直接显示 B，即背景的颜色；而如果 x 等于 0.5，则表示 A 和 B 各占一半进行混合，结果看起来有半透明的效果。下面只要将这个流程用代码实现就行了。

代码实现

首先我们依照上面的逻辑来编写代码。因为整数类型无法表示 0 到 1 之间的小数，所以这里使用浮点数类型 double 来计算。

```
double srcA = static_cast<double>(( src & 0xff000000 ) >> 24) / 255.0;
double srcR = static_cast<double>(( src & 0xff0000 ) >> 16);
double srcG = static_cast<double>(( src & 0x00ff00 ) >> 8);
double srcB = static_cast<double>(( src & 0x0000ff ));

double dstR = static_cast<double>(( *dst & 0xff0000 ) >> 16);
double dstG = static_cast<double>(( *dst & 0x00ff00 ) >> 8);
double dstB = static_cast<double>(( *dst & 0x0000ff ));

double r = srcR * srcA + ( 1.f - srcA ) * dstR;
double g = srcG * srcA + ( 1.f - srcA ) * dstG;
double b = srcB * srcA + ( 1.f - srcA ) * dstB;

*dst = static_cast<unsigned>( r ) << 16;
*dst |= static_cast<unsigned>( g ) << 8;
*dst | static_cast<unsigned>( b );
```

因为我们要使用 `double` 计算，所以需要先将红、绿、蓝的色值全部取出并转换为 `double`，完成线性插值后再转换回去。可以看出，这是一个比较昂贵的计算，不过这段代码也是可以运行的。如果计算机够快或者图片非常小，这么写不会有什么问题。本章末尾的补充内容会谈到性能优化的话题，对此感兴趣的读者可以看一看，而这里我们暂时只要确保代码能运行就够了。

示例代码放在 displayImageAlphaBlend 中。该代码只是对 displayImageAlphaTest 的 Image.cpp 做了一点改动，图片素材都是一样的。

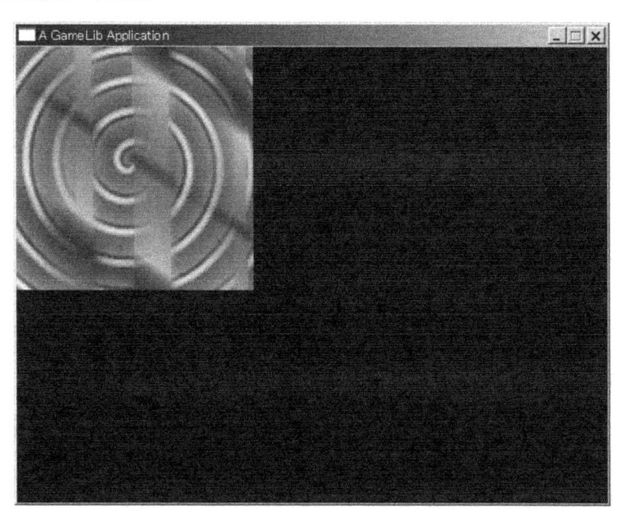

可以看到画面中出现了半透明的效果。

3.3.4 运用到游戏中

现在就可以开始使用透明混合了。

针对人物图片，我们准备了一张轮廓内侧被涂成灰色，外侧是黑色的素材作为透明通道，这样就可以透过人物看到背景了。现在，只要图片素材的美术质量足够好，游戏就完全能够输出相当绚丽的画面。

示例代码位于 NimotsuKunAlphaBlend 中。除了对 `Image::draw()` 进行了一些改动，其余都和 NimotsuKunAlphaTest 相同。仔细观察会看到人物和箱子的轮廓跟背景很好地融合在一起了，而单独看图片则看不出什么区别。因为印刷的黑白图片不容易看出差异，所以这里就不截图了。

3.4 头文件包含关系的组织策略

《箱子搬运工》开发到现在，已经有了好几个类，变得越来越像一个正规的程序了。现在是时候考虑如何好好整理一下源代码了。本节我们将要讨论其中最重要的头文件包含关系的组织方法。简单地说，我们要解决一个文件应当包含哪些头文件的问题。

3.4.1 传统方法

一种简单的做法是直接在每个 cpp 文件中把所有头文件都包含进去，其他什么也不用考虑。这种方法确实可行，但是每当新创建头文件时，每个 cpp 文件都要加上相应的包含语句，特别烦琐。

也可以单独创建一个新的头文件，把其他所有头文件都包含进去，然后在每个 cpp 文件中只包含这一个头文件，这种做法很常见，例如我们经常可以看到 global.h 这种文件。

```
//global.h
#include "a.h"
#include "b.h"
#include "c.h"
#include "d.h"
（各种头文件）

//a.cpp
#include "global.h"

//b.cpp
#include "global.h"
```

这样我们就完全不用考虑哪个 cpp 文件中应该包含哪些头文件的问题了。对小程序来说，这或许是一个可行的方案，但是以当今的游戏程序规模来看，采用这种做法是不现实的，因为编译时间太长了。编译时间大部分被消耗在头文件处理上，所有的 cpp 文件都要对所有的头文件进行处理，从而导致了编译时间暴增。

比如有 1000 个 cpp 文件，对应的头文件也有 1000 个。如果每个头文件的处理需要 0.01 秒，那么在每个 cpp 文件都包含了全部头文件的情况下，完成编译需要 1000×1000×0.01 = 10 000 秒 = 2.77 小时。而如果下些功夫整理清楚，让每个 cpp 文件只包含必要的头文件，按照平均 1 个 cpp 文件包含 20 个头文件来算的话，完成编译需要 1000×20×0.01 = 200 秒 = 3.3 分钟。

这不是不可能。

cpp 文件数量超过 1000 个的游戏的确存在，编译时间超过 1 小时的也不在少数，但这往往是疏于优化和程序员的无知所导致的，并不是必然的结果。上述例子纯粹就是觉得思考头文件的包含关系太麻烦，于是将所有头文件都包含进去，这才导致编译时间过长。如果采用良好的组织方法，完全可以将编译时间缩短为原来的几分之一。

下面我们先对解决该问题所需掌握的基础知识进行讲解。

3.4.2 存在的问题

假设现在有 A 和 B 两个类，各自对应 A.h 和 B.h 头文件，A.h 的内容如下所示。

```
//A.h
#include "B.h"
class A{
    B b;
};
```

因为类 A 中有个 B 类型的成员，所以必须包含记录了 B 类型结构的 B.h。当然，如果 A.h 不包含 B.h，那么在用到 A 的 cpp 文件中像下面这样提前包含 B.h 也是可以通过编译的。

```
//C.cpp
#include "B.h"
#include "A.h"
A a;
```

但是按照这种写法，假设在 c 类中只想使用 A，却必须同样包含 B.h，太不方便了，而且 B.h 的包含必须写在 A.h 的前面，所以一般都像第一种方法那样在 A.h 中包含 B.h。不过如果 cpp 文件中原本已经用了 B，那么再包含 B.h 就显得多余了。

```
//C.cpp
#include "B.h"
#include "A.h"
B b;
A a;
```

上面的 cpp 文件中要同时使用 A 和 B，因此包含了 A.h 和 B.h，但是在 A.h 中已经包含过 B.h 了，也就是说 B.h 被包含了两次。虽然我们可以通过后文所述的头文件保护符来避免它报错，但是不管怎样，同一个文件被处理两次无疑会增加编译的时间。

到这里，问题可以整理成如下两点。

- **使用类时必须包含它的头文件**
- **要搞清楚包含进来的头文件中都包含了哪些头文件非常麻烦**

为了尽可能地减少包含的头文件，就不得不搞清楚每个头文件中需要包含哪些头文件，并将其按适当的顺序写在 cpp 中。如果嫌麻烦而免去了这个步骤，就可能导致同一个头文件被处理多次，从而增加编译的开销。

有没有什么比较好的办法呢？其实，只要对代码进行一些改动，就可以解决这个问题。

3.4.3 定义和声明

我们将类 A 改写为下列形式。

```
//A.h
class B; //声明
```

```
class A{
   B* b;
};
```

成员变量 B 的类型被改成指针了。这样一来，只需要在前面写上 class B;，告知编译器存在一个叫作 B 的类就可以了。要想知道为什么可以这么做，我们先要理解定义（definition）和声明（declaration）的区别。

简单地说，用于描述类的内部结构的代码叫作定义，而只是用于告知名称的代码叫作声明。

```
class B{
   int a;
};
```

上面的代码就是定义。因为它描述了类的内部结构，即 B 中包含一个 int 变量。而下面这句代码则是声明。

```
class B;
```

它仅仅传达了一个信息，即存在一个叫作 B 的类。

C++ 中规定，**在拥有“实体”的情况下，必须要有类的定义，而在拥有“指针”的情况下，只要有声明就够了**。此外，在用作函数的参数和返回值时，也只需要声明。因此，下面这段代码只要有 B 的声明就够了。

```
class B; //声明

class A{
   B getB();
   void setB( B );
   B* b;
};
```

因为用到 B 的地方分别是参数、返回值和指针。

借助这项规定，可以大幅减少头文件的包含处理。需要类成员是实体类的情况毕竟不多，而且改为指针类型也不太麻烦，因此这确实是一种可以快速缩短编译时间的简便方法。

如果类位于其他名称空间，声明时只需像下面这样，用 namespace 包起来就行了。

```
namespace GameLib{
   class Framework;
}
```

虽然代码变长了，但是比起包含的头文件增加而导致编译时间延长，这么做是值得的。

掌握了这些再看 NimotsuKunAlphaBlend 示例代码，就很容易理解代码中通过灵活使用声明来尽量减少包含的头文件的做法了。

3.4.4 头文件保护符

有时一个头文件可能会被包含两次。假设 A.h 已经包含了 B.h，如果 A.cpp 又包含了 B.h 和 A.h，这样就会导致 B.h 被包含两次。同一个类被定义两次将引发错误，所以必须避免出现这种情况。

但是，逐个检查头文件中包含了哪些头文件是一件非常烦琐的工作，我们不想采用这种低效的方法。如果能通过创建规则来避免某些头文件被多次包含，就可以解决这个问题，但是这样一来就得思考头文件的包含顺序。

这里需要用到一个叫作**头文件保护符**（include guard）的技巧。

读者可能已经注意到，笔者提供的头文件写法都类似下面这种风格。

```
#ifndef INCLUDED_XXX_H
#define INCLUDED_XXX_H

主体内容

#endif
```

这种技巧可以使头文件在被包含多次时从第二次起就被忽略，所以被称为头文件保护符。

`#ifndef` 表示“如果 `XXX` 字符串没有被定义”，如果条件不成立，那么从该关键字一直到 `#endif` 的部分都会被忽略。头文件第一次被包含时，因为相应的字符串没有被定义，所以到 `#endif` 为止的代码都会被执行，执行中第二行代码将通过 `#define` 定义相应的字符串。当它再被包含时，因为相应的字符串已经被定义过了，所以该部分全部被忽略。这是非常精巧的设计。一般来说，所有头文件都必须按照这个规则来编写。

需要特别注意的是，必须确保该标志字符串的唯一性。假如 `Input/Manager.h` 和 `Graphics/Manager.h` 都使用了字符串 `INCLUDE_MANAGER_H` 作为判断依据，那么同时包含这两个头文件时将有一个会被忽略。在这种情况下可以使用“目录 _ 名称空间 _ 文件名”的形式来确保字符串的唯一性，例如 `INCLUDED_INPUT_MANAGER_H` 和 `INCLUDED_GRAPHICS_MANAGER_H` 必定都是唯一的。稍微看一下笔者提供的类库的头文件就能理解。

3.4.5 结论

综上，头文件的包含方针大概可以归纳为下列几点。

- **在头文件中使用头文件保护符**
- **如果使用指针变量可以减少包含的头文件，则应该尽量这么做**
- **在头文件中包含必要的头文件**

cpp 文件中只要包含那些确实必要的头文件即可，没有特别的规定。虽说不能把所有性能问题都归咎于头文件的错误使用，但是如果能做到这些基本要求，很多性能问题其实是可以避免的。

这样做至少以后就不再需要为头文件的包含顺序而苦恼，而且也减少了不必要的编译开销。

3.4.6 整理头文件的意义

实际上，合理组织头文件的意义不仅在于节约编译时间。

如果必须清楚一个类的很多内部细节才能使用它，那么无疑这是不方便的。使用一个类时，我们希望这种“必备知识”越少越好。当类 A 依赖类 B 时，只需知道类 B 的名字，和必须知道类 B 的内部结构，这两种情况是截然不同的。声明和定义的差别，不仅对编译器，对人类而言也是很重要的。

当然，这种意义在项目规模变大之前不太容易表现出来，所以读者暂时不理解也不要紧。本书从始至终一直在强调“尽量使类之间的关系最小化”，如果读者在阅读本书的同时进行代码实践，相信读完本书后自然会理解这么做的好处，而现在只需注意不要滥用头文件就好了。

本章必须掌握的知识就是这些，接下来是补充内容。相对来说，性能优化的内容不是特别重要，读者可以把它当作思维练习。另外，加法混合可能暂时不好理解，不过在实际开发游戏时可能会用到。

3.5 补充内容：透明混合的性能优化

前面讨论的透明混合的处理仍有优化空间。我们先再来看一遍透明混合的处理代码。

```
double srcA = static_cast<double>(( src & 0xff000000 ) >> 24) / 255.0;
double srcR = static_cast<double>(( src & 0xff0000 ) >> 16);
double srcG = static_cast<double>(( src & 0x00ff00 ) >> 8);
double srcB = static_cast<double>(( src & 0x0000ff ));

double dstR = static_cast<double>(( *dst & 0xff0000 ) >> 16);
double dstG = static_cast<double>(( *dst & 0x00ff00 ) >> 8);
double dstB = static_cast<double>(( *dst & 0x0000ff ));

double r = srcR * srcA + ( 1.f - srcA ) * dstR;
double g = srcG * srcA + ( 1.f - srcA ) * dstG;
double b = srcB * srcA + ( 1.f - srcA ) * dstB;

*dst = static_cast<unsigned>( r ) << 16;
*dst |= static_cast<unsigned>( g ) << 8;
*dst | static_cast<unsigned>( b );
```

看上去确实效率不高，那么从哪里开始优化呢？

3.5.1 使用整数计算

首先，可以看到代码中充斥着大量的 static_cast，这是为了实现从 unsigned 到 double 的转换。如果能够直接使用 unsigned 来计算，就可以从根本上废除这个操作。下面我们就来考虑使用整数计算的方法。

之前执行浮点数转换是为了使透明通道的值处于 0 到 1 之间。那么，如果按原始的 0 到 255 的范围来计算的话，该怎么处理呢？

其实很简单，根据下列公式进行线性插值即可。

$$\frac{aX+(255-a)Y}{255}$$

因为 a 放大到了 255 倍，所以计算结束后要再除以 255。不过这里要注意溢出问题。整数乘以整数有时会超出该类型能够表示的值的范围。例如 unsigned 类型的最大值为 40 亿多一点，如果相乘的两个数都大于 7 万，结果就会溢出。不过这里的 X 和 Y 都位于 0 到 255 之间，a 最大也只有 255，所以肯定不会到达该极限。8 位与 8 位相乘后最多不会超过 16 位，就好像十进制数 2 位和 2 位相乘结果不会超过 4 位一样。

该算式还可以进一步变形。将括号展开后变为：

$$\frac{aX}{255}+\frac{255}{255}Y-\frac{aY}{255}$$
$$\frac{aX}{255}+Y-\frac{aY}{255}$$

提取 $a/255$ 项，变为：

$$\frac{a(X-Y)}{255}+Y$$

原来的算式中加减乘除的符号数量为 5 个，现在变成了 4 个，这也意味着计算得到了简化。实际上，这个变形应当在更早之前执行，原来的线性插值公式变成下面这种形式会使计算速度更快。

$$(X-Y)a + Y$$

也就是说，最好在公式变形阶段就进行性能优化。

代码

现在，我们根据这种方法来重新编写代码。

```
unsigned srcA = ( src & 0xff000000 ) >> 24;
unsigned srcR = ( src & 0x00ff0000 ) >> 16;
unsigned srcG = ( src & 0x0000ff00 ) >> 8;
unsigned srcB = ( src & 0x000000ff );

unsigned dstR = ( *dst & 0x00ff0000 ) >> 16;
unsigned dstG = ( *dst & 0x0000ff00 ) >> 8;
unsigned dstB = ( *dst & 0x000000ff );

unsigned r = ( srcR - dstR ) * srcA / 255 + dstR;
unsigned g = ( srcG - dstG ) * srcA / 255 + dstG;
unsigned b = ( srcB - dstB ) * srcA / 255 + dstB;

*dst = ( r << 16 ) | ( g << 8 ) | b;
```

可以看到代码变得简洁多了。不过，优化工作还未完成。

3.5.2 删除移位操作

使用整数计算后代码变得更加工整，不过仍有一部分代码看上去很碍事。现在就来整理一下移位操作的部分。

为了提取各个颜色的值，需要在逻辑与操作后执行移位，结束后再执行相反的移位还原回来。既然最后还得还原，那不如一开始就不要移位，想必读者都会这么想吧。

移 8 位就意味着要乘以或除以 256，整理成算式后，如下所示。

$$Z=((\frac{X}{256}-\frac{Y}{256})a+\frac{Y}{256})\times 256$$

很明显，除以 256 再乘以 256 这一步是完全可以省略的。

为了便于理解，我们以十进制数来举例。比如在计算 40+30 时，如果先除以 10，得到 4+3=7，然后再乘以10，那明显是进行了多余的计算。另外我们还需要担心计算结果是否会溢出，不过这里颜色值最大的是红色，其最大值为0xff0000，而 srcA 的最大值为255，二者相乘的结果必定小于0xffffffff，不会超出 unsigned 的范围。因为24位的数和8位的数相乘结果不会超出32位，这和小于100的数与小于10的数相乘结果必定小于1000是一个道理。

经过调整后，上面的代码又可以变为如下形式。

```
unsigned srcA = ( src & 0xff000000 ) >> 24;
unsigned srcR = src & 0x00ff0000;
unsigned srcG = src & 0x0000ff00;
unsigned srcB = src & 0x000000ff;

unsigned dstR = *dst & 0x00ff0000;
unsigned dstG = *dst & 0x0000ff00;
unsigned dstB = *dst & 0x000000ff;

unsigned r = ( srcR - dstR ) * srcA / 255 + dstR;
unsigned g = ( srcG - dstG ) * srcA / 255 + dstG;
unsigned b = ( srcB - dstB ) * srcA / 255 + dstB;

*dst = ( r & 0xff0000 ) | ( g & 0x00ff00 ) | b;
```

因为alpha值必须位于0到255之间，所以需要右移24位。

在合成时记得要执行逻辑与操作，因为在除以255时会在低位产生垃圾数据，比如(20+50)/3的结果是23，其实只需要十位的数字，可是个位却出现了3，因此必须舍掉多余的部分，这就需要逻辑与操作。

另外，读者可能会想 srcA/255 出现了3次，是否可以提炼出来作为1个变量。遗憾的是，因为这里是整数计算，所以行不通。srcA 的范围在0到255之间，srcA/255 要么等于0要么等于1。使用整数计算时，常常会遇到这种实际结果和数学算式不等价的情况。

关于性能优化虽然还有很多事情可以做，但是这里要先告一段落了。

如前所述，半透明处理非常耗时，往往努力做了很多优化改善效果也仍然有限。后面我们会提供专门的硬件加速方法，与之相比，这里的优化确实意义不太大。

本节对性能优化的方法进行了很多讨论，这些思路在其他场合也具有参考意义。另外，如果是为没有显卡的计算机开发游戏，那这些优化技巧都可以派上用场。

3.6 补充内容：加法混合

实际上，除了线性插值之外，透明混合还有其他方法，比如简单地叠加。

$$aX + Y$$

按照上面的公式，无论alpha值如何，都直接将背景保留下来，在此基础上直接加上alpha值对应的图片的像素值，这种方法称为**加法混合**，经常被用在爆炸或者激光等特效中。

从图中可以看到，发生叠加的部分变亮了。

不过有几个地方需要注意。首先它无法叠加出黑色，因为加了 0 后也不会发生什么变化。因此，这种方法无法使画面变暗，只会越加越亮。另外，它无法保证叠加计算后的值一定小于 255。因为结果可能发生溢出，所以必须加入检测，当值超过 255 时将其设置为 255。

相关代码如下所示。

```
unsigned srcA = ( src & 0xff000000 ) >> 24;
unsigned srcR = ( src & 0x00ff0000 ) >> 16;
unsigned srcG = ( src & 0x0000ff00 ) >> 8;
unsigned srcB = src & 0x000000ff;

unsigned dstR = ( *dst & 0x00ff0000 ) >> 16;
unsigned dstG = ( *dst & 0x0000ff00 ) >> 8;
unsigned dstB = *dst & 0x000000ff;

unsigned r = srcR * srcA / 255 + dstR;
unsigned g = srcG * srcA / 255 + dstG;
unsigned b = srcB * srcA / 255 + dstB;
//范围检查
r = ( r > 255 ) ? 255 : r;
g = ( g > 255 ) ? 255 : g;
b = ( b > 255 ) ? 255 : b;

*dst = ( r << 16 ) | ( g << 8 ) | b;
```

除此之外，还存在很多其他的 Blend，比如在背景和前景中取更小值，或者取更大值的 Blend 等。图片编辑软件中提供了很多这样的功能，读者可以试着体验一下，比如免费的软件 Gimp。如果使用这些软件创建素材的美工人员希望在游戏中也使用某种 Blend 功能，正好可以试着将该功能移植到游戏中。

另外，如果计算机上装有显卡，那么这类基本的合成就已经被集成了，而且处理非常迅速。如果不使用这些基本的合成，而是采用自由合成的方式，就可能会稍微麻烦一些，不过处理速度仍旧比 CPU 计算快得多。因此，本章中提到的这些代码在实际开发中基本上用不到。

示例代码位于 displayImageAdditionalBlend 中。需要注意的是，因为叠加操作会使画面越来越亮，所以如果在每帧的处理中没有将画面重置为黑色，那么画面马上就会全部变白。

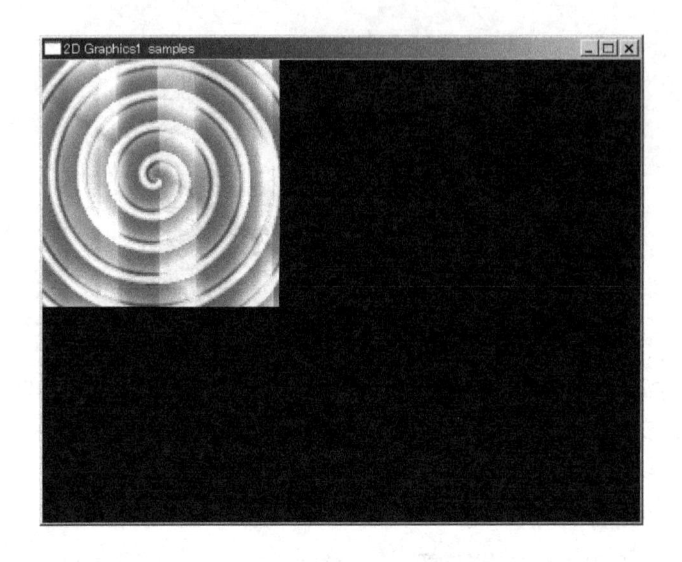

3.7 本章小结

本章介绍了图片的 DDS 格式，并成功地将其输出到了画面上，进而重新改写了《箱子搬运工》。另外，我们还介绍了使用基于透明通道的透明测试和透明混合来融合多张图片的方法。

因为游戏中会直接使用美工人员绘制好的图片，所以美术素材的质量直接影响着画面的效果。当然目前状态下游戏内容还比较贫乏，即使图片足够绚丽，意义也不大，因此美术相关的工作可以稍微往后延，除非读者到了“我已经能独立开发游戏了！现在就缺美术了！”的时候。如果身边没有做美术工作的朋友，那么考虑加入游戏公司也是不错的选择。

本章还详细讨论了头文件的包含处理。这些是开发大型程序所必须掌握的知识，读者如果此刻兴趣不大，也可以在需要时回过头来重新阅读。特别是对于从业人员来说，这些知识必须掌握。和不懂这些知识的程序员一起工作是十分痛苦的。

补充内容中讨论了透明混合的性能优化，并介绍了加法混合。关于性能优化，读者如果感到麻烦那也很正常。有些人对性能优化非常着迷，但对大部分人而言，这是非常枯燥的工作。加法混合在没有实际使用前可能不太好理解，现在读者只要知道有这么回事就好。

下一章我们将为开发实时游戏做准备。届时就可以跟这种按下回车键时才会更新一次画面的游戏说再见了。完成下一章后，我们就能够进军动作游戏的开发了。

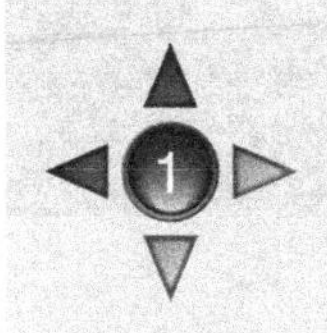

第4章

实时游戏

● 主要内容
- 开发实时游戏
- 控制帧率
- 简单动画

● 补充内容
- 可变帧率设计
- 影像撕裂

本章终于可以开始制作实时游戏了。前面我们已经学习了如何绘制素材，再经过这一章的学习，就可以根据自己的创意来开发各种游戏了。本章内容虽然不多且容易理解，却是游戏开发学习过程中非常重要的一步。

4.1 什么是实时游戏

如何才能增强游戏的实时性？

答案其实很简单。只需提高画面绘制的速度，使人眼无法将其识别为静止的画面即可。如果按 1 秒钟 10 次的频率绘制，我们只能看到生硬的画面轮换。如果每秒绘制 20 次，那么看到的效果勉强可以称为“动画”。如果每秒绘制 30 次，就可以看到非常平缓的动画效果。而如果每秒绘制 60 次，看到的动画将丝毫没有不和谐的感觉。

人眼识别静止的画面大约需要 1/60 秒，如果时间小于该值，则无法感觉到画面静止。

因此，现在的问题仅在于控制画面轮换的速度。画面还是和原来一样的静止画面，每次绘制的过程也和前面介绍的一样，不同之处仅在于我们需要使主循环快速地运行起来。

主循环每秒执行的次数称为帧率（frame rate），例如我们时常可以听到“这个游戏的帧率是 60”或者“这个游戏 60 帧”之类的说法，这在英语中叫作“60 frames per second”，缩写为“fps”。对一个流畅的游戏而言，高帧率是不可或缺的。在游戏设计时往往需要控制好主循环内处理的工作量，以确保帧率保持在一定数值之上。目前我们先试着让它保持在 60 帧[①]。

4.1.1 如何修改

目前，我们的游戏会中断是因为调用了 cin。在接收到来自键盘的输入之前，程序会一直等待。只需将这部分逻辑修改为“如果检测到输入就执行相应的处理，否则直接结束函数”，游戏就变得可以实时响应了。

帧率的大小依赖于游戏的处理量，像现在这种简单的游戏，可能很容易就会超过 100。

4.1.2 输入读取函数：Framework::isKeyOn()

为了能使用非 cin 的其他输入读取方法，我们来导入新的库。

之前我们用的是 GameLib/2DGraphics1 库，下面我们将开始使用 GameLib/RealTime。这需要在创建的项目中设置头文件路径和库搜索路径。准备好环境变量 GAME_LIB_DIR 后，将下列值分别设置为头文件路径和链接路径即可。

```
$(GAME_LIB_DIR)\RealTime\include
$(GAME_LIB_DIR)\RealTime\lib
```

这个新类库提供了可以替代 cin 的方法，确保在不中断程序运行的同时获取键盘的输入。下面的示例代码给出了新函数 isKeyOn() 的用法。

```
#include <GameLib/Framework.h>

using GameLib;
```

① 事实上，市面上能做到 fps 等于 60 的游戏并不多，大部分保持在 30 左右或者更低。fps 越低意味着每帧处理的时间越长，得到的画质也更好，因此有时降低 fps 也不失为一种选择。不过笔者并不认同这种做法，认为还是尽量提高 fps 为好。

```
if ( Framework::instance().isKeyOn( 'a' ) ){
  // 一些逻辑处理
}
```

上述代码会检测按键 a 是否被按下，若被按下将返回 `true`，否则返回 `false`。因为函数很快就执行结束，所以不会造成游戏停顿。如果还想试试其他按键，可以换上相应的参数多次调用。

函数之所以没有像 `cin` 方法那样返回被按下的字符，是因为它无法检测到 Ctrl 键和 Alt 键，也无法处理多个按键同时被按下的情况。而通过主动指定参数，就可以解决这两个问题。

接下来我们将之前编写的《箱子搬运工》迁移到新项目中，试着只替换 `cin` 调用部分的代码。正常情况下代码应该能顺利运行起来。这是制作实时游戏的第一步。

示例代码

导入类库后的示例代码位于 RealTime/NimotsuKunRealTime 中。相比 2DGraphics2/NimotsuKunAlphaBlend，代码中只替换了 `cin` 的调用部分。因为现在不再需要向 `State` 传递 s 或者 w 等字符，所以 `State::update` 的参数由原来的 `char` 值变为 x 方向与 y 方向的移动值。

请注意下面这段代码。

```
Framework f = Framework::instance();
int dx = 0; //d 可以理解为 difference 或者 delta 的缩写
int dy = 0;
if ( f.isKeyOn( 'a' ) ){
   dx -= 1;
}else if ( f.isKeyOn( 's' ) ){
   dx += 1;
}else if ( f.isKeyOn( 'w' ) ){
   dy -= 1;
}else if ( f.isKeyOn( 'z' ) ){
   dy += 1;
}
```

因为这里会多次用到 `Framework` 的实例，为了避免每次都写冗长的 `Framework::instance()`，可以将其赋值给名称较短的变量 `f`。

4.1.3 输入间隔的调整

那么，游戏现在会变成什么样呢？

除非读者的计算机性能非常低，否则目前在游戏中是无法实现单步移动的。如果在按下按键的瞬间迅速松开或许还能实现，但这肯定不是玩家正常的游戏状态。

1 秒内循环处理的次数取决于计算机的性能以及代码逻辑的复杂程度，不过估计最少也有 10 次左右，在性能较好的计算机上甚至可能超过 100 次。以每秒执行 10 次的计算机为例，持续按住按键 0.5 秒将被判定为按了 5 次，在游戏中则会移动 5 步。这会导致游戏几乎无法进行。

这个问题应当如何解决呢？

虽然降低帧率可以解决这个问题，但是如果后续再加入动画，动作就会显得特别生硬。反过来，好几帧内只响应一次输入的做法也不可取。因为这样可能造成某些短促的按键事件被忽略。

3条方针

基本的解决方针有3条。

- **根据按键时长移动相应距离**
- **只有前一帧未按键时才响应**
- **按住一定时间后才响应**

第1种方法在动作类游戏中经常用到，主要用于移动的控制，适合那些需要控制角色在小于网格单位的距离内移动的情况，比如在1帧内移动0.2个网格距离。

第2种方法需要提前获取前一帧的状态，只有在当前帧是初次按键时才会响应，示例代码如下所示。

```
bool newInput = Framework::instance().isKeyOn( 'a' );
if ( ( !oldInput ) && newInput ){
   //发生响应
}
oldInput = newInput;
```

`oldInput` 是类的成员变量，其值会被保存到下一帧开始。当不希望某些处理持续发生时，往往会采用这种做法，格斗游戏中的攻击基本上都是这样实现的。解谜游戏也可以使用此方法来控制网格单位内的移动。

第3种方法的使用频率不高，但我们也不妨了解一下。当程序需要在按键被按住一段时间后而非按下的瞬间进行响应时，适合使用该方法。例如在要求“a键被按下一段时间后再移动”的情况下，可以令程序在按键被持续按住10帧后才发生响应，响应后将计数器清空，这样就可以实现每10帧移动1次。此外，在游戏需要a和b同时被按下时才发生响应的情况下，因为用户很难真正同时按下2个按键，所以就必须在探测到a被按下时暂不响应而等待数帧，其间若再探测到b被按下，才认为a和b被同时按下了，如果未探测到b被按下，则按照只有a被按下的情况进行处理。这种做法非常常见。

不过，第1种和第3种方法都会受帧率变化的影响。例如，计算机性能差异导致的帧率改变将造成操作体验不一。像《箱子搬运工》这种无法估计帧率的情况，只能采取第2种方法。

示例代码

对输入检测部分进行修改后的可玩版本位于解决方案04_RealTime下的NimotsuKunRealTime2项目中，只有main.cpp中的 `mainLoop()` 部分有所改动。为了保存前一帧的输入信息，程序添加了1个全局变量。按理说使用1个类成员变量来记录才更符合面向对象的设计思想，但这里我们是为了让代码易于比较才这么做的。

示例中采用了上述第2种方法，即使一直按住按键，也只会移动1步。虽然按住按键一段时间后持续移动会更理想，但是如前所述，在帧率未知的情况下不适合采用这种方法。

```
//全局变量的声明
bool gPrevInputS = false;
bool gPrevInputA = false;
bool gPrevInputW = false;
bool gPrevInputZ = false;
```

```
//mainLoop() 中的代码
bool inputA = f.isKeyOn( 'a' );
bool inputS = f.isKeyOn( 's' );
bool inputW = f.isKeyOn( 'w' );
bool inputZ = f.isKeyOn( 'z' );
if ( inputA && ( !gPrevInputA ) ){
    dx -= 1;
}else if ( inputS && ( !gPrevInputS ) ){
    dx += 1;
}else if ( inputW && ( !gPrevInputW ) ){
    dy -= 1;
}else if ( inputZ && ( !gPrevInputZ ) ){
    dy += 1;
}
gPrevInputA = inputA;
gPrevInputS = inputS;
gPrevInputW = inputW;
gPrevInputZ = inputZ;
```

目前每按 1 次键就只会移动 1 次，玩家也不再需要按回车键，《箱子搬运工》总算像个游戏了。不过，每次按键时移动 1 个网格，还是没能体现出实时游戏的亮点。下一节我们将使它能够更平滑地移动。

4.2 运行动画

既然掌握了这种实时控制的方法，如果不能灵活应用到游戏中，那就没有什么意义了。下面我们来试着让移动变得更为平滑。将移动的单位由网格改为像素。在笔者提供的示例中，1 个网格的尺寸为 32×32，这意味着如果每帧移动 1 个像素，那么就需要 32 帧才能移动 1 个网格的距离。如果觉得太慢，可以调整为 1 帧移动 2 个像素，反之则可以调整为 2 帧移动 1 个像素。我们暂且先设置为 1 帧移动 1 个像素。

这已经是纯粹的编程技巧问题，不需要额外的新知识。读者如果有余力，完全可以自行实现，当然书中仍会对笔者的做法进行介绍。不过还是建议读者先动手尝试，然后再来阅读这部分内容。

笔者进行的改造大概如下所示。

- **扩展网格数据，添加“从哪个方向移动过来”的信息**
- **发生移动后，立即写入“从哪个方向移动过来”**
- **每帧都根据“从哪个方向移动过来”和“移动计数器”进行绘制**
- **移动过程中忽略输入**
- **移动结束后，清空“从哪个方向移动过来”和“移动计数器”**

NimostuKunSmoothMove 是经过该方法处理后的示例项目。下一节我们会对代码进行讲解，当然也会一并阐述采用上述方针的理由。如有可能，建议读者先暂停阅读，思考一下为何使用这些方针进行改造。

4.3 带动画的《箱子搬运工》

发生改动的文件只有 State.h 和 State.cpp。在 main.cpp 中也有一些微小的改动。这些改动很大程度上改变了原有的设计，下面我们来详细说明。

4.3.1 State.h

首先，在 State.h 中添加“从哪个方向移动过来”和“移动计数器”。

对于“从哪个方向移动过来”，可以使用两个变量分别保存 x 和 y 的移动值。虽然为了节省内存最好只使用 `enum` 值来表示方向，但是在这个游戏中性能并不是问题，因此使用了 -1、0、1 来分别表示不同的方向。

而为此准备两个 `Array2D` 的话未免太低端，我们可以将 `Object` 从枚举类型改为类，并将这些信息存储到 `Object` 中。同时把 `mGoalFlags` 也放入 `Object` 中，并将用于表示对象种类的枚举类型改名为 `Type`。

```
    enum Type{
        OBJ_SPACE,
        OBJ_WALL,
        OBJ_BLOCK,
        OBJ_MAN,

        OBJ_UNKNOWN,
    };
    Type mType;
    bool mGoalFlag;
    int mMoveX;
    int mMoveY;
};
```

现在要考虑的是将该类的定义存放在何处。

存放 Object 类的定义的场所

实际上，现在的代码中只有 State.cpp 会用到 `Object` 枚举类型，因此其定义不需要放在其他文件也能够看到的地方。从这一点来看，放在 State.h 中就不太合适。毕竟没有必要让类的使用者看到对他无用的东西。但是枚举类型无法像类一样实现声明和定义的分离，所以只能将枚举类型的定义放在 State.h 中。

但是，现在 `Object` 已不再是枚举类型，而是类。我们在 3.4.3 节中说过，类的声明和定义可以分开放置。于是，我们只把 `Object` 类型的声明留在 State.h 中，将定义放在 State.cpp 中。另外，`ImageID` 枚举类型也只会在 State.cpp 中用到，所以同样把它放入其中。现在 State.h 中的 `State` 类的定义已变得非常简洁。

```
class State{
public:
    State( const char* stageData, int size );
    ~State();
```

```
    void update( int moveX, int moveY );
    void draw() const;
    bool hasCleared() const;
private:
    class Object; //类的声明
    void setSize( const char* stageData, int size );

    int mWidth;
    int mHeight;
    Array2D< Object > mObjects;
    Image* mImage; // 图像
    int mMoveCount; //移动计数器
};
```

对 State 类的使用者而言，这可以说是一个非常直观的头文件了。

另外，读者可能会觉得下面这句代码中需要有 Object 的定义。

```
Array2D< Object > mObjects;
```

然而现在这样其实并不会出现问题。Array2D 类持有的成员是“T 类型的指针”，而不是 T 类型对象本身。因此，只要声明 T 类型，也就是这里的 Object 类型就足够了。

可能有些读者会排斥这种把类定义写在 cpp 中的做法。我们不妨来看看为什么一般不把类定义写在 cpp 中。将类定义写在头文件中的普遍做法是为了让多个 cpp 文件都能看到该定义，但如果只有一个 cpp 文件需要看到该定义，那么这个理由也就不存在了。头文件好比一个类的脸面，将内部细节通过它暴露在外肯定不是一种好的做法。如果非要写在头文件中，也应该专门创建一个只有该 cpp 才会包含的头文件。

4.3.2 State.cpp

重新考察类的拆分

上一节我们已经将 Object 类的定义从 State.h 中移到了 State.cpp 中。当我们以此为前提重新考察类的设计后就会发现，目前 State 中的很多功能应该放入 Object 中才更合理。

这样调整之后，类的定义将如下所示。

```
class State::Object{
public:
    enum Type{
        OBJ_SPACE,
        OBJ_WALL,
        OBJ_BLOCK,
        OBJ_MAN,

        OBJ_UNKNOWN,
    };
    //网格绘制函数
    enum ImageID{
        IMAGE_ID_PLAYER,
        IMAGE_ID_WALL,
        IMAGE_ID_BLOCK,
        IMAGE_ID_BLOCK_ON_GOAL,
```

```
        IMAGE_ID_GOAL,
        IMAGE_ID_SPACE,
    };
    //默认构造函数
    Object();
    //通过场景数据的字符来初始化
    void set( char c );
    //绘制。按背景用、前景用的顺序
    void drawBackground(
        int x,
        int y,
        const Image* image ) const;
    void drawForeground(
        int x,
        int y,
        const Image* image,
        int moveCount ) const;
    //移动
    void move( int dx, int dy, Type replacedType );

    Type mType;
    bool mGoalFlag;
    int mMoveX;
    int mMoveY;
};
```

在 State 内部不用添加任何关键字就可以直接访问 State 的成员，但是随着一部分内容被转移到 Object，再从 State 中访问这些内容就必须加上 Object:: 了。因此，我们希望尽量把处理放在 Object 中完成。

例如，因为 ImageID 枚举类型的定义被移到了 Object 中，所以之前 State 的函数中用到 IMAGE_ID_PLAYER 的地方就必须改为 Object::IMAGE_ID_PLAYER。mType 和 mGoalFlag 也是如此，非常麻烦。因此，把默认构造函数、用于初始化场景数据的 set()，以及返回图片中的位置的函数等添加到 Object 类中，这样 State 的内容就会越来越短。原来游戏代码中复杂的部分都集中在 State 类中，现在可以像上面这样将其分散开了。

在开始讨论动画的实现方法前，我们要先对代码进行上述重构。

动画的实现方法

重新设计了类结构之后，现在我们来着重讨论一下动画的实现方法。

首先，发生移动后每帧处理都会对 State::mMoveCount 的值加 1。如果其值未达到 32，则意味着当前还处于移动过程中，这期间 update() 中的处理都将被忽略。当其值变为 32 后，设置 mMoveCount 为 0，并重置该 Object 中“从哪个方向移动过来”的变量。处理流程大概就是这样。

之所以不记录“要移动到哪里去”，而是设置“从哪个方向移动过来”，原因在于我们希望尽量不去修改 update() 中的内容。update() 中的内容是游戏逻辑的主干，可以说是代码中最重要的部分。对其修改很容易引入 bug，并且将来维护也会很麻烦，因此尽量不要触及这块代码。在原来的代码中，状态更新的逻辑在按键被按下而发生移动的瞬间执行，对它进行改造会十分麻烦。

既然无法修改即时更新的部分，那么就让负责绘制的模块来吸收这些变化。也就是说，不改动 update() 函数，而选择修改 draw() 函数。根据“从哪个方向移动过来”和“移动到第几帧了”的信息，就可以在正确的位置绘制出图片。这正是保存“从哪个方向移动过来”而非“要移动到哪里去”的原因。

需要注意的是，我们采取这种设计的前提是无动画版的《箱子搬运工》已经开发完了。假如要从零开发带动画的版本，那么设计方案肯定是截然不同的。最起码移动物体和背景的管理方法就会改变。如果移动的物体和背景分别属于不同的类，那么只需修改移动物体的类就可实现动画功能。

这样看来，动画的需求变更让我们在设计上有些被动。我们往往习惯用最小的代价去应对需求的变化，但是这样做出来的设计未必是理想的。虽然这样确实可以避免因大范围改动而引入 bug 的风险，但从结果来看，很难得到最优的设计。如果类似的情况在一个项目中多次出现，毫无疑问，最后面临的多半是失败。参与过大项目开发的读者应该对此深有体会。

此处我们仍按照应急处理的方式来修改。当然读者在自己开发时没有必要也这样做，完全可以按照自己的思路去实现最优的设计。

下面我们将逐步解析各个部分。

update()

`update()` 的开始部分包含了移动结束时的重置处理，以及忽略处理直到移动结束的判断条件。

```
    //移动计数器值达到 32 后
    if ( mMoveCount == 32 ){
        mMoveCount = 0; //重新开始计数
        //对移动进行初始化
        for ( int y = 0; y < mHeight; ++y ){
            for ( int x = 0; x < mWidth; ++x ){
                mObjects( x, y ).mMoveX = 0;
                mObjects( x, y ).mMoveY = 0;
            }
        }
    }
    //因为移动过程中会忽略更新，所以直接 return
    if ( mMoveCount > 0 ){
        ++mMoveCount;
        return;
    }
}
```

如果封装一个函数对 `Object::mMoveX` 和 `Object::mMoveY` 进行赋值确实会更方便，不过考虑到只有这里会用到这段代码，所以就没有进行封装。这段代码比较直观，理解起来应该没有什么问题。

下面是移动处理的核心部分。

```
    //A.该方向是空白或者目的地，玩家移动
    if ( o( tx, ty ).mType == Object::OBJ_SPACE ){
        o( tx, ty ).move( dx, dy, Object::OBJ_MAN );
        o( x, y ).move( dx, dy, Object::OBJ_SPACE );
        mMoveCount = 1; //移动开始
    //B.该方向是箱子。如果该方向的下一个网格是空白或者目的地，则移动
    }else if ( o( tx, ty ).mType == Object::OBJ_BLOCK ){
        //检测沿该方向的下一个网格是否在范围内
        int tx2 = tx + dx;
        int ty2 = ty + dy;
        if ( tx2 < 0 || ty2 < 0 || tx2 >= w || ty2 >= h ){ //不允许按下
```

```
            return;
        }
        if ( o( tx2, ty2 ).mType == Object::OBJ_SPACE ){
            //按顺序替换
            o( tx2, ty2 ).move( dx, dy, Object::OBJ_BLOCK );
            o( tx, ty ).move( dx, dy, Object::OBJ_MAN );
            o( x, y ).move( dx, dy, Object::OBJ_SPACE );
            mMoveCount = 1; //移动开始
        }
    }
}
```

因为 enum 定义被移到了 Object 中，所以访问该枚举常量前必须加上 Object::。代码比以前更长了，这也是无奈之举。

函数 Object::move() 根据传入的 dx 与 dy 参数，用某种 Object::Type 值来指定该网格移动后的结果。之所以把 mMoveCount 设置成 1，是为了做个标记，以避免下一帧仍继续响应输入。先不考虑工整性，代码在结构方面几乎没有什么改动。

draw()

下面是绘制的处理。

```
void State::draw() const {
    // 分为两个阶段绘制。首先绘制背景
    for ( int y = 0; y < mHeight; ++y ){
        for ( int x = 0; x < mWidth; ++x ){
            mObjects( x, y ).drawBackground( x, y, mImage );
        }
    }
    // 其次绘制前景
    for ( int y = 0; y < mHeight; ++y ){
        for ( int x = 0; x < mWidth; ++x ){
            mObjects( x, y ).drawForeground( x, y, mImage, mMoveCount );
        }
    }
}
```

第一组循环用于绘制背景，第二组循环用于绘制前景。如果将它们合并为一组，就可能会出现前景被相邻网格的背景遮住的情况。

例如，在绘制从 (2, 3) 向 (2, 4) 移动的玩家时，玩家会横跨 (2, 3) 和 (2, 4) 两个网格。之后再绘制 (2, 4) 的背景时，显然原先绘制的内容将被 (2, 4) 的地面盖住。

下图就是该 bug 出现时的样子。因为下方的目的地网格要在玩家之后绘制，所以玩家的下半身消失了。

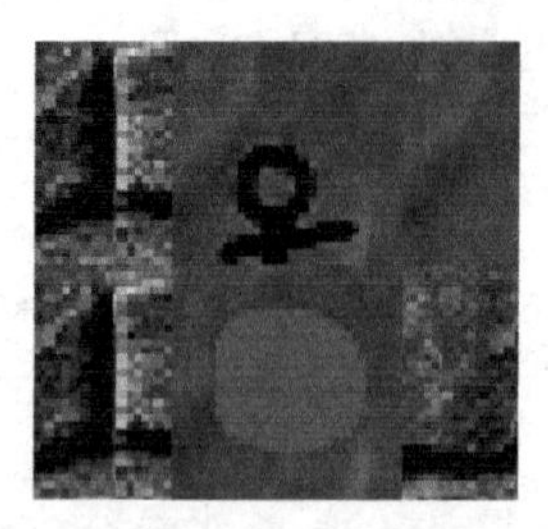

最后，计算出前景的偏移，并进行绘制。

```
void drawForeground(
int x,
int y,
const Image* image,
int moveCount ) const {
    //只有玩家和箱子移动
    ImageID id = IMAGE_ID_SPACE; //用于表示“没有前景”
    if ( mType == OBJ_BLOCK ){
        id = IMAGE_ID_BLOCK;
    }else if ( mType == OBJ_MAN ){
        id = IMAGE_ID_PLAYER;
    }
    if ( id != IMAGE_ID_SPACE ){ //如果不是背景
        //计算移动量
        int dx = mMoveX * ( 32 - moveCount );
        int dy = mMoveY * ( 32 - moveCount );
        image->draw( x*32 - dx, y*32 - dy, id*32, 0, 32, 32 );
    }
}
```

因为只有玩家和箱子移动，所以将这二者之外的东西排除后，一旦发现移动的物体，就计算它的偏移量。具体方法可以参考代码中的“计算移动量”的部分。假如向左移动后到达当前网格，则此时 mMoveX 的值为 -1，mMoveY 为 0。又因为当前网格是向左移动后的位置，所以意味着物体是从右方移动过来的。当计数器为 0 时，其位于当前网格右方，偏移值为 32；当计数器为 32 时，因为就位于当前网格，所以偏移值为 0。这样一来，移动的偏移量就被存储在上述代码的 dx 和 dy 中了。

通过上述处理，我们就可以实现平滑的移动了。

4.4 获得游戏的帧率

现在读者编写的动画程序都能正常运行了吗？

笔者用于测试的计算机的 CPU 主频为 2.4 GHz，角色动画的播放速度非常快。本来期望在一直按住按键时角色会持续走动，但是因为动画的速度太快，所以很难实现，只能按一下走一下。

通过这个例子可以看出，游戏速度对游戏操作的实现方式有很大影响。实际上，如果不了解游戏的执行速度，那是绝对无法开发动作类游戏的。因为速度不同可能会导致游戏完全变样。这方面的知识是游戏开发人员必须要了解的。

下面，我们先从帧率这个概念开始讲起。

4.4.1 计算帧率

所谓帧率，简单来说就是 Framework::update() 在一秒内被执行了多少次，这个值就是帧率。不过，直接求这个值稍微有些麻烦，不妨反过来思考。先计算出 Framework::update() 执行一次所花的时间，再求出它的倒数，就是帧率。相对来说，要观测运行一次 update() 所消耗的时长还是比较容易的，在每帧 Framework::update() 处理开始时记录下时刻，再和前一帧记录的时刻相减，然后对其值取倒数，就能算出帧率。

读者可以借助本章的类库所提供的时间函数来计算帧率。Framework::time() 函数会返回时间的单位毫秒（1/1000 秒）。

```
unsigned time = Framework::instance().time();
```

单纯看返回值的意义不大，重要的是两个时间的差。在两处调用该函数，然后取二者的差值，这样就可以算出两次执行的时间间隔。

示例代码如下所示。

```
unsigned gPreviousTime; //正式代码中不建议使用全局变量!

void Framework::update(){
   unsigned currentTime = time();
   unsigned frameTime = currentTime - gPreviousTime;
   gPreviousTime = currentTime;

   unsigned frameRate = 1000 / frameTime; //计算帧率
   //各种处理
}
```

time() 返回的不是 int 而是 unsigned。该类型无法表示负数，但它可以表示的最大值超过 20 亿。基于这个原因，用于表示时间的各个变量都应当使用 unsigned 类型。另外，要注意如果值超过了 0xffffffff，就会发生溢出而变为 0，必要时应当对此进行处理。

频繁变化的帧率

游戏和其他程序同时在 Windows 上运行，因此会受到它们的影响。假如把每次测算出的帧率都显示在画面上，就会发现其数值变化频繁，不易看清。

这时我们可以从若干帧中取平均数，例如可以使用下面的代码。

```
unsigned gPreviousTime[ 10 ]; //正式代码中不建议使用全局变量!

void Framework::update(){
   unsigned currentTime = time();
   unsigned frameTime10 = currentTime - gPreviousTime[ 0 ];
   for ( int i = 0; i < 10-1; ++i ){
      gPreviousTime[ i ] = gPreviousTime[ i + 1 ];
   }
   gPreviousTime[ 10-1 ] = currentTime;

   unsigned frameRate = 1000 * 10 / frameTime10; //计算帧率
   //各种处理
}
```

程序保持 10 帧的数据记录，用最新的时刻减去最旧的，算出最近 10 帧消耗的时间。将这个值再除以 10，就得到了平均帧率。之后按时间顺序不断淘汰最旧的数据，插入新的数据，持续计算即可。

示例 NimotsuKunSmooteMove 在笔者的计算机上运行时帧率为 500 左右，在一些笔记本电脑上运行的情况下则不到 100。而且，如果部分处理逻辑变得更复杂，那么即使是同一台计算机，帧率也会下降。如此看来，计算机硬件和游戏逻辑处理的工作量差异都会导致帧率变化，这是一个比较麻烦的问题。

下一节我们将讨论如何解决。

4.5 解决帧率差异

解决帧率不统一问题大致有 2 种思路：将帧率固定为某个值；根据帧率的变化对游戏处理进行调整。例如，帧率为 60 时每帧移动 1 个像素，而当帧率降为 30 时，就让它每帧移动 2 个像素。

这里我们只介绍固定帧率的方法，后一种修改游戏处理逻辑的做法将在补充内容中讲解。和后者相比，固定帧率的做法要简单得多。日本的大部分游戏也多采用该做法，甚至可以说掌握了该方法就足以应对大多数游戏的开发了。

4.5.1 固定帧率

游戏开发中将帧率设置为某个固定值的做法称为**固定帧率**。

所谓固定，其实并不能将慢的调整为快的，只是对过快的情况进行调整。实际上，显卡硬件一般都具备根据显示器刷新频率调整等待时间的功能，家用游戏机也普遍使用了这个特性，不过本着学习的目的，我们将从最原始的方法开始实现。

借助之前介绍的函数：

```
unsigned Framework::time();
```

下列代码能确保程序在执行过快时适当等待。

```
unsigned endTime = previousTime + 16; //预计时间
while ( true ){
   if ( time() >= endTime ){
      break;
   }
}
```

这样一来，在上一帧开始执行后，要经过至少 16 毫秒才会继续往下执行，非常简单地就实现了固定帧率。

遗憾的是，这种方法并不值得推荐。

空闲时休眠

上面这种一直循环到指定时刻的做法称为**忙碌等待**（busy loop）。

忙碌等待确实能够保证程序等待足够的时间，但是这种做法也有其缺点：虽然并不需要什么逻辑处理，但是 CPU 却不得不保持高负荷的工作状态。`while` 循环所占用的开销并不小。

如果程序运行在掌机这类使用电池的设备上，将会消耗大量电量，运行在 Windows 上也会对其他程序造成影响。

因此，当程序没有任务要处理时，应当令 CPU 休眠以节约电量。本章的类库中提供了下列用于休眠一定时长的函数。

```
void Framework::sleep( int milliSecond );
```

`sleep()` 的时间参数以毫秒为单位，如果参数为 1，就意味着休眠 1 毫秒。由于精度有限，休眠时间有可能会超过指定时间，不过都在容许的误差范围内。

```
unsigned endTime = previousFrameTime + 16; // 预计时间
while ( time() < endTime ){
   sleep( 1 );
}
```

通过上面的处理，程序在保持帧率固定的同时，还确保了 CPU 在空闲时休眠。之前的做法就好比一个人在等待的时候不停地看表，而现在的写法则相当于订好闹钟后就安心去休息了，明显更胜一筹。

固定帧率存在的问题

执行得过快可以让它等待一定时间，但是反过来，执行得过慢却没有办法让程序提速。这是固定帧率最大的缺点。也就是说，帧率只能按负荷最重时的标准来确定。这也就意味着，按这种方法固定帧率后，无法将机器的性能完全释放出来。假如负荷最重时需要执行 50 毫秒，那么即使游戏中 99% 的情况下都只需执行 16 毫秒，也只能按照 50 毫秒来确定帧率，结果就会造成大部分时间 CPU 在休眠。

不过一般来说，游戏开发中都是先确定好帧率再开发，而不会等到负荷过重时再降低帧率。前面说过，帧率和游戏性密切相关，到了后期再做出改变并不是件简单的事。60 fps 的游戏 1 帧大约费时 16 毫秒，30 fps 的游戏 1 帧大约需要 33 毫秒，这些执行时间都必须在开发初期就大致确定下来，所以到了后期出现较大差异时再修正是非常麻烦的。

实际运行时的帧率和预设值相差较大时，会发生"跳帧"。为了应对这类情况，需要添加一些烦琐的检测，这些修正往往在开发后期会占用大量时间。因此开发时要为之预留足够的时间，当然这些修正处理同样也会消耗掉机器的一部分性能。

示例代码

固定帧率的示例项目位于 NimotsuKunConstantFrameRate 中，该项目只修改了 NimotsuKunSmoothMove 的 main.cpp 文件。每帧间隔时间被固定为 16 毫秒（帧率为 62.5），在一些性能较差的机器上可能无法做到。在这种情况下可以修改 main.cpp 中的 `gFrameIntervalTime` 变量值，如果改为 33，就意味着每秒执行 30 帧。当然，这时还需要修改代码中物体的移动速度。

另外，该项目中集成了 busy loop 和使用 `sleep()` 这 2 种实现方式，具体请参考 main.cpp。通过 `#ifdef` 指令可以方便地在二者之间切换，读者可以体验一下。

在游戏中如果一直按住按键，玩家将持续移动。因为现在游戏的运行速度是固定的，所以可以不用每走一步就松开按键。请读者结合之前的示例比较 `mainLoop()` 中的差异。

4.5.2 unsigned 范围溢出的处理

前面曾经提到过，`time()` 返回的 `unsigned` 类型有可能会发生溢出，那么溢出时会出现什么情况呢？

```
unsigned endTime = previousFrameTime + 16; // 预计时间
while ( time() < endTime ){
```

首先，当 `previousFrameTime` 的值快接近 0xffffffff 极限时，再加上 16 会导致 `endTime` 值因为溢出而变为 0。此时，`time()` 值也接近 0xffffffff，肯定大于 `endTime`，因此程序会直接跳过循环。

为了便于理解，我们可以假定 unsigned 可以存储的最大值为 100。当 previousFrameTime 等于 98 时，endTime 将发生溢出而变为 14[①]。当 time() 值等于 99 时，很明显该值大于 14，因此虽然只过了 1 毫秒，但仍会跳出循环，所以代码这么写是不对的。

那么再看看下面这种写法。

```
while((time() - previousFrameTime) < 16){
```

仍以 100 作为极限值进行说明。

当 previousFrameTime 值为 98，time() 值为 99 时，两者相减后为 1，因为小于 16，所以不会跳出循环。看起来好像这样就修复了之前的问题。但是，再经过 1 个时间单位，time() 返回 0 后会怎么样呢？ 0-98=-98，而 unsigned 的范围是 0 到 100，无法表示 -98，于是又将发生溢出。不过通过 -98 加上 100 可以计算得出 2，2 比 16 小，因此会继续执行循环。然后，当 time() 返回 14 时，14-98=-84，加上 100 后得到 16，程序将跳出循环。也就是说，程序可以正常运行。

通过上述分析我们可以得到 unsigned 溢出时的计算策略：当出现负数时，就返回其值与 0x100000000 相加后的结果。

笔者提供的类库中做了特别的设置，游戏在启动后 1 分钟左右将发生溢出。读者可以留意此时是否会引发异常。

如果读者能很好地理解截止到目前的所有内容，那么本章的学习目的就达成了。尽管固定帧率的做法仍有不少缺点，但是它简单的优势更加突出。后面我们将讨论可变帧率的方法，虽然该方法可以弥补固定帧率的许多不足，但是也将导致程序更加复杂。

固定帧率的方法足以应对大多数游戏的开发，读者如果对更复杂的可变帧率的方法不感兴趣，也可以跳过这部分内容，直接开始下一章的学习。

4.6 补充内容：根据帧率变化动态改变游戏运行速度

固定帧率的方法会使帧率保持在某个固定的值上。这里我们要介绍的方法会根据帧率的变化动态调整游戏的处理，也叫作**可变帧率方法**。

这种方法中，移动速度等不再依赖帧数，而是采用“秒”单位来计量。假设每秒移动 60 个像素，并且上一帧到当前帧经过的时间为 t 秒，那么物体只需移动 $60\times t$ 个像素就可以了。如果 t 等于 0.0166（1/60 秒），则移动 1 个像素；如果 t 为 0.0333（1/30 秒），则移动 2 个像素。道理很简单，就好比物体以时速 100 km 移动 2 小时后将前进 200 km 一样，在每帧的处理中都执行类似的计算就可以了。

4.6.1 优点与缺点

这种做法的优点简单来说有 2 个。首先它可以充分发挥计算机的性能，其次它从原理上杜绝了跳帧的可能性。因为没有加入休眠时间，程序总是在全力运行，所以即使出现了 1 秒只能更新 1 帧

① 即 98+16-100=14。——译者注

的状况，也能准确地通过计算来移动正确的距离[①]。因为这个特性，各种性能参差不齐的计算机都可以正确地运行程序，所以该方法非常适合 PC 游戏。

不过它的缺点也很明显。在使用这种方式的情况下，写代码时必须留意每帧间隔时间都可能发生变化，因而代码会变得更加复杂。此外，在帧率可变的游戏中，相同状态很难再现，这也是一个问题。

当帧率固定时，不论是在运行速度快的计算机上执行，还是在性能低下的计算机上跳帧，100 帧后的结果都是完全相同的。因为执行的计算都是相同的，唯一的不同只是执行这些计算所花费的时间。但是，在可变帧率方法中，随着每帧间隔时间的变化，计算的内容也会发生改变。理论上只要执行时间相同，计算结果自然也就相同，但实际上我们无法精确保证执行时间一致。因为难以再现同样的执行结果，所以这也就导致了调试变得非常困难，通过设置断点单步调试的做法就不一定有效了。因为每次执行的时间不同，处理的内容也是不同的。

4.6.2 小试牛刀

作为练习，读者可以尝试在《箱子搬运工》中采用这种方法。和固定帧率的做法不同，该方法必须对 `State` 类进行一些改造，稍微有些烦琐。

建议读者尽量自行完成程序，此处仅列出一些提示以供参考。

笔者的做法中只做了下列 3 处改造。

- **将时间间隔以毫秒为单位传递给 State::update()**
- **State::mMoveCount 中保存的是毫秒单位**
- **移动计数器的最大值也通过毫秒单位指定**

我们将在下一节说明进行这 3 处改造的理由，读者也可以自己先思考一下。

4.6.3 示例讲解

示例项目位于 NimotsuKunVariableFrameRate 中。

记录经过的时间

之前的固定帧率的方法中，每帧处理都会对 `mMoveCount` 加 1 以记录经过的时间，其值达到 32 后就结束移动。但是现在每帧的时间间隔各不相同，不能再采用这种加 1 的做法，所以现在我们把时间间隔作为参数传入 `update()` 函数中。

另外，原方法通过固定值 32 来指定移动结束的时刻，而现在必须使用秒数而非帧数来指定该值，因此代码中添加了 `MAX_MOVE_COUNT` 变量，并将值设置为 500。500 乘以 1 毫秒正好是 0.5 秒。

---

① 事实上，当帧率低到一定程度后游戏就没有什么意义了。例如，当前帧执行 10 秒会发生什么呢？如果正常是按照 60 帧的速率运行，那就意味着这一帧需要一次性移动原来 600 帧总共移动的距离。

然而这个例子比较极端，不过游戏中难免会发生因其他程序突然高负荷运行而导致游戏分配到的 CPU 资源不足，从而使得帧率下降的情况。

帧率低于 30 后大部分游戏的体验就变得很差，这种情况下最好也降低游戏的运行速度。

State::update() 的相关代码如下所示。

```
void State::update( int dx, int dy, int dt ){
    //移动计数器的值达到 MAX_MOVE_COUNT 后
    if ( mMoveCount >= MAX_MOVE_COUNT ){
        mMoveCount = 0; //溢出
        //初始化移动
        for ( int y = 0; y < mHeight; ++y ){
            for ( int x = 0; x < mWidth; ++x ){
                mObjects( x, y ).mMoveX = 0;
                mObjects( x, y ).mMoveY = 0;
            }
        }
    }
    //移动过程中不更新
    if ( mMoveCount > 0 ){
        //超过最大值后直接设置为最大值
        mMoveCount += dt;
        if ( mMoveCount > MAX_MOVE_COUNT ){
            mMoveCount = MAX_MOVE_COUNT;
        }
        return;
    }
```

新参数 dt 表示距离上一帧经过的时间。原有方法只是单纯地每次对 mMoveCount 加 1，而这里改为将参数传来的每帧间隔时间 dt 累加。相应地，检测条件也从原来的是否超过 32 改为是否超过 MAX_MOVE_COUT(=500)。注意，当 mMoveCount 超过最大值 500 时，可能导致之后的计算混乱，因此届时要将其值设置为 MAX_MOVE_COUNT。如果不理解为什么要这样做，可以试着将该条件注释后观察执行的结果。

绘制

接下来看绘制部分。这里只修改了 Object::drawForeground() 函数。

```
const int m = State::MAX_MOVE_COUNT; //因为很长，所以使用别名
//计算移动量
int dx = ( mMoveX * ( m - moveCount ) * 32 ) / m;
int dy = ( mMoveY * ( m - moveCount ) * 32 ) / m;
image->draw( x*32 - dx, y*32 - dy, id*32, 0, 32, 32 );
```

需要注意的是 dx 和 dy 的计算过程。计算式有点复杂，我们来看一下。在以前的方法中，dx 的计算式如下所示。

```
int dx = mMoveX * (32 - moveCount);
```

对比后可以看到，新方法的算式变复杂了。首先，用 m - moveCount 代替了 32 - moveCount，这是因为最大值从 32 变为了 m。m 等于 MAX_MOVE_COUNT。因为代码中引用了 4 次，所以创建了一个较短的别名。

紧跟着的乘以 32 后除以 m 的操作，是为了换算成速度。因为 500 毫秒内移动了 32 个像素，所以速度为 32/500 像素每毫秒。不过，为了避免整数计算在除法中产生截断误差，这里用括号把前面的部分括了起来，以确保先乘后除。

适当的休眠

之前已经提到过，可变帧率方法中不需要调用 sleep()。

虽然不需要调用 sleep() 是它的最大优点，但实际上在某些机器上，以百分之百的 CPU 占用率运行也会产生问题。对专用游戏机而言可能还好，在计算机上就容易导致其他程序无法使用 CPU，结果可能会造成无法切换窗口。因此，如果是 PC 游戏，最好在每帧处理中至少休眠 1 毫秒。

另外，一旦达到了期望的帧率后，再以更高的帧率运行完全就是浪费所以最好对帧率设置一个上限。后面我们也会讲到，显示器刷新的帧率是有限制的，超过这个帧率去绘制没有任何意义。限制帧率的方法基本上和固定帧率时的处理一样。

可以看到，示例代码中 mainLoop() 的开头加了一句 sleep(1)。

4.6.4 unsigned 和 int

下面稍微切换一下话题，我们来总结一下 unsigned 和 int 在使用上的区别。本书在颜色和时间之外几乎全部采用 int 型，有些读者可能会产生疑惑："值为正数的所有变量都采用 unsigned 不好吗？"

遗憾的是，这并不是一劳永逸的解决方案。

奇怪的计算结果

请读者思考下列代码的输出结果会是什么。

```
unsigned a = 4;
int b = 8;
cout << a - b << endl;
```

答案是 4 294 967 292（0xfffffffc）。C++ 中规定，unsigned 和 int 运算后的结果一定是 unsigned 型。

不过，下列写法的执行结果就符合我们的预期。

```
unsigned a = 4;
int b = 8;
int c = a - b;
cout << c << endl;
```

a-b 的结果仍然等于 4 294 967 292，但是当该值被放入 int 型变量 c 中时就会发生变化。因为有规定，值大于 0x80000000 的 unsigned 型变量 a 转换成 int 型后将变成 -(0x100000000-a)。为了便于分析问题，我们不妨假设 unsigned 的取值范围为 0 到 99，int 的范围为 -50 到 49。unsigned 型的 75 转为 int 后，值等于 -(100-75)，也就是 -25。这么看来，虽然最后的结果符合预期，但是编写这份代码的人真的能想象到在运算过程中会出现 40 亿这么大的数字吗？

为避开上述问题，最快的解决办法就是全部采用 int 型变量。

何时使用 unsigned

如果非要使用 unsigned 类型不可，可以参考以下几条准则。

- **如果涉及位运算则使用 unsigned**
- **用到大于 20 亿的数字且不会参与计算时，也可以使用 unsigned**
- **下标可以使用 unsigned**
- **其他情况下都使用 int**
- **情况复杂不易抉择时可使用 double**

只有第 1 条必须使用 unsigned，其余几条也可以使用 int。

第 3 条所说的使用 unsigned 型变量表示下标，对调试很有帮助。假如由于 bug 而产生了 -1 这样的值，unsigned 变量值将会发生溢出，变为 40 亿，这样的下标值一般都会导致程序中断。而如果采用 int 型的 -1 作为下标，则有可能会错误地继续往下执行。另外，对某些机器而言，unsigned 比 int 的处理速度更快[①]。

最后一条可以作为纠结时的选择标准。double 型可以表示的范围很大，遇到超大的整数时可以考虑使用它来表示。请注意，float 能正确表示的整数范围是正负 1670 万以内，比 int 还小。

4.6.5 固定帧率和可变帧率的对比

本节将从 3 个角度来系统地比较一下固定帧率和可变帧率这 2 种方式。读者在开发游戏时可以依照以下几点进行衡量选择。

编写代码的难易度

前面我们已经分别按 2 种方式编写了代码，很明显固定帧率的方法更为简单。

另外，我们也通过实际编写代码领教了可变帧率的方法有多么烦琐。不知读者是否尝试了使用可变帧率的方法来开发《箱子搬运工》。只要亲身经历后应该都深有体会。《箱子搬运工》这么简单的游戏尚且如此烦琐，对于更加复杂的商业游戏来说，麻烦程度恐怕无法想象。

我们通过“暂停”功能来体会一下。当暂停键被按下时，游戏暂时停止运行，这是一个非常常见的功能。那么当游戏暂停了 1 个小时后，如果暂停被解除，那么游戏该以何种状态运行呢?

为了让游戏在各种情况下都能正常地运行，要考虑的东西实在太多了。

计算机性能

可变帧率方法最大的优势在于可以将机器的性能发挥到极致。这一点是固定帧率方法不可能做到的。因为后者为了防止跳帧，必须以负荷最重的那一帧为基准留出足够的性能空间。

不需要为游戏负荷的轻重采取特别的应对措施也是可变帧率方法的一个优点。负荷较轻时能以高帧率平滑运行，负荷加重时虽然失去了平滑性，但游戏速度不会改变。这是非常有用的特性，对 PC 游戏而言尤其重要。因为这样就不必在性能不同的各种计算机上检测是否会出现跳帧。

可再现性

对于采用固定帧率方法开发的游戏，只要执行相同的操作，就必定会得到相同的结果。

---

① 有时候为了提升性能，甚至将代码中所有的 int 都改成 unsigned。然而考虑到这样可能会引入 bug，最好还是不要使用这种做法。况且这种做法到底能提升多少性能也没有严格测试过，更多的时候可能只是一种心理安慰。

这给调试带来了很大的方便。因为某些特定操作才会产生的 bug，只要重复该操作，就一定会再次出现。

在修复 bug 时最困难的往往不是修复本身，而是如何能够让问题重现，这也是最为重要的。如果不知道如何才能重现 bug，修复就无从谈起了。

另外，可再现性对玩家来说也非常重要。

请读者试着想象一下面向发烧友的格斗游戏。假如某技能被设计为“该攻击在 5 帧内完成”，却因为不具备再现性而导致有时 4 帧有时 6 帧完成，那么基于该认知进行游戏的玩家肯定是无法忍受的。

参考以上 3 点，读者应该很快就能找到适合自己开发的游戏的方式。如果是在家用游戏机上运行的游戏，因为性能可以保证，所以更容易发挥出固定帧率方法的长处。反之，如果是 PC 游戏，则可变帧率方法更为合适。

实际上，还有 1 条选择依据值得参考。下一节我们就来介绍一下第 4 点。

4.7 补充内容：影像撕裂现象

目前为止我们讨论的都是计算机的内部处理。对处理器而言，它并不在意游戏主循环多久执行一次。譬如我们可以设置 1 秒钟执行 42 次这样的固定帧率。处理器对于该数字并没有什么特殊要求，比如奇偶数，或者几的倍数之类。

但是如果同时要考虑显示器这样的外部设备，情况就不一样了。因为显示器和电视这类外部设备是按照一定的周期来刷新画面的。

比如，家用电视机只能以 1/60 秒的周期来刷新图像。即便程序以 1/120 秒的间隔执行主循环，也只能每 2 帧刷新 1 次画面，此时过高的帧率并无太大意义。另外，如果按照 1/50 秒这样的周期（非 1/60 的倍数）来执行主循环，在绘制画面时还会有问题。

绘制画面时出现“一部分是前一帧的内容，一部分是后一帧的内容”的现象，就叫作**影像撕裂**（tearing）。

本书也准备了影像撕裂项目，以便读者体验效果。这是个非常简单的程序，运行时在每帧使用随机颜色涂满画面，很容易看到结果。按理说每帧画面应该只会有 1 种颜色，但是却出现了条纹状。

对普通游戏而言，帧率越高前一帧的影响就越小，越不容易被观察到。而如果降低到每秒 30 帧，该问题就非常明显了。另外，该示例会有剧烈的闪烁效果，建议读者在明亮的室内远离显示器观看。

4.7.1 如何应对影像撕裂现象

其实预防影像撕裂的方法很简单。只要使显示器的刷新周期与游戏循环周期相匹配即可。在这方面，大部分运行环境提供了相应的措施，起码家用游戏机几乎都做到了。

不过，PC 游戏却无法这么简单地解决该问题，家用电视机甚至无法解决此问题。这是因为很多显示器的刷新周期各不相同。

一般电视机的刷新频率是 60 Hz，但在欧洲有一部分是 50 Hz。假如以 60 Hz 为前提，按每帧移动 4 像素来设计游戏，在欧洲运行时游戏将变慢。实际上很多游戏有这个问题。如前所述，采用固定帧率方法设计的游戏到后期要修改帧率是非常困难的。如果开发时以每秒 60 帧为基准将各个参数都调整完毕后，之后突然要改为每秒 50 帧，那几乎是不可能的。正因为如此，某些游戏的欧洲版本也只能无奈地让速度降下来。

PC 端的情况更复杂。由于 PC 显示器的标准不统一，各种显示器的刷新周期完全不同，有些显示器还支持玩家自行设置。虽然近年来大部分液晶显示器的刷新频率多是 60 Hz，但是无法保证全部都是这样的。

这也是许多海外 PC 游戏都采用可变帧率方式来设计的缘故，因此他们不太在意影像撕裂。但是对于习惯固定帧率的日本玩家来说，很多人会在意这个问题，至少在笔者参与过的项目组中，大多数成员对此的态度是“不能容忍”。当然，如果能够接受影像撕裂，那么跳帧和帧率问题也都不重要了。

另外，跳帧问题有可能随着显示器刷新周期的调整而变得更加严重。之前讲述的固定帧率方式不会有多大问题。因为执行出现滞后时并没有进行等待，而是马上又开始处理，所以相差的时间也就是 1 毫秒、2 毫秒而已，并不要紧。

但是，按照显示器周期调整后，固定帧率方法就不是这样运行的了。即使仅滞后很短的时间，也必须等待到下一个显示器刷新周期。假设显示器按照 16 毫秒的刷新周期绘制，而游戏 1 次循环处理花费 17 毫秒，那么只能等到下一个 16 毫秒周期。也就是说，结果游戏相当于按照 33.3 毫秒的刷新周期来运行。帧率一下子从 60 下降到 30，游戏速度突然降了一半，一定会令玩家不适。如果从 60 帧降到 55 帧，玩家可能几乎感觉不到什么变化，但是这么剧烈的变化会导致玩家明显地感觉到画面卡顿。

这种情况只能由开发者根据游戏的性质来进行调整。作为杜绝影像撕裂的代价，能够完美地运行游戏的 PC 数量少了很多。为了避开这个问题，可以使游戏帧率与显示器的刷新频率相匹配，或者采用可变帧率的方法。前者可能会出现帧率迅速由 60 降为 30 这种情况，而后者则起码可以保证游戏的速度正常。

最终版的类库中提供了匹配显示器刷新频率的功能，读者只需调用函数即可。另外，这里暂不提供基于硬件的固定帧率方法。

4.8 本章小结

本章对实时游戏中不可欠缺的输入功能的实现方法进行了讲解，还介绍了输入获取方法的一些注意事项。帧率差异导致操作感不一致是最大的问题，而解决这个问题的一个方法就是固定帧率。

另外，在补充内容部分，我们讨论了对游戏速度进行调整的方法，还简单地介绍了影像撕裂现象。

学完本章，可以说读者所掌握的知识已经能够顺利地进行 2D 游戏开发了。如果读者有什么灵感，完全可以先暂停本书的学习去开发游戏。

不过，很多读者恐怕会碰壁。具体来说倒不是哪块知识还欠缺，而是因为游戏开发就像下棋一样，有一些固定的模式和套路，如果不熟悉这些东西，完全靠自己摸索则会比较困难。

因此，下一章我们将学习这些模式中的一种——序列迁移。简单来说，就是如何组织好主题画面、关卡选择、游戏和暂停这些功能，如何在启动的瞬间开始游戏，以及如何在通关的同时重置相关程序，这些课题都是需要我们设计和解决的。

第5章

简单的状态迁移

主要内容

· 状态迁移的实现

本章讲解的内容和状态迁移处理有关。

所谓状态迁移，指的是游戏从主题画面到游戏画面跳转等流程相关的处理。我们准备用一章的篇幅来讨论该话题，一些没有开发经验的读者可能会对此感到奇怪，觉得这类需求只需通过 `if` 判断就能完成。如果你也这样认为，可以在阅读之前试着写写看，相信很快就会体会到这件事情并非想象中那样简单。

我们将这部分内容称为状态迁移，但是不同的开发团队可能有不同的叫法。游戏开发方面的术语定义不统一，经常会引起交流上的混乱。笔者常想，如果谁能发布一套权威的标准，以后大家都使用该标准规定的术语来交流，那就省事多了。

5.1 往类库追加功能

本章并不需要用到什么特别的类库，直接使用上一章的 GameLib/RealTime 即可。不过，为了使讨论更为紧凑，笔者将自己额外编写的一些处理也加入到了类库当中。如果读者希望尝试下列几个功能，可以使用 GameLib/Sequence1 库。

和之前一样，首先依次将下列路径添加到项目设置中的头文件路径和类库路径中。

```
$(GAME_LIB_DIR)\Sequence1\include
$(GAME_LIB_DIR)\Sequence1\lib
```

接下来介绍类库中新追加的功能。

5.1.1 获取输入的功能

类库提供了下列函数来获取输入。

```
bool Framework::isKeyTriggered( int ) const;
```

该函数和 `isKeyOn()` 大致相同，不同之处在于"只有在当前帧首次按下按键时才返回 `true`"，这样就不用自己再获取前一帧的按键情况来进行判断了。

5.1.2 帧率相关的功能

```
class Framework{
    int previousFrameInterval() const;
    int frameRate() const;
    void setFrameRate( int );
};
```

`previousFrameInterval()` 会返回前一帧的消耗时间，在帧率可变模式下这个功能很有用处。`frameRate()` 函数会通过最近 60 帧计算出平均帧率。最后的 `setFrameRate()` 用于设置固定帧率。假如将 60 作为参数传入，它将适当地进行 `sleep()`，使得程序每秒执行 60 帧。

5.1.3 便捷的宏定义

本节将介绍几个宏，宏指的是作为预处理命令定义的便捷功能。

宏可以说是旧时代的遗物，现在已经很少使用了，不过出于性能或者功能上的考虑，偶尔还是会用到。这里介绍的几个宏就是这方面的例子。

SAFE_DELETE

到目前为止，在笔者的代码中，销毁指针之后必定马上将其值设为 0。为什么必须这么做呢？

首先，这是为了标记该指针已经无效了。如果销毁之后的指针的值仍保持不变，就有可能被错误地再次访问，而将值设置为 0 后就不用担心了。0 表示未指向任何地址的特殊指针，访问它的瞬间程序将发生中断。借助这个特性就可以发现bug。出于这个考虑，应当在使用指针之前和使用后将其值赋为0。否则，即便访问的地址无效，也无法保证程序会中断，从而无法消除bug。

除此之外，我们还在析构函数内部等变量即将消失的地方将其赋值为0，这也是有原因的。这是为了保持“delete后赋值为0”规则的纯粹性而采取的一个保险措施。delete后的内存有可能在下次进行new操作时被重复利用，而该内存中可能仍保留着原变量的值，这样就有可能错误地使用该值。因此，即使是即将消失的指针变量，也要将其赋值为0。

下面我们开始步入正题。

要在delete后赋值为0，需要写两行代码。相比delete操作只需一行代码，这确实更为烦琐。考虑到人类往往会因为麻烦而不坚守规则，而且简短的代码也更容易阅读，所以我们想把这两个处理放入同一个代码块中。要销毁的指针类型各异，所以这里使用#define。虽说最好别用#define，但这里确实是个例外。

#define中的内容如下所示。

```
#define SAFE_DELETE(x) {\
    delete ( x );\
    ( x ) = 0;\
}

//使用方法
int* a = new int();
SAFE_DELETE( a );
```

针对数组的delete[]，我们还准备了SAFE_DELETE_ARRAY。delete和delete[]的区别在第1章讲解过，使用时请注意区分。

根据C++标准，对0值指针执行delete不会出现问题，因此销毁之前不需要判断指针是否为0。不过，对0值指针执行delete往往意味着该指针被销毁两次，如果觉得对同一指针销毁两次一定会出现bug的话，也可以检测指针是否为0。一般情况下new和delete都是成对出现的，很少会出现对0执行delete的情况。

ASSERT()

为了检测程序是否发生错误，读者一般会采用什么方法呢?

正常情况下用于表示数组下标的变量的值不允许越界，但有时也会被赋予错误的值。在这种情况下，可以使用下列代码来执行检测。

```
if ( index < 0 || index >= size ){
    cout << "非法的值!" << endl;
}
a[ index ].foo();
```

通过if语句判断其值是否在允许范围内，如果在允许范围外就输出消息。当然，如果开发人员未注意到提示的消息，这个方法就没有任何效果。要想强行输出错误消息，直接在该处结束程序运行即可。ASSERT就提供了这样的功能。

ASSERT()在接收到值为0的参数时会中断程序。假设函数isSuccess()的返回值是bool型，则按下面的代码调用即可。

```
ASSERT( isSuccess() );
```

这是因为 false 将被变换为 0。刚才的数组下标的检测过程可以写作：

```
ASSERT( index >= 0 && index < size );
```

ASSERT 功能只在 Debug 模式下有效，在 Release 模式下会被自动删除，这样就能避免运行速度变慢的问题。其内部实现大概如下所示[①]。

```
#ifdef NDEBUG               //Release 时
#define ASSERT( x )         // 空定义
#else                       //Debug 时
#define ASSERT( x ) {\
    if ( ! ( x ) ){\        // 判断是否为 0，如果为 0
        die();\             // 则停止运行
    }\
}
#endif
```

因为该功能在 Release 模式下直接被删除了，所以不会产生任何副作用。在 Debug 模式下，执行 if 判断，如果为 0 就结束程序。die() 是用于结束程序的函数。虽然加入 if 语句后程序多少会变慢一些，但是因为只在 Debug 模式下有影响，所以还是可以接受的。

另外，因为在 Release 模式下该部分代码会被完全删除，所以如果处理语句作为参数传入，就有可能会出问题。例如，在期望实现“执行 update() 后如果返回 false 则中断程序”时，如果写成下面这种形式，在 Release 模式下 update() 将不会被执行。

```
ASSERT( update() );
```

因此，应该改写为以下方式。

```
bool succeeded = update();
ASSERT( succeeded );
```

ASSERT 还可以在程序中断时通过字符串显示参数。当需要输出消息时，可以像下面这样在 && 后写上错误消息。

```
ASSERT( index >= 0 && index < size && "RANGE ERROR!" );
```

这样就可以在不影响 ASSERT() 执行的情况下输出错误消息。

在 && 后面写错误消息没有问题吗？ && 连接的条件中只要有一个为 false，整体值就为 false，而字符串 "RANGE ERROR!" 表示一个非零的 const char*，因此其值等于 true。也就是说，条件语句相当于：

```
ASSERT( index >= 0 && index < size && true );
```

true 和 && 连接后对原有条件不会有任何影响，所以相当于：

```
ASSERT( index >= 0 && index < size );
```

总之，请读者最好养成对各种可能出现的意外情况添加 ASSERT 的习惯。既然是意外，出现时就必须中断程序运行。哪怕只是很小的意外，如果程序继续执行，就有可能演变为毁灭性的伤害。对那些联网游戏和需要往磁盘保存数据的游戏来说更是如此。因为这样很容易把异常扩散到通信接收端或者数据文件的读取程序中。

---

① 正式的代码会更复杂一些，具体可以参考 GameLib.h 和 Halt.cpp 文件。

STRONG_ASSERT

ASSERT() 只在 Debug 模式下有效，为此类库提供了 STRONG_ASSERT()，以在 Release 模式下实现同样的效果。

使用方法完全相同，唯一的区别是该功能在 Release 模式下也有效。如果在 Release 模式和 Debug 模式下都需要出错后立即停止，那么在不介意执行速度受影响的情况下，可以全部使用 STRONG_ASSERT。实际上，在笔者提供的类库中，每帧最多只会执行一次的地方都使用了 STRONG_ASSERT。

HALT

在需要无条件地强行中断程序运行时，可以使用类库提供的 HALT 功能。下面这句代码将输出参数中指定的消息，然后结束程序。

```
HALT( "ARIENAI!" );
```

可能有些读者会感到困惑："既然是正式版本，即便出现异常，难道不也应该继续运行吗？"其实，程序出现问题后即便继续运行，也运行不了多长时间，说到底这只是容错代码的掩饰效果。为了尽量找出 bug 并修复，应当在出现异常时立即中断。当然，在开发期限紧迫而没有时间修复时，笔者也会加入这种容错代码，但是这应当被视为万不得已时的办法①。

GameLib.h

上面三个功能都已被放入 GameLib/GameLib.h 中。代码中如果包含了 Framework.h，就会自动包含该头文件，否则就需要手动添加如下语句。

```
#include "GameLib/GameLib.h"
```

本章后面的例子中大部分 cpp 包含了该头文件。

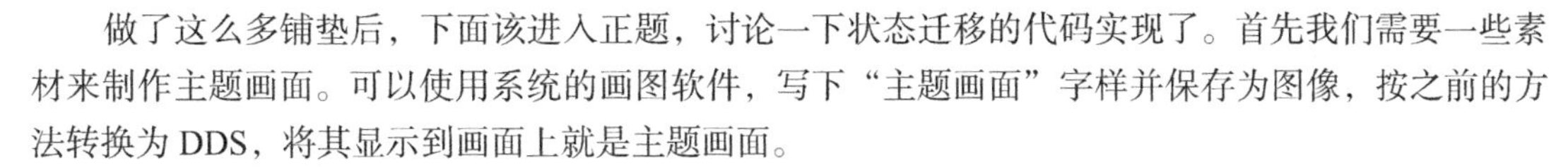

5.2 相对直接的做法

做了这么多铺垫后，下面该进入正题，讨论一下状态迁移的代码实现了。首先我们需要一些素材来制作主题画面。可以使用系统的画图软件，写下"主题画面"字样并保存为图像，按之前的方法转换为 DDS，将其显示到画面上就是主题画面。

那么该如何实现主题画面到游戏场景的切换呢？

5.2.1 利用 if 判断

最简单的办法是准备一个表示"当前是否为主题画面"的变量，通过每次执行 if 语句来区分。

```
bool gIsTitleSequence; //正式代码中不建议使用全局变量
```

① 考虑到很多读者无法接受在正式版本中加入即时退出的代码，最终版的类库中支持选择是否启用即时退出功能。

```
void Framework::update(){
    if ( gIsTitleSequence ){
        title();
    }else{
        game();
    }
}
```

下面我们来分析一下这段代码。

title() 负责主题画面的绘制，并在“开始”按钮被按下后将 gIsTitleSequence 设置为 false。game() 将执行我们之前编写好的游戏代码，并在游戏通关后将 gIsTitleSequence 设置为 true。最好检测一下是否能够玩很多次，以确认游戏不会在开始的瞬间就进入通关状态。

虽然用 if 语句和 bool 变量初步直观地实现了，但怎么看都不能说这是好的做法。首先 bool 只能区分 2 种状态，如果再增加 1 个状态就无法应对了。当然用 int 或者 enum 能够解决这个问题，不过这样一来代码中将充斥大量的 if - else，非常影响美感。稍微想一下就能知道，一般游戏中状态的数量至少有 10 个，多则超过 100 个。这么多的 if - else 排列在一起，代码难免给他人留下开发者水平不高的印象，因此我们有必要采取更有技巧的实现方式。

5.2.2 使用 switch

作为一种更有技术含量的做法，我们可以将各个状态编号记录在 enum 类型中，并通过 switch 来控制各个分支。

```
enum Sequence{
    SEQUENCE_TITLE,
    SEQUENCE_GAME,
};
Sequence gSequence; //正式代码中不建议使用全局变量

void Framework::update(){
    switch ( gSequence ){
    case SEQUENCE_TITLE:
        title();
        break;
    case SEQUENCE_GAME:
        game();
        break;
    }
}
```

这样就可以应对 3 个状态以上的情况了。switch 比 if - else 的自由度低，因此代码整理起来也比 if - else 容易。但是要注意不要遗漏 break。有时正因为考虑到 break 容易被遗漏，所以才不使用 switch 而选择 if - else。遗漏 break 会造成重大 bug，且不容易排查。

```
void Framework::update(){
    switch ( a ){
    case 1;
        cout << 1 << endl;
    case 2;
        cout << 2 << endl;
```

```
        break;
    }
}
```

a 等于 1 时将会输出 1 和 2。可以看出这是条件 1 中忘记添加 break 导致的。当代码变得越来越长时，这类 bug 就不会这么容易找到了。

示例

解决方案 05_Sequence1 中的 NimotsuKunWithSequence1 项目实现了上述内容。

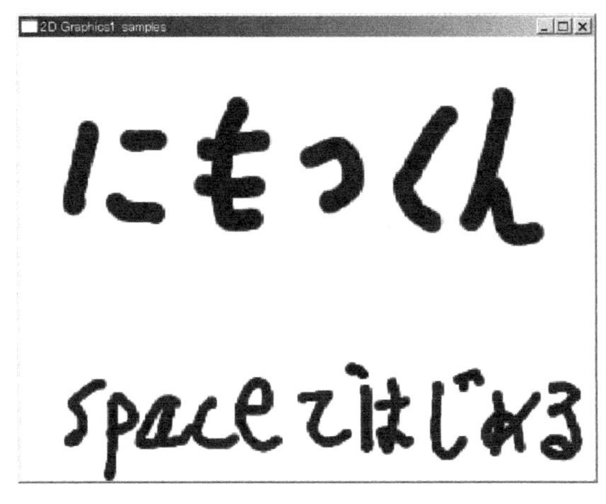

图片看上去确实有些丑陋，如果由美工来制作必定更为精美，不过这并不妨碍我们的讨论，所以我们暂且先使用这张素材。

该示例中，按下空格键进入游戏，通关后将返回到主题画面。mainLoop() 中只保留了必需的处理，大部分处理被移到了 title() 和 game() 中。另外，进入游戏时会通过 new 生成一个 gState，退出时再执行 delete。主题画面也是同样，进入主题时会通过 new 生成一个主题图片 gTitleImage，退出时再执行 delete。

对这么小的游戏而言，即便不反复执行 new 和 delete 也没有什么问题，但是对大型游戏来说就必须这样做了。几十个甚至上百个状态各自拥有特定的数据，要在一开始就将它们同时加载进来是不可能的。即时内存吃得消，启动时间也让人无法忍受。在资源管理方面，我们应当遵循“必要时才创建，一旦无用就释放”的原则。

虽然有了主题画面，但是游戏中的大部分流程仍然有所欠缺。例如无法通关时程序该如何处理？目前只能依靠点击“×”按钮来中断程序。

下一节我们将对游戏流程稍加整理。

5.3 试着增加状态

本节我们试着让游戏变得复杂些。首先需要设计游戏流程。

5.3.1 状态迁移流程

一般来说游戏都有哪些状态呢?

如果身边有游戏机可以随便启动一个游戏看看。是不是意外地发现有非常多的状态呢?这些状态都各自对应着相应的处理程序以及图片素材。这么看来,原本像空气一样不易察觉的状态迁移,其实也是相当复杂的。

所以我们暂时不会立刻编写代码,而是先从以下几个方面对游戏流程进行梳理。

主题

游戏启动后即进入该状态。按下某个按键后跳转到选关状态。我们暂且通过空格键来激活。

选关

输入从 1 到 9 的数字后,游戏保存该值并跳转到加载状态。

加载

虽然这种小规模的游戏其实没有什么可以加载的,不过如今市面上大部分游戏的加载时间不容忽略,所以我们也加入该状态。

读取被选中的关卡,并将其初始化为可玩状态。画面上显示 1 张写有“加载中”文字的图片。因为该过程一瞬间就可完成,不易察觉,所以我们设法让它维持 1 秒左右。

另外,因为场景数据的制作比较烦琐,所以可以全部使用相同的场景,但我们还是将文件分别命名为 1.txt 和 2.txt,以当作不同的场景。

游戏

运行游戏。按下空格键,游戏将迁移到菜单画面。游戏通关后将迁移到通关画面。

菜单

游戏菜单提供了“重置”“选关”“回到主题”“继续”四个选项。准备好相应的图片,覆盖显示到游戏画面上。如果先将一个 alpha 值为 0.5(128)位的黑色蒙板覆盖在游戏画面上,再在蒙板上显示菜单项目的图片,文字将更易于阅读。当然,直接使用文字以外的部分全是半透明黑色(alpha 值为 0.5)的图片素材也没问题。

点击“重置”后,场景将还原到最初状态,重新开始游戏。点击“选关”则将前往关卡选择画面。如果要放弃游戏,可以点击“回到主题”。点击“继续”将直接返回到游戏画面。可以为各个功能添加快捷键,使用数字键是一个不错的办法。

通关画面

通关后即进入该状态。通关画面叠加在游戏画面上显示。为了便于观察,同样可以先放置一个 alpha 值为 0.5 的黑色蒙板。如果一瞬间就消失的话未免太快,我们设法令其显示 1 秒后再返回到选关画面。

将以上状态画成流程图,大概如下所示。

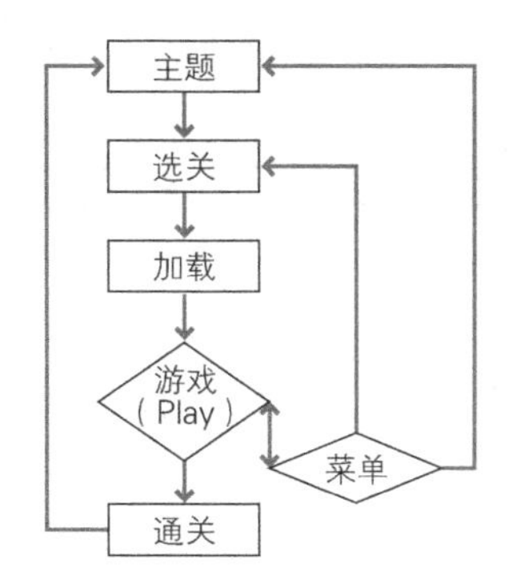

前面说过，透过半透明的游戏画面可以看到菜单，合成的效果如下图所示。调暗背景能让菜单文字更容易看清。

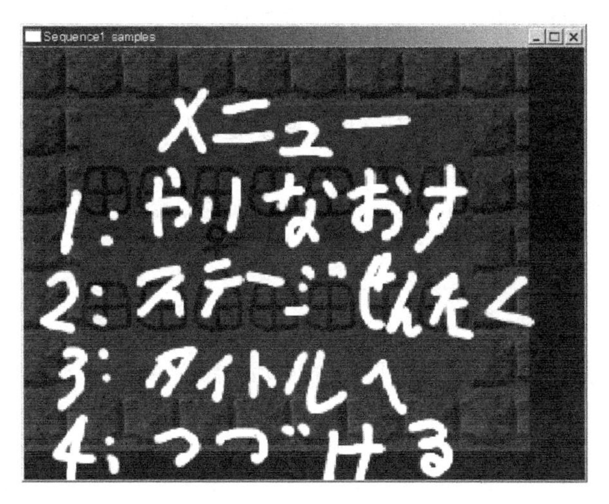

5.3.2 简单还是复杂

读者觉得这个课题是简单还是复杂呢？

希望读者能够先试着自己实现该功能。不仅是初学者，即便拥有一定开发经验的读者也是如此。相比能不能开发出某种功能，本书更注重如何设计并实现某种功能。

客观地说，这个课题确实有些棘手。

如果读者没有这种感觉，那么要么是因为读者开发经验丰富，要么就是还没有摸清问题的要害。虽然这并不需要什么编程语言方面的新知识，也不需要数学，也不需要学习什么类库方法，但却非常麻烦。理由稍后会说明。

读者自行开发完成后，请反复尝试返回到主题画面、返回到选关画面，或者选择各种关卡，总之，请尽量尝试各种可能的操作来进行测试。同时请设置为在 q 键被按下时程序结束。确保任何时候按下 q 键都不会导致崩溃，也不会产生内存泄露。

如果缺乏严谨的测试而遗留了 bug，那么即使开发了很多功能，也不能算完成了游戏。尤其在团队合作时，这会很容易给他人带来麻烦，而且也降低了自身的价值。小项目的测试工作量并不太大，更应该仔细执行。

5.4 代码审查

最后读者是怎么实现该功能的呢?

在实际开发中应该不难发现,如果单纯依靠添加 switch 分支的数量,最后将导致代码臃肿不堪。

谈到游戏开发,我们的脑海中总会浮现出游戏中的各个画面,但遗憾的是开发过程中大部分工作和游戏逻辑本身关系并不大。实际上,按上述设计完成游戏后,如果重新审查代码,就会发现比起游戏逻辑本身,状态迁移和其他相关处理的代码反而更多。

接下来我们就来讨论几个重要的问题。

5.4.1 与素材的加载、释放相关的问题

主题画面状态下将读取主题画面的素材。各个游戏状态下也都会读取游戏的图片资源以及场景数据,不同的状态负责通过 new 生成不同的对象。这就是本节要讨论的问题的成因。

请思考一下素材的释放过程。在只增加了主题画面的状态之前的示例(NimotsuKunWithSequence1)中,mainLoop 持有游戏状态 State 对象和主题画面的图片素材。显然二者的释放工作应当由 mainLoop() 负责,因此可以在该函数内看到下列代码。

```
SAFE_DELETE( gState );
SAFE_DELETE( gTitleImage );
```

那么如果把选关、加载、通关以及游戏结束这些功能都扩展为状态类会怎样呢? mainLoop() 中的 SAFE_DELETE 的数量会越来越多,编写 mainLoop() 时必须清楚其他状态都通过 new 生成了什么,而这个步骤非常烦琐。

如果不是独自开发而是团队合作的话,情况还会变得更糟糕,编写 mainLoop() 的人必须清楚所有的状态都通过 new 生成了什么。这位开发人员不得不依次向主题画面开发工程师、关卡选择开发工程师等负责人询问他们通过 new 生成了哪些东西。

这么看来,更好的做法应该是,把各个状态设计为类,在构造函数中通过 new 生成自己需要的对象,在析构函数中 delete 之前通过 new 生成的东西。这样一来,编写 mainLoop() 的人就无须知道关卡选择开发工程师做了哪些事,只要在合适的地方调用相应的构造函数和析构函数即可。即便是独自开发游戏,编写时也不再需要考虑其他类的内部实现,相比之前会轻松很多。这正是面向对象设计方法所带来的便利性。

现在读者不妨看看自己的实现,并和上述方案比较一下。

当然,单纯把各个状态作为函数不断添加的话也能够实现,但那样最后写出的代码必定是不堪入目的,所以这个地方值得好好琢磨。

5.4.2 多状态共用素材的问题

按照前面的设计,菜单会叠加在游戏画面上显示。另外,菜单选择完成后必须回到原先的画面。也就是说,菜单和游戏状态中都会包含 State,所以当离开游戏或处于菜单选择状态时,不允许调用 State 的析构函数。

那么，把 `State` 类变量放到哪里比较好呢？

首先，排除将其放在游戏状态中的方案。因为如果这样做，就可能会出现进入游戏状态时创建的对象不能在析构时释放的情况。而将 `State` 指针传递给迁移目标状态的设计又过于复杂，难以保证不会出现忘记执行 `delete` 的情况。为了避免出现这种麻烦，我们应当尽量遵守“谁生成谁释放”的原则。

同样，我们也不想把 `State` 作为全局变量分离出去，因为这样又违反了“必要时才创建，一旦无用就释放”的原则。

那么怎么样的设计才合理呢？

答案只有一个。那就是将状态类按层次结构进行组织。

5.4.3 层次结构的状态迁移

一般来说，将刀具都放在厨房是比较普遍的做法。而假如将刀具分别保管在各个房间里，就不得不一一确认是否要每人保管一把，以及由谁来保管哪把刀具。如果确保刀具都保管在厨房中，家庭成员使用时就都很方便。

这里有一点很重要，刀具虽然是家庭成员共同所有，但物体本身放置在家中。如果把刀具都存放在家外，那就违背常识了。

接下来，我们用代码来描述这个结构。现在来尝试将这个比喻替换为程序。

首先，刀具对应的概念自然是 `State` 类。游戏、加载、菜单和通关这四个状态就是使用刀具的家庭成员。家庭成员住在家中，刀具也放置在家中。因此这里创建一个相当于“家”的类。类名类似于门牌一类的东西。可能有些不好理解，我们把这个类命名为“Game”。而之前一直提到的“游戏”一词其实表示“Play”之意。因为这个“Game”所覆盖的范围要远远大于核心“Play”的范围。接下来，主题和选关被放置于“家”外，看起来相当于左邻右舍。

总结一下。

首先站在外部观察，可以看到主题、选关和 Game 三“家”。这三家代表 `mainLoop()` 中的 `switch` 分支。然后再看“Game”这个“家”，家庭成员有“游戏（Play）”“加载”“菜单”“通关”四人，代表 Game 类函数中的 `switch` 分支。也就是说，`switch` 有两层嵌套。

整体示意图如下所示。

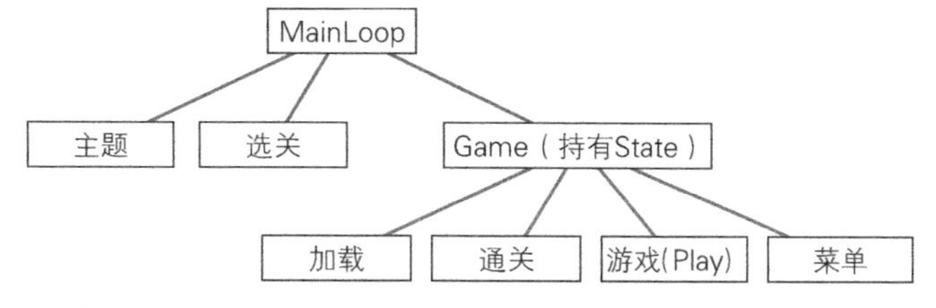

第一层表示世界，第二层表示附近的地方，第三层表示家中。

层级数量没有限制。一般这种规模的游戏有四个层级左右。在现实世界中也可以看到类似的层级划分，比如国、省、市这样的行政层级。程序中也可以借鉴这类司空见惯的概念，尽可能地借用比喻将程序和现实联系起来。这样很多问题就会变得更好理解了。

在这个课题中，通关和菜单等状态其实也没有必要非做成一个一个的类不可。其实如果在

“Game”状态中使用 if 判断来控制分支，也就不存在素材管理的问题了。仍旧用刚才的例子来比喻的话，这就相当于所有成员都住在一间大屋子里，这样就没有必要考虑将刀具放在哪个房间。如果家庭成员只有一人，再加上仓鼠、猫和兔子，那就没有必要特意去创建房间（类）了。

这种判断是非常重要的，没有必要按照示意图为每个状态都创建一个类。比如某状态负责在画面上显示问题，允许玩家选择 yes 或 no，如果创建大量这样的类，反而显得多余。开发过程中应当具体问题具体分析。不过，当前出于练习的目的，我们还是为每个状态创建一个类。

5.4.4 迁移触发器的放置位置

假设在主题画面中按下空格键后将进入游戏，那么显然可以在主题画面类的函数中判断空格键是否被按下。但问题是，该处理结束后理应销毁主题画面类自身并创建游戏类。这就有些棘手了。

首先，主题画面类无法销毁自身。因为不能 delete 自己。其次，在主题画面类的函数中创建游戏类的情况下，将无法遵守“谁创建谁销毁”的原则。因为主题画面类在这之后不久就将被销毁。

读者是怎样设计的呢？

首先从大前提出发考虑

实现的方法有很多种，我们尽量选择忠实地遵守设计原则的方法。

首先作为大前提，判断空格键是否被按下的处理应当放在类中。此外，还必须遵守“谁创建谁销毁”的原则。这样一来，答案自然就出来了。

当希望迁移到其他状态时，会返回一个信号给调用方。比如往所有状态每帧都会执行的 update() 方法传递一个 bool 型指针，结束时将 true 值代入。

```
void Title::update( bool* ended ){
   if ( 结束 ){
      *ended = true;
   }
}
```

在调用方，比如 mainLoop() 会对其进行探测，能够发现“啊，执行结束了”。Title 结束后会迁移到 Game，这类判断逻辑将在 mainLoop() 中完成。然而这样并不能区分多个状态之间的迁移，所以还需要按下面的思路继续改进。

准备一些 enum 值用于表示各个状态的编号，在函数中返回这些值。注意要额外准备一个不代表任何状态的无效的 enum 值，在未执行完成前将该值代入，代码大致如下所示。

```
enum Seq{
   SEQ_MENU,
   SEQ_GAME,
   SEQ_NONE, //无效值
};

void Title::update( Seq* next ){
   if ( 迁移到菜单 ){
      *next = SEQ_MENU;
   }else if ( 迁移到主题 ){
      *next = SEQ_GAME;
   }else{ //继续
```

```
        *next = SEQ_NONE;
    }
}
```

下面是从主题画面迁移到 Game 状态的示意图，看上去没有什么问题。

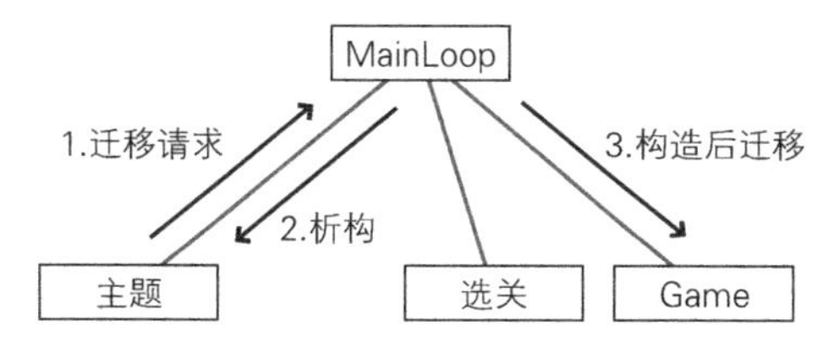

不同层级之间的状态迁移，可以通过将所有状态都罗列到一个 enum 中来实现。比如准备从游戏（Play）状态迁移到主题状态时，游戏（Play）状态会向 Game 状态请求“准备迁移到主题状态”，之后 Game 状态再将“准备迁移到主题状态”的信息传递给 mainLoop()。这两个过程都只需要传递 enum 值就够了。

但是，将所有的状态都罗列到一个 enum 中会有一些问题。

划分 enum 值

试想一下，在状态数量达到上百个时，enum 变量将会是什么样呢？程序中会出现几十行甚至上百行的 enum 值定义，用起来非常不方便。而且，如果追加了新的状态，所有包含 enum 定义的 cpp 文件都必须重新编译，效率太低了。

假设该游戏支持双人模式。请参考如下的状态示意图。

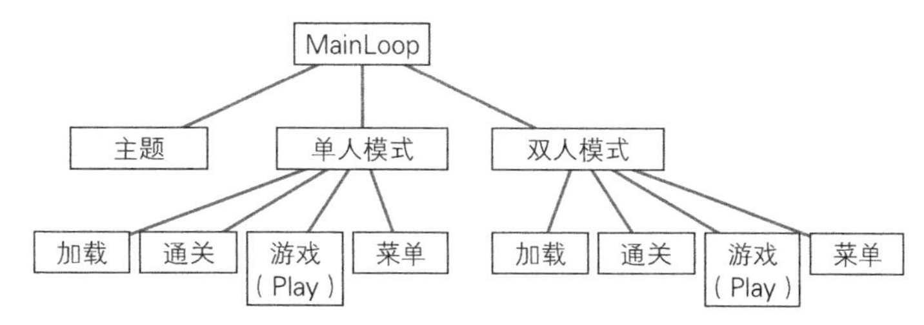

在这个游戏中，一般不存在从单人模式状态直接迁移到双人模式状态的情况，而是会先返回到主题画面状态。因此，我们将单人模式相关的状态定义都放入单人模式中，将双人模式相关的状态定义都放入双人模式中。可以看到，现在 enum 也按照层级来组织了。

```
class MainLoop{
    enum Seq{
        SEQ_TITLE,
        SEQ_GAME_1P,
        SEQ_GAME_2P,
    };
    （略）
};

class Game1P{
    enum Seq{
        SEQ_LOAD,
        SEQ_CLEAR,
        SEQ_PLAY,
```

```
        SEQ_MENU,
    };
    （略）
};

class Game2P{
    enum Seq{
        SEQ_LOAD,
        SEQ_CLEAR,
        SEQ_PLAY,
        SEQ_MENU,
    };
    （略）
};
```

如上所示，把 enum 拆分放入各个类中。例如，准备从单人模式下的加载状态迁移到游戏（Play）状态时，可以使用下面的代码。

```
void Load1P::update( Game1P::Seq* next ){
    *next = Game1P::SEQ_PLAY;
}
```

将名称空间也按照层级来组织，就可以完成单人模式和双人模式的 LoadSequence 和 PlaySequence。

接下来，我们要考虑如何实现“从游戏菜单直接回到主题画面”这类跨层级迁移的处理。

5.4.5 层级间移动

要想从游戏菜单直接回到主题画面，该如何处理呢？

其实这并不困难，只需在各个层级的 enum 中添加存在迁移可能性的其他层级中的状态即可。例如，就 Game 状态而言，为了实现从它下面的各个状态到主题画面的迁移，将主题画面包含的 enum 也添加进来，如下所示。

```
class Game{
    enum Seq{
        SEQ_TITLE, //把其他层级的状态也添加进来
        SEQ_LOAD,
        SEQ_CLEAR,
        SEQ_PLAY,
        SEQ_MENU,
    };
    （略）
};
```

这样一来，在发生迁移时，会替换 enum 并传递给上一层级，示意图如下所示。

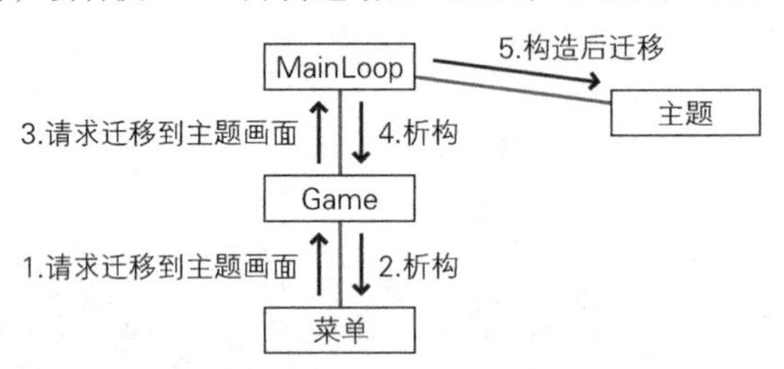

代码大致如下所示。

```
//从菜单迁移到 Game
void Menu::update( Game::Seq* next ){
   *next = Game::SEQ_TITLE;
}

//从 Game 迁移到主题
void Game::update( MainLoop::Seq* next ){
   //从菜单中获得迁移目的地
   Game::Seq childNext;
   mMenu->update( &childNext );

   //如果要迁移到主题画面，则通知上一层级
   if ( childNext == Game::SEQ_TITLE ){
      *next = MainLoop::SEQ_TITLE;//替换为上一层级的 enum
   }
}
```

当菜单发出“请求迁移到主题”的请求时，Game 状态会将该请求继续向上传递，这时会替换 enum。

不过，有时只有 enum 还不够，例如在选关时还必须同时将“选择了哪个关卡”的信息传递给母层级。因此，如果让父层级类指针可见，就会方便很多。这样就可以直接把迁移目的地传给父层级对象。

```
void Game::moveTo( Seq next ){
   mNext = next;
}
```

有了这个函数后，就可以像下面这样改写各个状态的 update() 方法。

```
//子层级
void GameMenu::update( Game* parent ){
   if ( 迁移到选关 ){
      parent->moveTo( Game::SEQ_STAGE_SELECT );
   }else if ( 迁移到主题 ){
      parent->moveTo( Game::SEQ_TITLE );
   }else if ( 回到 Play ){
      parent->moveTo( Game::SEQ_PLAY );
   }
}
//父层级
void Game::update( MainLoop* parent ){
   //执行子层级状态方法
   if ( mGameMenu ){
      mGameMenu->update( this );
   }
   //迁移判断
   switch ( mNext ){
      case SEQ_STAGE_SELECT:
         SAFE_DELETE( mGameMenu );
         parent->moveTo( MainLoop::SEQ_STAGE_SELECT );
         break;
      case SEQ_TITLE:
         SAFE_DELETE( mGameMenu );
         parent->moveTo( MainLoop::SEQ_TITLE );
         break;
```

```
        case SEQ_PLAY:
            SAFE_DELETE( mGameMenu );
            mGamePlay = new GamePlay();
            break;
    }
}
//祖父层级
void MainLoop::update(){
    //执行子层级状态方法
    if ( mGame ){
        mGame->update( this );
    }
    //迁移判断
    switch ( mNext ){
        case SEQ_STAGE_SELECT:
            SAFE_DELETE( mGame );
            mStageSelect = new StageSelect();
            break;
        case SEQ_TITLE:
            SAFE_DELETE( mGame );
            mTitle = new Title();
            break;
    }
}
```

子层级状态的 update() 调用 moveTo() 后，会将 mNext 变量设置为适当的值，程序再根据该值执行不同的分支。这里请注意原先的 mainLoop() 函数已经被 MainLoop 类替代了。

不过，并非所有情况下都必须使用这种精巧的做法。假如只有一二十个状态，一个人就可以完成，这时也可以只通过 else　if 来实现。但是，随着业务变得越来越复杂，这种做法会变得越来越难应对，如果掌握了别的方法就会轻松很多。

5.5 示例代码解说

完成后的示例代码位于 NimotsuKunWithSequence2 中。类的数量一下子增加了 8 个，代码也变得比较复杂。下面我们将对代码进行详细说明。

5.5.1 文件的配置

该示例中的文件非常多。前面我们讨论的示例中，源代码文件都直接放置在项目的根目录下，但是当源文件数量较多时，这种方式就显得不太合适。因此，我们创建了 src 文件夹，将源代码放入其中。而且为了分离文件数量特别多的状态模块的代码，我们还创建了 Sequence 文件夹。请读者留意示例项目中的文件夹结构。

接下来的问题是头文件和 cpp 的存放位置。关于这一点，大致存在两种流派：一种是把头文件和 cpp 文件分别放入各自的文件夹；另一种是把头文件和 cpp 放入同一文件夹。可能很多开发者习惯采用第一种方式，不过笔者更倾向于第二种方式。第一种方式可能在创建类库时是合适的。因为一般在发布类库时只需要提取出头文件就够了，所以一开始就把二者分开放置会非常方便，实际上笔者提供的类库也是这样处理的，但是在开发游戏主体内容时就没有这样做的必要了。

此外，笔者在编写 cpp 文件时喜欢在旁边再开一个窗口来同时查看 h 文件，只打开 cpp 或者头文件单独编写的情况较少。既然要同时打开它们，那么提前把它们放在同一文件夹内自然更为方便。在 Visual Studio 的项目结构中也可以看到这种设计，自带的“源文件”“头文件”文件夹都在项目创建时被删除了。

当然好方法有很多，如果读者已经有了一套自己的规范，那么未必需要改为这种方式。但是，要知道从来就不可能存在放之四海而皆准的完美规范，所以还是建议读者定期审视自己的规范有何优缺点。编程环境的变化、开发内容的变化甚至个人兴趣的变化都会对其产生影响。我们并不能保证同一套规范每次都是合适的，希望本节介绍的内容可以帮助读者对比和思考。

5.5.2 项目设置

目前我们的头文件搜索路径中只添加了库的 include 文件夹，但因为我们在项目内部创建了一些文件夹，所以必须把它们也添加到头文件搜索路径中。因为 Visual Studio 会自动将 cpp 所在的目录纳入头文件路径中，所以即使什么都不做也能顺利通过编译，但我们并不打算这样做。将项目文件夹添加到头文件路径后，就可以做到不论 cpp 存放在哪里都能正确地引入头文件。例如，针对 Sequence/Game/Play.h，代码中像下面这样写即可。

```
#include "Sequence/Game/Play.h"
```

当然，如果 cpp 文件和 Play.h 位于同一文件夹，也可以直接写 `#include “Play.h”`，但是这样会使包含头文件的写法随着 cpp 位置的变化而不同。试想如果项目中含有多个同名文件，这种写法无疑会带来混乱，而指定文件夹路径的做法则可以规避这个问题。

因此，现在头文件搜索路径的内容为以下两行。

```
$(GAME_LIB_DIR)\Sequence1\include
$(ProjectDir)
```

5.5.3 类的结构

状态处理相关的代码都被放入了 `Sequence` 名称空间中。`Sequence` 下还存在 `Game` 名称空间，代码放在这个层级下。

各层级都有一个父对象，名字为 `Parent`。之前提到的 `MainLoop` 对应 `Sequence::Parent`，而之前的“Game”则对应 `Sequence::Game::Parent`。上面的层级中含有 `Title`、`StageSelect`，下面的层级存放了 `Clear`、`Loading`、`Menu`、`Play` 这 4 个状态。各个名称空间类似家庭结构，一个父亲对应多个孩子，然后这个父亲本身又作为孩子存在于上一级家庭中。

按照笔者的习惯，文件夹层级和名称空间层级都保持一致。例如，`Title` 位于 `Sequence` 名称空间中，因此被存放于 Sequence/Title.h 中；`Play` 位于 `Sequence::Game` 名称空间中，因此被存放在 Sequence/Game/Play.h 中。文件夹结构和名称空间层级不一致可能会带来很多麻烦，建议读者在没有特别的理由的情况下务必遵循此规范。

从 Visual Studio 的解决方案视图中也可以看到该结构，如下图所示。

5.5.4 数据配置

除了源代码之外，我们还将要加载的数据也放入文件夹下。在 data 文件夹中创建 image 和 stageData 两个文件夹，将图片放入 image，将关卡数据放入 stageData。

另外，在 image 下还有一个叫作 original 的文件夹，里边存放了 DDS 转换前的原始的 PNG 文件。因为图片经过 DDS 转换后就只能通过运行游戏来查看内容，而且无法修改，所以为了方便开发，我们将原始文件也放进来。

5.5.5 main.cpp

由于 `Sequence::Parent` 类已经承担了大部分的处理，main.cpp 中已经没有什么内容了。它主要负责游戏的启动和销毁，以及当 q 键被按下时结束程序。

5.5.6 Sequence/Parent.h

这是状态迁移处理的核心类，理解该类后就能把握整体流程。下面是类的完整定义。

```
namespace Sequence{
class Title;
class Game;
class Stage;

class Parent{
public:
```

```
    enum SeqID{
        SEQ_STAGE_SELECT,
        SEQ_TITLE,
        SEQ_GAME,

        SEQ_NONE,
    };
    Parent();
    ~Parent();
    void update();

    void moveTo( SeqID );
    void setStageID( int stageID );
private:
    Title* mTitle;
    StageSelect* mStageSelect;
    Game::Parent* mGame;

    int mStageID;
    SeqID mNext;
};
}
```

开头的 3 行代码是之前提到过的不包含头文件时的前向声明。

```
class Title;
class Game;
class Stage;
```

函数功能都比较简单，update() 是处理的主体部分，moveTo() 是请求迁移的函数，setStageID() 用于在选关后设置选中关卡的场景编号。

如果读者理解了前面几节的内容，那么这个类应该不难掌握。

5.5.7 Sequence/Parent.cpp

这个类比较特别，下面我们来详细说明。

构造函数

首先看该类的构造函数。

```
Parent::Parent() :
mTitle( 0 ),
mStageSelect( 0 ),
mGame( 0 ),
mNext( SEQ_NONE ),
mStageID( 0 ){
    //最初创建的是主题状态
    mTitle = new Title();
}
```

构造函数中必须初始化所有的成员变量。如果太烦琐，至少要对指针变量进行初始化，否则很容易出现各种奇怪的 bug。一些重要变量的初始化也不能省略，对 mNext 而言这点尤其重要，如果它没有被正确地初始化，游戏运行将变得很奇怪，读者可以试验一下。

函数体内通过 new 生成了 1 个 Title 对象。这是因为游戏一开始将进入主题画面。

析构函数

析构函数的代码如下所示。

```
Parent::~Parent(){
    // 如有残留则销毁清空
    SAFE_DELETE( mTitle );
    SAFE_DELETE( mStageSelect );
    SAFE_DELETE( mGame );
}
```

因为程序无法得知该类何时会被析构，所以无法得知通过 new 生成了哪个状态的指针，进而需要将所有指针都销毁。因为谁也不知道“×”按钮或者 q 键何时会被按下。

也可以按部就班地先检测指针是否为 0，再执行删除，不过因为 SAFE_DELETE 中传入 0 也不会有问题，所以直接把指针传入 SAFE_DELETE 更方便。

注意这里的 3 个指针仅 1 个有值，另外 2 个都是 0，所以这种写法多少让人觉得不够优雅，不过目前暂时没有解决的方法。

相似的代码写 3 遍真的很麻烦，所以遇到问题时要多想想是否有更好的做法，请大家养成这个好习惯。以后我们会介绍如何用更简短的代码来实现，读者也可以先自行尝试。

Sequence::Parent::update()

接下来是状态处理的核心方法 update()。前半部分负责执行子状态。

```
    if ( mTitle ){
        mTitle->update( this );
    }else if ( mStageSelect ){
        mStageSelect->update( this );
    }else if ( mGame ){
        mGame->update( this );
    }else{
        HALT( "bakana!" ); // 不应该出现该种情况
    }
```

就像前面讲析构函数时提到的那样，3 个子状态指针中有 2 个值为 0，不可能出现 2 个以上的状态同时被 new 创建的情况。因此，通过 else if 来判断子状态指针是否非 0，就可以识别出当前处于何种状态。

当然，也可以像下面这样使用 enum 和 switch。

```
switch ( mCurrentSeq ){
    case SEQ_TITLE: mTitle->update( this ); break;
    ...
}
```

但是我们还是决定采用不引入额外变量的写法。switch 的写法并没有减少多少代码量，反而可能会因新添加了变量而引入新的 bug。

有些读者可能觉得这样的代码不够严谨。前面说过，只有 1 个状态会被 new 创建出来，那么该如何保证 mTitle 和 mStageSelect 不会同时有值呢？这时 ASSERT 就可以派上用场了。不过代码变得有些累赘。

```
    if ( mTitle ){
        mTitle->update( this );
        ASSERT( !mStageSelect )
        ASSERT( !mGame );
    }else if ( mStageSelect ){
        mStageSelect->update( this );
        ASSERT( !mTitle )
        ASSERT( !mGame );
    }else if ( mGame ){
        mGame->update( this );
        ASSERT( !mStageSelect )
        ASSERT( !mTitle )
    }else{
        HALT( "bakana!" ); // 不应该出现这种情况
    }
```

本节开头的代码为了保持简洁而没有加入 ASSERT，但是从安全性的角度来说，这么写更完整。关于怎样才能写出优雅的代码，这里暂时无法给出答案，相信读者随着知识和经验的增加，自然会确定出一套标准。

接下来分析后半部分。

```
switch ( mNext ){
    case SEQ_STAGE_SELECT:
        SAFE_DELETE( mTitle );
        SAFE_DELETE( mGame );
        mStageSelect = new StageSelect();
        break;
    case SEQ_TITLE:
        SAFE_DELETE( mGame );
        mTitle = new Title();
        break;
    case SEQ_GAME:
        SAFE_DELETE( mStageSelect );
        ASSERT( mStageID != 0 ); // 一定有值
        mGame = new Game::Parent( mStageID );
        break;
}
mNext = SEQ_NONE;
```

收到来自子状态的 moveTo() 请求后，mNext 将被设置为非 SEQ_NONE 的某个值。程序根据该值执行分支。切勿忘记最后要将 mNext 重新赋值为 SEQ_NONE。如果遗漏了这一步，程序状态将变得非常混乱。

5.5.8 Game::Parent

Game::Parent 作为 Game 层级的“父层级”，性质与 Parent 非常相似。需要注意的是 update 的参数：

```
void Parent::update( Parent* );
```

看起来参数类型好像是它自己，但其实指的是 Game::Parent 的“父”，也就是上一层级中的 Parent。这就是类名重复的弊端，这种问题可以使用 typedef 来规避。

```
typedef Sequence::Parent GrandParent;
void Parent::update( GrandParent* );
```

这种做法相当于起了一个别名“祖父”。

或许读者会觉得干脆完全不使用名称空间，只要命名时确保每个类名互不相同就好了。确实如此。如果层级最多只有 2 层，笔者也不使用名称空间。类似 GameParent、GamePause 这种名称的确是可以接受的。

但是，让我们来考虑一下层级超过 3 层时的情况。每次都不得不书写类似于 StoryIntermissionLoading、VersusGamePause 这样长长的类名，开发人员肯定是非常抵触的。

笔者遇到过 4 层级结构的情况。类名和文件名都出奇地长，非常不方便。

5.5.9 等待 1 秒

在我们的设计中，Clear、Loading 的过程需要持续 1 秒，这可以通过以下代码来实现。

```
Loading::Loading() : mCount( 0 ){
}

void Loading::update( Game* parent ){
    if ( mCount == 60 ){ // 等待直到经过 60 帧
        parent->moveTo( Game::SEQ_PLAY ); // 迁移到 Play
    }
    ++mCount;
}
```

这里省略了不相关的部分。构造函数中将相应的变量初始化为 0，随后每帧执行加 1 操作，达到一定数量后跳出循环。如果采用的是可变帧率设计，那么可以在构造函数中记录当前时刻，后续在每帧中都记录执行时刻，并计算所经过的时间，然后进行判断。

5.5.10 几个拓展功能

State::reset()

在菜单中选中“重置”项时，游戏将恢复为场景的原始状态。目前的实现方式是删除（delete）当前的状态（State）后再通过 new 重新生成一个，这无形中延长了载入时间。

于是我们可以换另外一种思路，不重新加载，而是直接将场景的状态还原回去。在 State 类中复制场景数据字符串，然后通过 reset() 再次进行初始化。

Image::draw()

全屏显示图片时需要向 Image::draw() 传递 6 个参数，这显得非常烦琐。为此，我们准备了 1 个不带参数的版本，调用该函数后将以屏幕左上角为起点按图片大小显示素材。在菜单、通关、主题这些状态中，只需调用下面这行代码，即可完成绘制。

```
mImage->draw();
```

其内部实现如下所示。

```
void Image::draw() const {
    draw( 0, 0, 0, 0, mWidth, mHeight );
}
```

其实本质上仍是调用了有 6 个参数的函数版本。

另外，为方便使用，透明混合处理部分都被封装到了 blend() 函数中。因为不存在从其他文件调用 blend() 的情况，所以没有把它设计为类的成员变量，而是将其放入一个不带名字的名称空间，这样其他文件就无法访问到该函数。尽管将其声明为 Image 类的 private 方法也能达到相同目的，但是考虑到没必要将其他类无须知道的内容放入头文件，还是这种做法更好些。

不带名字的名称空间是什么概念呢？下面我们简单说明一下。

不带名字的名称空间

不带名字的名称空间就像下面的代码这样：

```
namespace{
    int foo;
}
```

foo 只能在该 cpp 中被访问。从原理上说，这相当于编译器为其指定了一个随意的名称空间，并立即使用 using 引入该空间。

```
namespace AZ823dd92Gdawd{
    int foo;
}
using namespace AZ823dd92Gdawd;
```

通过这个技巧，我们可以定义一些只能在某 cpp 中使用，在其他地方绝对无法访问的类或者函数。

或许读者会对这种将函数置于类之外的做法有些排斥，这时不妨思考一下将函数放入类中的本意是什么。其实在 C 语言时代并没有这样的要求，后来才慢慢发展到今天的情形，但这并不意味着 C 语言时代的一些开发习惯完全一无是处。

在这种情况下，将 blend() 设计为成员函数有一些缺点。因为它把别的 cpp 不会用到的东西放到了头文件中。这样一来，当需要增加 blend() 的参数时，就不得不更新头文件，结果所有包含了该头文件的 cpp 都必须重新编译。头文件就像类的脸面，除非真有必要，否则不应该把内部的东西暴露出来。

5.5.11 stringstream

请读者看一下 Sequence/GameSequence.cpp 代码。

在 startLoading() 中可以看到由场景编号生成加载的文件名的处理代码，其中使用到了 ostringstream。这是一个可以构建字符串、将数值转换为字符串的功能类。因为它是 C++ 标准类库中提供的类，所以在大部分机器上应该可以运行[①]。请读者务必掌握该类的用法。

使用方法与 cout 相同，即像 cout 那样把 int 和 const char* 等用 << 运算符拼接起来合成字符串。拼接完成后，通过 str() 可以获得 C++ 标准类库中的 string 对象。如果要把该对象

① 实际上有些游戏机无法使用 fstream，只能使用 C 语言的 fopen() 方法。同样地，stringstream 也无法保证在 100% 的机型上可用。不过在这种情况下，一般会自行开发一个用法类似的替代品，因此熟悉该用法还是会很方便的。

转换为普通的字符串，也就是转换为 const char*，只需调用 c_str() 方法。具体可以参考下面的例子。

```
//需要加入下面两行代码
#include <sstream>
using namespace std;

ostringstream oss;
oss << "data/stageData/" << mStageID << ".txt";
const char* filename = oss.str().c_str();
```

假设 mStageID 的值为 5，上面的代码将得到字符串 "data/stageData/5.txt"。

另外，可以通过下列代码清空字符串。

```
oss.str("");
```

虽然提供了 clear() 方法，但是请注意该方法并不是用来清空字符串的。

5.6 本章小结

本章我们试着实现了游戏的状态迁移处理。

虽说在编程方面和数学方面并没有添加什么新的内容，但是不知读者是否意识到了这是一个比较烦琐的问题。目前的游戏中只有几个状态而已，如此规模还难以让人感受到问题的复杂性。如果读者尚无法体会到这种设计的优点，暂时也可以先用 if-else 来完成。

特别是在团队开发的情况下，试想在对战格斗游戏中，单人模式的状态和双人模式的状态分别由不同的开发人员来实现会怎样？一旦项目规模变得庞大，就很容易理解这一切。

虽说强行编码也能够实现状态迁移，但是考虑到错误处理以及协作开发效率等因素，这将会是一个非常深奥的课题。实际上，本书中不会再出现比状态迁移更重视类设计的内容了。后面的章节或许在数学或编程技巧上要求更高，但是技术本身不难而非常依赖架构设计的课题，大概也只有状态迁移了。

下一章我们将学习在画面上输出文本，内容不多而且相对易懂，读者可以稍微放松一下。

第6章

文本绘制方法

主要内容

· 显示文本

本章我们将学习如何在画面上输出文本。和上一章不同，该任务比较单一，也不需要长篇大论的说明，读者可以轻松地完成本章的学习。

那么，为什么要输出文本呢?

请读者试着回想上一章的内容。在创建每个状态时，必须为主题画面、通关画面等准备相应的图片素材，非常烦琐，至少对笔者来说如此。一开始还期待着自己能画出精美的素材，可最后却因为嫌麻烦而只是拿着鼠标写了几笔。

可能因为我们是程序员而不是美工吧。一般来说，绘制素材是美工的工作而非程序员的。因此，程序员在开发过程中总是希望不用去考虑素材相关的问题。

这里我们可以思考一下，通关、菜单和主题等图片素材的意义是什么呢？当然，让产品变得美观肯定是一个答案，但若单从功能方面来说，主要还是为了在画面上显示出相应的信息。因此，如果可以在画面上输出一些文本信息，那么不用准备图片素材也能达到相同目的了。

另外，如果可以输出任意的文本，也有利于调试。相比每次设置断点观察和通过 `cout` 输出变量值，在每帧中把变量值显示在画面上的方法明显更有效率。

出于这个缘由，本章处理中用到的字体图片是美工手绘的，用于开发调试已经足够。开发初期文字输出的效果并没有必要做到产品级的水平。如果要作为正式产品发布，还必须对字体素材进行细致的加工，并添加汉字和其他特殊符号，另外还要对 I 和 H 等字符进行变宽处理。不过本书暂不会涉及这些高级内容。

另外，本章将沿用之前的类库 GameLib/Sequence1。

6.1 字体图片

如何才能在画面上显示文字呢?

很简单。准备一张写满字符的图片，然后从中截取相应的区域并显示到画面上即可。

比如下面这张写满了字符的图片，我们将其叫作“字体”。为了使区域切割更容易，我们设置所有的字符宽度都相同，高度也都相同。

接下来，只需完成从图片中截取相应区域的代码就行了。

6.2 文本绘制函数

作为函数的调用者，自然希望函数使用起来尽可能地直观。读者会用什么样的代码来输出字符呢？设计函数时站在使用者的角度来考虑是非常重要的。

首先可以参考的是跟平时常用的 `cout` 相似的方法。不过，输出字符时必须指定在画面上绘制的位置，针对这一点，`cout` 风格的设计不好实现。如果读者有兴趣，可以看看 GameLibs/Modules 下的 `DebugStream` 类代码。不过 C++ 初学者或许会感到束手无策。

那么我们尝试采用其他更简单的风格，例如像下面这样。

```
drawString(0, 0, "BAKAME!");
```

结果将从画面的左上方开始向右显示 `"BAKAME!"`。函数内部将进行从 `"BAKAME!"` 逐一取出各个字符的循环处理。在循环中先确定相应字符在文字图片中的位置，再将其显示到画面上。

代码内容大致如下所示。

```
drawString( int x, int y, const char* str ){
    // 初始化显示的目标位置
    int dstX = x;
    int dstY = y;
    // 设置字符的宽度和高度
```

```
    const int cWidth = 8; //字符宽度
    const int cHeight = 16; //字符高度
    for ( unsigned i = 0; str[ i ] != '\0'; ++i ){
        int srcX = getImagePositionX( src[ i ] );
        int srcY = getImagePositionY( src[ i ] );
        mFontImage->draw( dstX, dstY, srcX, srcY, cWidth, cHeight );
        dstX += cWidth; //移动到下一字符
    }
}
```

关键在于 getImagePositionX() 和 getImagePositionY() 如何实现。虽然用 switch 把所有字符对应的坐标值罗列出来也可以实现，但该做法未免太低级。按这种思路必须提前建立一个字符与坐标的对应关系的映射表。

我们先来学习一下计算机内部是如何对字符进行处理的。

6.2.1 ASCII 编码

在计算机内部，字符其实也是数值的一种。

```
int a = 'a';
cout << a << endl;
```

通过以上代码的执行结果可以知道 'a' 代表的数值是多少。

以前业界存在多个版本的字符与数值的对应表，不过现在已经统一了标准。'a' 等于 97，'0' 等于 48。因此，下列代码相当于对 a 赋值 97。

```
int a = 'a';
```

代码中出现的 'a' 在编译器看来就相当于 97。char 虽然被称为字符类型，但是在编译器看来不过是一个小于 128 的整数而已。

另外，规定 'a' 等于 97、'0' 等于 48 的规则，就是所谓的 ASCII 编码。

ASCII 字符编码如下表所示。编号 32 的“' '”表示空格。

十位以上 \ 个位	0	1	2	3	4	5	6	7	8	9
30			''	!	"	#	$	%	&	'
40	(	)	*	+	,	-	.	/	0	1
50	2	3	4	5	6	7	8	9	:	;
60	<	=	>	?	@	A	B	C	D	E
70	F	G	H	I	J	K	L	M	N	O
80	P	Q	R	S	T	U	V	W	X	Y
90	Z	[	\	]	^	_	`	a	b	c
100	d	e	f	g	h	i	j	k	l	m
110	n	o	p	q	r	s	t	u	v	w
120	x	y	z	{	|	}	~			

我们可以通过下列代码来确认该表的正确性。

```
for ( int i = 0; i < 128; ++i ){
    cout << static_cast< char >( i ) << " : " << i << endl;
}
```

将数值转换为char类型后将输出字符，保持int型则将输出数字，这样就可以输出ASCII字符编码表。

理解了字符本质上也是数值以后，剩下的就简单了。按照数字的顺序排列字符的图片，就可以使字符和图片位置的对应关系变简单。例如，如果a是第0个，b是第1个，那么将a和b从图片的左上方开始依次排列即可。

事实上，前面出现过的字体图片中的各个字符就是按照ASCII编码的顺序排列的。读者可以和ASCII表对照着看一下。0到31表示控制字符，没有图片，因此省略了，图片中包含的是从32到127之间的字符。1行16个字符，从左往右、从上到下依次排列。最上面的1行字符的ASCII值是从32到47，第2行的值是从48到63。因为127不对应任何字符，所以当程序遇到无法对应的字符时，就会显示白色的四边形。

实现这些处理的代码如下所示。

```
drawString( int x, int y, const char* str ){
    //初始化显示的目标位置
    int dstX = x;
    int dstY = y;
    //设置字符的宽度和高度
    const int charWidth = 8;
    const int charHeight = 16;
    for ( int i = 0; str[ i ] != '\0'; ++i ){
        //范围检测
        int t = src[ i ];
        if ( t < 32 || t >= 128 ){ //超出范围则按127处理
            t = 127;
        }
        t -= 32; //左上方表示32，因此减去32
        int srcX = ( t % 16 ) * charWidth; //X等于t对图片宽度取余
        int srcY = ( t / 16 ) * charHeight; //Y等于t对图片宽度取商
        mFontImage->draw(
            dstX, dstY, srcX, srcY,
            charWidth, charHeight );
        dstX += charWidth; //移动到下一字符
    }
}
```

这样就不用额外创建关系映射表了。

6.3 一些改进

接下来我们进行一些改进。

6.3.1 类封装

把这些功能都封装为类。逐个加载图片实在太麻烦，可以在构造函数中完成加载。

```
class StringRenderer{
public:
   StringRenderer( const char* fontImageFileName );
   ~StringRenderer();
   void draw( int x, int y, const char* string );
private:
   Image* mImage;
};
```

6.3.2 使背景透明

当前字体图片不存在透明通道，背景漆黑一片，用起来很不方便。最好对背景执行透明化处理。

看起来只要加入透明通道就可以了，但是不用这么费劲也可以实现。因为字体图片是以黑白色绘制而成的，所以可以按白色区域不透明、黑色区域透明进行处理，直接把图片的黑白信息当作透明通道。其实即使是黑白图片，像素数据中也包含了红绿蓝 3 种颜色，可以从中任选 1 种作为透明通道。笔者推荐选择蓝色，因为这样就可以不执行移位，写出来的代码更简短。

6.3.3 使颜色可变

如果字符能够根据相应的情况按不同的颜色显示会很方便。如果字符总为白色，有时会不易看清。因此，我们在 Image::draw() 中加入颜色参数，再用该颜色将字符绘制出来。

如前所述，程序将使用图片中的像素数据作为透明通道，并从函数参数中接收绘制的颜色值，比较简单。

```
void Image::drawWithReplacementColor(
int dstX,
int dstY,
int srcX,
int srcY,
int width,
int height,
unsigned color ) const {
   unsigned* vram = Framework::instance().videoMemory();
   int windowWidth = Framework::instance().width();
   unsigned srcR = color & 0xff0000;
   unsigned srcG = color & 0x00ff00;
   unsigned srcB = color & 0x0000ff;
   for ( int y = 0; y < height; ++y ){
      for ( int x = 0; x < width; ++x ){
         unsigned src = mData[ (y+srcY) * mWidth + (x+srcX) ];
         unsigned* dst = &vram[ (y+dstY) * windowWidth + (x+dstX) ];
         unsigned srcA = src & 0xff; //提取蓝色信息
         unsigned dstR = *dst & 0xff0000;
         unsigned dstG = *dst & 0x00ff00;
         unsigned dstB = *dst & 0x0000ff;
         unsigned r = ( srcR - dstR ) * srcA / 255 + dstR;
         unsigned g = ( srcG - dstG ) * srcA / 255 + dstG;
         unsigned b = ( srcB - dstB ) * srcA / 255 + dstB;
         *dst = ( r & 0xff0000 ) | ( g & 0x00ff00 ) | b;
      }
   }
}
```

上面的代码中使用蓝色信息作为透明通道。原因如前所述，可以不用执行移位操作。请结合代码进行确认。

就这样，我们用没有透明通道的黑白图片素材实现了任意颜色的字符显示。虽然原始素材中 3/4 的信息都浪费了（因为只使用了蓝色通道的信息），但这并不是什么大问题。如果读者十分介意这种浪费，可以试着开发一下读取 8 位单色 DDS 文件的功能，以 1 张只包含了透明通道信息的 DDS 文件为素材，就可以避免浪费。

6.3.4 指定显示位置

笔记本上一般都画着等间隔的横线，这有利于我们在横向书写时对齐。和这个做法类似，我们还可以对字符显示功能进行改进。目前字符显示的位置是通过像素单位指定的，如果不知道字符的宽度和高度，就无法知道从哪一行哪一列开始绘制。

因此，可以在参数接收到列值 x 和行值 y 后，再乘以字符的宽度和高度，然后算出坐标传递给 `Image::draw()`。下面的代码将在当前位置下一行和当前位置右一列的交叉处输出第 2 个字符串。

```
stringRenderer->draw( 0, 0, "arienai" );
stringRenderer->draw( 1, 1, "nannte kotta" );
```

这样的设计使代码写起来更简洁，只需将行值与列值分别乘上高度与宽度值再执行绘制处理即可。

6.3.5 错误检测

该类还必须检测字符显示是否超出了画面范围，这样在调用函数时就省事了。调用者不必再关注字符串的长度，非常方便。超出的部分会被忽略，所以调用时不用顾虑这部分。

类中会对每个字符进行范围检测，只绘制那些位于画面范围内的字符。笔者认为以字符为单位执行检测来决定是否绘制就已足够，如果对速度没有太高要求，也可以采用更精确的像素单位。

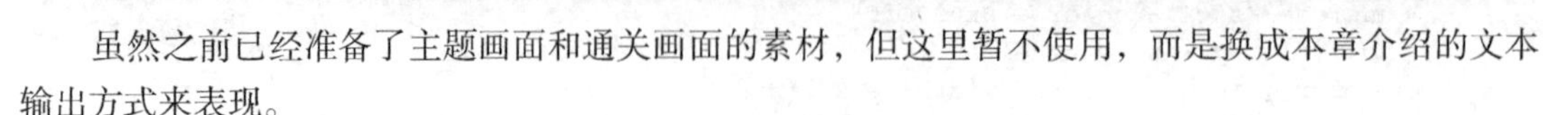

6.4 成果验证

虽然之前已经准备了主题画面和通关画面的素材，但这里暂不使用，而是换成本章介绍的文本输出方式来表现。

我们希望看到在黑色的背景上只显示“title”的主题画面。另外，选关画面中不再通过输入数字来选择，数字 1 到 9 被纵向排列在画面上，玩家通过上下移动光标来选择。目前游戏只能通过键盘输入，但是在使用鼠标或者摇杆来操作的情况下，没有数字键将无法进行。我们可以通过按 w 键往上、按 z 键往下来移动项目，按空格键或 d 键来确定选项。加入这种操作后，就可以很自然地把操作体验过渡到摇杆控制环境了。

另外，有必要提示玩家哪个选项被选中了。可以在选项左边显示“>”，或者改变选项的颜色。反正最后美工会用精美的素材来替换这些图片，所以暂时不用关心外观是否好看。作为程序员，首先要保证的是开发出可运行的东西。即使开发出的画面质量有些差，只要心中有数，对照着画面应该也能够想象出成品的状态。

上述实现的代码位于 06_Font1 解决方案下的 NimotsuKunWithFont 中。

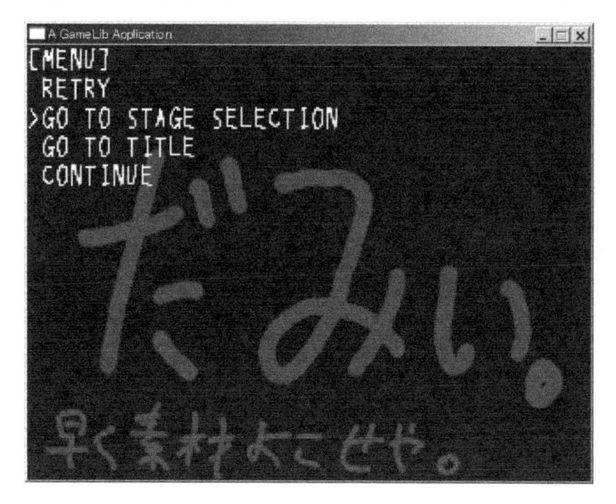

对于《箱子搬运工》这样简单的游戏来说，有了这个字体素材就足以开发出游戏。和 `cout` 一样，将字符显示到画面上即可。毕竟图片素材的准备比较费时，我们可以通过程序把能做的先实现，这样也便于调整。

说到这里，我们暂时先插入一个另外的话题。

本章介绍的使用字体素材临时替代图片的做法，是为了尽早把握游戏的整体感觉。游戏开发是创作性很强的工作，在看到成果之前难免会有很多不安。即使是那些包含了大量图片与音效的大型游戏，假如做到最后发现游戏无趣，也只能重做。

因此，尽早判断游戏是否有趣非常重要，不能等到非常费时的图片和音效制作都完成后才执行这一过程。而使用字体素材先行开发出画面简陋的游戏版本来评测，就是一种常用的手段。

当然这种方法也有不灵验的时候。比如在 3D 动作游戏中，光靠字体素材是无法开发出游戏的。不过，这也并不意味着非得等到美工的工作完成。开发人员可以使用某阶段的半成品素材来开发游戏原型，甚至也可以自己制作一些正方体或球体等对象来代替。不论何种方法，重要的是能尽早看到游戏的原型。不论游戏的画面多么绚丽，如果趣味性太差，就不可能是好游戏。

理想状态是程序员把素材以外的部分全部实现，后续只需由美工替换为正式的素材，不用修改任何代码就能完成开发。当然这只是理想状态，现阶段来说很难达到。但即便如此，也应该向着这个目标努力。读者或许暂时未能看到它的好处，但进入团队参与大项目的开发后就能理解了。试想假如距离发售日的天数已不多，必须开始制作图片了，可是游戏的可玩性怎么样还不知道，这种情况让人如何相信能开发出有趣的游戏呢？

6.5 示例代码解说

现在回过头来对 NimotsuKunWithFont 进行说明。

本项目在 NimotsuKunWithSequence2 的基础上添加了文本输出功能。程序对 `Image` 类进行了扩充，并追加了 `StringRenderer` 类，另外还对创建了各个状态的 `StringRenderer` 进行了一定的修改。

代码大体上没有什么难点，只有一点需要说明。

6.5.1 单例

StringRenderer.h 中包含了 StringRenderer 的定义，如下所示。

```
class StringRenderer{
public:
    //获取实例
    static StringRenderer* instance();
    //绘制函数，默认采用白色
    void draw(
        int x,
        int y,
        const char* string,
        unsigned color = 0xffffff ) const;
    //调用该函数进行初始化
    static void create( const char* fontFileName );
    //调用该函数进行销毁
    static void destroy();
private:
    //隐藏构造函数
    StringRenderer( const char* fontFileName );
    //隐藏析构函数
    ~StringRenderer();
    //封存通过同类型对象构建的构造函数
    StringRenderer( const StringRenderer& );

    Image* mImage;
    //通过static确保唯一实例
    static StringRenderer* mInstance;
};
```

首先来看 instance()。在笔者的类库中常常可以看到这种风格的写法，读者应该对此不会感到陌生。使用方法也相同，通过下面的代码就可以获得实例对象。

```
StringRenderer* str = StringRenderer::instance();
```

和笔者的类库唯一不同的是，此处返回的是指针。由于 instance() 是 static 函数，只要包含了该类的头文件，就可以在任意时间任意位置进行调用。

使用这种风格编写的类，一般称为**单例**（singleton）。

值得思考的是，如果只是为了能够在任意位置调用，那么在调用的地方直接通过 new 生成一个 StringRenderer，然后赋值给全局变量即可，完全没有必要大费周章地使用 instance() 这种方式。

这是为什么呢？

使用单例的理由

使用单例类的理由可以归纳为如下两点。

- **减轻全局变量带来的危险**
- **使用起来和全局变量一样方便**

也就是说，它相当于一种安全性提高了的全局变量。出于安全性考虑，代码中可以不使用全局变量，而通过每次传递 StringRenderer* 参数来实现，但这种做法会随着函数参数的增加而变得越来越烦琐。但采用全局变量后，将无法预防下面这种行为的出现[1]。

```
extern StringRenderer* gStringRenderer;
gStringRenderer = 0;
```

谁都可以在任意位置写这两行代码。

在没有察觉到的情况下，如果再次访问 gStringRenderer，程序就会崩溃。读者也许会认为这么愚蠢的事情不太可能出现，事实上当然也没有人会刻意去这么写。但是客观地说，**即使出现的可能性很低，也有可能会发生**，因此提前采取预防措施很有必要。这时我们就要用到单例。

当然，我们也不希望为了处理这种罕见的情况而花费过多精力，如果太过麻烦，也可以暂时使用全局变量。幸运的是，单例的实现并不复杂。

下面就来看看单例类的创建方法。

单例的构造

首先来看类的定义。简洁起见，我们仅抽取部分相关的代码。

```
class StringRenderer{
public:
    static StringRenderer* instance();
    static void create( const char* fontFileName );
    static void destroy();
private:
    StringRenderer( const char* fontFileName );
    StringRenderer( const StringRenderer& ); //内部未实现
    ~StringRenderer();

    static StringRenderer* mInstance;
};
```

首先我们注意到，构造函数和析构函数都被声明为 private，这意味着它们无法被外部调用。即使有人试图直接销毁或者创建该对象，也都将无法通过编译。另外，通过同类型变量创建的构造函数（复制构造函数）内部未实现，因此也无法调用。考虑到这诸多限制已让该类无法使用，我们准备了 create() 和 destroy() 方法。在 create() 中执行构造函数，在 destroy() 中执行析构函数。

当然仅有这些还是不够的，因为这只不过相当于给构造函数和析构函数换了个名字。但是有了这种处理后，再加入一些技巧，就可以提高安全性。首先是绝对无法创建出两个对象的技巧。

StringRenderer 类型的指针 mInstance 是 static 变量。static 变量在内存中永远只有一个实例，因此可以在 create() 中检测 mInstance 是否已经被创建过。

```
void StringRenderer::create( const char* fontFileName ){
    //连续两次调用将报错
    STRONG_ASSERT( !mInstance && "不允许创建两个对象? " );
    mInstance = new StringRenderer( fontFileName );
}
```

---

[1] 读者可能不清楚 extern 的含义，这里说明一下。简单来说，它表示“在别处已经有了一个叫作 gStringRenderer 的 StringRenderer* 类型变量”。extern 是单词 external（外部的、另外的）的缩写，也就表明该实体存在于别处。不过，除了全局变量外，基本上不会用到它，而采用单例后，将不再使用全局变量。因此，即使读者不理解 extern，也完全不影响学习。

第二次调用时将直接触发 ASSERT，因此可以保证该类型的对象只会被创建一个，这样就能防止随意使用 new 来创建该对象。

其次是防止代码中随意调用 destroy() 的技巧。这其实并不需要太多的处理，因为现在只能通过 destroy() 来执行 delete。因为只能通过 destroy() 调用析构函数，所以只要在 destroy() 中设置断点，就可以检测到每一次调用。而如果像之前那样使用全局变量来实现，将很难捕获到指针值变为 0 的瞬间。因此，在调试 bug 方面，单例的形式可以说具有压倒性的优势。

全局变量和单例

这么来看，应该尽量少用全局变量，所有的全局变量都应当替换为单例类的写法。以 NimotsuKunWithFont 为例，gMainLoop 就应该改为单例类。因为一旦有人误写了 gMainLoop = 0 这样的代码，程序可能就崩溃了。存在这样的机制是非常危险的[①]。

当然也有一些特例，比如匿名名称空间中无法被其他地方访问的全局变量，以及一些用于调试的变量。

当出现奇怪的 bug 却没有很好的检查方法时，可以添加下面这样一句代码。

```
int gDebug;
```

因为它可以在任何时刻从任何位置访问，所以在进行诸如“如果发生了异常就将其值设置为 3”的处理时就会很方便。不过，这样的变量应该在问题解决后及时删除。因为这些变量对原有逻辑没有什么影响，所以不太会造成问题。不过除了这几种少数情况外，我们应当尽量避免使用全局变量。

可是，示例中仍旧使用了大量的全局变量，这是考虑到了示例的易读性。如果每个全局变量都改为单例类，那么代码会变得很长。此处完全只是为了可读性才这么做，读者在实际编写代码时请不要效仿。

冗长的 instance()

单例的最大缺点是不得不反复书写类似 StringRender::instance() 这样冗长的代码，所以显得很烦琐。

其实要删掉 instance() 也非常简单，将所有的函数设置为 static 即可，如下所示。

```
StringRenderer::draw( ... );
```

但是将函数都设置为 static 并不明智，而且在多次调用函数时不得不每次都加上 StringRenderer，反而更累赘。如果像下面这样借助中间变量，再配合使用 instance()，就会变得更简单。

```
StringRenderer* s = StringRenderer::instance();
s->draw( ... );
s->draw( ... );
```

---

① 当然在实际项目中不太可能犯这么低级的错误，就好比浴池里淹死人的可能性非常低。实际上在笔者参加过的一些项目中，也大量使用过全局变量，但并没有出现混乱的情况。采用的技术不是造成问题的原因，开发人员的能力才是问题所在。不过，单例确实以非常低的代价抑制了使用全局变量的风险。因为成本很低，所以这么做非常值得。反过来，假如单例的创建非常烦琐，我们就要重新审视是否值得引入了。

笔者在类库中稍微进行了一些加工，回避了这个问题。这里暂不详细说明。主要是笔者的单例方法返回的不是指针。

6.6 注意著作权

读者要注意所谓的著作权。随意使用他人的素材可能会带来一些问题，即使像字体这样的素材也毫不例外。

例如打开文本编辑器，将 a 到 z 排列后截屏作为字体素材来使用，也是不允许的。

当然本章涉及的字体都用于演示和调试，不会用于商业用途。把有著作权问题的素材从商业产品中完全删除的话自然不会有什么问题，但不排除出现遗漏的可能性。另外，在临近发售前剔除所有的字体是非常麻烦的，读者真的要选择这种做法吗？

笔者特意使用手写的文字来制作字体素材也正是出于这个原因。虽然既不好看又麻烦，但这样不会带来版权方面的纠纷。一旦出现法律问题，前期为节省成本而付出的努力都将付诸东流。

一般来说，要么自行制作字体，要么使用 100% 免费的字体，要么确保不会将未获得版权的字体加入到商业产品中，或者也可以签约购买版权。这些办法都各有优劣。

自行制作字体相对麻烦，并且无法保证质量。另外，除非是法律专业人士，恐怕无法确认某字体是否“100% 免费”。即使开发者已经意识到要避免将某字体加入到商业产品中，也无法保证不会出现遗漏。事实上字体剥离的工作是极其烦琐的，而购买版权则会带来成本方面的压力。

笔者推荐的做法是由自己或者团队成员来手写字体素材。当前我们只要让字符能被识别即可，对品质并无过高的要求。示例中的字体是笔者花 10 分钟制作的，如果请写字漂亮的人来写，效果会更好。

另外，不仅限于字体，任何未购买著作权就擅自使用的做法都会带来法律问题，应当杜绝。本书提供的资源文件中，虽然出于某些原因无法完全放弃著作权，但其中的代码和音频在某些条件下实际已经放弃了，具体条件请参考 0.6 节。

6.7 示例类库的功能

事实上本章之后的示例类库中都包含了这个标准功能。在 Framework 类中，该函数是这样声明的：

```
Framework::drawDebugString(
    int column,
    int row,
    const char* string,
    unsigned color = 0xffffffff );
```

column 表示列，也就是横向的位置，row 表示行，即纵向的位置。该函数在每帧的最后执行绘制，即使调用后在相同位置又绘制了其他东西，文字也不会被覆盖，永远位于最上方。这样就不需要考虑绘制的顺序，方便实用。

从下一章开始就可以使用该方法，可能的话读者最好自行尝试实现一遍。如果写出来的东西较笔者的更为完善，后面就可以使用自己编写的函数。这样反而是最理想的。随书下载中包含了类库的源代码，读者直接拿它比较参考就行，只是有些烦琐，需要花费一定的精力。

另外，对日文等包含汉字的字体而言，这么简单地进行处理是不够的，开发人员还需要掌握一些字符编码的知识。但并不是只有日文处理才有这些麻烦。欧洲语言的字符数量虽然不多，但是一般需要同时对应多种欧洲文字，这也是非常麻烦的，同样需要学习字符编码相关的知识。

6.8 本章小结

本章我们学习了绘制文本的方法，其实就是先将各个字符按编码值顺序写在图片上，然后截取相应的区域绘制到屏幕即可。笔者更想强调的是，不要急于制作图片素材，前期应尽量通过程序确保项目推进。如果没有亲身经历过大规模项目的开发，或许很难理解这一点，不过大家也不用太纠结。

此外，本章还介绍了单例的实现，我们通过 `static` 的 `get()`、`getInstance()` 和 `instance()` 这几个函数基本上就能理解。具体的实现可能有多种风格，但最终的目标都是实现“安全的全局变量”。

最后提到了著作权的注意事项，简而言之就是尽可能不要借用他人创作的东西，然而在编程领域其实还存在着“程序员应当避免重复制造轮子”这样的格言。如何拿捏好二者的分寸，还是很值得玩味的。

下一章开始我们将开发动作游戏。虽然离开发 3D 游戏仍有很长的距离，不过到这一步也已经可以做很多事情了。大家也可以试着思考一下凭目前掌握的技术可以制作出什么样的游戏。

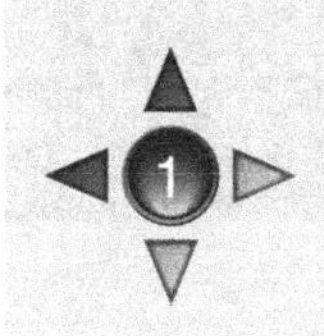

第7章

动作游戏初体验

● 主要内容

· 开发动作游戏

本章将跳出之前反复讨论的《箱子搬运工》，开始制作一款新的动作游戏。话说起来虽然很简单，但是其实本章的学习是一个漫长的过程，包含很多内容。此外，本章并没有完成游戏的开发。本章的主旨在于让读者通过各个阶段的分析认识到开发还有哪些不足。

其实我们可以提前一些步入动作游戏的开发，只是比起《箱子搬运工》而言，动作游戏在编程方面要复杂得多，因此我们会先借助前几章的内容对相关概念（如场景）进行梳理。

那么，所谓的动作游戏具体应该如何开发呢?

下一节我们将对此进行说明。

首先要明确的是，本游戏仍使用 2D 技术来开发，不会涉及 3D 技术。之所以迟迟未进入 3D 部分，是因为 3D 技术需要大量使用我们还未学习的数学知识，可以说数学贯穿了 3D 游戏开发的始末。本书的方针是尽可能地将复杂的部分放在后面介绍，因此能够通过 2D 学习的内容我们都尽量采用 2D 的形式来进行。当然读者也可以跳过这几章直接进入 3D 部分，不过笔者并不推荐这样做。

7.1 用到的类库

本章将使用 GameLib/2DActionGame 类库，其中追加了两个重要功能。

7.1.1 绘制文本

就像上一章最后提到的那样，我们可以使用 Framework 下的 drawDebugString() 方法来完成绘制。和上一章的例子相比，本章的绘制效果应该会更好，相关代码如下所示。

```
Framework f = Framework::instance();
f.drawDebugString( 10, 1, "Uryyyy", 0xffff0000 );
```

7.1.2 随机数

游戏中经常要执行诸如“使道具按 20% 的概率掉落”之类的概率处理。为此，我们准备了下列函数来获取随机数。

```
int Framework::getRandom( int max = 0 );
```

如果不带参数，该函数将返回 int 的范围（大约在正负 20 亿之间）内的随机数，否则将返回 0 到该参数值减 1 之间的随机数。例如，可以通过下列代码实现扔骰子的效果。

```
Framework f = Framework::instance();
int dice = f.getRandom( 6 ) + 1;
```

函数返回值的范围在 0 到 5 之间，加 1 后结果将会在 1 到 6 之间。虽然函数返回的最大值等于参数可能会比较直观，但是为了遵循 C 语言中“区间左闭右开”的习惯，我们采用了这样的设计。譬如在 for 语句中，循环下标一般在 0 到 $n-1$ 之间移动。

“按 20% 的概率”可以写成下面这种形式。

```
if ( f.getRandom( 100 ) < 20 ){
   ...
}
```

为了方便调用，我们将其封装为函数。

```
bool percent( int a ){
   Framework f = Framework::instance();
   return ( f.getRandom( 100 ) < a );
}
```

其实 C 语言的标准库中也提供了随机数获取函数，但由于其“不够随机”的缺点，笔者并不推荐使用[①]。

---

① 了解随机数的生成过程需要一定的统计学知识，这对于初学者来说会比较困难。不过只要理解了“计算机无法做到真正随机”这一事实，并直接使用笔者提供的 getRandom() 方法就行了。毕竟笔者在自己了解的范围内使用了最好的方法。

7.2 开发《炸弹人》

作为 2D 动作游戏的示例，本章将模仿经典爆破游戏来开发一款类似的作品。虽说是出于学习的目的而进行模仿的，但考虑到版权问题，我们还是需要另起一个名字，暂时就命名为《炸弹人》吧。如果玩家不了解这类游戏，可以先运行笔者提供的示例体验一下。游戏示例的最终版本位于 NonFree 解决方案下的 BakudanBitoFinal 中。

下面我们简单介绍一下游戏的玩法。

和大多数游戏一样，a、s、w、z 键分别用于控制玩家角色左右上下移动，d 键用于放置炸弹。炸弹在经过一定时间（几秒）后将发生爆炸，位于冲击波范围内的砖块或敌人都将被摧毁。如果自己也在冲击波范围内就算闯关失败了。另外，场景中隔开放置的混凝土块是不会被炸弹破坏的。砖块被摧毁后可能会出现一些道具，这些道具有的可以增加炸弹的最大设置数量，有的可以扩大冲击波的影响范围。所有敌人都被摧毁后即闯关成功。另外，游戏还支持双人模式，双人模式下两名玩家可以在游戏中彼此对抗。不过第二玩家无法使用手柄操控，退一步说，就算支持手柄操作，如果玩家没有设备也无法进行游戏，因此我们要让第二玩家能够通过右侧键盘（j、k、i、m、l、“,”键）来操作游戏。

另外，我们还需要整理好各个状态之间的迁移关系。主题画面、游戏进行中、游戏通关、游戏结束等状态都是必要的。至于是否需要创建加载状态，则可以根据读者的喜好而定。因为包含了单人与双人模式，所以需要的状态数量应该会比最终版的《箱子搬运工》多出一倍，这么多的状态不能只是想想而已，必须加以整理，否则就很容易造成混乱。

7.3 示例代码解说

依照惯例，我们会对示例代码进行讲解，不过因为这次的代码流程比较复杂，所以我们将换个方式进行。将讲解过程分成多个阶段，每阶段只针对某一主题进行讨论。如果一次性地将最终成品从头到尾分析下来，就会涉及很多知识，难免不好理解。因此，我们把开发过程分为若干阶段，并准备各个阶段完成后的半成品以供参考。

实际上，这种做法在实际开发中也是大有好处的。因为要想将整个设计一气呵成地做下来，对普通人来说往往就比较困难。但若分为若干阶段逐步完成，对大多数人而言就比较容易接受了。

插个题外话，不知读者是否听说过“自顶向下”和“自底向上”这两个概念，二者表述的是开发系统时两种不同的思路。自顶向下方式倾向于先建立整体框架，然后再逐个细分完善，而自底向上则是先完成各个子模块，再逐步将它们组装为整体。二者并非对立，在开发过程中往往需要交叉使用这两种方式。

如果系统的各个模块之间因存在复杂的引用关系而难以划分，则宜采用自顶向下方式，先完成整体框架，再去实现各个细节部分，而对于那些同其他系统关联较少、可以很快完成的模块，则可以按自底向上方式分而治之。在开发过程中我们要做到灵活搭配这两种策略，避免只极端地采用其中一种方案。

7.3.1 类库的对应

上一章笔者为《箱子搬运工》添加了字体显示功能，该功能已被追加到了类库中，《箱子搬运工》可以通过该类库调用这个功能。项目位于 2DActionGame/NimotsuKunWithSystemFont 中。

在开发商业游戏时，如果后续作品要支持新的机型，建议读者先将旧作移植到该机型上。因为这么做可以让我们不必同时面对程序开发上的麻烦与游戏设计、图片素材方面的麻烦。从人类的思维习惯来看，问题需要一个一个来解决。即使开发新游戏，也可以先使用一些既有的素材，一旦程序能够正常运行起来，后续就简单多了。有的读者可能会觉得这样分两步来完成过于费事，但实际上企图一次做好两件事的结果往往是两件事情都做不好。

不过，这里用到的类库和前面游戏的类库几乎没有差别，因此暂时不涉及这个问题。

7.3.2 创建游戏状态

《炸弹人》也属于闯关型游戏，在这方面它和《箱子搬运工》是一样的。二者在状态迁移的过程上也相似，所以制作上完全没有什么困难。下面我们先来整理出游戏的各个状态。当然，一般情况下制作游戏时应当先实现具体的玩法部分，但这需要依照游戏的具体情况来决定。《炸弹人》已经有了可以参考的原型，所以具体的玩法部分就不需要我们再去纠结了。为尽快构建出游戏的整体框架，我们决定先实现游戏的状态迁移部分。

因此，我们暂且保留《箱子搬运工》的玩法部分，仅改写状态迁移部分。具体需要实现多少状态可以由读者自己定夺，不过笔者建议至少要包含以下这些。

状态列表清单

下面是游戏所包含的状态。开头的 1P、2P 分别表示单人模式和双人模式，P 是 Player 的缩写。

- **主题画面**

此处可选择单人模式或双人模式。选择单人模式将迁移至“1P 游戏准备”状态，选择双人模式则将迁移至“2P 游戏准备”状态。

- **1P 游戏准备**

游戏画面出现后，显示“Ready”，短暂等待后将出现“GO”。
“GO”消失之后进入“1P 游戏”状态。

- **1P 游戏**

按下空格键将迁移至“1P 暂停”状态。
玩家角色死亡后迁移至“失败”状态。
过关后迁移至“过关”状态。

- **1P 暂停**

画面上会出现选项，可以选择“返回游戏”或“返回主题画面”。
若选择返回游戏，则迁移至“1P 游戏”状态。
若选择返回主题画面，则迁移至“主题画面”状态。

- **失败**

“很遗憾，未过关”之类的信息大约持续显示 1 秒，如果剩余次数减 1 后为 0，则迁移至“游戏结束”状态。

否则迁移至“1P 游戏准备”状态。

- **过关**

祝贺过关的信息大约持续显示 1 秒，如果已经是最后一关，则迁移至“全部通关”状态。
否则进入下一关，并将状态迁移至“1P 游戏准备”状态。

● **全部通关**

祝贺信息显示一段时间后，迁移至“主题画面”状态。
当然也可以添加制作人员名单滚动显示。

● **游戏结束**

显示游戏失败的信息后，迁移至“主题画面”状态。

● **2P 游戏准备**

游戏画面出现后，显示“Ready”，短暂等待后将出现“GO”。
GO 消失后进入“2P 游戏”状态。

● **2P 游戏**

按下空格键将迁移至“2P 暂停”状态。
如果有一方玩家角色死亡，则迁移至“显示胜负”状态。

● **2P 暂停**

画面上会出现选项，可以选择“返回游戏”或“返回主题画面”。
如果选择返回游戏，则迁移至“2P 游戏”状态。
如果返回主题画面，则迁移至“主题画面”状态。

● **显示胜负**

显示某一方获得了胜利，短暂等待后由玩家选择继续对战或者返回主题画面。
如果选择继续则迁移至“2P 游戏准备”状态，选择返回主题画面则迁移至“主题画面”状态。

状态数量比较多，我们还是画出示意图比较容易理解。

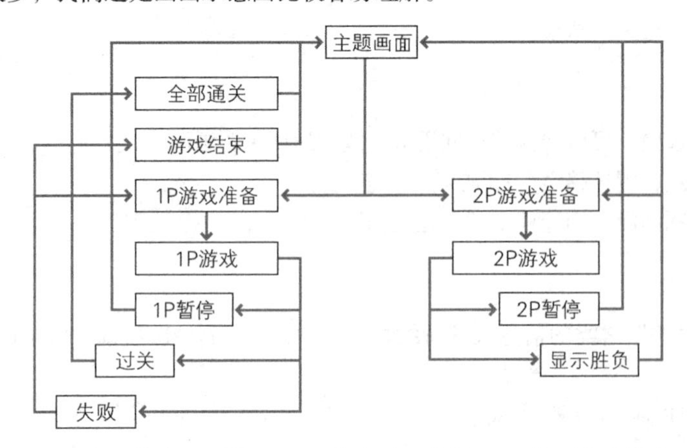

可以说上图描述了“单人模式下闯关，双人模式下对战”这一类型游戏的大体流程。

关于调试功能

在游戏的开发过程中，为方便测试，我们常常会加入很多所谓的“秘技”。比如，对于某些连开发者也很难通关的游戏，可以加入一些无敌命令，或者允许玩家从任意关卡开始。这个游戏中我们也会添加类似的东西。

因为游戏目前完全保留了《箱子搬运工》的玩法，所以还不具备玩家角色是否已死亡、对战是否胜利等判断逻辑，换句话说就是游戏无法继续往下开发，因此我们可以考虑添加“死亡按钮”“对战中1P胜利按钮”“对战中2P胜利按钮”来支持调试。不过，为了避免这些功能被包含到最终的发售版本中，我们需要将它们放入下面这样的预处理指令中。

```
#ifndef NDEBUG
...
#endif
```

NDEBUG是Visual Studio下Release解决方案配置中自动定义的宏。也就是说，该宏在Debug模式下未被定义，因此#ifndef内包含的代码只有在调试时才会运行。

关卡数量和玩家角色拥有的生命数量值虽说可以任意设置，但考虑到测试的效果，最好取大于等于2的值。一般来说，编程中的数字分为三种：0、1、很多。其中2是“很多”中的最小值。因为数字1和2有着根本的不同，所以可能有很多bug只会在1的情况下出现或者只在大于等于2的情况下出现，但如果在2的情况下可以顺利运行，那么一般在3的情况下也不会有什么问题。

为了便于理解，读者可以这样类比：0相当于什么处理代码都没有，1相当于添加了处理代码，而“很多”则表示循环处理的过程。

大致思路

前面提到的12个状态应该如何组织呢？

首先，我们可以很明显地看到某些状态非常相似。对于“暂停”状态而言，单人模式和双人模式下基本是相同的，不同之处仅在于状态结束时一个迁移到“1P游戏”状态而另一个迁移到“2P游戏”状态。同样，如果“1P游戏”状态和“2P游戏”状态都把具体的核心玩法处理委托给其他类执行，那么二者的差异也只是在得到结果后迁移的目标不同而已。

这样看来，我们可以将单人模式和双人模式下相似的状态提炼为一个，再通过合适的变量来控制行为分支。特别是“暂停”这类状态应当设计成共享的。这就好比在一个系统中没必要重复写“在输入文字后移动光标”这样的代码。

但是，如果单人模式和双人模式分别由不同的程序员负责开发，那么各自编写状态可能会更有利，否则后续出现“添加一个仅用于双人模式的菜单项”这样的需求时可能就会比较麻烦。在这种情况下就需要读者自行斟酌如何取舍了。

笔者的意见是，当游戏状态的数量在几十个以内时，没有必要分开由多人开发。从各个类的大致划分一直到最初的文字示意版本制作完成，都应当由一人执行。这样一来，原型制作只需很少的人就能完成，到了正式开始细化的阶段再增加工作人员即可。“有必要时再增加必要的人手”是节约成本的基本原则。况且如果一开始就采用多人开发，一旦沟通出现问题，设计出的东西就很可能和原本设想的方案截然不同。

缺乏多人游戏开发经验的读者可能对这些内容没什么体会，暂时不用深究。

设计层级

接下来要设计类的层级关系。这部分和《箱子搬运工》类似，基本原则是：如果多个状态都包含了相同的东西，就将它们放到一个新的层级。依照这个原则，我们将有可能叠加到游戏画面上的各个状态全部移到下方层级。结果可以看到，“主题画面”状态、“全部通关”状态、“游戏结束”状态位于第一层级，其余的都处于第二层级。和《箱子搬运工》相同，将作为第二层级的父节点的第一层级命名为 `Game::Parent`。

类的层级构造如下图所示。需要注意的是，其中有一些状态是单人模式和双人模式所共享的。

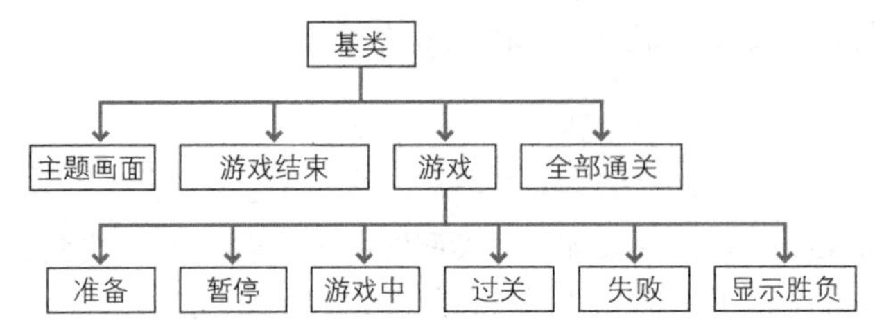

到目前为止，开发各个状态所需要的设计就全部完成了。此阶段完成后的示例位于解决方案 07_2DActionGame 内的 BakudanBitoSequenceOnly 中。各个状态使用的图片素材都是临时替代品，全部通过带文字的图片来示意。

另外，游戏中还加入了对战时按下 1 则 1P 胜利，按下 2 则 2P 胜利，单人模式下按下 x 为直接死亡，按下 c 为强制过关等调试功能。目前游戏仍保留着《箱子搬运工》的玩法，因此没有这些调试功能就无法进入失败或者游戏结束的画面。

7.3.3 实现游戏状态后的示例代码

这里对 BakudanBitoSequenceOnly 稍微进行一下说明。其实这里只是简单替换了《箱子搬运工》的游戏状态部分，基本构造几乎没有改变。

关于状态共享

如同之前提到的那样，我们可以提取单人模式和双人模式下某些状态的共通部分（`Game::Parent`、`Play`、`Pause` 和 `Ready`），并根据基类 `Parent` 中的 mMode 变量来区分不同的模式。不过这也导致 `Game::Parent` 的子状态数量增至 6 个。其中，单人模式专用的有 2 个，双人模式专用的有 1 个，通用的有 3 个。我们通过 Game/Parent.cpp 代码的长度也可以略知一二，这已经是极限了。

如果将单人模式和双人模式的状态完全分开能够减少子类数量的话，即使增加了一些重复的代码，代码的复杂程度也会降低，整体可能会更容易理解。但在这种情况下，即使分成 `Game1P::Parent` 和 `Game2P::Parent`，1P 相关的子类数量为 5，2P 相关的子类数量为 4，与之前相比只减少了 1 个，所以分开的意义也不是很大。如果分开后 2 种模式下的状态数量分别是 4 和 3，可能分开的价值会大一些。

另外，该设计需要通过基类 `Parent` 的 `mode()` 方法来判断单双人模式，为避免 `Game` 的子类直接去访问基类，我们在 `Game::Parent` 类中也添加了 `mode()` 方法，于是子类只能通过父类和祖父类通信。

子状态指针的问题

但是，各个子状态变量成员全部采用各自的类指针类型这一问题依然存在，不过这里暂不对此进行修改。

```
class Parent{ //Sequence::Game::Parent
   （略）

   Clear* mClear;
   Ready* mReady;
   Pause* mPause;
   Play* mPlay;
   Failure* mFailure;
   Judge* mJudge;
};
```

虽然存在多个子状态变量，但同一时间只能创建出一种指针类型，所以这里本来只需要一个指针变量就足够了。从这个角度来看，好像所有的子状态共用一种类型就行了，可之前我们为什么要划分成这么多类型呢？这主要是为了分离那些互不相同的处理，而对于那些能够合并的处理，则尽可能地进行合并。

读者可以思考一下此处如何设计才更为妥善。如果有了好的方案，不妨直接按自己的想法来实现。

下面我们将开始实现游戏的玩法，并对示例游戏的开发过程进行详细介绍。读者如果有兴趣，也可以不看这部分内容，直接按照自己的想法进行开发，说不定会收到更好的学习效果。

7.4 添加背景显示

尽管已经看到了能够运行的例子，但是代码应当分为哪几个类、开发应当按何种思路进行，这些问题不亲自动手是很难得到答案的。特别是在这个游戏中，比较麻烦的一点是角色的移动并不以网格为单位。这样一来，实现方法就不得不做出一些改变。

我们不妨先从熟悉的方面入手。一般来说，不确定的因素越多就越容易干扰思考，也越容易发生遗漏与疏忽。因此，我们可以优先去做那些容易完成以及必须完成的部分，这样就能消除一些不确定因素，很多问题也不用一起思考了。

世界上的大多数人同你我一样未能拥有一个超强大脑，而聪明人之所以聪明，是因为他们懂得恰当地限制思考范围。虽然也有例外，但大体上都是如此。能够在超大的范围内同时考虑多个问题的人，实在是凤毛麟角。

7.4.1 准备图片素材

首先要适当准备一些图片素材。《箱子搬运工》中使用的带颜色的网格图片在这里就不怎么合适了，因为这个游戏中需要表示的种类有很多，使用色块不容易识别。其实简单画几笔也不会花太多功夫，下图是笔者准备的素材。

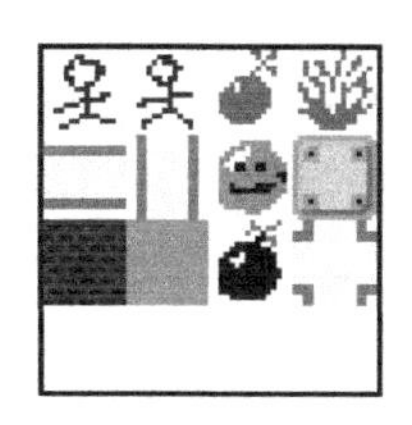

从左上角开始依次表示 1P、2P、增加炸弹数量的道具、增强爆炸威力的道具、横向爆炸冲击波、纵向爆炸冲击波、敌人、混凝土、砖块、地面、炸弹、爆炸中心。考虑到后续可能会追加新项目，而且正方形更具美感，所以在最下方留了 4 个空位。最后，和上一个游戏一样，笔者也准备了用于透明混合处理的包含 alpha 值的黑白图。

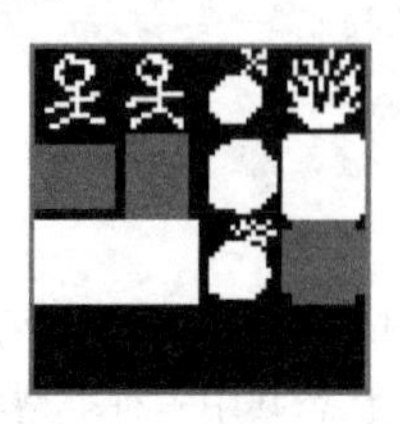

冲击波如果是半透明的看起来会更加逼真，所以它在黑白图中看起来是灰色的，其他元素只需用黑白绘制即可。这种尺寸的图片即使采用点绘的方式也不是特别费事。这些用于透明混合的黑白图毕竟只是一种装饰，如果制作起来太麻烦就有些得不偿失了。这些素材最终会被美工替换为精心绘制的正式图片，所以在这个阶段美观与否就没有那么重要了。

素材中各个元素的尺寸是 16×16。《箱子搬运工》的素材尺寸是 32×32，因为场景尺寸只有 320×240，所以横轴方向只能容下 10 个网格，纵轴方向只能容下 7 个半网格。如果将元素尺寸设置为 16×16 就可以整除。当然，也可以通过添加代码以只显示部分场景，从而解决这个问题，只是处理起来会比较麻烦，这里我们就不采用这种做法了。

7.4.2 State 类的改进

下面我们来改写一下《箱子搬运工》玩法的核心，即 `State` 类。考虑到和玩法实现相关的代码文件比较多，我们创建了 Game 文件夹，把相关内容放入其中。

在具体处理方面，按照网格单位绘制图片的部分和《箱子搬运工》相同。提前准备 1 个容量等于“网格行数 × 网格列数”的对象数组，每帧通过 `draw()` 绘制各个对象。输入处理放在 `State` 中。因为 2P 玩家不一定总是存在，而且需要响应的输入也不像《箱子搬运工》那样只有上下左右 4 个键，所以把这部分处理放到 `State` 中会更加灵活。

接下来需要考虑移动的物体。为了和静止的物体区分处理，我们需要创建 `DynamicObject` 和 `StaticObject` 这 2 个类。因为 `DynamicObject` 数量不定，所以使用普通的一维数组保存，`StaticObject` 则像《箱子搬运工》一样使用容量等于网格数的 `Array2D` 来管理。现在可以暂时不用考虑 `DynamicObject` 的内部设计。这里采用的是自顶向下式的分析方法。

接下来再添加各个状态需要调用的功能方法。因为状态类需要探测当前是否已过关、1P 是否还存活、2P 是否还存活，所以准备了这 3 个函数。

另外，因为从文件中读取场景数据很麻烦，所以我们可以直接采用随机生成的做法。和解谜类游戏不同，此处并不需要逻辑严谨的序列，创建 `State` 时将场景编号直接传给构造函数即可。为了简化，双人模式下从第 0 关开始，单人模式下从第 1 关开始。

`State` 类的结构最终会变成下面这种形式。

```
class State{
public:
    // 传入场景编号给构造函数。如果为 0，则表示双人模式
    static const int STAGE_ID_2PLAYERS = 0;
```

```
    State( int stageID );
    ~State();
    //其内部实现输入控制
    void update();
    void draw() const;
    //从外部获取信息
    bool hasCleared() const;
    bool isAlive1P() const; //1P是否还存活?
    bool isAlive2P() const; //2P是否还存活?
private:
    //静态对象
    Array2D< StaticObject > mStaticObjects;

    Image* mImage; //图片
};
```

函数最终会被各个状态类调用，所以即使函数实现为空，也要先准备好各个函数，这样状态类中就不用再修改代码了。虽然现在还无法在 `update()` 和 `hasCleared()` 中编写具体逻辑，但是即便函数实现为空，只要函数本身存在，也就能运行程序。这也是自顶向下的一种分析方式。

7.4.3 静止物体类

现在来讨论 `StaticObject` 类。项目中提供了 Game/StaticObject.h 文件，内容和《箱子搬运工》的 `State::Object` 大体相同，不过内部还包含了表明其种类是砖块还是混凝土的标记，以及其上方是否存在冲击波、炸弹或者道具等信息。

和《箱子搬运工》类似，这里也需要两种绘制函数，即背景绘制函数和前景绘制函数。绘制的流程是先绘制背景，然后绘制炸弹和道具，最后是冲击波。玩家角色和敌人由别的类实现，现在暂不讨论。

我们先准备绘制背景的函数 `draw()`。绘制冲击波的部分因为需要放置炸弹才能调试，所以暂未实现。`StaticObject` 的结构如下所示。

```
class StaticObject{
public:
    enum Flag{
        FLAG_WALL = ( 1 << 0 ), //混凝土
        FLAG_BRICK = ( 1 << 1 ), //砖块
        FLAG_ITEM_BOMB = ( 1 << 2 ), //炸弹
        FLAG_ITEM_POWER = ( 1 << 3 ), //冲击波
    };
    StaticObject();

    //绘制地面、墙壁、砖块，如果有炸弹或者道具也一并绘制
    void draw( int x, int y, const Image* ) const;
    bool checkFlag( unsigned ) const;
    void setFlag( unsigned );
    void resetFlag( unsigned );
private:
    unsigned mFlags;
};
```

炸弹也属于静止物体，因此被当作背景绘制了。如果读者对 `Flag` 枚举型的使用方法有不明白的地方，请参考 1.5 节的内容。

7.4.4 场景设置

本节将讨论场景数据的生成方法。

《箱子搬运工》中的场景数据是通过读取文本文件生成的。当然这里也可以使用这种方法，不过在原版的《炸弹人》游戏中，除了那些不会被冲击波破坏的混凝土位置固定之外，砖块、敌人配置，还有道具出现的位置等都是随机变化的。这样看来不加载文本数据也行，我们不妨采用随机的方式来生成场景数据。

不过，即使是随机的，也需要遵守一定的规则。譬如当砖块出现在玩家角色所处位置的左上和右下 3 格时，游戏将无法进行。为避免放置炸弹后玩家因无处藏身而被冲击波摧毁，必须确保存在由 3 个网格连成的 L 型区域。此外，还需考虑遵循一定的规则，比如每关隐藏固定的道具数量、有固定数量的敌人等，随机生成数据时必须兼顾这些因素。

另外，还需要生成一些有特色的场景，比如砖块非常多的场景、敌人数量非常多的场景等。我们需要额外准备用于确定这些场景的特点的数据。

用于确定场景性质的参数

敌人数量、砖块数量的比例等数据还是从文件中读入比较好，这样可以在不触及程序的情况下进行调整。不过这是后话了，在游戏尚未成型之前将其直接写在代码中会更加方便。

数据结构如下所示。

```
struct StageData{
    int mEnemyNumber; // 敌人数量
    int mBrickRate; // 砖块比例
    int mItemPowerNumber; // 冲击波道具数量
    int mItemBombNumber; // 炸弹数量
};

StageData gStageData[] = {
    { 2, 90, 4, 6, },
    { 3, 80, 1, 0, },
    { 6, 30, 0, 1, },
};
```

代码描述了敌人数量、砖块比例和道具数量等，这些数据最终都会存储到文件中，所以这里暂时使用全局变量来表示。注意这只是一种“过渡性方案”。

现在读者可以尝试在 State 的构造函数中生成数据了。

分配数组空间

首先，分配足够的数组空间。

```
// 分配空间给二维数组
mStaticObjects.setSize( WIDTH, HEIGHT );
```

和《箱子搬运工》相同，使用“行 × 列”大小的二维数组。

确定砖块的位置

接下来确定砖块的显示位置。

```
//用于存储砖块的空间
unsigned* brickList = new unsigned[ HEIGHT * WIDTH ];
int brickNumber = 0;
const StageData& stageData = gStageData[ mStageID ];
Framework f = Framework::instance(); //使用 getRandom()
bool mode2P = ( stageID == 0 ) ? true : false; //0关用于双人模式

for ( int y = 0; y < HEIGHT; ++y ){
   for ( int x = 0; x < WIDTH; ++x ){
      StaticObject& o = mStaticObjects( x, y );
      if ( x == 0 || y == 0 || (x == WIDTH-1) || (y == HEIGHT-1)){
         o.setFlag( StaticObject::FLAG_WALL ); //外墙
      }else if ( ( x % 2 == 0 ) && ( y % 2 == 0 ) ){ //混凝土
         o.setFlag( StaticObject::FLAG_WALL ); //外墙
      }else if ( y + x < 4 ){
          //左上3格是地面
      }else if ( mode2P && ( y + x > ( WIDTH + HEIGHT - 6 ) ) ) {
          //如果是双人模式，则右下3格也表示地面
      }else{ //剩下的都是砖块或地面
         if ( f.getRandom( 100 ) > stageData.mBrickRate ){
            o.setflag( StaticObject::FLAG_BRICK );
            //如果是砖块，则记录下来
            brickList[ brickNumber ] = ( ( x << 16 ) | y );
            ++brickNumber;
         } //如果是地面，则什么也不做
      }
   }
}
```

请读者留意循环内的 `if` 条件。首先第1个 `if` 条件用于判断是否为外墙部分，第2个 `if` 条件通过 `x` 和 `y` 是否能被2整除来判断是否是混凝土，接下来的 `if` 条件用于确保单人模式下左上3格为地面，双人模式下右下3格为地面。乍一看可能不容易理解 `(WIDTH+HEIGHT-6)` 的含义，但画图分析后就能明白了。最后的 `else` 处理中使用随机数来确定是否设置砖块。`getRandom(100)` 会返回0到99的数字，因此比较该值与砖块比例即可。

因为可能会在某些砖块的位置上放置一些道具，所以要事先将这些位置记录在数组中。虽然也可以使用包含 `x` 和 `y` 的结构体来表示位置信息，但是因为比较麻烦，所以这里将 `x` 左移16位后与 `y` 合并，然后存入32位的变量中。这种做法可以节约内存而且比较省事，不过在不苛求速度和性能的前提下，使用结构体更有助于初学者理解。

嵌入道具

下面我们将道具嵌入砖块中。

```
//在砖块中嵌入道具
int powerNumber = stageData.mItemPowerNumber;
int bombNumber = stageData.mItemBombNumber;
//取出并替换砖块列表中的第i项，嵌入道具
for ( int i = 0; i < powerNumber + bombNumber; ++i ){
   //和后面的元素进行交换是关键
   int swapped = f.getRandom( brickNumber - 1 - i ) + i;
   unsigned t = brickList[ i ];
   brickList[ i ] = brickList[ swapped ];
   brickList[ swapped ] = t;
```

```
    int x = brickList[ i ] >> 16;
    int y = brickList[ i ] & 0xffff;
    if ( i < powerNumber ){
      mStaticObjects( x, y ).setflag( StaticObject::FLAG_ITEM_POWER );
    }else{
      mStaticObjects( x, y ).setflag( StaticObject::FLAG_ITEM_BOMB );
    }
}
```

循环进行从砖块列表中选取一项并在其中放入道具的处理，直到所有道具都处理完毕。因为砖块本身是从左上方开始按顺序排列的，所以如果按默认顺序来选取砖块，道具就会永远被放置在左上方，因此我们需要使用随机数。

但是，“按道具的数量循环，每次从砖块列表中随机选取一项”的做法并不好，因为同一个砖块有可能被随机取出两次。所以，为了选出用于放置第 *i* 项道具的砖块的位置，我们可以使用如下策略。

- **首先交换砖块列表中的第 *i* 项和其后的任意一项**
- **然后将道具放入交换后的第 *i* 项**

示例代码如下所示。

```
int swapped = f.getRandom( brickNumber - 1 - i ) + i;
unsigned t = brickList[ i ];
brickList[ i ] = brickList[ swapped ];
brickList[ swapped ] = t;
```

生成 1 个 0 ~ 砖块数量 $-1-i$ 的随机数，将该数加上 *i* 后的值作为待交换的砖块索引编号，这是第 1 行代码的含义。代入具体的数字后会更容易理解，比如现在有 100 个砖块，在 *i* 等于 0 时，将第 0 项的砖块和 0 ~ 99 的某一项的砖块进行交换；如果 *i* 等于 1，则交换 1 ~ 99 的某一项的砖块，要想得到 1 ~ 99 的随机数，只要生成 1 个 0 ~ 98 的随机数，然后再加 1 即可。剩下的 3 行代码用于执行交换。

注意，如果砖块数量少于道具数量，这段代码可能就会出现问题，因为列表中的元素会不够用。在用随机数生成砖块的步骤中，如果运气不好，返回的随机数值总是等于非砖块值，那么最后场景中包含的砖块数量将远远少于预期的数量，这种情况在游戏中是有可能出现的。在开发商业游戏时，需要采取一些措施来避免出现这类不合理的现象。由于实现比较烦琐，这里我们就暂时不做改进了[①]。

可以看到，此处的网格列数，也就是代码中的 `WIDTH` 值为 19 而非 20。至于为什么，读者在 `WIDTH` 等于 20 的情况下进入游戏的双人模式后就会明白了。

7.4.5 绘制

状态类中已经添加了调用 `State::draw()` 的代码，所以只要实现 `State::draw()` 和 `StaticObject::draw()`，就可以在画面上看到东西。现在我们来完成这 2 个函数的内部逻辑。

---

① 考虑到有些读者可能感兴趣，这里简单描述一下实现方法。只需确保在砖块比例相同的情况下总是能够生成相同数量的砖块即可。

可以效仿部署道具时随机数的使用方法。准备一个容量等于地面数量的 `bool` 数组，将前面 *n* 项（*n* 值等于预期的砖块数量）设为 `true`，其余设为 `false`。然后按照部署道具时采用的随机方法对各个地面执行交换。交换并不会改变 `true` 和 `false` 的值，因此可以保证砖块的数量和随机性。

State::draw()

State 的绘制流程如下所示。

```
void State::draw() const {
    //绘制背景
    for ( int y = 0; y < HEIGHT; ++y ){
        for ( int x = 0; x < WIDTH; ++x ){
            mStaticObjects( x, y ).draw( x, y, mImage );
        }
    }
    //TODO: 绘制前景
    //TODO: 绘制冲击波
}
```

State::draw() 只会调用各个 StaticObject 的 draw() 方法。注意 StaticObject 不持有自身所处的网格位置信息，因此需要由外界传入 x 和 y 值。

绘制前景和绘制冲击波的部分暂未实现，笔者打算后续再添加，因此在注释中写上了字符串 TODO:。计划后续实现的功能都可以这样标记，日后只要搜索一下 TODO:，就可以马上回忆起来当时想要实现的功能。当然，这种信息留在正式发售的作品中可能不太好，要注意定期消化掉这些开发任务。

StaticObject::draw()

StaticObject 的代码稍微有点长，如下所示。

```
void StaticObject::draw(
int x,
int y,
const Image* image ) const {
    int srcX = -1;
    int srcY = -1;
    bool floor = false;
    if ( mFlags & FLAG_WALL ){
        srcX = 48;
        srcY = 16;
    }else if ( mFlags & FLAG_BRICK ){
        srcX = 0;
        srcY = 32;
    }else{
        srcX = 16;
        srcY = 32;
        floor = true;
    }
    image->draw( x*16, y*16, srcX, srcY, 16, 16 );
    //绘制对象
    if ( floor ){
        srcX = -1; //哨兵
        if ( mFlags & FLAG_ITEM_BOMB ){
            srcX = 32;
            srcY = 0;
        }else if ( mFlags & FLAG_ITEM_POWER ){
            srcX = 48;
            srcY = 0;
        }
        if ( srcX != -1 ){
            image->draw( x*16, y*16, srcX, srcY, 16, 16 );
```

```
            }
        }
    }
```

变量 srcX 和 srcY 用于指定图片素材的起始位置。根据网格的类型确定该值后，截取出对应的素材。另外，如果地面上存在道具或者炸弹，就会叠加绘制。如果某网格表示地面，bool 型变量 floor 的值就会被设置为 true，所以只有当其值为 true 时才会在上面绘制其他东西。

srcX 被赋值为 -1 时表示没有东西需要绘制。switch 操作中如果所有条件都未命中，值将仍保持为 -1，这样就不会进行任何绘制。如果不嫌麻烦，当然也可以创建一个类似于 bool hasToDraw 的变量来进行区分。这一点就需要读者自行决定了。

这些都完成之后，如果编译通过，运行代码后就能够显示背景了。

显示道具

为了验证道具显示的位置是否合理，我们可以将上面函数中的

```
if( floor ){
```

替换为

```
if( 1 || floor ){
```

修改后判断条件永远为真，这样道具将会叠加显示在砖块上。

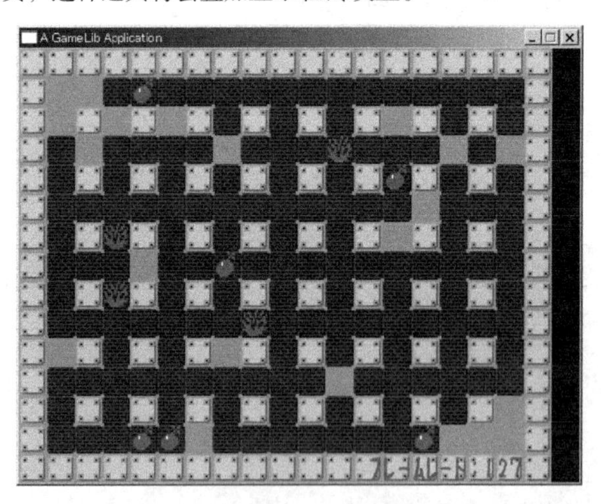

也可以添加一些特殊按钮，当这些按钮被按下时就会显示出所有的道具。当然不要忘记在最后的发布版本中删除这些功能[①]。

7.5 配置移动的对象

下面我们要让游戏动起来，会动的对象包括两名玩家角色和敌人。我们暂且只专注画面绘制方

① 笔者个人倾向于不删除这些“秘技”，毕竟游戏中包含这些彩蛋也是很有趣的。

面的处理，先不涉及内部游戏逻辑。首先将画面显示出来，然后让玩家角色能够随意移动。趁这个机会，我们让敌人也能够动起来。

7.5.1 移动的对象类

现在我们来实现 `DynamicObject` 的内部构造。敌人和玩家角色使用同一个类会造成部分代码冗余，不过从“能动的对象”这一点来看，它们是同一种东西，所以使用同一个类也没什么不对。

那么，我们该从哪里着手呢？

坐标的表示方法

首先需要确定的是如何描述对象的位置。

和《箱子搬运工》不同的是，这个游戏中物体移动结束时可能会停在网格的边缘位置，因此我们不能说它具体停在了哪个网格上。也就是说，必须要有比网格编号更为精确的 x 和 y 坐标。而且以像素为单位也不大合适。假设按每帧移动 1 像素的设定完成开发后，收到反馈说移动速度太慢，最好再快一些，而再快就只能是每帧移动 2 像素，这样速度就突然增加了 1 倍，必然又会收到移动太快的反馈。程序员如果回答只能选取这两种方案中的一种，势必会被对方认为无能。因此，作为一种解决方案，我们可以将移动的单位刻度分得再细一些。

笔者提供的示例中将 1 个网格划分为了 16 000 个单位，平均 1 像素对应 1000 个单位。读者可能会觉得单位分得过细了，其实在 `int` 不溢出的前提下，单位分得越细越好。按照这种设定，屏幕正中心的坐标为 (160 000, 120 000)。

角色的原点

接下来的问题是以角色的哪个部位作为基准点来设置位置。

当我们说“现在我在 2 米高的地方”时，一般指的是站在 2 米高的物体上，这时人的基准点是脚底。如果以人脸作为基准点，那么“现在我在 2 米高的地方”就表示人脸的位置高度为 2 米，也就相当于站在约 50 厘米高的地方。由此可以看出，基准点不同，位置坐标值的计算方式也不同。我们把这个基准点称为“原点”。

如果以角色的中心为原点，“位于 (0, 0)”就意味着角色只有右下方的四分之一会出现在画面上。而假如以左上角为原点，“位于 (0, 0)”就意味着角色的左上角正好和画面的左上角重合。

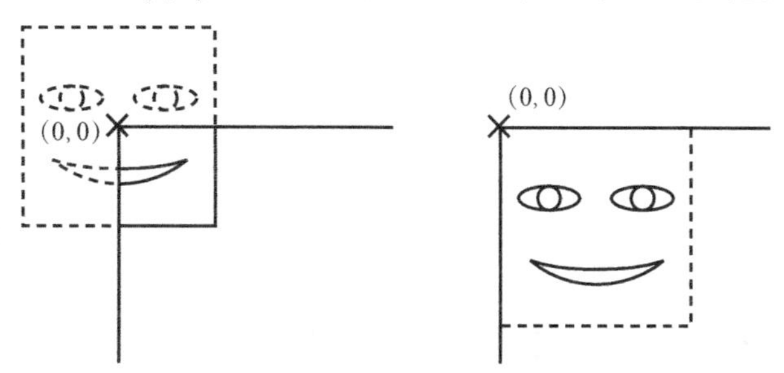

那么在这个游戏中我们应当如何设置呢？

原点的选取标准是：原点设置在哪里会让开发最简单，就选取哪个位置作为原点。对这个游戏来说，使用左上角作为原点能够非常简单地进行绘制，因为这样只要直接将 (x, y) 放到 for 循环中处理即可。而如果以角色的中心为原点，就必须对 (x, y) 减去一定值后再传入 for 循环，相对来说比较烦琐。但对于其他处理来说，将原点定在中心位置会比较方便。因为 x 的范围等于正负宽度的一半，y 的范围等于正负高度的一半，上下左右都是对称的。

两种方案各有优劣，笔者选择了以中心为原点。假如角色尺寸为 16×16，换成内部单位就是 16 000×16 000。角色位于 (x, y) 时，其左上角将位于 $(x-8000, y-8000)$，转换为像素单位后，在下列位置绘制出 16×16 的图片即可。

$$\left(\frac{x}{1000}-8,\ \frac{y}{1000}-8\right)$$

DynamicObject 类

DynamicObject 的类定义如下所示。

```
class DynamicObject{
public:
   enum Type{
      TYPE_1P,
      TYPE_2P,
      TYPE_ENEMY,

      TYPE_NONE, // 非法值
   };
   DynamicObject();
   void set( int x, int y, Type );
   void draw( const Image* ) const;
   void update();
private:
   Type mType;
   int mX;
   int mY;
};
```

并没有什么复杂之处。因为无法通过向构造函数传递参数来创建数组，所以提供了用于初始化的函数 set()。成员变量分别是种类和位置的 x、y 值。

```
void DynamicObject::set( int x, int y, Type type ){
   // 转换为内部坐标值
   mX = x * 16000 + 8000;
   mY = y * 16000 + 8000;
   mType = type;
}
```

为了防止内部坐标暴露在 DynamicObject 类之外，向 set() 传递的 x 和 y 都是类似于 (1, 4) 这样的网格坐标。用该值乘以 16 000 后再加上 8000 就得到了内部坐标值。转换时之所以要加上 8000，是因为此时的原点位于角色的中心。建议读者画图对照着进行思考。

接下来是 draw() 方法，State 调用该方法后就可以绘制出图像了。

```
void DynamicObject::draw( const Image* image ) const {
   // 将内部坐标转换为像素坐标（加 500 是为了四舍五入）
   int dstX = ( mX - 8000 + 500 ) / 1000;
```

```
    int dstY = ( mY - 8000 + 500 ) / 1000;
    //计算出图片的截取坐标
    int srcX, srcY;
    switch ( mType ){
        case TYPE_1P: srcX = 0; srcY = 0; break;
        case TYPE_2P: srcX = 16; srcY = 0; break;
        case TYPE_ENEMY: srcX = 32; srcY = 16; break;
        default: HALT( "arienai" ); break;
    }
    image->draw( dstX, dstY, srcX, srcY, 16, 16 );
}
```

函数将内部坐标转换为像素坐标后执行绘制。加 500 的目的在于四舍五入，比如 6.8 加上 0.5 后得到 7.3，舍去小数部分就等于 7.0，这是一种不使用 `if` 语句就能实现四舍五入的方法。本例之所以采用这种处理，主要是为了缩小绘制效果和逻辑方面之间的误差。

这一系列处理涉及网格坐标、内部坐标和像素坐标这 3 种坐标的计算，希望读者可以用心体会。

7.5.2 配置

现在要处理的是场景配置方面的内容，将相关代码添加到 `State::State` 中即可。

首先分配数组空间，其容量值等于玩家角色数量和敌人数量的总和。

```
int playerNumber = ( mStageID == 0 ) ? 2 : 1;
mDynamicObjectNumber = playerNumber + enemyNumber;
mDynamicObjects = new DynamicObject[ mDynamicObjectNumber ];
```

然后是玩家角色的配置。假设玩家角色分别位于左上角 (1, 1) 和右下角 (17, 13)。

```
//用于存储动态对象
int playerNumber = ( mStageID == 0 ) ? 2 : 1;
mDynamicObjectNumber = playerNumber + enemyNumber;
mDynamicObjects = new DynamicObject[ mDynamicObjectNumber ];
//玩家角色的配置
mDynamicObjects[ 0 ].set( 1, 1, DynamicObject::TYPE_1P );
if ( mStageID == 0 ){ //表示双人模式
    mDynamicObjects[ 1 ].set(
        WIDTH-2, //==13
        HEIGHT-2,  //==17
        DynamicObject::TYPE_2P );
}
```

如前所述，`DynamicObject::set()` 使用的参数是网格坐标，因此无须考虑内部坐标，直接传入 (1,1) 或 (17, 13) 即可。代码中分别用 `WIDTH-2` 和 `HEIGHT-2` 来表示 13 和 17。

接着载入敌人，做法与部署道具时相同。不过敌人位于地面上，因此需要用 `floorList`。就像部署道具时要用到砖块列表一样，这里也需要创建一个地面列表。

```
//在地面上放置敌人，做法和前面部署道具时的处理基本相同
for ( int i = 0; i < enemyNumber; ++i ){
    int swapped = f.getRandom( floorNumber - 1 - i ) + i;
    unsigned t = floorList[ i ];
    floorList[ i ] = floorList[ swapped ];
    floorList[ swapped ] = t;
```

```
    int x = floorList[ i ] >> 16;
    int y = floorList[ i ] & 0xffff;
    mDynamicObjects[ playerNumber + i ].set(
       x, y, DynamicObject::TYPE_ENEMY );
}
```

最后在 State::draw() 中添加下面的代码。

```
//绘制前景
for ( int i = 0; i < mDynamicObjectNumber; ++i ){
   mDynamicObjects[ i ].draw( mImage );
}
```

将该代码插入到绘制背景之后绘制冲击波之前的位置，这样就能够正确地绘制出图像了。各位读者不妨试着运行一下。

7.5.3 运行游戏

因为 1P 和 2P 的输入响应处理各不相同，所以这部分处理也适合放入 DynamicObject 中进行，为此我们准备了 DynamicObject::update()。紧接着还要编写敌人的行为，暂时不需要做得太复杂，这里简单地让它沿某个方向行走，走到场景边缘时再适当地改变方向即可。因为当前尚未编写墙壁的碰撞处理，所以敌人会一直移动到画面的边界，这个问题以后再解决。

下面的代码是从 DynamicObject::update() 中截取的针对玩家 1P 的处理部分。

```
const int PLAYER_SPEED = 1000; //移动速度，内部单位 / 帧

（略）

}else if ( mType == TYPE_1P ){ //玩家的行为
   Framework f = Framework::instance();
   int dx, dy;
   dx = dy = 0;
   if ( f.isKeyOn( 'w' ) ){
      dy = -1;
   }else if ( f.isKeyOn( 'z' ) ){
      dy = 1;
   }else if ( f.isKeyOn( 'a' ) ){
      dx = -1;
   }else if ( f.isKeyOn( 's' ) ){
      dx = 1;
   }
   mX += dx * PLAYER_SPEED;
   mY += dy * PLAYER_SPEED;
```

并没有什么特别复杂的地方，读取输入的部分和《箱子搬运工》是一样的，位置的累加计算也只是在每帧中用方向（dx 和 dy）乘以帧移动量再相加而已。现在们可以控制角色移动了，保险起见，最好加入“当人物走出画面时将自动返回”的防御性处理。

在笔者展示的示例中，分别通过 j、k、i、m 控制第二玩家角色向左、右、上、下移动。在添加摇杆控制之前，还请读者暂时忍受这种控制方式。

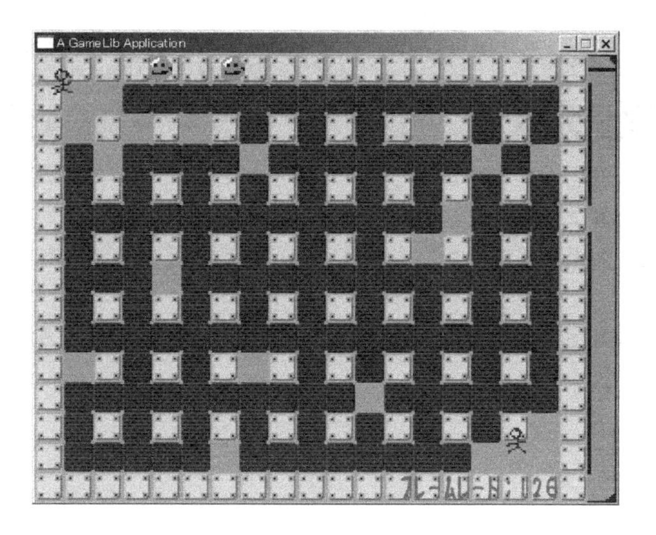

7.6 游戏的改进方向

游戏开发的过程大体上已经介绍完了。虽然能够运行起来，但是它还远远不能算是一款游戏。为了让它变成一款真正的游戏，我们还有很多工作要做。

- 防止玩家角色穿墙
- 玩家角色接触敌人后死亡
- 能够设置炸弹，并且炸弹在经过一定时间后爆炸
- 冲击波能够摧毁玩家角色、敌人和砖块
- 玩家角色获取道具后会变得更强

不过，即使完成了这些工作，也不算做成了一款游戏。为了增强游戏的深度和策略性，我们需要反复地对游戏玩法进行测试和调整。就这个游戏而言，移动的速度、敌人的行为、炸弹引爆的时间、道具的数量等都必须经过反复调整，直到整体效果令人满意。当然，如果游戏玩法本身就很枯燥，那再怎么调整也是徒劳，而有趣的玩法搭配失败的调整同样成就不了一个好游戏，山寨的作品往往无法达到原作的水准就是这个道理。

不懂游戏的人可能会认为只要实现了玩法并完成了画面的绘制，就可以说游戏已经做好了。但笔者想说，实际上甚至连一半也没有完成，因为游戏的精髓往往在那些看不见的地方。

另外，以上列举的处理，比如“防止角色穿墙”“玩家角色接触敌人后死亡”等，都属于**碰撞处理**，即探测是否发生了接触，并考虑发生接触后执行何种操作。因为碰撞处理是一个很高深的领域，所以我们将单独安排一章来讲解。

本章的内容到这里就告一段落了。

7.7 本章小结

本章我们制作了新游戏《炸弹人》，并重点介绍了分阶段添加功能的开发方法，技术上其实没有太多新鲜的东西。因为本章在开发方法的讨论上用了较多笔墨，而这方面的话题往往没有绝对的答案，况且这其中涉及的知识面很广，所以本章其实并不是那么好理解。读者切勿因为纯技术的内容不多就掉以轻心。

下一章我们将围绕碰撞处理展开一些技术性较强的讨论，问题和解决方案都非常明确，和本章的风格大不相同。

敬请期待。

第8章

2D 平面内的碰撞处理

主要内容

- 检测是否发生了碰撞
- 避免在碰撞时发生穿透
- 将碰撞处理运用到《炸弹人》中

本章将介绍 2D 平面内正方形之间的碰撞处理。

读者可能会好奇："不过是检测正方形之间是否发生了碰撞，有必要单独列一章来讨论吗?" 在阅读完本章后，你就能理解为什么这么做了。

为了方便后面的讨论，这里先对一些术语进行说明。

所谓碰撞处理，包括碰撞检测（collision detection）和碰撞响应（collision response）两个过程，前者用于检测物体之间是否发生了碰撞，后者用于决定物体发生碰撞后的行为。

碰撞检测的核心是检测四边形或圆形这类几何形状之间是否发生了重叠，这个处理过程称为相交检测（intersection test），可以说碰撞检测是通过相交检测完成的。不过"相交检测"并非通用的叫法，很多人喜欢采用"A 球和 B 球之间的碰撞"之类的描述。不管怎么叫，只要能够表达出相应的意思就足够了。本书将统一使用"相交检测"这个术语。

另外，本章的示例项目也将继续使用 2DActionGame 类库。

8.1 碰撞检测

碰撞检测负责检测物体之间是否发生了碰撞。

在我们开发的《炸弹人》中，所有的角色和游戏对象都是正方形，因此只要检测各个正方形之间是否发生了重叠即可。也就是说，只需完成各正方形之间的相交检测即可。

8.1.1 正方形的相交检测

正方形之间何时会发生重叠呢？

虽然脑海中很容易就能想象出发生重叠时的场景，但是要用语言描述出来就比较困难了。为了让问题更加清晰，我们先试着用语言来描述，比如“有两个正方形A与B，如果在二者的上下边范围内和左右边范围内都出现了重叠区域，则意味着二者发生了碰撞”。

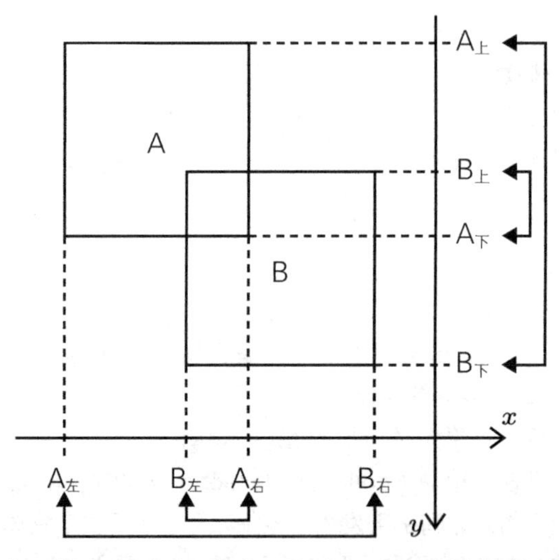

不过，要判断“在某范围内出现重叠”仍有些复杂，而判断该条件的相反情况，即“在某范围内没有出现重叠”则容易得多，所以我们可以将问题描述为“如果在某范围内没有出现重叠，则意味着没有发生碰撞”。也就是说，如果A的左边位于B的右边的右侧，或者A的右边位于B的左边的左侧，就不会发生重叠。满足这两个条件中的任何一个即可证明未发生碰撞，反之，如果两个条件都未能满足，则意味着碰撞发生。因此，我们可以得出结论：若A的左边位于B的右边的左侧，并且A的右边位于B的左边的右侧，则说明两个正方形重叠了。根据这个逻辑得出的代码如下所示。

```
if ( ( A.mLeft < B.mRight ) && ( A.mRight > B.mLeft ) ){
   return true;
}else{
   return false;
}
```

对上下边也要进行同样的处理。如果二者都为true，则意味着碰撞发生。

8.1.2 数据结构

现在我们来考虑如何存储正方形的数据。按现在的方法，只需要存储左右边的 x 坐标、上下边的 y 坐标这 4 个变量即可，不过每次移动都要同时更新 4 个值未免太过烦琐，所以我们只存储中心坐标和正方形的尺寸。存储尺寸值的一半会更加便于处理。这样在移动时只需改变中心坐标的位置即可，而不用改变尺寸大小。正方形的长宽值都是相同的，所以只要储存中心点 x 坐标、中心点 y 坐标以及尺寸这 3 项即可，相比之前储存 4 个值更叫简洁，而且移动时需要改变的参数也从 4 个变为了 2 个。

```
class Square{
public:
    int mX; // 中心点 X
    int mY; // 中心点 Y
    int mHalfSize; // 尺寸的一半
};
```

但是，这种数据结构可能会导致相交检测的速度变慢，因为它需要将中心坐标分别加上或减去尺寸的一半才能计算出左右边界值。不过，当前我们对处理速度的要求并没有那么苛刻，所以选择需要参数最少的做法。

8.1.3 用于相交检测的代码

下面我们来编写代码，大概如下所示。

```
bool Square::isIntersected( const Square& a ) const{
    int la = mX - mHalfSize; //left A
    int ra = mX + mHalfSize; //right A
    int lb = a.mX - a.mHalfSize; //left B
    int rb = a.mX + a.mHalfSize; //right B
    if ( ( la < rb ) && ( ra > lb ) ){
        int ta = mY - mHalfSize; //top A
        int ba = mY + mHalfSize; //bottom A
        int tb = a.mY - a.mHalfSize; //top B
        int bb = a.mY + a.mHalfSize; //bottom B
        if ( ( ta < bb ) && ( ba > tb ) ){
            return true;
        }
    }
    return false;
}
```

大部分计算用在了求左右边和上下边的坐标上，如果事先存储了左右边和上下边的坐标值，写起来就会更加简单，但是我们没有这么做，原因已经在前面阐述过了。

接下来利用该方法逐对检测正方形，就能明确哪个正方形和哪个正方形发生了碰撞。当然，随着需要检测的对象数量的增加，情况会变得复杂，不过我们当前还不用考虑那些情况。

那么，这么简单的内容真有必要单独用一章来讨论吗？实际上，如果只有这些内容，那么确实没有必要，但这里还有下面将要讨论的碰撞响应问题。

本章同样提供了示例项目，请参考解决方案 08_2DCollision 下的 Detection 示例。通过 a、s、w、z 键控制红色四边形移动。和蓝色四边形发生碰撞后它将变成白色。因为没有执行合理范围检测，所以当这个四边形移动到画面外后，程序可能会意外终止。

8.2 碰撞响应

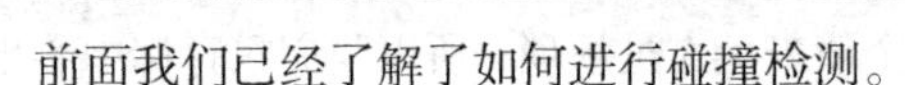

前面我们已经了解了如何进行碰撞检测。

《炸弹人》游戏中已经实现了碰撞导致角色死亡，或者导致角色受到一些伤害等处理，但若想添加“不允许穿透墙壁”之类的限制，仅知道是否发生了碰撞还远远不够。举例来说，在受重力影响的世界中，要想让一个物体能够立在地面上，就必须保证其不会穿透地面。

下面我们就来探讨几种实现方法。

8.2.1 如果移动后会发生碰撞则停止移动

这是最简单的方法，特点是使用移动后将要到达的目标位置而非当前位置来完成相交检测。如果检测结果显示会发生碰撞，则令物体停止移动。简单来说，就是尝试移动，执行相交检测，如果会发生碰撞则返回原处。

请读者试着运行 Reaction1 示例。可以看到该方法能够顺利地解决问题，但是当移动速度变得比较快时就不行了。假设还差 2 个像素就发生碰撞，若每帧的移动量为 3 个像素，那么物体无论如何都无法再向着墙壁前进。虽说物体再前进 2 个像素正好，但这种方法无法做到。读者也可以尝试修改代码来体验一下。这种方法只有在物体每帧的移动量小于等于 1 个像素时才能顺利运行，因此有很大的局限性。

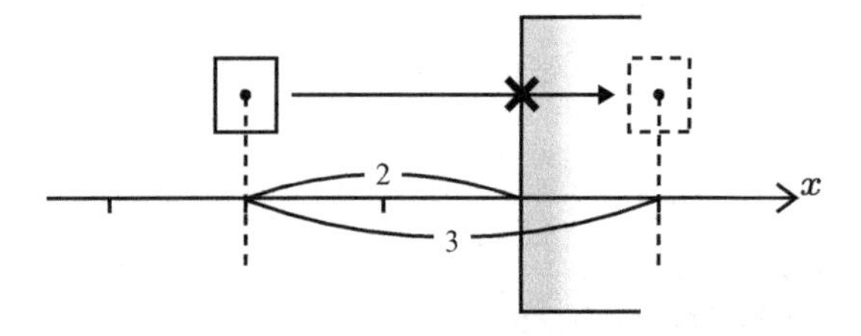

8.2.2 碰撞前停止移动

上一种做法是如果移动后会发生碰撞则停止移动，逻辑非常简单，但也有很大的局限性。如果能够做到使物体持续移动，直到到达碰撞前的极限位置再停下，那么上述方法中的问题也就解决了。这里介绍两种做法。

多次判断

首先是将移动过程切分为若干段的做法。多次迭代，逐次进行碰撞检测，直到检测到碰撞再停下。切分的单位越细，物体最终停下来的位置就越精确。

但是，这种方法会带来较多冗余的计算，对于一些在处理速度上有严格要求的游戏来说就不那么合适了，不过我们也可以想办法进行优化。首先，直接使用要移动的距离代入计算，看看是否会发生碰撞，如果不会发生碰撞则结束处理，如果会发生碰撞则后退 1/2 距离。然后，再次进行碰撞检测，假如会发生碰撞，则再后退 1/4，否则前进 1/4……如此逐渐缩短每次移动的距离。相比每次令物体前进 1/8 并执行 8 次判断，这种方法的计算量会少很多。这就是后面要介绍的二分查找法的基本思路。

相关示例位于 Reaction2 中。仅通过 4 次判断就可以让移动量 dx 和 dy 为 8 的物体准确地找到停下的位置。不难算出，当移动量为 128 时，最多只需要进行 8 次判断即可。这种方法的优点在于不需要编写什么复杂的代码就能够以较高的精度检测出极限位置，而缺点是效率比较低，毕竟迭代的次数对执行效率有直接的影响。代码并不复杂，这里就不再详细解释了。读者如果有兴趣，可以在代码中进行断点调试。

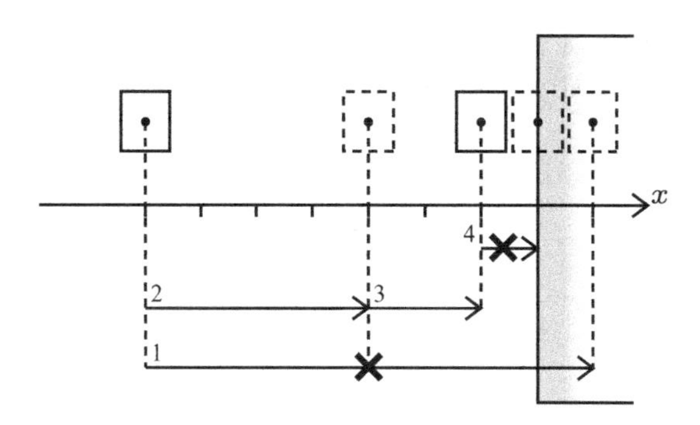

计算何时发生碰撞

另一种方法是计算碰撞发生的时刻。假设移动前的时刻为 0，移动后的时刻为 1，如果移动中发生了碰撞，则碰撞的时刻就是 0 到 1 之间的某个值。比如该值为 0.714，那么就先让移动量乘以 0.714 计算出实际允许移动的距离，再让物体移动到该处停下。

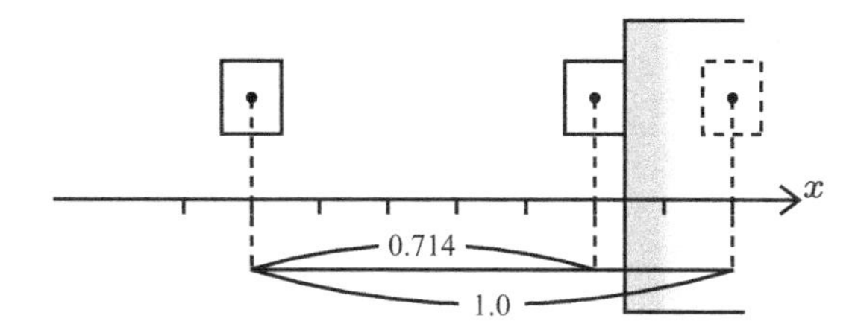

相关示例项目位于 Reaction3 中。程序先利用 `Square` 类的 `getIntersectionTime()` 方法获取碰撞发生的时刻，然后让物体移动到该时刻停止。`getIntersectionTime()` 返回的是 0 到 1000 的数值，所以最后必须再除以 1000。这是因为整型变量无法返回 0.4 这样的小数。处理时先分别求出 x 方向和 y 方向上各自可能发生碰撞的时刻，再根据实际移动过程中哪个方向先发生碰撞来返回相应的时刻。由于代码较长且处理内容相对复杂，这里就不再说明了，读者不能完全理解也没关系。

该方法除了编写起来较为复杂之外，还有一个缺点，那就是在一开始就已经发生穿透的情况下无法返回正确值。如果在程序开始进行碰撞计算时物体就已经处于穿透状态，那么该计算就没有意义了。为了避免这种情况，我们需要额外编写代码来判断计算开始时物体是否已处于穿透状态。这也就意味着不光是相交检测，调用该处理的其他模块内部也会新增不少工作量。

为了避开这些缺点，我们可以选择使用前面提到的多次判断的方法。相比计算碰撞时间的做法，单纯进行相交检测的速度会更快，如果仅需三四次迭代就可以完成，还是使用多次判断的方法效率更高。

8.2.3 穿透后如何恢复

在前面的内容中，我们讨论的思路在于如何避免穿透，下面我们来换一种思考方式，看看能不能在发生穿透后，再让物体强行逆向移动，回到未穿透时的状态。

比如物体发生碰撞后嵌入墙壁 5 cm，那么就需要逆向移动 5 cm 回到未嵌入时的状态。我们先不关心物体是从哪个方向移动来的，只通过物体当前所在的位置信息来进行处理。

碰撞的朝向

假设现在有正方形 A 和 B，A 在移动过程中和 B 发生了碰撞，B 一直处于静止状态。处理时我们需要知道嵌入深度，那么在下图这种情况下，应如何求出该时刻的嵌入深度呢？

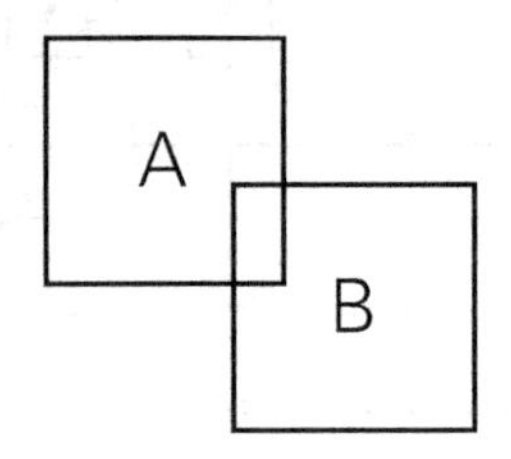

答案是“不知道”。

原因在于 A 的移动方向是未知的。假设 A 在从左向右移动的过程中发生了碰撞，那么可以通过“A 的右边 -B 的左边”算出嵌入深度。但是如果 A 正在从右向左移动，则意味着 A 将要穿透 B，嵌入深度就变成了“B 的右边 -A 的左边”，这种情况下称为“穿透距离”更为妥当。通过这个例子我们可以看出，嵌入深度的计算方式依赖于移动方向，而且如果 A 的移动速度非常快，它与 B 重叠的过程就无法被检测到，在不知不觉间就穿透了。

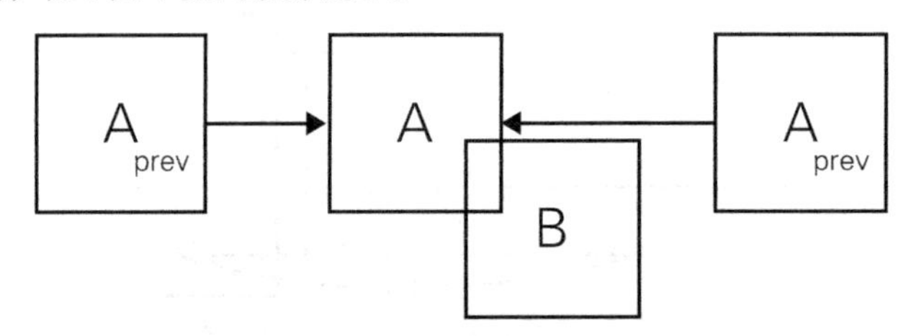

因此，我们假设物体以较慢的速度移动，这样一来，将物体 A 视为从左向右移动会较为妥当。因为 A 如果是从右向左移动，它就必须在 1 帧内移动超过 B 的宽度的距离，那样的话速度就太快了。

最直接的方法

假设 A 移动的方向为从左向右。为解决嵌入问题，我们令 A 往左移回“A 的右边 -B 的左边”这么长的距离。

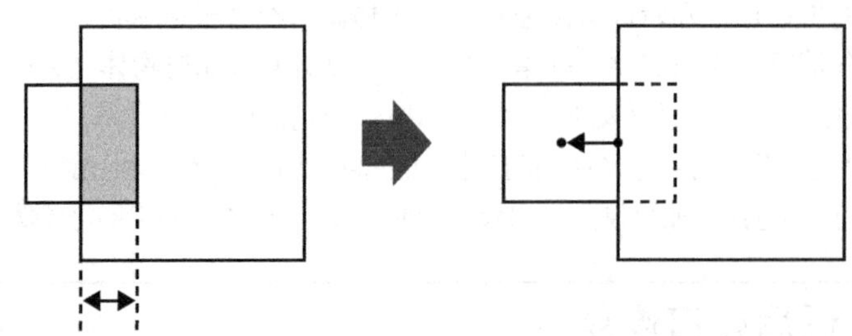

这一过程的代码如下所示。为了便于说明，这里直接使用了 mLeft 和 mRight 成员变量，在实

际项目中它们需要通过计算得出。

```
if ( ( A.mLeft < B.mRight ) && ( A.mRight > B.mLeft ) ){
    //从左侧碰撞时的嵌入深度
    int penetrationFromLeft = A.mRight - B.mLeft;
    //从右侧碰撞时的嵌入深度
    int peratrationFromRight = B.mRight - A.mLeft;
    //选择更小的那个返回
    if ( penetrationFromLeft < penetrationFromRight ){
       A.mX -= penetrationFromLeft; //返回左侧
    }else{
       A.mX += penetrationFromRight; //返回右侧
    }
}
```

像这样添加上下方向的逆向处理后，物体就不会一直保持穿透的状态了。

该方法的具体实现位于示例 Reaction4 中，核心逻辑请参考 `Square::solvePenetration()` 函数。

下面我们来试着运行一下游戏。

很遗憾，碰撞发生后的行为非常别扭，物体本应该在碰撞后停下，结果却被横向弹开了，这是因为我们在纵横两个方向都做了同样的校正处理。依此逻辑，即便让物体站立在地面上，它也会不停地左右摇摆。

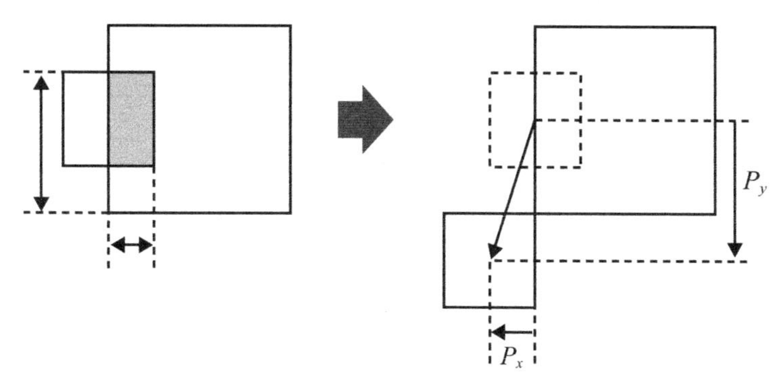

尝试对方向进行修正

为了修复这个问题，我们需要对比横轴的嵌入深度与纵轴的嵌入深度，只对值较小的轴方向进行碰撞响应处理。从上图来看，x 方向的嵌入深度 P_x 小于 y 方向的嵌入深度 P_y，所以只要对 x 方向的碰撞进行处理即可。

完成后的代码位于 Reaction5 中。在这个版本中，物体发生碰撞后将会停下。

```
bool solvePenetration( const Square& b ){
    int al = mX - mHalfSize; //left A
    int ar = mX + mHalfSize; //right A
    int bl = b.mX - b.mHalfSize; //left B
    int br = b.mX + b.mHalfSize; //right B
    int at = mY - mHalfSize; //top A
    int ab = mY + mHalfSize; //bottom A
    int bt = b.mY - b.mHalfSize; //top B
    int bb = b.mY + b.mHalfSize; //bottom B
```

```
    bool hitX = ( al < br ) && ( ar > bl ); //左右方向发生碰撞
    bool hitY = ( at < bb ) && ( ab > bt ); //上下方向发生碰撞

    if ( hitX && hitY ){ //如果两个方向都未发生碰撞，则不用处理
        int px = 0;
        int py = 0; //penetrationX, penetrationY
        int directionX = 0;
        int directionY = 0;

        int pl = ar - bl; //从左侧嵌入
        int pr = br - al; //从右侧嵌入
        if ( pl < pr ){
            px = pl;
            directionX = -1;
        }else{
            px = pr;
            directionX = 1;
        }
        int pt = ab - bt; //从上方嵌入
        int pb = bb - at; //从下方嵌入
        if ( pt < pb ){
            py = pt;
            directionY = -1;
        }else{
            py = pb;
            directionY = 1;
        }
        if ( px < py ){
            mX += directionX * px;
        }else{
            mY += directionY * py;
        }
        return true;
    }else{
        return false;
    }
}
```

directionX值为1时表示往右，为 -1时表示往左。Y值为1时表示向下，为 -1时表示向上。虽然代码看起来很长，但是并没有什么特别难的地方。

存在的问题

游戏貌似可以正常运行了，其实不然。目前的移动速度为每帧1个像素，如果提高物体的移动速度，就会出现奇怪的现象。比如我们令物体每帧移动15个像素，由于速度太快，这里需要将帧率降低一些，把传入 setFramerate() 的值修改为10或者20即可。修改完代码之后，请再次运行游戏查看效果。

果然，物体反复被横向弹开，移动效果很不自然。这是因为移动速度很快，在某一帧发生碰撞时产生的嵌入深度很大，而比起按原路返回，横向弹开更能以较少的移动量解决嵌入问题。速度越快，这种现象出现的频率就越高。

当然，如果游戏中物体的移动速度一直比较慢，应该就不会有什么问题，但对于很多游戏来说，情况却未必总是如此。另外，之前我们讨论过，在帧率可变的游戏中，移动速度与帧率成反比，当

处理负荷加重时，每帧移动的距离会加大，这时就很容易出现该问题。

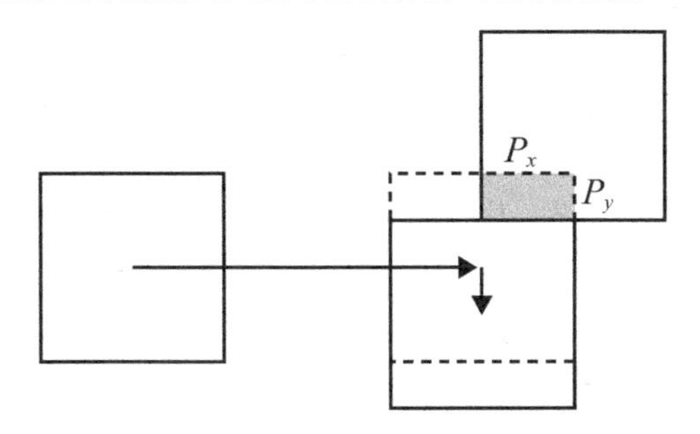

不过，该方法的好处是即使不知道物体的移动距离也可以运行，并且在速度不太大的情况下基本上不会有什么问题。另外，相比“如果移动后会发生碰撞则停止移动”的方法，该方法不会出现在物体还未到达碰撞的极限位置时就已经无法移动这样的 bug。

8.2.4 哪种方法更好

应该说没有哪种方法是十全十美的。碰撞响应不可能永远套用某一种方法，我们只能根据游戏的要求和特点来选择最合适的方法。

以《炸弹人》为例，最好的选择应当是多次迭代“如果移动后会发生碰撞则停止移动”的方法。虽然我们不知道在过去的游戏机上该方法会对游戏性能产生怎样的影响，但就现在的计算机而言，在这种简单的游戏中，该方法的运算量对游戏性能的影响可以说是微乎其微。要知道，即便在每帧执行 320×240 个透明混合操作的情况下，对顶多几十个游戏对象进行多次碰撞处理，1 次处理和 10 次处理的误差几乎可以忽略不计。

另外，前面我们也已经看到，“如果移动后会发生碰撞则停止移动”的方法只需要 1 个相交检测函数就够了，实现起来非常简单。最后介绍的“穿透后沿原路返回”的方法虽然也不复杂，但是考虑到高速情况下可能会出现意料之外的情况，或许它还算不上是一种很好的做法。

实际上，即使只执行 1 次“如果移动后会发生碰撞则停止移动”，或许也能使游戏正常运行。以《炸弹人》为例，该游戏中物体 1 秒顶多移动 3 格距离，这就意味着 1 秒移动的距离最多为 50 个像素。如果游戏的帧率超过 50，就说明每帧移动的距离不到 1 个像素，有了这个前提，就不会出现物体还未到达碰撞的极限位置时就已经无法移动的 bug 了。

8.3 发生多个碰撞时的问题

目前我们讨论的都是一对一碰撞的情况，但在实际游戏中，物体移动时可能会与多个四边形同时发生碰撞。这种情况又该如何处理呢？我们不妨逐一讨论一下前面列举的各个方法。

8.3.1 如果移动后会发生碰撞则停止移动

对所有物体进行检测，只要有一个物体会发生碰撞就停止移动，非常简单。

8.3.2 碰撞前停止移动

如果多次迭代“如果移动后会发生碰撞则停止移动”的方法，就需要对所有物体进行检测，使其一直移动到可以移动的极限位置。

而如果采用计算碰撞时刻的做法，则需要求出所有对象的碰撞时刻，然后把最小值作为移动结束的时刻。

8.3.3 发生嵌入后再调整

这个问题比较复杂。

当与物体发生嵌入的物体数量在两个以上时，该如何处理呢？如果依照上述方法逐一进行处理，结果可能会因处理顺序的不同而不同。而且在执行碰撞处理之后，还可能会出现对其他相邻物体产生嵌入的情况。

作为一种折中方案，我们可以对所有物体的嵌入深度进行计算，然后取平均值作为调整的数值。当然，这并不能保证一定可以解决嵌入的问题。

但是，相比其他方法，这种做法的优点是即便一开始就已经处于嵌入状态，物体也能正常移动。这一点很重要。而在“如果移动后会发生碰撞则停止移动”的方法中，若一开始就已经发生了碰撞，物体则完全无法继续移动。

8.3.4 如何选择

即使有多个物体发生碰撞，“如果移动后会发生碰撞则停止移动”和“碰撞前停止移动”的方法也没有什么问题，但如果不清楚每帧的移动距离，这些方法将无法使用。另外，“如果移动后会发生碰撞则停止移动”的方法也不适合用在移动速度过快的场景中，而“碰撞前停止移动”的缺点则是处理的运算量较大。当然，二者还有一个共同的缺点，就是在一开始就已经发生嵌入的情况下，物体将无法正常移动。

“发生嵌入后再调整”的方法虽然无法保证不发生嵌入，但在已经发生嵌入的情况下也能使物体正常移动。因此，我们只能根据游戏的特性来选择使用哪种方法。

对《炸弹人》来说，“如果移动后会发生碰撞则停止移动”的方法就很合适。

8.4 碰撞响应与操作性

现在我们已经知道了如何实现碰撞响应，那么将其导入到游戏中是不是也完全没问题呢？

很遗憾，完全不是这样。

为了体验实际的效果，我们可以创建场景，将大量的 `Square` 类排列好，模拟《炸弹人》的情景。示例项目位于 StressfulReaction 中，读者可以体验一下。碰撞响应采用的是最简单的“如果移动后会发生碰撞则停止移动”的方法。

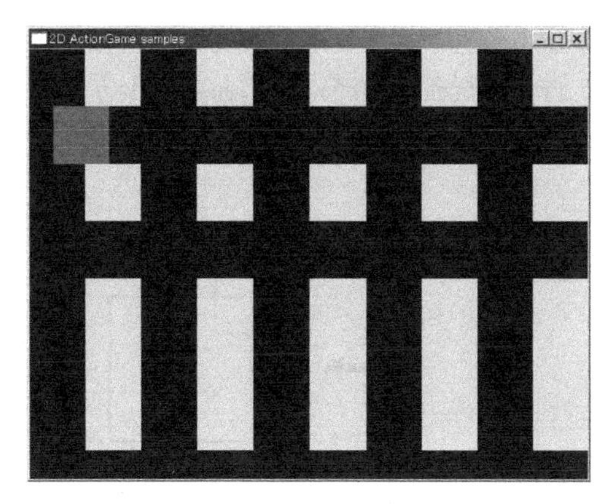

体验过的读者一定会发现游戏根本没法玩。

8.4.1 改变外观和实体的尺寸

最明显的问题是，游戏过程中很难控制让四边形进入墙壁之间的空隙。因为即使只差 1 个像素也会发生碰撞，导致无法进入，而对我们人类来说，要控制物体恰好移动 1 个像素是非常困难的。不仅如此，《炸弹人》的程序还将 1 个像素变成 1000 个内部单位来处理，要精确控制这种单位的移动几乎是不可能的。因此，要想控制四边形从墙壁间的空隙穿过简直是天方夜谭。

那么，我们应当如何解决这个问题呢?

最简便的办法是让物体的实际大小比看起来小。在示例项目 ReducingStress1 中，玩家操作的四边形尺寸由 32 个像素改为了 28 个像素。因为外观上仍然是 32 个像素，所以可能会看到它和其他物体有少部分重叠，但在实际的游戏中不会像这样直接使用纯四边形，一般会把边缘区域的透明度设置为 0，这样就看不出来了。《炸弹人》就是这么设计的。这样一来，即使发生了一些嵌入，也没有什么影响。示例中预留了 4 个像素的宽度，现在控制角色在间隙中进出变得很容易了。

虽然进步了不少，但是仍然存在很多不足。

8.4.2 碰撞后沿着墙壁滑动

从常识上来说，当物体轻微地碰撞到墙壁时，如果可以沿着墙壁滑动，那么就可以从碰撞的状态中解放出来。为了实现这种效果，我们必须确定 3 个参数：滑动的方向、滑动的速度以及允许滑动的条件。

一般来说，物体和墙壁发生正面碰撞后会停止移动，如果毫无缘由地开始沿着墙壁滑动，可能就会让人感到吃惊，因此我们需要确定在发生何种程度的碰撞后物体将开始滑动。

另外，滑动的方向也需要确定。物体应当沿着不再发生碰撞的方向滑动。

最后是滑动的速度。我们需要确定是单纯地改变原速度的方向为垂直方向，还是让速度稍微变慢一些，这些都应根据游戏的具体情况而定。

相比在碰撞处理的模块中完成这部分处理，将其放入接收碰撞处理结果的模块中进行更为合适。因为我们要尽可能地将碰撞处理做成类库以供多个游戏复用，如果其中夹杂了各游戏特有的处理代码，就难以复用了。

示例项目 ReducingStress2 中包含了这一处理。实现方法比较直接：程序在物体的移动方向和垂直方向上分别创建了 `Square` 进行碰撞检测，如果存在一个方向可以让物体不再发生碰撞，则使物体朝该方向移动。因为物体斜向移动的实现比较复杂，所以在该示例中我们就不让物体斜向移动了。

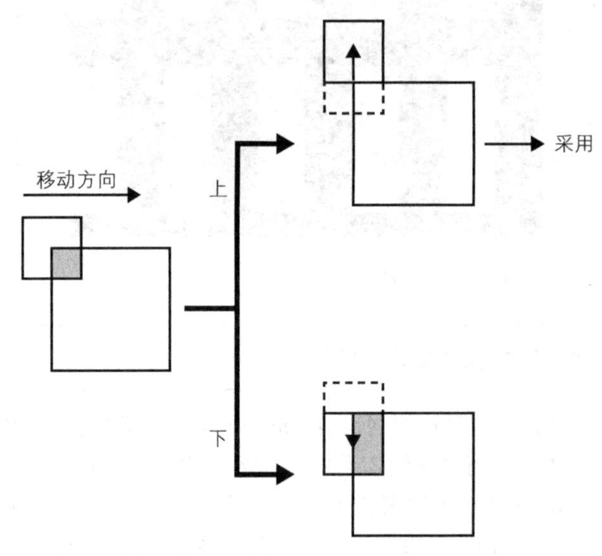

代码虽长，但游戏中除了玩家操控的角色之外没有其他物体需要执行这个处理，因此采用多次迭代来完成碰撞检测也不会有什么问题。

8.4.3 分别对纵向移动和横向移动进行处理

当前在我们的游戏中，物体如果移动后会发生碰撞则停止移动，而且在纵横两个方向上都不再移动。但是在斜向移动时，如果 y 方向上会发生碰撞而 x 方向上不会，在这种情况下保留 x 方向的移动更符合现实规律。

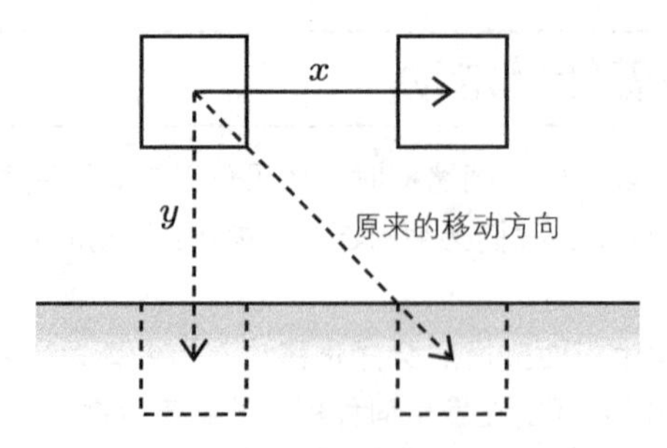

读者可能会想:“《炸弹人》并不允许斜向移动啊!” 这里需要注意的是，不允许输入斜方向和不允许斜向移动是两个概念。根据《炸弹人》的游戏场景可知，因为存在大量不会损坏的柱子，所以即使允许输入斜方向，玩家角色也不能斜向移动。也就是说，尽管玩家角色不能斜向移动，但这并不代表在游戏中就不允许玩家输入斜方向。如果玩家一直输入斜方向控制，那么玩家角色就可能实现“在走到十字路口之前一直沿着墙壁前进，出了十字路口后转弯改变方向”这样的移动路线。

如果想沿用“如果移动后会发生碰撞则停止移动”的方法来实现这个功能，就需要分别对玩家

角色在 x 方向和 y 方向上移动时的状态进行相交检测。如果只有一个方向未发生碰撞，则保留该方向的速度，如果两个方向都未发生碰撞，则对玩家角色在 x、y 两个方向上移动时的状态进行相交检测。示例 ReducingStress3 中使用了该方法。虽然多次进行相交检测会对游戏性能产生一些影响，但是我们暂时不去优化它。

读者可以运行示例看一下效果。输入斜方向会令玩家角色滑动。不过在该示例中，当玩家角色到了十字路口时，即便输入斜方向它也会停止移动，这是因为玩家角色和拐角发生了碰撞。我们只需要让玩家角色的尺寸变小一些就好了。这里请读者参考前面提到的改变物体的实际尺寸的做法。

另外，有可能会发生这样一种情况：玩家角色沿 x、y 两个方向移动时会发生碰撞，但只沿 x 方向移动或只沿 y 方向移动时就不会发生碰撞。在这种情况下，我们应当如何处理呢？

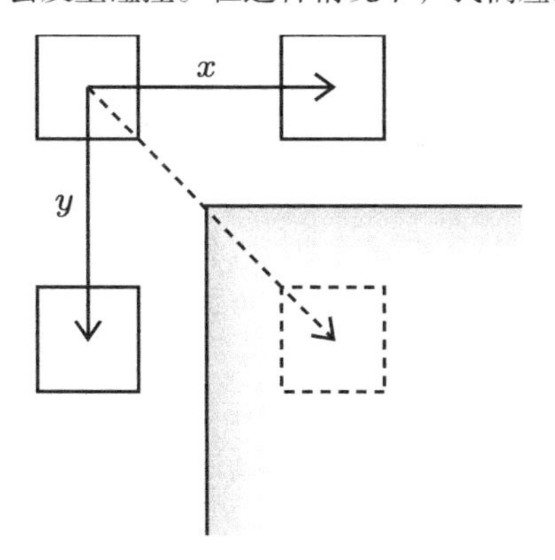

该示例中优先为 x 方向解决碰撞。如果各位读者觉得这么做不够严谨，也可以忽略移动量更少的一方。

8.4.4 让移动物体呈圆形

为了从根本上解决这个问题，我们可以把移动物体的形状由正方形改为圆形。目前发生碰撞的两个物体都是四边形，如果有一方变为圆形，就可以更加顺利地进行滑动了。

但是，实现起来却相当麻烦。

单是相交检测就已经足够烦琐了。在不允许斜向移动的前提下，两个正方形是通过边碰撞的，并且只能是 x 方向或 y 方向中的一个方向。如果换成圆形和四边形，就会出现与角发生碰撞的情况。此外，考虑到还要添加“沿着墙壁滑动”以及“分别对纵向和横向进行检测”这些处理，在圆形物体发生碰撞时，处理的复杂程度是不言而喻的。

我们会在 3D 化之后再对这些非四边形的碰撞处理进行讨论，这里暂且略过，有兴趣的读者可以自己试着挑战一下。

8.4.5 应当采用何种方法

为了达到理想的效果，我们恐怕只能尽可能地组合使用多种方法，比如试着缩小物体的实际尺寸，同时允许玩家输入斜方向，以及使物体发生碰撞后沿着墙壁滑行等，之后再在细节上进行调整。

需要注意的是，将这些方法引入《炸弹人》时，缩小物体的实际尺寸是绝对有必要的。在《炸弹人》中，程序内部的移动单位比像素还小，哪怕出现一个单位的偏差，也无法实现转弯。也就是说，我们不可能在转弯时精确地按照该单位进行控制。

8.5 移动的物体相互碰撞

到现在为止，我们讨论的都是玩家操控的对象和另一个静止的对象之间发生碰撞的情况，那么两个同时移动的对象发生碰撞时又该如何处理呢？检测碰撞是否发生并不麻烦，但碰撞后使物体沿原路返回的处理就没有那么简单了。

如果两个大小相仿的物体发生碰撞，我们可以让双方按照相同的程度弹回，可如果两个物体大小相差悬殊，这时还按照近似程度弹回就有些奇怪了。虽然我们可以借助一些物理学知识来解决这个问题，但笔者并不想这么做。

当然，物理学中的冲量定理可以帮助我们通过计算来实现越重的物体越不容易被弹回，但这种计算结果是否适合运用在游戏上就另当别论了。这方面的处理并没有一个绝对的答案，建议读者在开发时通过不断试错和调整来获得合适的方案。

关于这个问题，这里我们不再深入讨论。毕竟在《炸弹人》中玩家之间不存在碰撞，而且在玩家与敌人发生碰撞的瞬间游戏就结束了，所以我们暂时不必考虑这个问题，等到后面需要时再拿出来讨论。

8.6 《炸弹人》的碰撞处理

现在我们来实现《炸弹人》的碰撞处理。可以说对于这种简单的小游戏，用“如果移动后会发生碰撞则停止移动”的方法就足以应对了，示例中就采用了这个方法。此外，示例中也实现了允许改变玩家角色的尺寸、允许输入斜方向等。

不过，发生碰撞时的滑动处理因代码比较复杂而未被添加，毕竟示例代码变得过分冗长会影响理解。读者可以自行添加这部分处理。

示例项目位于 BakudanBitoWithCollision 中，其中不仅实现了碰撞处理，还包含了游戏的其他逻辑，可以说是一个“可以玩”的版本了。遗憾的是，现在还很难说这是一个有趣的游戏，毕竟只实现了玩法规则，严格来说还不算是什么正式的游戏。

下面将对示例代码中碰撞处理的实现过程进行简要说明。

8.6.1 DynamicObject 的扩展

示例中我们使用的是 `Square` 类，但是游戏代码中已经提供了用于碰撞响应的 `DynamicObject` 类。当然我们也可以继续使用 `Square` 类，但是这样就必须让 `Square` 类也持有 `DynamicObject` 中用来保存位置信息的 `mX` 和 `mY`，然后使用时再从 `Square` 类中逐个取出相应的变量，反倒比较麻烦。

另外，游戏中变量 `mHalfSize` 的值并不会改变，因此可将其设置为常量。我们要在 DynamicObject.cpp 上方定义 `const int` 型的 `HALF_SIZE`。这里将该值设置为 6000，也就是 6 个像素，加倍后表示整体宽度为 12 个像素，注意物体的实际尺寸只有外观的 3/4。

8.6.2 移动的物体

移动结束后，在该位置进行碰撞检测即可。这里不用考虑嵌入的情况，所以处理起来比较简单，通过一个双层 `for` 循环就可以完成。玩家与玩家之间即使碰撞也不会发生任何事，敌人和玩家接触后则玩家就会死亡。相关代码位于 State.cpp 的 `update()` 中。

8.6.3 判断物体是否在移动

敌人和玩家都是宽度为 16 个像素的正方形，墙壁也一样。这里暂且不用考虑过于复杂的情况，只要对相邻的网格以及自身所在网格这 9 个网格进行碰撞检测即可。如果每帧移动的距离较大，那么这种做法就未必正确了，不过在该游戏中，角色的移动速度不会太快，所以不用担心。另外，如果考虑到移动方向，按道理只需要判断 4 个网格就已足够，但是这样就必须编写复杂的逻辑代码来找出是哪 4 个网格，所以索性就对这 9 个网格都进行判断。

首先检测 9 个网格中是否包含了墙壁，然后创建墙壁列表，再分别判断当仅在 x 方向上移动和仅在 y 方向上移动时是否会和列表中的墙壁发生碰撞。这部分处理位于 `DynamicObject::move()` 中。虽然一共要执行 18（$=9\times2$）次判断，但是在这个游戏中是没有问题的。`move()` 会根据这个检测结果来决定最终移动的方向。

之后再到移动目的地对周围的网格进行检测，执行拾取道具、被冲击波炸死等逻辑。这部分处理位于 `State::update()` 中。

仔细阅读相关代码可以加深对这部分内容的理解，但如果读者可以写出更好的代码，就没有必要再阅读相关代码了。

8.6.4 炸弹设置的问题

我们必须为玩家角色添加与炸弹碰撞时的碰撞响应处理。因为炸弹不允许穿越，所以必须让它成为无法穿透的物体。但是在放置炸弹后的一瞬间，玩家角色和炸弹必定是重叠的。若按照“如果移动后会发生碰撞则停止移动”的处理思路，那么放置好炸弹后，玩家角色将停止移动，3 秒后就会失去生命，所以必须确保在玩家角色离开该网格之前与炸弹的碰撞是无效的。

最直接的做法是，每帧都对最后放置炸弹的网格进行碰撞检测，但是在玩家角色离开该网格之前，碰撞检测的结果都要被忽略。而对其他角色而言，炸弹被放置后就变得和墙壁一样无法穿透，因此该信息不能存放在 `StaticObject` 中。示例中我们在 `DynamicObject` 中准备了 `mLastBombX` 和 `mLastBombY`，用于在每帧检测是否和该网格相邻，一旦不再相邻，就将该值设为 `-1`。

不过这种方法在连续放置 2 个炸弹时会出现 bug，因为这将导致玩家角色和其中一个炸弹发生碰撞而无法移动。为了解决这个问题，示例中存储了至多 2 个炸弹的位置，这是因为这个游戏中不会接触到 3 个以上的炸弹。混凝土柱子的存在极大地简化了游戏系统的复杂程度。

8.6.5 连环爆炸

需要注意的是，炸弹并非只有在和玩家角色发生接触时才会被引爆，在被冲击波侵袭时也会发生爆炸。该功能的实现非常复杂。实际上在示例代码的 `State::update()` 中，冲击波的连环引爆功能就占据了相当大的篇幅。

在原版的游戏中，连环爆炸并不是在一瞬间发生的。炸弹被冲击波侵袭后，到下一帧才会发生爆炸。因此，如果 10 个炸弹横向排列，从一端到另一端完成连环爆炸就需要 10 帧。这种场景实现起来也很复杂，需要在炸弹所在的网格中储存“被冲击波侵袭”的信息，然后在下一帧进行处理。

此外，砖块被炸毁的时机也值得深究。砖块受冲击波影响会被炸毁，而炸毁的时刻应当是冲击波消失的时刻，所以砖块不能一接触到冲击波就消失，而应当继续存在一段时间。这部分内容的处理也比较麻烦。

问题一个接着一个，有些读者可能就会感到失望了。可遗憾的是，和自己实际动手开发时遇到的困难相比，这只不过是冰山一角。

如果没有亲自实践过可能很难理解这个事实，毕竟很多问题只有自己遇到并解决了才会印象深刻，因此本书中就不再对这些问题进行详细讨论了。当然，即便遇到了一时半会无法解决的问题，读者也不必沮丧，大可先跳过这部分，也可以适当地简化游戏规则让问题变得容易些。比如在连环爆炸处理中，可以将所有爆炸放在 1 帧内处理，或者暂时取消连环爆炸这个功能。

示例代码中添加了详细的注释，希望读者能够结合注释来理解代码。虽然没有用到什么特殊的技术，但是写起来也并不轻松。可以说本章讨论的话题对读者来说是一次纯编程能力的锻炼。另外，通过本章的讨论也可以发现，游戏的新旧和内在逻辑的复杂程度并没有什么关系。说起逻辑的复杂程度，《炸弹人》比后来的大部分 3D 动作游戏复杂多了。

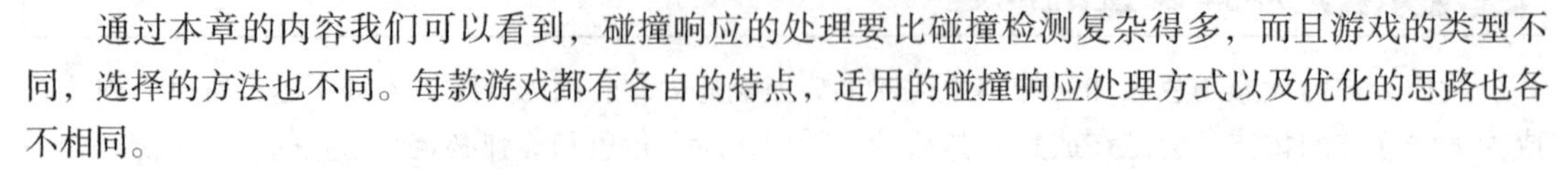

8.7 本章小结

通过本章的内容我们可以看到，碰撞响应的处理要比碰撞检测复杂得多，而且游戏的类型不同，选择的方法也不同。每款游戏都有各自的特点，适用的碰撞响应处理方式以及优化的思路也各不相同。

另外，我们还将这些处理添加到了《炸弹人》游戏中。相信亲自动手进行了实践的读者一定遇到了各种各样的问题。前面讨论的炸弹设置问题就是笔者在实践过程中遇到的 bug 之一，这种 bug 正是游戏开发的乐趣所在。“总算实现了！可以设置炸弹啦！”当笔者兴致勃勃地连续放置炸弹后，却发现玩家角色突然变得无法移动，3 秒后就死了。其实，市面上发售的商业游戏在开发过程中也同样遇到过各种奇特的 bug，对于有开发经验的读者来说，这一点应该不难想象。笔者曾想把这些“奇特的 bug”全部录制下来作为特别资料提供给玩家，不过考虑到作品的专业性，最后只好作罢。

现在大家是不是已经跃跃欲试了呢？下一章我们要让游戏支持手柄和鼠标操作，大家会越来越有开发正式产品的感觉。

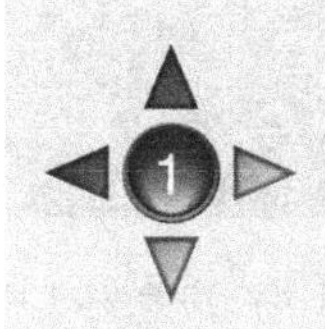

第9章

各种输入设备

● 主要内容

· 通过键盘、鼠标以及手柄等设备获取输入

我们开发的《炸弹人》游戏如果只能通过键盘来操作，玩起来就太不方便了。在某些情况下，让游戏能够支持鼠标操作会好很多。

本章是本书内容最少的一章，在技术方面并没有什么新的知识点，主要是对笔者提供的类库的使用方法进行说明。

本章使用了新的类库 InputDevices，该类库包含了许多输入方面的功能。随着该类库的引入，我们删除了原来 Framework 中存在的一些键盘输入处理函数，所以之前的代码可能将无法运行。

9.1 获取输入设备实例

本章将引入具有 Input 名称空间的 Input 模块来负责输入处理。目前我们只有 Framework 类，本章会再增加4个类。

所谓“模块”，指的是某些特定功能的集合，笔者习惯将类库的各个组成部分称为模块。后面我们还会遇到很多其他的模块。

Input 模块中有名为 Manager 的单例类，该类负责管理键盘、鼠标和手柄3种输入设备。在代码中这3种设备分别对应3个类。当 Manager 收到“获取键盘”的请求时，将返回一个 Keyboard 类实例。例如我们可以通过下列代码来使用键盘。

```
using namespace GameLib::Input; //为了便于调用

Manager manager = Manager::instance();
Keyboard keyboard = manager.keyboard();
if ( keyboard.isOn( 'a' ) ){
   ...
}
```

首先通过 instance() 方法获取 Manager 实例，然后调用它的 keyboard() 来获取键盘，之后用键盘类中的 isOn() 函数检测 a 是否被按下。代码逻辑并不复杂。

如果读者认为通过这种方式获取键盘太过烦琐，也可以自行封装辅助类来简化操作。不过随着功能的增加，调用流程变复杂也是很正常的事。

因为在设计类库时并不清楚其功能函数会以怎样的频率被调用，所以我们很难做到把会被频繁调用的函数的接口设计得简洁一些。这方面的处理还是在类库的调用方进行比较好①。

同样，鼠标和手柄也需要通过调用 mouse() 和 joystick() 来获取。不过使用手柄前需要通过 joystickNumber() 检查手柄设备的数量。后续使用手柄时如果传入不存在的设备编号，程序将会发生异常。

另外，虽说手柄这种设备在任意时刻进行插拔都不影响游戏，但是如果考虑到在游戏运行过程中手柄可能会增加或者减少，代码就会变得非常复杂，所以我们忽略这种情况。如果游戏启动时探测到有3个手柄设备，就认为它一直都有3个，我们按照这种方式进行设计即可。

下面是用于获取键盘、鼠标和手柄的代码。

```
using namespace GameLib::Input; //为了便于调用

Manager manager = Manager::instance();
Keyboard keyboard = manager.keyboard();
Mouse mouse = manager.mouse();
unsigned joystickNumber = manager.joystickNumber();
for ( unsigned i = 0; i < joystickNumber; ++i ){
   JoyStick joystick = manager.joystick( i );
   if ( joystick.isOn( 3 ) ){
      ...
```

如果运行环境中没有键盘，就无法通过键盘获取任何输入。另外，因为所有玩家都持有鼠标设

① 实际上也可以采用直接创建 Keyboard k; 进行调用的做法，后面的鼠标处理也是如此。

备，所以我们应尽可能地让玩家仅通过鼠标就能操作游戏。

9.2 键盘

键盘类中有如下函数。

```
class Keyboard{
public:
    enum Key{
        KEY_RETURN,
        KEY_TAB,
        ...
    };
    bool isOn( int ) const;
    bool isTriggered( int ) const;
};
```

枚举类型 Key 中包含了一些非打印字符值（如 'a'），通过它们可以匹配 Alt 键和 Control 键。isOn() 返回某键是否被按下的信息，isTriggered() 返回某键是否在当前帧被第一次按下的信息。这和之前的做法类似。

具体代码可以参考 09_InputDevices 解决方案下的 Keyboard 示例。代码比较简单，读后很快就能掌握其用法。

9.3 鼠标

鼠标类中有如下函数。

```
class Mouse{
public:
    enum Button{
        BUTTON_LEFT,
        BUTTON_RIGHT,
        BUTTON_MIDDLE,
    };
    int x() const;
    int y() const;
    int velocityX() const;
    int velocityY() const;
    int wheel() const;

    bool isOn( Button ) const;
    bool isTriggered( Button ) const;
};
```

函数 isOn() 和 isTriggered() 的功能与键盘类中的相同，用于返回鼠标按键的状态。按键的类型使用 Button 枚举类型来表示，从上到下依次是左键、右键和滚轮键。一般来说，Windows

平台下一定存在左右键，但如果是 Mac 环境，则可能只有一个按键，所以尽量不要在程序中将按键数量作为判断条件来完成逻辑操作，尤其要注意滚轮键并不是必备的。

x() 和 y() 返回当前鼠标的位置，velocityX() 和 velocityY() 返回当前的鼠标位置与上一帧的坐标差。wheel() 返回滚轮的偏移值。往外滚，值等于 -1；往里推，值等于 1。注意可能存在鼠标没有滚轮的情况。

示例代码位于 Mouse 项目中，运行后程序会实时地在鼠标光标所在位置画小白点，从而完成绘制。

9.4 手柄

手柄类中有如下函数。

```
class Joystick{
public:
   enum Button{
      BUTTON_UP = 128,
      BUTTON_DOWN,
      BUTTON_LEFT,
      BUTTON_RIGHT,
   };
   int analogNumber() const;
   int analog( int ) const; //获取手柄
   //利用上面的枚举类型获取上下左右各方向的值，其他的按钮编号从 0 开始
   bool isOn( int ) const;
   bool isTriggered( int ) const;
   int buttonNumber() const;
   //是否有效?
   bool isEnabled() const;
};
```

现实中手柄的种类太多，不可能采用完全相同的方式来处理。按钮的数量、模拟信号的输入个数、各个按钮对应的功能、手柄返回的值的范围等，不同厂商的产品可能完全不同，要做到程序通用基本上是不可能的事。因此，很多支持手柄操作的 PC 游戏允许玩家对各个按钮和相应的功能进行配置。

不过，如果当前阶段的开发成果并非面向最终玩家，譬如在为家用主机游戏开发 PC 版的原型产品时，则大可不必如此。确定好用于调试的手柄类型后，只需确保使用该手柄能够顺利操作即可。

函数的使用方法与之前大体相同。通过 isOn() 或 isTriggered() 获取按键的状态，不过上下左右方向键将不再使用 buttonNumber()，而是通过直接传入枚举值来获取，示例代码如下所示。

```
bool down = joystick.isOn( Joystick::BUTTON_DOWN );
bool up = joystick.isOn( Joystick::BUTTON_UP );
```

analog() 将返回手柄的状态，但具体是什么内容当前无法得知，我们只能进行各种尝试。

手柄正常工作时，isEnabled() 将返回 true，如果手柄被拔下或者因其他问题而无法工作，则返回 false。此处设计为在拔下手柄的瞬间游戏会自动暂停可能比较好。

示例代码位于 Joystick 项目中。最多能够识别 2 个手柄，并在画面上显示输入的值。

笔者提供的示例并不支持所有类型的手柄，因为手柄数量实在太多了。笔者仅使用在市面上购

买的普通USB转换器连接之前一款很经典的游戏机的标准手柄进行了测试。正好家里有相关设备，笔者用起来也顺手，所以非常方便。

9.5 在《炸弹人》游戏中使用手柄

《炸弹人》游戏中只需用到方向键、炸弹设置键以及暂停键，因此无论哪种手柄，都应该能顺利操作。获取手柄输入的代码如下所示。

```
using namespace Input; //为了简化说明
Manager manager;
manager = Manager::instance();

Joystick joystick;
joystick = manager.joystick( 0 );
int dx = 0;
int dy = 0;
if ( joystick.isOn( Joystick::BUTTON_UP ) ){
   dy = -1;
}else if ( joystick.isOn( Joystick::BUTTON_DOWN ) ){
   dy = 1;
}
if ( joystick.isOn( Joystick::BUTTON_LEFT ) ){
   dx = -1;
}else if ( joystick.isOn( Joystick::BUTTON_RIGHTT ) ){
   dx = 1;
}
bool setBomb = joystick.isTriggererd( 0 );
```

代码并没有什么费解之处。不过在使用该代码前，必须确保至少有一个手柄能够使用，否则程序将崩溃。

当然，对家用游戏机而言，手柄的探测过程要复杂得多，因为它支持热插拔机制。另外，如果手柄支持无线连接功能，那么判断某手柄属于1P还是2P的过程就更麻烦了，往往只能依靠记录下“ID为25331533的手柄代表2P”这类信息来进行区分。

确认这些细节的工作量很大，仅这一项工作可能就要耗费数日。如果在临近项目尾声时突然冒出来一堆这样的任务，进度压力可想而知。遗憾的是，此类问题在没有爆发之前往往难以预料，恐怕只有经历过此种遭遇的人才能切身体会。

9.5.1 关于类库封装

在当前《炸弹人》的示例项目中，当需要使用输入功能时，会先包含GameLib/Framework.h，然后直接调用`Framework::isKeyOn()`。如果延续这种做法，那么就我们的类库来说，当cpp中需要用到输入功能时，就必须先包含GameLib/Input/Manager.h和GameLib/Input/Keyboard.h或者GameLib/Input/Joystick.h，然后再调用管理器中的函数来获取键盘或者手柄。整个过程还是比较复杂的。

之前我们已经提到过，类库的开发者并不知道该类库将来会用在什么样的游戏中，因此只能尽力去提供可能会用到的功能。为了便于维护与管理，在功能不断增多的情况下就需要对类进行细分，但这样也不可避免地增加了类调用者的负担。另一方面，对游戏开发者来说，因为非常清楚该游戏需要什么功能，所以希望类库能为这些功能提供非常便利的调用接口。

那么，二者之间的矛盾该如何平衡呢?

解决办法有很多，最简单的做法是，在执行类库调用的程序中，对类进行二次封装。将用不到的功能隐藏起来，把常用的功能接口封装得便捷一些。这样做除了在调用时更加方便之外，还可以避免调用那些不需要的函数，减少发生 bug 的危险，而且当类库发生改动时，相应的修改也很容易完成。比如，在出于某些原因将 `isOn()` 的名称改成了 `isPressed()` 时，因为已经做了一层封装，所以就没必要在所有的游戏代码中都对 `isOn()` 进行替换，只需要修改二次封装部分的代码即可。

实际上笔者类库中的 `Framework` 类的意义就在于此，本章未用到的函数都不会体现在该类中。当然，即便没有 `Framework` 类，也可以采用直接调用内部模块的方法来实现同样的功能。查看类库中的代码就能发现，提供核心功能的 `Input` 模块是一直存在的，只不过被封装隐藏起来了而已。

9.5.2 示例代码

为《炸弹人》添加手柄支持后的示例代码位于 BakudanBitoWithJoystick 项目中。

该示例提供了 `Pad` 类，其定义如下所示。

```
class Pad{
public:
   enum Button{
      A,
      B,
      U, //Up
      D, //Down
      L, //Left
      R, //Right
      Q, //Quit
   };
   static bool isOn( Button, int playerID = 0 );
   static bool isTriggered( Button, int playerID = 0 );
};
```

该类将大部分按键的具体信息隐藏了起来，只提供了 AB 键、上下左右键以及退出按钮等最基础的信息。这样一来，类库调用者就不用关心某指令是由键盘发出的还是由手柄发出的。如果游戏中会涉及多种按钮输入，可能就无法做到上面这么简洁了，但是比起直接去调用 `Input` 模块，需要编写的代码量还是要少很多。

说到键盘操作，1P 的上下左右通过 w、z、a、s 键控制，d 代表 A 键，x 代表 B 键。而 2P 的上下左右通过 i、m、j、k 键控制，l 代表 A 键，“,”代表 B 键。如果使用笔者同款的转换器连接手柄，那么手柄的“×”按钮代表 0 号键 A，“○”按钮代表 1 号键 B。

这里插个题外话，在日本一般习惯用“○”按钮表示确定，用“×”按钮表示取消，而有一些国家则恰恰相反，“×”按钮往往代表确定。因此，若游戏要在这些国家发行，最好进行相应的配置。

9.6 本章小结

本章我们实现了手柄和鼠标操作，并讨论了在游戏中使用这些输入设备时如何设计便捷的接口类。

下一章我们将对游戏状态的迁移处理进行改善。现在《炸弹人》的代码已颇具规模，在扩充更多功能之前，我们先对代码进行适当的整理。不过从游戏开发的角度来说，下一章的内容并不是必需的，有些游戏可能使用 `if-else` 就能够很好地实现，读者可以根据自己的情况来决定是否跳过下一章。

第10章

状态迁移详解

● 主要内容
- 状态迁移处理的改良
- 继承的用法

● 补充内容
- 状态迁移处理的改良（高级篇）
- 继承的实现
- dynamic_cast

本章将对状态迁移处理进行一些改良，同时介绍一下 C++ 中继承的用法。继承是面向对象编程中不可或缺的内容，到目前为止我们还完全没有用到。继承功能比较复杂，而且内容有些偏向编程，所以难免让人觉得枯燥乏味。正因为如此，本书一直没有对这方面内容进行讨论，但现在我们必须去学习它了。虽然内容会有些枯燥，但还是希望读者能打起精神来。

另外，本章的补充内容中将讨论一些程序设计的技巧，如果缺乏这方面的经验，理解起来可能会比较吃力。读者可视情况跳过这部分内容。

本章使用的类库依旧是上一章使用的 InputDevices。读者可以在既有的项目上进行改造。当然，为了方便之后进行比对，改造前要记得备份。

10.1 问题定位

前面我们一直在频繁地复制粘贴代码，可能已经记不清原来的问题了，这里不妨先将问题代码罗列出来。《炸弹人》示例中的 Sequence::Parent 类的代码如下所示。

```
class Title;
class Game::Parent;
class GameOver;
class Ending;

class Parent{
private:
   Title* mTitle;
   Game::Parent* mGame;
   GameOver* mGameOver;
   Ending* mEnding;
};
```

这里仅提取了相关部分的代码。读者是不是有些印象了呢？问题是有 4 个指针。子状态都是大致相似的类，并且在同一时刻只能有 1 个状态存在，所以我们希望可以用 1 个变量来指向它们。

当然，我们可以设置 1 个 void* 类型的成员变量，如果 mType 是 TITLE，就通过 reinterpret_cast 转换为 Title。不过笔者认为，最好将强制转换作为最后的处理手段，但凡存在其他更好的方法，就不使用强制转换。

当存在大量指针时，代码结构会显得格外烦琐，我们通过下面的 update() 代码就能感受到这一点。

```
if ( mTitle ){
   mTitle->update( this );
}else if ( mGame ){
   mGame->update( this );
}else if ( mGameOver ){
   mGameOver->update( this );
}else if ( mEnding ){
   mEnding->update( this );
}else{
   HALT( "bakana!" ); //不可能执行到这里
}
```

可以看出代码非常啰唆。传递的参数和使用的函数名称是相同的，事实上，Parent 并不需要关心当前有效的子状态具体是哪一个。也就是说，无论成员变量 mChild 指向的是 Title 还是 GameOver 或者 Ending，程序都能正常运行。我们需要使用继承来实现这个功能。

10.2 使用继承

继承是一种对类进行分组的功能，就刚才的例子而言，我们可以认为 Title、GameOver 和 Ending 都是 Child 类的一种。如果 Title 和 GameOver 都是 Child 类，就可以按照如下代码进行定义。

```
class Child;

class Parent{
private:
   Child* mChild;
};
```

之后就可以通过下面这行代码来调用，非常简洁。

```
mChild->update( this );
```

下面我们来看一下具体的实现步骤。

10.2.1 基类

为了在 C++ 中实现上述目标，首先我们需要定义 Child 类。要想让 Title 和 GameOver 属于 Child 类，就得先创建 Child 类。

当我们说“某对象属于 ××”时，这个“××”就叫作基类或者基本类型，是某个种类的名称。这就好比苹果、菠萝之于水果；小学生、中学生之于学生；美国人、日本人之于人类这样的关系。

接下来要丰富 Child 类的具体细节，其实就是把这个种类的共同特性提取出来，比如水果的话就是“可以生吃”，人类的话就是“能够直立行走”。于是，我们可以得到下面的代码。

```
class Child{
public:
   virtual void update( Parent* ) = 0;
};
```

首先要确保 Child 类中含有 update() 方法。如果按照一般的做法定义函数，就只是声明 Child 类中含有 update() 方法而已，但如果在开头添加 virtual，并在最后添加 =0，就表示 Child 类本身并不存在 update() 方法，但是 Child 的派生类中会含有 update() 方法。因为 update() 实际上并不存在，所以 cpp 中无须编写任何代码实现。

10.2.2 派生类

现在我们来讨论如何表明 Title 和 GameOver 属于 Child 类。以 Title 为例，具体代码如下所示。

```
#include "Sequence/Child.h" // 这一行必须添加
class Title : public Child{
public:
   void update( Parent* );
};
```

类名定义中的 public Child 表明了 Title 是 Child 的一种。当然，这时必须声明存在 Child 类，并且需要知道它的“定义”，也就是说必须包含它的头文件。此处假设 Child 的定义写在 Sequence/Child.h 中。读者可能会对 Child 前的 public 关键字[①] 感到好奇，不过该内容和本节主题无关，所以暂且略去，具体可查阅相关的语法书。

---

① 从语法上来说还存在 protected 和 private，但是这里都没有必要使用，至少笔者从未见过有人使用它来定义类。

这样一来，Title 就成为 Child 的一种了。和基类相对应，这种类被称为派生类或者派生类型。

10.2.3 派生类和基类

下面我们来总结一下派生类的特性。

成员

派生类也拥有基类中的成员，因此下列代码中的情况是正常的。

```
class A{
   void foo(){ cout << "AHO" << endl; }
   int a;
};
class B : public A{
};

B b;
b.a = 5;
b.foo();
```

B 类型的变量 b 中含有 A 类的 a，并且能够调用 foo() 函数。B 是 A 的一种，所以 A 能做的事 B 也应该能做。那么，如果在 B 中定义一个在 A 中已存在的同名函数会怎样呢？这里先卖个关子，还请读者暂时不要定义这种同名函数。

另外，成员函数的声明中如果添加了 virtual 和 =0，就意味着派生类有义务实现该函数。如果忘记实现，就会引发编译器报错，很容易发现问题。

指针和引用

派生类的指针可以被强制转换为基类的指针。所谓“强制”，就意味着可以直接代入。

```
Title* title;
Child* child = title;
```

通过该指针访问带有 virtual 的函数，就可以调用派生类对象的函数。

```
class A{
   virtual void foo() = 0;
};
class B : public A{
   void foo(){ cout << "B"; }
};
class C : public A{
   void foo(){ cout << "C"; }
};
```

在上面的代码中，B 和 C 都继承自 A，这时如果 B 和 C 的指针被转换为 A*，那么各个 A* 都能记住其本身真正的类型是 B 还是 C，具体代码如下所示。

```
A* a0 = new B;
A* a1 = new C;

a0->foo();
```

```
a1->foo();
```

在上面的代码中，a0 的 foo() 将输出 B，a1 的 foo() 将输出 C。也就是说，就算使用 Child* 型的指针来调用 update()，也能准确地根据其原本是 Title* 还是 GameOver* 来调用相应的函数。

有了这个特性，Parent 中就只需有一个 Child* 即可，至于它具体指向的是 Title 还是 GameOver 则无关紧要。这种通过基类指针来调用派生类函数的功能称为虚函数。在定义虚函数时，只要在基类的函数声明中加上 virtual 即可。=0 表示基类中没有该函数的实现，一般来说也要把它添加到基类的函数声明中。

10.2.4 虚析构函数

在使用继承的过程中，我们需要在进行销毁时多加留意。

```
Child* child = new Title;
delete child;
```

在上面的代码中，Title 的构造函数被创建以后会生成一个 Title 对象，因此在析构时也必须执行 Title 本身的析构函数。看上去好像 C++ 会自动完成这一切，但其实并不是这样。这段代码只会调用 Child 的析构函数，而 Title 自身的析构函数并不会被调用。

那么我们该如何调整呢？

只需将析构函数也定义为虚函数即可。

```
#include "Sequence/Child.h" //这一行必须添加
class Child{
public:
    virtual void update( Parent* ) = 0;
    virtual ~Child();
};
```

析构函数的情况下不需要添加 =0。之前讲过，=0 表示基类没有该函数的实现。因此，如果在 Child 的析构函数中确实需要做些什么，就不应当添加 =0。

如此看来，基类的析构函数声明中必须添加 virtual，请读者牢记这一点[①]。

另外，当调用派生类的析构函数时，系统会自动调用基类的析构函数。因此，无论创建出的对象是什么类型，都不用担心 Child 的析构函数不被执行。

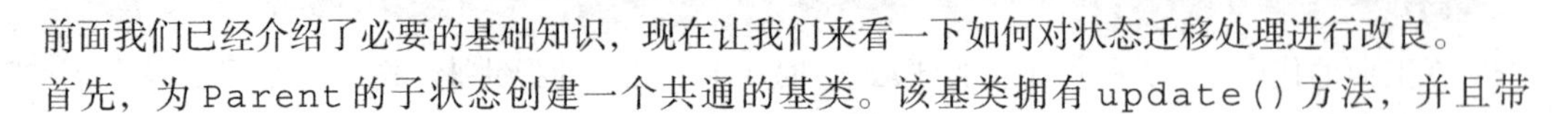

10.3 实际运用

前面我们已经介绍了必要的基础知识，现在让我们来看一下如何对状态迁移处理进行改良。

首先，为 Parent 的子状态创建一个共通的基类。该基类拥有 update() 方法，并且带

① 实际上这并不是绝对必要的。如果规定不 delete 基类类型指针而 delete 派生类型指针，那么最好的做法就是把基类的析构函数设置为 protected，并且不添加 virtual。这样一来，如果代码编写有误而直接调用了基类的析构函数，结果就会报错。从对称性的角度来说，创建的是派生类，那么销毁时也应该对派生类进行操作。当然，如果读者对此感到难以理解，也可以采用对基类析构函数添加 virtual 的做法。

Parent* 参数。创建 Sequence/Child.h 后，将子状态的共通的基类的定义放入其中。这样一来，目前用到的 4 类子状态指针就可以统一用 1 个基类指针来描述了，如下所示。

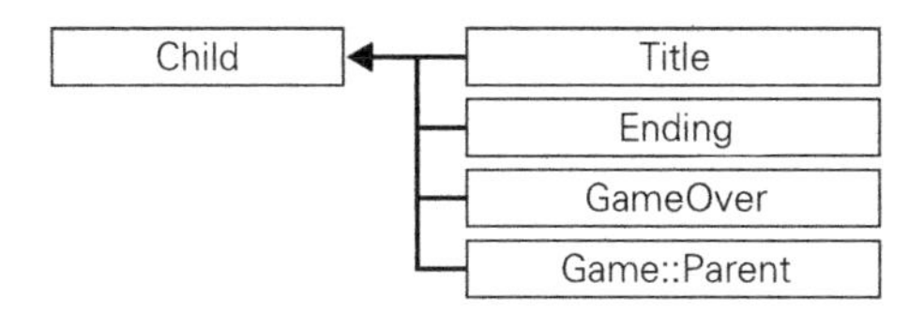

其中的名称全部省略了 Sequence:: 部分。箭头从派生类指向基类。读者可能会觉得从基类指向派生类更符合常理，我们不妨换个角度来看，哺乳动物这个概念是从猫和狗这类动物的身上总结出来的，世界上并不存在“哺乳动物”这样一种具体的动物。当然箭头方向也可以理解成派生类需要参考基类的头文件。

另外，Sequence/Child.h 的内容如下所示。

```
class Child{
public:
   virtual void update( Parent* ) = 0;
   virtual ~Child(){} //没什么需要做的，因此保留空函数
};
```

update() 和析构函数都是虚函数。注意不要忘记析构函数前面的 virtual。

然后将其包含在代码中。

```
#include "Sequence/Child.h"

class Parent{
public:
private:
   Child* mChild;
};
```

现在不用担心会同时创建出 2 个子状态对象了。而且在创建新的子状态时，也无须关心目前的状态类型，直接对 mChild 执行 delete 即可。另外，update() 处理也变得更加简洁。原先的 4 重 if-else 代码将不再需要，取而代之的是下面这 1 行代码。

```
mChild->update( this );
```

10.3.1 示例代码

现在我们要对上一章的 09_InputDevice 解决方案中的 BakudanBitoWithJoystick 进行改良，改良后的代码位于解决方案 10_Sequence2 的 BakudanBitoWithImprovedSequence 中。

我们创建了 Sequence/Child.h，并让 Sequence::Parent 中可能出现的子状态都继承这里定义的 Child。此外，还创建了 Sequence/Game/Child.h，并让 Sequence::Game::Parent 中可能出现的子状态都继承这里定义的 Child。比如，Sequence::Game::Parent 下的子状态 Sequence::Game::Clear 的定义如下所示。

```
#include "Sequence/Game/Child.h"

namespace Sequence{
```

```
namespace Game{

class Clear : public Child {
public:
    Clear();
    ~Clear();
    void update( Parent* parent );
    （略）
};
```

虽然 Sequence::Child 和 Sequence::Game::Child 都使用了 Child 这个名称，不过因为 C++ 优先选择自身名称空间下的类，所以不会出现什么问题。Clear 类位于 Sequence::Game 名称空间下，在没有加任何名称空间作用域的情况下，它将继承同一名称空间下的 Child。另外，按照之前提到的“即便是在头文件中，也应当包含需要的头文件”的规则，我们需要包含 Child.h。这是因为在继承时需要知道类的详细“定义”。不过，“一定要在头文件中包含其他头文件”这一点的确是继承的一个缺点。

层次的独立和类名重复

可能有些读者无法接受在项目中出现同名文件的情况。笔者的原则是，能避免时尽量避免，但如果会因此而破坏代码的层次结构，则不必强求。

前面提到过，我们在设计时要遵循一个原则，就是各状态对象只能“看到”它的父状态和子状态。于是，开发者在编写类时也只需包含父状态类的头文件和子状态类的头文件，而祖父状态类以及孙状态类的头文件都是“看不到”的。

这样就很容易造成类文件名重复。如果一个项目中存在名称相同的类会带来麻烦，那么开发者就不得不去调查那些原本不必去关注的类，看看它和自己将要使用的类的名称是否重复。

针对这种情况，C++ 的名称空间功能就派上用场了。

事实上，笔者的类库中就存在大量诸如 Sound::Manager、Graphics::Manager 和 Input::Manager 这种名称相同但名称空间不同的类。这虽然会造成一些不便，但却是多人协作开发中必不可少的一种手段。

不过，名称空间在使用上也存在一些陷阱。

名称空间的陷阱

名称空间的查找规则非常复杂，最基本的规则是优先在自身所处的名称空间内查找，不过也存在一些特例，这些特例往往会带来意想不到的麻烦。

笔者在编写这次的示例代码时就落入了名称空间的陷阱中。下面我们就通过一段代码来看看具体是怎么回事。

```
#include "Sequence/Child.h"

namespace Sequence{
namespace Game{
class Child;

class Parent : public Sequence::Child{
    Game::Child* mChild;
```

```
};

} //namespace Game
} //namespace Sequence
```

上述代码摘自 Sequence::Game::Parent 类。可以看到，mChild 虽然位于 Game 名称空间内，但还是特意添加了 Game::Child 修饰，这是因为基类的名称空间比当前类所在的名称空间的优先级更高。该类继承自 Sequence::Child，因为优先关系，如果只写 Child 类型，编译器就会认为它代表的是 Sequence::Child，而非 Sequence::Game::Child。另外，特意在 class Parent 行中写成 Sequence::Child 是为了确保它继承自 Sequence::Game::Child。此时如果单写 Child，编译器就会认为它指向的是 Game::Child。

这里笔者想谈谈自己的一些感想。当上述问题出现时，我们甚至很难判断这是 C++ 还是编译器的规定造成的，只能硬着头皮去解决。不过话说回来，如果我们不这样使用名称空间和继承功能，这个问题就不会出现。当然，开发者对 C++ 足够熟悉的话自然是不要紧，但往往越熟悉越容易忽略“不是所有人都熟悉 C++ 的细节”这个事实。这样一来，如果对 C++ 不够熟悉的人接手了代码，开发成本就会增加。希望读者在工作中注意这个问题。其实针对笔者的这段代码，更好的做法是不去创建 Game 名称空间，而改用 GameParent 和 GamePlay 这些名字意义非常具体的类。

到这里，本章的主要内容就全部介绍完毕了。理解了以上内容，在实际进行开发时应该就没什么问题了。尽管还存在许多细节方面的知识，但这里暂且不深入讨论，因为深入后能读懂相关代码的读者会越来越少。毕竟不可能要求所有人都对语言细节非常熟悉，读者在进行游戏开发工作时也必定会和很多不够熟悉语言细节的同事一起工作。对自己而言，尽量往深处钻研自然是好的，但也不要忽略了上述事实。

10.4 补充内容：简化状态迁移的代码

实际上，使用继承的代码仍有改良的余地，最显著的就是状态迁移的处理。

```
switch ( mNextSequence ){
    case NEXT_TITLE:
        SAFE_DELETE( mChild );
        mChild = new Title;
        break;
    case NEXT_GAME:
        SAFE_DELETE( mChild );
        mChild = new Game::Parent;
        break;
    case NEXT_GAME_OVER:
        SAFE_DELETE( mChild );
        mChild = new GameOver;
        break;
    case NEXT_ENDING:
        SAFE_DELETE( mChild );
        mChild = new Ending;
}
```

这是 Parent::update() 中状态迁移部分的代码。子状态通过调用 moveTo() 来指定“将要前往的状态”，父状态根据设置的 enum 值进行分支跳转。不过这段代码看起来太过啰唆，不禁让人怀疑是否真的有必要使用 switch 语句。

10.4.1 问题的关键

这段代码的根本问题不是冗长，而是职责混乱。读者不妨思考一下：知道将要跳转到哪个状态的是谁？决定状态迁移的又是谁？

很明显，是子状态，而不是父状态。

这段 switch 代码其实是子状态将本该由自己完成的任务强加到父状态身上的结果。实际上，父状态不会根据下一个状态的不同而进行特殊的处理，它只会单纯地创建一个主题状态，或者创建一个其他的游戏状态。那么，如果让子状态直接改变父状态的 mChild，似乎就不需要再使用这种 switch 代码了。

```
void Title::update( Parent* parent ){
    if ( 按下开始按钮 ){
        SAFE_DELETE( parent->mChild );
        parent->mChild = new Game::Parent;
    }
}
```

但是，这种做法是行不通的。需要注意的是，现在代码中 delete 的指针指向的是自身，这就意味着在函数执行过程中 this 对象会被销毁。虽然按照 C++ 的规则，这样的代码也可以运行，但是笔者并不推荐这种“类自杀”的做法。我们需要寻求一种更好的做法。

10.4.2 让职责分配更加合理

我们不妨换一种思路。

将创建出下一个状态的操作保留在子状态中，将其作为返回值传递给父状态。

```
Child* Title::update( Parent* parent ){
    Child* next = this; //一般情况下是自己
    if ( 按下开始按钮 ){
        next = new Game::Parent; //下一个是游戏状态
    }
    (略)
    return next;
}
```

在上述代码中，如果主题画面上没有发生任何动作，函数将持续返回其自身，一旦按下开始按钮，它就会创建出下一个状态——Game 状态并返回。返回值的类型是基类指针。

于是，父状态代码就会变成以下这种形式。

```
void Parent::update(){
    Child* next = mChild->update( this );
    if ( next != mChild ){
        SAFE_DELETE( mChild );
        mChild = next;
    }
}
```

如果子状态没有发生变化则返回其自身，和现有的 mChild 相同，不会做任何处理。而一旦返回了新的指针对象，就意味着要跳转到下一个状态，于是就会删除当前 mChild 所指的对象并指向新值。

我们再仔细思考一下这个设计所带来的变化。打个比方，在这个设计中，父亲并不知道面前的孩子是长子还是次子，唯一知晓的是这个孩子与刚才那个孩子不同。借助这个设计，我们既不必再根据子状态的类型来执行 switch 操作，也不必再包含各个子状态的头文件了。

10.4.3 示例代码

修改后的代码位于 BakudanBitoWithImprovedSequence2 中，其中变化最大的文件是 Sequence/Parent.cpp 和 Sequence/Game/Parent.cpp，我们把修改后的文件和原始版本对比一下。

首先需要注意的是所包含的头文件的变化。父状态一方不再需要引用子状态的头文件，而另一方面，因为子状态中要创建出各个迁移目标的状态对象，所以必须包含对应的头文件。包含的头文件数量并未减少，只是位置发生了转移，原来大部分集中在父状态中，而现在则分散到各个子状态中去了，这样更有利于协作开发。试想，假如分给 3 个人 10 件工作，比起 6、2、2 的比例，显然 4、3、3 的比例更为合理。

另外，基类中虚函数 Child::update() 的返回值类型也由 void 变成了 Child*，因此基类的头文件也需要进行修正。

最后，注意此处存在名称空间陷阱。

```
Sequence::Child* Parent::update( GrandParent* ){
    Sequence::Child* next = this;
    Sequence::Game::Child* nextChild = mChild->update( this );
}
```

在函数 Sequence::Game::Parent::update() 的开头部分，为避免歧义，必须明确指出 Child 所在的名称空间。当然也可以不使用名称空间，而将 Game::Child 改为 GameChild 这种不会重名的对象，毕竟在这种规模的项目中还不至于引起混乱。只是这里出于练习的目的，我们特意采用了名称空间的做法。

关于状态迁移

还有一点需要注意，这种做法只适用于同一层级的各个状态之间的迁移。如果要跨越不同层级，就需要按照原来的做法委托父状态来完成。

举例来说，如果要从游戏的暂停画面直接跳转到主题画面，这时就不能在 Pause 类中创建一个 Title 类并返回了。因为主题状态的基类 Sequence::Child 和暂停状态的基类 Sequence::Game::Child 是两个完全不相关的类。这个问题处理起来比较麻烦，需要读者在开发过程中根据具体情况思考解决策略。

实际上，Sequence::Game::Parent 的 update() 中混杂着旧版本的处理代码，具体内容如下所示。moveTo() 也被保留了下来。

```
    //迁移判断
    //迁移到子状态时的执行方法
    if ( nextChild != mChild ){
```

```
      SAFE_DELETE( mChild );
      mChild = nextChild;
   }

   // 如果迁移到兄弟状态，则仍采用 moveTo()
   // 中的处理逻辑
   switch ( mNextSequence ){
      case NEXT_ENDING:
         next = new Ending;
         break;
      case NEXT_GAME_OVER:
         next = new GameOver;
         break;
      case NEXT_TITLE:
         next = new Title;
         break;
   }
   mNextSequence = NEXT_NONE;

   return next;
}
```

当然还存在更合理的做法，下一节我们会进行介绍。读者也可以先试着思考一下，说不定能想到更好的方法[①]。

10.5 补充内容：跨层级的状态迁移处理的改进

上面的做法简化了同一层级的各个状态之间迁移的代码，但如果两个状态不属于同一层级，就仍需要将 enum 编号传递给父状态来进行处理。因此，如果将 update() 返回的类作为所有状态对象的基类，就可以把处理逻辑统一起来了。

现在我们来设计这个共通的基类，不妨将其命名为 Sequence::Base。

```
class Base{
   virtual Base* update( Base* parent ) = 0;
};
```

无论是父状态 Parent 还是子状态 Child，update() 的参数都统一改为 Base 指针类型，这样无论当前处于何种子状态，游戏都可以任意跳转到其他状态。但是，游戏中暂停状态的基类是 Game 名称空间下的 Parent，而结束状态的基类是全局名称空间下的 Parent，它们的功能接口不同。为了达成统一，我们可以添加一个下面这样的函数，再根据参数进行分支判断。

```
virtual void Base::receiveSignal( int, int );
```

比如，传入参数 0 和 1 表示"前往主题画面"，传入 2 和 1 表示"获胜的是 2P"，在各个父状态中实现这种逻辑即可。如果担心编号太多会引起混乱，可以为各个类定义一个 enum 类型进行标示。

① 如果需要异步加载资源而不中断处理（第 23 章），可在此处预加载后续状态所需要的资源。对于将要跳转的状态，可以将其创建出之后再陆续载入资源。用过的状态不必马上销毁，以免资源需要再次加载。

```
namespace Game{
class Parent{ //Game::Parent
public:
    enum Signal{
        SIGNAL_REDUCE_LIFE,
        SIGNAL_SET_WINNER,
    };
};
} //namespace Game
```

有了上述定义之后，就可以像下面这样传递信息，即便各个类都使用同一个函数，也能应对所有情况。

```
void Play::update( Base* parent ){
    parent->receiveSignal( Parent::SIGNAL_SET_WINNER, 1 );
}
```

不过，相比这种处理方式，对指针对象进行强制转换貌似更好一些。

```
Base* TitleSequence::update( Base* p ){
    Parent* parent =
        reinterpret_cast< Paernt* >( p );
    ...
}
Base* Pause::update( Base* p ){
    Game::Parent* parent =
        reinterpret_cast< Game::Parent* >( p );
    ...
}
```

虽然通过 reinterpret_cast 强制转换可以暂时达到目的，但是它对类型没有要求，从安全性的角度来说这种做法并不值得推荐。如果能找到一种方法可以保证只有类型真正符合时才执行转换，那么问题就解决了。

10.5.1 dynamic_cast

C++ 具备将基类指针转换为派生类指针的功能。在尝试转换时，如果基类指针确实指向一个派生类对象，则转换成功，否则返回 0。这就是 dynamic_cast 功能。

```
Base* Title::update( Base* p ){
    Parent* parent = dynamic_cast< Parent* >( p );
    ASSERT( parent );
}
```

在这段代码中，如果 p 确实是 Parent 指针类型，程序将返回相应的指针，这样可以避免出错。假如传入一个其他类型的指针，转换结果将返回 0，这时 ASSERT 就会被触发，程序将停止运行。但这种做法有一个缺点，那就是不得不在所有状态的 update() 中都添加这类保护代码。下面我们来探索更好的方法。

10.5.2 重新定义每个层级的基类

Base 仍作为最底层的基类，然后在每个层级中再创建一个基类，它们继承自 Base 类，这样我们就可以将各层级中特有的一些逻辑封装到其基类中。

请参考下列代码。

```
class Base{
   virtual Base* update( Base* parent ) = 0;
};

class Child : public Base{
   Base* update( Base* p ){
      Parent* parent = dynamic_cast< Parent* >( p );
      ASSERT( parent );
      return update( parent );
   }
   virtual Base* update( Parent* parent ) = 0;
};

class GameChild : public Base{
   Base* update( Base* p ){
      GameParent* parent = dynamic_cast< GameParent* >( p );
      ASSERT( parent );
      return update( parent );
   }
   virtual Base* update( GameParent* parent ) = 0;
};
```

其中，`Child` 是 `Parent` 内各子状态的基类，`GameChild` 是 `GameParent` 内各子状态的基类。为了便于理解，这里写的是不带名称空间的形式，实际上应当是 `Game::Child` 和 `Game::Parent`。

下面我们就以 `Game` 为例展开说明。

首先需要注意的是，继承 `Base` 的 `GameChild` 中包含了一个不带 `virtual` 的 `update()` 方法。这就意味着 `GameChild` 派生出的所有类都不能也没有必要再编写这个返回 `Base*` 的 `update()`，而必须实现的是新添加的返回 `GameParent*` 的 `update()` 方法。转换在基类中完成，因此在编写子状态时可以不用关心这步操作。因为多个状态共用一个基类，所以我们很自然地可以将转换操作放入基类。

接下来我们来编写在不同层级间进行迁移的代码。

```
Base* GameParent::update( Parent* parent ){
   Base* next = this;

   //派生类返回的结果
   Base* nextChild = mChild->update( this );
   if ( nextChild != mChild ){
      //如果下一个状态类型仍为GameChild，则意味着在同一层级内迁移
      GameChild* casted
         = dynamic_cast< GameChild* >( nextChild );
      if ( casted ){
         SAFE_DELETE( mChild );
         mChild = casted;
      }else{ //否则将迁移到上层
         //将该对象传出，以便判断具体的目标状态
         next = nextChild;
      }
   }
   (略)
```

```
    return next;
}
```

当从 Play 迁移到 Pause 时，因为二者都是从 GameChild 派生出来的，所以迁移在同一层级内进行，这时 dynamic_cast 到 GameChild 的操作将返回非 0 值。而在从 Play 迁移到 Title 的情况下，因为 Title 不是 GameChild 的派生类，所以 cast 的结果为 0。这表示迁移的目标状态要么和 GameParent 处于同一层级，要么在更高的层级，因此 GameParent 的处理函数也可以随之结束。该状态会作为返回值传递给父状态。以该情况为例，返回给 Parent 的会是 Title。

10.5.3 示例代码

修改后的代码位于 BakudanBitoWithImprovedSequence3 中。虽然在语言层面上使用的功能变得越来越难，结构也渐渐变得复杂，但是原先很多多余的代码被剔除了。

下图展示了各个类的继承关系，这里也同样省略了 Sequence:: 前缀。

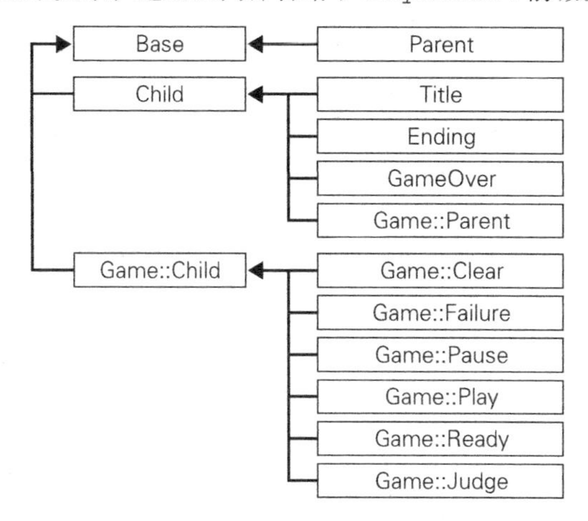

10.5.4 使用该方法的必要性

讨论到现在，各位读者的头脑还清晰吗？

笔者的话恐怕早就昏昏欲睡了，如果你依然保持清醒，那可比笔者厉害多了。

其实不管任何事情，如果没有明确的目标，单纯泛泛而谈是很乏味的。针对上述讨论，我们的目标是使用统一的做法使状态可以在不同层级之间迁移，不过我们真的有必要做到这种地步吗？

在笔者看来，最初介绍的为每个层级创建基类的做法没有采用 dynamic_cast 技巧，类之间的继承关系也相对简单，即便是编程经验不够丰富的人也能读懂。虽然代码有些冗长，但是如果项目规模不大，涉及的开发人数不多，该做法也不失为一种可行的解决方案，所以我在之前的示例中采用了这种做法，而没有使用 dynamic_cast。

对于编程语言提供的各种功能，“可以使用”并不意味着“必须使用”。客观地说，只有当该功能可以实实在在地带来某些益处时才有必要使用它。虽然我们常常嫌弃地说：“都这个年代了，谁还用这种方法呀！”但现实是新方法未必总是合适的，说不定现在还有人使用信鸽来传信呢。如果一种工具能够很好地解决问题，它就有存在的意义。

实际上，高级的语法功能在很多情况下并不是那么好用。开发 PC 游戏时常常会用到 Visual Studio 工具，但在新出的硬件上编译器时常会出现 bug。使用人数较多的功能比较容易发现 bug，从而可以及时进行修复，而那些使用人数较少的功能的 bug 则不易被发现。中肯地说，Visual Studio 并不是一个完美的工具。越是高级冷僻的功能，出现 bug 的可能性就越大[①]。

除此之外，在很多情况下，语言高级功能的通用性表现得并不够好，比如很多编译器不支持 dynamic_cast 这样的功能。这就说明这些高级功能本身就存在一定的风险，如果它带来的“好处”不足以抵消掉这些风险，那就没有必要使用了。如果问游戏开发人员是否使用过 dynamic_cast 功能，恐怕有八成的人会回答“没使用过”。笔者就是其中的一员。

值得注意的是，即便不使用继承等高级功能，也可以用其他方法来组织这些状态，而且不需要编写太多的代码。

首先，我们将游戏中状态迁移的各种规则写入文本文件，然后编写解析代码来解释该文本文件。这样一来，无论后续添加多少规则，都可以灵活地实现状态迁移。假如写入文件的内容非常简单，那么这部分内容甚至可以不借助代码来完成，即使通过代码来实现，也比之前用 C++ 直接在游戏中编写逻辑产生 bug 的概率要低。可能的话，最好使用没有指针、new 内存操作和数组的语言来编写，毕竟语言的特性越单调，bug 出现的概率就越低。正所谓“杀鸡焉用牛刀”，说的就是这个道理。最理想的情况是，开发一个可以通过鼠标操作来生成该文本文件的程序，这样我们只需点击鼠标将代表各个状态的四边形用线条连接起来就可以了。

遗憾的是，要实现这种工具并非易事。如果专门为某种题材的游戏开发这种工具倒还好，但要把这种工具设计成所有游戏都通用的形式就相当困难了。不过，一旦开发出来，后面就会受益无穷。据笔者所知，目前还没有完整实现该工具的案例。正是因为这类工具的开发周期太长，所以开发人员往往认为还不如直接在游戏里编写代码来得快，从而放弃开发这类工具。

在接下来的内容中，我们将对继承进行更加详细的讲解。能够坚持读到这里的读者，想必都非常希望自己能在项目中灵活使用继承。如果是这样，那么还有几个细节需要了解。

继承虽然方便，但是使用起来是有代价的。

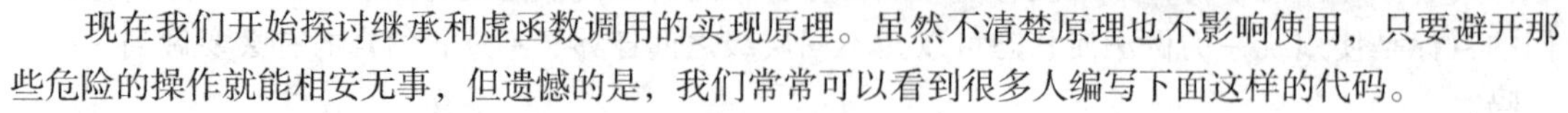

10.6 补充内容：继承的原理

现在我们开始探讨继承和虚函数调用的实现原理。虽然不清楚原理也不影响使用，只要避开那些危险的操作就能相安无事，但遗憾的是，我们常常可以看到很多人编写下面这样的代码。

```
void SomeClass::initialize(){
    memset( this, 0, sizeof( SomeClass ) );
}
```

memset 是 C 语言的标准库函数，上述代码其实就相当于下面这段代码。

```
char* p = reinterpret_cast< char* >( this );
for ( int i = 0; i < sizeof( SomeClass ); ++i ){
```

① 比如，同时使用模板和友元就会出现问题。另外，组合使用嵌套类和友元也会出现问题。貌似 2008 版本还存在该 bug。

```
    p[ i ] = 0;
}
```

该操作会忽略类型等信息，将所有字节强行赋值为 0。

在 C 语言时代这段代码是完全没有问题的，但是对于 C++ 中拥有虚函数的类来说，这是一个致命的操作。到底是为什么呢？

为了更好地理解这一点，我们试着在不使用继承的前提下来模拟虚函数的实现机制。

10.6.1 模拟继承机制

假设类 A 和类 B 继承类 C。通过 C 类型指针调用 foo() 后，如果其所指对象的真实类型是 A，则调用 A::foo()，如果是 B，则调用 B::foo()。下面我们在不使用继承的前提下来实现这部分内容。

```
#include <iostream>
using namespace std;

class A{
public:
    void foo(){ cout << "a" << endl; }
};
class B{
public:
    void foo(){ cout << "b" << endl; }
};
class C{
public:
    void foo(){ cout << "c" << endl; }
};

int main(){
    C* c0 = reinterpret_cast< C* >( new A() );
    C* c1 = reinterpret_cast< C* >( new B() );
    c0->foo();
    c1->foo();

    return 0;
}
```

将上述代码直接复制到 main.cpp 中是可以顺利通过编译的，但程序并不会按照我们期望的那样运行。调用两次 C::foo() 方法后会打印出两个 c。那么我们应该添加什么样的处理才能让程序按照我们的期望运行呢？

首先可以肯定的是，c0 所指的对象必须持有“我是 A”这样的信息，c1 所指的对象必须持有“我是 B”这样的信息，甚至可以说只要满足了这个条件，问题就算解决了。在下列示例代码中，A、B、C 都添加了 mTypeName 成员，用来记录自己的类型名称。

```
#include <iostream>
using namespace std;

class A{
public:
    A() : mTypeName( 'A' ){}
    void foo(){ cout << "a" << endl; }
```

```
    char mTypeName;
};

class B{
public:
    B() : mTypeName( 'B' ){}
    void foo(){ cout << "b" << endl; }
    char mTypeName;
};

class C{
public:
    C() : mTypeName( 'C' ){}
    void foo(){
        if ( mTypeName == 'A' ){
            A* a = reinterpret_cast< A* >( this );
            a->foo();
        }else if ( mTypeName == 'B' ){
            B* b = reinterpret_cast< B* >( this );
            b->foo();
        }else{
            cout << "c" << endl;
        }
    }
    char mTypeName;
};

int main(){
    C* c0 = ( C* )new A();
    C* c1 = ( C* )new B();
    c0->foo();
    c1->foo();

    return 0;
}
```

执行这段代码可以得到期待的结果。示例代码位于 Polymorphism 项目中。为了加深理解，建议读者先自己敲一遍代码再执行。

该示例代码之所以能正常运行，是因为类中只有 mTypeName 这个成员变量，在 A、B、C 类实例对象的内存区域中的起始位置存放的都是 mTypeName。如果类中存在多个成员变量并且定义的顺序各不相同，比如 A 中的 mTypeName 位于第 4 字节，而 B 中的 mTypeName 位于第 8 字节，上述代码就无法正常运行了。

说到底，虚函数正是借助编译器完成了上述工作。虚函数的 virtual 声明相当于在函数中添加 C::foo() 里的分支判断。当然，在具体的实现中不可能采用 if 判断这么低效的做法，但“类实例中记录了自身的类型信息”这一点是不变的。dynamic_cast 也是通过这种方式实现的。

读者现在应该可以理解为什么说之前的 memset() 操作是致命的了吧。因为它损坏了类实例中包含的类型信息。

10.6.2 继承的代价

讨论到这里，继承的代价也就不言而喻了。首先分支判断的处理会占用一定的运算量，同时内存也会产生额外的开销。一般来说，类实例对象会因此增加 4 字节。4 字节当然不足以存储自身的类型信息，实际上程序中的各个类型信息会以全局变量的形式存放，而这 4 字节存放的则是指向该类型信息的指针。

通常类实例还会存储“若类型为 A，则执行 ×× 函数”这样的信息。每次调用函数时都会先读取该信息，而这就会导致程序的执行速度变慢。如果每帧内调用的次数不超过一百次，一般不会有什么显著的差异，但若调用成千上万次，我们就不得不重视这个问题了。`dynamic_cast` 也面临同样问题，执行时必须去确认“这个对象是否是 ×× 类型派生的”，所以说这些特性都是有代价的。

此外，继承还有一个重大缺陷，那就是定义派生类之前必须知道基类的定义。因为在派生类的头文件中需要包含基类的头文件。这会导致编译速度变慢，而且还会把基类的定义暴露给派生类的使用者。

开发中让没有必要被外部知道的信息保持透明的做法叫作“封装”。封装良好的程序会给调用者带来很大的便利。

10.6.3 应在何时使用继承

使用继承的时机应该是“继承能够带来好处的时候”，而不是“可以使用继承的时候”，其中的分寸需要读者自己拿捏。如果使用继承不能带来好处，那么即使可以使用，也没有必要使用它。

那么，继承在什么情况下会为我们带来好处呢？要了解这一点，就需要搞清楚继承会带来哪些好处。如果自己要达到的目标和这些好处一致，并且利大于弊，就说明适合使用继承。

继承的好处大致有以下几点。

- **对只想知道基类接口的使用者隐藏派生类的细节**
- **避免多次编写重复的代码**
- **让派生类的调用变得更加轻松**
- **让派生类的编写变得更加轻松**
- **防止编写派生类时出错**

对只想知道基类接口的使用者隐藏派生类的细节

很多时候我们并不需要弄清楚事物的内部构成。

`Parent` 类型并不在意指针指向的是主题状态还是游戏结束状态，这时把对象的确切类型隐藏起来即可。既然只想把它当作基类使用，那就让它以基类的面目出现就好。

以便利店为例，我们每次去同一家便利店时遇到的店员可能都是不一样的，但是我们并不关心店员是谁，只要便利店能发挥出它的功能就够了。

我们在前面使用继承的目的就在于此，通常情况下这一点也是使用继承的第一大理由。

避免多次编写重复的代码

在程序中包含大量相似处理的情况下，我们一般都想将相似处理的内容提取出来。为此也可以使用继承，把共通的部分写入基类即可。这样不仅能够使结构变清晰，还能减少 bug 出现的概率。

不过就像前面提到的那样，美中不足的是，派生类的代码中会按继承关系层层包含各个头文件，直至基类。

让派生类的调用变得更加轻松

这是上述第 2 点的另一面。当存在大量类型时，只要找到包含了共通部分的基类，通过它就可以大致把握整体的性质。比如，我们在介绍榴莲时，通常都会从“榴莲是一种水果”开始介绍，这样对方就能联想到“是水果的话应该就能生吃”“既然是水果，那应该会很甜”等特性。这种共通的特性越多，就越容易推断出目标是一个什么样的东西。如果没有“水果”这个词汇，介绍起来就没有那么容易了。

当然，为了充分利用这个优点，我们需要在编写代码时加以注意。以榴莲为例，如果对方推测“既然是水果，那味道闻起来应该不错”，就会产生相反的效果，因为榴莲闻起来味道并不好。也就是说，如果派生类中包含了和基类相矛盾的特性，就会干扰理解。

我们常说“基类和派生类是 is a 的关系”，即派生类是基类的一种。就好比小学生是人类的一种，榴莲尽管很臭但也是水果的一种。直接根据“甲是乙”来确定派生关系是错误的，必须仔细揣摩二者是否满足“甲是乙的一种”。有句话说“人是一根会思考的芦苇”，如果把这句话理解为“人”是从“芦苇”派生的，那就太荒谬了。

如果只是一味地思考如何提取共通部分，就很容易忽略这一基本原则。如果二者不存在“甲是乙的一种”这样的关系，即便有再多相同的处理，也不能让它们成为继承关系。

让派生类的编写变得更加轻松 / 防止编写派生类时出错

从本质上来说，第 4 点和第 5 点是相同的。把代码集中到基类里编写，可以减少派生类中的代码量，这样编写起来就会变得轻松，也更不容易出错。

如果开发需求中有“某几个类必须在构造函数中执行某操作”这样的规则，那么把“某操作”写到基类中就好了，这样就不用担心编写派生类的人会破坏该规则，而且他们原本也没有必要知道这个规则。

易于编写和降低 bug 的概率这两件事有着密切的关系。读者可以想象一下水平参差不齐的一二十个程序员一起合作时的场景。在这种情况下，经验丰富的程序员应该尽量负责封装基类，这样初级程序员在负责编写派生类时，即使水平一般也不太会出问题。从某种程度上来说，继承体现了“相信机器而不相信人类”的思想。

以上几点在本质上是一致的，只是角度不同而已。如果设计上出现失误，最终就会在这几点上反映出来。大家一定要避免因编写时偷懒而在使用时犯难的做法。

再强调一次，一定要在确定有好处时才可以使用继承。在笔者的印象里，比起完全不使用继承的蹩脚设计，胡乱使用继承带来的危害更大。

10.6.4 纯虚函数

在之前的例子中，我们在定义基类时曾像下面这样在函数末尾添加 `=0`。

```
class Base{
```

```
public:
    virtual void update( Parent* ) = 0;
};
```

这表示没有该函数的实现，也就是说，在派生类中必须重载实现该函数，而该函数在基类中没有具体的定义。从语法上来说，如果不添加 =0，Base 中就可以定义 update() 的内容。读者可能已经注意到了，无论 Title 也好 GameOver 也好，所有的状态类中都不存在 Base 类，也没有通过下面这种方式来创建 Base 类。

```
Base* base = new Base;
```

这是不是因为语法要求不允许这么做呢？确实，包含用 =0 修饰的虚函数的类是不允许通过 new 创建的。

这种带有 =0 的虚函数称为**纯虚函数**（pure virtual function）。只要含有一个纯虚函数，该类就会被认为是**抽象类**（abstract class），该类的实例就无法被创建。相反，不包含纯虚函数的可以创建实例的类，称为**具体类**（concrete class）。

笔者在本章的必读内容中着重介绍了纯虚函数，就是因为非纯虚函数的使用具有一定风险。比如在基类的 update() 中编写默认处理，这样派生类就不需要编写同样的代码了，看起来似乎非常方便。

```
class Base{
public:
    void update( Parent* ){
        默认处理
    }
};
```

但是！这里忘了添加 virtual！

接下来会发生什么呢？通过基类指针调用 update() 时都将只执行默认处理，而且这样的问题可能在很久之后才会被发现。添加了 =0 之后，它就是虚函数，这时一旦忘记添加 virtual，就会触发编译错误。

另外，即便添加了 virtual，有时也会因疏忽而错误地调用了基类的函数。自由中往往蕴藏着危险，所以说自由和责任缺一不可。如果是单人独自开发可能问题不大，但当一群人协同开发时，若因知识的不足而胡乱使用了某些危险的特性，就会给他人带来麻烦。

只要有一丝可能性就会尝试去做，人就是这样一种生物。因此，对于那些最好不要做的事情，最好的办法就是让这些事情没法去做。

10.7 本章小结

本章我们使用继承功能对状态迁移的实现进行了改良。充分利用继承特性，可以对只想知道基类接口的使用者隐藏派生类的细节。比如，Parent 对 Ending 和 GameOver 的存在一无所知，读者可以通过检查头文件的包含关系来确认这一点。这就意味着在编写 Parent.cpp 时不需要在意 Ending 和 GameOver 的存在，当然编译速度也会因此而快很多。

在补充内容中，我们又介绍了一些高级技巧。假如这部分内容令读者感到乏味，那就说明目前读者的意识深处尚未认识到它的必要性。当然，就算完全不使用这些技巧也能开发游戏。过去笔者用 C 语言开发游戏时就没有使用继承，但并未妨碍开发的进行。

最关键的不是语言的特性本身，而是这些特性的使用方法，错误地使用继承会带来更大的危害，在没有深入理解之前最好不要使用。

下一章我们将切换到另一个话题——声音的播放。如果读者仅想了解音频播放函数的用法，需要学习的不过是几页内容而已。

第11章 播放声音

● 主要内容

・使用类库播放 WAV 音频文件的方法

● 补充内容

・声音在计算机内的表示

・波的合成

本章主要介绍如何播放声音。

简单来说，就是让计算机解析一段提前准备好的声波数据。开发游戏时只要知道如何播放 WAV 音频文件就足够了。如果不打算了解更多内容，可以在阅读完前面几页之后直接跳到下一章。

当然，笔者还是希望读者能继续阅读补充部分的内容。我们将讨论计算机音频相关的一些底层技术。掌握了这部分知识，能做的事情就更多了。比如可以根据游戏状态对声音施加各种效果等，游戏也会因此而变得更加有趣。

11.1 关于音频类库

本节将对目前未曾提及的 Sound 模块进行介绍。类库 Sound1 中包含了 Sound 模块的头文件，我们可以使用它的相关功能。读者可以在 include/GameLib/Sound 下看到相关的头文件，主要有 Wave 和 Player 两个功能类。

Player 具有播放、停止、回退和调节音量等功能，就像 CD 播放机一样。而 Wave 就好比 CD，负责载入包含音频数据的 WAV 音频文件并管理这些数据。使用方法也很简单，在 Player 中设置 Wave 后播放即可，这和在 CD 播放机中放好 CD 后再按下播放键是一样的。

具体请参考如下代码。

```
using namespace GameLib;
using namespace Sound;

Wave wave = Wave::create( "foo.wav" ); // 声波数据类
while ( !wave.isReady() ){
    ; // 等待
}
ASSERT( !wave.isError() ); // 确认正常读入文件

Player player = Player::create( wave ); // 播放类

player.play( false ); //true: 循环播放。 false: 单次播放
player.stop();
player.setVolume( 0 ); //0 表示最大，-100 表示静音，单位是分贝

if ( player.isEnded() ){
    // 显式释放。如果不是全局变量，即使放着不处理，也会被自动释放
    player.release();
    wave.release();
}
```

Wave 和 Player 都是通过 static 的 create() 创建的。如果像普通对象那样直接使用构造函数进行实例化，得到的对象内部就会为空，因此必须使用 create() 方法。Wave 和 Player 本质上都是指针，读者可以理解为它们是在 create() 方法中被创建出来的。前面用到的类库大多也采用了这种创建方式。至于为什么采用这种方式，笔者会在后面的内容中详加说明。

将文件名传给 Wave，载入完成后，再将 Wave 对象传递给 Player。在载入结束前，函数 isReady() 会被循环调用，直到返回 true。创建好 Player 后，就可以调用 play()、stop() 和 setVolume() 这些方法了，使用结束后可以调用 release() 进行释放，当然也可以放置不管，等它所在的类对象执行析构函数时再一起释放。

11.1.1 关于分贝

传入 setVolume() 的值以分贝为单位，通常用 dB 表示。在分贝的计量规则中，值每减少 10，音量就变为原来的 1/10。此处最大值为 0。如果 0 分贝的振幅是 100，那么 -10 分贝就是 10，-20 分贝就是 1。

使用这种奇怪的单位是为了尽可能地让音量变化符合人类的听觉。振幅减半，人听起来并不觉得音量也减半，振幅 10 000 的音量听起来可能只是振幅 100 的音量的 2 倍。也就是说，为了接近人类的听觉感受，音量应当按指数函数变化。但是，要找到精准的指数函数是非常困难的，因此便使用了现在这种计量方式。

实际上，颜色的描述也存在类似的问题，值为 1 时的亮度看起来并不是值为 0.5 时的 2 倍。游戏中的 CG 看起来不够自然，多多少少都有这方面的原因，但笔者对这方面的内容并没有深入研究，所以我们暂不讨论。

11.1.2 示例代码

同样，本章也提供了许多示例代码，这些示例对于理解类库的使用方法很有帮助，具体请参考解决方案 11_Sound1。

- SingleWaveFile

这是播放单个音频的例子，示例中简单地展示了如何播放音频。

- MultipleWaveFile

这是同时播放多个音频文件的例子。将 `true` 传给 `play()` 后将循环播放 BGM，直到 `stop()` 被调用后才会停下来。此外我们还提供了通过同 1 个 `Wave` 创建多个 `Player` 的示例，这样就能分别控制各个 `Player` 开始播放的时间和音量。另外，上下方向键可用于调整 BGM 的音量。

- BakudanBitoWithSound

这是带音效的《炸弹人》。

示例中只有 1 个背景音乐文件和 1 个音效文件，所有音频素材都从这两个文件中选取并重复利用，从游戏本身来说这点素材肯定是不够的，但这里并不妨碍代码的编写。正式的游戏中包括主题画面和游戏场景中的各个 BGM、浏览菜单时光标移动的音效、选中菜单项时的音效、放置炸弹时的音效、炸弹爆炸时的音效以及角色死亡时的音效等，需要大量素材。

示例中的 `SoundManager` 类是用于管理音效的主类，该类会对音效进行一些限制，比如同一时间只能播放 1 个 BGM、最多只能同时播放 4 种音效等。每次都要在代码中创建 `Wave` 和 `Player` 对象的话实在太麻烦，所以还是准备 1 个这样的类比较好。这样一来，在移动光标时，只要编写下面这段代码就可以实现音效了。

```
SoundManager* sm;
sm = SoundManager::instance();
sm->playSe( SoundManager::SE_CURSOR_MOVE );
```

到这里，本章的必读内容就全部结束了，后面的补充内容读者可以根据兴趣决定是否跳过。和其他章节不同，本章的补充内容即使跳过也没什么影响。当然，开卷有益，即便只是浅尝辄止，将来在学习文件压缩和图片处理时，这些知识也会有所帮助。

11.2 补充内容：计算机如何播放声音

声音是一种波。

要让计算机播放声音，首先就要准备好用电信号的形式表现的波，然后将其送入设备，转换为现实空气中的声波。这个所谓的电信号数据，就是代码中出现的数字数组。因此，程序只需创建数组并用波形数据进行填充，然后将其发送到音频处理硬件上即可。这就是声音播放的大致过程。

各位读者不妨试着操作一下。

11.2.1 关于类库

本章的补充内容用到的类库是 Sound2，它在 Framework 中添加了一些专门用来试验的函数，以此来替代 Sound 模块。比如 playSound() 函数，它可以播放我们创建的任意波形的声音，具体请参考下列代码。

```
short wave[ 44100 ];
for ( int i = 0; i < 44100; ++i ){
   wave[ i ] = ( i*200 ) % 20000;
}
Framework::instance().playSound( wave, 44100 );
```

代码运行时可能会发出很大的“哔——”的声音，请注意适当调整扬声器的音量。

依次将 i*200 对 20 000 取余，然后将结果代入，就会形成直线增长到 2000 后又返回到 0 这样的锯齿波，将它传入音频设备后就能发出声音。

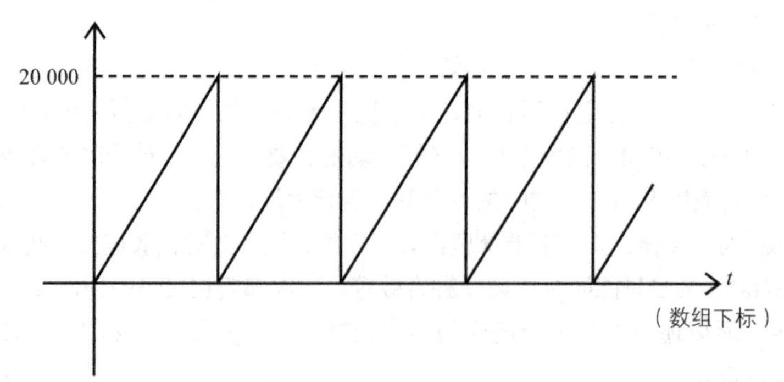

这里 short 数组中的 44 100 个数据是 1 秒的处理量，也就是说，1 秒内会传送 44 100 个数据到音频硬件。

此外，该函数会对接收到的数组进行复制，所以传送完成后可以直接舍弃源数组。尽管从性能上来说该函数并不是一个很好的选择，但此处只是试验性质的代码，所以这么做也无可厚非。

解决方案 11_Sound2 下的 SimpleWave 示例会每隔 2 秒播放一段时长为 1 秒的声音。虽然音质听起来比较差，但是这并非类库性能所致，而是因为波形数据是随意准备的，还请读者不要在意。

11.3 补充内容：音高和音量

下面我们来讨论如何改变音高和音量。

11.3.1 音高

音高代表了波数据中数值循环增大减小的频率。

在前面的内容中，出现了下面这段代码。

```
for ( int i = 0; i < 44100; ++i ){
    wave[ i ] = ( i*200 ) % 20000;
}
```

在上述代码中，i 每增加 20 000/200=100，算式值就变为 0，而 i 增加 44 100 后正好经过 1 秒，这就意味着 1 秒内该波形经过了 44 100/100 次增大减小的过程。该次数称为**频率**，单位是 Hz（赫兹），所以我们可以说“该声音的频率是 441 Hz”。

若要和 do、re、mi 这些音符相对应，441 Hz 大概相当于 la，类似于钟表整点报时的低音。如果读者手头有乐器，也可以试着发出 la 音对比看看。如果要发出更高的音，只需让波数据更加频繁地回归 0 值即可。我们可以修改代码中“i*200”的 200 这个数值，比如将 200 改为 400 后，音高将变为 882 Hz。这个也是 la 音，只不过是高八度的 la，类似于钟表整点报时的高音。

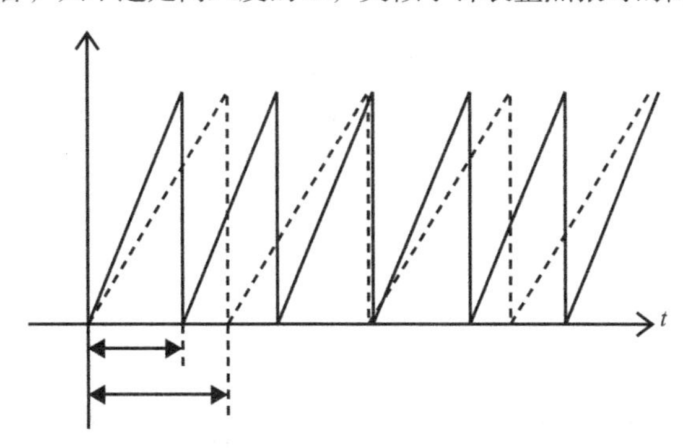

示例 ChangeFrequency 可交替播放不同频率的声音。i 的乘数在 200 和 400 两个值之间交替变化。

11.3.2 音量

接下来，我们来尝试改变音量的大小。

和音量对应的物理特性叫作**振幅**，也就是变化的幅度。振幅越大音量越大，反之则越小。

```
for ( int i = 0; i < 44100; ++i ){
    wave[ i ] = ( i*100 ) % 10000;
}
```

i 每增加 100，算式值就变为 0，只要改变这个值就可以改变频率，因此这里将 i 的乘数变为原来的一半，也就是 100。

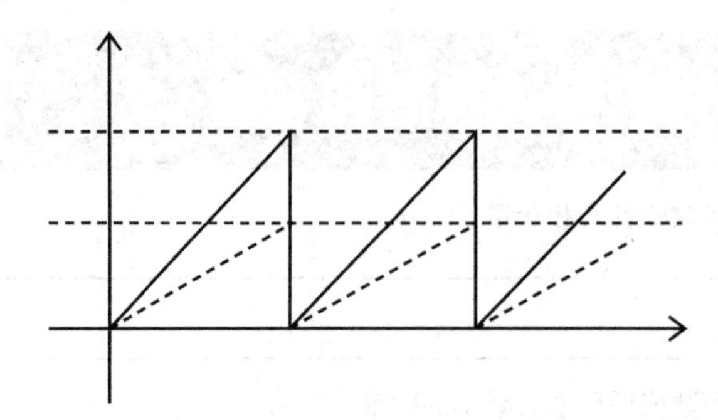

ChangeVolume 示例可以交替发出两种音量的声音。参数在 20 000 和 10 000 两个值之间交替变化，i 的乘数也发生了变化。

11.4 补充内容：音色

下面我们来讨论音色的相关内容。实际上，音色和波形是紧密相关的。

前面我们创建的都是锯齿波，这里通过下列代码来生成一种新的波形。

```
for ( int i = 0; i < 44100; ++i ){
   wave[ i ] = ( ( i % 100 ) < 50 ) ? 0 : 20000;
}
```

首先将 i 对 100 取余，若余数小于 50 则返回 0，否则返回 20 000，这样就会持续出现 50 次 0，再持续出现 50 次 20 000，如此反复。从图形上来看是一个矩形。声音听起来的感觉可能因人而异，但大体上可以认为是一个比较柔和的声音。此外，如果运行下列代码，那么在 i 从 0 增大到 50 期间，波形会朝着 20 000 爬升，在 50 到 100 期间又将从 20 000 向 0 逐渐下降。

```
for ( int i = 0; i < 44100; ++i ){
   int j = i % 100;
   wave[ i ] = ( j < 50 ) ? ( j*400 ) : ( 40000 - j*400 );
}
```

从图形上看它是一个三角形。这是一个更加柔和的声音，音量感觉也小了许多，这是因为刺耳的成分减少了，所以感觉声音变小了，但其实从物理意义上来说音量是相同的。

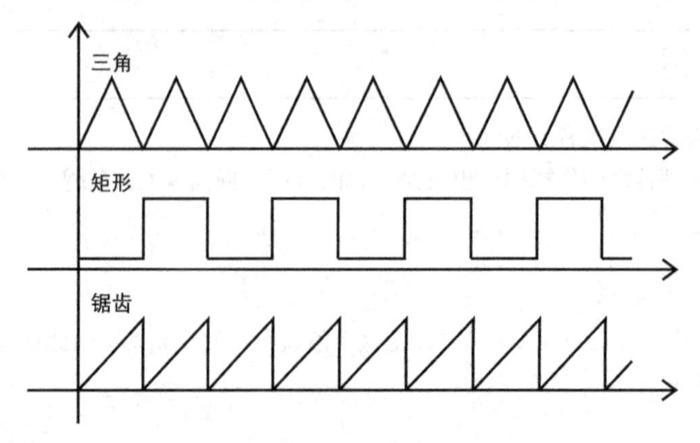

人声和乐器声之所以听起来各不相同，是因为它们的波形是形态各异的。即使是打击乐和爆破音那种听起来不容易分辨出 do、re、mi 的声音，也只是波形不规律而已，本质并未改变。因此，若准备一些杂乱无章的数值来生成波形，说不定听起来就会有打击乐的效果。其实过去的游戏开发就是这样制作音效的。音色相关的处理比较复杂，本书就不再深入探讨了，如果读者对这部分内容感兴趣，可以参考一些声学方面的读本。

这部分内容也有示例。示例 ChangeTimbre 可交替生成音高相同的锯齿波、矩形波和三角波。在该示例中，三角波听起来声音非常小，这是因为波形不同，易于被人耳听见的成分的多少也各不相同，但音量是相同的。人的感觉很难仅通过数字来衡量，尤其在听觉方面更是如此。

11.5 补充内容：声音的叠加

波与波之间可以叠加。所谓的叠加处理其实就是简单的加法运算。我们来看下面的代码。

```
for ( int i = 0; i < 44100; ++i ){
    wave[ i ] = ( ( i*100 ) % 10000 ) + ( ( i*150 ) % 10000 );
}
```

代码将频率为 (44 100×100)/10 000=441 Hz 的波和频率为 (44 100×150)/10 000=662 Hz 的波相叠加。这就好比“和声”，低音部是 la，高音部是 mi，听起来就像 la 和 mi 的和声。叠加后仍旧是波，还可以继续和其他波叠加。

虽然示例中使用的两个波都非常简单，但其实无论多么复杂的波，叠加处理都是相似的。也就是说，无论是交响乐团的合奏还是单人清唱，最终都只不过是一种波。人之所以能听出各种各样的声音，是因为人耳能够将其分解为多个波。

因为数据类型是 short，所以它的最大值为 32 767。值一旦超过该数，就会溢出变为 −32 768，这肯定不是我们想要的，因此上述代码将二者的取值范围都控制在了 10 000 以内。当然，如果将负数方向的区域也利用起来，取值区间就变大了，不过代码也会因此而变复杂，所以示例中没有实现。在正式产品的应用中，录音数据肯定是会用到负区域的。下图是两种频率的波叠加到一起之后形成的波形，其中一个的频率是另外一个的 2 倍。

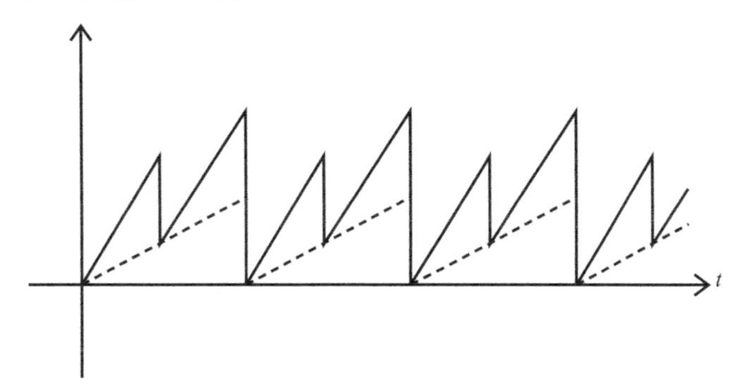

Superposition 示例展示了波的叠加，程序会交替发出 la 和 mi、la 和 do 的和声。la 的频率是 441 Hz；mi 的频率是 la 的 1.5 倍，即 662 Hz；do 的频率是 la 的 1.25 倍，即 551 Hz。

11.6 补充内容：do、re、mi 的原理

音乐工作者用 do、re、mi 来命名各个音高。音高取决于频率，所以 do、re、mi 其实对应了各个不同的频率。例如 440 Hz 的音被称为 la。频率翻倍后，再次按 do、re、mi 循环，所以 220 Hz、440 Hz 和 880 Hz 都被称为 la，330 Hz、660 Hz 和 1320 Hz 都被称为 mi。虽然 220 Hz 的 la 和 440 Hz 的 la 是完全不同的两个音，但人耳听起来感觉有些相似，所以就用相同的名称来表示。

另外，从 do 开始到下一个 do 结束，依次分为 12 个阶段，分别是 do、do 的升半调、re、re 的升半调、mi、fa、fa 的升半调、sol、sol 的升半调、la、la 的升半调、si，然后是下一个 do，每上升一个阶段，频率就变为上一个阶段的 2 的 12 次方根（约等于 1.0595）倍。2 的 12 次方根连乘 12 次后等于 2，这就表示下一个 do 的频率正好是前一个 do 的 2 倍。下表显示了从一个 do 到下一个 do 之间的各阶段的频率[①]。

do	do#	re	re#	mi	fa	fa#	sol	sol#	la	la#	si	do
261	277	293	311	329	349	370	392	415	440	466	494	522

换句话说，只要编写代码来控制波的频率，就能演奏出相应的音符。之后再使用前面介绍的波的叠加原理对音符进行叠加，就可以用程序编写出由多个音符组成的乐曲。实际上，在游戏中还不能直接播放 CD 的那个年代，人们基本上就是通过这种方式来合成音乐的。

11.6.1 演奏 do、re、mi

现在我们就来试着演奏一下。请看下列代码。

```
void createSound(
short* data, //输出
int waveWidth, //波的振幅 = 音量
int note, //编号为 0 的音是 261 Hz 的 do，编号为 12 的音是 522 Hz 的 do，以此类推
int sampleNumber ){ //数据数量
   //频率表。频率是上一个音的 2 的 12 次方根（约 1.059 46）倍
   int frequencyTable[] = {
      261, 277, 293, 311, 329, 349, 370, 392, 415, 440, 466, 494,
   };
   int octave = note / 12; //八度音。通过这个值来记录该音跨了几个八度
   int f = frequencyTable[ note % 12 ]; //查表获得 do、re、mi
   f <<= octave; //octave 如果等于 2，则表示要变成 4 倍，所以通过左移 2 位实现

   //计算 i 的乘数
   int m = waveWidth * f / 44 100;

   //填充数据
   for ( int i = 0; i < sampleNumber; ++i ){
      data[ i ] = static_cast< short >( (i*m) % waveWidth );
   }
}
```

使用该函数可以按指定的音量播放音符。要想使用锯齿波来发出特定频率的声音，就必须计算

① 严格来说，各频率的值不可能正好是整数，而且 do、re、mi 和频率的对应关系有很多个版本。这里只是一个示例。

出该频率所对应的 i 的乘数值。

期待的频率值 = 44 100/(i 的值应该为多少才能使波复位？)

(i 的值应该为多少才能使波复位？) = 波的振幅 / i 的乘数

然后通过下面这个式子求出 i 的乘数。

i 的乘数 = 波的振幅 / 44 100

这正是上述代码中“计算 i 的乘数”部分的公式。

当为 note 传入 0 时，该函数将发出 261 Hz 的 do，传入 2 时则发出 293 Hz 的 re。若传入的值大于 12，则先将其对 12 取余，然后根据余数决定是 do、re、mi 中的哪个音，再根据商将结果循环乘以 2（循环次数等于商）。例如，当传入 26 时，先将其对 12 取余得到 2，于是就从表中选中 293 Hz 的 re，然后又因为 26 除以 12 的商为 2，所以还要将结果执行 2 次乘以 2 的操作，也就是乘以 4，这样最终得出的结果就是 1172 Hz 的 re。

调整 sampleNumber 可以改变音高，调整 waveWidth 可以改变音量。除了音色以外，其他属性可以任意调整。适当移动数据的写入指针，就可以在缓冲区里存储多个音符。

启动 Scale 示例后，它将缓缓发出“do mi so mi do——re fa la fa re——”的旋律，听起来就像是音乐课上的发声练习一样。

```
createSound( wave + 44100*0/5, 20000, b+0, 44100/5 );
createSound( wave + 44100*1/5, 20000, b+4, 44100/5 );
createSound( wave + 44100*2/5, 20000, b+7, 44100/5 );
createSound( wave + 44100*3/5, 20000, b+4, 44100/5 );
createSound( wave + 44100*4/5, 20000, b+0, 44100/5 );
```

最初的 8820 个数据用 b+0 填充，接下来的 8820 个数据用 b+4 填充……依此规律设置 5 个音符的数据。当 b 等于 0 时会发出“do mi so mi do”，b 等于 2 时则发出“re fa la fa re”。

11.7 补充内容：演奏乐谱

现在只要通过某种方法指定播放的时刻、长度、强度以及音高，就能演奏出一首曲子。不足的是音色较差，这一点我们需要另想办法解决，但这脱离了本章的讨论范围，所以我们暂不关心。

用来记录音乐的东西就是乐谱，虽然乐谱大多是写在纸上的，但是让程序去读纸质的乐谱未免太难，所以我们需要考虑使用更适合计算机处理的乐谱形式。请看下列代码。

```
struct Note{
    int mName; // 指定音符。值是从 0 开始的编号
    int mLength; // 长度。以 1/100 秒为单位，乘以 441 就等于数据数量
    int mVolume; // 音量。最大值为 100
};
Note[ 100 ] score;
```

Note 结构体中的参数用于指定一个音符的属性，将若干个 Note 排列之后就变成了乐谱。另外，Note 结构体中的数据在稍加计算之后就可以作为 createSound 的参数使用了，之后只要想办法使用该构造体来表示 do、re、mi 即可。如果对乐理知识不够了解可能会比较难办，不过只要知道

数字 0 表示 do，2 表示 re，4 表示 mi，5 表示 fa，7 表示 sol，9 表示 la，11 表示 si，就能演奏出简单的乐曲。

11.7.1 示例代码

示例 SingleTrack 按上述方法实现了演奏简单乐曲的功能。用一个 Note 结构体的数组来表示乐谱，直接写在程序中。如果要做得更专业一些，也可以写在文本文件中，再由程序载入。准备好这些之后，就可以编写演奏乐曲的代码了。具体实现和《箱子搬运工》的读取舞台数据的部分相同，非常简单。

解析乐谱并生成波形数据的代码如下所示。

```
for ( int i = 0; i < gNoteNumber; ++i ){
   const Note& n = gNotes[ i ];
   createSound(
      wave + time,
      n.mVolume * 300,
      n.mName,
      n.mLength * 441 );
      time += n.mLength * 441;
}
```

逐个读取音符并将其送入 createSound 处理。time 表示写入的位置，音量的默认范围由 0 到 100 改成 0 到 30 000，意味着放大 300 倍，声音的长度单位是 1/100 秒，所以乘以 441 后的值表示数据的量。

乐谱数据作为数组被存放在文件的头部，但是用数字 24 来表示 do 这种记录方式易读性较差，所以我们通过下面这种方式来使用别名。

```
const int C = 24;
const int D = 26;
```

用文本文件记录乐谱时同样需要进行类似的转换。实际上，现实中的乐谱就采用了下面这种方式来描述音符 do、re、mi、fa、sol。

```
cdefg
```

读者可能听说过 midi，这是一种包含了很多演奏信息的乐谱文件，是计算机音乐的一种标准。如果读者理解了这部分原理，就可以编写 midi 文件的播放程序了。将这部分程序合并到游戏中，甚至可以在游戏中播放任意的 midi 音乐。比起直接存储波形数据，这种记录乐谱的方式占用的空间更小，可以大幅减少最终的发布包的尺寸。

声音叠加示例

本书还提供了同时播放两个音符的例子。生成第一个音符之后，再加上第二个即可，具体可参考示例 MultiTrack。这部分完全属于补充内容，我们不再赘述。示例程序生成的是三角波，听起来有一种复古的味道。

截至目前，我们都是通过代码直接生成波的，但是这种方式需要用到大量的 for 循环运算，对于旧式游戏机中羸弱的 CPU 来说，执行这种处理是不现实的。因此，过去的游戏机搭载了专门用于生成三角波或矩形波的机器。也正因如此，过去的游戏机所发出的旋律在音色上都非常相似。对这种音色感到亲切的读者多半是从那个时期过来的玩家。当然，对这种音色没有感觉的读者也不用在意。

希望读者可以理解，即使是现在的计算机，要想播放声音，也必须通过程序或者特定的机器来合成波。音频处理的运算量非常大，如果没有专门的硬件来处理，计算机的运算负荷就会变得很大。当前的标准是 1 秒处理 44 100 个 short 值，如果是立体声则需要加倍，如果是当前流行的 5.1 通道，数据量就会变成当前的 6 倍。

而且，原始的波数据太大，往往需要压缩，这样在解压为可用形态时，势必要消耗一部分计算量。因为当前图形处理的计算量比音频处理高了好几个数量级，所以音频处理的性能问题往往没有那么突出，但是了解这些原理总是没坏处的。

最后需要注意的是，目前的示例中都是一次性创建好波形数据再传入后续模块进行处理的，这种做法要求波形数据必须从始至终一直放在内存中。对内存紧张的小机器来说，该方法就不太适合了。更好的做法是，先创建 1 秒长度的数据，然后在其播放过程中再创建出下一秒的数据，如此循环反复。笔者会在介绍最终版的类库时对这一方法进行说明。

11.8 补充内容：读取 WAV 音频文件

在本章开头，笔者对读取 WAV 音频文件播放声音的方法进行了说明，这里我们再深入探究一下。

首先请读者自备一个 WAV 音频文件。在计算机中搜索 .wav 应该就能找到不少，在网上也很容易下载到，当然也可以在随书下载的资料中查找。读取文件后，从中取出波数据并传递给之前介绍的函数。因为 WAV 音频文件内部包含了一堆波数据，所以正常情况下本章的程序可以直接播放出声音。

11.8.1 WAV 音频文件的结构

这里的操作和之前介绍 DDS 时是一样的，按照格式来获取相应的数据即可。

这里我们假设文件完全由波数据组成，载入所有数据之后，将其大小传给函数即可。不过这可能会导致播放时出现一些杂音，请读者留意。

```
bool gFirstFrame = true;
namespace GameLib{
   void Framework::update(){
      if ( gFirstFrame ){
         gFirstFrame = false;
         File file( "foo.wav" );
         const short* wave;
         wave = reinterpret_cast< const short* >( file.data() );
         int sampleN = file.size() / 2;
         playSound( wave, sampleN );
      }
   }
}
```

尽管将 char* 强制转换为 short* 进行读取的操作非常危险，但这不并妨碍程序运行。正常情况下听到的声音应该和使用多媒体播放器播放的声音大致相同，如果声音出现了较快或较慢的情况，可能是因为该文件的每秒采样频率不是 44 100，比如立体声效果的音频采样频率是 22 050。如果声音听起来非常奇怪，那么很有可能数据类型不是 short（16 位），而是 unsigned char（8 位），这时读者可以试着更换其他文件。不过即便在这种情况下也能听到一些声音，由此我们也可以很直观地感受到 WAV 音频文件保存的不过是一堆波数据。

同样，我们也为此准备了示例。考虑到文件头并不是波形数据，WavFile 示例中读取的是除去文件头的部分。WAV 音频文件的文件头约占 44 字节，跳过这 44 字节之后，波数据的大小就等于文件大小减去 44 再除以 2。除以 2 的理由是 short 占了 2 个字节。因为没有读取文件头信息，所以在播放立体声时速度会减半，在处理 22 050 Hz 的数据时，播放速度将加倍。

11.9 补充内容：使用 Sound 模块来合成声波

类库 Sound1 中的 Sound 模块也提供了可以传入波数据的函数。不需要将 Wave 文件名传给构造函数，直接把波数据数组传入即可。

此外，可以自行指定频率和精度。精度分为 unsigned char 和 short 两种，频率值可以按自己的喜好设定，不过最好设置为 44 100 或者 22 050，因为程序可能不支持其他值。基本上，精度为 short、频率值为 44 100 Hz 时类似 CD 音质，而当精度为 unsigned char、频率值为 22 050 Hz 时，音质也就比电话里的声音稍好一些。示例 WaveSynthesis 中采用了 16 位 44 100 Hz 的精度。不过自行合成波数据的操作太过专业，大部分读者恐怕不会用到。如果使用的话，恐怕也只有在自行解压音频文件播放音乐，或者加入音响效果的情况下才会使用。

这方面我们准备了位于解决方案 11_Sound1 下的 WaveSynthesis 示例。在该示例中，波的种类是正弦波（sine wave）。这里没有考虑对处理速度的影响，采用了 double 精度，可以明显感受到音质有了很大的提升。代码中还包含了一些和本书内容无关的处理，有兴趣的读者可以研究一下。

11.10 本章小结

本章介绍了使用类库播放声音的方法，同时还提供了相关的示例。

必读部分的内容只有这些。

补充部分则着重介绍了将波形数据送入机器进行处理的过程与原理。假如在游戏中希望根据游戏的状况来调整音乐的速度，可能就需要用到这部分知识。

下一章我们将开始介绍数学方面的内容。希望各位读者能够保持热情，继续向前。

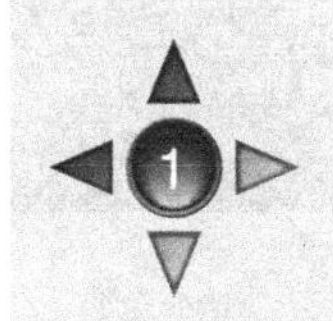

第12章

旋转、缩放与平移

● 主要内容

- 旋转或放大图像
- 必备的数学知识

● 补充内容

- 光栅化
- 从数学角度介绍矩阵

本章计划将2D图形处理的讨论提升到理论层面。到目前为止，我们能做的仅仅是将图像原原本本地粘贴到画面上。如果想要实现缩放的效果，就不得不提前准备好相应尺寸的图片素材。

试想，如果这一切都可以通过运算生成，那么就没有必要额外准备素材了。额外准备素材不仅会使处理流程变得烦琐，还会使加载时间变长。假设要在游戏中创建一个“幸运转盘”，那么把转盘所有转动角度的图像都提前准备好明显不是一个好办法。又比如在赛车游戏中，距离越远，汽车看起来越小，如果要提前准备好各种不同尺寸的汽车图像，那么开发的效率简直无法想象。

因此，本章将讨论如何用程序来实现图像的旋转与缩放。

实际上，本章的内容也算是提前为3D图形处理做准备。当然这会涉及一些枯燥的数学知识。可能有的读者希望进入3D部分后再讨论3D图形处理的相关数学内容，但那个时候就为时已晚了。3D图形很难直接画在纸上，如果不能在脑海中想象出来就会感觉无从下手，所以笔者希望读者在当前这个阶段就对一些复杂的概念有所了解。

本章恐怕是本书前半部分中最难的一章了。当然笔者会尽可能细致地进行讲解，但即便如此，估计还是会有相当多的读者会感到昏昏欲睡。没关系，遇到这种情况时不妨暂停一下，待到清醒之后再继续。

另外，本章不再对《炸弹人》进行功能方面的扩充。若再添加新的特性恐怕会妨碍读者理解，因此本章创建了新的示例项目。类库方面使用了 `2DTransform`，GameLib/Math.h 中提供了一些数学函数。

本章讨论的知识会在后面的章节中起到很大作用，希望读者能够消化这部分内容。

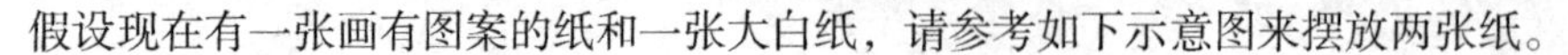

12.1 旋转

假设现在有一张画有图案的纸和一张大白纸，请参考如下示意图来摆放两张纸。

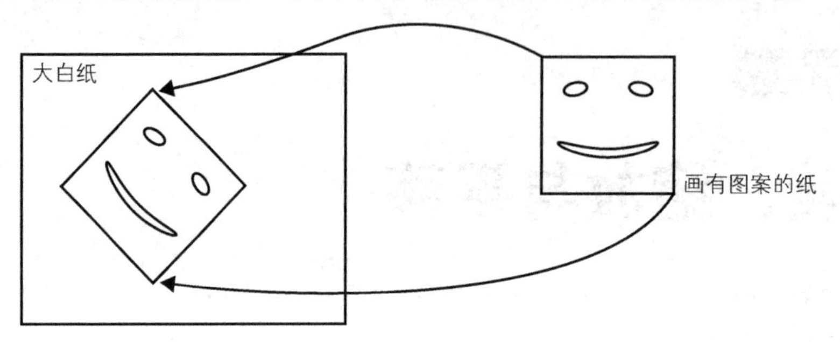

如果把该图案看作程序载入的图像，把白纸看作游戏中的画面，我们就能理解旋转的过程了。目前我们的绘图函数都是通过双层 for 循环为画面上的每个像素找到它在素材图片上对应的点，然后再进行绘制的。那么，照搬同样的方法是否能实现旋转呢？

显然是无法做到的。

图像存在旋转角度，这就导致我们不得不为画面上的每个像素计算它在原始素材图片上的位置，而这一过程无法简单地通过 for 循环来实现。我们不妨换一种思路。

我们试着从图片入手，针对素材图片上的每个像素，计算它们将被绘制到画面上的哪个位置。而目前为止我们进行绘制的思路都是：针对画面上的各个像素，计算它们是从素材图片上的哪个像素复制过来的。两种思路正好相反。

于是我们可以得到如下代码。

```
for ( int y = 0; y < imageHeight; ++y ){
   for ( int x = 0; x < imageWidth; ++x ){
      int rx, ry; //旋转后的 x、y
      rotate( &rx, &ry, x, y ); //(x,y) 将被绘制到画面上的哪个位置?
      unsigned p = image->pixel( x, y ); // 从图片获得像素
      dst[ ry * windowWidth + rx ] = p; // 复制像素到指定位置
   }
}
```

imageWidth 和 windowWidth 分别是素材图片的宽度和画面的宽度，x 和 y 表示图片上的坐标。也就是说，只要把图片上的 (x, y) 像素绘制到画面上的 (rx, ry) 处即可。接下来我们只要编写 rotate() 函数，将图片上的 (x, y) 映射到画面上的 (rx, ry)，问题就迎刃而解了。

Image::pixel() 是根据 x 和 y 来定位图片像素的函数。

```
unsigned Image::pixel( int x, int y ){
   return mData[ y * mWidth + x ];
}
```

当然，考虑到 mData 是一个二维数组，我们也可以通过重载运算符 operator()() 来实现。

12.1.1 旋转坐标的简单方法

首先我们来看一个具体的例子。

假设有一张 4×4 的图像，现在要将其旋转 45° 后贴到画面上。图像横轴和纵轴的像素坐标范围是 (0, 0) 到 (3, 3)。将图像的中心设置为旋转中心，结果如下图所示。

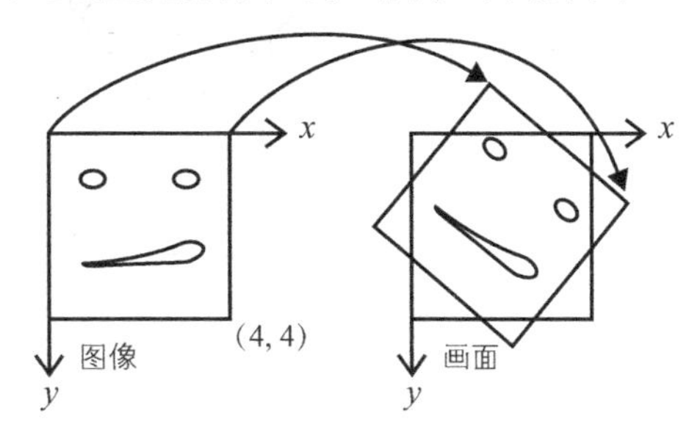

当然，4×4 的分辨率是无法绘制出上面这种图像的，示意图只是为了帮助大家理解，请读者不要太过在意。

索引与坐标

有一个细节值得注意：一排像素占据的宽度是 4，但最左侧的像素和最右侧的像素的 x 索引值却相差 3。循环处理时索引值变量从 0 累加到 3 后停下，所以这看起来并没有什么问题，但大家不觉得奇怪吗？

要注意，像素本身是占据一定的尺寸的。

像素是有一定大小的正方形，4 个像素横向排开的总宽度是 4，所以最左侧像素的中心点应位于最左侧边偏右 0.5 个像素宽度的位置，最右侧像素的中心点应位于最右侧边偏左 0.5 个像素宽度的位置。因此，左上角第一个像素的中心坐标应当是 (0.5, 0.5)，而非 (0, 0)。我们下文所说的“像素坐标”，指的都是像素的中心坐标。

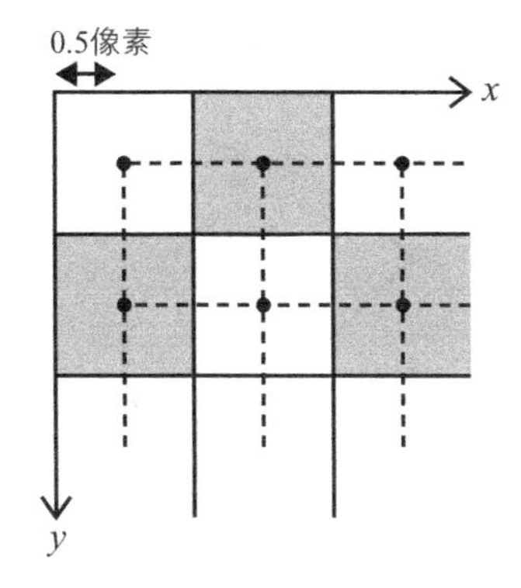

索引值为 (0, 0) 的像素的坐标是 (0.5, 0.5)，索引值为 (3, 3) 的像素的坐标是 (3.5, 3.5)。

虽然这都是些微不足道的细节，但是如果忽略这些地方，就会给后面带来不少麻烦。

起始点

下面我们进行具体分析。首先来看图像中位于 (0, 0) 的起始点，它位于图像的左上角。这里的

(0, 0) 是它的位置索引，其像素坐标应该是 (0.5, 0.5)，我们要计算旋转后的像素坐标 (x, y)。

示意图如下所示。

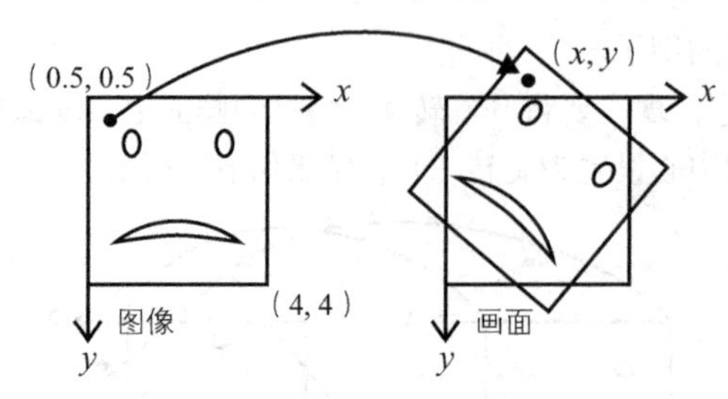

从图上来看，旋转后该点的 x 坐标位于中间位置，值为 2，y 坐标比 0 稍小一些，大约是 −0.1。用肉眼来看大概就是这样一个结果，具体的值只有使用公式才能算出。

因为图像绕其自身的中心点旋转，所以如果图像的原点位于边上就很难进行计算。如果以图像的中心为原点，处理起来就会更简单。图像呈正方形，范围从 (0, 0) 到 (4, 4)，所以其中心点为 (2, 2)。为了让该点成为原点，我们需要将图像整体进行移动，也就是说要让各点的 x 值和 y 值分别减去 2。

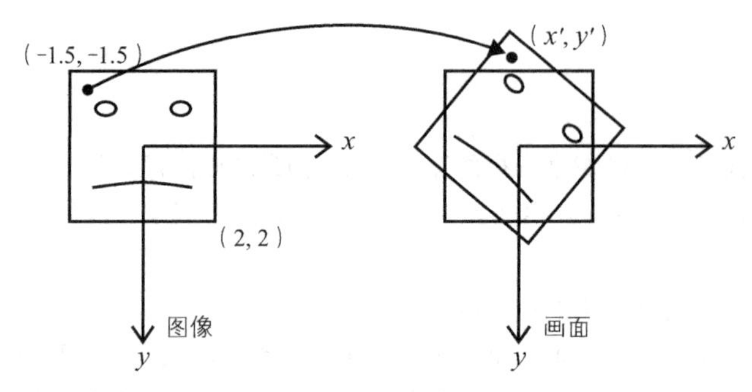

待旋转处理完成后，再将 x、y 坐标分别加上 2 还原即可。以图像中心为原点后，图像左上角的像素坐标 (0.5, 0.5) 就会变为 (−1.5, −1.5)，然后再将旋转后算出的坐标 (x', y') 分别加上 2，就能得出 (x, y) 的值。处理流程大致就是这样。

我们暂且只看移动后的处理。下图显示了某点以原点为中心旋转后的状态。

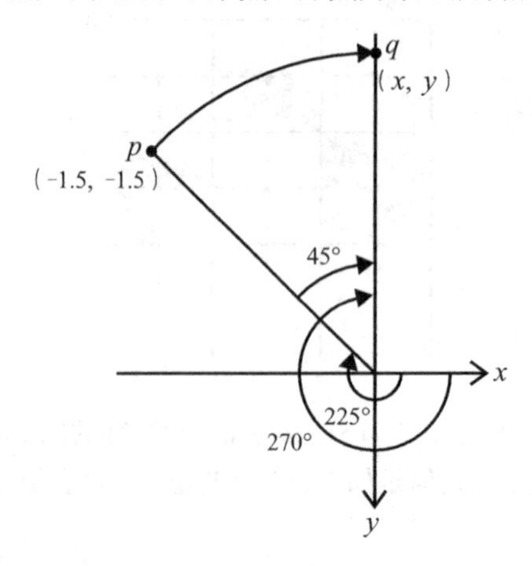

$p(-1.5, -1.5)$ 位于与 x 轴的夹角为 225° 的方向。225° 是 180° 加上 45° 得出的。从 x 轴的正方向

旋转到 y 轴的正方向是 90°，也就是说，图中的顺时针方向表示正方向。而我们在数学课上学到的正旋转方向正好与此相反，这是因为图中的 y 轴方向朝下。目标点 $q(x, y)$ 位于 p 点向右旋转 45° 后的位置，即与 x 轴的夹角为 270° 的方向。

说起角度，很容易让人联想到三角函数。我们确实会使用三角函数来表示这些点，不过读者对三角函数还有印象吗？有的读者可能已经淡忘了。下面我们就来介绍一下三角函数，已经熟练掌握的人可以跳过这部分内容。

12.1.2 三角函数

三角函数描述了三角形的边与角之间的关系。

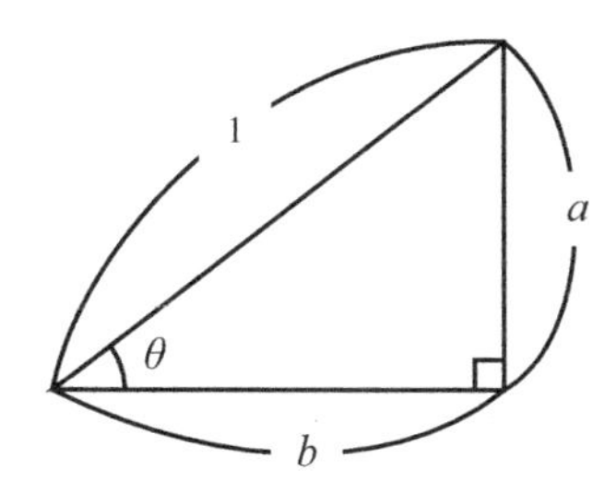

如上图所示，在斜边边长为 1 的直角三角形中，两个锐角和两条直角边之间存在某种函数关系。我们采用希腊字母 θ 来表示角度，用 b 表示图中的横边边长，用 a 表示竖边边长，列出下列两个函数。

$$a = f(\theta)$$
$$b = g(\theta)$$

第一个函数通过角度计算出对边长度，第二个函数通过角度计算出邻边长度。我们将第一个函数称为正弦（sine）函数，将第二个函数称为余弦（cosine）函数，这两个函数通常写成如下形式。

$$a = \sin(\theta)$$
$$b = \cos(\theta)$$

注意，函数符号分别用三个首字母表示。

正弦表示对边与斜边之比，余弦表示邻边与斜边之比，所以这两个函数的计算结果不是对边或者邻边的长度，而是它们与斜边的比。因为图中的斜边长度为 1，所以正弦值恰好等于对边长度，余弦值恰好等于斜边长度。

一般来说，θ 的范围在 0° 到 180° 之间。毕竟三角形的内角和才 180°，不可能有超过 180° 的角。如果是直角三角形，就需要减去直角的 90°，这样另外两个角最大也不可能超过 90°。下面我们把三角函数从三角形的概念中抽象出来，使其能够在更广的范围内使用。

先参考如下示意图。

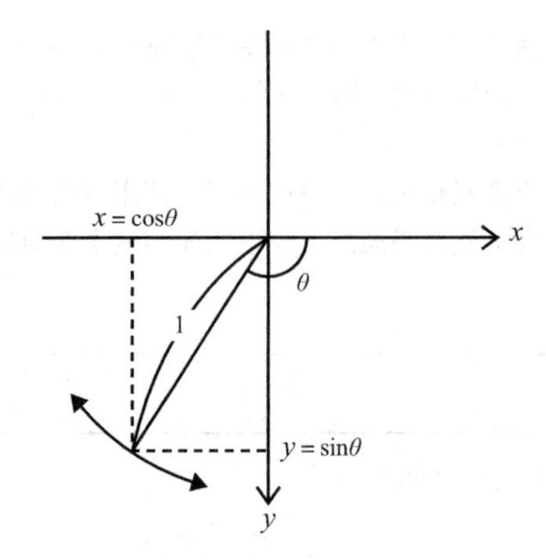

我们规定，在 xy 坐标系内，从原点引出一条长度为 1 的线段，该线段末端所在的坐标点的 x 值与 y 值就是该点与 x 轴夹角的余弦值与正弦值。由于突破了三角形的束缚，现在三角函数的适用范围扩大到了 360°，而且当角度介于 0° 到 90° 之间时，仍可以直观地借助三角形来进行分析。

需要注意的是，这里的 x 值和 y 值指的并不是边长，它们有可能为负值。实际上图中的 x 值就是负数，也就是说该角度的余弦值为负。另外，随着角度的改变，正弦值和余弦值会在 [−1, 1] 之间变动。试着在图上画出轨迹就能明白了。

下面我们再进一步，将三角函数的适用范围扩大到任意角度。例如在 540° 的情况下就相当于旋转了一圈半，等同于 180°；旋转角度为 −90° 时表示逆时针旋转了 90°，这和顺时针旋转 270° 是相同的。这样我们就可以求出任意角度的正弦值和余弦值了。

两个函数值随着角度变化的曲线图如下所示。

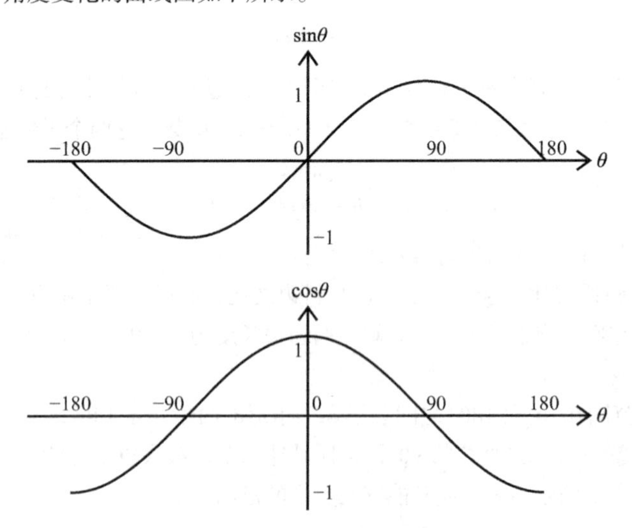

上方的图代表正弦，下方的图代表余弦。可以看到，正弦曲线穿过原点，正负区域呈上下翻转状态，而余弦曲线以 0° 为分界线左右对称。请读者将这些特征记下来。

正弦和余弦的关系

先看下面这个示意图。

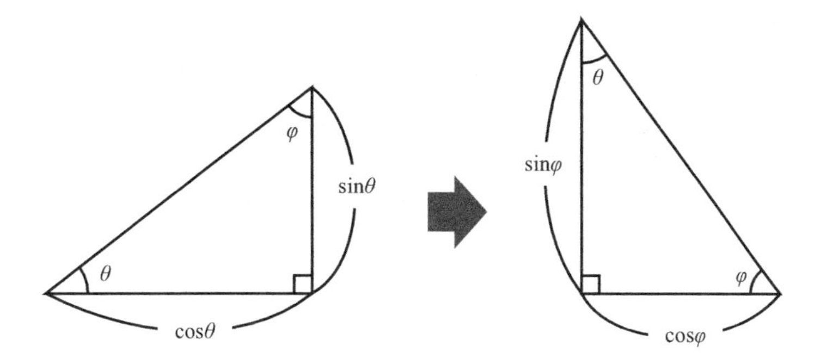

根据上面的说明可知，在以角 θ 为基准时，邻边对应的是余弦，对边对应的是正弦。如果将该三角形像右侧的图那样竖起来，基于另外一个角 φ 来考虑，则可以发现该角的邻边和对边与角 θ 恰好相反，也就是说：

$$\sin(\theta) = \cos(\varphi)$$
$$\cos(\theta) = \sin(\varphi)$$

又因为三角形的内角和等于 180°，即：

$$90 + \theta + \varphi = 180$$
$$\varphi = 90 - \theta$$

也就是说，θ 和 φ 加起来等于 90°，这样就可以得出下面两个公式。

$$\sin(\theta) = \cos(90 - \theta)$$
$$\cos(\theta) = \sin(90 - \theta)$$

简单来说，就是正弦和余弦可以相互转换①。

如果想用正弦求出某角度的余弦值，可以借用下面的公式，算出 90° 减去该角度后的正弦值。

$$\cos(\theta) = \sin(90 - \theta)$$

我们来对照一下前面的曲线图。可以看到，将正弦曲线偏移 90° 后正好和余弦曲线重合。在后面的例子中我们会用到这个特性。

三角函数的计算

如果能找到通过角度计算正弦值的方法，就可以求出任意角度的正弦和余弦了。遗憾的是，并不存在这样一种简单的公式。要解释清楚这一点恐怕很难，比较普遍的做法是提前对大量角度进行测量，并将结果保存在表中，需要时直接查询使用。

比如，当角为 0° 时，y 值也就是正弦等于 0；当角为 45° 时，y 值约等于 0.71；当角为 60° 时，y 值约等于 0.87……我们只要像这样大量进行测量，并确保测量的精度满足实用性即可。当然，三角函数也可以通过计算得出，不过相关知识超出了本书的范围，有兴趣的读者可以自行查找“泰勒展开”的内容来参考。

① 严格来说这种推导是不够严谨的。根据前面的内容，三角函数的定义和三角形已无关联，而上面的公式还是通过三角形推导出来的。要搞清楚它的由来，读者需要学习相关的数学知识。

本章的类库中提供了三角函数的计算功能[①]。

包含 3GameLib/Math.h 头文件后就可以使用 sin() 和 cos() 函数了。

```
double sine = sin( 30.0 );
double cosine = cos( 30.0 );
```

其实自己使用 sin() 函数编写 cos() 函数更能达到学习的效果，不过本章的目标并不是学习三角函数，所以我们略过这部分内容。

正切

正弦表示“对边比斜边”，余弦表示“邻边比斜边”，还有一个表示“对边比邻边”的函数，就是正切（tangent）。

$$c = \tan(\theta)$$

正切的计算函数并无复杂之处。只要知道了对边与邻边，就可以直接算出正切值了。

$$\tan(\theta) = \frac{\frac{\text{对边}}{\text{斜边}}}{\frac{\text{邻边}}{\text{斜边}}} = \frac{\text{对边}}{\text{邻边}}$$

上面的公式可以转化为下面这种写法。

$$\tan(\theta) = \frac{\sin(\theta)}{\cos(\theta)}$$

因为涉及除法运算，所以当余弦值为 0 时无法求出正切值。为了便于开发，类库中也提供了 tan() 函数。

反函数

知道了角度后，就可以通过正弦函数或者余弦函数算出边长及 (x, y)，不过有时也需要反向计算。比如已知 (x, y) 的值，求具体的角度。进行这种计算的函数就是反函数，书写时在正弦、余弦和正切的函数名之前加上 arc 这 3 个字母即可。

$$\theta = \arcsin(\text{sine})(-90 \leqslant \theta \leqslant 90)$$
$$\theta = \arccos(\text{cosine})(0 \leqslant \theta \leqslant 180)$$
$$\theta = \arctan(\text{tangent})(-90 \leqslant \theta \leqslant 90)$$

同样，我们也可以进行大量计算，并将计算结果放入表中。不过，根据余弦的定义，无论 y 值是正数还是负数，得到的余弦值都是一样的，并且对正弦来说，无论 x 值是正数还是负数，得到的正弦值也都相同。因此，反正弦函数无法返回正负 90° 区间之外的值，反余弦函数无法返回 180° 以上的角度值。类库中分别准备了 asin()、acos() 和 atan() 函数。

此外，类库中还提供了根据传入的 (x, y) 来计算角度的函数。

```
theta = atan2( y, x );//[-180, 180]
```

① 虽然也可以直接使用 C 标准类库中的函数，但本章角度的单位是度，所以我准备了以度为单位的版本。

虽然从功能上来说 `atan()` 函数已经够用，但是使用该函数求正切时需要先计算出 y 除以 x 的值，有些麻烦，而且该函数只能返回正负 90° 之间的值，这一点也不够方便。而 `atan2()` 则不需要事先计算比值，还可以返回正负 180° 之间的值[①]，比较好用。因此，实际开发中很少会使用 `atan()`。

此外，即便传入的 (x, y) 到圆心的距离不是 1，该函数也能返回正常值，调用时只需传入该方向上的某个点的坐标即可。例如，传入 (2, 2) 时将返回 45°。

12.1.3 使用三角函数完成旋转

介绍完三角函数后，让我们回到原来的问题上。在对图像进行旋转时，我们可以借用三角函数来完成相关计算，如下图所示。

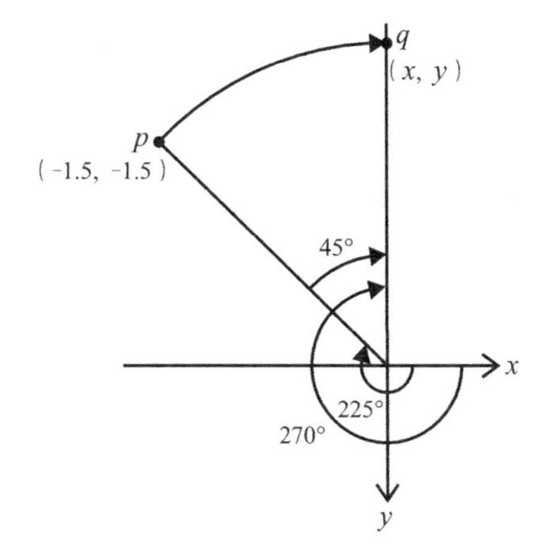

p 的坐标是 $(-1.5, -1.5)$，目标点 q 的坐标是 (x, y)。这里我们使用“半径”的英文单词 radius 的首字母 r 来表示该点到原点的距离，该距离在旋转前后是不变的。如下可以计算出 r 的值约等于 2。

$$\sqrt{1.5\times1.5+1.5\times1.5}=2.12...$$

每处都写上具体数字的话实在太过烦琐，因此分析时一律用字母表示。这是数学上常用的手法，读者若感到别扭，可以重读大学教材来适应，毕竟后面开发 3D 游戏时还会涉及大量公式。另外，这里可以用 Math.h 中的 `sqrt()` 来计算平方根。sqrt 是 SQuare RooT 的缩写。

p 和 q 的 x、y 可以用如下算式表示。

$$p_x = r\cdot\cos 225^\circ$$
$$p_y = r\cdot\sin 225^\circ$$
$$q_x = r\cdot\cos 270^\circ$$
$$q_y = r\cdot\sin 270^\circ$$

如果无法理解上述算式的含义，请回顾前面对三角函数的介绍。

知道原来的角度值为 225° 后很快就能计算出 270° 这个值，即先通过坐标计算出角度，然后再加上 45°，就可以算出新的角度值。

---

① 比如，使用 `atan2()` 时，如果 x 和 y 都为负数，那么返回的角度值将位于 −180° 到 −90° 之间。而 `atan()` 会先计算 y/x，这样就无法和二者都为正数时的情况进行区分了。

利用坐标计算角度时可以使用前面介绍的 `atan2()` 函数。传入的参数分别是纵坐标、横坐标，注意是 y、x 的顺序。

```
double theta = atan2( y, x );
theta += 45.0;
```

这样就会计算出 270° 这个值，然后使用该值计算 q 的坐标。因为 cos270° = 0、sin270° = −1，所以乘以半径 2.12 后可以算出 q 的坐标为 (0, −2.12)。结果中保留了两位小数，这是为了通过直观的方式来对其进行验证。准备一张网格纸，并在上面绘出各点，就可以看到和计算结果基本相符。如果还是不明白，不妨回忆一下我们之前提到的“旋转完成后再加上 2”的处理。横坐标和纵坐标分别加上 2 以后变为 (2, −0.12)，而一开始我们用肉眼估计的是 (2, −0.1)，从结果来看，二者基本吻合。

这种结合图像来验证的做法虽然不是特别严谨，但是很有用。因为这种验证方法可以有效地排除那些明显错误的结论。完全依赖数学公式往往不够直观，有时出错了也浑然不知。

从坐标转换到索引

虽然顺利地算出了 q，但是有一点还需要注意，那就是计算得到的数字是坐标，而我们从数组获取像素时需要的是索引。关于这二者的区别前文已经说明过了。就左上角的像素而言，它的索引是 (0, 0)，而它的坐标是 (0.5, 0.5)。也就是说，将索引值加上 0.5 就能算出坐标值，同理，将坐标值减去 0.5 就可以得到索引值。现在计算出坐标为 (2, −0.12)，分别减去 0.5 后就能够算出索引值，即 (1.5, −0.62)。

索引值不是整数会带来一些麻烦，于是我们对它强行取整。当然也可以直接转换为 `int` 类型，不过这样做精确度较差，0.9999 会被转换成 0，如果比较在意这一点，可以采用四舍五入的方法取整。

```
int round( double a ){
    a += ( a > 0 ) ? 0.5 : -0.5;
    return static_cast< int >( a );
}
```

如果是正数，就可以在加上 0.5 之后转换为 `int` 类型，舍弃小数点后面的部分。比如传入 0.6 时，加上 0.5 后算出 1.1，然后转为整数 1。而传入负数时就必须先减去 0.5，因为小数在转换为 `int` 时无论正负都将变为靠近 0 一侧的整数，所以对 −4.4 进行转换的结果不是 −5，而是 −4。输入 −0.6 时，将其减去 0.5 得到 −1.1，然后再进行转换，可以看到结果也是正确的。

依据这些规则，对 (1.5, −0.62) 四舍五入后会得到 (2, −1)，它已经超出了显示范围，因此不对其进行绘制。如果在显示范围内，就会从图像上取出相应的像素并绘制到画面上。建议结合效果图来检查坐标位置是否合理，这是一个良好的开发习惯。

编写代码

下面我们来看一下代码。

```
void rotate(
int* rx,
int* ry,
int x,
int y,
double xOffset,
double yOffset,
double rotation ){
```

```
    //采用 double 类型（变量名中的 f 表示它是浮点数）
    double xf = static_cast< double >( x );
    double yf = static_cast< double >( y );
    //将索引转换为坐标
    xf += 0.5;
    yf += 0.5;
    //移动原点，让图像的中心成为原点
    xf -= xOffset;
    yf -= yOffset;
    //求出角度和半径
    double r = sqrt( xf*xf + yf*yf );
    double angle = atan2( yf, xf ); //用反正切函数计算角度
    //角度加上 rotation
    angle += rotation;
    //算出正弦和余弦
    double sine = sin( angle );
    double cosine = cos( angle );
    //重新计算 xf 和 yf
    xf = r * cosine;
    yf = r * sine;
    //将原点恢复到原先的位置
    xf += xOffset;
    yf += yOffset;
    //将坐标转换为索引
    xf -= 0.5;
    yf -= 0.5;
    //四舍五入后作为整数存储
    *rx = round( xf );
    *ry = round( yf );
}
```

虽然代码有点长，但是其中的每步操作我们都详细说明过。我们可以通过下面的代码来调用 rotate 函数。

```
for ( int y = 0; y < height; ++y ){
    for ( int x = 0; x < width; ++x ){
        int rx, ry;
        rotate( &rx, &ry, x, y, 2.0, 2.0, 45.0 );
        //如果在范围内
        if ( rx >= 0 && rx < width && ry >= 0 && ry < height ){
            unsigned p = image->pixel( x, y );
            dst[ ry * width + rx ] = p;
        }
    }
}
```

代码中的变量名 offset 来自“偏移”一词的英文，在为表示数值间偏差量的变量命名时经常使用该词。

借助这些代码就可以让图像旋转了。我们试着让角度随时间发生变化。当看到图像在画面上缓缓转动时，一定很有成就感吧。

相关示例位于 12_2DTransform 解决方案的 Rotation1 项目中。考虑到分辨率太低不容易理解，笔者准备了 128×128 的图片素材。

但是，不知道为何，运行后会发现图像上夹杂着许多黑点。

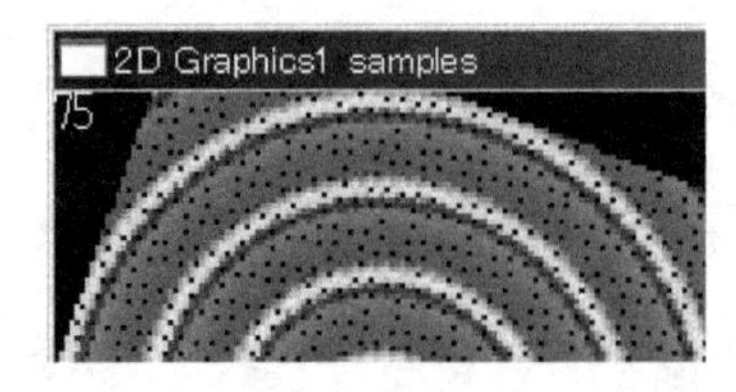

这是因为四舍五入操作有可能将若干个点都映射到结果画面上的同一点了，于是画面上很多位置就没有被绘上像素。要想解决该问题，就必须另辟蹊径，请读者暂且接受这个结果。至于改善策略，要么采用新的算法（参考 12.8.1 节），要么参考下一章，借助显卡功能来解决。

为何使用 double

读者可能会好奇为什么使用 `double` 而不是 `float`。`double` 占用 8 个字节，比 4 个字节的 `float` 多占用了 1 倍的容量，而且运算速度也不如 `float` 快，即便如此，本书中大部分情况下依然会采用 `double` 类型。这主要是为了避开 `float` 带来的误差问题。关于这一点笔者会在后面详细说明。说到底，`float` 并不是初学者可以轻松驾驭的类型。

例如，让某个 `float` 变量每次加 1，循环操作 1 亿次，变量值将会变成 1600 万。循环 10 亿次也好 100 亿次也好，变量值都是 1600 万。假设游戏中每帧都对同一个变量加 1，那么持续 3 天后游戏就不能正常运行了。

`float` 类型适合经验丰富的开发人员使用，但如果在速度方面没有严格要求，全部使用 `double` 进行开发也基本上不会出现什么问题。将所有使用 `int` 的地方都换成 `double` 游戏也能正常运行。如果读者顾及处理速度和内存占用量的问题而使用 `float`，却由此引入了精度方面的 bug，那就太得不偿失了。

12.1.4 更高级的做法

现在图像已经可以旋转了。

但是要计算的点的数量实在太多了，而且要通过类似 (−1.5, −1.5) 这样的坐标来算出半径和角度，还必须进行平方根与反正切函数的运算，相当费时，所以显然这不是一种好的做法。要改善这一点，数学就派上了用场。

首先我们来重新整理一下问题。

现在我们想知道的是，如何用已知信息来表示某点 p 绕原点旋转一定角度后变成的点 q。所谓的“已知信息”，就是坐标 (p_x, p_y) 以及旋转角度 θ。如果能用这三者来表示 q，我们的目的就达到了。

推导过程比较枯燥，这里姑且先给出结论。

$$q_x = \cos\theta \cdot p_x - \sin\theta \cdot p_y$$
$$q_y = \sin\theta \cdot p_x + \cos\theta \cdot p_y$$

虽然算式有些复杂，但确实按要求用 p_x、p_y 以及 θ 的 sin 和 cos 值来表示 q 了。读者可以代入适当的值验证一下，看看与之前的方法算出的结果是否一致。

笔者原本想在这里说明一下该算式是如何推导出来的，但最终还是决定放到 12.7 节的补充内容中介绍。很多时候经验可能比知识更重要，请读者先记下这个公式。若在此处展开推导而令读者昏昏欲睡，那就本末倒置了。

编写代码

下面我们来编写相关代码。

```
void rotate(
int* rx,
int* ry,
int x,
int y,
double xOffset,
double yOffset,
double rotation ){
    //采用double类型
    double xf = static_cast< double >( x );
    double yf = static_cast< double >( y );
    //转换为坐标
    xf += 0.5;
    yf += 0.5;
    //移动原点
    xf -= xOffset;
    yf -= yOffset;
    //求出角度的正弦和余弦
    double sine = sin( rotation );
    double cosine = cos( rotation );
    //将各值代入公式（结果放在临时变量中）
    double tmpXf = cosine * xf - sine * yf;
    double tmpYf = sine * xf + cosine * yf;
    xf = tmpXf;
    yf = tmpYf;
    //将原点恢复到原先的位置
    xf += xOffset;
    yf += yOffset;
    //转换为索引
    xf -= 0.5f;
    yf -= 0.5f;
    //四舍五入后作为整数存储
    *rx = round( xf );
    *ry = round( yf );
}
```

函数的调用方式没有发生变化，还是如下代码。

```
for ( int y = 0; y < height; ++y ){
    for ( int x = 0; x < width; ++x ){
        int rx, ry;
        rotate( &rx, &ry, x, y, 2.0, 2.0, 45.0 );
        //如果在范围内
        if ( rx >= 0 && rx < width && ry >= 0 && ry < height ){
            unsigned p = image->pixel( x, y );
            dst[ ry * width + rx ] = p;
        }
    }
}
```

希望读者能够先确认一下这段代码是否可以正常运行。

另外，代码中存在一些浪费性能的操作。for循环中的rotation值其实是不变的，但每次仍会在rotate()中重新计算正弦和余弦的值。如果每次角度都发生改变，那么确实有必要这样做，但现在 rotation 值是固定的，所以只需要计算一次正弦和余弦就足够了。

因此，我们可以提前计算好正弦和余弦的值。计算正弦或余弦的时间相当于进行几十次普通的加法或乘法运算的时间，所以调用它们的次数自然是越少越好。此外，坐标和索引的转换将和移动原点的操作同时完成。下面是调整后的 rotate() 函数。

```
void rotate(
int* rx,
int* ry,
int x,
int y,
double xOffset,
double yOffset,
double sine,
double cosine ){
    //采用 double 类型
    double xf = static_cast< double >( x );
    double yf = static_cast< double >( y );
    //坐标与索引的转换会和原点的移动同时完成
    double ox = xOffset - 0.5;
    double oy = yOffset - 0.5;
    //转换为坐标并移动原点
    xf -= ox;
    yf -= oy;
    //将各值代入公式（结果放在临时变量中）
    double tmpXf = cosine * xf - sine * yf;
    double tmpYf = sine * xf + cosine * yf;
    xf = tmpXf;
    yf = tmpYf;
    //将原点恢复到原先的位置并将坐标转换为索引
    xf += ox;
    yf += oy;
    //四舍五入后作为整数存储
    *rx = round( xf );
    *ry = round( yf );
}
```

要完成“转换为坐标并移动原点”的操作，只要减去 xOffset - 0.5 的值即可。反过来，要完成“将原点恢复到原先的位置并将坐标转换为索引”的操作，就需要加上 xOffset - 0.5 的值。调用代码如下所示。

```
double sine = sin( 45.0 );
double cosine = cos( 45.0 );
for ( int y = 0; y < height; ++y ){
    for ( int x = 0; x < width; ++x ){
        int rx, ry;
        rotate( &rx, &ry, x, y, 2.0, 2.0, sine, cosine );
        //如果在范围内
        if ( rx >= 0 && rx < width && ry >= 0 && ry < height ){
            unsigned p = image->pixel( x, y );
            dst[ ry * width + rx ] = p;
        }
    }
}
```

读者可以尝试运行该代码。每帧稍微改变一些角度，就能看到图像在旋转。如果使用分辨率较高的图像来测试，就能感觉到该方法比之前的做法在处理速度上更胜一筹。

这部分的示例位于 Rotation2 中。

12.2 引入向量和矩阵

rotate() 的代码虽然已经比最初版本精简不少，但还是比较长。现在我们就来进行一些改造，让代码看起来更简洁。

12.2.1 引入向量

简单看一眼代码就会发现，针对 x 和 y 有着大量相同的计算，这样不但容易出错，还会造成代码冗余，因此我们希望对其进行封装。定义一个持有成员 x 和 y 的类，并重载 +、= 等运算，如下所示。

```
class Vector2{
public:
   Vector2();
   Vector2( int x, int y ); //接收整数
   Vector2( double x, double y ); //接收 double
   void operator+=( const Vector2& a ); //加法
   void operator-=( const Vector2& a ); //减法
   void operator=( const Vector2& a ); //复制

   double x;
   double y;
};

//在 cpp 中编写以下代码
Vector2::Vector2(){}

Vector2::Vector2( int aX, int aY ){
   x = static_cast< double >( aX );
   y = static_cast< double >( aY );
}
Vector2::Vector2( double aX, double aY ) : x( aX ), y( aY ){}

void Vector2::operator+=( const Vector2& a ){
   x += a.x; y += a.y;
}
void Vector2::operator-=( const Vector2& a ){
   x -= a.x; y -= a.y;
}
void Vector2::operator=( const Vector2& a ){
   x = a.x; y = a.y;
}
```

直接传递对象会产生一次复制，从而影响性能，因此我们采用传递引用的方式。接收引用参数时要加上 const。读者还记得传递值与传递引用的区别吗？如果没什么印象了，请重温 1.7 节的内容。

代码中带 operator 关键字的函数重载了 +、- 等操作，所以 Vector 支持加法与减法运算。这里我们没有定义 operator+() 以支持 c=a+b 这样的运算方式，而是定义了 operator+=() 以按照 a+=b 的方式进行计算，这是因为前一种方式会返回对象，比较耗时。不过有的读者还是习惯采用前者，因为比较直观，这里倒也无妨。

用来将若干数字组织在一起的对象这里称为**向量**（vector）。Vector2 这个名字表明它是“包含两个元素的向量”。

这里引入向量纯粹是为了让代码变简洁，所以我们暂时不去考虑向量在数学方面的性质。引入向量后，就可以像下面这样编写代码，可以看出代码比逐个处理 double 变量的做法简练得多。

```
Vector2 a( 1.0, 2.0 );// 执行带初始化功能的构造函数
Vector2 b( 3.0, 4.0 );
Vector2 c; // 执行不带初始化功能的构造函数

c = a; // 复制
c -= b; // 结果等于 (1-3, 2-4) = (-2, -2)
```

后面我们会频繁使用向量来表示点的坐标。比如在表示点 $q(1, 2)$ 时，代码中将会用一个 Vector2 类型的参数 q 来表示。

重新编写 rotate()

引入 Vector2 后，我们来改写一下 rotate()。

```
void rotate(
int* rx,
int* ry,
int x,
int y,
const Vector2& offset,
double sine,
double cosine ){
   Vector2 p( x, y );
   // 坐标和索引的转换会和 offset 一并完成
   Vector2 tmpOffset( -0.5, -0.5 );
   tmpOffset += offset; //tmpOffset = offset-(0.5, 0.5)
   // 转换为坐标并移动原点
   p -= tmpOffset;
   // 将各值代入公式
   Vector2 r; // 旋转后的结果
   r.x = cosine * p.x - sine * p.y;
   r.y = sine * p.x + cosine * p.y;
   // 将原点恢复到原先的位置并将坐标转换为索引
   r += tmpOffset;
   // 四舍五入后作为整数存储
   *rx = round( r.x );
   *ry = round( r.y );
}

// 调用时的代码
double sine = sin( 45.0 );
double cosine = cos( 45.0 );
Vector2 offset( 2.0, 2.0 );
for ( int y = 0; y < height; ++y ){
   for ( int x = 0; x < width; ++x ){
```

```
        int rx, ry;
        rotate( &rx, &ry, x, y, offset, sine, cosine );
        //如果在范围内
        if ( rx >= 0 && rx < width && ry >= 0 && ry < height ){
            unsigned p = image->pixel( x, y );
            dst[ ry * width + rx ] = p;
        }
    }
}
```

参数减少了，代码的行数也减少了，而且通过将 x 和 y 的相关操作写到一处，代码不再容易出错，可以说有了很大的改善。

一般来说，笔者习惯将类的成员变量都设置为 private 并在命名时以 m 开头，但是像这种会频繁访问内部字段的类则是一个特例，Vector2 中的 x 和 y 允许被设置为 public 成员。希望读者在设计类时能时常思考一下是否有什么特殊的理由需要去打破惯例。实际上，这里打破惯例后出现了新的问题。构造函数的参数名原本打算设置为 x 和 y 的，但是这样一来就会和成员变量同名，所以不得不换成其他名字。在这种情况下，笔者一般会在前面加上 a 来区分。a 是英文中的冠词，当然也可以使用其他字符[①]。不过无论何种规则，都一定要有据可依，不能随心所欲，本书中就先按笔者的习惯来吧。

这部分内容位于示例 RotationWithVector 中。项目中添加了 Vector2.h 和 Vector2.cpp，其内容就是上面的代码。引入 Vector2 类后会使处理速度变慢，不过在编译为 Release 版本时，编译器会进行优化，我们不需要担心这方面的问题。

12.2.2 引入矩阵类型

引入向量后代码确实简短了一些，不过仍有改善的余地。请注意下面这段坐标转换处理的代码。

```
r.x = cosine * p.x - sine * p.y;
r.y = sine * p.x + cosine * p.y;
```

虽然大部分处理已借助向量类的函数完成，但是这里却没有对 x 和 y 进行集中处理，让人觉得很别扭，而且这样分开处理会增加出错的可能性。如果可以按照“向量 $\boldsymbol{p}$ 和包含了 sine 和 cosine 的某个东西进行某种运算后得到 $\boldsymbol{r}$”这种逻辑来编写代码，就会好很多。

我们将这个“包含了 sine 和 cosine 的某个东西”称为 $\boldsymbol{A}$。用如下算式表示“$\boldsymbol{A}$ 和 $\boldsymbol{p}$ 之间经过‘某种运算’会得到 $\boldsymbol{r}$”。

$$\boldsymbol{r} = \boldsymbol{A}\boldsymbol{p}$$

$\boldsymbol{A}$ 包含了 sine 和 cosine，和 $\boldsymbol{p}$ 发生某种运算后得到 $\boldsymbol{r}$。算式 $\boldsymbol{A}\boldsymbol{p}$ 看起来像是 $\boldsymbol{A}$ 和 $\boldsymbol{p}$ 相乘，但要注意 $\boldsymbol{A}$ 并不是一个数字，而且 $\boldsymbol{p}$ 是向量，所以不要误认为这是一般的乘法运算。不过从形式上来看它确实很像乘法运算，因此我们暂且把“$\boldsymbol{A}$ 和 $\boldsymbol{p}$ 之间发生的某种计算”称为“乘法运算”。另外，我们把 $\boldsymbol{A}$ 称为**矩阵**（matrix）。

对照原算式可以知道，$\boldsymbol{A}$ 中包含了 cosine、sine、−sine 和 cosine，我们可以把它写为如下形式。

$$\boldsymbol{A} = \begin{pmatrix} \text{cosine} & -\text{sine} \\ \text{sine} & \text{cosine} \end{pmatrix}$$

① 参数名以 a 开头是一种常见的风格。这源于英文的表达习惯，以元音开头的单词则以 an 开头。

A 由 4 个数字组成，横向的数字称为行，纵向的数字称为列。下面，我们根据原算式的结果来对这个“***A*** 和 ***p*** 之间发生的类似于乘法的某种运算”进行定义。

请注意这里的顺序。“矩阵与向量的乘法运算”并非一开始就存在，而是我们为了让算式写起来更简单而定义出来的。在本书中，向量以粗体小写字母表示，矩阵以粗体大写字母表示。

也就是说，为了让

$$\begin{pmatrix} r_x \\ r_y \end{pmatrix} = \begin{pmatrix} \text{cosine} & -\text{sine} \\ \text{sine} & \text{cosine} \end{pmatrix} \begin{pmatrix} p_x \\ p_y \end{pmatrix}$$

相当于

$$r_x = \text{cosine} \cdot p_x - \text{sine} \cdot p_y$$
$$r_y = \text{sine} \cdot p_x + \text{cosine} \cdot p_y$$

我们对矩阵与向量的乘法运算进行了定义。用左上元素乘以 x，再加上右上元素与 y 的乘积，得到 x；用左下元素乘以 x，再加上右下元素与 y 的乘积，得到 y。这便是该“乘法运算”的过程。

矩阵类

下面我们来编写矩阵类。有了该类就可以将 4 个 double 集中到一起用 1 个变量来表示。

```
class Matrix22{
public:
    //通过 4 个 double 初始化
    Matrix22( double e00, double e01, double e10, double e11 );
    //和向量相乘
    void multiply( Vector2* out, const Vector2& in ) const;

    double m00, m01, m10, m11;
};

//下列内容写在 cpp 中
Matrix22::Matrix22( double e00, double e01, double e10, double e11 ) :
m00( e00 ), m01( e01 ), m10( e10 ), m11( e11 ){
}

void Matrix22::multiply( Vector2* out, const Vector2& in ) const {
    double tmpX = in.x; //避免错误传入 out == in 时出现问题
    out->x = m00 * tmpX + m01 * in.y; //左上 *x + 右上 *y
    out->y = m10 * tmpX + m11 * in.y; //左下 *x + 右下 *y
}
```

这里暂时只实现了最基本的内容。需要注意的是乘法运算函数的参数。用于输出的向量通过指针来传递，而用于输入的向量则通过引用来传递，这可能会让一些读者感到不太适应。至于为什么这样做，我们之前在介绍引用时就已经提到过了。

00 和 01 这些数字表示数据的纵横索引。01 表示纵向第 0 个、横向第 1 个元素。纵向第 0 个位于上方，横向第 1 个位于右方，所以该元素位于右上角。行是纵索引值相同的所有元素的集合，列是横索引值相同的所有元素的集合。关于纵横与矩阵的关系，读者可能一时半会适应不了，尽量多练习就好了。比如我们来计算一下下面这个算式。

$$\begin{pmatrix} x \\ y \end{pmatrix} = \begin{pmatrix} 1 & 2 \\ 3 & 4 \end{pmatrix} \begin{pmatrix} 5 \\ 6 \end{pmatrix}$$

左上 $\times x+$ 右上 $\times y=1\times5+2\times6=17$，左下 $\times x+$ 右下 $\times y=3\times5+4\times6=39$，答案是 (17, 39)，多做几次就习惯了。

使用了矩阵的 rotate()

接下来我们试着使用一下矩阵。

```
void rotate(
int* rx,
int* ry,
int x,
int y,
const Vector2& offset,
const Matrix22& matrix ){
   Vector2 p( x, y );
   //坐标和索引的转换会和 offset 一并完成
   Vector2 tmpOffset( -0.5, -0.5 );
   tmpOffset += offset; //tmpOffset = offset-(0.5, 0.5)
   //转换为坐标并移动原点
   p -= tmpOffset;
   //将各值代入公式
   matrix.multiply( &p, p );
   //将原点恢复到原先的位置并将坐标转换为索引
   p += tmpOffset;
   //四舍五入后作为整数存储
   *rx = round( p.x );
   *ry = round( p.y );
}

//调用时的代码
double sine = sin( 45.0 );
double cosine = cos( 45.0 );
Matrix22 matrix( cosine, -sine, sine, cosine );
Vector2 offset( 2.0, 2.0 );
for ( int y = 0; y < height; ++y ){
   for ( int x = 0; x < width; ++x ){
      int rx, ry;
      rotate( &rx, &ry, x, y, offset, matrix );
      //如果在范围内
      if ( rx >= 0 && rx < width && ry >= 0 && ry < height ){
         unsigned p = image->pixel( x, y );
         dst[ ry * width + rx ] = p;
      }
   }
}
```

确实简练了许多。实际上仍有精简的余地，不过我们暂时就改进到这里，后续再完成一些工作后，整个改善过程就完成了。

该示例位于 RotationWithMatrix 中。项目中新增了 Matrix22.h 和 Matrix22.cpp，其内容就是上面的代码。

12.3 利用顶点来实现

虽然代码变得美观了，但实际上计算量完全没有改变，只不过计算过程看起来更易于理解了而已。因此，本节我们打算颠覆原来的做法，以达到提升性能的目的。

目前的计算是按像素进行的。矩阵的乘法运算、中心坐标位置的加减运算等，每个像素都必须执行一遍。但是，真的有必要这么做吗?

我们将针对每个像素执行的计算操作提取出来看一下。除去索引与坐标之间的相互转换，以及取整操作等琐碎的部分，执行的计算操作只有如下 3 步。

$$t_1 = \boldsymbol{p} + o$$
$$t_2 = \boldsymbol{A}t_1$$
$$\boldsymbol{q} = t_2 - o$$

o 表示中心坐标，对 4×4 的图像来说它应当是 (2, 2)。另外，输入向量 $\boldsymbol{p}$ 的 x 从 0 到 3 线性增长，y 也是从 0 到 3 线性增长。如果作为输出向量的 $\boldsymbol{q}$ 的值也线性变化，我们就可以进行补间插值。p_x 等于 0 时 q_x 等于 10，p_x 等于 10 时 q_x 等于 30，如果二者之间呈线性变化，那么 p_x 等于 5 时 q_x 的值应当是 20。

但是，之前在一元情况下所适用的线性插值在当前的二元场景下却未必适用。在变量随意变化的情况下，(q_x, q_y) 中的两个变量应当如何进行线性插值呢? 对数学较为熟悉的读者会非常自然地将一次函数图像描述为“直线”或者“线性”，而我们平时说到“直线”，想到的往往是在纸上画出的一条线。突然引入数学上的概念可能不利于理解，所以本书调整了顺序，先把结论告诉大家。先试着提出一个假说，再通过若干实验去验证，这是本书的风格。

这里我们先给出一个假定的结论。

只计算左上、左下和右上这 3 点，剩下的点都可以通过补间来计算。

首先在画面上取这 3 点。以下图为例，左上的点为 (0, 0)，左下的点为 (0, 4)，右上的点为 (4, 0)。

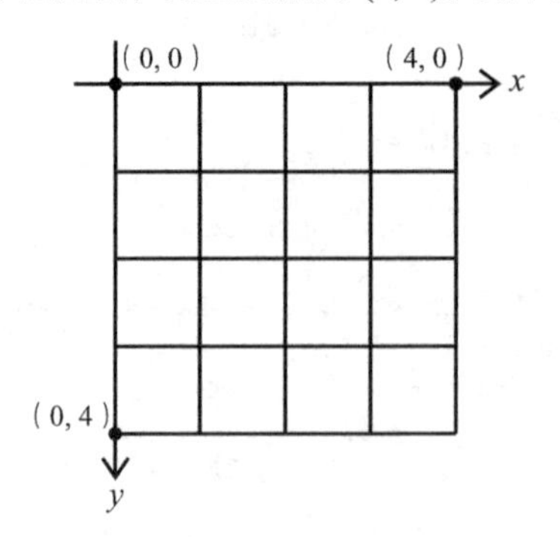

因为这里的值都是坐标而非索引，所以这几个点恰好都是图像的端点，我们将这些端点称为顶点。然后对这 3 个顶点执行移动和旋转操作，算出画面上变换后的 3 个顶点坐标。最后再对这 3 个坐标之间的区域执行补间计算，并绘制出像素。这就是我们将要采用的做法。

那么，二元的补间该如何进行呢? 首先请回忆一下一元的补间过程。假设一元的补间有 A 和 B 两个端点，补间结果为 P，则 P 应为：

$$P = A + u(B - A)$$

若 A 为 0，B 为 100，u 从 0 变化到 1，结果 P 的范围将位于 0 到 100 之间。这和之前介绍的透明混合算式是相同的。一开始得到的算式是：

$$P = uB + (1-u)A$$

该算式展开后和上述结果是一样的。对 u 取适当值，若其值为 0，则 $P=A$，若其值为 1，则 $P=B$。这样一来，A 和 B 就无所谓是数字还是向量了。之前我们提到过，向量只不过是单纯地将多个数字集合到一处而已，其中各数字之间的加减乘除仍按原有规则进行。二元向量也好三元向量也罢，本质上每个元素都是各算各的，因此一元条件下成立的事情在此也都应当成立。用图来表示二元向量的处理过程，如下所示。

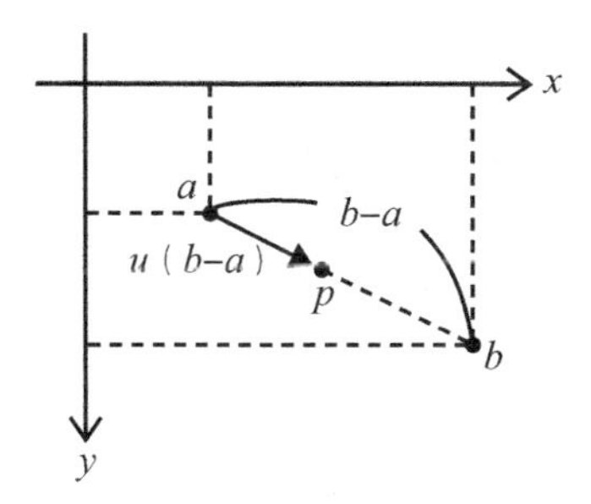

二元向量含有 x 和 y 两个元素，把它看成横纵坐标就可以在纸上取点绘图。算式 $(b-a)$ 的意思是，例如当 a 为 (1, 1)，b 为 (3, 2) 时，$(b-a)$ 就等于 $(3-1, 2-1)=(2, 1)$，我们可以把它理解为“b 所在位置的 x 比 a 大 2，y 比 a 大 1”，或者说“a 沿着 x 前进 2，沿着 y 前进 1 就能到达 b”“$(b-a)$ 是从 a 指向 b 的向量”。如果用向量来表示点，那么向量之间相减的结果就是点与点之间的线，$(a-b)$ 的方向是从 b 指向 a。向量运算中会涉及点和线，请读者注意区别。

最后，用 $(b-a)$ 乘以适当的数字 u 来改变其长度，再和 a 相加，就可以得到 a 与 b 之间的一系列位置。下面我们来举例说明。

假设 a 表示东京所在的位置，b 表示大阪，那么 $(b-a)$ 就表示从东京到大阪的新干线轨迹。u 等于 1 时意味着走完了全线，此时 p 就是大阪；u 等于 0 时则意味着还未出发，此时 p 表示东京；u 等于 0.7 时说明走了 70% 的路程，p 大概位于名古屋。

那么二元补间是什么概念呢？注意这里的二元补间和二元向量没有任何关系。“四元向量的一元补间”和“三元向量的二元补间”都是存在的。这里我们讨论的是二元补间。首先，一元补间的补间参数只有一个 u。补间的“元”指的是该补间涉及的参数的个数，因此二元补间使用两个参数，这里分别用 u 和 v 表示。u 和 $(b-a)$ 相乘，如果要对 v 也执行类似的操作，那就再创建一个点 c，生成 $(c-a)$ 即可。$(c-a)$ 表示从 a 指向 c 的线。于是，补间公式就变为：

$$p = a + u(b-a) + v(c-a)$$

请参考如下示意图。

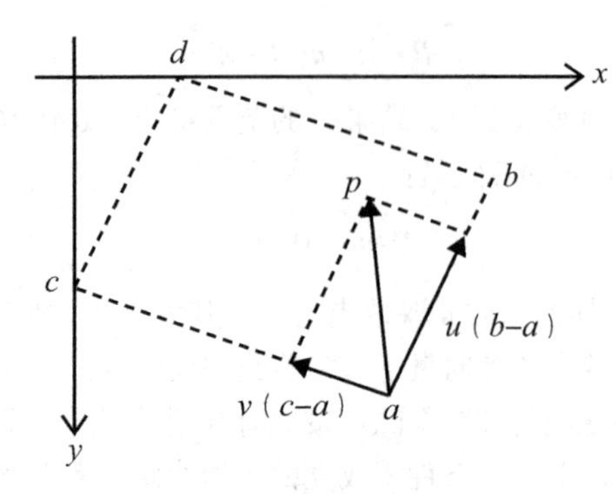

首先从 a 朝 b 的方向前进 $u(b-a)$，然后朝 c 的方向前进 $v(c-a)$，最终就会到达 p。改变二者的顺序也不要紧，就好比先往东走 100 km 再往北走 100 km 和先往北走 100 km 再往东走 100 km 是一样的。对于不指向正东、正北方向的向量，我们可以代入具体数字来验证一下这个结论是否准确。当 u 和 v 的取值范围在 0 到 1 之间时，p 必定会落在边 ab 和边 ac 组成的平行四边形（图中的 $abdc$）内。让 u 和 v 按一定规律变化，就能遍历平行四边形中的每个点。正因为有了这个性质，我们才能够在确定了 3 个顶点后对剩余的点进行补间。

编写代码

现在我们将这一过程转换为代码。首先对这 3 个点进行转换，然后让它们分别对应前面介绍的 a、b、c，计算出 $(b-a)$ 和 $(c-a)$，并适当调整 u 和 v 的值。大家最好先自行编写，然后再参考下面的示例代码。

首先对 `rotate()` 进行改造。在之前的版本中，该函数的参数和返回值都是索引，现在均改为坐标，因此直接使用 `double` 的 `Vector2` 即可，转换坐标和索引时进行的加减 0.5 的运算也不再需要了。

```
void rotate(
Vector2* out,
const Vector2& in,
const Vector2& offset,
const Matrix22& matrix ){
    *out = in; // 返回值
    // 移动原点
    *out -= offset;
    // 与矩阵相乘
    matrix.multiply( out, *out );
    // 回到之前的原点
    *out += offset;
}
```

将图像的左上、右上和左下这 3 点传给该函数。左上像素的左上角坐标为 (0, 0)，右上像素的右上角坐标为 (4, 0)，因此将 (0, 0)、(0, 4)、(4, 0) 传给函数即可。当 u 和 v 从 0 逐渐变为 1 时，补间结果将位于 (0, 0) 到 (4, 4) 之间。

接下来进行补间。

$$p = a + u(b-a) + v(c-a)$$

将该算式用代码写出来就可以了。因为 $(b-a)$ 和 $(c-a)$ 会被多次使用，所以我们不在函数中对其进行重复计算，而是从外部传入。因为涉及向量和数字的乘法运算，所以我们需要在 Vector2 类中添加相关方法。

```
void Vector2::operator*=( double a ){
    x *= a;
    y *= a;
}
```

普通数字称为**标量**（scalar），这一概念与向量相对。因此，这是一个用于计算“向量 × 标量”的函数。

补间函数

我们将补间函数也作为类 Vector2 的成员函数。虽然未必一定要放在 Vector2 中，但是此时找不到其他更合适的类，所以暂且如此。笔者习惯将用于修改自身的值的成员函数以 set 开头命名，所以把这个函数取名为 setInterpolation()，代码如下所示。

```
void Vector2::setInterpolation(
Vector2& a,
Vector2& ab,
Vector2& ac,
double u,
double v ){
    *this = a;       // a
    Vector2 tmp;
    tmp = ab;
    tmp *= u;        // u(b-a)
    *this += tmp;    // a + u(b-a)
    tmp = ac;
    tmp *= v;        // v(c-a)
    *this += tmp;    // a + u(b-a) + v(c-a)
}
```

代码看起来有些烦琐，原因主要在于围绕 tmp 执行了很多运算。这个 (a + ub) 类型的计算后面还会经常出现，所以我们也让它成为一个函数。这种先取积再求和的计算方式称为“积和”。multiplyAndAdd() 这个名字太长，所以我们暂且命名为 madd()。

```
void Vector2::madd( const Vector2& a, double b ){
    x += a.x * b;
    y += a.y * b;
}
```

借用该函数，原代码将简化成下面这样。

```
void Vector2::setInterpolation(
Vector2& a,
Vector2& ab,
Vector2& ac,
double u,
double v ){
    *this = a;
    madd( ab, u );
    madd( ac, v );
}
```

注意这里在调用 madd 时将 this->madd() 中的 this-> 省略了。若想直观地显示出调用关系，可以加上 this->，实际上也有不少人推崇这种写法。

我们再进一步进行改善。函数第一行对 a 的复制操作是多余的，于是我们可以让 Vector2 无视自己的成员，添加可以覆盖 a+ub 结果的 madd()。根据之前提到的“将用于修改自身的值的成员函数以 set 开头命名”的习惯，我们给这个函数取名为 setMadd()。

```
void Vector2::setMadd( const Vector2& a, double b, const Vector2& c){
    x = a.x * b + c.x;
    y = a.y * b + c.y;
}
```

这样一来，原函数体就会简化成两行。

```
void Vector2::setInterpolation(
Vector2& a,
Vector2& ab,
Vector2& ac,
double u,
double v ){
    setMadd( ab, u, a );
    madd( ac, v );
}
```

使用补间完成旋转

使用补间来实现旋转的代码如下所示。

```
//创建矩阵
double sine = sin( 45.0 );
double cosine = cos( 45.0 );
Matrix22 matrix( cosine, -sine, sine, cosine );
Vector2 offset( 2.0, 2.0 );

//创建 3 点
Vector2 a, b, c;
rotate( &a, Vector2( 0.0, 0.0 ), offset, matrix );
rotate( &b, Vector2( 4.0, 0.0 ), offset, matrix );
rotate( &c, Vector2( 0.0, 4.0 ), offset, matrix );

//提前算出 B-A 和 C-A
Vector2 ab, bc;
ab = b;
ab -= a;
ac = c;
ac -= a;

//开始补间
for ( int y = 0; y < height; ++y ){
    for ( int x = 0; x < width; ++x ){
        //计算补间参数 u 和 v。范围在 0 到 1 之间
        double u, v;
        double xf = static_cast< double >( x ) + 0.5; //x float
        double yf = static_cast< double >( y ) + 0.5; //y float
        u = xf / static_cast< double >( width );
        v = yf / static_cast< double >( height );
```

```
        // 补间的核心处理
        Vector2 p;
        p.setInterpolation( a, ab, ac, u, v );
        // 转换为索引
        p -= Vector2( 0.5, 0.5 );
        // 取整
        int rx, ry;
        rx = round( p.x );
        ry = round( p.y );
        // 如果在范围内
        if ( rx >= 0 && rx < width && ry >= 0 && ry < height ){
            unsigned p = image->pixel( x, y );
            dst[ ry * width + rx ] = p;
        }
    }
}
```

for 循环中的 x 和 y 表示的是索引，因此需要加上 0.5 以转换为坐标。也就是说，要从 (0.5, 0.5) 一直处理到 (3.5, 3.5)。xf 和 yf 都是加上 0.5 后的结果，所以它们表示的是坐标。把这两个值分别除以宽和高，就会得出范围在 0 到 1 之间的两个数 u 和 v，补间结束后再减去 0.5 转换为索引值即可。

这样改造就完成了，下面我们让代码变得更加简洁。

继续精简

在计算 $a=b-c$ 时，如果分为 $a=b$ 和 $a=a-c$ 两个步骤，则不仅麻烦，而且处理速度较慢，因此我们为 Vector2 创建一个函数，用于计算两个向量的差并覆盖自身的值。另外，对求和操作也进行相同的改造。两个函数都以 set 开头来命名。

```
void Vector2::setSub( const Vector2& a, const Vector2& b ){
    x = a.x - b.x;
    y = a.y - b.y;
}
void Vector2::setAdd( const Vector2& a, const Vector2& b ){
    x = a.x + b.x;
    y = a.y + b.y;
}
```

然后我们继续设法提高处理性能。u 和 v 的计算在嵌套 for 循环中完成，y 的值确定后就可以算出 v 的值，因此可以将 v 的计算移到内层循环外。另外，每次都让 width 和 height 转换为 double 后再进行除法运算的做法效率太低，因为计算机处理除法运算的速度要比加减法和乘法慢很多。因此，我们可以在提前执行 double 转换的同时计算出它的倒数，以便后面计算 u 和 v 时把除法运算转换为乘法运算。完成后的代码如下所示。

```
// 创建矩阵
double sine = sin( 45.0 );
double cosine = cos( 45.0 );
Matrix22 matrix( cosine, -sine, sine, cosine );
Vector2 offset( 2.0, 2.0 );

// 创建 3 点
Vector2 a, b, c;
rotate( &a, Vector2( 0.0, 0.0 ), offset, matrix );
rotate( &b, Vector2( 4.0, 0.0 ), offset, matrix );
```

```
rotate( &c, Vector2( 0.0, 4.0 ), offset, matrix );

//提前算出 B-A 和 C-A
Vector2 ab, bc;
ab.setSub( b, a );
ac.setSub( c, a );

//开始补间。rcp 是倒数的英文单词 Reciprocal 的缩写
double rcpWidth = 1.0 / static_cast< double >( width );
double rcpHeight = 1.0 / static_cast< double >( height );
for ( int y = 0; y < height; ++y ){
   double yf = static_cast< double >( y ) + 0.5;
   double v = yf * rcpHeight;
   for ( int x = 0; x < width; ++x ){
      double xf = static_cast< double >( x ) + 0.5;
      double u = xf * rcpWidth;
      //补间的核心处理
      Vector2 p;
      p.setInterpolation( a, ab, ac, u, v );
      //转换为索引
      p -= Vector2( 0.5, 0.5 );
      //取整
      int rx, ry;
      rx = round( p.x );
      ry = round( p.y );
      //如果在范围内
      if ( rx >= 0 && rx < width && ry >= 0 && ry < height ){
         unsigned p = image->pixel( x, y );
         dst[ ry * width + rx ] = p;
      }
   }
}
```

现在代码变得简洁多了，建议读者尽量按这种方式来编写代码。

我们可以运行程序感受一下实际效果。4×4 的分辨率可能看不出什么，若使用 256×256 的大图来旋转，就能明显感觉到性能差异。对比两个版本的帧率也能发现性能确实有所改善了。比起乘以矩阵并进行坐标转换的做法，补间的方法更为轻巧。大家可以通过统计代码中乘法与加法操作的数量来确认一下。

该示例位于 RotationWithInterpolation 中。

12.4 缩放

前面我们实现了旋转功能，接下来试着实现缩放。先来看一下下面的示意图。

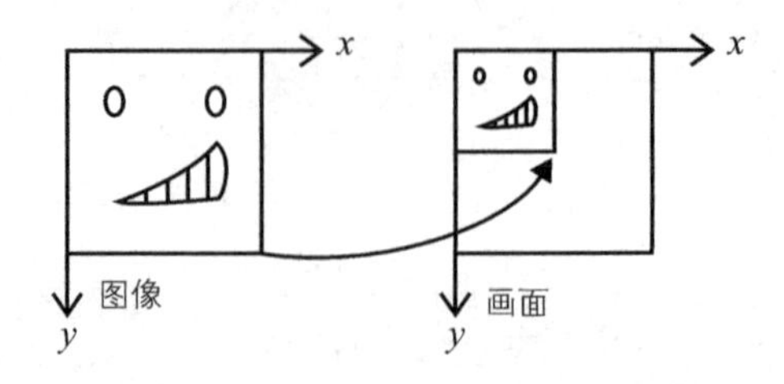

我们已经知道，变换顶点后进行补间即可实现缩放，所以现在只要思考如何变换顶点就好。解决了这一问题后，只要照搬补间处理就能实现缩放了。

以上图为例，我们要将坐标范围为 (0, 0) 到 (4, 4) 的图像贴入画面中 (0, 0) 到 (2, 2) 的范围，所以只要将图像缩小一半即可，也就是说，只需把 x 和 y 都变为原来的一半。假设画面上的某一点为 p，图片上相对应的点为 q，二者的关系如下所示。

$$q_x = 0.5p_x$$
$$q_y = 0.5p_y$$

比旋转处理要简单得多，但是这样做并不能彻底解决问题，比如下图所示的情况。

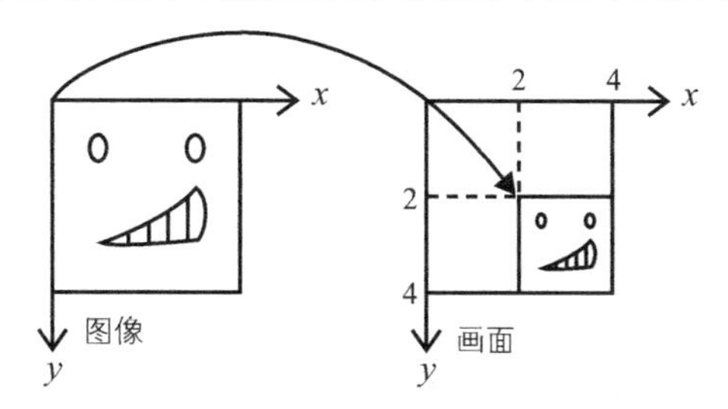

可见，我们还需要像旋转处理时那样对坐标偏移进行处理，当然这要比旋转时的处理容易一些。以左上角为原点，缩小一半后再移动即可。假设 x 和 y 的放大率分别为 s_x 与 s_y，则可以得出：

$$q_x = s_x p_x + o_x$$
$$q_y = s_y p_y + o_y$$

图像上的 (0, 0) 移动到画面上的 (2, 2)，图像上的 (2, 2) 移动到画面上的 (3, 3)，图像上的 (4, 4) 移动到画面上的 (4, 4)。大家可以稍微计算一下进行验证。这样就能实现图像的任意缩放了，比如可以只让 y 缩小一半而让 x 保持不变。

12.4.1 编写代码

现在来编写代码。仿照旋转函数 `rotate()` 创建 `scale()` 即可，之后的内容大致是相同的。

```
void scale(
Vector2* out,
const Vector2& in,
const Vector2& offset,
const Vector2& ratio ){
    //首先处理缩放
    out->setMul( ratio, in );
    //只移动 offset
    *out += offset;
}
```

`setMul()` 是将向量各元素分别相乘后的结果存入自身的函数。

```
void Vector2::setMul( const Vector2& a, const Vector2& b ){
    x = a.x * b.x;
    y = a.y * b.y;
}
```

使用 scale() 完成缩放处理的代码如下所示。

```
Image* image; //载入的图像

Vector2 offset( 2, 2 );
Vector2 scale( 0.5, 0.5 );
//创建 3 点
Vector2 a, b, c;
scale( &a, Vector2( 0, 0 ), offset, scale );
scale( &b, Vector2( 4, 0 ), offset, scale );
scale( &c, Vector2( 0, 4 ), offset, scale );

//提前计算出 b-a 和 c-a
Vector2 ab, bc;
ab.setSub( b, a );
ac.setSub( c, a );

//开始补间。rcp 是倒数的英文单词 Reciprocal 的缩写
double rcpWidth = 1.0 / static_cast< double >( width );
double rcpHeight = 1.0 / static_cast< double >( height );
for ( int y = 0; y < height; ++y ){
   double yf = static_cast< double >( y ) + 0.5;
   double v = yf * rcpHeight;
   for ( int x = 0; x < width; ++x ){
      double xf = static_cast< double >( x ) + 0.5;
      double u = xf * rcpWidth;
      //补间的核心处理
      Vector2 p;
      p.setInterpolation( a, ab, ac, u, v );
      //转换为索引
      p -= Vector2( 0.5, 0.5 );
      //取整
      int rx, ry;
      rx = round( p.x );
      ry = round( p.y );
      //如果在范围内
      if ( rx >= 0 && rx < width && ry >= 0 && ry < height ){
         unsigned p = image->pixel( x, y );
         dst[ ry * width + rx ] = p;
      }
   }
}
```

在示例 Scaling 中，左上角位于 (16, 16)，绘制时每帧都将改变放大率。

在探讨旋转处理时，我们遇到了部分像素未被绘制的问题，在缩放处理中这一问题更加明显。

因为在放大时画面上点的数量比图片素材上点的数量多得多，所以目前这种只根据图片中点的数量来进行循环处理的做法必然会导致这种结果。

12.5 在缩放的同时进行旋转

我们已经分别实现了缩放与旋转，不过在开发中还会遇到在旋转的同时进行放大的情况。下面我们就让二者同时进行。

这里依然根据以下示意图来思考。

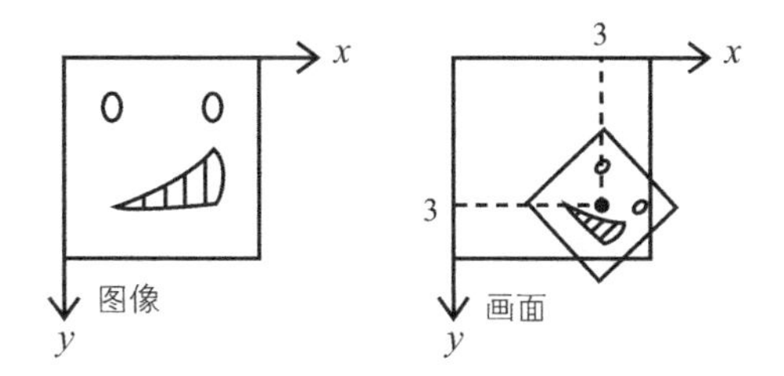

具体怎么做才能达到想要的效果呢？显然，只要分析出 3 个顶点的变化规则，然后再执行补间计算即可。我们先实现图像的缩放，之后再进行旋转处理。

图像左上角的点 (0, 0) 经过缩放处理后映射到画面上的 (2, 2)，左下角的点 (0, 4) 映射到 (2, 4)，右上角的点 (4, 0) 映射到 (4, 2)。用坐标值除以 2 再加上 (2, 2) 即可算出。

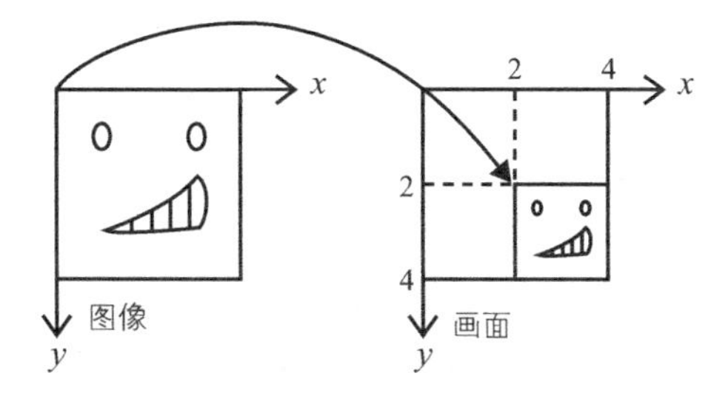

然后以 (3, 3) 为中心进行旋转，即可得到想要的效果。

这么说来，只要依次执行 `scale()` 和 `rotate()` 的处理即可。不过在编写代码之前，我们还是先演算一下，以保证其正确性。

我们以左上角的顶点为例进行演算。首先对图像左上角的顶点进行缩小处理，坐标分别除以 2 后得到 (0, 0)，然后加上 (2, 2) 得到 (2, 2)。对右下角的顶点执行相同的处理，(4, 4) 除以 2 得到 (2, 2)，加上 (2, 2) 后得到 (4, 4)，结果和我们的预期一样。

然后执行旋转。旋转的中心位于 (3, 3)，所以要减去 (3, 3)。这样一来，左上角顶点的坐标就会变成 (−1, −1)，右下角顶点的坐标就会变成 (1, 1)。接下来旋转 45° 即可。以左上角的顶点为例，计算过程如下所示。

$$x = -1 \cdot \cos(45°) - (-1) \cdot \sin(45°) = 0$$
$$y = -1 \cdot \sin(45°) + (-1) \cdot \cos(45°) = -1.4$$

得出的结果为 (0, −1.4)。因为要把原点挪回到原来的位置，所以还需要再加上 (3, 3)，最终得出 (3, 1.6)。对右下角的顶点进行相同的处理，会得到 (3, 4.4) 的结果。大家可以结合前面的示意图来理解，请注意两点的 x 坐标都是 3。

12.5.1 编写代码

我们将上面的步骤写成代码。因为是把 scale() 和 rotate() 结合在一起执行，所以不妨将函数命名为有变换之意的 transform()。

```
void transform(
Vector2* out,
const Vector2& in,
const Vector2& scalingOffset,
const Vector2& scalingRatio,
const Vector2& rotationOffset,
const Matrix22& rotationMatrix ){
    //缩放
    out->setMul( in, scalingRatio );
    //移动
    *out += scalingOffset;
    //移动旋转中心
    *out -= rotationOffset;
    //旋转
    rotationMatrix.multiply( out, *out );
    //回到之前的原点
    *out += rotationOffset;
}
```

把前几节代码中的 rotate() 和 scale() 部分替换为 transform() 应该也能正常运行，读者不妨尝试一下。另外，还可以试着改变每帧的放大率和旋转角度来看看效果。

这部分示例位于 RotationAndScaling 中。

12.6 矩阵的力量

在前面的内容中，我们为旋转后移动、移动后旋转等情况分别编写了代码，但是这样做非常不方便。难道就不能先准备好旋转、移动和缩放这 3 种函数，再按照自己的喜好对它们任意组合吗？

答案是肯定的。

我们还是先给出结论。

- **能够用矩阵来表示移动**
- **能够用矩阵来表示缩放**
- **用矩阵表示的多项操作最终可归为一个矩阵**

这里暂不深究以上结论是怎么来的，请读者先接受这几点，在此基础上我们就可以编写出以下代码。

```
Image* image; //载入的图像

//创建矩阵
translationMatrix1.setTranslation( scalingOffset ); //缩放前移动
scalingMatrix.setScaling( scaleingRatio );  //缩放
```

```
translationMatrix2.setTranslation( rotationOffset ); //旋转前移动
rotationMatrix.setRotation( rotationAngle ); //旋转
translationMatrix3.setTranslation( -rotationOffset ); //旋转后移动

//通过某种方法将它们合并为一个
transformMatrix.setMerged(
   trnaslationMatrix1,
   scalingMatrix,
   translationMatrix2,
   rotationMatrix,
   translationMatrix3 );

//创建 3 点。和矩阵相乘后转换结束
Vector2 a, b, c;
transformMatrix.multiply( &a, Vector2( 0, 0 ) );
transformMatrix.multiply( &b, Vector2( 4, 0 ) );
transformMatrix.multiply( &c, Vector2( 0, 4 ) );

//补间。略
```

注意这些只是伪代码，不能正常运行，不过读者可以从中体会到设计思路。如果真能这样编写，那就方便多了。

12.6.1 用矩阵来表示移动

为了能够用矩阵来表示移动，我们需要围绕矩阵完成一些工作。

首先，移动可以用如下算式表示。

$$q_x = p_x + o_x$$
$$q_y = p_y + o_y$$

看起来非常简单。为了用矩阵乘法来完成该计算，我们可以构建下面这个算式。

$$\begin{pmatrix} q_x \\ q_y \end{pmatrix} = \begin{pmatrix} a & c \\ b & d \end{pmatrix} \begin{pmatrix} p_x \\ p_y \end{pmatrix}$$

将该算式展开之后就会得到如下算式，我们可以使用该算式表示移动。

$$q_x = a \cdot p_x + c \cdot p_y$$
$$q_y = b \cdot p_x + d \cdot p_y$$

但是该算式中的 a、b、c、d 不是和 p_x 相乘就是和 p_y 相乘，和目标算式中那种 p_x 加上某个值的形式差别很大。虽然当 p_x 或 p_y 等于 1 时可以变为直接加上 a、b、c、d 这些常量，但 p_x 和 p_y 都是变量，所以还是不能实现我们想要的那种形式。

因此这就需要对矩阵进行扩展。我们可以把矩阵与向量相乘的部分变为如下形式。

$$q_x = a \cdot p_x + c \cdot p_y + e$$
$$q_y = b \cdot p_x + d \cdot p_y + f$$

这样就可以直接加上不与其他变量相乘的值了。给矩阵加上第 3 列，使其变成 2×3 矩阵，这样似乎就可以了。但是，e 和 f 如果不和向量中的元素相乘又显得非常违和，因此我们将向量也变为三元向量，并将第 3 个元素的值设为 1，于是上式就变成：

$$q_x = a \cdot p_x + c \cdot p_y + e \cdot p_z$$
$$q_y = b \cdot p_x + d \cdot p_y + f \cdot p_z$$

该式沿袭了 2×2 时的运算规则，实现了 2×3 矩阵与三元向量的乘法运算。

如果将参与运算的元素全部列出来，就是下面这种形式。

$$\begin{pmatrix} q_x \\ q_y \end{pmatrix} = \begin{pmatrix} a & c & e \\ b & d & f \end{pmatrix} \begin{pmatrix} p_x \\ p_y \\ 1 \end{pmatrix}$$

将 a 和 d 设置为 1，b 和 c 设置为 0，就会得到：

$$q_x = p_x + e$$
$$q_y = p_y + f$$

然后让 $e=o_x$，$f=o_y$ 即可。也就是说，如果将矩阵扩充为 2×3，那么表示移动的矩阵就可以写成下面这样。

$$\begin{pmatrix} 1 & 0 & o_x \\ 0 & 1 & o_y \end{pmatrix}$$

示例 TranslationWithMatrix23 中创建了 Matrix23 类并包含了上述代码。与之前的版本相比，该示例只是对构造函数以及向量的乘法运算部分做了少量修改。向量的乘法运算如下所示。

```
void Matrix23::multiply( Vector2* out, const Vector2& in ) const {
   out->x = m00 * in.x + m01 * in.y + m02; //左上*x + 中上*y + 右上*1
   out->y = m10 * in.x + m11 * in.y + m12; //左下*x + 中下*y + 左下*1
}
```

m02 和 m12 先和向量的第 3 个元素（值等于 1）相乘，然后再同其余部分相加。也就是说，算式中只要加上 m02 和 m12 即可。虽然程序中仍使用 Vector2 类型，但是需要注意的是，从理论上来说这里应当使用 Vector3 类型。另外，当 in 和 out 是同一个向量时，该函数将发生错误[①]。示例中也对这一点进行了改进。

12.6.2 用矩阵来表示缩放

缩放时只要用 s_x 乘以 p_x，用 s_y 乘以 p_y 就可以了，如下式所示。

$$q_x = s_x \cdot p_x$$
$$q_y = s_y \cdot p_y$$

2×2 矩阵与二元向量的乘积如下所示。

$$q_x = a \cdot p_x + c \cdot p_y$$
$$q_y = b \cdot p_x + d \cdot p_y$$

① 第 1 行对 out 的 x 进行了赋值，第 2 行使用了 in 的 x。如果 out 和 in 是同一向量，那么第 2 行计算将出错。

如果令 $a=s_x$，$d=s_y$，$b=c=0$，就能够用矩阵来实现缩放操作。也就是说，缩放的矩阵是：

$$\begin{pmatrix} s_x & 0 \\ 0 & s_y \end{pmatrix}$$

当然，将之前导入的 2×3 矩阵的第 3 列设置为 0，也能得到同样的效果。

示例 ScalingWithMatrix23 中包含了该处理，示例 RotationWithMatrix23 中包含了旋转处理。除了创建矩阵的部分，它们与示例 TranslationWithMatrix23 完全相同。

不管是缩放的示例还是旋转的示例，都是以左上角为中心进行放大或旋转的。之前我们都会先移动原点然后再执行放大或旋转，而这里省略了该过程，只插入了缩放或旋转操作。需要特别说明的是，前面示例中执行的并不是单纯的缩放或旋转操作，而是旋转和移动的组合，或者缩放和移动的组合。

12.6.3 合并多个操作

现在我们知道了旋转、移动和缩放都可以使用矩阵来表示，这里先把它们按顺序列出来。

$$\begin{pmatrix} \cos\theta & -\sin\theta & 0 \\ \sin\theta & \cos\theta & 0 \end{pmatrix}\begin{pmatrix} 1 & 0 & o_x \\ 0 & 1 & o_y \end{pmatrix}\begin{pmatrix} s_x & 0 & 0 \\ 0 & s_y & 0 \end{pmatrix}$$

注意表示旋转的矩阵也被改为 2×3 形式了。

那么，如果将它们合并到一起会怎么样呢？我们以“移动后再缩放”为例，先用原始的方法逐个对元素进行计算。假设点 p 先移动到 q，再放大到 r。

$$q_x = p_x + o_x$$
$$q_y = p_y + o_y$$
$$r_x = s_x q_x$$
$$r_y = s_y q_y$$

对该联立方程式化简，消去 q，算式就会变成：

$$r_x = s_x(p_x + o_x)$$
$$r_y = s_y(p_y + o_y)$$

注意观察该算式，看能否用矩阵来表示。将该算式展开，得到：

$$r_x = s_x p_x + s_x o_x$$
$$r_y = s_y p_y + s_y o_y$$

该结果就可以用下面的矩阵来表示。

$$\begin{pmatrix} s_x & 0 & s_x o_x \\ 0 & s_y & s_y o_y \end{pmatrix}$$

接下来只要由“移动矩阵”和“缩放矩阵”通过“某种运算”得出这个矩阵即可。用这个最终的矩阵与向量相乘，得到的结果应该和分别进行计算的结果相同。那么，如何得出这个矩阵呢？

实际上，数学家们在很早之前就已经思考过这个问题了，所谓的“某种运算”其实就是“矩阵与矩阵的乘法”。运用该知识就可以解决上面的问题。

不过，即使我们不直接套用前人的结论，也可以用一种比较简单的方式推导出这种运算规则。下面我们就来试一下。

之前我们尝试过合并移动矩阵和缩放矩阵，但那种做法仅限于移动和缩放，不具备通用性，所以我们要把矩阵的所有元素都用变量来表示，尝试摸索出一套适用于所有矩阵的做法。

$$\boldsymbol{A}=\begin{pmatrix} a & b & c \\ d & e & f \end{pmatrix}$$

$$\boldsymbol{B}=\begin{pmatrix} g & h & i \\ j & k & l \end{pmatrix}$$

我们考虑一下如何把包含了元素 a 到元素 f 的矩阵 $\boldsymbol{A}$ 与包含了元素 g 到元素 l 的矩阵 $\boldsymbol{B}$ 合并到一起。向量 $\boldsymbol{p}$ 先和第 1 个矩阵相乘得到 $\boldsymbol{q}$，然后再和第 2 个矩阵相乘得到 $\boldsymbol{r}$。

$$\boldsymbol{B}(\boldsymbol{A}\boldsymbol{p})=\boldsymbol{B}\boldsymbol{q}=\boldsymbol{r}$$

我们需要找到一种计算规则，能够像下面这样让 $\boldsymbol{A}$ 与 $\boldsymbol{B}$ 先进行计算。

$$\boldsymbol{B}(\boldsymbol{A}\boldsymbol{p})=(\boldsymbol{B}\boldsymbol{A})\boldsymbol{p}$$

这种特性在数学上称为**结合律**，现在我们需要做的就是探索出一套计算规则，以使矩阵之间的乘法满足结合律。首先，对每个元素进行计算，将矩阵和向量的乘法运算结果全部写出来，如下所示。

$$q_x=ap_x+bp_y+c$$
$$q_y=dp_x+ep_y+f$$
$$r_x=gq_x+hq_y+i$$
$$r_y=jq_x+kq_y+l$$

为了将 $\boldsymbol{q}$ 消去，我们把前两个算式代入后两个算式。

$$r_x=g(ap_x+bp_y+c)+h(dp_x+ep_y+f)+i$$
$$r_y=j(ap_x+bp_y+c)+k(dp_x+ep_y+f)+l$$

展开后得到：

$$r_x=(ag+dh)p_x+(bg+eh)p_y+(cg+fh)+i$$
$$r_y=(aj+dk)p_x+(bj+ek)p_y+(cj+fk)+l$$

所以最终的矩阵应该是：

$$\boldsymbol{B}\boldsymbol{A}=\begin{pmatrix} ag+dh & bg+eh & cg+fh+i \\ aj+dk & bj+ek & cj+fk+l \end{pmatrix}$$

如果觉得 $\boldsymbol{BA}$ 的顺序不容易理解，读者不妨试着按照 $\boldsymbol{AB}$ 的顺序计算一下。根据上述乘法规则，$\boldsymbol{A}$ 和向量相乘后再和 $\boldsymbol{B}$ 相乘的结果与先将两个矩阵相乘再和向量相乘的结果相同。仔细观察上面的算式就可以看出它具有一定的规律，把握住这些规律就不容易写错。比如左上角的元素是由 $\boldsymbol{A}$ 的第 1 列元素和 $\boldsymbol{B}$ 的第 1 行元素生成的，右下角的元素是由 $\boldsymbol{A}$ 的第 3 列元素和 $\boldsymbol{B}$ 的第 2 行元素生成的。

这样我们就可以自由地对矩阵进行结合了，不过要注意运算顺序，先移动再旋转和先旋转再移动的结果是不同的。其实仔细观察上面的结果就能发现，交换 $abcdef$ 和 $ghijkl$ 后计算出来的结果是不一样的。也就是说，对于矩阵 $\boldsymbol{A}$ 和 $\boldsymbol{B}$，$\boldsymbol{AB}$ 和 $\boldsymbol{BA}$ 的结果并不相同，结合律在这里并不成立。

因为向量会先和相邻的矩阵进行运算，所以在 $\boldsymbol{ABp}$ 这个算式中，向量会先和 $\boldsymbol{B}$ 进行运算，然后再和 $\boldsymbol{A}$ 进行运算。如果希望按照 $\boldsymbol{ABCDE}$ 的顺序运算，算式就应当写作 $\boldsymbol{EDCBAp}$。如果要用括号来表示矩阵的乘法顺序，就是 $((((\boldsymbol{ED})\boldsymbol{C})\boldsymbol{B})\boldsymbol{A})\boldsymbol{p}$。下面是相关的伪代码。

```
M = E;
M *= D;
M *= C;
M *= B;
M *= A;
```

编写代码

接下来编写代码。首先，为 Matrix23 类添加乘法函数，使 2 个矩阵可以合并为 1 个。然后，按照任意顺序实施移动、旋转以及缩放等操作，确认结果是否符合我们的预期。我们可以先用本章一开始提到的旋转操作来验证。具体来说，就是以图像的中央为中心旋转 45°。为了围绕图像的中心旋转，就需要先移动一定的距离，然后再旋转，最后再移动到之前的原点，整个过程分为了 3 步。也就是说，需要合并 3 个矩阵。

接着，在 Matirx23 类中分别添加用于生成移动、缩放以及旋转矩阵的函数。

```
class Matrix23{
public:
   void setTranslation( const Vector2& v );
   void setRotation( double );
   void setScaling( const Vector2& v );
   //矩阵间相乘
   void operator*=( const Matrix23& m );
private:
   double m00, m01, m02;
   double m10, m11, m12;
};

//cpp中的内容
void Matrix23::setTranslation( const Vector2& v ){
   m00 = m11 = 1.0;
   m01 = m10 = 0.0;
   m02 = v.x; m12 = v.x;
}
void Matrix23::setRotation( double angle ){
   double s = sin( angle );
   double c = cos( angle );
   m00 = m11 = c;
   m01 = -s;
   m10 = s;
   m02 = m12 = 0.0;
}
void Matrix23::setScaling( const Vector2& v ){
   m00 = v.x; m11 = v.y;
   m01 = m02 = m10 = m12 = 0.0;
}
void Matrix23::operator*=( const Matrix23& m ){
   double tx, ty; //会覆盖本地址，因此需要备份
   tx = m00; ty = m01;
   m00 = tx * m.m00 + ty * m.m10; //ag+dh
   m01 = tx * m.m01 + ty * m.m11; //bg+eh
   m02 = tx * m.m02 + ty * m.m12 + m02; //cg+fh+i
   tx = m10; ty = m11;
   m10 = tx * m.m00 + ty * m.m10; //aj+dk
```

```
    m11 = tx * m.m01 + ty * m.m11; //bj+ek
    m12 = tx * m.m02 + ty * m.m12 + m12; //cj+fk+l
}
```

因为不存在向自身变量赋初始值的情况，所以无须定义给成员变量赋值的构造函数，而且将所有的成员变量都设置为privte也不会有什么问题。下面我们来编写绕图像中心旋转的代码。先创建出移动 (−2, −2) 的矩阵、旋转 45° 的矩阵和移动 (2, 2) 的矩阵，然后按照“从后往前”的顺序进行乘法计算。

```
Image* image; //载入的图像

//创建矩阵
Matrix23 translation1;
Matrix23 translation2;
Matrix23 rotation;

translation1.setTranslation( Vector2( -2.0, -2.0 ) );
rotation.setRotation( rotationAngle ); //旋转
translation2.setTranslation( Vector2( 2.0, 2.0 ) );

//进行乘法计算使其变成 1 个，按从后往前的顺序进行乘法计算
Matrix23 transform;
transform = translation2;
transform *= rotation;
transform *= translation1;
// 变成transform = translation2 * rotation * translation1

//创建 3 点
Vector2 a, b, c;
transform.multiply( &a, Vector2( 0, 0 ) );
transform.multiply( &b, Vector2( 4, 0 ) );
transform.multiply( &c, Vector2( 0, 4 ) );

//开始补间。以下内容省略
for ( ... ){
    for ( ... ){
    }
}
```

大家可以确认一下处理结果是否和之前的做法一致。如果这些内容都能够很好地吸收，就代表你已经理解了 3D 图形处理的基础知识。不过关于矩阵，仅了解这些知识还远远不够，建议读者进一步参考本节的补充内容。

本节的相关代码可以参考示例 MergeMatrices，该示例将旋转、移动和缩放全部用矩阵表示后将其合并到了一起。这也是对本章处理的一个总结。大家想想之前的做法就能感觉到孰优孰劣了。

需要注意的是，代码写起来简单并不意味着运行效率就高。矩阵元素中出现了大量的 0 或 1，对这些数值进行乘法运算本来就是一种浪费。因此，尽管理论上我们可以用矩阵的乘法来表示这些操作，但实际上并不是非这么做不可。就好像理论上应当使用三元向量的地方实际上仍使用了二元向量，二者是同一个道理。

到这里，本章的必读内容就全部结束了。在补充内容中，我们将首先介绍一下一开始提出的旋转的计算公式是怎么来的，然后再讨论之前搁置的更为实用的旋转处理方法，最后从数学方面对矩阵进行补充说明。

12.7 补充内容：旋转公式的由来

旋转的计算公式可以写为如下形式。

$$q_x = \cos\theta \cdot p_x - \sin\theta \cdot p_y$$
$$q_y = \sin\theta \cdot p_x + \cos\theta \cdot p_y$$

但是我们之前并没有解释这个公式是怎么得来的。虽然不清楚它的由来也不影响游戏开发，但是笔者强烈反对“知其然而不知其所以然”，所以下面就为大家说明一下该算式的推导过程。

首先，画出旋转的示意图。p 以原点为中心旋转 $\theta°$ 后移动到 q 点。

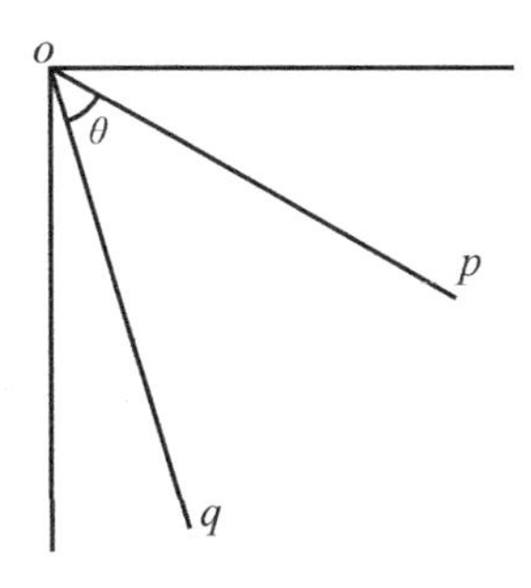

直接分析可能比较抽象，我们尝试引入一些辅助线。

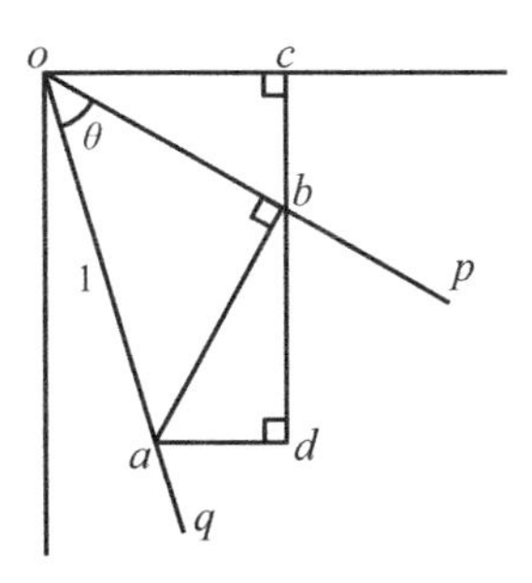

在连接原点 o 和 q 的直线上取距离原点长度为 1 的点 a。然后从 a 向 op 引一条垂线，交点为 b。之后从 b 往 x 轴引一条垂线，交点为 c。最后从 a 引一条平行于 x 轴的线，它和 bc 的延长线相交于点 d。请读者不要追问这样做的理由。作为在中学时代学习数学时就不会添加几何辅助线的过来人，笔者也很难理解发明这些方法的先贤们脑子里的想法。

画完这些辅助线后，就可以用这些线段的长度来表示 a 的坐标 (a_x, a_y)。q 位于直线 oa 上，oq 的距离和 op 的距离相同。因此，如果可以求出 a，那么求出 q 也不是什么难事。如果将连接两点的线段记为 $|ab|$，那么 a 就可以用下列算式表示[①]。

$$a_x = |oc| - |ad|$$
$$a_y = |cb| + |bd|$$

① 一般来说，对于向量 $\boldsymbol{x}$ 而言，$|\boldsymbol{x}|$ 表示向量的长度。现在我们用 $|oa|$ 来表示连接 o 和 a 的线段的长度，乍一看似乎是用相同的符号表示了含义完全不同的两个概念，但是如果考虑到 o 指向 a 的向量可以称为 $\boldsymbol{oa}$，就会发现它们本质上是相同的。

下面的推导过程运用的都是初中数学知识。

首先，三角形 dba 和三角形 cob 的形状相同，也就是二者相似。

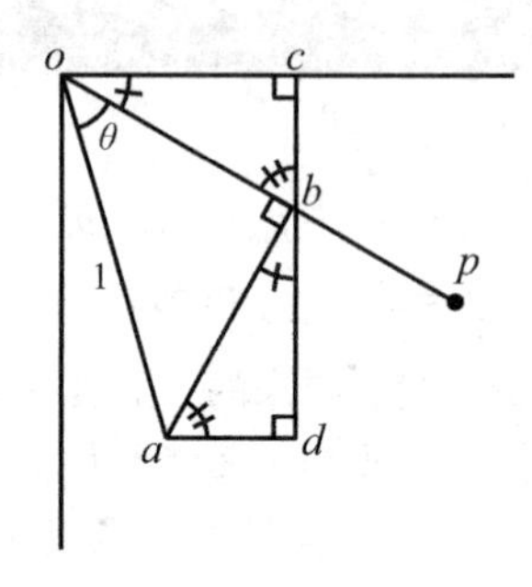

图中使用相同的符号对角度相同的角做了标注。如果两个三角形的各个角的角度相同，我们就说二者存在相似关系，这个概念应该在初中数学里出现过。

如何判断角度是否相同呢？在上图中，

$$\angle dba = 180° - 90° - \angle cbo$$
$$\angle cob = 180° - 90° - \angle cbo$$

由此就可以得出 $\angle dba$ 和 $\angle cob$ 相等。又因为二者都是直角三角形，三角形内角和等于 180°，所以另外一个角的大小也相同。

对于点 p，如果用 r 来表示它距离原点的长度，则 p 的坐标可以表示为：

$$p_x = r \cdot \cos(\angle cob)$$
$$p_y = r \cdot \sin(\angle cob)$$

它构成了下图这样的三角形。

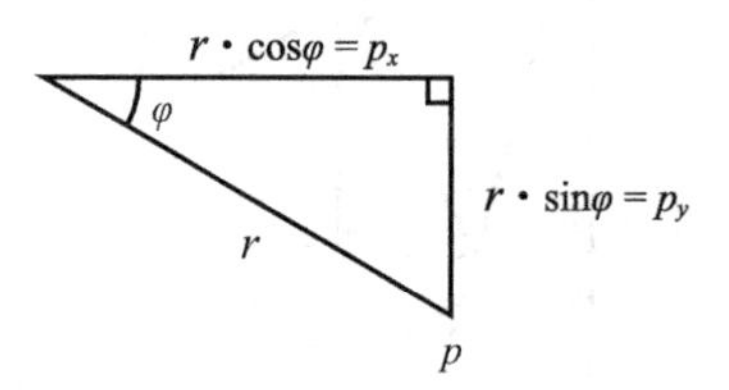

和它相似的三角形有两个，即三角形 cob 和三角形 dba。因为相似，所以只要知道一条边的边长，就可以通过比例关系算出另外两个三角形的边长。现在要求的边 $|ad|$、$|oc|$、$|cb|$、$|bd|$ 都是这两个三角形的边，所以逐个求出边长后问题就解决了。

那么先求哪条边呢？当然是斜边。

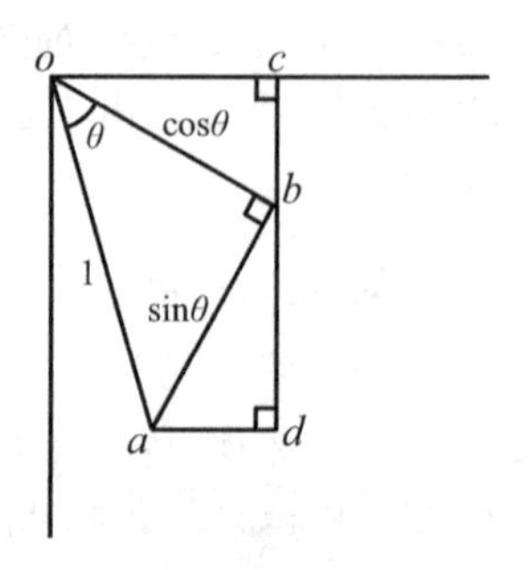

这正是将 $|oa|$ 的长度设置为 1 的原因。利用三角函数可以很快算出其他边，算出的结果已在上图中标注。然后再根据比例关系，就可以得到：

$$\frac{|oc|}{\cos\theta} = \frac{p_x}{r}$$
$$\frac{|bc|}{\cos\theta} = \frac{p_y}{r}$$
$$\frac{|bd|}{\sin\theta} = \frac{p_x}{r}$$
$$\frac{|ad|}{\sin\theta} = \frac{p_y}{r}$$

化简后得出：

$$|oc| = \frac{\cos\theta \cdot p_x}{r}$$
$$|bc| = \frac{\cos\theta \cdot p_y}{r}$$
$$|bd| = \frac{\sin\theta \cdot p_x}{r}$$
$$|ad| = \frac{\sin\theta \cdot p_y}{r}$$

这样就可以算出 a 了。

$$a_x = |oc| - |ad| = \frac{1}{r}(\cos\theta \cdot p_x - \sin\theta \cdot p_y)$$
$$a_y = |bd| + |bc| = \frac{1}{r}(\sin\theta \cdot p_x + \cos\theta \cdot p_y)$$

已经快要接近最终的结果了。我们想要求的点 q 位于直线 oa 上，且距离点 o 长度为 r。另外我们已经知道了 a 距离 o 的长度为 1。因为 o 表示原点，所以将 a 的各个元素乘以 r，就可以得到距离 o 的长度为 r 的点，该点恰好就是 q。也就是说，只要把上式中的 $1/r$ 消去，就可以得到 q 了。这样我们就证明了下列算式的正确性。

$$q_x = \cos\theta \cdot p_x - \sin\theta \cdot p_y$$
$$q_y = \sin\theta \cdot p_x + \cos\theta \cdot p_y$$

对这方面感兴趣的读者可以搜索“加法定理”了解相关知识。这里的推导主要是为了方便读者接受这一结论[①]。

12.8 补充内容：更为实用的旋转处理方法

其实本章运用的旋转方法在实际开发中并不能奏效。

---

① 事实上这种证明方法是不严谨的。原因在前文中已经说过，三角函数和三角形其实没有关系，使用三角形来证明并不严谨。要想让证明过程变得更加严谨，还需要进行大量修改。

之前采用的方法是计算图片上的各个像素将被绘制到画面上的哪个位置，但是这样一来，画面上绘制的像素数量将总是与图片上的像素数量相同，一旦画面区域缩小，一个像素就会被绘制多次，而一旦画面区域放大，像素之间又会显得稀疏。即便不进行缩放仅执行旋转，一些像素也会因四舍五入而未能被绘制出来。

所以我们需要反过来思考，针对画面上将被绘制出的倾斜的四边形，遍历其中的每个像素，计算这些点是从图片上的何处绘制过来的。

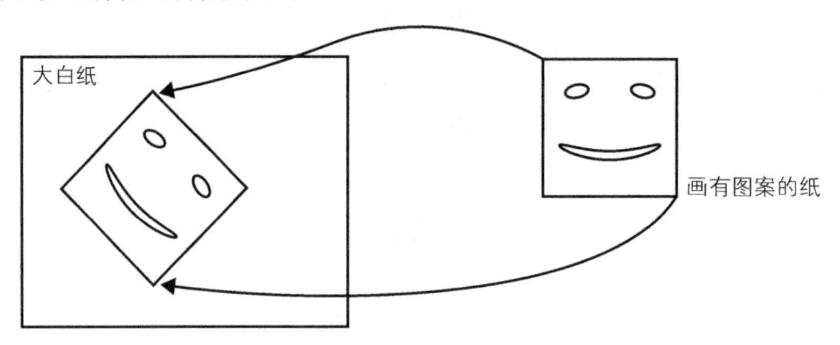

可是遍历倾斜四边形中的所有像素很难用简单的 `for` 循环来实现。不过只要解决了该问题，我们就可以用前面所说的方法进行处理，处理顺序如下所示。

- **计算顶点**
- **创建将要绘制的像素列表**
- **计算出该像素的 u、v，然后根据 3 点进行补间绘制**

顶点的计算说到底就是创建矩阵并与顶点坐标相乘，这和我们之前做的完全相同。最后一步的补间也已经详细介绍过了，所以现在需要介绍的内容就集中在第 2 步上。

12.8.1 光栅化

这个概念不容易描述，我们先来看一下它的实现步骤。

- **对三角形进行分解**
- **按 y 轴顺序排列三角形的各个顶点，在中间的顶点处引出一条水平线，将三角形切分为两部分**
- **对分割开的每个三角形，沿 x 轴方向按 1 像素宽度进行切分**
- **计算切分后形成的每条线段的左右端点，绘制它们之间的区域**

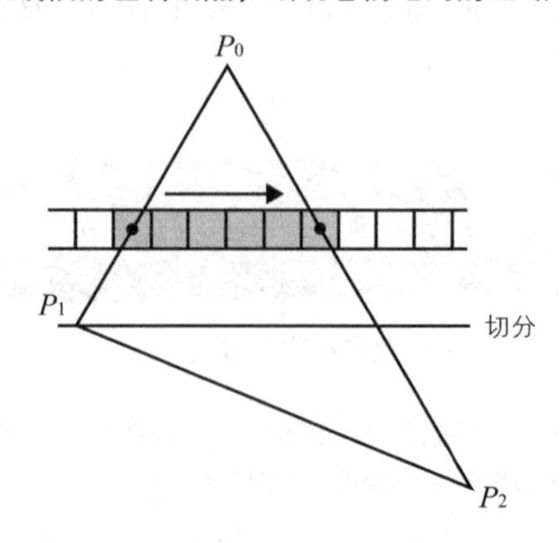

这里列出图形中的像素并进行绘制的过程就称为**光栅化**（rasterize）。下述代码是针对一个三角形的处理过程。

```
for ( int y = beginY; y < endY; ++y ){
    beginX = calculateBeginX();
    endX = calculateEndX();
    for ( int x = beginX; x < endX; ++x ){
        fillPixel();
    }
}
```

光栅化的说明就到此为止。如果读者对自己的水平有信心，可以试着根据这些说明来自行实现。这部分的示例位于 RotationWithRastarization 中，读者可以看一下其中的代码。

12.9 补充内容：数学中的矩阵

本章介绍的矩阵虽然和数学课本上的矩阵很像，但二者并不是一个东西。矩阵与向量的乘法运算是我们后续添加的，同样，矩阵与矩阵的乘法运算也只是为了让矩阵与向量相乘时能够满足结合律而添加的。当然，如果想将矩阵用在更多的地方，就需要扩充它的特性，使它与数学上的矩阵一致。

12.9.1 矩阵与向量的乘积

矩阵与向量的乘法运算可以写成如下形式。

$$q_x = a_{00} \cdot p_x + a_{01} \cdot p_y$$
$$q_y = a_{10} \cdot p_x + a_{11} \cdot p_y$$

为了使写法更简洁，我们引入了二元向量与 2×2 矩阵的概念，并用下式来表示。

$$\boldsymbol{q} = \boldsymbol{A}\boldsymbol{p}$$

这些都已经在前面的内容中说明过了。

但是，数学课本中可能一上来就会介绍矩阵与向量分别是如何定义的、二者的乘法规则是什么，等等。能自然地接受这种讲解方式的人，要么只是单纯地认为这些概念是因为需要被用到所以才被提出来的，要么不在意它们出现的原因和必要性，只沉浸在操作这些抽象符号的世界中。不过现实中这样的人并不多，而且他们一定对游戏开发兴趣不大。正因为如此，本书才放弃了课本中那样的说明顺序。现在想必各位读者已经明白了矩阵的用途，所以在进行更深层次的讨论时，应该也不会觉得那么难以接受了。

之前我们计算了 2×3 矩阵与三元向量的乘积。虽然代码中只出现了二元向量，但是读者应该记得第 3 个元素的值被我们设置为 1 了，所以从理论上来说参与运算的还是三元向量。另外，本章只讨论了 2×3 矩阵与三元向量的积，其他规格的矩阵与向量间的运算并没有涉及。从数学的观点来看，这种“只有 2 的情况被验证了”的理论是没有意义的。因为数学追求的是适用于 n 元的理论。当然，矩阵与向量也有适用于 n 元的运算规则，而且被广泛使用。

数学中把 n 元向量 $\boldsymbol{p}(p_0, p_1, \cdots, p_{n-1})$ 与 m 行 n 列矩阵

$$\boldsymbol{A}=\begin{pmatrix} a_{00} & a_{01} & \cdots & a_{0(n-1)} \\ a_{10} & a_{11} & \cdots & a_{1(n-1)} \\ \vdots & \vdots & \ddots & \vdots \\ a_{(m-1)1} & a_{(m-1)1} & \cdots & a_{(m-1)(n-1)} \end{pmatrix}$$

的乘积定义为：

$$q_i=\sum_{j=0}^{n-1} a_{ij} p_j (0 \leqslant i \leqslant m-1)$$

既然是“定义”，就意味着它是绝对成立的。考虑到读者可能对∑这个符号不太熟悉，我们把上式翻译为代码，如下所示。

```
for ( int i = 0; i <= ( m - 1 ); ++i ){
   q[ i ] = 0.0;
   for ( int j = 0; j <= ( n - 1); ++j ){
      q[ i ] += a( i, j ) * p[ j ];
   }
}
```

也就是说，∑相当于循环求和。循环的结束条件一般写作 `j<n`，但为了便于理解，我们写成了 `j<=(n-1)`。此外，`a(i, j)` 表示矩阵 $\boldsymbol{a}$ 中的 i 行 j 列的元素。

∑下方的数字与上方的数字分别表示循环变量的初始值和最终值。另外，算式的最后还标注了“$0 \leqslant i \leqslant m-1$”，这就说明还存在一个关于 i 的循环。教科书中一般不会像这样用代码将计算过程表示出来，所以读者应当尽早学会快速地将数学公式转换为代码。如果做不到这一点，就只能一直阅读像本书这样的“入门书”了。

为了避免出现理解偏差，我们将该过程用自然语言描述出来：$\boldsymbol{q}$ 的第 i 个元素值等于矩阵的第 i 行和 $\boldsymbol{p}$ 的积和。积和，顾名思义，就是指从两组数据中逐对取出数据计算乘积，然后对所有的乘积求和。读者可以试着用二元向量对上述算式进行验证。

还有一点需要注意的是，生成的向量的尺寸等于矩阵的行数，即纵向尺寸或高度。不管是 2×3 矩阵与三元向量相乘，还是 2×10 矩阵与十元向量相乘，最终向量都是二元的。因此，2×3 矩阵与三元向量的积是二元的。

此外，根据上述定义，矩阵的列数，即横向尺寸或宽度，必须和向量的元素个数保持一致。因为在计算积和时需成对地进行运算。

12.9.2 矩阵与矩阵的乘积

为了让矩阵与向量相乘时能够满足结合律，前面我们定义了两个 2×3 矩阵相乘时的计算规则，即对于矩阵 $\boldsymbol{A}$、$\boldsymbol{B}$ 以及向量 $\boldsymbol{p}$，我们定义了矩阵与矩阵的计算规则，使其能够满足如下条件。

$$(\boldsymbol{AB})\boldsymbol{p}=\boldsymbol{A}(\boldsymbol{Bp})$$

将 $\boldsymbol{B}$ 和 $\boldsymbol{p}$ 相乘后得到的向量再与 $\boldsymbol{A}$ 相乘，其结果与先将 $\boldsymbol{A}$ 和 $\boldsymbol{B}$ 经过“某种运算”得到某个矩阵，再将该矩阵和向量 $\boldsymbol{p}$ 相乘的结果一致。我们将能够满足该条件的“某种运算”称为矩阵的乘法运算。

如果从理解的容易程度来评价，这种讲解方式没有什么问题，不过该规则是通过先计算 $\boldsymbol{Bp}$，再乘以 $\boldsymbol{A}$ 的结果推导出来的，所以不太容易记忆。当然，如果忘记了，也可以再计算一次来推导出该结论，但是如果可能的话，还是总结出矩阵与矩阵的乘法规则比较方便。

$$\boldsymbol{AB}=\begin{pmatrix} a_{00}b_{00}+a_{01}b_{10} & a_{00}b_{01}+a_{01}b_{11} & a_{00}b_{02}+a_{01}b_{12}+a_{02} \\ a_{10}b_{00}+a_{11}b_{10} & a_{10}b_{01}+a_{11}b_{11} & a_{10}b_{02}+a_{11}b_{12}+a_{12} \end{pmatrix}$$

根据上式我们可以推测出第 i 行 j 列的元素值应该是 $\boldsymbol{A}$ 的第 i 行和 $\boldsymbol{B}$ 的第 j 列的积和，但是这必须通过计算来验证。另外，即便在 2×3 矩阵的情况下成立，也无法保证在 3×3 或 4×3 矩阵的情况下也一定成立，这时就需要用到相关的数学知识了。

此处仍按照惯例先给出结论。x 行 y 列的矩阵 $\boldsymbol{A}$ 与 y 行 z 列的矩阵 $\boldsymbol{B}$ 的积为：

$$c_{ij}=\sum_{k=0}^{y-1}a_{ik}b_{kj}\ (0\leqslant i\leqslant x-1, 0\leqslant j\leqslant z-1)$$

代码如下所示。

```
for ( int i = 0; i <= ( x - 1 ); ++i ){
   for ( int j = 0; j <= ( z - 1 ); ++j ){
      c( i, j ) = 0.0;
      for ( int k = 0; k <= ( y - 1 ); ++k ){
         c( i, j ) += a( i, k ) * b( k, j );
      }
   }
}
```

计算出的矩阵 $\boldsymbol{C}$ 是 x 行 z 列的。比起代码，还是算式更直观易懂，而且那些高级的教材中往往只会列出算式，如果读者不能习惯这一点，在阅读更高级的教材时就会感到吃力。

同样，为了避免出现理解偏差，我们还是用自然语言将这一过程描述出来：第 i 行第 j 列的元素是 $\boldsymbol{A}$ 的第 i 行与 $\boldsymbol{B}$ 的第 j 列元素的积和。请注意所生成的矩阵的尺寸。1×4 矩阵与 4×1 矩阵的积是 1×1 矩阵，而 4×1 矩阵与 1×4 矩阵的积则是 4×4 矩阵。

$$\begin{pmatrix} 1 & 2 & 3 & 4 \end{pmatrix}\begin{pmatrix} 5 \\ 6 \\ 7 \\ 8 \end{pmatrix}=(70)$$

$$\begin{pmatrix} 1 \\ 2 \\ 3 \\ 4 \end{pmatrix}\begin{pmatrix} 5 & 6 & 7 & 8 \end{pmatrix}=\begin{pmatrix} 5 & 6 & 7 & 8 \\ 10 & 12 & 14 & 16 \\ 15 & 18 & 21 & 24 \\ 20 & 24 & 28 & 32 \end{pmatrix}$$

读者可以亲自验证一下。

和计算矩阵与向量的乘积时相同，左边矩阵的列数（横向尺寸）和右边矩阵的行数（纵向尺寸）必须一致，否则在计算积和时就无法成对地进行计算。但是笔者在之前曾介绍过两个 2×3 矩阵相乘的运算，这种“自相矛盾”的说明又该怎么解释呢？

请读者回忆一下，在最开始的时候 2×3 矩阵是不能与二元向量相乘的。当时我们将向量扩充至三元，把第 3 个元素值设置为 1，这才满足了运算规则，从而顺利地和 2×3 矩阵进行了乘法运算。也就是说，这个向量实际上是一个三元向量。而在 $\boldsymbol{ABp}$ 中，$\boldsymbol{p}$ 就是三元向量，它与 $\boldsymbol{B}$ 相乘的结果 $\boldsymbol{Bp}$

也必须是三元向量，否则就无法与 $\boldsymbol{A}$ 进行乘法运算。

我们已经知道，矩阵与向量相乘后得到的向量的“元”等于参与运算的矩阵的列数，也就是纵向的尺寸。因此，为了可以生成三元向量，必须保证参与运算的矩阵是 3×3 的。那么在矩阵 $\boldsymbol{A}$ 与 $\boldsymbol{B}$ 都是 3×3 的情况下，应当把第 3 行设置成什么值呢？我们先将算式列出来。

$$\begin{pmatrix} q_x \\ q_y \\ 1 \end{pmatrix} = \begin{pmatrix} a_{00} & a_{01} & a_{02} \\ a_{10} & a_{11} & a_{12} \\ x & y & z \end{pmatrix} \begin{pmatrix} p_x \\ p_y \\ 1 \end{pmatrix}$$

第 3 行的 x、y、z 都是未知数。这里把第 3 行的算式单独列出来。

$$1 = p_x \cdot x + p_x \cdot y + z$$

为了让上式成立，应该将 x、y、z 设置成什么值呢？唯一可行的就是 $x=y=0$，$z=1$。因为 p_x 和 p_y 是变量，所以只好让它们在计算过程中变为 0，从而消除它们带来的影响。也就是说，虽然我们想要进行的是 2×3 矩阵与二元向量的计算，但实际上参与运算的矩阵是第 3 行值为 0、0、1 的 3×3 矩阵，而向量则是一个 z 值为 1 的三元向量。了解了来龙去脉之后，再回过头来看矩阵与向量的乘积，一切就变得清晰了。

需要注意的是，我们一直称为“向量”的东西，其实是一个 n×1 的矩阵，严格来说，它和数学上定义的向量是不同的①。因此，我们一直在说的矩阵与向量的乘积，本质上还是矩阵与矩阵的乘积。此处借用数学用语中的向量来描述也没什么问题，所以我们之后仍会将 n×1 矩阵称为向量。

另外，矩阵与矩阵的乘积还可以分解为多个矩阵与向量的乘积，例如 2×2 矩阵之间的乘法计算可以看作 2×2 矩阵分别与两个二元向量相乘后的值的组合，如下所示。

$$\begin{pmatrix} 1 & 2 \\ 3 & 4 \end{pmatrix} \begin{pmatrix} 5 \\ 6 \end{pmatrix} = \begin{pmatrix} 17 \\ 39 \end{pmatrix}$$

$$\begin{pmatrix} 1 & 2 \\ 3 & 4 \end{pmatrix} \begin{pmatrix} 7 \\ 8 \end{pmatrix} = \begin{pmatrix} 23 \\ 53 \end{pmatrix}$$

$$\begin{pmatrix} 1 & 2 \\ 3 & 4 \end{pmatrix} \begin{pmatrix} 5 & 7 \\ 6 & 8 \end{pmatrix} = \begin{pmatrix} 17 & 23 \\ 39 & 53 \end{pmatrix}$$

请读者务必亲自计算一下。

读者应当尽快适应矩阵的乘法运算。不仅要做到“能够计算”，还要达到信手拈来的程度。因为 3D 部分将频繁使用矩阵的乘法，如果不能非常熟练地掌握该计算，就会影响对之后内容的理解。读者不妨通过一些习题来巩固，可以自己出题，也可以利用互联网上丰富的资源。

最后，建议读者在学习过程中不要光用眼睛看。计算积和时可以使用铅笔标出参与运算的每对数据，这一点非常重要。如果能够读出声来就更好了。人脑的特点决定了在学习时如果能把视觉、听觉和运动这几个要素结合起来，就能大幅提升理解的效率。相信大家都有体会，在背英文单词时，如果仅仅看着单词卡记忆，效率往往很低，而如果拿着铅笔边写边念，就满足了“运动”这一要素，念出了单词的发音，又满足了“听觉”的要素，这样效率就会高一些。对于那些可以用图画出来的单词，最好将它画在纸上。此外，“上下文”也非常重要。英文单词出现在文章中更容易记忆，同样，如果这些数学知识在 CG 这个“上下文”中出现，学习起来就会更加简单。

---

① 向量本来是指“拥有方向和大小的变量”，数学上的定义和这有一定的差别。估计对此有兴趣的读者都比较擅长数学。

12.10 本章小结

本章学习了如何使用向量、矩阵和三角函数等工具来对图像进行旋转、缩放和移动。人们常说在游戏开发中数学和物理的作用很大，但是如果没有亲自实践的话，是说不上来具体有什么作用的。希望读者在阅读完本章后可以体会到数学的重要性。因为只有打心底里认同并接受，才能够主动去学好这部分内容。

有的读者可能认为会用就行了，没有必要了解内部原理，但我们还是应该尽量去了解工具的特性。举例来说，如果不知道十字螺丝刀拧不了所有类型的螺钉，那么在使用这个工具时就一定会遇到麻烦。当然，生活中遇到这种情况时我们可以一眼看出工具的型号和螺钉不匹配，但在使用数学知识时恐怕就没有那么容易判断了。此外，如果不清楚工具的内在特性，也很难按照自己的意愿去改良它们。

至此，本书前半部分中最复杂的一章就结束了。下一章我们将把本章讨论的计算操作交给专门的硬件来完成，从而大幅提升绘制的性能。

第13章

显卡的力量

主要内容

- 使用显卡绘制三角形
- 纹理与纹理坐标

本章我们将之前的处理改用图形硬件来实现，以提升处理效率。这样一来，前面编写的代码大多就派不上用场了，不过读者不必感到遗憾。因为如果不会编写代码，就说明没有理解，总有一天你会用到这些编写代码的经验。

图形硬件也称为 GPU，它是 Graphics Processing Unit 的缩写，业界一般都这么称呼。不过这个词容易和 CPU 混淆，因此本书中保留了“图形硬件”的叫法，并且在上下文无歧义的情况下习惯称之为“显卡”。

13.1 关于使用的类库

和之前用到的类库相比，本章的类库 3DHardware1 发生了较大的改变。我们先来简单地说明一下。

首先最大的变化是 videoMemory() 不复存在，这就意味着无法再逐个对像素进行绘制了，如果使用该类库对《炸弹人》进行移植，恐怕一时半会无法运行起来。必须按照本章说明的顺序逐步调试与修改，才能完成《炸弹人》的移植工作。

另外一个比较大的变化是，每帧的画面在一开始都将被涂成黑色。之前进行绘制时前一帧的图像都会残留在画面上，而现在即便图像完全没有改变，也会清空之前的内容然后再绘制。之前那种只有当图像发生变化时才重新进行绘制的优化技巧在 3D 游戏时代已经不怎么灵验了。因为在 3D 游戏中，每帧的画面都会发生改变。

另外，类库中还新增了 Texture 类。该类只公开了它的函数声明，所以大家在使用时接触到的只是它的指针。具体的使用方法我们稍后再进行介绍。

13.2 使用显卡绘制三角形

这里我们先来体验一下显卡最基本的功能。简单来说，显卡的功能就是绘制三角形。我们先绘制一个最简单的白色三角形，然后再绘制具有贴图的三角形。

图形学上经常提到的“Polygon”原意是多边形，而对于从事 3DCG 的程序员来说，它指的是三角形。“7000 万个面”说的就是渲染时要绘制 7000 万个三角形。三角形是最容易绘制的图形，无论多么复杂的图形，CG 都会将其分解为一系列三角形进行绘制。

本书中不会使用“多边形”这样的词汇，一律使用“三角形”来描述。因为对美术设计师来说，一个矩形就是一个多边形，但对需要将其分解为三角形再进行绘制的程序员来说，一个矩形就相当于两个三角形。“多边形”这个词容易造成歧义，所以我们在本书中不采用这种叫法。

13.2.1 绘制白色三角形

请读者将下列代码写入 Framework::update() 然后执行。

```
double a[ 2 ] = { 100.0, 100.0 };
double b[ 2 ] = { 200.0, 120.0 };
double c[ 2 ] = { 120.0, 200.0 };
drawTriangle2D( a, b, c );
```

指定 (100, 0)、(200, 120)、(120, 200) 这 3 个顶点，随后发出一条绘制三角形的指令，三角形就会被绘制出来。传递的参数是由 x 坐标和 y 坐标组成的数组。数值可以直接用浮点数表示，取整操作将由显卡处理。

该示例位于解决方案 13_3DHardware1 下的 DrawTriangle 中。例子虽然简单，但还是请读者对照着代码思考一下，若使用之前的类库来实现相同的功能会有多么麻烦呢？显然，光栅化处理的过程将极其烦琐。由此，各位读者应该可以感受到显卡的力量了。

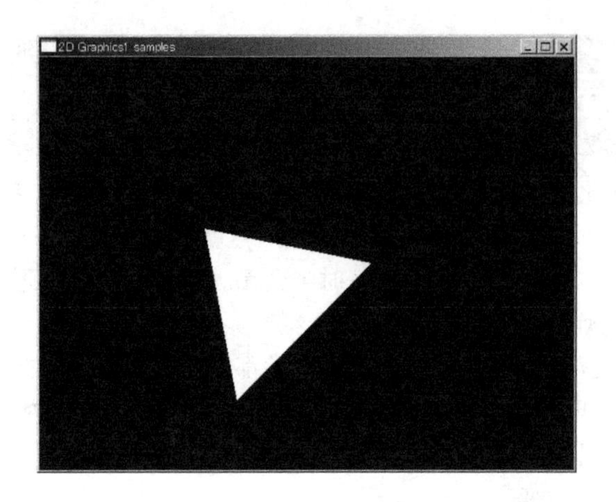

13.2.2 绘制带颜色的三角形

实际上，函数 drawTriangle2D() 需要 9 个参数。在前面的示例中，除了前 3 个参数，剩余的参数都使用了默认值，不过这次我们要一一指定。第 7 个到第 9 个参数用于指定各顶点的颜色，第 4 个到第 6 个参数的意义将在下一节说明，此处暂且指定为 0。

```
double a[ 2 ] = { 100.0, 100.0 };
double b[ 2 ] = { 200.0, 120.0 };
double c[ 2 ] = { 120.0, 200.0 };
drawTriangle2D(
   a, b, c,
   0, 0, 0,
   0xffff0000, 0xffffffff, 0xff0000ff );
```

这段代码先按照顶点的顺序绘制出红、白、蓝 3 点，然后再对各顶点之间的点进行补间，从而绘制出三角形。三角形区域内各点的颜色是按顶点颜色进行二元补间的结果。请读者回顾一下上一章通过补间来绘制图像的处理过程。与该过程类似，这里对颜色进行补间。该处理会由显卡执行，并且几乎不会影响性能。和绘制白色三角形相比，处理的负荷几乎没有改变。而如果自行编写代码来完成这一过程，那将极其烦琐。

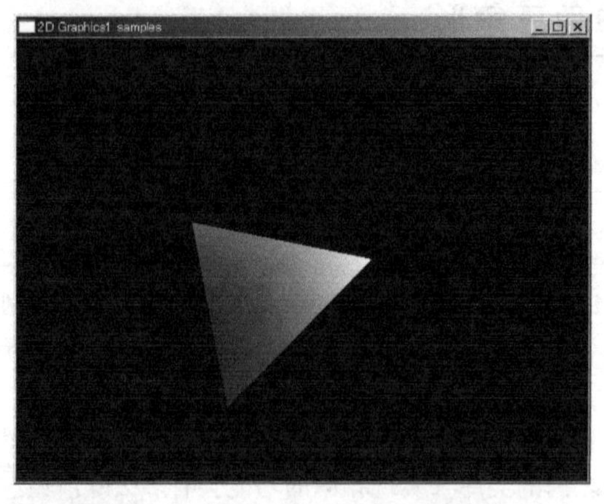

颜色值最左侧的 ff 表示透明通道，现在我们采用了不透明模式，所以当该值超过 0x80 时将进行

绘制，而当值小于 0x7f 时则只会执行透明测试。关于透明混合的相关内容，我们会在后面详细说明。

该示例代码位于 drawColoredTriangle 中。

13.3 将图像贴到三角形中

现在我们试着将图像贴到三角形中。四边形可以由两个三角形组合而成，如果这一步能顺利实现，我们就可以使用本章的类库对《炸弹人》进行移植。

在 3D 图形学中，这种图像称为**纹理**（texture）。texture 的原意是“布料的手感”，但是在游戏开发领域，“纹理”一词表示 3DCG 中贴到三角形里的图像。本书将这种“贴到三角形里的图像”称为纹理，贴图的过程则称为**纹理贴图**。

另外，因为纹理是显卡方面提供的功能，所以我们无法像上一章那样任意载入图片，任意对纹理数据进行截取和复制。使用时需按照一定的步骤将纹理传给显卡，并设定好各个三角形的贴图规则。

13.3.1 创建纹理

首先我们创建显卡可用的纹理，这里使用 `Framework::createTexture()` 方法。

```
Image* image; //载入的图像

Texture* texture;
createTexture(
   &texture,
   256,
   256,
   image->data(),
   image->width(),
   image->height() );
```

各个参数按顺序分别是纹理的宽、纹理的高、纹理数据以及原始图像的宽度和高度。这里关于纹理的大小存在一个限制——必须是 2 的幂乘。也就是说，其值必须是 1、2、4、8、16、32、64、128、256、512 这类除以若干次 2 后结果正好为 1 的数。若传入其他值，程序将无法运行。在使用显卡时会出现许多诸如此类的限制，也正因为有了这些限制，显卡的处理速度才能如此之快。

那么，在该限制条件下该如何处理 320×240 的图像呢？只有两种方法可供选择：一是创建 512×256 的纹理并将图像复制到其中；一是创建多张小尺寸纹理然后进行拼接。示例中的尺寸可以分割为多张 128×128 的小图，横向排列 3 张，纵向排列 2 张就足够了。不分割的话会造成一部分内存浪费，而分割的话又会增加显卡的运算负担，从而影响处理速度。要说哪种方法更好，还得依照具体情况而定。这里还是使用大尺寸纹理更为简单，毕竟目前我们还不会面临内存不足的问题。

显卡对于输入的图像尺寸没有要求。如果它比纹理尺寸大，处理时就会从左上方截取一部分载入纹理；如果它比纹理尺寸小，纹理中超过该图像的部分就会显示为黑色。

释放纹理

当我们不再需要纹理时，必须将其释放。

```
destroyTexture( &texture );
```

若陆续创建了许多纹理却忘记释放，终有一刻会导致内存溢出而使程序崩溃。1024×1024 的纹理会占用 4 MB 内存，而创建 100 张这样的纹理就会耗费 400 MB 内存。纹理所占的内存和普通内存不同，它由显卡提供，通常称为显存或 VRAM，一般来说容量不大。根据 2008 年 3 月份的数据，显存的标准容量一般在 128 MB 到 256 MB，一些更旧的机器甚至只有 32 MB。如果游戏的画面非常华丽，那么显存很快就会耗尽。

13.3.2 使用纹理

使用纹理进行绘制的步骤如下所示。

- **告知显卡使用什么纹理**
- **为顶点设置纹理坐标并绘制三角形**

首先通过 Framework::setTexture() 声明使用哪张纹理。

```
setTexture( texture );
```

很明显，这里用到的 texture 是前面 createTexture() 返回的 Texture*。接下来要绘制三角形，这里必须指定纹理的坐标。我们先来执行下列代码看一下效果。该代码能将 setTexture() 指定的图像贴入三角形的范围内。

```
double a[ 2 ] = { 100.0, 100.0 };
double b[ 2 ] = { 200.0, 120.0 };
double c[ 2 ] = { 120.0, 200.0 };
double ta[ 2 ] = { 0.0, 0.0 };
double tb[ 2 ] = { 1.0, 0.0 };
double tc[ 2 ] = { 0.0, 1.0 };
drawTriangle2D( a, b, c, ta, tb, tc );
```

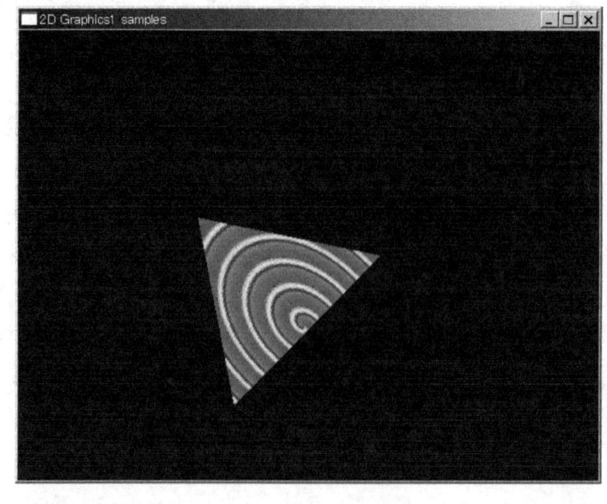

新增的参数 ta、tb 和 tc 称为纹理坐标，使用纹理坐标就可以用纹理自由地进行贴图了。下面将对纹理坐标进行说明。

13.3.3 纹理坐标

纹理坐标是记录顶点在纹理中所处位置的数值。无论纹理的分辨率有多大，它的范围都在 0 到 1 之间。左上角为 (0, 0)，左下角为 (0, 1)，右上角为 (1, 0)，右下角为 (1, 1)。因此，如果设置第 1 个顶点在 (0, 0)，第 2 个顶点在 (0, 1)，第 3 个顶点在 (1, 0)，那么经过显卡的补间运算，图像的左上部分将会被贴到三角形中。

无论纹理的分辨率有多大，取值范围都在 0 到 1 之间，这么做是为了让程序易于在分辨率千差万别的纹理间进行切换。比如在纹理坐标为 0.5 的情况下，纹理尺寸如果是 128 则对应于 64，如果是 256 则对应于 128。无论分辨率为多少，纹理尺寸的一半都用 0.5 来表示，这样处理起来会更加省事。

注意，这个范围在 0 到 1 的值就是在上一章进行二元补间计算时出现的 u 和 v。我们可以理解为显卡中也执行了与之类似的计算。确实，表示纹理坐标的字母采用的往往不是 x 和 y，而是 u 和 v。u 代表横向，v 代表纵向。一般来说，u 的方向是从左到右，v 的方向是从上到下。

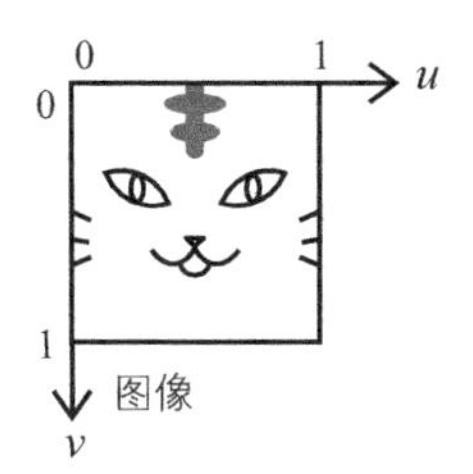

正因为如此，纹理坐标也常被称为“uv”，或者说几乎所有的场合都使用 uv 这一叫法。可能是因为“纹理坐标”这样的术语念起来太长了吧，所以我们常常可以听到“uv 偏移了”“没有指定 uv”这样的描述。如果用一个 `Vector2` 变量来表示，那么把 u 指定为 x 值，把 v 指定为 y 值即可。

我们再来看一下使用纹理绘制三角形的代码。

```
double a[ 2 ] = { 100.0, 100.0 };
double b[ 2 ] = { 200.0, 120.0 };
double c[ 2 ] = { 120.0, 200.0 };
double ta[ 2 ] = { 0.0, 0.0 };
double tb[ 2 ] = { 1.0, 0.0 };
double tc[ 2 ] = { 0.0, 1.0 };
drawTriangle2D( a, b, c, ta, tb, tc );
```

纹理坐标被设置为 (0, 0)、(1, 0)、(0, 1)，可以想象，纹理的左上部分将会被贴到三角形中。

使用纹理绘制三角形的示例位于 DrawTexturedTriangle 中。注意结束处理时要调用 `destroyTexture()` 函数。

13.3.4 同时使用纹理和顶点颜色

实际上，在指定纹理坐标的同时还可以指定顶点的颜色。在这种情况下，从纹理中取出的像素颜色将会再次与补间后的顶点颜色进行乘法运算。

颜色的相乘是指先将两个范围在 0 到 255 之间的数相乘，然后再除以 255。这和将 255 映射到 1 再进行计算是一样的。虽然不是很有必要，但本书还是准备了相关示例。希望读者可以参考示例 DrawColoredAndTexturedTriangle，结合运行效果就可以理解该计算过程了。

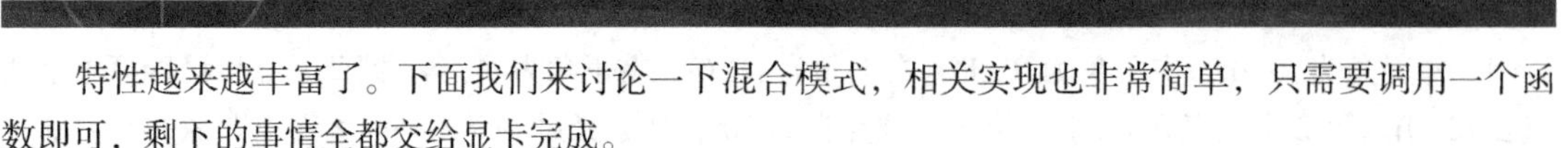

13.4 混合模式

特性越来越丰富了。下面我们来讨论一下混合模式，相关实现也非常简单，只需要调用一个函数即可，剩下的事情全都交给显卡完成。

```
void Framework::setBlendMode();
```

调用该函数的代码如下所示。

```
setBlendMode( BLEND_LINEAR );
setBlendMode( BLEND_ADDITIVE );
setBlendMode( BLEND_OPAQUE );
```

在这段代码中，从上到下依次设置了线性合成、叠加合成和非透明模式。第 3 项只会覆盖原有的颜色，当 alpha 值小于 128 时执行透明测试。因为每帧都会被初始化为非透明模式（OPAQUE），所以即便前一帧设置了线性合成，也必须重新指定。调用该函数后再执行 drawTriangle2D()，就会采用指定的合成模式来绘制三角形。需要注意的是，各合成模式的处理速度几乎没有差别。不同类型的显卡支持的合成模式也各不相同，但这里列出的 3 种模式几乎是所有显卡都支持的。掌握了这 3 种模式，就足够应付一般的游戏开发了。

和 DrawColoredTriangle 相比，示例 AlphaBlend 中添加了 setBlendMode()，每帧都会改变颜色的 alpha 值。为了便于观察，我们将 2 张图像偏移一定位置重叠放置。每按一次空格键，上方三角形的绘制模式就会按照线性合成、叠加合成和非透明模式的顺序切换。在设置为非透明模式时，如果 alpha 值小于 0x80，就无法通过透明测试，三角形也就不会被绘制出来了，这一点可以在示例中进行确认。

另外，除非考虑处理速度的问题，否则没有必要特意选择非透明模式。因为采用线性合成也可以实现同样的效果，而且两种处理的性能差异完全在可接受范围内，所以一般来说全部使用线性合成也没有问题。提供非透明模式的原因我们会在后面说明，在此之前希望各位读者可以思考一下这个问题。

13.5 旋转、缩放和移动

现在是时候将理论付诸实践了。

对于图像的旋转处理，上一章我们做得并不完美。图像放大时出现了许多间隙，而且旋转时一些像素也因四舍五入而未被绘制。不过我们马上就可以和这些麻烦说再见了，因为显卡会帮助我们完成所有事情。

简单来说就是，算出图像旋转、放大或移动后 4 个顶点的位置，然后调用 2 次 drawTriangle2D()，这样就可以绘制任意的长方形图像了。

下面我们来看一个示例，使用本章的类库重写图像绕其中心旋转和放大的处理。首先画出示意图。

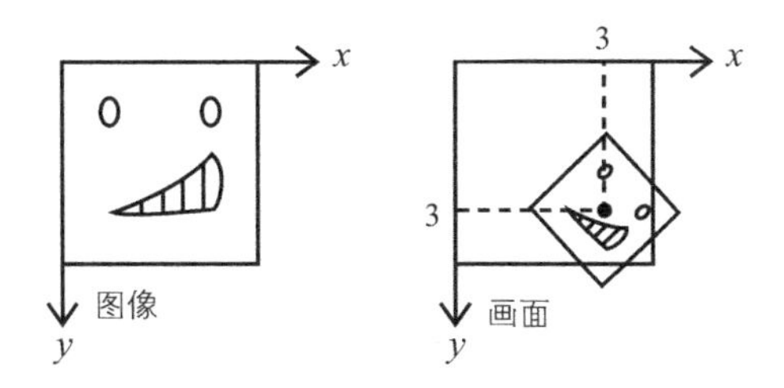

我们该如何组织移动、旋转和缩放这 3 个操作呢?

13.5.1 考虑变换的顺序

首先，我们希望缩放和旋转都以图像的中心为原点进行，这就意味着必须先将原点移动到图像中心，待所有处理完成后再移回原来的位置。然后再考虑按何种顺序完成旋转和缩放。上一章中我们先执行了缩放操作，不过并没有给出什么特别的理由。下面我们将分别按 2 种先后顺序来执行旋转与缩放，看看结果有何区别。

如果只涉及旋转与缩放操作，准备 1 个 2×2 矩阵就够了。c 表示余弦，s 表示正弦，s_x 和 s_y 分别表示 x 方向和 y 方向的放大率。

$$\begin{pmatrix} s_x & 0 \\ 0 & s_y \end{pmatrix}\begin{pmatrix} c & -s \\ s & c \end{pmatrix}=\begin{pmatrix} cs_x & -ss_x \\ ss_y & cs_y \end{pmatrix}$$

$$\begin{pmatrix} c & -s \\ s & c \end{pmatrix}\begin{pmatrix} s_x & 0 \\ 0 & s_y \end{pmatrix}=\begin{pmatrix} cs_x & -ss_y \\ ss_x & cs_y \end{pmatrix}$$

请注意比较这两个矩阵，右上和左下的元素值有所不同。在上方的矩阵中，第 1 行都包含了 s_x，第 2 行都包含了 s_y，而在下方的矩阵中，第 1 列都包含了 s_x，第 2 列都包含了 s_y。当然，如果 s_x 和 s_y 的值相同，那么这 2 个矩阵就是等价的。也就是说，如果 x 方向和 y 方向的放大率相同，那么旋转和缩放的执行顺序就无关紧要了。下图展示了按不同顺序计算时的不同结果。

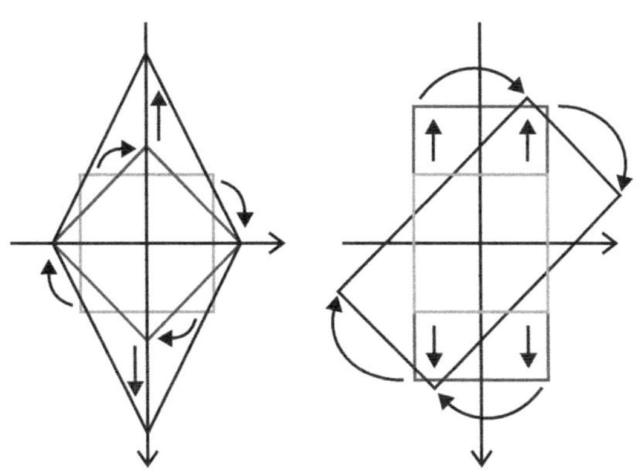

先旋转 45° 再朝着 y 方向放大和先朝着 y 方向放大再旋转 45° 的结果完全不同。将长方形旋转后放大，结果就可能不再是长方形了，而将长方形放大后再旋转，结果仍是长方形。因此，为了确保在 x 和 y 的放大率不同时也能正确处理，我们应当先缩放再旋转。按何种顺序执行移动、旋转和缩放这些操作是一个非常重要的问题，读者一定要仔细考虑。

编写代码

我们来看看相关代码。

假设图像范围是 4×4，那么先移动 (−2, −2)，让其中心成为原点，然后在该状态下依次执行缩放和旋转操作，最后再移动 (3, 3)，就可以实现上图的效果。我们先试着用矩阵来表示该过程。

```
Matrix23 translation1, rotation, scaling, translation2;
translation1.setTranslation( Vector2( -2, -2 ) );
scaling.setScaling( Vector2( 0.5, 0.5 ) );
rotation.setRotation( 45.0 );
translation2.setTranslation( Vector2( 3, 3 ) );
//矩阵相乘的顺序是相反的
Matrix23 transform;
transform = translation2;
transform *= rotation;
transform *= scaling;
transform *= translation1;
```

这样就可以计算出该矩阵了。将其与 4 个顶点相乘就可以得出结果坐标。通过这 4 个点可以连线出 2 个三角形。只要设定好适当的纹理坐标，显卡就会从纹理上找到相应的像素，并绘制出我们想要的图像。

简化代码

我们可以让代码变得更加简洁。目前这个方法需要先分别准备好用于移动、旋转和缩放的矩阵，然后再将它们相乘，确实太过烦琐。如果像下面这样准备几个函数，并分别在函数中创建矩阵并执行相应的变换，那就轻松多了。

```
void Matrix23::translate( const Vector2& v ){
   Matrix23 t;
   t.setTranslation( v );
   *this *= t;
}
void Matrix23::rotate( double angle ){
   Matrix23 t;
   t.setRotation( angle );
   *this *= t;
}
void Matrix23::scale( const Vector2& v ){
   Matrix23 t;
   t.setScaling( v );
   *this *= t;
}
```

借助以上函数，代码变得更加简洁了。

```
Matrix23 transform;
transform.setTranslation( Vector2( 3, 3 ) );
transform.rotate( 45.0 );
transform.scale( Vector2( 0.5, 0.5 ) );
transform.translate( Vector2( -2, -2 ) );
```

之前已强调过多次，矩阵的相乘顺序和它与向量的相乘顺序相反，因此以该代码为例，实际的变换顺序是从下往上的。

另外，`translate()`、`rotate()` 和 `scale()` 这些函数仍有改进的空间。当前矩阵中包含大量值为 0 和 1 的元素，这一部分也是可以优化的。

13.5.2 在 drawTriangle2D() 中使用矩阵

之后只要将该矩阵与 4 个顶点进行乘法运算，然后将结果传入 drawTriangle2D() 即可。但因为 Vector2 不能直接传入 drawTriangle2D()，所以需要创建 1 个 double 数组，并将顶点值复制到其中，或者像下面这样将 x 元素的地址作为数组指针传入。

```
Vector2 p0, p1, p2;
drawTriangle( &p0.x, &p1.x, &p2.x );
```

因为在 Vector2 类中，x 和 y 是连续排列的，所以从内存排列上来说，它和包含 2 个 double 元素的数组是相同的。如果不了解该原理，或者觉得上述代码非常别扭，当然也可以先创建 1 个临时的 double 数组，进行赋值后再传给函数。

本书为这部分内容也准备了示例。示例 Transform 基本上沿用了上述代码，不过每帧都会改变图像的放大率和旋转角度。另外，每次按空格键时都会切换旋转和放大的顺序，如果先执行的不是缩放就会变形，这一点从长方形变成平行四边形就可以看出。

此外，示例还将 translate()、rotate() 和 scale() 函数中冗余的部分去掉了，相应的位置都添加了注释。如果读者对性能优化感兴趣，建议好好理解这部分代码，顺便可以适应一下矩阵的计算。

13.6 移植《炸弹人》

现在，关于 2D 图像绘制的必备知识已经全部介绍完毕，我们可以试着用本章的类库来移植《炸弹人》了。该游戏可能不怎么需要使用旋转与缩放操作，顶多是在敌人被击杀后慢慢变小消失时才会用到。如果读者有更好的游戏能充分使用旋转与缩放操作，也可以不用《炸弹人》。本章的类库已经具备了 2D 商业游戏开发所需要的功能，所以我们现在完全可以用它来开发自己喜欢的游戏了。

下面对移植过程中可能遇到的一些问题进行说明。

13.6.1 截取纹理

如果多张素材被合并在了一张大的纹理中，使用时就必须从纹理中截取相应的部分。不过相关操作并不复杂，只需设置适当的纹理坐标即可。例如在 512×256 的纹理中截取范围在 (32, 64) 到 (32, 96) 的 32×32 四边形，就可以像下面这样确定 uv 的范围 (u_0, v_0)、(u_1, v_1)。

$$u_0 = 32/512 = 0.0625$$
$$v_0 = 64/256 = 0.25$$
$$u_1 = 32/512 = 0.0625$$
$$v_1 = 96/256 = 0.375$$

用坐标除以纹理尺寸就可以算出相应的 uv 值，依次计算各个顶点即可。需要注意的是，纹理尺寸必须是 2 的幂乘。

将 320×240 的图像贴到整个画面上时也是同样的道理，假设纹理的分辨率为 512×256，算出纹理左上部分图像的 uv，就可以把图像贴到整个画面上了。

$$u_0 = 0/512 = 0.0$$
$$v_0 = 0/256 = 0.0$$
$$u_1 = 320/512 = 0.625$$
$$v_1 = 240/256 = 0.9375$$

完成移植后，读者可以和原来的版本比较一下帧率的高低。不难看出，这个版本在性能方面具有压倒性优势。

下一节笔者打算对提供的示例进行说明。

13.6.2 示例代码解说

使用本章的类库移植后的《炸弹人》位于示例 BakudanBitoUsingHardware 中，该示例在解决方案 11_Sound1 下的示例 BakudanBitoWithSound 的基础上对绘制部分进行了改造。

从技术上来说已经没有什么难点了，不过为了加深理解，大家可以用自己的方法进行实现后和笔者提供的示例进行对比。笔者的做法未必是最好的，所以大家也不用追求完全一致，只要能针对不同做法的差异讲出为什么自己的方法更好即可。若不能清晰地说出自己这样编写的理由，就谈不上真正理解。另外，即使不打算详细编写，也应当给出一个明确的理由，比如“详细编写的话需要做 ×× 等很多工作，而这部分工作量对当前的目标来说并没有太多价值”。即便是在被问到时才说出这样的理由，但是能立刻说出来就证明平时是思考过的，所以还是多加强这种思维训练比较好。

改造 Image 类

我们试着把使用旧类库开发的《炸弹人》整个复制过来，然后替换其中的类库。因为 videoMemory() 已不复存在，所以无法通过编译。考虑到 videoMemory() 仅会出现在 Image 类的 draw() 方法中，如果让 Image 类持有 Texture*，借由它来完成绘制工作，那么就可以不用修改其他部分了。这应该算是改动最小的一种做法。当然，如果一开始就决定利用显卡功能来实现，那么代码的设计肯定会有所不同，但是现在既然能用较小的成本来完成移植工作，也就没有必要再重新设计了。即便重新设计了，最终的运行效果也是一样的。

因此，我们来对 Image 类的内部进行一些改造。

```
//GameLib::Texture 的前向声明。不引入头文件
namespace GameLib{
    class Texture;
}

class Image{
public:
    （略）
private:
    int mWidth;
    int mHeight;
    int mTextureWidth;
    int mTextureHeight;
```

```
    GameLib::Texture* mTexture;
};
```

不需要再设置像素数组，取而代之的是使用 Texture*。另外，因为纹理尺寸必须是 2 的幂乘，所以纹理的分辨率和图像素材的分辨率可能不同。这就需要添加变量来记录纹理的分辨率。

构造函数中将调用 createTexture()，析构函数中将调用 destroyTexture()，具体过程请参考实际代码。

规划纹理的尺寸

createTexture() 创建出的纹理尺寸都是 2 的幂乘。拿 320×240 的图像来说，生成的纹理尺寸必须是 512×256 的才可以。针对这一限制，我们要创建一个功能函数，用来求“大于等于某个数且是 2 的幂乘的数”。

```
int powerOfTwo( int a ){
    int r = 1;
    while ( r < a ){
        r *= 2;
    }
    return r;
}
```

r 从 1 开始，若小于 a 就循环乘以 2，一旦其值大于等于 a 就返回。借用该函数可以写出下列代码。

```
    mTextureWidth = powerOfTwo( mWidth );
    mTextureHeight = powerOfTwo( mHeight );
    Framework::instance().createTexture(
        mTextureWidth,
        mTextureHeight,
        pixels, //加载好的像素数组
        mWidth,
        mHeight );
}
```

注意这里的 powerOfTwo() 虽然在大多数情况下没有问题，但是理论上确实会在某些情况下无法正常运行。读者不妨试着思考一下，答案可以在示例代码中找到。

绘制

接下来是绘制部分。Image::draw() 只会按等倍大小绘制图像，因此若通过矩阵来完成，只需创建移动矩阵即可。但是，之前使用移动矩阵是为了在同时处理旋转和缩放时可以更加方便，而在只进行移动操作的情况下创建矩阵就太浪费了。因此，我们通过加减 x、y 的值来完成移动。

初始顶点位于 (0, 0)、(*width*, 0)、(0, *height*)、(*width*, *height*)，将它们移动到目标位置后，调用两次 drawTriangle2D() 即可。虽然比旧版本的代码长，但是执行的内容都很简单。因为在绘制像素时不再需要循环处理，所以运行该函数所消耗的时间也大大减少了。

```
void Image::draw(
int dstX,
int dstY,
int srcX,
int srcY,
int width,
```

```
int height ) const {
    //计算x、y的范围
    double x0 = static_cast< double >( dstX );
    double y0 = static_cast< double >( dstY );
    double x1 = x0 + static_cast< double >( width );
    double y1 = y0 + static_cast< double >( height );
    //移动后的顶点
    Vector2 p0( x0, y0 );
    Vector2 p1( x1, y0 );
    Vector2 p2( x0, y1 );
    Vector2 p3( x1, y1 );
    //生成纹理坐标
    double rcpTw = 1.0 / static_cast< double >( mTextureWidth );
    double rcpTh = 1.0 / static_cast< double >( mTextureHeight );
    double u0 = static_cast< double >( srcX ) * rcpTw;
    double u1 = static_cast< double >( srcX + width ) * rcpTw;
    double v0 = static_cast< double >( srcY ) * rcpTh;
    double v1 = static_cast< double >( srcY + height ) * rcpTh;
    Vector2 t0( u0, v0 );
    Vector2 t1( u1, v0 );
    Vector2 t2( u0, v1 );
    Vector2 t3( u1, v1 );

    Framework f = Framework::instance();
    f.setTexture( mTexture ); //设置纹理
    f.setBlendMode( Framework::BLEND_LINEAR ); //线性合成
    //绘制
    f.drawTriangle2D( &p0.x, &p1.x, &p2.x, &t0.x, &t1.x, &t2.x );
    f.drawTriangle2D( &p3.x, &p1.x, &p2.x, &t3.x, &t1.x, &t2.x );
}
```

读者也可以试着利用显卡来实现旋转与缩放，从而使游戏画面更加丰富。

13.7 本章小结

本章将之前完成的 2D 图像处理的计算全部利用显卡功能完成了。这样一来，我们就只要计算出顶点并绘制三角形即可，逻辑变得更加简单，代码也变得更加精简，同时性能也得到了提升。

几乎没有什么复杂的内容，只要理解了纹理坐标等概念即可。

读者或许已经注意到了，使用本章的类库绘制的图像的分辨率不再是 320×240，而是变成了 640×480。在用 CPU 绘制图像时，考虑到 CPU 的运算能力不足以应对 640×480 的分辨率，所以采用了较小的分辨率。而对专门的图形处理硬件来说，这个问题就不复存在了。之前一直采用的 320×240 图像现在大了 1 倍，从这个细节也能看出显卡绘制的优点。

既然如此，以后我们也没有必要再使用 320×240 的分辨率了。从下一章开始，画面都将变为宽 640、高 480 的尺寸。如果用下一章的类库来移植《炸弹人》，画面内容就会被局限在左上角 1/4 处。

至此，2D 的相关内容就介绍完毕了。从下一章开始，我们将进入 3D 的世界，等待读者的是比第 12 章更加复杂的数学知识。这也是本书的一个重点。

请读者打起精神，一起来迎接挑战吧。

第 2 部分

3D 游戏

在本书的第 2 部分，我们将开始尝试 3D 游戏的开发。相信读到这里的读者也一定能够顺利完成接下来的内容。

下面是各章的主要内容。读者可以先有一个总体的印象，了解自己将如何一步步取得进步，这样就不容易产生挫败感了。

第 14 章 学习 3D 图形处理的基础知识，同时开始开发 3D 动作游戏《机甲大战》

第 15 章 学习如何将 3D 图形处理封装成类库，为后续的开发做准备

第 16 章 学习如何设计素材文件格式以及编写文件的读取处理，以从素材文件中读取 3D 图形

第 17 章 为了确保复杂程序的性能，本章将讨论数据结构与计算流程对性能的影响，此外还会学习一些计算机的基本原理

第 18 章 学习 3D 世界中的碰撞检测与碰撞处理，并在《机甲大战》中加以实践

第 19 章 为 3D 动作游戏《机甲大战》添加更多的功能，由此，游戏将初见雏形

第 20 章 学习 3D 图形处理中不可或缺的光照的相关内容，使画面看起来更有立体感

第 21 章 学习 3D 动画的相关知识

第 2 部分的量和第 1 部分大致相同，但内容上要复杂很多，尤其是会涉及较多的数学专业知识。当然，和介绍第 1 部分时一样，笔者也会尽量细致地进行讲解。

只要坚持下去，相信各位读者一定可以消化这些知识。如果能很好地理解这部分内容，那么本书的目标就基本达成了。第 22 章以后的章节是全书的附加内容。掌握了第 2 部分的内容之后，读者就可以同美术设计师、音效师组建团队来开发自己心仪的游戏了。即使进入游戏公司工作，在技术方面也不会有太多障碍。毕竟笔者当年进入游戏公司时，连第 1 部分的内容都没有完全掌握。

接下来就请读者调整好节奏，和笔者一起进入 3D 游戏的世界吧。

第14章

绘制立体物体

主要内容

- 3D 图形学入门
  - 绘制三角形
  - 隐藏面消除的方法与 Z 缓存
  - 透视变换的实现方法
  - 矩阵与向量的三元化
  - 3D 世界中的旋转
  - 视图变换
- 开始制作《机甲大战》

补充内容

- Z 缓存的精度问题

下面将进入 3D 图形处理的学习。终于要开始开发 3D 游戏了！此时你可能会比较兴奋，不过遗憾的是，现在我们还不能马上开发 3D 游戏。因为大家还没有掌握 3D 游戏开发所必备的知识。为了让学习过程不那么枯燥，我们不妨先从“是什么”和“怎么做”开始讨论。

14.1 关于类库

本章将使用 3DGraphics1 类库。

和之前的类库相比，该类库除了没有 drawTriangle2D() 函数，以及调用 createTexture() 时只需传递文件名之外，其他地方几乎没有什么改动。

14.1.1 纹理的注册

到上一章为止，我们都是手动载入图形文件的，甚至还自行解析了 DDS 文件。不过现在不需要这么麻烦了，只要提供文件名，就可以让程序自动载入并注册图形文件。

以下是相关代码。

```
Framework f = Framework::instance();
Texture* t;
f.createTexture( &t, "aho.tga" );
```

其中，纹理尺寸、原始素材的宽高值，以及被修改为 2 的 *N* 次方的宽高值都可以通过 getTextureSizes() 获取。

关于 TGA 格式

createTexture() 函数不仅能读取 DDS 格式的文件，还能读取 TGA 格式的文件。请读者留意上述代码中出现的文件名称。和 DDS 相比，TGA 有更多的软件支持，并且容量也更小，使用起来非常方便。为了减少数据容量，我们在后面的示例中都将使用 TGA 格式。

尺寸限制

createTexture() 函数可以读取宽高值不是 2 的 *N* 次方的图片素材。不过，它只是做了以下处理：创建一张宽高值为 2 的 *N* 次方的纹理，然后将原始图像放置在该纹理的左上方，其余部分都将是黑色的。

另外，之前 Framework 中用来创建空纹理并且允许自行修改数据的函数已经被移除了。这么做一方面是因为已经不再需要该功能，另一方面则是考虑到 Framework.h 变得越来越大，一些无用的函数最好都移除出去。

随着功能的调整，模块中会添加或者删除一些函数，这可能会带来一些不便，希望读者能够理解。

14.2 开始制作 3D 动作游戏《机甲大战》

大家可能已经忘记了，本书的目标是开发出一款 3D 动作游戏。我们来取个简单的名字，就叫《机甲大战》吧。它的原作并不像《炸弹人》和《箱子搬运工》那样有名，可以说是一部小众作品。考虑到版权问题，这里就不列出原版作品的名字了。

读者可以通过运行 NonFree 解决方案下的 RoboFightFinal 项目来体验笔者开发好的最终成品。a、s、w、z 键用于控制移动，d 键用于发射炮弹，x 键用于跳跃。跳跃完成后，机甲将面向敌人所在的方向。整体操作大概就是这样。

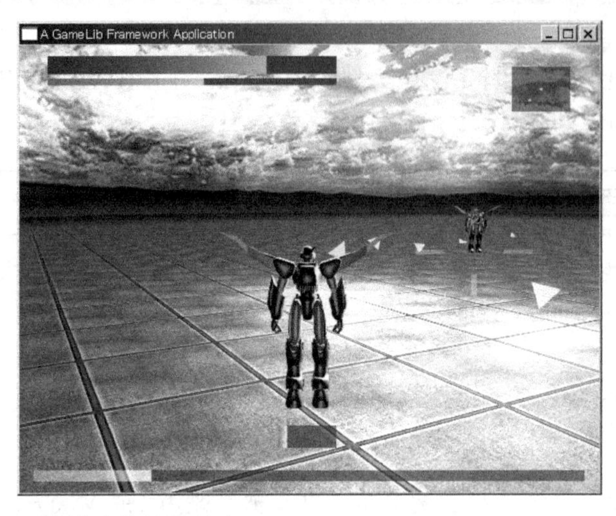

下面我们来梳理一下该游戏的具体玩法。

14.2.1《机甲大战》的核心内容

《机甲大战》是一款一对一的游戏。在一个面积不大的舞台上，用飞行的武器来击倒对手。当其中一方的血量为零，或者游戏超时的时候，游戏就结束了。总体来说非常简单。

但是，单单使用我们之前介绍的方法根本不足以在 3D 空间内绘制出各个对象。而且随着机甲的移动，出现在我们视野中的内容也会发生剧烈变化。而在我们之前开发的游戏中，视野一直是固定不变的，所以我们还需要知道如何将视野的变化实时反映到画面上。

在 3D 空间中，物体越远，看起来就越小，这是一个常识。但是目前我们还不知道这样的效果将如何实现，对初学者来说似乎有点困难。

另外还存在遮挡问题。把手遮在眼前就什么也看不见了，也就是说，我们有必要考虑物体的前后关系。听起来好像只要先绘制远处的物体再绘制近处的物体就可以了，但真的是这样吗？

再就是立体感方面的问题。普通的 2D 素材归根结底只是一些符号，能够让玩家识别其含义就足够了。但如果要用 2D 素材来表现 3D 空间内的场景，就需要借助某些手段来补充一些信息，从而呈现出立体感。将距离越远的物体的体积设置得越小确实是一种方法，但这样还不够。一般来说，还需要为物体添加明暗面，使朝向光源的一面亮一些，背光的一面暗一些，这样就能在 3D 空间内呈现出一定的方向立体感。不过相关的实现方法我们也没有学习过。

还有一个问题就是碰撞处理。在 2D 游戏中，要检测角色之间或者角色与砖块之间是否发生碰撞并不困难。读者或许还记得，我们之前在相关章节中主要讨论了碰撞响应，而对碰撞检测的内容则着墨不多。尤其在《炸弹人》中，背景物体都是以网格为单位放置的，因此所有的碰撞检测都可以通过四边形之间的相交检测来完成。但是在 3D 空间内这种做法就行不通了。我们必须用浮点数来完成计算，而且大量子弹和机甲发生碰撞时的相交检测还可能会带来性能方面的问题。另外，地形与机甲的碰撞检测也非常烦琐。尤其在地形条件非常复杂的情况下，光是判断机甲能否在地面上正常站立就已经非常困难了。

读者现在是否能感受到 3D 游戏开发的困难之处了呢?

别担心，我们会逐步解决这些问题。首先还是从图形的绘制开始。本章主要解决视点移动、远近感和物体遮挡这 3 个问题。

14.3 绘制三角形

之前我们说过，显卡的一个很重要的功能就是绘制三角形。这一点在开发 3D 游戏时也不例外。之前我们绘制三角形时使用的 drawTriangle2D() 函数是通过一个二元向量来指定绘制位置的，不过实际上笔者在该函数的内部又添加了第 3 个参数，所以最终其实是使用三元向量完成的绘制。下面我们就来使用这个一直处于隐藏状态的第 3 个参数。

创建一个使用 3DGraphic1 类库的项目，并编写如下代码。

```
double point0[ 3 ] = { 500.0, 300.0, 0.5 };
double point1[ 3 ] = { 300.0, 500.0, 0.5 };
double point2[ 3 ] = { 300.0, 300.0, 0.5 };
drawTriangle3D( point0, point1, point2 );
```

这里使用 drawTriangle3D() 代替了 drawTriangle2D()。参数看起来和 2D 时的完全相同，不过需要注意的是，double 指针需要指向包含 3 个元素的数组。如果该数组只包含 2 个元素，那么作为参数传入后就会出现异常。

通过这种方式绘制出的图像和之前学习 2D 绘制时看到的效果是相同的，但是从原理上来说，现在的做法已经是 3D 的绘制方式了。为了能切实体会到 3D 的特点，我们对代码稍微进行一下加工。

```
double point0[ 3 ] = { 500.0, 300.0, 0.5 };
double point1[ 3 ] = { 300.0, 500.0, 0.5 };
double point2[ 3 ] = { 300.0, 300.0, -0.5 };
drawTriangle3D( point0, point1, point2 );
```

第 3 个顶点的 z 坐标被设置成了 -0.5。运行上述代码后，三角形将从中间被切断，变成四边形，这是因为第 3 个顶点的位置已经超出了世界的范围。x 的范围是 0 到 640，超出范围的部分将不会被绘制。同样，y 也有范围，具体来说是 0 到 480。z 也是，其范围是 0 到 1，0 表示世界的最前方，1 表示世界的最深处，所以 z 轴的方向是由外向内。如果 z 的坐标等于 -0.5，就意味着位置"太靠前"，无法被看到。换句话说，我们无法看到位于我们身后的物体。通过这个例子，大家应该对 3D 图形的绘制有初步的了解了吧。

14_3DGraphic1 解决方案下的 draw3DTriangle 示例会每帧先修改 z 值然后再进行绘制。我们可以通过该示例感受一下顶点超出范围后的绘制效果。

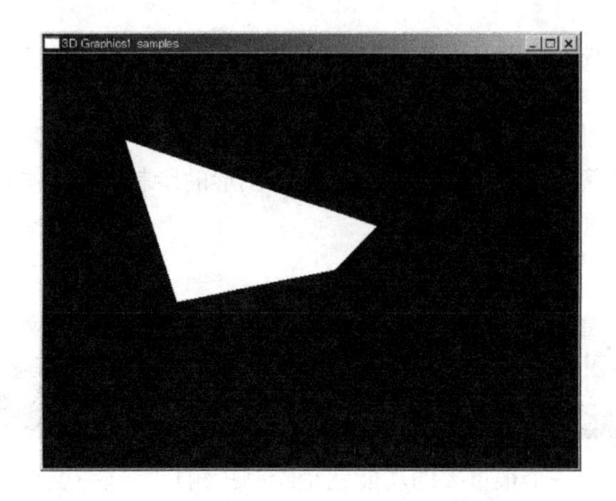

14.4 按位置前后绘制物体

现在我们来绘制 2 个三角形。

```
double point0[ 3 ] = { 200.0, 100.0, 0.0 };
double point1[ 3 ] = { 400.0, 100.0, 0.0 };
double point2[ 3 ] = { 300.0, 400.0, 0.0 };
unsigned c = 0xffff0000; //红色
drawTriangle3D( point0, point1, point2, 0, 0, 0, c, c, c );

double point3[ 3 ] = { 200.0, 400.0, 1.0 };
double point4[ 3 ] = { 400.0, 400.0, 1.0 };
double point5[ 3 ] = { 300.0, 100.0, 1.0 };
c = 0xff00ff00; //绿色
drawTriangle3D( point3, point4, point5, 0, 0, 0, c, c, c );
```

第 1 个三角形的 z 为 0，第 2 个三角形的 z 为 1，因此第 1 个三角形的位置更靠前。这里我们设置第 1 个三角形为红色，第 2 个三角形为绿色。请读者回忆一下 z 轴的朝向，越往深处，z 值越大。但是从当前的绘制效果来看，绿色的三角形似乎位于更靠前的位置。

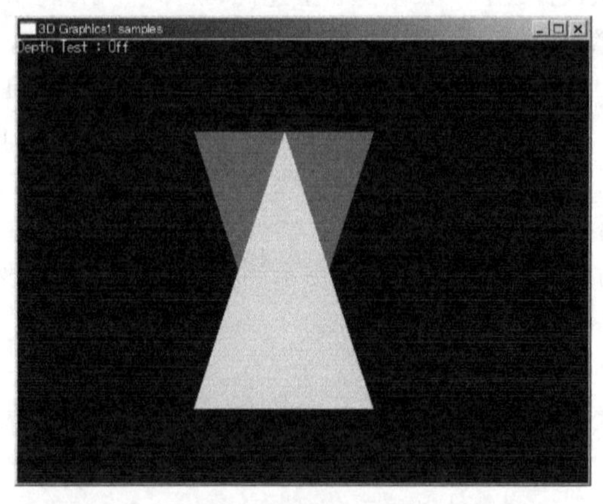

出现这种现象的原因也不难理解，就好比在纸上逐个绘制三角形，后绘制的三角形肯定会覆盖

之前绘制的三角形。为了避免出现这种情况，我们必须添加一些处理，使应当被遮挡住的物体不可见。这个处理用专业术语来说就是“隐藏面消除”。

下面我们来讨论一下隐藏面消除的实现方法。

Z-Sort

最简单的方法当然是改变绘制的顺序，只要按照 z 值从大到小的顺序依次绘制三角形即可。这就是所谓的 Z-Sort 方法。

Sort 一词本身就表示排序。比起后面介绍的方法，Z-Sort 方法不需要额外的内存开销，因此曾被广泛使用，如今在某些情况下也会使用该方法。

使用该方法后，上面例子中的图像就会被正确地绘制出来。通过最后绘制红色的三角形，就可以将红色三角形显示在最靠前的位置。但是对于下面这种情况，Z-Sort 方法就不灵验了。

```
double point0[ 3 ] = { 200.0, 100.0, 1.0 };
double point1[ 3 ] = { 400.0, 100.0, 1.0 };
double point2[ 3 ] = { 300.0, 400.0, 0.0 };
unsigned c = 0xffff0000; //红色
drawTriangle3D( point0, point1, point2, 0, 0, 0, c, c, c );

double point3[ 3 ] = { 200.0, 400.0, 1.0 };
double point4[ 3 ] = { 400.0, 400.0, 1.0 };
double point5[ 3 ] = { 300.0, 100.0, 0.0 };
c = 0xff00ff00; //绿色
drawTriangle3D( point3, point4, point5, 0, 0, 0, c, c, c );
```

因为三角形各顶点的 z 值各不相同，所以不知道该采用哪种标准来对它们进行排序。上述代码表示的就是这种情况。这种情况常见于多个三角形彼此相交的场合：三角形的其中一部分位于前方，而另一部分却位于后方。作为一种解决思路，我们可以先算出它们相交的位置，然后以该处为分界线重新分割三角形。但是从实际操作上来说，该方法不太可行。

我们需要采用一种新的方法。

Z 缓存

上面提到的问题曾经是一个很棘手的问题，但是随着硬件技术的进步，该问题已经被很好地解决了。因为绘制的最小单位是像素，所以我们可以以像素为单位统计出所有被绘制的点的 z 坐标，并提前记录下来。如果后面绘制的点的 z 坐标值更大，则予以忽略（值更大表示位于画面的更深处，会被遮挡）。这样一来，我们就可以不再以三角形为单位，而是以更细小的像素为单位来判断位置的前后关系，该问题也就解决了。

其中用于记录各个像素的 z 坐标值的区域就称为 **Z 缓存**（Z-Buffer），使用它来判断前后位置的方法称为 **Z 缓存法**。这一判断过程称为 **Z-Test**。Z 有时也称为 Depth，意为深度，英文中也常常使用“DepthBuffer”“DepthTest”这种说法。

尝试使用 Z 缓存

下面我们就来尝试使用 Z 缓存，其实就是在调用 `drawTriangle3D()` 之前添加下面这一行代码。

```
enableDepthTest( true );
```

Framework 中的 enableDepthTest() 函数用于控制是否开启显卡中的 Z-Test 功能。开启后，前方的物体最终就会出现在前方位置。即便两个三角形发生了相交，程序也会以像素为单位进行检测，正确地反映出空间关系。

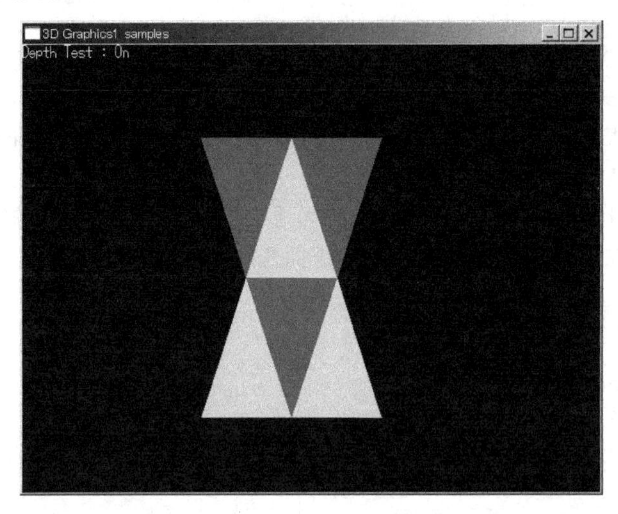

其实笔者原本是想将 Z 缓存作为一个程序编写出来的，但是 3D 游戏开发中包含了很多这种原理简单但实现复杂的处理，我们无法一一编写。况且很多内容与绘制紧密相关，本书毕竟不是一本探讨 CG 技术的读物，所以在之后的内容中，我们都会采用显卡实现的 Z 缓存来进行说明。如果不用显卡来开发 3D 游戏，则可以使用 Z-Sort 方法，或者试着自行编写代码来实现 Z 缓存。如果说麻烦的话，应该就是用顶点的 z 值来对各像素的 z 值进行补间计算这一点，不过关于这一点，使用之前学到的 2D 补间知识就可以简单解决。

运行示例 ZTest 就可以查看 Z 缓存开启与关闭时的差异。每按一次空格键，Z 缓存就会在开启与关闭之间切换。读者不妨亲自确认一下 Z 缓存的效果。

14.4.1 半透明与 Z 缓存

为什么要特意准备一个 enableDepthTest() 函数呢？如果说要通过一个开关使被遮挡的三角形不被绘制出来，那么让该开关永远有效似乎也不会有什么问题。有的读者可能会认为，这么做是为了对比看看在 Z 缓存无效的状态下绘制结果是什么样的，尽管这也是其中的一个理由，但并不是主要的。真正的原因是，在开发中存在很多 Z 缓存无法发挥作用或者需要明确禁用 Z 缓存的情况。

Z 缓存无法发挥作用的情况

试想有一个半透明的三角形。和之前的处理一样，我们使用 setBlendMode() 来开启透明混合。在这种状态下绘制结果会是什么样的呢？我们在下面的代码中把透明通道的值设置为 0x80，即 128。如果不考虑 enableDepthTest 的影响，按照这种设定，我们应该可以看到后面被遮挡的内容。

```
enableDepthTest( true );
setBlendMode( BLEND_MODE_LINEAR );
```

```
double point0[ 3 ] = { 200.0, 100.0, 1.0 };
double point1[ 3 ] = { 400.0, 100.0, 1.0 };
double point2[ 3 ] = { 300.0, 400.0, 0.0 };
unsigned c = 0x80ff0000; //红色
drawTriangle3D( point0, point1, point2, 0, 0, 0, c, c, c );

double point3[ 3 ] = { 200.0, 400.0, 1.0 };
double point4[ 3 ] = { 400.0, 400.0, 1.0 };
double point5[ 3 ] = { 300.0, 100.0, 0.0 };
c = 0x8000ff00; //绿色
drawTriangle3D( point3, point4, point5, 0, 0, 0, c, c, c );
```

结果如何呢？由于书上的黑白插图无法体现出半透明的效果，建议读者亲自运行该示例来看一下。可以看到绘制的结果非常有趣：靠前的部分是半透明的，如果位于后方的三角形颜色无法穿透显示出来，那就比较奇怪了，但我们看到的绘制结果并不是这样的。在二者发生重叠的部分，靠后三角形的像素区域都被抹去了。其实出现这样的结果并不难理解。因为 Z 缓存不会去判断一个像素是否会因遮挡物透明而变得可见，它所遵循的规则只是“除非该像素未被遮挡，否则将被忽略”。

解决对策

该问题目前还没有一个完美的解决方案，比较可行的一种方法是，先对不透明的物体使用 Z 缓存进行绘制，再用 Z-Sort 方法对剩余的半透明物体进行绘制。此时，为了避免半透明物体被绘制到不透明物体的前方，需要执行 Z-Test，但是不往 Z 缓存中写入 z 的值。也就是说，半透明物体之间采用 Z-Sort 来处理，不透明物体之间则采用 Z 缓存来处理。被不透明物体挡住的半透明物体则采用 Z-Test 来消除。为了能够执行 Z-Test 但不写入 Z 缓存，我们提供了下面这个函数。

```
void Framework::enableDepthWrite( bool );
```

调用该函数可以设置是否往 Z 缓存中写入值。是否执行 Z-Test 是通过 `enableDepthTest()` 控制的，请读者注意二者的区别。

大致整理后，就形成了下面这样的处理流程。

```
enableDepthTest( true );
enableDepthWrite( true );
drawOpaqueObjects(); //绘制不透明物体

enableDepthWrite( false );
sortTransparentObjects(); //对半透明物体进行排序
drawTransparentObjects(); //绘制半透明物体
```

之前我们提到过，Z-Sort 方法本身存在一些缺陷。而且如果半透明三角形的数量有上万个，那么连排序操作都很难实现。

短期内可能无法完美地解决这一问题。实际上，如果要正确地绘制出它们的透明混合结果，必须先将所有像素都保存下来，之后再按照 z 值的大小顺序进行混合渲染。从现状来看，“提前将所有像素取出并存储”和“执行排序”这两个操作的成本实在是太高了[①]。作为一种折中的办法，可以忽略深处的像素以减少计算量，只取最靠前的两个图形进行运算，不过要通过显卡来完成这一点还是

① 实际上有些公司发售的游戏机能够对半透明像素全部进行排序，因此这一做法也并非完全不可能实现。

比较麻烦的。

这里多说一句，如果采用了叠加混合模式就没有这些问题了。在该模式下，$A+B$ 和 $B+A$ 的结果相同，这就表示绘制结果与绘制顺序无关。用数学语言表达就是，如果函数 $f(a, b)$ 满足：

$$f(a, b)=f(b, a)$$

就意味着绘制的结果与绘制顺序无关。而普通的线性混合模式则不具备这样的特性，我们可以通过数学式来确认。

$$f(a, b)=a+t(b-a)=a+tb-ta$$
$$f(b, a)=b+t(a-b)=b+ta-tb$$

显然，以上两个式子的结果很难相同。关于这一点，我们只有在实际开发游戏时才能感受到，建议读者运行一下示例程序来找找感觉。

示例 AlphaBlendAndZTest 把和 ZTest 示例坐标相同的三角形绘制成了半透明的三角形，展示了 Z-Test 在绘制半透明物体时的缺陷。在该示例中，a 键用于改变绘制的顺序，s 键用于切换线性与叠加两种混合模式，d 键用于设置是否向 Z 缓存写入数据。可以看到，在叠加模式下，改变绘制的顺序并不会影响最终的绘制结果，而在线性模式下，绘制结果会因绘制顺序的不同而发生改变。此外，我们还可以看到无论使用线性混合还是叠加混合，Z-Test 都不太适合用在半透明物体的绘制上。

线性合成的情况非常值得关注。在该模式下，无论修改哪一项都很难达到理想的效果。理想的效果应当是，上半部分以绿色为主，并掺杂少量从后面透过来的红色，下半部分以红色为主，并掺杂少量从后面透过来的绿色。但这种效果是无法实现的，所以我们只能尽量避免出现半透明三角形相交的情况。相反，如果采用的是叠加模式，借助 Z-Test 就可以得到正确的结果。正中央的黄色菱形意味着绘制结果是正确的。即使改变绘制顺序，结果也不会发生改变。

14.5 将远处的物体绘制得小一些

如果按同样的大小绘制远处的物体和近处的物体，就无法体现出距离感了。虽然这并不影响游戏开发，但是会让玩家分辨不出敌人位于近处还是远处，所以让远处的物体看起来小一些是很有必要的。这种令远处物体变小的处理叫作**透视变换**（perspective transform），之后我们都将使用这个词汇来指代该处理。

那么具体应该如何实现呢？

14.5.1 和距离成反比

简单来说就是，将位于 100 m 处的物体绘制成位于 50 m 处时的一半大小就可以了。实际上这也是符合科学规律的。如果我们计算 5 m 处和 10 m 处的人看起来的尺寸，就会发现二者的结果大约相差一倍。

这里要解决两个问题：一是“远处”是指什么；另一个是如何才能按一半的大小来绘制。世界上必须存在一个类似于摄像机或者观察者这样的角色，它位于世界中的某一点。如果没有这个观察者，那么距离远近将无从谈起。在 3D 图形学中，这个观察者是一个非常重要的概念。

距离

下面来看距离的定义。

三维空间内的两点 $a(a_x, a_y, a_z)$、$b(b_x, b_y, b_z)$ 之间的距离 D 可以通过勾股定理算出。

$$D = \sqrt{(b_x - a_x)^2 + (b_y - a_y)^2 + (b_z - a_z)^2}$$

一般来说，这个值就表示距离，除此之外没有其他定义可以表示距离。物体的大小与该值成反比，按说直接进行计算即可，但实际上我们还会遇到其他麻烦。位于正前方 5 m 处的人和位于右侧 5 m 处的人到观察点的距离是相同的，应该呈现出同样的大小，但是绘制起来却非常困难。

假设观察者面向墙壁站立。墙壁的高度是 2 m，观察者距离墙壁 10 m。因为墙壁本身具有一定的长度，所以墙壁的各个部分和观察者之间的距离不同。最近的点距离观察者 10 m，随着墙壁向两侧延伸，墙壁和观察者的距离会变得越来越大，如下图所示。距离观察者 14 m 处的墙壁看起来大小约为距离观察者 10 m 处的墙壁大小的 7/10。如此看来，原本应当水平延伸的墙壁，绘制后看起来会像示意图的下半部分那样呈曲线延伸[①]。逐个计算各部分看起来的大小是令人无法忍受的。

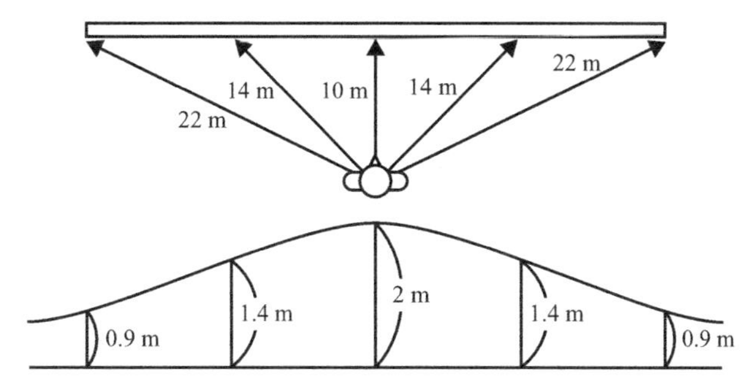

因此，我们只通过 z 轴的值来衡量距离。也就是说，如果观察者位于 (0, 0, 0) 处，那么观察点到 (0, 0, 100) 和 (100, 100, 100) 的距离都是 100。即采用“深度”来代替距离，忽视左右的位置差异。这样一来，墙壁任意位置的高度看起来都是一样的。

将物体变小的方法

现在要解决的问题是“被除数应当选取什么值”。我们已经知道了物体大小和距离成反比，而物体大小指的是多个顶点之间的距离。我们在对物体进行处理时都是以顶点为单位进行的，这就需要分别对各个顶点执行某种操作，让物体能够放大或者缩小。

做法其实非常简单，只要让 x 和 y 同时除以某个数即可。

① 实际上人眼看到的效果也是这样的，这符合科学规律。人的视野的周边部分看起来都是弯曲的，只是我们平时没有注意罢了。但是显卡只能绘制由直线构成的三角形，绘制曲线会比较麻烦。当然也不是不能实现。

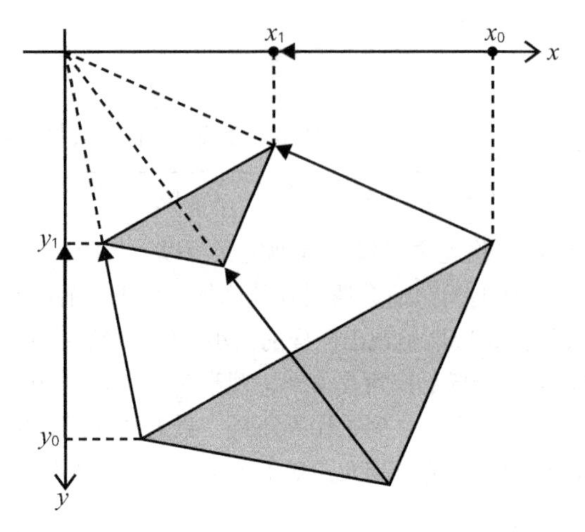

将大三角形各顶点的 x 值与 y 值除以 2，然后把得到的坐标点连接起来，就可以得到一个小的三角形。新三角形的各边都是原来的一半，这样我们就得到了一个大小只有原来一半的物体。

Z 缓存仍旧按原值写入即可，z 值不必执行除法运算。像这样，通过简单的计算就可以求出各个顶点变换后的值。

总体来说，为了让物体距离越远看起来越小，对于顶点 a，可以通过下式算出变换后的顶点 b。

$$b_x = \frac{a_x}{a_z}$$

$$b_y = \frac{a_y}{a_z}$$

$$b_z = a_z$$

Z 缓存的范围问题

这里有一个问题需要注意：当 z 值为 0 时该怎么做呢？数学上是不允许除数为 0 的，而现在 z 的范围是 0 到 1，可见 0 也在范围内。既然如此，就有可能出现除数为 0 的情况。

为此，我们需要适当改变 Z 缓存的范围。其实往 Z 缓存中写入的值并不一定非得和真实的 z 值相同，只要确保该值能随着深度的增加而变大即可。

举例来说，如果将 z 值减去 1 后的值，即 $z-1$ 写入 Z 缓存会如何呢？ z 等于 1 时该值为 0，z 等于 2 时该值为 1，而 z 等于 0 时该值为 −1，在 Z 缓存的范围之外。所以 z 值等于 0 或者负数的顶点将不会成为绘制的对象，这样就不会出现除数为 0 的问题了。

我们可以进一步利用这种范围变换，比如像 x 和 y 那样，将 z 值的范围扩大到 0 到几百。毕竟当我们要绘制边长为 100 的立方体时，如果 z 的范围只能取 0 到 1，处理时就会非常不便。

Z 缓存的范围变换

下面我们来求范围变换的公式。假设我们想把 z 的范围定在 1 到 10 000 之间，那么只要使 z 等于 1 时 Z 缓存值为 0，z 等于 10 000 时 Z 缓存值为 1 就可以了。区间内的值都可以通过线性补间计算出来。该公式是一个一次方程。

如果用小写的 z 表示原始的 z 值，用大写的 Z 表示最后写入 Z 缓存的值，我们就可以用下面这个公式来进行变换。

$$Z = az + b$$

将 $z=1$，$z=10\,000$ 分别代入上面的公式，就可以通过下列方程组算出 a 和 b 的值。

$$0 = 1a + b$$
$$1 = 10\,000a + b$$

用第二个方程减去第一个方程会得到 $9999a=1$，然后就可以算出 $a=1/9999$，$b=-1/9999$。

相关代码如下所示。

```
double p[ 4 ][ 3 ] = {
   { 1000.0, 1000.0, 1000.0 },
   { 1000.0, 2000.0, 1000.0 },
   { 1000.0, 1000.0, 2000.0 },
   { 1000.0, 2000.0, 2000.0 },
};

//x 和 y 除以 z，再将 z 的范围从 [1,10 000] 变换到 [0,1]
for ( int i = 0; i < 4; ++i ){
   p[ i ][ 0 ] /= p[ i ][ 2 ];
   p[ i ][ 1 ] /= p[ i ][ 2 ];
   p[ i ][ 2 ] = ( 1.0/9999.0 ) * p[ i ][ 2 ] - ( 1.0/9999.0 );
}
// 绘制四边形
drawTriangle3D( p[ 0 ], p[ 1 ], p[ 2 ] );
drawTriangle3D( p[ 3 ], p[ 1 ], p[ 2 ] );
```

相关示例位于 drawPerspectiveRect 项目中。程序在 $x=1000$ 处的平面上放置了一个 y 方向和 z 方向的边长为 1000 的正方形，按 w 键时正方形将向眼前移动，按 z 键则往深处移动。我们也可以通过 a 键和 s 键改变 x 值来实现移动。

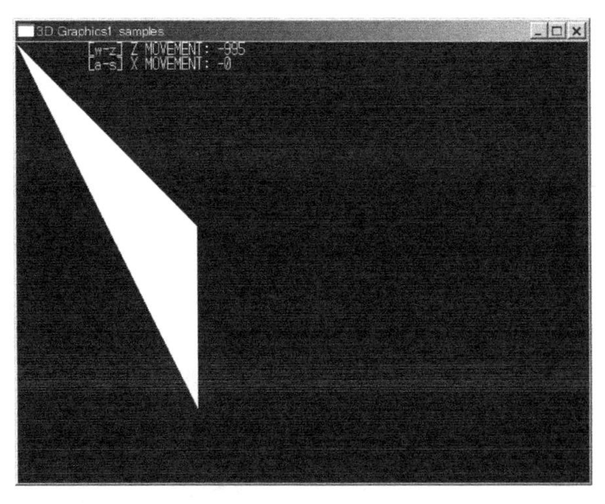

现在我们绘制出的图像算是达到了距离越远看起来越小的效果，但是这个效果是不合格的。按理说我们绘制的是四边形，但是从画面上看却是一个三角形。这是因为靠里的两个顶点重叠到了一起。此外，图像竟然朝着左上角的顶点变小收缩，这看起来很不协调，正常情况下图像应当朝着画面中心变小才对。

原点的移动

首先比较容易实现的是，将图像的收敛位置调整到画面中心。

处理起来很简单，只需在 x 和 y 除以 z 后适当进行偏移即可。注意这里的顺序：先除后移。如果在除法计算前执行偏移，那么在进行除法计算后，结果仍等于 (0, 0)，这就意味着画面仍会朝着左上角收缩，所以必须在除法计算后再执行偏移操作。例如让 x 加上 320，y 加上 240，那么 x 的范围就会变为 −320 到 320，y 的范围就会变为 −240 到 240，从而形成正负对称的形式。这样一来，图像就会朝着中心点逐渐缩小。

大小的问题

目前的图像之所以看起来是一个三角形，是因为远处的两点实在是太远了。对照代码可知，我们绘制了一个 y 方向和 z 方向的边长为 1000 的正方形，所以按理说不应该是这样尖的形状，一定是哪个环节出现了错误。

为了更清楚地认识这一问题，我们不妨手动计算一下。当示例代码中的第一个顶点出现在画面上时，将 x 和 y 都除以 z，得到的结果为 (1, 1)。这是由 1000 ÷ 1000 计算而来的。后面加上 320 和 240 的计算暂时可以忽略。与之类似，第二个顶点的变换结果是 (1, 2)。用第二个顶点减去第一个顶点得到的结果是 (0, 1)。也就是说，二者在 y 方向上仅差 1 个像素。假设它们的数值单位是毫米，那么 1000 毫米就表示 1 米。这个结果意味着从 1 米外的距离观察宽度为 1 米的物体时，物体宽度将是 1 毫米。这明显不合常理，所以我们有必要将该数值放大。那么放大多少比较合适呢？

具体放大多少并没有一个通用的标准，我们暂且设定为在 1 米外的距离观察宽度为 1 米的物体时，它将充满整个视野。如果上述顶点的坐标值以毫米为单位，那么值 1000 就表示 1 米。为了让 1 米的宽度等同于屏幕上的 640 像素（即充满视野），需要让 x 乘以 640。具体的实现代码如下所示。

```
double p[ 4 ][ 3 ] = {
    { 1000.0, 1000.0, 1000.0 },
    { 1000.0, 2000.0, 1000.0 },
    { 1000.0, 1000.0, 2000.0 },
    { 1000.0, 2000.0, 2000.0 },
};

//让 x 和 y 乘以 640 后除以 z，再加上 (320, 240)
//将 z 的范围从 [1,10000] 变换到 [0,1]
for ( int i = 0; i < 4; ++i ){
    p[ i ][ 0 ] *= 640.0 / p[ i ][ 2 ];
    p[ i ][ 1 ] *= 640.0 / p[ i ][ 2 ];
    p[ i ][ 0 ] += 320.0;
    p[ i ][ 1 ] += 240.0;
    p[ i ][ 2 ] = ( 1.0/9999.0 ) * p[ i ][ 2 ] - ( 1.0/9999.0 );
}
//绘制四边形
drawTriangle3D( p[ 0 ], p[ 1 ], p[ 2 ] );
drawTriangle3D( p[ 3 ], p[ 1 ], p[ 2 ] );
```

该示例位于 drawPerspectiveRect2 中。当 z 的移动量等于 5000 时，可以看到画面右下角有一个四边形。如果 z 的移动量减小，物体将逐渐向眼前移动，同时变得越来越大。而当移动量增加时，物体则会向深处移动，同时变得越来越小。当移动量超过 8000 时，内侧两个顶点将超出 z 轴允许绘制的范围，超过 9000 后整个四边形将彻底消失。当然，后续我们可以再对 z 的范围进行调整，使四边形能够移动到更远的地方。

现在终于可以在画面上看到四边形了，但是仍有一些问题没有解决。

14.5.2 该方法存在的问题

这种将 x 和 y 除以 z 的做法，存在两个无法解决的问题。下面我们就来看一下。

视点位于三角形内部

假设现实中某三角形的一部分位于视点前，一部分位于视点后，那么我们就只能看到三角形的一部分。

比如，在地面上绘制一个边长为 100 米的三角形，然后让观察者站在中间，这时观察者就只能看到三角形的一部分。

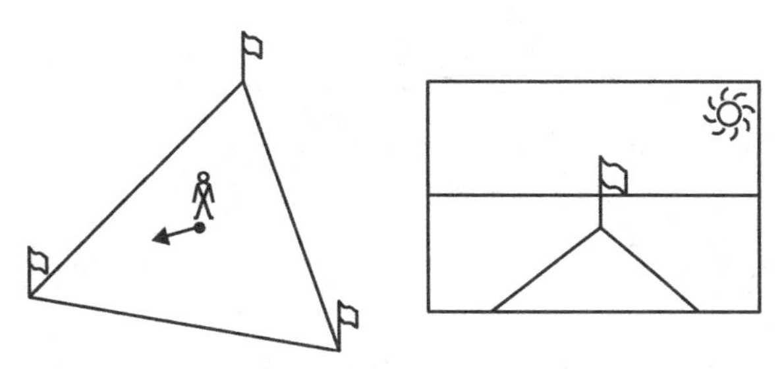

但是，上述代码却无法实现这一点。三角形一部分位于视点前，一部分位于视点后，这就意味着至少有一个顶点的 z 值为负数（因为视点的 z 为 0）。用负数的 z 去除 x 和 y，算出的 x 和 y 自然也是负数，这样连接各个顶点绘制出的图形肯定是不正确的。况且如果某顶点的 z 值正好为 0，那么 x 和 y 将会除以 0，这就违反了数学上除数不得为 0 的规定，当然无法正确地绘制出三角形。

在上述情况下，我们必须对三角形进行分割，避免它横跨 $z=0$ 的平面。假设游戏中 z 的范围被设置为 1 到 1000，那么如果存在 z 小于 1 的顶点，就应当用 $z=1$ 的平面对该三角形进行截断。下面是这种情况的俯视图。首先计算出 $z=1$ 的平面（因为是俯视，所以看起来像一条线，其实它是一个面）与三角形的两个交点，然后再利用这两点构建出两个三角形。

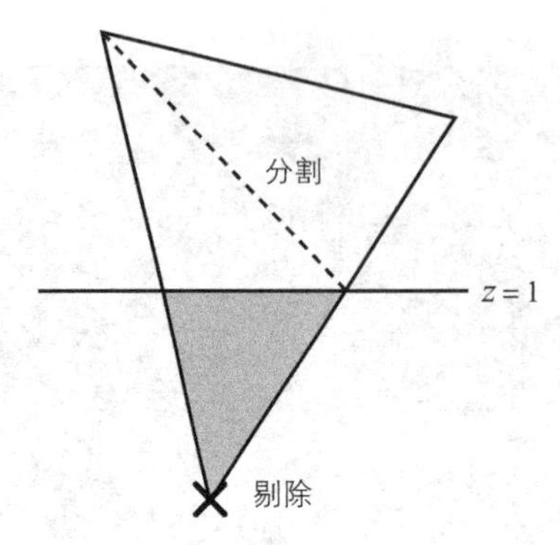

计算过程特别烦琐，一旦三角形的数量增多，运算量将会变得非常大。

纹理坐标的补间问题

另一个则是补间问题。虽说纹理坐标的补间也属于二元补间的范畴，但如果按照之前介绍的方法来处理就会出现麻烦。请读者想象一下两条轨道伸向远方的情形。越往远处，枕木间的间隔看起来就越窄。但是，将绘制有轨道的纹理贴到三角形中却不能产生这种效果。简单的二元补间并不会去判断各个顶点的远近关系，只是单纯地将纹理贴到二维平面上的三角形中。尽管三角形越远越小，但是纹理分布并不会遵循这个特性。

为了让大家直观地感受这两个问题，本书提供了示例 PerspectiveProblems，示例中将画有网格的纹理贴到了水平的四边形中。

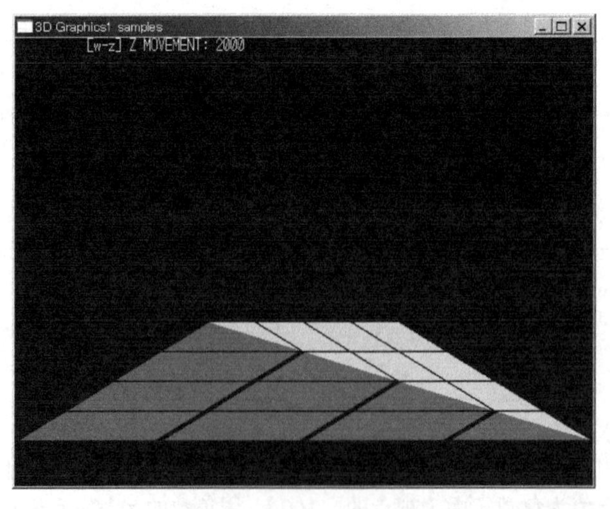

可以感觉到网格贴图非常别扭。虽然上面的两个顶点位于远处，下面的两个顶点位于近处，但是图中看起来感觉很奇怪。从三角形各边的刻度可以看出，线条之间的间隔并没有因距离渐远而变窄。现有的做法很难修复这一问题。此外，该示例也展现了视点位于三角形内部时的问题。按 z 键时四边形将朝眼前移动，当移动量接近 1000 时，画面将变得十分混乱。这是因为在该时刻某顶点的 $z=0$。一般来说，此时应当进行分割处理。

那么，什么样的做法才算是完美的呢？

要解决上述两个问题，要么自行添加复杂的处理代码，要么依靠显卡来完成。三角形的分割或许还能通过自行编写代码来实现，但纹理坐标的补间就需要用到显卡了，否则就不得不自行实现光栅化，这样就完全用不上显卡功能了。下一节我们将介绍如何使用显卡来完成该处理。

说起来，借助显卡处理这些问题不过是近几年的事情。就拿三角形的分割来说，之前很多主流的游戏主机不具备该功能，大部分开发者不得不通过自行编写代码来完成。但是要编写一个健壮的分割处理程序是非常麻烦的，就算编写出来，运行的负载也很大，所以开发时往往尽量避免使用大三角形，或者仅对视点附近的三角形执行分割处理。

虽然纹理变形的问题已经成为过去式了，但是对于早期的 3D 游戏机来说，这的确是一个很大的问题。处理方法一般是采用小三角形，或者尽量使用那些变形后不容易被察觉出来的纹理来贴图。

14.5.3 通过显卡完成

本节将介绍如何使用显卡功能来实现物体越远越小的效果。该方法能够将上面提及的问题全部解决。

在给出具体步骤之前，我们先看以下代码。

```
double p[ 4 ][ 4 ] = {  //四元！
    { 1000.0, 0.0, 0.0, 1.0 },
    { 1000.0, 1000.0, 0.0, 1.0 },
    { 1000.0, 0.0, 1000.0, 1.0 },
    { 1000.0, 1000.0, 1000.0, 1.0 },
};

for ( int i = 0; i < 4; ++i ){
    //将y和640/480相乘以调整纵横比
    p[ i ][ 1 ] *= 640.0 / 480.0;
    //第4个元素用来存储范围变换前的z值
    p[ i ][ 3 ] = p[ i ][ 2 ];
    //改变z的范围
    p[ i ][ 2 ] = ( 1.0/9999.0 ) * p[ i ][ 2 ] - ( 1.0/9999.0 );
    //用当前的z值乘以范围变换前的z值
    p[ i ][ 2 ] *= p[ i ][ 3 ];
}
//绘制四边形
drawTriangle3DH( p[ 0 ], p[ 1 ], p[ 2 ] );
drawTriangle3DH( p[ 3 ], p[ 1 ], p[ 2 ] );
```

注意传给显卡的参数是四元向量，而不再是之前使用的三元向量。第 4 个元素表示 x 和 y 的除数。读者可能会认为，既然 x 和 y 都会除以 z，所以传递 1 个 z 值就够了。但是考虑到后面还要对 z 执行范围变换，而范围变换后的 z 就不能再用作 x 和 y 的除数了，因此有必要另行将原始的 z 值也传过去。这正是第 4 个元素存在的意义，我们把它称为“w 元素”。虽然按照字母表的顺序 w 应当排在 x 的前面，但是改变 x、y、z 的变量顺序又太过麻烦，所以就将 w 放在后面，希望读者能够适应。

另外，请注意函数 `drawTriangle3DH()`。此处的 H 是 Homogeneous（齐次）的缩写，具体含义我们会在后面解释。只要通过四元向量将顶点传给该函数，显卡就能正确地完成绘制。注意传入的各个参数必须是包含 4 个元素的数组，并且要保证第 4 个元素的值是正确的。

运行该代码，可以看到即便有顶点位于视点后方，最终绘制出的图像也是正确的。

传给显卡的顶点

我们现在传给显卡的顶点坐标和之前使用的有很大不同。

- **x 和 y 的范围是 −1 到 1**
- **y 轴以上方为正方向（与之前的情况相反）**
- **w 用于存储 x、y 和 z 的除数的值（注意 z 也要除以它）**

首先，x 和 y 的范围发生了变化。对于任意一个传给显卡处理的顶点来说，x 和 y 的取值范围都是 −1 到 1，超出该范围将不会被绘制。这一点与 Z 缓存的取值范围是 0 到 1 相同。因为中心为 0，所以我们不用再为了使图像朝着中心收敛而对坐标进行平移。

之前我们通过让坐标值乘以 640 来实现放大的效果，但现在已经不需要这么做了。前面说过，站在距离 1000 的位置观察大小为 1000 的物体，宽度应当显示为 1 才合理。因为现在画面的范围是 −1 到 1，宽度总共为 2，所以宽度为 1 就意味着占了画面的一半。也就是说，即使不对坐标进行放大，也能达到想要的效果。当然，读者仍可以依照喜好进行缩放，只是现在这项操作已经不是必需的了，所以我们此处省略该步骤。至于将绘制内容显示为多大，后面我们会另行讨论。

注意这里出现了一个新的概念，也就是纵横比。现在 x 的分辨率是 640，y 的分辨率是 480，但是从参数可以看出，显卡处理时二者的范围都应当被转换为 −1 到 1。也就是说，x 方向的 1 相当于 320 像素，y 方向的 1 相当于 240 像素。纵横方向上同样是 1，但对应的像素值却并不相同。如果将一个 x 方向和 y 方向的值都是 1 的正方形传给显卡，绘制出的图形的宽和高将各占 x 轴和 y 轴的一半，结果会是一个 4 : 3 的长方形，因此必须进行适当的校正，使其横向收缩，或者纵向拉伸。上面的代码采取的是纵向拉伸的方式，读者也可以选择横向收缩。

接下来是 y 轴方向的问题。在开发 3D 游戏时，将上方作为 y 轴的正方向比较好。因为 y 轴代表纵方向，如果不这样设置，就会出现位置越高 y 值越小的情况，让人难以理解，所以显卡处理的坐标系中 y 轴是朝上的。不过在之前的示例中 y 轴都是朝下的，所以读者在使用之前编写的代码时需要加以注意。

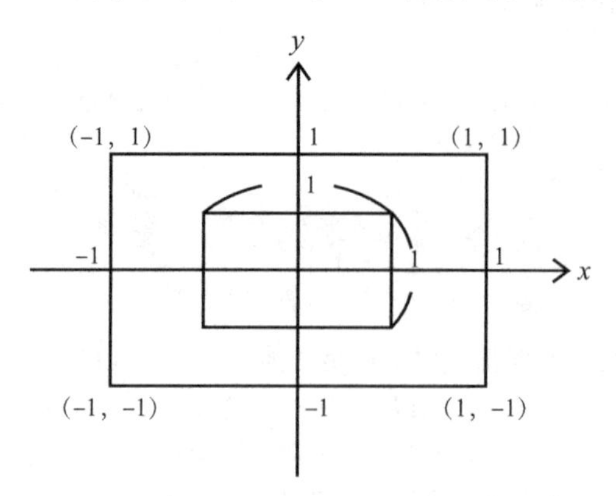

最后一点是 w 中将存储 x、y 和 z 的除数。注意，z 也要执行除法运算，这一点非常重要。读者或许认为只需要对 x 和 y 执行除法运算就够了，但实际上并非如此。因为当前变量 z 存储的是将要写入 Z 缓存的值，显卡处理时会再将它除以 w，这样 Z 缓存的值就错了。所以只能提前将 Z 缓存的值乘以 w，然后再赋值给 z 变量，这样才不会有问题。

理论上，元素 w 也要执行除以 w 的计算。也就是说，最终 w 的值会变成 1。原本只是一个三元向量，现在添加了第 4 个变量，并把该值设置为 1，读者有没有感到这种做法似曾相识？请读者回想一下，在之前的 2D 部分，处理移动矩阵时我们也添加了第 3 个元素，并将其赋值为 1。

像这样用一个 $n+1$ 元向量来表示 n 元向量的做法，称为**齐次坐标**（homogeneous coordinate）。函数 `drawTriangle3DH()` 中的 H 正是出自于此。在开发 2D 游戏时，为了处理移动，我们导入了齐次坐标，在 3D 游戏中，为了实现越远越小的效果，同样也可以使用齐次坐标。有了 w 后就可以正确地进行纹理贴图了。要解释这方面的原理可能需要很长篇幅，此处我们暂且省略，读者可以自己思考一下如何使用 w 才能正确地完成纹理坐标的补间。

对上一节的示例 PerspectiveProblems 修正后的结果位于 PerspectiveProblems2 中。在这个示例中，无论移动到哪里，画面都能正常显示，纹理贴图也是正确的。希望读者能够通过这个例子再次体会到显卡功能的强大之处。

14.6 坐标变换

现在，我们已经能够在绘制时表现出物体的远近感了，不过仅掌握这一点还不足以开发游戏。

大家可以想象一下绘制机甲时的情况。假设机甲位于 (10, 0, 20) 处，朝向东北方向。在目前的状态下，我们很难编写出正确的代码。因为我们还没有学习如何计算出代表机甲的四边形的各顶点。

那么，在 2D 游戏中是怎么做的呢？

读者或许还记得，当时使用了矩阵，本节我们同样也把矩阵引入 3D 处理中。

14.6.1 坐标轴的方向

我们必须先明确一个一直以来都比较含糊的问题，那就是坐标轴的方向。上一节我们规定了 y 轴朝上为正方向，而 x 轴一直都是以从左向右为正方向的，本节我们还这样规定。那么 z 轴的方向应当如何设置呢？因为越往深处 Z 缓存的值越大，所以一直以来我们都以 z 轴朝内为正方向。但实际上，Z 缓存的值和 z 轴变量的值并不一定要完全一致，所以就算方向相反也不要紧，只要在执行范围变换时能够转换回来即可。

从现在起，我们设置 z 轴朝外为正方向，朝内为负方向。这和 Z 缓存的方向正好相反，之所以“多此一举”，有下列几个理由。

首先最重要的一点是，这符合大多数人的习惯。笔者所处的环境如是，OpenGL 等主流类库亦如是。其次，从数学上看，这种设置更有美感，在后面讨论相关数学公式时就能体会到这一点。

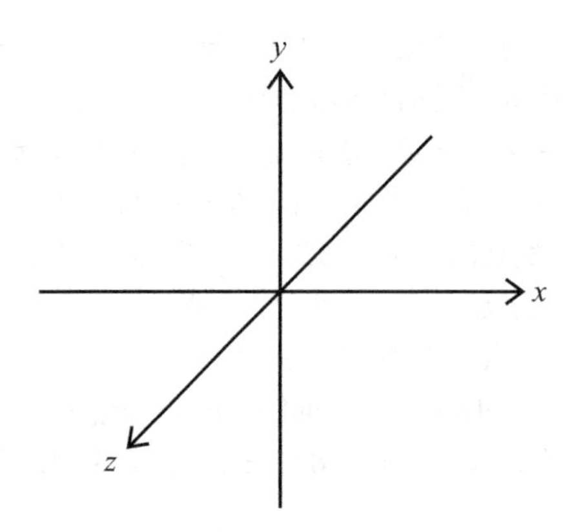

当然，这并不是什么原则性的问题，即便不这样设置也没有关系。如果读者觉得不会影响对后面内容的理解，完全可以继续以 z 轴朝内为正方向，说不定还会达到更好的学习效果。

14.6.2 将 z 轴反转

将 z 轴设置为朝外为正，朝内为负后，z 轴和 Z 缓存的方向便不再一致了，因此需要对 Z 缓存的范围变换公式进行调整。

假设 z 的范围是 −1 到 −10 000。因为方向朝内为负，所以可见物体的 z 坐标都将变为负数。而 z 坐标为正数的物体都位于视点的后方，所以不会被绘制。这种设定确实会带来些许不便，读者可能需要一段时间来适应。

−1 是离我们最近的地方，我们将该处的 Z 缓存值设置为 0。而 −10 000 表示最远处，因此该点的 Z 缓存值应设置为 1。范围变换公式和之前一样，如下所示。

$$Z = az + b$$

Z 表示 Z 缓存的值，z 表示 z 坐标。把 $z=-1$ 和 $z=-10\,000$ 代入后，得到：

$$0 = (-1)a + b$$
$$1 = (-10\,000)a + b$$

解这个方程组即可。用上面的算式减去下面的算式，得到 $9999a=-1$，从而求出 $a=-1/9999, b=-1/9999$。

为了让公式更为通用，设置最近的点为 $-n$（现在是 −1），最远的点为 $-f$（现在是 −10 000），则有：

$$0 = (-n)a + b$$
$$1 = (-f)a + b$$

由此可以算出：

$$a = \frac{1}{n-f}$$

$$b = \frac{n}{n-f}$$

我们把 n 称为**近裁剪面**（near clip），f 称为**远裁剪面**（far clip）。n 和 f 都是正数，分别表示“物体能够被看见的最近距离”和“物体能够被看见的最远距离”。如果某点的 z 值比 $-n$ 更大则不会被绘制，比 $-f$ 更小也不会被绘制。读者可以将 $n=1$ 和 $f=10\ 000$ 代入到式子中进行确认，可以看到它和之前的公式是一致的。有时我们仅通过公式来思考问题会太过抽象，建议读者养成代入具体数字以直观感受的习惯。

另外，之前我们说过，w 存储的是 z 的值，既然现在 z 轴的方向发生了改变，存储的值就应当改为 $-z$ 了。不难理解，z 等于 -50 时将按照 1/50 的比率缩小，z 等于 -100 时将按照 1/100 的比率缩小。z 值为负导致在计算时需要注意很多地方，希望读者能够适应。

实际上，“Z 缓存的取值范围是 0 到 1”并非是绝对的。DirectX 中该范围是 0 到 1，但是在 OpenGL 中该范围是 -1 到 1。如果读者会直接用到 OpenGL，那么还需要对 z 的范围进行调整。

14.6.3 矩阵与向量的扩充

我们来回顾一下在 2D 游戏中绘制图像的步骤。首先需要准备好长方形的 4 个顶点。这里我们先创建三元向量类 Vector3，然后通过下列代码定义正方形的各个顶点。

```
Vector3 p0( -100.0, 0.0, -100.0 );
Vector3 p1( -100.0, 0.0, 100.0 );
Vector3 p2( 100.0, 0.0, -100.0 );
Vector3 p3( 100.0, 0.0, 100.0 );
```

接着利用矩阵来完成移动、旋转和缩放等操作，将结果绘制出来。这就要求矩阵能够对三元向量进行操作。之前我们对二元向量进行操作时用到了 2×3 矩阵，不过为了合并一系列操作，理论上需要准备一个 3×3 矩阵。

同理，要对三元向量进行运算，就需要一个 3×4 矩阵。为了合并一系列操作，理论上必须导入 4×4 矩阵。不过因为有些元素是常量，所以只要确保代码能够实现 3×4 矩阵类即可。我们可以通过简单的移动和缩放来确认一下。

首先，移动的公式如下所示。

$$q_x = p_x + o_x$$
$$q_y = p_y + o_y$$
$$q_z = p_z + o_z$$

对于 4×4 矩阵的情况，可以根据二元的做法推导出来。

$$\begin{pmatrix} q_x \\ q_y \\ q_z \end{pmatrix} = \begin{pmatrix} 1 & 0 & 0 & o_x \\ 0 & 1 & 0 & o_y \\ 0 & 0 & 1 & o_z \end{pmatrix} \begin{pmatrix} p_x \\ p_y \\ p_z \\ 1 \end{pmatrix}$$

我们可以通过计算各元素的值来确认其正确性。另外，缩放操作的公式如下所示。

$$q_x = p_x \cdot s_x$$
$$q_y = p_y \cdot s_y$$
$$q_z = p_z \cdot s_z$$

由此可以得出：

$$\begin{pmatrix} q_x \\ q_y \\ q_z \end{pmatrix} = \begin{pmatrix} s_x & 0 & 0 & 0 \\ 0 & s_x & 0 & 0 \\ 0 & 0 & s_x & 0 \end{pmatrix} \begin{pmatrix} p_x \\ p_y \\ p_z \\ 1 \end{pmatrix}$$

同样，我们也可以通过计算各元素的值来确认其正确性。

这里就不对细节部分一一展开了，基本上和二元处理时相同。

剩余的旋转处理要比缩放和移动复杂得多，笔者打算单独拿出一节来讨论，此处暂时跳过。

准备相关类

现在我们先来准备相关的向量类与矩阵类。基于 2D 处理时的经验，代码编写起来应该不会太难，不过矩阵类的代码有些复杂，这里笔者将其一并罗列出来。

```
class Matrix34{
public:
   Matrix34(){}
   void setTranslation( const Vector3& );
   void setScaling( const Vector3& );
   void multiply( Vector3* out, const Vector3& in ) const;
   void operator*=( const Matrix34& );
   void translate( const Vector3& );
   void scale( const Vector3& );
private:
   double m00, m01, m02, m03;
   double m10, m11, m12, m13;
   double m20, m21, m22, m23;
};

// 以下写在 cpp 中
Matrix34::Matrix34(){
}
void Matrix34::setTranslation( const Vector3& v ){
   m00 = m11 = m22 = 1.f;
   m01 = m10 = m02 = m20 = m12 = m21 = 0.f;
   m03 = v.x; m13 = v.y; m23 = v.z;
}
void Matrix34::setScaling( const Vector3& v ){
   m00 = v.x; m11 = v.y; m22 = v.z;
   m01 = m10 = m02 = m20 = m12 = m21 = m03 = m13 = m23 = 0.f;
}
void Matrix34::multiply( Vector3* out, const Vector3& in ) const {
   double tx = in.x;
   double ty = in.y;
   out->x = m00*tx + m01*ty + m02*in.z + m03;
   out->y = m10*tx + m11*ty + m12*in.z + m13;
   out->z = m20*tx + m21*ty + m22*in.z + m23;
}
void Matrix34::operator*=( const Matrix34& m ){
   double tx, ty, tz; // 因为后面会改变该值，所以需要提前备份
   tx = m00; ty = m01; tz = m02;
   m00 = tx*m.m00 + ty*m.m10 + tz*m20;
   m01 = tx*m.m01 + ty*m.m11 + tz*m21;
   m02 = tx*m.m02 + ty*m.m12 + tz*m22;
```

```
    m03 = tx*m.m03 + ty*m.m13 + tz*m23 + m03;
    tx = m10; ty = m11; tz = m12;
    m10 = tx*m.m00 + ty*m.m10 + tz*m20;
    m11 = tx*m.m01 + ty*m.m11 + tz*m21;
    m12 = tx*m.m02 + ty*m.m12 + tz*m22;
    m13 = tx*m.m03 + ty*m.m13 + tz*m23 + m13;
    tx = m20; ty = m21; tz = m22;
    m20 = tx*m.m00 + ty*m.m10 + tz*m20;
    m21 = tx*m.m01 + ty*m.m11 + tz*m21;
    m22 = tx*m.m02 + ty*m.m12 + tz*m22;
    m23 = tx*m.m03 + ty*m.m13 + tz*m23 + m23;
}
```

成员变量增加了 1 倍，从 6 个变成了 12 个，函数的长度也变长了 1 倍左右。但相比完整的 4×4 矩阵类代码，这已经凝练了不少。如果要支持移动、旋转和缩放操作以外的其他变换操作，就不得不使用 4×4 矩阵了，那样就需要用到 16 个成员变量。大家可以想象一下代码将会变得有多长。

世界变换

下面我们来尝试使用矩阵。

首先分别创建好移动、旋转以及缩放的矩阵，然后将它们合并为一个矩阵，最后将该矩阵与各个顶点进行乘法运算，这样就可以让物体移动或旋转到任意位置了。

这个能够将物体按照任意位置、朝向、大小进行放置的矩阵称为世界矩阵。另外，和世界矩阵相乘后的顶点位于世界坐标系中。与之相对，执行乘法运算前的顶点则位于本地坐标系中。比如，让本地坐标系中的点 (1, 2, 3) 乘以一个能够让 z 值增大 5 的世界矩阵后，会得到世界坐标 (1, 2, 8)。世界坐标和本地坐标的概念有时容易让人混淆，建议读者多加体会。

举个例子，试想一下将屋内的物体搬上卡车运送到别处时的情况。屋里的位置一般用本地坐标表示，搬到屋外后，位置就用世界坐标来表示了。即便是同一位置，在本地坐标系和世界坐标系中的数值也是不同的。屋子的正中央可以用本地坐标 (0, 0, 0) 来表示，而如果世界坐标系的原点被设置在纽约，那么屋子正中央的世界坐标值必定与本地坐标值不同。我们在谈论坐标时，首先要确定的就是原点的位置。

示例代码

本书提供了示例 WorldTransform 来演示世界矩阵的用法。示例中的四边形每帧都会适当地进行移动和放大。能通过三元计算处理的工作尽量都用三元来完成，等到要提交给类库处理时再转换为四元，或者对 z 进行范围变换。将该部分处理封装成一个函数也不失为一个好办法。从该示例起，z 轴都以朝外为正方向。因为要传递参数给显卡，所以创建四元坐标部分的代码看起来和之前的示例稍有不同，其中一部分代码如下所示。

```
// 近裁剪面和远裁剪面
const double nearClip = 1.0;
const double farClip = 10000.0;
// 根据 near 和 far 创建 z 范围变换公式
const double zConvA = 1.0 / ( nearClip - farClip ); //1/(n-f)
const double zConvB = nearClip * zConvA; //n/(n-f)

// 变换
double p4[ 4 ][ 4 ];
for ( int i = 0; i < 4; ++i ){
```

```
    p4[ i ][ 0 ] = p[ i ].x;
    // 将 y 值乘以 640/480 来调整纵横比
    p4[ i ][ 1 ] = p[ i ].y * 640.0 / 480.0;
    // 对范围变换前的 z 进行“取负操作”，然后将值保存到 w
    p4[ i ][ 3 ] = -p[ i ].z;
    // 对 z 进行范围变换
    p4[ i ][ 2 ] = zConvA * p[ i ].z + zConvB;
    //z 和 w 相乘
    p4[ i ][ 2 ] *= p4[ i ][ 3 ];
}
```

这里需要注意两点：w 的值等于 $-z$，以及该范围变换公式是在 z 轴朝外为正方向的前提下创建成的。

14.6.4 三元的旋转矩阵

旋转就意味着必定存在一根旋转轴。不过在介绍 2D 的内容时我们好像并没有注意这一点。实际上，2D 世界中的旋转也存在旋转轴。假设有一根棒状物垂直立于纸面，那么它就是 2D 世界的旋转轴。只不过该轴与 2D 世界不在同一个平面，因此不容易被感受到，况且 2D 世界中也不存在其他旋转方式，所以一般不会特意提起这个旋转轴。

但在 3D 的情况下，旋转轴本身和旋转物体位于同一世界。例如，人在站立旋转时是以从脚到头的这条线为轴的，而该轴切实地存在于 3D 空间中，这是和 2D 旋转最大的差异。既然旋转轴和旋转物体位于同一空间，那么该轴自身也是可以运动的。于是，和 2D 时的情况不同，轴的方向有无数种可能，既可以是上下方向，也可以是左右方向，还可以是倾斜方向。所以 3D 的旋转处理要比 2D 复杂得多。

简单的旋转

我们先来考虑一下比较简单的一种旋转情况。试想在站立的状态下旋转身体的场景。

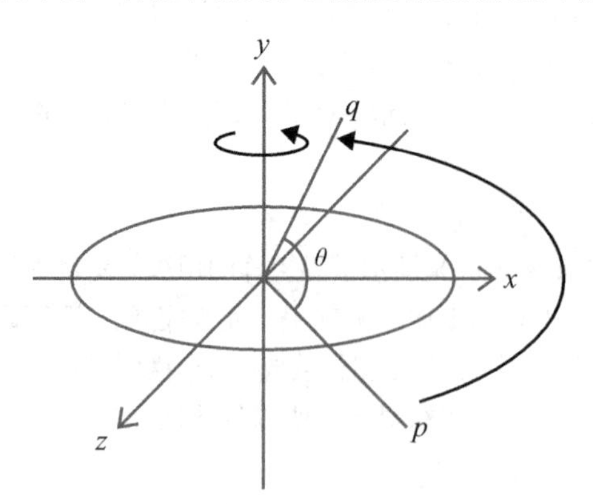

对于从脚底指向头部的向量来说，该旋转不会造成任何影响。至少用于表示上下位置高度的 y，即向量的 y 元素值不会发生改变。不管如何旋转，高度为 1 米的物体始终会保持 1 米的高度。而 x 和 z 的变化处理则和 2D 旋转时相同。

此外还要注意角度的方向问题。假设观察点位于 y 轴的负方向，也就是从下往上看时，存在逆时针和顺时针两种旋转方向。另外，根据旋转角度的不同，相应的矩阵也会发生剧烈的改变。数学上对于角度的方向没有特定要求，不过这里我们把面朝 y 轴正方向拧紧螺丝钉的旋转方向定义为正方向。我们知道，按顺时针方向可以拧紧螺丝钉，那么以上图为例，就好比汽车维修工人躺在车底，脸朝上方拧紧螺丝钉，这个拧紧螺丝钉的方向就是正方向。也就是说，图中从 z 轴正方向向 x 轴正方向的旋转方向就是正方向。

如果通过文字和平面图还不能理解，读者也可以用自己的身体来比划一下。假设我们头朝南仰躺着，头顶方向，即南边就是 z 轴的正方向，东边是 x 轴的正方向。在该状态下，举起手腕从头顶开始按顺时针方向画一个圈，该方向就是角度的正方向。因此，图中从 p 到 q 的旋转角 θ 为正数。

之前在讨论 2D 旋转时，我们创建了从 x 轴正方向旋转到 y 轴正方向的旋转矩阵。而现在我们要从 z 轴正方向旋转到 x 轴正方向，所以只要依葫芦画瓢，将 2D 旋转矩阵中的 x 换成 z，y 换成 x 即可。y 轴可以忽视。

表示 2D 旋转的矩阵如下所示。

$$\begin{pmatrix} \cos\theta & -\sin\theta \\ \sin\theta & \cos\theta \end{pmatrix}$$

将 x 换成 z，y 换成 x 后，得到：

$$\begin{pmatrix} q_z \\ q_x \end{pmatrix} = \begin{pmatrix} \cos\theta & -\sin\theta \\ \sin\theta & \cos\theta \end{pmatrix} \begin{pmatrix} p_z \\ p_x \end{pmatrix}$$

直接改成 3×3 矩阵有些困难，我们可以先将上式展开：

$$q_z = \cos\theta \cdot p_z - \sin\theta \cdot p_x$$
$$q_x = \sin\theta \cdot p_z + \cos\theta \cdot p_x$$

为了便于转换为矩阵，我们对它进行加工，并把 y 加上，如下所示。

$$q_x = \cos\theta \cdot p_x + 0 \cdot p_y + \sin\theta \cdot p_z$$
$$q_y = 0 \cdot p_x + 1 \cdot p_y + 0 \cdot p_z$$
$$q_z = -\sin\theta \cdot p_x + 0 \cdot p_y + \cos\theta \cdot p_z$$

也就是说，相应的矩阵应该是：

$$\begin{pmatrix} \cos\theta & 0 & \sin\theta & 0 \\ 0 & 1 & 0 & 0 \\ -\sin\theta & 0 & \cos\theta & 0 \end{pmatrix}$$

现在第 4 列也被添加上了。我们可以试着将点 (0, 0, 1) 旋转 90° 来验证一下。从 z 轴正方向旋转到 x 轴正方向正好是 90°，也就是说，旋转后点 (0, 0, 1) 将变为 (1, 0, 0)。由于 cos 等于 0，sin 等于 1，可以看出结果是正确的。

这样我们就求出了从下（y 轴负方向）往上（y 轴正方形）观察时，以顺时针方向为正方向的旋转矩阵。面朝 y 轴正方向按顺时针旋转即为角度的正方向，因此，若从上往下观察，角度的正方向就会变为逆时针方向。

旋转的合成

虽然我们已经求出了绕 y 轴旋转的矩阵，但这只是无数种旋转方式中的一种。之前我们说过，旋转轴的角度有无数种可能。如果旋转轴是倾斜的，旋转矩阵的求解就会变得更加复杂。应当如何处理才好呢？

聪明的读者可能会想，能不能将它分解成两次旋转？当我们抬头观看夜空中的北极星时，首先会根据北极星距离地面的角度抬头。这里的“抬头”就相当于围绕左右轴发生的旋转，即绕 x 轴旋转。紧接着，再将身体朝向北极星所在的方位。这相当于绕 y 轴旋转。两次旋转都是绕坐标轴进行的，生成的矩阵一定非常简洁。于是，我们提出下面这个假想。

是否任意旋转都可以通过两次“简洁”的旋转来合成呢？

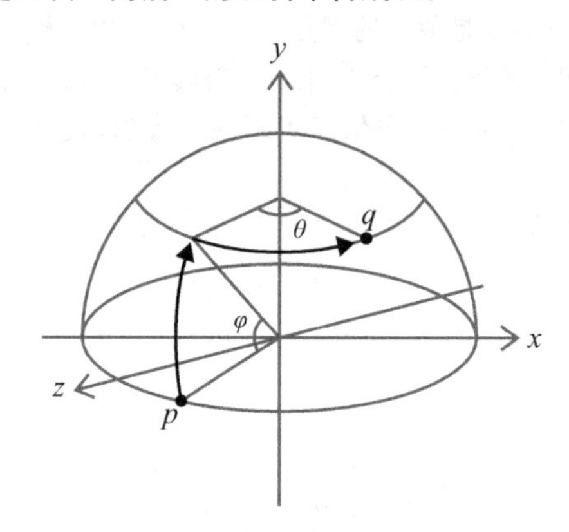

图中的 φ 和 θ 分别代表纵向旋转和横向旋转的角度。遗憾的是，我们很快就能找出反例来推翻该假想。试想为了能够使人正对着北极星而不得不使地面竖起来时的极端情况。按上面说的旋转两次后地面依旧保持水平，还需要再让头部倾斜一定的角度，即还需要一次横向旋转。倾斜头部这一过程正好相当于绕 z 轴旋转，它也可以用一个简洁的矩阵来表示。于是，我们可以进一步提出下面这个假想。

是否任意旋转都可以通过三次“简洁”的旋转来合成呢？

我们暂且略去证明过程，这里先告诉大家该假想是成立的。数学上已经证明了任意旋转都可以分解为分别绕三条不同的轴的旋转。

三个基本的旋转矩阵

我们先分别求出 x、y、z 轴的旋转矩阵以备用，具体方法和计算 y 轴旋转矩阵时相同，只需要替换 2D 旋转矩阵中相应的轴的名称而已，旋转轴对应的元素除了对角元素（行号与列号相同的元素）的值为 1 之外其余都是 0。此处我们需要再次强调旋转的方向，从旋转轴的负方向往正方向看时，拧紧螺丝钉的方向，即顺时针方向就是角度的正方向。绕 x 轴旋转，角度的正方向就是从 y 轴正方向指向 z 轴正方向的方向；绕 y 轴旋转，就是从 z 轴正方向指向 x 轴正方向的方向；绕 z 轴旋转，就是从 x 轴正方向指向 y 轴正方向的方向。像下面这样列出来之后就能发现一些规律。

$$\begin{pmatrix}1 & 0 & 0\\ 0 & \cos\theta & -\sin\theta\\ 0 & \sin\theta & \cos\theta\end{pmatrix}\begin{pmatrix}\cos\theta & 0 & \sin\theta\\ 0 & 1 & 0\\ -\sin\theta & 0 & \cos\theta\end{pmatrix}\begin{pmatrix}\cos\theta & -\sin\theta & 0\\ \sin\theta & \cos\theta & 0\\ 0 & 0 & 1\end{pmatrix}$$

这三个矩阵分别表示绕 x 轴旋转、绕 y 轴旋转和绕 z 轴旋转。这就意味着，知道三个旋转角度后，分别和三个旋转矩阵相乘，就可以实现按任意角度旋转了。

实现该旋转矩阵的相关代码位于示例 3DRotation 中。该示例按 x、y、z 轴的顺序分别旋转一定的角度后绘制出图像。至于应该按何种顺序分别旋转多大角度，我们后面再进行讨论。

14.6.5 绘制呈现的效果

之前我们在讨论透视变换时说过，在 3D 图形学中，必须提前确定好从哪里观察物体，这样才能正确地将物体绘制到画面上。目前为止我们一直将视点固定在世界坐标系的原点，本节将试着让视点动起来。为了便于理解，我们先从一个例子开始引入。

假如你在东京，那么大阪在你的哪边呢?

答案是“无法得知”。

如果面朝北海道的方向观察，那么大阪就在观察者的左侧；如果面朝博多的方向观察，那么大阪就位于观察者正前方 500 km 左右的位置。也就是说，仅仅知道观察者的位置还不够，还需要知道观察者的朝向。“在你的哪边”是一个非常主观的问题，因此不适合用东西南北这种绝对方位来描述，而应当使用“前后左右”等更为主观的描述方式。我们都知道，大阪位于东京的西边，但是现在我们想知道的并不是绝对方位，而是对观察者来说大阪的位置。

再举一个更实用的例子。

试问在 (1, 0, 0) 处观察，(1, 1, 1) 在哪边呢? 很明显答案也是“无法得知”。因为缺少“观察者的朝向”这一重要信息。那么，现在我们就假设观察者面朝 (0, 0, 1)，请参考示意图。该图是一个以 x 轴和 z 轴为平面的俯视图。y 轴朝外为正方向。

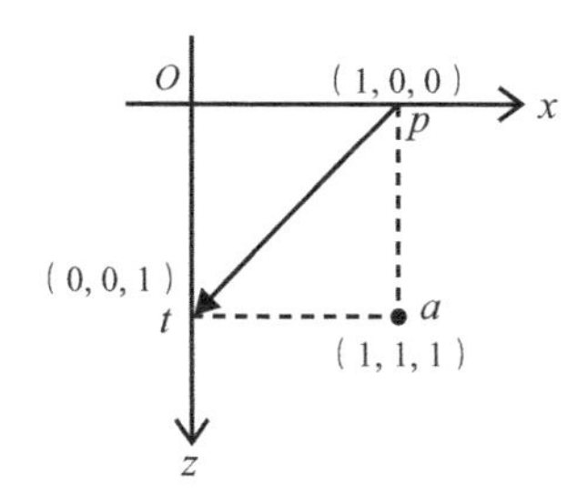

东西南北这类绝对方位可以使用 x 等于几 y 等于几来表示，这个用于描述绝对位置的坐标就是世界坐标。世界坐标 (−1, 1, 1) 可以理解为“西 1，上 1，南 1”。但是目前我们想知道的是对观察者而言，(1, 1, 1) 所在的位置。

那么我们应该怎么做呢?

首先需要将自己设置为中心。这就意味着要对世界执行平移操作。要想把世界的原点移动到观察者所处的 (1, 0, 0)，就需要对世界中的所有点的 x 坐标减 1，这样就实现了对整个世界的平移。于是，原来的 (1, 1, 1) 变为 (0, 1, 1)，原来的 (0, 0, 1) 变为 (−1, 0, 1)。

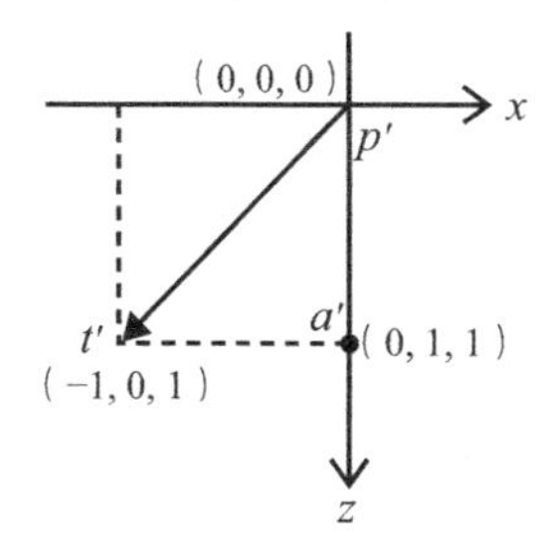

我们把这个过程换成数学语言来描述。设置目标点 (1, 1, 1) 为 a，观察者位置 (1, 0, 0) 为 p，正

对面可见的点 (0, 0, 1) 为 t。要将 p 移动到原点 O 处，只需减去 p 即可。对 a 执行相同的计算，就可以得出点 a 在原点移动后对应的 a'。对 t 也执行相同的计算，就可以得出 t'。

$$a' = a - p = (0, 1, 1)$$
$$t' = t - p = (-1, 0, 1)$$

接下来，为了让 $t'(-1, 0, 1)$ 位于观察者的正前方，我们对世界进行旋转。由 $x = -1$，$z = 1$ 可知，需要对世界执行逆时针旋转。“正前方”意味着角度为 0，因此逆时针旋转 $-135°$ 就可以使 t' 位于观察者的正前方了。

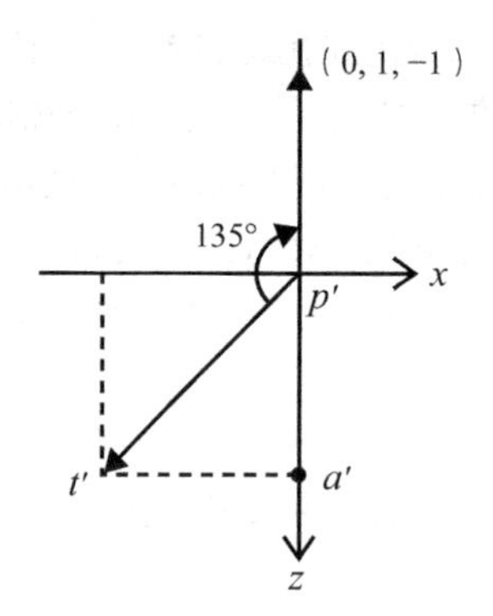

世界发生了旋转就意味着世界中的一切也随之发生了旋转，因此 a' 也不例外。假设 a' 与 $-135°$ 角的旋转矩阵相乘后得到 a''，$\boldsymbol{R}$ 表示旋转矩阵，则有：

$$a'' = \boldsymbol{R}a'$$

读者或许还记得移动也能够通过矩阵来表示。用 $\boldsymbol{T}$ 表示移动 (−1, 0, 0) 的过程，先执行 $\boldsymbol{T}$ 移动再执行 $\boldsymbol{R}$ 旋转，那么按相反顺序合并为一个矩阵就是 $\boldsymbol{RT}$，即

$$a'' = (\boldsymbol{RT})a$$

创建好逆平移矩阵与逆旋转矩阵后，依次和该点相乘，就可以求出该点位于主观世界中的坐标了。

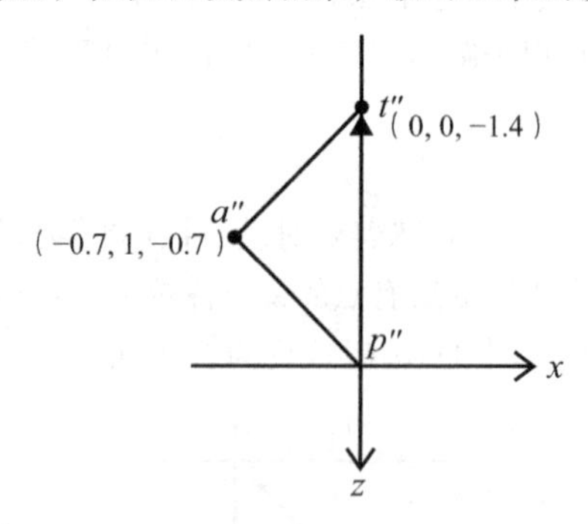

现在 a'' 的坐标值应该是 (−0.7, 1, −0.7)，可以看到位于 p'' 的左上方。

此处的 $\boldsymbol{RT}$ 叫作**视图变换矩阵**，或者简称为**视图矩阵**。它决定了物体变换后的效果。顶点乘以视图变换矩阵后得到的坐标位于**视图坐标系**。选取世界中的任意位置，将它和世界矩阵相乘后再和视图变换矩阵相乘，就可以得知站在该位置可以观察到的效果。这两个矩阵还可以进行合成，用 $\boldsymbol{W}$ 代表世界矩阵，$\boldsymbol{V}$ 代表视图变换矩阵，以相反顺序相乘创建出 $\boldsymbol{VW}$ 矩阵后，只需再执行一次向量与该矩阵的乘法计算即可。

角度的计算

前面我们并未说明角度值 135° 是如何得出的。虽然可以从示意图中看出，但是计算机处理时需要有明确的规则，因此我们需要创建能推导出 135° 的公式。

首先，有两根直线相交才能形成角度。这两根直线，一根是原点和目标点 (−1, 0, 1) 的连线，另一根是代表视线方向的向量 (0, 0, −1)。此处按 z 轴朝外为正方向进行处理会比较麻烦，而如果将正方向设置为朝内，则 (0, 0, 1) 正好就是视线向量。对于和 (0, 0, 1) 的夹角，我们可以利用如下关系：

$$\tan(\theta)=\frac{x}{z}$$

再通过 `atan2()` 来算出角度值。不过，因为 (0, 0, −1) 是 (0, 0, 1) 旋转 180° 后的位置，所以最后还要加上 180°。

```
double a = atan2( x, z ) + 180.0;
```

以 (−1, 0, 1) 为例，`atan2(-1,1)` 的计算结果是 −45°，加上 180° 后算出 135°。千万不要忘记加上 180°。此外，zx 平面上以 z 轴正方向为起始边的角度值可以通过 `atan2(x,z)` 算出。这个知识我们会经常用到。同样，yz 平面上以 y 轴正方向为起始边的角度值可以通过 `atan2(z,y)` 算出，xy 平面上以 x 轴正方向为起始边的角度值可以通过 `antan2(y,x)` 算出。示意图如下所示。

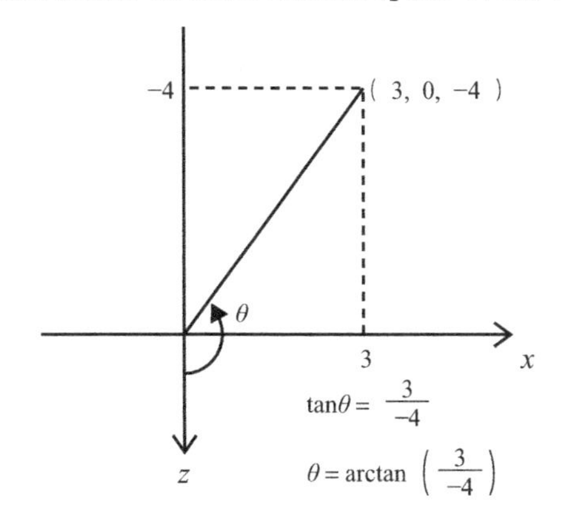

14.6.6 当需要两个以上的旋转轴时

前面的示例中只要旋转一次就足够了。因为观察者不用低头、抬头，只要身体转圈即可。但是很多时候旋转一次是不够的，在这种情况下，必须将多个旋转矩阵合并到一起。那么，具体要如何操作呢？

我们来试着思考一个问题：为了能看见某颗星星的正面，需要让地面倾斜 45° 才行，这时世界看起来会是什么样子的呢？但是我们不希望直接倾斜地面，也就是说 y 的正方向将一直朝上。这是因为在游戏中要保持上下方向和重力方向一致，所以一般不将视野横向倾斜。

于是问题就变成了：为了能看见某颗星星的正面而转动自己的头部，这时世界看起来会是什么样子的呢？旋转是相对的，“旋转世界”其实是“旋转观察者自己”的逆操作。因此我们首先要解决的问题就是“为了看见某颗星星的正面应当如何调整自己头部转动的角度”。首先，让观察者面部朝北。这可以通过本地坐标来定义。假设 z 轴朝南是正方向，那么北向坐标应当是 (0, 0, −1)。

计算方法有很多种。要想正面对准某点，只需要旋转两次就可以了，可以绕 x 轴和 z 轴旋转，也可以绕 y 轴和 x 轴旋转。而且对旋转的先后顺序也没有任何要求。我们选择一个最容易理解的方法，先让身体围绕 y 轴旋转，再让头部沿 x 轴上下旋转。

重新梳理一下该过程。首先旋转身体以调整方向，然后通过抬头或低头调整上下角度。该顺序是最容易理解的。但是，麻烦出在了第二个步骤上。第一次旋转很明显是绕 y 轴旋转，但第二次旋转的旋转角度就不好计算了。

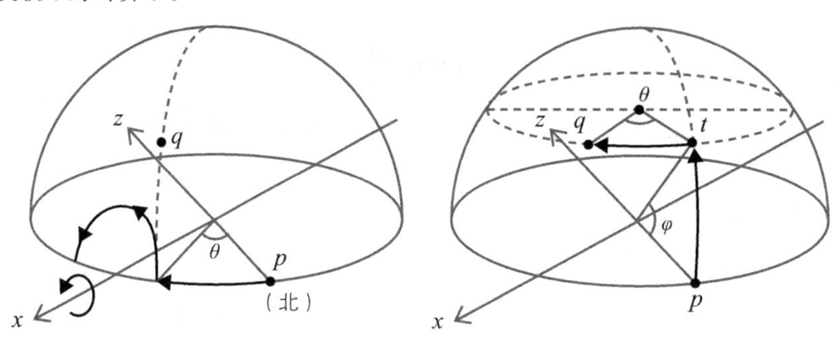

左图表示点 p 沿 y 轴旋转到合适的方位后再向顶部的 q 旋转的操作。但是，绕 x 轴旋转并不会使点朝着顶部移动。因为点沿着 x 轴旋转时，只会绕 x 轴移动，所以我们必须采用右图的做法。也就是说，首先调整好上下的角度至 t，然后再旋转身体调整朝向至 q。尽管理论上先绕 y 轴旋转也能实现目标，但是这样一来就很难计算出之后绕 x 轴旋转的角度了。所以我们先绕 x 轴旋转，也就是先抬头，再旋转身体。

下面是相关代码。观察者位于原点。

```
Vector3 target; //星星的位置
double ax, ay; //抬头的角度、身体旋转的角度

//首先通过星星的高度（y）和从上方观察时的距离（XZ 距离）
//算出抬头的角度
double xzDistance = sqrt( target.x*target.x + target.z*target.z );
ax = atan2( target.y, xzDistance );

//然后决定方位。因为可以看作从正上方观察，
//也就是说和 y 无关，所以直接对 x 和 z 进行 atan 即可
//不过，现在自身的朝向是（0,0,-1），因此要加上 180°。请不要忘记
ay = atan2( target.x, target.z ) + 180.0;
```

可以将 (1, 1, 1) 代入 `target` 看看计算结果。`xzDistance` 的值为 1.41，`ax` 等于 35°，`ay` 等于 225°，创建好旋转矩阵后乘以 (0, 0, −1)，会得到 (0.57, 0.57, 0.57)。它和 (1, 1, 1) 的方向相同。这样我们就求出了旋转矩阵，将当前面向的方向 (0, 0, −1) 转换为 (1, 1, 1)。

现在我们来旋转世界。世界的旋转可以理解为观察者旋转的逆向过程。

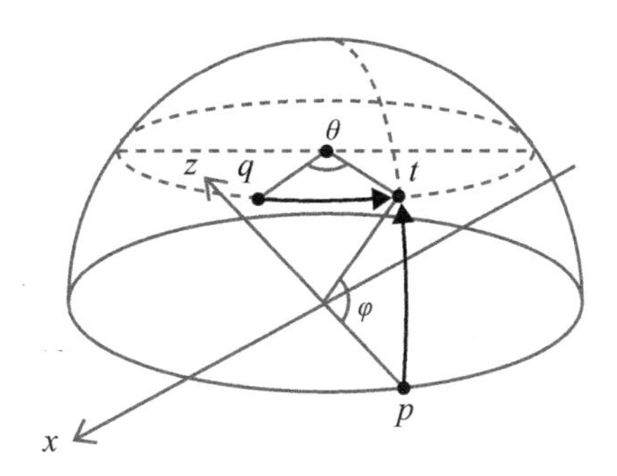

继续对照该示意图，我们考虑一下从 q 出发回到 p 的方法。q 会先途经 t 再到达 p，因此不仅旋转的角度相反，旋转的顺序也是相反的。也就是说，要按照 yx 的顺序旋转。在上述代码后添加以下代码，就可以算出观察点正对着北极星时世界景观变化的旋转矩阵。

```
Matrix34 m;
m.setRotationX( -ax );
m.rotateY( -ay );
```

旋转角度的计算代码与之前相同，只是角度值都要乘以 -1，这意味该旋转角度与之前相反。因为旋转按照 yx 的顺序完成，所以与矩阵相乘的顺序是 xy。这些流程比较容易出错，建议读者逐条整理出来，最后带入适当的数值来验证是否正确。

14.6.7 视图变换矩阵

现在我们已经准备好了相关“工具”。下面我们来定义“用来计算在某位置朝着某方向观察到的景观”的矩阵，也就是所谓的视图变换矩阵。

视图变换矩阵是移动矩阵和旋转矩阵的乘积，它的作用是将视点移动到原点后执行旋转，直到目标点出现在正对面。因此，只要在前面的代码中加上反方向的移动处理就可以了。这里我们把它封装成 Matrix34 的一个成员函数。

```
void Matrix34::setViewTransform(
const Vector3& p, // 视点位置
const Vector3& t ){ // 正对面的某个点
    Vector3 d;
    d.setSub( t, p ); // 视线向量
    double ax, ay; //x 旋转角、y 旋转角
    // 从正上方观察时视线向量的长度
    double xzDistance = sqrt( d.x * d.x + d.z * d.z );
    // 由于 y / xzDistance = tan( ax ),
    // 通过反函数得到 ax = atan( y / xzDistance )
    ax = atan2( d.y, xzDistance );
    // 由于 x/z = tan( ay ), 通过反函数得到 ay = atan( x / z )
    // 但是视线朝向 (0,0,-1), 所以还要再加上 180°
    ay = atan2( d.x, d.z ) + 180.0;

    // 分别执行反向移动、反向 y 旋转、反向 x 旋转。矩阵的乘积顺序正好相反
    setRotationX( -ax );
    rotateY( -ay );
    translate( Vector3( -p.x, -p.y, -p.z ) );
}
```

如果想加入地面的旋转处理，该函数就无能为力了，因为还需要用到一些专业的数学知识。如果读者不太了解空间基底向量这一概念，那可能会比较吃力。当然，即便是经常使用这一概念的人，被问起它的详细定义时恐怕也很难回答上来，这里我们就不再深入探讨了①。

通过视点的位置与观察方向来创建视图变换矩阵的示例是 ViewTransform，在该示例中可以看到水平放置在原点位置的四边形会随着视点的变化时而旋转，时而移动。虽然绘制出来的效果和 3DRotation 示例类似，但是要注意这里发生运动的不是四边形，而是视点。

此外，因为“正对面的点”这种说法过于冗长，所以后面我们就把它称为**注视点**。实际上，注视点的意义主要在于确定观察的方向。从这个层面上来说，“正对面的点”这一表述可能更为恰当，不过该叫法太啰唆，所以我们才称之为注视点。

14.7 用矩阵表示透视变换

现在，对于任意位置的物体，即便视点在不停地移动，我们也懂得应该如何绘制了。按照从本地坐标系到世界坐标系、从世界坐标系到视图坐标系的顺序依次对顶点进行变换，然后通过重新放入四元向量、对 z 进行范围变换，以及对 x、y 进行缩放等方式，将数据传给显卡，这样就可以绘制出正确的画面。可以说学会了这一套，就掌握了 3DCG 的基础，但美中不足的是处理代码非常冗长。在转换至视图坐标系之前，操作只需通过顶点与矩阵的乘法运算来完成，但是最后生成四元向量的部分却不得不另行处理，这让人无比郁闷。

我们来试着考虑一下如何将该部分处理也归纳为一个矩阵。如果透视变换也可以用矩阵来完成，那么就可以将之前的处理全部合并为一个矩阵。这样一来，对每个顶点而言，只要进行一次与矩阵的乘法运算即可。

14.7.1 回顾之前所做的操作

最后生成四元向量的操作代码如下所示，该部分代码摘自示例 ViewTransform。

```
// 近裁剪面和远裁剪面
const double nearClip = 1.0;
const double farClip = 10000.0;
// 根据 near 和 far 创建 z 范围变换公式
const double zConvA = 1.0 / ( nearClip - farClip ); //1/(n-f)
const double zConvB = nearClip * zConvA; //n/(n-f)
// 开始变换顶点
double p4[ 4 ][ 4 ];
for ( int i = 0; i < 4; ++i ){
    p4[ i ][ 0 ] = p[ i ].x;
    // 将 y 值乘以 640/480 来调整纵横比
    p4[ i ][ 1 ] = p[ i ].y * 640.0 / 480.0;
    // 对范围变换前的 z 进行“取负操作”，然后将值保存到 w
    p4[ i ][ 3 ] = -p[ i ].z;
    // 对 z 进行范围变换
    p4[ i ][ 2 ] = zConvA * p[ i ].z + zConvB; // 范围变换也朝向 z 轴
```

① Final 类库 Matrix34.cpp 里的 `setViewTransform()` 演示了三轴旋转，计算方法都写在注释中了。

```
    //z 和 w 相乘
    p4[ i ][ 2 ] *= p4[ i ][ 3 ];
}
```

我们来梳理一下这段代码所完成的处理，有以下几点：

- **修正纵横比**
- **对 z 执行范围变换操作**
- **将 $-z$ 放入第 4 个参数**
- **将 z 乘以 w**

我们再添加 1 个功能，即让 xy 按一定系数进行缩放，具体的比例值可自行决定。

这样应该就能写成矩阵的形式了。首先列出算式。s 表示缩放率，r 表示纵横比（这里是 640/480），a 和 b 是 z 范围变换时用到的常量。

$$
\begin{aligned}
q_x &= p_x \cdot s \\
q_y &= p_y \cdot s \cdot r \\
q_z &= (a \cdot p_z + b) \cdot (-p_z) \\
q_w &= -p_z
\end{aligned}
$$

根据之前的经验，要想求出矩阵，就需要确保 $\boldsymbol{q}$ 的各个分量能够通过 $\boldsymbol{p}$ 的各个分量分别乘上某常量然后相加表示出来。从上式可以看出，x、y 和 w 这 3 个分量的计算满足上述条件，遗憾的是 z 分量不满足。从 q_z 的计算过程可以看出，p_z 乘了 2 次，这样肯定是不行的。若暂时将 z 乘以 w（值为 $-p_z$）的操作去掉，整个过程就可以写为如下形式。

$$
\begin{pmatrix} q_x \\ q_y \\ q_z \\ q_w \end{pmatrix} = \begin{pmatrix} s & 0 & 0 & 0 \\ 0 & s \cdot r & 0 & 0 \\ 0 & 0 & a & b \\ 0 & 0 & -1 & 0 \end{pmatrix} \begin{pmatrix} p_x \\ p_y \\ p_z \\ 1 \end{pmatrix}
$$

不过之后必须再让 z 乘以 w。现在读者看出什么端倪了吗？

很简单，这意味着我们只要改变 z 范围变换的方法即可。

14.7.2 另一种 z 范围变换的方法

在不需要除以 w 时，对 z 执行范围变换后，值的范围是 0 到 1。现在我们要让它除以 w，这就必须确保除以 w 后的值的范围仍是 0 到 1。那么我们应当如何推导这个范围变换公式呢？

原方程组如下所示：

$$
\begin{aligned}
0 &= (-n)a + b \\
1 &= (-f)a + b
\end{aligned}
$$

n 表示近裁剪面，f 表示远裁剪面。之所以带负号，是因为 z 轴朝内为负方向，而 n 和 f 表示的是“大小”，需要保证它们为正数。

算式右边除以 w 后仍要成立。而 w 其实相当于 $-z$，所以可以得出下面这个范围变换公式：

$$Z = \frac{az+b}{-z}$$

当 b 等于 0 时，计算结果只和 a 相关，但如果 b 不等于 0，Z 的值就会受到 z 的影响。将近裁剪面和远裁剪面的 z 值代入方程组后，得到：

$$0 = \frac{(-n)a+b}{-(-n)} = \frac{b-na}{n}$$

$$1 = \frac{(-f)a+b}{-(-f)} = \frac{b-fa}{f}$$

将上面的算式乘以 n，下面的算式乘以 f 后，得到：

$$0 = b - na$$

$$f = b - fa$$

用下面的算式减去上面的算式后可以求出 a，而通过 $b = na$ 又可以求出 b，即：

$$a = \frac{f}{n-f}$$

$$b = na = \frac{nf}{n-f}$$

虽然式子变得复杂了一些，但是现在 z 执行范围变换后不再需要乘以 w 了。另外，因为 b 可以通过 na 算出，所以也不再需要通过复杂的算式来计算了。

但是，这个方法有一个缺点，那就是 Z 缓存的精度会急剧下降。不过这一缺点可以在某种程度上进行弥补，所以大部分游戏还是使用了这种方法。详细内容我们会在补充部分中进行说明，此处暂且跳过。

14.7.3 导入视角

我们可以通过让 x 和 y 乘以适当的缩放系数来实现缩放，但是“适当的”这种描述太过模糊，若不能明确想要达到某种效果时需要采用多大的值，开发时就不可能有的放矢地进行调整。所以现在我们来讨论如何确定 x 和 y 的缩放率。

请读者设想一下摄像机的情况。

一般来说，摄像机都存在一个拍摄范围，范围越窄，拍出来的物体就越大。焦距正好反映了这个拍摄范围。为了可以量化这一范围，我们可以用“夹角”来对其进行描述。观察物体时视线的夹角称为**视角**。

如果我们说“可以看见前方 45° 范围内的所有物体”，大家应该可以想象出大致情形。人类的视野角度大概是 150°，所以如果将视角设置为 50°，就相当于“现在只能看到视野中央 1/3 的部分”。如果我们能找到一种计算透视变换矩阵的方法，使最终画面上的可视范围恰好等于该角度，那么所有问题就解决了。

下面是示意图。

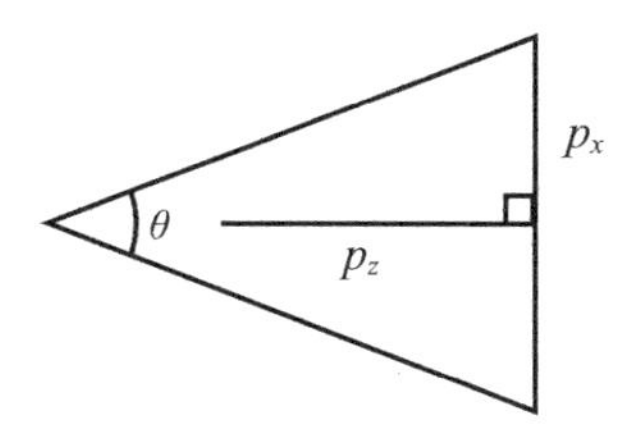

上图看起来像是一个角度为 θ 的三角锥。左侧顶点表示眼睛的位置。按前面讨论的透视变换的计算方法，除以 w 后的 x 值可以用下式表示：

$$q_x = \frac{p_x \cdot s}{-p_z}$$

也就是说，我们现在要思考如何通过 θ 算出 s 的值。首先对式子进行变形：

$$s = \frac{-p_z \cdot q_x}{p_x}$$

这里考虑一下视野的边界值。在视野边界处，q_x 等于 1 或者 −1。这是因为透视变换后的坐标值范围是 −1 到 1。这里我们把正数值代进去，则上面的式子就会变成：

$$s = \frac{-p_z}{p_x}$$

这就意味着 s 相当于 z/x。因此，如果有一个底边为 x、高为 z 的直角三角形，就可以通过正切函数计算出 s 了。示意图中三角形的上半部分正好是一个直角三角形，因此 z 和 x 存在如下关系：

$$\frac{p_x}{-p_z} = \tan(0.5\theta)$$

其倒数正好和 s 的计算公式一致，于是可以得出：

$$\frac{-p_z}{p_x} = \frac{1}{\tan(0.5\theta)} = s$$

这样我们就通过视角求出了缩放系数 s。

14.7.4 修正纵横比

上一节我们求出了缩放系数。不过对 x 和 y 来说，它们的系数最好相同，否则在修正纵横比时还要准备其他系数来调整。因此，我们必须选择以 x 轴或者 y 轴的视角为基准。一般来说，x 方向比 y 方向更宽，若以 x 轴的视角为基准，在 y 方向上就只能看到很小的一部分内容。在这种情况下，就要让 y 轴乘以一个纵横比修正系数。而如果以 y 轴的视角为基准，因为 x 方向上显示的范围比较大，所以就需要给 x 轴乘以一个修正系数。

尽管理论上二者都可行，但一般会选用更窄的一方，也就是以 y 轴的视角为基准。这主要是因为如果以 x 轴的视角为基准，y 方向的显示范围太窄，就无法将所有内容都显示出来。因此，我们按上一节的做法先通过 y 的视角计算出缩放系数，然后再让 x 乘以纵横比修正系数 480/640。之前是让 y 乘以 640/480，而现在因为要收缩 x 轴，所以取该值的倒数。

纵横比又称为**宽高比**（aspect ratio）。虽然怎么称呼并不重要，但这种叫法有助于我们理解它的作用，所以还是要记住。

14.7.5 矩阵的最终形式

现在，我们已经为创建透视变换矩阵做好了准备。下面是矩阵的最终形式。

$$\begin{pmatrix} q_x \\ q_y \\ q_z \\ q_w \end{pmatrix} = \begin{pmatrix} s \cdot r & 0 & 0 & 0 \\ 0 & s & 0 & 0 \\ 0 & 0 & a & b \\ 0 & 0 & -1 & 0 \end{pmatrix} \begin{pmatrix} p_x \\ p_y \\ p_z \\ 1 \end{pmatrix}$$

如前所述，x 需要乘以纵横比修正系数 r，各系数的值如下所示：

$$s = \frac{1}{\tan(0.5\theta)}$$

$$r = \frac{H}{W}$$

$$a = \frac{f}{n-f}$$

$$b = na = \frac{nf}{n-f}$$

H 表示画面的纵向像素数量，W 表示画面的横向像素数量，n 是近裁剪面，f 是远裁剪面。

14.7.6 合成所有变换

这样就创建好了透视变换矩阵，现在我们用 Perspective Transform 的首字母 $\boldsymbol{P}$ 来表示。同样，使用 $\boldsymbol{V}$ 来代表视图变换矩阵，用 $\boldsymbol{W}$ 来代表世界矩阵。正常的计算顺序是先完成世界变换，再执行视图变换，最后是透视变换，因此在合并成一个矩阵时，就需要按相反的顺序相乘，也就是 $\boldsymbol{PVW}$。如果提前算出了这个矩阵，之后只要让每个顶点与之相乘即可。

这里需要提醒大家的是，目前为止我们使用的矩阵从理论上来说是 4×4 的，但因为最后一行的元素都是固定常数，所以使用了 4×3 的矩阵数据结构。不过，从透视变换矩阵中可以看出，最下面一行的元素值与之前的有所不同。这次不再是 (0, 0, 0, 1)，而是 (0, 0, −1, 0)。单就透视变换矩阵而言，这些数字是固定的，因此并不需要把它们存储到矩阵数据结构中，但问题是我们不知道这种 4×3 的数据结构是否能很好地表示透视变换矩阵与其他矩阵相乘的结果。如果运算结果中夹杂着很多变量，就必须将最后一行也放入矩阵数据结构中存储。

下面我们来实际计算一下。

$$\begin{pmatrix} s_x & 0 & 0 & 0 \\ 0 & s_y & 0 & 0 \\ 0 & 0 & a & b \\ 0 & 0 & -1 & 0 \end{pmatrix} \begin{pmatrix} m_{00} & m_{01} & m_{02} & m_{03} \\ m_{10} & m_{11} & m_{12} & m_{13} \\ m_{20} & m_{21} & m_{22} & m_{23} \\ 0 & 0 & 0 & 1 \end{pmatrix}$$

现在问题集中在第 4 行，我们将它的各个值列出来：

$$m'_{30} = -m_{20}$$
$$m'_{31} = -m_{21}$$
$$m'_{32} = -m_{22}$$
$$m'_{33} = -m_{23}$$

很明显，最终元素值包含了变量。也就是说，我们需要在矩阵类中设置相应的变量来存储这些值。基于此需求，我们来编写如下的 Matrix44 类。

```
class Matrix44{
public:
   //创建透视变换矩阵
   void setPerspectiveTransform(
      double fieldOfViewY,
      double windowWidth,
      double windowHeight,
      double nearClip,
      double farClip );
   //和三元向量相乘生成四元向量
   void multiply( double* out, const Vector3& in ) const;
   //和 3×4 矩阵相乘
   void operator*=( const Matrix34& );
private:
   double m00, m01, m02, m03;
   double m10, m11, m12, m13;
   double m20, m21, m22, m23;
   double m30, m31, m32, m33;
};
```

fieldOfView 表示视角，末尾带字母 Y 表示它是 y 方向的视角。纵横比的值可以在别处计算完成后作为参数传过来，但是这样不容易让开发人员了解到当前纵横比是谁除以谁计算而来的，因此我们将纵向与横向的分辨率都传给该函数，并在该函数中计算完成。完整的实现代码这里就不一一罗列了，请读者参考示例。

此外，也可以再创建一个 Vector4 类，但如果只是一个简单的包装类，不能像 Vector2 和 Vector3 那样支持加减运算，就有些画蛇添足了。如果非要创建这个包装类，建议使用 Vector3H 这样的名字以表明“该类的意义是在三元向量类的基础上添加了齐次坐标 w”。若直接采用 Vector4 作为名称，很容易让人以为这是一个完整的四元向量类。对于习惯用数学思维进行思考的人来说，一旦在使用过程中发现它并不能像二元或三元向量类那样执行加减法操作，体验就会变得非常差。

示例代码

前面讨论的内容都可以在示例 WholeTransform 中看到。

该示例展示了如何用矩阵来完成世界变换、视图变换和透视变换。物体在运动，视点也在运动。视角的大小为 60°，CG 中一般不怎么使用超过 60° 的视角，为了理解这样做的原因，读者可以试着将其改为 175° 之类的数值看看效果，结果就可以看到画面的四周空出了一大块。这是因为和物体尺寸相除的“距离”与 x、y 无关，仅仅取决于 z。想修正这一点，恐怕没有那么简单。

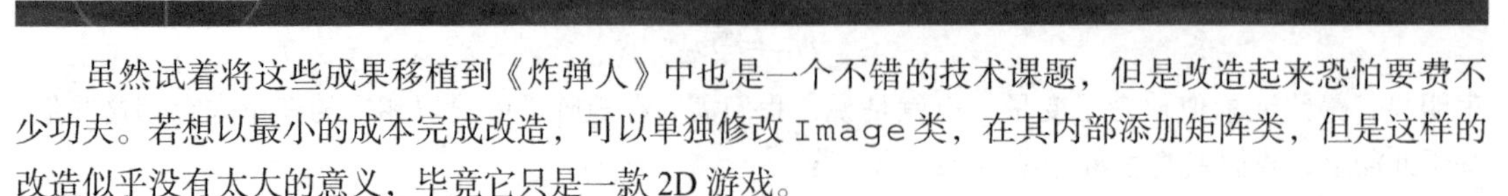

14.8 开始制作《机甲大战》

虽然试着将这些成果移植到《炸弹人》中也是一个不错的技术课题，但是改造起来恐怕要费不少功夫。若想以最小的成本完成改造，可以单独修改 Image 类，在其内部添加矩阵类，但是这样的改造似乎没有太大的意义，毕竟它只是一款 2D 游戏。

所以我们干脆放下《炸弹人》，来开发一款新的游戏吧。

这款游戏就是《机甲大战》。

我们从绘制主角开始，然后陆续添加一些功能，最终使机甲可以按照玩家的操作进行动作。

关于具体操作，并没有什么需要特别说明的。从理论上来说，凭借目前掌握的知识和自己的理解，大家应该都可以把这个游戏做出来。当然后面笔者会对本书提供的示例 RoboFightGraphicsOnly 进行讲解，不过讲解的形式会与之前的风格略有不同，这次会着重介绍思考的过程。希望读者可以和自己的思路进行比较。重要的不是结果而是分析的过程。因此，笔者强烈建议大家先自行开发。

14.8.1 类设计

我们来整理出必要的类，并将类文件和内部定义写出来。这可以采用自顶向下的方法来分析。

首先需要一个机甲类，我们把它命名为 Robo。然后还要创建一个表示地形的 Stage 类。如果支持射击操作可能还需要准备一个炮弹类，不过本章暂时不打算做得这么复杂。

14.8.2 主循环

创建完代码文件后，我们在 main.cpp 中编写主循环。循环中暂时没有什么内容，因为目前我们只是先把大体的流程编写出来而已。本示例不会涉及游戏玩法的实现，所做的仅仅是绘制出画面，所以不会用到太多的编程技巧。我们把机甲和舞台定义为全局变量，在第一帧中通过 new 创建出来。最终应该会在画面上看到两个机甲。

接下来是主循环。这里我们来编写让两个机甲按照操作进行动作的处理。将 Robo::update() 函数封装成如下形式。

```
for ( int i = 0; i < 2; ++i ){
   gRobo[ i ]->update();
}
```

update 函数中也可以放置绘制部分的代码，不过这就意味着将来在实现游戏的玩法逻辑时，必须将碰撞处理也放入其中。因为碰撞处理的结果会改变物体的位置，所以还是将绘制部分剥离出来比较好。当然我们还不需要考虑那么远，现在即便放在一起也没有什么关系。

下面是绘制处理的部分。

```
enableDepthTest( true );
gStage->draw();
for ( int i = 0; i < 2; ++i ){
   gRobo[ i ]->draw();
}
```

为舞台和机甲添加 draw() 函数，然后按上述代码进行调用。注意必须调用 enableDepth()。

这样 main.cpp 中的 Framework::update() 方法就完成了，后续再适当地添加一些游戏结束时的逻辑即可。

14.8.3 机甲类的声明

那么机甲类中都需要什么呢？目前可以确定的是，必须有构造函数、析构函数、update() 和 draw()。

首先，机甲类中需要保存位置和 y 轴角度，这样才能表示出机甲所在位置和方向。为此我们可以添加 mPosition 与 mAngleY 两个成员变量。另外，考虑到外部可能需要访问这些变量，并且有时还会在外部对其进行修改，所以我们再添加 position()、angleY()、setPosition() 和 setAngleY() 这几个方法[①]。

虽然可以将成员函数设置为 public，但是成员变量一开始都应当设置为 private。

接下来是和绘制相关的内容。贴图就意味着必须有纹理，所以需要添加一个纹理成员变量。本来顶点数据也是必需的，不过当前我们打算使用长方体来表示机甲，所以直接在绘制处理的代码中实时进行计算即可。

于是，类大体上会设计成如下形式。

```
class Robo{
public:
    Robo( int id ); //传入编号，有时可能要查询自己的编号
    ~Robo();
    void draw() const;
    void update();
    const Vector3* position() const;
    double angleY() const;
    void setPosition( const Vector3& );
    void setAngleY( double );
private:
    Vector3 mPosition;
    double mAngleY;
    int mId;
    GameLib::Texture* mTexture;
};
```

构造函数将数字 0 或者 1 作为参数，这样机甲就能够知道自己的编号了。如果没有该信息，游戏将很难建立起手柄和机甲的对应关系。

我们先把 cpp 中目前可以实现的函数写好，剩下的留到下一阶段再编写。update() 和 draw() 仍旧是空的，构造函数也只是对成员变量进行初始化操作。当前情况可以用下列代码表示。

```
Robo::Robo( int id ) :
mPosition( 0.0, 0.0, 0.0 ),
mAngleY( 0.0 ),
mId( id ),
mTexture( 0 ){
```

① 也可以写成 getPosition() 和 getAngle()，但对于只是返回某变量值的函数，笔者习惯把名称中的 get 省略掉，当然读者可以不用按照这个规则来。

```
    //TODO:
}

Robo::~Robo(){ //TODO: }

const Vector3* Robo::position() const {
    return &mPosition;
}
void Robo::setPosition( const Vector3& a ){
    mPosition = a;
}
double Robo::angleY() const {
    return mAngleY;
}
void Robo::setAngleY( double a ){
    mAngleY = a;
}
void Robo::update(){ //TODO: }
void Robo::draw(){ //TODO: }
```

14.8.4 舞台类的声明

舞台只要被放置在世界中即可，没有其他特殊操作，因此无须创建世界矩阵。另外，因为要进行贴图，所以它必须持有纹理对象，于是该类大致如下所示。

```
class Stage{
public:
    Stage();
    ~Stage();
    void draw() const;
private:
    GameLib::Texture* mTexture;
};
```

14.8.5 画面绘制的流程

现在我们来思考具体如何进行绘制。首先需要准备好顶点数组。如果用长方体表示机甲，用一个四边形表示地面，那么相关的顶点数据直接写在代码里就行了。然后将各个顶点和世界矩阵相乘。因为舞台不会动，所以不需要执行该处理。机甲类的 draw() 函数会根据 mPosition 和 mAngleY 生成世界矩阵。接着是视图变换处理。因为该视图变换矩阵每帧都会生成一次，所以把它放在机甲类或者舞台类中是不合适的，应在 main.cpp 中创建好后再传给 draw()。最后执行的透视变换也按相同的方法处理。总之，只要能确保最后可以将透视变换矩阵与视图变换矩阵的乘积传给 draw() 函数即可。于是，我们将 draw() 函数修改为以下形式。Stage 中也是如此。

```
void Robo::draw( const Matrix44& perspectiveViewMatrix );
```

纹理的准备比较麻烦，这里暂不深究，只要能简单地呈现出地面的感觉就行了。下面是函数 Stage::draw() 的实现。

```
void Stage::draw( const Matrix44 pvm ) const {
```

```
    Vector3 p[ 4 ];
    unsigned c[ 4 ]; //指定颜色以达到醒目的效果
    p[ 0 ].set( -50.0, 0.0, -50.0 );
    p[ 1 ].set( -50.0, 0.0, 50.0 );
    p[ 2 ].set( 50.0, 0.0, -50.0 );
    p[ 3 ].set( 50.0, 0.0, 50.0 );
    c[ 0 ] = 0xffff0000; //红
    c[ 1 ] = 0xff00ff00; //绿
    c[ 2 ] = 0xff0000ff; //蓝
    c[ 3 ] = 0xffffffff; //白

    //让矩阵和向量循环相乘
    double p4[ 4 ][ 4 ];
    for ( int i = 0; i < 4; ++i ){
      pvm.multiply( p4[ i ], p[ i ] );
    }
    Framework f = GameLib::Framework::instance();
    f.drawTriangle3DH(
      p4[ 0 ], p4[ 1 ], p4[ 2 ],
      0, 0, 0,
      c[ 0 ], c[ 1 ], c[ 2 ] );
    f.drawTriangle3DH(
      p4[ 3 ], p4[ 1 ], p4[ 2 ],
      0, 0, 0, c[ 3 ],
      c[ 1 ], c[ 2 ] );
}
```

舞台是一个边长为 100 米的正方形。创建好 4 个顶点后，分别和矩阵相乘，再将结果传给 drawTriangle3DH()。这里没有采用纹理贴图，而是为顶点指定了适当的颜色。

之后创建透视变换矩阵与视图变换矩阵，再计算它们的乘积并传给 draw()，这样就可以绘制出图像了。

14.8.6 视点操作与透视变换

Stage::draw() 是由 main.cpp 中的 Framework::update() 调用的。一般来说，如果函数代码过于冗长，就要考虑适当地拆分成几个部分，不过现在还没有达到那种程度，因此仍可以将这部分处理直接编写在一个函数中。首先新建 Matrix44 对象并调用 setPerspectiveTransform()，然后再新建 Matrix34 对象并调用 setViewTransform()，接着进行乘法运算并传递出去即可。

```
    //透视变换矩阵
    Matrix44 pm;
    pm.setPerspectiveTransform(
      60.0, //视角为60°
      640.0, 480.0,
      1.0, 10000.0 ); //n=1,f=10000
    //视图变换矩阵
    Vector3 eyePosition;
    eyePosition.x = sin( gCount ) * 100;
    eyePosition.z = cos( gCount ) * 100;
    eyePosition.y = 50.0;
    Vector3 eyeTarget( 0.0, 0.0, 0.0 );
    Matrix34 vm;
    vm.setViewTransform( eyePosition, eyeTarget );
```

```
// 乘法运算
pm *= vm;
```

因为只有让视点动起来才能确认绘制的结果是否正确，所以我们设置一个圆形轨道，让视点动起来看看效果。变量 gCount 的值会逐帧增加。最终视点将停留在机甲斜后上方的某处。原版游戏就是这样设计的。不过目前的机甲别说运动了，就连绘制都还没有完成，所以我们只能先设定一个视点位置，来看看绘制处理是否能正常运行。笔者也是完成了这一部分后才开始编译代码的。

关于编译的频率

这里我们先岔开话题，来探讨一下编译代码的频率以及开发的推进方式。当然，不同的人有不同的习惯，有人喜欢一修改代码就马上编译，也有人喜欢改动多处后才执行一次编译。同样，对于测试也是如此，有人习惯写好一个函数就立刻测试，也有人习惯一次性写好多个函数后再进行测试。至于哪种做法更好要依具体情况而定，没有一个准确的答案，不同情况下应选取不同做法。

如果已经确定了要做什么，或者如果想在现有系统上添加一些修改，那么最好改动一些就进行编译测试。反之，若是从零开始构建一个系统，希望先把整体轮廓确定下来，那么就可以不必在意一些可能存在的 bug，先把精力放在结构的实现上。这就好比我们不会骑着自行车去走山路，也不会穿着登山靴行走在平坦的大道上一样。

一般而言，基本方针是“能够提前确定的事项就尽量提前确定，若无法确定，可以先创建一个大致的轮廓，之后再回来修改”。在笔者看来，针对不同情况采取不同的处理不仅仅是一种理性判断，更属于感性的范畴。程序员应当多用用右脑，培养自己的感性思维。

14.8.7 生成机甲

现在我们已经可以让正方形地面一直旋转了，下面就该让机甲登场了。

初始配置

首先，在 main.cpp 中执行完构造函数后设置机甲的初始位置。

```
gRobo[ 0 ] = new Robo( 0 );
gRobo[ 1 ] = new Robo( 1 );
gStage = new Stage();
// 设置初始位置
gRobo[ 0 ]->setPosition( Vector3( 0.0, 0.0, 50.0 ) );
gRobo[ 1 ]->setPosition( Vector3( 0.0, 0.0, -50.0 ) );
gRobo[ 0 ]->setAngleY( 180.0 );
gRobo[ 1 ]->setAngleY( 0.0 );
```

我们让两个机甲分别位于正负 50 米处相向而立。代表玩家的机甲位于 (0, 0, −1)，方向角为 180°，敌方机甲位于 (0, 0, 1)，方向角为 0°。

draw()

接下来编写 Robo::draw()。

因为不需要贴图，所以这一步处理非常简单。我们用长方体来代替机甲，这样只需要对 6 个四边形，也就是 12 个三角形，一共 36 个顶点进行处理即可。不过仔细想想就会知道，长方体的顶点只有 8 个，这就意味着在绘制三角形时同一个顶点会被多次使用。这样一来就没有必要把所有三角形的顶点都装入数组中和矩阵进行 36 次乘法运算了。因此，为了减少计算量，我们只创建 8 个顶点，在绘制三角形时重复使用。

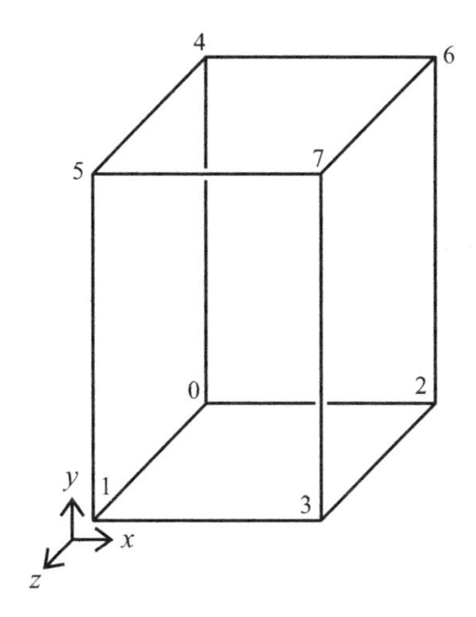

定义好 8 个顶点后，将其一一与矩阵相乘。x 与 z 的值都是正负 0.5，y 的值为 0 或者 2，因此该长方体的宽为 1 米，高为 2 米。

```
Vector3 p[ 8 ];
p[ 0 ].set( -0.5, 0.0, -0.5 );
p[ 1 ].set( -0.5, 0.0, 0.5 );
p[ 2 ].set( 0.5, 0.0, -0.5 );
p[ 3 ].set( 0.5, 0.0, 0.5 );
p[ 4 ].set( -0.5, 2.0, -0.5 );
p[ 5 ].set( -0.5, 2.0, 0.5 );
p[ 6 ].set( 0.5, 2.0, -0.5 );
p[ 7 ].set( 0.5, 2.0, 0.5 );
```

生成矩阵

下面我们来生成矩阵。首先根据位置与旋转角创建世界矩阵。注意按照先旋转后移动的顺序计算。如果先执行移动操作，长方体的中心就会偏离原点，旋转的计算就会变得非常复杂。

```
Matrix34 wm; //World Matrix
wm.setTranslation( mPosition );
wm.rotateY( mAngleY );
```

然后再依次与透视变换矩阵、视图变换矩阵相乘。我们可以提前算出后两者的乘积作为参数，让世界矩阵与之相乘。因为该参数在传递时必须使用 `const` 修饰，所以接收方需要执行一次复制操作。不过这么做太过烦琐，因此我们决定为 `Matrix44` 添加一个能够计算 `Matrix44` 与 `Matrix34` 的乘积并对自己赋值的函数。

```
void setMul( const Matrix44&, const Matrix34& );
```

使用方法如下所示。

```
Matrix44 pvwm; //Perspective View World Matrix
pvwm.setMul( pvm, wm );

//矩阵与向量相乘
double p4[ 8 ][ 4 ];
for ( int i = 0; i < 8; ++i ){
   pvwm.multiply( p4[ i ], p[ i ] );
}
```

绘制三角形

接下来只要调用 drawTriangle3DH() 函数即可，但正如之前提到的那样，我们必须使用一些技巧来组织好 8 个顶点数据。这里没有必要重写这部分代码，只需提前将“每个三角形用到的顶点编号”逐一记入表中，使用时取出相应的值即可。读者可以结合前面的示意图来确认下列顶点的组合是否正确。

```
int idx[ 36 ] = {
   0,1,4,//-x
   5,1,4,
   2,3,6,//+x
   7,3,6,
   0,1,2,//-y
   3,1,2,
   4,5,6,//+y
   7,5,6,
   0,2,4,//-z
   6,2,4,
   1,3,5,//+z
   7,3,5,
};
GameLib::Framework f = GameLib::Framework::instance();
f.enableDepthTest( true );
for ( int i = 0; i < 12; ++i ){
   int i0 = idx[ 3 * i + 0 ];
   int i1 = idx[ 3 * i + 1 ];
   int i2 = idx[ 3 * i + 2 ];
   f.drawTriangle3DH(
      p4[ i0 ], p4[ i1 ], p4[ i2 ] );
}
```

需要注意的是，上述代码中调用了 enableDepthTest()，缺少这一步将无法绘制出正确的结果，因为三角形会按照绘制顺序不断覆盖之前的绘制内容，这一点请务必牢记。按理说该函数只要调用一次即可，但考虑到可能会绘制半透明物体，所以我们决定在 Stage 和 Robo 的绘制函数 draw 中都执行调用。

运行示例后可以看到，在四边形舞台的两侧出现了两个物体。

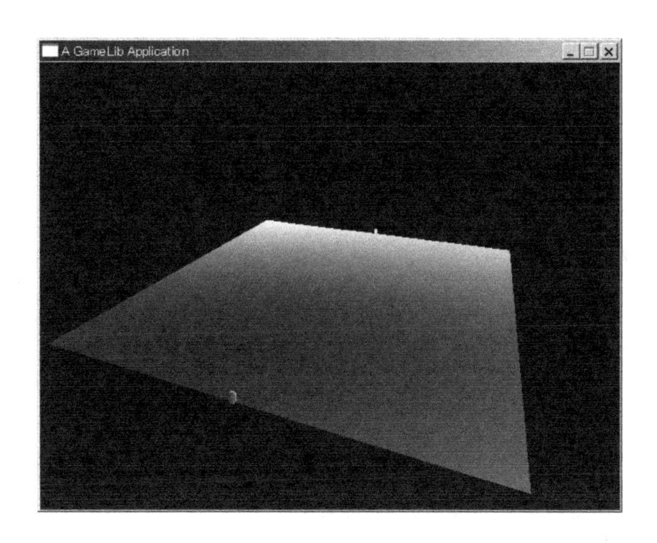

14.8.8 移动视点

在当前视点下是无法进行游戏的。在原版游戏中，随着视点的移动，机甲总是显示在画面上的某个固定位置（中间偏下的区域）。现在我们来尝试实现这一点。

首先考虑将视点设置在机甲的斜后上方。注视点大约在机甲前方 8 米处。为了实现这一点，有必要设置一个向量来表示机甲的方向。这就需要创建机甲的旋转矩阵，并将其乘以 (0, 0, 1)。按目前的坐标系方向，如果机甲的方向朝内，则 `mAngleY` 为 180°，所以方向 (0, 0, 1) 的角度为 0。因为 (0, 0, −1) 与 (0, 0, 1) 的角度容易让人搞混，所以我们不妨以 (0, 0, 1) 为基准，计算角度时再进行调整。

这里需要强调一点，那就是不能用世界矩阵代替旋转矩阵来参与该乘法运算。因为当前要计算的是方向，所以必须无视移动。而世界矩阵中包含了移动的信息，那样的话就必须把“移动成分”剔除，再生成一个只包含“旋转成分”的矩阵。要记住方向是无法移动的。此外，在与 (0, 0, 1) 相乘时，因为任何数与 0 相乘都等于 0，所以里面的两个 0 可以省掉不少计算量，也就是说没有必要再去执行乘以 0 的计算了。当然，目前我们对游戏的性能并没有苛刻的要求，所以多算一次也不要紧，但是在开发过程中要意识到这一点。

我们将这一功能封装为机甲类中的一个函数。

```
void Robo::getDirection( Vector3* out ) const{
    Matrix34 wm;
    wm.setRotationY( mAngleY );
    wm.multiply( out, Vector3(0.0, 0.0, 1.0) );
}
```

若适当改变该向量的长度，然后让机甲目前的位置向量与之相减，就会得到一个指向机甲后方的向量。然后对 y 加上若干值，就会使向量指向机甲的斜后方。同样，将方向变量的长度设置为 8 米，然后让它与机甲的位置向量相加，就可以算出指向机甲前方 8 米处的向量。

t

r

$r-a(t-r)=p$

p

main.cpp 内的代码如下所示。

```
Vector3 dir;
Vector3 t;
gRobo[ 0 ]->getDirection( &dir );
Vector3 eyePosition;
eyePosition = *( gRobo[ 0 ]->position() ); // 先获取机甲的位置
// 减去长度为 6 米的 dir
t.setMul( dir, 6.0 );
eyePosition -= t;
eyePosition.y += 4.0; // 从 4 米高的地方观察
// 注视点相反，加上 8 米
Vector3 eyeTarget;
eyeTarget = *( gRobo[ 0 ]->position() );
t.setMul( dir, 8.0 );
eyeTarget += t;
```

现在视点位于机甲后方 6 米、上方 4 米的位置，注视点则位于机甲正前方 8 米的位置。当然并不是非得采用这几个数不可，这不过是适当调整后的结果。下图是最终效果，现在应该可以感受到游戏的氛围了吧。

不过，原版游戏中视点并不总是固定在机甲的后方，只有在执行一些特定操作时视点才会移动到后面，其余情况下都和机甲保持一定的距离。这样一来，即便让机甲前后左右移动，或者改变方向，视点也不会发生变化，游戏的易玩性更高。不过在游戏没有成形之前讨论这些特性并不容易理解，所以我们暂不深究。毕竟“如何让游戏变得更好玩”并不是本书着重讨论的内容。当然，如果在开发游戏时没有这种意识，开发出来的游戏多半会失败，所以本书也尽量在不影响对主要内容的讲解的前提下顾及这方面的需求。

14.8.9 让机甲动起来

现在我们要让机甲动起来。因为静止的机甲无法验证视点的移动行为是否正确，所以有必要让它动起来看看。

在该游戏中，视点会配合第 0 号机甲随意移动，因此该游戏不支持双人在同一画面中对战。若要支持对战，就需要通过网络来同步，或者通过切分画面来实现。为了降低复杂度，我们直接让两个机甲同时移动。当然也可以编写代码让敌方机甲能自行移动，不过相关的工作量就太大了。

另外，在游戏中视点会发生改变，这就意味着"当按下右方向键时机甲就沿着 x 轴正方向移动"的逻辑不一定成立。当机甲面朝 z 轴负方向时该逻辑正确，但当机甲面朝 z 轴正方向时，"右"指的应该是 x 轴的负方向才对。为了避开这些麻烦，我们规定"右代表 x 轴正方向"，之后根据视点的位置调整相应的方向。

Pad 类

关于用户输入的处理，之前提到过直接使用 GameLib 中的 `Input` 模块并不是一种好方法。为了方便处理，我们封装了 `Pad` 类。

理论上应当列出游戏中使用的所有操作按键，但是本章只涉及移动操作，所以只需要用于前后左右移动的按键，最多再加上一个跳跃按键即可。添加按键种类的操作在后面也可以轻松完成，我们没有必要一开始就把不确定是否会用到的按键加上，这样反而浪费时间。于是，`Pad` 类按下列结构设计即可。

```
class Pad{
public:
    enum Button{
        UP,
        DOWN,
        LEFT,
        RIGHT,
        JUMP,
    };
    static Pad* instance();
    static void create();
    static void destroy();
    bool isOn( Button, int id ) const;
    bool isTriggered( Button, int id ) const;
private:
    Pad();
    ~Pad();
    static Pad* mInstance;
};
```

`isOn()` 的第二个参数表示机甲编号。目前看来这样就够了，之后不管输入来自键盘还是手柄，都直接在 Pad.cpp 内获取即可。

因为游戏中只存在一个类实例，所以使用了单例模式。此外，目前该类中没有任何成员变量，所以像下面这样调用也没有什么问题。

```
Pad pad;
if ( pad.isOn( Pad::UP ) ){
```

不过后续可能会陆续添加一些成员变量，届时这种写法将会和单例发生冲突。对于一些频繁使用的类，若在开发进行到一半时进行调整，修改的工作量就会很大，因此类的设计应当在编写前就考虑好。

此外，原版游戏中还包含了一些特殊操作，比如将两根摇杆同时向外推能够使机甲跳跃，同时向内推能够使机甲蹲下然后移动。原作的家用机移植版本中可以再现这个操作，这里我们就不实现了。当然，如果读者有兴趣，也可以自行尝试。

最后，在 Robo::update() 中运用这些功能来编写游戏处理。上下左右键会修改 x 与 z 的值，跳跃键会增加 y 的值，松开跳跃键则 y 值下降，并且当 y 小于 0 时要使之回到 0。

使机甲朝向敌方

现在我们要实现原版游戏中非常显著的一个特性，就是使机甲在跳跃时朝向敌方。要做到这一点，需要从自身位置向敌方引一条直线，计算出该直线的 y 轴旋转角度，然后放入 mAngleY。在原版游戏中这一转向过程会持续数帧，这里我们将其简化为瞬间完成。计算时需要知道敌方的位置，我们可以让它作为 update() 的参数传递过来。

具体代码如下所示。

```
//朝向敌方
Vector3 dir;
dir.setSub( enemyPos, mPosition ); //从自己指向敌人
//Y 轴角度是 atan2( x, z )
mAngleY = atan2( dir.x, dir.z );
```

读者可以试着分析一下为什么这里 atan2() 的结果不需要再加上 180°。很多开发人员习惯直接按自己的想法编写，然后运行一下看效果如何，如果方向相反就再加上 180°。这样固然可以，不过让自己“知其然并知其所以然”会是一个很好的习惯。

14.8.10 纹理贴图

最后，我们试着加入纹理贴图来让画面变得更美观。不过遗憾的是，作为程序员的笔者很难画出什么像样的素材，画出来的东西只能算作涂鸦，不过相比之前使用长方体来表示机甲已经进步很多了。

首先从舞台开始。准备好素材并载入后，创建 uv 数组并传给 drawTriangle3DH()。

```
double uv[ 4 ][ 2 ] = {
    { 0.0, 0.0, },
    { 0.0, 1.0, },
    { 1.0, 0.0, },
    { 1.0, 1.0  },
};
（略）
f.setTexture( mTexture ); //纹理
f.drawTriangle3DH(
    p4[ 0 ], p4[ 1 ], p4[ 2 ],
    uv[ 0 ], uv[ 1 ], uv[ 2 ] );
f.drawTriangle3DH(
    p4[ 3 ], p4[ 1 ], p4[ 2 ],
    uv[ 3 ], uv[ 1 ], uv[ 2 ] );
```

然后通过 `createTexture()` 进行构造，通过 `destroyTexture()` 进行析构，这部分我们就不列出具体代码了。接下来是机甲纹理的部分，这是我们关注的重点。

首先准备好机甲的贴图。因为有 6 个面要贴图，所以需要准备 6 张素材。不过使用多张纹理不便于处理，因此我们还是和开发《炸弹人》时一样将多张素材合并到 1 个文件中。最终的素材示意图如下所示。

在宽和高分别为 256 的纹理中，包含了 4 张 64×128 的侧面图、1 张 64×64 的俯视图和 1 张 64×64 的仰视图。空白的区域请无视。

在进行贴图时，有一处细节需要注意。虽然长方体只有 8 个顶点，但是纹理坐标的数量不止 8 个。这是因为即使是同一个顶点，对长方体的各个不同的表面而言，在纹理图集中对应的纹理坐标也未必是相同的。顶点的作用在于找到纹理补间计算的起点和终点。以该纹理为例，共有 6 幅图片，每幅有 4 个顶点，也就是说共有 24 个顶点，但考虑到相邻的图片可以共用坐标点，所以在 $v=0$ 的线上要设置 5 个顶点 (0, 0.25, 0.5, 0.75, 1)，$v=0.5$ 的线上要设置 5 个顶点 (0, 0.25, 0.5, 0.75, 1)，$v=0.75$ 的线上要设置 3 个顶点 (0, 0.25, 0.5)，一共需要 13 个顶点。准备好这些后再处理 36 个顶点就简单多了，只需把对应关系记入表中，贴图时去表里找出用到了哪几个纹理坐标顶点即可。在整理这个对应关系时要仔细一些，除此以外并无其他技巧，这里就不再赘述了。

不过有一点需要注意，那就是目前本地坐标系中的“前”表示 (0, 0, 1) 方向。我们设置当 `mAngleY` 为 0 时机甲的正面朝向 (0, 0, 1)。因此，正面的纹理素材应当贴在 z 轴正方向的面上，背面的素材应当贴在 z 轴负方向的面上。其实标准可以自己来定，只要确保不会出现混乱即可。如果读者想了解具体的实现细节，可以参考示例代码，也可以自己动手试着实现一下。

14.8.11 根据视线的方向调整移动方向

当前无论机甲位于哪个位置、朝着哪个方向，只要按下手柄的“上”方向键，它就会朝着 z 轴负方向移动。也就是说，现在“东西南北”这种绝对方向和“前后左右”这种相对方向是一一对应的，但是这样会带来很多不便。我们希望无论当前机甲朝向如何，按“上”方向键时就会“往里走”，按“右”方向键就会“往右走”。

那么具体应该如何实现呢？

实现方法很简单。只要想办法将手柄的上下左右映射为视图坐标系的前后左右就可以了。通过手柄输入的值就是视图坐标中的向量。也就是说，把该向量变换为世界坐标即可。我们知道视图变换矩阵用于将世界坐标变换为视图坐标，那么将该过程倒过来就可以了。另外，现在需要变换的是表示方向的向量，无须关心位置。这就意味着该变换操作不涉及移动，只需使用旋转矩阵即可。另外，因为只有 y 旋转轴需要调整，所以我们只要创建 y 轴旋转矩阵，然后对手柄输入所形成的方向向量进行变换就可以了。将视图坐标变换为世界坐标的矩阵计算过程与视图变换矩阵的计算过程相反。我们先回顾一下创建视图变换矩阵的代码。

```
void Matrix34::setViewTransform(
const Vector3& p,
const Vector3& t ){
   Vector3 d;
   d.setSub( t, p );
   double ax, ay; //x 旋转角、y 旋转角
   // 从正上方观察时的线段长度
   double xzDistance = sqrt( d.x * d.x + d.z * d.z );
   ax = atan2( d.y, xzDistance );
   ay = atan2( d.x, d.z ) + 180.0;

   setRotationX( -ax );
   rotateY( -ay );
   translate( Vector3( -p.x, -p.y, -p.z ) );
}
```

在此基础上把 y 轴旋转之外的部分都去掉，并将角度乘以 -1 即可。此外，不必再像这个函数一样来分别获取视点位置与注视点，只要获取代码中的 d，也就是视线向量就可以了。

```
const Vector3& d; // 从某处获得该值
double ay; //y 旋转角
ay = atan2( d.x, d.z ) + 180.0;
setRotationY( ay ); // 逆向操作消除负数部分
```

将这部分处理放入 Robo::update() 中，结果如下所示。

```
void Robo::update(
const Vector3& enemyPos,
const Vector3& viewVector ){
   Vector3 move( 0.0, 0.0, 0.0 );
   Pad* pad = Pad::instance();
   if ( pad->isOn( Pad::UP, mId ) ){
      move.z = 1.0;
   }
   if ( pad->isOn( Pad::DOWN, mId ) ){
      move.z = 1.0;
```

```
    }
    if ( pad->isOn( Pad::LEFT, mId ) ){
      move.x -= 1.0;
    }
    if ( pad->isOn( Pad::RIGHT, mId ) ){
      move.x += 1.0;
    }
    double ay = atan2( viewVector.x, viewVector.z );
    Matrix34 m;
    m.setRotationY( ay );
    m.multiply( &move, move );
    mPosition += move;

    （以下内容省略）
  }
```

可以看到，现在机甲的移动方向完全符合我们的直观感觉。

本章的主要内容就到此为止。我们大体上介绍了一遍 3D 游戏中画面绘制所涉及的基础知识，接下来就靠大家在实践中学习了。

作为本章的补充内容，下面我们来讨论一下 Z 缓存的精度问题。

14.9 补充内容：Z 缓存的精度问题

之前我们讲过，为了用矩阵完成透视变换，需要改变 Z 缓存的计算方法。但是新方法有一个缺点，那就是 Z 缓存的精度会下降得非常厉害。本节我们将对这一点进行补充说明。

对大多数显卡而言，Z 缓存相当于一个整型数组，其中每个元素的取值范围在 0 ~ 16 770 000（准确来说是 16 777 215，即 2 的 24 次方减 1）。也就是说，将端点值 1 视为 16 770 000，将另一个端点值 0 视为 0 保存起来。

现在我们使用数学式来计算实际存入的值。假设近裁剪面的值为 1，远裁剪面的值为 10 000，计算出 z 值。再将算出的值乘以 16 777 216，就可以得到实际存储在 Z 缓存中的值。根据

$$a = \frac{f}{n-f} = -\frac{10\ 000}{9999}$$

$$b = na = -\frac{10\ 000}{9999}$$

可以得到：

$$Z = -\frac{10\ 000(z+1)\cdot 16\ 777\ 216}{-9999z}$$

我们选取一些点来计算看看。

z 值	Z 缓存值	最大值 -Z 缓存值
−1	0	16 777 216
−1000	16 762 115	15 101

（续）

z 值	Z 缓存值	最大值 -Z 缓存值
−2000	16 770 504	6712
−3000	16 773 301	3915
−4000	16 774 699	2517
−5000	16 775 538	1678
−6000	16 776 097	1119
−7000	16 776 497	719
−8000	16 776 797	419
−9000	16 777 030	186
−10 000	16 777 216	0

从表中可以看到，虽然 Z 缓存的最大值是 1677 万，但是当 *z* 值为 −1000 时 Z 缓存的值就已经高达 1676 万。那么在剩下的 9000 这个区间中只有 15 000 个 Z 缓存值可供使用。尤其在 −9000 到 −10 000 的区间内可用的 Z 缓存值只有 186 个。也就是说，*z* 轴值变化 5 次，Z 缓存值差不多才能变化 1 次。如果将米作为 *z* 轴的单位，就意味着在眼前 5 米内的物体并不会被判定为在眼前，必须超过 5 米才行。如果 5 米内 Z 缓存的值都是相同的，那么显卡就无法判断出前后关系，从而出现显示错乱的问题。

精度为何降低了

精度降低主要是除法运算的缘故。

分母中含有变量的函数，其变化曲线成反比，一开始变化得非常剧烈但是很快就趋于平稳。平稳就意味着即便代入不同的变量值，最终得到的结果也不会相差太多。这样精度自然就降低了。

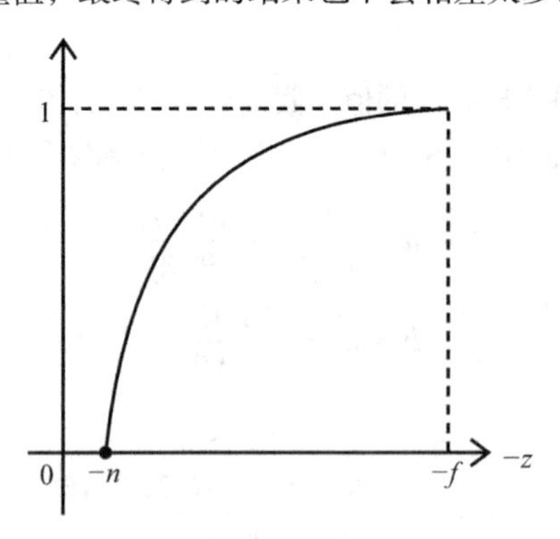

相反，对于我们最早介绍的公式，因为通过提前乘上 *z* 值从而避开了除法运算，所以 Z 缓存的变化规律是一个简单的一次函数，函数图如下。

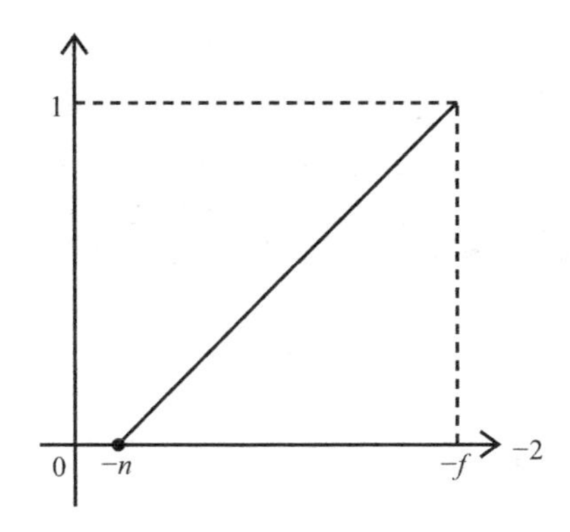

将各值放到表格中就会发现，Z 缓存值的分布非常均匀。参考表格中的值，可以看到在长度为 1000 的 z 轴范围内，可取的 Z 缓存值有 167 万种之多，这就意味着每 1 米都被划分成了 1670 个梯度。10 km 可见范围内的精度大约是 0.6 毫米，完全够用了。不过这种方法的缺点是需要增加一次计算。

z 值	Z 缓存值	最大值 -Z 缓存值
0	0	16 777 216
−1000	1 676 211	15 101 005
−2000	3 354 100	13 423 116
−3000	5 031 990	11 745 226
−4000	6 709 879	10 067 337
−5000	8 387 769	8 389 447
−6000	10 065 658	6 711 558
−7000	11 743 548	5 033 668
−8000	13 421 437	3 355 779
−9000	15 099 327	1 677 889
−10 000	16 777 216	0

更糟糕的是，如果将矩阵和向量相乘的计算交给显卡来完成，那么最后一次乘法运算将无法执行。或许新型的显卡可以做到，但毕竟要多执行一次乘法操作，所以往往会采用精度较差的做法[①]。

那么，有没有什么更好的做法来解决这个问题呢？

提高精度

提高精度最简单的办法就是缩小范围。

尽可能地让近裁剪面变远，让远裁剪面变近。近裁剪面和远裁剪面的距离比例是关键，而且将近裁剪面推远 1 米的效果要比将远裁剪面拉近 1 米的效果好得多。依据笔者的经验，当远裁剪面与近裁剪面之比超过 1000 时，精度就会出现问题。前面例子中的 10 000 肯定也有问题。按照这个标准，若将近裁剪面设置在 1 米处，那么远裁剪面就应当设置在 1000 米以内的地方。当然，这样一来可视

① 笔者个人的看法是，如果能避免精度下降，可以不用太在意一次乘法操作所产生的开销。不过为了兼容一些性能较差的旧硬件，本书的类库没有采用这种做法。

范围就会被限制在 1000 米以内，在绘制远处物体时可能会出现问题，不过在大部分情况下，渲染远方的物体时不用同时显示近处的物体，因此按照远裁剪面与近裁剪面的比值为 1000 来设置即可。

下表列出了将近裁剪面设置为 1，将远裁剪面设置为 1000 时各个值的情况。

z 值	Z 缓存值	最大值 -Z 缓存值
−1	0	16 777 216
−100	16 626 070	151 146
−200	16 710 040	67 176
−300	16 738 030	39 186
−400	16 752 025	25 191
−500	16 760 422	16 794
−600	16 766 020	11 196
−700	16 770 019	7197
−800	16 773 017	4199
−900	16 775 350	1866
−1000	16 777 216	0

可以看到，在最后的 100 米区间内，能用的刻度是 1866。虽然和原来的 16 777 216 精度完全不在一个量级，但也足够应付一般情况了。靠近远裁剪面的地方由于精度不足，绘制时比较容易出现问题，尤其是在不改变近裁剪面位置的情况下放大远处的物体时，会出现我们不想看到的情况。这时恐怕需要添加一些辅助手段，比如自动测出最近物体的距离并将近裁剪面设置在该处附近。

也许在不远的将来，这些问题都能得到解决。如果 Z 缓存可以用浮点数来表示，这些麻烦都将不复存在。

14.10 本章小结

本章介绍了 3D 图像绘制的基础知识。在充分理解了世界变换、视图变换、透视变换和齐次坐标等相关概念后，如果读者能够自行编写代码完成“将位于某处的物体按照指定角度、指定大小绘制到指定位置”，那么本章的目的就达到了。如果不能很好地理解这部分内容，在后面的学习中就会感到吃力，不过碰壁的读者也不必太沮丧，可以先往下学习，必要时再回来重读本章。毕竟很多事情就是这样，如果我们非得把什么都做好了才往下继续，往往会遭受更大的挫折。

另外，本章终于开始了 3D 动作游戏《机甲大战》的制作。尽管目前只有一些长方体出现在画面上，还不能算是一款真正的游戏，不过总算有了一个开端。随着开发的推进，我们会逐渐添加功能，使它成为一款真正的游戏。

在最后的补充内容中，我们探讨了 Z 缓存的精度问题。虽然这部分内容不是特别重要，但是它不仅和 Z 缓存相关，还是一个“除以整数后精度会大幅下降”的典型例子，读者有必要好好理解，后面会有很大用处。关于整数除法带来的麻烦，我们以后在讨论浮点数时还会提及，而这个 Z 缓存问题是最容易理解的例子。

笔者很想在下一章为《机甲大战》添加各种元素，使其变得更加完整，不过在此之前，我们还有一些内容需要了解。

目前，对于机甲与舞台，我们把纹理的指定、顶点数组和 *uv* 数组等全部写在了代码中，但物体的种类一旦增多，这种做法就会出现问题。不仅代码变得冗长，编写起来也会非常麻烦。此外我们还可以看到，无论绘制哪个物体，都需要生成世界矩阵，然后和视图变换矩阵与透视变换矩阵相乘，最后调用 `drawTriangle3DH()`，这些流程都是相同的。如果能将这些处理封装成类库，画面绘制的流程就会变得更加简洁。为了提高后面的开发效率，我们现在就应该着手构建这样的机制。

下一章我们将开发用于绘制的类库。类库一词听起来让人感觉很复杂，其实不过是将目前所做的工作整理到一起，以便使用起来更加容易罢了。有了类库，未来我们只需简单地设置好视点，就能很快地绘制出一个崭新的世界。

第15章

类库的封装方法

主要内容

- 将绘制处理部分封装为类库
  - 从使用方法的角度考虑
  - 资源与实例
  - 顶点缓存
  - 索引缓存
  - 绘制实例
  - 资源容器
  - 摄像机

补充内容

- 独立类库

本章将封装一个用于绘制画面的类库，不过这并不是商用级别的多功能高性能类库，开发这个类库纯粹是为了让绘制处理变得简洁。不过既然要开发类库，还是应该多站在使用者的角度来考虑，这一点非常重要。的确，从某种程度上来说，把类库看作“一系列功能代码的集合体”会更容易理解，但如果仅从这个角度来考虑，做出来的类库就会缺乏一体感，导致在使用方法上有较大的局限性。因此，在制作类库时，站在使用者的角度来考虑非常重要。

和上一章相同，本章还会使用 3DGraphics1 类库，不过我们将不再调用 drawTriangle3D()，而是调用 drawTriangle3DH()。

15.1 整体设计

我们不妨先来思考一下如何编写代码才能绘制出图像。

分析图像绘制的处理过程就会发现，该过程分为两部分，即“要绘制什么样的图像”和“如何绘制”。二者的界限并不明显，前者包括形状、颜色和图案，后者包括位置和方向等信息。后者必须由程序员指定，无法做到自动化。而前者主要由美工人员来决定，程序员没有必要了解其中的细节。也就是说，关于“要绘制什么样的图像”，我们可以通过载入一个配置文件来实现，而这部分内容是可以实现自动化的。不难想象，最终会通过下面这样的代码来绘制出机甲。

```
Model model( "robo.txt" );
model.setPosition( Vector3( 10.0, 0.0, 20.0 ) );
model.draw();
```

我们可以通过配置文件 robo.txt 构造出一个叫作 `Model` 的类，并将形状、颜色和图案等信息放入该类中。之后设置好位置与角度，调用 `draw()` 函数就可以将机甲绘制出来了。

上述代码很难再进行优化了，我们就先朝着这个目标努力吧。不过在开始操作之前，还有一些重要的概念需要说明。

15.1.1 资源与实例

有时我们需要绘制两个一模一样的机甲。如果游戏中包含大量的敌人与子弹，就意味着画面上将会出现大量形状和颜色相同的物体。如果为每个对象都执行一次文件载入操作，那就太浪费性能了，因此我们将“要绘制什么样的图像”与“如何绘制”分开考虑。这就好比之前我们将“种群”和“个体”分开考虑一样。

比如，“三色猫”可能表示三色猫这个种群，也可能表示某只三色猫。种群类中包含了所有三色猫共同的特性，比如“三色猫应该用什么图片来表示”。而个体类中则包含了某只三色猫独有的属性，比如“它在哪个位置”“朝着哪个方向”等。

笔者很想用编程领域的名词来表述“种群”与“个体”，可一时想不起有什么合适的词汇，所以暂时采用**资源**（resource）和**实例**（instance）来指代它们。如果读者想到了更好的词汇，不妨拿来使用。资源表示种群类，实例表示个体类。之所以用资源指代种群类，是因为从文件读入的各种资源从本质上来说就是一堆体现种群特性的数据。

以三色猫为例，写成的代码大概如下所示。

```
//三色猫的种群类
class MikenekoResource{
};
//三色猫的个体类
class MikenekoInstance{
    MikenekoResource* mResource;
};

//调用时
MikenekoResource resource( "mikeneko.resource" );
MikenekoInstance instance( resource );
```

```
instance.catchMouse(); //发生操作的是 instance
```

机甲的处理也与之类似。从文件中读取机甲的资源，然后创建机甲的实例类。我们现在只关注绘制问题，所以机甲的资源和舞台的资源仅仅在素材上存在差异，可以使用同一个类表示。从这个角度来看，机甲处理的代码大概如下所示。

```
//加载资源
GraphicsResource resource( "robo.resource" );
//调用实例 GraphicsInstance 类的构造函数
GraphicsInstance instance( resource );
//各种操作
instance.setPosition( Vector3( 0.0, 0.0, 0.0 ) );
instance.draw();
```

从代码中可以看出，绘制的是不是机甲已经不重要了。如果存在机甲类，那么机甲类中就会持有 GraphicsInstance 类对象。

15.2 资源的详细内容

资源内部都包含什么东西呢？

因为最后调用的是 DrawTriangle3DH()，所以首先可以肯定里边包含顶点数据。此外，它还包含纹理信息。因为纹理已经通过配置文件载入，所以我们只要从配置文件中读入顶点数据即可。

顶点数据分为两部分。考虑到按照三角形个数的三倍一一列出各个顶点的做法效率太低，我们分别创建了两个列表，一个用于存储用到的所有顶点，另一个用于记录绘制三角形时用到的顶点编号。我们通常把第一个列表称为**顶点缓存**（vertex buffer），把第二个列表称为**索引缓存**（index buffer），本书也沿用这样的称呼。

此外，上一章的示例中分开指定了顶点位置和相应的纹理坐标，这样一来就会出现两个编号数组。这种做法不太好，所以我们决定将顶点位置与纹理坐标一起放入顶点数组中，之后再创建一个类来持有这两部分信息。

最后，还需要准备一个包含了绘制时使用的纹理、混合模式以及 Z 缓存相关设置等信息的类。对该类持有的信息和个体信息（实例持有的位置信息等）进行适当加工后，就可以绘制出物体了。然后再将这些信息全部放入一个文件中，准备一个用于控制加载该文件的类，这样就完成了相关的准备工作，可以按照最开始列出的代码来绘制图像了。

15.2.1 顶点缓存类

上一章的 Robo 类的 4 个 static 成员分别用于表示平面的 4 个顶点，但是当机甲形状改变时，就必须修改这部分的代码。

于是我们另行准备一个类来表示顶点数组，这样炮弹和地形就可以持有相同的类，并使用相同的代码了，如下所示。

```
class VertexBuffer{
public:
```

```
    VertexBuffer( int size );
    ~VertexBuffer();
    const Vector3* position( int i ) const;
    const Vector2* uv( int i ) const;
    void setPosition( int i, const Vector3& p );
    void setUV( int i, const Vector2& uv );
    int size() const;
praivate:
    Vector3* mPositions;
    Vector2* mUVs;
    int mSize;
};
```

有了这样的定义，无论是机甲还是地形，顶点数组就都可以用相同类型的变量来保存。因为加入了 uv 信息，所以使用起来也非常方便。不过比较麻烦的是，过去我们的做法是直接把数据放在数组中，而现在必须执行一次将数据从数组复制到顶点缓存的操作。当然，复制完成后，后面的操作会非常轻松。

把数组单纯地包装成一个类的做法很难说是好是坏，不过至少错误排查变得更容易了。比如，在 setPosition() 中检测传入的下标是否合理就变得更加简单。

另外，因为有了专门的类型来表示，所以代码的易读性也会变得更好。

```
void draw( VertexBuffer* );
```

上面这行代码清楚地表示了传入的是一个顶点缓存，而下面的代码则没有直观地表示出参数的意义，这就让使用者感到困惑。若传入了毫不相干的向量数组，还会出现意想不到的 bug。

```
void draw( Vector3*, Vector2* );
```

15.2.2 索引缓存类

索引缓存是用来记录绘制三角形时将会用到哪几个顶点的，比如第一个三角形用到的顶点编号是 (0, 1, 2)，第二个三角形用到的顶点编号是 (3, 2, 1)……这都是我们之前实践过的内容，没有什么复杂的，它的内部其实就是一个整型数组。

```
class IndexBuffer{
public:
    IndexBuffer( int size );
    ~IndexBuffer();
    unsigned index( int i ) const;
    void setIndex( int i, unsigned value );
    int size() const;
private:
    unsigned* mIndices;
    int mSize;
};
```

尽管只是对一个对整型数组进行了封装，但这么做也是有好处的，它的优点和上一节的顶点缓存类完全一致。

比如，当构造函数检测到传入的 size 不是 3 的倍数时，程序可以终止运行。同样，若传入的下标不在合理范围内，也可以立刻终止处理。

15.2.3 批次类

在大部分情况下，顶点缓存和索引缓存是一对一的关系，一般不会出现一个索引缓存关联三个顶点缓存的情况。

下面我们就来创建一个统一管理顶点缓存和索引缓存的类。我们把该类命名为批次（batch）。batch 本身就有“一次执行多个任务”的意思。

此外，我们把纹理对象和绘制时的半透明设定也放入这个类中，这就意味着该类描述了使用哪个纹理并按照哪种混合设置来绘制一系列三角形。该类是绘制处理中的最小单位。

```
class Batch{
public:
   Batch(
      const VertexBuffer* vertexBuffer,
      const IndexBuffer* indexBuffer,
      const GameLib::Texture* texture,
      GameLib::Framework::BlendMode );
   ~Batch();
   void draw( const Matrix44& transform ) const;
private:
   const VertexBuffer* mVertexBuffer;
   const IndexBuffer* mIndexBuffer;
   const GameLib::Texture* mTexture;
   const GameLib::Framework::BlendMode mBlendMode;
};
```

下面我们来讨论两点与设计相关的内容。

绘制由谁来执行

讨论这个话题的前提是，还存在另外一个知道如何绘制图像的类。Batch 类只知道要绘制什么样的图像，单凭它是无法完成绘制的。因此这里存在两种设计思路：一种是某个知道如何去绘制的类将“如何绘制”相关的信息传给 Batch 类，然后由 Batch 类完成绘制；另一种是 Batch 类将“绘制什么样的图像”相关的信息传给知道如何去绘制的类，再由该类完成绘制。我们来对比一下这两种做法。

上述代码是依照第一种设计思路编写的，因此可以看到 Batch 类中包含了 draw() 方法。参数矩阵描述了如何绘制。如果用后一种思路来创建该类，就需要准备好 vertexBuffer()、texture() 等 get 函数。不管怎么看，还是把 draw() 放在批次类中更为简便。

管理责任

Batch 中持有 VertexBuffer 和 IndexBuffer 的引用，并且指针都是 const 类型的。我们知道，const 类型的指针不允许 delete。也就是说，Batch 虽然持有 VertexBuffer 和 IndexBuffer 的指针，但是没有销毁它们的义务。

之所以这么设计，是因为可能会有多个 Batch 使用同一个 VertexBuffer。因为存在多个 IndexBuffer 分别引用同一个 VertexBuffer 中的不同部分的情况，所以将 VertexBuffer 完全隐藏在 Batch 中并非良策。况且有时候我们还需要创建形状相同但纹理不同的物体。因此，各个

Batch 不能销毁自己持有的 VertexBuffer 和 Texture。

此外，这里还需要注意销毁的顺序。如果 VertexBuffer 在 Batch 之前被销毁，那么 Batch 中的 VertexBuffer 指针就会变为野指针。如果在这种状态下错误地调用了 draw() 方法，可能就会导致程序崩溃。如果一个类使用了其他对象，就务必在这些对象之前销毁。比如 A 对象中引用了 B 对象，那么一定要确保 A 对象在 B 对象之前被销毁。因为弄错这个顺序而出现 bug 的情况不胜枚举。项目越大，这种依赖关系就越容易引起灾难。

关于这个问题，今后我们会提出一些解决思路，在此之前还请读者自己思考一下。

15.2.4 绘制实例类

前面介绍的类都和绘制什么样的图像有关，也就是所谓的资源。不过只有资源是绘制不出图像的，我们还需要有知道如何绘制的实例类。

从 Batch 类中可以看到，要调用 draw() 方法，必须传入一个矩阵。也就是说，实例类的工作就是创建矩阵并传递给 Batch。实例类通过位置和角度等信息创建出矩阵后调用 Batch::draw()。我们的任务就是创建一个这样的类。

我们把这个类命名为 Model。当然，具体的命名风格因人而异，大家也可以直接使用“绘制实例”的英文来命名。这里我们使用 Model 来指代它。

代码大概如下所示。

```
class Model{
public:
   Model( const Batch* );
   ~Model();
   void draw( const Matrix44& projectionViewMatrix ) const;
   void setPosition( const Vector3& ); //位置
   void setAngle( const Vector3& ); //存储 x、y、z 旋转角
   void setScale( const Vector3& ); //缩放率
private:
   Vector3 mPosition;
   Vector3 mAngle;
   Vector3 mScale;
   const Batch* mBatch;
};
```

该类会接收传入的位置、角度和缩放率并存储起来，然后在 draw() 方法中创建世界矩阵，和传入的透视变换矩阵相乘后，再传给 Batch。

下面我们来讨论一下代码中的几个细节。

构造函数

构造该类时需要初始化。在什么都不设置的情况下，要让本地坐标按原样输出。构造过程大致如下所示。

```
Model::Model( const Batch* batch ) :
mPosition( 0.0, 0.0, 0.0 ),
mAngle( 0.0, 0.0, 0.0 ),
mScale( 1.0, 1.0, 1.0 ),
mBatch( batch ){}
```

位移和角度都为 0，缩放率为 1。如果缩放率为 0，就意味着什么也看不见。

draw() 方法的实现

我们在前面已经介绍过 `draw()` 的功能，即创建世界矩阵，然后和透视变换矩阵相乘，最后把结果传递给 `Batch::draw()`。

`draw()` 内创建世界矩阵的代码如下所示。

```
Matrix34 worldMatrix;
worldMatrix.setTranslation( mPosition );
worldMatrix.rotateY( mAngle.y );
worldMatrix.rotateX( mAngle.x );
worldMatrix.rotateZ( mAngle.z );
worldMatrix.scale( mScale );
```

代码中按照移动、y 轴旋转、x 轴旋转、z 轴旋转、缩放的顺序和对应的矩阵相乘，这就意味着实际变换时顺序将反过来，即按照缩放、z 轴旋转、x 轴旋转、y 轴旋转、移动的顺序进行变换。为什么要采用这样的顺序呢？

首先是缩放。如果移动后再执行缩放，缩放的原点就会发生偏离。一般情况下，在对物体执行放大操作时，应当以物体的原点，即本地坐标系的原点为中心进行放大，所以必须在移动之前进行缩放处理。

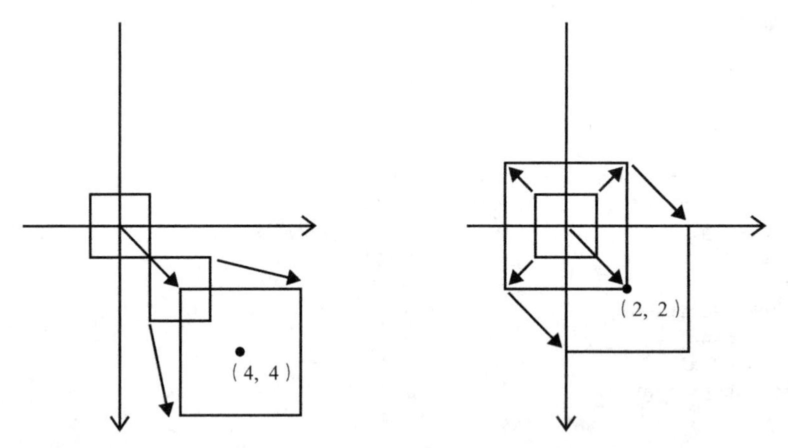

左图表示移动后放大的效果，右图表示放大后移动的效果。移动量为 (2, 2)，放大率为 2。处理结束后，左图的中心坐标变为 (4, 4)，右图变为 (2, 2)。在右图的情况下，移动量直观地反映到了中心点的变化上，显然更为便利。

对于旋转处理来说也是如此。若先旋转 45° 再将 x 轴放大 2 倍，就会导致图像变形，因此缩放必须在旋转之前处理。

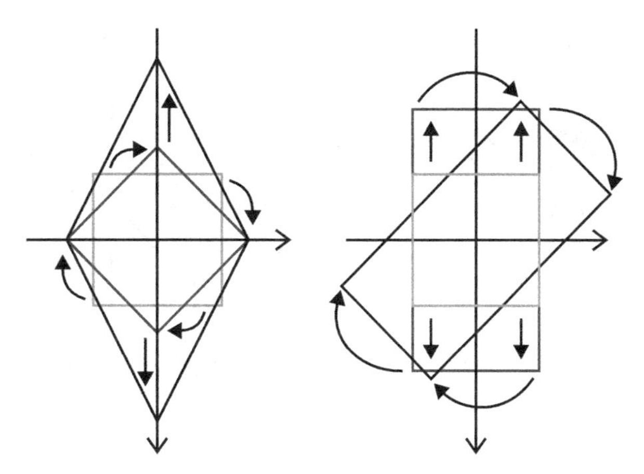

左图是旋转后放大的效果，右图是放大后旋转的效果。可以看到，左图变为菱形，而右图依旧为长方形。一般来说，右图的结果才符合我们的预期。

旋转顺序

通过上述分析，我们知道了变换应当按照缩放、旋转、移动的顺序进行。

下面我们来讨论旋转的顺序。x、y、z 轴的旋转顺序应当如何安排呢？

理论上并不存在唯一的标准，可以按照任意顺序进行旋转。不过笔者这次选择按照 z、x、y 的顺序进行旋转，这是有一定原因的。下面就对此进行说明。3D 相关的处理过程很难通过平面图来展现，建议读者用自己的身体比划一下以帮助理解。

之前我们介绍过，如果 y 轴旋转优先于 x 轴旋转，就会带来一些麻烦。假设一开始人物面朝北方。东西方向表示 x 轴，上下方向表示 y 轴，南北方向表示 z 轴。因为 x 轴旋转是绕东西方向进行旋转，所以它代表了人物抬头低头的动作。如果绕 y 轴旋转后人物朝西，这时再绕东西轴旋转，头部就会向左右倾斜。若打算通过绕 x 轴旋转的方式来完成上下调整的动作，就必须让这一步操作在 y 轴旋转之前完成，因此旋转顺序是先 x 轴再 y 轴。

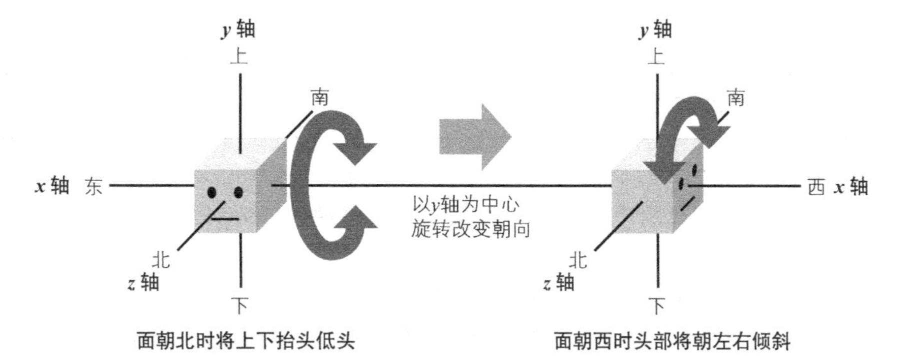

绕 z 轴旋转也是同样的道理。z 轴表示南北方向，在面朝北方的状态下，绕 z 轴旋转会让头部左右倾斜。但是若先执行 y 轴旋转，人物将会面朝西方，这时再执行 z 轴旋转，就变成抬头低头的动作了。因此，如果希望通过旋转 z 轴来完成左右倾斜的动作，就需要按照 z、y 的顺序进行旋转。

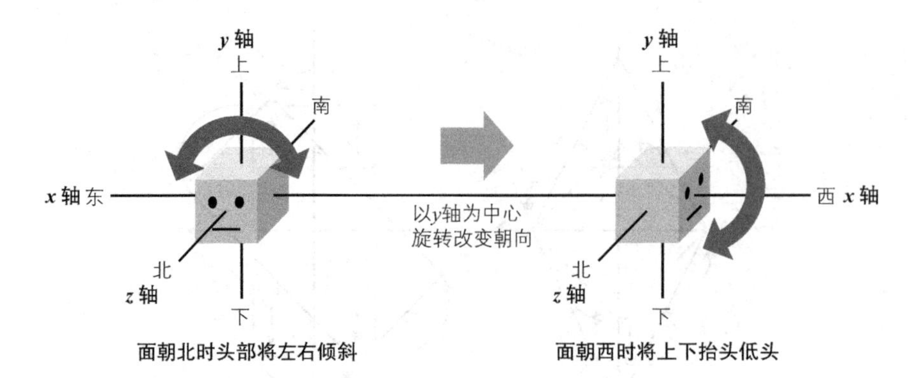

接下来就该思考让 x 和 z 哪个优先了。

假设按照 x、z 的顺序进行旋转，就意味着先抬头再歪头。相反，如果按照 z、x 的顺序进行旋转，则意味着先歪头再抬头。

假设每次旋转的角度都是 90°，那么按照第一种顺序进行旋转，最终将面朝左或面朝右；按照第二种顺序进行旋转，则最终将面朝上。结果截然不同。

具体采用哪种方式需要根据实际情况来选择。假设现在要制作一个导弹，导弹最初朝北飞行。如果导弹的前进方向取决于它的朝向，那么导弹按多大的角度向上或者向下就会非常关键。因为这关系到导弹能否准确地击中敌人。而绕 z 轴的旋转仅仅起到了一种装饰作用，只是为了营造出一种飞行的感觉，丝毫不会影响到游戏性。

这里我们再次以头部旋转为例进行说明。无论是歪头 90° 后再抬头 90°，还是直接抬头 90°，最终都会面朝上。在这种情况下，z 轴的旋转不会影响到最终的朝向。但是如果先绕 x 轴旋转 90°，也就是变为面朝上，然后再绕 z 轴旋转，朝向就会发生改变。在这种情况下，导弹将无法准确地向着目标方向飞去。示例代码中的 `Model` 类是以导弹飞行的场景为例编写的，代表 x 轴旋转的上下调整要比左右倾斜更重要，因此按照 z、x 的顺序进行了旋转。

当然，制作的游戏不同，该顺序也可能会发生改变。通过运用一些高级的数学技巧，我们也可以忽略这些顺序，直接用数学方法计算出来。但如果只是开发一些简单的游戏，还是使用这种办法比较方便。

15.2.5 资源容器类

所谓资源容器，指的是用于统一管理 `Batch`、`IndexBuffer`、`VertexBuffer` 和 `Texture` 这 4 种资源的类。因为纹理素材以额外的文件形式存在，所以将素材文件名写入数据文件中即可。通过构造函数自动载入后，就可以获取所有的资源。

我们采用 `GraphicsDatabase` 来命名该类。因为正巧公司的类库中也有类似的模块叫这个名，所以笔者就这样命名了。当然读者也可以根据自己的习惯取其他名字，比如 `Scene`、`GraphicsResource` 等。

该类只是用于对资源进行管理，代码大概如下所示。

```
class GraphicsDatabase{
private:
    Batch** mBatches;
    VertexBuffer** mVertexBuffers;
```

```
    IndexBuffer** mIndexBuffers;
    GameLib::Texture** mTextures;

    int mBatchNumber;
    int mVertexBufferNumber;
    int mIndexBufferNumber;
    int mTextureNumber;
};
```

里面只包含了 4 种资源的指针数组。那么，我们应当再添加哪些函数呢？

如何使用

我们先从使用方法上来考虑这一问题。

Model 类的构造函数中只需传入 Batch 类的指针就足够了，没有必要再额外传入纹理、顶点缓存和索引缓存。因此，只要有 batch() 函数，我们就达到目标了。另外，因为有可能会用到多个 Batch，所以必须能够指定当前想使用哪一个。对此，过去我们一般采用分配编号的做法，不过这就需要再创建一张表来存储编号与 Batch 类的对应关系信息，实在太过麻烦了。

因此，我们决定为 Batch 添加名称属性以进行区分。

```
const Batch* batch( const char* name )const;
```

文件中每个 Batch 都有一个唯一的名字。如果存在两个名字相同的 Batch，程序就会报错。

当然，不仅仅是 Batch，IndexBuffer 和 VertexBuffer 也需要名字。文件中是按照“某 Batch 是通过某顶点缓存和某索引缓存创建的”这种格式来记录的，所以为了能够指明具体的对象，必须添加名字进行区分。

文件的内容该如何设计

现在我们已经能够想象出大致的使用方法了，但是还没有讨论如何把数据存储到文件中。关于这一点，我们后面再进行思考。我们先直接手动生成 IndexBuffer、VertexBuffer 和 Batch，并编写使用它们进行绘制的代码，成功之后再考虑如何把这些数据存储在文件中。一次性编写太多功能容易导致思维混乱，最好在完成一部分功能后就进行小规模的测试，这样比较容易发现考虑不周或者设计失误的地方。

不过，在此之前还需要准备一个类。

15.2.6 摄像机类

请读者回想一下之前绘制图像的步骤。从创建世界矩阵开始，相关的工作主要由 Model 和 Batch 承担。不过在此之前还有一些工作需要完成，那就是创建透视变换矩阵和视图变换矩阵并将二者相乘。每次都要编写创建矩阵的代码实在太浪费时间，所以我们希望能通过一个类来轻松创建出矩阵。

为了绘制出物体，需要执行三种坐标变换：世界变换、视图变换和透视变换。其中，世界变换处理对于每个物体来说都不相同，而视图变换和透视变换就不同了，每帧都只需要一个矩阵。虽然存在某些特例，比如游戏需要对画面进行分割，但顶多也只需要两三个矩阵。因此，我们决定设计一个类，将视图矩阵与透视变换矩阵放入其中，统一管理。

我们将该类称为摄像机。顾名思义，该类定义了“从哪里”“朝什么方向”“按多大的缩放率”来绘制图像。本质上它只是单纯地创建视图变换矩阵与透视变换矩阵并对其进行管理，代码大概如下所示。

```
class Camera{
public:
    Camera();
    ~Camera();
    //设置必要的信息
    void setPosition( const Vector3& );
    void setTarget( const Vector3& );
    void setFieldOfViewY( double );
    void setNearClip( double );
    void setFarClip( double );

    //获取信息
    const Vector3* position() const;
    const Vector3* target() const;
    double fieldOfViewY() const;
    double nearClip() const;
    double farClip() const;

    //根据获取的信息生成矩阵
    void createProjectionViewMatrix( Matrix44* ) const;
private:
    Vector3 mPosition;
    Vector3 mTarget;
    double mFieldOfViewY;
    double mNearClip;
    double mFarClip;
};
```

如果不理解为什么有些函数返回的是向量指针，可以重新阅读一下第 1 章的补充部分。

有了这个类，只要通过 `setX()` 等方法将每帧需要改变的信息传入，再调用 `createProjectionViewMatrix()` 即可创建出矩阵，非常简单。需要注意的是，透视变换其实是投影（projection）变换的一种，用于投影的矩阵多被称为 Projection Matrix。函数名 `Projection` 正是由此而来的。

一般来说，游戏世界中只要有一个摄像机类的实例就够了，但有些游戏会设置一个按钮来切换多个摄像机，若游戏中存在多组画面，就必须创建多个摄像机。比如在赛车游戏中，如果想在画面上显示后视镜的内容，就必须为后视镜专门准备一个摄像机，所以该类不适合做成单例。

15.3 试运行

做了这么多准备工作，将它们运用到项目中会是什么样呢？下面我们来试着写一下。

```
//在适当位置定义下面两个数组
//顶点缓存的原始数组
Vector3 vertices[ 4 ] = {
    Vector3( 0.0, 0.0, 0.0 ),
```

```
    Vector3( 1.0, 0.0, 0.0 ),
    Vector3( 0.0, 1.0, 0.0 ),
    Vector3( 1.0, 1.0, 0.0 ),
};
//索引缓存的原始数组
unsigned indices[ 6 ] = {
    0, 1, 2,
    3, 1, 2,
};

//准备各个类
//生成顶点缓存
VertexBuffer* vertexBuffer = new VertexBuffer( 4 );
for ( int i = 0; i < 4; ++i ){
    vertexBuffer->setPosition( i, vertices[ i ] );
}
//生成索引缓存
IndexBuffer* indexBuffer = new IndexBuffer( 6 );
for ( int i = 0; i < 6; ++i ){
    indexBuffer->setIndex( i, indices[ i ] );
}
//生成纹理
GameLib::Texture* texture;
Framework::instance().createTexture(
    &texture,
    "foo.dds" );
//生成批次类
Batch* batch = new Batch(
    vertexBuffer,
    indexBuffer,
    texture );

//准备两个实例，这部分以及之前的代码都只执行一次
Model* model0 = new Model( batch );
Model* model1 = new Model( batch );
//准备摄像机。一开始就设置好每帧不变的部分
Camera* camera = new Camera();
camera->setFieldOfViewY( 45.0 );
camera->setNearClip( 1.0 );
camera->setFarClip( 1000.0 );

//下面的代码每帧都会执行
//设置摄像机
camera->setPosition( Vector3( 0.0, 0.0, 100.0 ) );
camera->setTarget( Vector3( 0.0, 0.0, 0.0 ) );

//设置位置与角度
model0->setPosition( Vector3( 0.0, 0.0, 10.0 ) );
model1->setPosition( Vector3( 10.0, 0.0, 10.0 ) );
model0->setAngle( Vector3( 0.0, 180.0, 0.0 ) );
model1->setAngle( Vector3( 0.0, 90.0, 0.0 ) );
//绘制
Matrix44 pvMatrix;
camera->createProjectionViewMatrix( &pvMatrix );
model0->draw( pvMatrix );
model1->draw( pvMatrix );
```

虽说代码比较长，但是并没有什么难点。

现在已经不用考虑如何一个一个地绘制三角形了，而且 Z 缓存以及半透明设置等也都交给了批次类来完成。我们甚至可以说，只要知道调用 `Model::draw()` 能绘制图像，那么即便是连三角形都不知道怎么绘制的人，也可以参与游戏开发。

类库的作用不仅仅是减少代码量，还能够尽可能地屏蔽无关细节，减少开发人员需要思考的问题。毕竟人的记忆力和思考能力是有限的，认识到这一点就会理解类库对于开发人员的重要性。优秀的类库往往不需要让开发人员了解很多细节，思考很多问题。

解决方案 15_GraphicsLibrary1 下的 UsageSample 项目对前面介绍的内容进行了整合。除了文件加载的相关内容和 `GraphicsDatabase` 类，其他部分都放在了 Library 文件夹下。之前创建的 `Vector3` 和 `Matrix 44` 等类也被包含了进来，现在已经很有类库的感觉了。

15.4 从文件载入

除了 `GraphicsDatabase` 类之外，其他类的行为我们都已经确认完毕。

下面我们将创建资源容器类，并通过读取文件来载入资源。“能够通过后期加载的内容尽量通过加载来获取”是一个好习惯。如果将资源数据都编写在代码中，每次修改资源时就必须重新编译代码。反之，若采用加载的做法，只要重新运行游戏即可。考虑到将所有东西都放入文件中加载会导致代码太冗长，这里我们只以顶点缓存为例进行说明。

15.4.1 最简单的做法

顶点缓存数组的每个元素都包含了一个三元向量和一个二元向量，合起来是一个五元向量。因为文本文件处理起来比较容易，所以这里我们就采用文本格式，大概如下所示。

```
0,0,0,0,0
0,1,0,1,0
0,0,1,0,1
0,1,1,1,1
```

每行的前三个数字表示坐标，后两个数字表示 `uv`。只需简单地按顺序列出即可。这样一来，读取部分的代码编写起来就会比较简单，而且内容也比较简洁。

可问题是打开这个文件后，我们不容易知道该文件表示什么。人眼观察尚且无法理解，更别说计算机了。如果载入了错误的文件，机器却无法知晓，就会带来很大的麻烦。

因此，我们还是希望能使文件易于读懂，尽管这么做会增加一些工作量。

如果以性能至上为原则，还是采用最节约容量的存储格式比较好。不过那样也就没必要采用文本文件来存储了，一般会使用 DDS 这类不具备可读性的二进制文件格式。不过本书不打算对创建二进制文件的方法进行讨论。

15.4.2 采用伪 XML 格式

```
<VertexBuffer>
  <Vertex position="0,0,0" uv="0,0"/>
  <Vertex position="0,1,0" uv="1,0"/>
  <Vertex position="0,0,1" uv="0,1"/>
  <Vertex position="0,1,1" uv="1,1"/>
</VertexBuffer>
```

笔者仿照流行的 XML 编写了以上内容。读者如果不知道 XML，在网上花几分钟查一下就可以了解个大概了。XML 是一种通用的文档格式，运用比较广泛。当然，上面这种格式与真正的 XML 相比还缺少很多特性，因此只能称之为“伪 XML”。

可以看到，文件内容比之前长了许多，显然读取处理也会比原来烦琐，不过这里我们更重视该格式与主流 XML 的一致性。等到需要对性能做出要求了，再换为其他更为高效的方案也未尝不可。

在开始编写读取处理的代码前，还有一个问题需要思考。当我们编写完顶点缓存的读取代码后，还需要对索引缓存和批次类重复同样的工作吗？编写代码是一项比较烦琐的工作，我们希望尽量避免编写重复的代码。索引缓存的内容大致可以写成如下形式。

```
<IndexBuffer>
  <Triangle indices="0,1,2"/>
  <Triangle indices="0,1,3"/>
</IndexBuffer>
```

批次类则可以写成下面这种形式。

```
<Batch
  vertexBuffer="someVertexBufferName"
  indexBuffer="someIndexBufferName"
  texture="someTextureName"
  blendMode="linear"
/>
```

我们可以将它们合并到一个文件中。

```
<VertexBuffer name="someVertexBufferName">
  <Vertex position="0,0,0" uv="0,0"/>
  <Vertex position="0,1,0" uv="1,0"/>
  <Vertex position="0,0,1" uv="0,1"/>
  <Vertex position="0,1,1" uv="1,1"/>
</VertexBuffer>
<IndexBuffer name="someIndexBufferName">
  <Triangle index="0,1,2"/>
  <Triangle index="0,1,3"/>
</IndexBuffer>
<Batch
  vertexBuffer="someVertexBufferName"
  indexBuffer="someIndexBufferName"
  texture="someTextureName"
  blendMode="linear"
/>
<Texture
  name="someTextureName"
  filename="texture/someTextureName.dds"
/>
```

纹理需要从别的 dds 文件中读取，不过只要记录了纹理的文件名，读取时就会自动载入，我们不用特别在意这一点。

当遇到这种存在多种数据类型的情况时，如果分别为每种类型编写一套代码来解析就太费事了。如果我们能抽象出一套处理机制，与具体内容无关，只要格式符合就能进行加载，那么该处理机制就可以成为一个共通的模块。这样一来，解谜游戏的关卡配置、动作游戏的敌方配置等就都可以通过该功能来加载。

15.4.3 将伪 XML 处理封装成类库

接下来我们把解析这个“伪 XML”的功能封装成类库。如果能够使用这个类库构建出顶点缓存和批次类，那么工作基本上就完成了。

最终的代码大概如下所示。

```
GraphicsDatabase database( "robo.txt" );
Model* roboModel = database->createModel( "robo" );
roboModel->draw( projectionViewMatrix );
```

仅用两行代码就完成了创建机甲的准备工作。即使机甲中可能包含很多顶点缓存数据和很多张纹理，也都只需两行代码即可。其中的内容会在 `database` 对象析构时被销毁，所以开发者不需要关心里面存储的是什么。代码中可能也不会再出现 `IndexBuffer`、`VertexBuffer` 这样的字符串了。这也是对之前提到的“尽可能屏蔽无关细节”的一个实践。

本章的必读内容到此结束。伪 XML 处理的相关内容较多，我们将在下一章详细说明。

另外，在接下来的补充内容中，我们将讨论如何把类库独立出来。此前的游戏示例中一直在使用笔者提供的 GameLib.lib，这次我们就来聊聊该 .lib 文件是如何生成的。如果读者对补充内容兴趣不大，可以直接略过，不过笔者的示例中常常会用到这方面的技术，所以读者最好还是能理解这部分内容。其实只要大致了解类库的制作方法即可，简单浏览足矣。

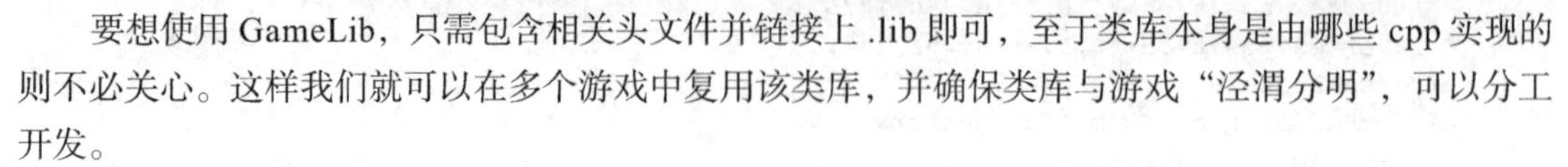

15.5 补充内容：将类库从游戏中分离

要想使用 GameLib，只需包含相关头文件并链接上 .lib 即可，至于类库本身是由哪些 cpp 实现的则不必关心。这样我们就可以在多个游戏中复用该类库，并确保类库与游戏“泾渭分明”，可以分工开发。

不过这种做法的缺点也有不少。下面我们就来逐个看一下。

将类库分离出来的缺点

最明显的一个缺点就是流程将变得更加烦琐。我们会在后面的内容中体会到这一点。

另一个更大的缺点是它在一定程度上失去了灵活性。我们不妨设想一下类库由专人维护，并有若干游戏使用的情况。

如果这时有人提出希望在类库中添加某个功能，该怎么办呢？

无非两个选项：要么将类库的代码拿过来自己改造，要么委托该类库的维护人员进行修改。

第一种做法意味着双方不再进行分工协作，应该说这是最后的手段。尽管笔者有时也会这样做，但这并不代表它是一个好方法。我们一般更倾向于委托类库的维护人员来修改，但这势必会加重类库维护人员的负担，而且也不能保证开发需求会准确地传达给类库的维护人员。

最令人头疼的是，如果类库中为满足不同游戏的开发需求而添加了各种功能，那么对单个游戏来说，类库里就包含了很多不需要的功能。这种类库的使用体验一定不会好。

如此看来，将类似分离出来可能确实会带来一些负面效应，实际上有相当一部分开发人员喜欢直接把类库的代码复制到游戏中。但不可否认的是，将类库分离出来的开发方法才是主流，笔者也倾向于这种做法。

如果读者是独自一人开发游戏，就可以自己来决定是否将类库分离出来。但是，如果是团队开发，决定权就未必掌握在自己手中了。为了积累更多的经验，我们试着对类库进行分离。

15.5.1 Visual Studio 项目设定

我们将之前介绍过的 UsageSample 项目分离为 Library 项目和 Application 项目。首先，创建一个项目作为 Application，其中只存放 main.cpp 文件。再创建一个项目作为 Library，设置该项目种类为“静态库”[①]。

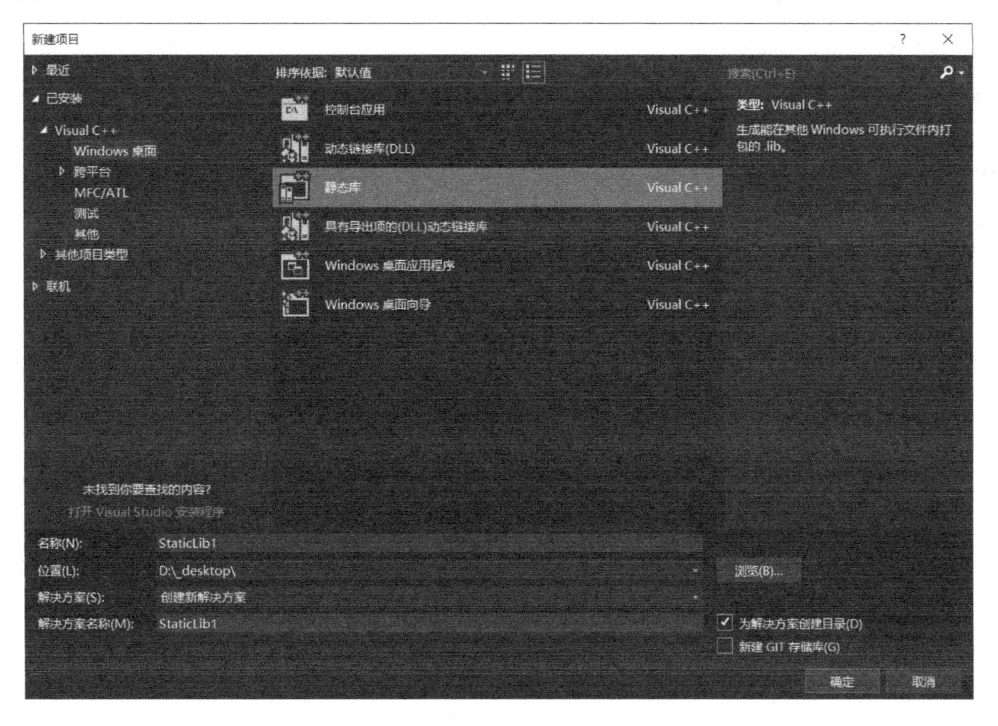

① 有静态库就有动态库。二者的区别在于 .exe 文件和类库文件（.dll）是否分开。在静态库的情况下，类库被放入 .exe 中，而在动态库的情况下，二者是分离的。这就意味着程序的主体和类库可以分别进行版本管理。如果在一台计算机上有多个程序要用到同一个类库，那么只需要一个类库文件即可，从而节约了容量。如果程序发生了很大的改变，则必须替换掉这两个文件。如果担心这种情况会导致版本混乱，那或许可以直接采用静态库的做法。

类库方面的工作

我们先为类库编译做准备工作。

首先，在 Library 的目录下新建 include 和 src 两个文件夹。将当前创建好的 cpp 文件全部复制到 src 下。然后在 include 下创建一个名为 Library 的文件夹，把所有头文件都放入其中。

- Library
    - src（将 cpp 文件放入）
    - include
        - Library（将头文件放入）

之所以将头文件与 cpp 分开，是因为类库的使用者只需要看到头文件。把类库提供给他人时，一般只需给出头文件和 .lib 即可，从这个角度来说，将头文件和 cpp 分开存储也是比较合适的。笔者的 GameLib 就是这样实现的。

至于为什么要在 include 下再创建文件夹，考虑一下类库使用者的头文件路径设置就明白了。如果使用者把头文件直接放在 include 下，就需要把该位置添加到头文件包含路径中。这意味着使用者将会按如下方式引入头文件。

```
#include "VertexBuffer.h"
```

如果是 VertexBuffer 这种不容易发生重复的文件名还好，但如果是 Element 或者 Manager 这类重复率较高的文件名，就会出现问题。因为其他类库提供的头文件也可能叫 Element.h 或 Manager.h。为了避免出现这样的情况，我们就需要在 include 下新建一个带有 Library 类库名称的文件夹。这样一来，引入头文件时就必须写成如下形式。

```
#include "Library/VertexBuffer.h"
```

于是，各个类库之间就不会发生混淆了。这正是我们在使用 GameLib 时不直接将头文件路径设置为 include 下的 GameLib 目录的原因。

接下来在 Visual Studio 的解决方案视图中创建相应的层级结构。

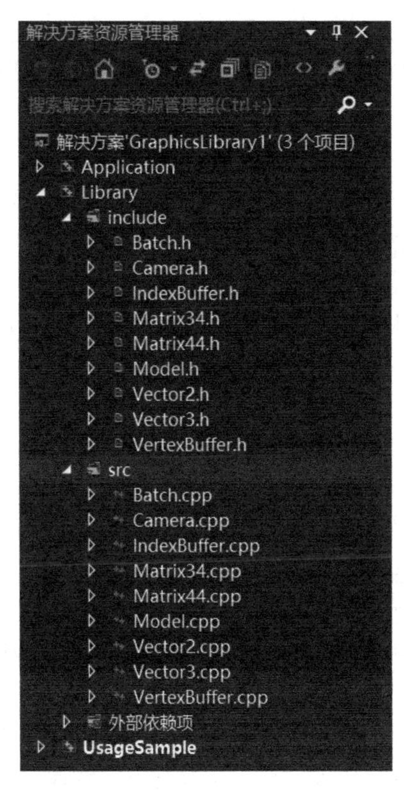

在该视图中，include 下就没有必要创建 Library 了，因为这里的层级结构和实际磁盘上文件夹的层级结构不存在对应关系。最后，按照之前介绍的方法在项目中添加 GameLib 的头文件包含目录，并将刚才创建的 include 文件夹路径添加进去即可。

创建类库时不涉及链接，所以这里不需要对链接器进行配置。最后不要忘记执行“C/C++ →代码生成→运行库”设置。如果遗漏了这一步，就会出现大量的链接错误。

头文件保护与类库名

接下来是头文件保护的相关处理。之前我们在头文件的起始处添加了下面的内容。

```
#ifndef INCLUDED_CAMERA_H
#define INCLUDED_CAMERA_H
```

但是，当类库使用者同时引入多个类库时，这么做就可能会引起冲突，因此最好将类库名也放入该字符串中，如下所示。

```
#ifndef INCLUDED_LIBRARY_CAMERA_H
#define INCLUDED_LIBRARY_CAMERA_H
```

如果可以使用某个固有名词来表示该类库，就更不容易发生重复了。以名为 `Ragnarok` 的类库为例，如果像下面这样编写头文件保护语句，基本上就不会与其他头文件发生冲突。

```
#ifndef INCLUDED_RAGNAROK_CAMERA_H
#define INCLUDED_RAGNAROK_CAMERA_H
```

但是采用太另类的名词又会降低可读性，所以应把握好尺度。使用太过时髦的名词[①]作为类库名并不是一种理智的做法。

同样，使用意义不够明确的名词也不可取。比如给一个图形类库取名为“金枪鱼”、给文件操作类库取名为“鲣鱼”、给脚本类库取名为“鲭鱼”，这样就无法通过名字分辨出哪个类库是做什么的。因此，给类库起名字时不可以天马行空，应当站在使用者的角度，尽可能做到“名副其实”[②]。

总之，最重要的就是确保用于头文件保护的字符串不会发生重复。试想，当编译无法通过时，如果我们找了半天原因却发现是头文件保护字符串出了问题，那时心情该多么沮丧。

关于名称空间

和类库的命名类似，名称空间的命名也需要好好斟酌。当然，如果不打算把类库分发给其他人使用，则无须考虑这个问题。笔者的示例项目便是如此。

此外，使用名称空间时需要对头文件保护字符串加以注意。比如下面这两种情况。

```
Base::Sequence
BaseSequence
```

若根据名称空间的值来生成头文件保护字符串，上面的两行代码都将得出 `BASE_SEQUENCE` 这个值。为了避免出现这一问题，笔者的做法是不在文件名中添加分隔符。

```
BASE_SEQUENCE //Base::Sequence
BASESEQUENCE //BaseSequence
```

因为该字符串本身是面向编译器的区分标记，所以不用考虑可读性的问题。

---

① 例子中的 Ragnarok 原意是指北欧神话中的世界末日。当年幻想类题材泛滥时，该名词随处可见。

② 其实笔者刚开始为类库准备了一个很另类的名字，不过第二天早上重新思考时就决定放弃了。建议读者在取名时至少隔一个晚上再做决定。

lib 的放置位置

项目编译成功后将生成 .lib 文件。如果没有特别进行设置，一般可以在解决方案文件夹下的 debug 或 release 目录中找到 Library.lib。如果想对其进行修改，只需在项目配置属性的“库管理器”中修改相关属性即可。在 GameLib 中，Debug 版本的生成物的名称添加了 _d 后缀，它和 Release 版本的生成物在同一文件夹下。示例中也是这样设置的。在 Library 项目下创建 lib 文件夹，用于放置生成文件。在“配置属性”中，将“常规”下的“输出目录”修改为如下值。

```
$(ProjectDir)lib\
```

这样 .lib 的生成位置就变成了 lib 文件夹。

接下来，在“库管理器”中，将“常规”下的“输出文件”部分修改为如下形式。

```
$(OutDir)\$(ProjectName)_d.lib
```

这样就能将 Debug 和 Release 版本的类库都在同一文件夹下生成，从而确保类库的调用方程序在 Debug 和 Release 配置中可以共用一套链接路径设置。

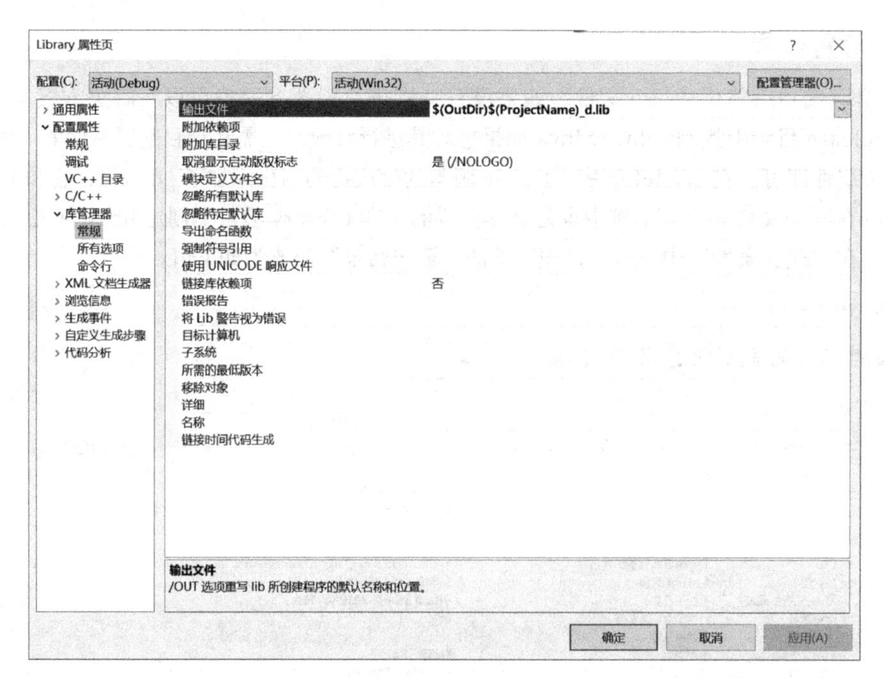

为了让程序在调试时可以跟踪类库的源代码，我们还需要准备程序数据库文件（.pdb），并把它和 .lib 放到同一个目录下。虽然我们希望编译器可以自动地在相同位置生成该文件，但事实是必须手动设置。笔者的做法是，在 Debug 模式下，在“C/C++”中将“输出文件”下的“程序数据库文件名”设置为如下形式。

```
$(OutDir)$(ProjectName)_d.pdb
```

Release 模式下则不带 _d 后缀。

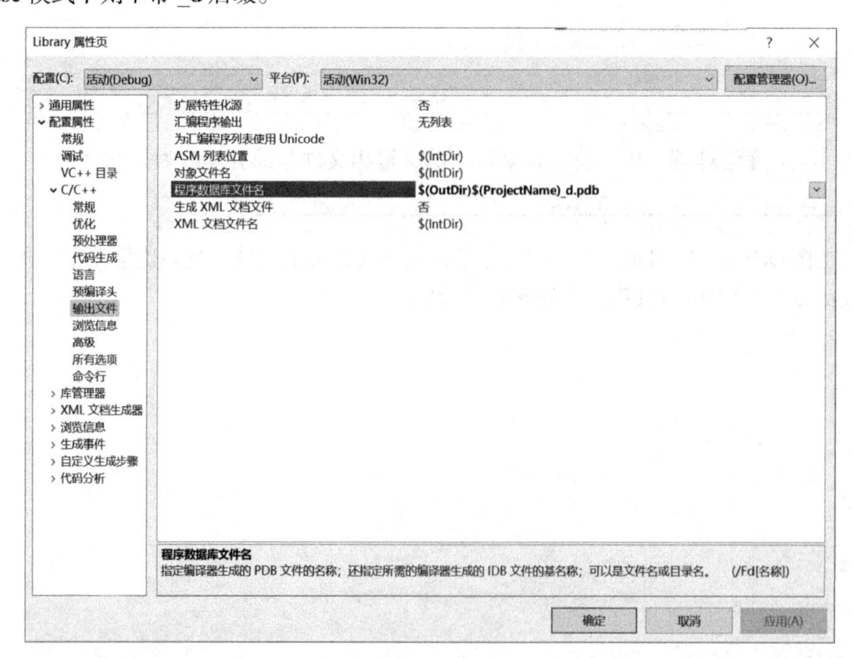

如果不想把前面创建好的东西提供给他人使用，Debug 版本就足够了，不需要再花时间进行设置。

至此，大家应该能够体会到将类库分离出来有多么麻烦了吧。一些读者可能会想："真的有必要这么大费周章吗？"当然，以目前我们项目的状态来说，这么做是得不偿失的。只有在多人协同开发，或者在一个类库被多个游戏使用的情况下，这项工作才有意义。不过，一旦类库的功能和代码固定下来不再修改，使用起来就会非常方便。

不过实事求是地讲，笔者还从未见到过"不再被修改的类库"。

游戏项目的设置

游戏项目方面首先要引入游戏的代码。如果使用的是笔者提供的 Application 示例，只要将 UsageSample 中的 main.cpp 复制过来即可。然后把纹理素材 grid.dds 也复制进去。记得也要在 Visual Studio 中添加 main.cpp。

接下来要对项目进行设置。除了像过去那样对 GameLib 进行基本设置外，还需要添加额外的设置以确保可以使用前面准备好的 Library。这个"额外的设置"就是将 Library 的 include 路径添加到头文件包含路径，把 Library.lib 的生成位置添加到链接器的附加目录。也有人习惯把 include 和 .lib 整合后放在一起，在这种情况下只需要指定它们所在的文件夹即可。GameLib 中使用环境变量来记录 GameLib 的存放位置，然后在项目配置属性中使用该环境变量，对 Library 也可以采用相同的做法。

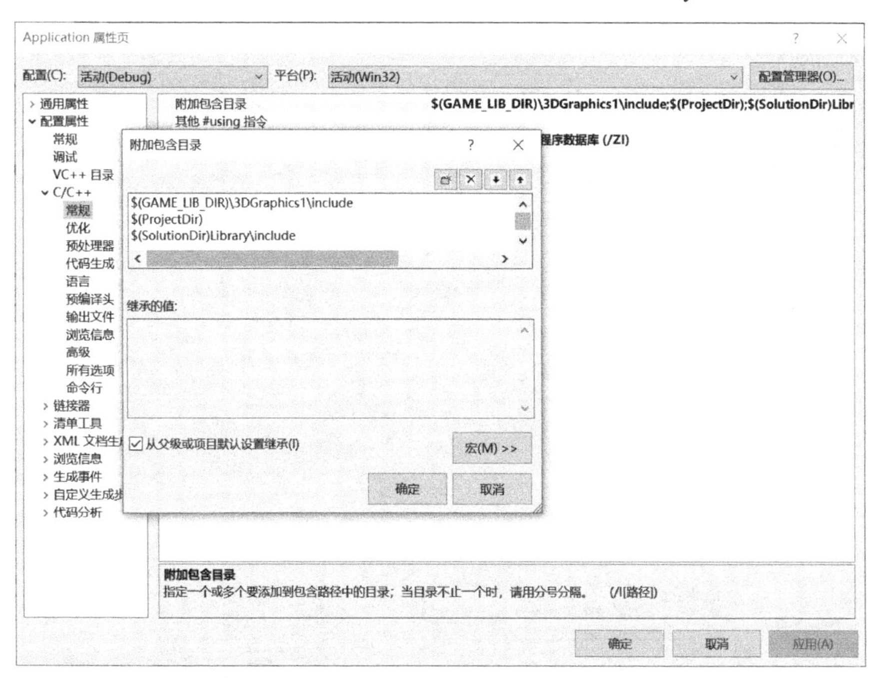

记得在游戏项目中把"C/C++→代码生成→运行库"设置为不带 DLL 的版本。

最后是链接器的设置。在链接器的输入部分添加 GameLib_d.lib 或者 GameLib.lib 后，再添加 Library_d.lib 或者 Library.lib。

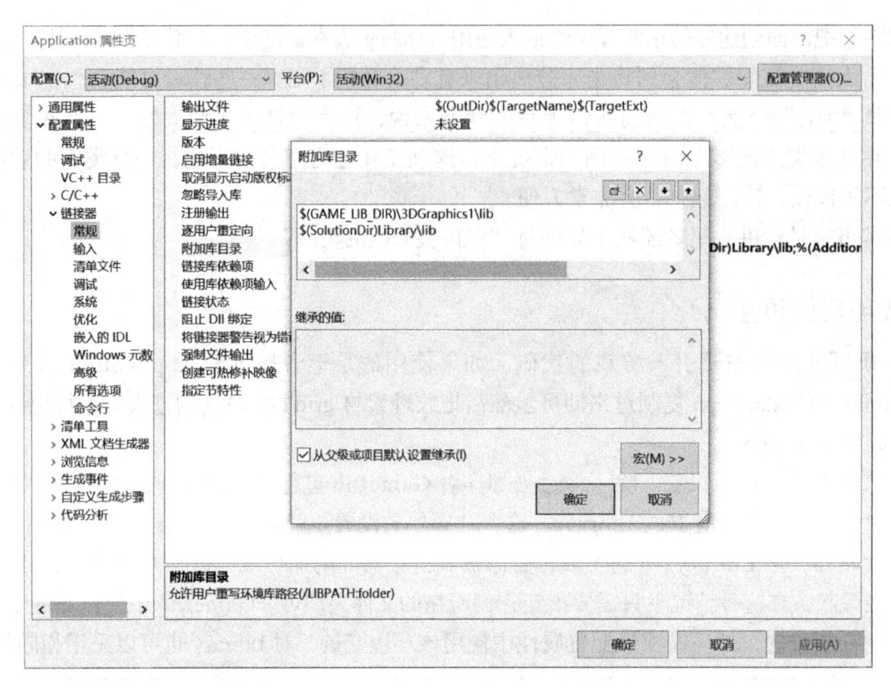

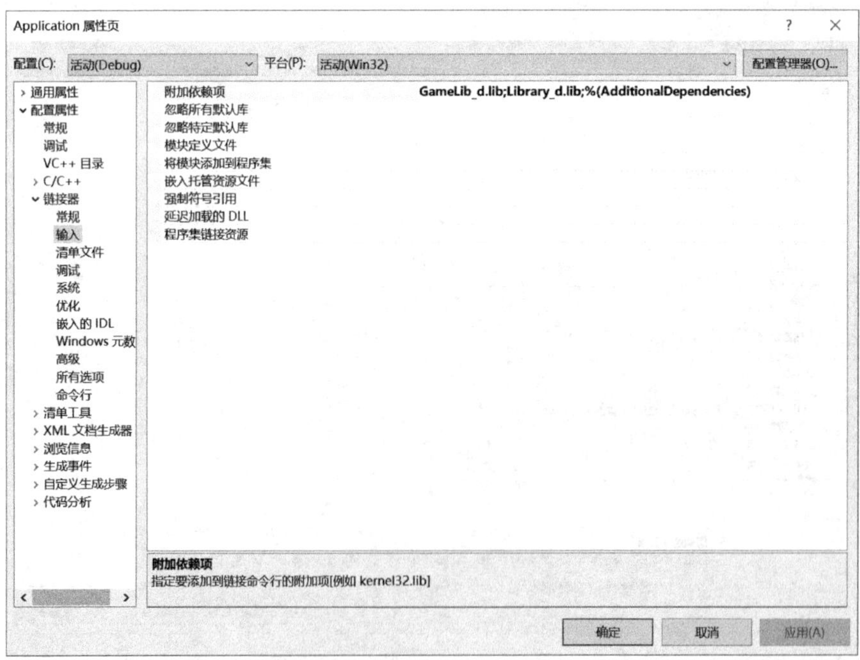

生成顺序

在 Visual Studio 中按照各个解决方案进行生成时，建议设置为先生成 Library 再生成 Application。这可以通过修改“项目依赖项”来完成。

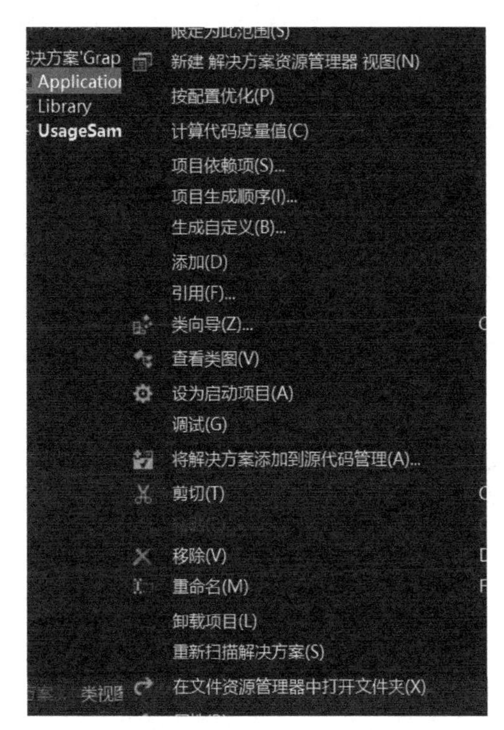

这样设置能够有效避免“先编译了游戏工程而未将类库修改反映到游戏中”的 bug。不过只有当各项目位于同一解决方案时该功能才能生效，也就是在自己同时负责开发类库和游戏的时候。

相关的设置就是这些，将该游戏项目设置为启动项目后按下 F5 即可执行。尽管步骤有些烦琐，但只要按照说明一步一步操作，就一定可以成功运行起来。

15.6 本章小结

本章将绘制相关的功能封装成了类库的形式，今后的开发将会因此而方便许多。此外，我们还强调了在制作类库时应多从调用者的角度进行思考。即便类库的编写者和使用者都是自己，也应该尽量去考虑别人调用时的情况。毕竟在使用类库时，我们也未必能回想起自己开发时的思路，那时所谓的“自己”和“他人”就没有什么区别了。

在补充内容中我们还介绍了类库的分离方法。对小型项目而言，这么做的意义甚微，但是在项目达到一定规模，或者使用该类库的游戏数量增多时，这么做就会带来许多便利。

下一章我们将着手解决本章未完成的课题——伪 XML 文件的解析处理。

第16章

伪 XML 文件的读取

主要内容

- 读取伪 XML 格式的文本文件

补充内容

- 生成伪 XML 格式的文件

上一章我们使用了一种和 XML 格式非常接近但功能比较简陋的文件格式，本章我们将开发用于读取该文件格式的类库。在实际工作中，其实只要从流行的 XML 解析库中选取一款使用就可以了，完全不用自己开发。虽然这么做需要付出一定的购买费用，在版权方面也比较麻烦，但是对具有一定规模的公司来说，这种做法更为合适。毕竟自行开发类库时需要考虑相应的开发成本，而且开发出的类库也不一定符合要求，而这些往往是更大的问题。

不过，既然本书是一本技术读物，推崇的自然是“自己动手丰衣足食”。而且，对小公司和同人游戏开发组来说，自己动手开发也能避开使用第三方类库带来的麻烦，比如类库提供方规定了不允许用于商业目的、无法将类库移植到自己游戏的运行平台、类库的功能过于庞杂导致难以驾驭，等等。因此，如果能开发一个简洁版的替代品，不仅能节约开发成本，还能避开上面提到的种种问题。

和上一章相同，我们将继续使用类库 3DGraphics1。

16.1 确定文件格式

首先要详细规定文件的格式。程序都是严格按照设置运行的，所以必须事先消除那些含混不清的地方。我们来看看上一章展示的文件内容示例。

```
<VertexBuffer name="someVertexBufferName">
   <Vertex position="0,0,0" uv="0,0"/>
   <Vertex position="0,1,0" uv="1,0"/>
   <Vertex position="0,0,1" uv="0,1"/>
   <Vertex position="0,1,1" uv="1,1"/>
</VertexBuffer>
<IndexBuffer name="someIndexBufferName">
   <Triangle index="0,1,2"/>
   <Triangle index="0,1,3"/>
</IndexBuffer>
<Batch
   vertexBuffer="someVertexBufferName"
   indexBuffer="someIndexBufferName"
   texture="someTextureName"
   blendMode="linear"
/>
<Texture
   name="someTextureName"
   filename="texture/someTextureName.dds"
/>
```

不难看出，每个项目都是以“< 项目名…>…</ 项目名 >”或“< 项目名…/ >”的形式出现的。在上述例子中，当项目中包含了其他项目时，采用的是前者的形式，当项目中没有包含其他项目时，采用的是后者的形式。在 XML 中，这个“项目”称为**元素**（element）。另外，以“<”开头，以“>”结尾的部分称为**标签**（tag）。表示元素开始的标签叫作**开始标签**，表示元素结束的标签叫作**结束标签**。如果中间不包含其他元素，可以直接用一个标签来表示开始和结束，该标签就称为**空元素标签**。下面分别是开始标签、结束标签和空元素标签的示例。

```
<VertexBuffer name="someVertexBufferName">
</VertexBuffer>
<Triangle index="0,1,2"/>
```

程序会先识别这些标签，然后以元素为单位对文件进行拆分。

然后我们可以在开始标签中看到 name="…" 或 position="…" 这样的字符串，并以半角空格为分割符。这些都是元素自带的变量，XML 中称为**属性**（attribute）。“=”的左边，比如 position，表示的是属性的名称，“=”的右边，比如 "0,0,0"，表示的则是该属性的值。注意这里的值都是字符串，即便写成 "0" 它也是一个字符串，而不是数字 0。用双引号把属性值包起来，是为了让半角空格也可以出现在值中。

格式方面大致就是这些。如果元素中嵌入了其他元素，使用递归来逐层解析即可。

16.2 创建前的准备

在对文件进行解析之前，我们可以先想象一下解析后的字段内容，试着将它设计成相应的类。这是在分析问题时常常用到的“自顶向下”的思考方法。

首先需要准备一个用于表示元素的类，另外还需要准备一个用于表示属性的类。表示元素的类中包含子元素列表，而表示属性的类中包含名称与值两个成员。虽然属性值有时是数字有时是字符串，但是数字在解析之前都是以字符串的形式存在的，所以我们把值的类型都设置为字符串。此外，如果可以创建一个用于表示文件整体的类，处理起来就会更加方便，所以我们也准备了这样的类。

相关代码如下所示。

```
class Attribute{
public:
private:
   string mName;
   string mValue;
};

class Element{
public:
private:
   Attribute* mAttributes;
   int mAttributeNumber;
   Element* mChildren;
   int mChildNumber;
   string mName;
};

class Document{
public:
   Document( const char* xmlFilename );
private:
   Element* mRoot;
};
```

string 类是 C++ 标准库中的字符串类，具体特性以后会说明，现在只要知道有这么一个类就可以了。

关于 Attribute 和 Element 就没有什么需要特别说明的了。Attribute 中包含名称与值两个字符串，Element 中包含属性数组、子元素数组和自身的名称。笔者习惯采用复数形式表示数组变量，这样可以避免将 delete 与 delete[] 混淆。

Document 类表示整个文件。传入文件名即可构建出该类，我们要想办法做到这一点。元素 mRoot 是它唯一的成员，这正好对应了 XML 中“最外层只有一个元素”的规定，该类只需持有最外层元素的引用即可。不过，目前我们处理的是伪 XML 格式的文件，如有必要，可以让最外层同时存在多个元素，这样会更加方便。为了在不修改代码的前提下满足这种设计，我们可以让 mRoot 成为一个空元素，并将整个文件内容作为该空元素的子节点。基本上有这三个类就足够了。只要创建好这些类，就可以读取任何数据了。

接下来我们会陆续实现各个类的细节。不过在此之前，笔者先介绍一下 std::string 类的使用方法。

16.2.1 std::string

如前所述，string 是 C++ 标准类库中的一个常用类。

有了它，我们就不再需要创建出一个个 char 数组，还可以用“=”完成复制，用“+”拼接字符串，用“==”判断是否相等。遗憾的是，操作上的便利性往往以牺牲性能为代价，速度较慢确实是该类的一个缺点。好在目前我们对性能没有苛刻的要求。

关于 string，我们只要理解下面几种操作就够了。

```
#include <string> //使用该头文件
using namespace std;

string str1 = "aho"; //通过 const char* 赋值

str1 += str1; //拼接（变成 ahoaho）
str1 += "baka"; //拼接（变成 ahoahobaka）
str1 += '0'; //拼接（变成 ahoahobaka0）

const char* p = str1.c_str(); //返回 const char*

if ( str1 == "ahoahobaka0" ){ //对比
   ...
}

string str2 = str1; //复制

char c = str1[ 4 ]; //取出索引值为 4 的元素

int size = str1.size(); //获取长度（不包含最后的 NULL）
```

大家如果了解 C 语言时代的字符串处理有多么麻烦，就能感受到 string 的方便之处了。美中不足的是性能稍差，这一点请读者注意。

16.2.2 简化

要用代码来实现前面展示的伪 XML 格式其实非常麻烦，所以我们决定对其进行简化。在不影响理解的前提下，示例代码自然是越短越好。

不允许出现空元素标签

首先我们将所有空元素标签都去掉。

也就是说，将

```
<Vertex position="0,0,0" uv="0,0"/>
```

全部替换为：

```
<Vertex position="0,0,0" uv="0,0"></Vertex>
```

内容变得比原来更长了。对通过手写创建该文件的人来说，这确实增加了负担，我们会在后面讨论解决该问题的办法。对空元素的支持会使解析过程变得复杂，为了增强示例代码的易读性，我们选择删除该特性。

限制元素中包含的内容

接下来，我们规定元素中只能包含元素。不过在 XML 格式中，元素中是可以包含除元素之外的其他内容的，比如：

```
<A>aho</A>
```

aho 就是元素 A 的内容。HTML 中经常使用这种写法，而不是将文本内容作为元素的属性值。但是现在这种写法对我们来说没有太大意义，所以同样予以禁止。否则在下面这种混杂了字符串与元素的情况下，处理起来就会十分麻烦，光是解析部分的代码就特别冗长。

```
<P>他手上握着的锤子叫 <EM>myoruNiru</EM></P>
```

不执行错误检查

我们决定不执行任何错误检查，这样能让代码更为简短。假如遇到了被禁用的空元素标签，解析程序将选择无视，继续后面的处理，也不关心最终结果是对是错。

这种做法在实际产品开发中是不可取的，但目前我们的首要任务是创建出最简单的解析程序，所以就不去执行错误检查了。

降低语法的自由度

降低语法的自由度会减少判断条件的分支数量，从而减少代码量。比如规定必须使用双引号、属性的“=”左右侧以及标签的“<”与元素名之间不允许存在空格，等等。添加此类限制后解析代码会变得更短。在这种情况下，下列三种写法都将无法被正确解析。

```
<Vertex position=0,0,0></Vertex>
< Vertex position="0,0,0"></Vertex>
<Vertex position = "0,0,0"></Vertex>
```

写起来确实不如之前那么方便，不过这些限制都可以在后面通过修改解析代码来解除，等到时间充裕时再完善解析代码即可。

16.3 处理流程

我们来编写具体的处理代码。

使用者最早调用的应该是 Document 的构造函数，该函数负责读入文本文件并解析其中的数据。

接下来我们将按顺序进行讲解。

16.3.1 Docuement 类

我们先从最基础的 Document 类开始。首先需要考虑的是应当把文本解析处理放在 Document 类中还是 Element 类中。如果放在 Document 类中，就意味着必须在一个文本解析函数中完成所有元素结构的解析。而如果放在 Element 类中，Element 就会在处理完自己节点的部分后再调用子节点处理，直至递归结束。

这里我们选择后一种处理方式，因为递归的写法更简单。Document 类中只包含了一个虚拟元素，所以实际的文本解析是在代表该节点的 Element 对象中完成的。

相关代码如下所示。

```
Document::Document( const char* filename ){
    //读取整个文件
    File file( filename );
    //为空的根节点元素准备一个空标签
    Tag tag( "Dummy" ); //名字为 dummy
    //解析文本
    mRoot = new Element( &tag, file.data() );
}
```

Document 的构造函数负责读入整个文件，剩下的处理则委托虚拟元素来完成。也就是说，只要把整个文本内容传递给 Element 的构造函数即可。注意这里我们构建了一个 Tag 类，并把它传给了 Element 的构造函数。

为什么要这么做呢？我们不妨从以下三点来考虑。

- **文本中并未包含虚拟元素的信息**
- **如果文本为空，则不需要创建 Element**
- **我们希望让虚拟与非虚拟的 Element 共用一个构造函数**

首先来看第一点。mRoot 是一个虚拟元素，但是在传入的文本中并没有明示这一点。因此，在构造 mRoot 时传递的文本数据并不是 mRoot 自身的信息，而是“mRoot 的子节点数据”。

第二点说的是当文本为空时没有必要创建 Element。我们假设文本文件一开始就是空的。即便创建了一个虚拟元素，我们也不希望在它的下面再创建其他 Element 了。试想，如果从文本中解析出自己的元素名称以及各个属性放在 Element 的构造函数中实现，就意味着处理一开始就必须新建一个 Element 对象，但如果解析完成后才发现传入的是空字符串，元素的名称和属性等信息并不存在，就不得不将之前创建出来的 Element 对象销毁掉。所以更好的做法是，在创建一个 Element 之前，必须确保文本中包含了 Element 需要的数据信息。也就是说，从文本中提取信息的操作应当比构造函数的执行更早完成，而这正是 Tag 类的意义所在。

再看第三点。如果为虚拟和非虚拟的 Element 分别准备不同的构造函数，未免太过烦琐。按现在的设计来说，如果要构建一个虚拟的 mRoot 对象，就需要传入包含了 mRoot 自身信息的 Tag 以及包含了它的子节点数据的文本字符串。同理，为了保持一致，在构建其他非虚拟元素时，也应当先把元素信息放入 Tag，然后将该 Tag 以及包含子节点数据的文本字符串传给构造函数。

如果没有自己动手实现过，恐怕不容易理解这种设计方式。不过没关系，可以在需要时再回来重读。如果当前没有自行实现的打算，不妨先往下学习。

16.3.2 Element 类

下面来看看 Element 的构造函数。

正如上一节介绍的那样，该构造函数需要一个包含了自身信息的 Tag 类以及包含了子节点信息的文本字符串。

在文本处理方面，我们将设置一个指针用于记录当前解析到的位置。每次向后读取字符串时都会用当时的位置信息来更新该指针值，所以构造函数的第二个参数必须设计成一个“字符串指针的指针”，这样才能确保该指针可以被修改。对一般的函数来说，只需将最后读取的位置通过函数返回值传回就可以了，但构造函数没有返回值，所以无法做到这一点。

```
Element::Element( Tag* beginTag, const char** p ){
    mName = beginTag->name(); // 从标签获取名称
    getAttributeFromTag( beginTag ); // 从标签获取属性

    while ( true ){ // 只要存在子元素，就一直循环下去
        if ( **p == '<' ){ // 遇到 '<'
            ++( *p ); // 移动到 < 的下一个字符
            Tag tag( p ); // 从文本中获得开始标签的信息
            Tag::Type type = tag.type();
            if ( type == Tag::TYPE_BEGIN ){ // 开始标签
                addElement( new Element( &tag, p ) ); // 追加
            }else if ( type == Tag::TYPE_END ){ // 结束标签
                break; // 结束
            }
        }else{
            ++( *p ); // 忽略直至遇到 <
        }
    }
}
```

构建元素对象所需要的信息都包含在 Tag 中。这些信息包括属性和元素名称。getAttributeFromTag() 的作用就在于从 Tag 中取出这些信息。

紧接着开始查找标签。如果发现了开始标签，就意味着遇到了一个新的子元素，于是将其加入子元素数组中。如果发现了结束标签，则意味着该元素结束了，这时就通过 break 来中断处理。

函数 addElement() 用于添加子元素，虽然这里没有贴出详细的处理代码，但是不难想象该处理大体上是把子元素添加到数组 mChildren 中，实现起来可以有很多种方式。

最后是 Tag 的构造函数，字符串解析将在这里完成。把字符串解析放到这里进行，是为了将问题拆开一个个进行处理。

这种做法和木材加工有些相似。从木材切割到搬运再到分解加工，虽然历经了多个环节，但在这一过程中，切割木材的人只负责切割，搬运的人只负责搬运，分解的人只负责分解，加工的人只负责加工，每个环节都只专注解决一个问题，然后再传递给下一个环节。就好像每个人只剥下一层洋葱然后将它传给下一个人一样，即便是再大的洋葱，也能分成一小片一小片的。

笛卡儿的演绎法建议我们将问题尽可能地分解为多个细小的部分来解决。这一思想对程序员来说尤为重要。

16.4 字符串解析

现在我们要逐字读入文件的内容并对其进行解析，这种解析字符串的方法称为**词法分析**。在开发编译器程序时常常会用到这类处理，不过大部分人首先想到的可能是使用一大堆 if 判断来控制。

稍加尝试就会知道，"把从标签到空格的部分作为元素名，接着再根据空格来切分多个属性，对每个属性字符串用"="分割并分别取出属性名称与属性值"这样的做法存在很大的局限性。毕竟人脑的特性决定了我们无法准确思考一些复杂的问题。如果靠持续追加各种 if-else 来修修补补，那么扩展性将无从谈起，甚至连一个可用的版本都开发不出来。为了让代码便于理解和维护，有必要换用更简单的办法。

16.4.1 分解为状态迁移的集合

如果让读者自行思考，恐怕很难想到这个方案，按照惯例，这里直接给出答案。

我们按照**"在模式 x 下，如果出现了字符 c，则跳转到模式 y，并执行事先设置好的从模式 x 跳转到模式 y 时的触发事件"**这样的形式对处理进行分解。

假设最初的模式为 0。当遇到标签的开始标记时，定义下面两条规则。

- **在模式 0 中如果遇到了字符"<"，则跳转到模式 1，准备元素名称字符串**
- **在模式 0 中如果遇到了非"<"的字符，则仍旧保持模式 0，不执行任何操作**

第二条虽然没有包含实质性的操作，但是写出来会便于我们检查是否遗漏了某些规则。我们来继续追加其他规则。

- **在模式 1 中如果遇到字符，则保持模式 1，将该字符添加到元素名称字符串中**
- **在模式 1 中如果遇到半角空格，则跳转到模式 2，并将当前元素名称字符串的值作为元素名**
- **在模式 1 中如果遇到字符">"，则跳转到模式 3，结束整个处理**

模式 1 关联了这三条规则。我们只要像这样把所有的模式全部整理出来即可。

之所以不采用 if-else 来实现，是因为随着条件的增多，逻辑会变得混乱不堪。这种方法虽然步骤较多，但每一步操作都很简单，不仅不容易出错，代码也容易维护。

16.4.2 尝试解析

下面我们试着对一个伪 XML 文件进行解析。如果按照上面的形式一口气把所有规则都列出来，恐怕读者不容易产生整体印象，所以我们采用适当的缩略形式来把这些规则列出来。下面是笔者自创的写法。大家不一定要效仿这种写法，但如果没有想到其他更好的写法，不妨先这样写。这些都是文本内容，可以作为注释插入到代码中，比如可以放到词法分析函数上方的注释里。

```
/*
<状态编号列表>
0：发现<号。初始状态
1：元素名称字符串
```

```
2: 元素名称后的空格。属性之间的空格
3: 属性名
4: 发现 = 号
5: 属性值（"" 中的内容）
E: 结束

< 状态迁移列表 >
格式:
当前模式，当前字符，将要跳转的模式 [ 备注 ]

符号：
c = a 到 z，A 到 Z，0 到 9，以及 '_'，也就是普通字符
* = 不符合条件的字符

0,/,0 结束标签
0,*,1 元素名字符串中的第一个字符
1,c,1 追加到元素名字符串中
1,>,E
1,*,2 确定了元素名
2,>,E
2,c,3 属性名的第一个字符
2,*,2 跳过
3,=,4 发现 =。确定属性名
3,*,3 添加到属性名
4,",5 发现双引号。跳转到属性值
4,*,4 跳过
5,",2 确定了属性值。添加到属性列表中
5,*,5 添加到属性值字符串中
*/
```

整理好之后，只要用代码将这些内容表达出来就可以了。为了加深理解，我们来分析一个状态迁移的例子。

```
<VertexBuffer name="aho" size="4" >
01..........23...45...2.3...45.2.E
```

第二行表示了状态迁移的过程。为了便于观察，在状态没有变化时用“.”来表示。

请参考下面这个状态迁移示意图。

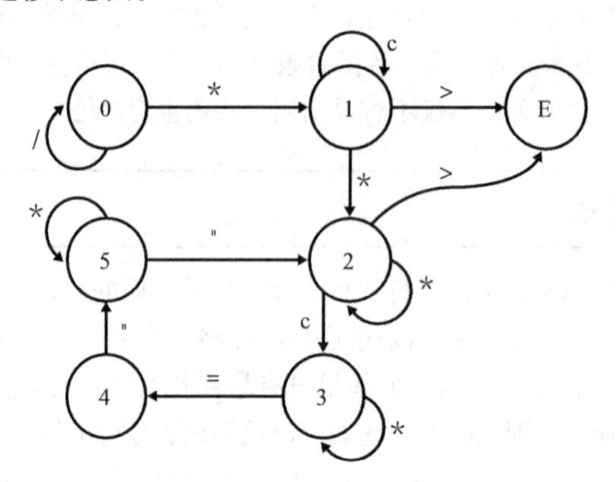

用示意图表示比较直观，每条箭头代表一个条件，如果用代码表示就会非常冗长。但其实这已经省略了很多内容，否则还要加入错误检测等处理。

以第二个条件（`0,*,1`）为例，它表示的是“在模式 0 中，如果遇到了‘/’以外的字符，就把

该字符作为元素名称字符串中的第一个字符，并跳转到模式 1”，那么在遇到空格时会如何处理呢？按照这个规则，空格将会被看成元素名称的一部分。也就是说，我们还需要规定哪些字符能够作为元素名，哪些不能，否则就会出现混乱。

实际上，这种支持手写的文件格式还应加入适当的容错处理。比如，除了能识别用双引号包围属性值的情况之外，还能识别用单引号包围时的情况；允许不加引号直接写值；允许某些属性只有名字没有值；允许属性名的前后存在空格；允许属性名“=”后面为空等。这些都是极其琐碎的工作，但是这些处理能够在很大程度上减少混乱的出现。

另外要注意的是，为了保证逻辑简单，笔者未对流程进行进一步优化。比如，不管是模式 1 还是模式 2，遇到“>”后都将结束，但是代码中并没有对此统一进行处理。因为只有分开编写，才能很好地和表中记述的规则相吻合。

此外，当规则表变得复杂以后，再使用 `switch` 来控制分支就不太合适了。这时需要采取一些措施，比如按照模式分成若干个函数，或者按条件创建各种类后重载相应的虚函数。不过话说回来，如果规则已经复杂到那种程度，就不应该再用这种手写的方式了。那时，自动化就派上了用场。

读者若对这方面内容感兴趣，可以看一下 lex 工具的相关资料。笔者曾读过相关图书，深感吃力，于是发誓绝不做复杂到需要使用 lex 的东西。不过一般来说，如果只是读取普通的 XML 文件，手写应该就可以了。

16.5 编写代码

现在我们来编写代码。先通过 `switch` 选择模式，然后在各分支内根据遇到的字符情况再次使用 `switch` 进一步区分。具体实现可参考示例代码。这里我们索性将相关代码全部罗列出来。虽然看起来比较冗长，但其中是有规律的，并不杂乱。

首先是 `Tag` 类的定义。

```
class Tag{
public:
    enum Type{
        TYPE_BEGIN,
        TYPE_END,
    };
    Tag( const char** readPointer, const char* end );
private:
    Attribute** mAttributes;
    int mAttributeNumber;
    string mName;
    Type mType;
};
```

其中包含了属性数组、元素名称以及用于标记自身是开始标签还是结束标签的标记变量 `mType`。

词法分析的处理过程如下所示。

```
Tag::Tag( const char** p, const char* e ) :
mAttributes( 0 ),
mAttributeNumber( 0 ),
```

```
mType( TYPE_BEGIN ){
   // 用于临时存储属性的名称与值
   string name;
   string value;

   int m = 0; // 模式。引用这个变量的地方不多，所以用一个字母来命名
   bool end = false; // 用于跳出循环的标记变量
   while ( *p < e ){
      char c = **p;
      ++( *p ); // 移动指针
      switch ( m ){
         case 0: // 初始状态
            switch ( c ){
               case '/': mType = TYPE_END; break; // 结束标签
               default: mName += c; m = 1; break; // 记录元素名
            }
            break;
         case 1: // 元素名
            if ( c == '>' ){
               end = true;
            }else if ( isNormalChar( c ) ){
               mName += c;
            }else{
               m = 2; // 剔除元素名
            }
            break;
         case 2: // 元素名后的空白
            if ( c == '>' ){
               end = true;
            }else if ( isNormalChar( c ) ){
               name += c; // 添加属性名
               m = 3;
            }else{
               ; // 不做任何操作
            }
            break;
         case 3: // 属性名
            switch ( c ){
               case '=': m = 4; break;
               default: name += c; break;
            }
            break;
         case 4: // 已发现 =
            switch ( c ){
               case '"': m = 5; break;
               default: break; // 不做任何操作
            }
            break;
         case 5: // 属性值
            switch ( c ){
               case '"':
                  m = 2; // 属性名后的空白
                  // 添加属性（具体内容省略）
                  addAttribute(
                     new Attribute( name.c_str(), value.c_str() ) );
                  // 对名称与值进行初始化
                  name.clear();
                  value.clear();
```

```
                    break;
                default: value += c; break;
            }
            break;
        }
        if ( end ){ //结束
            break;
        }
    }
}
```

印刷在书上确实很长，但这已经是简化后的版本了。说到实用性，仅有这些处理是远远不够的。这部分代码虽然很长，但结构简单，易读性还是比较强的。

代码中没有列出当数组元素不断增加时应当如何处理的相关内容，也没有将函数 addAttribute() 的实现过程展示出来。因为在解析标签时不知道有几个属性，所以只能在后期动态添加。编写该处理需要掌握一定的算法和数据结构知识。这部分内容我们会在第 17 章进行说明，读者暂且不必深究。当然，用一个非常大的固定数组来存储的做法也能满足目前的需求，读者如果熟悉 std::vector 或 std::list，也可以使用。

16.6 运用

现在我们已经可以从文件中解析出元素和各个属性了，下面我们来思考如何运用它们。

16.6.1 必要的函数

我们先来思考一下需要编写什么样的函数。

首先，从属性方面来说，必须能够获取名称与属性值。此外，必须能从元素中获取属性，当元素存在嵌套时能够取出子元素。最后，每个元素都有名字，因此最好可以获取名字。

经过上述分析，我们可以像下面这样扩展类定义。

```
class Attribute{
public:
    const string* name() const;
    const string* value() const;
};

class Element{
public:
    const string* name() const;
    int attributeNumber() const;
    const Attribute* attribute( int i ) const;
    int childNumber() const;
    const Element* child( int i ) const;
};

class Document{
public:
```

```
    const Element* root() const;
};
```

代码中略去了构造函数和 private 的部分。有了这些类，就可以像下面这样完成解析处理了。先取出子元素，若该元素名为 VertexBuffer，就从中获取顶点信息。

```
//载入
Document document( "robo.XML" );
//获取根节点元素
Element* root = document->root();
//循环处理各个元素
int elementNumber = root->childNumber();
for ( int i = 0; i < elementNumber; ++i ){
    Element* e = root->child( i );
    //根据名称做相应处理
    if ( *e->name() == "VertexBuffer" ){
        //取出子元素中的顶点
        int vertexNumber = e->childNumber();
        mVvertexBuffer = new VertexBuffer( vertexNumber );
        for ( int j = 0; j < vertexNumber; ++j ){
            Element* v = e->child( j );
            //取出属性
            int attributeNumber = v->attributeNumber();
            for ( int k = 0; k < attributeNumber; ++k ){
                Attribute* a = v->attribute( k );
                if ( *a->name() == "position" ){
                    (取出顶点坐标)
                }else if ( *a->name() == "uv" ){
                    (取出 uv 值)
                }
            }
        }
    }else if ... //取出其他类型的数据
```

从字符串转换为数值

上述代码省略了读取顶点坐标以及 uv 属性值的处理。然而，value() 的返回值是 "0,0,1" 这样的字符串，要将其转换为数值还是比较麻烦的。为此我们需要在 Attribute 中准备一些辅助函数。

```
class Attribute{
public:
    int getIntValue() const;
    double getDoubleValue() const;
    void getIntValues( int* out ) const;
    void getDoubleValues( double* out ) const;
};
```

前两个函数用于获取单个 int 或 double，后两个函数用于获取多个 int 或 double。具体如何实现我们稍后再考虑。借助这些函数可以很容易地取出数值类型的数据。如下列代码所示，整个过程非常简单。

```
Attribute* a = v->attribute( k );
if ( *a->name() == "position" ){
    Vector3 t;
    a->getDoubleValues( &t.x );
```

```
    mVertexBuffer->setPosition( j, t );
}else if ( *a->name() == "uv" ){
    Vector2 t;
    a->getDoubleValues( &t.x );
    mVertexBuffer->setUV( j, t );
}
```

创建 GraphicsDatabase

完成上述工作后，就该创建 GraphicsDatabase 类的构造函数了。我们先来看看类定义，如下所示。

```
class GraphicsDatabase{
public:
    GraphicsDatabase( const char* filename );
private:
    VertexBuffer* mVertexBuffers;
    IndexBuffer* mIndexBuffers;
    Batch* mBatches;
    Texture* mTextures;

    int mVertexBufferNumber;
    int mIndexBufferNumber;
    int mBatchNumber;
    int mTextureNumber;
};
```

构造函数中会遍历所有的子元素，如果遇到名为 VertexBuffer 的子元素就创建顶点缓存对象，遇到名为 IndexBuffer 的子元素则创建索引缓存对象，然后再委托各个类去完成相应的逻辑，条理清晰。而我们原先的代码是通过 GraphicsDatabase 来逐个获取顶点的，从职责划分上来讲，未免有些越俎代庖。

GraphicsDatabase 的构造函数如下所示。

```
GraphicsDatabase::GraphicsDatabase( const char* filename ){
    Document document( filename );
    Element* root = document.root();
    //循环处理各个元素
    int elementNumber = root->childNumber();
    for ( int i = 0; i < elementNumber; ++i ){
        Element* e = root->child( i );
        //根据名称做不同处理
        const string* name = e->name();
        if ( *name == "VertexBuffer" ){
            addVertexBuffer( new VertexBuffer( e ) );
        }else if ( *name == "IndexBuffer" ){
            addIndexBuffer( new IndexBuffer( e ) );
        }else if ( *name == "Batch" ){
            addBatch( new Batch( e ) );
        }else if ( *name == "Texture" ){
            addTexture( new Texture( e ) );
        }
    }
}
```

代码非常清晰。这里就不列出 addVertexBuffer() 等处理的代码了，希望读者可以自己动手实践一下。

进入绘制阶段

现在我们把所有数据都放入文本文件中，让代码变得更加简洁。之前提到的“只需两行代码即可完成”即将变为现实。

```
GraphicsDatabase graphicsDatabase( "robo.txt" );
Model* model = graphicsDatabase->createModel( "robo" );
```

若想修改机甲的外观，只需编辑这个文本文件就行了，不用重新编译代码。如果开发时想使用 3D 建模工具设计外形复杂的机甲，只要编写一个程序将该建模工具的输出数据转换为这一格式即可。这样一来，我们就可以在不修改游戏代码的前提下将机甲绘制出来。

希望读者可以亲自动手实现整套流程。

16.7 示例代码解说

解决方案 16_PseudoXml 中的 MinimumImplementation 示例中加入了 PseudoXml 模块，该模块仅包含最低限度的功能。Pseudo 一词源自希腊语，有“伪造”“赝品”之意。PseudoScience 就是我们常说的“伪科学”。

该示例除了通过读取伪 XML 文件来载入数据以外，其余部分都与之前的示例相同。文件名是 data.txt，读者可以用记事本打开。另外，在该示例中，按下空格键后，当前的摄像机坐标就会被写入伪 XML 文件中，这部分功能我们在补充内容中再介绍。其文件名为 camera.txt，读者可以在按下空格键后查看该文件中的数值是否发生了改变。

接下来我们对示例代码进行补充说明。

16.7.1 Texture 类

GraphicsDatabase 中必须通过名字来查找纹理，但目前的 GameLib::Texture* 不过是一个指针而已，光靠它是无法完成查找的。这是因为如果在 Batch 中指定了“使用 robo.dds”，那么通过 robo.dds 创建的纹理中就必须包含“我的名字是 robo.dds”这样的信息。

按照这个思路，我们再另行设计一个 Texture 类。

```
class Texture{
    GameLib::Texture* mTexture;
    string mName;
};
```

这样一来，载入的纹理素材及其名字就“成对地”被该类管理起来了。

不过还有一点需要注意。

因为类库 GameLib 中也存在一个叫 Texture 的同名类，所以如果代码中声明了 using

namespace GameLib，那么此时就无法把该类和 GameLib 中的 Texture 区分开。在这种情况下，我们必须把自己创建的 Texture 类写作“::Texture”。另外，应当尽可能地避免在同一个文件中同时使用这两个 Texture 类，或者可以选择将自己编写的 Texture 类改名为 MyTexture，以便区分。

16.7.2 名称空间

Document 和 Element 都是非常常见的单词，用来当类名很容易出现重名，所以应该将它们放入 PseudoXml 名称空间下。在使用时，我们可以加上下面这一句声明。

```
using namespace PseudoXml;
```

也可以每次都像 PseudoXml::Element 这样写全称。另外，位于 PseudoXml 名称空间下的 Element、Document、Attribute 和 Tag 都是组合在一起使用的，为方便使用，可以将它们的头文件合并成一个。另外，Tag 类一般不会在 Element 类之外被使用，因此可以直接定义在 Element.cpp 内，这样就无须对外提供接口了。不过考虑到“一个类对应一个头文件”的原则，示例中还是把它们分开编写了。读者在开发时可以好好斟酌一下这些地方。

16.7.3 关于元素追加的问题

读者应该还有印象，我们多次遇到了需要动态追加数组容量的情况。之前的代码只是用 addChild() 来代表这一操作，但实际上并未真正解决问题。

这里我们使用 C++ 标准类库提供的数组模板类 std::vector。Element 的成员变量将变为如下形式。

```
#include <vector> //必须用到该头文件
using namespace std;

class Element{
private:
   vector< Attribute* > mAttributes;
   vector< Element* > mChildren;
   string mName;
};
```

该类中持有的元素分别为 Attribute* 的 vector 和 Element* 的 vector。因为 vector 类可以通过 size() 方法直接返回数组大小，所以没有必要再额外准备一个用于记录大小的变量。借助 vector 类，我们可以很方便地添加或者删除元素。

以下代码是 Element 的构造函数的一部分，这里我们对其进行了缩减。

```
//查找标签
while ( true ){
   if ( **p == '<' ){ //发现
      ++( *p ); //移动到 < 的下一个字符
      Tag tag( p ); //解析标签内容
      Tag::Type type = tag.type();
      if ( type == Tag::TYPE_BEGIN ){ //开始标签
         mChildren.push_back( new Element( &tag, p ) ); //添加子元素
```

```
        }else if ( type == Tag::TYPE_END ){ //结束标签
            break; //结束
        }
    }else{
        ++( *p ); //忽略直到 < 出现
    }
}
```

mChildren 执行 push_back() 方法就是为了完成元素的添加，只需简单的一行代码即可。下面我们介绍一下 vector 最基本的用法。

```
vector< int > a;
a.resize( 10 ); //设置容量为 10
a.push_back( 5 ); //追加（大小变为 11）
unsigned size = a.size(); //返回 unsigned 类型的容量
vector< int > b;
b = a; //全部复制
a[ 0 ] = 5; //通过索引访问
```

掌握了这些，基本上就可以正常使用 vector 了[①]。我们只要把它理解为一个能够通过 push_back() 来添加内容的数组即可。

16.7.4 从字符串转换为数值

前面我们提到过，从 Attribute 中取值时，希望可以获取 int 或者 double 类型的值。也就是说，我们希望函数可以把 "0,1,2" 这样的字符串转换为 int 型数组。在示例代码中，我们把相关函数定义为如下形式。

```
int getIntValue() const;
double getDoubleValue() const;
int getIntValues( int* out, int number ) const;
int getDoubleValues( double* out, int number ) const;
```

前 2 个函数返回单个数值，后 2 个函数返回数组。考虑到回传数组时容易发生越界的危险，我们通过第 2 个参数来指定返回的数组的大小。比如，当参数是 2 时，即使字符串 "0,1,2,3,4" 包含了 5 个元素，也只会返回含有 0 和 1 的数组。最后，考虑到字符串内可能包含非法字符（非数字、非逗号）而影响正常读取，我们让函数以“能够正确读入的数值个数”作为返回值。

前 2 个函数无法判断是否已成功读入数据。如果我们规定遇到无法读取的情况时返回 0，就不知道这个 0 到底是由待读取的数值本身就是 0 造成的，还是由没有成功读取造成的。因此，在进行错误检测的情况下，必须采用后 2 个函数来完成，哪怕读取的只有 1 个元素。

该函数的实现如下所示。

```
//在适当位置添加下面两行代码
#include <sstream>
using namespace std;

int Attribute::getIntValue() const {
    istringstream iss( mValue );
```

① size() 的返回值其实是 size_t 类型。虽然不能保证该值一定是 unsigned，但是基本上都是 unsigned。为了避免使用一些不熟悉的数据类型，这里选用了 unsigned 类型 。

```
    int r = 0;
    iss >> r; //这就是以前的atoi()函数
    return r;
}
```

将string值传给C++标准类库中的istringstream类的构造函数，就可以将字符串转换为相应的类型并读取。比如，此处用“>>”将字符串解析为整数并读取。当然也可以使用C语言时代流传下来的atoi()或atof()函数，不过既然已经使用了C++类库的string来保存字符串，索性全部使用C++风格的代码来完成吧。

数组版的函数代码如下所示。

```
int Attribute::getIntValues( int* a, int n ) const {
    istringstream iss( mValue );
    int c = 0;
    for ( int i = 0; i < n; ++i ){
        iss >> a[ i ];
        if ( iss.fail() ){
            break;
        }
        ++c; //成功读取
        iss.ignore( mValue.size(), ',' ); //忽略直至遇到逗号
    }
    return c;
}
```

尽管采用了istringstream来读取，但我们仍有必要对该函数进行错误检测。错误检测使用fail()，若返回true则意味着失败，这时应通过break中断处理。

返回值c表示所读取的数值个数，每成功读出一个数值就会对该值加1。另外，每次读取后将利用ignore()函数来忽略后续字符直至遇到逗号。ignore()的第一个参数表示“允许忽略的最大字符数”，这里将其设置为字符串的长度即可。

众所周知，C++类库的运行效率比C类库低，因此如果对性能有较高要求，也可以用char数组来一点点地实现上述功能。不过读取和写入本身就比较耗时，有可能在大费周章之后只收到细微的改善效果，得不偿失。因此我们不妨等到速度成为真正的瓶颈时再进行改进①。

16.7.5 调用代码

如果可以引入PseudoXml重构GraphicsDatabase类，让VertexBuffer和IndexBuffer都通过PseudoXml的Element来构建，之后的操作就会非常简单，使用者也不需要知晓内部的种种细节。这样一来，创建GraphicsDatabase生成模型的代码就会像我们一开始预想的那样，只有两行。

```
gGraphicsDatabase = new GraphicsDatabase( "data.txt" );
gModel = gGraphicsDatabase->createModel( "batch" );
```

使用者既不需要知道VertexBuffer和IndexBuffer等类的存在，也不需要掌握绘制三角形

① 当然，如果一开始就能达到令人满意的性能水平自然最好。以前也出现过文件解析的性能低下导致游戏启动时要停顿几十秒的情况，确实让人难以忍受。

的技术知识。运用这种方法，我们就可以通过编写代码将“要绘制什么样的内容”等信息放入外部文件中。无论是机甲、人物还是战车，只要提前将它们的形状数据写入文件并按 data.txt 命名，载入完成后就可以看到该物体被绘制到画面上了。后续修改物体外形时也不用重新编译代码。

“能通过配置选项实现的尽量通过配置选项”是一条重要的开发准则，建议读者在开发时多加思考同样的功能是否能够通过配置选项来实现。

本章的必读内容就到此结束了。这部分处理对编程功底有一定要求，要完全靠自己实现还是有一定难度的，但是笔者仍建议大家动手试试。字符串解析处理和类的结构设计都是编程中的基本功，而本章正好为大家提供了一个很好的实践机会。

在下面的补充内容中，我们将对伪 XML 文件的创建进行补充说明。处理本身并不复杂，如有兴趣不妨读一读，里边主要涉及了数据保存的操作。

16.8 补充内容：生成数据文件

本节我们将讨论如何生成数据文件。

做法有很多种，我们首先想到的应该是通过保存数据来实现。比如按下列格式来保存数据。

```
<SaveData>
   <Score name="kei" value="15000"></Score>
   <Score name="azusa" value="12000"></Score>
   <Score name="chie" value="23000"></Score>
</SaveData>
```

只是简单地将名字与得分成对列出。那么具体要如何实现呢？

16.8.1 从调用者的角度来考虑

现在来看看要保存什么样的数据。首先，因为无论如何我们都会用到 Document 和 Element 这些之前已经创建好的类，所以先创建空的 Document 类再添加 Element 会比较好。

```
Document document; //创建空的 Document
Element* root = document.root(); //获取根节点
//生成 SaveData 元素
Element* saveData = new Element( "SaveData" );
//将该元素添加到根节点中
root->addChild( saveData );
for ( int i = 0; i < n; ++i ){
   Element* score = new Element( "Score" );
   //生成属性
   score->addAttribute( name[ i ], value[ i ] );
   root->addChild( score ); //作为子元素添加到 SaveData
}
```

代码大体上就是这样。接着，创建完 Document 后，将其写入文件中。

```
document->write( filename );
```

下面我们来实现该函数。因为最终的文本内容中存在层级结构，所以将数据转换为伪 XML 格式时也应当体现出相应的结构。于是，Document 的 write() 函数可以通过调用 convertToString() 这类将 Element 转化为字符串的函数来实现。

```
void Document::write( const char* filename ){
    string str;
    mRoot->convertToString( &str );
    File::write( filename, str.c_str(), str.size() );
}
```

继续往 File 类中添加静态函数 write() 以完成文件的写入。

```
#include <fstream> //因为要用到 ofstream
using namespace std;

void File::write(
const char* filename,
const char* data,
int size ){
    ofstream out( filename, ofstream::binary );
    out.write( data, size );
}
```

ofstream 是 C++ 标准库中提供的文件写入类，使用方法如上所示。

接下来只要实现 Element 的 convertToString() 方法即可。与读取操作相比，写入操作更为简单。

```
void Element::convertToString( string* out ) const {
    //tag 开始与元素名
    *out += '<';
    *out += mName;
    //写入属性
    for ( unsigned i = 0; i < mAttributes.size(); ++i ){
        *out += ' '; //空格
        *out += mAttributes[ i ]->name();
        *out += '=';
        *out += '"';
        *out += mAttributes[ i ]->value();
        *out += '"';
    }
    *out += '>'; //开始标签结束
    //处理子元素
    for ( unsigned i = 0; i < mChildren.size(); ++i ){
        mChildren[ i ]->convertToString( out );
    }
    //结束标签
    *out += '</';
    *out += mName;
    *out += '>';
}
```

当然，为了提高文本的易读性，还应适当加入换行与空格等字符，不过大致的处理过程就是这样。虽然没有将性能纳入考量，但是写入文件的速度在这里不会成为瓶颈[①]。

① 在同等工作量的前提下，自然是速度快的方案比较好。此处不再使用 string 而采用了 ostringstream，算是一个改进。

16.8.2 属性设置

在设置属性的值时，如果可以直接将 int 和 double 传过去，那就太方便了。示例中的 Attribute 类就进行了相关处理，比如传递 int 数组的函数如下所示。

```
void Attribute::set(
const char* name,
const int* values,
int n ){
    mName = name;
    ostringstream oss;
    if ( n > 0 ){
        for ( int i = 0; i < ( n - 1 ); ++i ){
            oss << values[ i ] << ", ";
        }
        //最后一个不想加逗号，因此特别处理
        oss << values[ n - 1 ];
    }
    mValue = oss.str();
}
```

其实就是将 *n* 个 int 数组转换为字符串，然后用逗号连接起来存入 mValue。借助 ostringstream 就能够轻松完成这一操作，并且不用在意数组的长度。

16.8.3 关于追加

之前列出的代码分别用 addChild() 和 addAttribute() 来表示元素和属性的追加，不过实际的代码会略有区别。如果使用的是 vector，内部只需调用 push_back() 即可，但正如下一章介绍的那样，追加是一种比较费时的操作，如果有其他更好的方法，还是应该择优用之。

幸运的是，在我们为了将数据保存到文件而构建 Document 时，可以很清楚地知道应当追加几个元素，这样就可以提前准备好相应的数组空间，然后逐个赋值，操作步骤也没有那么烦琐。读取时因为需要提前计算数量而显得比较麻烦，但是在写入文件时就没有这样的烦恼了。

下列代码摘自 main.cpp，展示了如何为某元素添加若干属性。

```
root->setChildNumber( 1 ); //生成容量为 1 的元素数组
e = root->child( 0 );
e->setName( "Position" );
e->setAttributeNumber( 3 ); //容量为 3 的属性数组
e->attribute( 0 )->set( "x", gCamera->position()->x );
e->attribute( 1 )->set( "y", gCamera->position()->y );
e->attribute( 2 )->set( "z", gCamera->position()->z );
```

通过 setAttributeNumer() 设置属性个数后，就会创建出相应数量的属性对象。紧接着调用 attribute() 方法获取相应的属性，通过 set() 设定值。虽然步骤略多，但是还在可容忍的范围内。如果一个一个地添加属性，调用者就必须用到 new 操作，这难免会带来一些风险。之所以这么说，是因为 delete 操作是在类库中完成的，这就违反了“谁创建谁销毁”的原则。而如果提前根据数量来分配空间，就不存在这个问题了。当然，“谁创建谁销毁”的原则并非不允许打破，如果存在合理的理由，也可以使用 push_back() 进行编写。

具体只能由读者根据自己的实际情况来判断了。

16.9 本章小结

本章我们开发了伪 XML 文件的解析类库，其核心处理是词法分析。实现该功能的一个很好的方法就是提前将所有规则按照“在状态 i 中如果遇到字符 c，则执行处理 p，并迁移到状态 j”这样的方式罗列出来。

这种做法同样可以运用到其他课题中，比如角色的 AI 实现：巡逻中如果发现了敌人，则联系队友，并跟踪敌人。很多处理存在多个状态之间相互迁移的情况。我们也可以把这种思考方式用在之前讨论的状态迁移中。虽然在是否创建状态类、是否使用 `switch` 上有一定的差别，但是思考方式在本质上都是一致的。

在补充内容中我们讨论了如何将数据导出到文件。在创建伪 XML 文件时，如果文件内容已经庞大到一定程度，那么用手写的方式来创建就不太现实了。即便是小文件，手写时出错也会造成很大的影响。如果能借助一些具有图形化界面的软件来创建，或者使用 Excel 等软件进行加工，操作就会简单许多。而数据导出功能正是构建这种环境的第一步。

下一章我们将沿着编程方面的话题继续讨论。

本章介绍了 C++ 标准库中 `string` 与 `vector` 的使用方法。实际上，C++ 标准库中还存在许多这样的功能类，我们差不多也该了解这些类的使用方法了。另外，开发中经常会遇到“在不知道总体数量的前提下想要逐个添加元素”的情况，为了确保在这种情况下能选择出正确的方法，我们还需要掌握一些数据结构的知识。

因此，下一章我们将学习数据结构与算法的相关知识。目前游戏的规模尚未达到需要考虑性能的程度，但随着规模的增大，我们迟早要面临这一问题。

虽然编写高性能的代码确实有些难度，但是我们至少也要确保编写出的代码在性能上不会拖后腿才行。

第17章

编写高性能的代码

主要内容

- 算法与时间复杂度
- 常用的数据结构
- 吞吐量与延迟
- 并行处理
- 内存问题
- STL 容器

补充内容

- 高效计算与低效计算
- 函数调用的开销

本章主要讨论代码执行效率方面的话题。

然而，读者的想法很可能和目前的主流观念相同——相比执行效率，代码的可读性更为重要。这的确是事实，而且笔者也认同这一观点。

对游戏而言，大部分代码的执行效率并不会影响游戏的整体性能。往往是20%的代码消耗了80%的执行时间，这一经验也被称为80：20法则。而从笔者的经验来看，该比例还能进一步压缩，甚至可以达到90：10的程度。这么看来，为确保游戏性能而需要重点维护的代码，只占10%。

说得极端一些，游戏的运行性能之所以不够好，不仅仅是因为代码的执行效率太低，更是因为游戏对程序性能的要求太高了。游戏对程序性能的要求超出了程序员的能力范围，这才是问题所在。而强行要求能力不足的程序员去优化代码，不仅不能解决问题，反而可能会引入新的bug。现在的计算机已经够快了，只要程序员功底足够，正常编写代码其实就可以了，不必绞尽脑汁去优化。

不过话说回来，程序性能还是很重要的。

“比起一味地追求性能，保持代码优雅可读更为重要。”这不过是一句漂亮话而已。它必须有个前提，那就是程序员编写的代码本身不能太差。而代码执行效率的高低和开发人员的知识储备有极大的关系。一些细枝末节的东西往往会使结果产生天翻地覆的差别，这一点在编程中也体现得淋漓尽致。

本章的示例项目将不再使用 `GameLib` 类库，因为大部分是不使用第三方库的代码。如果要加入输入处理或者绘制处理方面的内容，也可以和上一章一样使用 `3DGraphics1`。

17.1 算法与时间复杂度

本节要介绍一些性能方面的重要概念。如果缺乏这些知识，后续的学习将无从谈起，请读者务必好好理解这部分内容。

简单来说，算法规定了如何执行计算，比如如何对数据进行排列、如何完成查找过程等。这么定义虽然不够严谨，但是已经足够我们理解它的功能了。

17.1.1 简单示例

不同的计算方法会产生不同的计算量，请看下面这个简单的例子。

$$ax^3+bx^2+cx+d$$

这是一个多项式的计算。该算式最高只涉及了三次方的计算，但也可以设置为更大的数字。用数学符号表示该算式，就是下面这样。

$$\sum_{i=0}^{n-1} a_i x^i$$

Σ 符号下方的 $i=0$ 表示循环变量及其起始值，上方的 $n-1$ 表示结束值，后面的内容表示每次累加的单项式，即 $a_0x^0+a_1x^1+a_2x^2+\cdots$。用最直白的代码翻译出来，如下所示。

```
float y = 0.f;
for ( int i = 0; i < n; ++i ){
   float t = a[ i ];
   for ( int j = 0; j < i; ++j ){
      t *= x;
   }
   y += t;
}
```

可以看到，该代码中大部分是乘法运算。比如当 n 等于 100 时，外层循环因为只是处理一些加法操作，所以开销并不大，但内层循环的乘法运算就有问题了，最终会执行 $0+1+2+3+4+\cdots+(n-1)$ 次乘法运算。

我们知道，从 1 累加到 n 的计算结果可以通过下式算出。

$$(n+1)\frac{n}{2}$$

我们可以简单地推导出这一公式。假设 $n=10$，像 1+10、2+9、3+8……这样加起来，就可以得到 5 组和为 11 的数字。也就是说，每组的和都等于 $n+1$，组的数量是 n 的一半，正好与上式一致。

那么，当 n 越来越大时，该乘法运算的次数会如何变化呢？假设 n 等于 100 万，按照上式计算，结果约为 5000 亿。1 GHz 的 CPU 能够在 1 秒内完成 10 亿个指令。如果 1 次乘法运算可以通过 1 个指令完成，那么 5000 亿次乘法运算将耗时 500 秒。请读者先记下这个数字。

接下来，我们用另外一种算法来完成该计算。

```
float y = a[ n - 1 ];
```

```
for ( int i = n - 2; i >= 0; --i ){
   y *= x;
   y += a[ i ];
}
```

上述代码在 n 等于 0 时将无法运行，这里暂时忽略该情况。如果 n 等于 3，该处理实际上将完成下列计算。

$$(((ax+b)x)+c)x+d$$

这一算法也称为**霍纳法**（Horner's method）。可以看到，代码中只有 1 层循环，而且每次循环只执行 1 次乘法与加法运算。为便于分析，我们假设加法运算与乘法运算消耗的时间相同，那么执行 $n-1$ 次循环将会产生 $2(n-1)$ 次运算。当 n 等于 100 万时，计算次数约为 200 万。我们仍以 1 GHz 的 CPU 为例，200 万除以 10 亿，结果是 0.002 秒！还记得上一种方法消耗的时间吗？500 秒。二者足足差了 25 万倍。

这是一个比较极端的例子，不过从中我们可以看到，同样的任务用不同的算法来实现，性能上会产生非常大的差距。

17.1.2 时间复杂度

前面我们用包含 n 的式子来表示计算量，式子中 n 的次方数称为**时间复杂度**。有些书中可能采用了其他叫法，不过本书中统一称为时间复杂度。

上述例子中的第 1 种算法在计算乘法运算次数时使用了 $n(n+1)/2$ 这个式子，展开后是 n 的二次方算式，所以时间复杂度是 n 的平方。而第 2 种算法使用的式子是 $2(n-1)$，是 n 的一次方算式，所以时间复杂度是 n。我们分别用 $O(N^2)$ 和 $O(N)$ 来表示它们，这种表示方法称为**大 O 表示法**（big-O notation）。

简单来说，我们可以通过判断循环处理的总时长量级是 n 的几次方来估算时间复杂度。以下面的代码为例：

```
for ( int i = 0; i < n; ++i ){
   for ( int j = 0; i < 3; ++j ){
      ...
   }
}
```

内层循环次数为 3，是固定值，不会影响时间复杂度的统计，因此上述代码的时间复杂度是 $O(N)$。只要循环次数固定，无论是 10 次也好 100 次也好，都不会影响时间复杂度的值。因为时间复杂度描述的是总时间随着 n 增大的变化规律，一旦 n 变得足够大，这些次数固定的循环开销就都可以忽略不计。

该方法是基于信息科学中的计算量统计理论得来的，可以方便地估算出计算量。读者不必过度追究统计方面的细节。它主要描述了计算量随着 n 变化的规律，是一种常用的估算方法。

下面我们将对一些常见的时间复杂度进行介绍。

$O(K^N)$

指数阶。这是最可怕的时间复杂度。当 N 超过 10 时，基本上就无法完成计算了。如果修改算法后仍无法降低该时间复杂度，这时就应该选择放弃。如果解决一个问题需要这么大的计算量，那么该问题就等同于无解，这时就需要换用其他方法，尝试用更少的计算量得到一个“近似的结果”。

与该时间复杂度相关的一个经典问题是“货郎担问题”，即计算遍历 N 点的最短路径。这看起来似乎很简单，不过读者可以试着编写代码，计算一下当 $N=100$ 时的情况，恐怕程序永远都结束不了。

为了能有更直观的体验，本书提供了 TravelingSalesmanProblem 示例。我们可以通过命令行参数任意设置 N 值。在笔者的机器上，当 $N=8$ 时只需要一瞬间就能执行完毕，$N=9$ 时需要 0.3 秒，$N=10$ 时需要 2.7 秒，$N=11$ 时需要 33 秒。虽然没有尝试 $N=11$ 之后的情况，但结果不难想象。在程序方面加强优化工作虽然能在一定程度上提高运行效率，但是就算性能提升了 100 倍，在如此庞大的计算量面前也不过是杯水车薪，无法从根本上解决问题。

$O(N^3)$

该时间复杂度相当于使用普通方法求解一次方程组的开销。当 N 大于 10 时就会影响游戏的性能。如果要求解一次方程组，在允许误差的前提下可以选用其他更快的方法来求出近似值。如果游戏中包含很多时间复杂度为该值的算法，就应当改用其他算法。尤其在 N 超过 100 的情况下，计算的开销令人绝望。

$O(N^2)$

平方。这种时间复杂度相当常见，普通的排序方法的开销就等于该时间复杂度，碰撞检测处理也是。对 N 个物体进行遍历，并且在这 N 个物体之中，让每个物体都和其他物体执行一次检测，所以最终复杂度是 N 的平方。

这种时间复杂度的计算也不适合在游戏中大量出现。当 N 超过 100 时就必须考虑其他方法了。

$O(N\log N)$

对排序稍加优化就可以将时间复杂度降为该值。快速排序与合并排序这些人尽皆知的经典算法就是该时间复杂度的典型代表。不了解的读者可以查询相关资料。

$\log N$ 的值表示“N 要执行多少次除以 2 的操作才会使结果等于 1”。像 40 亿这么大的数字只要执行 32 次就变为 1 了。也就是说，$N\log N$ 中的 $\log N$ 部分几乎没有什么波动，因此该时间复杂度也就比 $O(N)$ 稍微大一些。在游戏中，N 顶多为 10 000，所以 $\log N$ 也不过是 13 或 14 这种程度。

$O(N)$

在 N 个物体中执行查找处理，一般情况下时间复杂度就是 $O(N)$。从扑克中搜索红桃 9 所需要的时间平均值等于扑克张数的一半，也就是 N 的一次方。一层遍历的处理次数相当于该值。

$O(\log N)$

例如，在 N 个物体中执行查找处理，若满足一定的条件，时间复杂度就有可能变成该值。比如提前把扑克牌按顺序排列好，就能知道要找的牌大致在什么位置。该时间复杂度就是 $O(\log N)$。用专业术语来说叫二分查找法。具体细节我们会在后面说明。

前面说过，$O(\log N)$ 的值并不大，这样的时间复杂度一般不会有什么问题。优化到这种程度就没有必要再继续改进了。

$O(1)$

该时间复杂度与 N 无关。例如在包含 100 万个元素的数组中访问某特定下标的元素，该时间复杂度为 $O(1)$。

关于时间复杂度其实还有许多值得探讨的内容，这方面可以参考一些专业的教材。我们暂时就讨论到这里。

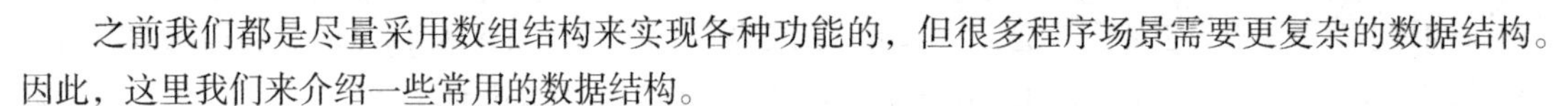

17.2 数据结构基础

之前我们都是尽量采用数组结构来实现各种功能的，但很多程序场景需要更复杂的数据结构。因此，这里我们来介绍一些常用的数据结构。

本节介绍的内容是每个编程学习者一开始就要学习的知识，游戏开发者应该早已熟练掌握了。不过，随着近几年计算机性能的大幅提高，运行速度出现问题的情况越来越少，忽视这方面知识的人越来越多。另外，只具备 C# 或 Java 等方便的语言的开发经验的开发者也在大量增加。考虑到很多读者属于这类人群，本书将对这部分知识进行详细介绍。

游戏开发向来比较重视代码性能。确实，游戏中执行的代码速度快一些总是好的。为了确保游戏顺利开发，读者应好好理解这些内容[①]。

17.2.1 数据结构的特性

我们将数据结构定义为“通过代码表示数据集合的方式”。比如想用某一概念来表示 1,2,3 这组数据时，就用到了数据结构。假设我们用以下代码来表示：

```
int a[ 3 ];
```

这样就让分散的三个数字集中到一起用 a 来表示了。就好比我们将苹果和橘子统称为水果一样，现在我们也抽象出一个叫作“数组”的概念。

那么，我们要对这种集合执行哪些操作呢？

如果集合最初不包含任何元素，就需要往集合中添加元素。如果是有序集合，就存在“从开头添加”“从中间添加”“从尾部添加”这三种添加方式。

当我们想剔除集合中的某些元素时，就需要执行“删除元素”的操作。同样，对于有序集合，存在“删除开头元素”“删除中间元素”“删除尾部元素”这三种方式。

获取集合中的元素也很重要。如果是有序集合，就存在“获取第 i 个元素”的操作，这称为“按

---

① 比如，在角色扮演游戏中将道具按名称排序。按照最简陋的处理方法，排序的时间复杂度是 $O(N^2)$，当 N 变得很大时，这个开销就会让玩家难以忍受了。

此外，当玩家输入昵称时，为了避免用户输入禁用词，需要对输入内容进行查找，看看是否出现了禁用词列表中的词。若采用普通的算法查找，时间复杂度就是 $O(N)$，禁用词列表越长，处理越慢。

从按下按钮到出来结果，0.01 秒的反应时间和 0.1 秒的反应时间在体验效果上绝对有天壤之别。为改善用户体验，程序员应熟练掌握高性能代码编写的相关知识。上述两个例子对有经验的程序员来说都是非常容易处理的。

下标访问”。此外，有时也需要获取和某个值相同的元素，我们把这项操作称为“查找”。

下面我们将介绍一下几种数据结构的特性，比如各自支持的操作、各操作的时间复杂度等。如果不清楚这些特性，开发时将很难针对某项处理选出最合适的数据结构。

17.2.2 无序数组

创建数组的操作非常简单，只需下面这一行代码即可。

```
int a[ 10 ];
```

可以说数组是最基本的数据结构。下面我们来看一看它的特性。

添加

因为数组长度是事先定义好的，所以无法动态添加元素。如果非要添加，就需要像下面这样开辟一块新的内存空间，然后将所有元素都复制过去。

```
int a[ 10 ];
int* a2 = new int[ 11 ];
for ( int i = 0; i < 10; ++i ){
    a2[ i ] = a[ i ];
}
```

无论新元素被添加到哪个位置，都必须经过一轮 `for` 循环，因此添加元素这一操作的时间复杂度是 $O(N)$。

但如果像下面这样定义数组，情况就会有所改观。

```
int a[ 5+10+5 ];
int begin = 5;
int end = 15;

//添加第 11 项
a[ end ] = 5;
++end;
```

数组只使用了从第 5 个元素到第（15－1）个元素这 10 个位置，上述代码添加了第 11 个元素。如果要将新元素添加到头部，只需将第 4 个位置解禁即可；如果要添加到尾部，只需将第 15 个位置解禁即可。只要首尾添加的元素各不超过 5 个就没问题。因为这里我们添加了一些限制条件，所以时间复杂度变成了 $O(1)$。不过，如果要将元素插入到中间位置，就必须移动各个元素。读者可以想一下这时的情况。很明显，时间复杂度是 $O(N)$。$N/2$ 是一个一次方算式，因为时间复杂度关注的是 N 的次方，所以可以忽略 1/2 这个常量系数。

删除

如果用专门的变量来记录头部和尾部的位置，即使存在限制条件，删除首尾元素的时间复杂度也是 $O(1)$。但如果删除的是中间位置的元素，在最坏的情况下就需要移动一半的元素，所以时间复杂度是 $O(N)$。

此外，如果规定头部位置固定，那么删除头部元素后就必须让所有元素都往前移动，这种情况下的时间复杂度为 $O(N)$。

按下标访问

```
a[ 3 ];
```

上述代码通过下标来访问相应的元素。显然，时间复杂度是 $O(1)$。即便使用了专门的变量来保存头部元素的位置，也只要像下面这样编写代码就可以了。

```
a[ 3 + begin ];
```

时间复杂度也是 $O(1)$。我们只要把数组看作一种能够通过下标访问元素的数据结构即可。

查找

查找时需要和所有元素进行比较，因此时间复杂度是 $O(N)$。

```
for ( int i = 0; i < n; ++i ){
   if ( a[ i ] == serachValue ){
      return a[ i ];
   }
}
```

17.2.3 有序数组

不管是哪种类型的数据，只要定义了比较大小的规则，就可以对其进行排序。这就意味着不仅 int 和 float，复杂类型的数据也可以比较大小。比如下面这个例子。

```
class T{
public:
   bool operator<( const T& a ) const {
      if ( x+y+z < a.x+a.y+a.z ){
         return true;
      }else{
         return false;
      }
   }
   int x,y,z;
};
```

上面的代码重载了“<”运算符，于是可以像下面这样比较二者的大小。

```
T a, b;
bool aIsSmallerThanB = ( a < b );
```

“大”和“小”的实际意义完全由开发者自己定义。比如在上述代码中，我们规定了“x、y、z 之和越大，该对象就越大”。更极端一些，我们也可以定义与常识相反的大小比较规则。像这样定义完大小比较规则后，就可以对数组进行排序了。

排序方法属于基础知识，我们就不进行介绍了。就算使用效率最低的方法来实现，即首先找出最大的元素，将它与第 1 个元素交换，再从剩下的元素中找出最大的，然后将它与第 2 个元素交换……以此类推，时间复杂度为 $O(N^2)$。当然，如果使用更为高效的排序算法，就能把时间复杂度降到 $O(N\log N)$。

读者可以用 0, 1, 3, 5, 8 这样的数组来演练一下该排序方法的执行过程。

添加

对有序数组来说，添加元素后数组整体必须仍是有序的，由此便产生了一些额外的操作。比如元素 4 只能插到 3 和 5 之间。如果没有多余的空间，就只能将所有元素复制到新的空间里，如果还有空余的空间，平均就需要移动一半的元素，所以时间复杂度为 $O(N)$。另外，和无序数组不同，有序数组在添加元素时不存在头部、中间和尾部的区别。

如果不采用特殊的算法，通过查找定位到合适的插入位置的时间复杂度是 $O(N)$，而如果采用了后面介绍的算法，查找的时间复杂度就能够控制在 $O(\log N)$。不过定位后移动元素的时间复杂度是 $O(N)$，因此整个处理的时间复杂度仍是 $O(N)$。

注意，如果每次都能确保将元素添加到正确的位置，则该数组永远都是有序的，不必再进行排序。

删除

删除操作和无序数组的情况相同。如果首尾元素的位置是可变的，那么删除首尾元素的时间复杂度是 $O(1)$。在删除中间元素的情况下，因为涉及元素移动，所以时间复杂度是 $O(N)$。

查找

无序数组的查找操作的时间复杂度是 $O(N)$，而有序数组则降为 $O(\log N)$，这正是排序起了作用。

我们试想一下在书店查找图书时的情形。从第 1 卷到第 100 卷的漫画都摆在书架上，如果我们要找出第 47 卷，该怎么做呢？比较笨的方法是从前往后查找或者从后往前查找，但正常情况下我们都会从中间位置开始查找。计算机也可以实现相同的事情，这就是著名的二分查找法。

首先找到中间那本漫画，如果它比查找的目标大则选取前半段查找，如果比查找的目标小则选取后半段查找，以选定的前半段或后半段递归进行上面的操作，直到找到为止。也就是说，只要和一本书进行比较，查找对象就可以减少一半。这样多次循环，直到最后剩余数量为 1，所以整体的时间复杂度是 $O(\log N)$。具体的实现代码如下所示。

```
int search( const T* array, int n, const T& v ){
   //最初的查找范围
   int first = 0;
   int last = n - 1;
   while ( last > first ){ //超过1个则循环
      int middle = ( first + last ) / 2; //中间位置的下标
      const T& t = array[ middle ];
      if ( t < v ){ //因为是小于，所以在后面
         first = middle + 1; //和最前面的交换
      }else if ( t > v ){ //因为是大于，所以在前面
         last = middle - 1; //和末尾交换
      }else{
         first = last = middle; //找到了，结束
      }
   }
   //如果执行到这里，就意味着 first >= last
   if ( array[ first ] == v ){
      return first;
   }else{
      return -1; //找不到
   }
}
```

代码中已将类型抽象为 T，因此无论哪种类型，只要重载了“>”和“<”运算符，就都可以使用该函数来完成查找。二分查找法是非常简洁的经典算法，每个程序员都应当掌握。

为了展现该算法的魅力，我们特地准备了相关示例。解决方案 17_FastCode 下的 BinarySearch 示例使用了该算法在 100 MB 的 int 数组（2500 万个）中查找有问题的值。运行时，每个阶段的 first、last、middle 等值都会被 cout 打印出来，大家不妨观察一下。可以看到，从 2500 万个元素的数组中找到有问题的值只需判断 23 次。2 的 23 次方将近 900 万，只循环 23 次就找到了目标值，证明运气还是不错的。即便是最差情况，也只需执行 25 次判断。因为每次判断都会筛去一半的数据，所以极限次数很容易算出来。

虽然排序会产生一定的开销，但是排序后的数组可以反复进行高效率的查找，所以还是值得的。笔者建议在游戏中载入数据后先对其进行排序，以便后续执行各种查找操作。当然，直接载入排好序的数据也是一种不错的做法。

按下标访问

和无序数组的时间复杂度相同，都是 $O(1)$。但是有序数组还是以查找操作为主，这种访问方式不太常用。

17.2.4 链表

链表是一种将数据像项链那样串起来的数据结构，各元素只知道自己的下一个元素是谁。就像在击鼓传花游戏中，每个人只能把花传给下一个人一样。用代码表示大致就是下面这样。

```
int first = 0;
int next[ 5 ] = { 2, -1, 4, 1, 3 };
int value[ 5 ] = { 1, 2, 3, 4, 5 };
```

数组 value 存放所有的元素值，数组 next 记录了各元素指向的下一个元素编号。我们从 first 开始逐个解析。

- **value[0] 的值为 1，next[0] 是 2**
- **value[2] 的值为 3，next[2] 是 4**
- **value[4] 的值为 5，next[4] 是 3**
- **value[3] 的值为 4，next[3] 是 1**
- **value[1] 的值为 2，next[1] 是 -1，该值意味着没有下一个元素了**

可以看到集合中包含了 1, 3, 5, 4, 2。该集合虽然采用了数组的形式来存储，但它的数据结构并不是数组。

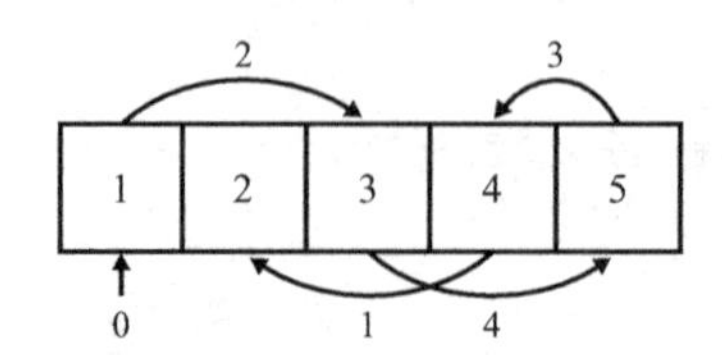

下面我们来看看相关操作。

添加

为了确保足够的存储空间，我们使用一个长度为 10 的数组。

当我们想在头部位置插入一个值为 0 的元素时，应当如何操作呢？目前数组被填充了 4 个元素，因此我们将新元素放入第 5 个位置。然后再将 next 数组中的第 5 个元素值设置为指向当前的 first，也就是 0。最后把 first 的值更新为 5。

```
value[ 5 ] = 0;
next[ 5 ] = first;
first = 5;
```

插入后的整体情况如下所示。

```
int first = 5;
int next[ 10 ] = { 2, -1, 4, 1, 3, 0 };
int value[ 10 ] = { 1, 2, 3, 4, 5, 0 };
```

从 first 开始，逐次取出下一个元素，最后可以看到整个集合中包含了 0, 1, 2, 3, 4, 5 这些数据。

接下来我们看看如何将元素插入到尾部。假设新插入的元素值为 6。首先将 6 放入 value 数组的第 6 个元素，next 的第 6 个元素已经是最后一个了，所以把它的值设置为 -1。另外，除了 first 变量之外还应准备一个 last 变量，用来记录最后一个元素的位置。代码如下所示。

```
value[ 6 ] = 6;
next[ 6 ] = -1;
next[ last ] = 6;
last = 6;
```

下面我们再看看如何往中间插入元素。假设我们想在下标为 2，也就是值为 3 的元素后面插入 7。首先将 7 放入闲置的第 7 个位置，让它指向原来的 2 号元素所指的下一个元素位置，并让 2 号元素的 next 指向新加入的这个元素。请参考下列代码。

```
value[ 7 ] = 7;
next[ 7 ] = next[ 2 ];
next[ 2 ] = 7;
```

也就是说，只要空间足够，该添加操作的时间复杂度就是 $O(1)$。

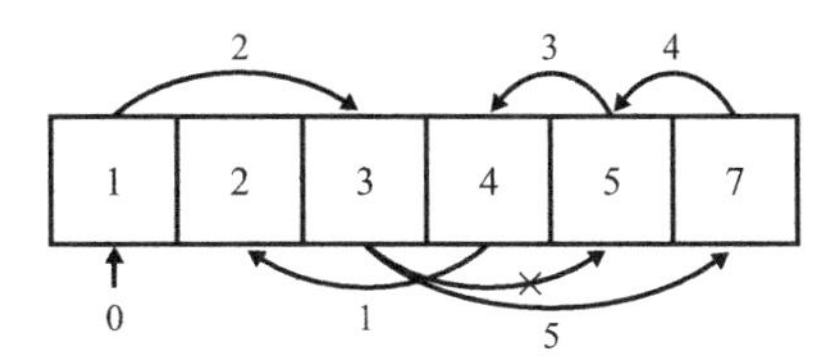

删除

删除操作也一样。删除头部元素时，只需将 first 指向第 2 个元素即可。不过删除尾部元素的操作会比较麻烦，因为还需要更新倒数第 2 个元素的 next 值。而目前我们只能从头遍历一次才能找出倒数第 2 个元素，效率是比较低的。

为了让删除操作更为高效，我们不仅要记录下一个元素的位置，还要把每个元素的上一个元素的位置也记录下来。这里用 previous 的缩写 prev 来命名用于记录的变量。这样一来，正向查找和反向查找就都能够实现，于是删除尾部元素的操作的时间复杂度就变成了 $O(1)$。另外，删除中间元素的操作的时间复杂度也是 $O(1)$，因此，无论删除哪个元素，其时间复杂度都是 $O(1)$。下图描述了删除下标为 3、值为 4 的元素时的情况。从 `prev` 数组中找到它的上一个元素位置是 4，再从 `next` 数组中找到它的下一个元素位置是 1，因此 4 号元素的 `next` 应改为 1，而 1 号元素的 `prev` 应改为 4。两个方向的指向值都需要修改。

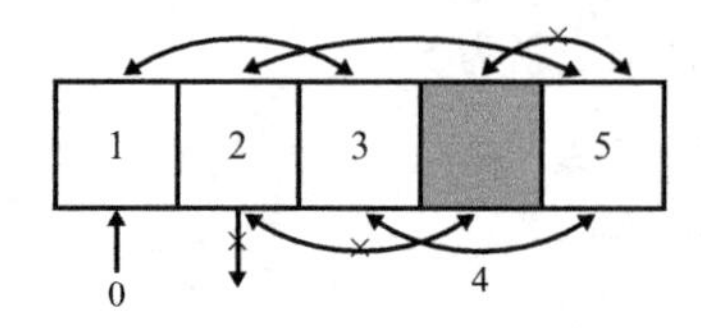

相关代码如下所示。

```
int first = 0;
int last = 1;
int next[ 5 ] = { 2, -1, 4, 1, 3 };
int prev[ 5 ] = { -1, 3, 0, 4, 2 };
int value[ 5 ] = { 1, 2, 3, 4, 5 };

//删除
next[ 4 ] = next[ 3 ]; //1。复制要删除的节点的下一个元素
prev[ 1 ] = prev[ 3 ]; //4。复制要删除的节点的上一个元素
```

不难看出，链表这种数据结构非常适合数据的添加与删除。

其他

链表的强项在于添加与删除元素，但在其他操作上就显得非常蹩脚了。

按下标访问元素的时间复杂度是 $O(N)$。因为它只能按照指定的次数不停地访问 `next` 元素直到抵达目标。此外，基于同样的原因，查找的性能也很低。因为该数据结构在按下标访问元素方面存在限制，所以即使链表中的数据是经过排序的，也不能发挥出二分查找法的长处。

内部实现

现在我们来试着设计一个链表类。如果存储空间不足，就需要实施一些额外的操作，这将导致插入元素的时间复杂度不再是 $O(1)$，所以此处我们规定添加元素的次数不能多于最初指定的值。相关示例位于 ListUsingArray 中。

此外，在实际开发中，一般不怎么使用数组作为链表的存储方式。比较常用的方式是动态地 `new` 出新元素，然后用指针相连。

```
class Node{
   Node* next;
   Node* prev;
   int value;
};
```

添加元素时先创建出一个 `Node` 对象，再执行与数组相同的操作。为此我们准备了示例 ListUsingNew，读者可以参考其中的做法。

如果元素的个数没有限制，一般来说后者的做法会更加方便，但是便利性往往是以牺牲性能为代价的。每次执行 `new` 操作的开销不容忽视。具体的开销会因编译器和操作系统的不同而不同，但总体来说开销还是比较大的，至少也要进行几百次加法操作，甚至可能需要几千几万次。如果游戏中数据的容量可以提前确定，最好还是采用数组的存储方式，这样可以获得更高的性能[①]。

17.2.5 二叉树

链表中的每个元素只和前后两个元素相连，而有的数据结构则允许各个元素和多个元素相连。这种数据结构叫作**树**[②]，**二叉树**（binary tree）就是其中一种典型代表。

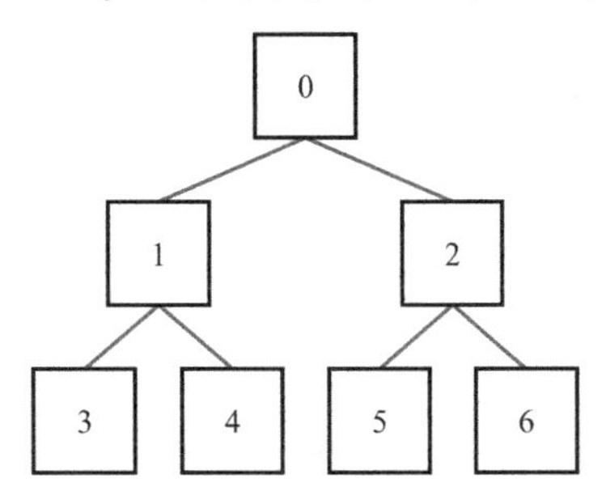

二叉树中的每个元素都和 3 个元素相连。链表中的头部元素在这里称为**根节点**（root），有且仅有 1 个，而链表中的尾部元素在树结构中存在多个。如果用指针来记录彼此的关系，就可以像下面这样来定义树的元素。

```
struct Node{
   Node* mParent;
   Node* mLeftChild;
   Node* mRightChild;
   T mValue;
};
```

除了连接的元素数量变多了之外，其他性质都和链表非常相似。这种数据结构自然也能够用数组表示。

```
int root = 0;
int left[ 7 ] =   {  1,  3,  5, -1, -1, -1, -1 };
int right[ 7 ] =  {  2,  4,  6, -1, -1, -1, -1 };
int parent[ 7 ] = { -1,  0,  0,  1,  1,  2,  2 };
int value[ 7 ] =  {  0,  1,  2,  3,  4,  5,  6 };
```

对照上图可以得知，根节点是 0 号元素，第 2 行的左边是 1 号元素，右边是 2 号元素，第 3 行从左至右依次是 3、4、5、6 号元素。上面几行代码描述了二叉树的数据存储方式。和链表类似，采用数组作为存储方式时在元素数量上存在限制，不过速度较快。

那么这种数据结构有什么优点呢？

如果只是这样，那确实没有什么突出的地方。数据的排列没有什么规律，添加和删除操作的时间复杂度都是 $O(1)$，按下标访问和查找操作的时间复杂度都是 $O(N)$，这些特性和链表都是一样的。

---

① 实际上我们也可以自行开发性能更好的 new 操作（严格来说应该是 alloc）。不过这需要有一定的技术能力，本书就不深入探讨了。

② 准确来说，树是拥有根元素并且存在一条路径可以从根元素到达任意元素的数据结构。这样看来，指定好根节点的链表也可以看作一种树。再往远处说，如果每个元素都可以和其他任意元素相连，就又产生了一种数据结构，叫作**图**。

也就是说，按照目前的状态，该数据结构除了浪费内存以外没有任何意义。但是，如果对二叉树进行一些加工，就能产生许多链表不具备的优点。

17.2.6 有序二叉树

链表排序后并不会产生什么额外的价值，但二叉树就不同了。下面我们就来介绍一下有序二叉树的相关内容。

我们先准备 7 个整数：0、1、2、3、4、5、6。然后将这几个元素排好序保存在上图的二叉树中。那么在二叉树中，“元素排序后的状态”具体是什么样的呢？

排序后的二叉树

从数组与链表的讨论中可知，如果从第一个元素访问到最后一个元素，发现这些元素是按照从大到小或从小到大的顺序排列的，那么这种状态就是“排序后的状态”。数组可以通过递增的下标 0、1、2 来按顺序访问元素，链表可以通过遍历 `next` 指针来按顺序访问元素，那么二叉树应当如何按顺序来访问元素呢？

访问方式有很多，我们先来看看下面这种方案。

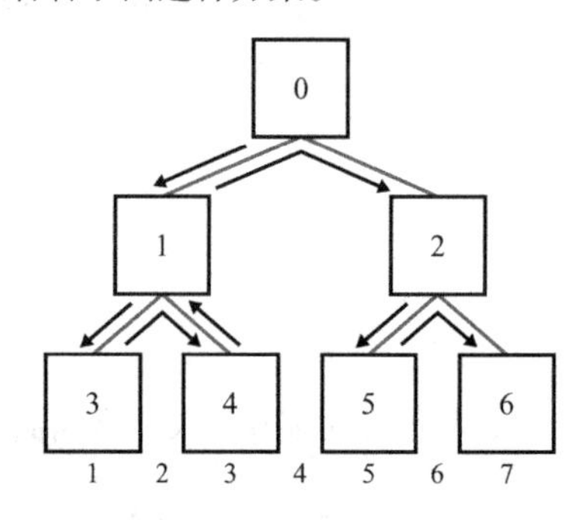

首先，从根节点出发向左下方探测到达 1，不读取该元素，继续往左下方探测到达 3。大家可以想象一下这种“过家门而不入”的状态。这时已经无法再往下探测了，于是回溯到 1，读取该元素。然后向右下方探测到达 4，发现无法继续往下探测，于是回到 1。因为 1 的子节点都已经遍历过了，所以再回溯到 0，读取该元素。然后向右下方探测到达 2，重复上述过程。也就是说，只要按照“左边、自身、右边”的顺序对每个元素进行递归处理，最后就能按某种顺序遍历完所有节点。在这个例子中，最后的遍历顺序是 3、1、4、0、5、2、6。如果忽略上下行之间的空隙，我们就会发现这个顺序正好和元素从左至右的顺序一致。

不难想象，类似的还有“左边、右边、自身”和“右边、左边、自身”等共 6 种访问顺序，我们之所以选择上面这种顺序，是因为想利用它“遍历的顺序和元素从左至右的顺序一致”这个特性。如果我们让读取的数字按该顺序逐渐增大，那么数字的分布情况就应当如下图所示。我们就把它称为“排序后的二叉树”。

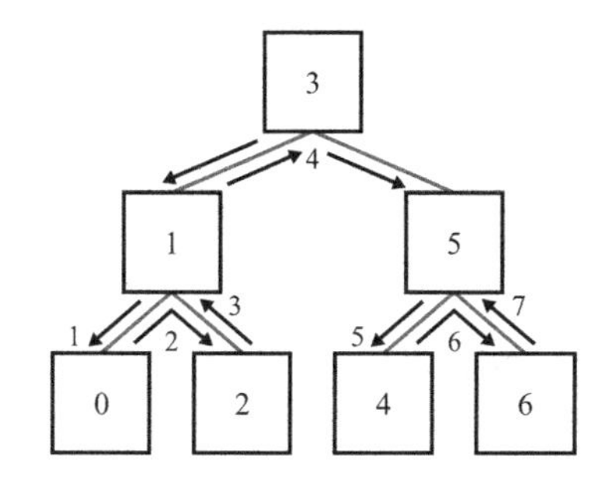

查找

各位读者可能还有印象，在有序数组中执行查找操作的效率特别高。二叉树也一样。作为有序二叉树的重要特性，其元素分布具有以下 2 个特点。

- **左侧子节点下的所有元素都比自己小**
- **右侧子节点下的所有元素都比自己大**

前面我们采用的遍历方式决定了这些元素越靠左越小，越靠右越大，所以这 2 个特点很好理解。大家可以试着对某个节点进行验证。比如 1 比它的左节点 0 大，比它的右节点 2 小。

根据这两个特点可知，如果要查找的元素比自己小，就会位于自己的左侧区域，如果比自己大，则会位于右侧区域。假设现在要查找元素 4。首先探测到根节点 3，因为 4 比它大，所以应该在右侧范围继续查找，紧接着探测到 5，因为 4 比 5 小，说明应该再去左侧查找。重复这样的过程，最后一定能找到目标。

因此，如果每个元素左右节点的数量都相同，那么查找过程就和二分查找法类似：每次判断结束后都会筛去一半的对象。示意代码如下所示。

```
Node* search( Node* current, const T& value ){
    //如果和自身相同则返回
    if ( value == current->mValue ){
        return current;
    }
    if ( value < current->mValue ){
        //目标在左侧区域，因此递归处理左侧元素
        return search( current->mLeft, value );
    }else{ //只有比自己大的情况下才会留下来
        //目标在右侧区域，因此递归处理右侧元素
        return search( current->mRight, value );
    }
}
```

如果不存在子节点，则直接跳过，这部分代码就略去了。

该方法是直接从根节点开始一半一半地进行筛查的，所以大部分元素根本不用访问。计算次数最多等于二叉树的“层数”。如果只有 1 个元素，那么该二叉树只有 1 层，如果有 3 个元素则有 2 层，有 7 个元素则有 3 层，有 15 个元素则有 4 层，抽象为一般情况就是“含有 (2^N-1) 个元素的二叉树共有 *n* 层”。当数字变得很大时，(2^N-1) 和 (2^N) 的差别就没有那么大了，因此，如果说“含有 (2^N) 个元素的二叉树共有 *N* 层”，很容易就可以知道该查找操作的时间复杂度是 $O(\log N)$。16 个元素的二叉树需要判断 4 次，32 个元素的二叉树需要判断 5 次，像这样把实际数字代进去后就能明白了。

也就是说，有序二叉树的查找操作的时间复杂度为 $O(\log N)$。而按下标访问元素的时间复杂度与链表相同，都是 $O(N)$。如果查找操作的开销比按下标访问的开销小，我们就完全可以使用查找来替代该操作。

添加与删除

二叉树的元素添加与删除操作相对来说比较麻烦，这里就不详细说明了。简单来说，这 2 种操作的计算次数都不会超过它的层数。也就是说，如果层数大小在 $O(\log N)$ 级别，那么时间复杂度也是 $O(\log N)$。

元素之间的关系可以简单地用指针来表示。添加元素时首先要执行查找，定位到相应的闲置空间后再放入该元素。

删除元素时也必须先执行查找，定位到目标元素后再将其移除。不过，如果该元素还有其他子节点，那么还将涉及移动操作，比较麻烦。但是这些操作的计算次数不会超过二叉树的层数，所以时间复杂度是 $O(\log N)$。

这里有一个问题，那就是添加或删除元素后，就无法保证层数可以保持在最小状态了。如果二叉树的层数等于 $O(\log N)$，就说明所有元素都必须包含 2 个子节点。因此，只有 1 个子节点的元素如果大量存在，那么在这种“稀稀拉拉”的状态下，二叉树的层数就会不断增加，甚至会形成下图这样的形状。

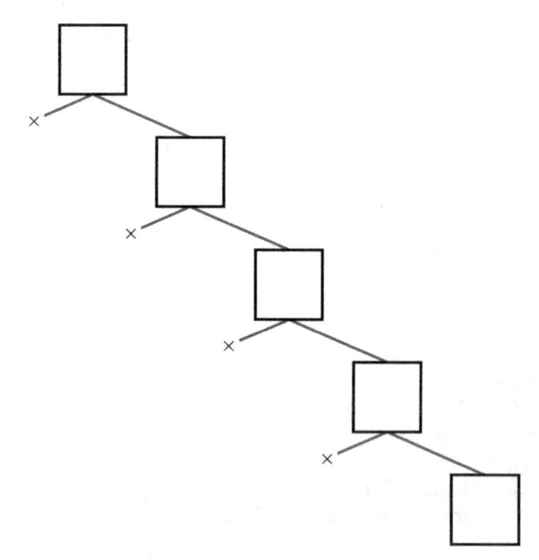

只有 5 个元素却占用了 5 层。层数和元素个数 N 相同，那么相关操作的时间复杂度就变成了 $O(N)$。这就说明，要想发挥出二叉树的特长，就必须保证添加或删除元素后整棵树仍保持“平衡”的状态。

读者不必担心，现在已经有办法做到这一点了。

这里稍微介绍一下。只要对二叉树进行一些修改，让它变成“红黑树”这种数据结构，就能让层数保持在接近最小值的状态。这样处理后，添加操作的时间复杂度就会和查找操作一样维持在 $O(\log N)$。也就是说，对该数据结构而言，添加、删除和查找等操作的时间复杂度都是 $O(\log N)$。

之前我们说过，$O(\log N)$ 要比 $O(N)$ 小得多，它实际上和 $O(1)$ 差不多大。也就是说，二叉树既能像有序数组那样进行高效率的查找，又能像链表那样动态改变长度，是一种非常实用的数据结构。

不过，自行编写红黑树的代码还是有一定难度的，这里就不介绍了，笔者也不会提供相关的示例。C++ 标准库中提供了红黑树的数据结构，大家不妨直接使用。其实只要了解其中的一些用法和特性就够了。

和链表的情况类似，相比用指针实现的红黑树，用数组实现的红黑树性能更好。因为不但不会用到 `new` 和 `delete`，而且内存的消耗量也更小。不过 C++ 标准库中的红黑树版本是采用指针实现的，如果游戏对性能的要求比较苛刻，恐怕还得自行编写数组版本的红黑树。

当然，这一步也不是非做不可。事实上笔者从未在游戏中使用过自己编写的红黑树。虽然尝试过自己编写，但是由于担心引入新的 bug，最后还是采用了标准库提供的版本。当然，如果读者能使用模板开发出高质量的数组版红黑树，用处还是非常大的。

还有一个和二叉树使用场景高度相似的数据结构——散列表。它的查找操作的时间复杂度接近 $O(1)$，效率极高，但内部原理比较复杂，使用前有必要了解一下相关知识。如果对性能没有过分的要求，使用二叉树就够了。不过，用法上还是散列表更为方便。

17.2.7 操作上的限制

目前我们介绍了数组、链表和二叉树这 3 种数据结构，不过有时候不需要让它们支持所有的操作。如果根据具体情况对它们的功能进行删减，减少一些多余的操作，就可以提高安全性。

栈

试想某人购入了大量游戏光盘时的情景。桌子上堆满了许多未拆封的游戏光盘，要直接将最下面的那张取出来恐怕没那么容易。正常来说，整理光盘时我们都会从最上面的光盘开始整理。

如果有一种数据结构可以只在末尾添加和删除元素，并且不支持按下标访问和查找操作，那么在这个场景中使用是最适合不过的了。既然不需要支持查找操作，我们就选择数组或者链表。如果不用考虑容量限制的问题就直接采用数组，如果需要动态增加长度则选用链表。

这种像堆积的书本一样的数据结构叫作**栈**（stack）。它的特性是“先进先出”（First In, Last Out，简写为 FILO），“后进先出”（Last In, First Out）简写为 LIFO。

队列

我们再来想象一下将游戏光盘摆放到书架上的场景，如果规定只能从左侧放入光盘，从右侧取出光盘，那么取出光盘的先后顺序就会和放入时的顺序一致。这和我们排队结账时的情形非常相似。

这种数据结构称为**队列**（queue）。队列也可以通过数组或者链表来实现，除了能够向尾部添加元素以及从头部删除元素外，其他操作都被剔除了。它的特性也是“先进先出”。

这些操作上的限制主要是为了提高安全性和易用性，但另一方面也提高了性能。比如在使用链表实现栈时，因为不支持删除前一个元素的操作，所以不需要保留用于记录前一个元素的指针。同样，队列不支持删除尾部元素的操作，因此只要保留指向下一个元素的指针就可以了。

一个工具的功能太过丰富往往什么都做不好，而如果一个工具只能完成一件事，我们又得准备大量的工具。其中的平衡只能靠读者自己把握了。

17.3 吞吐量与延迟

请读者想象一下寄信的整个过程。假设写信需要 1 小时，但是把信寄到对方手里需要 2 天，对方回信后又要过 2 天才能收到。这样一来，从写好信到收到回信，中间就需要花 4 天的时间。这里写信所花费的时间就叫作**吞吐量**（throughput），等待回信所需要的时间叫作**延迟**（latency）。吞吐量描述了某项工作占用的时间，延迟则描述了等待某项工作的结果的时间。

把蔬菜切好放入锅中所花费的时间是吞吐量，点火后等待饭菜煮熟的时间是延迟。

给披萨店打电话订餐的时间相当于吞吐量，等待披萨送来的时间相当于延迟。

想必大家已经理解了。其实不仅在计算机领域，所有事物的统筹安排都会涉及这 2 个概念。就算之前未接触过这 2 个术语，生活中也一定有过相关经验。比如在煮方便面时，没经验的人一般会先拆包装，而擅用统筹方法的人则会先把水烧上再拆包装。因为凉水是不能煮面的，想要缩短等待时间，就需要尽快把水烧开，而拆包装这种事可以在烧水时做。

那么，乘坐电梯时应当先按关门键还是先按楼层按钮呢？当然是先按关门键。关闭电梯门大约需要 2 秒钟的时间，我们完全可以利用这段时间去按楼层按钮，这种做法会比反过来操作快 2 秒钟。

道理虽然浅显易懂，但直接套用到程序中恐怕还是有些难以理解。下面我们会通过几个例子来进一步说明。

17.3.1 关于 CPU 指令

CPU 指令也存在吞吐量与延迟的问题。和披萨店的例子相似，一般情况下吞吐量要比延迟小得多。比如，对于下式：

$$x = a + b + c + d$$

若按照普通的顺序计算，CPU 要等待 $a+b$ 计算完成后才能执行和 c 相加的操作，执行完和 c 相加的操作后才能执行与 d 相加的操作，也就是要等待 3 次加法运算的时间。但如果让 $a+b$ 和 $c+d$ 同时运算，然后将二者的结果相加，那么延迟量只相当于 2 次加法运算的时间。CPU 发出加法运算这一指令所消耗的时间，即吞吐量是非常小的，所以上述做法可以达到一定的效果。如果要将机器的性能发挥到极限，则需要在汇编层面执行类似的优化。

作为一次思维训练，我们来看看下式应当如何进行计算。

$$ax^3 + bx^2 + cx + d$$

我们先将它分解为多行指令，每行指令只能执行加法、乘法和赋值这 3 种操作中的其中 1 种。使用霍纳法可以像下面这样分解。

```
r = a;  //  0
r *= x; //  4
r += b; //  8
r *= x; // 12
r += c; // 16
r *= x; // 20
r += d; // 24
        // 28 [结束]
```

右侧的注释内容表示执行该指令的时刻。假设每条指令的延迟是 4，因为该例有 7 条指令，所以需要消耗的时间为 28。

假如发出计算指令的时间开销是 1，也就是吞吐量等于 1，那么稍加处理后，我们可以得到下列结果。

```
r0 = a;   //  0  ---+             a
r1 = c;   //  1     |             c
r2 = x;   //  2     |             x
r0 *= x;  //  4 <---+ 等待        ax
r1 *= x;  //  5     |             cx
r2 *= x;  //  6     |             x^2
r0 += b;  //  8 <---+ 等待        ax+b
r1 += d;  //  9     |             cx+d
r0 *= r2; // 12   <-+ 等待        ax^3+bx^2
r0 += r1; // 16   <-+ 等待        (ax^3+bx^2)+(cx+d)
          // 20 [结束]
```

这里分别对 $(ax+b)$、$(cx+d)$ 和 x^2 进行了计算，最后再将它们相加。这种计算方式将总消耗时间缩短到了 20。缩短时间的秘诀就是在等待的同时发出其他计算指令。比如上述代码的第 2 行与第 3 行都不需要依赖第 1 行的结果，充分利用了吞吐量比延迟小的特性。

不过在实际编程中基本上不需要去思考这么麻烦的问题，这类底层工作都应该由编译器来完成，需要程序员重点优化的往往是业务与算法上的问题。

但这并不代表完全不需要这类操作。如果能力允许，灵活应用这类技巧可以在很大程度上改善性能，只是具备这种能力的程序员太少了。

17.3.2 其他例子

我们再看一个加载文件的例子。发出加载请求是非常快的，但实际加载的过程却相当耗时。然而，在通过 `ifstream` 读取文件时，其他工作是无法在这期间执行的。因此从结果来看，该过程的吞吐量与延迟相同。

如果可以通过一些技巧使其他任务在加载文件期间执行，我们就可以将这部分时间充分利用起来。具体方法会在后面讨论。

不只是文件加载处理，通过网络收发数据的过程也存在类似的问题。大多数任务存在吞吐量和延迟，而且延迟通常远大于吞吐量。二者相差越悬殊，就越需要想办法在等待的这段时间内执行其他任务。

17.4 并行处理

将一件工作拆开交由多人同时去做，就会缩短完成工作所需的时间。最近备受欢迎的多线程技术便是对这一想法的实践，该技术的核心思想就是增加 CPU 的数量，从而缩短整体的处理时间。

但是，仔细推敲一下就能发现，这种做法在实际开发中的实践难度很大。我们以做菜为例来进行说明。

做菜时，让两个人同时切菜确实会缩短切菜所花费的时间，但问题是烹煮的时间并不会发生变化。从雇用者的角度来看，虽然雇用了两个人，付出了两倍的金钱来完成切菜的工作，但是做整道菜所消耗的时间并不会缩短为原来的一半。缩短一半的只是切菜的时间。如果砧板的空间太小，两个人没办法同时切菜，恐怕连切菜的时间都无法缩短一半。如果换用另外一种方案，一人切菜，另一人炒菜，那么两人的工作就不会出现冲突，然而在切好菜之前是没有办法炒菜的，所以还是无法让效率变为原来的两倍。

这个例子体现了使用并行处理提高性能时会遇到的三个障碍：第一个是存在无法并行处理的工作，这么一来并行处理的意义就没有那么大了；第二个是各并行工作存在共用的部分，导致并行工作很难顺利进行，上述例子中砧板就是共用的部分；最后是某项工作需要等待其他工作完成后才能进行。

这三个问题或多或少都会遇到。如果不能减轻这几个问题的影响，就很难提升并行处理的效果。不知道读者是否会选择使用多线程技术进行开发，如果选择了多线程，就意味着要不断和这三个问题进行斗争。

当然，并不是说不使用多线程就不会接触到并行处理的问题了。举例来说，CPU 和显卡都是独立运行的，但如果 CPU 不发出工作指令，显卡就无法执行任务。要想尽可能地提高效率，就必须解决“如何尽快地将切好的菜递给下一个人去炒”这样的问题。

17.4.1 并行处理的代价

并行处理虽然可以提高性能，但是它和单纯改进算法的做法不同，这种性能提升方式是有代价的。通过投入大量机器来获得强大的运算能力，这是近年来非常流行的一种做法，不过并不是说所有的任务都适合这样处理。结合前面列出的三个问题来看，即使我们投入两倍的金钱，准备好两倍数量的机器，计算能力也未必能翻倍。这种现象不仅存在于计算机领域，在其他领域也会出现。

当项目进度滞后时，很多人会认为增加些人手就好了，但实际上这种做法却很难奏效。前面列举的三个问题在日常生活中随处可见：即使增加 N 倍的人员也未必能产生 N 倍的效率，付出 N 倍的工资也未必能获得 N 倍的成果。

因此，最关键的还是减少总运算量。这才是性能优化的核心，还请读者牢记。

17.5 内存问题

我们来看看下面这行代码。

```
a += 5;
```

执行这行代码的前提是内存中存在一个叫 a 的变量。上面的代码表示将这个变量读入“计算部件”并执行加 5 操作，然后再将结果回写到 a 原来所在的位置。

顾名思义，计算机其实就是可以执行计算的具有一定内存的机器。如果再进一步细分，可以将它分为存储部件与计算部件。

我们把计算部件称为**运算器**，把存储部件称为**内存**。内存不具备计算能力，而运算器则不能存储结果。于是，为了执行上述代码，就需要从内存中读取变量到运算器，然后执行加 5 的操作，最后再回写到内存中。写成伪代码就是下面这种形式。

```
acc = load( &a ); // 从 a 的地址读取 a
acc = acc + 5;
store( &a, acc );
```

我们可以把这里的 acc 看成运算器。load() 把 a 从内存读取到运算器中，store() 把 a 值回写到内存中。也就是说，一个司空见惯的 += 运算符，背后其实隐含了 load() 和 store() 这两个环节，而它们都存在吞吐量与延迟。

一般来说，开发者不必关心这一过程，因为机器和编译器会对此进行优化。但优化也是有一定限度的，如果程序写得太差，这部分优化的效果就会被抵消掉。

那么这个读取和回写操作的延迟大约是多少呢？

很遗憾，是一个非常大的数量级。

延迟大致相当于执行 1000 次加法操作所消耗的时间。游戏机会比计算机少一些，但消耗的时间也有执行几百次加法操作那么长。由此可以看出，内存距离运算器其实非常“遥远”。

更糟糕的是，该“距离”还在逐年增加。这倒不是因为内存的存取速度变慢了，而是因为运算器的性能提升令内存跟不上了，所以二者的差距越来越大。

如果不做任何优化，每次就这样等到延迟结束后再执行下一条指令，计算机的运行速度可能就会变为原来的几十分之一。1 GHz 表示的仅仅是运算器的速度，而内存的存取速度、内存与运算器之间的“距离”都会影响最终的处理速度。

后面我们会简要说明一下目前的硬件设备是如何处理这一问题的。不过需要明确的是，所谓的处理只是为了让它发挥出平均性能。如果不在硬件和编译器上下功夫，我们能利用的恐怕只有那些原始性能了。

17.5.1 降低内存延迟的两种方式

假设现在要去便利店买果汁。如果只买一瓶，直接用手拿回来就行了。来回花费的时间是延迟，只需要一个来回即可。但如果买的数量较多，手里拿不下，而且便利店也不提供袋子，就只能往返多次了。用一个来回的延迟乘以往返的次数就可以算出总延迟。当然，实际生活中我们一般会把东西全部装入购物袋一次性提走。如果袋子的容量够大，那么运送一次即可，即便容量不够，这种方法也比用手一瓶一瓶拎回去需要的次数少。

再举一个例子，假设我们要去书店买书。如果附近有大书店还好，若离得太远，我们通常会先去附近的小书店碰碰运气。毕竟这样不用走太远的路。附近的书店比较小，所以销售的大多是一些畅销书，如果要买几册冷门书就只能等它进货了。

其实在计算机中也有和这两个例子相似的情况。内存会批量地读取或写入数据，在它与 CPU 之间还设有容量较小的特殊内存，一些经常用到的数据在从主内存中取出后往往会被存入该处。这种小容量的内存称为缓存。系统中一般会根据性能准备多个缓存，就像下面这样[①]。

- **存取速度相当于 1000 次加法的耗时的主内存**
- **存取速度相当于 20 次加法的耗时的 MB 级别的缓存（L2 缓存）**
- **存取速度相当于 5 次加法的耗时的 KB 级别的缓存（L1 缓存）**

① 具体的数字未必精确，而且有的系统有 L3 缓存，有的可能连 L2 缓存都没有，当然这都不是重点。

处理时会从最近的缓存开始依次查找数据，尽可能地减少去最远的主存中查找的次数。可能有的读者会问，为什么不在最近的地方设置大容量的缓存呢？事实上运算器就好比地铁站，它附近的土地非常昂贵。把位于郊区的大型购物中心建在地铁站附近是不太现实的。而且店面越大，找到目标商品所花的时间就越长，在速度优先的前提下还是小店更有效率。

在大多数情况下，批量读取和缓存会起到积极的作用，但这并不是绝对的。那么在什么样的情况下会适得其反呢？

下面就来具体介绍一下它们各自的弱点。

17.5.2 批量读取的特点

假设我们只需要一瓶果汁。在这种情况下，一次性购买很多瓶就会造成浪费。

一般情况下，内存的批量读取是以 8 字节或者 16 字节为单位的。即便只需用到 1 个字节的数据，也必须先读入 8 字节或者 16 字节的整块数据。这是一个很明显的缺点。

请看以下代码。

```
struct A{
   char b;
   char c[ 63 ];
};

A a[ 1000 ];
for ( int i = 0; i < 1000; ++i ){
   ++ab[ i ].b;
}
```

对于大小为 64 字节的结构体，每次循环都会对其第 1 个字节的值加 1。计算机无法做到单独读取 1000 个字节，因为上面说过它是按照“最小读取单元”的若干倍来读取的。假设最小读取单元为 64 字节，那么上述操作读取的内存量将是实际处理数据量的 64 倍。

针对这个情况，我们可以按“集中使用的数据要集中存放”的方针来改写代码。如果该结构体的第 1 个字节数据可以集中存放起来，那么通过下列代码将结构体分割开之后，需要读取内存的次数就骤然减少了。

```
struct Ab{
   char b;
};
struct Ac{
   char c[ 63 ];
};

Ab ab[ 1000 ];
Ac ac[ 1000 ];
for ( int i = 0; i < 1000; ++i ){
   ++a[ i ].b;
}
```

但是这种做法也有缺点。逻辑上本应组合在一起的结构体，分开后代码就没有那么容易理解了。在很多情况下这么做会得不偿失。

那么如何处理才好呢？

笔者认为并没有深究的必要，大家只要知道是怎么一回事就可以了。编写代码时要尽量避开那种将数据分散存放的写法。至于性能的瓶颈，主要集中在动画、渲染以及物理模拟等方面，我们应该在这些地方多下点功夫。

17.5.3 关于缓存的思考

小书店一般只销售畅销书。如果每次想买的都是一些冷门书，那么每次都得等书店去进货。如果是这样，还不如一开始就去大书店方便。

同样的道理，从缓存系统的性能考虑，我们总是希望程序能连续多次使用“热门数据”。对计算机而言，热门数据就是最近访问的数据。从内存中取出的数据会先放入缓存，如果该数据被反复使用，就说明缓存的利用率很高。从这个角度来看，下列代码处理中的缓存利用率就属于比较差的。

```
int a[ 1000000 ];
for ( int i = 0; i < 1000000; ++i ){
   ++a[ i ];
}
```

可以看到，在相当大的内存范围内每个数据只会被用到一次。和书店的情况略有不同，程序访问过的数据会一直留在缓存中，直到下次整理数据。至于整理时按何种顺序清除旧数据，我们可以类比书店的情况，冷门的数据、不常访问的数据都应当“下架”。如果缓存总是被那些后续不再使用的数据所占据，这种情况就称为**缓存污染**。

不过，像上述代码一样按顺序访问时，并不会发生这些问题。这完全是托了批量读取数据的福。读取第 0 号元素时会连带着把整块内存数据读出，这样读取一次内存取回的数据就足够若干次循环使用了。假设一次性读取的单位是 64 字节，那就意味着完成 64 次循环以后才需要再次读取。写入内存时也是批量操作的。如果编译器足够智能，就会生成提前读取下一批 64 字节数据的代码，这样在实际进行计算时，相关数据就已经载入到缓存中了。

不过下面的代码会让这种好处荡然无存。

```
#include <algorithm> //为了调用 random_shuffle() 函数
char a[ 1000000 ];
char* ap[ 1000000 ];
for ( int i = 0; i < 1000000; ++i ){
   ap[ i ] = &a[ i ];
}
std::ramdom_shuffle( ap, ap + 1000000 );
for ( int i = 0; i < 1000000; ++i ){
   *ap[ i ] += 1;
}
```

上述代码在处理时将各个数据的地址存入数组，并使用 C++ 标准库函数 random_shuffle() 将其打乱，这样就完全享受不到原来按顺序读取时所获得的性能提升效果了。现在数据的位置变得杂乱无章，根本无法批量读取，而且每次用到的数据也完全不同，于是缓存自然也就派不上用场了。

缓存对性能的影响

那么在缓存派不上用场的情况下，性能会下降多少呢？请看下面的程序。

```
#include <algorithm> // 为了调用 random_shuffle() 函数
int main( int argc, char** ){
   const int N = 1000 * 1000 * 20; //2 千万
   int* a = new int[ N ];
   int** p0 = new int*[ N ];
   int** p1 = new int*[ N ];
   for ( int i = 0; i < N; ++i ){
      a[ i ] = i;
      p0[ i ] = &a[ i ];
      p1[ i ] = &a[ i ];
   }
   // 对 p1 进行随机洗牌
   std::random_shuffle( p1, p1 + N );
   // 如果 argc 为 1 则速度较快，为 2 以上则速度较慢
   int** p = ( argc == 1 ) ? p0 : p1;
   for ( int j = 0; j < 100; ++j ){
      for ( int i = 0; i < N; ++i ){
         *p[ i ] += 1;
      }
   }
   return 0;
}
```

在不带参数启动的情况下，因为 p0 指向的数据排列整齐，所以处理过程非常高效，而带参数启动时，p1 指向的数据分布毫无规律，所以性能急剧下降。程序通过 argc 的值来判断参数个数，因此具体传入什么值并不重要。我们可以在 Visual Studio 中为项目的调试选项设置参数来看看程序是否会通过命令行直接执行。

最好在 Release 模式下调试该程序，因为在该模式下二者的差异更为明显。在笔者的计算机（Core2Duo 6600）上，二者存在 15 倍的差距。二者执行的计算量是相同的，唯一的区别就是数据在内存中的存放顺序不同。看来内存的使用方式对性能的影响不容小觑。

对缓存容量特别大的高级 CPU 来说，这种性能差异会小一些，但是大部分畅销的计算机往往缓存较少，如果游戏的主要玩家是这类消费者，就必须考虑性能差异的问题了。此外，为了降低成本，很多游戏机只配置了很小的缓存，这样性能差距就更大了。说起来，笔者这台性能差距高达 15 倍的计算机还是一台拥有 4 M 缓存的高级货，而目前许多廉价计算机的缓存只有 1 MB 或 512 KB，这样一来，缓存的命中率就会大大降低。缓存越小，访问散乱数据时造成的性能损失就会越大。

本书提供了 CacheMissHell 示例，上述代码就是该示例中的内容。示例使用了 C 语言的标准库函数 clock() 来计算时间。

并非低级错误

读到这里，读者可能会认为本书为了强调问题的严重性才故意针对 CPU 编写了如此低效的代码，正常情况下应该不会有什么问题。然而遗憾的是，这种想法太过乐观了。

问题在于 new 操作。

new 操作返回的内存地址是完全没有规律的。虽然每次返回的地址通常不会相隔太远，但是在某些情况下，也会返回一些不连续的地址。

事实上，使用 new 申请内存时，系统首先会在内存中查找可用区域，即便连续执行 new 操作，每次得到的地址也很难是连续的。这样一来，程序就无法享受到批量读取内存的好处了。

过去机器性能普遍较差，而new的开销比较大，因此大家都会避免使用它。实际上，笔者参与的某个游戏开发项目中就采取了预先分配全局变量的做法来替代new。这样一来，在编译时绝大多数的变量就会整齐地排在一起，从而避免了性能下降。

如果游戏规模不大，并且开发人员的水平过硬，这种做法是最合适不过的。但凡事无绝对。若要在性能与代码的可读性之间进行选择，恐怕多数情况下人们会侧重于后者。

希望读者能够记住上述示例代码的执行结果。在不使用new就能处理好的情况下如果滥用了new操作，可能就会使性能下降为原来的 N 分之一。比如创建出成百上千个区区 8 字节的类，类似这样的蹩脚设计可以说数不胜数。

特别是在使用 C++ 标准库的情况下，问题更麻烦。毕竟自己编写代码时可以尽量不使用new操作，但对于标准库中的代码实现，我们就无法控制了，而且也不易察觉。

17.5.4 正确的做法

要减少内存读取延迟所带来的影响，关键就在于充分发挥缓存的作用。如果我们需要的数据可以直接在缓存中找到，就叫作“缓存命中”，反之则称为“缓存失效”。落实到具体的方法上，就是想办法提高缓存的命中率，或者降低缓存的失效率。

假设读取 1 次内存需要花费的时间相当于执行 1000 次加法运算的时间，而 100 次数据请求中会发生 1 次缓存失效，那么平均算下来 1 次数据请求就相当于花费了 10 次加法运算的时间。改善方法有很多，主要可以归结为以下 2 点。

- **减少数据容量**
- **减少 new 操作的次数**

将成员变量由int类型改为short类型可以减小数据的容量。目前IndexBuffer是用unsigned实现的，如果能确保使用的顶点数量不超过 65 000 个，就可以将该变量类型改为unsigned short，这样数据容量就会减半。不过这种做法只对创建很多大型数组或实例的类成员变量有效，普通的类成员变量没有必要这么做。

另外，如果某变量的值能够通过简单的计算求出，就没有必要将该值保存起来，每次重新计算就好。为了提高计算速度而提前将结果算好后保存起来的做法有时反而会弄巧成拙。试想，如果试卷上问的是“一加一等于几”，直接计算肯定比去别处找答案更有效率。这方面的性能差异可以通过实际代码进行测试。

因为读取内存的时间开销在逐年增加，所以“提前计算好结果并保存起来，使用时再取出”的做法就渐渐没有了优势。可以通过简单计算得到的变量还是通过计算来取值比较好。

另外一个重要的方针是减少new操作的次数，这一方针对程序的设计有很大影响，所以需要谨慎考虑。不过在程序中不停地使用new创建出成千上万个实例对象的做法确实值得商榷。或许还是把程序设计成不使用new操作的形式比较好，尽管这么做会在一定程度上影响代码的整洁度。

减少 new 操作的示例

在调用传递参数的构造函数的情况下，一般会像下面的代码这样，首先准备好指针数组，然后逐个创建出对象，需要销毁时再逐个进行delete。

```
// 申请空间
T** array = new T*[ n ];
for ( int i = 0; i < n; ++i ){
   array[ i ] = new T( someArg );
}

// 释放
for ( int i = 0; i < n; ++i ){
   SAFE_DELETE( array[ i ] );
}
SAFE_DELETE_ARRAY( array );
```

如果想减少 new 的次数，可以像下面这样修改代码。

```
T* array = new T[ n ]; // 存储的不是指针，而是对象
for ( int i = 0; i < n; ++i ){
   array[ i ].initialize( someArg );
}

// 一并释放
SAFE_DELETE_ARRAY( array );
```

上述代码额外准备了一个初始化函数来完成具体构建，而预分配空间的构造函数中几乎没有任何操作。这样既减少了创建的次数，也使销毁处理变得更加简单。

但这种做法的缺点是无法初始化 const 成员，而且必须额外编写一个用于初始化的函数，所以并不完美。

为了克服以上缺点，又出现了下面这种写法。

```
// 申请内存
void* rawMemory = operator new( sizeof( T ) * n );
T* array = static_cast< T* >( rawMemory );
for ( int i = 0; i < n; ++i ){
   new( &array[ i ] ) T( someArg ); //placement new
}

// 释放
for ( int i = 0; i < n; ++i ){
   array[ i ].~T(); // 直接调用析构函数
}
// 通过 operator delete 释放
operator delete( rawMemory );
```

先调用 operator new() 申请一整块原始内存，然后在该空间内构建出各个对象。这种带参数的 new 操作称为 placement new。传入的参数必须是一个指针，系统会在该内存区域创建对象。另外请注意，销毁对象时先分别调用各对象的析构函数，再通过 operator delete() 回收整段内存。因为执行的是构造函数，所以该做法能够对 const 成员进行初始化，也不需要额外编写函数。

但这一写法的技巧性太强，对 C++ 不熟悉的人恐怕不了解 placement new 与 operator new() 的用法。另外，直接调用析构函数这种行为，不熟悉相关语言的人恐怕也不容易接受。如果代码将来会交给他人维护，还是尽量选择简单通俗的做法比较好。

在大多数情况下，为提升性能而做出的调整往往会对其他方面造成影响，只有在利大于弊的时候才值得做。

笔者建议在开发初期使用性能一般但易读性较好的写法，后面遇到性能问题时再进行重构。

17.6 STL 和数据结构

前面我们讨论了算法、时间复杂度以及缓存的问题，现在读者应该有能力根据开发需求来选择合适的数据结构了。既然基础知识已经学习完毕，下面我们就来讨论如何在实战中运用这些数据结构。

本节将简要介绍一下 **STL**（Standard Template Library，标准模板库）的用法。STL 是 C++ 标准库中采用模板技术创建的一系列可通用的功能集合。数组、双向链表和二叉树等数据结构在 STL 中都有实现，它们被称为 **STL 容器**。

接下来我们将对常用容器进行介绍，不过在此之前，我们先来介绍一下迭代器的相关内容。

17.6.1 迭代器

迭代器（iterator）指的是用来循环执行某种操作的东西。它可以指向链表或者数组中的某个元素，如下列代码所示。

```
C< T > c;
for ( C< T >::iterator i = c.begin(); i != c.end(); ++i ){
    *i = 5;
}
```

这段代码从第一个元素到最后一个元素对某个数据集合进行了遍历，并依次将值设置为 `5`。`C<T>` 表示数据类型是 `T` 的数据集合，具体可以是 `int` 型数组，也可以是 `float` 型链表。`begin()` 方法返回的是指向第一个元素的迭代器，`end()` 方法返回的是指向最后一个元素的下一个元素的迭代器（也就是空）。若二者相等则循环结束。和长度为 N 的数组中不存在第 N 个元素一样，`end()` 返回的迭代器指向的也不是实际元素。

这段代码其实和下列做法非常相似。

```
T c[ N ];
for ( T* i = c; i != ( c + N ); ++i ){
    *i = 5;
}
```

本质上它们完成的事情是相同的，只不过迭代器还可以运用数组之外的数据结构。特意引入迭代器这一概念，就是为了让链表也能通过 ++ 操作来遍历元素。为支持这种操作而编写的类就是迭代器。

实际上，下面介绍的 STL 容器都可以用相同的写法来完成集合的遍历。

接下来将逐个介绍常用的 STL 容器。

17.6.2 vector

之前我们使用过 `vector`，下面就通过一个例子来看看它的用法。

```
vector< int > a;
a.resize( 10 ); // 扩充到容量为 10
a.push_back( 5 ); // 将 5 添加到第 11 个元素中
for ( int i = 0; i < a.size(); ++i ){
```

```
    a[ i ] = 4; //按下标访问
}
```

vector 是一种允许按下标访问元素的容器。当然它也支持用迭代器来遍历，只是很少有人这么做。

```
vector< int > a;
typedef vector< int >::iterator It;
for ( It i = a.begin(); i != a.end(); ++i ){
    *i = 4;
}
```

vector 其实就是一个数组。尽管它可以通过 resize() 和 push_back() 改变长度，但本质上仍是一个“高级数组”。因此它在扩容时会涉及整体数据的复制。毕竟在 100 平方米的土地上建一个 120 平方米的操场是不可能的。

可以用 erase() 方法来删除元素，这时该元素后面的所有元素都将往前移动一个位置，最坏的情况下（删除第一个元素时）vector 中的所有元素都将执行一次复制。添加和删除操作的时间复杂度都是 $O(N)$。元素越多，消耗的时间就越长，如果对性能的要求很高，就不适合使用该数据结构了。

另外，在执行删除或者扩容操作时，指向 vector 某处的指针和迭代器都将失效。这是因为删除元素会导致其他元素的位置发生移动，而扩容后元素会被复制到新的地址，这两种情况都会使地址发生变化，所以继续使用原有的迭代器就会出现问题。但也正因为采用了这种存储方式，按下标访问元素的时间复杂度才能是 $O(1)$。

通过逐个比对元素来完成查找的时间复杂度是 $O(N)$，但如果对元素进行排序，就可以使用二分查找法，将时间复杂度缩减为 $O(\log N)$。这方面的特性和数组是一样的。

笔者认为，vector 不适合那些不太了解其内部实现的人使用，甚至可以说，很多情况下根本没有必要使用 vector。数组的缺点在于无法扩充容量，在开发中会带来一些不便，但 vector 的扩容其实只是一种“假象”，从本质上来说它是通过在别处创建出一块更大的内存后把旧数据复制过去来实现的。而这种“可扩展性”是有代价的。不仅速度变慢了，还引入了一些风险。尤其是 vector 的 erase() 操作，它会改变元素的位置，如果忽略了这一点而继续使用旧的迭代器去执行一些操作，就会出现问题。同样，push_back() 也有这样的风险。

即使要使用 vector 这样的数据结构，也应该另行实现一套不具备扩容功能的替代品。关于这一点，我们会在介绍安全性的时候详细说明[①]。

17.6.3 list

list 的内部实现其实就是之前讨论过的链表。每个元素都包含前后两个方向的指针，所以添加和删除操作的时间复杂度都是 $O(1)$，并且它的容量可以任意扩充。此外，该数据结构不会出现迭代器失效的问题，因为不会发生数据复制或移动的情况。

但相应的代价是，它无法支持按下标访问，只能从头部开始按顺序遍历，因此查找操作的时间复杂度是 $O(N)$。元素排序后的 vector 在查找数据时会变得高效，而 list 却做不到这一点。我们大致可以认为 list 不支持查找。它适合用在一些需要频繁添加或删除元素但不需要查找或按下标访问元素的场景中。

---

① 实际上，STL 容器中并非只有 vector 这一个本质上是数组的数据结构，具体可查询相关资料。

前面说添加元素的时间复杂度是 $O(1)$，但添加元素时会用到 `new` 操作，而这部分开销并没有算进去。如果处理得不好，效率可能比时间复杂度为 $O(N)$ 的 `vector` 还差。如果元素不到 100 个，`list` 添加元素的效率就没有那么高了。

当元素数量增多时，与 `vector` 相比，往 `list` 中添加或删除元素的效率会有压倒性的优势。在开发初期，我们往往无法预知容器内存储的元素数量，所以通常会先使用时间复杂度较小的数据结构，后续有必要时再进行替换，替换操作也没有那么难。

17.6.4 set

`set` 的内部实现是红黑树，因此添加和删除操作的时间复杂度都是 $O(\log N)$，不按下标查找特定元素的时间复杂度是 $O(\log N)$ 。

之前说过，$O(\log N)$ 和 $O(1)$ 的值并没有太大的差距。这就意味着 `set` 这种数据结构在添加和删除元素时的开销与 `list` 大致相同，而且查找速度也非常快。

因为 `set` 能够确保元素的唯一性，所以特别适合用在创建点名册这样的处理中。询问来访者姓名并将其放入 `set`，之后只要使用迭代器按顺序把所有姓名取出来，就可以轻松地创建出一个点名册了。如果换用 `vector` 或者 `list` 来实现，就不得不挨个判断是否存在同名元素。因此，在创建不能重复的数据集合时，`set` 非常方便。

17.6.5 map

毫不夸张地说，很多人与 STL 容器结缘的契机正是 `map`，甚至可以说不会用 `map` 的程序员不是好程序员。

`map` 是包含了键值对的 `set`。键和值只是一种代称，可以是任意类型。`map` 的结构和 `set` 是一样的，因此在性能方面的表现也与 `set` 基本相同，但只有在 `map` 中才能发挥出 $O(\log N)$ 的查找性能。

`map` 多用在需要建立对应关系表的场合中。比如只要将姓名和电话号码成对地存入 `map`，以后就可以通过姓名来搜索电话号码了。也就是说，只需要 $O(\log N)$ 的开销，就可以找到想要的电话号码。

我们在讨论时间复杂度时说过，$O(\log N)$ 和 $O(1)$ 的差距并不大，最多也只差 10 倍左右。所以不管是 100 个元素还是 100 万个元素，查找所消耗的时间都不会太多。这个性质是 `vector` 和 `list` 所不具备的。考虑到 `new` 的开销，添加和删除元素的时间复杂度实际会比 $O(\log N)$ 大一些，但查找并不涉及 `new` 操作，所以实际的时间复杂度并不会那么大。假如某程序以查找操作为主，那么 `new` 带来的性能损耗就不会产生太大的影响。使用指针实现的存储方式比用数组实现多了一些开销，前者的时间复杂度是 $O(\log N)$，后者的时间复杂度是 $O(N)$，当 N 变得很大以后，二者的性能差异是致命的。

我们经常会遇到想要通过名字来查找某个对象的情况。比如当文件载入完成后，我们会希望通过文件名来获取载入的文件内容。在这种情况下，将文件名作为键，将载入的文件内容作为值存入 `map` 中，就能通过名字来查找文件的内容了。我们也可以用一个具备文件加载功能的单例类来管理载入的数据，之后再根据需要从中获取载入文件的内容。

```
const char* getData( const string& name ){
   map< string, const char* >::iterator it;
   it = mMap.find( name );
```

```
    if ( it != mMap.end() ){ // 如果有则返回
        return it->second;
    }else{
        return 0; // 如果没有则返回 0
    }
}
```

first 表示键，second 表示值。上述代码中返回的是值，也就是 second。

map 适合用在对性能要求不是特别高的场合。如果对性能要求很高，就不适合使用 map 了，应当换用其他速度更快的容器。不过在大部分情况下，map 就够用了。

17.6.6 存入指针还是实体对象

在使用数据结构时，我们常常困惑于是往集合中存放指针还是实体对象。也就是说，不清楚应该将代码写成

```
vector< T* > a;
```

还是

```
vector< T > a;
```

如果选择存放指针，那么每次添加时都必须调用 new 来创建元素，插入的元素越多，new 的次数也就越多。以 vector 容器为例，在存放实体对象的情况下只会发生一次 new 操作，而在存放指针的情况下，new 操作的次数将与数组元素的个数相等。list 和 map 原本就是按照元素的个数来用 new 申请空间的，如果集合中存入的是指针，那么需要 new 操作的次数将会增加一倍。

如果存储的是指针，在销毁容器时就必须逐个对元素 delete，而如果存储的是实体对象，只要在销毁前调用它们的析构函数即可。

不过，如果不小心把对象直接存入了容器，就会引发 bug。尤其在该对象包含了 new 创建的数据时，这可能会造成程序崩溃。

崩溃示例

请看下面的例子。

```
#include <vector>
using namespace std;

class A{
public:
    A(){ mX = new int(); }
    ~A(){ delete mX; }
    int* mX;
};

vector< A > gA; // 设置 vector 为全局变量

void add(){ // 用于给数组添加元素的函数
    A a;
    gA.push_back( a );
}
```

```
int main(){
   add();
   *( gA[ 0 ].mX ) = 6;
   return 0;
}
```

大家能找到这段程序崩溃的原因吗？上述代码能够通过编译，读者可以试着运行一下。

程序入口是 main()，我们从该处理开始分析。

首先，当 add() 函数中创建了 a 时，会调用 A 的构造函数创建出一个 int 变量。紧接着执行 push_back()，gA 的长度将变为 1。在扩容的过程中，vector 会自行创建一个 A 对象作为容器的 0 号元素，显然它将调用 A 的构造函数，于是就又创建出了一个 int。执行 push_back() 时会用传入的参数对该 0 号元素对象赋值，也就是说，a 的数据将会覆盖 0 号元素的 mX 值。这就意味着 0 号元素中 new 返回的指针在销毁之前就被覆盖了，很明显这是一个隐患。

接下来，add() 完成后，a 的析构函数会被调用，此时 a 的 mX 就被销毁了。但是要注意，这时 gA 中还存有一份 mX 值的副本，即 0 号元素的 mX。也就是说，现在 vector 的 0 号元素持有的 mX 其实已经变成了野指针（因为其所指的内存其实已经被回收）。于是，当 main() 中第 2 行代码企图将 6 赋值给该野指针所指的内存时，程序就可能会发生崩溃。即便这里没有崩溃，main() 结束后会对 gA 中的 mX 执行 delete，这样同一个指针就被销毁了两次，也一定会发生崩溃。

读者若无法理解这一过程，可以暂时不去深究，但最起码在出现问题时要有所察觉。寥寥数行代码就能引发这种致命错误，这也是 C++ 让人头疼的地方[①]。

对策

首先，要尽量使容器中保存的是指针。

其次，为了避免出错，要让创建出的相关类不支持复制，或者干脆禁用所有类的复制功能。至于如何禁止复制，只要确保复制构造函数 operator=() 无法被外部调用即可。

```
class A{
private:
   A( const A& ); // 封存
   void operator=( const A& ); // 封存
};
```

将复制构造函数声明为 private，同时确保不要实现该函数，这样当代码中企图使用类复制功能时，编译器就会报错。为避免后期误以为该函数忘记实现了，我们有必要在注释中清楚地说明这一点。这样处理后，push_back() 和 insert() 等需要使用复制功能的函数在调用时就会失败，开发人员自然就知道应该保存指针。

由此，大家应该可以体会到 C++ 这门语言的复杂性了。

① 出现该问题的根本原因在于将不允许发生复制的类对象放入了 vector 中。要想将实体对象放入 vector，就必须确保类 A 的复制操作是安全的。

17.7 性能瓶颈分析

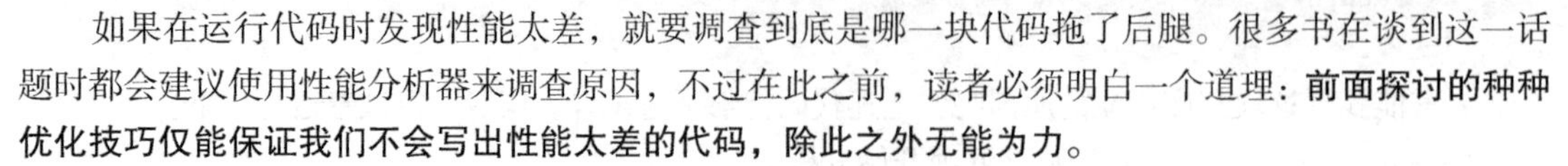

如果在运行代码时发现性能太差，就要调查到底是哪一块代码拖了后腿。很多书在谈到这一话题时都会建议使用性能分析器来调查原因，不过在此之前，读者必须明白一个道理：**前面探讨的种种优化技巧仅能保证我们不会写出性能太差的代码，除此之外无能为力。**

而在大多数情况下，所谓的性能不足往往是游戏设计的问题。

特别在画面绘制方面。在现在的游戏中，大部分计算能力消耗在了画面的渲染上。比如往游戏中放 100 个敌人，往往不是因为游戏逻辑需要这 100 个敌人，而是为了起到装饰作用，让画面看起来更丰富。更高的分辨率、更精致的人物模型，归根结底都是为了让游戏更"好看"。对于这类情况引起的性能不足问题，程序员也无能为力。

责任心较强的程序员会绞尽脑汁去优化，但大多数情况下会以失败告终。即使有细微的改善，离最终想要的效果也还是会差很多，甚至很少能够将性能提升几个百分点。因此，与其把大量时间花在这种无谓的尝试上，还不如从根本着手，减少模型的顶点数量、缩减纹理的尺寸，或者减少同屏人物的数量。

没有结果的努力是徒劳的。开发人员应当在性能优化之前询问美工人员能否将素材再压缩一些，并与策划人员沟通，表达自己想减少一些同屏物体的想法。

当然，如果通过努力可以达到明显的效果，就应该尽量去优化，这是一个优秀的工程师需要具备的责任感。笔者始终认为，作为工程师，没有几分锲而不舍的"匠人精神"是不行的。不过，前面讨论的那种情况，很明显在程序方面不会有太多的优化空间。既然知道了可能不会有很好的优化效果，那还是先调查性能瓶颈会比较好。

用于排查性能问题的工具称为**分析器**（profiler），代表产品有 Intel 的 VTune，使用该软件可以清楚地看到各个函数消耗了多少时间。优先修改那些耗时严重的函数，就能以最小的投入收到最大的效果。如果不打算购买该软件，也可以在函数的头尾分别插入代码，计算出该段函数的执行时长并将值显示在画面上，这种原始的做法也很有效。通过 `Framework` 的 `time()` 和 `drawDebugString()` 就能实现。

排查问题的基本思路也是二分查找法。首先将一帧中的处理分为两个部分，并在画面上显示各自的执行时间。然后选取耗时更多的部分，再将其切分为两部分继续排查，依次类推，最终就会找到耗时最长的函数。不过，如果函数普遍耗时较长，这个方法就无法奏效了。

下面是本章的补充内容。

17.8 补充内容：函数调用的开销

函数调用是有代价的。

调用函数时，为了确保函数执行完成后程序还能回到原处继续执行后面的逻辑，系统需要做些额外的工作。试想这样一个场景：想要偷吃糕点的小男孩听到哥哥的脚步声，立刻将糕点藏了起来和哥哥打招呼。如果不把糕点藏起来就可能会被哥哥抢去，因此只好等哥哥离开后再拿出来吃。这一过程和函数完成后的状态恢复非常相似。二者都需要花费时间。如果多次调用那些只会进行一些简单计算的函数，大部分的开销就会花在调用准备与状态恢复上。

从本质上来看，函数其实也是放在内存中的一堆数据，调用函数时必须先将其从内存中读取出来。如果能在缓存中找到可能还好，否则时间开销还要增加。

我们来看一个函数调用影响性能的例子。不知各位读者还记不记得，在开发绘制功能类库时我们曾在 IndexBuffer 中创建了 index() 函数以获取第 *i* 项索引值。该函数所做的仅仅是通过下标访问的方式从数组中取得相应数据并返回，没有其他复杂的计算过程。

```
unsigned IndexBuffer::index( int i ) const {
  return mIndices[ i ];
}
```

但是该函数会被频繁地调用，每处理 1 个三角形就会调用 3 次。显然，很大一部分开销都用在了调用准备以及状态恢复上。这种额外的开销称为 overhead。读者一定要注意，函数调用会带来 overhead。

那么，这个 overhead 对性能有多大影响呢？假设该函数在调用准备与状态恢复上一共要消耗执行 20 次加法运算的时间。1 GHz 的 CPU 在 1 秒内能执行 10 亿次加法运算。如果是一个 60 帧的游戏，那么用 10 亿除以 60，1 帧约进行 1700 万次运算。若每帧要绘制 10 万个三角形，函数调用的开销可以通过 10 万乘以 20 算出，大约为 200 万。也就是说，在 1700 万次的运算中大约有 200 万次是函数调用的额外开销。是不是有些触目惊心呢？因此，更好的做法是不要用函数来实现，而是直接从数组中获取，这就需要把相关数据变量设置为 public。针对此类问题，可以使用以下 3 种思路来解决。

17.8.1 调整各个类的职能划分

假设 A::foo() 中会频繁调用 B::get() 方法。

```
void A::foo(){
  for ( int i = 0; i < n; ++i ){
    someFunction( b[ i ]->get() );
  }
}
```

函数 someFunction 需要用到 b 中的数据，之前我们编写的 drawTriangle3DH() 就相当于该函数。我们试着将该函数挪到 B 中，而不是像现在这样在 A 中调用。在当前的做法中，A 要访问 B 的 private 数据，所以通过 B::get() 来获取。如果将 someFunction 放入 B 中，就没有必要再通过 get() 来获取数据了。如果函数中要用到 A 的成员变量，那么将其作为参数直接传给 someFunction() 即可。

```
void A::foo(){
  for ( int i = 0; i < n; ++i ){
    b[ i ]->someFunction( mSomeData );
  }
}
```

这样修改后就不需要再调用 get() 了。我们需要权衡将函数放在哪个类中实现更为合适。原来那种为了访问 private 成员而去调用 get 函数的做法，把整个环节一分为二（提供数据与加工数据），出错的可能性也比较大。从常识上来说，加工厂和原料产地离得近一些更好。

我们再来看看批次类中 draw() 函数的情况，它需要用到索引缓存中的数据，同时还要使用顶点缓存的数据，按照上述思路，我们应当把 draw 放到索引缓存中实现，并把顶点缓存指针作为参数传给索引缓存，但是从逻辑上看，这种设计实在太别扭了，所以我们要考虑其他方案。

17.8.2 减少调用的次数

以索引缓存为例，

```
unsigned index( int i )const;
```

该函数每次被调用后都只返回一个索引值，这正是问题所在。我们可以将它改为调用一次就返回整个数组。

```
const unsigned* indexArray() const;
```

这样一来，只要执行一次调用拿到索引数组，之后就可以通过下标访问来获取想要的数据了。

```
const unsigned* indices;
indices = mIndexBuffer->indexArray();
unsigned i0 = indices[ i + 0 ];
unsigned i1 = indices[ i + 1 ];
unsigned i2 = indices[ i + 2 ];
```

不过这样改动后我们就无法检查索引值的合法性了。之前 index() 函数中使用了 ASSERT 来判断传入的索引值是否合法，但现在改成返回整个数组后，就没法保证访问时不发生越界。这就需要我们在安全与性能之间做出取舍。当然，在这个例子中，返回数组的做法是利大于弊的。

取舍的依据之一是函数代码的可信赖程度。如果函数只会被自己编写的代码调用，那么即便出现异常也很容易修改。但如果函数也可以被他人调用，还是加上检测处理更为稳妥。

17.8.3 内联

C++ 中有一个非常方便的功能，可以在编译的时候将函数的实现代码复制到调用方。这样一来，最终编译的代码中就不会存在函数调用，自然也就不会产生额外的开销了。

```
unsigned IndexBuffer::index( int i ) const {
  return mIndices[ i ];
}
```

如果对上述函数进行内联处理，那么原先的代码

```
unsigned i0 = mIndexBuffer->index( i );
```

就会被替换成如下形式，然后再编译。

```
unsigned i0 = mIndexBuffer->mIndices[ i ];
```

像这样，不需要什么复杂的操作就提升了代码的性能。但是世上没有免费的午餐，内联的使用必须满足一定条件。

内联的条件和缺点

使用内联的必要条件是必须确保调用函数的地方能够看到该函数的实现。

一般我们会把函数的实现写在 cpp 中，各 cpp 之间不存在包含关系，编译器会分别对各个 cpp 进行编译。也就是说，cpp 之间无法感受到对方的存在。这个特性非常有利于协同开发，但在需要使用内联的情况下就变成缺点了，因为在 cpp 中实现的函数只能在该文件中被内联。要使函数在别的类中也能内联，就必须将函数的实现写在头文件中。

在头文件中编写函数实现的方法有两种。一种是在类定义中直接编写函数体代码，如下所示。

```
class IndexBuffer{
public:
    unsigned index( int i ) const {
        return mIndices[ i ];
    }
};
```

这样 index() 就可以被内联了。简短的函数非常适合这么做，但是对类库使用者来说，只要能在头文件中找到函数的声明就够了，至于函数是怎么实现的并不需要关心。然而上述做法将使用者不需要关心的信息也放入到了头文件中，影响了可读性，从而降低了类库的易用性。这可以说是为优化性能做出的牺牲。

另外一种方法是在类定义的下方编写函数实现并用 inline 指定。这部分代码也可以先写在其他文件中，最后再包含进来。按照这种思路对 IndexBuffer.h 进行改写，如下所示。

```
class IndexBuffer{
public:
    unsigned index( int i ) const;
};

#include "IndexBufferImpl.h" //里面是具体的实现
```

另外准备一个 IndexBufferImpl.h，内容如下所示。

```
inline unsigned IndexBuffer::index( int i ) const {
    return mIndices[ i ];
}
```

注意函数前面要加上 inline 关键字。处理后的头文件看起来没有太大变化，不会影响可读性，只不过写起来会稍微麻烦一些。

虽然使用了一些技巧，但是调用者可以看到函数的实现这一事实并没有改变，因此当我们修改函数实现时，所有包含了 IndexBuffer.h 的 cpp 都要重新编译。如果将函数实现放在 cpp 中，那么无论怎么修改，最终都只要编译该 cpp 文件即可。而现在函数实现被放在了头文件中，所有用到该内联函数的 cpp 都必须重新编译。注意，如果频繁修改内联函数，就会在编译上花费很多时间。

另外，当函数的实现中使用了调用者无须关心的数据类型时会更加麻烦。

```
class Foo{
public:
    void execute(){
        IDirect3DDevice9* d = getDevice();
        d->CreateVertexBuffer();
    }
};
```

上述代码虽然把 `execute()` 设计成了内联函数，在一定程度上提高了性能，但是因为它使用了调用者完全不必关心的 `IDirect3DDevice9` 类型，所以调用方 cpp 不得不包含相应的头文件。这样不但烦琐，还降低了编译速度。

问题不止这些。假设我们对 `Matrix44` 的 `multiply()` 进行内联处理，从之前的讨论中可以知道，矩阵乘法计算的代码非常冗长。`multiply` 函数包含了 64 次乘法运算和 48 次加法运算，所以总共要执行超过 100 条指令。假设游戏中有 1000 个地方要调用该函数，因为内联函数在编译时会直接用函数体代码替换调用语句，所以这段代码将会被复制 1000 次。这不仅增加了内存使用量，也增加了程序的体积。体积变大后，缓存的利用率就会降低，反而会降低性能。

适合使用内联的情况

下面几种情况比较适合使用内联。

- **函数会被频繁调用，并且内联有积极效果**
- **函数实现非常简短，即便代码多次被复制到别处也不会有太大影响，或者可以确定该函数被调用的次数不会太多**
- **函数中没有用到一些调用方无须关心的数据类型，不会引入额外的头文件**
- **不会修改函数的实现，重新编译时造成的影响不大**

这么看来，索引缓存的 `index()` 函数就非常适合内联。当然，满足这些条件的函数并不多。此外还有一个限制，那就是虚函数不允许内联。因为虚函数到运行时才会知道具体应当调用哪个函数，编译时无法知晓虚函数的具体实现。从这个细节可以看出，调用虚函数时需要付出相当多的 overhead。

有些编译器不需要特意为函数声明内联，它会自动判断并对适合的函数进行内联处理。在 Release 模式下，Visual Studio 会对 cpp 中所有的函数进行内联处理[①]。如果足够信赖编译器，就不必再费力去完成上述讨论的种种操作了。不过前提是编译器要具备这种功能。遗憾的是，我们无法保证所有游戏机的编译器都有这种功能。退一步说，即便能够依赖编译器完成内联，我们也需要具备这方面的知识。

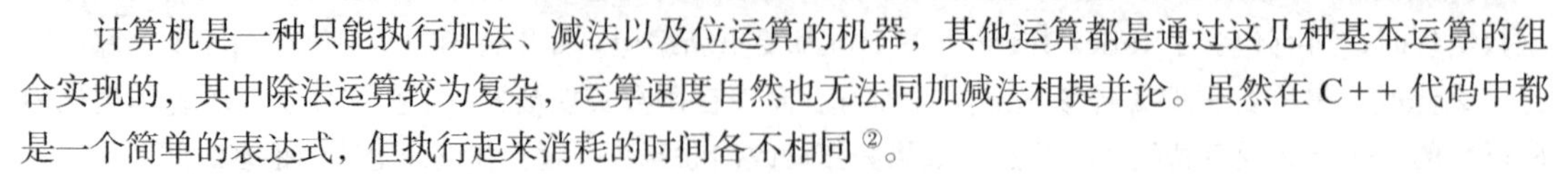

17.9 补充内容：高效运算与低效运算

计算机是一种只能执行加法、减法以及位运算的机器，其他运算都是通过这几种基本运算的组合实现的，其中除法运算较为复杂，运算速度自然也无法同加减法相提并论。虽然在 C++ 代码中都是一个简单的表达式，但执行起来消耗的时间各不相同[②]。

为了让读者直观感受到这些运算的差异，我们来试着自行实现除法运算操作。当然这种做法的实用性很差，这里只是为了教学演示而已。

---

① 注意要在设定中选中“全局优化”。

② 近几年生产的机器在乘法运算方面已经不像过去那么慢了，也就是除法还稍差一些。不过这也得看具体的硬件，读者可以查阅相关资料。

17.9.1 除法运算

整数的除法运算可以简单地编写为如下形式。

```
int div( int a, int b ){ //a 除以 b
    int result = 0;
    while ( a >= b ){
        a -= b;
        ++result;
    }
    return result;
}
```

上述代码主要在统计 a 最多能够减多少次 b。当然 CPU 内部并不是这样处理的，它有更为高效的实现。但万变不离其宗，核心思想仍是统计可减的次数。

为了提高效率，我们可以每次都减去 b 值的若干倍。比如将代码改为下面的形式，效率最大能变为原来的 2 倍。

```
int div( int a, int b ){ //a 除以 b
    int b2 = b + b;
    int result = 0;
    while ( a >= b2 ){
        a -= b2;
        result += 2;
    }
    if ( a >= b ){
        a -= b;
        ++result;
    }
    return result;
}
```

当 a 大于 b 值的 2 倍时，就可以直接减去 b 的 2 倍值。按照这个思路，我们可以将减数值设置为 4 倍、8 倍来减少运算次数。请看下列代码。

```
int div( int a, int b ){ //a 除以 b
    // 如果比 a 小，则 b 每次变大为原来的 2 倍
    int scale = 1; // 倍数
    while ( a >= b ){
        b <<= 1; //2 倍
        scale <<= 1; //2 倍
    }
    // 减法循环
    int result = 0;
    while ( scale > 0 ){
        if ( a >= b ){
            a -= b;
            result += scale;
        }
        b >>= 1; // 每次将 b 变为原来的一半
        scale >>= 1; // 同样变为一半
    }
    return result;
}
```

首先，反复使 b 值翻倍，直到它超过 a。然后，用 a 减去此时的 b 值后，再让 b 值变为原来的一半。假设 a 等于 63，b 等于 7。按这种做法，首先 b 可以增大至 8 倍，即 scale 的值为 8。随后进入第 2 个循环处理，循环中每组的 a、b 值分别是 63 与 56、7 与 28、7 与 14、7 与 7，经过 4 次循环后 result 等于 9。乘以 2 和除以 2 的操作都是通过移位完成的，也就是说，该运算是由加法运算和移位运算实现的。

相信读者能够看出，这类处理无论怎么优化都很难有质的飞跃，除法运算不可能达到与加减法或者移位运算相近的速度。我们没有必要自己去编写这类算法，只要知道除法运算会涉及很多操作，速度很慢就够了。

17.10 本章小结

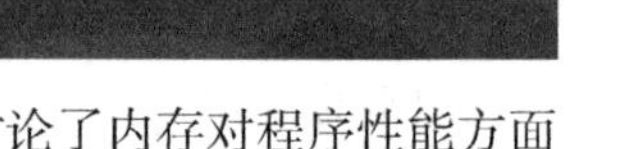

本章介绍了算法、数据结构、并行处理、吞吐量和延迟等概念，并讨论了内存对程序性能方面的影响。

在补充内容中，我们简单介绍了函数调用以及除法运算的开销。这些虽然不是什么致命的问题，但是在对性能要求极为苛刻的场景下还是需要多加注意的。

虽然涉及的话题很多，但最重要的是在开发过程中掌握好性能与其他因素之间的平衡。

性能固然重要，但未必永远在第一位。

或者可以说，

性能没有那么重要，但绝不意味着永远不需要考虑性能。

无论哪种策略，掌握好平衡才是关键。

开发人员应当做到在不影响代码可读性的前提下，尽可能地写出高效的代码。如果开发人员能够自然而然地编写出兼顾性能与优雅的代码，那么就不需要再逐个考虑哪里以性能为重，哪里以美感为先这样的问题了。为此，我们需要了解计算机是如何运行的，并在平时编写代码时尽量注意。相信读者在经过不懈的努力之后，一定能达到炉火纯青的地步。

经过了这 3 章的学习，接下来我们要继续《机甲大战》的开发了。下一章我们将对 3D 碰撞处理进行讨论。

第18章

3D 碰撞处理

主要内容

· 长方体的碰撞处理

· 球体的碰撞处理

· 线段与三角形的碰撞处理

本章将讨论 3D 世界中的碰撞处理。掌握这部分内容后，我们就可以像现在的 3D 游戏那样，让 3D 物体站立在由很多小三角形构成的曲面上了。

我们打算先将 2D 处理时用过的一些方法套用到 3D 的场景中。对很多游戏来说，这种做法非常简单实用，而且开发效率很高，还是很值得学习的。

本章使用的类库是 `3DCollision1`。注意，该类库中已经没有 `drawTriangle3D()` 了，取而代之的是 `drawTriangle3DH()`。另外，该类库中包含了笔者开发的 `PseudoXml` 模块。当然，读者如果已经有了更好的替代品，也可以忽略它。

18.1 长方体的碰撞处理

之前讨论 2D 处理时，我们使用了一个两边分别与 x 轴和 y 轴平行的长方形来完成碰撞处理。而在 3D 世界中，我们需要添加一个和 z 轴平行的边，使长方形扩展为一个长方体。这样就可以像 2D 那样完成碰撞处理，整体思路比较简单，实现起来也很有效率。

首先创建一个类来表示长方体。这里将其命名为 Cuboid，定义如下所示。

```
class Cuboid{
   int mX;
   int mY;
   int mZ;
   int mHalfSizeX;
   int mHalfSizeY;
   int mHalfSizeZ;
};
```

然后添加相交检测函数。名字与之前使用的相同，叫作 isIntersect()。

```
bool Cuboid::isIntersect( const Cuboid& b ) const {
   int ax0 = mX - mHalfSizeX; //left A
   int ax1 = mX + mHalfSizeX; //right A
   int bx0 = b.mX - b.mHalfSizeX; //left B
   int bx1 = b.mX + b.mHalfSizeX; //right B
   if ( ( ax0 < bx1 ) && ( ax1 > bx0 ) ){
      int ay0 = mY - mHalfSizeY; //top A
      int ay1 = mY + mHalfSizeY; //bottom A
      int by0 = b.mY - b.mHalfSizeY; //top B
      int by1 = b.mY + b.mHalfSizeY; //bottom B
      if ( ( ay0 < by1 ) && ( ay1 > by0 ) ){
         int az0 = mZ - mHalfSizeZ; //front A
         int az1 = mZ + mHalfSizeZ; //back A
         int bz0 = b.mZ - b.mHalfSizeZ; //front B
         int bz1 = b.mZ + b.mHalfSizeZ; //back B
         if ( ( az0 < bz1 ) && ( az1 > bz0 ) ){
            return true;
         }
      }
   }
   return false;
}
```

因为只是添加了第 3 个轴方向上的处理，所以复制原来的代码并简单修改一下就完成了。

18.1.1 碰撞响应的问题

之后只要编写碰撞响应的处理代码即可。虽然按“发生碰撞后停止移动”来处理会比较简单，但是有一个细节必须考虑到，那就是《机甲大战》中存在重力设定。

受重力的影响，放手后原先被握住的物体会往下掉落。针对这一特性，我们需要编写处理，使机甲每帧都向下移动。也就是说，即使机甲站在地面上，它也会不断地往地面里陷。这意味着机甲每帧都和地面发生了碰撞，如果粗暴地按“发生碰撞后停止移动”来处理，那么物体在水平方向上的移动也会停下来，所以必须对 x、y、z 轴分别进行处理。也就是说，和地面发生碰撞后仅停止 y 轴方向上的移动，x 轴和 z 轴都保持原来的状态。

当然，在 2D 部分我们就是这样处理的。判断碰撞后哪些地方只允许沿 x 轴移动或只允许沿 y 轴移动，然后沿该方向移动。但是在 3D 中就比较麻烦了，共有 7 种不同的情况：允许向 x、y、z 轴方向移动的情况、只允许向 y、z 轴方向移动的情况、只允许向 z、x 轴方向移动的情况……每次碰撞都必须检测 7 次。难道就没有什么好的优化方法了吗？

方法肯定是有的，只不过现在没有必要在这方面浪费精力，后面我们会用一种截然不同的思路来实现。当前最重要的是把碰撞处理这个功能添加到机甲游戏中。碰撞处理存在与否会影响到游戏的设计，所以应该一开始就把该功能添加进去。至于具体实现的代码，可以逐步优化甚至重写，比如该调用什么函数、应返回什么结果，等等，这些都可以慢慢调整。毕竟将问题拆开解决才是明智的做法。

读者可以先试着自行实现该处理。完成后将机甲移动到没有地面的位置，应该可以看到机甲坠落。另外，由于碰撞的作用，机甲之间不会发生重叠，甚至可以站在敌人身上。

18.1.2 示例代码解说

相应的示例位于 18_3DCollision1 解决方案下的 RoboFightWithCuboidCollision。考虑到每个项目都会涉及绘制以及向量运算方面的处理，我们在该解决方案下准备了一个 Library 项目，后面的示例都将引用该项目。当解决方案中有多个项目用到相同的功能时，把它封装成类库会比较方便。

关于伪 XML 文件的处理

在 Library 中，伪 XML 文件的相关处理都是通过 `PseudoXml` 模块完成的。GameLib 中的 `PseudoXml` 模块比之前作为示例介绍的 `PseudoXml` 高级得多，它支持读取空元素标签等，兼容性更好。

不过相关函数的变化并不大，如果读者曾经动手实践过，只要看看 Batch.cpp 和 GraphicsDatabase.cpp 中的相关代码就知道了。可以说变化只有两点：不再通过指针访问对象；使用 `create()` 构建对象。其他方面基本不变。

比如顶点缓存类的构造函数中的相关代码就被修改成了以下形式。

```
mSize = e.childNumber();
if ( mSize > 0 ){
    mPositions = new Vector3[ mSize ];
    mUVs = new Vector2[ mSize ];
    for ( int i = 0; i < mSize; ++i ){
        Element vertex = e.child( i );
        //从属性中提取
        int an = vertex.attributeNumber();
        for ( int j = 0; j < an; ++j ){
            Attribute a = vertex.attribute( j );
            string name = a.name();
            if ( name == "position" ){
                a.getDoubleValues( &mPositions[ i ].x, 3 );
            }else if ( name == "uv" ){
                a.getDoubleValues( &mUVs[ i ].x, 2 );
```

```
            }
        }
    }
}
```

child() 和 attribute() 不再返回指针，而是直接返回实体对象，因此后面全部通过“.”操作符来访问。剩下的就是一些内部细节的差异，比如 name() 与 value() 不再返回 string，而是返回 const char*。调用 strcmp() 也比较麻烦，因此比较字符串时会先将其放入 string 再执行“==”。因为 string 的构造函数中使用了 new 操作，所以性能不及 strcmp()，但是在对性能没有严格要求的情况下，这种做法还是很方便的。

处理顺序

说到碰撞处理，就不得不考虑处理顺序。之前我们在 update() 函数中响应玩家的控制并使机甲移动。然而，如果采用碰撞后停止移动的做法，就必须计算出物体将要前往的位置，然后判断该位置是否会发生碰撞，最后根据这些信息来决定物体如何移动。

当两台机甲同时移动时，情况会更加复杂。若先处理 0 号机甲，再处理 1 号机甲，那么对 1 号机甲执行碰撞处理时 0 号机甲的移动向量已经是被修改过了的，但在处理 0 号机甲时 1 号机甲的移动向量却是上一帧的处理结果，二者是不平等的，所以本示例都按照“双方机甲均位于上一帧结束时的位置”来进行处理。

处理流程如下所示。

- **计算两个机甲将要移动到的位置**
- **判断各机甲是否会和其他物体或敌方机甲发生碰撞**
- **如果会在 x、y、z 中的某个方向发生碰撞，则取消该方向上的移动，继续在其他方向上移动**

注意第二条，因为机甲还未发生移动，所以碰撞检测所使用的位置信息是上一帧结束时的位置。

内部单位

和《炸弹人》的开发类似，我们需要指定碰撞检测处理时使用的单位。假设数值 1.0 表示 1 米，而机甲身高一般为 2 米。在这种情况下，如果用米作为单位执行碰撞检测，精度就太粗糙了。至少应当设置成机甲的 1/10，而且越小越好。

Cuboid 内部会对数值放大 1000 倍处理。也就是说，处理单位应当变成 1 米的 1/1000，即毫米。当我们像往常一样从 Cuboid 类的外部传入 double 值时，其内部会将该值乘以 1000，然后再进行处理。这和我们开发《炸弹人》时一样。

例如，设置 Cuboid 位置的函数代码如下所示。

```
const double INTERNAL_UNIT = 1000.0; //内部单位差 1000 倍，以毫米为单位

void Cuboid::setPosition( const Vector3& a ){
    mX = static_cast< int >( a.x * INTERNAL_UNIT );
    mY = static_cast< int >( a.y * INTERNAL_UNIT );
    mZ = static_cast< int >( a.z * INTERNAL_UNIT );
}
```

从外部来看，这似乎和直接使用 double 处理没什么区别。不过，为了防止数值被放大 1000 倍

后发生 `int` 型溢出的情况，我们必须确保原值在正负 200 万的区间内。当然这个问题一般不太可能出现。毕竟 200 万意味着传入的值为 2000 千米，游戏中很少会去创建这么巨大的场景。如果想这么设计，就需要通过缩小范围来提高精度，我们暂时不用考虑这种情况。

18.1.3 长方体的不足

使用长方体来完成碰撞处理的方法非常简单，但也存在很多不足。首先它没有办法处理斜面的情况。如果要创建一个斜坡，就只能通过堆砌大量窄小的长方体来模拟，效率肯定非常低。若要开发一款能在 3D 场景中随意移动的动作游戏，使用这种方法是不现实的。

但是，在产品 demo 的开发阶段，或者开发的游戏（比如射击游戏）只需判断是否发生了碰撞而无须在碰撞后使位置回退时，这种做法还是很有效的。如果游戏世界不太大，那么即使有斜坡，我们也可以将世界看作一堆小长方体的集合。如果每级长方体台阶都很窄，那么整体看起来就像是一个斜坡。这就好比屏幕上的斜线，它其实是由一个个正方形的像素组合而成的。不过，一旦世界场景变大，需要用到的长方体数量就会急速增多，所以该做法仅限于场景非常小的情况。试想，如果将 x、y、z 轴各划分 100 个刻度，在每个网格区间设置 1 个长方体，那么最多将需要 $100\times100\times100$，共计 100 万个长方体。如果没有更巧妙的方法，性能上是撑不住的。

18.2 使用浮点数的碰撞检测

浮点数虽然在加减法方面性能稍弱，但是非常适合用在乘法运算中。具体原因以后我们会解释，现在只要知道这一点就可以了。在几何学相关的处理中，乘法运算随处可见，用整数类型来处理实在有些捉襟见肘，浮点数就派上用场了。

下面我们就从斜面和曲线开始步入浮点数的世界。

18.2.1 必要的形状

我们来想一个最简单的游戏场景——只要机甲站在地面上，并且不会与其他机甲相互穿透就可以了。常用的几何图形有点、线段、三角形、四边形、长方体、圆、球体、圆锥体和圆柱体等，其中符合碰撞处理要求并且相对简单的形状是哪一个呢？

答案是球体。

平面图形没有厚度，而圆锥体与圆柱体又太复杂。之前已经讨论过长方体不适合用于处理斜面，而且使用多个长方体模拟斜面会丧失长方体易于检测的优点，于是剩下的就只有球体了。

读者可能会产生疑问：“地面如何用球体来处理呢？”的确，球体不适合用来表示地面。不过，我们暂时可以用一个无比巨大的球体来模拟地面，毕竟地球这个球体看起来就是一个平面。

18.2.2 球体之间的相交检测

3D 世界中如何判断两个球体是否相交呢？

很简单，只要两球的球心距离小于半径之和，就意味着相交了。

$$|\boldsymbol{c}_0 - \boldsymbol{c}_1| < r_0 + r_1$$

$\boldsymbol{c}_0$、$\boldsymbol{c}_1$ 这两个三元向量表示两球的球心位置，r_0、r_1 分别是两球的半径。像 $|\boldsymbol{c}_0-\boldsymbol{c}_1|$ 这样两边用竖线围起来的写法表示长度，这里表示两个向量相减后的结果的长度，也就是两球球心的距离。

之后只要算出该距离就行了。

3D 世界中的距离

在 2D 中，计算点和点之间的距离时可以先让它们的横坐标、纵坐标相减，然后利用勾股定理算出。

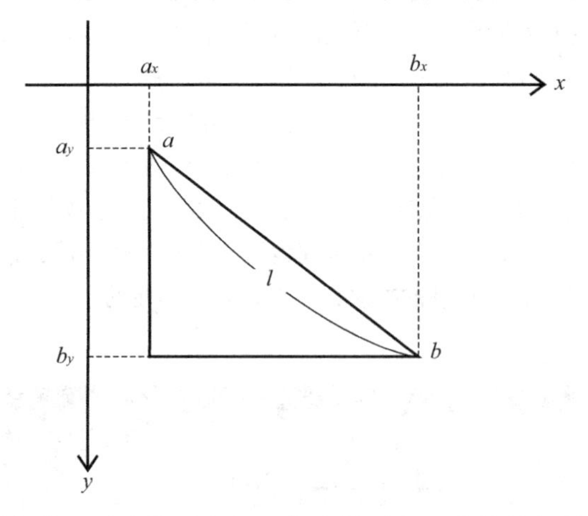

直角三角形斜边的平方等于对边的平方加上邻边的平方，这就是勾股定理。图中连接 $\boldsymbol{a}$ 和 $\boldsymbol{b}$ 的线段就是斜边，因此距离 l 可以根据下列算式求出。

$$l = \sqrt{(b_x - a_x)^2 + (b_y - a_y)^2}$$

现在我们将这一结论扩展到 3D 世界中。

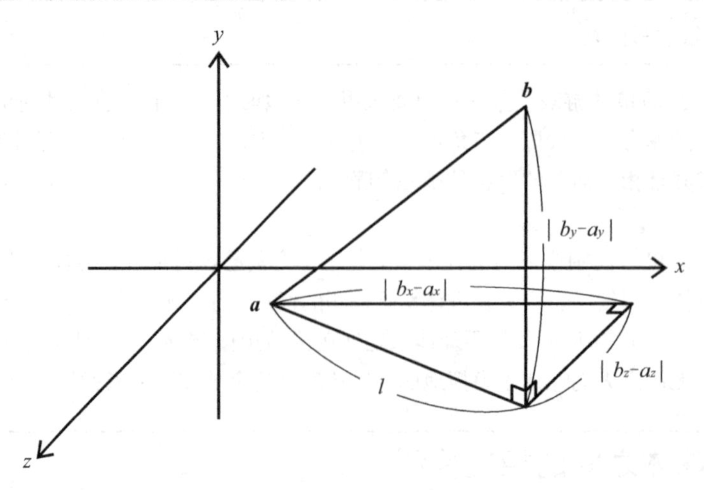

先忽略 y 轴，只考虑 x 轴和 z 轴组成的平面，斜边长度可以通过 2D 时的方法算出。

$$l=\sqrt{\left(b_x-a_x\right)^2+\left(b_z-a_z\right)^2}$$

该算式和前面的一样，只不过把 y 换成了 z。

然后将该值和 y 轴方向的长度再进行一次相同的计算。也就是说，需要运用两次勾股定理，最终计算距离的算式为：

$$\begin{aligned}d&=\sqrt{l^2+\left(b_y-a_y\right)^2}\\&=\sqrt{\left(b_x-a_x\right)^2+\left(b_y-a_y\right)^2+\left(b_z-a_z\right)^2}\end{aligned}$$

简单来说，就是先分别对两点的 x、y、z 值的差取平方，然后相加，最后开根号。对此，我们可以准备一个函数用于计算向量的长度。

```
double Vector3::length(){
    return sqrt( x*x + y*y + z*z );
}
```

说到这里，不知读者能否通过上图理解向量之间的加减法运算。$\boldsymbol{b}-\boldsymbol{a}$ 表示从 $\boldsymbol{a}$ 指向 $\boldsymbol{b}$ 的向量，换句话说，就是从 $\boldsymbol{a}$ 指向 $\boldsymbol{b}$ 的箭头可以用 $\boldsymbol{b}-\boldsymbol{a}$ 这个向量来表示。大阪向量减去东京向量表示从东京指向大阪的向量，它可以用一个起点在东京、终点在大阪的箭头表示。最开始我们介绍向量时说它是“一系列数字的集合”，现在将它和点、线联系起来，就更容易理解了。

相关代码

如果使用 3D 空间中距离的计算方法，球体之间的相交检测代码就可以写成如下形式。

```
bool testIntersectionSpheres(
const Vector3& center0,
const Vector3& center1,
double r0,
double r1 ){
    Vector3 difference;
    difference.setSub( center0, center1 );
    double distance = difference.length();
    double rSum = r0 + r1;
    return ( distance < rSum );
}
```

最后一句判断按理说应当写成：

```
if ( distance < rSum ){
    return true;
}else{
    return false;
}
```

不过笔者习惯在不影响理解的前提下，尽量将代码编写得简短一些，所以才没有采用上面这种写法。C++ 中的运算符其实相当于函数的别名，写成下面这种形式也是一样的。

```
return operator<( distance, rSum );
```

其实，C++ 的运算符只是一种使常用函数变得简短的功能而已。这么一想，是不是觉得 C++ 简单了许多？

下面我们换个话题，讨论一下这方面的性能优化。

避免求平方根的运算

求平方根是一种非常耗时的运算，应尽量避免。计算机只能执行加减法与一部分乘法运算，求平方根的运算和除法运算都是通过对这些基本运算进行复杂的组合来完成的。作为练习，读者可以想一下如何求平方根。

为了去掉平方根，我们先对算式两边取平方。

$$(c_{0x}-c_{1x})^2+(c_{0y}-c_{1y})^2+(c_{0z}-c_{1z})^2<(r_0+r_1)^2$$

如果两边用等号相连，那么取平方之后等式仍旧成立，但是在使用大于号或小于号连接的情况下，如果两边都是负数，那么取平方后符号就会发生改变。不过在当前情况下，距离和半径肯定是正数，因此直接取平方即可。

这样处理后就不用再进行求平方根的运算了。我们来添加用于计算距离的平方的函数，如下所示。

```
double Vector3::squareLength(){
   return x*x + y*y + z*z;
}
```

这里的 square 表示取平方。length() 可能还会在别处用到，因此可以先把它保留下来。使用该函数后，代码将变成如下形式。

```
bool testIntersectionSpheres(
const Vector3& center0,
const Vector3& center1,
double r0,
double r1 ){
   Vector3 difference;
   difference.setSub( center0, center1 );
   double squareDistance = difference.squareLength();
   double rSum = r0 + r1;
   return ( squareDistance < ( rSum * rSum ) );
}
```

可以看到执行了大量的乘法运算。这正是我们使用浮点数而非整数的原因之一。

整数不适合用于乘法运算的一个原因是溢出范围的限制。如果 a 和 b 都是 5 万，那么 $a\times b$ 就是 25 亿，远远超出了 int 的表示范围。但浮点数就很擅长这种大型数字的计算，几乎不会发生溢出。

18.2.3 碰撞响应

现在来讨论碰撞发生后应该如何处理。简单起见，我们仍规定碰撞发生后停止移动，但具体做法和长方体有所不同，因为“如果某方向上未发生碰撞则继续沿着该方向移动”的做法在这里无法直接使用。对一个球体来说，除非站在最顶端的位置，否则都相当于站在了一个斜面上，无论球体多大都是这样。既然是斜面，若采用之前长方体的思路来处理，所有朝着球体内侧方向的移动都将停下来。

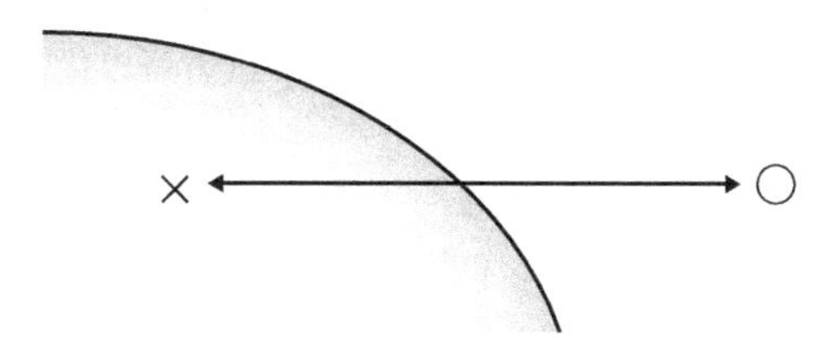

那么应该如何处理呢？

舍弃“如果若某方向上未发生碰撞则继续沿着该方向移动”这种思路未免太可惜，所以我们可以重新定义一下“未发生碰撞的方向”，请看下图。

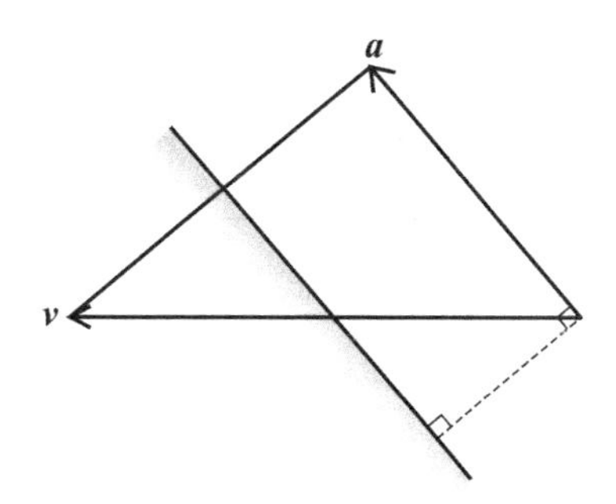

向量 **v** 表示碰撞发生前的移动方向，上图是侧面观察的效果。斜线代表两球碰撞位置的切面。根据经验可知，此时球体可以沿着 **a** 方向滑动。严格来说，图中使用直线来表示球体的表面是不正确的，但是在一定范围内球面的确可以被近似地看作平面。地球虽然是球体，但我们也常常说“水平方向”。如果两个球体都非常大，那么 **a** 的方向正好就是我们所说的“水平方向”。球体碰撞后让其沿着该方向移动即可。

那么 **a** 应当如何计算呢？

先看下面的整体示意图。

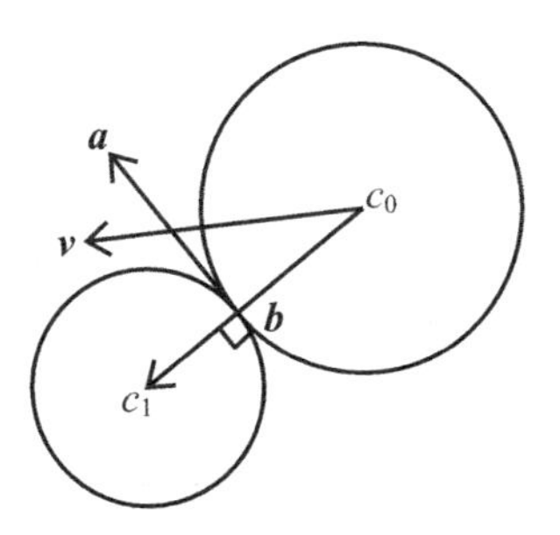

目前我们已经知道了向量 **v**。另外，连接两球球心可以得到 **b**。根据经验可知，**a** 与 **b** 相互垂直，所以问题就转换为了如何根据 **b** 和 **v** 来求 **a**。我们将该问题整理为下图就容易理解了。

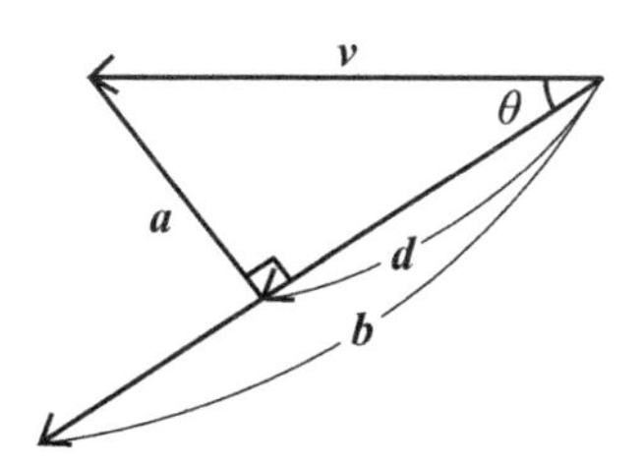

沿着 $\boldsymbol{b}$ 取适当的距离 $\boldsymbol{d}$，使其满足 $\boldsymbol{a}+\boldsymbol{d}=\boldsymbol{v}$，这样就可以通过 $\boldsymbol{a}=\boldsymbol{v}-\boldsymbol{d}$ 算出 $\boldsymbol{a}$，因此问题就转换为了如何求出 $\boldsymbol{d}$。上图采用平行四边形法则表示向量的加法，读者可以代入具体数字进行确认。还请大家务必掌握这种表示方法。

首先，为了简化处理，我们对 $\boldsymbol{b}$ 进行向量归一化处理。只要算出向量 $\boldsymbol{b}$ 的长度，然后将向量 $\boldsymbol{b}$ 除以该值即可。接着，如果知道了 $\boldsymbol{d}$ 的长度，再用长度乘以归一化的结果就能得出向量 $\boldsymbol{d}$。$\boldsymbol{b}$ 和 $\boldsymbol{v}$ 之间的夹角为，用乘以 $\boldsymbol{v}$ 的长度，就可以算出 $\boldsymbol{d}$ 的长度了。

我们将算式整理一下，如下所示。

$$\boldsymbol{b}=\boldsymbol{c}_0-\boldsymbol{c}_1$$

$$\boldsymbol{a}=\boldsymbol{v}-\frac{\boldsymbol{b}}{|\boldsymbol{b}|}\cdot|\boldsymbol{v}|\cdot\cos\theta$$

下面只要思考如何算出 $\cos\theta$ 的值即可。我们来看一下如何用数学方法求出该角度。

18.2.4 内积与角度

缺乏经验的读者可能很难想出解决方法，所以我们直接给出答案。这部分内容会涉及比较多的数学知识，理解起来可能有些困难，希望大家可以打起精神迎接挑战。

对于向量 $\boldsymbol{a}$ 与向量 $\boldsymbol{b}$，以及它们的夹角 θ，我们将以下运算定义为**内积**[①]。

$$\boldsymbol{a}\cdot\boldsymbol{b}=|\boldsymbol{a}||\boldsymbol{b}|\cos\theta$$

内积使用了点号作为运算符，所以也称为**点积**（dot product）。当然这只是一个定义，并不能解决什么问题。不过，我们可以将内积的公式推导成以下形式，这使得内积非常有价值。

$$\boldsymbol{a}\cdot\boldsymbol{b}=a_xb_x+a_yb_y+a_zb_z$$

利用这层关系，即便不知道角度的大小，我们也能算出内积，最后再通过下列公式就可以求出角度值。

$$\cos\theta=\frac{\boldsymbol{a}\cdot\boldsymbol{b}}{|\boldsymbol{a}||\boldsymbol{b}|}$$

那么如何证明该公式的正确性呢？直接用数学方法推导既冗长又晦涩，我们不妨以 2D 平面的情况为例进行说明。毕竟通过一系列复杂的变形来证明公式，远不如这样来得直观。

我们知道，当 $\cos\theta$ 的值为 0 时内积为 0，因为定义式中就是这么阐述的。而 $\cos\theta$ 等于 0 就意味着等于 90°，也就是直角。这就说明，如果两个向量构成直角，那么内积就为 0，反过来，内积为 0 就说明两个向量构成了直角[②]。

假设存在向量 $\boldsymbol{a}(a_x, a_y)$ 与向量 $\boldsymbol{b}(b_x, b_y)$，则 $\boldsymbol{a}$、$\boldsymbol{b}$、$\boldsymbol{x}(1, 0)$、$\boldsymbol{y}(0, 1)$ 这四个向量的关系可以如下表示。

$$\boldsymbol{a}=a_x\boldsymbol{x}+a_y\boldsymbol{y}$$

$$\boldsymbol{b}=b_x\boldsymbol{x}+b_y\boldsymbol{y}$$

---

① 内积又称为点乘。

② 从定义式来看，内积为 0 也有可能是向量长度为 0 所致，但长度为 0 时角度就不存在了，所以我们可以忽略掉这种情况。与严谨的数学证明不同，这里只要不会对实际开发造成影响即可。

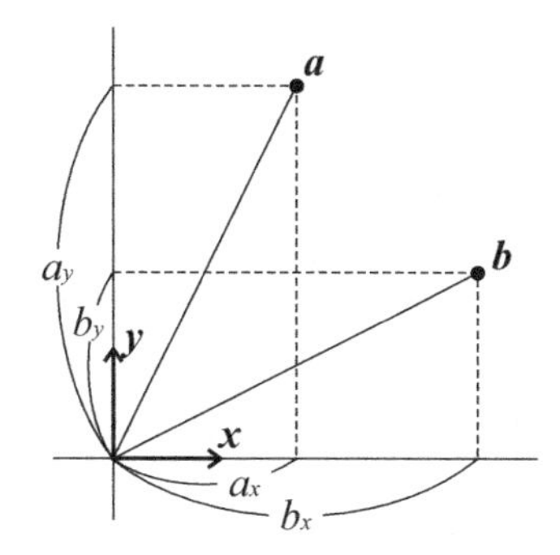

对平面上的任意一点来说，若从原点出发先沿着 x 轴方向前进一定距离，再沿着 y 轴方向移动一定距离，最后一定能到达该点处。上述算式就体现了这一事实。在此基础上，我们继续对内积运算进行变换。

$$\begin{aligned}\boldsymbol{a}\cdot\boldsymbol{b}&=\left(a_x\boldsymbol{x}+a_y\boldsymbol{y}\right)\cdot\left(b_x\boldsymbol{x}+b_y\boldsymbol{y}\right)\\&=a_xb_x\left(\boldsymbol{x}\cdot\boldsymbol{x}\right)+a_xb_y\left(\boldsymbol{x}\cdot\boldsymbol{y}\right)+a_yb_x\left(\boldsymbol{y}\cdot\boldsymbol{x}\right)+a_yb_y\left(\boldsymbol{y}\cdot\boldsymbol{y}\right)\end{aligned}$$

$\boldsymbol{x}$ 和 $\boldsymbol{y}$ 相互垂直，所以内积 $\boldsymbol{x}\cdot\boldsymbol{y}$ 的值为 0。而因为 $\boldsymbol{x}$ 与 $\boldsymbol{x}$、$\boldsymbol{y}$ 与 $\boldsymbol{y}$ 的角度为 0，所以 $\cos\theta$ 的值为 1，又因为长度是 1，所以 $\boldsymbol{x}$ 与 $\boldsymbol{x}$、$\boldsymbol{y}$ 与 $\boldsymbol{y}$ 的内积是 1。将各值代入后可以得到以下算式。

$$\begin{aligned}\boldsymbol{a}\cdot\boldsymbol{b}&=a_xb_x\cdot1+a_xb_y\cdot0+a_yb_x\cdot0+a_yb_y\cdot1\\&=a_xb_x+a_yb_y\end{aligned}$$

最后把这一结论扩展到 3D 世界就可以了。我们可以使用 $\boldsymbol{x}(1, 0, 0)$、$\boldsymbol{y}(0, 1, 0)$ 和 $\boldsymbol{z}(0, 0, 1)$ 这三个向量来按照上面的方式进行验证，非常简单。

其实，从直观印象上来看，我们甚至不需要再费力去证明。在 3D 世界中，让两条直线存在一个交点就可以构建出一个平面，因此就可以将问题转化为 2D 世界的情况来解决。如果算式在 2D 的情况下成立，那么在 3D 中也应该是成立的，而且最终得出的算式也应该非常相似。

内积运算还有一个特性：即使交换两个向量的顺序，得到的结果也是一样的。

$$\boldsymbol{a}\cdot\boldsymbol{b}=\boldsymbol{b}\cdot\boldsymbol{a}$$

以 $\boldsymbol{a}$ 为起始边测量出的夹角和以 $\boldsymbol{b}$ 为起始边测出的夹角在方向上是相反的，因此这两种情况的 θ 符号也是相反的。但是，角度的正负不会影响 cos 值，因为 $\cos\theta=\cos(-\theta)$，也就是说，无论以哪条边为起始边进行测量，结果都是一样的。如果将它画在纸上就很好理解了，$\boldsymbol{a}$ 到 $\boldsymbol{b}$ 的角度和 $\boldsymbol{b}$ 到 $\boldsymbol{a}$ 的角度是相同的，因此结果也是相同的。

这样就可以求出角度了。

注意，内积符号还存在这样的写法：

$$\boldsymbol{a}\cdot\boldsymbol{b}=\boldsymbol{a}^{\mathrm{t}}\boldsymbol{b}$$

右上角的 t 表示矩阵转置。我们说过，向量其实是个 n 行 1 列的矩阵。矩阵转置就是将行与列进行互换，在这种情况下，转置后 n 行 1 列的矩阵将变成 1 行 n 列的向量。

$$\boldsymbol{a}^{\mathrm{t}}\boldsymbol{b}=\begin{pmatrix}a_x & a_y & a_z\end{pmatrix}\begin{pmatrix}b_x\\b_y\\b_z\end{pmatrix}$$

上述矩阵计算式的结果是个 1 行 1 列的矩阵，也就是说只有 1 个数字，该值就是内积。这 2 种写法都经常出现，不过偏学术研究的文献中多使用后者。

18.2.5 继续考虑碰撞响应问题

现在回到原先要解决的问题上。为了计算出碰撞发生时水平方向的向量，必须先求出垂直方向的向量与移动向量所形成的夹角。现在我们已经推导出了下列算式。

$$\boldsymbol{b} = \boldsymbol{c}_0 - \boldsymbol{c}_1$$

$$\boldsymbol{a} = \boldsymbol{v} - \frac{\boldsymbol{b}}{|\boldsymbol{b}|} \cdot |\boldsymbol{v}| \cdot \cos\theta$$

其中，$\cos\theta$ 可以根据下式算出。

$$\cos\theta = \frac{b_x v_x + b_y v_y + b_z v_z}{|\boldsymbol{b}||\boldsymbol{v}|}$$

后面我们都会把内积写成 $\boldsymbol{a} \cdot \boldsymbol{b}$，不再按各个元素的相乘顺序展开，但实际的运算流程是不变的。

代入算式后消掉 $\cos\theta$，得到：

$$\boldsymbol{b} = \boldsymbol{c}_0 - \boldsymbol{c}_1$$

$$\boldsymbol{a} = \boldsymbol{v} - \frac{\boldsymbol{b}}{|\boldsymbol{b}|} \cdot |\boldsymbol{v}| \cdot \frac{\boldsymbol{b} \cdot \boldsymbol{v}}{|\boldsymbol{b}||\boldsymbol{v}|}$$

消去分子与分母中的 $|\boldsymbol{v}|$，进一步整理后得到：

$$\boldsymbol{b} = \boldsymbol{c}_0 - \boldsymbol{c}_1$$

$$\boldsymbol{a} = \boldsymbol{v} - \frac{\boldsymbol{b} \cdot \boldsymbol{v}}{|\boldsymbol{b}|^2} \cdot \boldsymbol{b}$$

按照惯例，标量（只有数值没有方向）与向量相乘时先写标量。后面还会遇到很多类似的计算，请读者务必掌握这部分内容。得出计算结果后，我们让物体沿着 $\boldsymbol{a}$ 方向滑动即可。

18.2.6 同时与多个物体发生碰撞时的情况

同时与两个球体发生碰撞时，应如何执行第二次的碰撞响应处理呢？可以先对第一个物体进行碰撞响应处理，让处理后得到的移动向量成为输入，然后对第二个物体进行处理。不过这样一来，如果交换处理两个物体的先后顺序，结果就会发生变化。也就是说，先对第一个物体修正移动量再对第二个物体进行处理，和先对第二个物体修正移动量再对第一个物体进行处理所产生的结果是不同的。请参考下面的示意图。

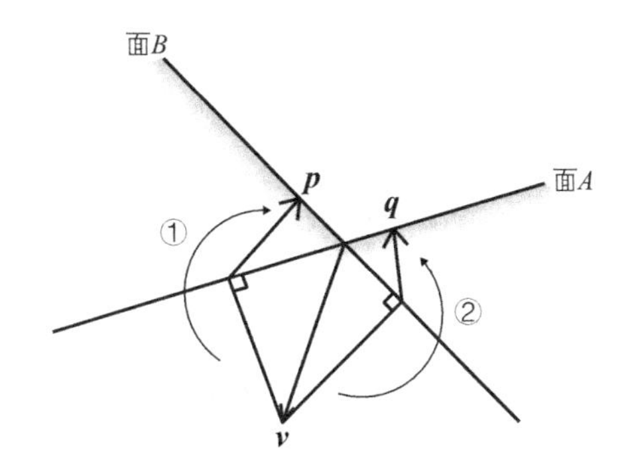

图中有两个交叉的面，向量 **v** 表示碰撞前物体的移动方向。因为这是一张俯视图，所以两个平面看起来是两条直线。若先对斜面 *B* 执行碰撞响应处理，碰撞后物体将先向右滑动，然后再对 *A* 进行处理，最终会得到移动向量 **p**。反过来，若先对 *A* 执行碰撞响应处理，物体将向左滑动，再对 *B* 进行处理，结果将得到 **q**。也就是说，在物体同时和两球碰撞的情况下，移动量的方向会根据处理顺序发生变化。如果每帧执行碰撞响应处理时选取的先后顺序不统一，就会导致物体每帧都按不同的方向移动，从而出现不自然的抖动。某些游戏中角色与建筑物的边缘发生碰撞时产生抖动的原因就在于此。相信各位读者都看到过这样的游戏。不知道是因为技术能力不足还是因为开发者认为没有必要去修改，反正最终呈现出来的游戏就是这样的效果。但从玩家的角度来看，游戏体验确实不太好。

那么使用长方体时也会出现这种情况吗？其实长方体也潜藏着类似的问题。不过，因为使用长方体时我们规定了不存在与 *x*、*y* 同时碰撞的情况，只能选择 *x* 或者 *y* 中的一个，并且都选择了 *x*，所以才没有出现抖动的情况。然而这种限制在球体中无法做到，因为任意方向上都可能会发生碰撞。

要想完全修复这一缺陷，只能废除碰撞后停止移动这一设定，采用其他更有技巧性的做法。不过这里我们忽略抖动问题，先让机甲正常站立在地面上，并且确保机甲之间不会发生穿透。

相关示例位于 RoboFightWithSphereCollision 中。和之前的示例不同的是，它采用 `Sphere` 类来代替 `Cuboid` 类，其实就是编写好 `Sphere` 类之后将所有出现 `Cuboid` 的地方都替换成 `Sphere` 而已。

18.2.7 如何站立在地面上

在用球体实现地面的情况下，无论半径有多大，终究都是一个曲面，更何况球体的大小不能随意设置。假设游戏中有一块与人物尺寸相近的石头悬浮在空中。由于尺寸已经确定，如果用球体来表示，角色恐怕无法站立在这么小的球体上。要是准备 4 个这样紧挨着的球体，角色或许还有可能站立在它们中间，但这种做法太费事了。

当然，如果石头的各边分别与 *x*、*y*、*z* 轴平行，那么也可以使用长方体来表示，但我们已经讨论过使用长方体来实现的缺点，所以这里不打算继续使用该方法。

为了使处理变得简单，我们可以把机甲之间的碰撞、机甲与地面之间的碰撞分别用不同的方法来实现。用球体来实现机甲间的碰撞不会有什么太大的问题，但机甲和地面之间的碰撞就比较麻烦了。明明没有东西挡着，机甲却无法继续移动，这类 bug 是让人难以容忍的。因此我们需要好好分析一下地面的碰撞处理。

使用三角形

我们使用三角形来表示地面。其实地面模型本来就是用一个个小的三角形拼起来的，所以这种做法能准确地完成碰撞检测。如果不考虑性能因素，这无疑是最好的做法。不过，我们要用三角形和另外一个什么样的形状来执行碰撞检测呢？也就是说，机甲应当用什么形状表示呢？

首先可以排除长方体，因为处理起来太麻烦了。圆柱体似乎是一个可选项，但圆柱体和三角形的相交检测非常复杂。圆柱体由曲线构成，而三角形由直线构成，二者是截然不同的。球体具有和圆柱体同样的缺点。那么是否可以同样使用三角形来表示机甲呢？读者可能还有印象，1 个长方体需要用 12 个三角形拼接而成。就算执行一次判断消耗的时间不多，每回都执行 12 次检测还是会给性能造成很大的压力，所以说这种做法也不太现实。

使用线段

于是，我们只好使用“点”来完成。因为机甲需要站在地面上，所以我们选择它脚底的一点，每帧移动后都检测它是否进入了三角形的另一侧。每帧移动是关键。我们需要知道移动向量才能判断出该点移动后是位于三角形的内侧还是外侧，所以最终要做的是判断线段与三角形的相交关系。如果连接移动前与移动后的两点生成的线段与三角形相交，则表示发生了碰撞。

这种使用线段来实现的做法有个优点，就是不会产生穿透的 bug。如果用球体来实现，在移动速度非常快的情况下，可能会出现一帧移动后穿透墙壁的情况。地面三角形没有厚度，球体半径越小就越容易发生穿透的问题。比如子弹对象往往尺寸很小，速度很快，如果子弹穿透墙壁击中了后面的对手，游戏就出 bug 了。当然，机甲与地面的碰撞不太可能出现这种穿透的问题。总的来说，使用线段来处理地面碰撞是最合适的。

注意，如果用脚底的某点来代表整个机甲对象，在执行机甲与天花板或者墙壁的碰撞处理时必然会发生穿透现象。不过那些可以到后面再解决，当前最重要的是确保机甲能够站在地面上。

18.3 三角形和线段的相交检测

下面我们来实现三角形与线段的相交检测。方法有很多，这里我们选择最容易理解的一种。这种方法虽然性能稍差，但是不会有太大的影响。三角形与线段的相交判断原本就比较消耗性能，根本的解决办法是尽可能减少判断的次数，所以这里暂时不考虑性能的问题。

18.3.1 几何形状的描述方法

球体可以通过球心位置的向量和半径来描述，三角形与线段应该如何描述呢？

我们先来回顾一下 2D 旋转处理时用到的补间操作。一元补间算式

$$\boldsymbol{p}=\boldsymbol{a}+t\boldsymbol{b}$$

通过点 $\boldsymbol{a}$、移动量 $\boldsymbol{b}$、参数 t 来表示点 $\boldsymbol{p}$，当 t 发生变化时 $\boldsymbol{p}$ 在直线上移动。用该方法来描述一条直线是很方便的。

这里多说一句，$\boldsymbol{a}$ 和 $\boldsymbol{p}$ 都是表示点的向量，而 $\boldsymbol{b}$ 则是表示直线的向量。向量既可以表示点又可以表示线，为了避免混乱，我们要加以区分。

线 = 点 − 点

点 = 点 ± 线

线 = 线 ± 线

向量之间的运算只存在以上三种情况，请注意区分。注意点和点不能相加。

实际上现在我们要表示的是线段而不是直线，所以需要限制长度。只要对 t 的范围进行约束就可以得到线段。为了方便使用，我们设置 t 的范围是 [0, 1]，然后再指定 $\boldsymbol{a}$ 和 $\boldsymbol{b}$。也就是说，只要让线段的起点为 $\boldsymbol{a}$，终点为 $\boldsymbol{a}+\boldsymbol{b}$ 即可。

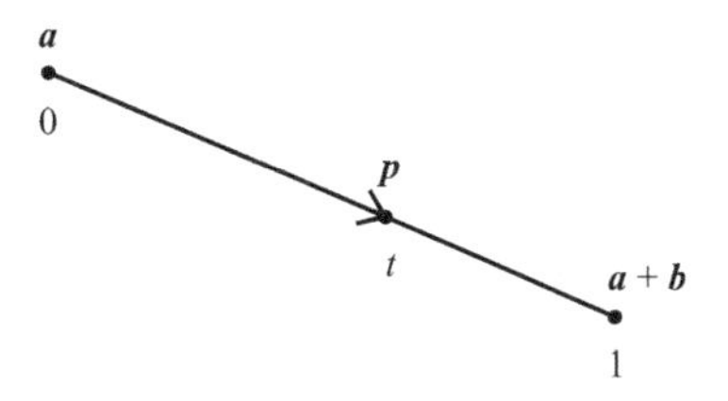

下面来看三角形的描述，首先回顾一下二元补间公式。

$$\boldsymbol{q} = \boldsymbol{c} + u\boldsymbol{d} + v\boldsymbol{e}$$

该补间方法用到了点 $\boldsymbol{c}$、移动量 $\boldsymbol{d}$ 和 $\boldsymbol{e}$，以及另外两个参数 u 和 v。结果 $\boldsymbol{q}$ 表示由 $\boldsymbol{c}$、$\boldsymbol{c}+\boldsymbol{d}$、$\boldsymbol{c}+\boldsymbol{e}$ 三点决定的平面中的任意一点。该平面无限大，如果将 u 和 v 的范围限制在 [0, 1]，那么 $\boldsymbol{p}$ 的范围将落在由 $\boldsymbol{c}$、$\boldsymbol{c}+\boldsymbol{d}$、$\boldsymbol{c}+\boldsymbol{e}$、$\boldsymbol{c}+\boldsymbol{d}+\boldsymbol{e}$ 组成的平行四边形内。

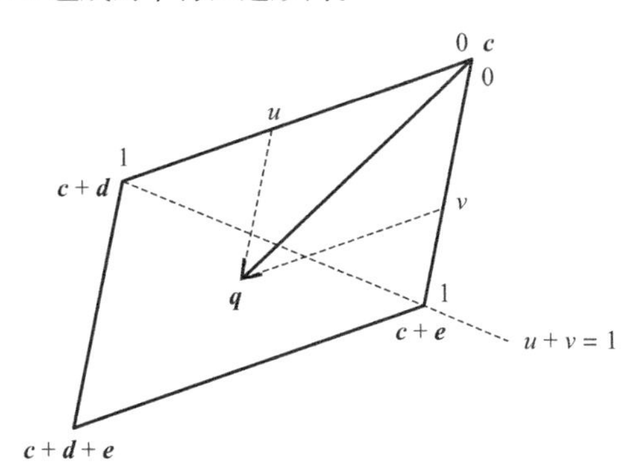

我们再进一步对 u 和 v 进行限制，规定 $u+v$ 不能大于 1。将 $u+v$ 等于 1 的点全部列出来，结果就是连接点 $\boldsymbol{c}+\boldsymbol{d}$ 和点 $\boldsymbol{c}+\boldsymbol{e}$ 的线段。满足条件 $u+v \leqslant 1$ 的点正好形成了 $\boldsymbol{c}$、$\boldsymbol{c}+\boldsymbol{d}$、$\boldsymbol{c}+\boldsymbol{e}$ 表示的三角形。我们可以用该方法来描述三角形。

整理一下 u、v 的条件，如下所示。

$$u \geqslant 0$$
$$v \geqslant 0$$
$$u + v \leqslant 1$$

u 和 v 都不能大于 1 的条件就不必再列出了。因为已经限制了二者之和必须小于 1，自然 u 和 v 都会小于 1。

18.3.2 方程组的求解方法

如果线段上的某点 $\boldsymbol{p}$ 与三角形中的某点 $\boldsymbol{q}$ 的坐标一致，就说明该线段与三角形有一个共同的点，即二者发生了相交。我们试着按照这个思路列出方程。

也就是说，只要满足了下列方程组，就意味着二者相交。

$$
\begin{aligned}
&\boldsymbol{a}+t\boldsymbol{b}=\boldsymbol{c}+u\boldsymbol{d}+v\boldsymbol{e}\\
&0\leqslant t\leqslant 1\\
&u\geqslant 0\\
&v\geqslant 0\\
&u+v\leqslant 1
\end{aligned}
$$

简单来说，三角形所在的平面和一条与之不平行的直线有且只有一个交点，所以我们可以先求出该交点所对应的 t、u、v，然后判断它们是否满足所有的约束条件。

待求解的未知数有三个，一般来说需要三个方程，因为有几个未知数就必须有几个方程。而现在除了第一个算式之外其他都是范围条件，可用的只有一个方程，这题还能有解吗？

当然没问题。请读者注意，目前讨论的是 3D 空间内的情况。从 $\boldsymbol{a}$ 到 $\boldsymbol{e}$ 都是三元向量，每个向量都包含了 x、y 和 z，于是我们可以列出如下方程组。

$$
\begin{aligned}
a_x+tb_x&=c_x+ud_x+ve_x\\
a_y+tb_y&=c_y+ud_y+ve_y\\
a_z+tb_z&=c_z+ud_z+ve_z
\end{aligned}
$$

很明显这是个一次方程组。只要稍加处理，就可以将这个方程组转化为如下形式。

$$
\begin{aligned}
b_xt-d_xu-e_xv&=(c_x-a_x)\\
b_yt-d_yu-e_yv&=(c_y-a_y)\\
b_zt-d_zu-e_zv&=(c_z-a_z)
\end{aligned}
$$

我们可以使用矩阵和向量使这个方程组变得更加简洁。

$$
\begin{pmatrix} b_x & -d_x & -e_x \\ b_y & -d_y & -e_y \\ b_z & -d_z & -e_z \end{pmatrix}\begin{pmatrix} t \\ u \\ v \end{pmatrix}=\begin{pmatrix} c_x-a_x \\ c_y-a_y \\ c_z-a_z \end{pmatrix}
$$

读者可能还有印象，矩阵本身就是为了让一次方程组更加简洁而诞生的。

如果用纸和笔来手算这道题，充其量是初中数学题的水平，但是对计算机来说就没有那么简单了。我们在解方程组时，一般会先用上面的两个方程消掉一个变量，再将得到的算式代入第三个方程算出最终结果。虽然只言片语就足以将规则描述清楚，但是让计算机处理就会变得非常烦琐。原因在于它需要考虑系数为 0 时的情况。

我们可以用二元一次方程组来说明计算机处理起来有多麻烦，比如试着求解下列方程。

$$
\begin{aligned}
ax+by&=c\\
dx+ey&=f
\end{aligned}
$$

首先将第一个方程变形：

$$y=\frac{c-ax}{b}$$

如果 b 等于 0，那就只能变成“$x=\times\times$”的形式了，这就需要添加 `if` 判断。二元方程的情况可能还好，三元方程就比较麻烦了。此外，计算机在计算时存在误差，当除数接近 0 时，除法计算也会出现很多问题。可见要编写一个能够完美地求解方程组的函数实在是太麻烦了，因此我们来尝试思考其他的解决办法。

当然，只要多花些功夫，这个函数还是能编写出来的，而且编写出来后这种做法会更有优势。有一种方法可以在不涉及 `if` 判断的前提下完成方程组的求解，就是使用数学上的克莱姆法则（Cramer’s Rule）。使用该方法来实现，不仅代码简单，而且运行效率也高。当然，对于前面的方法，只要下一些功夫不让除数为 0，也是能够解出方程组的。

18.3.3 分成两个阶段进行判断

前面我们尝试了一次性求出三角形与线段的交点，结果遇到了求解方程组的难题，实现起来比较麻烦。现在我们将该处理分为两个阶段。首先把三角形看成一个无限的平面，检测线段与该平面是否相交，如果相交再判断交点是否位于三角形中。

所谓无限的平面，不过是把限制条件放宽了一些而已，问题的本质并未改变，请看下式。

$$\boldsymbol{a}+t\boldsymbol{b}=\boldsymbol{c}+u\boldsymbol{d}+v\boldsymbol{e}$$
$$0\leqslant t\leqslant 1$$

虽然我们希望将 u 和 v 去掉，但既然算式中包含了 u 和 v，就必须得求出它们了。因此我们需要考虑使用其他方法来描述平面。如果能够生成一个不包含 u 和 v、只包含 t 的等式，我们就能先算出 t 了。

为了推导出这样的等式，我们来重新思考一下“平面上存在一点”意味着什么。

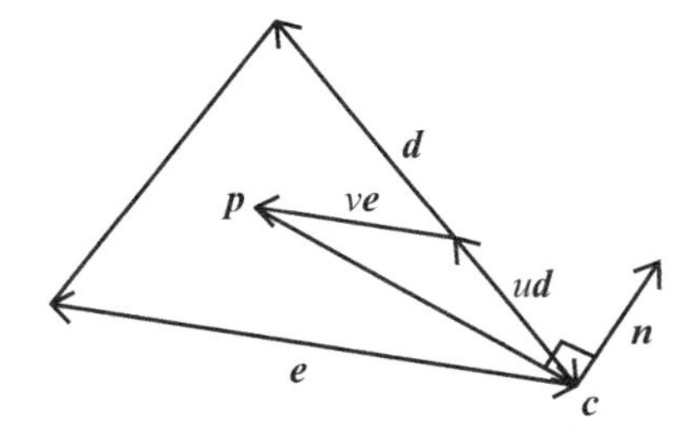

上图中，在 $\boldsymbol{c}$、$\boldsymbol{c}+\boldsymbol{d}$、$\boldsymbol{c}+\boldsymbol{e}$ 三点确定的平面上，存在一点 $\boldsymbol{p}$。点 $\boldsymbol{p}$ 应当满足什么条件呢？我们先引入一个与平面垂直的向量 $\boldsymbol{n}$。不擅长数学的人可能不太理解为什么要引入这样一个向量，这里我们暂时接受这个设定即可。$\boldsymbol{n}$ 垂直于该平面就意味着它垂直于平面上的所有线段。比如 $\boldsymbol{n}$ 和 $\boldsymbol{d}$ 相互垂直，$\boldsymbol{n}$ 和 $\boldsymbol{e}$ 也相互垂直。$\boldsymbol{d}$ 和 $\boldsymbol{e}$ 都在该平面内，自然可以得到这个结论。此外，从 $\boldsymbol{p}$ 指向 $\boldsymbol{c}$ 的向量 $\boldsymbol{c}-\boldsymbol{p}$ 也与 $\boldsymbol{n}$ 垂直，因为 $\boldsymbol{p}$ 也在平面内，线段 $\boldsymbol{pc}$ 是该平面中的线段。我们可以用下面的式子来表示这种关系。

$$\boldsymbol{n}\perp(\boldsymbol{c}-\boldsymbol{p})$$

如果能够做到不使用 u 和 v 来表示 $\boldsymbol{n}$，并将“两个向量相互垂直”的条件用某种算式表示出来，就能够得到一个不包含 u 和 v 的等式。若该等式中含有 $\boldsymbol{p}$，根据 $\boldsymbol{p}=\boldsymbol{a}+t\boldsymbol{b}$，该等式就能包含 t。这样一来，该等式中除了 t 就没有其他参数了，从而就满足了我们先算出 t 的要求。

18.3.4 外积和法线

我们先来看看如何求出 $\boldsymbol{n}$。这里同样直接给出答案，毕竟这个答案很难自己想出来。从数学上的定义来说，$\boldsymbol{n}$ 是 $\boldsymbol{d}$ 和 $\boldsymbol{e}$ 的**外积**。

$$\boldsymbol{n}=\boldsymbol{d}\times\boldsymbol{e}$$

外积用“×”表示，所以又称为叉积、叉乘。有趣的是，该运算只对三元有意义。一元、二元或者四元都不存在外积这个概念。外积的计算过程如下所示。

$$\begin{pmatrix} n_x \\ n_y \\ n_z \end{pmatrix}=\begin{pmatrix} d_y e_z - e_y d_z \\ d_z e_x - e_z d_x \\ d_x e_y - e_x d_y \end{pmatrix}$$

要想搞清楚该算式的来龙去脉，就必须学习一些让人头疼的数学知识。该算式乍一看好像很复杂，其实是有规律的：每行都包含了 xyz，等号左边是 x 分量时右边两个就是 yz 分量，左边是 y 分量时右边两个就是 zx 分量，左边是 z 分量时右边两个就是 xy 分量。知道这一规律后很容易就可以写出来。

此外，外积在几何上的意义也很明确。向量 $\boldsymbol{n}$ 同时与 $\boldsymbol{d}$ 和 $\boldsymbol{e}$ 垂直，假设按照从 $\boldsymbol{d}$ 到 $\boldsymbol{e}$ 的方向拧螺丝，那么螺丝往里钻的方向就是 $\boldsymbol{n}$ 的方向。假设 $\boldsymbol{d}$ 为 x 轴，$\boldsymbol{e}$ 为 y 轴，那么 $\boldsymbol{n}$ 的方向将和 z 轴一致。我们在编写外积函数时可以代入 (1, 0, 0)、(0, 1, 0)、(0, 0, 1) 这三个向量进行验证。当然，使用一些非零的值代入验证会更有可信度，不过一般弄错的都是方向，所以这样的数据就足以验证了。记住这一招，以后就不怕忘记公式了。

注意，$\boldsymbol{d}$ 和 $\boldsymbol{e}$ 的外积与 $\boldsymbol{e}$ 和 $\boldsymbol{d}$ 的外积在方向上是相反的，这种性质在数学上称为“不具备互换性”。另外，x 轴和 y 轴的外积指向 z 轴的正方向，而 y 轴和 x 轴的外积指向 z 轴的负方向。x 轴和 y 轴的外积之所以指向 z 轴的正方向，是因为我们设置了 z 轴的方向朝外（14.6.1 节），如果设置成朝内，结果就相反了。从这里也可以看出，将 z 轴的方向设置为朝外是符合数学美感的。

这个与用来计算外积的平面相垂直的向量 $\boldsymbol{n}$ 叫作平面的**法线**（normal）。注意，normal 在这里表示的是数学上的“垂直”，而不是“普通”之意。

现在我们可以通过 $\boldsymbol{d}$ 和 $\boldsymbol{e}$ 来表示 $\boldsymbol{n}$ 了。

18.3.5 计算 *t*

接下来用算式把垂直关系表达出来即可。这个事情其实我们之前就已经做过了。

回顾一下内积的定义。

$$\boldsymbol{a}\cdot\boldsymbol{b}=|\boldsymbol{a}||\boldsymbol{b}|\cos\theta$$

当 θ 等于 90° 时，$\cos\theta$ 等于 0。也就是说，内积为 0 时两个向量的夹角为直角。为了将

$$\boldsymbol{n}\perp(\boldsymbol{c}-\boldsymbol{p})$$

中的“⊥”符号变为可计算的形式，我们可以用内积进行替换。

$$\boldsymbol{n}\cdot(\boldsymbol{c}-\boldsymbol{p})=0$$

因为 $\boldsymbol{p}=\boldsymbol{a}+t\boldsymbol{b}$，所以可以得到：

$$\boldsymbol{n}\cdot(\boldsymbol{c}-\boldsymbol{a}-t\boldsymbol{b})=0$$

$\boldsymbol{c}-\boldsymbol{a}$ 的写法太烦琐，我们直接用 f 来表示。因为内积满足乘法分配律，即：

$$\boldsymbol{a}\cdot(\boldsymbol{b}+\boldsymbol{c})=(\boldsymbol{a}\cdot\boldsymbol{b})+(\boldsymbol{a}\cdot\boldsymbol{c})$$

所以展开后可以得到：

$$(\boldsymbol{n}\cdot\boldsymbol{f})-t(\boldsymbol{n}\cdot\boldsymbol{b})=0$$

因为内积的最终计算结果是一个数字，所以可以通过上述一次方程式算出 t。

$$t=\frac{\boldsymbol{n}\cdot\boldsymbol{f}}{\boldsymbol{n}\cdot\boldsymbol{b}}$$

如果该值不在 0 到 1 之间，就说明该线段没有与三角形相交，处理结束。

需要留意的是这里的除法运算。在数学中，0 是不能作为除数的，所以必须检测 $\boldsymbol{n}\cdot\boldsymbol{b}$ 的值是否为 0。如果该值等于 0，就意味着 $\boldsymbol{n}$ 和 $\boldsymbol{b}$ 相互垂直，结合下图可以看出，此时 $\boldsymbol{b}$ 和平面是平行的。

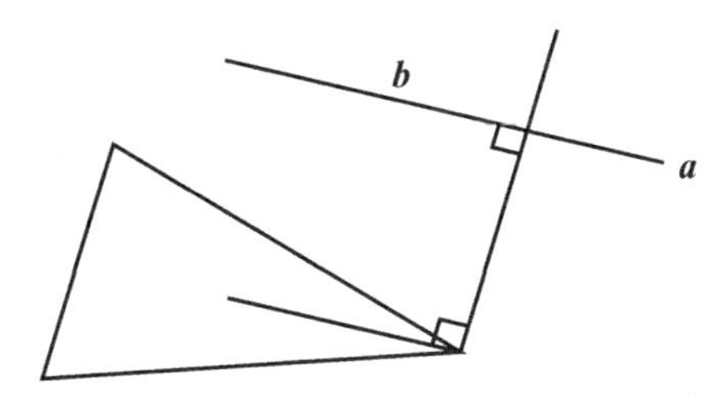

这种情况存在两种可能：一是它永远也不会和平面相交，一是它本身就是该平面中的一条直线。算式中除数为 0 的情况往往包含了一定的几何意义，在这种情况下应该多思考看看。

那么，当除数为 0 时应该如何处理呢？

目前只要将这种情况视为“未发生碰撞”即可。这种情况很罕见，即使出现了也不要紧，因为如果该线段两个端点的高度都是 0，说明机甲的移动方向是水平的，不会出现穿透地面的情况。

当然我们不能保证这种做法永远没有问题，不过从目前看来是可以的。想要一次性将这些零碎的问题全都考虑周全可以说是天方夜谭，毕竟本章的内容本身就已经够复杂的了。

18.3.6 判断是否位于三角形中

计算出 t 的值之后，我们再来处理 u 和 v，判断它们是否位于三角形中。t 已经求出来了，那么线段与三角形所在平面的交点 $\boldsymbol{p}$ 就可以通过 $\boldsymbol{a}+t\boldsymbol{b}$ 算出。之后根据算式

$$\boldsymbol{p}=\boldsymbol{c}+u\boldsymbol{d}+v\boldsymbol{e}$$

算出 u 和 v 就可以了。我们对常量 $\boldsymbol{p}$ 和 $\boldsymbol{c}$ 进行合并，将 $\boldsymbol{c}$ 移到左侧，并用 $\boldsymbol{g}$ 来表示 $\boldsymbol{p}-\boldsymbol{c}$，将算式变得更加简洁。

$$\boldsymbol{g}=u\boldsymbol{d}+v\boldsymbol{e}$$

这里有一个问题。表面上看起来这是一个算式，其实是三个，这一点之前也提到过。但是变量只有两个（u 和 v），这就意味着方程的数量比变量的数量还多。在这种情况下求解方程组就会比较麻烦，所以我们不再像之前那样代入 x、y、z，而是想办法用两个方程解决问题。

使用内积建立方程式

向量是无法直接写入方程式的。如果 $\boldsymbol{a}$ 和 $\boldsymbol{b}$ 都是向量，那么 $\boldsymbol{a}x+\boldsymbol{b}=0$ 就不是一个方程式。在这种情况下应该先把向量转换为标量，这时内积就派上了用场。也就是说，只要两边同时乘上一个合适的向量算出内积，就可以轻易地转化为方程式了。现在正好有 $\boldsymbol{d}$ 和 $\boldsymbol{e}$ 两个向量，我们不妨在两边同时乘上 $\boldsymbol{d}$ 和 $\boldsymbol{e}$ 算出内积看看。

$$\boldsymbol{g}\cdot\boldsymbol{d}=(u\boldsymbol{d}+v\boldsymbol{e})\cdot\boldsymbol{d}$$
$$\boldsymbol{g}\cdot\boldsymbol{e}=(u\boldsymbol{d}+v\boldsymbol{e})\cdot\boldsymbol{e}$$

$\boldsymbol{d}$ 和 $\boldsymbol{e}$ 平行将无法构建出三角形，所以 $\boldsymbol{d}$ 和 $\boldsymbol{e}$ 不可能平行，这样同一向量分别与 $\boldsymbol{d}$ 和 $\boldsymbol{e}$ 计算出的内积也将是不同的。反过来，如果 $\boldsymbol{d}$ 和 $\boldsymbol{e}$ 平行，那么 $\boldsymbol{d}$ 和 $\boldsymbol{e}$ 之间就存在 $\boldsymbol{d}=a\boldsymbol{e}$ 这样的比例关系，于是有：

$$\boldsymbol{g}\cdot\boldsymbol{e}=(u\boldsymbol{d}+v\boldsymbol{e})\cdot\boldsymbol{e}$$
$$\boldsymbol{g}\cdot(a\boldsymbol{d})=(u\boldsymbol{d}+v\boldsymbol{e})\cdot(a\boldsymbol{d})$$
$$a(\boldsymbol{g}\cdot\boldsymbol{d})=a((u\boldsymbol{d}+v\boldsymbol{e})\cdot\boldsymbol{d})$$
$$\boldsymbol{g}\cdot\boldsymbol{d}=(u\boldsymbol{d}+v\boldsymbol{e})\cdot\boldsymbol{d}$$

可以看到，如果 $\boldsymbol{d}$ 和 $\boldsymbol{e}$ 平行，那么同一向量分别与 $\boldsymbol{d}$ 和 $\boldsymbol{e}$ 计算出的内积是相同的。所以，不允许 $\boldsymbol{d}$ 和 $\boldsymbol{e}$ 平行是一个很重要的前提。

展开内积算式后，就能得到如下算式。

$$\boldsymbol{g}\cdot\boldsymbol{d}=(\boldsymbol{d}\cdot\boldsymbol{d})u+(\boldsymbol{d}\cdot\boldsymbol{e})v$$
$$\boldsymbol{g}\cdot\boldsymbol{e}=(\boldsymbol{d}\cdot\boldsymbol{e})u+(\boldsymbol{e}\cdot\boldsymbol{e})v$$

为了使式子变得更加简洁，我们将 $(\boldsymbol{d}\cdot\boldsymbol{d})$ 这种形式简写一下。把 $\boldsymbol{x}$ 和 $\boldsymbol{y}$ 的内积写作 $\boldsymbol{xy}$，于是有：

$$\boldsymbol{gd}=\boldsymbol{dd}\cdot u+\boldsymbol{de}\cdot v$$
$$\boldsymbol{ge}=\boldsymbol{de}\cdot u+\boldsymbol{ee}\cdot v$$

后面会涉及比较复杂的变换，所以如果写法太烦琐，就会不利于理解。

注意观察这两个算式。因为内积的结果是标量，所以这已经是一个二元一次方程组了。读者应该还记得我们曾讨论过方程组的解法，在解方程组时需要区分变量的系数为 0 的情况。不过比起三元方程组，二元方程组已经简单很多了，即便添加判断也不会太麻烦。

解方程组

下面来解该方程组。之前的做法是将第一个算式转化成为“$u=\times\times$”的形式，再将其代入第二个算式求出 v。但是对复杂的算式来说，这种方法就不太合适了。我们采用分别在两边乘以某值再相加或相减的做法来解方程组。

首先在上面式子的两边乘上 $\boldsymbol{de}$，在下面式子的两边乘上 $\boldsymbol{dd}$。

$$\boldsymbol{gd}\cdot\boldsymbol{de}=\boldsymbol{dd}\cdot\boldsymbol{de}\cdot u+\boldsymbol{de}\cdot\boldsymbol{de}\cdot v$$
$$\boldsymbol{ge}\cdot\boldsymbol{dd}=\boldsymbol{de}\cdot\boldsymbol{dd}\cdot u+\boldsymbol{ee}\cdot\boldsymbol{dd}\cdot v$$

用上式减去下式消去 u，求出 v。

$$\boldsymbol{gd}\cdot\boldsymbol{de}-\boldsymbol{ge}\cdot\boldsymbol{dd}=\left((\boldsymbol{de})^2-\boldsymbol{ee}\cdot\boldsymbol{dd}\right)v$$

$$v=\frac{\boldsymbol{gd}\cdot\boldsymbol{de}-\boldsymbol{ge}\cdot\boldsymbol{dd}}{(\boldsymbol{de})^2-\boldsymbol{ee}\cdot\boldsymbol{dd}}$$

这时需要检查 v 是否大于 0。如果小于 0 则意味着它已经超出了范围，这里结束处理即可。如果大于 1 也说明超出了范围。之前我们说过，因为还存在其他限制条件（$u+v<1$），所以不必特意检查 v 值是否大于 1。不过，如果此时发现该值超出了范围，后续的计算就不必再进行了，所以还是检查一下比较好。

然后求 u。重复上面的过程也能算出 u，不过还请读者注意观察一下算式。将 $\boldsymbol{d}$ 和 $\boldsymbol{e}$ 相互替换，u 和 v 相互替换后，算式仍是相同的。也就是说，该方程组中的 $\boldsymbol{d}$ 和 $\boldsymbol{e}$，u 和 v 是对称的。所以只要在 v 的计算结果中对 $\boldsymbol{d}$ 和 $\boldsymbol{e}$ 进行替换，就可以得到 u 值。即

$$u=\frac{\boldsymbol{ge}\cdot\boldsymbol{de}-\boldsymbol{gd}\cdot\boldsymbol{ee}}{(\boldsymbol{de})^2-\boldsymbol{ee}\cdot\boldsymbol{dd}}$$

分母中 $\boldsymbol{d}$ 和 $\boldsymbol{e}$ 本身就是对称的，所以替换后该值不变。也就是说，u 的分母和 v 的分母相同。求出 u 后，检查 u 是否大于 0，以及 $u+v$ 是否小于 1。如果能通过所有的检查，则表示发生了碰撞。巧用对称性可以达到事半功倍的效果，读者不妨亲自试试。不过误用对称性导致麻烦发生的情况也不少，还望大家注意。

和球体间的碰撞不同，三角形与线段碰撞后将相交于一点。通过 $\boldsymbol{a}+t\boldsymbol{b}$ 就能算出该点，所以我们可以清楚地知道碰撞发生的位置，这是非常方便的。如果需要在碰撞点呈现出爆炸特效，只需根据这一方法求出该点即可。或者可以将最早求出的 t 值传过去，让调用者计算该点的位置。

检查除数是否为 0

但凡涉及除法就必须检查除数是否为 0。不过这里分母 $(\boldsymbol{de})^2-\boldsymbol{ee}\cdot\boldsymbol{dd}$ 不可能为 0，我们来看看原因。

这里我们使用归谬法来证明，当然读者也可以自行证明。

如果分母为 0，移项后将得到：

$$(\boldsymbol{de})^2=\boldsymbol{ee}\cdot\boldsymbol{dd}$$

得出这个算式基本上就大功告成了。这里我们结合内积的定义来重新思考一下。因为 $\boldsymbol{a}\cdot\boldsymbol{b}=|\boldsymbol{a}||\boldsymbol{b}|\cos\theta$，所以有：

$$\left(|\boldsymbol{d}||\boldsymbol{e}|\cos\theta\right)^2=\left(|\boldsymbol{e}||\boldsymbol{e}|\cos 0\right)\left(|\boldsymbol{d}||\boldsymbol{d}|\cos 0\right)$$

将 $|\boldsymbol{d}|$ 和 $|\boldsymbol{e}|$ 提到前面，两边可以同时消掉两个 $|\boldsymbol{d}|$ 和两个 $|\boldsymbol{e}|$，而 0° 的余弦值等于 1，结果得到：

$$\left(\cos\theta\right)^2=1$$

去掉平方根后，得出 $\cos\theta=\pm 1$。也就是说，θ 等于 0° 或 180°，这说明两个向量是平行的。然而 $\boldsymbol{d}$ 和 $\boldsymbol{e}$ 是三角形的两条边，它们不可能平行，所以此处分母不可能为 0。

如果准备数据时出现失误导致分母为 0，就有可能出现这种不合理的三角形。为了避免这种漏洞造成危害，我们应当在读入数据后做一些校验，或者把错误的数据删掉。

18.3.7 编写代码

讨论了这么多，现在可以开始编写代码了。知道了各个计算步骤后，代码的编写就会很简单。即使遇到一些困难，也不会太过麻烦。

```
bool testIntersectionTriangleAndLineSegment(
const Vector3& t0, //t0、t1、t2 是三角形的三个顶点
const Vector3& t1,
const Vector3& t2,
const Vector3& l0, //l0、l1 是线段上的两点
const Vector3& l1 ){
    // 函数接收三角形的三个顶点和线段的起点与终点作为参数
    // 变量名和前面描述时使用的名称相同
    Vector3 a = l0;
    Vector3 c = t0;
    Vector3 b, d, e;
    d.setSub( t1, t0 );
    e.setSub( t2, t0 );
    b.setSub( l1, l0 );
    Vector3 f;
    f.setSub( c, a );
    // 求出法线
    Vector3 n;
    n.setCross( d, e );
    // 求出 t
    double nf = n.dot( f );
    double nb = n.dot( b );
    if ( nb == 0.0 ){ // 平行
        return false; // 没有相交
    }
    double t = nf / nb;
    if ( t < 0.0 || t > 1.0 ){
        return false;
    }
    /// 求出 v
    Vector3 p;
    p.setMadd( b, t, a );
    Vector3 g;
    g.setSub( p, c );
    double gd = g.dot( d );
    double ge = g.dot( e );
    double dd = d.dot( d );
    double ee = e.dot( e );
    double de = d.dot( e );
    // 分母不可能为 0，所以不需要进行检查
    double u = ( gd*de - ge*dd ) / ( de*de - ee*dd );
    if ( u < 0.0 || u > 1.0 ){
        return false;
    }
    double v = ( ge*de - gd*ee ) / ( de*de - ee*dd );
    if ( v < 0.0 || ( u + v > 1.0 ) ){
        return false;
    }
    return true;
}
```

代码中的 `Vector3::setCross()` 是用来计算外积的函数，`Vector3::dot()` 是计算内积的函数。注释中写了“分母不可能为 0”，其原因我们之前已经说明过了，如果不放心，也可以添加 ASSERT 进行检测。

还有一点需要说明的是，当 t、u 或 v 等于 0 或 1 时该如何处理。针对这类情况，上述代码是按照“发生了碰撞”进行处理的。关于这一点，我们不妨分析一下两个三角形贴合到一起时的情况。此时两个三角形之间不可能出现缝隙，如果代码按照“未发生碰撞”进行处理，物体将直接从二者的间隙穿透，这就违背了常识。

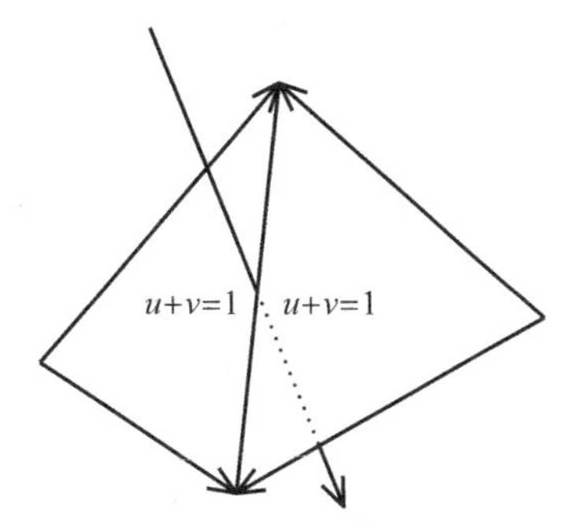

现在将这些功能都整合到游戏中。游戏中包含了一块四边形的地面以及两个机甲。在笔者提供的示例中，如果把机甲放在原点位置，就相当于位于临界线上，这时会被判定为“发生了碰撞”，所以机甲可以正常站在地面上。反之，若判定为碰撞未发生，机甲则会坠落。读者可以尝试修改代码并进行确认。之前用长方体来完成碰撞检测时，在临界状态下会按“未发生碰撞”进行处理，这是因为双方都有一定的厚度。而现在碰撞双方没有厚度，再按原来的方式处理就不合适了。没有厚度的图形处理起来还是比较麻烦的。

本章提供了 RoboFightWithTriangleCollision 示例。机甲类和之前一样使用了 `Sphere`，地形类中包含了一个 `Triangle` 类的数组，每次调用 `restrictMove()` 时都会调整移动向量。`Triangle` 类和绘制时使用的三角形是一样的，从 `Model` 中取出批次类后，就可以通过它的顶点缓存和索引缓存构建出来。

示例中有一半的地面是倾斜的，大家不妨确认一下机甲是否能登上斜坡。在没有任何操作的情况下，机甲将沿着斜坡缓缓下滑。

18.4 实用性

在之前的讨论中，我们忽略了一些问题，其中一个就是从间隙中穿透的问题。在上面的示例中，如果机甲在三角形之间的间隙来回行走，就可能会出现穿透地面的情况。尤其是在从斜坡滑到平地时，特别容易出现这种情况。

另一个是嵌入墙体的问题。现在我们是将机甲脚下的一点作为碰撞检测对象的，这就导致身体的一半会嵌入障碍物中。怎么看都不能算是一款真正的游戏。

此外，如果选择了碰撞后停止移动的做法，那么在无论物体往哪个方向移动都会发生碰撞的情况下，物体将完全静止下来。目前我们还没有考虑过这种情况，但并不意味着它不会出现。既然有可能出现，就需要添加一些处理来防止这种情况发生。

下面我们来讨论间隙穿透的问题。

18.4.1 间隙穿透问题

机甲为什么会从三角形之间的间隙穿透呢？

这纯粹是碰撞响应方法不完善导致的。和代表斜面的三角形执行碰撞响应处理后，将会得到一个朝向斜面方向的向量，并且物体将沿着该方向移动。但是移动完成后，下一帧有可能会错过某些碰撞检测。请参考下图。

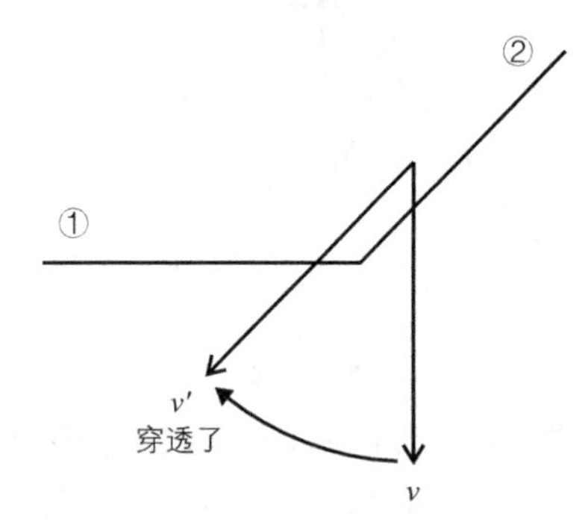

图中有 2 个三角形（①和②）。假设代码先对左侧三角形进行检测，并判定未发生碰撞（图中左侧的水平三角形），紧接着检测到物体和第 2 个三角形（图中右侧倾斜的三角形）发生了碰撞，此时其移动方向被修正，然后移动 1 帧。如果碰撞点正好位于 2 个三角形衔接处，那么移动完成后物体就会穿透第 1 个三角形。于是物体将不受任何阻挡，往下坠落。

为了避免这一情况出现，我们必须修改检测方法，再添加 1 次循环检测。如果在第 1 次循环中检测到碰撞，就使用修正后的移动向量进行第 2 次循环检测。如果第 2 次也检测到碰撞，则撤销第 1 次循环做出的修正，使物体回到之前的位置，这样就不会发生穿透了。

相关示例位于 RoboFightWithTriangleCollision2 中。该示例在场景四周新增了围墙。此外，在用于绘制的批次类之外又创建了一套用于碰撞检测的批次类，并且后者边界范围比前者更小一些。在执行碰撞处理时，首先会在第 1 次循环中检测原有移动向量是否会发生碰撞，如果会，则像之前那样改变移动方向，然后用这个改变后的向量进行第 2 次循环判断。若仍发生碰撞，则取消之前的移动。

这样处理后，穿透现象将不再发生，但结果仍不尽如人意。因为当物体沿着围墙移动时就会被卡住。

物体会被卡住

重力和斜面的作用导致物体会被卡住。

假设在某个具有重力设定的游戏中，地面上的物体在侧面和墙壁发生了碰撞，这时我们希望物体可以贴着墙壁滑行。但是受重力影响，物体在移动时会同时与地面和墙壁发生碰撞，也就是说，物体不仅要贴着墙壁滑行，还要贴着地面滑行。可是若按照上面的算法处理，物体只会滑行 1 次，第 2 次循环判断后就停止移动了。

即使没有重力设定，只要有斜面，就可能会发生上述情况。我们只能通过一些巧妙的方法来处理，比如当物体和地面接触时取消重力等。当物体和地面非常接近时，取消重力使它不再往下移动，从而避免与地面碰撞，这样物体就只会和墙壁发生碰撞，于是物体就会沿着墙壁滑行。但如果使用了这种方法，放置在斜坡上的物体将不再向下滑动。一般来说，斜坡上的空罐子应当自行滚落下来。此外，比如当坡度为 45° 时应优先处理斜面的碰撞还是墙壁的碰撞呢？这些细节也需要推敲。

再添加 1 次循环

本书提供了改进后的示例，即 RoboFightWithTriangleCollision3。该示例在处理时每帧将执行 3 次碰撞检测。

在首次循环中找到第 1 个碰撞的三角形，并改变移动方向。第 2 次循环在第 1 次移动的基础上再次进行检查，并继续移动。第 3 次循环判断此时是否会发生碰撞，如果会发生碰撞，则把前面 2 步的移动量撤销。

这样处理后，物体在同时与 2 个三角形发生碰撞时就也能正常滑行，不会在接触的瞬间突然卡住。不过这种做法的计算量比较大，而且可能会因为这一帧先处理和墙壁的碰撞，下一帧先处理和地面的碰撞而使物体沿着墙壁滑行时画面出现抖动。要消除这一现象，还得添加一些烦琐的处理。

在阅读本书时读者可能会想到更好的实现方法，如果是这样，建议大家亲自去尝试一下。当前这个程度还远远达不到商业游戏的要求，很多细节需要完善。不过我们要具体情况具体分析，不要奢望存在一种放之四海而皆准的方法。

18.5 其他问题

本章提出了大量问题，但是很大一部分并没有得到解决。

18.5.1 性能问题

和碰撞检测密切相关的首先是性能问题。

不难想象，当地面包含的三角形数量越来越多时，性能最终将被拖垮。上面讨论的最后一个示例中，所有三角形都必须执行至少 3 次判断。如果地形中包含了 1 万个三角形，就需要至少 3 万次判断。此外，如果游戏中有 2 台以上的机甲，每个机甲又发射了 10 颗炮弹，那么依次判断它们是否与地形发生碰撞的运算量将是令人绝望的。

我们不妨来做一个估算。

假设游戏机的 CPU 性能是 1 GHz。在本书执笔时，高端的机器可以包含 3 个 3 GHz 的 CPU，但是最畅销的便携式游戏机一般也就几十兆赫，所以这里取了它们的中间值，也就是 1 GHz。

1 GHz 的处理器在 1 秒内大约可以完成 10 亿次加法运算。假设游戏中每秒刷新 60 帧，用 10 亿除以 60 得出每帧处理会分配到 1600 万次加法运算。如果每帧需要对某种操作循环 20 万次，那么该操作只能分配到 80 次运算。看看我们之前编写的函数，80 次运算够用吗？一次向量的相加操作就要消耗 3 次加法运算，而 1 次内积要用到 3 次乘法运算和 2 次加法运算。这么看来性能肯定是不足的。即便够用，光碰撞检测就足以消耗掉所有性能了。在正常的游戏中，如果碰撞检测只允许消耗一成的性能，并且每次碰撞检测处理只有 1000 次加法操作的开销，在这种情况下就需要执行 1600 万 ×0.1/1000=1600 次判断。也就是说，每帧场景中所有物体加起来只能执行 1000 多次碰撞检测。如果无法在性能方面取得突破，该做法将不具备实用性。在后面的章节中我们会再次对此进行讨论，读者可以先思考一下。

18.5.2 碰撞响应的问题

比起性能，这个问题更加严重。

碰撞检测相对来说还是比较简单的，只要性能得到优化问题就不大。但是，碰撞响应光是解决碰撞后各物体应当如何移动的问题就已经足够复杂了。通过前面的讨论可知，用普通方法执行线段和三角形的碰撞处理在实用性方面仍存在不少问题，比如对重力的处理、对地面和墙壁的处理顺序等，还必须重复多次本来就很耗费性能的检测过程，并考虑角色在碰撞后应当如何调整移动方向等，这些已经不单单是技术方面的事情了。

当然，我们可以通过各种方法来改善这些问题，比如可以把线段加三角形的做法换成运动的球体加三角形。具有一定厚度的几何体处理起来更省事，不过代码的编写也会更加复杂，对性能的要求也更高。

18.5.3 精度问题

和碰撞处理相关的问题中，还有一点我们没有提及，那就是精度问题。

目前我们是使用 `double` 类型来进行计算的，所以不太容易察觉，但如果换成 `float` 类型，情况就完全变了。如果不把误差考虑进去，写出来的程序几乎没有什么实用性。我们曾经介绍过，对 `float` 类型进行 1 亿次加 1 之后，值将变为 1677 万。从这一点也能看出 `float` 的精度是靠不住的。

游戏中常常会遇到根据某值是否为 0 来判断平行与否的情况，而 `float` 类型无法精确地表示 0。除此之外，非负数的值有时也会由于误差而变成负数。假设当某个式子为 0 时某点将位于平面上，在这种情况下若使用 `float` 表示可能就会导致结果错乱。另外，比如在某值为负数时方向朝内的情况下，使用 `float` 可能会导致“该值明明是个很小的正数却被判断为方向朝内”。这些内容我们会其他章节中单独讨论，读者先有个印象就好。

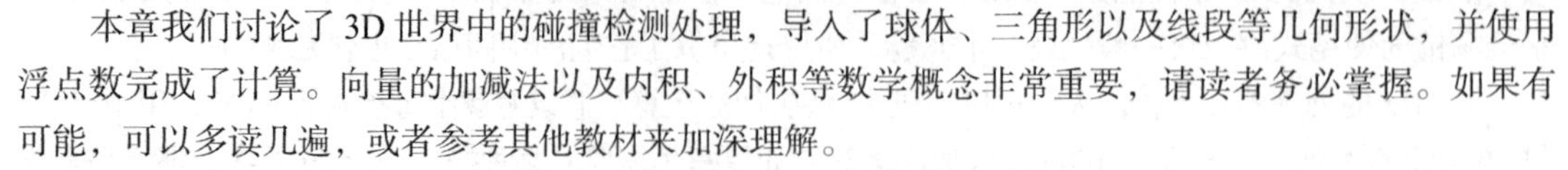

18.6 本章小结

本章我们讨论了 3D 世界中的碰撞检测处理，导入了球体、三角形以及线段等几何形状，并使用浮点数完成了计算。向量的加减法以及内积、外积等数学概念非常重要，请读者务必掌握。如果有可能，可以多读几遍，或者参考其他教材来加深理解。

但是，本章内容并没有达到实用性的要求。正如最后一部分提到的那样，性能、碰撞响应处理以及计算精度都是短板。当然，这些问题都可以通过一些巧妙的方法得到改善，即使画面出现抖动，不过分在意的话也能开发出游戏。如果对性能的要求不高，还可以采用每帧重复检测两次的做法来消除抖动。但我们希望读者最好能从根本上理解这些问题并尝试解决。关于性能与精度的话题，我们将分别在第 22 章与第 24 章深入讨论。

此外，本章是第一次也是最后一次把机甲与地面的碰撞处理加入到机甲示例中。虽然讨论了一章的内容，但主要介绍的还是碰撞检测，碰撞响应的部分并未提及。毕竟碰撞响应处理的示例代码比较冗长，介绍太多其他内容很容易造成混乱，因此我们将“产品级的碰撞响应处理的实现”这一课题留给读者去思考。在这方面本书只起到一个抛砖引玉的作用。

下一章将继续开发《机甲大战》。我们已经掌握了 3D 对象的绘制方法以及 3D 空间内的碰撞检测处理，游戏将变得越来越完善。

第19章

《机甲大战》的设计

主要内容

- 游戏设计
  - 类设计
  - 移动
  - 摄像机控制
  - 状态迁移
  - 武器的发射与轨道控制
  - 前端展现

在之前的章节中，我们着重介绍了游戏开发中用到的一些基础知识。虽说单凭这些知识无法开发出一个完整的商业游戏，不过关键的技术基本上都已经了解了，现在可以着手开发游戏了。前面的学习相对来说比较枯燥，之后就会变得有趣起来。

本章将继续使用 3DCollision1 类库。

19.1 状态迁移

在《炸弹人》部分我们已经学习了状态迁移，这里就没必要再重复一遍了。当然，量变引起质变，会编写几个简单的状态迁移，并不意味着就能处理好存在几十个几百个状态迁移时的情况。不过本书并不会涉及这种大规模的开发，所以我们仍按照之前的方法来实现就可以了。

这样一来，《机甲大战》中就无须再包含状态迁移处理的内容，只要包含以下几点就足够了。

- **主题画面状态。暂时只提供单人游戏模式。按下开始按钮后将迁移到游戏开始前状态**
- **游戏开始前状态。此时会显示"ready"等信息，经过一定时间后会进入游戏进行中状态**
- **游戏进行中状态。该状态表示游戏正在进行。只要有一方死亡，则跳转到显示胜负状态**
- **显示胜负状态。此时将显示类似于"1P win"这样的提示，并将得分显示在屏幕上。胜利则迁移至下一个关卡的游戏开始前状态，失败则返回主题画面状态**

整体还是比较简单的，我们可以将这些状态类都编写在同一个文件中，当然也可以用多个类来实现。读者按照自己的喜好操作即可。

19.2 操作

我们需要明确机甲都支持哪些操作。虽然后面可能还会增加，但核心操作必须在一开始就确定下来，否则就没有办法进行测试。

19.2.1 移动

原版游戏除了支持步行移动之外还支持快跑。作为快速移动的代价，完成该操作后的一小段时间内将不可以再进行其他操作。这种限制非常有意义，它可以提高游戏的可玩性。不过处理起来比较麻烦，所以我们省略了该功能。这里我们只用方向键控制机甲往 8 个方向移动。

在原版游戏中，机甲刚开始移动时的速度较慢，经过一段时间后速度达到最快，之后会保持该速度直至停止。我们将把这一特性移植到我们的游戏中。

19.2.2 跳跃

跳跃处理就需要花些功夫了。松开跳跃键后，机甲会落下。当持续按住跳跃键时，我们让机甲跳跃到一定高度，然后经过一定时间后开始落下。在这种情况下，让机甲持续往上移动或者浮在空中都是不正确的。另外，在落地之前不允许机甲在空中再次跳跃。不难想象，我们需要设置一个变量用于表示物体正在下落。此外，看到"经过一定时间"这样的描述，我们也可以想到需要添加一个性能参数来设置时间的长度。

该游戏的特征之一是机甲在跳跃时将面朝敌人所在的方向。在之前的示例中，为了省事，我们设置成了在按下跳跃键的瞬间机甲将朝向敌方，并且在持续按住跳跃键时它将一直面朝敌方。原版游戏只在跳跃开始时调整一次方向，而且该调整过程会花费一定的时间。我们也试着把这一点移植过来。至于跳跃过程中的移动操作，我们就不实现了。因为这会使代码变得冗长，从而让人难以理解。读者若有兴趣，可以试着自行实现。

原版游戏的另一大特色是，按下跳跃键使机甲朝向敌方后，松开按键机甲就会马上着陆。鉴于此，或许将跳跃键称为“让机甲旋转朝向敌方的按键”更为准确。

19.2.3 旋转

机甲跳跃时将自动朝向敌方，所以不需要特意控制其朝向，但是在某些情况下可能需要用到自由调整方向的功能[①]。尤其在调试时，无法控制方向将会非常不便，所以我们还要添加旋转操作。

玩家可以在按住某键的同时，输入左右方向来调整角度。原版游戏通过左右摇杆或手柄左右两侧的按键来控制方向，考虑到读者使用的手柄类型各不相同，我们就不去一一兼容各种键位了。

另外，游戏不支持在跳跃或移动的过程中进行旋转。跳跃时将无视旋转操作，如果在移动时触发了旋转操作，将会停止移动执行旋转。

19.2.4 发射武器

原版游戏中有三种使用武器的方式：左键、右键和同时按住左右键。为了简化处理，我们只选用其中一种方式，准备一个攻击键即可。

机甲发射武器的实现会稍微复杂一些。和移动操作不同，这里需要创建一些类来管理实例，所以工作量或多或少会变大。后面我们再讨论这部分内容。

19.2.5 示例代码

首先来编写移动处理。虽然不会涉及什么特别的技术，但是要编写出完美的代码还需要做一些准备工作。

“跳跃时不允许移动”“如果在移动时触发了旋转操作则停止移动”等条件相互交织在一起，使代码逻辑变得非常复杂。理论上通过设置计时器变量与 `bool` 变量就可以实现，但这种做法很容易写出“面条代码”，时间一长自己也认不出来了，很有可能导致一些难以处理的情况。

下面我们就来讨论一下如何编写这段处理。

具体的思路和方法我们已经学习过了。请读者回忆一下伪 XML 文件解析处理的状态迁移部分。当时我们没有采用复杂的 `if` 语句，而是把所有可能的条件罗列出来进行处理的，即在 A 状态下如果遇到了条件 B，则进行 C 处理，最后迁移到状态 D。当然，仅仅如此肯定是不够的，因为这里的条件和处理内容要比词法分析复杂得多。不过随着状态的增加，条件的复杂度也会有所降低。比如“跳跃后如果计时器超过一定数值则停止向上移动”这样的描述可以编写为“在‘向上跳跃’的状态下，如果计时器超过了限制时间，则迁移到‘上移结束’状态”，这样就可以和其他处理共用一个计

① 如果机甲使用的是激光武器这样的道具，那么旋转操作是非常有必要的。读者如果玩过原版游戏就会很清楚这一点，当然如果不了解也不必在意。

时器变量，不用为跳跃处理专门设置一个了，而且“向上跳跃”状态的代码也会变简单。如果使用 `if else` 处理不会导致混乱，当然也可以采用，可如果觉得在某些处理上使用 `if else` 比较复杂，就不妨尝试一下上述做法。

相关示例位于解决方案 19_RoboFightDesign 下的 RoboFightMoveOnly 中。为保持简洁，笔者没有把上一章实现的碰撞处理和状态迁移放入该示例中，读者可以自行添加。

下面将针对示例中的几个要点进行讲解。

角度的补间

假设机甲目前朝向 45° 方向，10 帧后将朝向 135° 方向，根据 (135−45)/10 可以算出每帧应旋转 9°。但如果要从 340° 转向 30°，补间应当如何完成呢？从示意图中可以看出，340° 和 30° 之间只差 50°，但是通过 340−30 将算出 310° 的角度差。如果使用该值来执行补间，明显要白白多转一些角度。

解决方法其实很简单：如果角度值相差超过 180°，就逆向旋转。

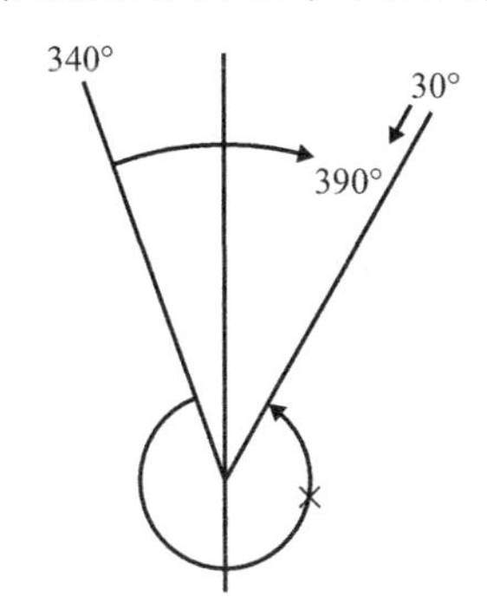

编写代码时，根据情况对目标角度加上或减去 360° 即可，因为角度加上或者减去 360° 后仍表示同一角度。

```
if ( goal - current > 180.0 ){
   goal -= 360.0;
}else if ( goal - current < -180.0 ){
   goal += 360.0;
}
```

不过这种方法能够奏效的前提是目标角度值与当前角度值同时在 −180°~180° 或者 0°~360° 这样“一个圆周”的范围内。如果是 1080° 或者 −2300° 这样的角度值，这段代码就无法正常运行了。一般来说，通过 `atan()` 等三角函数计算出来的角度值都在该范围内，但之后的加减操作可能会使角度值跳出该范围，该示例中的旋转操作尤其危险。因此，一定要确保参与计算的角度值落在“一个圆周”的范围内。

至于具体是将范围定在 0°~360° 还是 −180°~180°，我们可以自由选择，不过让 0 处于中间位置会使后续计算更加方便，因此笔者推荐后者。如果不确定应当在什么时候执行角度值变换，可以统一在每帧 `update()` 的开头进行。

摄像机由谁管理

在之前的示例中，我们把摄像机的相关代码直接写在了 main.cpp 中。但是该游戏的摄像机依赖于机甲的位置和角度，考虑到未来可能会改造为同屏双人对战游戏，于是就需要让双方各持有一个摄像机对象，这样在有必要使用某一方的摄像机绘制画面时，就会非常方便，代码结构也比较清晰。示例通过 `getViewMatrix()` 从机甲对象中获取视图矩阵，这样处理后就可以用一个按钮来切换两个玩家的视角了。

类库中虽然提供了摄像机类，但是需要单独准备透视变换矩阵与视图矩阵，所以我们不使用该类。

19.3 发射导弹

现在要使机甲能够发射导弹攻击敌方。

碰撞处理其实是最后的环节，在那之前必须先创建导弹类，使机甲可以发射会飞行的导弹，并且在一定时间后还能将导弹移除。

19.3.1 导弹类

我们需要创建一个表示导弹的类，其实用结构体也能实现，不过这里只要有一个包含构造函数并且所有成员的访问权限都是 `public` 的类就可以了，所以我们像往常一样使用普通的类。该类至少要包含位置、速度、角度和攻击目标等信息。不排除未来还会添加一些参数，不过当前有这些就足够了。

不同种类的导弹，其外观也不尽相同。不过目前我们只准备一种导弹。绘制过程和 `Robo` 类似，先载入 `GraphicsDatabase`，再创建 `Model`。因为会出现很多形状相同的导弹，所以只要在机甲中载入导弹的 `GraphicsDatabase`，在需要生成导弹时直接使用该数据即可。

在对机甲对象进行析构时，必须先对所有的导弹对象进行析构，否则就会出现一些奇怪的 bug。不过以目前的规模来说，还不会出现什么太大的问题。

19.3.2 导弹的数据结构

关于导弹的数据结构，主要问题是如何存储生成的导弹对象。

我们不用把存储的实现想得那么复杂，使用数组就足够了。在机甲类中准备一个长度等于最大导弹数的数组，发射时查找其中的空闲位置并在该位置生成导弹对象。每帧都会遍历数组，如果存在导弹，则对其执行移动处理。在导弹数量最多为 100 个的情况下，即使每次都进行查找，开销也不会太大，不过我们还有效率更高的做法。

假设游戏中有 100 台机甲，平均有三四台机甲会同时射击，几乎没有 100 台机甲同时射击的情况。在这种前提下，如果为每台机甲单独分配一个长度为 100 的数组，就会在空间上造成很大的浪费。我们可以创建一个数组，并用它来管理所有的导弹。

另外，我们也可以使用 `std::list` 来确保能够存储任意数量的导弹。不过 STL 容器会用到泛型，这会让代码变得冗长，而且性能比数组低。当然，如果对性能没有很高的要求，使用 STL 来编写的确会容易一些，这是一个客观事实。可如果编写起来不是那么费事，还是采用性能较高的写法比较好，这同样也是一个客观事实。具体使用哪种方法需要读者自行判断，而笔者之所以选择使用

list，主要是考虑到导弹数量变得非常大时数组有发生越界的风险。其实，除了一些特殊情况，一般选择用数组来实现就可以了。另外，如果想添加错误检查功能，还需要创建一个能够对范围进行检测的数组类。

需要注意的是，我们要让导弹经过一定时间后消失，否则导弹将越攒越多，过不了多久导弹数组就满了。如果导弹只在击中物体后才会消失，就必须确保在一定时间内它会和某个物体发生碰撞，然而这一点是很难保证的。因此，我们设置为导弹发射后经过一定时间自动消失，至于这个时间值，它可以根据导弹数组的长度以及发射频率而变化。当然这句话反过来说也是成立的，我们也可以先确定好导弹允许存在的时长，再根据这个时长决定数组的长度。

19.3.3 自动跟踪

在原版游戏中，机甲可以非常快速地移动。如果导弹只能沿直线飞行，恐怕很难命中目标，所以导弹应当有一定的跟踪功能，这样它才能朝着敌人的方向“拐弯”。下面我们来看看怎么实现。

要从位置 $\boldsymbol{a}$ 接近位置 $\boldsymbol{b}$，在这种情况下我们最容易想到的就是补间处理。

$$\boldsymbol{p}=\boldsymbol{a}+t(\boldsymbol{b}-\boldsymbol{a})$$

即使 $\boldsymbol{b}$ 一直在移动，执行该补间处理后最终也一定能追上，当 t 等于 1 时就会击中敌人。但如果导弹每次都能击中敌人，游戏就太无趣了，所以我们需要考虑其他方法。

最简单的做法是，每帧都让导弹的移动方向朝敌人的方向调整一定角度，并为该角度值设一个上限。

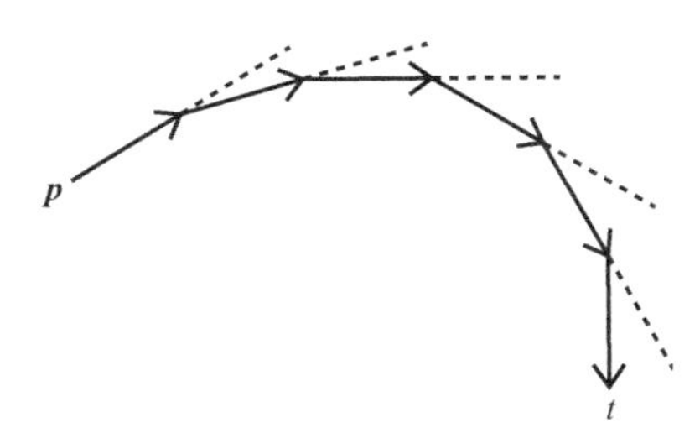

如果每帧调整后导弹的移动方向都和敌方的移动方向一致，那么除非敌方跑得比导弹更快，否则一定会被击中。然而，如果玩家只能拼命逃跑而别无他选，那么这样的游戏也没什么意思。更好的设计应当是玩家可以在导弹即将击中自己的瞬间，通过跳跃或者横向闪避来躲开导弹，而且此时导弹不允许突然掉头袭击，否则就算作弊了。

因此，我们只要让导弹在飞行的过程中每帧都朝着敌人的方向改变一定角度即可。让导弹沿着头部的朝向移动，然后逐渐改变它的方向。因为导弹的动力来自尾部的喷射器，它只能向前飞行。代码只要实现这些特性就可以了。

角度的调整通过上下角（绕 x 轴旋转）与方向角（绕 y 轴旋转）实现。绕 z 轴旋转意味着导弹沿着其自身的轴心旋转，这只起到一个装饰的作用，所以绘制时再去思考就可以了。每帧计算出当前敌人所处的方位，并设置以上两个角度变量使其接近该值。这种方法虽然不完美，但是在具备重力的环境近距离作战时并不会有什么问题。

在讨论机甲的旋转控制时，我们介绍过角度的补间方法，这里只要用同样的方法使其绕 x 轴旋转即可。不过，绕 x 轴的旋转角的范围要控制在 $-90°\sim90°$，超过 90° 就意味着导弹的上下两面发生了反转。这一点并不难理解。我们抬起头一直往后仰，最终就会看到地面出现在我们的“上方”。任何朝向都可以通过一个 $-90°\sim90°$ 的绕 x 轴的旋转角与一个 $-180°\sim180°$ 的绕 y 轴的旋转角来表示，所以这种设计是没问题的。就好比我们想欣赏身后的风景时不必仰头倒转，只要旋转身体就可以了。

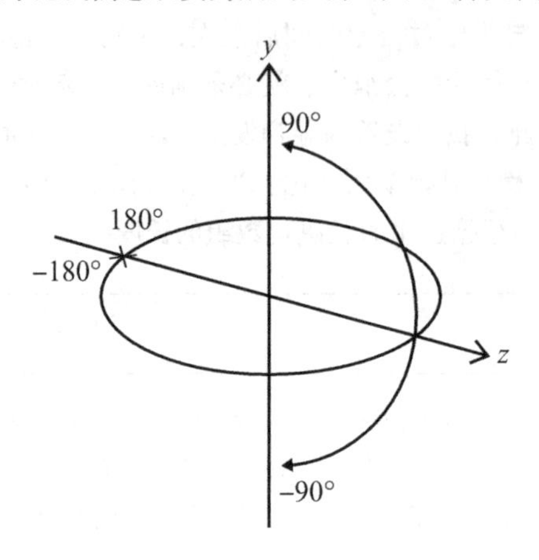

19.3.4 示例代码

示例 RoboFightWeaponOnly 中包含了武器相关的代码，这只是一个武器系统，没有包含碰撞处理和状态迁移。另外，上一节编写的代码也被剔除了。为了确保角色能够移动，我们简化了代码，仅保留了移动与旋转操作。

`Bullet` 类就是导弹类。示例中对性能没有要求，我们也没有使用 `new`，而是采用数组对该类进行了实现。该类的用法和结构体很像，`create()` 函数会清除掉使用过的导弹对象中的数据，然后把它当成新导弹进行初始化，因此调用该函数就能完成导弹的初始化。

在该示例中，从导弹发射到最后消失，导弹跟踪的精度和飞行速度一直保持为固定值。但在原版游戏中，导弹会逐渐加速，而且在途中就不会执行跟踪操作了。要实现这些特性，就得设置更多的参数，而这里我们只想对原理进行说明，所以就简化了这方面的处理。

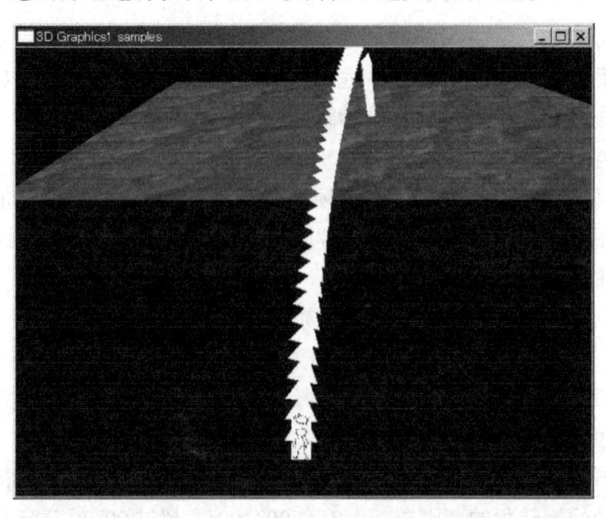

图中位于玩家与敌方之间的锯齿状的物体都是导弹。按下 x 键将持续发射导弹，上图显示的就是这种情况。

19.4 将功能整合到一起

现在我们要把这些分散的功能整合到一起。目前机甲已经能够任意移动并发射导弹了，接下来需要实现的是，在导弹击中敌方后降低敌方的体力值，若该值变为 0，则游戏结束。虽然功能还十分简陋，但是也勉强算是一个游戏了。当然碰撞处理是不可或缺的，不过笔者不打算将上一章编写的内容整合进来。因为在数据结构方面，导弹对象由机甲持有，所以我们只要判断各个机甲发射的导弹是否和敌方发生了碰撞即可。

我们不用为每个导弹添加 `Sphere` 对象，球体间的碰撞检测也不需要使用专门的类，直接在 `update()` 中编写即可。使用之前的方法执行机甲与地面的碰撞检测会出现一些问题，而且处理顺序也会大幅改变，整合起来比较麻烦，所以我们之后再来实现。本章提供的示例中并未执行地面的碰撞处理，只是设置为了当 y 小于 0 时自动恢复为 0。

明确思路后就可以编写代码了。

完成后的示例位于 RoboFightIntegrated 中。正如之前提到的那样，示例中并未添加状态迁移处理，只包含了游戏最基本的元素。

19.4.1 添加元素

完成上述整合后，我们试着将原版游戏中一些比较容易实现的功能导入到该游戏中。

在跳跃的过程中禁止攻击

机甲无法在起跳和落地的过程中发射导弹。因为跳跃时很容易避开敌方发射过来的导弹，为保证游戏的平衡性，这时应禁止它发射导弹攻击。

限制导弹数量

每次发射导弹都消耗一定的体力值，从而避免机甲持续发射导弹。和那些发射完所有导弹就结束的游戏不同，机甲恢复体力后又能继续攻击，这也是该游戏保证平衡性的一个策略。

锁定

在满足某些条件时，导弹能跟踪敌方，这种允许跟踪时的状态称为“锁定”。当机甲正对着敌方时才能锁定，一旦敌方逃出机甲的正面区域，锁定将变为无效。“正对着敌方才能锁定”这个条件确实有些苛刻，但如果条件太容易满足，锁定功能就没有意义了。作为折中方案，我们可以规定只要在瞄准过程中有一瞬间正对着敌方，并且之后没有偏离得太远，就可以保持锁定状态。

这种机制可以有效避免玩家运用一边逃跑一边攻击的消极作战模式。有了这个限制，玩家就需要尽可能地站在敌方的正对面作战。另一方面，这种机制也会鼓励玩家尽快从敌方的视野中逃脱。

时间限制

我们将一局游戏的时间设为90秒。加入时间限制后，游戏会变得更加刺激。对很多类型的游戏来说，加入时间限制是非常有必要的。

由于工作量较大，我们没有按之前的方法实现状态迁移，而是直接在游戏结束后弹出“游戏结束”的画面，此时按下发射导弹的按钮将重新开始游戏。此外，当某一方机甲体力耗尽时，也会按照这一流程进行处理。

敌方行为

接下来最大的问题就是敌方机甲的行为。如果敌方机甲不会移动，那么这就算不上一款游戏了。当然我们可以把它改成双人操作的游戏，但必须对画面进行分割，因为对战双方的视野是不同的。为了让游戏能以单人模式运行，正常来说应当编写代码来实现敌方的行为逻辑，但这超出了本书的讨论范围，所以针对这个游戏，我们可以先按照双人模式尽快制作出原型，然后再根据试玩过程中搜集到的反馈来编写AI程序。

但是目前类库中没有分割画面的功能，所以笔者决定编写一个简单的处理，使敌方机甲能够自行攻击和跳跃。其实对类库中的`Graphics`模块进行适当改造也能够实现画面分割，但这势必会增加工作量。为了能够专注于本章的核心话题，这部分内容我们就省略了。

19.4.2 示例代码

相关处理可以在示例RoboFightIntegrated2中找到。下面补充几点说明。

锁定

当机甲的方向向量与“从机甲位置指向敌方机甲位置的向量”之间的夹角小于一定值时将发生锁定，因此处理时只要判断该角度值即可。

显然，这可以通过内积来实现。计算出内积后，需要将余弦值转换为角度值，这可以使用`acos()`函数来完成。

```
Vector3 toEnemy;
toEnemy.setSub( enemyPos, mPosition );
Vector3 myDir( 0.0, 0.0, -1.0 );
Matrix34 m;
m.setRotationY( mAngleY + 180.0 ); //注意，要加180°
m.multiply( &myDir, myDir );
toEnemy *= 1.0 / toEnemy.length(); //将长度设为1
double dotProduct = toEnemy.dot( myDir );
//修正角度
double angle = acos( dotProduct );
if ( mLockOn ){
   //检测是否锁定
   if ( angle > mLockOnAngleOut ){
      mLockOn = false;
   }
}else{
   //检测是否进入锁定范围
   if ( angle < mLockOnAngleIn ){
```

```
        mLockOn = true;
    }
}
```

mLockOnAngleIn 表示进入锁定范围的角度临界值，mLockOnAngleOut 表示离开锁定范围的角度临界值。

如果 mLockOnAngleIn 和 mLockOnAngleOut 记录的不是角度值而是余弦值会怎样呢？因为 0° 到 90° 区间内的余弦值是逐渐变小的，所以若 mLockOnAngleInCos 和 mLockOnAngleOutCos 中记录的是余弦值，代码将会变为如下形式。

```
double dotProduct = toEnemy.dot( myDir );
if ( mLockOn ){
    //检测是否进入锁定范围
    if ( dotProduct < mLockOnAngleOutCos ){
        mLockOn = false;
    }
}else{
    //检测是否进入锁定范围
    if ( dotProduct > mLockOnAngleInCos ){
        mLockOn = true;
    }
}
```

上述代码不再调用 acos()，而且不等号的方向也和原来相反，因为余弦值越大角度就越小。不过即便这样处理，笔者也仍然建议在配置文件中填写这两个临界角度值，等配置数据载入后再将其变换为余弦值。毕竟这种内部细节没有必要暴露给外界。

和之前设定 z 轴朝向的情况类似，是否需要对角度值加上 180° 也容易让人混乱。我们可以先随便选取一种做法，如果测试后发现不对，再修改为相反的做法即可。当然，如果读者能够充分理解并且看过一次就能牢牢记住，就没有必要每次都这样“试错”，不过笔者做不到这一点。

注意，只有当两个向量的长度都为 1 时，它们的内积才会等于夹角的余弦值。在上面的代码中，显然 myDir 的长度是 1，而旋转并不会改变它的长度，所以不需要再做额外的处理。而对另外一个向量 toEnemy，就需要执行归一化处理使其长度变为 1。当然，如果只想知道内积是否为 0，也就是只想判断两个向量的夹角是否为直角，就不必这么麻烦了。

玩家操作和 AI 的替换

如果 AI 在游戏中可执行的操作与玩家不同，游戏就会显得不公平。试想如果 AI 可以不间断地发射导弹，或者 AI 能够一边跳跃一边移动，那么显然没有多少玩家会喜欢这种游戏。

不过这种情况的出现往往不是程序员主动所为，而是 bug 导致的。假如针对 update() 处理，分别为 AI 和玩家操作的机甲各准备一套代码来实现，编写时就很容易出现错误，所以应当尽可能地让二者共享一套处理代码。

至于要共享哪些部分，理想的情况是获取输入后的处理都使用同一套函数完成。示例中的 think() 函数用于检测当前被按下的按钮，如果是玩家操作则直接调用 Pad 类处理，如果是 AI 操作则根据情况自动生成合适的值。这样处理后，think() 函数输出的结果对玩家和 AI 程序双方来说就没有什么区别了，都是由同一个函数生成的。

不过，对于那种指令和按键并非一一对应的游戏，比如需要通过按顺时针方向陆续按下方向键后同时按下三个键来释放技能，这种做法就有些力不从心了。在 AI 中直接调用技能触发函数是非常简单的，但要模拟上述按键过程则相当烦琐。代码需要记录每一次按键的状态，再分别判断当前状态可能触发哪些操作，等等。即便这样模拟了，也很难做到完全的公平。因此不管用什么方法，只要尽量不让玩家感受到不公平就可以了。

AI 实现

示例中的 AI 实现大概如下所示。

```
void Robo::think(
bool* jump,
bool* fire,
bool* turn,
bool* left,
bool* right,
bool* up,
bool* down ) const {
    //极其简陋
    //未锁定则执行跳跃
    *jump = !mLockOn;
    //允许射击时才能执行射击
    *fire = true;
    //不执行旋转
    *turn = false;
    //移动操作涉及参数，所以不予以执行
    *left = *right = *up = *down = false;
}
```

把它称为 AI 虽然有些言过其实，但这段代码确实能使敌方朝着玩家发射导弹。如果要做得更智能一些，可以让 AI 对飞来的导弹进行识别并左右闪避，或者躲到玩家的视野之外。不过这些处理都可以之后再陆续添加。

让敌方偶尔出现一些意料之外的行为会使游戏变得更加有趣，但要注意这种行为不能太随机，因为玩家往往会试着摸索 AI 的行动规律，然后找准时机击败计算机，这也是游戏的乐趣之一。虽说 AI 应尽量做得和真人行为类似，但现实中很难做到这一点。即便做出来了，玩家也未必喜欢。

AI 的全称是 Artificial Intelligence，也就是人工智能。不过，能称得上人工智能的游戏寥寥无几，要完美地实现一个 AI 太难了。如果要真正做到与人类平等竞技，就应当像人类一样识别游戏的画面并从中提取信息，然后决定具体行为。像我们这样通过代码来直接获取战斗中的位置与角度是不公平的。

以当今的计算机性能而言，要做到这一点难度较大。如果不是立志于从事这方面的研究，只要用一些巧妙的办法达到我们的目的就足够了。保证游戏的趣味性才是最重要的。

当然，一个看起来能够和玩家平等竞技的 AI 是有很大魅力的。这个“看起来”的效果，可以货真价实地通过高端技术来实现，也可以采用某种技巧来营造这种“假象”。这就要看我们如何设计了。笔者对 AI 的研究不深，就不在这里班门弄斧了。

19.5 前端展现

游戏中往往需要通过某种形式将当前的游戏状况表示出来，比如受到的攻击伤害量、游戏剩余的时长等。在原版游戏中，画面上有一张小地图用于显示当前敌我双方的位置。此外，机甲的体力以及武器的能量都必须在画面上以简单易懂的形式呈现出来。我们暂且通过 debug 文字来表示，当然在正式的产品中是不可能这样做的，必须采用一些更美观的方式来表现。

这一功能称为 Frontend，这里我们翻译为“前端展现”。

19.5.1 和摄像机无关的绘制内容

前端展现和之前用于 3D 绘制的摄像机并无关联，它一般被固定在画面的某个位置上，就好像贴在电视机屏幕上一样，因此它的绘制方法和绘制机甲与地面时不同。

读者可以回顾一下我们以前在绘制 2D 图形时是如何将素材贴到画面上的，现在只要按照之前的做法来操作就可以了。可以通过 `drawTriangle3DH()` 函数来实现，将 w 的值设置为 1，将 z 值设置为代表最前方位置的 0，并且不需要执行 Z-Test，所以只要准备好 x 和 y 的值即可。不过要注意必须执行坐标变换使画面的左上角坐标为 $(-1, 1)$，右下角为 $(1, -1)$。

接下来只要载入相应的纹理素材并根据适当的 uv 值绘制即可。

```
double p0[ 4 ] = { -0.5, 0.5, 0.0, 1.0 }; //左上
double p1[ 4 ] = { 0.5, 0.5, 0.0, 1.0 }; //右上
double p2[ 4 ] = { -0.5, -0.5, 0.0, 1.0 }; //左下
double p3[ 4 ] = { 0.5, -0.5, 0.0, 1.0 }; //右下
Vector2 uv0( 0.0, 0.0 );
Vector2 uv1( 1.0, 0.0 );
Vector2 uv2( 0.0, 1.0 );
Vector2 uv3( 0.0, 1.0 );
drawTriangle3DH( p0, p1, p2, &uv0.x, &uv1.x, &uv2,x );
drawTriangle3DH( p3, p1, p2, &uv3.x, &uv1.x, &uv2,x );
```

19.5.2 示例代码

前端展现的相关示例位于 RoboFightWithFrontend 中。为简化处理，我们没有使用纹理素材，只使用顶点色绘制了几个三角形。体力通过 2 个棒状图表示，武器能量用 1 个棒状图表示，剩余时间也通过 1 个棒状图表示。另外还有 1 个舞台的缩略图，四边形表示游戏中的地面，上面绘制的 2 个小方块表示机甲。

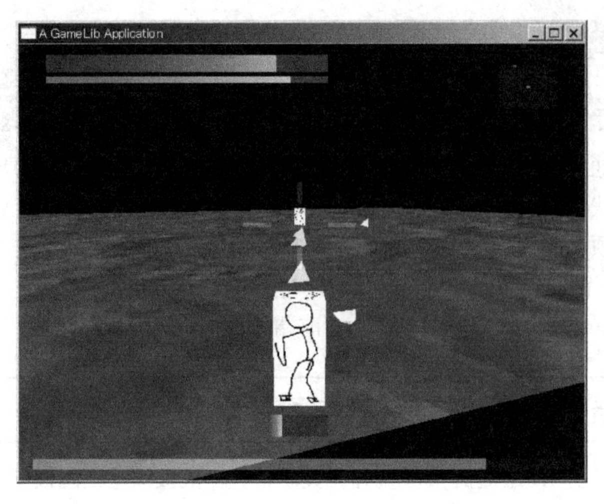

要在画面上显示剩余时间，按理说应当先载入数字的纹理素材，再按数值将相应的部分贴到画面上。但这种做法比较麻烦，所以我们采用了棒状图来实现。毕竟要实现精美的图像还需要美工人员的配合，而现在我们只是制作一个试玩 demo，所以这样就足够了。

锁定后，敌人周围会出现一些标志说明此刻处于锁定状态。我们可以根据个人喜好添加类似这样的设定，比如被导弹击中时呈现爆炸效果、跳跃时脚底出现烟雾等。游戏开发最有意思的阶段就是制作 demo 的阶段，因为这时不必拘泥于设计师和美工人员的指示，可以按照自己的想法添加各种元素。

为了便于绘制四边形，示例中封装了 `drawRect()` 函数，只需传入 4 个 `Vector2` 以及颜色就能绘制出四边形了。

```
void drawRect( Vector2* p, unsigned c1, unsigned c2 ){
   Framework f = Framework::instance();
   double p4[ 4 ][ 4 ];
   for ( int i = 0; i < 4; ++i ){
      p4[ i ][ 0 ] = p[ i ].x;
      p4[ i ][ 1 ] = p[ i ].y;
      p4[ i ][ 2 ] = 0.0; //z 固定为 0
      p4[ i ][ 3 ] = 1.0; //w 固定为 1
   }
   f.drawTriangle3DH( p4[ 0 ], p4[ 1 ], p4[ 2 ], 0, 0, 0, c1, c1, c2 );
   f.drawTriangle3DH( p4[ 3 ], p4[ 1 ], p4[ 2 ], 0, 0, 0, c2, c1, c2 );
}
```

其中，z 和 w 分别固定为 0 和 1。z 按照处理顺序叠加，所以无须使用 Z 缓存，每次绘制时都让四边形显示在最前方即可，也就是将值设置为 0。另外，因为这些四边形不需要近大远小的效果，所以将 w 设置为 1。最后传入 2 种颜色还可以实现渐变效果。

代码基本上都在 `Framework` 的 `update()` 中，没有太复杂的内容。考虑到这只是一个 demo，后续会再修改，所以用到的数据也都直接写在了代码里。毕竟用最快的速度使游戏运行起来才是最重要的。另外，为了能够区分敌方与己方的导弹，我们在 `Model` 中添加了颜色属性，并将它传给了批次类。

实际上，前端展现的功能也可以通过数据配置来完成，不需要编写成代码。UI 布局是设计师的工作，可以和程序员的工作分开进行。也就是说，设计师可以将 UI 布局保存为一个数据文件，游戏启动后由程序解析该文件，并按照设计将画面绘制出来。如果不采用这种做法，我们恐怕很难完成大型游戏的开发。

关于 demo

我们先换个话题。

像 demo 这种工作成果可能不会在最终产品中展现的开发任务，往往不受程序员待见。在最初制订开发计划时，很少有人会详尽地评估这类任务的开发成本，也没有多少人喜欢做这种工作。

然而这种工作往往非常重要。比如上面示例中创建的各种棒状图虽然不会出现在最终产品中，但是和最终产品用到的美术素材相比，创建这些东西需要花费的时间较少，这样就可以先使用它们来快速完成 demo，使游戏尽快运行起来。

游戏开发最核心的任务应当是想办法让游戏更具可玩性。因此，只要是对实现这个目标有利的工作，都应提前准备好。如果一开始就跳过 demo 阶段，直接奔着最终成品进行开发，就有可能到最后阶段才发现某些缺陷，导致无法按原计划完成开发目标。通过制作简单的 demo，我们可以看清一些问题，对产品也会有更深刻的认识，甚至还能发现计划中的一些缺陷。

“直奔最终目标”的想法在这里不一定有意义。就好比踩着台阶上楼，虽然路程较远，但肯定比爬绳子快。所谓“欲速则不达”，相信读者都明白这个道理。

还有一个容易犯的错误，就是直接把 demo 的内容用到最终产品中。我们常常会听到“不用就太浪费了”“开发时间不够了”等说辞，而这些说辞往往是灾难的源头。为了避免将 demo 的内容用到正式产品中，我们可以适当地把 demo 做得粗糙一点。笔者的示例也是本着这样的想法制作的。

19.6 不足之处

我们的游戏已初具雏形，读者应该也了解了 3D 游戏的大致开发流程。至少我们知道了从绘制一个三角形到最终开发出游戏，中间都经历了哪些步骤。当然，这只不过是万里长征的第一步。要想做出一款真正的游戏，还需要做很多事情。

首先是画面的品质。3D 图形学中至关重要的光照部分在游戏中还没有体现。只有对明暗面进行区分，才能营造出真实的立体感。如果 3D 游戏缺少这部分特性，玩家将很难把握空间感。

另外，关于如何读取美工人员制作的素材文件，本章也完全没有提及，在当前这个阶段，程序只能读取一些手动编辑好的文本文件。我们还需要设法去实现连接美工人员和程序那座的“桥梁”。

删掉的地面碰撞检测部分仍旧没有被添加进来。之前讨论的碰撞处理方法并不能完全满足要求，而且用三角形表示地面的做法实用性太差，不加以改进是无法在游戏中运用的。

此外，敌方的行为逻辑过于简陋。严格来说，作为一款单人游戏它是不合格的。

角色目前没有动画。所谓的机甲其实只是在长方体上贴了一些纹理而已，把它叫作机甲实在是有些勉强。按理说只有机甲的手脚部位都能够做出动作了，才算一个 3D 游戏。

遗憾的是，本书无法一一对这些缺陷进行探讨。游戏制作中难免会涉及美术及绘图软件方面的知识，而对程序员来说，学习这方面的知识是有些困难的。毕竟术业有专攻，即便我们讲解了一些基础知识，在实际制作产品时仍会遇到很多困难。

对于绘制方面的技术，本书介绍得也不够完整。读者可能听说过使用 shader 可以灵活地对画面进行渲染，但是本书不会涉及这方面的内容。shader 对机型的依赖性较高，学习时需要掌握显卡与操作系统的相关知识。不过，在下一章我们会介绍一些比较基础的内容。

另外，AI 相关的部分也不再多做讨论了。这是因为 AI 对游戏规则有很强的依赖性，我们无法统一进行介绍。不同类型的游戏在这方面有各自的套路，如果要逐一进行讲解，无论从篇幅上来说还是从笔者的水平上来说都略显不足。当然也存在一些和游戏类型无关的通用的 AI 技术，比如神经细胞模拟、遗传算法等。这些技术因为在学术领域经常被提及，所以是有资料可循的，但难度较大，恐怕一时还难以运用到我们的游戏中。游戏 AI 可以说是各种技巧和算法的集合，我们很难统一对其进行讲解。

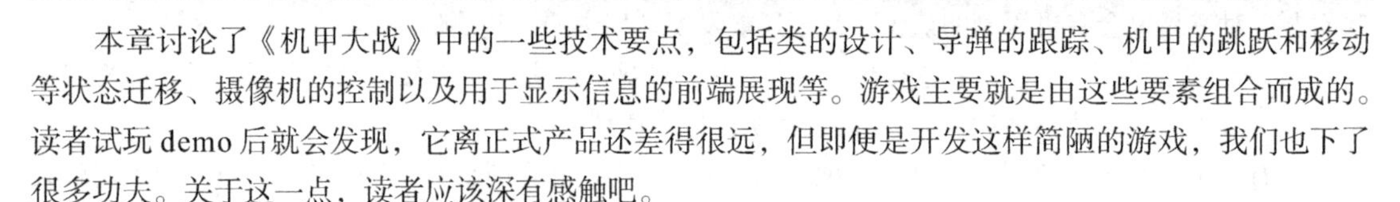

19.7 本章小结

本章讨论了《机甲大战》中的一些技术要点，包括类的设计、导弹的跟踪、机甲的跳跃和移动等状态迁移、摄像机的控制以及用于显示信息的前端展现等。游戏主要就是由这些要素组合而成的。读者试玩 demo 后就会发现，它离正式产品还差得很远，但即便是开发这样简陋的游戏，我们也下了很多功夫。关于这一点，读者应该深有感触吧。

另外，上一节我们也对游戏中的种种不足进行了说明，由此可见游戏制作并不是一件简单的事情。

从下一章开始，我们将尽可能去完善它。首先要讨论的就是光照技术。

第20章 光照

主要内容

- 光照的基本概念
  - 光线追踪
  - CG 的本质
  - Lambert 模型

补充内容

- 采用本地坐标计算
- 提前计算法线

本章我们将为游戏添加光照效果，使被光线照射的区域明亮一些，未被光线照射的区域相对暗一些。借助该处理，游戏平面感十足的状况将得到改善，画面会更有 3D 的感觉。

不过在讨论如何编写代码之前，我们需要了解一下相关的基础知识。首先我们将讨论在 CG 中如何模拟现实世界，如果不了解这方面的原理，就无法透彻理解后面介绍的光照处理。当然读者也不必过于担心，毕竟我们的目的是改善游戏的画面效果，所以大可不必拘泥于理论，在理解原理的基础上，可以根据情况对某些部分进行简化。

实际上，要在 CG 中完全按照物理规律来模拟是不可能的，CG 不过是运用各种技巧的结果。因为人眼在视觉识别能力上有一定的限制，所以一些取巧的做法并不会被察觉。因此，即便没有严格按照物理公式来计算，创建出的画面也能够达到良好的效果。相反，严格遵循物理规律也未必能创建出效果良好的画面。正因为如此，艺术才有得以存在的空间，这方面我们只要积极探索就可以了。

本章要学习的其实就是这种“取巧的做法”，用专业术语表述就是“模拟”“仿真”，也可以把它通俗地理解为“让画面看起来更真实的技巧”。CG 技术的研究其实就是在摸索如何用更小的代价来生成更真实的画面，这么说一点也不为过。为了能让大家理解这一点，笔者会先介绍一下为什么理想状态的 CG 无法实现。

本章将继续使用 `3DCollision1` 类库，示例解决方案位于 20_Lighting 中。

20.1 看见物体的过程

我们之所以能够看见物体，是因为光线进入到了眼中。进入眼中的光线带有各种颜色，在眼睛这个“屏幕”上绘制出了物体的模样，于是我们才能看见物体。CG 相关的话题往往都是从分析这一过程开始的。首先我们来看一下**光线追踪**（ray trace）这个概念。

20.1.1 光线追踪

光线从何而来？无非来自于太阳或电灯。不过当视野中不存在太阳或电灯时，我们也能看见物体，这是因为太阳或电灯发出的光线经各种物体反射后，最终进入到了我们的眼中。能被看见的物体，要么能够自己发光，要么能够反射别处发出的光，从而使光线进入人眼，除此之外不会有其他可能。

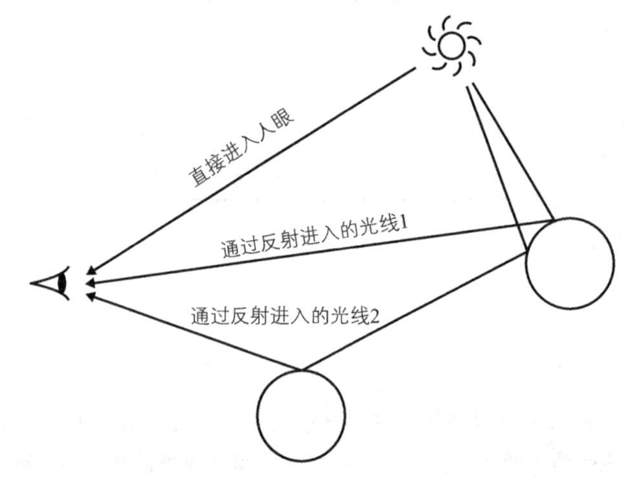

如果想绘制从一台摄像机中观察到的世界模样，应当如何操作呢？其实只要对所有到达该摄像机的光线进行处理即可。如果将摄像机看成一个点，就需要对所有通过该点的光线进行处理。

我们在摄像机的前方放置一块四方形的面板，然后记录到达摄像机的光线会穿过该面板的何处。如果有一道红色光线穿过面板上的某点，那么就将该点涂成红色。循环这一操作，对检测到的所有光线进行处理后，就能在面板上绘制出所观察到的世界模样。为了便于处理，我们可以将该面板沿纵横两个方向进行分割，比如横 640 纵 480，这样每个单位就和画面上的每个像素对应了起来。分割得越细，最终绘制的效果就越逼真。

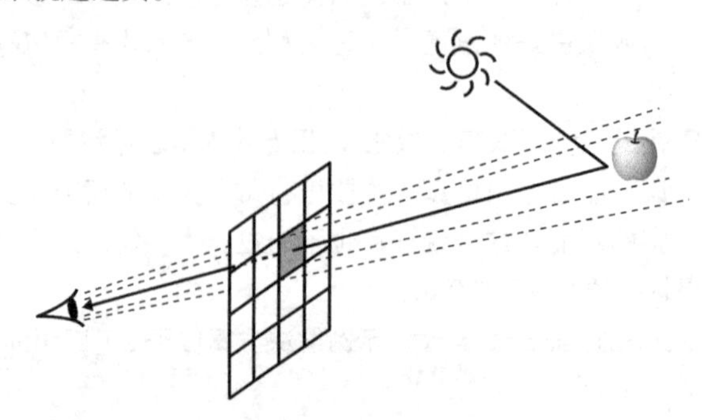

现在我们对单个像素进行分析。穿过该像素的光线最终到达了摄像机，所以如果我们反过来从摄像机中心出发引一条直线，使其穿过该像素并向世界延伸，该直线就一定会和某物相交。该物体可能是太阳，也可能是一块石头。如果该物体本身会发光，那么光线将直接到达摄像机，我们将其记录下来即可。如果光线由别处发出，经过该物体反射后到达摄像机，我们也把它记录下来。

接下来，我们再对所有到达交点处的光线进行分析。因为它周围存在大量物体，所以我们以该交点为中心，向各个方向引出大量射线，并检测每根射线会与何物相交。每当检测到射线与某物相交时，就从新的交点再次引出大量射线。如此反复循环无数次，世界就会完全被光线覆盖。这样一来，从光源发出的光线与各个物体相交后反射到屏幕上的轨迹就被画出来，这种做法叫作光线追踪。当然，要检测无数次是不可能的，我们只能将检测次数与光线条数控制在能够承受的范围内。

20.1.2 光线追踪的问题

按照上述思路，如果不考虑性能，那么通过光线追踪的做法是能够绘制出整个场景的。

但实际操作起来却不太现实。

假设屏幕分辨率为 640×480，约有 30 万个像素。让每个像素发出 1 条射线，然后查找与该射线相交的物体，操作到这一步问题还不大。但是，当该射线与某物相交后，假设在交点处又发出 100 条射线，继续查找这些射线与世界中的物体的相交情况，这时就显得有些吃力了。现在射线的条数是“30 万 ×100”，即 3000 万，如果接下来这 100 条射线又和某物相交，那么从每个交点处又将发出 100 条射线，这样射线的总数将达到 30 亿。也就是说，我们仅模拟了 2 次反射过程，需要计算的次数就已经是天文数字了。

如果太阳光照在红色的墙壁上，墙边小孩的白色衣服看起来也会带有些红色。要实现这种效果，就需要模拟 2 次反射，但 30 亿次的计算无论如何都是不可能实现的。也就是说，这种做法无法实现上述“红墙映白衫”的效果。

即便只模拟 1 次反射，也需要完成 3000 万次计算。上面我们假定每次相交后发出 100 条射线，可实际数字要比这个大得多。以地球仪为例，假设在球心向各个方向均匀地发出 100 条射线，经度方向上切为 10 份，纬度方向上切为 10 份，那么整个日本恐怕也就只能分配到 1 条射线。毕竟每隔 36 度才有 1 条射线，密度太低了，在光源较弱的情况下射线可能无法与光源相交。如果没有射线与光源相交，那么该物体就会处于无光照的状态，表面将一片漆黑。

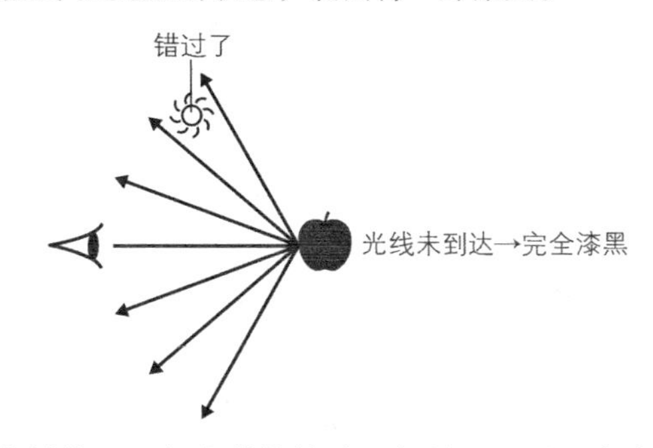

即使解决了该问题，绘制的画面仍有其他缺陷。如果只通过 1 次光线反射来绘制画面，画面上就只会显示那些被太阳光直射的物体。被其他物体遮挡从而无法被太阳光直射的地方将呈黑色。而在现实世界中，阴面区域并不完全是黑色，周围的物体会把一部分太阳光反射过来。要实现这一点，至少需要模拟2次反射过程。我们可以想象一下月球的情况。在月球的周围只有太阳这1个光源，没有光照的那一面是完全漆黑的。所以，如果不模拟2次反射，阴面区域就会一片漆黑，就像科幻电影中出现的太空场景一样。

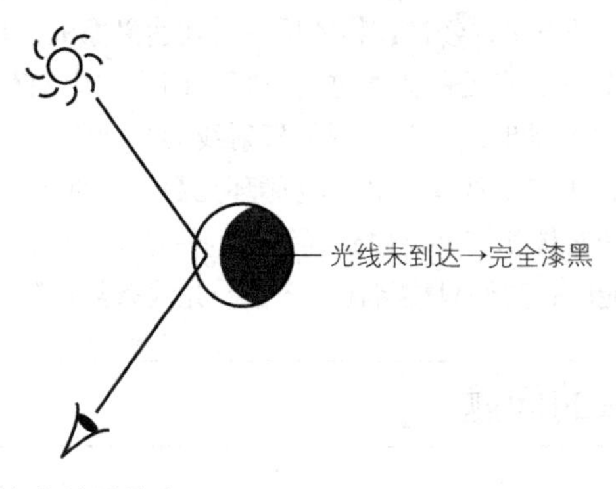

我们可以将上述内容总结成以下几点。

- **反射2次的计算量几乎不可能实现**
- **反射1次的计算量已经足够大了**
- **至少要模拟2次反射，否则绘制出的画面会有很大缺陷**

这种情况要如何处理呢？下面我们就来讨论一些比较取巧的做法。

20.1.3 简化处理

我们需要找到一种方法以在计算量与画面品质之间取得很好的平衡。

减少反射的次数

反射2次的计算量已经超过了性能极限，所以我们将反射次数控制在1次。根据之前的讨论，这需要3000万条射线。另外，在绘制阴面区域时，我们需要采用额外的处理方法，否则阴面将一片漆黑。因此，我们假设在太阳之外的其他方向上也会发射过来一定强度的光线，这样只要对阴面区域的亮度加上一个固定值即可，计算量不会太大。

这样处理后就能看到阴面区域的物体了，不过此时计算量仍在3000万这一级别。

减少光线数量

假如我们规定射线与物体相交后只会再发出1条射线，而且这条射线最终一定会到达太阳的位置，那么情况会有什么改变呢？这样一来，其他发散的光线就显得多余了。之前设置很多光线，主要是为了应对2次以上的反射的情况。如果只有1次反射，那么最终不会到达太阳光源的那些光线就都没有意义了。

不过这种做法也会带来一些损失。实际上，除了太阳以外还存在许多其他类型的光源，而且它们也不都是点光源，比如荧光灯这种细长的光源。对于这种光源，我们可以选取它最亮的一点，并规定所有的光线都汇聚到该处，将其近似看作点光源。采用这种设定后，原来3000万的计算量将变为30万。这可以说是一种“丢车保帅”的做法。为了计算640×480个像素的颜色，这几乎已经是最低限度的计算量了。下面我们就在这一前提下继续讨论。

无视遮挡

不足之处仍旧存在。试想，如果摄像机发出的射线与岩石相交，按照之前的说法，反射后它将沿着太阳的方向前进，途中可能还会与其他物体相交。假设该物体是一张红色的塑料薄膜，那么穿透后光线就应当变成红色。当然也可能会遇到多张这样的薄膜，在这种情况下就需要一一检测，否则将很难确定最后光线的颜色。

此外，光线穿过物体时会发生折射。光线穿过装满水的塑料瓶时会发生弯曲，所以透过塑料瓶看风景时看到的是扭曲的图像。受此影响，原本会射向太阳的射线将发生偏移。

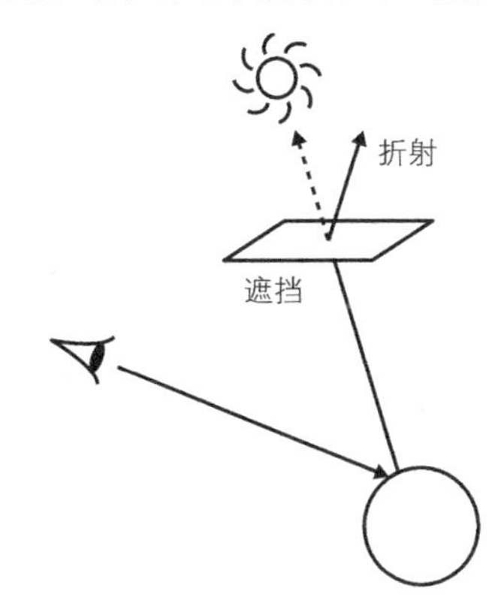

对此，我们的解决办法就是无视，规定光线既不会被遮挡也不会发生弯曲。检测光线遮挡实际上就是进行碰撞检测，而对每个像素发出的射线逐一进行碰撞检测是不太现实的。每帧都要执行30万次的相交判断，计算量实在太大了，所以我们假定太阳光能够穿透遮挡物，永远沿着直线前进。

现在，计算量终于控制在了我们可以承受的范围内。那么，作为代价，我们又损失了什么呢？使用上述技巧取代2次反射处理后，光线穿过塑料薄膜后就不会出现变红的效果了，而且光线在水中也不会发生折射，屋顶下的阴影效果也将无法生成。

下面我们就按照这种设定继续讨论。

20.2 光的衰减过程

根据现有设定，从摄像机发出的穿过某个像素的射线最终会到达太阳。中间只有一条路径，不存在其他分支，这样计算起来会比较容易。

我们想求的是从太阳发出的光线有多少能到达摄像机。为此，只要检测光线沿着这条路径传输时衰减的程度即可。如果衰减得比较厉害，看起来就比较暗，如果没有发生什么衰减，亮度就比较高。在传输的过程中，光线强度只会衰减，不会增加。

下面我们来看一下这个过程。

20.2.1 从太阳到目标物体

之前提到过，在光线传播时，太阳与物体之间的其他物体都将被无视，因此二者之间只存在距离问题。

我们知道，地球环境非常适合人类居住，而火星的温度则在零下几十度，海王星甚至达到了零下 200 度，造成这种差异的原因就是距离太阳的远近。同样的道理，离太阳越远，光的衰减程度就越大，光线也就越暗。

那么明暗程度具体是按什么规律变化的呢？

如果从程序的角度出发，这个问题就可以转化成求亮度与距离之间存在什么样的函数关系。

使用下面这个示意图说明会简单一些。

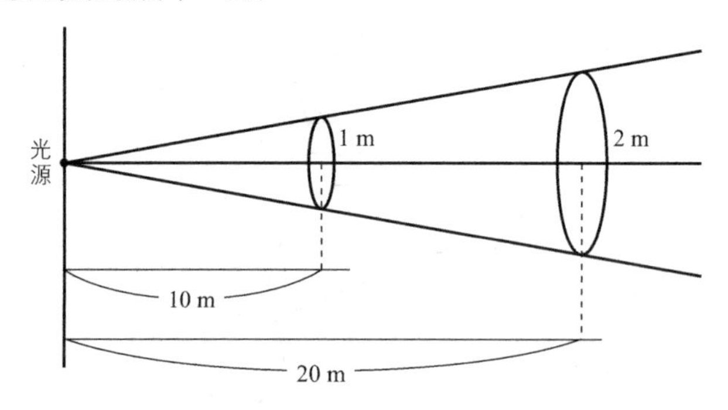

位于最左边的太阳会在某个角度的范围内射出光线。我们可以结合手电筒射出光线时的情形来理解这一过程。假设距离光源 10 米处的照射圆的半径是 1 米，那么距离光源 20 米处的照射圆的半径就是 2 米。

大家可以把光线看作具有粒子特性的某种物质，太阳每秒钟都会在该角度的范围内发射若干粒子。那么，距离光源 10 米处、半径为 1 米的圆接收到的粒子数量和距离光源 20 米处、半径为 2 米的圆接收到的粒子数量有什么关系呢？

很明显，二者的数量是相同的。

我们不妨想象一下花洒出水时的场景。无论将水桶放在近处还是远处，只要它能将花洒喷出的水全部收集起来，接收到的水量就是相同的。

不过，近处的圆和远处的圆面积并不相同。远处圆的半径是近处圆的半径的 2 倍，所以面积就变成了近处圆的 4 倍。接收到的粒子数量相同，就意味着单位面积内接收到的粒子数量是近处圆的 1/4。根据生活经验我们也能知道，离喷头越远，水流的冲击力就越弱。二者是同样的道理。

亮度的决定因素正是单位面积内接收到的光粒子数量，换句话说就是“光粒子的浓度”。距离变为原来的 2 倍以后，亮度将变为原来的 1/4。这里的 4 是通过 2 的平方计算得来的，如果距离变为原来的 3 倍，那么面积也就变成了原来的 9 倍，亮度则变为原来的 1/9。

公式如下：

$$I = \frac{I_0}{d^2}$$

I 表示光线到达物体单位面积上的数量，I_0 表示太阳发出的原始光线的数量，d 表示距离。I 和 d 分别是 Intensity（强度）和 distance（距离）的首字母。

简单来说，**光的亮度和距离的平方成反比**。水、光、磁力以及重力等从一个点出发扩散到广阔区域的物质都具备这个特性，请读者留意。

20.2.2 反射面的角度

知道了太阳发出的光线随距离衰减的规律后，下面我们来讨论一下这些衰减后的光线有多少能反射到物体表面。

这里我们来思考一下物体表面某块边长为 1 厘米的四边形的反射情况。

之前我们把太阳发出的光看作一条条线，而从实际经验来看，线是有一定粗细的。我们不妨假设它的粗细为 1 厘米。也就是说，太阳发出的扇形光线的其中一部分将到达物体表面的某个 1 平方厘米的区域内。之后光线会朝四面八方反射，其中一部分会到达摄像机。

那么进入这 1 平方厘米区域内的光线中有多少能到达摄像机呢？这取决于该平面与光线所成的角度。说得极端一些，如果该平面与光线路径平行，那么光线中的粒子都不会与该平面相交，物体看起来自然是漆黑的。读者可以想想，正午时分太阳位于头顶，我们感觉到亮度很强，而傍晚时亮度就弱了很多，到了夜里则彻底变黑，这其实和我们前面说的是同样的道理。

再来看一个简单的例子。

假设地上放着一块边长为 1 米的纸板，太阳位于正上方时每秒发射 100 束光。光从太阳发出到达地面的过程就和天空下雨类似。

假设在这 1 平方米的区域内每秒钟会降落 100 个光粒子，这 100 个光粒子到达纸板后会朝着各个方向反射，有一部分将进入我们的眼中。虽然现在还无法算出具体的数量，但如果提高太阳光的强度，使它每秒射出 200 个粒子，那么进入我们眼中的光粒子数量就会变为原来的 2 倍。

接下来我们举起这张纸板，使其倾斜一定的角度，比如与地面呈 60° 角。这时从上方垂直往下看，纸板的面积将变为原来的一半。

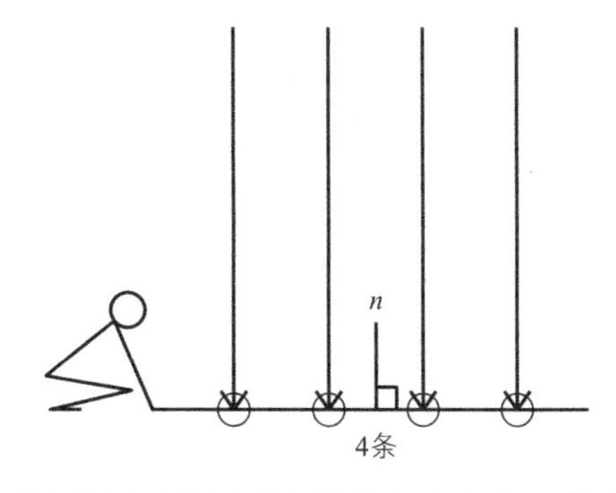

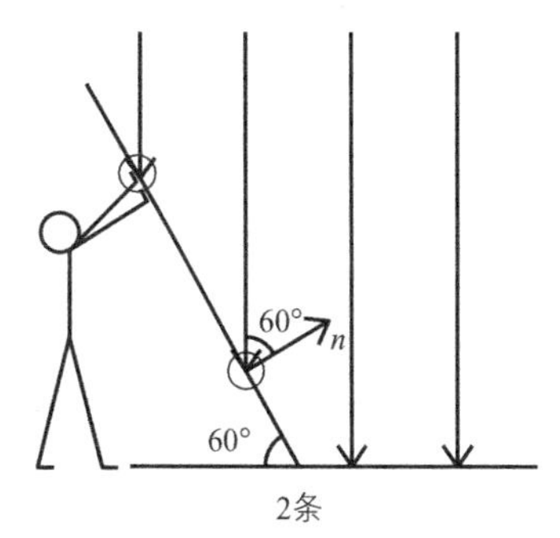

如果光粒子降落的速率没有发生改变，那么原来 100 个粒子中将会有 50 个落在地面上，50 个落在纸板上。这 50 个光粒子经过各种反射，其中一部分会进入我们的眼睛，进入人眼的粒子数量也会是之前的一半。也就是说，即使光发射时的强度没有任何改变，只要改变纸板的倾斜角度，亮度也会变为原来的一半。上图中，水平放置纸板时能够接收到 4 条光线，而倾斜后则只能接收到 2 条光线。

为什么纸板倾斜 60° 以后，垂直往下看时纸板的面积会变为原来的一半呢？这就需用到三角函数了。另外，仔细观察后可以发现，光线与纸板平面的法线夹角也是 60°。简单来说，就是物体表面的明暗程度和光线与物体表面法线夹角的余弦值成正比。图中光线的方向为从上到下，为方便进行向量计算，我们将其改为方向朝上。也就是说，我们把从物体表面指向光源的向量称为光线向量。

虽然例子中的平面面积为 1 米 ×1 米，但实际上它和之前 1 厘米 ×1 厘米的情况没有什么不同。此外，虽然物体的表面不可能完全是平面，有些地方会发生弯曲，但如果将表面分割为一个个小块区域分别进行计算，就可以将各个区域当作平面来处理。在 CG 处理中，所有物体的基本构成元素都是三角形，所以不存在“曲面”这样的概念。

因此，最终被物体接收的光线数量可以通过下面的式子计算出来。

$$I = I_0 \cos\theta$$

I_0 表示到达物体表面的光线数量，它是原始光线数量经过距离衰减计算后得出的值。

20.2.3 反射程度

现在已经计算出了物体接收到的光线数量，接下来要讨论的是其中有多少光线会朝着摄像机的方向反射。

首先要考虑颜色问题。

物体呈黑色或白色的差别主要在于反射处理。颜色处理的部分比较重要，我们稍后再讨论。现在先假定物体全部为白色。

接下来要考虑的是物体接收的光线中有多少会朝着摄像机的方向反射。实际上，光线不可能全部反射到摄像机的位置。因为如果全部反射到了摄像机的位置，在摄像机之外的其他位置观察时，该物体就会一片漆黑，这是不科学的。

角度是关键。

请读者回忆一下日落时的情景。我们会觉得从高楼窗户上反射的太阳光非常刺眼，但适当调整自己的位置后就不会感觉刺眼了。镜子也一样，我们可以调整镜子的角度，使太阳光正好通过它反射到别人眼中。这些都是使太阳光按照特定角度反射的例子。也就是说，同样的环境，摄像机摆放的位置不同，观察到的亮度就会发生变化。

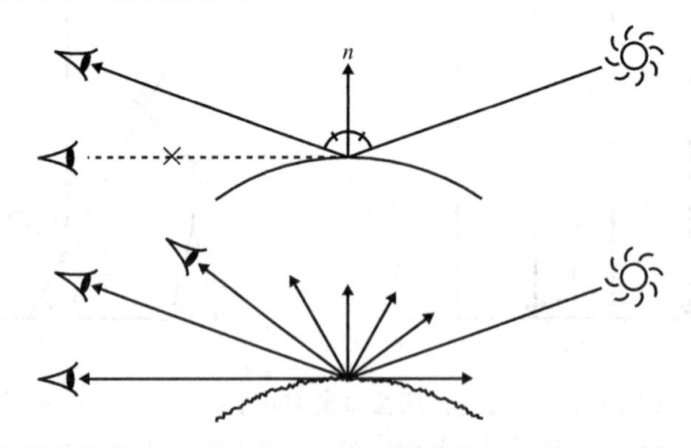

图中展现了表面光滑的物体（上图）和表面粗糙的物体（下图）的反射特性。光滑的物体能够按特定角度对光线进行反射，一旦眼睛的位置发生改变，就不会感到刺眼。而粗糙的物体则没有这个特性，从各个方向看过去亮度都大致相同。这是因为光线会向各个角度均匀地反射开来。

为了简化处理，我们假设所有物体的表面都是粗糙的。也就是说，无论从任何角度看物体，其亮度都是相同的。太阳射出的光线到达物体表面后朝四面八方反射，其中一部分会进入我们的眼中。我们先不用管这里的“其中一部分”具体是多少，毕竟之后还可以通过一个适当的常数进行调整。

20.2.4 从物体反射到摄像机的光线

一些光线到达物体表面后会朝着摄像机的方向反射。具体能反射多少，同样是需要计算的。因为物体与摄像机之间只有空气，所以该值仅取决于它们之间的距离。

读者可能会想，光线难道不会百分之百地反射到摄像机吗？其实，和从太阳发出光线时的情况类似，这里反射的光线也以扇形形状发出，而且距离越远强度越弱。这一过程也遵循平方反比定律。物体越远，能接收到的光线数量就越少。

不过，物体并不会因此而显得更暗。

这是因为物体越远绘制出来就越小。距离变为原来的 2 倍以后，摄像机接收到的光线数量确实会变为原来的 1/4，不过与此同时，绘制出的物体大小也变成了原来的 1/4。因此，单位面积的光线数量不会发生改变。也就是说，此时我们不用考虑亮度的变化。

这部分内容介绍得比较笼统，读者可能不太容易理解。简单来说就是计算时不必考虑物体和摄像机之间的距离，我们只要记住这一点就足够了。

20.3 尝试计算

相关的基础知识都介绍完了，现在我们来试着计算一下。

上述内容的核心思路是尽量简化光线追踪的流程，让光线轨迹减少到 1 条。从摄像机出发穿过某个像素到达世界中的射线，和物体碰撞后将朝着太阳的方向射去。我们只要按顺序计算光线在这一轨迹上发生的变化即可。

在这条轨迹上，有多少太阳光能够到达摄像机呢？这个问题可以分解为到达物体的光线数量，以及从物体表面反射到摄像机的光线数量这 2 部分来考虑。前者取决于"距离"和"物体表面与光线的角度"，而后者永远固定。

最早提出这一方法的人叫朗伯（Lambert），所以该方法被称为 **Lambert 模型**。另外，因为光线到达物体表面后会朝着各个角度散开，所以该方法也被称为**漫反射模型**，英文中常用"diffuse"一词来表示。

下面我们对各阶段详细展开讨论。

20.3.1 列出计算公式

按前面的思路，在检测从摄像机中心发出的穿过屏幕上某个像素的射线最初会与哪个物体相交时，就好像真的存在这样一条线，我们可以将它画出来进行碰撞检测。不过，我们在绘制游戏世界时是逐个将三角形绘制到世界中的，所以和这个思路有些出入。因为使用了 Z 缓存，所以最终残留在画面上的都是位于最前方的物体。即便什么也不做，最初和射线相交的物体也会残留在画面上，因此我们没有必要去检测射线最初与哪个物体发生了相交。

另外，在之前的讨论中，我们是以像素为单位进行检测的，但在绘制画面时却以三角形为单位进行处理，这就产生了冲突。因为光栅化并不是通过手动编写代码来实现的。因此，我们必须放弃以像素为单位进行处理的思考方式，改成以三角形为单位进行处理。只要用三角形所在平面与光线形成的夹角的余弦值来求出该三角形的亮度就可以了。如果三角形非常小，那么只需用三角形的中心位置测量出角度，再将该值运用于整个三角形即可。

接下来要思考的是从太阳到物体再到摄像机这条路径上光线衰减的公式。根据平方反比定律及余弦定理，我们可以将公式写成如下形式。

$$I=\frac{I_0R\cdot\cos\theta}{d^2}$$

I 表示反射后到达摄像机的光线数量，I_0 表示太阳发出的原始的光线数量，R 表示物体的光线反射率，这里的 R 是 Reflection 的首字母。如果是黑色的物体，则该值较低，如果是白色的物体，则该值较高。

$\cos\theta$ 的值应当如何计算呢？先求出 θ 再计算余弦的做法非常烦琐，我们不妨运用“内积即余弦”这一特性。如果能够求出之前讨论碰撞检测时提到的法线向量，那么只要对它和光线向量取内积，就能算出余弦值。不过这种做法的前提是必须事先将两个向量的长度变为 1。我们回顾一下内积的定义。

$$|\boldsymbol{a}||\boldsymbol{b}|\cos\theta=\boldsymbol{a}\cdot\boldsymbol{b}$$

不难看出，用内积的值除以 $|\boldsymbol{a}||\boldsymbol{b}|$ 之后就能求出余弦值了。除法运算的性能较低，我们可以提前对二者做归一化处理，使其长度变为 1，这样就能省去除法操作，提升性能。

前面的公式并没有涉及光线反射后能够到达摄像机的数量，不过我们已经假设了光线会向四面八方等量反射，因此可以无视这一点。摄像机与物体之间的距离也不需要考虑，这一点我们之前也说过。

代入三角形法线向量 $\boldsymbol{n}$ 以及光线向量 $\boldsymbol{l}$ 后，公式就会变为如下形式。

$$I=\frac{I_0R(\boldsymbol{n}\cdot\boldsymbol{l})}{d^2}$$

I 代表最终绘制到屏幕上的光量值。注意，$\boldsymbol{n}$ 和 $\boldsymbol{l}$ 的长度都必须为 1。

20.3.2 一些简化计算的技巧

该算式中有两个地方可以优化，一个是表示光线方向的光线向量 $\boldsymbol{l}$，另一个是涉及除法运算的距离 d。下面我们就来简化二者的计算。

光线向量

按照最低效的做法，必须逐个计算出物体表面指向太阳的向量。

如果以三角形为单位进行处理，那么每个三角形都必须执行一次向量的减法运算（太阳位置减去三角形中心位置），然后再将该结果向量的长度变为 1。这就需要计算 x、y、z 的平方和，然后再求平方根，最后再执行除法操作，计算量非常大。如果每个三角形都要这样计算一遍，性能将会成为一个问题。

为此我们可以提前准备好一个光线向量，让所有的三角形都使用这一个向量。当然，计算出来的结果并不精确。但如果距离太阳非常遥远，物体位置的轻微变化就不怎么会影响到光线向量的朝向。只要不是手电筒或者车灯这种近距离光源，该方法就不会有什么问题。实际上，即便是这类光源，也常常使用类似的做法来完成计算。

现在我们将该光线向量设置为 (0, 1, 0)，这时太阳将一直位于正上方。这种将光线向量固定为一个值的光源称为平行光源，反之则称为点光源。点光源的运算量较大，最近已经很少使用了。游戏中只要使用平行光源不会“露陷”，那么都应当尽量通过平行光源来实现。

距离

距离的计算也非常麻烦。如果太阳的位置非常遥远，那么无论绘制什么物体，d 值基本上都不会发生变化。当 d 等于 1.5 亿千米时，10 米和 100 米这种程度的变化可以说微不足道。正因为如此，只要保证太阳的位置足够远，计算时就没有必要特地去除以 d 了。当然，这就需要设置一个合理的太阳光原始强度。我们可以先调整好 1.5 亿千米处的光线强度，然后根据它设置相应的 I_0 值。

20.3.3 与颜色相关的话题

下面来解决最后一个问题。我们之前讨论了光的亮度，但与颜色相关的处理还完全没有提及。我们首先需要理解颜色的概念。当然，如果要全面地了解，恐怕得从人眼的结构开始讲起。不过我们并不需要进行这么基础的学习。如果有读者想研究 CG，不妨找相关的图书来读一读。

三种光

按照惯例，我们仍旧先给出结论。人眼可以被看作一种感应器，对红、绿、蓝三种光线敏感。光波具有各种频率，而人眼只能感知到这三种频率的光。

这三种频率的光分别给人带来红色的视觉效果、绿色的视觉效果和蓝色的视觉效果。同时感知到红色和绿色时将产生黄色的视觉效果，同时感知到蓝色和红色时会产生紫色的视觉效果，但世界上并不存在黄色的光和紫色的光，它们都是由这三种光按不同比例混合而成的，我们只是将这种混合结果命名为某种颜色，如此而已[①]。

如果忽略那些频率无法被人类感知的光，我们就可以认为世界上只有这三种光。从物理的角度来说，根据我们的视觉感受将某种光定义为“红色光”是不恰当的，只是为了方便才这样描述。准确地说，世界上的所有颜色都是由红、绿、蓝三种光按照不同比例混合产生的。

计算公式

剩下的就非常简单了，将之前的计算过程分成三类分别进行即可。

$$I_{outR} = I_{inR} R_R (\boldsymbol{n} \cdot \boldsymbol{l})$$
$$I_{outG} = I_{inG} R_G (\boldsymbol{n} \cdot \boldsymbol{l})$$
$$I_{outB} = I_{inB} R_B (\boldsymbol{n} \cdot \boldsymbol{l})$$

R 表示 Red，G 表示 Green，B 表示 Blue。我们用三个 I_{in} 来表示原始光线中的各颜色成分。有些物体会反射红光，有些物体会反射蓝光，这种性质我们用三个 R 来描述。这个 R 也被称为 diffuse color，即**漫反射率**。

---

① 从严格意义上来说，这种说法并不准确。要想了解具体的原因，还需要学习人眼成像的知识。

接下来只要确定每种颜色成分的数量即可。为了便于理解，我们用 1 表示最明亮的状态，并根据该值来调整 I_{in} 与 R 的范围。如果让白色光的三个 I_{in} 值都是 1，让白色物体的三个 R 值也是 1，那么白色光照在白色物体上，反射后仍然呈白色。红色物体只有 R_R 是 1，其余都为 0，浅蓝色物体的 R_G 和 R_B 都是 1，而 R_R 是 0。总之，白色光从正面照在物体上时，物体最终呈现的颜色完全取决于 R。

编写代码

下面来编写代码，这里将光源设置成了平行光源。

```
// 设置的变量
Vector3 lightVector; // 平行光源向量
Vector3 lightColor; // 太阳光颜色
Vector3 diffuseColor; // 三角形的颜色
Vector3 triangleVertex[ 3 ]; // 三角形的顶点（世界坐标）
// 导入变量
Vector3 color; // 最终结果

// 法线向量。三点按照 (B-A) × (C-A) 计算
Vector3 ab, ac;
ab.setSub( triangleVertex[ 1 ], triangleVertex[ 0 ] );
ac.setSub( triangleVertex[ 2 ], triangleVertex[ 0 ] );
Vector3 normal;
normal.setCross( ab, ac );
normal.normalize(); // 让长度为 1

// 求内积
double cosine = normal.dot( lightVector );
if ( cosine < 0.0 ){ // 不允许为负数
  cosine = 0.0;
}

// 最终计算
color.x = lightColor.x * diffuseColor.x * cosine;
color.y = lightColor.y * diffuseColor.y * cosine;
color.z = lightColor.z * diffuseColor.z * cosine;
```

逻辑并不复杂。如果读者有兴趣，可以尝试编写非平行光源的处理代码。

注意太阳的位置是用世界坐标表示的，因此这些计算也必须采用世界坐标来完成。也就是说，这里用到的顶点必须是和世界矩阵相乘后的结果。因为需要使用仅执行了世界变换后的顶点，所以必须将世界矩阵与透视变换矩阵分开传入。

如果可以顺利地将这一处理写在 Batch::draw() 中，那么只要从外部传入太阳的位置与颜色，把漫反射率作为成员变量放在批次类中就能使程序顺利运行了。

20.3.4 示例代码

大家可以在解决方案 20_Lighting 下的 RoboFightWithDiffuseLighting 的 Library 中找到上述处理代码。这次我们不再另行创建类库，直接在游戏主体代码中编写处理。

Model::draw() 的内容大概如下所示。

```
void Model::draw(
const Matrix44& pvm, //projectionViewMatrix,
```

```
const Vector3& lightVector,
const Vector3& lightColor,
const Vector3& ambient ) const {
   Matrix34 wm; //worldMatrix
   wm.setTranslation( mPosition );
   wm.rotateY( mAngle.y );
   wm.rotateX( mAngle.x );
   wm.rotateZ( mAngle.z );
   wm.scale( mScale );

   mBatch->draw(
      pvm,
      wm,
      lightVector,
      lightColor,
      ambient,
      mColor );
}
```

接收到的参数大部分直接传给了 Batch::draw()。和之前的做法不同的是，不再事先将世界矩阵与透视变换矩阵相乘，而是分开传进来。

下面是 Batch::draw() 的代码，注意这里省略了部分内容。

```
void Batch::draw(
const Matrix44& pvm,
const Matrix34& wm,
const Vector3& lightVector,
const Vector3& lightColor,
const Vector3& ambient,
const Vector3& diffuseColor ) const {
   （略）
   //对顶点执行世界变换
   int vertexNumber = mVertexBuffer->size();
   Vector3* wv = new Vector3[ vertexNumber ];
   for ( int i = 0;i < vertexNumber; ++i ){
      wm.multiply( &wv[ i ], *mVertexBuffer->position( i ) );
   }
   //对顶点执行最终变换
   double* fv = new double[ vertexNumber * 4 ]; //final vertices
   for ( int i = 0;i < vertexNumber; ++i ){
      pvm.multiply( &fv[ i * 4 ], wv[ i ] );
   }
   int triangleNumber = mIndexBuffer->size() / 3;
   for ( int i = 0; i < triangleNumber; ++i ){
      unsigned i0 = mIndexBuffer->index( i * 3 + 0 );
      unsigned i1 = mIndexBuffer->index( i * 3 + 1 );
      unsigned i2 = mIndexBuffer->index( i * 3 + 2 );
      //光照，结果是 unsigned
      unsigned c = light(
         lightVector,
         lightColor,
         ambient,
         diffuseColor,
         wv[ i0 ], wv[ i1 ], wv[ i2 ] ); //传递世界顶点
      Framework::instance().drawTriangle3DH(
         &fv[ i0 * 4 ],
         &fv[ i1 * 4 ],
```

```
            &fv[ i2 * 4 ],
            &mVertexBuffer->uv( i0 )->x,
            &mVertexBuffer->uv( i1 )->x,
            &mVertexBuffer->uv( i2 )->x,
            c, c, c );
    }
    SAFE_DELETE_ARRAY( wv );
    SAFE_DELETE_ARRAY( fv );
}
```

在上述代码中，先将顶点转换为世界坐标，然后再和透视变换矩阵进行运算得到最终结果。之后从索引缓存中取出三角形的顶点，再通过 light() 函数进行光照计算得出颜色，最后将该颜色传给 drawTriangle3DH()。需要注意的是，结束前不要忘记将临时数组销毁。

另外，light() 函数使用到了之前从未出现过的 ambient 变量。读者可以回想一下之前介绍的内容，借助于一些技巧，现在只需执行一次反射计算，但这样会造成光源无法直接照射到的区域一片漆黑。如果就这样忽略那些需要通过两次反射才能生成的效果，那么做出来的游戏一定是不合格的。因此我们要适当对整体亮度进行补偿，这也被称为**环境光**（ambient）。环境光给人一种从周围各个方向照射过来的感觉。通过添加环境光，阴面区域也有了一定的亮度，不再完全漆黑。

light() 的实现如下所示。

```
unsigned light(
const Vector3& lightVector,
const Vector3& lightColor,
const Vector3& ambient,
const Vector3& diffuseColor,
const Vector3& position0,
const Vector3& position1,
const Vector3& position2 ){
    //计算法线
    Vector3 n;
    Vector3 p01, p02;
    p01.setSub( position1, position0 );
    p02.setSub( position2, position0 );
    n.setCross( p01, p02 );
    //让它与光线向量取内积
    double cosine = lightVector.dot( n );
    cosine /= n.length(); //除以法线的长度
    if ( cosine < 0.0 ){
        cosine = 0.0; //不允许为负数
    }
    Vector3 c;
    c.x = lightColor.x * diffuseColor.x * cosine + ambient.x;
    c.y = lightColor.y * diffuseColor.y * cosine + ambient.y;
    c.z = lightColor.z * diffuseColor.z * cosine + ambient.z;
    //范围是0到1
    c.x = clamp01( c.x );
    c.y = clamp01( c.y );
    c.z = clamp01( c.z );
    //取整(+0.5后四舍五入)
    int r = static_cast< int >( c.x * 255.0 + 0.5 );
    int g = static_cast< int >( c.y * 255.0 + 0.5 );
    int b = static_cast< int >( c.z * 255.0 + 0.5 );
```

```
    return 0xff000000 | ( r << 16 ) | ( g << 8 ) | b;
}
```

代码与之前大体上相同。计算法线，求出内积，确保结果值非负，之后再让光线颜色、物体颜色以及角度余弦值三者相乘，最后加上环境光，把结果限制在 0 到 1 之间，计算完成后转化为整数。函数 clamp01() 用于将某值限制在 0 到 1 之间。

```
double clamp01( double a ){
    if ( a < 0.0 ){
        return 0.0;
    }else if ( a > 1.0 ){
        return 1.0;
    }else{
        return a;
    }
}
```

20.4 整合到《机甲大战》中

现在我们将上述处理包含到类库中，为机甲添加光照效果。我们可以使用上一节创建的类库，这样实现起来会非常容易。

示例位于 RoboFightWithDiffuseLighting 中。它在上一章示例 RoboFightWithFrontend 的基础上添加了光照部分。

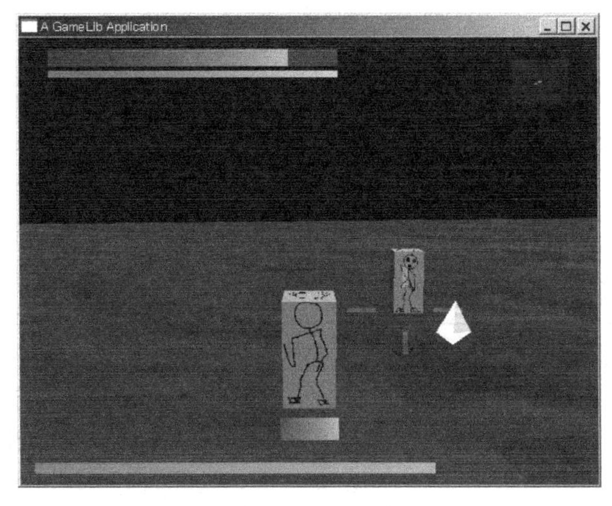

添加光照后，画面会有什么变化呢？不难看出，整体氛围有了很大的改善。需要注意的一点是法线的方向。我们通过顶点坐标的外积来计算法线，而外积的结果和计算顺序密切相关。如果顶点索引的取值顺序分别按照 0、1、2 和 2、1、0 来处理，那么两次得到的法线方向就是相反的。法线方向相反，算出的内积将互为相反数，这就意味着光线的明暗面会发生反转。因此我们需要对之前整理的数据进行适当调整，这样才能实现正确的光照效果。

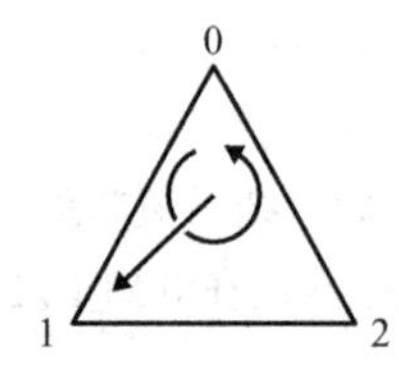

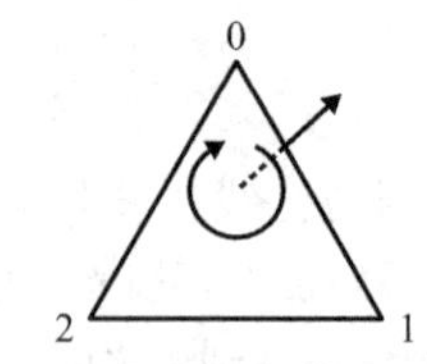

按顺时针方向计算得到的外积，其方向朝内。根据右手定则，让大拇指与其余四根手指垂直，四根手指按顺时针弯曲，这时大拇指的方向就是外积的方向。这种记忆法是非常有效的。

本章的必学内容到这里就全部结束了，下面是补充部分。

20.5 补充内容：性能优化

下面将介绍一些性能优化的技巧。如果缺少这些处理，将很难开发出优秀的商业游戏。

20.5.1 采用本地坐标进行计算

当前的做法中比较麻烦的一点是必须先将顶点转化为世界坐标。如果物体一直在移动，那么世界矩阵每一帧都在发生变化，所以每次都必须执行该计算，而且每个顶点都必须计算一遍。难道就没有更省事一些的办法吗？

办法自然是有的。只要将太阳的位置转化为本地坐标就可以了，这样所有的计算都将在每个物体的本地坐标系中进行。试想，让 100 个人去往 1 个人所在的地方，交通成本要远大于让这 1 个人去往这 100 个人所在的地方。二者是同样的道理。

这一处理的关键字是“逆矩阵”。不过，如果需要执行缩放处理，情况就会变得非常棘手。具体原理已经超出了本书的讨论范围，我们就不深入探讨了，大家亲自测试后就能有所体会。特别在不对 X、Y、Z 同时放大的情况下会比较麻烦。想要避开这种麻烦，只能忍受性能方面的损失，继续采用世界坐标系来完成相关计算。

20.5.2 提前准备好法线向量

每次都要计算法线难免会让人觉得麻烦，我们完全可以提前把各个三角形的法线向量计算好。

不过该做法也有一些缺点。使用提前计算好的法线向量和世界矩阵相乘可能会导致绘制错误。

如果让 (0, 1, 0) 这条指向正上方的法线向量与“对 x 执行加 5 操作”的变换矩阵相乘，会出现什么样的结果呢？显然，该向量会变为 (5, 1, 0)，法线的长度和方向都将发生错乱。由此我们可以看出，不能对法线执行移动操作。

为了在执行世界变换时剔除移动操作，我们需要将世界矩阵的第 4 列的值变为 0。代码中只要把函数 `Matrix34::multiply()` 替换为 `multiply33()` 等函数即可。

麻烦之处并不仅限于此，放大时同样存在问题。

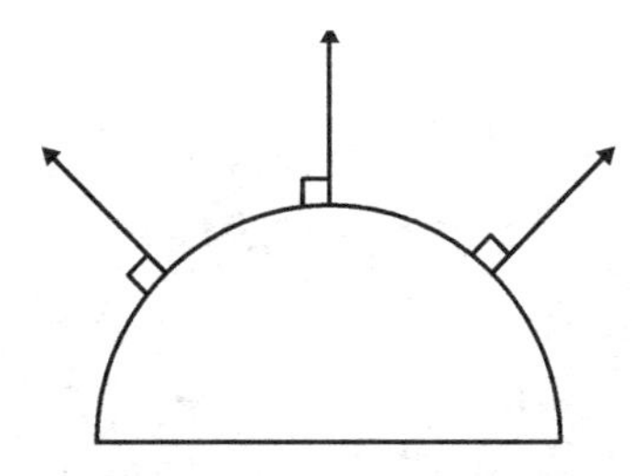

可以看到球形物体表面有 3 根法线。现在让它和将纵方向缩短一半的缩放矩阵相乘。

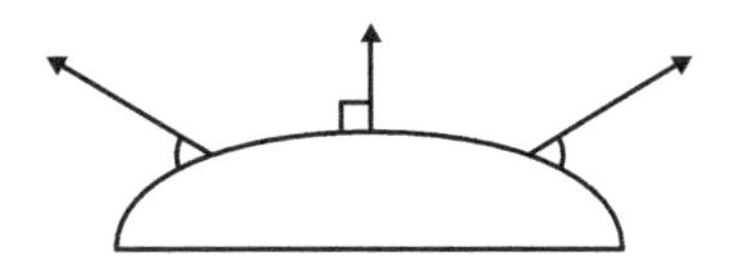

结果会变成上图这样，中间的法线变短了。这个结果肯定不对，所以我们还需要将它的长度重新调整为 1。问题更严重的是左右 2 条法线。无论怎么看，它们都不再与球面垂直，这就需要重新对角度进行调整。

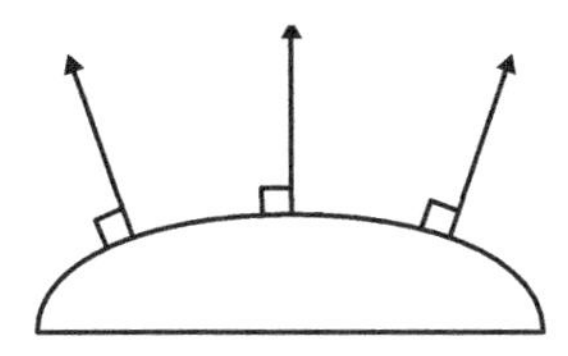

这类缺陷又要如何处理呢？

这方面的内容已经超出了本书的范围，这里不再讨论，有兴趣的读者可以自行查阅相关资料。

总之，要想确保这种方法能够奏效，就要避开缩放操作并将变换矩阵中的移动成分剔除，或者同时对 *X*、*Y*、*Z* 进行等比缩放，然后将法线长度重新调整为 1。当然，如果能够容忍绘制结果有少许瑕疵，也可以不理会这些细节。

20.5.3 在顶点处合并法线

目前我们是以三角形为单位来计算法线的，但实际开发中往往按照顶点来分配法线。

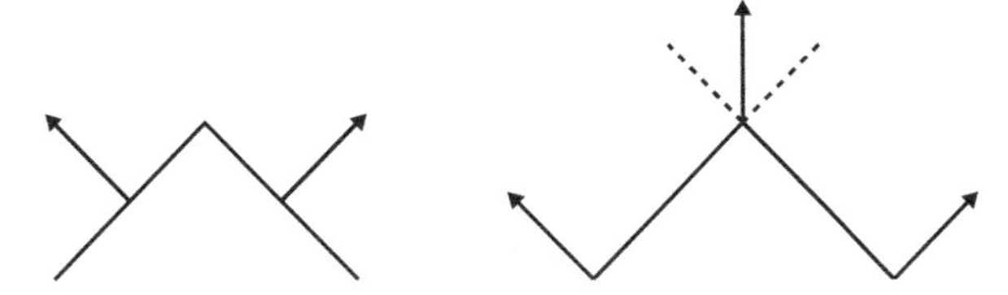

上图表示从侧面观察两个三角形以及法线时的情况。左图法线以三角形为单位，右图法线以顶点为单位。

法线以三角形为单位进行处理时，整个三角形的颜色相同，而且和相邻三角形有清晰的界限。而以顶点为单位进行处理时，确定好每个顶点的颜色后，三角形中间部分的颜色会通过补间算出，因此三角形之间的界限并不明显。从上面的右图中可以看出，中间位置的法线取的是相邻两个三角形的法线的平均值。

下面是分别使用这两种方法绘制出的曲面效果图。

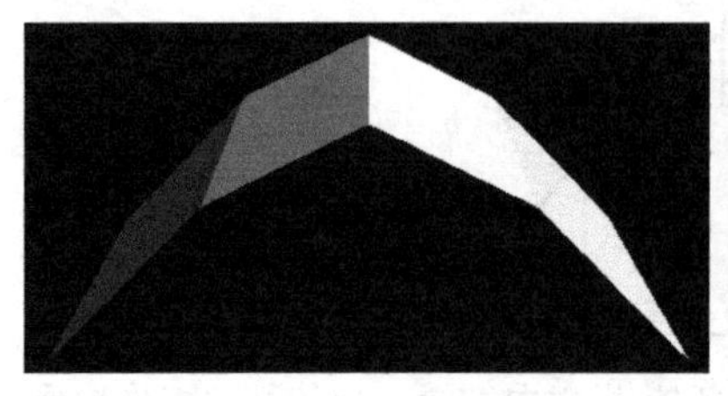

可以看到右图更为平滑。

计算法线

如果想以顶点为单位来计算法线，应该怎么做呢？

实现方法有很多种，最简单的是平均法。对任意顶点，将所有包含该顶点的三角形的法线相加，之后将结果向量的长度调整为 1，并将其作为该顶点的法线，具体代码如下所示。

```
void computeNormal(
Vector3* normals,
const VertexBuffer& vb,
const IndexBuffer& ib ){
    // 将法线初始化为 0
    for ( int i = 0; i < vb.size(); ++i ){
        normals[ i ].set( 0.0, 0.0, 0.0 );
    }
    // 开始计算
    int triangleNumber = ib.size() / 3;
    for ( int i = 0; i < triangleNumber; ++i ){
        unsigned i0 = ib.index( i * 3 + 0 );
        unsigned i1 = ib.index( i * 3 + 1 );
        unsigned i2 = ib.index( i * 3 + 2 );

        // 计算法线
        Vector3 n;
        Vector3 p01, p02;
        p01.setSub( *vb.position( i1 ), *vb.position( i0 ) );
        p02.setSub( *vb.position( i2 ), *vb.position( i0 ) );
        n.setCross( p01, p02 );
        n *= 1.f / n.length(); // 将长度变为 1
        // 针对各个顶点将法线相加
        normals[ i0 ] += n;
        normals[ i1 ] += n;
        normals[ i2 ] += n;
    }
    // 最后全部将长度设为 1
    for ( int i = 0; i < vb.size(); ++i ){
        normals[ i ] *= 1.f / normals[ i ].length();
    }
}
```

一个顶点至少会被一个三角形使用。如果只有一个三角形用到它，那么该三角形的法线就可以直接作为该顶点的法线使用。如果有两个以上的三角形共用该顶点，就要将相关三角形的法线相加，再取平均值作为顶点法线。

注意，如果某顶点未被使用过，可能就会出现除数为 0 的情况。另外，要注意最后必须将法线长度调整为 1。

20.5.4 示例代码解说

示例 RoboFightWithSmoothShading 以顶点为单位处理法线，添加了平滑阴影的效果。

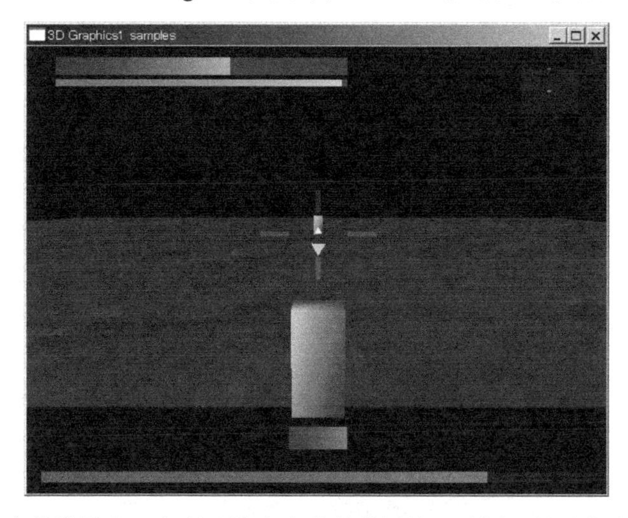

现在的画面看起来非常柔和。之所以没有在此处使用纹理贴图，是因为我们希望根据共用关系来对顶点进行配置。如果要引入 UV 配置，同一顶点就必须被配置多次（同一个顶点被 n 个三角形共用将会被配置 n 次），这样就很难使用上述方法对法线进行混合了。如果直接使用原来的顶点配置文件，将会得到和以前一样的画面。反过来说，如果想让机甲看起来棱角分明，只要不按照共用关系对顶点进行配置就可以了。

一般情况下，美工人员用软件创作好的素材都包含了法线信息，直接将其取出一并写入配置文件就没有那么多麻烦了。其实只有当程序中会动态改变顶点坐标时才有必要去计算法线，比如模拟布料在风中不停抖动的情况时，就必须实时计算各三角形的法线。

20.6 补充内容：更好的绘制效果

本章介绍了朗伯提出的漫反射模型的计算方法。

虽然绘制出的画面确实在某种程度上增强了立体感，但还是有些简陋。既没有光泽，也没有阴影。那么，怎样才能绘制出更精致的画面呢？

改善的思路其实很简单，将上述讨论过程中省略的内容再一一添加回来就好了。比如之前我们假定太阳和物体之间的其他物体都可以被光线穿透，如果能判断出太阳和物体之间存在其他物体，就能表现出物体的影子了。

此外，我们还假定了光线照到物体时将会朝各个方向漫反射，要是这里能够根据物体表面的特性对光线反射设置各种参数，画面看起来就会更加逼真。要想做到这种程度，首先就需要学习补色渲染（phong shading）技术。借助该技术，我们很容易就能表现出落日余晖映在玻璃窗上的反射效果，实现很多非常华丽的特效。

在最终版类库中，我们提供了一个开关用于控制补色渲染是否生效，并且还采用了最近流行的以像素为单位进行计算的做法。只要硬件性能满足要求，最终就可以看到非常华丽的画面。绘制不再以三角形为单位，而是分别对各个像素求出光线与法线的内积，然后进行计算。现在这种做法已经非常普遍了。

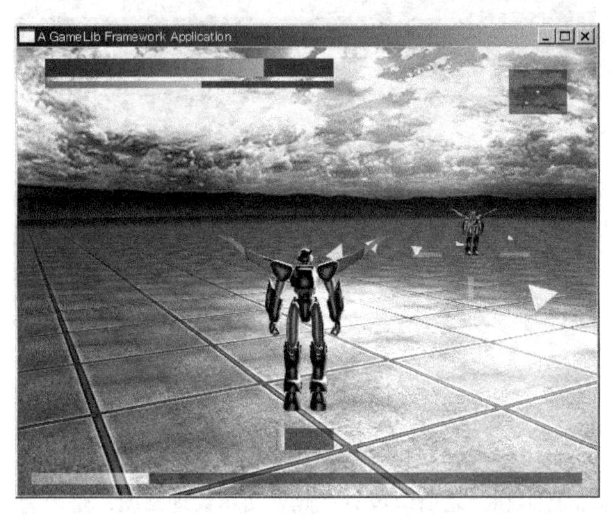

20.7 本章小结

本章介绍了如何使用一些巧妙的方法来实现光照效果。这些技巧在CG问世之初就已经存在了，而且过去很多游戏也使用了这些方法。在这些方法的基础上，加上美工人员的配合，我们完全可以创造出非常绚丽的画面。当然现在的游戏开发已经不太会使用这些原始的技巧了，虽然本质上仍在使用光线追踪这一技术，但是实现思路会有一些区别。

在补充内容中，我们讨论了如何改善性能，并且尝试了不再以三角形为单位，而是以顶点为单位来计算法线。从实用性的角度来看，这种处理是很有必要的。

从下一章开始，我们将介绍一些其他的技术来使画面更加生动。讨论的方向也不再是让静止的画面更绚丽，而是通过动画来改善游戏体验。

也就是说，我们要让游戏中的角色“动”起来。

第21章 角色动画

● 主要内容

- 动画的结构
  - 相对运动
  - 模型的层级
  - 从文件中读取数据
  - 补间方法

● 补充内容

- 解方程组的做法
- 为了达到实用性而需要做的工作

当前的《机甲大战》毫无动感可言，这是因为角色姿势不会发生变化。要想产生动感效果，就必须加入姿势的变化，而要使姿势发生变化，就需要将机甲拆分成多个部件，并让各个部件按照某种规则运动。本章我们就来学习如何实现这一目标。

本章仍使用 3DCollision1 类库。前面几章添加的功能都属于游戏逻辑部分，所以没有对 GameLib 进行扩充。示例项目的解决方案是 21_Animation。

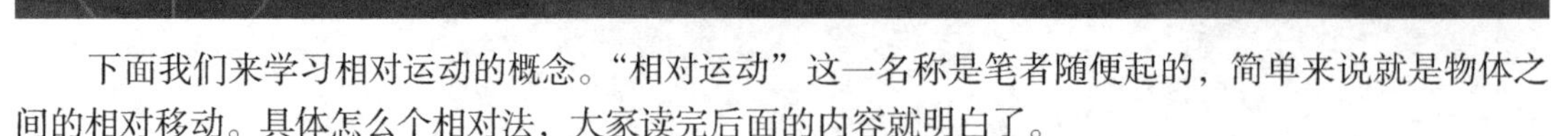

21.1 相对运动

下面我们来学习相对运动的概念。"相对运动"这一名称是笔者随便起的，简单来说就是物体之间的相对移动。具体怎么个相对法，大家读完后面的内容就明白了。

不过，在学习新方法之前，我们先用已经掌握的知识实现一遍。

21.1.1 最简单的动画

首先我们把机甲分为若干部分，并让它们按不同的规则运动。现在还不需要纹理和 UV，所以为了简化处理，示例中我们创建两个 `Model` 并让它们上下排列。下面的立方体和机甲处于同一位置，而上面的立方体的位置要比下面的立方体高 2 米。它们分别代表机甲的下半身与上半身。

```
Model* upperModel = database->createModel( "cube" );
Model* lowerModel = database->createModel( "cube" );

Vector3 upperPosition = mPosition;
upperPosition.y += 2.0;
upperModel->setPosition( upperPosition );
lowerModel->setPosition( mPosition );
```

这样我们就创建出了两个立方体。接下来，我们让上面的立方体按照正弦规律上下运动。

```
Vector3 upperPosition = mPosition;
upperPosition.y += 2.0 + sin( gCount );
upperModel->setPosition( upperPosition );
lowerModel->setPosition( mPosition );
```

如果每帧都对全局变量 `gCount` 加 1，就会产生上下摇动的效果。也就是说，这种方法能够做出简单的动画。该示例的名称是 SimpleSine。

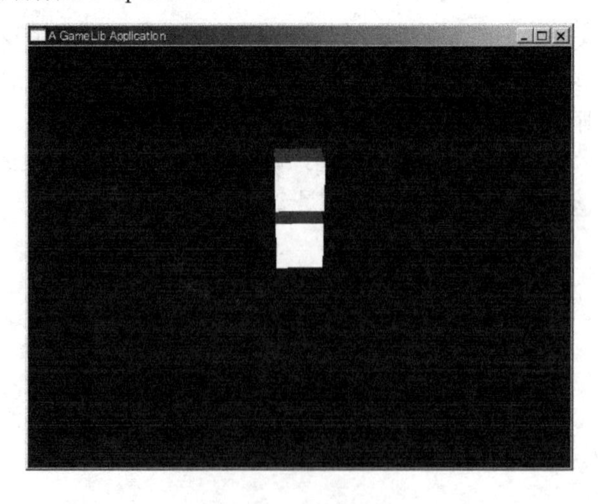

问题

不过该做法存在一些缺陷。我们以机甲发生倾斜时的情况为例。要让机甲横向倾斜 45°，只需要让 z 轴旋转 45° 即可。

```
Vector3 upperPosition = mPosition;
upperPosition.y += 2.0 + sinf( gCount );
upperModel->setPosition( upperPosition );
lowerModel->setPosition( mPosition );
upperModel->setAngle( Vector3( 0.0, 0.0, 45.0 ) );
lowerModel->setAngle( Vector3( 0.0, 0.0, 45.0 ) );
```

结果如下图所示。

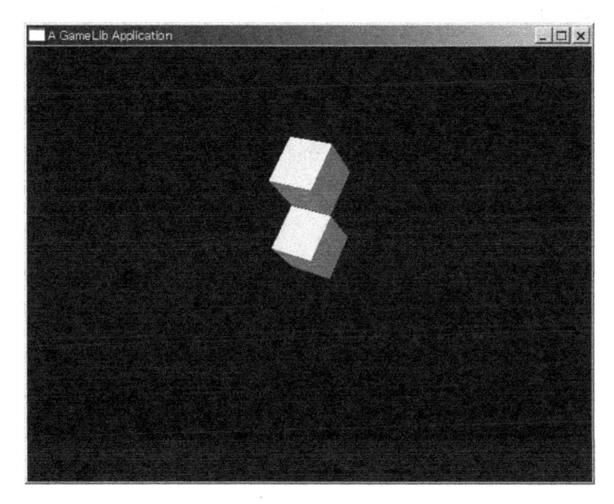

这并不是我们想要的结果。尽管上下两个立方体都有所倾斜，但二者的位置关系却发生了改变，和我们希望的“整体倾斜”截然不同。

之所以会出现这样的结果，是因为上半部分的旋转和移动没有按照我们期待的顺序进行。之前我们讨论过，在使用 `Model::draw()` 创建世界矩阵时，总是将移动处理放在最后进行，因此物体会先绕着原点旋转 45° 后再向上移动，这就出现了我们看到的结果。而事实上我们希望的是先移动再旋转，因此必须改变矩阵的相乘顺序。错误状态的示例位于 SimpleSineWithRotation 中。

当然，只要设置好正确的相乘顺序，或者在机甲类中创建世界矩阵后传给 `Model::draw()`，就可以解决这个问题了。可如果每次都这么处理，游戏代码就会变得冗长，而且容易出错。

有没有更好的做法呢？

下面我们就用相对运动的思路来考虑该问题。

21.1.2 相对运动的实现方法

假设你坐在冰箱上，那么将这个情形类比到前例中，你就相当于机甲的上半身，冰箱相当于机甲的下半身。这时，如果有人将冰箱推倒，会出现什么情况呢？如果你没有猛地跳起来，就一定会随着冰箱跌倒在地。

但是在前面的例子中，机甲的上半身与下半身并不存在关联关系。就好像冰箱正上方的天花板上有一根垂下来的绳索，而你可以抓住这根绳索一样。在这种状态下，无论冰箱倒在地上还是左右旋转，都不会对你造成影响。而我们要求的是二者同时跌落。问题的本质就在于此。

再来看一个例子。众所周知，月球绕着地球运动，而地球又绕着太阳运动，所以月球最终的运动轨迹是一条非常复杂的曲线。但如果只根据月球绕着地球旋转这一特性来绘制它的轨迹，就会发现这条轨迹并不复杂。月球最终的运动轨迹之所以复杂，主要是因为地球会绕着太阳旋转，而这一过程对月球来说是不可知的。

经过分析，我们的思路已经很清晰了。只要让上半身相对于下半身运动即可。无论下半身是在跑动还是在扭动，上半身都不用关心，这就是相对运动的思想。实现起来非常简单。

21.1.3 多个坐标系

之前已经介绍过这个概念，为了方便理解，我们再来回顾一下。

我们可以为坐标系下一个不够严谨的定义——坐标系就是将某个位置设定为 0 的一套规则[①]。也就是说，如果 A 位于东京，B 位于大阪，而他们都将自身所处的位置定义为 (0, 0)，即世界的中心，这时 A 就以东京为原点来定义坐标，即 A 位于东京坐标系，B 则以大阪为原点来定义坐标，即 B 位于大阪坐标系。

我们把这个概念放到机甲身上。下半身也好上半身也罢，二者的顶点数组内容都是相同的，如果放在相同的坐标系内，它们将发生重叠。但如果坐标系不同，即便两个点都用 (0, 0) 表示，就像一个位于东京一个位于大阪一样，它们实际上所在的也是不同的位置。也就是说，上半身应当采用上半身坐标系，下半身应当采用下半身坐标系。而决定各个坐标系的具体内容的是世界矩阵。对世界矩阵来说，以东京为中心或者以大阪为中心无非是一些数字上的变化而已。

要实现相对运动，只要在两个坐标系中进行一些关系变换即可。假设现在有 C 和 D 两个人。C 可能位于任何位置，但是 D 一直位于 C 的北面 10 km 处。此时，因为 D 坐标系并不清楚 C 的具体位置，所以只能通过相对位置来确定，即“位于 C 北面 10 km 处的坐标系”。

将这个思路运用到机甲中，只要把上半身模型放入“位于下半身上方 2 m 处的坐标系”中即可。这样不论下半身走到哪里，上半身都将与其保持 2 m 的相对距离。

实现这种坐标系之间的变换需要用到矩阵。

21.1.4 坐标系的移动

坐标系之间的变换可以通过矩阵的乘法运算完成。如果将下半身坐标系看作上半身所在的世界坐标系，就可以很容易地和之前介绍的内容联系起来。对上半身执行一次世界坐标变换后，它就转换成了下半身坐标系中的值，而上半身不用关心该值是否是真正的世界坐标。之后再对该下半身坐标进行世界坐标变换，就可以得到真正的世界坐标了。

坐标系的变换理解起来可能有些抽象，我们来看一些具体的例子。假设屋子的窗户边上放着一架钢琴。“窗户边”一词描述的是房间内的位置关系，也就是房间坐标系。如果把这句话描述成“钢琴放在北纬 x 度东经 y 度”，那么参考系就从房间坐标系转移到了地球坐标系。不过，此时的坐标未必就是世界坐标。如果我们选取以太阳为原点的宇宙坐标系作为世界坐标系，那么地球上的坐标系

---

① 准确地说，所谓的坐标设定规则是将某个位置设置为 0，将某个方向设置为 0，并将大小设置为 1。更准确的定义我们会在后面学习。

也不过是本地坐标系而已。坐标分为本地坐标和世界坐标，这一点在处理相对运动时意义不大。

接下来看一下将上半身顶点绘制到画面上的整个流程。首先，因为上半身顶点位于上半身坐标系，所以我们需要先将其转换为下半身坐标系。毕竟上半身坐标系的定义是根据它与下半身坐标系的相对关系给出的，所以无法直接把它转换为世界坐标系。假设现在有 A、B、C 三个人，B 位于 A 的北面 10 km 处，C 位于 B 的东面 10 km 处，那么用 A 的坐标系表示 C 的位置时就必须先转换到 B 的坐标系。二者的原理是一样的。

我们通过矩阵 $\boldsymbol{L}$ 来完成上半身坐标系到下半身坐标系的变换。这里，$\boldsymbol{L}$ 是**本地矩阵**（local matrix）的缩写。下半身坐标系其实就是本地坐标系，因此我们将用于变换到该坐标系的计算矩阵称为本地矩阵。接着，我们再用世界矩阵 $\boldsymbol{W}$ 把“变换到下半身坐标系后的上半身顶点”变换为世界坐标，这样上半身顶点就出现在世界坐标系中了。

21.1.5 矩阵的合成

那么我们应当如何求出这个本地矩阵呢？方法和世界矩阵的计算类似。对上半身来说，下半身坐标系就相当于世界坐标系，因此，和之前讨论世界矩阵时相同，按照缩放、分别绕三个轴旋转、移动的顺序合并相应的矩阵后，就可以求出 $\boldsymbol{L}$。然后使用 $\boldsymbol{L}$ 和 $\boldsymbol{W}$ 合并后的矩阵，就可以将上半身坐标系一次性变换到最终的世界坐标系。考虑到计算时会先乘以 $\boldsymbol{L}$，因此将 $\boldsymbol{L}$ 放在右侧，即 $\boldsymbol{WL}$。

$$\boldsymbol{WL} = (\boldsymbol{T}_1\boldsymbol{R}_{y1}\boldsymbol{R}_{x1}\boldsymbol{R}_{z1}\boldsymbol{S}_1)(\boldsymbol{T}_0\boldsymbol{R}_{y0}\boldsymbol{R}_{x0}\boldsymbol{R}_{z0}\boldsymbol{S}_0)$$

第一个括号内的值是 $\boldsymbol{W}$，第二个括号内的值是 $\boldsymbol{L}$。下面是具体的代码。

```
//手动创建矩阵
//下半身倾斜 45°
Matrix34 w;
w.setRotationZ( 45.0 );
//上半身从下半身开始沿着 Y 移动一定位置
double y = 4.0 + sin( gCount * 5.0 );
Matrix34 l;
l.setTranslation( Vector3( 0.0, y, 0.0 ) );

//绘制下半身
Matrix44 pvwm; //projection view world matrix
pvwm.setMul( pm, w );
gUpperModel->draw( pvwm, gLightVector, gLightColor, gAmbient );

//绘制上半身
Matrix34 t = w;
t *= l; //w * l
pvwm.setMul( pm, t );
gLowerModel->draw( pvwm, gLightVector, gLightColor, gAmbient );
```

这部分示例位于 SimpleSineWithRotation2 中。可以看到，方块倾斜的效果正是我们想要的。

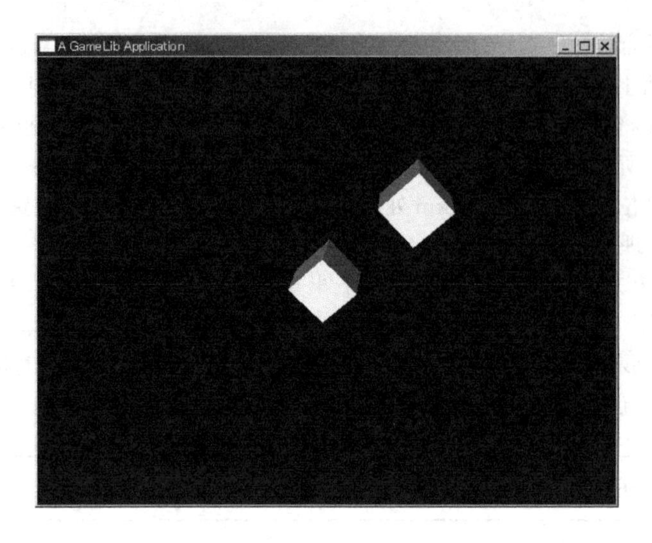

21.1.6 太阳系的实现

作为练习，我们来试着再现太阳、地球和月球之间的关系。

首先准备好三个矩阵：用于将月球坐标系变换到地球坐标系的本地矩阵 $\boldsymbol{L}_0$；用于将地球坐标系变换到太阳坐标系的 $\boldsymbol{L}_1$；用于将从太阳坐标系变换到宇宙坐标系的 $\boldsymbol{W}$。按 $\boldsymbol{W}$、$\boldsymbol{L}_1$、$\boldsymbol{L}_0$ 的顺序相乘算出最后的矩阵，借助该矩阵就能将月球坐标系的顶点变换到世界坐标系。

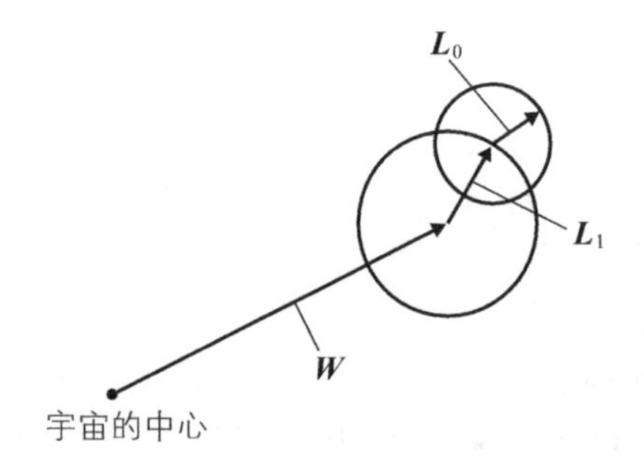

首先，我们将用于使月球在 x 轴方向上朝着距离地球 38 万千米的地方移动的移动矩阵放入 $\boldsymbol{L}_0$ 中。其次，月球按照每月绕地球一圈的速度绕 y 轴旋转，我们将该旋转矩阵放入 $\boldsymbol{L}_1$ 中。之所以将它们分开放置，是因为要考虑计算的顺序。正确的顺序是先旋转再移动，如果将二者都放入 $\boldsymbol{L}_0$，就变成了月球的自转，而我们要描述的是月球绕地球旋转。

同理，接下来将用于使地球在 x 轴方向上朝着距离太阳 1.5 亿千米的地方移动的移动矩阵放入 $\boldsymbol{L}_1$ 中，将用于实现地球按照一年绕太阳一圈的速度绕 y 轴旋转的旋转矩阵放入 $\boldsymbol{W}$ 中。将“地球和太阳之间的移动处理矩阵”和“月球绕地球旋转的旋转矩阵”都放入 $\boldsymbol{L}_1$ 中可能不好理解，不过从矩阵相乘的顺序来看，这样做并没有什么问题。我们可以将其理解为月球和地球的组合体先一起旋转，再一起移动。最后，为了完成从太阳系到宇宙中心的移动，将移动矩阵放入 $\boldsymbol{W}$ 中，结果得到如下算式。

$$\boldsymbol{W}\boldsymbol{L}_1\boldsymbol{L}_0 = \boldsymbol{W}\left(\boldsymbol{T}_1\boldsymbol{R}_{y1}\right)\left(\boldsymbol{T}_0\right)$$

编写代码时可以把相关数字替换为适当的值。不过 38 万千米这个数字太大了，而且我们也无法得知太阳系距离宇宙中心的真实距离。

21.1.7 一日和一月

现在我们要将地球的自转与月球的公转分开处理，使月球按照一个月绕地球一圈的速度公转，让地球按一天一圈的速度自转。而在上述例子中，因为二者是组合在一起的，所以地球的自转周期和月球的公转周期是一样的。

那么具体应当如何实现呢？

首先，用于绘制月球的矩阵和上面的例子是一样的。

$$\boldsymbol{W}\boldsymbol{L}_1\boldsymbol{L}_0 = \boldsymbol{W}\left(\boldsymbol{T}_1\boldsymbol{R}_{y1}\right)\left(\boldsymbol{T}_0\right)$$

绘制月球时可以直接采用上述算式，它能够保证月球按照每月一圈的速度绕地球旋转。但在绘制地球时就不行了，该算式会使地球按照月球的公转周期进行自转。因此，绘制地球时应当剔除月球公转部分的矩阵成分，加入符合地球自转特征的旋转矩阵。也就是说，将 $\boldsymbol{L}_1$ 中的旋转矩阵替换为一天旋转一圈的旋转矩阵，即

$$\boldsymbol{W}\boldsymbol{L}_{1'} = \boldsymbol{W}\left(\boldsymbol{T}_1\boldsymbol{R}_{y1'}\right)$$

$\boldsymbol{L}_{1'}$ 是针对地球创建的，不过这样设置后，绘制月球时将无法直接使用该“地球绘制矩阵”，多少有些不便。因此我们将地球的矩阵分为 $\boldsymbol{L}_{1a}$ 与 $\boldsymbol{L}_{1b}$ 两部分，其中 $1a$ 用于移动，$1b$ 用于旋转。在旋转部分，月球使用 $1b0$，地球使用 $1b1$，$1a$ 则是共用的。

$$\boldsymbol{W}\boldsymbol{L}_{1a}\boldsymbol{L}_{1b0}\boldsymbol{L}_0 = \boldsymbol{W}\left(\boldsymbol{T}_1\right)\left(\boldsymbol{R}_{y1}\right)\left(\boldsymbol{T}_0\right)$$

$$\boldsymbol{W}\boldsymbol{L}_{1a}\boldsymbol{L}_{1b1} = \boldsymbol{W}\left(\boldsymbol{T}_1\right)\left(\boldsymbol{R}_{y1'}\right)$$

第一个算式用于月球，第二个算式用于地球。$\boldsymbol{W}\boldsymbol{L}_{1a}$ 部分是共用的，因此完成该计算后再做分支处理即可，处理过程大致如下所示。

```
Matrix44 pvm; // 在别处创建好 Projection * View 矩阵
Matrix34 w;
w.setTranslation( sunPosition ); // 太阳系的位置
w.rotateY( earthRevolution ); // 地球公转
Matrix34 l1a;
l1a.setTranslation( earthPosition ); // 太阳和地球的相对运动
Matrix34 l1b0;
l1b0.setRotationY( moonRevolution ); // 月球公转
Matrix34 l1b1;
l1b0.setRotationY( earthRotation ); // 地球自转
Matrix34 l0;
l0.setTranslation( moonPosition ); // 地球和月球的相对运动

// 太阳
Matrix34 tmp;
Matrix44 pvwm; //Projection * View * World
pvwm.setMul( pvm, w );
mSun->draw( pvwm );

// 地球和月球的共通部分
Matrix34 w_l1a;
w_l1a.setMul( w, l1a ); // 共通部分
```

```
// 地球
tmp.setMul( w_l1a, l1b1 );
pvwm.setMul( pvm, tmp );
mEarth->draw( pvwm ); // 用 W*L1a*L1b0 绘制

// 月球
tmp.setMul( w_l1a, l1b0 );
tmp *= l0;
pvwm.setMul( prm, tmp );
mMoon->draw( pvwm ); // 用 W*L1a*L1b1*L0 绘制
```

虽然这段伪代码无法实际运行，但它完整地描述了处理流程。需要注意的是，这里绘制 Model 时并没有使用 Model 内部创建的世界矩阵。我们在 Model 外将透视变换矩阵和视图矩阵相乘后得到的矩阵和世界矩阵相乘，然后把结果传递给 Model。另外，因为没有使用 setPosition() 以及 setAngle() 等方法来改变 Model 内部的世界矩阵，所以 Model 内部的世界矩阵一直是一个原始的"单位矩阵"。虽然这个矩阵没有派上用场，不过暂且将其保留。建议读者结合示例 SolarSystem1 中的代码来理解。

当前存在的问题

当前我们将地球和月球的绘制处理都写到了一起，不过既然处理的是相对运动，我们自然想把地球与月球之间的变换矩阵放入月球的 Model::draw() 中，把太阳与地球之间的变换矩阵放入地球的 Model::draw() 中。当然，像上面那样编写代码也能解决问题，但如果 Model 的数量增多，代码就会变得冗长且容易出错。

另外，这种做法无法呈现出正确的光照效果，因为绘制时用到的世界矩阵必须在 Model 类中创建。读者可以回想一下法线与世界矩阵相乘的计算，内部的世界矩阵不正确就无法算出正确的光源方向。事实上在之前的例子中，光照是有问题的。程序员可能不容易发现，但是专业的美工人员立刻就能察觉出来。

21.2 层级 Model 类

为了方便后面处理，我们可以把上述操作封装成类库。如果前面的内容理解起来没有问题，剩下的应该就很简单了，主要是一些递归调用。

首先，我们让 Model 类持有它下一层级的 Model 类对象。这样一来，Model 类的 draw() 将会把自己的世界矩阵作为参数传递给下层的 Model 对象，与该对象创建的矩阵相乘后再进行绘制。不过为了避免代码混乱，我们不打算修改现有的 Model 类，而是创建一个新的类来实现。

21.2.1 Node 类

树是一种能够用来表示层级关系的数据结构。因此，我们把描述了层级关系的对象称为 Tree，把持有各自矩阵的类称为 Node（节点）。Node 其实就是树结构中各个分支所在的节点。

```
class Node{
public:
   void draw(
      const Matrix44& parentMatrix ); //省略了光照部分
   void addChild( Node* ); //添加到下层
private:
   Node** mChildren; //下层 Node
   unsigned mChildNumber;
   Vector3 mTranslation;
   Vector3 mRotation;
   Vector3 mScale;
};
```

绘制的代码

绘制的处理过程大致如下所示。这里我们剔除了光照相关的部分。

```
void Node::draw(
const Matrix44& projectionView,
const Matrix34& parentWm ){ //父节点世界矩阵
   Matrix34 wm; //创建该节点的世界矩阵
   wm.setTranslation( mTranslation );
   wm.rotateY( mRotation.y );
   wm.rotateX( mRotation.x );
   wm.rotateZ( mRotation.z );
   wm.scale( mScale );

   wm.setMul( parentWm, wm ); //和父矩阵相乘

   if ( mBatch ){ //若存在批次类则绘制
      mBatch->draw( projectionView, wm );
   }
   //将结果传给子节点
   for ( int i = 0; i < mChildNumber; ++i ){
      mChildren[ i ]->draw( projectionView, wm );
   }
}
```

在前几章的处理中，世界矩阵都是在 `Model::draw()` 中创建的，但现在情况不一样了。从父节点对象获得父节点对象使用的世界矩阵后，再将它与相对父节点运动的变换矩阵进行计算，然后进行绘制。之后再把计算好的矩阵结果传给子节点。

从太阳系的例子中我们可以知道，有些节点是没有必要绘制出来的，因此需要执行 `if` 判断，以确保在没有批次类的情况下不会进行绘制。

使用方法

下列代码展示了 Node 类的使用方法。首先是初始化。

```
gDatabase = new GraphicsDatabase( "cube.txt" );
gSun = new Node( gDatabase->batch( "cube" ), 1 );
gEarthTranslation = new Node( 0, 2 );
gEarth = new Node( gDatabase->batch( "cube" ), 0 );
gMoonRevolution = new Node( 0, 1 );
gMoon = new Node( gDatabase->batch( "cube" ), 0 );
```

```
// 构建父子关系
gSun->setChild( 0, gEarthTranslation );
gEarthTranslation->setChild( 0, gEarth );
gEarthTranslation->setChild( 1, gMoonRevolution );
gMoonRevolution->setChild( 0, gMoon );
```

首先直接创建一个节点。如有必要，还需获取相关的批次类并传给该节点，然后设置父子关系。

下面是每帧计算的部分。

```
Matrix44 pvm; // 在别处创建好的透视变换矩阵、视图矩阵

// 旋转角
gEarthRevolution += 360.0 / 365.0; //365 天旋转 1 圈
gMoonRevolution += 360.0 / 30.0; //30 天旋转 1 圈
gEarthRotation += 360.0 / 1.0; //1 天旋转 1 圈

// 设置各个节点的变换
gEarthTranslation->setTranslation(
   Vector3( 10.0, 0.0, 0.0 ) );
gSun->setRotation(
   Vector3( 0.0, gEarthRevolution, 0.0 ) );
gEarth->setRotation(
   Vector3( 0.0, gEarthRotation, 0.0 ) );
gMoonRevolution->setRotation(
   Vector3( 0.0, gMoonRevolution, 0.0 ) );
gMoon->setTranslation(
   Vector3( 4.0, 0.0, 0.0 ) );

// 绘制（根节点的太阳）
gSun->draw( ... );
```

移动也好旋转也罢，只需每帧按照游戏的要求进行设置即可。运行后可以看到各游戏对象将按照我们设置的父子关系执行相对运动。

示例

添加上述功能后的示例位于 SolarSystem2。示例中包含了光照处理，因此代码较长，但处理过程和上述代码大致相同。

此外，上述代码中省略的 draw() 实际上是按照下面这种方式调用的。

```
Matrix34 wm; // 世界矩阵
wm.setIdentity();
gSun->draw(
   pvm, //Projection View
   wm, //World
   gLightVector,
   gLightColor,
   gAmbient );
```

之所以要准备两个矩阵参数，是因为世界矩阵必须和透视变换矩阵、视图变换矩阵分开传入。另外，世界矩阵 wm 应当是一个不会发生任何改变的矩阵。该矩阵通过函数 setIdentity() 生成，其移动量是 (0, 0, 0)，旋转量是 (0, 0, 0)，缩放量是 (1, 1, 1)。

下面对该矩阵进行说明。

单位矩阵

不会发生任何改变的矩阵具备以下特性。

$$\boldsymbol{p} = \boldsymbol{A}\boldsymbol{p}$$

$\boldsymbol{p}$ 和它运算后仍等于 $\boldsymbol{p}$，也就是说没有发生任何改变。为了便于理解，我们以二元的情况为例。

$$\begin{pmatrix} p_x \\ p_y \end{pmatrix} = \begin{pmatrix} a & b \\ c & d \end{pmatrix} \begin{pmatrix} p_x \\ p_y \end{pmatrix}$$

展开后得到下面两个算式。

$$p_x = a \cdot p_x + b \cdot p_y$$
$$p_y = c \cdot p_x + d \cdot p_y$$

显然，满足该条件的 $abcd$ 只有一种可能，即

$$\begin{pmatrix} 1 & 0 \\ 0 & 1 \end{pmatrix}$$

3×3 以上的情况也一样，从左上到右下的对角线上的元素值都为 1，其他元素值都为 0，我们把这样的矩阵称为单位矩阵。单位矩阵 $\boldsymbol{I}$ 和任意矩阵 $\boldsymbol{A}$ 存在如下关系。

$$\boldsymbol{IA} = \boldsymbol{AI} = \boldsymbol{A}$$

读者可以试着将各个元素展开来验证运算的结果。就像数字 1 那样，任何数字与它相乘后结果都等于原值，所以这种矩阵被称为单位矩阵。有些文献会用黑体的数字 1 来表示单位矩阵。

这么来看，`setIdentity()` 的实现应该很简单。只要将从左上到右下的对角线上的元素值设置为 1，其余都设置为 0 即可。

21.3 自动构建树结构

我们继续进行改善。

前面的做法有一个缺点，就是初始化的准备工作非常烦琐。这种需要一个一个手动创建 `Node` 的做法效率很低，我们希望可以自动完成这一过程。下面就来看看具体应该如何实现。

21.3.1 将父子关系写入数据文件中

为了简化初始化流程，我们需要将“A 中包含了子节点 B”这种层级信息存入配置文件中。那么用什么方式实现会比较好呢?

其中一种思路是将 `Node` 的层级关系通过批次类的配置体现出来。写成伪 XML 文件就是如下形式。

```
<Batch name="sun" vertexBuffer="sun" indexBuffer="sun" >
   <Batch name="earthTranslation">
      <Batch name="earth" verteBuffer="earth" indexBuffer="earth"/>
      <Batch name="moonRevolution">
```

```
      <Batch name="moon" vertexBuffer="moon" indexBuffer="moon"/>
    </Batch>
  </Batch>
</Batch>
```

程序在运行时会参照配置内容来创建 Node，并自动构建出正确的父子关系。不过，因为不拥有层级结构的 Model 会用到批次类，所以我们希望将批次类的定义与层级信息分开。

我们可以在文件中添加 Node 的配置，这样代码就变成了下面这种形式。

```
<Node name="sun" batch="sun">
  <Node name="earthTranslation">
    <Node name="earth" batch="earth"/>
    <Node name="moonRevolution">
      <Node name="moon" batch="moon"/>
    </Node>
  </Node>
</Node>
<Batch name="sun" vertexBuffer="sun" indexBuffer="sun"/>
<Batch name="earth" vertexBuffer="earth" indexBuffer="earth"/>
<Batch name="moon" vertexBuffer="moon" indexBuffer="moon"/>
```

给需要绘制在屏幕上的节点指定相应的批次类，其他节点则不必指定。这种做法需要额外指定各个批次类，所以文件会变得很长，但是在同一个批次类被多处复用的情况下，该做法占用的容量反而更小。上述两种方式都可以实现，不过后者使用得更为广泛。

21.3.2 Tree 类

那么，如何通过该配置文件创建 Node 呢？代码大致如下所示。

```
Node* solarSystem = mDatabase->createNode( "sun" );
```

因为创建的是太阳系，所以我们使用 solarSystem 作为变量名，但是 Node 类型本身用于表示单个节点，该节点表示的其实是太阳。因此，调用 createNode() 时传入的参数是 sun。这就出现了不统一的情况。那么如何消除这种情况呢？从设计上来说，用一个表示部分的类来代表整体确实不够优雅。从理论上来说，我们应当设计一个对应于整个太阳系的类，而不该用表示太阳的节点来替代。

另外，无法区分一个节点是根节点还是子孙节点也会带来一些问题。因为根节点能够被销毁，但子孙节点不能直接被销毁。

如此看来，要是存在一个类可以描述整体的树结构，情况就会好很多。基于这种思路，最终的配置文件会变成如下形式。

```
<Tree name="solarSystem">
  <Node name="sun" batch="sun">
    <Node name="earthTranslation">
      <Node name="earth" batch="earth"/>
      <Node name="moonRevolution">
        <Node name="moon" batch="moon"/>
      </Node>
    </Node>
  </Node>
</Tree>
```

```
<Batch name="sun" vertexBuffer="sun" indexBuffer="sun"/>
<Batch name="earth" vertexBuffer="earth" indexBuffer="earth"/>
<Batch name="moon" vertexBuffer="moon" indexBuffer="moon"/>
```

Tree 中含有 Node 数组，它负责创建 Node 的层级关系。这样一来，只要规定类库的使用者不允许对 Node 执行 delete，只能对 Tree 执行 delete，就不会导致混乱了。

调用代码

我们暂时不考虑具体如何实现。从期待的结果来看，初始化过程可以通过以下两句代码完成。

```
gDatabase = new GraphicsDatabase( "solarSystem.txt" );
gSolarSystem = gDatabase->createTree( "solarSystem" );
```

之后，在每帧处理中只需获取相应的节点，并为这些节点设置适当的参数值即可。

```
Node* mSun = gSolarSystem->getNode( "sun" );
Node* mEarth = gSolarSystem->getNode( "earth" );
Node* mEarthTranslation = gSolarSystem->getNode( "earthTranslation" );
Node* mMoonRevolution = gSolarSystem->getNode( "moonRevolution" );
Node* mMoon = gSolarSystem->getNode( "moon" );
```

21.3.3 将初始值也放入文件中

如果继续深入分析，我们会发现仍有很多改进的余地。

对于那些不需要每帧改变参数的相对运动，只要在开始时设置一次就够了。地球和太阳之间的偏移以及月球与地球之间的偏移都不必逐帧重复设置，所以这部分工作最好可以在初始化时完成。

因此，我们将移动、旋转以及缩放等信息配置到 Node 元素中。初始化时只要将这些信息读取出来就可以了，处理起来并不困难。

```
<Tree name="solarSystem">
   <Node name="sun"
         batch="sun">
      <Node name="earthTranslation"
         translation="10, 0, 0">
         <Node name="earth" batch="earth"/>
         <Node name="moonRevolution">
            <Node
               name="moon"
               batch="moon"
               translation="4,0,0"/>
         </Node>
      </Node>
   </Node>
</Tree>
```

下列代码负责解析相应的字段并进行初始化。

```
Tree* gSolarSystem = gDatabase->createTree( "solarSystem" );
Node* gSun = gSolarSystem->getNode( "sun" );
Node* gEarth = gSolarSystem->getNode( "earth" );
Node* gMoonRevolution = gSolarSystem->getNode( "moonRevolution" );
```

```
// 以下内容每帧都要处理

// 更新旋转角
gEarthRevolution += 360.0 / 365.0; //365 天旋转 1 圈
gMoonRevolution += 360.0 / 30.0; //30 天旋转 1 圈
gEarthRotation += 360.0 / 1.0; //1 天旋转 1 圈

// 设置所有 Model 的相对运动
gSun->setRotation( 0.0, gEarthRevolution, 0.0 );
gEarth->setRotation( 0.0, gEarthRotation, 0.0 );
gMoonRevolution->setRotation( 0.0, gMoonRevolution, 0.0 );

gSolarSystem->draw();
```

除了每帧都会改变的旋转角之外，其余参数都不必再进行处理。对于那些相对运动的参数值固定的 Node，没有必要再获取该对象的引用。

21.3.4 将节点和树结构做成资源

接下来要做的是编写类库，以能够像上面那样进行调用，不过在此之前还需要解决一个问题。

在之前的设计中，GraphicsDatabase 中存放的对象，不论是批次类还是纹理类，都是在创建 GraphicsDatabase 时被构建到 GraphicsDatabase 中的。但是，Model、Node 和 Tree 这些对象包含了矩阵等运行时会一直变化的数据，因此它们与使用 const 限定创建后就一直不变的批次类和纹理类完全不同。

另外，Model 的创建只需要依赖批次类就足够了，但是生成 Node 和 Tree 时必须读取伪 XML 文件中的层级信息。也就是说，生成 Tree 时需要解析伪 XML 文件，因此必须持有该伪 XML 文件的 Document 引用。但是从性能方面来说，我们并不希望将字符串处理类一直保留到后面。

我们不妨换个思路，就像 Model 可以直接通过批次类创建出来一样，我们也可以为 Node 和 Tree 准备某个对象，使 Node 和 Tree 能够直接通过这个对象创建出来。

事实上，该伪 XML 文件中的 Node 描述部分并不包含矩阵等会发生变化的数据。它只记录了节点的父子关系、对应的批次类、移动和旋转的偏移量等固定数据，相当于树的设计图。我们可以用 TreeTemplate 类来表示该设计图。template 是模板、样板的意思，这个类名可能不是最适合的，但读者只要清楚它的作用就好。该类会在 GraphicsDatabase 的构造函数中像索引缓存和纹理那样被构建出来。

示例代码

这部分代码位于示例 SolarSystem3 中。Library 中提供了 Tree 类，该示例只是调用了它而已。从伪 XML 文件中读取父子层级关系并构建对象、设置默认值等都是 Tree 的职责。

在示例代码中，创建 TreeTemplate 和 NodeTemplate 的代码是比较烦琐的，尤其是用 TreeTemplate 创建 Tree 的部分。当然，包含多个子节点的树这种数据结构的处理本来就非常费事。读者在阅读代码时要多加留意 TreeTemplate 和 Tree 的构造函数部分。

21.3.5 Node 的表示方法

Node 的表示方法主要有两种。

```
// 记录子数组以及元素数量
class NodeA{
   NodeA** mChildren;
   int mChildNumber;
};

// 记录长子及次子
class NodeB{
   NodeB* mOldestChild;
   NodeB* mYoungerBrother;
};
```

“子数组”的方法比较易懂，从父节点开始遍历子节点时，只要像下面这样编写递归调用代码即可。

```
void visit( NodeA* current ){
   for ( int i = 0; i < current->mChildNumber; ++i ){
      visit( current->mChildren[ i ] );
   }
}
```

该方法的优点是简单，缺点则是每个节点都必须创建一个数组，以存放它的子节点指针。

而另外一种“长子与兄弟”的实现方式则不需要用到数组。不用使用 new 操作会节省一些内存，但是遍历时用到的代码就没有那么直观了。

```
void visit( NodeB* current ){
   // 如果有兄弟节点则优先访问兄弟节点
   if ( current->mYoungerBrother ){
      visit( current->mYoungerBrother );
   }
   // 有子节点则前往子节点
   if ( current->mOldestChild ){
      visit( current->mOldestChild );
   }
}
```

如果存在兄弟节点则优先访问兄弟节点，访问完成后如果存在子节点则访问子节点。

两种方法的访问顺序如下图所示。

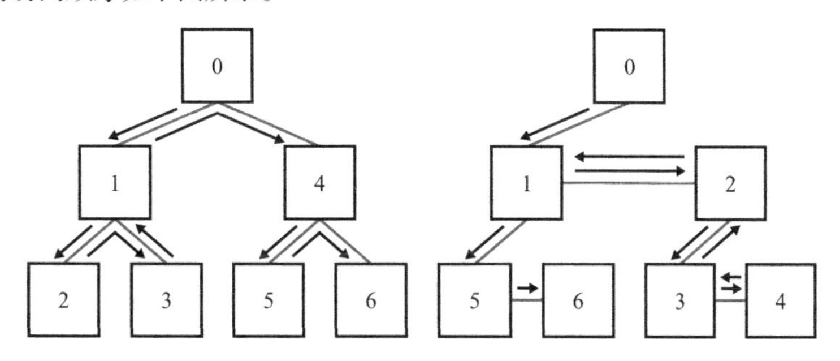

如何选择

在需要访问某个特定的子节点，或者按某种条件从长子和次子中优先选取其中一个访问的情况下，笔者建议采用“子数组”的方法，如果没有这方面的需求，则采用“长子与兄弟”的方法。目前我们只想遍历所有节点来进行绘制，因此比较适合使用“长子与兄弟”的方法。不过这种方法也有一些缺点。

可以想一下函数调用时的情况。每当函数执行完处理并返回后，原作用域中的局部变量就又可以被访问了。这是因为在函数执行的过程中，原作用域中的局部变量被保存了起来。假如递归调用有 5 层嵌套，那么程序就必须在某个地方把这 5 套局部变量保存起来。

注意观察以上 2 种遍历方法的示意图。在“子数组”方法中，函数调用最多有 3 层。而在“长子与兄弟”的方法中，则最多有 5 层：从 0 号节点到 1 号节点，从 1 号节点到 2 号节点，从 2 号节点到 3 号节点，从 3 号节点到 4 号节点。在“子数组”方法中，函数调用层数的最大值等于树的深度，而在“长子与兄弟”方法中，最大值则取决于兄弟节点的数量。

Node 类会递归地调用 draw()，如果树的节点数量不多，就不会有什么问题。对于只有几十个节点的树，我们不用在意它的性能问题，但如果兄弟节点的数量非常庞大，就需要担心递归调用所带来的性能问题了。笔者不敢保证这种做法在有 100 层嵌套或者 1000 层嵌套的情况下还能很好地运行。可以想象一下，当我们调试遇到断点停下来时，看到函数的调用栈高达 100 层，那将会是什么感受。因此，如果存在大量递归调用，最好还是采用“子数组”的方法来实现。

在解决方案 Animation 的 Library 中，NodeTemplate 采用了“长子与兄弟”的方法来实现，而 Node 则采用了“子数组”的方法来实现。NodeTemplate 只记录一些数据，并不涉及函数调用，所以节约内存更为重要。而 Node 中有大量的函数调用，在需要递归调用函数时，子数组的做法更为妥当一些。

因此，从 NodeTemplate 创建 Node 时，实现方式也从“长子与兄弟”的方法变为了“子数组”的方法。如果读者有类似的需求，可以参考 Tree.cpp 构造函数的实现。

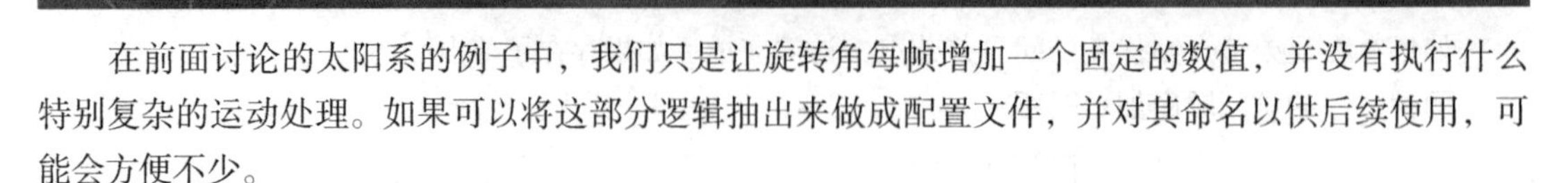

21.4 将动画数据化

在前面讨论的太阳系的例子中，我们只是让旋转角每帧增加一个固定的数值，并没有执行什么特别复杂的运动处理。如果可以将这部分逻辑抽出来做成配置文件，并对其命名以供后续使用，可能会方便不少。

比如我们可以准备一个名叫“太阳系”的动画数据来记录每帧的动画状态，然后按下列代码使用该数据。

```
// 生成树结构和其中的动画数据
Tree* mSolarSystem = database->createTree( "solarSystem" );

// 以下内容每帧都要处理

mSolarSystem->update(); // 更新动画
mSolarSystem->draw( ... );
```

事实上动画数据和树结构数据会被分别放在不同的文件中，所以仅通过 createTree() 可能无法获取所有数据。这一点我们后面再讨论，目前需要关注的是代码中每帧都要处理的部分。

处理代码只有两行。

一个是动画的更新函数，另一个是绘制函数。以机甲运动为例，提前读入“奔跑”“用武器攻击”“跳跃”等相关数据后，就可以根据不同的情况来执行不同的动画了。比如一开始设置机甲的动画状态为“奔跑”，接下来只要每帧都调用 update() 和 draw()，就可以看到机甲在奔跑。中途如果希望机甲跳跃，则切换到“跳跃”动画，每帧仍调用 update() 和 draw()。当然真正写起来未必只有两行代码这么简单，但基本流程就是这样，希望读者可以先有一个总体的认识。

21.4.1 数据化的实现

那么这种设计要如何实现呢？

首先，在不修改 draw() 的前提下，我们来想象一下 update() 的具体内容。不难想象，在保持 draw() 不变的情况下，各个 Node 的移动、旋转和缩放等处理都要由 update() 执行。我们只要将之前所做的相关处理放入 update() 中即可。

下面的代码包含了我们之前所做的处理。

```
// 更新旋转角
gEarthRevolution += 360.0 / 365.0; //365 天旋转 1 圈
gMoonRevolution += 360.0 / 30.0; //30 天旋转 1 圈
gEarthRotation += 360.0 / 1.0; //1 天旋转 1 圈

// 设置所有 Model 的相对运动
gSun->setRotation( 0.0, gEarthRevolution, 0.0 );
gEarth->setRotation( 0.0, gEarthRotation, 0.0 );
gMoonRevolution->setRotation( 0.0, gMoonRevolution, 0.0 );

gSolarSystem->draw();
```

处理主要包含两部分内容：计算出最新的旋转角度值，以及把最新的旋转角度值设置到 Node 中。只要确保这一切能顺利运行，我们的目标就达成了。

Node::update() 的实现

各个 Node 的 update() 的内部逻辑大致如下所示。

```
void Node::update(){
   AnimationData* anim = getAnimationData( ... );
   anim->getTranslation( &mPosition );
   anim->getRotation( &mAngle );
   anim->getScaling( &mScale );
}
```

在我们的设计中存在一个 AnimationData 对象，它可以通过函数 getAnimationData() 获得，其中包含移动、旋转以及缩放倍率等信息。编写 getAnimationData() 时需要知道当前动画的状态、相关的动画数据以及当前处于哪个 Node 等信息。其中，当前动画的状态就是指动画已进行的时间。比如，某一时刻该函数可能会请求获取“奔跑动画中第 20 帧的节点的数据”。我们来看看这些信息应从何处获得。

首先是“奔跑动画”，一般来说动画数据类会提前在 Tree 中设置好，这样一来就不用特意指定了。

“第 20 帧”表示时间信息存储在 Tree 中。

“节点”可以每次传入自己的名称来查询，或者提前查询好，并将结果指针存放在某处。

这样分析后，思路就很清晰了。

更多细节

现在来实现上述设计，代码大概如下所示。

```
// 设置动画，比如“奔跑”
void Tree::setAnimation( AnimationData* anim ){
   // 按照节点的名称查找并设置各个节点
   for ( int i = 0; i < mNodeNumber; ++i ){
      mAnimationNodes[ i ] = anim->node( mNodes[ i ]->name() );
   }
}

void Tree::update(){
   // 执行各个节点。时间通过 Tree 的 mTime 来传递
   for ( int i = 0; i < mNodeNumber; ++i ){
      mNodes[ i ]->update( mTime, mAnimationNodes[ i ] );
   }
   mTime += 1.0; // 更新时间
}

// 各个节点的 update() 用于设置移动、旋转和缩放
void Node::update(
double time,
AnimationNode* animNode ){
   animNode->getTranslation( &mPosition, time );
   animNode->getRotation( &mAngle, time );
   animNode->getScaling( &mScale, time );
}
```

首先向 Tree 传递一个 AnimationData 对象，获取包含了各个 Node 的数据的结构体 AnimationNode，并将其存入数组中。当然也可以让 AnimationNode 作为 Node 的成员。虽然我们也可以每帧都从 AnimationData 中提取出 AnimationNode 的信息，不过通过名称查找对象需要花费一定的时间，所以还是提前将这些对象的指针放入数组中比较好。

接着，Tree 的 update() 将当前时刻传给所有的 Node 对象并调用各自的 update() 方法。具体可以按父子层级进行遍历，也可以像上述代码那样先把它们放入数组中，再通过 for 循环遍历。

最后，各 Node 的 update() 从各节点对应的动画数据 AnimationNode 中取出移动、旋转和缩放等参数，然后设置自身的属性值。

动画数据

现在我们需要思考动画数据的表示方法。

上述代码中的 AnimationData 和 AnimationNode 都应当被设计成允许从文件载入的形式。这样一来，只要提前将 AnimationData 与 AnimationNode 的配置信息写入伪 XML 文件中，让它能够和 GraphicsDatabase 一同载入即可，代码大概如下所示。

```
<Animation>
   <Node name="sun"/>
   <Node name="moonRevolution"/>
   <Node name="earth"/>
</Animation>
```

这个 Animation 对应的类中一定会包含一个可以通过传入的名称返回相应的节点的函数。此处配置的 Node 相当于 AnimationNode 类。之后只要思考如何实现 AnimationNode 就可以了。

21.4.2 动画数据详解

在太阳系的例子中，动画数据描述的应该是“每帧增加的固定值”。下面我们来思考一下如何实现。

预先存入公式

如果预先把数据的计算公式放入配置中会怎样呢？

```
<Animation>
   <Node name="sun" rotationY="t/365"/>
   <Node name="moonRevolution" rotationY="t/3"/>
   <Node name="earth" rotationY="t/30"/>
</Animation>
```

字符串 "t/365" 表示计算公式，程序在运行时解析该公式即可算出相应的时刻数据。按照这个思路，代码中确定好公式的计算规则后，就可以非常简单地进行字符串处理。例如，对于公式

$$ax^3+bx^2+cx+d$$

只要从配置文件中读取出 a、b、c、d 这 4 个值即可。

```
<Animation>
   <Node name="sun" rotationY="0, 0, 0.002739, 0"/>
   <Node name="moonRevolution" rotationY="0, 0, 0.033, 0"/>
   <Node name="earth" rotationY="0, 0, 0.333, 0"/>
</Animation>
```

这样读取起来就简单多了。不过这种做法的局限性在于从始至终只能用一个公式来表达，有时会显得表现力不够。要想找到一个公式来表现“缓缓开始运动，中途突然开始加速，然后旋转，最后减速停下来”是非常困难的。从这个角度考虑，笔者不太推荐使用这种记录数学公式的做法。

那么我们就换一种更简单的思路。

存入所有信息

如果按照第 0 帧角度为 0 度，第 1 帧为 10 度，第 2 帧为 20 度……的方式将所有信息记录下来，就不会出现上面那些问题了吧？这样一来，即使适当地抽掉一些记录，也可以用程序来执行补间。

如果需要精确地还原动画，可以记录下所有帧的数据。而如果对精度要求没有那么高，就可以通过补间来减少需要记录的数据量。像这样，我们可以根据具体情况选择适当的方法，非常方便。

按照这个思路，数据将变为如下形式。

```
<Animation>
   <Node name="sun">
```

```
        <Curve type="rotationY">
            <Data time="0" value="0"/>
            <Data time="120" value="120"/>
            <Data time="240" value="240"/>
            <Data time="360" value="360"/>
        </Curve>
    </Node>
    <Node name="moonRevolution">
        <Curve type="rotationY">
            <Data time="0" value="0"/>
            <Data time="10" value="120"/>
            <Data time="20" value="240"/>
            <Data time="30" value="360"/>
        </Curve>
    </Node>
    <Node name="earth">
        <Curve type="rotationY">
            <Data time="0" value="0"/>
            <Data time="1" value="120"/>
            <Data time="2" value="240"/>
            <Data time="3" value="360"/>
        </Curve>
    </Node>
</Animation>
```

可以看到，Node 下含有 Curve，它表示某种类型的动画，比如绕 y 轴旋转或者沿 z 轴平移。如果补间方法选取得当，画出的函数图像就会是一条优美的曲线，因此将该元素取名为 Curve。该元素中包含了一系列由时间与参数值成对构成的 Data 元素。

这样文件内的数据格式就确定下来了。补间的过程我们稍后再讨论，现在可以先用简单的代码让程序运行起来。对于非端点时刻，可以直接取其前方最近的端点值。比如在只有时刻 0 与时刻 120 的数据时，如果时刻等于 60，就可以取时刻 0 的数据来使用。

这部分内容可以参考示例 SolarSystem4。该示例做了一些改进，GraphicsDatabase 变得能够支持动画功能，Tree 也可以设置动画了。代码都是按照上面说明的步骤完成的，建议读者先尝试自行编写，然后再查看示例代码。

21.4.3 关于示例

SolarSystem4 用到了 Library 中的 Animation、AnimationNode 和 Curve 这 3 个类。这些类的实现和上述说明大体相同，不过有一些地方还需要注意。下面笔者将对此进行说明，同时简单介绍一下后续的改进方针。

指针数组与实体对象数组

Animation 类中含有 AnimationNode 数组，不过该数组存储的不是实体对象，而是指针。构造函数的内容如下所示。

```
mNodeNumber = e.childNumber(); //获取数量
mNodes = new AnimationNode*[ mNodeNumber ]; //分配指针数组
for ( int i = 0; i < mNodeNumber; ++i ){
```

```
    Element c = e.child( i );
    mNodes[ i ] = new AnimationNode( c ); //逐个 new
}
```

先通过new创建一个指针数组，再分别创建出各个元素对象，并将指针存入数组中。不过，在讨论性能优化时，我们知道了创建的次数过多会影响性能，同时也会消耗更多的内存。因此，从性能的角度考虑，应该使用AnimationNode对象数组而非指针数组。这就需要使用默认的构造函数将对象创建出来，然后再编写一个用于初始化对象的函数，或者通过placement new来实现。

假设我们准备了一个对象初始化函数set()，上面的代码就会变为如下形式。

```
mNodeNumber = e.childNumber(); //获取数量
mNodes = new AnimationNode[ mNodeNumber ]; //分配实体对象数组
for ( int i = 0; i < mNodeNumber; ++i ){
    Element c = e.child( i );
    mNodes[ i ].set( c ); //逐个调用初始化函数
}
```

如果不习惯这种将构造函数与初始化函数分开实现的做法，也可以使用placement new来完成。不过该做法比较专业，这里就不把代码列出来了。

另外，如果想进一步改善性能，可以考虑不再让每个AnimationNode都创建出一个数组来存储Curve，让每个Curve都创建出一个数组来存储Data，而在根节点Animation对象中分别只用一个数组来存储所有的Curve和Data对象，然后把相应元素的指针传给AnimationNode和Curve。这样不但能减少创建的次数，还能做好内存对齐，减少内存占用，同时提高性能。如果开发的是商业游戏，这一步优化是必不可少的。

循环播放

旋转运动是一个周而复始的过程。比如第0帧旋转0度，第360帧旋转360度，因为0度与360度的角度相同，所以我们希望这一过程能够平滑地过渡。在这种情况下就不需要再播放第360帧的运动了，而是直接从第0帧开始重复。如果播放了第360帧之后再从第0帧开始循环，动画就会停顿一下。

这正是示例中Curve类的处理过程，具体代码如下。

```
//循环处理。以最后一条数据记录的时刻为周期
double period = mData[ mDataNumber - 1 ].mTime;
double quot = t / period;
int quotInt = static_cast< int >( quot );
t -= static_cast< double >( quotInt ) * period;

int last = 0;
for ( int i = 0; i < mDataNumber; ++i ){
    if ( mData[ i ].mTime > t ){
        break;
    }
    last = i;
}
//使用不超过t的最小time数据（不需要补间）
return mData[ last ].mValue;
```

首先，用t对周期取余，周期值是最后一条数据记录的时刻。因为double型的除法计算会出现

带小数的结果，所以要先将结果转换为 int。大家可以把这一过程看作“统计该数能被除以几次”。

假设最后一条数据的时刻为 360，那么当时刻为 740 时，计算出 740/360=2，然后用 740 减去 360×2 得到 20，这样就能确保永远循环[①]。此外，对第 360 帧而言，360 对 360 取余的结果为 0，因此第 360 帧将不会被播放，这也符合我们的预期。

不需要循环播放时的情况

事实上，有时动画是不需要循环播放的。比如有时我们想让物体在动画播放结束后一直保持最后一刻的状态，有时想让物体以最长的 Curve 为周期进行循环。

示例 SolarSystem4 中有周期分别为 360、30、3 的三种 Curve，它们按照各自的周期独立循环播放。不过有时我们希望周期短的动画在播放完成后暂不循环，直到第 360 帧播放完成再重新开始。要满足这样的需求是比较困难的。

要不要循环，如何循环，这些控制虽然可以通过大量的 if 判断来实现，但是动画计算本身就是一种负荷较大的处理，所以这种实现方式难免会雪上加霜。

作为一种解决办法，我们可以在动画结尾处加上一段空数据，用它来调整动画的循环周期。比如我们希望将长度为 3 和 30 帧的动画的循环周期设置为 360 帧，这时就可以在这两个动画的结尾处分别加上空数据直至达到 360 帧。此外，如果不希望动画进行循环，也可以在最后加上一段极长的空数据，这样也能达到不重复播放动画的效果，处理起来会简便得多。

但如果想让动画时而循环时而不循环，就还需要做一些非常复杂的处理。这方面的内容读者只能到实战中去学习了。

下一节我们将回到原先的话题，对补间方法进行讨论。

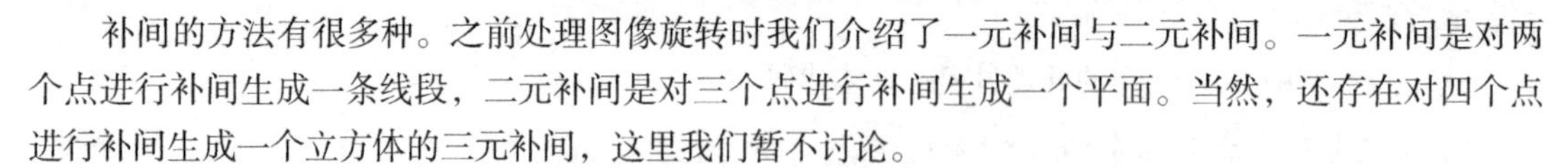

21.5 补间方法

补间的方法有很多种。之前处理图像旋转时我们介绍了一元补间与二元补间。一元补间是对两个点进行补间生成一条线段，二元补间是对三个点进行补间生成一个平面。当然，还存在对四个点进行补间生成一个立方体的三元补间，这里我们暂不讨论。

本章将介绍一元补间方法。因为动画可以被分解为在 x 轴移动、绕 y 轴旋转这种单独的处理，所以使用一次补间足矣。不过一元处理也有很多值得讨论的地方，下面我们将一一介绍。

接下来的内容会涉及一些微分的知识。没有学过微分也不用担心，笔者会逐一进行讲解。不过讲解的内容比较多，大家不能掉以轻心。这也是本书出现数学公式较多的地方。

21.5.1 一次函数补间

关于一次函数我们已经非常熟悉了，它满足下面这个算式。

$$y = ax + b$$

① 事实上，变量的精度和范围有一定的限制，“永远”这一说法是不现实的。目前使用 double 倒也还好，如果换用 float，很快就会出现问题，可能过了三天动画就会停下来，解决起来并不容易。

一次函数也称为**线性函数**，相应的补间类型就是**线性补间**。相关内容我们在之前也接触过几次，这里就不再多做说明了。对于该式，假设 $x=0$ 时存在点 p_0，$x=1$ 时存在点 p_1，则可以得到如下关系。

$$y = p_0 + (p_1 - p_0)x$$

x 表示某一时刻，为了便于理解，我们将其用 t 表示。

$$y = p_0 + (p_1 - p_0)t$$

下面我们来思考一下如何将其运用到动画中。

之前执行的补间过程大多以 $t=0$ 为起点，以 $t=1$ 为终点，但是现在情况有所改变。因为 t_0 时刻的旋转角为 20 度，t_1 时刻的旋转角为 60 度，所以补间计算的参数 t 就不再是 0 或者 1 了。我们需要列出一个等式使 t_0 时值为 p_0，t_1 时值为 p_1。假设 $y=at+b$ 中的 a 和 b 都是未知数，代入相应的数值后可以得到下列方程式。

$$p_0 = at_0 + b$$
$$p_1 = at_1 + b$$

解方程，算出 a 和 b 的值。

$$a = \frac{p_1 - p_0}{t_1 - t_0}$$
$$b = \frac{t_1 p_0 - t_0 p_1}{t_1 - t_0}$$

也就是说，一次函数满足下列算式。

$$y = \frac{(p_1 - p_0)t + t_1 p_0 - t_0 p_1}{t_1 - t_0}$$

下面将其转化为代码即可。

代码实现

示例代码中的 `Curve::get()` 用于获取当前时刻的动画数值。下列代码是没有引入补间计算时的情况。

```
double Curve::get( double t ) const {
    int last = 0;
    for ( int i = 0; i < mDataNumber; ++i ){
        if ( mData[ i ].mTime > t ){
            break;
        }
        last = i;
    }
    //使用不超过 t 的最小 time 数据（不需要补间）
    return mData[ last ].mValue;
}
```

从前往后遍历数据，如果当前遍历到的数据时刻正好超过指定时刻，则返回上一个数据的值。如果要使用补间，可以对包围该指定时刻的两个端点值进行补间。代码可以修改为如下形式。

```
double Curve::get( double t ) const {
    int begin = 0;
```

```
    int end = 0;
    for ( end = 0; end < mDataNumber; ++end ){
        if ( mData[ end ].mTime > t ){
            break;
        }
        begin = end;
    }
    double t0 = mData[ begin ].mTime;
    double t1 = mData[ end ].mTime;
    double p0 = mData[ begin ].mValue;
    double p1 = mData[ end ].mValue;

    return ( ( p1 - p0 )t + t1*p0 - t0*p1 ) / ( t1 - t0 );
}
```

代码中的 t 正是上面用于补间的参数。计算过程完全按照上述公式进行，没有什么特别复杂的地方，不过算式有些冗长，最后 1 行代码包含了 7 次加、减、乘法计算和 1 次除法计算，非常耗时。

变量代换

为何算式会如此冗长呢？这主要是因为我们使用了变量 t_0 和 t_1 来表示各区间的起点与终点。如果像以前那样将各区间固定在 [0, 1]，算式就会变得非常简单，因此我们可以试着在计算时引入一个区间在 [0, 1] 的参数 s 来代替 t。

我们需要用一个函数 $s=f(t)$ 来完成 $t=[t_0, t_1]$ 到 $s=[0, 1]$ 的转换，然后使用一次函数 $y=cs+d$ 进行补间。当 $s=0$ 时 $y=p_0$，$s=1$ 时 $y=p_1$，为求出 c 与 d 的值，可以列出下列方程式。

$$p_0 = d$$
$$p_1 = c + d$$

很明显，$d=p_0$，$c=p_1-p_0$。也就是说，一次函数 $y=cs+d$ 可以转换为如下算式。

$$y = p_0 + (p_1 - p_0)s$$

这和之前使用的补间公式完全相同。数学中经常通过将变量转换为其他形式来简化问题，这种方法称为**变量代换**。

现在来看一下如何完成该变量代换。我们可以把函数 $s=f(t)$ 定义为 $s=ut+v$，此时可以列出以下方程组。

$$0 = ut_0 + v$$
$$1 = ut_1 + v$$

求解后得出：

$$u = \frac{1}{t_1 - t_0}$$
$$v = \frac{-t_0}{t_1 - t_0}$$

也就是说，

$$s = \frac{t - t_0}{t_1 - t_0}$$

相关代码如下所示。

```
double Curve::get( double t ) const {
   int begin = 0;
   int end = 0;
   for ( end = 0; end < mDataNumber; ++end ){
      if ( mData[ end ].mTime > t ){
         break;
      }
      begin = end;
   }
   double t0 = mData[ begin ].mTime;
   double t1 = mData[ end ].mTime;
   double p0 = mData[ begin ].mValue;
   double p1 = mData[ end ].mValue;
   //变量代换
   t = ( t - t0 ) / ( t1 - t0 );

   return p0 + ( p1 - p0 ) * t;
}
```

代码变得简洁多了。一共需要 5 次加、减、乘法计算和 1 次除法计算，速度提升了不少，算式看起来也更容易理解了。如果想继续优化性能，可以提前计算出 $p1-p0$ 与 $1/(t1-t0)$ 的值并保存起来，这样就只需要 4 次加、减、乘法计算，但另一方面内存的使用量会有所增加。具体选择哪种做法，读者可以在实际尝试之后决定。

组合到一起

按照这种思路，太阳系的旋转动画仅需要配置 0 度和 360 度两个数据即可。该示例位于 SolarSystem5 中。实际上 Library 中已经包含了线性补间的功能，只是在默认状态下不会启用而已，因此代码不需要做额外的变动，修改的仅仅是 solarSystem.txt 中的内容，即配置两组数据，并且新增一个属性用于指定补间类型。

```
<Animation>
   <Node name="sun">
      <Curve type="rotationY" interpolation="linear">
         <Data time="0" value="0"/>
         <Data time="360" value="360"/>
      </Curve>
   </Node>
   <Node name="moonRevolution">
      <Curve type="rotationY" interpolation="linear">
         <Data time="0" value="0"/>
         <Data time="30" value="360"/>
      </Curve>
   </Node>
   <Node name="earth">
      <Curve type="rotationY" interpolation="linear">
         <Data time="0" value="0"/>
         <Data time="3" value="360"/>
      </Curve>
   </Node>
</Animation>
```

因为不使用补间的情况毕竟是少数，所以我们设置在未注明 `interpolation` 属性的情况下默认执行线性补间，这样可以使文件变得更加简练。

21.5.2 二次函数补间

一次函数补间的缺点在于它使用直线连接两个端点，变化过程不够平滑。尤其在各个区间的端点处，速度会猛地发生改变。有没有什么方法可以对此进行优化呢？从数学上来说，只要添加曲线的“自由度”即可。下面我们就新增一个自由度，将其变为二次函数，然后进行补间。

二次函数可以如下表示。

$$y = at^2 + bt + c$$

$t=t_0$ 时值为 p_0，$t=t_1$ 时值为 p_1，代入公式后可以得到下列 2 个方程。

$$p_0 = at_0^2 + bt_0 + c$$
$$p_1 = at_1^2 + bt_1 + c$$

未知数有 a、b、c 共 3 个，而方程式只有 2 个，从数学的角度来说这是无法求解的。这里我们不妨换个角度来思考。

我们换用二次函数是为了让区间 $[t_0, t_1]$ 与区间 $[t_1, t_2]$ 平滑地衔接起来。从图像上可以明显地看出，t_1 处的速度变化已经不像之前那么剧烈了。

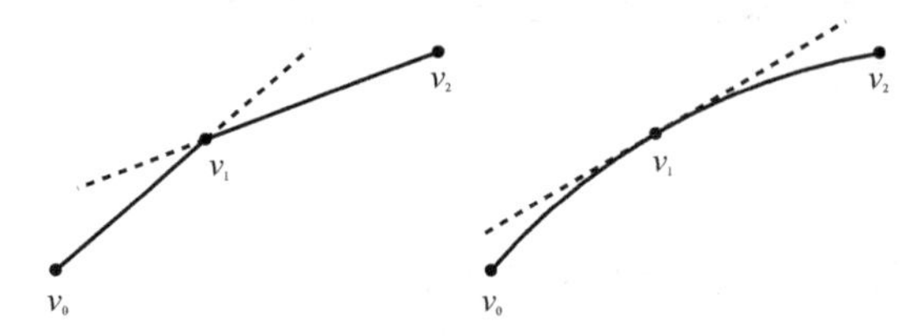

在相邻区间的共有边界位置，曲线的斜率相同，根据这一点，我们可以列出第 3 个方程式。

那么，如何才能算出某点的斜率呢？下一节将对此进行说明。如果读者已经掌握了这方面的知识，可以跳过该节。

21.5.3 微分

对于二次函数 ax^2+bx+c 上的任意一点，$x=t$ 时的斜率应当如何计算呢？

根据斜率的定义，如果朝 x 方向前进距离 a 之后 y 方向的增量为 b，那么斜率就等于 b/a。如果步行 1000 米后海拔增加了 100 米，斜率就为 0.1。

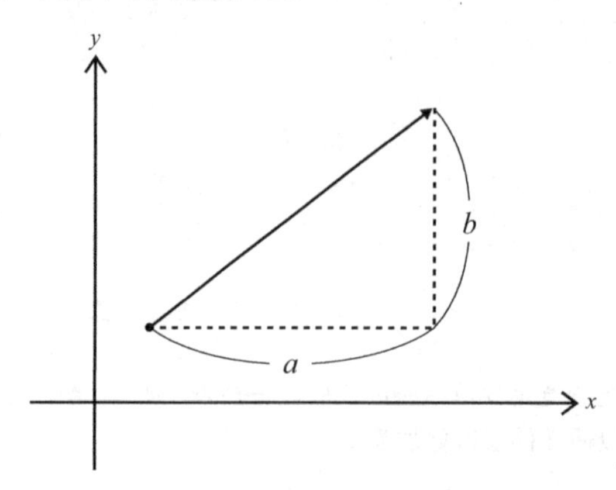

一次函数的图像是一条直线，斜率不会发生变化，而二次函数的图像是一条曲线，因此就不能用同样的方法进行计算了。

不过要是大胆地使用同样的方法来处理会怎样呢？

比如，在 $x=x_0$ 时 $y=y_0$，$x=x_1$ 时 $y=y_1$，由于 x 方向的增量为 x_1-x_0，y 方向的增量为 y_1-y_0，由此可以计算出斜率为：

$$\frac{y_1-y_0}{x_1-x_0}$$

但是二次函数的斜率会随着位置的不同而发生变化，在这种情况下只能说 x_0 到 x_1 之间的曲线的斜率"大约等于该值"。由于当前要计算的是 $x=t$ 处的斜率，所以我们可以先选取 t 和 t 附近的另外一点来进行计算。

极限

假设 $x=t$ 时 $y=y_0$，$x=t+\Delta$ 时 $y=y_1$。Δ 经常被用来表示非常小的值，它可以被设置为适当的值，比如 1 或者 10。Δ 越小，$t+\Delta$ 离 t 就越近，求出的斜率也就越接近位置 t 的斜率。

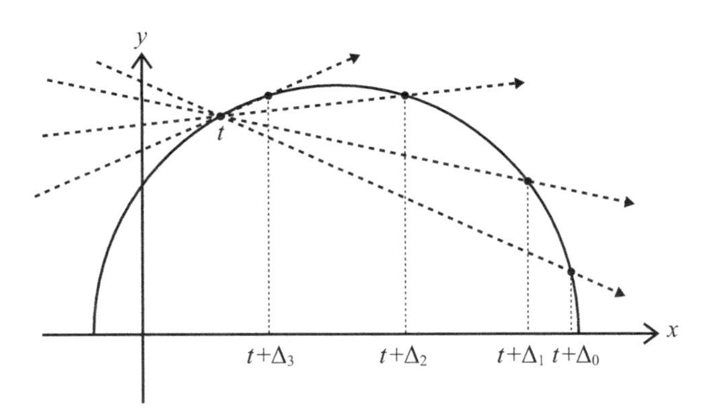

上图表示了 Δ 变化时的情况。Δ_0 到 Δ_3 的值越来越小，$t+\Delta$ 也越来越接近 t。与此同时，两点连成的直线的斜率也越来越接近 t 处的斜率。将相应的值代入算式后可以得到：

$$\begin{aligned}y_0 &= at^2+bt+c\\ y_1 &= a(t+\Delta)^2+b(t+\Delta)+c\\ &= at^2+2at\Delta+a\Delta^2+bt+b\Delta+c\end{aligned}$$

只需用 y_1-y_0 除以该区间的宽度 $(t+\Delta)-t=\Delta$，就可以算出斜率。y_1-y_0 的计算过程如下所示。

$$\begin{aligned}y_1-y_0 &= at^2+2at\Delta+a\Delta^2+bt+b\Delta+c-(at^2+bt+c)\\ &= 2at\Delta+a\Delta^2+b\Delta\end{aligned}$$

这样就将 y_0 的内容从 y_1 的式子中消去了。接着除以区间 Δ，得出：

$$2at+a\Delta+b$$

观察该算式，当 Δ 越来越小时会发生什么呢？当 Δ 小到一定程度时，上述算式中的 $a\Delta$ 就可以忽略不计了。比如，当 a 和 b 等于 1 时，如果 Δ 等于 1/100 万，该加法就没有什么意义了。同样，当 a 和 b 等于 1/100 万时，如果 Δ 等于 1/1000 亿，该加法也没有意义，因为 Δ 总是可以取足够小的数。因此，我们可以说斜率等于：

$$2at+b$$

这种计算斜率的方法叫作**微分**。二次函数的微分相对来说比较容易，但并不是所有情况都这么简单。下面我们来看看三次函数的微分。

三次函数的微分

对于三次函数 ax^3+bx^2+cx+d 上的任意一点，$x=t$ 时的斜率应当如何计算呢？虽然算式看起来有些复杂，但方法和之前是一样的。分别计算出 $x=t$ 和 $x=t+\Delta$ 时的 y 值，将其相减后再除以 Δ 即可。

$$\begin{aligned} y_0 &= at^3+bt^2+ct+d \\ y_1 &= a(t+\Delta)^3+b(t+\Delta)^2+c(t+\Delta)+d \\ &= at^3+3at^2\Delta+3at\Delta^2+a\Delta^3+bt^2+2bt\Delta+b\Delta^2+ct+c\Delta+d \end{aligned}$$

相减后得到：

$$y_1-y_0=3at^2\Delta+3at\Delta^2+a\Delta^3+2bt\Delta+b\Delta^2+c\Delta$$

除以 Δ 后得到：

$$3at^2+3at\Delta+a\Delta^2+2bt+b\Delta+c$$

和前面的情况类似，只要 Δ 足够小，所有包含 Δ 的项就都会被忽略，最终结果就是：

$$3at^2+2bt+c$$

无论哪种函数，斜率计算都可以通过下面两个步骤完成。

- **求出两点的差**
- **推测两点足够接近时的结果**

正弦和余弦函数也可以用同样的方法算出，有兴趣的读者可以尝试一下[①]。

一般化

从二次函数与三次函数的微分结果来看，三次函数的微分算式中包含了二次函数的微分算式，相当于在二次函数的微分算式的基础上添加了三次方部分的微分结果。

$$3at^2+2bt+c$$
$$2at+b$$

虽然两个算式的系数值有所不同，但形式是一样的。原始的三次函数是 4 个项的和，二次函数是 3 个项的和。二次函数再加上 1 个项后就变成了三次函数，而微分结果的差异就恰好体现在了该新增部分的微分上。从直觉上我们猜测，对于函数 $f(x)$ 和 $g(x)$，$f(x)+g(x)$ 的微分结果似乎就是二者的微分之和，即 $f'(x)+g'(x)$。实际上的确如此。也就是说，对于任意自然数 n，只要知道了 ax^n 的微分结果，通过累加就可以算出任意多项式的微分。根据前面的二次函数与三次函数的微分结果，我们还可以推测 ax^n 的微分结果可能等于 nax^{n-1}。此处就不推理证明了，不过可以确定这一结论是正确的。

简单来说，对于函数

---

① 正弦和余弦函数的计算会稍微复杂一些，读者如果没有思路，可以尝试搜索“加法定理”。

$$h(x)=f(x)+g(x)$$

存在

$$h'(x)=f'(x)+g'(x)$$

也就是说，和的微分等于微分的和。

另外，对于函数

$$f(x)=ax^n$$

存在

$$f'(x)=nax^{n-1}$$

据此我们就可以对任意次函数求出任意点的斜率了。

21.5.4 再次执行二次函数补间

绕了一大圈，现在再来看一下我们原先要做的事情。

$$y=at^2+bt+c$$

在使用上面的二次函数进行补间时，若 $t=t_0$ 时值为 p_0，$t=t_1$ 时值为 p_1，就可以得出下面 2 个算式。

$$p_0=at_0^2+bt_0+c$$
$$p_1=at_1^2+bt_1+c$$

之前我们说过，未知数有 3 个，但方程式只有 2 个，这种情况是无法求解的。而现在我们学习了微分，就能计算出该曲线的斜率了。如果相邻区间的共有边界位置的斜率相同，就意味着 2 个区间的过渡非常平滑，我们可以根据该条件列出其他方程式。对于区间 $t=[t_0, t_1]$ 和区间 $t=[t_1, t_2]$，假设第 1 区间的曲线为 at^2+bt+c，第 2 区间的曲线为 dt^2+et+f，我们可以列出以下 4 个算式。

$$p_0=at_0^2+bt_0+c$$
$$p_1=at_1^2+bt_1+c$$
$$p_1=dt_1^2+et_1+f$$
$$p_2=dt_2^2+et_2+f$$

因为二者在 t_1 处的斜率相同，所以我们可以再加 1 个算式。二次函数 at^2+bt+c 的斜率是 $2at+b$，因此有：

$$2at_1+b=2dt_1+e$$

这样就有 5 个方程了。然而还是不够。假如有 3 个区间，那么未知数就有 9 个，而目前只能整理出 8 个方程；假如有 4 个区间，未知数就有 12 个，但方程却只有 11 个。也就是说，总是缺少 1 个方程。

既然如此，我们就再强行补充 1 个方程式。思路有很多种，下面是比较常用的 2 种做法。

- **起点与终点的斜率相同**
- **强制设定某点的斜率**

当动画循环播放时，使用第 1 种做法会比较方便。起点与终点的斜率相同就意味着动画结束时能够很平缓地回到起点，这就确保了循环衔接处有很好的过渡。而在需要指定某一时刻的速度等于某值时，第 2 种做法能够很好地满足要求。比如想让物体从静止的状态开始慢慢动起来时，只需将起点的斜率设置为 0 就可以了，如果希望物体慢慢地停下来，就需要将终点的斜率设置为 0。

解方程

现在我们已经有了和未知数数量相同的方程，接下来只要想办法解方程就可以了。比如，在动画被分为 3 个区间的情况下，求解下列方程组即可。

$$
\begin{aligned}
p_0 &= a_0t_0^2 + b_0t_0 + c_0 \\
p_1 &= a_0t_1^2 + b_0t_1 + c_0 \\
p_1 &= a_1t_1^2 + b_1t_1 + c_1 \\
p_2 &= a_1t_2^2 + b_1t_2 + c_1 \\
p_2 &= a_2t_2^2 + b_2t_2 + c_2 \\
p_3 &= a_2t_3^2 + b_2t_3 + c_2 \\
2a_0t_1 + b_0 &= 2a_1t_1 + b_1 \\
2a_1t_2 + b_1 &= 2a_2t_2 + b_2 \\
2a_2t_3 + b_2 &= 2a_0t_0 + b_0
\end{aligned}
$$

前 6 个方程可以通过两两相减把 c 消掉，这样方程的数量就从 9 个减到 6 个，未知数也剩 6 个。之后再把方程变成 $a=$ 的形式，代入下面的 3 个方程中，最后就会得到 3 个方程，未知数也只剩下 b_1、b_2、b_3。也就是说，最终得到的方程数量和区间数量相同。如果有 100 个区间，就需要解 100 个一次方程组。

不过，如果采用第 2 种方案，就不需要这么多方程了。

假如我们指定区间开始处 t_0 的斜率为 v_0，第 1 区间的算式就会变成：

$$
\begin{aligned}
p_0 &= a_0t_0^2 + b_0t_0 + c_0 \\
p_1 &= a_0t_1^2 + b_0t_1 + c_0 \\
2a_0t_0 + b_0 &= v_0
\end{aligned}
$$

未知数和方程的数量都是 3 个，非常容易求解。求解后可以算出第 1 区间终点处的斜率为：

$$2t_1a_0 + b_0$$

按照前面的讨论，为保证衔接处平滑地过渡，第 2 区间起点处的斜率也应设置为该值，于是又可以很顺利地求出第 2 区间的算式。类似这样，只要确定好一点的斜率，就可以陆续求出所有区间的算式。当然，在需要保证起点和终点的斜率相同时，这种做法会稍微麻烦一些，在这种情况下还是直接列出所有的方程进行求解比较快。

相关内容位于示例 Circuit 中。该示例适当地选取了 9 个点，并使用二次函数来完成补间。设置起点的斜率为 0 后，方程组的求解就变得非常简单。代码中包含了详细的注释。借助这种方法，我们就能创建出一个可以按一定路线在场景中巡逻的角色了。

二次函数补间的缺点

执行二次函数补间时，只要指定某个位置的斜率就可以完成整个补间过程，在只知道各点的位置数据时，这种做法非常方便，但缺点是自由度太低。

在设定人物动画时，很多时候不仅需要指定角色在某一时刻的动作，还要指定在这个时刻下该动作的速度。我们可以想象一下挥剑时的动画场景，这种动画一般要求砍中敌人时速度达到最快。但如果采用二次函数补间，在指定了一个时间点的曲线斜率之后，整个方程就被确定了，无法为两个以上的时间点指定速度值。

因此，我们必须能够自由指定区间的起点与终点的斜率，这就意味着必须为方程组再增加一个未知数，以提升自由度。

下面就来看看三次函数的情况。

21.5.5 三次函数补间

我们已经体验了求解方程组的烦琐过程，显然通过代入具体的斜率值来计算会简便一些。不过求解方程组的做法对于加深理解很有帮助，读者可以尝试一下。

三次函数可以用如下算式表示。

$$y = at^3 + bt^2 + ct + d$$

如果只有 2 个区间，并且假设区间边界位置的斜率相同，我们就可以得出下列 5 个方程。

$$\begin{aligned}
p_0 &= a_0t_0^3 + b_0t_0^2 + c_0t_0 + d_0 \\
p_1 &= a_0t_1^3 + b_0t_1^2 + c_0t_1 + d_0 \\
p_1 &= a_1t_1^3 + b_1t_1^2 + c_1t_1 + d_1 \\
p_2 &= a_1t_2^3 + b_1t_2^2 + c_1t_2 + d_1 \\
3a_0t_1^2 + 2b_0t_1 + c_0 &= 3a_1t_1^2 + 2b_1t_1 + c_1
\end{aligned}$$

不过现在有 8 个未知数，还需要再准备 3 个方程才行。为此，我们可以对微分的结果再次微分，使其在相邻区间边界上的值相等。一次微分后的结果表示速度，二次微分后的结果表示速度的斜率，即“速度变化”的速度，也就是加速度。执行一次微分后的算式为：

$$3at^2 + 2bt + c$$

再次执行微分会得到：

$$6at + 2b$$

代入后可以得到：

$$6a_0t_1 + 2b_0 = 6a_1t_1 + 2b_1$$

现在有 6 个方程了。如果区间的数量是 3 个，那么未知数就有 12 个，而目前只能列出 10 个方程；如果区间的数量是 4 个，那么未知数就有 16 个，而方程却只有 14 个。也就是说，总是少 2 个方程。针对这个问题，我们可以通过指定适当的条件来解决。

- **使起点和终点的速度、加速度值相同**
- **指定起点和终点的速度值**
- **指定起点和终点的加速度值**

这些都是比较主流的做法。比如设置起点的速度和加速度都与终点相同，就可以平滑地循环动画。另外，我们也可以直接指定某点的值。最多可以指定 2 点（因为缺少 2 个方程）。如果没必要为某些点指定值，可以将开始与结束时的加速度设置为 0，然后再进行补间。

这样就可以创建出相应的方程组了。和二次函数补间处理类似，通过加减法消掉一部分参数后，可以得到个数和区间数量相同的方程。如果有 100 个区间，就需要解 100 个一次方程。

这里就不继续讨论方程组的解法了。之前我们提到过，只要知道了相应点的斜率，即便不去解方程组，也能完成补间计算。

21.5.6 根据已知斜率进行补间

假设我们已经指定了区间端点的斜率。这样每个区间就包含 4 个数据（2 个端点的函数值与 2 个端点的斜率值），于是可以列出 4 个方程，未知数分别为 a、b、c、d。计算过程非常简单，只要计算出一个区间，整个计算就完成了。

假设某区间的起点值为 p_0，终点值为 p_1，并指定起点斜率为 v_0，终点斜率为 v_1。根据这些信息，可以列出如下方程。

$$
\begin{aligned}
p_0 &= at_0^3 + bt_0^2 + ct_0 + d \\
p_1 &= at_1^3 + bt_1^2 + ct_1 + d \\
v_0 &= 3at_0^2 + 2bt_0 + c \\
v_1 &= 3at_1^2 + 2bt_1 + c
\end{aligned}
$$

直接求解可能比较复杂，我们不妨先进行变量代换。引入变量 u=[0, 1]，使其满足 $t=t_0$ 时 $u=0$，$t=t_1$ 时 $u=1$，将算式简化为如下形式。

$$
\begin{aligned}
p_0 &= d \\
p_1 &= a + b + c + d \\
v_0 &= c \\
v_1 &= 3a + 2b + c
\end{aligned}
$$

c 和 d 的值已经求出来了，代入算式后得到：

$$
\begin{aligned}
p_1 &= a + b + v_0 + p_0 \\
v_1 &= 3a + 2b + v_0
\end{aligned}
$$

然后我们来求 a 与 b 的值。用上面的方程乘以 2，再减去下面的方程，得到：

$$2p_1 - v_1 = -a + v_0 + 2p_0$$

变形后求出 a 的值，即

$$a = v_0 + v_1 + 2(p_0 - p_1)$$

再代入第 1 个方程，得到：

$$p_1 = v_0 + v_1 + 2(p_0 - p_1) + b + v_0 + p_0$$

整理后得到 b 的值，即：

$$b = 3(p_1 - p_0) - 2v_0 - v_1$$

至此，相关参数都已算出，三次函数的形式也确定下来了。

$$a = v_0 + v_1 + 2(p_0 - p_1)$$
$$b = 3(p_1 - p_0) - 2v_0 - v_1$$
$$c = v_0$$
$$d = p_0$$

下面来编写代码。

21.5.7 三次函数补间的代码

代码大致如下所示。

```
double Curve::get( double t ) const {
   int begin = 0;
   int end = 0;
   for ( end = 0; end < mDataNumber; ++end ){
      if ( mData[ end ].mTime > t ){
         break;
      }
      begin = end;
   }
   double t0 = mData[ begin ].mTime;
   double t1 = mData[ end ].mTime;
   double p0 = mData[ begin ].mValue;
   double p1 = mData[ end ].mValue;
   double v0 = mData[ begin ].mRightSlope; //起点的右侧斜率
   double v1 = mData[ end ].mLeftSlope; //终点的左侧斜率
   //变量代换
   t = ( t - t0 ) / ( t1 - t0 );
   //通过at^3 + bt^2 + c + d计算。c=v0, d=p0
   double a = 2.0 * ( p0 - p1 ) + ( v0 + v1 );
   double b = 3.0 * ( p1 - p0 ) - ( 2.0 * v0 ) - v1;
   //三次多项式计算
   double r = a; //a
   r *= t;  //at
   r += b;  //at+b
   r *= t;  //at^2+bt
   r += v0; //at^2+bt+c
   r *= t;  //at^3+bt^2+ct
   r += p0; //at^3+bt^2+ct+d
   return r;
}
```

因为计算时要用到斜率，所以我们用 `Data::mLeftSlope` 与 `Data::mRightSlope` 分别存放左右区间函数在区间端点的斜率。分开存放是为了让速度在该点发生剧烈变化。当然，如果要求两个区间总是保持平滑衔接的状态，那么只要有一个斜率值就够了（左右斜率相等）。

考虑到准备具体数值比较麻烦，我们也可以全部赋值为 0 来完成补间。不过，区间交界处的动画会因此而停顿一下（斜率 = 速度为 0），补间效果不太好。

变量代换在很大程度上简化了方程的计算，但是性能上仍有优化的空间。我们可以提前计算好某些项。就像在介绍一次函数补间时所说的那样，只要提前计算好变量代换的分母与 a、b 的值，计算量就会少很多。当然，这么做会增加内存使用量，如何取舍要视具体情况而定。

注意，代码的最后几行其实是按照霍纳法进行计算的，写成一行的话就是下面这种形式。

```
return ( ( ( ( ( a * t ) + b ) * t ) + c ) * t ) + d;
```

这样写比较容易出错。事实上分开编写后，处理速度并没有发生改变，不必非得写成一行。

示例 SolarSystem6 中用到了该三次函数补间方法。处理过程没有变化，只是将数据的补间类型配置为 `interaporation="cubic"`，并设置了一些关键位置的斜率。这样一来，程序就能根据数据完成补间，非常方便。在实际的开发过程中，动画数据文件是由美工人员用专门的工具生成的，开发人员只要将该文件转换为伪 XML 文件即可，这样美工人员设计的各种动画就可以重现在游戏中了。

21.6 引入到《机甲大战》中

现在我们要将上述方法引入《机甲大战》中。遗憾的是，作为程序员的我们很难像美工人员那样设计出精美的动画，即便有了动画，现在也无法导入游戏中，因此我们只能通过手写文本文件的方式来填充数据。

示例 RoboFightWithAnimation 中使用了躯干和四肢共计 5 个部分来表示机甲。四肢是躯干的子节点，当然实际上不会这么简单。因为原始立方体的 x、y、z 范围都是 −1 到 1，所以我们必须按机甲的尺寸适当调整大小。另外，旋转的中心必须设置在肢体的末端，所以需要在肩部和臀部添加不带批次类的空节点，从而让旋转通过该节点来完成。这样一来，节点的数量就变成了 9 个。

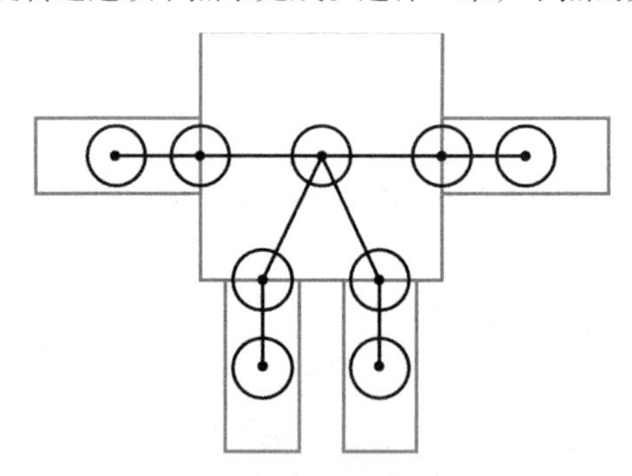

配置动画数据的过程也相当烦琐。考虑到制作的复杂度，我们只创建了站立、步行和跳跃 3 种动画。如果还要添加持武器攻击的动画，就必须再添加站立攻击、行走攻击和跳跃攻击这 3 种动画。虽然可以实现，但是代码会变得非常复杂。目前动画播放的处理代码已经有了相当的规模，所以笔者就不实现这部分内容了。示例代码乍一看会让人感到沮丧，不过详加分析后大家应该就可以理解了。

另外，如果知道美工人员使用什么软件来制作动画，就可以开发工具将该软件生成的文件转换成伪 XML 格式，这样程序中就可以直接使用美工人员导出的动画文件。本书不打算对美工人员使用的软件做任何限制，所以就不对这部分内容进行深入讨论了。

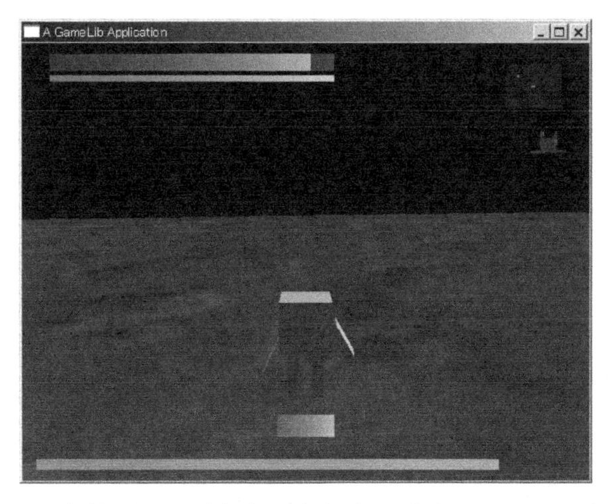

上图是示例运行时的一个截图，此时角色正在行走，敌方处于跳跃状态。仅凭一张静态截图可能很难对游戏有一个全面的认识，读者可以亲自运行体验一下。

21.7 补充内容：联立方程组与斜率指定法

对三次函数来说，指定好几个点的斜率后，就可以保证相邻区间衔接处的速度不会发生剧烈变化。在需要指定斜率时，这一特性非常方便，但很多时候我们并无指定斜率的要求。那么这种情况下是否可以直接使用二次函数来描述动画呢？

实际上，即便是解方程组，笔者也倾向于使用三次函数来描述动画。

经过前面的讨论我们知道，二次函数只允许额外添加一个信息。比如指定起点或者终点的斜率。一旦指定好，各点的斜率就都确定下来了。因此，它无法描述“从静止状态开始运动，最后缓缓地停下来”这样的动画。二次函数适用于对自由度要求不高的场合。比如要求动画在某一点适当加速。

因此，解方程组可以使补间方法的用途变得更为广泛，有余力的读者可以挑战一下。解方程组的代码可以尝试自行编写，也可以上网搜索。

笔者在实现刀剑残影时用过这一方法。游戏中需要挥舞刀剑，由于速度较快，挥一次剑大约只占用 5 帧。这就需要记录过去几帧中剑的位置，并将它们连成三角形，但这样过渡起来不够平滑。于是，笔者将这些点连起来并求出该曲线的方程，再通过该曲线切割出更精细的三角形，从而表现出平滑的曲面。

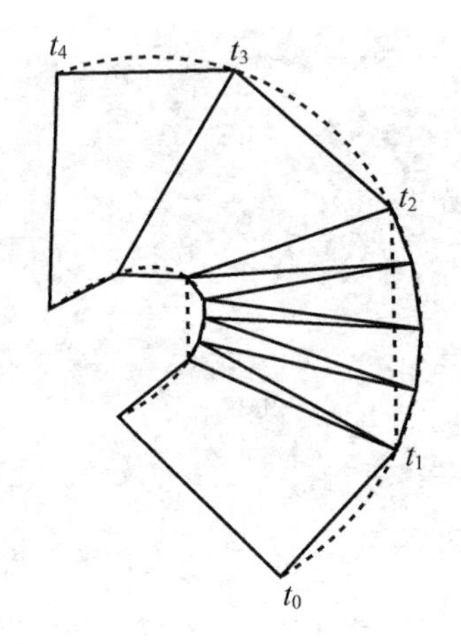

图中只把第 2 个区间分成了 4 份，各区间的平滑程度的差距一目了然。

除此之外，该技术也可以用于其他场合。比如指定若干点，补间后就可以确定一条敌方角色巡逻的轨迹。如果没有其他限制，可以使用二次函数完成，但使用二次函数可能会导致角色在某点突然加速，这一点在示例 Circuit 中也有所体现。使用三次函数来补间就可以避免该现象发生。

关于方程组的求解方法，可以搜索关键字“三对角”。了解了三对角之后问题就不大了。

21.8 补充内容：不足之处

虽然前面讲解了很多内容，但实事求是地说，本章开发的动画类库还远远没有达到能在实际项目中运用的程度。如果想让它运用于商业游戏中，还需要添加很多功能。

首先这个类库没有停止动画的功能，其次它无法改变动画的播放速度，也无法从指定时刻开始播放动画。然而这些功能都是必不可少的。另外，该类库在性能方面也有一些问题，比如当 `Curve` 中包含大量 `Data` 时，查询就会花很长时间。这种情况下应当借助二分查找法来完成。

除此之外还有一些更严重的缺陷，下面我们将一一展开讨论，希望读者能够对照着尝试改进。

21.8.1 动画融合

从一个动画切换到另一个动画时，如果没有特别进行处理，就可能会出现角色姿势不协调的情况。比如从抬手动画切换到垂手动画时，手的位置会在一瞬间产生很大的偏移，很不自然。那么这种情况要如何改善呢?

一种思路是制作一张表，用于记录“某一动画在 t_0 时刻可以切换到另一动画的 t_1 时刻”这样的规则，只有在当前情况符合表中列出的模式时才能进行动画切换。表的内容可以直接写在代码中，也可以作为数据存储到文件中。假设表中有“站立动画的第 20 帧和行走动画的第 15 帧的角色姿势是相同的”这种信息，那么制作动画时就必须确保相关动画在指定时刻的姿势一致。先制作一个连贯的动画，然后把它切分成若干部分，就可以实现上述方法了。

另一种思路是对两个动画进行混合，同时执行两个动画的计算，再对计算结果进行补间。这就意味着需要对各个节点的 y 旋转与 x 移动等共计 9 个参数的计算结果进行补间。比如，从站立动画切换到行走动画时，对两个动画进行计算，一开始按照 100% 站立 0% 步行的比例进行合成，然后逐渐减少站立成分，添加步行成分，若干帧之后，步行成分达到 100%，站立动画的计算结束。虽然这种方法会使计算量变为原来的 2 倍，但是在很大程度上缓解了动作不协调的问题。

不过这种结果毕竟是通过线性补间得到的，如果两个动画差距特别大，就容易生成一些奇怪的姿势。如果动画切换时允许前后动作有些许差异，就可以将第一种方法中的条件“动画 A 播放到第 x 帧时允许跳转到动画 B 的第 y 帧”变为“动画 A 在第 x_0 帧到第 x_1 帧之间时，允许跳转到动画 B 的 y_0 到 y_1 之间的任意帧”。关键还是在于如何确定迁移条件。

21.8.2 顶点混合

目前我们的动画实现是为每个批次类分别创建不同的矩阵来进行绘制，从而产生各种动作。对机甲模型来说，这么做确实没有问题。

不过这种做法是否同样适用于人类或马匹这样的模型呢？如果四肢和躯干分别使用不同的批次类，那么衔接处就能被清楚地看到。就像一个人形骨架，各个关节都一览无余。要想正确绘制衔接处的纹理，四肢和躯干就必须使用同一个批次类，但是目前的做法并不支持一个批次类对应多个矩阵。

解决该问题可以使用顶点混合技术。因为该技术常被用于处理模型皮肤，所以也称为**蒙皮**。

我们来回顾一下绘制批次类的过程。

绘制批次类时会先将矩阵与顶点相乘，然后把结果传给显卡。也就是说，所有顶点都和同一个矩阵相乘。不过，如果能够为各个顶点指定不同的矩阵，就能正确绘制出位于同一个批次类中多个节点的动画。肩部有个肩部矩阵，肘部有个肘部矩阵，而肩部与肘部的中间部位采用的是肩部矩阵与肘部矩阵适当混合之后得到的矩阵，如果按这种方式对矩阵进行补间，就应该能正确地将衔接处绘制出来。

下面来看一下如何对 2 个矩阵执行补间。矩阵本身并不支持补间运算，因此我们来对矩阵相乘后得到的结果向量进行补间。对 2 个矩阵补间可以按照如下算式进行。

$$q = t\boldsymbol{M}_0 p + (1-t)\boldsymbol{M}_1 p$$

$\boldsymbol{M}_0$ 和 $\boldsymbol{M}_1$ 是矩阵，p 是顶点。补间率 t 的范围是 0 到 1，我们可以通过改变该值来调节二者的成分比例。虽然无法只用 1 个 t 来完成 3 个矩阵的混合，但过程都是类似的。补间计算前需要为每个顶点准备好 t 值以及相应的矩阵编号。假设要对 4 个矩阵进行混合，那么针对各个顶点就需要知道 3 个补间率 t 以及这 4 个矩阵各自的编号。为了简化处理，我们通常会配置 4 个补间率 t。另外，在动画中对各节点进行编号，并将各节点的矩阵按编号顺序放入数组，最后再传给批次类。注意，这时各个节点的矩阵必须是世界矩阵。也就是说，该矩阵必须是和各级父节点矩阵相乘后的结果，否则将无法正确地绘制出图像。

不过，要按照顶点整理好相应的补间率和矩阵编号是非常麻烦的。即使美工人员使用专业软件来完成也要花费一定的时间，更何况开发人员要手动编写相应的数值，这几乎是不可能实现的。另外，顶点混合会使矩阵和向量相乘的次数成倍增加，导致内存使用量增大。尽管如此，现在几乎所有的游戏都使用了这种方法，它已经成了一项广泛运用的技术。目前我们只要知道该方法的操作过程非常麻烦就可以了。

这类计算现在基本上都由显卡完成，所以在开发商业游戏时，还有必要学习如何通过显卡来实现这一功能。

21.8.3 反向动力学

假设现在要创建一个角色登台阶的动画，每段台阶的高度和位置都各不相同。如果按照台阶的种类去准备相应数量的动画，工作量就会非常大。但如果没有更好的办法也只能这么做，否则就会出现角色的脚部悬空或者陷入台阶内的情况。

针对这种情况，我们可以使用**反向动力学**（Inverse Kinetics，IK）技术。以登台阶动画为例，可以通过程序改变膝盖的角度，从而确保角色的脚正好踩在台阶上。再如用球拍击球的动画，也可以通过程序调整肘的角度，使球拍正好够得着球的位置。反向动力学指的就是这类处理。

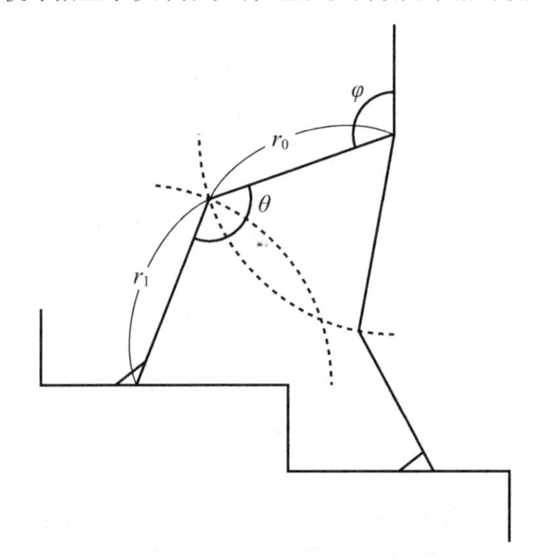

不过，实际操作起来可没有这么简单，计算过程还是相当复杂的。而且有时候不管怎么调整，手腕和腿部的长度都不够，这时我们就无能为力了。退一步说，即使调整后够得着了，动画也未必能达到很好的效果。

人在伸手去接够不着的小球时，不仅会伸开肘部，身体也会朝着小球的方向伸展，于是站立的重心就会发生变化。如果单纯执行反向动力学处理，就只会调整肘部的位置，调整的范围比较窄，最终形成的动作也不够自然。要写出让多个关节协调运动的代码是非常困难的。另外，“协调”的标准也很难定义，恐怕只有通过反复修改才能得到满意的效果。

21.8.4 旋转补间

从日本飞往伦敦时，飞机会穿越北极圈，因为这是最近的路线。东京位于绕 x 轴旋转 35 度、绕 y 轴旋转 140 度的位置，伦敦位于绕 x 轴旋转 50 度、绕 y 轴旋转 0 度的位置，如果我们按前面的方法对这些数据进行补间，就会发现程序基本上只会对 y 轴旋转部分进行补间。基本上不对 x 轴旋转部分执行补间就意味着纬度几乎不会发生变化，所以按照这种补间方法，结果将得到一条从日本出发，向西穿过中国、哈萨克斯坦、俄罗斯和东欧各国上空，最终到达伦敦的路线。很明显，这是一条绕远了的路线。因为俄罗斯的版图较大，所以在墨卡托投影地图上不容易察觉出异样，但是从立体的地球仪上来看就能立刻发现其中的问题。

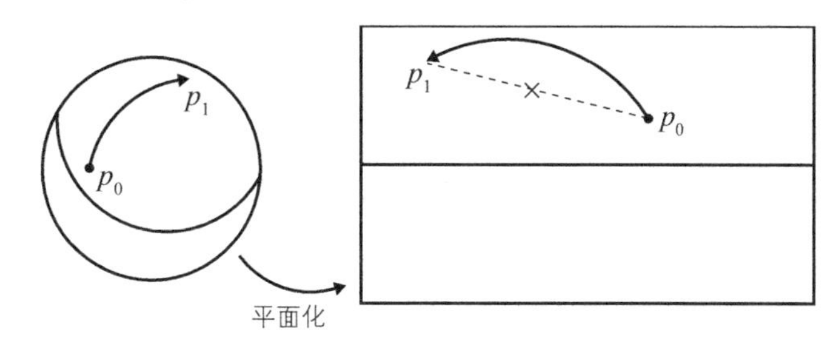

旋转补间也会出现这样的问题。根据上例，当我们制作一个飞机沿地球表面飞行的动画时，很难让它按照“从日本出发经北极圈到达伦敦”的路线移动。因为按照该路线移动时，x 轴的旋转角在增大到 90 度后会开始下降，而直接用起点与终点进行线性补间是无法体现出该变化过程的。如果有一种仅需知道两点位置就能按最短距离进行补间的方法，操作起来就非常方便了。

而这种方法实际上是存在的。

不过笔者并不打算对此多做说明，读者上网搜索“四元数”（quaternion）即可。这是一个非常好的数学概念，不过只有不到十分之一的开发人员能真正理解原理并灵活使用。如果只是作为一个工具去使用它，只要复制粘贴一些现成的代码，然后稍微修改一下即可，操作起来并不复杂。当然，要是能够理解其中的原理就更好了，不仅可以锻炼自己的数学能力，还能接触到更多底层知识。

21.9 本章小结

本章介绍了相对运动的概念。将对象按照层级进行递归处理，就可以将复杂的运动分解为一系列简单的运动。

通过尽可能地将数据放在文件中来动态读取，而不是直接写在代码中，可以在不修改代码的前提下读取各种数据并播放动画。

不过本章的内容只是万里长征第一步，现在还完全谈不上什么实用性。如果要在游戏中实现完备的动画处理，还需要下很大功夫，这一点毋庸置疑。

动画效果是游戏制作中相当庞大的一个领域，开发小组中往往会有专门的程序员来完成这部分工作。而且在这方面我们也很难整理出一个通用的类库。比如反向动力学动画，这部分处理显然没有办法完全交由类库来自动处理。如果将动画完全交由一个草草封装的类库来完成，不对具体细节进行任何特殊的处理，之后就会带来很多麻烦。制作类库时，把握好“通用性”与“特殊性”之间的平衡非常重要。

动画功能属于计算量比较大的处理。如果游戏中有 100 个角色，那么性能压力将不容忽视。笔者提供的示例中只有 9 个节点，而一般人物模型的节点数量在 30~40 个。如果将手部结构细化到每一个关节，左右手就各有 14 个节点，总体将上升到 28 个节点。这不仅增大了计算量，还占用了很多内存空间。因此在制作动画时，可牺牲一些代码的可读性，也要确保性能高效，这一点非常重要。

正因为动画处理非常复杂，所以擅长该领域的人才显得格外宝贵，更不用说那些专家级别的人物了。相比画面绘制技术，动画处理技术更接近游戏的根本，但也更难掌握。

第 2 部分的内容到此为止就全部结束了。组合使用前面讲解的这些知识，基本上就可以顺利地进行游戏开发了。虽然还有很多不足，但是在计算机性能足够的情况下，只要对画面品质没有苛刻的要求，就完全可以开发自己的游戏了。

不过，如果读者的目标是开发商业游戏，就不能满足于此了。即便对画面品质没有过多要求，很多地方也需要我们注意。在本书的第 3 部分，我们将对此进行讨论。

第 3 部分

通往商业游戏之路

前面主要介绍了如何开发一款游戏，从第 3 部分开始，我们将学习如何将游戏品质提升到商业游戏级别。

借助于当今计算机强大的处理能力，我们不用花费太多力气就能复刻出一款早年的经典游戏。比如要开发一款简单的解谜游戏，以读者现在的水平，即使不阅读第 ,3 部分的内容，也能开发出来。当然，大家也可以根据自己的兴趣开发一款简单的动作游戏，并放在网站上供玩家免费下载。

但是，如果开发的是商业游戏，光靠前面的内容就远远不够了。比如在碰撞检测处理方面，以目前市面上游戏的复杂程度来说，之前介绍的处理方法绝对行不通。此外，我们也没有对游戏的加载处理进行优化，如果加载的时间过长，游戏很快就会被玩家抛弃。在开发规模较大的游戏时，如果不对 bug 采取有效的应对措施，游戏可能都无法开发完成。

第 3 部分的内容大致如下所示。

第 22 章　学习如何不用循环判断的方式实现碰撞检测。本章非常考验编程基本功

第 23 章　学习如何缩短加载时间并优化加载时的体验

第 24 章　本书虽然一直使用 `double` 表示浮点数，但有时为了提高性能也会使用 `float`。本章将对使用 `float` 时产生的误差问题进行讨论

第 25 章　本书提供的类库中包含了可以发行的 Final 版本。如果读者希望用它来开发游戏，建议详细阅读本章。本章还讨论了类库设计方面的内容

第 26 章　学习开发大型游戏时的 bug 预防措施和应对措施。即便没有开发大型游戏的打算，学习一下本章也是很有裨益的

第 27 章　介绍一些本书未涉及的领域，并给出一些学习建议。考虑到可能会给读者有所帮助，笔者也将自己阅读的一些书作为参考文献列了出来

那么，接下来就让我们开始冲刺吧！

第22章 高效的碰撞检测

主要内容

- 处理大量碰撞检测的方法
  - 排序法
  - 分割法

补充内容

- 容量不受限制的数组
- 元素去重
- k-d tree

本章将对前面完成的碰撞处理进行优化。对于碰撞响应，不同游戏的做法也各不相同，无法一概而论，所以这里我们只对碰撞检测进行讨论。

过去的方案的最大问题是地面碰撞检测的计算量过大。假设地面由 1 万个三角形组成，那么在游戏中地面就必须和机甲、武器等对象执行 1 万次判断，这无论如何都是不可能实现的。本章就将讨论一下如何解决这个问题。

另外，与其他章节相比，本章对算法和数据结构的知识有较高要求。如果读者感到吃力，适当浏览即可，只要弄明白本章着重讨论了哪些问题，以及大致有哪些解决思路就够了。如果读者能在实际开发中使用循环判断以外的方法进行碰撞检测，我们的目的就达到了。

本章的示例位于解决方案 3DCollision2 下，因为在项目中需要调用 `drawTriangle2D()` 函数，所以该示例使用了之前的 `3DHardware1` 类库。为了便于大家理解，本章以 2D 场景为例进行讨论。程序本身比较复杂，所以我们将尽量剔除那些不相关的因素，专注于核心问题。

22.1 低效的循环判断方法

为了让大家感受到循环判断方法的性能有多么低下，我们来试着对大量物体进行碰撞检测。为了便于观察，这里编写一个大量小球发生碰撞后反弹的程序。

该示例没有必要用 3D 处理，可以直接用 2D 实现，所以我们用圆代表小球，设置 1000 个左右的圆即可。在 Debug 模式下这将达到性能极限。设置好圆的位置，使它们不会相互重叠，然后在每帧执行碰撞检测，并更新它们的运动情况。

我们可以用代码模拟它们的运动。每帧都给圆设置一个速度，并将当前位置加上速度的值，求出的就是运动后的位置，然后更新位置值。

```
for ( int i = 0; i < n; ++i ){
    obj[ i ].mPosition += obj[ i ].mVelocity; //将当前位置加上速度
}
```

速度通过一个指向画面中心的向量进行初始化，发生碰撞时，让速度向量和碰撞法线向量相加，即可实现反弹。下面是相关代码。

```
if ( hit ){
    //为从 obj[ j ] 指向 obj[ i ] 的向量设置适当的长度
    Vector2 t;
    t.setSub( obj[ i ].mPosition, obj[ j ].mPosition );
    t *= 0.1;
    //弹回。t 加上 obj[ i ] 的速度值，从 obj[ j ] 的速度值减去 t
    obj[ i ].mVelocity += t;
    obj[ j ].mVelocity -= t;
}
```

示例代码位于解决方案 22_3DCollision2 下的 CirclesAllCombination，读者可以运行一下。

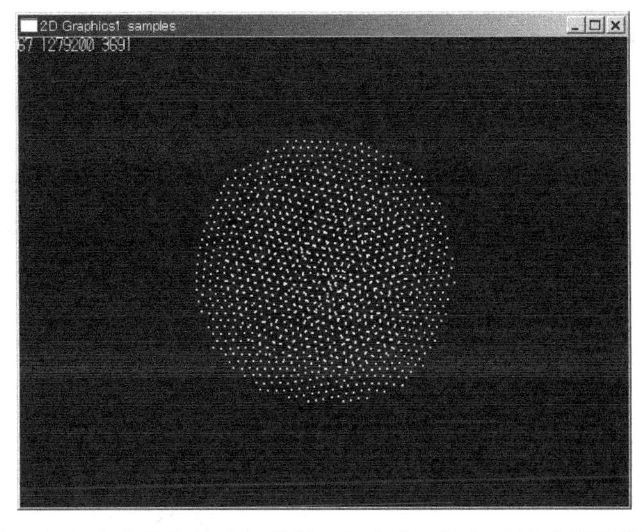

示例中的反弹处理在上述代码的基础上做了一些改进，距离越近反弹就越剧烈。画面上显示的数字从左到右依次是帧率、碰撞检测的次数和实际发生碰撞的次数。后面我们可以通过观察这些值来比较各个方案的优劣以及改善程度。在目前情况下，我们可以看到判断次数与实际发生碰撞的次数相差悬殊。在出现 1600 个圆的情况下，需要判断近 128 万次，而实际发生碰撞的次数还不到 4000。如果有一种方法可以只对那些真正发生了碰撞的圆执行判断，那么整个判断过程所花费的时间就会变为原来的 1/320。当然，实际不可能做到这种程度，不过我们可以尽力向这一目标靠近。

另外，示例中没有使用之前编写好的 Library，而是编写了一个 `Vector2` 类。画面绘制也直接使用三角形来实现。读者还记得引入 `Model` 与 `Tree` 之前的画面绘制方法吗？那时是直接调用 `drawTriangle2D()` 来完成绘制的。

22.2 性能改善的基本思路

从直观上考虑，针对下图这样的情况，怎么对圆执行碰撞检测才是最高效的呢？

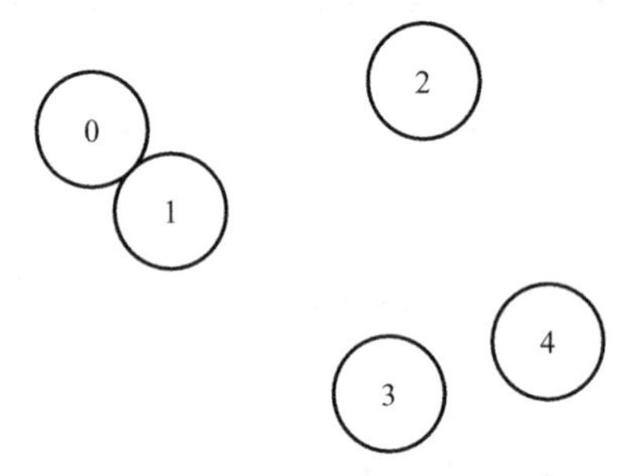

不难看出，0 号与 1 号圆发生了碰撞，2 号圆处于被孤立的状态，3 号和 4 号圆距离比较近。为保险起见，最好也对 3 号和 4 号圆执行一下碰撞检测。这么看来，只要对 0 号和 1 号圆、3 号和 4 号圆进行判断即可。但是如何用代码实现呢？如果没有更好的方法，就只能采用之前使用的循环判断来完成。在有 5 个圆的情况下，判断次数就达到了 5×4 ÷ 2=10 次。

22.2.1 2 种思路

我们可以通过两种思路来执行碰撞检测。

第 1 种是将画面左右分割开（如下图所示）。左边包含 0 号和 1 号圆，右边包含 2 号、3 号和 4 号圆。因为左边的圆不会和右边的圆发生碰撞，所以只需要执行 0 号和 1 号、2 号和 3 号、3 号和 4 号、2 号和 4 号共 4 次判断。右半部分还可以继续上下分割，这样位于右上方的 2 号圆就处于被孤立的状态，右下方仅包含 3 号和 4 号圆。

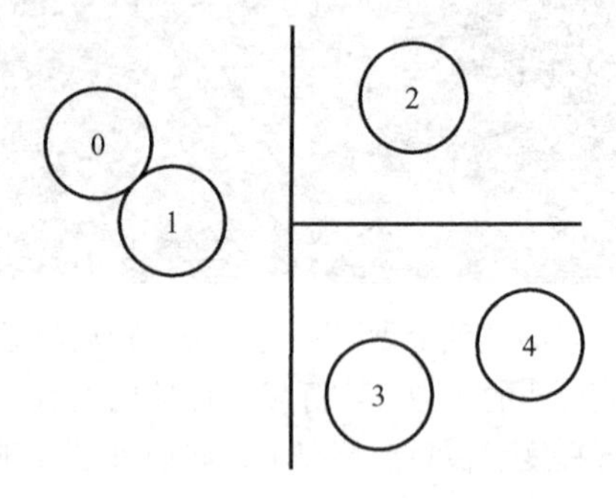

这种想法看起来很不错，不过当前我们还不清楚如何才能自动地对空间进行分割。此外，当分割线与圆发生重叠时，也会有不少麻烦。

第 2 种思路则是忽略上下关系，只看它们的左右关系。将所有的圆垂直移动到最下方，移动后从左向右将依次是 0、1、3、2、4 号圆。从下图中可以看出，0 号和 1 号圆的左右距离很近，所以需要执行判断。而 1 号和 3 号圆之间的距离较远，所以不用执行判断。3、2、4 号圆离得比较近，也需要执行判断。像这样，我们可以通过圆与圆之间的左右距离来决定是否对它们执行判断。这种做法也需要执行 4 次判断。

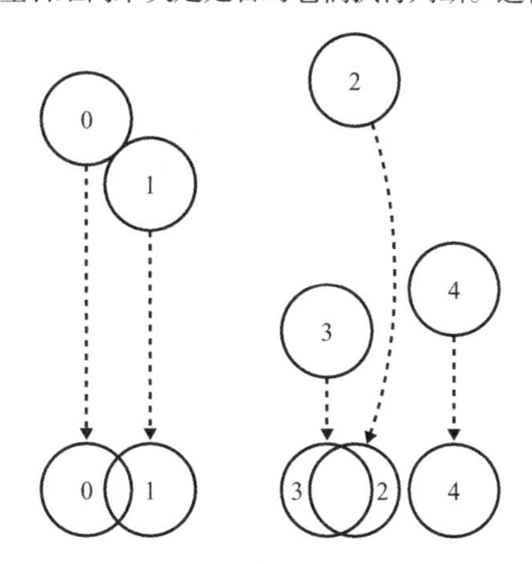

22.2.2 碰撞检测的本质是查找

如果想用代码实现上述 2 种思路，就需要用到算法了。是否有类似的解决方案可供参考呢？

首先要知道，碰撞检测可以说是一种查找操作。

碰撞检测的本质是从集合中找出满足条件的对象，只不过条件稍微复杂了一些，其他的都一样。对画面上的 N 个物体进行碰撞检测，实际上就等于执行 N 次查找操作。

数组与排序

请回忆一下数组这个概念。

单纯从数组中查找某个值的时间复杂度是 $O(N)$。因为要执行 N 次查找，所以对画面上所有元素进行处理的时间复杂度是 $O(N^2)$。这与我们使用循环判断方法执行碰撞检测的时间复杂度相同。那么，有没有什么办法可以让数组的查找变得更快一些呢？

答案是排序。

排序后的数组可以用二分查找法来完成查找，时间复杂度将降至 $O(\log N)$。因为要执行 N 次该过程，所以总的时间复杂度是 $O(N\log N)$。大家可以回想一下 $O(N^2)$ 和 $O(N\log N)$ 差多少。假设现在有 1000 个圆，那么 N 等于 1000，N^2 就是 100 万，$N\log N$ 约等于 1 万，而 $\log N$（底数为 2）的值约等于 10。也就是说，排序后查找的速度是原来的 100 倍，这样碰撞检测的执行速度也将是原来的 100 倍。事实上，这种做法就相当于我们前面提到的第 2 个思路，即按左右距离进行排序的做法。

二叉树与分割

那么，对于前面提到的第 1 种思路，即分割空间的做法，具体又该如何实现呢？

除了排序，二叉树也有助于快速查找。该数据结构持有左右子节点，对每个节点来说，左侧的节点都比自身的值小，右侧的节点都比自身的值大。如果对这部分内容没有什么印象，可以重新阅读第 17 章。该数据结构会按照“左子节点的子节点”与“右子节点的子节点”来对所有元素进行划分。如果用二叉树来表示第 1 种碰撞检测的思路，大致就是如下形式。

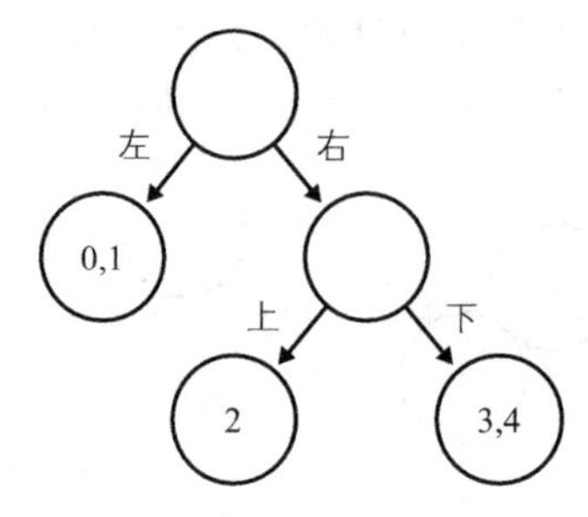

在二叉树深度（从根节点到最远的子节点的距离）最优的情况下，查找元素的时间复杂度是 $O(\log N)$。如果能够利用这一特性，那么碰撞检测的时间复杂度将变为 $O(\log N)$。执行 N 次检测的总开销就是 $O(N\log N)$。

最坏的情况

这么看来，只要灵活运用上述 2 种算法，就能将时间复杂度从 $O(N^2)$ 降到 $O(N\log N)$ 了。不过遗憾的是，事情并没有这么简单。简单来说，在最坏的情况下，无论怎么优化，碰撞检测的时间复杂度都是 $O(N^2)$。比如下面这种情况。

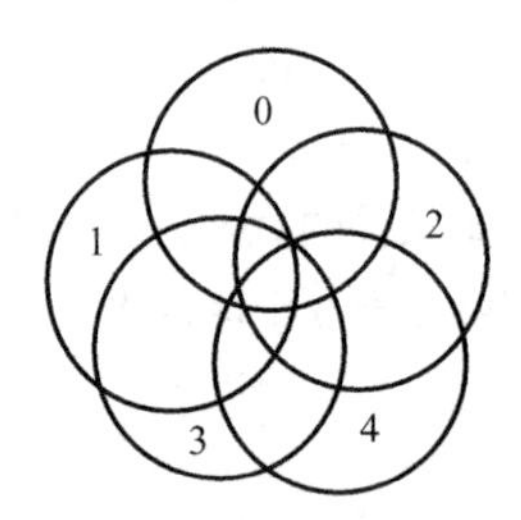

在这种情况下，所有可能的组合都发生了碰撞。共有 0 和 1、0 和 2、0 和 3、0 和 4、1 和 2、1 和 3、1 和 4、2 和 3、2 和 4、3 和 4 这 10 组碰撞关系。既然存在 10 组碰撞，那么检测次数就一定会大于等于 10，否则不可能全部检测出来。换句话说，物体的摆放位置会导致计算量增大到 $O(N^2)$，无论用多么优秀的方法进行优化都是如此。

于是，我们或许可以得出这样的结论：为了避免在某种情况下游戏性能骤降，一定要按照最坏的情况进行开发，但如果是这样的话，我们完全可以通过循环处理来实现所有碰撞检测了。

这话听起来似乎有一定的道理。

实际情况

不过现实中基本不会出现这样的情况。

通常情况下，游戏中会添加一些限制，使各个圆不会彼此嵌入，这样就不存在上图中互相重叠的现象了。也就是说，虽然理论上性能最差的情况是存在的，但是现实中基本上不会出现。而且在最好的情况下，时间复杂度可能比 $O(N\log N)$ 还要低，比如使用快速排序（quick sort）的情况下。

很少有人会因为某一做法不适用于最坏的情况而弃之不用。如果该做法整体效率较高，而且所谓的“最坏的情况”几乎不可能出现，或者出现的概率较小，那么忽略最坏的情况才是明智的做法。

那么在正常情况下，性能的极限值是多少呢？优化能够使计算量减少到什么程度？在开始优化之前，最好能对这些问题有一个预估。请看下图。

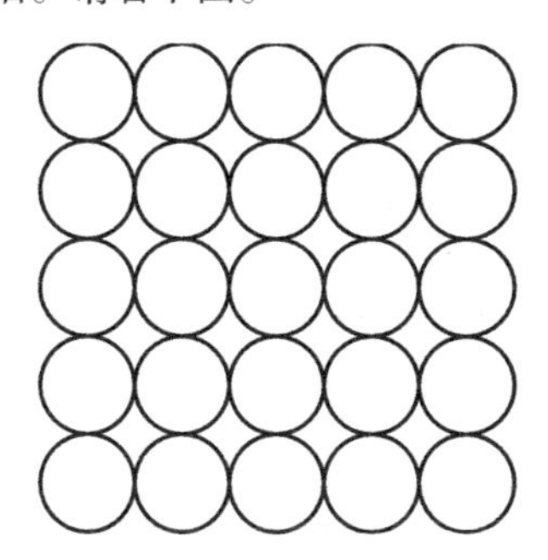

除了最外围的圆之外，每个圆都和其他 4 个圆邻接。如果稍微施加一些压力，这些圆就会变成蜂巢状，分别和 6 个圆邻接。如果圆与圆之间不会发生嵌入或者重叠，那么每个圆和其他圆发生碰撞的数量将是 6。如果是在三维空间中，就需要在 y 轴上下再各加上 3 个圆，结果就会变为 12。也就是说，碰撞数量在最大的情况下是 $12N$，在计算时间复杂度时可以舍去常数，所以时间复杂度是 $O(N)$。也就是说，即便在最坏的情况下，时间复杂度也不过是 $O(N)$，比使用数组排序和二叉树方法得到的 $O(N\log N)$ 还要小。

当然，能否真正实现这一方法就另当别论了。之后我们就会对这一点有更深刻的体会。

22.3　基于排序的方法

下面我们将编写代码来检验性能。首先从原理比较简单的排序法开始。

22.3.1　最直接的做法

为了能在数组中执行查找操作，需要先按照左右或者上下方向对圆进行排序，然后使用二分查找法确定它们的位置。然而，这并不能完全解决问题。请看下图。

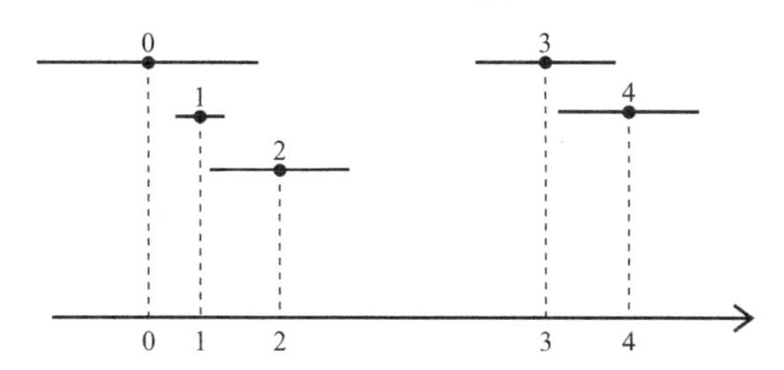

图中画出了圆的左右宽度。假设现在想检测 3 号圆与哪些圆发生了碰撞。按照 0、1、2、3、4 排序后进行二分查找，很快就能定位到 3 号圆的位置。但是仅仅知道它的位置并不能算出它与谁发生了碰撞，还需要沿着左右方向按照从近到远的顺序依次执行判断。

比如在左方向上，首先和 2 号圆执行判断，然后是 1 号圆，以此类推，但问题在于何时结束处理。如果没有指定结束条件，处理就会沿着左右方向遍历完所有圆，时间复杂度仍是 $O(N)$。一个圆的处理就消耗了 $O(N)$，整体的时间复杂度将是 $O(N^2)$。因此，我们还需要加上在何处停止遍历这一条件。

读者有没有想到什么好的方法呢？

22.3.2 对两端点进行排序

需要注意的是，如果圆的尺寸特别大，有可能将左侧所有的端点都包含在内，那么就需要对左侧所有的端点进行判断，也就是说，必须一直遍历到最左端。

于是，我们不妨将所有左侧的端点都添加到该排序数组中。右方向也有同样的问题，所以也需要对右侧端点执行相同的操作，这样就不用记录中心点了，只要将各元素左右两侧的端点都放入数组中排序即可。请看下列示意图。

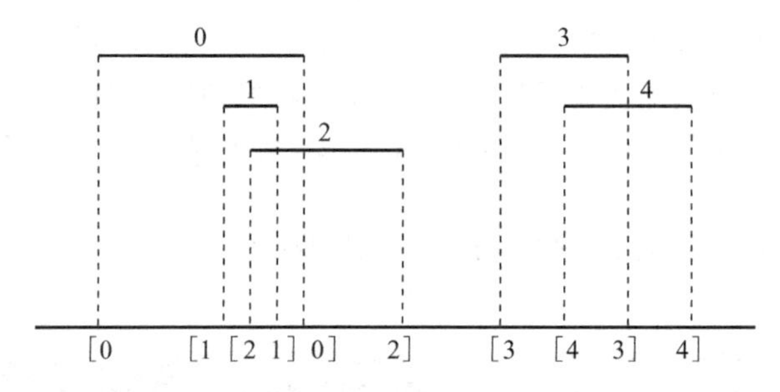

“[2” 表示 2 号圆的左端点，“4]” 表示 4 号圆的右端点。在计算 2 号圆的碰撞情况时，首先从排好序的数组中查找 2 号圆的左端点，找到后再从该位置向右逐个和 2 号圆区间内的元素进行判断，直到抵达 2 号圆的右端点。

我们可以对照示意图来模拟该过程。首先找到 2 号圆的左端点，然后向右推进，会依次遇到 1 号圆的右端点和 0 号圆的右端点，最后到达 2 号圆的右端点。整个过程中只需要与 1 号圆和 0 号圆执行判断，而不涉及 3 号圆和 4 号圆。

不过在某些情况下该方法就显得有些啰唆了。比如对 0 号圆执行碰撞检测时，首先找到 0 号圆的左端点，然后往右推进，依次遇到 1 号圆的左端点、2 号圆的左端点和 1 号圆的右端点，最后到达 0 号圆的右端点。在这种情况下，按说只要和 1 号圆和 2 号圆进行碰撞检测就可以了，但因为 1 号圆的左右两个端点都在 0 号圆的区间内，这样就会对 1 号圆执行两次判断，很明显这是多余的。

对于 1 号圆这种情况，我们只需要对左端点进行检测就可以了，所以必须找到一种办法能够标识“该圆已经被检测过了”。而且该方法还不能太复杂，否则为性能改善所做的努力就被抵消了。那么我们应当如何处理呢？

22.3.3 相遇对象列表

这里笔者直接给出解决方案：遍历过程中如果遇到圆的左端点，就执行判断并将其记录下来，后面再遇到该圆的右端点时则选择遗忘；如果遇见某圆的右端点时列表中没有该圆，则执行碰撞检测，无须将其记录到列表中。伪代码的逻辑大致如下所示。

```
if ( 是左端点 ){
   执行判断
   记录下来
}else if ( 是右端点 ){
   if ( 已经遇见过 ){
      选择遗忘
   }else if ( 第一次遇见 ){
      执行判断
   }
}
```

以 0 号圆为例，遍历时首先会遇到 1 号圆的左端点，于是和 1 号圆进行碰撞检测，并将“0 号圆已经和 1 号圆相遇了”这件事记录下来。然后继续前进，在遇到 2 号圆的左端点时，执行判断并记录下“0 号圆已经和 2 号圆相遇了”这件事。之后又会遇到 1 号圆的右端点，这时从“相遇对象列表”中把 1 号圆剔除。最后遇到 0 号圆的右端点，整个判断过程结束。之所以要记录下相遇过的对象，是为了在遇到某对象的右端点时能判断出是否已经对该对象执行过碰撞检测。

比如在对 2 号圆进行处理时，首先会遇到 1 号圆的右端点，但列表中并没有 1 号圆，这就意味着必须对 1 号圆执行碰撞检测。所谓的“选择遗忘”指的就是从列表中删除该对象。我们要尽量缩小列表的尺寸，这样才能减少查找的时间。

再来看下面这张示意图。

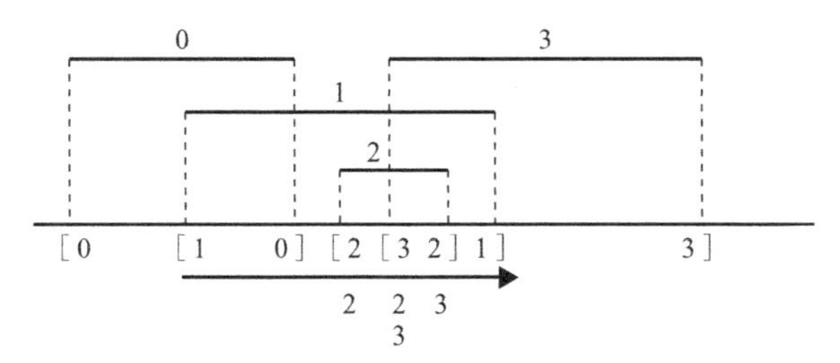

该示意图描述了另外一个例子，图中记录了对 1 号圆进行处理时相遇对象列表的变化过程，如下所示。

- **从 1 号圆的左端点开始**
- **最先遇到 0 号圆的右端点。0 号圆不在列表中，所以执行判断，不将其添加到列表中**
- **然后遇到 2 号圆的左端点，执行判断后将其添加到列表中，列表内容为“2”**
- **紧接着遇到 3 号圆的左端点，执行判断后将其添加到列表中，列表内容变为“2, 3”**
- **接下来遇到 2 号圆的右端点，从列表中查找后发现已经存在 2，所以不执行判断，并将其从列表中删除，列表内容变为“3”**
- **最后遇到 1 号圆的右端点，整个处理结束**

下面需要确认的是“从列表中查找”和“从列表中删除”这两项操作所花费的时间。如果列表中含有一二百个物体，查找操作还是比较花时间的。不过，只要游戏中不包含尺寸过大的圆，不存在大量彼此重叠的情况，一般就不会产生这么大的对象列表。当然谁也无法保证游戏中一定不会出现这种情况，不过如果这种情况出现了，恐怕也没有什么方法能改善其性能。因此我们就先沿着这个思路继续讨论。

在最坏的情况下，该相遇对象列表的长度是 N，我们只能尽量避免游戏中出现这种情况。

22.3.4 代码实现

下面来编写代码。

如果觉得排序处理编写起来比较麻烦，可以使用标准库中的 `std::sort()` 方法，使用前包含 `algorithm` 头文件即可。该方法的内部采用快速排序实现，时间复杂度接近于 $O(N\log N)$，具体用法如下所示。

```
int a[ n ];
std::sort( a, a + n );
```

需要传入 2 个参数：数组头元素指针，以及“头元素指针 + 数组元素个数”。注意第 2 个参数并不是“指向最后一个元素的指针”，而是“指向最后一个元素的下一个元素地址的指针”。因为函数不会去访问该地址，所以无须担心越界问题。就好像在编写 `for` 循环代码时，边界值写的是 n，但实际循环时只会访问到下标为 $n-1$ 的元素一样。

这部分示例位于 CirclesSorting1 中。在笔者的机器上运行该示例，当游戏中有 1600 个圆时，处理速度是采用循环判断方法时的 6 倍。执行判断的次数虽然会随着具体情况发生变化，但是基本上都在 10 万次左右，相当于原来的 1/12。不过，总体性能并没有变为原来的 12 倍。原因有很多，一是绘制画面需要一定的开销，二是这种方法的处理逻辑要比循环判断烦琐。排序操作的开销尤其大。在有 1600 个圆的情况下，必须对 3200 个元素（左右端点）进行排序，该处理的时间复杂度是 $O(N\log N)$。在和循环判断的做法进行比较时，不能忘记这一部分的开销。另外，相遇对象列表的相关操作也会产生一定的开销。

希望读者记住，即便再巧妙的算法，在最坏的情况下性能也会非常糟糕。我们之前说过，在不做任何优化处理的情况下，碰撞检测的时间复杂度是 $O(N^2)$，通过各种手段提升效率只有在某些场合下才会奏效。事实上，根据物体摆放方式的不同，这种做法所消耗的时间也有很大差别。但如果采用循环判断的方法来进行碰撞检测，那么无论在何种情况下，执行效率都是一样的。当我们尝试采用一些技巧来解决问题时，一定要确保该技巧不会弄巧成拙。

排序和比较函数

在使用 `std::sort()` 方法排序时，参与排序的类型（结构体或者类）需要重载 `operator<()` 运算符以支持比较操作。我们必须确保对象之间能够按下列代码进行运算。

```
if( a < b ){
```

当然，我们创建的类默认不会重载该运算符，该功能必须自行实现。

在下面的代码中，结构体 `Key` 重载了 `operator<()`。该结构体记录了 x 轴坐标、相应的圆的编号以及表示左右端点的 `bool` 变量。

代码大概如下所示。

```
struct Key{
    //定义 key 类型对象的大小比较规则
    bool operator<( const Key& a ){
        if ( mX < a.mX ){ //如果更小则为 true
```

```
            return true;
        }else if ( mX > a.mX ){ //更大则为 false
            return false;
        }else if ( mIsLeft && !a.mIsLeft ){ //相同。这时左端点优先
            return true;
        }else if ( !mIsLeft && a.mIsLeft ){
            return false;
        }else{ //如果到这里仍旧相同，则通过 index 来决定
            return ( mIndex < a.mIndex );
        }
    }

    double mX; //X 坐标
    int mIndex; //圆的编号
    bool mIsLeft; //true 表示左端点，false 表示右端点
};
```

在对两个 Key 进行比较时，首先会比较 mX 的值，如果相等则让左端点 Key 优先。也就是说，如果参与比较的两方中一方为左端点，另一方为右端点，那么在 mX 值相等的情况下，判定左端点更小。这主要考虑到了尺寸为 0 且左右端点位于同一位置时的情况。

按照常识，右端位于左端的后面，所以在值相等的情况下判定左端更小。另外，在 mX 值相等且双方都是左端点或者都是右端点的情况下，判定编号更小的一方值更小。当然，采用相反的规则来判定也没有关系（即编号更大的 Key 更小），但是注意不能直接返回 false。因为在对 mX 相等且都是左端点的 A 和 B 进行比较时，如果 A<B 返回 false，B<A 也返回 false，就产生了矛盾。在交换它们的顺序时，必须确保比较结果也会相应地从 false 变为 true，这才符合逻辑。

除此之外就没有什么需要特别注意的了。虽然代码看起来有些烦琐，但是理解原理后读起来还是很容易的。不过该示例中含有 bug，同一组数据会执行两次判断。考虑到代码会变得更复杂，况且该处理和我们讨论的主题无关，所以就先这样放着了。

22.3.5 一些改良

实际上前面介绍的做法并不是主流做法，我们一般会采用另一种效率更高的方法。只不过前面介绍的方法与在数组中执行的查找操作类似，因此先对其进行了说明。

前面的做法有一个问题：当遇到右端点时，很难区分相应的左端点是否已经被判断过。那么如何才能解决这一问题呢？

要解决这个问题，就必须放弃“在有序数组中用二分查找法定位到元素，然后往周边检测”的做法。

从左侧开始按顺序处理

因为数组处于排好序的状态，所以我们可以从左往右对各个元素进行处理。如果能在遍历的同时进行处理，效率就会比逐个进行二分查找还要高。

简单来说，就是从左向右逐个检测，如果遇到了左端点，就将它与相遇对象列表中的所有元素进行判断，并将该对象添加到列表中，而如果遇到了右端点，则将该对象从列表中删除，伪代码如下所示。

```
if ( 左 ){
    和已记录的对象进行判断
    记录下来
}else if ( 右 ){
    选择遗忘
}
```

非常简单。为什么这样就能完成处理呢？请参考下面的示意图。

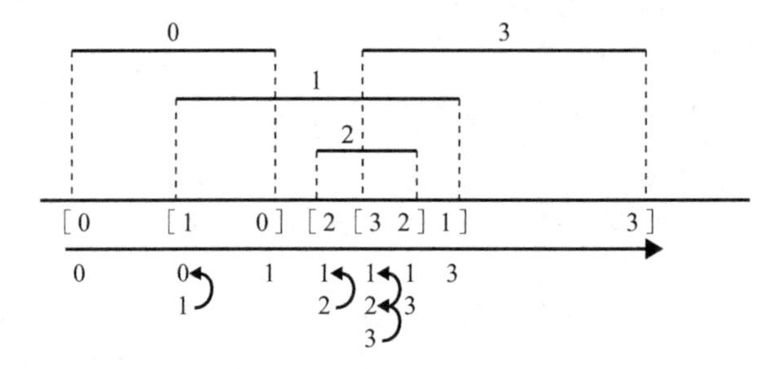

- **最开始遇到 0 的左端点，因为列表是空的，所以不需要执行判断，将该对象添加到相遇对象列表中，此时列表内容为“0”**
- **遇到 1 的左端点，和 0 进行判断，并将其添加到列表中，列表内容变为“0, 1”**
- **遇到 0 的右端点，从列表中删除 0，列表内容变为“1”**
- **遇到 2 的左端点，和 1 进行判断，并将其添加到列表中，列表内容变为“1, 2”**
- **遇到 3 的左端点，和 1、2 进行判断，并将添加到列表中，列表内容变为“1, 2, 3”**
- **遇到 2 的右端点，从列表中删除 2，列表内容变为“1, 3”**
- **遇到 1 的右端点，从列表中删除 1，列表内容变为“3”**
- **遇到 3 的右端点，从列表中删除 3，列表变为空**

统计判断次数后可以发现一共执行了 4 次判断，分别是 0 和 1、1 和 2、1 和 3、2 和 3，这和我们之前分析的完全一致。接下来就应当想办法改进列表的存储方式，使删除和查找操作变得更为高效。按照之前的做法，每次处理时都需要对列表进行初始化，而现在全体共用一个列表即可。而且我们可以使用添加与删除元素的时间复杂度都是 $O(N)$ 的链表来完成，它比数组的效率更高。

编写代码

从结果来看，该方法比之前的方法快了很多，并且不再存在同一个圆被重复判断的情况，运行也很正常。示例代码位于 CirclesSorting2 中。

此外，`std::list` 受 new 的影响，速度相对较慢，因此我们使用了自己开发的 `List` 类。可以在末尾或者开头添加元素，删除元素时也只需指定元素的位置即可，实现起来是比较简单的[①]。

其实，改良之前的方法适用于地形碰撞检测。如果用改良后的方法来执行机甲与地形的碰撞检测，那么每帧都需要将机甲与表示地面的三角形混合，然后进行排序。但其实表示地面的三角形之间并没有必要执行碰撞检测，所以这部分处理是多余的。

在使用改良前的方法的情况下，只需要在游戏开始前对表示地面的三角形进行排序，然后针对

① 随着添加或删除的陆续进行，笔者准备的 `List` 类将会出现很多内存“空隙”，但即便在这样的情况下，查找空隙的时间复杂度也能保持在 $O(1)$。至于具体是如何实现的，以及牺牲了哪方面的特性，请参考具体的代码。

机甲的位置每帧进行二分查找即可，这样就很容易获取机甲附近的三角形集合。因为排序在游戏开始前就已经完成了，所以可以忽略这部分的处理时间。对运动物体与静止物体进行碰撞检测时，使用改良前的方法，对两个运动的物体进行碰撞检测时，使用改良后的方法，这么做比较好。

22.3.6 排序方法的弱点

之前我们说过，无论哪种方法，在最坏的情况下时间复杂度都将达到 $O(N^2)$。虽然一般不会出现这样的情况，但不同的算法有不同的特性，即使不会出现最坏的情况，也可能会有其他原因令效率变低。毕竟每种算法都有弱点。

同样，依赖排序的 SAP（Sweep And Prune）算法也会因“先排成一列后再进行排序”的做法产生缺陷。

排列带来的影响

排序方法不擅长处理那些意料之外的物体摆放方式，比如所有物体纵向排成一列时的情况。

如果所有物体纵向排成一列，遍历时就会同时和 N 个物体的左端点相遇，列表中将会包含 N 个物体，这样该列表处理的时间复杂度就会和循环处理碰撞时的时间复杂度相同。也就是说，列表处理完成后，仍要对所有的物体进行循环判断。因为添加了一些多余的操作，所以该做法比一开始就使用循环判断方法进行碰撞检测的速度更慢。即便没有完全排成一列，只要圆的分布呈细长形，性能就会有所下降。

为了解决这个问题，我们需要根据具体情况来选取合适的排序轴。当然，如果这项工作需要花费过多的时间就得不偿失了。最好只用一次循环就解决该问题，也就是将时间复杂度控制在 $O(N)$。作为一种方案，可以先求出 x、y 各自的最小值与最大值的差，然后选取差值更大的一方作为排序轴。这种方法虽然简单，但是如果只有一个元素偏离得较远，其他元素都紧密地排成一列，判断结果就不准确，所以笔者并不推荐这种做法。

比较科学的一种做法是计算它们的方差，然后选取值更大的一方作为排序轴。所谓方差，就是将各个元素与平均值相减，然后取平方并相加。方差越大意味着排列越分散，其计算公式如下所示。

$$s = \sum_{i=0}^{n} (x_i - x_{avg})^2$$

分别为 x 和 y 轴计算方差值，选择值更大的轴作为排序轴。但是在遇到下面这种情况时，选择方差较大的轴作为排序轴就不太合适了。

上图中虽然 x 轴的方差更大，但是很明显有些地方采用按 y 轴排序更容易处理。沿 x 轴分散开的部分，其处理的时间复杂度接近于 $O(N)$，但其余部分（最左边纵向排列的部分）的时间复杂度会降至 $O(N^2)$，所以整体的时间复杂度接近于 $O(N^2)$。

让排序轴倾斜

针对上述问题，我们可以采用让排序轴倾斜的方法来应对。比如，在上图那样的情况下，可以让下图中的虚线作为排序轴。

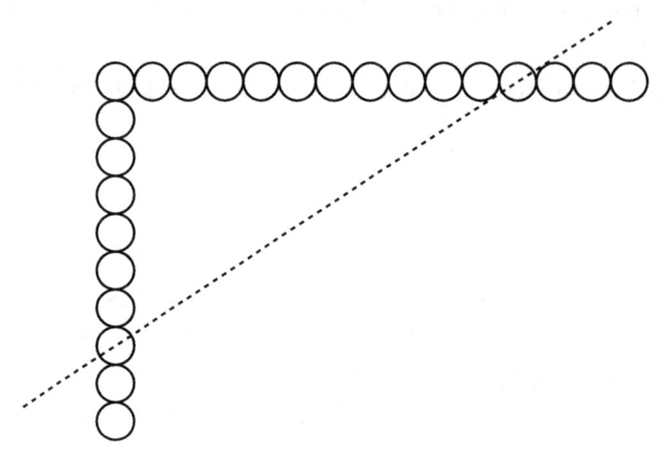

为了找出最合适的方向，可以使用**主成分分析**（principal component analysis）的方法。不过该方法需要用到矩阵特征值计算这种难度较大的数学知识，本书中就不对其进行介绍了，感兴趣的读者可以自行上网搜索。当然也可以不通过数学手段，而是采用一些巧妙的方法来找到近似的向量，不过这种做法不具备通用性，希望读者能认识到这一点。

找到排序轴后，必须将各个圆投影到该轴上才能完成排序。为了实现这一目标，我们需要计算各个投影。同样，本书中也不会对这部分内容进行介绍，感兴趣的读者可以自学相关的数学知识①。

事实上，让排序轴倾斜的相关计算属于额外的操作，如果 x 轴本身就是很好的排序轴，那么添加这部分处理势必会降低性能。为了兼顾最坏的情况而加入额外的计算，这种做法在大部分情况下会导致性能下降。因此，在采取具体措施时，需要先调查好最坏的情况是否会发生，发生的概率有多大，是否允许该情况出现，然后再制订相关策略。

排序方法的极限

之前我们说过，当物体之间没有间隙地紧紧挨在一起时，整个检测过程的时间复杂度可能会降到 $O(N)$。因为在二维情况下，各个大小相同的圆顶多会与周围其他 6 个圆发生碰撞。但是我们使用的排序方法会先将二维排列分布转化到一维数组中来处理，因此要达到理想中的速度就不太可能了。比如在 100×100 的棋盘网格上摆放好各个物体，在理想的状态下只要执行 100×100×4=4 万次判断就可以了（每个棋子只可能和上下左右 4 个棋子发生碰撞）。但是在采用上述方法进行处理时，选取好排序轴并完成投影后，轴上有 100 个“刻度”，每个刻度上有 100 个元素，这就意味着必须执行

① 对轴向量与圆的位置取内积，结果就是圆在该轴向量上的投影，然后对该值进行排序即可。至于这种做法的原理，大家需要自己去深入学习。

100 次循环，每次循环又要对 100 个元素进行判断，判断次数将超过 50 万次，几乎已经到达了性能的极限。而使用循环判断方法需要的判断次数是 10 000×9999 ÷ 2 ≈ 5000 万，相比之下新方法的处理速度只是循环判断方法的 100 倍而已。

当然这个问题也是能够解决的，我们可以通过模拟物体的运动来判断当前物体的位置和上一帧相比是否发生了变化，不过这种做法并不能保证在所有情况下处理速度都很快。另外，该做法实现起来比较烦琐，在某些情况下可能会弄巧成拙。

这种借助于排序来完成碰撞检测的方法思路非常简单，很容易编写，而且使用难度也不大，但是从性能的角度来看，它绝对不是最好的方法。当然，在很多情况下该方法已经够用了。

22.4 依靠分割实现的方法

下面我们来讨论如何对相当于二叉树的分割法进行优化。光是将一组 int 数据整理成树就已经够麻烦了，更何况还要在此基础上添加碰撞检测等操作，性能负荷可想而知。

下面我们就从最烦琐的方法开始讨论吧。

22.4.1 等分切割法

这里对 x、y、z 轴按一分为二的方式进行切割。

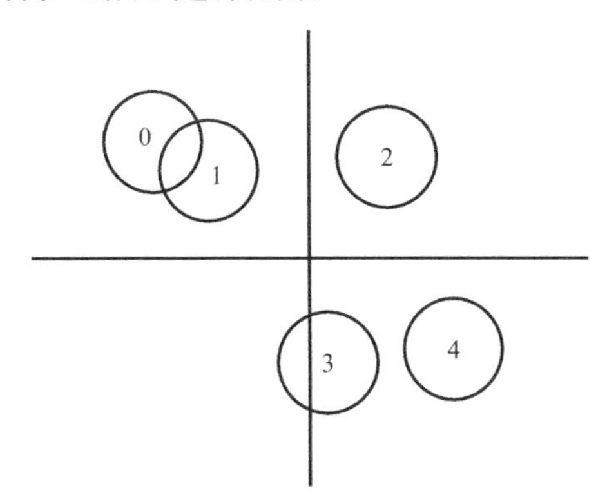

图中表示的是二维的情况，三维也是一样的。如果采用循环判断的做法，就需要执行 10 次检测，而现在这种做法只需检测位于同一区域内的物体，也就是执行 0 和 1、3 和 4 这 2 次判断即可。相比之下，使用排序的做法需要执行 0 和 1、2 和 3、2 和 4 共 3 次判断，由此可见空间分割法的性能更好。

具体的实现步骤如下所示。

- **使用某种方法对空间进行分割，将各区域看作一个箱子**
- **调查各个物体位于哪个箱子，将其分别放入与各箱子相关的列表中。注意，一个物体有可能被放入多个箱子**
- **对与各个箱子相关的列表中的元素进行循环判断**

第 1 步中提到的“某种方法”其实有非常多的选择，最简单的方法是先确定好世界的范围和分割的数量，然后进行分割。假设 x、y、z 的范围都是从 −1000 到 1000，将每根轴 10 等分，那么只要分别将物体的 x、y、z 坐标减去 −1000（也就是加上 1000）改变世界原点，再除以箱子的尺寸 100 即可。为了简化处理，我们以二维处理为例编写了如下代码。

```
// 在某个地方指定下列 3 个值
Vector2 mMinimum; //X、Y 的世界的最小值
Vector2 mMaximum; //X、Y 的世界的最大值
int mDivision; // 分割成若干份

// 开始动态计算
Vector2 boxSize; // 箱子的尺寸
boxSize.setSub( mMaximum, mMinimum );
boxSize *= 1.0 / static_cast< double >( mDivision );

for ( int i = 0; i < n; ++i ){
  Vector2 t;
  t.setSub( obj[ i ].mPosition, mMinimum ); // 移动原点
  t.x /= boxSize.x;
  t.y /= boxSize.y;
  // 取整后作为箱子编号
  int boxX = static_cast< int >( t.x );
  int boxY = static_cast< int >( t.y );
  // 加到各个箱子的列表中
  objList[ boxX ][ boxY ].add( obj[ i ] );
}
```

不过，等分切割法在实用方面存在较多问题。下面我们就来逐一进行分析。

物体并非一个质点

在上述处理中，物体被看作一个点，但实际上物体不可能只是单纯的一个点，它还有一定的尺寸，因此在箱子边缘出现的物体极有可能同时与多个箱子的边界相交。但是判断物体和哪些箱子发生相交本身就是一个非常复杂的运算，需要用到相交检测。这是该方法的一个首要缺陷。

为了简化处理，我们可以将圆近似地看作正方形，该正方形的边长等于圆的直径。这样一来，只要计算正方形和几个箱子发生了相交即可。但因为该正方形的面积大约是圆的面积的 1.27 倍，所以会存在一定的误差，对此我们选择忽略。毕竟如果去精确地计算面积，相应的运算负荷就可能会抵消我们所做的优化。

列表的问题

根据第 3 步，我们要为每个箱子关联 1 个列表。这听起来好像很简单，但是否可以直接按照箱子的数量来准备 `std::list` 呢？当然可以。不过我们多次强调过，往 `std::list` 中反复添加元素的操作性能很低。

从性能方面考虑，最好能够通过固定数组来实现，但我们事先并不知道每个箱子会容纳多少个物体，所以无法提前分配内存。为此，可以让该数组的容量等于场景中所有物体的数量。但这样做也存在一些缺陷。假设有 10 000 个物体，将 x、y、z 都 10 等分，于是就有 1000 个箱子。总共消耗的内存容量是 1000×10 000，即 1 千万个元素的大小。一般情况下，1 个物体最多同时属于 2 个箱子，所以其中一大半空间都被浪费了。

但是如果提前预估好数组的容量，比如按照每个箱子大约会有 5 个对象进行预估，那么一旦出现大量敌人朝着主角杀过来这种情况，某些箱子对应的数组容量就会不足。在主角可以自由移动的情况下，我们是无法提前得知大量敌人会移动到哪个箱子中的。如此看来，有必要引入一种能够动态扩容的数据结构。

元素重复的问题

一个物体有可能同时属于两个箱子，这个现象很好理解，但在下图这样的情况下又如何呢？

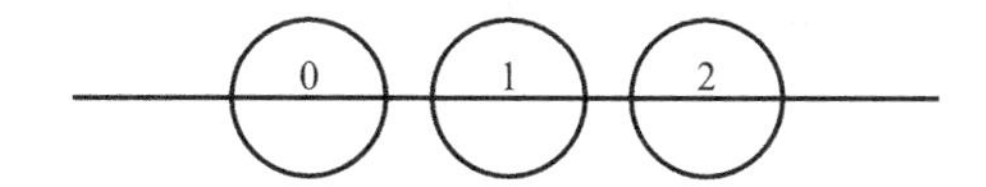

上图中有 3 个物体横跨在边界线上，用最原始的循环判断法只要执行 3 次判断即可，而采用等分切割法却需要执行 6 次判断。也就是说，根据物体的摆放方式，有时等分切割法的效率比原始方法还要低。之前使用排序的做法时，排序造成的开销会导致效率降低，但不会增加判断的次数。而在使用等分切割法时，则可能会出现判断次数增加的情况。

另外，有些情况下不允许对同一组物体进行多次判断。试想如果判断出物体碰撞时将给对方施加伤害，那么重复执行 2 次该过程就会给对方施加双倍的伤害。位于边界上的物体尤其容易出现这种问题，因此需要避免同一组物体被执行多次判断处理的情况。

最后，等分切割法在内存空间分配方面也存在一些问题。如何才能保证箱子的列表容量足够呢？依靠 `new` 动态分配的做法性能太低，可如果以最大数量为标准指定每个箱子列表的容量，内存空间十有八九会不够用。假设有 10 000 个物体，这种做法就需要确保所有列表加起来元素个数约等于 10 000×9999 ÷ 2，即 5000 万，开辟这么大的空间是不现实的。这么看来，貌似只能采用“在代码中添加 `ASSERT` 断言，如果探测到溢出就增大空间”的做法来逐步调整了。

理想的计算量

结合这些问题来看，等分切割法似乎没有什么魅力，但其实它有不少优点。请看下图。

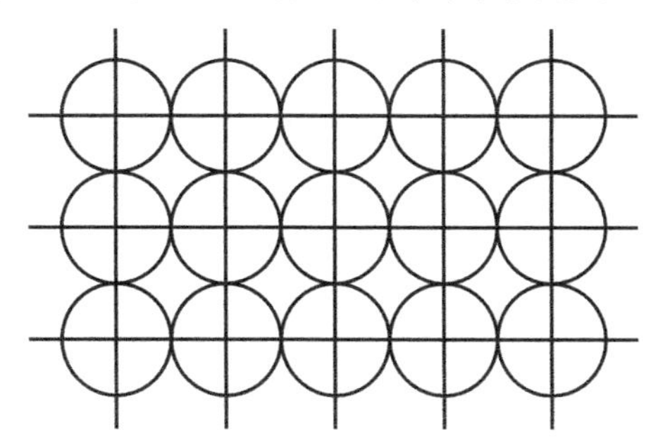

在该图中，每个箱子都包含了 4 个物体，而每个物体又分属于 4 个箱子。看起来好像非常浪费，但是统计过判断次数后就会发现这其实是一种非常理想的状态。最外围的情况比较复杂，我们暂不考虑，假设箱子之间永远紧密地挨着，那么每个箱子内都将出现 4 个物体。对 4 个物体进行循环判断，那么每个箱子内就需要执行 4×3 ÷ 2=6 次判断。总体判断次数取决于箱子的数量。

现在箱子的边长等于物体的直径，所以箱子的数量和物体的数量是相同的。假设物体总数量为 100×100，那么箱子数量也是 100×100，也就是 1 万个。在有 1 万个箱子的情况下，需要执行 6 万次判断。如果物体数量变为 1000×1000，即 100 万，那么箱子的数量也会变为 100 万，这样判断的次数就是 600 万。

也就是说，时间复杂度等于 $O(N)$，这与我们之前讨论的理想状态下的值相同。

在理想状态下，等分切割方法能够达到 $O(N)$ 的效率。而如果采用排序的做法，当物体数量为 100×100 时，判断次数为 50 万，数量为 1000×1000 时，判断次数将达到 5 亿。可以看到，二者在性能方面有很大的差距。

下面我们用代码来实现上述内容。这里暂不考虑代码的性能问题，先确保它能运行起来。虽然这话听起来有些矛盾，因为我们明明是为了改善性能才提出这些解决方案的，但是如果不先让程序运行起来，一切都将无从谈起。

22.4.2 使用 std::list 来实现

我们根据箱子数量准备相应的 `std::list`，用来存储箱子中的各个物体，然后对每个箱子内的物体采用循环判断的方法执行碰撞检测。不过，检测到碰撞后不要马上改变物体的速度，而是将发生碰撞的每组对象都记录到一个 `std::list` 中，去掉重复的元素后再执行物体的反弹处理。

下面我们来看看如何去除重复元素。

去除重复元素

去除重复元素常用的方法是排序。

以下面这列数组为例：

```
043211343021
```

在剔除重复元素时，首先对其进行排序。

```
001112233344
```

然后按照从前到后的顺序遍历该数组，若发现当前元素与上一元素相同则跳过，代码大概如下所示。

```
int prevValue = a[ 0 ];
int dst = 1; // 写入位置
for ( int i = 1; i < n; ++i ){ // 从第 2 项开始
   if ( a[ i ] != prevValue ){
      a[ dst ] = a[ i ];
      ++dst;
      prevValue = a[ i ];
   }
}
```

记录下上一个元素的值，如果当前元素的值与它不同，就将该值复制到写入位置中，并将写入位置指向下一个区域。如果当前元素的值与上一个元素的值相同，则不移动写入位置，这样就可以达到去除重复元素的目的了。此外，在遍历结束时，写入位置会显示出剩余多少元素。其实 C++ 类库也提供了实现相关功能的函数。按下面的方式编写代码即可实现相同的效果，不过调用该函数时要先给数据排好序。

```
int n = std::unique( a, a+n ) - a;
```

`unique()` 返回的是写入位置，也就是指向最后一个元素的下一个位置的指针，用它减去首元素指针，就可以算出去重后的元素数量。读者可能对指针之间的减法操作有些陌生，我们来看一个例子。

```
&p[ 5 ] - &p[ 2 ]
```

上述表达式的计算结果是 3。指针之间的减法操作偶尔也会被用到，读者最好能够掌握这部分内容。

可能有人觉得相比对碰撞判断的结果进行去重操作，在碰撞判断开始前执行去重比较好，因为这样可以省去一些不必要的碰撞判断。如果碰撞判断操作非常低效，那么这种做法会比较有优势。不过一般来说，去除重复元素时进行的排序操作会花费更多的性能开销。

读者可能还记得，排序算法的时间复杂度为 $O(N\log N)$。很多时候碰撞判断的总次数会达到 N 的 10 倍，这时根据 10log10 就可以算出排序所需要的时间是原先的 30 倍。这样一来，我们为降低时间复杂度所做的努力就被抵消了。光是对碰撞结果去重就占去了大部分性能开销，而实际发生碰撞的物体不一定有那么多。

这部分示例位于 CirclesUniformDivisionUsingStdList 中，不过我们发现示例的运行速度并没有想象中那么快。在笔者的机器上，改善后帧率在 25 左右，比之前还下降了 3 帧。这部分性能损耗主要是由 `std::list` 的相关操作引起的。如果不做进一步改良，该方法就无法达到实用程度。

22.4.3 使用定长数组存储

用定长数组来存储数据也是一个不错的选择。如果忽略那些超出数组容量的元素，那么程序将不会发生溢出。为了确定数组的大致容量，我们需要通过 `ASSERT` 进行多次调试，从而得到近似值。如果数组容量太小，程序就可能会在某个时刻异常退出。对此，我们只要不断调整，逐步增加数组的容量，直到程序不再报错即可。

采用定长数组实现的示例位于 CiclesUniformDivisionUsingArray 中。各箱子列表以及用来记录谁和谁发生了碰撞的列表尺寸都是固定的。在有 1600 个圆的情况下，将 x 轴和 y 轴 30 等分进行处理的效率最高，判断次数大约在 36 000 次，和排序法相比降低了很多。因为箱子内的列表长度固定，所以循环时多少会造成一些性能浪费，即便判断次数变为原来的一半，帧率也不能达到原来的 1.5 倍。此外，实际发生碰撞的数量是 3700 组左右，但从结果来看却执行了 5000 次以上的判断。这就意味着有 1300 组碰撞物体被重复检测了，而这 1300 次判断其实没有必要执行。

借助数组实现后就可以看到，这种方法确实比排序法高效。虽然后面我们也会提到一些不适用于该方法的情况，但是当物体分布较为平均且数量超过一定值时，该方法的总体效率还是很高的。

不过，定长数组使用起来有诸多不便。一旦游戏设计者增加了敌人的数量，或者玩家进入新的场景，或者游戏中有大量角色突然聚集到一处狭窄区域，就可能会导致数组空间不足。如果要采用这一做法，在开发时就不得不考虑到这些风险。但如果不使用定长数组，就得用 `new` 来分配空间，而 new 操作的性能开销非常大，性能也更差。

22.4.4 空间等分切割法的弱点

空间等分切割法有一些很严重的弱点，而且这些弱点在某些情况下是致命的。

首先，不好决定箱子的尺寸以及数量。因为随着情况的改变，最优解也会发生变化。而且随着物体陆续离开原来的区域，将会产生大量不包含任何物体的空箱子。虽然可以通过每帧查找物体所在的范围来解决空箱子问题，但是这种操作必定会影响整体的性能。

另外，物体分布不均也会使性能急剧恶化。如果存在很多个只包含一个物体的箱子，那么一旦物体离开原来的位置，就会生成大量的空箱子。我们知道，箱子的数量越多，内存消耗量和计算量就越大。这些没有意义的空箱子越多，性能就越差。

此外，物体尺寸相差太大也会带来不少问题。如果以尺寸较小的物体为标准进行分割，那么尺寸较大的物体就会同时属于若干个箱子，从而影响到性能。若以尺寸较大的物体为标准进行分割，就容易出现一个箱子中包含多个小物体的情况，导致循环判断的次数增加，性能同样会有所降低。而排序法则不存在这样的缺点。在使用排序法实现时，无论物体大小如何，都不会有这方面的顾虑。

22.4.5 空间等分切割法适用的场景

通过上述分析可以看出，在尺寸大致相同的物体均匀地分布在各处的情况下，等分切割法最能发挥出它的长处。

其中一个典型的例子就是地面的碰撞检测。地面不会运动，而且组成地面的三角形分布得也比较均匀。可能某些区域的三角形分布得比较集中，但基本上不会出现大片区域没有地面或墙壁的情况。

如果物体会运动，我们就不容易预测它们会在何时往何处集中，但是针对静止的物体就完全没有必要担心这一点了。只要对特定的箱子检测其中的三角形数量即可。如果数量过多，就切割得再细一些。这种调整只需要在最开始时执行一次，不必每帧都进行。

此外，在计算量方面该方法也有很大的优势。在对地面执行碰撞检测时，给箱子分类的工作只需要事先执行一次，后续每帧只需要检测机甲与哪个箱子发生了相交，然后对这些箱子内部的元素进行循环判断即可。虽然仍需要执行去重处理，但是同时和一个机甲发生碰撞的三角形数量是有限的，因此不需要用到之前那么烦琐的处理技巧。

不过，地形中确实存在三角形比较集中的区域，当大三角形和小三角形混合在一起时，处理速度就会变慢。另外，狭长的地形处理起来也比较麻烦。

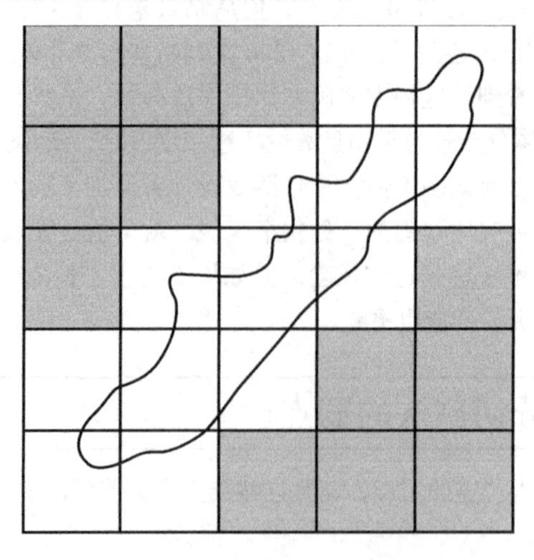

图中显示的狭长地形是最糟糕的情况，此时会有大量的箱子被浪费。赛车游戏中的赛道常常会出现这样的情况。

本章的必学内容到此就全部结束了。本书的第3部分原本就属于补充内容，如果感到吃力，也可以直接跳过。等到真正需要用到这方面的知识时，再回来重读也无妨。

22.5 补充内容：改进等分切割法

下面我们将对等分切割法进行改进。程序将变得更加复杂，希望读者能够好好消化。

22.5.1 减少 new 操作的次数并去除容量限制

list 版本和数组版本之所以在性能上有较大差距，是因为 new 操作的次数不同。如果对 list 版本进行改造，使其尽量减少 new 的次数，就可以达到接近于数组版本的性能，也不用担心空间限制会导致内存溢出。

大致思路是采用“数组 list”来实现，代码如下所示。

```
const int blockSize = 100; //假设每次 100 个
list< int* > l;
//写入第几个区块内
int blockPos = blockSize; //如果一开始就放进去，接下来的添加就要靠 new 来完成
for ( int i = 0; i < n; ++i ){
    //满了以后添加
    if ( blockPos == blockSize ){
        l.push_back( new int[ blockSize ] );
        blockPos = 0;
    }
    //有空位则继续添加
    if ( blockPos < blockSize ){
        l.back()[ blockPos ] = i; //用 back 获取最后一个元素
        ++blockPos;
    }
}
```

list 中的元素都是 int 指针，每个指针指向一个创建出来的数组。

上述代码中 n 的值会持续增加，每增加 100 次才会调用 1 次 new 操作。增大 blockSize 的值可以进一步减少 new 操作的次数，但是会浪费掉更多的空间。而减小该值会增加 new 的次数，减少浪费掉的空间。因此，找出最优值是很有必要的。不过即使存在少量偏差，也不会对程序的运行造成影响，对性能的影响也不会太大。

示例位于 CirclesUniformDivisionUsingArrayList 中。坦率地说，代码确实有些复杂。list 的迭代器与数组的下标访问方式掺杂在一起，不是很好理解。可能的话，最好创建一个“数组 list”类，把一些必要的操作封装起来，这样使用起来会更加方便。

从速度上来看，该做法比原来直接使用 list 的做法速度更快，但是和数组版本相比仍有很大的性能差距，在笔者的机器上甚至还赶不上排序法的效率，这就没有什么意义了。虽然确实减少了一些 new 操作，但光是创建和箱子数量相等的 list 就需要很大的开销。如果将 x 轴和 y 轴 30 等分，就会创建出 900 个 list。不管怎么说这都不是一个好的做法。

22.5.2 减少 list 的数量

既然 list 数量过多会造成性能下降，那么我们就在数量方面下一些功夫。基本要求是，允许每个箱子都能够自由添加物体，并且添加后还能快速访问其中的元素。顺着这个思路，我们可以考虑将多个 list 合并为一个，这样就能减少一些额外的开销了。

不过这么做可行吗？我们不妨来重新思考一下，当初为什么要按照箱子的数量来准备相应的列表，以及最终想达成什么样的目标。

复杂的数据结构处理起来很不方便，编写和调试都非常麻烦，而且复杂的代码执行起来效率也很低，所以我们来想一种更简单的做法。

使用数组实现

从前面的多个示例中可以看出，数组的性能是比较高的。为了充分利用数组高效的特性，同时避开容量限制的缺点，我们介绍了使用“数组 list”的做法。接下来只要对该方法适当进行修改即可。

基本思路是，先整理那些不确定具体数量的操作。不确定的数量指的是箱子中包含的物体数量。因此，我们可以先将物体编号和物体所在的箱子的编号成对地添加到“数组 list”中，这样一来，所有的数量就都确定了。在这一阶段，只要将数据转移到数组中即可。

我们把创建箱子列表的处理分成多个阶段进行。

第 1 阶段负责将箱子编号和物体编号成对地添加到容器中，也就是说，不再为每个箱子单独创建容器，而是全部添加到同一个容器中。 不过使用的不是数组，而是数组 list，这样就不必提前指定数组的容量了。此时我们只会用到 1 个 list。

第 2 阶段负责对创建好的数据从头到尾进行遍历。依次对每组数据进行检测，看它属于哪个箱子，统计出每个箱子包含多少物体。

最后，在第 3 阶段，准备 1 个和第 1 阶段大小相同的数组，将数据按照适当的顺序复制到其中。利用第 2 阶段获取的信息，我们就可以知道各个箱子关联的数据应该迁移到哪个位置。

比如 0 号箱子有 5 个物体，1 号箱子有 7 个，2 号箱子有 3 个，在这种情况下，0 号箱子的数据应放入数组的第 0 个元素到第 4 个元素的位置，1 号箱子的数据则放入数组的第 5 个元素到第 11 个元素的位置，2 号箱子的数据则放入第 12 个元素到第 14 个元素的位置，类似这样，将各个箱子关联的数据放入相应的区域中。假设数组 a 中存放了各个箱子的尺寸信息，我们就可以写出如下代码。

```
int offset = 0;
for ( int i = 0; i < n; ++i ){
   int t = a[ i ];
   a[ i ] = offset;
   offset += t;
}
```

完成上述处理后，各个箱子的数据也就整理好了。本质上这和使用多个列表分别表示各个箱子的做法是相同的，但速度要快很多。虽然需要执行 3 次循环，但是时间复杂度只有 $O(N)$，优于排序法所需要的 $O(N\log N)$，而且各个循环所执行的操作也比较简单。

这部分示例位于 CirclesUniformDivisonUsingArrayList2 中。可以看到性能有了大幅提升，已经接近于数组版本了。不过差距仍然存在，毕竟还用到了一些 new 操作。此外，该示例需要提前完成一些准备工作，这也会占用一部分开销。

22.5.3 进一步优化

如果还想进一步优化，该怎么做呢？我们可以先试着找出哪部分处理影响了性能。

调查性能瓶颈

虽然现在有很多专门用于性能分析的软件，但是这些软件价格昂贵，对小项目来说有些奢侈，而且大多数情况下我们也不需要调查得如此详细。如果只需要统计各部分处理所消耗的时间，使用下列代码就能达到目的。

```
unsigned t0 = Framework::instance().time();
foo0();
unsigned t1 = Framework::instance().time();
foo1();
unsigned t2 = Framework::instance().time();
foo2();
unsigned t3 = Framework::instance().time();
cout << t1-t0 << "," << t2-t1 << "," << t3-t2 << endl;
```

通过在适当的位置用 cout 输出与上一处运行时刻的时间差，就能发现哪部分代码的执行时间过长。如果范围很大，可以用二分查找法来完成。将处理逻辑分成两份，比较前后两部分的处理时间，看哪个更长，对消耗更多的部分再进行分割，如此循环。实际上，比起二分查找法，四分查找法的效率更高。

运行示例后就会发现，影响性能的部分集中在去除重复元素时进行的排序处理上。碰撞判断是必不可少的操作，但排序操作并不是必需的。如果是排序操作导致了性能下降，就有必要进行改造了。

优化去重处理

那么，有没有什么更高效的做法可以实现去重操作呢？

从原理上来说，实现高效的去重非常困难。毕竟去重操作其实也是逐个查找元素的过程，针对每个元素，查找与其相同的元素并将其剔除，这本质上和先执行 sort() 再执行 unique() 是相同的。核心处理在于查找，而查找操作的时间复杂度理论上一般不会低于 $\log N$。因为执行了 N 次查找，所以无论怎么努力都很难将时间复杂度降到 $N\log N$ 以下。

这里我们不禁要问，为什么时间复杂度是 $\log N$？

在含有 N 个元素的数组中，查找操作的时间复杂度是 $\log N$。数组中之所以会有 N 个元素，是因为我们将 N 个物体以及它们各自对应的箱子编号成对地添加到了同一个数组中。如果对这些数据适当地进行分类，情况就会有所改变。假设分类后每一类数据的个数由 N 变为 M，那么总的时间复杂度将不再是 $N\log N$，而会变成 $N\log M$。我们现在来思考一下如何将 N 变为 M。

我们曾经讨论过，1 个物体顶多会和其他 6 个物体发生碰撞。虽然整个系统中可能存在 0 号元素和 1 号元素碰撞、2 号和 5 号碰撞、3 号和 4 号碰撞等碰撞关系，但是对 0 号元素来说，和它相关的碰撞关系只有 6 组。这个“6”就是我们要的 M。因此我们可以按照“0 号元素发生的碰撞”“1 号元素发生的碰撞”这样的方式进行分类。这跟之前先对箱子进行分类再执行判断处理的做法有异曲同工之妙。

具体的实现方法

现在要设置和物体同等数量的箱子，并确保每组碰撞数据都按“编号小的在前，编号大的在后”的规则来创建。比如 0 号和 1 号这组碰撞数据就必须写成 (0, 1)，而不能是 (1, 0)。这样我们只要对前面的编号，也就是更小的数字进行分类即可。

具体步骤如下所示。

向“数组 list”中逐对添加碰撞数据。这相当于前面所说的第 1 阶段。

对“数组 list”中的每组数据进行遍历，统计出第 1 个编号为 0 的数据有几组，第 1 个编号为 1 的数据有几组。该过程和上述方法的第 2 阶段的处理相同。

在第 3 阶段，将碰撞数据按类别顺序转移到另一个数组中。这和上述方法的处理也是一样的。

之后只要对各个箱子进行相应的处理即可。因为每个箱子包含的对象数量都非常少，所以排序会在一瞬间完成，甚至可以不执行排序操作，只要在遍历时调查后面的数据中是否出现了和当前元素编号相同的情况，相同时将其设置为无效数字即可。

具体示例位于 CirclesUniformDivisonUsingArrayList3 中。在笔者的机器上运行时，其效率比之前的数组版本还要高。当然，如果对数组版本进行同样的优化，会得到更高的运行效率。

事实上，这种创建箱子并分类的思路和散列法非常相似。在学习散列法时，回顾一下上面介绍的内容会有助于理解。虽然使用起来稍微有些复杂，但是一般情况下散列法比红黑树的性能更好，代码编写起来也比红黑树简单。如果对性能有严格要求，不妨学习一下这种方法。

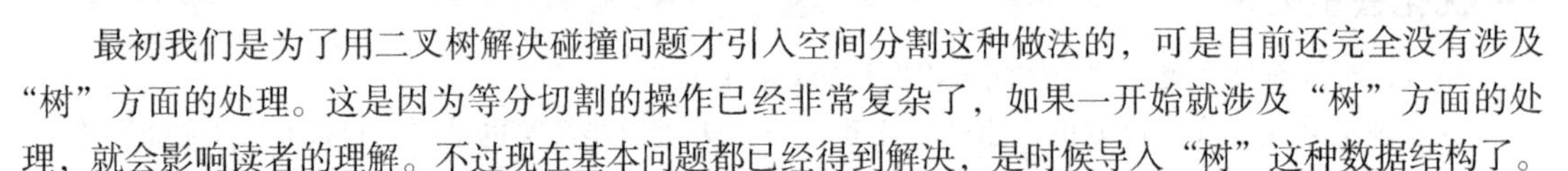

22.6 补充内容：空间分割的高级技巧

最初我们是为了用二叉树解决碰撞问题才引入空间分割这种做法的，可是目前还完全没有涉及“树”方面的处理。这是因为等分切割的操作已经非常复杂了，如果一开始就涉及“树”方面的处理，就会影响读者的理解。不过现在基本问题都已经得到解决，是时候导入“树”这种数据结构了。

等分切割法的缺点在于容易产生大量空箱子。结合树这种数据结构的特性来描述，就是某些节点包含了大量数据，而另一些节点包含的数据很少。一方面我们希望节点可以尽可能多地包含数据，另一方面当节点包含了过多的数据时，我们又希望能再次对节点进行分割。使用树结构的意义就在于动态实现这一过程。

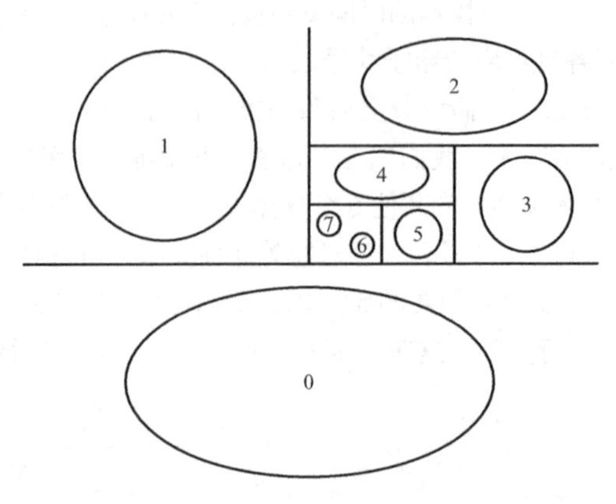

上图是理想的分割情况。可以看到，大物体所在的区域较大，小物体所在的区域较小，这样就避免了出现空箱子或者一个箱子里包含太多物体的情况。具体的实现方法有很多种，最简单的是直接使用二叉树来实现。像上图那样选取一条平行于 x、y、z 中的某条轴的直线作为分割轴，递归地对区域进行二等分的方法叫作 k-d tree。

虽然还有很多其他方法，但这是最基本的。此外还可以选择一条斜线作为分割轴，分割时不对区域二等分，这种方法称为 BSP（Binary Space Partition）。从理论上来说，这种方法最灵活，能够以最合适的方式对区域进行分割，不过该方法本身太过复杂，这里不推荐使用。当然，在开发商业游戏时，为了保证实用性，还是有必要熟练掌握该方法的。

下面我们来实际运用一下 k-d tree 方法。

22.6.1 创建 k-d tree

k-d tree 的创建流程不像等分切割那样简单，但是逻辑并不复杂，稍微研究一下就能弄清楚相关流程。下面我们依旧以二维为例进行说明，但具体的操作流程也适用于三维场景。

具体步骤大致如下。显然，我们会用到递归函数。

- **首先创建 1 个大箱子装入所有的物体，从这里开始分割**
- **确定好分割方式后，选取 x 轴或 y 轴进行分割**
- **创建 2 个子节点，分别将物体挂载到节点上**
- **如果决定继续分割，则从第 2 步开始重复对子节点进行操作**

现在来编写树结构。各节点的结构体必须包含分割轴（x 或者 y）、子节点的链接、存放物体的数组以及数组的容量。代码大概如下所示。

```
struct Node{
   enum Direction{
      DIR_X,
      DIR_Y,
      DIR_NONE, //表示末端不存在子节点
   };
   Direction mDivideDirection;
   Node* mLeftChild;
   Node* mRightChild;
   Object** mObjects;
   int mObjectNumber;
};
```

接下来只要按照步骤实现即可。具体可以参考下列代码，这里将该函数作为 Node 的成员函数。

```
void Node::buildKDTree(
double x0,
double x1,
double y0,
double y1 ){
   //选取 x 和 y 中更长的那根轴作为分割轴
   double div; //分割线
   if ( ( x1 - x0 ) > ( y1 - y0 ) ){
      mDivideDirection = DIR_X;
      div = ( x0 + x1 ) * 0.5;
```

```
    }else{
        mDivideDirection = DIR_Y;
        div = ( y0 + y1 ) * 0.5;
    }
    //创建子节点
    mLeftChild = new Node;
    mRightChild = new Node;
    //按照不同的方向进行处理
    if ( mDivideDirection == DIR_X ){ //除以X
        //统计放入左右子节点的数量并执行分配
        (略)
        //递归调用
        mLeftChild->buildKDTree( x0, div, y0, y1 );
        mRightChild->buildKDTree( div, x1, y0, y1 );
    }else{ //除以Y
        //统计放入左右子结点的数量并执行分配
        (略)
        //递归调用
        mLeftChild->buildKDTree( x0, x1, y0, div );
        mRightChild->buildKDTree( x0, x1, div, y1 );
    }
    //已不需要该数组
    SAFE_DELETE_ARRAY( mObject );
    mObjectNumber = 0;
}
```

判断以哪个轴作为分割轴的方法有很多，为了使代码更简洁，我们将更长的一方作为分割轴。比起一些华而不实的分割方法，这种简便的做法反而可以很好地运行。此外，在上述代码中，Node 是通过 new 动态创建的，new 的次数过多势必会造成整体性能下降。如果每帧都要执行这一操作，就需要考虑使用一些技巧来尽量避免 new 操作。

还有一点非常重要，就是分割过程在何时结束。上述代码中并没有设置停止条件，因此分割处理会永远进行下去。我们可以设置当物体数量低于一定值或者箱子尺寸低于一定值时停止分割。当然最简单的做法是指定分割的最大次数。比如将该值设置为 10，那么分割次数达到 10 以后将结束处理。虽然这种做法从性能上来说未必是最优的，但是可以确保正常运行。

构建好树结构之后，使用起来就非常简单了。从树的根节点出发按顺序遍历，对每个节点内部的所有物体进行循环判断。如果所有节点都被存放在一个数组中，也可以无视树结构，直接按顺序逐个处理。去重操作也可以通过同样的方法来实现。

相关知识已经全部介绍完了，接下来只需编写代码即可。当然本书也提供了相关的示例，读者若有兴趣，可以在参考示例代码之前试着自行完成。从等分切割法到 k-d tree 的这部分内容是本书对编程能力要求最高的部分，同时也是对性能优化进行实践的绝佳机会，希望读者能够试着挑战一下。

22.6.2 示例代码

k-d tree 的实现位于示例 circlesKDTree 中，相关处理主要围绕 Node 类进行。虽然代码比较长，但很多是相似的，所以并没有那么复杂。

一开始程序将申请一块很大的内存空间，Node 和编号数组后面都会被存储到该空间中，整个处理基本没有用到 new 操作。为了便于理解，我们直接采用了数组来实现。事实上为了防止出现空间不足的问题，应当使用数组 list 来存储才对。代码并没有对溢出进行检测，因此当物体数量增加到一定程度时就会溢出。数组 list 是一种运用非常广泛的数据结构，可以考虑将其封装为模板类。

正如之前介绍的那样，示例中选取分割轴的标准是看哪根轴更长，并且在分割次数超过一定值后将停止分割。这是最简单的方法，读者也可以试着去探索一些更高效的做法。为了展现空间分割的过程，我们还添加了代码使分割线显示为绿色。

在性能方面，等分切割法大约要执行 37 000 次判断，而 k-d tree 做法只需 22 000 次。游戏运行时左上角的数字表明实际发生碰撞的数量大约为 7000 次。也就是说，有 30% 左右的计算量用在了切实发生的碰撞处理上，效率已经非常高了。如果忽略构建树结构的处理开销，时间复杂度基本达到了 $O(N)$，而且也不会像等分切割法那样，一旦物体分布不均，性能就会恶化。

不过，反过来说这种方法也只是在判断次数方面完胜等分切割法，构建树结构的过程还是比较缓慢的。实际上，分割次数从 13 次变为 10 次后，虽然判断的次数有所增加，但是整体性能仍在提升。这是因为分割操作会消耗大量时间。如果每帧都必须执行这样的处理，那么适当增加一些判断次数来减少空间分割次数也是值得的。当然，在执行地面碰撞检测这类只需要分割一次的处理时，自然是分割得越细越好。

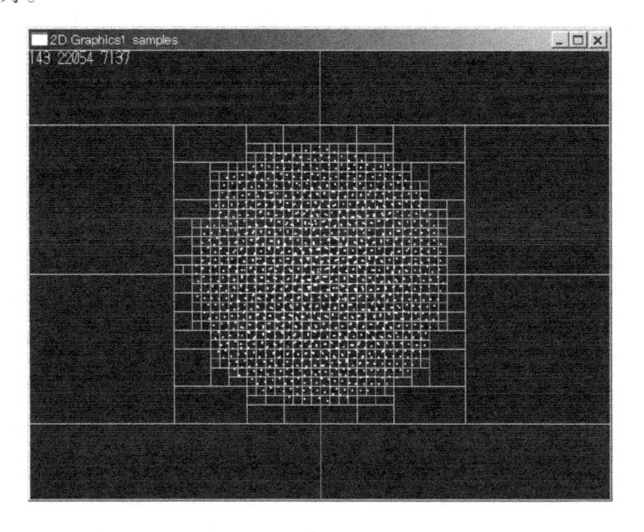

22.6.3 k-d tree 适用的场景

前面说过，k-d tree 并不适合用在每帧都执行的场合。因为构建树结构需要花费一定的时间，可能会抵消掉其他为性能优化所做的努力。不过，这和分割的停止条件有一定关系。如果停止条件设置得当，就能够在很大程度上降低分割的成本。虽然这么做会使判断次数有所增加，但它不会出现等分切割法中的弱点，使用起来还是非常方便的。我们说过，在一切顺利的情况下，等分切割法的性能是最好的。所谓“顺利”，指的是物体大小相似且分布均匀。不过没有人可以保证总是能够这么顺利。

实际上，在处理静态物体时最能体现出 k-d tree 的价值。所谓“处理静态物体”，就是指地形碰撞之类的处理。地形不会发生动态变化，所以只要构建一次树结构即可，即便花费的时间长一些也不要紧。而且不同于等分切割法和排序法，不论物体如何分布，都不会对性能带来影响。如果忽略构建树结构的开销，k-d tree 方法的性能是超越前两者的。如果在使用 k-d tree 方法处理地形碰撞时不追求极致的性能，也可以不执行那些优化性能的操作，比如不去限制 `new` 的使用。在允许自由使用 new 操作的情况下，k-d tree 的构建代码会更加简洁[①]。我们以类库的形式提供了使用 k-d tree 来判断地形的示例，读者可以参考最终版类库中的 `Scene::CollisionMesh` 类的代码。其中除了一些减少 new 操作的工作之外，其他方面基本上和前面介绍的内容相同。

22.7 本章小结

本章讨论了两种优化碰撞检测性能的方法：一种是排序法，一种是分割法。

排序法写起来比较简单，在大多数情况下能正常运行。但是因为排序的效率问题，该方法在性能方面有一定的限制。分割法的原理非常简单，但是写起来比较麻烦，而且还需要调整一些参数，不过在顺利的情况下性能可以发挥到最佳。

在补充部分我们对分割法进行了改进，探讨了如何改善去重处理，并引入了数组 list 以减少 new 操作的次数。最后还介绍了一种更好的分割方案——k-d tree。和等分切割法相比，k-d tree 的缺点更少，不过写起来也更加复杂。

本章为大家提供了一个强化算法和数据结构知识的机会。尤其在补充部分中介绍了许多复杂的处理方法，读者应尽量去理解这些内容。如果读者能自行完成这些处理，那么在编程方面就不会遇到什么太大的难题了。排序、创建表、去除重复元素、创建动态扩容的集合等处理在开发中经常会遇到，届时就可以充分利用本章介绍的这些知识。如果还想在本章的基础上进一步优化，可以考虑提高 CPU 指令的使用效率，或者提高缓存效率。不过这些知识都太专业了，读者可以当作一种思维训练来完成。

笔者想强调的是，程序的性能非常重要。虽然计算机的处理能力越来越强，但是与此同时开发的游戏也越来越复杂了。性能低下的代码不仅会降低游戏品质，还会降低开发效率，运行迟缓的程序调试起来要花费更多的时间。比如我们在对游戏进行调试时，为了检测某种问题是否会出现，往往会编写代码让游戏自动运行。在开发进入尾声时，每天下班前都会启动该程序，运行一晚后再看结果。如果执行速度过慢，测试覆盖率就会低很多，同时 bug 率也会比较高。再比如，在对战游戏中让 AI 自动战斗，这时为了调查某角色或某武器是否会过于强大，也需要编写程序来遍历统计。同样，我们也会在下班前把程序运行起来，第二天再看结果。如果执行速度过慢，可能一整夜也无法遍历完所有的情况，这势必会影响后续的工作。

虽然现在很多人对高性能的代码存在误解，但是编写高效的代码永远不会错。大家之所以不重视这一点，主要是因为高性能代码在可读性和可维护性方面稍差一些，但这并不是代码高效的过错。相信只要掌握足够多的知识，积累足够多的经验，读者就一定能写出既优雅又高效的程序。随手便

① 当然，使用 new 以后还是会降低性能，这主要是缓存的效率问题所导致的。此外，树的构建往往在载入时执行，如果构建速度较慢，就会增加载入的时间，而载入的时间过长，势必会影响游戏体验。

可写出优秀的代码是程序员的最高境界[①]。

下一章我们将讨论如何缩短游戏的载入时间，这关系到玩家对游戏的第一印象。在讨论的过程中，我们也会接触到多线程技术的相关知识。

① 反过来说也是成立的。在速度达到要求的前提下，应当尽可能地增强代码的可读性与可维护性，这是比较主流的做法。有一个玩笑说，使用更快的计算机是为了能运行越来越臃肿的代码。不过笔者已经记不清这句玩笑话的出处了。

第23章

数据加载

主要内容

- 加载耗时的原因
- 分步加载的方法
- 文件合并
- 文件压缩

补充内容

- 利用多线程并行处理
- 数据加密

我们都知道游戏加载时间过长会影响游戏体验，但现在的游戏确实有加载时间越来越长的趋势。明明机器的性能越来越好，为什么加载时间却越来越长呢?

本章会先对这一现状进行分析，然后在此基础上探讨如何改变这种状况。

前几章使用的都是同一个类库，本章将使用新的类库 `Loading`。该类库中开放了 `Threading` 模块，同时原有的 `Framework::sleep()` 方法将被删除。作为替代，我们将使用 Threading/Functions.h 中的 `Threading::sleep()`。

23.1 为何加载时间越来越长

用于存储数据的硬件的读取速度难以得到大幅提升。CD-ROM 也好，DVD 也罢，甚至蓝光设备，它们在读取数据时都会在电机的作用下不停地旋转。由于这一机械动作的限制，速度很难得到进一步提升。PC 游戏采用的是硬盘存储，看起来好像没有这方面的问题，但事实上硬盘内部也使用了电机，原理上是完全相同的，所以情况好不了多少①。

内存是一种半导体零件，它的工作原理和电机无关，所以不会受到上述制约，而且每隔一两年，内存的最高容量都会翻一倍。虽说容量的提升总有一天会结束，但接下来的几年它还会继续发展。正因为如此，读取整条内存中的数据所消耗的时间也在逐渐变长，而且今后会越来越长②。

这正是加载时间越来越长的主要原因。于是解决思路就非常明确了：不要一次性读出整条内存中的数据。然而这种做法往往又会让人陷入矛盾，因为减少数据的读取量就意味着画面质量会下降。通过牺牲画面质量来换取更快的游戏速度，恐怕大多数开发者不会认同这种做法。

“加载时间太长了，请把纹理的数量减少一些。”

“内存装不下吗？”

“能啊。”

“那不就行了。”

大家在开发过程中经常能听到上面这样的对话吧？

画面质量并不是衡量游戏价值的唯一因素，我们应该掌握好画面质量与载入时间之间的平衡。但是游戏在发售前，最能吸引玩家的往往是画面质量，这是无法忽视的事实，所以主动降低画面质量需要很大的勇气。况且现在游戏的体积越来越大，制作组中美工人员也越来越多。在这种情况下，很少有人会选择这种降低画面质量的做法。

抛开其他因素，出现这种现象的根本原因还是载入的数据量超越了机器的处理能力。我们不得不接受这一事实。试想，如果机器的性能无比强大，我们也就没有必要讨论后面的大部分内容了。

不过，在同等时间内尽量载入更多的数据肯定是不会错的。本章就将探讨如何在同等时间内加载出质量更高的画面。

不过在此之前还有一个问题需要解决。首先我们要认识到，无论怎么努力，加载过程都不可能在一两帧内完成。之前我们一直使用 `ifstream` 来一次性读取文件，但在文件较大的情况下，这可能需要花费几秒时间，在此期间游戏将静止不动，而游戏持续几秒钟都没有反应会让玩家不知所措。如果家用游戏机出现了这种问题，玩家恐怕就会拨打售后热线了。因此，我们要极力避免这种长时间“卡死”的情况。下面就来讨论一下如何解决这一问题。

---

① 这种数据存储设备的延迟，也就是从请求数据到获取数据的时间差，量级在毫秒级。对 1 秒可以执行 10 亿次加法运算的设备来说，1 毫秒就相当于执行了 100 万次加法运算，速度已经非常快了。另外，对读取速度在 10 MB/s 左右、fps 等于 60 的游戏来说，每帧大约能读取 160 KB。读者可以试着计算一下，读取完整个内存的 512 MB 数据要用几帧。

② 最近有些厂商使用内存来代替硬盘，但以目前的速度来说，内存和硬盘相差无几，而且从光盘载入数据时同样将面临加载过慢的问题。

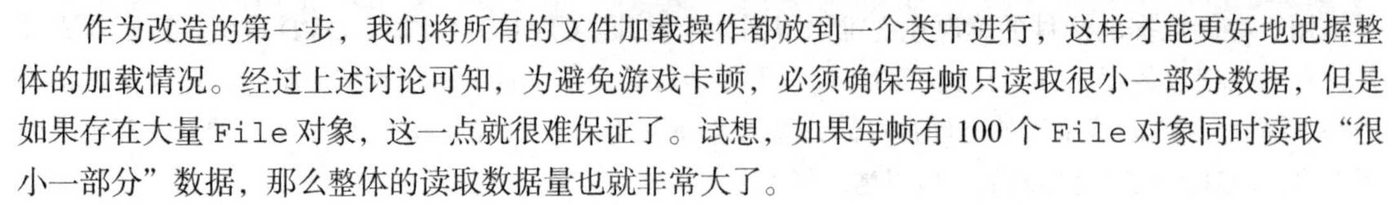

23.2 文件加载类

作为改造的第一步，我们将所有的文件加载操作都放到一个类中进行，这样才能更好地把握整体的加载情况。经过上述讨论可知，为避免游戏卡顿，必须确保每帧只读取很小一部分数据，但是如果存在大量 File 对象，这一点就很难保证了。试想，如果每帧有 100 个 File 对象同时读取“很小一部分”数据，那么整体的读取数据量也就非常大了。

有时我们还需要限制同时读取的文件数量，这是因为硬盘或者 DVD 通常只能一次读取一个文件。在需要处理多个文件时，一般会采用交替处理的方法，先读取一点 A 文件中的数据，再读取一点 B 文件中的数据，整个过程看起来像是在同时读取几个文件一样。不过这种做法的意义不大。以 DVD 的情况为例，两个文件存放在光盘上的不同位置，所以每次切换读取文件时都不得不重新定位该文件在光盘上的位置。因此，如果没有什么特别的理由，还是应该按顺序读取各个文件。基于这一原因，用单例类来实现文件读取功能是最合适的。

当然，有些机器可能会允许一次性读入两个以上的文件。在这种情况下，如果采用单例的做法，就需要适当进行改造，使其能按相应的数量同时读取。不过该操作并不复杂。

23.2.1 类的使用方法

下面我们将准备一个单例类 Loader，通过该类来完成文件加载。具体来说，就是每次委托该类加载文件后都返回加载的 File 实例，执行过程中每帧都去探测加载是否完成，如果完成了就取出加载好的数据。从上述流程来看，该类使用起来还是比较简单的。

```
class File{
public:
   bool isReady() const; // 已经载入过了吗?
   int size() const;
   const char* data() const;
};

class Loader{
public:
   File* createFile( const char* filename );
   void destroyFile( File* );
};
```

函数 createFile() 用于创建 File，当不需要 File 时可以调用 destroyFile() 将其销毁。直接对 File 进行构造与析构的做法会更简单，不过之前我们说过，为了统一管理加载，还需要引入专门的管理类。

当然，即便创建了管理类，也并不一定要把它直接暴露给调用者。事实上我们也可以在 File 的构造函数和析构函数中将 File 类与管理类关联。具体采用什么样的做法取决于个人，很难说哪一种更好，这里我们选择让管理类来创建文件，这样使用者可以很清楚地看到两个类之间的关系。

以上就是大致的使用流程，那么具体应该如何实现呢？我们暂且可以通过 ifstream 来加载文件，然后在此基础上进行封装即可。

23.2.2 示例代码

这部分示例位于解决方案 23_Loading 下的 SimpleLoader 中。Loader.cpp 中只有 80 行代码，查看一下代码就能知道具体执行了哪些处理。不过保险起见，我们还是说明一下这些内容。

File 类的定义

```
class File{
public:
    bool isReady() const; //已经载入过了吗?
    int size() const; //获取文件尺寸
    const char* data() const; //获取内容
private:
    File( const char* filename );
    ~File();
    friend class Loader;

    string mFilename;
    char* mData;
    int mSize;
};
```

没有什么需要特别注意的地方，不过此处构造函数和析构函数被设置为 private 是有一定原因的。允许在 Loader 之外的类中构建 File 对象是一件非常危险的事情，这意味着有些 File 将不会被注册到 Loader 的 list 中。

为了确保只有 Loader 能调用 private 的成员函数，我们添加了 friend 声明。private 成员对于被 friend 修饰的类是可见的，不过如果滥用这一特性，private 就变得没有意义了。虽然有些代码规范要求杜绝使用 friend，但是比起设置为 public 状态，这种做法的封装性更好。

此外，isReady() 的实现也非常简单，如果 mData 的值不为 0 则返回 true。在加载结束之前，mData 的值都将保持为 0。

Loader 类的定义

```
class Loader{
public:
    static Loader* instance();
    static void create();
    static void destroy();

    void createFile( File**, const char* filename );
    void destroyFile( File** );
    void update();
private:
    Loader();
    Loader( const Loader& ); //禁用
    void operator=( const Loader& ); //禁用
    ~Loader();

    list< File* > mFiles;
    static Loader* mInstance;
};
```

因为是单例类，所以我们将初始化、销毁和获取实例的函数都设置为了 static。复制构造函数和 operator=() 操作涉及内部数据的设置，方便起见我们直接将二者禁用了。然后就是准备了前面提到的 File 的创建与销毁函数，以及用于实际加载的 update() 函数。创建好的 File 都将通过 list 进行管理。整个过程并不复杂。

关于 createFile() 和 destroyFile() 的参数

读者可能注意到了，createFile() 和 destroyFile() 的声明看起来有些奇怪。为什么不采用下面这种形式呢？

```
File* createFile( const char* filename );
void destroyFile( File* );
```

这么做当然是有原因的。这主要是为了检测出下面这样的错误。

```
mFile = Loader::instance()->createFile( "foo.txt" );
（一些其他处理代码）
mFile = Loader::instance()->createFile( "bar.txt" );
```

如果在调用 destroyFile 之前错误地再次执行了 createFile()，就会覆盖原 mFile 的值，这就意味着原 mFile 中的数据会永久丢失。当然，如果可以在构造函数中调用 create()，在析构函数中调用 destory()，就不至于出现这样的问题。但是也不排除有人会在构造函数之后调用其他函数来载入文件，或者用其他函数来释放资源。这种情况是无法杜绝的。

如果此处在 createFile() 中传入 File**，函数中就可以先对指针进行检测，看看该传入地址的内存是否已被释放，如果值不等于 0，则通过 ASSERT 终止程序的运行。

对 destroy 也进行类似的处理。

```
Loader::instance()->destroyFile( mFile );
（一些其他处理代码）
if ( mFile->isReady() ){ // 已经释放
```

把 File** 传给函数 destroyFile() 后，可以在函数体内释放 File，然后将指针设置为 0。这样一来，即使之后错误地进行了函数调用，也会因操作空指针而导致程序中断。我们甚至还可以检测该指针是否是之前通过 createFile() 传入的指针。从程序的健壮性考虑，应当让程序在出现非预期的情况时就中断。

createFile()

createFile() 函数的实现大概如下所示。

```
void Loader::createFile( File** f, const char* filename ){
   ASSERT( !( *f ) && "pointer must be NULL. " );
   *f = new File( filename );
   mFiles.push_back( *f );
}
```

参数 f 的值不为 0 时会触发 ASSERT 中断。然后创建一个 File 并放入 list 中即可。

destroyFile()

destroy() 的代码会稍微复杂一些。

```
void Loader::destroyFile( File** f ){
    if ( !( *f ) ){
        return;
    }
    typedef list< File* >::iterator It;
    for ( It i = mFiles.begin(); i != mFiles.end(); ++i ){
        if ( *i == *f ){ //找到了
            SAFE_DELETE( *f ); //销毁
            mFiles.erase( i ); //从列表中删除
            *f = 0; //将指针设置为0
            break;
        }
    }
    ASSERT( !( *f ) && "can't find!" );
}
```

首先，如果接收到的参数 f 的值为 0 则终止处理。这样一来，即便同一变量 f 被多次调用也不会出现异常。当然，我们也可以把这种情况视为 bug，不过像这样做一些容错处理，麻烦会少一些。

如果传入的参数值不为 0，就在列表中查找并删除相应的文件。因为相同的指针值表示的是同一块内存，所以像上面这样编写代码即可。对时间复杂度比较敏感的读者可能会发现，在列表中执行线性查找的时间复杂度为 $O(N)$。如果列表中包含了大量文件，查找速度就会非常缓慢，但实际上一般不太可能载入一两千个文件，而且该函数也不会被频繁调用，所以这样做并不会出现什么问题。当然，如果不放心，也可以采用 map 数据结构。最后，按照之前所讨论的那样，释放文件后将 *f 设置为 0 即可。

update()

最后是 update() 函数，这个函数也没有什么需要特别说明的。

```
void Loader::update(){
    typedef list< File* >::iterator It;
    for ( It i = mFiles.begin(); i != mFiles.end(); ++i ){
        File* f = *i;
        if ( !f->isReady() ){ //未结束，继续载入
            ifstream in( f->mFilename.c_str(), ifstream::binary );
            in.seekg( 0, ifstream::end );
            f->mSize = static_cast< int >( in.tellg() );
            in.seekg( 0, ifstream::beg );
            f->mData = new char[ f->mSize ];
            in.read( f->mData, f->mSize );
        }
    }
}
```

从列表的第一个元素开始判断，如果载入还未完成，则继续执行加载。从代码中可以看到，文件载入完成后还要执行一次判断，这其实是多余的。不过该函数每帧只会执行一次，而且文件的数量也不多，所以并没有什么影响。相反，如果采用一些所谓的技巧去优化，很有可能会弄巧成拙，因此这样编写就可以了。

运行示例

示例 SimpleLoader 展示了该类的使用方法，以任意的时间间隔载入随机数量的文件，完成后再

将其删除。为了简化数据，读取时使用了同一个文件。我们准备了一个纹理文件用于读取。

该纹理文件（robo.dds）大小约为 16 MB，若将其复制到各个示例项目中就太浪费空间了，因此我们在解决方案 23_Loading 下创建了一个 data 文件夹，文件夹内的数据可以在多个项目中共享。注意，在代码中指定文件名时必须像“../data/robo.dds”这样指定路径，“..”表示上一层文件夹。

示例启动后，画面中间将出现一个从左向右循环移动的四边形。在读取文件的瞬间，四边形会停顿一下。在商业游戏中这种情况是不允许出现的，必须采取一些措施来解决，下面我们就来讨论一下相应的做法。

23.2.3 每帧只载入 1 个文件

在示例 SimpleLoader 中，如果程序在某一时刻请求加载 5 个文件，那么下一帧执行 `update()` 时就会加载 5 个文件。当然，程序卡顿的时间也就比较长。因此，我们将其修改为每帧只载入 1 个文件，这样即便有大量的文件请求，程序卡顿的时间也只是载入 1 个文件的时间而已。

只需往 `Loader::update()` 中添加 1 行代码就可以达到这个效果。

```
void Loader::update(){
    typedef list< File* >::iterator It;
    for ( It i = mFiles.begin(); i != mFiles.end(); ++i ){
        File* f = *i;
        if ( !f->isReady() ){ //未结束，继续载入
            ifstream in( f->mFilename.c_str(), ifstream::binary );
            in.seekg( 0, ifstream::end );
            f->mSize = static_cast< int >( in.tellg() );
            in.seekg( 0, ifstream::beg );
            f->mData = new char[ f->mSize ];
            in.read( f->mData, f->mSize );
            break; // <-------------------------- 以这行结束
        }
    }
}
```

载入 1 个文件后就会跳出循环，因此未处理的载入请求会在下一帧处理时执行。`File::isReady()` 函数的价值便在这里展现了出来。按照之前的做法，所有文件载入完成后才会进入下一帧，而现在则不必如此。

示例代码

虽然只添加了 1 行代码，不过本书仍提供了相应的示例，请参考 OneFilePerFrame。运行该示例后可以看到画面卡顿的状况有所好转。

以笔者机器上的运行情况为例，在未加载数据时 PreviousFrame 的值为 3 或者 4，而加载数据时该值会在 50 上下波动。不过在 fps 等于 60 的游戏中，50 毫秒相当于 3 帧左右的时间，这种程度的话，玩家基本上感觉不到加载文件时的卡顿。

不过这种做法并不完美。我们读取的是硬盘上的数据，所以这种方法才没有显示出它的硬伤，但如果读取的是 CD 或 DVD 中的数据，情况就完全不同了。如果读者能够刻录 CD，可以试着将本示例的执行文件与待加载的 robo.dds 刻入 CD 中，然后在 CD 上执行，结果一定是令人绝望的。

23.2.4 控制每帧载入的数据量

下面我们将一个文件分多帧载入。

这一改造稍微有些麻烦，因为必须记录上次载入结束的位置。我们顺便也把打开文件的操作单独放在某帧执行。也就是说，如果当前帧负责打开文件，那么这一帧将不再读取文件，下一帧才会开始读取。对硬盘数据的读取来说，这么做的意义可能不大，但是对 CD-ROM 而言，查找文件本身就比较花时间，所以这样处理就很有必要了。

相关处理位于示例 ConstantRate 中。让 Loader 类持有 ifstream 指针、读取的缓冲区以及读取的字节数，载入结束后把内容设置到 File 中。核心处理的代码如下所示。

```
int rest = mFileSize - mFilePosition; // 剩余量 = 文件大小 - 当前位置
// 如果读取长度大于 128 KB 则取 128 KB，如果不到则为 rest
int size = ( rest > 128*1024 ) ? 128*1024 : rest;
// 读取
mStream->read( mData + mFilePosition, size );
mFilePosition += size; // 更新读取位置
// 如果结束了则进行设置
if ( size == rest ){ // 如果读取量等于剩余量则结束
    mCurrentFile->mData = mData; // 将数据放入 File 结构体中
    mCurrentFile->mSize = mFileSize;
    mData = 0; // 全部完成，所以设置为 0
    mFileSize = mFilePosition = 0; // 初始化
    SAFE_DELETE( mStream ); // 关闭文件
    mCurrentFile = 0;
}
```

打开文件后将文件信息存入成员变量中，从下一帧开始陆续读取文件内容。上述代码能够保证每帧只读取一部分内容。mStream 是 new 创建的 ifstream，mFileSize 表示文件的大小，mFilePosition 表示当前读取的位置，mData 指向文件的起始位置。

需要注意的是，如果载入途中调用了 destroyFile()，那么后续应当如何处理呢？发起加载请求后又执行取消操作，这种情况并不罕见。因此，每次加载前都应查找当前准备读取的 File 是否还在加载请求列表中，如果已经不存在，则放弃加载。main.cpp 中添加了一些代码用于测试该功能，如果发现了未加载的文件，则会按一定概率调用 destroy() 方法执行删除操作。

那么执行结果是什么样的呢？示例中每帧读取的数据不会超过 128 KB，因此可以看到四边形在非常流畅地移动。尽管 PreviousFrame 的值偶尔会变成两位数，但整体效果还是很好的。

缺点

不过这种做法有一个重大缺陷，那就是加载速度太慢。

每帧只读取一定量的数据就意味着在每帧的处理中只有一部分时间用于读取数据。如果这部分时间只占每帧时长的一半，那么加载速度也将降为原来的一半，如果只占四分之一，那么加载速度也会变为原来的四分之一。

需要注意的是，在执行文件加载的同时游戏仍旧是运行着的。为了避免计算负荷过大，我们不可能过度调高加载时长占每帧时长的比例，这就导致加载时间较长。为了掩饰长时间的加载过程，有时需要在游戏中播放一些动画。但如果没有控制好这个“度”，就可能会被玩家抱怨。以往的方法解决不了这一问题，我们必须采用一种新的思路。

不过即便如此，这一问题也不会影响我们继续开发游戏。一般来说，在游戏场景切换时会载入大量数据，像制作动作游戏时那样在后台悄悄载入数据的做法，对一般的开发团队来说还是比较有难度的。

我们不能因为观摩了几款顶级的游戏就错误地认为所有游戏都是这样做的。

事实上，在市面上发售的游戏中，很多游戏采用了比较简单的做法，比如利用画面切换的间隙加载数据，或者在屏幕上显示“NOW LOADING”。

采用这种做法后，因为在加载的同时没有执行其他逻辑运算，所以能够将更多的计算性能分配给数据加载。比如在黑色的画面上单独显示一个“NOW LOADING”的小动画，这时即使将所有的计算性能都用于数据加载也无妨。只要确保在性能下降的情况下玩家不会通过画面察觉出来即可。

如果还想进一步改善加载的体验，可以参考补充部分的内容。

23.3 通过合并文件提升性能

现在我们换个角度来看这个问题，大家不妨思考一下打开文件时的开销，执行下面这条代码，看看需要花费多少时间。

```
ifstream in( "aho.txt" );
```

如果文件位于硬盘上，打开这个文件大约需要 0.01 秒，若在光盘上则需要 0.3 秒以上的时间。而如果是通过旋转光盘来读取数据的设备，比如计算机上的光驱等，将光盘从静止状态加速到能够读取数据的状态这一过程就需要花费好几秒。

要想缩短这部分时间，只能设法减少打开文件的次数。而要做到这一点，从本质上来说只能尽量减少文件的数量。那么如何才能减少文件的数量呢？最简单的做法就是少创建一些文件。不过，我们按照各个逻辑单元创建不同的文件也是为了便于管理，如果减少了文件数量，势必会降低工作效率。假设绘制纹理、制作动画以及创建模型顶点这三部分工作分别由不同的工作人员负责，而此时如果要求将所有相关文件都合并成一个，那么会出现什么样的问题呢？显然，原来可以独立分工的三人现在就不得不频繁地进行沟通了。

由此看来，合并文件应当以不影响现有工作流程为前提。可以考虑准备一个系统使这一流程自动进行，也可以由程序员编写工具以统一进行合并。

如何合并

如果只是单纯地将文件集中到一起，并没有太大意义。将所有文件合并为一个后，如果指定从该文件的第 a 个字节开始表示原来 A 文件的内容，从第 b 个字节开始表示原来 B 文件的内容，文件的打开次数就会变为一次。但是要知道，打开文件之所以缓慢，很大程度上是机械的物理动作导致的。如果要读取的各部分内容被分开存放在不同的物理区域，就会发生机械的物理移动，从而产生等待时间。因此，应尽量把那些会一起使用的文件集中到同一个区域。

但是，我们很难弄清楚哪些文件会在一起使用。比如，因为会从主题画面迁移到角色选择画面，所以我们决定将两个画面用到的数据一次性读出来。在这种情况下，就需要游戏策划人员、相关素材的创作人员以及实现这一状态迁移的程序员相互配合。要决定最终由谁来完成这一工作，其实是非常麻烦的。

当然有些场合非常适合这么做，比如 GraphicsDatabase 中记录的 DDS 纹理文件就可以一次性读取进来。这种情况要求程序能够自动将会用到的文件路径都记录到一个文件中。不过能够自动执行判断的情况往往很少。

这方面本书只会提出一些性能优化的通用思路，读者可以在此基础上加以改进，提出更好的方案。

23.3.1 合并文件的原则

接下来要采用的是一个非常简单的方法。

将某个文件夹下的所有文件合并为一个文件，并优先合并同级文件夹下的文件。

这么做是为了保证同一个文件夹下的文件可以存放到一起。这样一来，当存在"第一关""第二关"等文件夹时，程序就会在第一关和第二关开始时一次性读取相应文件夹中的内容。

如果按照"图片""音乐"来划分文件夹，就不适合使用该方法了。不过如果这样分类是为了方便开发人员管理，我们也没有理由强行改变。在同一个文件夹下有需要同时读取的文件的情况下，将这些文件合并起来可以提高处理效率。即使同一文件夹下没有需要同时读取的文件，对它们进行合并也有不少好处。

其中一个好处体现在容量方面。操作系统中规定了每个文件至少占用多少磁盘空间，这个单位是几千字节。也就是说，即使文件数据只有 1 字节，它也将占用几千字节的磁盘空间。但是将多个文件合并后就不容易受这一特性的影响了。尤其是当存在许多小文件时，合并后更能节约空间。

另一个好处体现在速度方面。之前说过，机械的物理移动会使打开文件的速度变慢。当然，时间开销并不完全是由此造成的，代码处理方面多多少少也有一定的开销。而通过合并文件来减少打开文件的次数，能够在一定程度上改善性能。

我们将合并后的文件称为**档案文件**（archive）。

23.3.2 在何时合并文件

能够快速载入文件确实是一件好事，但合并文件这一过程也是需要时间的。若数据量达到 GB 级别，恐怕要花十分钟左右才能完成。如果游戏程序只能从档案文件中获取，那么在制作过程中一旦某处文件发生了更新，就必须重新合并所有文件。

按某种分类规则合并多个文件的做法虽然能改善上述缺陷，但是程序员的工作也会变得复杂并容易出错。当美工人员传来新素材时，就必须将新素材合并到档案文件中，这非常麻烦，以至于最后可能会变成"每天下午 5 点开始创建档案文件，其他时间即便素材发生了更新，也不将其反映到游戏中"。

我们先来梳理一下文件合并的思路。

创建档案文件的意义在于提升载入速度。如果对载入速度没有过高的要求，或者载入速度已经够快，就没有必要执行这些复杂的操作了，将各个文件放入程序中直接载入即可。既不需要做什么追加操作，也不必在单个文件更新后重新合并。环节越少，出错的可能性就越低。

因此，合并文件的工作往往在游戏开发末期进行。测试好文件合并程序以及档案文件读取功能后，暂时不做处理，等收集完图像和声音等数据后，再对文件进行合并。

等到开发接近尾声时，再将这些数据整理好，并对其进行合并。在 alpha 调试阶段，每天都会执行多次合并操作。这时原始素材的数量已经不再变化，只会修改其中的内容，所以文件的合并也不太容易出错。

如果可以让程序同时支持读取原始文件和档案文件就更好了。有了这一功能，我们就可以在不合并文件的情况下直接看到素材变化的结果。该功能的实现方式有很多，比如可以在启动时读取一个配置文件，或者通过命令行参数指定。若指定的档案文件存在，就从该文件中读取，否则从原始文件中读取。

编写合并处理代码

合并文件的代码写起来还是比较简单的。首先生成一个文件用于写入，然后按特定顺序逐个读取文件，并将文件的内容复制到目标文件中。不过，仅完成这些操作，我们还无法得知新文件中各段数据对应哪个原始文件，因此还需要添加目录信息。如果将目录信息放在新文件的末尾，就可以在复制各个文件的同时创建一张表，用来记录原始文件的内容位于新文件的哪个字节到哪个字节的位置，最后将这张表添加到新文件的末尾。当然，在文件的最后还应当添加信息来标识表在文件中的位置，这样才能保证顺利读取相关信息。

如果将该表放在文件头部，合并时就必须先打开所有文件，统计出它们的尺寸，然后在创建该表后再次打开所有文件。因为花费的时间较长，所以笔者不推荐这种做法，不过这种格式在读取时会更加简便。此外，因为目录信息被记录在文件的起始处，所以不需要额外记录目录信息在文件中的位置，文件占用的容量也会更小一些。

读者可以自行决定采用哪种方式，不过笔者偏向于使用将表放在末尾的方式。

编写代码

下面我们就来编写将表放在末尾的代码。假设已经创建好了记录要合并的文件名的列表，在此基础上，代码如下所示。

```
//打开要写入的文件
ofstream out( "archive.bin", ofstream::binary );
//依次从列表 fileNames 中打开文件并读取复制
for ( int i = 0; i < fileNumber; ++i ){
   ifstream in( fileNames[ i ], ifstream::binary );
   in.seekg( 0, ifstream::end );
   fileSizes[ i ] = in.tellg();
   in.seekg( 0, ifstream::beg );
   char* data = new char[ fileSizes[ i ] ];
   in.read( data, fileSizes[ i ] );
}
//记录文件的末尾位置
int dataEnd = out.tellp(); //tellg 是 get 的位置, tellp 是 put 的位置
//首先写入文件的数量
write( &out, fileNumber );
//为了创建表，将尺寸设置为偏移值
//把位置、尺寸、名称的字符数以及名称存储起来
int pos = 0;
for ( int i = 0; i < fileNumber; ++i ){
   write( &out, pos );
   write( &out, fileSizes[ i ] );
```

```
    int nameLength = fileNames[ i ].size();
    write( &out, nameLength );
    out.write( fileNames[ i ].c_str(), nameLength );
    pos += fileSizes[ i ];
}
//最后将表的开始位置写入文件
write( &out, dataEnd );
```

注意区分 `ofstream::binary` 和 `ifstream::binary`。此外，`write()` 函数将 `int` 分解为 4 个 `char`，并从低位开始按顺序写入 `ofstream`。为了简化处理，我们准备了下列函数。

```
void write( ofstream* o, int a ){
    char str[ 4 ];
    str[ 0 ] = ( a & 0x000000ff );
    str[ 1 ] = ( a & 0x0000ff00 ) >> 8;
    str[ 2 ] = ( a & 0x00ff0000 ) >> 16;
    str[ 3 ] = ( a & 0xff000000 ) >> 24;
    o->write( str, 4 );
}
```

经过这一特别处理后，无论 CPU 是大端模式还是小端模式，最终数据都以小端字节序存放在文件中。

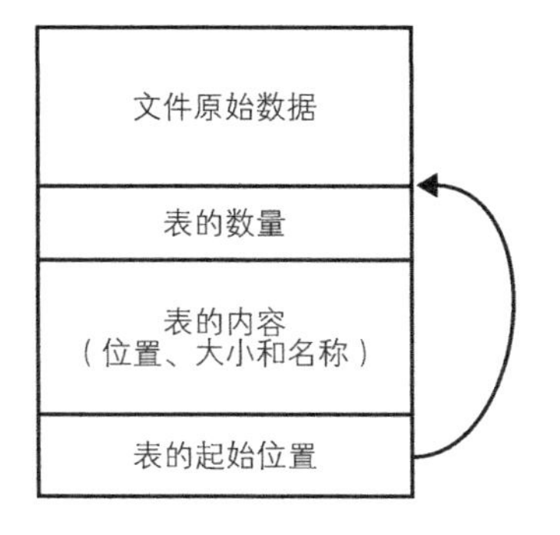

23.3.3 读取文件的处理代码

读取处理也非常简单。首先打开档案文件，读取最后的 4 个字节，得知表的起始位置后，通过 `seekg()` 移动到该处。接下来的 4 个字节记录了原始文件的数量，于是按该数量存放包含了位置、大小以及名称的结构体，然后一次性读取表中的内容。为了提高查找效率，可以使用文件名作为键，将位置和大小作为值放入 `map` 中。实际加载时通过文件名找到相应的位置和大小，再通过 `seekg()` 移动到该处即可。

我们暂且将档案文件命名为 archive.bin，这个名字并没有什么特别的含义。“.bin”属于一种比较常用的扩展名，“.dat”也是。虽然可以使用任意扩展名，但是最好不要使用那些已经和某些应用程序进行了关联的扩展名，否则会造成混乱。我们也可以使用 4 个字符以上的扩展名来避免混淆，比如 aho.archive、baka.animation 和 tonma.configuration。毕竟由 3 个字符组成的扩展名已经不多了。不过扩展名太长用起来比较麻烦，笔者还是喜欢简短一些的。

下面来看一下如何编写代码。

打开档案文件

首先来看一下如何打开档案文件，如下所示。

```
struct Entry{ //结构体代表一个文件
   int mPosition;
   int mSize;
};

void Archive::openArchive( const char* archiveName ){
   //打开文件并将信息存入成员变量中
   mArchiveStream = new ifstream( archiveName, ifstream::binary );
   //从末尾往前移动 4 个字节
   mArchiveStream->seekg( -4, ifstream::end );
   //getInt() 读取 4 个字节并返回 int
   int tableBegin = getInt( *mArchiveStream );
   //移动到表的头部
   mArchiveStream->seekg( tableBegin, ifstream::beg );
   //读取表示文件数量的 4 个字节
   mFileNumber = getInt( *mArchiveStream );
   //接下来循环读取
   for ( int i = 0; i < mFileNumber; ++i ){
      Entry e;
      e.mPosition = getInt( *mArchiveStream );
      e.mSize = getInt( *mArchiveStream );
      int nameLength = getInt( *mArchiveStream );
      char* name = new char[ nameLength + 1 ]; //结尾 NULL 要加 1
      mArchiveStream->read( name, nameLength );
      name[ nameLength ] = '\0'; //以 NULL 结尾
      //mEntries 是 map< string, Entry >
      mEntries.insert( make_pair( name, e ) ); //存入 map 中
      SAFE_DELETE_ARRAY( name ); //使用完毕
   }
}
```

代码并没有什么特别复杂的地方，只是将存储在文件末尾的数据按顺序取出，然后放入 map 中，以供后续查找。需要注意的是 ifstream::binary 参数，大家可以试着修改该值，看看会发生什么变化。

此外，在读取 int 和 unsigned 时，先通过 read() 方法读取 4 个字节将其放入长度为 4 的 char 数组中，然后依次处理各个字节，最终转换成数字。注意不可以直接将 char* 强行转化为 int*。这部分内容我们在前面介绍文件读取处理的章节中说明过。

载入文件

载入文件的相关代码如下所示。

```
void Archive::readFile(
char** dataOut,
int* sizeOut,
const char* name ){
   //从 map 中查找
   map< char*, Entry >::iterator it;
   it = mEntries.find( name );
   if ( it != mEntries.end() ){ //找到了
      const Entry& e = it->second;
      *dataOut = new char[ e.mSize ];
```

```
        *datasize = e.mSize;
        //位置移动
        mArchiveStream->seekg( e.mPosition, ifstream::beg );
        //读入
        mArchiveStream->read( *dataOut, e.mSize );
    }
}
```

在 map 中获取位置与文件大小后，移动到该位置进行读取即可，没有什么特别复杂的地方。

前面我们重点讨论了如何创建和使用档案文件，但也忽略了一些比较关键的话题。比如创建要合并的文件列表的方法。

在创建档案文件时，需要在某个文件夹中递归遍历。然而麻烦的是，C++ 标准库中并没有提供用于获取某文件夹下所有文件列表的函数，所以我们只能直接调用操作系统提供的相关功能函数。

虽说笔者也可以将这一功能添加到类库中，但档案文件的生成工具可以是不带窗口界面和其他东西的命令行工具，没有必要非得调用笔者的类库来实现。在实际项目开发中，笔者会选用 Bash 或者 Perl 等脚本语言来完成，不过脚本语言的运行环境安装并不是本书要介绍的内容，而且用脚本语言开发的工具必须在特定环境上才能运行，所以我们就不对此进行介绍了。

下面我们通过直接调用 Windows 中的函数来实现。

23.3.4 罗列文件

虽然本节以 Windows 为例进行讲解，不过其他平台也有类似的函数，使用方法应该都是相通的。在不了解 Windows 提供的函数名称的情况下，可以将伪代码写成如下形式。

```
//递归调用函数
void enumerateFiles(
list< string >& fileNameList,
const char* directoryName ){
    FileIterator it = getFirstFile( directoryName );
    while ( it->isValid() ){
        if ( it->isDirectory() ){
            //因为是文件夹，所以递归遍历
            enumerateFiles( fileNameList, it->name() );
        }else{
            //因为是文件，所以添加到列表
            fileNameList.push_back( it->name() );
        }
        ++it;
    }
}

//调用
list< string > fileNameList;
enumerateFiles( fileNameList, rootDirectoryName );
```

用于存储文件名的列表以及需要遍历的文件夹名称会作为参数传给递归调用函数。遍历过程中会逐渐往列表中添加文件名。

类似于 list 的遍历过程，处理时会先取出第一个文件，然后查找并移动到下一个文件。如果取出的是文件夹，则再次调用递归函数。文件夹可以被看作一种特殊的文件。

只有当迭代器有效时循环才会继续，一旦迭代器失效，循环就会结束。上述代码中的 isValid() 用于检测迭代器有效与否，接下来只需将其替换为 Windows 中的函数即可。

替换为 Windows 中的函数

要找到相应的 Windows 中的函数，需要访问拥有大量微软文档的网站 MSDN，然后在上面查找对应的函数，并一一查看其参数及返回值等信息。

建议读者阅读英文网站，因为英文网站上的信息更全面，更新也更加及时。此外，Windows 的程序有自己独特的风格，要适应这些恐怕得花费一定的时间。

不过本书并不是一本讲解 Windows 编程的书，我们的目标是让代码快速地运行起来，因此有些做法会不太符合 Windows 的编程风格。如果读者是这方面的专业人士，希望能够谅解。目前，让代码变得容易理解和能够运行是我们的首要任务。

相关代码如下所示。

```
void enumerateFiles(
list< string >& fileNameList,
const string& directoryName ){
   HANDLE iterator; // 相当于迭代器
   WIN32_FIND_DATAA data; // 此处存储文件名
   // 获取第一个文件
   string searchPath = directoryName;
   searchPath += "\\*.*"; // 因为 \ 是特殊字符，所以前面加转义字符
   // 该循环只处理普通文件
   iterator = FindFirstFileA( searchPath.c_str(), &data );
   while ( true ){ // 循环体内最后的代码负责跳出
      // 只有不是文件夹时才执行下列处理
      if ( !( data.dwFileAttributes & FILE_ATTRIBUTE_DIRECTORY ) ){
         // 文件名中必须包含文件夹信息
         string filename = directoryName;
         filename += '\\';
         filename += data.cFileName;
         fileNameList.push_back( filename ); // 添加到列表中
      }
      if ( !FindNextFileA( iterator, &data ) ){ // 跳到下一个环节
         break;
      }
   }
   // 现在开始处理文件夹
   iterator = FindFirstFileA( searchPath.c_str(), &data );
   while ( true ){
      string name = data.cFileName; // 转为 string 才可以用 == 比较
      // 除去 . 和 ..
      if ( name == "." || name == ".." ){
         ; // 不做任何处理
      }else if ( data.dwFileAttributes & FILE_ATTRIBUTE_DIRECTORY ){
         // 加上文件夹的名称
         string newDirectoryName = directoryName;
         newDirectoryName += '\\';
         newDirectoryName += name;
         // 递归调用
         enumerateFiles( fileNameList, newDirectoryName.c_str() );
      } // 如果不是文件夹则不处理
      if ( !FindNextFileA( iterator, &data ) ){ // 转到下一个处理
```

```
            break;
        }
    }
}
```

为了保证能够连续处理同一个文件夹下的文件，程序使用了两个循环。前一个循环用于处理文件，后一个循环用于处理文件夹。

程序用到了 FindFirstFileA() 和 FindNextFileA() 两个 Windows 的函数，以及 HANDLE 和 WIN32_FIND_DATAA 两个 Windows 特有的数据类型。这里 FindFirstFileA() 相当于 list::begin()，FindNextFileA() 相当于迭代器执行 ++ 操作。根据 FindNextFileA() 的返回值是否为 0 来决定是否结束处理。为了给 FindFirstFileA() 提供所有的文件，我们在现有文件夹路径的基础上加上了字符串“/*.*”作为参数传入，它表示“找出该文件夹下的所有文件”。具体内容就不详细说明了。虽然“aho”这种没有扩展名的文件也会被找出来，但是这种做法可以确保获取所有文件。

需要注意的是，“.”和“..”这样的文件名会混杂在查找结果中。前者表示当前文件夹，后者表示上一级文件夹，这只是一种简略的表示方法。如果不慎对这两个文件夹再次执行递归处理，就会使程序陷入死循环。因此需要将这二者从查找结果中剔除。

另外，函数返回的文件名都是用相对路径表示的。假设当前正在文件夹“d:\hirayama”中遍历，那么函数将不会返回“d:\hirayama\aho.txt”这种形式的文件名，只会返回“aho.txt”。也就是说，各级文件夹路径并不会出现在最后的文件名称中。为了能够在任意位置正常打开返回结果所代表的文件，必须将当前文件夹的路径添加到返回结果中。当然，打开文件夹时也要做同样的处理。

注意，在 string 变量中文件路径分隔符“\”必须写成“\\”，否则它将被当作转义字符处理。读者可以尝试用 cout 打印结果看看，也可以在相应的位置添加断点来进行确认。

我们可以先按照上述思路实现一下。因为读取处理还没有完成，所以目前还无法确认程序是否能正常运行。不过只要程序能够生成一些尺寸相当的文件就可以了，我们不妨先继续往下进行。

笔者提供了示例 Archiver1，里面很多处理写起来很简单，希望读者可以自己试着去编写一下。

23.3.5 使用示例 Archive1

为了体验示例 Archiver1.exe 的功能，可以指定好需要执行合并的文件夹路径，在命令行中运行。如果不熟悉命令行的使用方法，也可以创建 .bat 文件来执行。

首先，创建一个“.bat”后缀的文件，比如 baka.bat 或者 aho.bat。假设当前要处理的文件夹是 data，就可以用记事本程序打开 .bat 文件，将下列内容写入其中。

```
.\Archive1.exe data
```

然后将 Archiver1.exe 和 .bat 文件放在同一文件夹下。双击 .bat 文件，就会开始对指定文件夹中的所有文件进行合并。

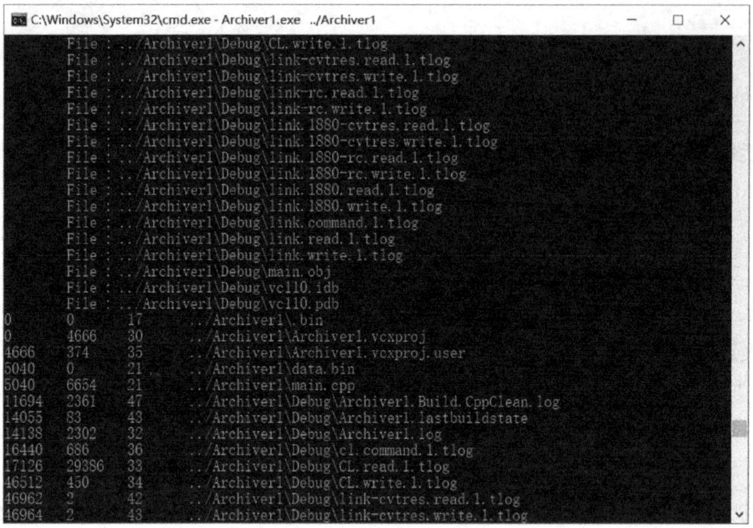

```
C:\Windows\System32\cmd.exe - Archiver1.exe ../Archiver1
        File : ../Archiver1\Debug\CL.write.1.tlog
        File : ../Archiver1\Debug\link-cvtres.read.1.tlog
        File : ../Archiver1\Debug\link-cvtres.write.1.tlog
        File : ../Archiver1\Debug\link-rc.read.1.tlog
        File : ../Archiver1\Debug\link-rc.write.1.tlog
        File : ../Archiver1\Debug\link.1880-cvtres.read.1.tlog
        File : ../Archiver1\Debug\link.1880-cvtres.write.1.tlog
        File : ../Archiver1\Debug\link.1880-rc.read.1.tlog
        File : ../Archiver1\Debug\link.1880-rc.write.1.tlog
        File : ../Archiver1\Debug\link.1880.read.1.tlog
        File : ../Archiver1\Debug\link.1880.write.1.tlog
        File : ../Archiver1\Debug\link.command.1.tlog
        File : ../Archiver1\Debug\link.read.1.tlog
        File : ../Archiver1\Debug\link.write.1.tlog
        File : ../Archiver1\Debug\main.obj
        File : ../Archiver1\Debug\vc110.idb
        File : ../Archiver1\Debug\vc110.pdb
0       0       17      ../Archiver1\.bin
0       4666    30      ../Archiver1\Archiver1.vcxproj
4666    374     35      ../Archiver1\Archiver1.vcxproj.user
5040    0       21      ../Archiver1\data.bin
5040    6654    21      ../Archiver1\main.cpp
11694   2361    47      ../Archiver1\Debug\Archiver1.Build.CppClean.log
14055   83      43      ../Archiver1\Debug\Archiver1.lastbuildstate
14138   2302    32      ../Archiver1\Debug\Archiver1.log
16440   686     36      ../Archiver1\Debug\cl.command.1.tlog
17126   29386   33      ../Archiver1\Debug\CL.read.1.tlog
46512   450     34      ../Archiver1\Debug\CL.write.1.tlog
46962   2       42      ../Archiver1\Debug\link-cvtres.read.1.tlog
46964   2       43      ../Archiver1\Debug\link-cvtres.write.1.tlog
```

Archiver1 的运行情况如上图所示，下半部分是内容列表，从左至右依次表示文件内的位置、文件内容的大小、文件名的长度以及文件名。我们可以使用读取程序来检验它是否正确地完成了合并。

限制条件

示例 Archiver1 存在一些严格的限制条件。文件内的位置以及文件大小是用 `int` 表示的，能使用的上限大约为 20 亿字节，这就意味着我们无法创建超过 2 GB 的文件。

对现在的游戏来说，容量达到一张 DVD 的程度是相当普遍的，2 GB 肯定不够用。即便单个文件不超过 2 GB，合并后的文件也很容易超过该值。而采用 `unsigned` 虽然能将这一上限变为 4 GB，但也只是杯水车薪。那么，有没有什么好方法能够大幅提高该上限呢？

如果以 16 字节为单位来表示文件内的位置，并把真实位置除以 16 后得到的数字存储起来，那么最大就可以处理 64 GB 的文件。在未来相当长的时间内，该上限都不太可能被突破。不过，在采用这种做法的情况下，在写入文件时需要做一些调整，确保每个文件被写入的位置地址值是 16 的倍数。

不过，笔者并不建议制作总容量超过 4 GB 的游戏。毕竟与素材的体积相比，游戏创意更为重要。当然这并不是唯一的原因，过大的体积也会使开发效率下降。体积过大的游戏不仅会给计算机的存储带来压力，还会增加测试的项目数量。开发人员的数量也会随之增加，从而带来项目管理上的一些问题。此外，数据的移动以及生成档案文件所花费的时间也会变长。如果条件允许，最好将文件的体积控制在 4 GB 以内。

话虽如此，创建档案文件的程序最好还是能够按任意单位来执行。如果可以通过在命令行中添加参数，比如“`-u 1024`”来指定以相应字节为单位合成文件，就不会面临容量限制的问题了。当然，指定的单位值要记录在生成的档案文件中，这样才能保证读取时能够正确地进行处理。

另外，示例中为了简化代码而通过 `read()` 函数读取各个文件，但是如果遇到较大的文件，这种做法就可能在执行 `new` 操作时遇到问题。因此，最好提前创建出一块比较小的内存区域，将该区域作为缓冲区循环读写。

23.3.6 读取处理

下面来尝试读取之前生成的档案文件。

首先对最初创建的 `Loader` 类进行改造，以能够读取档案文件。完成后对其进行测试，看它是否能准确地显示文件内容，以及是否能按照档案文件存储的大小和位置读取出相应的数据等。

读者还可以创建 1000 个小文件，比较“直接读取各个文件”和“生成档案文件后一次性读取文件”这 2 种方案在性能上的差异。使用命令行脚本可以瞬间创建出 1000 个文件，当然也可以选择其他方法。先创建 1 个文件，然后复制粘贴，再全选，再复制粘贴，这样反复操作 10 次，也可以生成 1000 个文件。

示例 LoaderWithArchiveAccess 在示例 SimpleLoader 的基础上添加了档案读取功能。将档案文件名作为参数传给 `Loader::create()`，就会启动档案文件读取模式，否则将按照旧方式读取。main.cpp 中每帧会加载 100 个小文件，读者可以比较一下两种读取方式的性能差异。比较性能时应取消所有的断点后再运行。在笔者的机器上，在 Debug 模式下，如果不采用档案文件读取模式，帧率在 72 左右，如果采用档案文件读取模式，则速度能提高到 100 帧每秒。

实际开发时可以为 `Loader` 添加更多功能。比如，判断是否存在档案文件，如果存在就从档案文件中读取，否则就从原始文件中读取，或者在原始文件的版本比档案文件的版本新的情况下，选择从原始文件中读取。

此外，还可以按某种指定好的优先顺序来加载多个档案文件。如果在多个档案文件中存在同名文件，就会按照优先级从高到低的顺序加载，这种设计在修改和追加数据时会非常方便。

23.4 通过压缩提升性能

前面我们通过合并文件缩短了打开文件的时间，接下来该想办法减少读取文件所消耗的时间了。读取文件的时间和文件的容量成正比，容量降低后，读取时间自然也就减少了。因此，控制文件的容量自然可以达到减少读取时间的目的，但是我们希望程序能够在相同的时间内尽量载入更多的内容，这就需要用到压缩技术。

需要强调的是，压缩技术并不能提高载入速度，它只能保证在相同的时间内载入更多数据。二者听起来描述的好像是同一回事，然而在主观感受上却有很大不同。游戏容量多半取决于美工人员创作的素材，所以我们不妨好好地向美工人员“灌输”这种意识。

压缩技术的效果并没有想象中的那样明显，能够将文件压缩到原来的 70% 就已经非常了不起了。注意，压缩技术并不是将原本需要的 10 秒的载入时间减少到 7 秒。10 秒也好 7 秒也罢，从直观感受上来说并没有太大的差异。严格来说，该技术的作用是每秒读取更多的数据。

23.4.1 压缩的种类

压缩有两种类型，一种是会造成数据丢失的压缩方式，另一种是不会损失数据的压缩方式。前者一般用于压缩图片或音频，因为数据会丢失，所以称为**有损压缩**。后者常用于除图片与音频之外的数据的压缩，可以准确地恢复原始数据，因此称为**无损压缩**。

有损压缩

图片的颜色或者音频的波形发生少量改变后，人类并不能敏锐地察觉出来，几乎没有人能够分辨出 0x00000000 和 0x00000001 这 2 种颜色的差异。有损压缩正是利用了人类的这一特性。基于这一事实，有损压缩允许压缩过程中损失一定的信息，从而使数据容量大幅减少。

比如用于压缩图片的 jpeg 方法就可以在画质没有太大损失的前提下将容量压缩为原来的 1/6。如果能够接受画质有些许模糊，甚至能将容量压缩至原来的 1/10。一张 1024×1024 的纹理通常占用 4 MB 的容量，但通过 jpeg 压缩后就能够降至 40 KB。如果忽略压缩与还原所消耗的时间，那么载入数据所需的时间将会是原来的 1/10。也就是说，在同等时间内载入的纹理数量是原先的 10 倍。

此外，MP3（MPEG audio layer 3）和 Ogg Vorbis 等声音压缩算法可以在保证音质下降不被人耳察觉的前提下，将数据压缩到原来的 1/10 甚至 1/20。CD 音频文件通常是 44 100 Hz 的 16 位双声道立体声格式，所以 1 秒的数据量大约为 176 KB，1 分钟大约会产生 10 MB 的数据量。在游戏中存入 20 支时长为 3 分钟的曲子，大约要占用 600 MB 的空间，这相当于一张 CD-ROM 的容量。然而使用 Ogg Vorbis 方法将数据压缩至原来的 1/10 后，同样的曲子所占用的容量将变为 60 MB。

有损压缩利用了人类的知觉盲区，技术难度非常大，实现时不仅要用到非常高深的数学知识，还要用到其他方面的知识。实际上，普通程序员很难写出 Ogg Vorbis 这样的压缩程序，一般只能使用现成的算法。另外，这些算法大多需要授权才能使用，即使是自己随便写写，也可能会承担法律责任。

无损压缩

无损压缩主要用于需要能够完整地恢复数据的场合。对图片和音频来说，还原后损失少量数据也没有关系，但是电话号码列表等压缩文件就不允许数据在还原后发生变化。无损压缩虽然压缩程度不高，但因为历史较长，很多算法不用担心专利授权的问题，所以使用时不会有太大的约束。

不过万事无绝对。有时即便是自己独立思考的成果，但如果同类算法已经申请了专利保护，那也同样存在法律风险。这一点的确让人感到无奈。

本书将主要讨论无损压缩，不会涉及有损压缩的相关内容，提供的无损压缩的程序示例也比较粗糙，但聊胜于无。对于这种比较专业的领域，我们往往会直接借用他人的成果。不过这种“拿来主义”有可能会侵害他人的著作权，为了避免此类麻烦，必须详细调查相关的使用条件，在制作商业游戏时尤其要注意这一点。当然，为了避开此类问题，选择自行开发可以说是一种让人放心的做法。

23.4.2 行程长度压缩

最容易想到的压缩方法应该就是行程长度压缩了。

行程长度压缩（run length compression）是一种通过将“0000011111”这样的内容按照“5 个 0，5 个 1”的形式重新记录来减少数据量的方法。这是一种最简单的压缩方法，以字节为单位来编写程序会非常简单。我们来看一下如下代码。

```
const unsigned char* in; // 输入
unsigned char* out; // 输出
```

```
int runBegin = 0; //相同字符的开头位置
int outPos = 0; //写入的位置
for ( int i = 0; i < inputSize; ++i ){
   //和已存储的字符不同，写入
   if ( in[ i ] != in[ runBegin ] ){
      out[ outPos ] = in[ runBegin ];
      out[ outPos + 1 ] = i - runBegin;
      outPos += 2; //继续写入
      runBegin = i; //这里开始下一个
   }else{ //相同字符
      ; //不执行任何操作
   }
}
```

需要注意的是，上述代码并不能真正运行起来。这里有一个问题，因为 unsigned char 能表示的最大数是 255，所以一旦某个字符重复的次数超过 256 就无法保存相应的信息。在这种情况下，可以对第 256 次重复之后的部分重新进行分段统计。

数据量降低了吗

这样处理后数据量是否真的降低了呢？我们来看下面这个例子。

```
<VertexBuffer size="35"/>
```

按上述代码进行压缩后，可以得到如下结果。括号内表示同一个字符连续出现的次数，用 1 个字节来存放，请读者注意。

```
<(1)V(1)e(1)r(1)t(1)e(1)x(1)B(1)u(1)f(2)e(1)r(1)
 (1)s(1)i(1)z(1)e(1)=(1)"(1)3(1)5(1)"(1)/(1)>(1)
```

原先的字符数量是 25 个，现在变成了 49 个，同一个字符连续出现 2 次以上的地方只有 1 处。使用这种压缩方法时，如果同一个字符只连续出现 2 次，则数据量并不会减少。因为对每个字符而言，除了要记录自身的值，还要记录它连续出现的次数。如果每个字符只出现 1 次，那么数据量就会变为原来的 2 倍。事实上，对不太容易连续出现同一个字符的普通文本文件来说，这种方法的压缩效果很差。当压缩对象是颜色单调的图片时，这种压缩方法的效果才比较明显。以纹理为例，就是同一颜色的像素连续出现的情况。尤其当纹理中只含有黑白 2 种颜色时，效果会更加明显。传真压缩采用的就是这种算法。现在我们已经知道了大致原理，下面来做一些改进。

选择不进行压缩

经过上述讨论可知，当同一个字符连续出现的次数大于 2 时，压缩才会产生效果。因此，我们可以将没有压缩意义的文本按原样存储，这就意味着必须对是否进行文本压缩加以区分。

之前是按照“字符、重复出现的次数”的顺序来记录数据的，现在我们把它倒过来，改成“重复出现的次数、字符”，并且将“用于记录重复次数的字节”中的最高位利用起来，如果压缩了则将该位设置为 1，否则设置为 0。这样处理后，如果最高位为 1，那么该字节表示的数字范围就是 128 到 255，如果最高位为 0，表示的数字范围就是 0 到 127。这样一来，能够记录的同一字符连续出现的最大次数就由 255 减少到了 127。为了避免存储空间浪费，我们只能做出这样的牺牲。

按照这种方式改造后，字符串

```
<VertexBuffer size="35"/>
```

将会转换为如下形式。

```
(128*0+25)<VertexBuffer size="35"/>
```

可以看到整体只增加了 1 个字节。头部的 128*0 表示第 1 个字节的最高位是 0，这说明该文本没有进行压缩。当然这种完全没有进行压缩的例子并没有太大意义。如果有部分文本被压缩，文件总容量变小的可能就非常大。比如，

```
1.00000000,2.00000000,3.00000000
```

压缩后会转换为如下形式。

```
(128*0+2)1.(128*1+8)0(128*0+2)2.(128*1+8)0(128*0+2)3.(128*1+8)0
```

压缩后数据只占用 15 个字节，比原来的 32 个字节减少了一半还多。注意括号里的内容只占 1 个字节。非压缩部分的字符数量与之前相同，比如“1”“.”是 2 个字符，因此长度写作 2。

此外，使用该算法对图片压缩时要注意处理单位。试想一下颜色值为 0x80745524 的像素大量排列时的情况。若按字节内容进行处理，容量几乎不会减少，但如果按照 0x80745524 整体占用的 4 个字节为单位来处理，压缩后容量就会大幅降低。

此外，如果想尽可能地改善性能，可以只对连续出现 3 次以上的字符进行压缩，然后将连续出现的次数减去 3 后记录下来，这样最多就可以应对连续出现 130 个相同字符的情况。不过这种改造会使程序变得更加复杂，我们先保证程序运行起来再说。

示例代码

行程长度压缩的示例位于 RunLengthCompression 中。程序在载入文件后对其进行压缩，通过 cout 输出最终的大小。然后对压缩文件进行还原，确认其内容是否与原文件相同。作为一次不错的编程练习机会，读者可以试着自行实现整个过程。

最好可以让程序在载入文件时只对各个字符从前到后读取一次，否则处理复杂数据时会非常烦琐。

遗憾的是，示例中的代码结构还是非常复杂，尤其是“同一字符连续出现的次数达到 128 后分段重新统计”的处理。示例中的写法未必是最好的，虽然我们用该程序对几个几百兆大小的文件进行了压缩和还原测试，结果都正常，但是这并不能证明该程序完全没有 bug。

示例中没有引入类库的功能，只要将 fstream 和 iostream 包含进来即可。

最后需要强调的是，对大部分文件而言，该做法很难有显著的压缩效果，行程长度压缩的实用性并不强。

23.4.3 字典压缩

既然行程长度压缩的效果并不是很突出，那么之前讨论的内容是否就毫无意义了呢？并非如此。通过学习该方法，我们对压缩的原理有了一定的认识。而笔者下面要介绍的方法会更复杂一些，代码也更加烦琐，如果一开始就介绍这种方法恐怕不容易理解。

如果读者连行程长度压缩都没能理解，不妨先跳过下面的内容，直接阅读下一章。毕竟就算没

有这部分优化，游戏也能正常开发。

简单的实现

下面要介绍的压缩方法叫作**字典压缩**。比如下面这个例子。

```
海棠花海棠花海棠花盛开了
```

以上字符串中出现了 3 次“海棠花”。将“海棠花”放入字典中，然后把它在字典中的位置记录下来，比如“海棠花位于字典的第 2 页”。就这个例子来说，字典中只含有“海棠花”一词，所以第 1 页就是“海棠花”，因此压缩后的结果是：

```
(1)(1)(1)盛开了
```

括号内的数字表示该词位于字典的哪一页。字典中的 3 个字符加上压缩后的内容，一共有 10 个字符，相比原来的 13 个字符，容量变小了。接下来只要用代码来实现这些就可以了。

为了加深理解，我们再来看一个包含英文字母的例子。

```
abcabcabcde_cdecdecdefg
```

可以看到，该文本中包含了大量的 abc 和 cde。如果把 abc 放在字典的第 0 页，把 cde 放在第 1 页，就可以将文本压缩为：

```
(0)(0)(0)de_(1)(1)(1)fg
```

如果错开一个字符，则可以看到字符串中包含了大量的 bca 和 dec，当然也可以说包含了大量的 cab 和 ecd。其实让程序自动决定把什么词组注册到字典中是一件比较复杂的事。

稍加改善

现在要将页数的概念从字典中去掉。字典其实就是一个简单的字符串，为了确保能够从中取出相应的内容，只要清楚关键字在字典内的位置以及该关键字的长度即可。

考虑到额外构建一个字典对象非常麻烦，可以将“已经读取的内容”当成字典。这部分内容有些复杂，下面我们来举例说明。前面示例中的字符串比较长，这里仅以它的前半部分为例。

```
abcabcabcde
```

首先，在处理字符串 abcabcabcde 时，因为字典代表的是“已经读取的内容”，所以一开始字典的长度为 0。在这种情况下，先输出结果 a，之后处理 bcabcabcde，这时字典的内容为 a。由于没有什么可以匹配的，于是直接输出 b。同理，之后会输出 c。然后情况就发生变化了。

当前字典的内容是 abc，接下来要处理的字符串是 abcabcde，开头的 3 个字符可以在字典中找到，因此这里不再输出原始文本，而是按照“从字典的第 0 个位置开始取 3 个字符”进行编码，这可以表示成 (0,3)。处理好这 3 个字符后，前进 3 个字符的位置，同时字典的内容变为 abcabc，待处理的字符串为 abcde。待处理的字符串中前 3 个字符可以在字典中找到，所以仍旧输出 (0,3)。最后的 2 个字符 de 无法在字典中找到，所以照原样输出后结束处理，最终输出的内容为 abc(0,3)(0,3)de。如果括号中的内容占用 2 个字节的存储空间，最终结果就会占用 9 个字节，比压缩前的 11 个字节体积更小。为了让整个处理过程更为直观，我们列出了下表。

待处理的字符串	字典	输出
abcabcabcde		a
bcabcabcde	a	ab
cabcabcde	ab	abc
abcabcde	abc	abc(0,3)
abcde	abcabc	abc(0,3)(0,3)
de	abcabcabc	abc(0,3)(0,3)d
e	abcabcabcd	abc(0,3)(0,3)de
	abcabcabcde	abc(0,3)(0,3)de

理清每一步操作后就可以开始编写程序了。不过，思路虽然很清晰，但是计算量却相当惊人。

限制字典的长度

在使用上述做法的情况下，字典长度会逐渐增加。如果要压缩 1 MB 的文件，那么在压缩即将结束时，字典的容量也会达到 1 MB。从这样的字符串中执行查找操作是非常耗费时间的。

在长度为 N 的字符串中查找匹配的字符串，时间复杂度是 $O(N)$。如果循环 N 次，那么时间复杂度将是 $O(N^2)$。之前已经提到过多次，除非 N 非常小，否则 $O(N^2)$ 这样的时间复杂度是非常可怕的。即使这部分时间不是花在游戏逻辑方面，而是被处理游戏素材的工具消耗掉也是如此。即便不说计算量的事，该方法在其他方面也存在问题。现在记录关键字的位置和长度都是用 1 个字节存储的，但是当字典变得非常大以后，相关数值就可能会超出 1 个字节所能表示的范围。因此，必须从根本上改进才行。

其实，计算量的问题也好，存储容量的问题也罢，都是字典变大所造成的。如果字典的体积较小，这些问题将不会存在。解决方法非常简单，只要设法将字典体积控制在较小的范围内即可。比如将最近处理的 255 个字节作为字典，这样每次查找的字符串长度最多有 255 字节，时间复杂度就不再是 N 的平方，位置和长度最大也只有 255，用 1 个字节表示就足够。记录的位置信息表示的自然就是“从当前位置往前数第 n 个字符”。

我们同样也创建一张表来展示压缩的过程。为了便于观察，这里将字典的长度设置为 6 个字符。

待处理的字符串	字典	输出
abcabcabcde		a
bcabcabcde	a	ab
cabcabcde	ab	abc
abcabcde	abc	abc(3,3)
abcde	abcabc	abc(3,3)(6,3)
de	abcabc	abc(3,3)(6,3)d
e	bcabcd	abc(3,3)(6,3)de
	cabcde	abc(3,3)(6,3)de

总体上没有什么变化，当字典内容为 `abc` 并且需要对 `abc` 进行压缩时，将会按照“从 3 个字符

前的位置开始取 3 个字符”这样的方式来编码，而当字典内容为 abcabc 并且需要对字符串 abc 进行压缩时，则会按照“从 6 个字符前的位置开始取 3 个字符”来编码。

部分内容不需要压缩

和行程长度压缩的情况类似，之后我们需要对压缩和非压缩的内容进行区分。以上表为例，有些内容被括号包围，有些则没有。在解压时必须确保程序能够区分判断。借鉴行程长度压缩的做法，我们可以在某个字节的第 1 个比特位中标记某段数据是否被压缩了。

对于没有压缩的部分，其头部首先要记录该部分的长度，标识从哪里到哪里是未压缩的内容。而对于压缩了的部分，可以在表示长度的字节中选取 1 个比特位，并将该值设置为 1 作为压缩标记。也就是说，含有压缩标记位的字节数值相当于长度值再加上 0x80。因为不太可能遇到同一字符连续出现 128 次以上的情况，所以相比“表示位置”的字节，将这一标志位放在“表示长度”的字节中更合适（虽然可以表示的长度值最大只有 127，但是这样可以表示的位置值最大能够达到 255）。最后再按长度、位置的顺序编码。这也和行程长度压缩的做法一样。按照上述流程修改后，压缩结果如下所示。

```
(3)abc(3+0x80,3)(3+0x80,6)(2)de
```

括号中只有 1 个数字的情况表示“后面紧跟着的若干字符是没有被压缩过的”。

另外，为了能够适当地提升性能，我们也可以采用行程长度压缩中用到的优化方法，将压缩部分的长度减去 3，然后将得到的值作为最终结果保存。也就是说，只有当字符串连续出现 3 次以上并且能在字典中找到它时才会被压缩。当然，这一优化应当在确保程序运行没有问题的前提下执行。笔者提供的示例中并没有包含这一处理。

从压缩结果来看，原始长度为 11 的字符串 abcabcabcde 在压缩后长度仍是 11，容量完全没有减少。不过在某些情况下效果会比较明显，我们暂且就不对此进行讨论了。

解压

下面来看解压处理。解压的过程非常简单，我们来尝试对下列字符串进行还原。

```
(3)abc(3+0x80,3)(3+0x80,6)(2)de
```

最开始的 3 个字符是没有被压缩的，因此照原样输出 3 个字符即可。紧接着解析到“从 3 个字符前的位置开始取 3 个字符”的信息，于是将已经还原了的字符串作为字典，从中复制出 3 个字符。接下来又解析到“从 6 个字符前的位置开始取 3 个字符”的信息，按照该描述继续从字典中提取相应内容。继续解析，又得知 2 个字符没有被压缩，于是按原样输出。解压过程就这样结束了。代码虽然非常简单，但是如果不像这样逐步展开分析，恐怕也不好理解。

解压的过程如下表所示。示例中的字典的最终长度是 6 个字符。

待处理的字符串	字典	输出
(3)abc(3+0x80,3)(3+0x80,6)(2)de		abc
(3+0x80,3)(3+0x80,6)(2)de	abc	abcabc
(3+0x80,6)(2)de	abcabc	abcabcabc
(2)de	abcabc	abcabcabcde
	cabcde	abcabcabcde

实际上字典的长度是 255 个字节。在解压到第 255 个字节之前，字典内容与解压后输出的内容完全相同。

建议读者试着自行实现这部分内容。示例位于 DictionaryCompression 中。代码虽然不复杂，但是也无法保证完全没有 bug。为了使代码更好理解，笔者没有刻意对性能进行优化。实际上该代码完全无法运用到商业游戏中。此外，示例中字典最大只能查找 255 个字符，因此压缩率也比较低。

进一步改善的思路

这里介绍的字典压缩其实是 LZ77 算法的一种。LZ77 是运用非常广泛的一种方法，根据“相关标志位放在哪个比特位中”“按何种顺序排列”以及“如何表示未压缩部分”等细节的不同，存在很多种实现版本。前面的示例更重视易读性，允许以字节为单位进行处理，但性能确实比较差。

如果不以字节为单位进行处理，我们还能想到一些更加高效的方法。比如，LZSS 算法在未压缩内容的起始处用 1 个设置为 0 的比特位作为标志位，再用 1 个字节来记录长度。相比原先用 1 个字节同时记录标志位和未压缩的长度，这种做法更加灵活，当然代码也会变得更加复杂。以比特位为单位处理的代码编写起来比较烦琐。

另外，考虑到用于记录长度和位置这两部分信息的容量未必相同，我们可以从记录长度的字节中匀出一部分比特位来记录位置。比如从“长度”字节中匀 2 个比特位给“位置”，按原先的设计，位置和长度都分别用 1 个字节来表示，因为长度信息的最高位已被设置为 1，所以还剩 7 个比特位可用于存储。而位置信息目前有 8 个比特位可用来存储。如果匀出 2 个记录长度的比特位用来记录位置，现在就变成用 5 个比特位来记录长度，10 个比特位来记录位置。这样一来，能表示的最大长度值就等于 2 的 5 次方减去 1，即 31，字典的最大尺寸则增大为 2 的 10 次方减去 1，即 1023 个字符。

经过多次测试，虽然压缩率无论如何也不可能从 70% 变为 30%，但是比起原来的做法已经好很多了。各个方法都有自己的弱点，过度优化往往会弄巧成拙，如果没有更高的要求，对一般的文件来说这样的结果已经足够。下面还有很多重要的内容需要讨论，所以关于这方面的讨论就到此为止。

23.4.4 实际运用

压缩处理的程序已经编写完成，下一步要如何运用呢？首先，将解压功能封装成类库，并将其整合到游戏中。然后，将游戏素材以压缩文件的形式存放在磁盘上，这样游戏体积就会减小，加载速度也会变快[①]。

不过，逐个对文件进行压缩是非常麻烦的。如果可以给生成数据的软件添加压缩功能就会方便很多，但这一点并不容易做到。

请大家回想一下最初是出于什么目的引入压缩技术的。没错，是为了提高加载速度。当然，文件经过压缩后也会减少磁盘空间占用率，不过之前也提到过，文件压缩在这方面的效果并不是非常明显。

逐个对文件进行压缩是一种比较低级的做法，那么在创建档案文件时一并压缩是否会更加方便呢？实际上，对整个档案文件进行压缩是不可取的。因为这样处理后将无法从中取出各个单独的文件。压缩必须以文件为单位进行。

① 当然，如果解压速度太慢，即便加载数据文件的时间短了，从总体上来说也还是变慢了。

显然，解压过程可以放在读取档案文件的类中实现，比如之前示例中的 Loader 类，该类会识别载入的档案文件是否为压缩数据包，如果是就对其进行解压。这样一来，程序员就不必再关心解压处理了。

最终版的类库 Final 中包含了 FileIO 模块，该模块用于对文件进行读写操作。它具有读取档案文件的功能，初始化时只要传入档案文件的名称即可。同时本书还提供了用于创建档案文件的工具 tools\Archiver.exe，使用该工具可以很方便地对文件进行压缩并生成档案文件，然后再通过 FileIO 模块进行解压。

本章的必学内容到此就全部结束了。下面是补充内容，本章的补充内容会稍微长一些。

23.5 补充内容：多线程异步处理

本节我们将讨论如何改善加载时的卡顿现象。

游戏在执行逻辑处理时无法进行加载操作，这是卡顿现象出现的根本原因。毕竟只有一台计算机，所以这看起来好像是理所当然的，但其实并非如此。

即使只有一台计算机，我们也能在使用 Visual Studio 编译代码的同时用浏览器访问网页。Linux 和 Windows 这些现代操作系统都提供了这方面的功能。实际上，计算机并没有在同时处理多个任务，而是以毫秒为单位在多个任务中间来回切换，但是在我们看来就好像有多个任务在同时进行。同样，如果可以在程序中实现类似的功能，就可以在执行游戏逻辑处理的同时进行加载操作了。

聪明的读者可能会问："既然程序并没有做到同时处理多个任务，那这么做不就没有意义了吗？"大多数情况下确实如此，不过在涉及文件读写时情况就不同了。因为在使用 ifstream 进行读取处理时，大部分时间用在等待上。和拿到数据后进行处理的时间相比，等待数据从磁盘读取完的时间要长得多。这样一来，我们就可以在等待期间让程序去执行逻辑处理，过一段时间后再回来处理那些堆积的数据。虽然本质上处理没有在同时进行，但是比起将大段时间用于等待，这样做已经有了很大的进步。实践证明该方法有很好的效果。

要实现这一目标，就必须按照某种方式将程序分为两个部分。我们将这里的“部分”称为**线程**（thread）。目前我们编写的代码都是在一个线程中运行的，所以称为单线程。接下来我们要尝试能够让多个线程并行工作的**多线程**方法。

多线程是一种运用非常广泛的技术，所以我们有必要学习一下。遗憾的是，在实践多线程时会面临很多难题。在学习阶段可能还好，但如果要把这门技术运用到商业游戏开发中，则需要有一定的积累才行。

这里我们先对一些术语进行说明。一般情况下，等待上一任务完成后才进行下一个任务的方式叫作**同步**（synchronous），不等待上一个任务结束就开始其他任务的方式叫作**异步**（asynchronous）。如果延迟等于吞吐，就意味着该处理是同步的，如果延迟较大，则意味着该处理是异步的。普通的函数调用是同步的，如果要通过异步的方式调用函数，就需要使用线程[①]。

---

① 实际上并没有像描述的那么简单。如果函数中创建了线程，那么即便按照普通的方法来调用函数，本质上处理也是按异步执行的。

23.5.1 线程的创建方法

创建线程的方法非常简单。本次使用的类库中包含了 Threading 模块，我们可以借助其中的 Thread 类来完成。它是一个抽象类，我们只要创建一个派生类来执行具体的业务逻辑，然后调用 start() 即可。

```
// 需要添加该头文件
#include "GameLib/Threading/Thread.h"
using namespace GameLib::Threading;

// 从 Thread 类继承
class MyThread : public Thread{
public:
    void operator()(){
        cout << "I am a thread." << endl;
    }
}

// 创建线程
MyThread thread;
// 启动
thread.start();
// 等待结束
thread.wait();
```

执行上述代码后将在调试区输出 "I am a thread." 字样，该字符串是由另外一个线程打印的。看起来非常简单，但其实这已经是一个完整的多线程程序了。读者可以运行 SimpleThread 示例来体验该功能。

operator()() 是一个虚函数，调用 start() 后将在新的线程中执行该函数。在开发《箱子搬运工》时，我们曾使用 operator()() 创建二维数组类，当时是为了使该类能够像函数调用那样来访问元素。比如，下面两行代码会直接调用 operator()()，并在调试区域输出 "I am a thread."。

```
SomeThread thread;
thread();
```

只是在当前线程中调用了 operator()()。这么设计是为了让它看起来更像函数的形式，而且函数名称也可以改成 execute() 或其他名字。功能都是一样的，这里只是为了向读者介绍 operator()() 才这样做的。

注意，析构前一定要调用 wait() 来确认线程是否结束。如果在没有调用 wait() 的情况下执行析构函数，即使线程结束了也会产生错误①。

尝试进行加载

接下来我们将使用线程来实现文件加载，只要把加载文件的代码放入 operator()() 中即可。我们先通过这种方式来操作一下。

虽说只要在 operator()() 中创建 ifstream 然后进行加载就可以了，但是往 operator()()

① 因为 C++ 在派生类析构时总是先调用派生类的析构函数再调用基类的析构函数，所以将 wait() 放入 Thread 基类的析构函数中是行不通的，而是要在派生类的析构函数中添加 wait() 函数调用。

中传递文件名是比较困难的。使用全局变量并非上策，因此我们选择在 Thread 的派生类中添加一个成员变量。请参考下列代码。

```
class LoadingThread : public Thread{
public:
   LoadingThread( const char* filename ) :
   mFilename( filename ),
   mData( 0 ),
   mSize( 0 ),
   mFinished( false ){
      start(); //和创建操作同时开始
   }
   ~LoadingThread(){
      wait(); //在结束前等待
   }
   void operator()(){
      ifstream in( mFilename.c_str(), ifstream::binary );
      in.seekg( 0, ifstream::end );
      mSize = static_cast< int >( in.tellg() );
      in.seekg( 0, ifstream::beg );
      mData = new char[ mSize ];
      in.read( mData, mSize );
      mFinished = true;
   }
   string mFilename;
   const char* mData;
   int mSize;
   bool mFinished;
};
```

将文件名传给派生类的构造函数，在 operator()() 中就可以随意地使用成员变量了。上述代码将 start() 放在了构造函数中，这样就可以在构造类的同时加载文件。通过将 wait() 写在析构函数中，能够避免忘记调用 wait() 方法。另外，通过 mFinished 可以得知加载是否完成，只要在主线程中逐帧检测即可。

示例代码

相关示例位于 LoadingUsingThread 中，下面的代码是从 update() 函数中截取的。

```
//载入开始
if ( !gThread ){
   gThread = new LoadingThread( "../data/robo.dds" );
   cout << "start loading!" << endl;
}
//载入结束
if ( gThread->mFinished ){
   SAFE_DELETE( gThread );
   cout << "loading finished!" << endl;
}
```

首先，根据传入的文件名创建一个 LoadingThread。因为构造函数中调用了 start() 方法，所以马上就开始了加载处理。在 operator()() 的最后 mFinished 被设置成了 true，因此在主线程中可以通过检测该变量获知加载是否已经完成。整个示例所执行的处理大概就是这些。

运行该示例，可以看到程序会以一个相对稳定的速度执行处理。在不同的计算机上运行速度多少会有些差异，但大体上还是比较稳定的。在 ifstream::read() 处理中，操作系统会在等待期间返回原先的线程执行绘制等操作，经过一小段时间后再重新执行文件加载处理。

如果计算机中配置了两个以上的 CPU 就不用进行切换了，让其中一个 CPU 专门负责绘制，让另一个 CPU 专门负责加载。这才算真正的“并行处理”。不过，不管有几个 CPU，使用者也只会感受到速度上的差异，毕竟完成的工作都是相同的。如此看来，并行加载的实现也没有那么难，接下来只要把这套机制整合到 Loader 类中就大功告成了。

不过，要是这么简单就能结束对多线程处理的讨论，笔者就不会说多线程实践起来很难这样的话了。如果只是像上面这样简单地使用，确实不会有太大的问题，但如果要处理更复杂的工作，多线程的可怕之处就暴露出来了。实际上，上面示例中的代码也是不合格的。因为它并不能保证在所有的环境下都可以正常运行。一旦某些条件发生变化，程序的行为可能就会变得非常怪异。下面我们就来看一下多线程处理中的“陷阱”。

23.5.2 资源共享问题

假设有两人要使用洗手间，而洗手间无法同时供两人使用。在这种情况下，只能一个人使用结束后另一个人再使用。线程也有类似的情况。比如现在有多个用于加载的线程，而硬盘只有一个，所以加载速度必然会受限。因为显卡也只有一张，所以即使有多个用于绘制的线程，绘制速度也不会无限提升。在这种情况下，单纯地增加线程数量并没有什么积极的意义。另外，不只是速度能否提升的问题，在其他方面其实还有更为致命的问题。

试想，有个小朋友把游戏机从书架上取下来后就去了洗手间。在此期间母亲进入房间，以为孩子乱放东西，于是就把游戏机收了起来。当小朋友从洗手间回来后看到游戏机被放了起来，一定会感到生气吧。

再比如，进入便利店时将雨伞放在了门外，买完东西出来后却发现雨伞不见了。

上面两个例子的共性是，某事物受到了预想之外的干涉。不管是小朋友，还是丢雨伞的人，都没有考虑到其他因素介入时的情况，所以当意料之外的事情发生时才显得手足无措。

编程时也会遇到同样的问题。某个线程按照既定的计划（程序代码逻辑）运行时被不认识的人（其他线程）干涉，结果导致前功尽弃。更糟糕的是，这种干涉有时并不会被马上察觉。举个例子，看到快要下雨，某人将雨伞放入了提包中，而在他去洗手间期间，弟弟将雨伞从提包中拿走了。这样一来，他就只有在需要用伞时才会发现雨伞已经不在了。对程序来说，“需要用伞时”就是发现逻辑被其他线程干涉而出现异常的时候。而我们根本无法预知这种异常会在什么时候发生，它也可能根本就不会发生。就好比当天并没有下雨，一周后下雨时他才注意到雨伞不见了一样。

这个问题的可怕之处正在于此。发现 bug 的时机是无法预知的，甚至可能一直不会发现。程序会在何时受到影响是由其他线程的情况决定的，根本无法预测。就像前面所说的那样，操作系统会适当地对线程进行切换。至于切换操作会在何时进行，只有操作系统知道。况且如果存在多个 CPU，就会同时执行处理，在这种情况下问题会更加复杂。

“在 Debug 模式下安然无恙，但是在 Release 模式下却突然崩溃了。”

“在开发过程中没有遇到过这个问题，但是在产品发售后却频繁地收到玩家的异常报告。”

“AI 的行为有时会很怪异，但这种异常很难再现，所以无从查起。”

“在这台机器上运行时会出现问题，但在那台机器上却能正常运行。”

诸如此类的情况在现实中要多少有多少。操作系统对线程进行切换的时间是以 CPU 指令为单位的，C++ 中的一行代码在 CPU 看来也是由多条指令组成的，所以我们完全无法预知线程切换的时机。

问题示例

在示例 WrongIncrementation 中，两个线程分别对同一变量进行逐次加 2 的操作。反复循环 100 万次，按理说结束时该变量的值应当为 400 万。

示例代码如下所示。

```
int gCount; //计数变量

class IncrementThread : public Thread{
public:
   IncrementThread(){ start(); }
   ~IncrementThread(){ wait(); }
   //执行 100 万次加 2 操作
   void operator()(){
      for ( int i = 0; i < 1000*1000; ++i ){
         gCount += 2;
      }
   }
};

namespace GameLib{
   void Framework::update(){
      gCount = 0;
      {
         IncrementThread t0;
         IncrementThread t1;
      } //线程析构，由此便可保证正常结束
      ostringstream o;
      o << gCount;
      drawDebugString( 0, 0, o.str().c_str() );
   }
} //namespace GameLib
```

两个线程都对同一个 gCount 执行累加。

那么，最终结果是多少呢？可以看到，每帧都会出现不同的值。为什么会出现这样的情况呢？因为这个“加 2”处理中包含了好几步操作。具体细节可能会根据 CPU 种类的不同而发生变化，但大体上都可以分解为以下步骤。

- **从内存中获取 mX 的值并送到运算器中**
- **在运算器中加 2**
- **将计算结果从运算器送回内存中的 mX**

我们不知道其他线程会介入到这 3 个处理中的哪一个。也就是说，执行顺序有可能会变成下面这样。

- **线程 A 从内存 mX 中取得 0 值**
- **线程 B 从内存 mX 中取得 0 值**
- **线程 A 使用运算器加 2**
- **线程 B 使用运算器加 2**

- **线程 A 将 2 写回内存中的 mX**
- **线程 B 将 2 写回内存中的 mX**

每个命令分别被两个线程交替执行，其实就相当于只有一个线程在做累加操作。如果每次都是按这样的顺序执行倒也还好，但是切换的时机完全取决于操作系统的状态，所以每帧才会出现不同的数值。

23.5.3 对共享资源加锁

要解决这一问题，必须对共享资源加锁。就好比对手提包加锁后，别人就无法取出雨伞一样。现实中锁的作用在于，必须使用钥匙才能将其打开。但是程序中没有办法提供这样的锁对象。因为线程无法强行干涉其他线程的行为。

我们来看一种更为绅士的处理方式。有人进入洗手间后就挂上一个“使用中”的标识牌，其他想使用洗手间的人看到这个牌子后就会在一旁等待。虽然有一些人会无视这个牌子强行闯入，但这里我们假设所有人都不会做出这样的行为。

我们可以准备一个 bool 型变量来充当这个“使用中”标识牌。

```
bool gLock = false; //锁

void operator()(){
    for ( int i = 0; i < 1000*1000; ++i ){
        while ( gLock ){ //使用中，需要等待
            ;
        }
        gLock = true; //获得资源了！加锁
        gCount += 2;
        gLock = false; //使用结束，解锁
    }
}
```

改造后的示例位于 WrongIncrementation2 中，大家可以执行一下看看结果。

遗憾的是，结果仍不正确。虽然偏差值更小了，但结果仍是不固定的。这样处理后示例并没有得到改进，不能正确算出 400 万的做法都是不合格的。

最开始的时候 gLock 为 false，所以程序可能会按以下顺序执行。

- **线程 A 跳过 while 循环**
- **线程 B 跳过 while 循环**
- **线程 A 将 true 写入 gLock 中**
- **线程 B 将 true 写入 gLock 中**

就算其中一方进入 while 之前另一方能够将 gLock 改为 true，结果也是一样的。

- **线程 A 将 true 写入 gLock**
- **线程 B 停留在 while 循环中**
- **线程 A 对 gCount 加 2 后将 gLock 设置为 false，并将跳过下一次 while 循环**
- **线程 B 也跳过 while 循环**

很遗憾，这样的话无论如何都没有办法彻底解决问题。要想解决这个问题，就必须确保当某个

线程将 gLock 改为 false 时，另一个线程会立刻将其设置为 true。实际上操作系统已经提供了这方面的功能，下面我们就来看看如何使用。

23.5.4 使用 Mutex

包含头文件 Threading/Mutex.h 后就可以使用 Mutex 类了。Mutex 是 Mutual Exclusion 的缩写，有“互斥”的意思。

Mutex 相当于一个能被简单地设置为 true 的 bool 变量。和 bool 相同，它可以设置为 true，也可以设置为 false。不过比较特别的是，如果一个线程要将值已经是 true 的 Mutex 再次设置为 true，该线程就会进入休眠状态。如果线程将已经是 true 的 Mutex 设置为 false，就会有一条沉睡中的线程醒来，并将 Mutex 设置为 true，在该线程把 Mutex 设置为 false 之前，其他线程将继续休眠。

我们不妨把这一过程想象成多人攻击一个持枪者的场景。众人迫于手枪的危险不敢轻举妄动，而当持枪者扔掉手枪后，将会上演一场争夺战。

采用该技术对 operator()() 进行改造后的示例位于 CorrectIncrementation 中。首先创建 Mutex。

```
Mutex gLock; //光是这样还不能使用

//之后还要创建
gLock = Mutex::create();
```

注意，如果没有调用 create()，gLock 将无法正常使用。该处理的核心代码如下所示。

```
void operator()(){
   for ( int i = 0; i < 1000*1000; ++i ){
      //从0到1等待
      gLock.lock();
      gCount += 2;
      gLock.unlock();
   }
}
```

lock() 函数用于将标志位设置为 true，如果原值已经是 true，那么当前线程将会休眠，直到该值变为 false。这一点可以结合之前 while 循环中的情况来理解。unlock() 用于将该值设置为 false。此外，如果连续两次调用 lock()，线程将永远无法醒来（死锁），在这种情况下会触发 ASSERT 终止运行。

我们来看一下运行结果，可以看到结果等于 400 万。任何支持多线程的环境都会提供类似于 Mutex 的功能。

需要注意的是，这些操作是在所有线程都遵守规则的前提下进行的。只有各个线程都自觉地遵守 Mutex 规则，整个处理才能正常运行。试想一下，如果有人拒绝使用 Mutex，而直接创建了能够强行访问某些变量的线程，那么结果会怎样呢？很遗憾，尽管其他线程都是绅士，但并不是警官，无法阻止那个人的行为，所以灾难还是会发生的。

我们已经强调了多次，要保证各线程有条不紊地访问共享资源，必须确保各个线程按规则运行。一旦有某个野蛮人侵入，一切就都结束了。而且我们也没有什么办法可以防止这种现象发生。更何况代码一经他人扩充与修改，就很有可能产生一些奇怪的 bug。使用了多线程的代码在后续维护和扩展时最容易被滥用，从而导致破坏性的结果。

另外，不能让多个线程同时访问的部分称为**临界区**（critical section）。务必使用 `Mutex` 的 `lock()` 和 `unlock()` 将临界区包围起来。

23.5.5 是否真的写入了内存

前面我们解决了多个线程同时修改同一个变量时发生的冲突问题，下面我们来处理另外一种情况。

示例 RaceCondition 中有两个线程，一个负责对变量执行加 2 操作，另一个负责读取该值并显示到画面上。为了使它们能相互通信，我们还设置了“写入完毕”和“读取完毕”这两个变量，代码大概如下所示。

```
int gX; // 用于累加的变量
bool gWrite; // 已写入标记
bool gRead; // 已读取标记

class MyThread : public Thread{
public:
   MyThread(){ start(); }
   ~MyThread(){ wait(); }
   void operator()(){
      for ( int i = 0; i < 100; ++i ){
         while ( !gRead ){ // 等待，直到允许读取
            ;
         }
         gX += 2;
         gRead = false;
         gWrite = true;
      }
   }
};

namespace GameLib{
   void Framework::update(){
      MyThread t;
      gX = 0;
      gWrite = false;
      gRead = true; // 开始写入
      for ( int i = 0; i < 100; ++i ){
         while ( !gWrite ){ // 等待，直到允许写入
            ;
         }
         o.str( "" );
         o << gX;
         gWrite = false;
         gRead = true;
      }
   }
} //namespace GameLib
```

在 `gRead` 变为 `true` 之前，`Thread` 类中的 `operator()()` 将一直处于等待状态，在 `gRead` 变为 `true` 之后才会对 `gX` 进行更新。将 `gRead` 设置为 `false`，以表示该值尚未被读取。最后将

gWrite设置为true，通知其他线程写入操作已完成。

而在另外一个线程，也就是运行Framework::update()的线程中，在gWrite变为true之前，Framework::update()将一直在while中等待，在gWrite变成true之后才对gX进行读取。完成后将gWrite设置为false，以表示新的值还未被写入。最后将gRead设置为true，表示已经读取完毕。

因为两个线程不会对同一变量执行写入操作，所以没有必要使用Mutex。该程序应该不需要额外的操作就能正常运行。实际上，该程序在Debug模式下确实能够很好地运行，不过在笔者的计算机上，程序在Release模式下会无限循环。在其他计算机上或许能正常运行，但也可能会出现其他异常。

这是为什么呢?

原因

原因主要有两个，一个是缓存，另一个是编译器的优化。

首先来看缓存的影响。一般来说，各CPU都有自己的缓存。当我们发出“往gWrite写入值”的指令时，CPU通常只会往自己的缓存中写入，而不会传到其他CPU中。于是对方就无法察觉到该值的变化，从而开始无限等待。

另一个原因则是编译器的优化。在上述代码中，while循环只是在读取gRead与gWrite的值，编译器在查找周边代码时没有发现gRead和gWrite相关的赋值操作，于是会将其视为一个无限循环。优化时就会把变量的比较判断操作删掉，直接用无限循环替代。其实这并不难理解，在没有识别出其他线程会修改该值的情况下，编译器会尽可能地生成执行效率更高的代码，所以才出现了这种结果。正因为如此，示例中的程序在笔者的机器上运行时才出现了问题。

因此，我们应当采用一些措施来确保每次读取变量时都从内存中读取，每次赋值也一定会真正写入内存中。也就是说，必须确保代码不会受到编译器的优化以及缓存作用的影响。

修正

为了使代码能够正确运行，我们需要避开编译器的优化以及缓存问题。为此，只要设置一个“每次都从内存中读取和写入”的bool变量即可。

我们仍借助Mutex来实现这一目标。实际上Mutex的lock()和unlock()恰好能满足我们的需求。编译器看到该函数后，会停止之前所做的优化。也就是说，在读写由多个线程共享的某个变量时，最好用lock()和unlock()将相关代码包围起来。注意在读取时也要这么做，这一点非常重要[①]。

下面我们对Mutex和bool进行组合，实现完全从内存中进行读写的bool控制。

```
class Bool{
public:
   Bool() : mBool( false ){
      mMutex = Mutex::create();
   }
   void operator=( bool f ){
```

① 本书有些地方描述得不够严谨，比如此处就不够准确。这一状况和操作系统与编译器的实现有很大关系。实际开发时最好仔细阅读操作系统的相关说明，确保能满足相应的前提条件。

```
        mMutex.lock();
        mBool = f;
        mMutex.unlock();
    }
    bool get() const {
        mMutex.lock();
        bool r = mBool;
        mMutex.unlock();
        return r;
    }
private:
    bool mBool;
    Mutex mMutex;
};
```

上面代码定义的类中包含了 bool 和 Mutex 成员。借助 operator=() 函数，我们可以像下面这样赋值。

```
Bool b;
b = true;
```

读写的代码已经被 Mutex 的 lock() 与 unlock() 包围了起来，因此不会出现线程冲突，同时也避免了缓存与编译器优化带来的问题。另外，通过 get() 获取变量值的代码也被 lock() 和 unlock() 包围了起来。之前我们也提到过读取时需要这么做。不这么做程序或许也能正常运行，但无法保证永远正常。

将代码整合到前面的示例中，如下所示。

```
int gX; // 用于累加的变量
Bool gWrite; // 已写入标记
Bool gRead; // 已读取标记

class MyThread : public Thread{
public:
    MyThread(){ start(); }
    ~MyThread(){ wait(); }
    void operator()(){
        for ( int i = 0; i < 100; ++i ){
            while ( !gRead.get() ){ // 等待，直到允许读取
                ;
            }
            gX += 2;
            gRead = false;
            gWrite = true;
        }
    }
};

namespace GameLib{
    void Framework::update(){
        MyThread t;
        gX = 0;
        gWrite = false;
        gRead = true; // 开始写入
        for ( int i = 0; i < 100; ++i ){
            while ( !gWrite.get() ){ // 等待，直到允许写入
                ;
```

```
            }
            o.str( "" );
            o << gX;
            gWrite = false;
            gRead = true;
        }
    }
} //namespace GameLib
```

可以看到几乎没有什么变化。这部分示例位于 RacingCondition2 中。

23.5.6 线程安全

多个线程同时读写的变量必须用 `Mutex` 保护起来。如果缺乏这方面的保护，就不允许多个线程同时读写同一个变量。函数体内包含大量的成员变量读写操作，在没有这种保护的情况下，该函数不允许被多个线程调用。如果多个线程调用后仍是安全的，就称为**线程安全**（thread safe）。

如果函数允许被不同的线程调用，它就是一个线程安全的函数。只有线程安全的函数才允许被多个线程调用，即使不同时进行调用也是如此。比如某函数先由线程 A 调用，过了一段时间后再由线程 B 调用，在这种情况下也必须添加保护。此外，不同的函数中用到了同一变量时也要这样处理，比如某个类中有多个函数使用同一个成员变量，当这些函数在其他线程中被调用时就需要加以保护。这是为了解决缓存与编译器优化的问题。为了安全起见，在一般情况下，**普通类不允许在构造它的线程之外使用**。

实际上，笔者提供的大部分类库是非线程安全的，这里只能保证向 `cout` 写入数据是线程安全的。对于 `Framework` 和 `Sound` 等模块，笔者完全没有考虑过它们会在 `Framework::update()` 的执行线程以外被调用，因此没有去检测错误调用时的情况。如果还要检测函数是否被正确的线程调用，成本就太高了。

大多数程序以单线程作为运行环境，只有在可以提高性能，或者编写起来更简单时才会用到多线程。即使未来计算机会配备 100 个或 200 个 CPU，如果线程安全的代码编写起来依旧非常麻烦，情况也不会发生改变。如果最终的编译过程不能用多线程来实现，那么多线程广泛应用于编程的那一天就永远不会到来。归根结底，还是因为多线程超越了人类的思维能力。

23.5.7 使用多线程技术改造加载器

现在我们已经掌握了多线程相关的基础知识。

在最初编写的多线程处理代码中，我们创建了和文件数量相同的线程。但是这种做法太粗糙了，现在我们要确保加载线程只有一个，并且该线程会持续运行。如果不这么做，就很难保证同时只读取一个文件。让加载线程永远运行，并将所有的加载工作都委托给该线程完成即可。

这里需要考虑委托加载的方式。要想让线程完成加载工作，就必须将需要加载的内容添加到待加载列表中。不过，在向待加载列表添加内容时，该线程可能正在读取加载列表，这就会引起冲突，所以必须使用 `Mutex` 对其进行保护。

对于在其他线程中运行的加载函数来说，待加载列表中的添加和删除操作是一个威胁。试想，当 `for` 循环对数组进行遍历时，另一个线程正在删除数组中的元素，这时会出现什么样的后果呢？

希望读者可以看看这部分的处理代码，失败几次后就能很好地理解问题的本质了。

另外，我们还要确保按下“×”按钮后能够终止程序运行，这一点也很重要。以示例代码为例，在析构函数体内将 `bool` 变量 `mEndRequest` 设置为 `true` 后，其他线程运行的 `update()` 方法就会对其进行检测，若存在退出请求，则退出 `update()`。如果这方面出现了 bug，程序可能永远都不会终止了。

在笔者提供的最终版类库 `Final` 中，`FileIO` 模块下的 `Manager` 类相当于 `Loader`。代码位于 src\GameLibs\Modules 下的解决方案中，感兴趣的读者不妨看一看。各类优化使代码变得比较复杂，这些优化包括防止同一文件被加载两次；记录每个文件被请求的次数，直到不再使用时再将其消去；将写入操作放在其他线程中执行；将加载完成的文件与等待加载的文件分开管理，以避免循环加载完成的数据；加载不存在的文件时报错；当文件读取内容的数据量超过指定大小时跳过并报错，等等。看过这些代码后，决定不做这些优化是明智的，至少在时间不充裕的情况下放弃会比较好。尤其在开发接近尾声时，这样的工作可能会造成大量 bug 出现。实际上笔者也没有信心说自己编写的这个类没有 bug。

多线程部分的内容就到此为止，接下来我们来讨论一些其他方面的知识。

23.6 补充内容：编码技术

编码也是一种可以实现压缩的方法。

不知读者是否听说过摩尔斯码？

为了通过光线和声音传递信息，摩尔斯码利用开 / 关这两个记号来表示文字，通过开灯 / 关灯、敲击墙壁 / 停止敲击这类方式来传递信息。假设现在将这两个记号分别用“-”和“.”表示，那么就可以用“.”表示 e，用“--..”表示 z，用“.-”表示 a。同样都是英文字母，为什么使用的记号却长短不一呢？这是因为 e 的使用频率较高，而 z 的使用频率较低，也就是说，记号的长度与该字符的使用频率有关。一般来说，应尽量采用短的记号来表示那些使用频繁的字符。就好像我们常常用 NHK 来代称“日本广播协会”一样。如果该词语的使用频率不高，就没有必要专门创建一个缩写了。

要想通过程序来完成相同的事，就必须先统计出各个字符的使用次数，然后按照“字符的使用次数越多，记号的长度越短”的方式进行设置。“用更短的记号表示字符”这话听起来好像很奇怪，但实际上，在默认情况下一个英文字符占 8 位，中文 UTF-8 编码中一个汉字字符占 16 位，我们要做的就是尽量用更少的位数来表示这些字符。不过，按出现频率的高低来决定编码位数的长短并非易事。要想统计出字符的使用次数，就必须先从头到尾读入一遍文件，这在性能上是非常不利的，因此这种方法并不理想。

大家只要知道字符编码确实能够带来一定的压缩效果即可，我们就不对代码实现进行讨论了。不过，为了帮助大家理解“字符的使用次数越多，记号的长度越短”这一规则，下面还会追加一些说明。本节的标题叫作“编码技术”，这个“码”就是 code 的意思，“编码”其实就是 encode。

23.6.1 编码示例

假设某文件内容为 ABACAABD。如果用普通的写法，每个字符都占 1 个字节，8 个字符就占 8 个字节，换算成位则是 64 位。不过仔细观察一下就会发现，文件内容只包含 4 种字符，这样各个字符就可以用 2 位来表示。比如用 00 表示 A，01 表示 B，10 表示 C，11 表示 D。这样一来，总共只会占用 16 位。虽然这里已经在一定程度上实现了压缩，但是文件内容一般比较多，有时会用到 256 种字符，因此该方法实现的压缩效果并不是很好[①]。

下面再来看一种新的做法。对当前这个文件统计各个字符出现的次数，发现 A 出现了 4 次，B 出现了 2 次，C 出现了 1 次，D 出现了 1 次，因此我们想用最短的记号表示 A。如果用 0 表示 A，再用 1 表示 B，剩下的 C 和 D 就很难表示了。因为如果用 01 表示 C，就会和 AB 的表示方法相撞，从而产生歧义。所以必须用 2 位来表示 B，比如 10。如果 B 用 0 开头，01 这个表示方式就会和 A 产生歧义。同理，如果 C 用 11 来表示，那么 D 无论用 110 还是 111 表示都会产生歧义。因此，只能用 110 表示 C，用 111 表示 D。

也就是说，A、B、C、D 分别用 0、10、110、111 来表示。因此，文件内容用字符串表示就是 01001100010111，共 14 位，比原来少了 2 位。

23.6.2 编码技术的使用方法

一般情况下，在执行了其他压缩方法后再做编码处理，更能凸显出该方法的魅力。例如，进行字典压缩后再对位置和长度信息进行编码，压缩效果会好很多。

大部分压缩程序会在最后执行某种编码操作，编码前的处理有时就是在为编码做准备。比如，按照“将数字改为它与前一个数字的差值”的方式进行压缩。虽然该处理不能直接减小文件的体积，但是按照这样的方式对字符串“0123456789”进行处理后，它就会变为“0111111111”这种有助于编码的形式。

剩下只要实现自动编码的算法就可以了，具有代表性的算法有哈夫曼编码，感兴趣的读者可以查阅相关资料。当然，本书也提供了示例 HuffmanCoder 来展示这方面的内容。为了方便理解，代码并没有对性能进行优化[②]。

23.7 补充内容：用于加密的合并与压缩

除了可以缩短加载时间，文件的合并与压缩在其他方面也有一定的作用。

以 PC 游戏为例，执行了文件合并之后，CD-ROM 就只包含 exe 和 bin 两个文件。复制这两个文件，双击 exe 即可运行游戏，非常方便。而如果成千上万个文件都堆放在一起，那么光看起来就足够让人头疼的了。

---

① 以英文文本为例，这一方法的压缩程度并不高。因为文本大约会用到 100 种字符，这样顶多将原来用 8 位表示 1 个字符变成用 7 位表示 1 个字符。

② 为了便于对比，本书还提供了 RangeCoder。性能比哈夫曼编码好很多，代码也更简洁，不过原理更难了。

文件的合并与压缩还有一个很重要的功能，那就是对文件内容进行加密。合并之后，一般人就不容易知道文件内容了。如果没有合并，直接按 .txt 或 .wav 等格式存放，任何人都可以直接查看文件中的内容。一些直到通关时才会出现的场景原画，以及满足特定条件时才会出现的元素都将一览无余，敌方的性能参数也会完全暴露。

如果执行了文件合并处理，至少可以避免"只需简单地双击文件就能查看文件内容"这样的情况发生，用记事本打开压缩后的文件，看到的也是一些乱码。字典压缩处理后的文本可能还有少许可读性，但如果进行了编码处理，就谈不上有什么可读性了。

如果希望文件中的内容变得不可读，可以对其进行加密。不过，总会有人尝试去解析。这些破解人员的技术往往超乎想象，游戏要真正做到无法被破解是不可能的。当然这并不意味着保护工作就没有意义。实际上，如果出现了专业的破解人员，那说明游戏还是很受欢迎的。

原定两个月后才会开放的隐藏关卡却在游戏发售后的第三天就被破解公开了，这种事情会令开发者非常沮丧，因此我们应当在能承受的成本范围内尽可能地对游戏进行加密保护[①]。

23.8 本章小结

本章讨论了游戏加载耗时较长的原因，并创建了用于管理加载过程的单例类。为了缩减游戏卡顿的时间，我们引入了每帧加载少量数据的方法，还介绍了用于缩短文件打开时间的文件合并操作，以及用于缩短文件读取时间的压缩处理。

在补充内容中，我们对能够并行处理文件读取和游戏运行的多线程技术进行了说明，还介绍了增强压缩实用性的编码技术。

虽然本章介绍的这些内容还远未达到实用的程度，但是作为入门知识，还是很值得学习一下的。

按理说在本章最后应该将这部分技术运用到《机甲大战》中，但遗憾的是，该游戏的素材容量较小，文件数量也不多，运用这些技术的意义不大。虽然可以生成大量无意义的文件来进行实验，但是代码方面也需要相应地做出修改。想到这些，笔者只好作罢。

本章的内容对于游戏画面和游戏内容都没有直接的影响。下一章也是如此，我们将着重讨论 `float` 的计算误差问题。

---

① 不过蹩脚的加密方法会使游戏的加载时间变得更长，如果因此降低了玩家的游戏体验就得不偿失了。

第24章

float 的用法

主要内容

- float 的内部表示
- 加减乘除的误差程度
- 特殊数

到目前为止，我们一直使用 double 来表示浮点数，不过 double 很少用在商业游戏中。这是因为 float 占用的内存空间较小，计算速度也更快，而且在大部分情况下能满足精度要求。

本书之所以一直使用 double，是因为 float 精度不足引起的 bug 实在难以处理。这类 bug 出现的原因往往很难找到，而且修复困难，危害较大。之前为了让大家专注于各章的主题内容而特意避开了 float，不过到了这一章，我们可以来学习 float 的具体内容了。

本章将围绕 float 带来的问题以及相应的解决方法展开说明。不过首先要明确的是，float 精度不足的问题没有办法完全消除，相应的解决方法也需要付出一定的代价。因此，在对速度和容量没有特殊要求的情况下，可以直接采用 double。在前面的几章中我们一直都是这样做的，学习完本章后也可以继续保持这种习惯。相比 bug 造成的品质下降以及调试过程的巨大开销，在一定程度上降低性能也是值得的①。

① 不过，在有些游戏机上，采用 double 运算的速度可能会下降到原来的十分之一，这一点请注意阅读设备说明书。有些游戏机为了降低成本，可能没有配备 double 运算器。

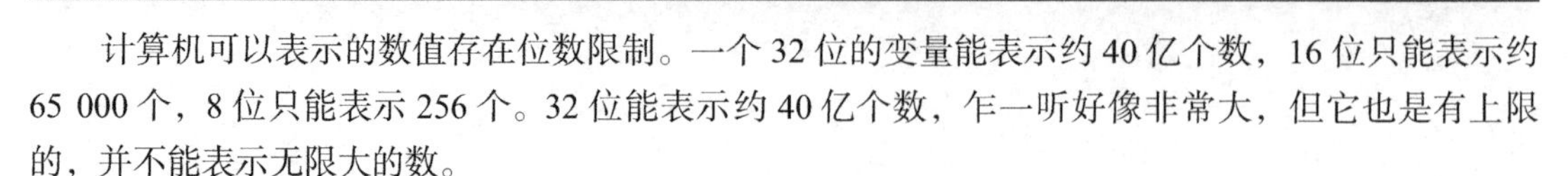

24.1 位数限制

计算机可以表示的数值存在位数限制。一个 32 位的变量能表示约 40 亿个数，16 位只能表示约 65 000 个，8 位只能表示 256 个。32 位能表示约 40 亿个数，乍一听好像非常大，但它也是有上限的，并不能表示无限大的数。

Framework 中的 `time()` 函数用 `unsigned` 返回当前时间，它能表示的最大值是 40 亿。若以毫秒为单位，则 40 亿毫秒就是 400 万秒。如果感觉不出这一概念，也可以把它换算成分钟，约等于 7 万分钟，换算成小时则是 1193 小时，约等于 49 天。也就是说，游戏持续运行 49 天后，这个函数可能就会出 bug 了。不过，很少有人会让游戏持续运行 49 天，而且这种 bug 在开发过程中也不容易被发现。从这一点来看，这种 bug 似乎也无关紧要。

可如果游戏会统计总时长并保存，情况又如何呢？对一款有趣的游戏来说，游戏总时长超过 49 天是非常常见的。在这种情况下，直接采用 `unsigned` 来记录该时长肯定不行。我们可以考虑让该值除以 1000，把时间单位转换成秒来解决这个问题。从这个例子中可以看出，如果忽略了对位数限制的考虑，就容易引起 bug。

相比之下，整数比较容易让人意识到相关的位数限制，因为我们很快就能算出它的上限是多少，而浮点数则比较复杂。浮点数可以表示的最大值是 10 的 38 次方，可以说相当大了。一般只有在编写一些物理学相关的程序时，它的表示范围才满足不了要求。在表示范围没有问题的前提下，唯一要注意的就是精度问题了。`float` 和 `int` 都是用 32 位表示的，如果直接从内存中查看，就会发现二者都由 32 个 0 或 1 排列组合而成。`float` 和 `int` 的差别仅仅在于使用方法，在能够表示 40 亿个数字这一点上，二者完全相同。

24.2 float 的实现

对 `unsigned` 类型的数值进行解释时，只要对 32 个位进行简单的计算就可以了。最低位乘以 1，第 2 位乘以 2，第 3 位乘以 4……然后相加，这样解析后就可以得出 0 到 40 亿之间的某个数。在 `int` 的情况下，如果它的最高位为 1，则表示该数是一个负数，其他计算都是相同的①。但是对 `float` 来说，处理过程有很大不同了。

24.2.1 float 的表示方法

下图描述了 `float` 变量中各个位所代表的含义。

① 注意，0x80000001 表示的不是 -1，而是一个约为 -20 亿的数。要理解 `int` 如何表示负数，需要知道补码的概念。

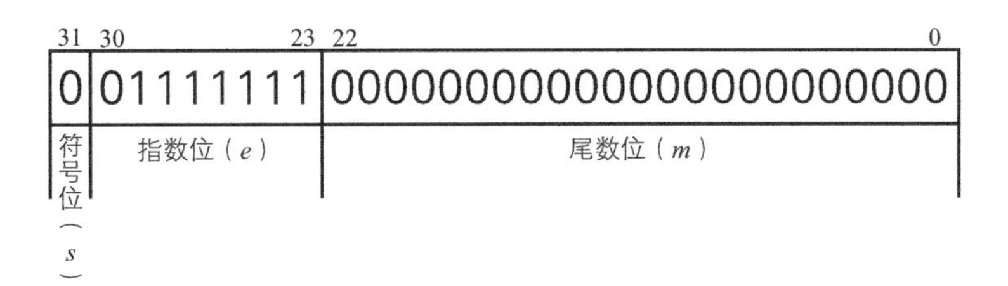

首先，后 23 位与 `unsigned` 的表示方法相同，能够表示 0 到 8 388 607（即 $2^{23}-1$）之间的某个数。不过紧接着要将该值除以 8 388 608（2^{23}），于是就变成了能表示 0 到 1 之间的某个数。再加上 1 之后就变成了能表示 1 到 2 之间的某个数。这就是后 23 位的功能，这 23 位也称为**尾数位**。

第 24 位到第 31 位（如果从 0 开始数，则是第 23 位到第 30 位）用来表示将会与上面算出的 1 到 2 之间的那个数进行运算的某个数。因为只有 8 位，所以它能够表示 0 到 255 之间的任意一个数。先用该数减去 127，假设得到的值为 n，再用之前算出的 1 到 2 之间的那个数和 2 的 n 次方相乘。比如该数为 127，减去 127 后值为 0，用之前算出的 1 到 2 之间的数乘以 2 的 0 次方，结果还是那个 1 到 2 之间的数。若该数为 128，减去 127 后值为 1，则意味着要乘以 2 的 1 次方，即乘以 2。若该数为 126，则意味着乘以 2 的 –1 次方，即乘以 0.5。这样就能表示非常小或非常大的数了。这 8 位称为**指数位**。

最后的第 32 位如果是 1，就表示负数。这部分称为**符号位**。

我们可以将上述内容总结为下面这个公式。f 表示最终值，s 表示符号位，e 表示指数位，m 表示尾数位。

$$f=(-1)^s\times 2^{(e-127)}\times\left(1+\frac{m}{8\,388\,608}\right)$$

以 0xbfc00000 为例，s 为 1，e 为 127，m 为 4 194 304，最终值为 –1.5。0x3f800000 表示 `float` 类型的 1，建议读者记住这个知识点。

24.2.2 float 的精度

通过上述讨论可知，在指数位固定的情况下，`float` 和一个用 23 位表示的整数并无太大区别。23 位能够表示 830 万个数，也就是说，随着指数的变化，`float` 可以表示 1 到 2 之间的 830 万个数，或者 2 到 4 之间的 830 万个数，或者 20 亿到 40 亿之间的 830 万个数。也就是说，**数越大，它和下一个能用 `float` 表示的数之间的间隔也就越大**。1 的下一个 `float` 数是 $1+2^{-23}$，而 2^{31}（约为 20 亿）的下一个 `float` 数是 $2^{31}+2^{31-23}$，两个数之间的间隔甚至达到了 256。我们可以结合下面的示意图来理解，注意数与数之间的线段表示该处存在一个 `float` 数。

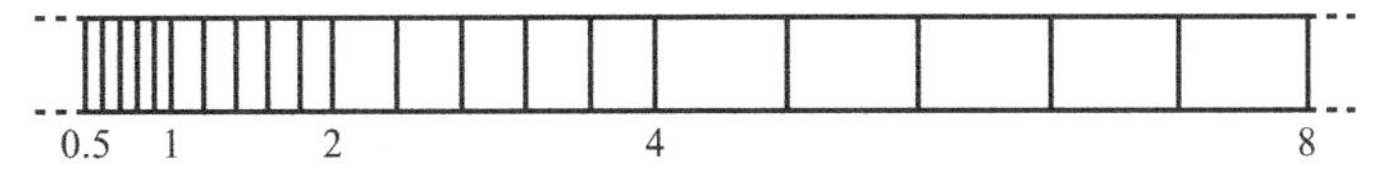

最重要的是，通过这一点我们可以清晰地认识到 `float` 的精度只有 23 位。`float` 这种数据类型就是通过牺牲精度来扩大可以表示的数值范围的。这一点我们需要牢记在心。

因此，如果用 `float` 取代 `int`，很快就会遇到问题。请看下面的代码，大家可以试着算一下结果。

```
float x = 0.f;
for ( int i = 0; i < 10000 * 10000; ++i ){
   x += 1.f;
}
```

结果约等于 1677 万，永远都无法到达 1 亿。缺乏这方面知识的读者看到这样的结果一定会大吃一惊。按照前面说明的表示方法，float 会先将尾数位表示的 0 到 8 388 607 之间的数加上 8 388 608，再和 2 的 n 次方相乘。16 777 215 是 8 388 608+8 388 607 的结果，它正是尾数部分的最大值。如果尾数位超过该最大值，就必须将指数位的值从 1 变为 2，这样相乘后就能表示更大的数。下一个整数 16 777 216 是偶数，可以通过某数乘以 2 来表示，但是再下一个整数 16 777 217 是奇数，就无法这样表示出来了。也就是说，如果用 float 连续表示整数，最大只能表示到 16 777 216。

那么，如果用 float 表示一个每帧加 1 的变量，会出现什么样的结果呢？

对 fps 等于 60 的游戏来说，3 天后就会达到 float 能够表示的上限而无法正确运行了。在使用整型变量的情况下，在发生溢出的瞬间人们可以明显感受到异常（可能会崩溃）。但在使用 float 的情况下，造成的问题仅仅是无法再继续正确地累加，并不容易让人察觉出异常。笔者曾经使用过含有这方面 bug 的类库，结果游戏运行 3 天后动画就无法正确表示了。因为测试时最多会持续运行 1 个晚上，所以很难发现这种需要长时间运行才会触发的 bug。笔者之所以推荐使用 double 代替 float，也是出于这方面的考虑。

double 的结构与 float 大体相同，不过它是用 52 位来表示尾数位，用 11 位来表示指数位的。先不说指数位，光尾数位的长度就是 float 的 2 倍多，这正是 double 的强大之处。52 位能够表示 4500 兆个数，几乎等同于无限了，而 int 只能表示正负 20 亿的范围。如果将 int 全部换成 double，除了会对性能和内存使用量造成一些影响之外，不会有其他问题。

24.3 位数截断带来的误差

为了便于理解，我们先以整数为例来考虑这个问题。

$$x=\frac{5}{3}+\frac{3}{2}$$

将上式写成代码，有如下形式。

```
int x = 5/3 + 3/2;
```

正确答案应该是 1.666...+1.5=3.166 66...，但这里采用的是 int 类型，小数部分都会舍去，于是最终结果变成了 2，误差值为 1.1666...。

之所以会出现这样的结果，是因为 5/3 和 3/2 这两个数无法用 int 表示。实际上，使用 int 是不可能正确地计算该式的。不过，如果通分后再计算，情况将有所好转。也就是说，算式会变为如下形式。

$$x=\frac{5\cdot 2+3\cdot 3}{6}$$

写成代码就是下面这样。

```
int x = (5*2 + 3*3) / 6;
```

计算结果为 3，误差为 0.1666...，小了很多。

“整数 + 整数”仍是整数，“整数 – 整数”仍是整数，“整数 × 整数”还是整数。这就意味着，对整数的加法、减法以及乘法来说，只要结果没有溢出，就不会产生误差。但是，“整数 ÷ 整数”的结果无法保证仍是整数，这在数学上叫作“整数对除法运算不是封闭的”。

为了缩小整数运算产生的误差，必须尽量减少除法操作的次数，尽管这会增加整个运算的时间。在开发《炸弹人》时，我们已经使用过这样的手段了。为了提高运算精度，有时还会把数值放大若干倍后再进行计算，然后对计算结果执行相应的除法运算。

那么浮点数的情况下是怎样的呢？

浮点数用来表示数学中的实数。普通的数都属于实数，比如圆周率 3.141 59...、0、–5.23、2/7 等。实数对除法运算是封闭的。也就是说，实数除以实数仍是实数。不过遗憾的是，浮点数并不是实数。

浮点数对加减乘除运算都不是封闭的。也就是说，浮点数和浮点数相加后的值不能用浮点数表示，只能用一个非常近似的值来代替。就像之前我们看到的那样，16 777 216+1 的值并不能用 `float` 类型精确表示。乘法运算和除法运算也一样，所有无法通过 (8 388 608+23 位整数)×2^n 表示的数都将用近似值来替代。这种因无法精确表示而采用近似值代替所产生的误差叫作**舍入误差**（round-off error）。

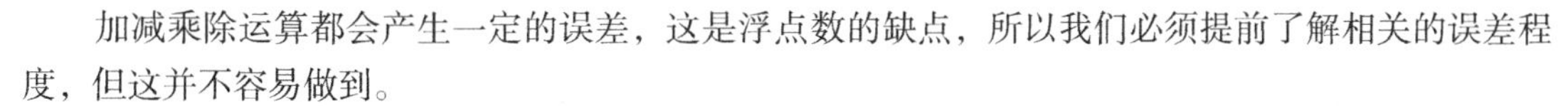

24.4 误差程度

加减乘除运算都会产生一定的误差，这是浮点数的缺点，所以我们必须提前了解相关的误差程度，但这并不容易做到。

简单来说，一个比较大的原则是：**数越大误差越大**。后面我们还会了解到浮点型四则运算的误差产生过程，理解这一过程后就不会再武断地认为“只要保持 0.01 的精度就够了”，还可以了解到哪些计算需要格外注意。

一般来说，误差大小与变量大小成一定比例。可以认为值为 10 000 的变量所包含的误差是值为 1 的变量的 1 万倍。这里我们将误差除以变量值的结果，也就是误差所占的比例称为**相对误差**。举例来说，当相对误差 e 为 0.001 时，若标准值是 1，那么实际值将在 0.999 到 1.001 之间。如果标准值为 1000，那么实际值将在 999 到 1001 之间。误差值本身称为**绝对误差**，它和相对误差是一对概念。

对某值 x 来说，相对误差与绝对误差存在如下关系。

$$相对误差 = \frac{绝对误差}{x}$$

一般只有在需要和相对误差区分时才会用到“绝对误差”一词，在大部分情况下统称为误差。

下面我们来看看加减乘除各个运算是如何产生误差的。

24.4.1 加法运算

首先来看 1+1 这个操作。假设两个参与运算的数 1 都持有正负 e 的绝对误差，那么计算结果将持有正负 $2e$ 的绝对误差。若相对误差为 0.1，那么参与运算的 1 将会是 0.9 到 1.1 之间的某个值，在运气好的情况下，二者的误差可以彼此抵消，但在运气差的情况下，计算结果就会落在 1.8 到 2.2 之间。也就是说，加法运算的结果的绝对误差相当于参与运算的每个数的绝对误差之和。如果参与运算的每个数的相对误差都相同，那么结果 x 的绝对误差就等于 xe。100+1 的误差是 $101e$，10 000+100 的误差是 10 $100e$。也就是说，相对误差相同的各个数相加后，相对误差仍保持原来的量级。当然如果各个数的相对误差各不相同，就是另外一回事了。

需要注意的是，如果参与加法运算的两个数大小相差悬殊，那么其中一个数可能就会淹没在另一个数的误差范围内，这样一来，该计算就没有意义了。误差 e 的产生正是位数不足导致的。如果浮点数 A 与下一个浮点数的间隔为 10，浮点数 B 与下一个浮点数的间隔为 1，那么 $A+B$ 的运算就没有什么意义。之前我们介绍过浮点数的分布规律，数越大，离下一个浮点数的间隔也就越大。对浮点数来说，对 1 亿执行加 1 操作并没有什么意义。

24.4.2 减法运算

同样，我们再来看看减法运算 2−1。数值 2 持有正负 $2e$ 的绝对误差，因此计算结果将持有正负 $3e$ 的绝对误差。代入计算后可以看到，当误差最大时，2.002−0.999 结果是 1.003，和标准值 1 相差 0.003。在加法操作中，最终结果的绝对误差只要对标准值乘以相对误差 e 即可算出，但这一条在减法运算中并不成立。在减法运算中，必须将参与运算的各个数的误差累加起来，而不是对减法结果进行计算。也就是说，与加法相同，减法运算的结果的绝对误差也是各个数的绝对误差之和。

我们来思考一下 10 000−9999 这种极端的情况。通过上述分析可知，结果的绝对误差是 19 $999e$。当相对误差 e 等于 0.001 时，计算结果的最小值为 1−19 999×0.001=−18.999，最大值为 1+19 999×0.001=20.999。参与运算的各个数的相对误差是 0.001，而计算结果的相对误差却接近 10，误差从 0.1% 变为 1000%，暴涨了 1 万倍。这样一来，标准值 1 就没有任何可信度了。我们只能说最终的结果将落在正负 20 这个区间内。

如上所述，大小相近的数经过减法运算后，结果的相对误差暴涨，该现象称为**有效数字位数消除**。在上述例子中，原先的有效数字有 4 位，计算后变成 1 位，这就是“位数消除”的含义。如果再用该计算结果与其他数进行运算，结果的相对误差同样会暴涨。上述例子中的计算结果和没有误差的 1 相加后，看起来结果虽然是 2，但这只是假象。如果考虑它的误差，实际应该是 –18 到 22 之间的某个数。

实际上，在浮点数运算中，减法运算是最容易产生误差的。另外，如果运算成员中存在负数，那么加法运算就变成减法运算了。

因此，加法和减法的结果都会“延续”参与运算的数的误差，或者也可以说，在执行加减法操作时，绝对误差会不断累加。

24.4.3 乘法运算与除法运算

从结论来说，乘法运算与除法运算的误差程度不会太大。我们可以试着分析一下 100×10 这一过程。假设二者分别持有 100*e* 和 10*e* 的绝对误差，通过下列方法可以算出相乘结果的最大值与最小值。

$$(100-100e)(10-10e)=100\times10(1-e)(1-e)=1000\left(1-2e+e^2\right)$$

$$(100+100e)(10+10e)=100\times10(1+e)(1+e)=1000\left(1+2e+e^2\right)$$

用下面的算式减去上面的算式，括号中就只剩下 4*e*，也就是说，最大值与最小值相差 4000*e*，即正负 2000*e* 的范围。当相对误差 *e* 等于 0.001 时，计算结果将在 998 到 1002 之间。

虽说绝对误差变大了，但因为最终计算结果的标准值也很大，所以相对误差几乎没有什么改变，不会像减法运算那样，最终结果的标准值特别小而产生的误差特别大。

此外，与加减法不同的是，参与运算的数并不会淹没在误差中。在加法运算中，大数和小数相加后结果并没有多大变化，但这种情况在乘法运算中则不会出现。10 亿与 0.0001 相乘后，即便存在误差，结果也在 10 万左右。

我们再来看一下除法运算，试着计算一下 100 除以 10 的最大值与最小值。

$$\left(\frac{100-100e}{10+10e}=10\frac{1-e}{1+e}\right)\left(\frac{100+100e}{10-10e}=10\frac{1+e}{1-e}\right)$$

当 *e* 等于 0.001 时，最小值和最大值分别是 9.98 和 10.02。另外，不难算出相对误差是 2*e*。和乘法相同，根据上面的算式结果可以估算出误差。

类似地，将多组相对误差代入计算后可以总结出一个结论，即乘法运算与除法运算累加的不是绝对误差，而是相对误差。

误差在正负 20% 的数与误差在正负 50% 的数相乘或者相除后，结果的误差会在正负 70% 之间。假设这两个数分别是 10 亿和 0.0001，算上误差后，第一个数的范围应该在 8 亿到 12 亿之间，第二个数的范围应该在 0.000 05 到 0.000 15 之间，最终结果在 4 万到 18 万之间。标准值是 10 万，可以算出误差在 70% 左右。虽然不是非常精确，但是只要掌握了这样一个大致的范围就够了。

24.4.4 相对误差的程度

前面说过，`float` 的值是由 23 位的整数和指数位部分相乘算出的。也就是说，精度只有 23 位，指数位部分值为 1 时，精度只有 $1/2^{23}$，即相对误差等于 2^{-23}，也就是 1.19×10^{-7}，写成小数的形式就是 0.000 000 119，约等于 1/1000 万。

不过，当指数位部分等于 100 时，误差将变为原来的 100 倍，当指数位值为 1000 时，误差将变为原来的 1000 倍。而指数位值在 1000 左右的情况是很常见的，这时误差将超过 0.0001。不过，在误差变大的同时标准值也在变大，“标准值是 100 误差为 1”和“标准值是 1000 误差为 10”这两种情况下误差的影响几乎相同，因此重要的是相对误差而不是绝对误差。虽然 1 毫米和 1 米相差 1000 倍，但蚂蚁对 1 毫米的感觉和人对 1 米的感觉是相同的，并没有 1000 倍的差异。这么来看，误差只有 1/1000 万已经很了不起了。

那么，计算过程中相对误差是否会一直保持不变呢？

实际上，加法、乘法和除法都还好，一旦引入减法，误差就会瞬间增大。请读者回忆一下有效数字位数消除的过程。在编写函数时，要注意被减数可能已经发生了有效位数消除，在这种情况下相对误差会增大很多倍。

另外，`double` 的相对误差为 $1/2^{52}$，约为 2.22×10^{-16}。它的精度大约是 `float` 的 10 亿倍。对一

般的游戏来说，double 的误差不会带来什么致命的问题。即使对 1 亿减去 99 999 999，消除 8 位有效数字，其精度仍比 float 高。

24.5 减小误差的方法

误差总会出现，既然无法避免，就需要考虑一下如何减小。基本思路前面已经讨论过了，但是实际运用时还是会有些困难。下面我们通过一些例子来讨论一下。

24.5.1 改变计算顺序

先看下列代码。

```
float a = 0.f;
for ( int i = 0; i < 10000; ++i ){
   a += 0.01f;
}
```

运行结果应该是 100，但实际上并非如此。在笔者的计算机上最终结果为 100.002 95，存在 0.002 95 的误差。

原因已经很明显了。随着循环的进行，相加的两个数之间的差距越来越大，精度渐渐不足。虽说加法运算不会改变相对误差，但随着数的增大，绝对误差也变大了。即便是 0.01 的误差，最后也会积少成多。

我们不妨将代码修改为以下形式。

```
float a = 0.f;
for ( int i = 0; i < 100; ++i ){
   float b = 0.f;
   for ( int j = 0; j < 100; ++j ){
      b += 0.01f;
   }
   a += b;
}
```

上述代码按照每组 100 个数进行分段累加，最终结果为 99.999 985，误差是 0.000 015，相当于原来的 1/200。这也验证了我们之前所说的参与加法运算的数不能大小过于悬殊这一点。不过代码也会因此而变得复杂，所以需要衡量这样做是否值得。在这种情况下，使用 double 进行计算也是一个不错的选择。计算完平均值之后，即使再把结果转化为 float 类型，也可以享受到 double 的精度给我们带来的好处。

再来看另一种处理技巧。

```
float a = 0.f;
float r = 0.f;
float t;
for ( int i = 0; i < 10000; ++i ){
   r += 0.01f;
   t = a;
```

```
    a += r;
    t = a - t;
    r -= t;
}
```

在笔者的计算机上，计算结果正好等于 100。采用这种方法，即使累加 10 亿次，结果也是准确的。这部分内容不是本章的重点，这里就不具体说明了[①]。读者如果有兴趣，可以阅读 27.6.1 节的参考文献 [3]。

现在我们认识到，通过 for 循环对大量 float 值累加会产生巨大的误差。以后在编写或者看到这样的代码时就应当立刻意识到这一点。即使未采用 for 循环，而是在每帧处理中累加，也会产生同样的问题，而且该问题不容易被发现，因此需要我们多加留意。

如果已知误差的存在，但是选择忽略它并继续按照普通方式编写代码，那么最好在代码中添加“不用考虑精度，按普通方式计算即可”的注释。不过，能够理解这一用意的人恐怕不多，所以这种做法未必会带来什么效果。

24.5.2 多项式

我们来计算一下下面这个多项式。

$$x^3+x^2+x+1$$

当 x 等于 1000 时，计算过程是什么样的呢？采用霍纳法时的计算过程如下所示。

```
float y = 1;
y *= 1000; // 1*1000
y += 1;    // 1000 + 1
y *= 1000; // 1001 * 1000
y += 1;    // 1001000 + 1
y *= 1000; // 1001001 * 1000
y += 1;    // 1001001000 + 1
```

因为有效数字位数不足，所以最后一行的加法运算会产生误差。毕竟对一个超过 1677 万的浮点数执行加 1 操作是没有意义的。除了最后一行，还存在其他问题。当各项系数等于 1.234 567 这类小数时，同样会因位数不足而出现误差。这就好比在有效数字仅有 3 位的情况下，1000+11 的结果是 1010，个位的 1 会被舍弃一样。

这种情况应当如何处理呢？

处理方法有很多，其中最快的方法是通过某种方式避免多项式中的 x 值变得过大。之前我们在讨论动画补间计算时，曾通过变量代换来避免这一问题的出现。

---

① 简单来说，这种方法的诀窍就在于它能将无法累加的部分保存在 r 中。以有效数字为 2 位的十进制数为例，假设当前的和已经达到了 100，无法再像普通加法那样累加下去了。此时 $r=0$，$a=100$。紧接着 $r=1$，$t=a$，所以 $t=100$。$a+=r$ 表示 100+1，但因为无法相加，所以值仍旧为 100。通过 $t=a-t$ 计算出 $t=0$，用 r 减去 t 后，因为 t 等于 0，所以 r 只剩下 1，这一残留非常关键。在下一次循环时，对 r 执行加 1 的操作，结果为 2。循环 10 次后，r 值为 10，这时下一次加法操作的结果就为 110。

24.5.3 减少计算次数

假设有一条线段，要找出一系列分割点对其 10 等分。线段的起点是 $p0$，终点是 $p1$。

```
Vector3 divided[ 10 ];
Vector3 l; //线段向量
l.setSub( p1, p0 );
l *= 0.1f; //创建一个长度为1/10 的向量
Vector3 p = p0; //
for ( int i = 0; i < 10; ++i ){
    divided[ i ] = p;
    p += l; //每次加上1/10
}
```

若要在 5 到 15 之间以 1 为间隔进行分割，可以通过“对 5 逐次加 1，循环 10 次”来实现。上述代码就是按照这种思路编写的，不过这种做法的效果是最差的。

我们不妨想想，divided 的第 10 个结点值积攒了多少次加法运算的误差呢？

执行 10 次，误差就是原来的 10 倍，后续所有依赖该值的计算结果都将不可信。因此，更好的做法应当是下面这样的。

```
Vector3 divided[ 10 ];
Vector3 l; //线段向量
l.setSub( p1, p0 );
Vector3 t;
for ( int i = 0; i < 10; ++i ){
    t.setMul( l, i * 0.1f );
    divided[ i ].setAdd( p0, t );
}
```

因为每次循环都需要进行乘法运算和加法运算，所以性能比刚才的做法差一些，毕竟刚才的做法只使用了加法运算。但是在使用这种做法的情况下，每个元素都必须经过相同次数的计算才能得出，所以每个元素的误差都是相同的。对每个元素来说，导致精度降低的加法操作只有一次，而前面的做法则会不停地累加。

代码并不是处理得越快就越好。

24.5.4 不要使用 == 和 !=

请看下列代码。

```
for ( float i = 0.f; i != 2000.f; i += 0.2f ){
    ;//其他代码
}
```

这段代码会导致死循环。i 值永远都无法等于 2000。如果在代码中看到对 float 类型的数据使用了 != 和 == 运算，就需要怀疑该程序员的水平了。我们应当避免编写这样的代码。之前提到过很多次，float 是有误差的，不过下面这种情况是个例外。

```
Vector3 v;
float l = v.length();
if ( l != 0.f ){ //不考虑误差
    v *= 1.f / l;
}
```

为了确保向量的长度不等于 0，这样判断是没有问题的，不过最好加上必要的注释。

24.5.5 避免放入较大的数值

对浮点数来说，数值越大误差也就越大。假设用 `float` 表示机甲的坐标，机甲在位于原点附近和位于距离原点非常遥远的位置时，误差大小是截然不同的。比如当机甲的 x 值分别为 1 和 1000 时，二者的误差就会相差 1000 倍。如果 $e=0.000\,01$，那么当 $x=1$ 时，精确度为 0.000 01，而当 $x=1000$ 时，精确度就只有 0.1 了。能够在宽阔的地形中自由移动的游戏虽然魅力十足，但是也不得不面临这样的问题。

作为解决这一问题的方法，可以让机甲自身不移动，而使其他物体移动，将大部分重要的处理交由机甲周边的物体来执行。当然，这样的程序编写起来会非常复杂，所以我们还可以采用另一种解决方法，即控制场景的尺寸，避免误差变得过大。

另外，片面地认为数值越小越好而对所有数值都除以 100 后再进行处理的做法其实是没有意义的。对 1 亿加上 1 没有什么意义，同样地，对 1 万加上 0.000 01 也没有任何意义。在大象与蚂蚁各自的世界中，物体的相对尺寸是一样的，只有当蚂蚁和大象位于同一世界时才会出现问题。因此问题的本质在于相对误差而不是绝对误差。在把大小悬殊的物体放在一起处理时，`float` 的精度就显得“力不从心”了。

24.5.6 和两数相减的结果相除

在下面这种情况下，误差的危害就比较大。

$$x=\frac{c}{a-b}$$

尤其当 a 和 b 大小相近时，情况最为糟糕，因为会发生有效数字位数消除。

我们来试着推算一下误差的程度。假设 a 的绝对误差为 e_a，b 的绝对误差为 e_b，c 的绝对误差为 e_c。

首先，加减法的绝对误差可以直接累加，所以分母的绝对误差为 e_a+e_b。

而除法操作则会累加相对误差。相对误差可以通过“绝对误差除以值”算出，因此分子部分的相对误差是：

$$\frac{e_c}{c}$$

分母部分的相对误差是：

$$\frac{e_a+e_b}{a-b}$$

在除法运算中，计算结果的相对误差等于分子和分母的相对误差之和，所以将二者相加后就会得出 x 的相对误差 e_x。

$$e_x=\frac{e_c}{c}+\frac{e_a+e_b}{a-b}$$

假设 c 的相对误差非常小，可以无视，这时对 e_x 起决定作用的就是第二项，第二项的值基本等

于 x 的相对误差。该相对误差算式的分母是 $a-b$，如果 $a-b$ 的值很小，e_x 的值就会非常大。

假设 a、b、c 的相对误差为 0.01，a 的值为 100，b 的值为 99.9，c 的值为 1，代入上述算式后得到：

$$e_x = 0.01 + \frac{1+0.999}{0.1} = 20$$

20 就是 2000%。在没有误差的情况下，$x=1/(100-99.9)$，结果为 10，但是在考虑误差的情况下，它的最小值就等于 $10-10\times2000\%=-190$，最大值等于 $10+10\times2000\%=210$。这样一来，结果 10 就变得毫无意义。

这类代码会在碰撞检测中频繁出现。碰撞时刻的计算公式与上述算式非常相似，当分母接近 0 时，t 的可信度将变得非常低。这一点我们将在下一节详细讨论。

24.5.7 判断大小

在之前的例子中，我们谈到了碰撞检测中的 if 判断，那么判断大小的代码应当如何编写呢？

简单的情况

首先来看下列代码。该处理用于检测两个箱子是否发生重叠。

```
float diff = a.mX - a.mHalfSize - ( b.mX - b.mHalfSize );
return ( diff < 0.f );
```

这段代码的缺点是没有将误差考虑进去。如果 mX 或 mHalfSie 的值非常大，绝对误差就会非常大，这样就无法准确判断两个箱子是否发生重叠。下面我们来修复这一缺陷。

```
float e = 0.00001f;
e *= abs( a.mX ) +
   abs( b.mX ) +
   abs( a.mHalfSize ) +
   abs( b.mHalfSize );
float diff = a.mX - a.mHalfSize - ( b.mX - b.mHalfSize );
if ( diff <  -e ){
   //明显更小
}else if ( diff > e ){
   //明显更大
}else{
   //不好判断，判定为相等
}
```

将相对误差设置为某个适当的值，float 的相对误差可能不太好确定，这里我们暂且将它设置为一个较大的值。然后计算它与各个变量的绝对值之和的乘积，得到绝对误差的范围。读者是否还记得绝对值这一概念呢？如果一个数是正数，绝对值就与该值相同，如果是负数，绝对值就是它的相反数。

```
float abs( float x ){
   return ( x < 0.f ) ? -x : x;
}
```

这样处理后，如果碰撞检测条件计算式的值比绝对误差的下限还小就判断为小于，如果比绝对误差的上限还大就判断为大于，如果不属于这两种情况中的任意一种就认为“无法判断”。这个“无法判断”的情况比较特殊，它表示由于误差的关系，无法判断物体当前是否发生了碰撞。

但是在碰撞检测的情况下，“无法判断”是不能被接受的，因此我们必须将“无法判断”的情况归为“发生碰撞”或者“未发生碰撞”中的一种。具体归为哪一种，要视具体情况而定。不过在执行碰撞检测时，将其判定为“发生碰撞”会省事一些。但无论选取哪种方式，我们都应当清楚本质上这只是一种近似的做法。未碰撞时判断为碰撞发生了，碰撞时判断为未发生碰撞，在采用 float 进行判断时，永远都无法避免这两种情况。

更复杂的情况

下面再来看一个例子。以下处理经常会出现在三角形和线段的相交检测中。

```
return ((t >= 0.f) && (t <= 1.f));
```

如果 t 位于 0 到 1 之间，则判定二者相交，否则判定二者分离。显然这段代码也是不合格的。为避免误差导致判断错误，我们需要像下面这样对误差范围进行适当的估计，不过 e 值不太容易确定。

```
return ((t >= -e) && (t <= (1.f + e)));
```

再看下列处理。

```
bool test(
const Vector3& l0, //线段的起点
const Vector3& l1, //线段的终点
const Vector3& pp, //平面上的点
const Vector3& pn ){ //平面法线
    Vector3 l, c;
    l.setSub( l1, l0 );
    c.setSub( l0, pp );
    float t = -n.dot( c ) / n.dot( l );
    float e = 用某种方法确定 e 值 ;
    return ( ( t >= -e ) && ( t <= ( 1.f + e ) ) );
}
```

这段代码用于执行线段与无限平面的相交判断，不过这里处理逻辑并不是我们关注的重点，现在我们要考虑的是 t 值的误差范围是多少。经过这样复杂的计算后，要想精确地算出 e 是非常困难的。在上面的算式中，函数参数是一个三元向量，其中记录了 x、y、z 三个数值。算法本身已经非常烦琐了，如果还要逐个计算它们的相对误差与绝对误差，恐怕要花费一定的时间。

实际上，针对这一问题笔者也提供不了一个标准的答案。不过从经验上来说，如果只是判断某变量值是否在 0 到 1 之间，将 e 设置为 0.0001 一般不会有什么问题。当然，t 的范围必须是 0 到 1，这一点非常重要。当 t 等于 100 或者 t 为负数时，不管误差是多少都会被判定为没有相交。因此，在计算的过程中，无论 t 是 100 万还是 1 亿，最终都会通过一些技巧将其转换到 0 到 1 之间，从而忽视绝对误差，只考虑相对误差。相对误差增大的原因是减法运算所带来的有效数字位数消除。

因此，我们需要规定 e 的有效数字可以降低到什么程度。假如最低是 3 位，那么将其设置为 float 相对误差的 1000 倍即可。当然从本质上来说这不过是一种技巧罢了。

不难看出，考虑误差相关的因素后，处理过程复杂了许多。

24.5.8 1.0 与 1.f

根据语法常识，1.0 是 double 类型，1.f（或者写成 1.0f）是 float 类型，因此以下代码

```
float a = 2.f;
a += 1.0;
```

本质上完成了以下处理。

```
float a = 2.f;
double t = static_cast< double >( a );
t += 1.0;
a = static_cast< float >( t );
```

其中涉及 double 与 float 之间的计算，编译器会将 float 变量转换为 double 类型后再进行计算。double 与 float 之间的转换并不是没有代价的，调用转换指令必然会消耗一定的时间。某些没有配备 double 运算器的游戏机在执行这种操作时会付出更多的代价。在应当写成 1.f 的地方误写成 1.0，结果导致游戏性能迅速下降，这种事情在过去发生过很多次。因此，在为此类特殊的硬件编程时，要留意相关文档中的说明，当然大部分硬件不必担心这一问题。

如果只使用 float 变量，最好养成在数值后加上字母 f 的习惯。笔者在本章中就是这样处理的，当然之前的章节中并没有加上 f，说起来在不知不觉中还是犯了错误呢！

24.6 特别的数

float 和 double 还能用于表示一些特别的数。

24.6.1 0

0 是一个特别的数。只用尾数位和指数位是无法表示出 0 的，所以规定当所有的位都为 0 时表示 0。在符号位为 1 的情况下，–0 也可以被认为是一个极小的负数。不过在和正数 0 比较时，二者会被判定为相等。

24.6.2 无穷大

对 float 类型和 double 类型来说，当指数位为最大值（255）、尾数位为 0 时表示无穷大。在调试器中偶尔看到的 Inf 指的就是这种情况。

符号位为 1 时表示负无穷大，为 0 时表示正无穷大。虽然有时需要用到这样的值，但是在大多数情况下使用这样的值会出现 bug。

24.6.3 非数值

非数值（not a number）指的是指数位为最大值、尾数位为非 0 值时的情况，常用 NaN 表示。

NaN一般用于表示非法操作产生的错误结果。比如往C标准类库中的标准函数sqrt()传入负数后将返回该值。

另外，经过加减乘除运算后，NaN仍旧是NaN，因此一旦某个步骤生成了NaN，最终结果一定也是错误的。虽然这样很容易让人知道发生了错误，但也意味着只要发生了一个错误，就会开始“传染”，导致程序发生多处异常，进而给我们带来困扰。

另外，NaN的一个特性是，除了!=之外的所有关系运算符都会返回false。例如，将NaN赋值给变量nan后，和某变量a进行比较：

```
nan < a
nan > a
nan == a
```

结果都是false，即使a值是NaN也是如此。相反，在以下情况下，不管a值为多少，比较结果都为true，即使a值为NaN也是如此。

```
nan != a
```

24.6.4 错误值的判断方法

当程序出现NaN或者Inf时，说明有99%的可能出现了bug，这时除非将该变量值显示在画面上或通过cout打印到控制台，或者设置断点查看变量，否则就很难发现异常。为此，我们可以创建一个函数来完成对该值的判断。

```
bool isSpecial( float a ){
    unsigned* p = reinterpret_cast< unsigned* >( &a );
    return ( ( *p & 0x7e000000 ) == 0x7e000000 );
}
```

0x7e000000用来取出指数位的8位，由此我们可以确认从第23位到第30位（从0开始数）的值。因为用float表示的NaN和Inf的指数位都等于255，所以该函数只要判断指数位的值即可。

实际上，这种判断是非常有必要的。比如，当角色由于某种原因消失后，查看其坐标值，发现值是NaN。至于原因，可能是在对某个长度为0的向量进行向量标准化处理时涉及了除数为0的计算，或者将因计算误差而变为负数的值传入了sqrt()中，这些操作都有可能导致上述情况的发生。

以游戏中的具体情况为例，如果把指向目的地且长度为1的向量作为敌方的移动向量，处理时就容易出现问题。试想一下到达目的地瞬间的情况。计算时为了使向量长度为1（标准化处理），必须和当前长度相除，但此时距离为0，因此0就变成了除数。

如果在normalize()或者sqrt()函数中对此进行检测，马上就会发现异常。传入非法数值后，ASSERT()会中断程序。笔者提供的Math模块就是这样处理的，具体可以查看类库代码。

此外，如果想判断某数是否为NaN，可以采用以下方式。

```
bool isNan( float a ){
    return ( a != a );
}
```

因为只有NaN和自己进行!=比较时才会返回true。

24.6.5 非规格化数

非规格化数（denormalized number）主要表示指数位为 0 的数，简单来说就是绝对值非常小的数。在 float 中表示小于等于 2^{-126} 的数。

虽然这种数很小，但是仍可以正常参与计算，出现这种数也不代表程序出现了错误。但是对某些 CPU 来说，在计算这种数时，运行速度会变慢几百倍，这和出现 bug 也没什么区别，只不过不会像 NaN 和 Inf 那样马上中断程序。

这里就不讨论具体的应对策略了，大家只要有个大致印象即可。注意，在调试时出现的 Denom 表示的就是该数。

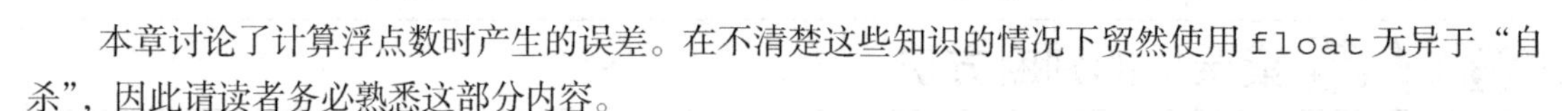

24.7 本章小结

本章讨论了计算浮点数时产生的误差。在不清楚这些知识的情况下贸然使用 float 无异于“自杀”，因此请读者务必熟悉这部分内容。

幸运的是，除了每帧都对 float 变量进行累加的情况外，float 只有在碰撞检测时才会显示出它的危险之处，因此可以说只有在编写碰撞检测处理时才需要谨慎对待这一问题。当然，笔者也不敢说自己完全理解了这方面的内容，只能说完美的方法是不存在的。

另外一种选择是使用 double 类型，这是一种非常方便的做法。当然 double 也存在一定的误差，而且不能使用 == 和 !=，但是在使用 double 时几乎不会出现 float 的其他问题。将相对误差设置为 e=0.000 000 1 应该也没有什么问题。只要不涉及判断两个 double 变量是否完全相同，需要考虑的细节就非常少。

不过，double 和 float 在性能上存在巨大差异，而且某些硬件不支持 double，所以还是应当多花一些时间来学习如何使用 float，这样我们就能做更多的事情了。为了提高读者的技术能力，本书的最终版类库是用 float 实现的。实际上，前几章中使用的类库内部也都采用了 float。

下一章我们将对最终版类库进行介绍。

第25章

随书类库概要

主要内容

- 随书类库的功能分类
- 各模块的内容

介绍完 float 的用法后，本书提供的类库的各个功能也就全部介绍完毕了。类库 Final 是最终版本，现在我们可以在不使用 Framework 的情况下直接访问各个模块了。编写代码时直接调用相应的模块即可，比如绘制时调用 Graphics 模块，读取文件时调用 FileIO 模块。

Math 模块中还包含了之前编写的 Vector 类和 Matrix 类。因为使用的是 float 类型而不是 double 类型，所以如果开发时需要用到 double 级别的精度，请继续使用自己编写的类。当然也可以继续使用 double 类型，只要在传入类库函数时把 double 型变量转换成 float 型变量即可。

类库的源代码位于 src\GameLibs\Modules 中。编译时需要安装 DirectX 的 SDK，如果只是查看代码，则不需要做任何事情。不过为了加深理解，还是建议读者去操作一下代码。

解决方案 ModuleTest 中提供了使用该类库的示例。该示例原本是为了对各个模块进行测试而编写的代码，所以注释内容不是很详细，请读者酌情参考。

25.1 类库中的类

在对各个模块进行介绍之前，我们先从整体上看一下该类库的用法。笔者也是抱着一种试验的心态开发了这些类库，所以有些代码在性能上可能不够高效。

25.1.1 单例类

在笔者提供的单例类中，instance() 返回的是一个实体对象而非指针。这看起来确实有些奇怪。

```
Framework f = Framework::instance();
```

上述代码用于创建 Framework 类，而在一般情况下，该方法返回的应该是指针，如下所示。

```
Framework* f = Framework::instance();
```

之所以让 instance() 返回实体对象，是因为 Framework 类的用法和指针非常相似。查看 Framework 类的定义就会发现，其内部没有任何成员变量。不仅是 Framework，笔者创建的单例类都不包含成员变量。也就是说，它只是对另外的某个对象做了一层调用封装而已，是一个“空类”。实际上，Framework.cpp 中像下面这样定义了一个功能类和一个全局变量。

```
class Impl{
   (省略)
};
Impl* gImpl;
```

然后像下面这样调用相应的功能。

```
int Framework::frameRate(){
   return gImpl->frameRate();
}
```

具体逻辑是委托 Impl 类实现的。Impl 是 Implementation 的缩写，有“实现”之意，表示“用代码完成”或者“用代码实现”①。

这样做是为了使头文件尽可能简短。即使将大量成员变量放在调用者能够“看见”的头文件中，该变量也和调用者毫无关系，而且只要处理发生了改动，比如添加或者删除了一些变量，调用者的代码就必须重新编译。而像这样将变量放在 cpp 中，改动后只要重新链接即可。这样一来，调用者需要包含的头文件就变得非常简洁，编译代码的速度也非常快。

不需要任何成员变量就意味着不需要用到 instance() 函数。实际上，我们可以按照下面这种方式来编写代码。

```
Framework().sleep( 1 );
```

不过这种写法不容易让人感受到“从某处取出对象实例”的意图。虽然使用 instance() 的写法麻烦了一些，但是代码更容易理解。

① 除了这里，本书不会再使用该词。和非程序员交流时使用这样的词汇是欠考虑的，我们应当尽量避免在交流时使用太多专业术语。

我们可以根据是否包含 instance() 函数来判断某个类是否属于单例类。

25.1.2 允许被生成多个对象的类

举例来说，Graphics 模块的 Texture 类以及 Sound 模块的 Wave 类就属于该类，单例类以外的其他类几乎也都属于该类。

与之前介绍的单例类相似，该类的具体定义也被放入了 cpp 中，其核心处理逻辑是在另一个类中实现的。不过，与单例类不同的是，它不会创建一个全局的变量，也就是说，该实现类的指针将作为某个对象的成员变量存在。

```
class T{
   class Impl; // 这是真正的类，具体定义在 cpp 中
private:
   Impl* mImpl;
};
```

虽然都叫 Impl，但类中的类可以通过名称空间来区分。Wave::Impl 和 Texture::Impl 就是两个不同的类。

注意，这里使用默认构造函数创建的对象的内部是“空的”，只有在执行 create() 后该类才可以使用。

```
{
   Texture t0; // 内部为空
   Texture t1 = Texture::create( 64, 64 ); // 按 64×64 生成
   t0 = t1; //t0 和 t1 指向同一个对象
} // 作用域结束后自动释放
```

为了防止像指针那样出现错误地覆盖原值、重复销毁或者忘记销毁等情况，代码做了一些处理。因此，直接用实体对象作为成员变量操作起来会比较方便。

```
mTexture = Texture::create( 64, 64 );
```

使用完毕后会自动释放，不需要手动销毁。

我们可以根据是否存在 Impl 类或者是否包含 release() 函数来判断某个类是否属于该类。

25.1.3 普通类

考虑到性能因素，一部分类未按上一节介绍的方法进行处理。比如 Math::Vector3 就是一个所有成员都可见的普通类。

25.2 启动设定

目前类库中还不能在启动前设置一些相关参数。分辨率为多少、帧率是否需要匹配屏幕刷新率、是否需要全屏显示等都应当在程序启动后立刻进行设置，但现在程序启动后马上就会进入 Framework::update()，所以无法对这些内容进行设置。

我们可以编写函数 Framework::configure() 来解决这个问题。该函数会在程序启动后立即被调用，此时各个模块还没有开始运行，除了 Configuration 的相关函数外，其他功能未必能正常运行。与 update() 类似，我们可以把它设计为虚函数，这样使用者就必须进行重载，否则将会出现编译错误。

下列代码依次进行了如下设置：将游戏的分辨率设为 1280×720、将游戏全屏显示、让帧率自适应屏幕刷新率、标题栏显示为“机甲大战”。

```
void Framework::configure( Configuration* c ){
    c->setWidth( 1280 );
    c->setHeight( 720 );
    c->enableFullScreen( true );
    c->enableVSync( true );
    c->setTitle( "机甲大战" );
};
```

25.2.1 载入某个文件

假设有一个允许玩家自行修改分辨率的游戏，分辨率参数被配置在文件中。但是，在调用 configure 方法时，负责文件加载的 FileIO 模块还没有启动，无法用它来完成异步加载，因此我们在 Configuration 类中准备了 loadFile() 方法，并通过它来载入配置文件。

```
void Framework::configure( Configuration* c ){
    string s;
    c->loadFile( &s, "config.txt" );
    PseudoXml::Document d;
    d = PseudoXml::Document::create( s.c_str(), s.size() );
    ...
}
```

示例中的配置数据都写在了伪 XML 文件中，按以往的做法，应该将文件名直接传给 Document 类后进行 create()，而现在则是通过 loadFile() 载入文件后再传递数据。这是因为 Document 的构造函数中用到了 FileIO 模块，而此时该模块尚未启动。我们假设载入的文件数据不长，于是将它放入 string 后再传给 Document 类，实现起来很容易。

当然，如果不编写这个函数，使用 ifstream 也是可以载入文件的，但是最好不要养成滥用 ifstream 的习惯。之前我们在讨论对载入功能统一进行管理时已经解释过这方面的原因了。

25.2.2 命令行字符串

Configuration 中的 commandLineString() 方法用于获取命令行字符串。和普通的命令行程序不同（main 函数的 args 参数），这里获取的是除去程序名称的字符串。比如，按以下方式启动程序后，将会得到字符串“-r 640x480”。

```
foo.exe -r 640x480
```

一般来说，我们很少在命令行中启动游戏，所以这一方法主要用于通过 Visual Studio 启动程序的情况。在项目的属性配置“调试 / 命令行参数”中填入的值就相当于命令行字符串。

也可以在 .bat 文件中写入 foo.exe -r 640x480 这样的启动命令，然后双击执行，这样也能传递命令行参数。

命令行字符串会给我们带来很多便利，读者在开发类库时可以考虑加入这一功能。虽说不是什么要紧的功能，但有了它确实会方便很多。

25.2.3 使用屏幕刷新率作为固定帧率（垂直同步）

如果可以根据屏幕的刷新率来设置游戏的帧率，就能够在保持帧率固定的同时避免影像撕裂（参考 4.7 节）。configure 中的 enableVSync() 方法用于开启这一设置，不过开启操作仅限于游戏启动时。之前我们讨论过这种方法的优缺点，其中最大的优点就是能够避免影像撕裂。

不过该方法的缺点也不少。比如帧率会因屏幕而发生改变；一旦某帧处理性能不足，帧率就降至原来的一半；无法随意进行调整等。如果是面向游戏机开发的游戏倒也还好，要是面向 PC 开发的游戏，最好可以让玩家自行选择是否开启该模式。

25.3 Framework 模块

该模块的作用在于做一些准备工作，以确保能够顺利使用后续介绍的其他模块。其内容和我们之前介绍的大体相同，只是完成了一些启动时的设置。

不过这里仍有一点需要着重说明。

25.3.1 DebugScreen 类

该类库的 Framework 中没有包含 drawDebugString() 方法。作为替代，我们准备了单例类 DebugScreen。

```
#include "GameLib/DebugScreen.h"

DebugScreen ds = DebugScreen::instance();
ds.setPosition( 5, 5 ); //设置开始写入的位置
ds << "number = " << 5.223f; //可以传入字符串或者数字
ds << endl; //endl 用于换行
ds.setColor( 0xff00ff00 ); //改变颜色
ds << "It's GREEN!" << endl; //绿色!

ds.draw( 10, 10, "aho" ); //和之前做法的效果相同
```

为了使 DebugScreen 类的用法和 cout 相似，笔者做了一些改造。通过 setPosition() 设置好位置后，就可以像 cout 那样自由输出变量值或者字符串了。

在遇到 endl 或者换行符时，将从 setPosition() 指定的列开始写入。假如希望行首留 4 个空格，就指定第 1 个参数为 4，并将其传给 setPosition()，这样后续换行时也会留 4 个空格。另外，可以通过 setColor() 改变颜色。最后出现的 draw() 方法是用于单次写入的，和以前的 drawDebugString() 相同，它将根据内部保存的位置与颜色参数来绘制文本。

如果读者对该类的内部实现感兴趣，可以参考 DebugScreen.h 中的代码。虽然有些写法对初学者不太友好，不过整个实现过程还是很巧妙的。

25.4 WindowCreator 模块

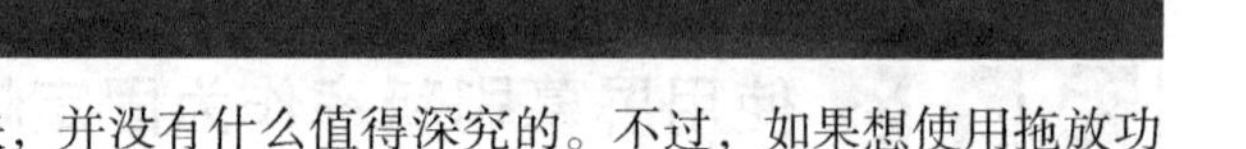

这只是一个对窗体生成等进行控制的模块，并没有什么值得深究的。不过，如果想使用拖放功能，则还需要完成一些处理。

首先，在启动时像下面这样进行初始化。

```
void Framework::configure( Configuration* c ){
    c->enableDragAndDrop();
}
```

然后就可以在需要的时候执行相关操作了。

```
#include <GameLib/WindowCreator/WindowCreator.h>

WindowCreator wc = WindowCreator::instance();

int n = wc.droppedItemNumber();
for ( int i = 0; i < n; ++i ){
    name = wc.droppedItem( i );
    ( 某些操作 )
}
wc.clearDroppedItem();
```

需要注意的是，最后必须执行 clearDroppedItem() 方法，否则下次取出时将得到和这次相同的结果。

对工具类来说，拖放功能是不可或缺的，像这样把该功能封装到类库中，使用起来会非常方便。但是，如果让该功能一直有效，那么使用了该类库的游戏也会变得支持拖放。为了避免出现这种情况，最好像上述例子那样添加控制生效与否的开关。

time() 和 commandLineString() 等函数都位于该模块下。其实也可以设计为通过 Framework 来使用拖放功能，不过考虑到这种用法的使用频率不高，笔者就没有对其进行实现。

25.5 FileIO 模块

请读者看一下 FileIO/InFile.h 和 FileIO/Manager.h，它们对之前讨论加载处理时编写的 Loader 类稍微进行了改造。将文件名传给 FileIO::InFile 的 create()，注册到 Manager 后就会开始加载，然后不停地通过 InFile 类探测加载是否已完成，完成后即可使用数据。使用完毕后可以等待自动释放，也可以直接调用 release() 主动进行释放。

```
{
    FileIO::InFile inFile;
    inFile = FileIO::InFile::create( filename ); // 创建
    while ( !inFile.isReady() ){ // 等待加载
        ;
    }
    const char* data = inFile.data(); // 使用
    int size = inFile.size();
} // 作用域结束后将自动释放
```

因为采用了异步加载的方式，所以最好每帧都调用一次 isReady() 方法。如果返回的是 true，就说明加载已完成，可以在当前帧继续执行其他逻辑处理，否则就意味着正在加载，这时就会跳出本次循环，将其他逻辑处理推迟到下一帧执行。如果像上述代码那样在 while 中循环等待，载入文件时游戏将发生卡顿。

25.5.1 档案文件的使用方法

如果想载入档案文件中的数据，就需要在 Framework 的 configure 方法中对 Configuration 参数对象设置档案文件的数量、档案文件名称和读取模式。

读取模式分为“仅读取档案文件”“档案文件优先”和“原始文件优先”这三种类型。在游戏最终发布时，如果没有将读取模式设置成“仅读取档案文件”就危险了，尤其在“原始文件优先”的模式下，风险会更高。因为如果在这种状态下发售游戏，玩家随意修改的文件就会被直接读取，这就意味着玩家可以随意对游戏进行改造。虽说笔者认为给玩家留一些搞“恶作剧”的空间并无大碍，但并不是所有人都认可这一观点。

示例代码如下所示。

```
void Framework::configure( Configuration* c ){
    c->setArchiveNumber( 2 );
    c->setArchive( 0, "patch0.bin" );
    c->setArchive( 0, "data.bin" );
    c->setLoadMode( LOAD_ARCHIVE_ONLY );
}
```

示例中允许使用两个档案文件。程序会先在 patch0.bin 中查找文件，如果找不到就去 data.bin 中查找。游戏发布时会把数据转移到 data.bin 中，并把 patch0.bin 清空，之后更新数据时直接替换 patch0.bin 即可。即使找不到档案文件，程序也不会报错，所以一开始可以不用提供 patch0.bin 文件。注意最后要将读取模式设置为“仅读取档案文件”。

如果读者想了解具体的实现过程，可以参考类库中的代码。本书讨论的内容都有相应的代码，读者可以自行修改调试。

25.6 Base 模块

该模块整合了一些难以分类的功能，大部分是数据结构相关的类，比如在元素最大数量确定的情况下可以替代 std::list 以提升性能的定长列表 List 类，以及可替代 std::map 和 std::set 的容量固定的散列结构 HashMap 与 HashSet。一般来说，如果对内存使用量没有过高的要求，散列要比二叉树的性能更高。如果对性能要求较高，就必须掌握散列法。另外，之前介绍的 Array 和它的 2D 版本 Array2d 以及 Queue、Stack 都包含在该模块中。

之前讨论高性能碰撞检测时编写的“数组 list”被封装在了 Tank 中。“Tank”在这里不是指“坦克”，而是指“蓄水池”。因为它就像蓄水池一样，只要将水灌进去，用的时候就可以直接取出。这个名称未必贴切，还请读者不要介意。

为了增强代码的可读性，笔者只确保了实用性满足需求，没有添加过多功能。这正好为不太理解 STL 源码的读者提供了便利，因为 STL 源码并不是一般人可以读懂的。即便如此，要想理解笔者编写的这些代码，也需要掌握模板技术以及 operator new()、placement new 等知识。

除了 Tank 之外，笔者使用的都是容量固定的数据结构。如果觉得不适应，也可以换用容量可变的数据结构。虽然这样可能还不如直接使用 STL 方便，但是这些开发经验对学习 STL 来说是很有帮助的。

25.7 Math 模块

该模块主要包含了向量与矩阵的实现，与之前实现的 double 版类库相比几乎没有什么变化，只是对函数名称做了些许改动，添加了一些类和函数。具体细节可以通过查看头文件得知。

不过，这里有几点需要详细说明。

25.7.1 Random 类

C 语言标准类库中提供了 rand() 函数，它能返回一个不超过 32 767 的随机数，不过该函数的使用效果并不好。实际上 Visual Studio 早期版本中的 rand() 功能就很弱，比如使用 2DGraphics1 类库编写下列代码，画面上就会出现一道道很有规律的直线，结果并不随机。

```
#include <cstdlib>
void Framework::update(){
   unsigned* vram = videoMemory();
   for ( int i = 0; i < 1000000; ++i ){
      int x = std::rand() & 0xff;
      int y = std::rand() & 0x7f;
      vram[ y * width() + x ] += 0x10101;
   }
}
```

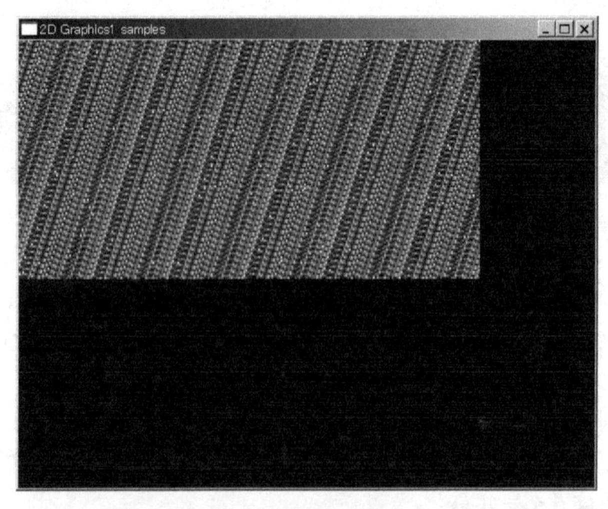

在像上例这样需要在游戏中连续获取若干次随机数的情况下，rand() 的弱点特别容易暴露。如

果游戏要求连续摇 5 个骰子数，采用这种方法来实现就会有致命的危险。是否了解标准库函数 rand() 的缺陷，关系到能否开发出一款好的游戏。

为了方便使用，我们提供了一个 Random 类。虽然之前都是通过 Framework::getRandom() 来获得随机数的，但其实调用的是 Random 类的方法。Final 版的 Framework 中不再包含 getRandom()，相关功能可直接通过 Random 类实现。

```
Random rand = Random::create();
//从 -0x80000000 到 0x7fffffff
int value1 = rand.getInt();
//从 -4 到 7
int value2 = rand.getInt( -4, 7 );
//从 0.f 到 1.f
float value3 = rand.getFloat();
//从 -300.f 到 100.f
float value5 = rand.getFloat( -300.f, 100.f );
```

使用方法大概如上所示。与 rand() 不同，这里返回的结果占了 32 位，灵活性较强。该方法至少在随机性测试中没有发现什么问题，而对 rand() 做同样的测试，效果就很差，这也从侧面说明该方法比 rand() 更加实用。其内部采用了 Xorshift 算法实现，速度更快，内存消耗更少，代码也更加简洁，非常适合用于游戏开发。

近年来有不少随机数生成算法问世，其中不乏一些效果更好的算法。不过笔者认为，XorShift 算法的效果已经足够，如果新算法的处理速度没有更优，则没必要特意去使用。对这方面感兴趣的读者可以搜索“马特赛特旋转演算法”（mersenne twister）的相关内容。不过，如果缺乏足够的数学素养，是不太容易理解随机数生成算法的。我们大部分人能做的只是评测算法的性能以及对随机结果进行判断。

需要注意的是，当我们使用一种新的随机数生成算法时，有必要对它的随机性进行检测，具体的检测方法需要参考统计学方面的知识。检测只是为了验证我们编写的代码是否正确，并不是在质疑专业人员开发的算法。在随机数相关的处理中，代码中出现的错误往往很难马上被发现。例如 384 721 895 这样的随机数字，写错其中一位就会导致性能骤降，这样的案例屡见不鲜。

25.7.2 角度单位

Math/Functions.h 中包含了正弦和余弦函数，角度的单位依旧是“度”。不过在使用第三方类库时，通常会以“弧度”（radian）为单位。笔者对此稍微说明一下。

在弧度表示法中，180 度相当于 3.141 592 6...。半径为 1 的圆的周长的一半正好是 3.141 592 6...，该值也被称为**圆周率**，一般用符号 π 表示。30 度就是 $\pi/6$，45 度是 $\pi/4$，60 度是 $\pi/3$，90 度是 $\pi/2$，熟记这些内容在计算时会很方便。

下面这行代码可以将角度换算成弧度。

```
float radian = degree * pi / 180.f;
```

反过来，也可以把弧度换算成角度，如下所示。

```
float degree = radian * 180.f / pi;
```

变量 pi 的值为圆周率[①]。

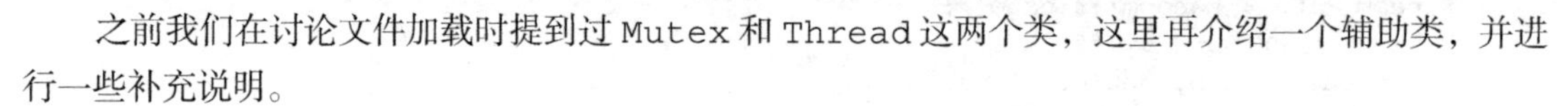

25.8 Threading 模块

之前我们在讨论文件加载时提到过 Mutex 和 Thread 这两个类，这里再介绍一个辅助类，并进行一些补充说明。

需要强调的是，线程往往是产生一些 bug 的罪魁祸首，在实际开发中运用时一定要谨慎，否则就容易出现各种问题。

25.8.1 Thread

正如前面介绍的那样，创建好派生类后调用 start()，线程就会开始运行，仅此而已。

注意，在销毁前要调用 wait() 或 isFinished() 检测线程是否已执行结束。其中，wait() 会切实等到线程结束，而 isFinished() 只会告知当前状态是否已经结束，如果返回的不是 true，则说明线程还未结束。

25.8.2 Semaphore

"Semaphore"一词并不常见，它的本意是"旗语"，不过这里表示的是"能够由多人控制锁定的 Mutex"。之前说过，Mutex 能够确保只让一个线程进入 lock() 与 unlock() 包围的代码段中执行，而 Semaphore 则可以让指定数量的线程同时进入该代码段执行。

我们先来创建 Semaphore。

```
Semaphore s = Semaphore::create( 4 );
```

上面的代码可以创建出允许 4 个线程进入该代码段的 Semaphore。int 值为线程数量，使用时需要按如下方式操作。

```
s.decrease(); //相当于 lock()，如果是 0 则休眠
(临界区)
s.increase(); //相当于 unlock()
```

用 decrease() 代替 lock() 来标记互斥代码段的起始位置。执行该函数后，int 变量值将减去 1，如果该值已经为 0，那么线程将休眠，在该值变为 1 之后才会醒来。另外，这里还用 increase() 代替了 unlock()，执行该函数后，int 变量值将增加 1。

和 Mutex 相比，Semaphore 的使用范围更广，可以认为二者最主要的区别在于能够同时执行某段代码的线程数量不同。

---

① 弧度的一个缺点就是无法用 float 精确表示 π 的值。也就是说，把 π 存入变量的瞬间就会产生误差。而用角度法则能准确地表示 180 度。如果不考虑习惯问题，我们也可以把 360 度当成单位 1 来计算，将 0 到 1 之间的小数转换为 0 度到 360 度之间的度数。过去也常常使用 0 到 65 535 之间的整数来转换为 0 到 360 度之间的度数，这种做法也是可以借鉴的。

假设老板给下属安排了 5 项工作，这就相当于 Semaphore 要执行 5 次 increase()。下属每接手 1 项工作就相当于调用 1 次 decrease()。这样一来，大家只要完成指定的工作就可以了。没有被安排工作时，即便睡觉也没关系，而有工作时就会被“唤醒”，不需要自己不停地起来检测是否有工作要完成。

25.8.3 Mutex

之前我们已经大致介绍过 Mutex 的用法，它的主要功能是确保不会有多个线程同时进入 lock() 与 unlock() 包围的代码段中。

也就是说，它相当于最大值为 1 的 Semaphore。

25.8.4 Event

之前我们将 Mutex 和 bool 组合起来实现了一个线程安全的 bool（参考 23.5.5 节），而 Event 就是对它的封装。

其中，set() 函数用于设置 true，reset() 用于设置 false，isSet() 用于判断是否为 true。另外，为了确保值为 true 之前线程处于休眠状态，我们还准备了 wait() 函数。

Event 和 Mutex 的区别在于，后者只想知道当前是否处于被锁的状态。Mutex 只能通过 lock() 来感知当前是否被锁，如果被锁，则当前线程将无条件进入休眠。这种机制在应对某些需求时可能会无能为力，比如在他人正在使用洗手间时就必须去别处找洗手间。

Event 无法代替 Mutex。在通过 wait() 等待的情况下，即使洗手间的门打开了，也可能会被别人抢先进入。也就是说，即便代码中 wait() 的下一行是 set()，set() 也不会立刻运行起来。

Mutex 的 lock() 能够做到在洗手间变为无人使用的瞬间迅速进入并将门锁好，但 Event 无法做到这一点。

25.8.5 getCurrentThreadId()

Functions.h 中提供的 getCurrentThreadId() 方法用于返回当前线程的编号。每个线程都会被分配一个 unsigned 编号，使用这个编号可以完成各种检测。比如某些对象的方法只允许在创建该对象的线程中被调用，这时就可以在构造该对象时执行 getCurrentThreadId() 来获得线程的编号，并将其存入对象的成员变量，之后每次调用成员函数时都执行一次 getCurrentThreadId()，并与该值进行比较。如果不同，则说明不在一个线程，通过 ASSERT 终止即可。

GameLib 中有多处用到了这一处理，如果在主线程之外的其他线程中调用了类库功能，就会触发 ASSERT。

25.8.6 线程数量

随书类库对允许同时运行的线程数量有一定的限制。

假设允许同时运行的线程数量为 2 个，那么创建 100 个线程后将会 2 个 2 个地运行。如果内部无限循环的线程超过 2 个，其他线程将无法执行。允许同时运行的线程数量是类库根据 CPU 个数决定的，不同计算机上的行为未必相同。也就是说，在某台计算机上运行正常的程序，到另一台计算机上可能会无法正常运行。

为了确保线程可以持续运行，我们需要增加可同时运行的线程数量。只要在启动类库时对 `Framework::Configuration` 调用 `setExtraThreadNumber()` 即可。

```
void Framework::configure( Configuration* c ){
    c->setExtraThreadNumber( 2 );
}
```

这样一来，允许同时运行的线程数量就比默认的多了 2 个。在需要持续运行网络监听线程的情况下，就可以使用这种方法来增加同时运行的线程数量[①]。

25.9 Input 模块

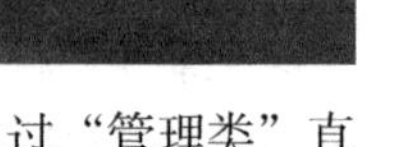

在之前的章节中我们专门介绍过该模块，这里只补充一点，那就是它可以不通过“管理类”直接调用鼠标和键盘类。

```
Input::Keyboard kb;
if ( kb.isOn( 'a' ) ){
    ...
}

Input::Mouse m;
if ( m.x() > 0 ){
    ...
}
```

如上所示，只要构造出一个相应的对象即可使用。鼠标和键盘都只需要一个实例，因此其内部是通过单例实现的。之前通过管理类来调用二者只是为了和手柄的使用方式保持一致，并没有什么特别的意义。

25.10 Sound 模块

该模块的内容之前也大致介绍过，其内部借助了 DirectX 中的 `DirectSound` 来实现，对初学者来说，代码可能有些晦涩。

下面笔者稍微介绍一下之前未接触过的 streaming。

WAV 是一种数据量非常大的格式。以 16 位 44 100 Hz 立体声为例，1 秒钟大约能产生 170 KB 的数据，1 分钟的曲子容量大约是 10 MB。因此，一般要提前对数据进行某种压缩，使用时再花几秒

① 内部其实是一个线程池，`Thread` 类本质上并不是线程，而是表示需要通过线程完成的工作。

钟时间解压，将原始数据传入声卡[①]。

为了实现这一点，我们为 Player 类添加了数据写入功能。指定好频率以及写入区域的大小，并构造对象，然后找到声卡当前播放的数据位置，就可以在适当的时候写入下一批数据了。使用这种方法就不需要再使用 Wave 类了。

具体内容这里不再详细说明，读者可以参考本书提供的示例。示例位于 ModuleTest 的 StreamingSound 中。该示例先将整个文件读入，然后再一点一点地传给 Player 类。其实应该一边对文件进行解压一边传输。

为了让代码更简单，我们让程序每帧都检测声卡当前播放的数据位置，一旦传入的数据快要播放完就传入下一批数据。在实际开发产品时，一般会把这些处理单独放在一个线程中实现，否则在掉帧的情况下音频也会发生卡顿。虽然这方面的实现比较麻烦，但是如果想在游戏中流畅地播放音乐，就需要这么做。

25.11 PseudoXml 模块

虽然之前已经介绍过该模块，但是最终版类库中的代码和之前示例中看到的完全不同。为了提升性能，笔者特意减少了 new 的使用，并采用了二进制格式以减少所占用的容量。此外还增加了对日文字符的支持，语法方面的兼容性也大幅增强了。虽说代码也因此变得复杂，不过深入探索一下还是挺有意思的。

使用方法可以参考 ModuleTest 解决方案下的 PseudoXml 示例，也可以参考 Scene 模块中的相关类。毕竟 Container、Batch 和 Tree 这些类都能通过伪 XML 构建。另外，解决方案 Tools 下的 XFileConverter 示例展示了如何生成数据量巨大的伪 XML 文件，不过整个程序因 .x 文件的解析处理而变得非常冗长，可能不太容易读懂。

25.12 Graphics 模块

Graphics 模块是一个核心模块，用于控制图形显卡。直接使用该模块就能按照更加符合显卡工作方式的做法绘制图像。准确来说，应该是必须使用该模块来完成绘制。因为 Framework 中的绘制功能已经被移除，所以之前借助 Framework 完成的操作现在都需要读者自行实现。

25.12.1 大致的用法

绘制图像的流程大致如下所示。

---

① 当然也可以一点一点地读取文件然后陆续传入声卡，不过类库的 FileIO 模块并不支持这一做法。因为这样会产生加载缓慢等问题。如果使用 OggVorbis 这种格式将音频文件压缩至原来的十分之一，就很容易估算出整个文件还原后会在内存中占用多少空间。

只需在开始时执行 1 次的处理

初始化分为以下 3 个步骤。

- **创建顶点缓存**
- **如有必要，还需创建索引缓存**
- **如有必要，还需创建纹理**

虽然我们一直都是这样处理的，但是关于顶点缓存与索引缓存都只是创建了相应的类，和显卡并没有什么直接的关系。而现在我们要将这些对象放入显卡中。显卡中有独立的内存，所以处理效率更高，不过对该内存执行数据的存取操作会比较花时间，所以我们决定一次性写入数据并将其一直存放在显卡中，每帧最多发生 1 次数据写入。

每帧都必须执行的处理

下面是每帧都需要执行的处理。

- **指定需要使用的顶点缓存**
- **如果存在，指定需要使用的索引缓存**
- **如果存在，指定需要使用的纹理**
- **设置 AlphaBlend 以及 Z 缓存的使用方式**
- **设置矩阵**
- **设置光照**
- **通过 `draw()` 或者 `drawIndexed()` 进行绘制**

之前我们的处理方式是逐个绘制三角形，而现在这些内容都由显卡来完成。指定好要使用的数据（顶点缓存、索引缓存和纹理）并设置好用于绘制的参数后，只要调用 1 次函数即可，后面的计算都由显卡完成。但是，这样一来就很难再像之前那样逐个绘制三角形了。如果有这样的需求，可以使用 `Scene` 模块下的 PrimitiveRenderer，或者自行实现与之相似的功能。

在光照方面，类库提供了按顶点单位计算和按像素单位计算 2 种计算方式。现在大部分显卡支持逐像素光照（per pixel lighting），法线与光线的内积计算不再以三角形为单位进行，而是以像素为单位进行，因此画面效果十分细腻，不过性能方面的负荷较大。当以像素为单位进行计算时，可以在适当的角度呈现出耀眼的镜面反射效果。

无论采用哪种单位计算，都可以指定 4 个光源。该光源是点光源，亮度会随着距离发生变化，可以模拟小灯泡的效果。

类库中的光照处理是通过在显卡上运行的程序 shader 实现的。shader 非常流行，不过这方面涉及的内容很广，深入讨论的话恐怕会占用过多的篇幅。为了满足一般性的使用需求，类库中提供了一些通用的 shader。`Graphics` 模块中扩展名为 .fx 的文件都是 shader 程序，读者可以对其进行替换或者修改。如果需求变化较大，也可以对 `Graphics` 模块进行大规模改造。

示例代码

使用 `Final` 类库提供的光照功能完成的绘制示例位于 25_UsingFinalLibrary 解决方案下的

drawCube 中。需要注意的是，自动计算光照需要用到法线。法线数据可以提前保存在文件中，也可以在载入顶点后自动计算。在大多数情况下，美工人员提供的素材文件中包含了法线信息，便于我们手动调整。在不需要进行光照处理时，可以将法线向量设置为 0，将环境光设置为 1，这样就能按照原始的颜色值来显示。另外，也可以在显卡中设置不执行光照计算。

下一节我们将看一下 DrawCube 示例的实现。

25.12.2 DrawCude 示例

该示例只是完成了一个立方体的绘制，代码却很长，由此可见绘制处理本身有多么烦琐。虽然该处理方法比逐个手动绘制三角形更高级，但是新增的一些功能也使代码复杂度骤然上升。

下面我们按顺序来分析各个步骤。

创建顶点缓存

指定好顶点数量并通过 create() 创建顶点缓存。

```
Graphics::VertexBuffer vertexBuffer;
vertexBuffer = Graphics::VertexBuffer::create( 8 );
Vertex* v = vertexBuffer.lock(); // 获取缓存指针
(省略，将顶点数据填充到 v)
vertexBuffer.unlock( &v ); // 销毁缓存指针
```

传给 unlock() 的参数类型是 Vertex**，这主要是为了避免 unlock() 后面的代码误用被置为 0 的指针 v。

另外，注意成员变量以实体对象的形式存在，而非指针。

```
mVertexBuffer = Graphics::VertexBuffer::create( 8 );
```

上述代码用于分配空间。这样一来，不需要使用 delete，离开作用域后系统就会自动回收内存，从而减少了出错的可能。

顶点缓存其实是一个 Vertex 对象数组，通过 lock() 获取指针后存入数据即可。

```
v[ 0 ].mPosition.set( -1.f, 1.f, 1.f );
v[ 0 ].mNormal.set( 0.57f, 0.57f, 0.57f ); // 长度约等于 1
v[ 0 ].mColor = 0xffff88cc;
v[ 0 ].mUv.set( 0.f, 0.5f );
```

如果不使用 Scene 模块，也可以让类库通过读取伪 XML 文件来载入数据。载入完成后调用 unlock()，数据就会被传送到显卡以供使用。

之前的类库提供了逐个手动绘制三角形的功能，该功能由后面介绍的 PrimitiveRenderer 类实现。该类准备了一个专用的顶点缓存，会按设置好的顺序绘制三角形。这和调用 unlock() 的做法本质上是相同的。

创建索引缓存

和顶点缓存类似，指定好索引数量后执行构建。

```
Graphics::IndexBuffer indexBuffer;
indexBuffer = Graphics::IndexBuffer::create( 36 );
```

```
unsigned short* indices = indexBuffer.lock(); // 获取缓存指针
（省略，将索引数据填充到 indices）
indexBuffer.unlock( &v ); // 销毁缓存指针
```

注意索引指针类型不是 unsigned，而是 unsigned short。也就是说，能够存储的最大数据个数是 65 535（oxffff）。虽然有些显卡也能处理 unsigned，但是为了兼容大多数显卡，笔者的类库使用了 unsigned short 类型。

创建纹理

只要构建出 Texture 对象即可。

```
Graphics::Texture texture;
texture = Graphics::Texture::create( "robo.dds" );
```

同样，当类中含有 Texture 类型的成员变量时，可以按如下代码编写。

```
mTexture = Graphics::Texture::create( "robo.dds" );
```

不过需要注意的是，在完全载入之前该纹理对象是无法使用的。我们可以通过 isReady() 来判断载入是否完成。

就像之前提到的那样，除了 DDS 格式外，类库还支持 TGA 格式。TGA 是一种运用非常广泛的格式，支持行程长度压缩，因此体积较小。和 DDS 相比，支持导出这种格式的软件更多，所以使用起来也更方便。

读者如果想了解 TGA 格式的读取处理，可以在网络上查找资料，当然也可以查看笔者提供的源代码，具体位置在 Graphics 模块下的 TextureImpl.h。其中，readTGA() 函数负责解析数据格式。与 PNG 和 JPG 相比，TGA 更为简单，处理难度和 DDS 相差无几，建议读者自行编写解析处理①。

指定使用的数据

Graphics::Manager 中必须设置要使用的顶点缓存、索引缓存和纹理。

```
Graphics::Manager m = Graphics::Manager::instance();
m.setVertexBuffer( vertexBuffer ); // 指定顶点缓存
m.setIndexBuffer( indexBuffer ); // 指定索引缓存
m.setTexture( texture ); // 指定纹理
```

如果不需要使用索引缓存来绘制图像，则不必调用 setIndexBuffer()。同样，如果不需要用到纹理，也不必调用 setTexture()。

如果想取消设置过的内容，只需传入参数 0 即可。通常在不需要使用纹理时可以这样设置②。

```
m.setVertexBuffer( 0 );
m.setIndexBuffer( 0 );
m.setTexture( 0 );
```

---

① 读者可能会疑惑为何不一开始就使用 TGA 格式，这是因为 TGA 的官方资料较少，而且该格式涉及行程长度压缩方法，放在第 3 章介绍恐怕不太合适。

② 这里的参数并不是指针类型，那么为什么传入 0 就可以取消设置呢？本书不打算对此深入讨论，读者可以搜索“static_cast 与构造函数的关系”来了解相关知识点。不过很难说这样处理到底好不好，因为这种处理方式降低了代码的易读性。

剔除等其他设定

Framework 中的 enableDepthTest() 等函数现在可以通过 Graphics::Manager 来调用了。功能基本上没有变化，只是新增了 setCullMode() 函数，笔者这里稍微说明一下。

显卡可以根据三角形的朝向来决定是否对其进行绘制。setCullMode() 的作用就在于指定该绘制规则。它提供了三种模式：一律绘制；只在面朝观察者时绘制；只在背对观察者时绘制。这种根据三角形的朝向来控制显示或者隐藏的处理称为**剔除**（culling）。朝向规则与法线的计算规则相同，顶点为顺时针方向表示背对观察者，为逆时针方向表示面朝观察者。

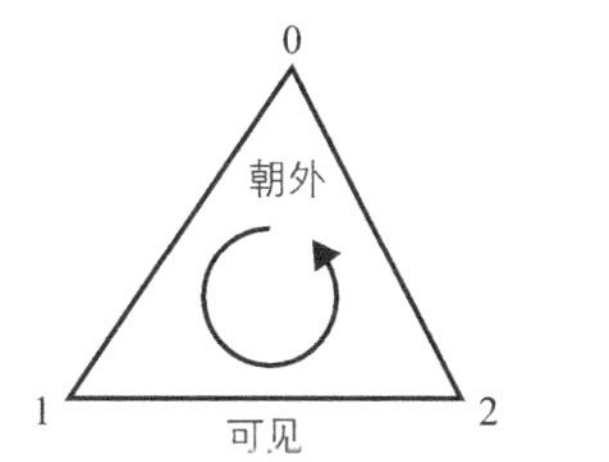

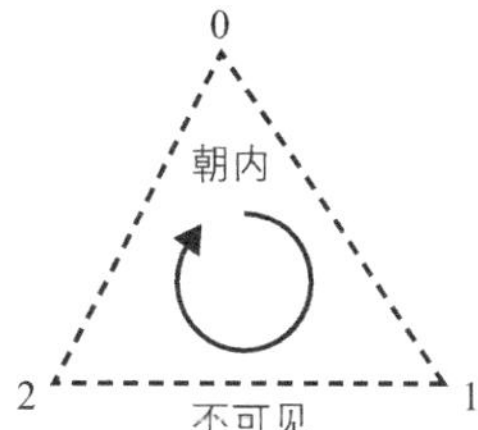

注意，剔除处理的朝向与法线毫无关联，它取决于顶点索引的分配顺序，如果处理时出现了 bug，很大可能是顶点索引的顺序设置错了。

开发剔除功能主要是为了不绘制那些没有必要出现在屏幕上的物体，从而提升性能。比如有一个不透明的物体，我们完全没有必要绘制其背面的三角形。

如果在开发过程中发现某个本应出现在屏幕上的物体并未出现，就可以设置为 CULL_NONE 模式，看看情况是否有所改变。这样就可以判断出是否是顶点索引的顺序设置错误而导致某些物体未被绘制了。

若将模式设置为 CULL_FRONT，结果就会和普通情况相反，只绘制背面的三角形。这种模式一般只在绘制半透明物体时才会用到。如果想让半透明物体的背面也呈现在画面上，就必须按照先背面后正面的顺序进行绘制。不过，只绘制一次并不能达到这样的效果，因此我们将绘制过程分为两个阶段：先在 CULL_FRONT 模式下绘制背面，然后在 CULL_BACK 模式下绘制正面，这样就能够在游戏中表现在半透明的玻璃容器中放置某物的场景了。先在 CULL_FRONT 模式下绘制容器，然后在 CULL_BACK 模式下绘制容器内部的物体，并再次绘制容器。注意，容器在两种模式下各被绘制了一次。如果游戏中需要表现一只水母类的生物捕获人类的场景，就可以用这种方法进行绘制。

示例程序位于 TransparentCubes 中。

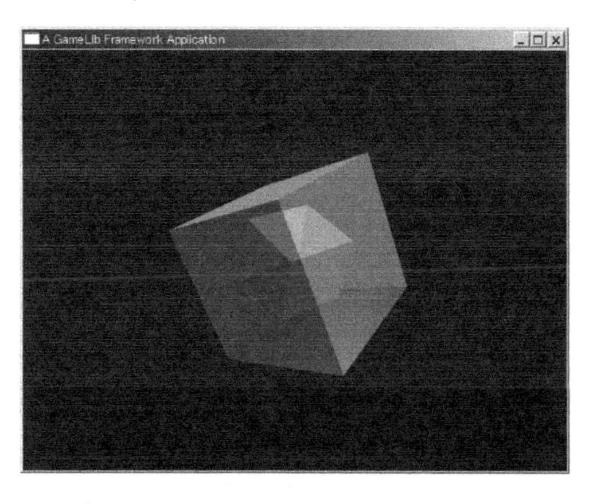

设置矩阵

世界矩阵的创建流程与之前相同，Math 模块可以用读者自己编写的代码替换。也就是说，大家可以先用现有的代码进行处理，最后再转换为笔者的格式。

话虽如此，但 Math 模块也是为了供大家使用才开发的。为了使该模块更容易上手，笔者做了一些修改。首先，视图矩阵的创建方法有所变化。

```
Vector3 eyePosition;
Vector3 eyeTarget;
Vector3 upVector;
Matrix34 vm;
vm.setViewTransform( eyePosition, eyeTarget, upVector );
```

之前的方法也需要指定视点位置和注视点，不过现在还需要加上 upVector，它表示上方向的向量。因为 upVector 用于指定哪个方向为上，所以也被称为“上行向量”。比如将水平横躺的向量作为 upVector，就会得到一个倾斜 90 度的画面。之前我们一直以 y 轴正方向为上，有了这个参数后，就可以自由地倾斜画面了。

如果想了解矩阵计算的过程，可以查看 Matrix34.cpp 中的代码，不过理解这些代码需要具备一定的线性代数知识，至少要了解“3 个正交基底即可确定 1 个旋转矩阵”之类的概念。这部分知识不在本书的讲解范围内，不过为了更好地理解代码，笔者还是希望大家能学习一下相关的数学知识。

透视变换矩阵与之前相同，没有什么特别的地方。将透视变换矩阵和视图矩阵相乘的结果传入 setProjectionViewMatrix()，再将世界矩阵传入 setWorldMatrix()。因为这些矩阵的相乘操作是在类库中自动完成的，所以只要透视变换矩阵和视图矩阵的相乘操作不涉及对摄像机的调整，就不需要做任何改变。

相关代码大致如下所示。

```
Matrix44 pm; //projection matrix
pm.setPerspectiveTransform(
   45.f, //视角
   640.f, //横向分辨率
   480.f, //纵向分辨率
   1.f, //近裁剪面
   1000.f ); //远裁剪面
Matrix44 pvm;
pvm.setMul( pm, vm ); //透视变换矩阵和视图矩阵相乘
m.setProjectionViewMatrix( pvm );

m.setWorldMatrix( wm ); //世界矩阵
```

设置光照

Graphics::Manager 的 setLightingMode() 函数用于对光照处理进行设置。它支持无光照、按顶点单位计算和按像素单位计算这三种模式，在绘制前设置好即可。示例中每按一次空格键就会切换一种模式。下面的代码会将光照处理设置为按顶点单位计算。

```
m.setLightingMode( LIGHTING_PER_VERTEX );
```

类似地，LIGHTING_NONE 表示无光照，LIGHTING_PER_PIXEL 表示按像素单位计算。之前已经专门介绍了光照处理的计算流程，为了简化处理，这里又做了一些改进。

- **能够指定 4 个光源**
- **采用光线明暗程度与光源距离成反比的点光源**
- **按像素单位计算时能够实现耀眼的镜面反射效果**

由于参数较多，具体内容请读者查看代码中的实现。不过，要注意这里使用的是点光源。对于太阳这类光线不会随着距离衰减的光源，则需要通过一些技巧来处理。

```
Vector3 lightPosition( 0.f, 10000.f, 0.f );
m.setLightPosition( 0, lightPosition );
m.setIntensity( 10000.f );
```

将太阳设置在高度为 10 000 的位置，将光线强度设置为 10 000。因为亮度等于光线强度除以距离，所以这样设置后，即便物体的位置在正负 100 的范围内变化，光线的明暗程度和方向也几乎不会发生改变，近似于一个平行光源。

不过，点光源的计算量要比平行光源大，所以能使用平行光源的情况下最好使用平行光源进行计算。但如果 4 个光源中既有点光源又有平行光源，系统就会变得很复杂，所以类库中统一使用了点光源。如果要根据实际情况采用不同的计算方式，就必须准备相应数量的 shader。该过程比较烦琐，shader 的切换也比较耗时。关于切换 shader 的问题，读者在尝试编写 shader 之后就能有所了解了。

当计算负荷过重时，可以采用按顶点单位计算的方式，或者关闭光照功能自行计算。尤其在按像素单位计算时，即便只是绘制 1 个只包含 3 个顶点的三角形，计算时间也与该三角形包含的像素数量成正比。分辨率越高计算负荷就越重，不同大小的三角形处理速度也完全不同。诸如此类问题，读者在自行编写 shader 程序后就能有所体会。

绘制

绘制函数只有 `draw()` 与 `drawIndexed()`，二者的区别在于是否使用了索引缓存。

```
void drawIndexed(
   int offset,
   int primitiveNumber,
   PrimitiveType = PRIMITIVE_TRIANGLE );
void draw(
   int offset,
   int primitiveNumber,
   PrimitiveType = PRIMITIVE_TRIANGLE );
```

它们的第 1 个参数都指定了使用第几个数据，不同的是，`drawIndexed()` 指定的是索引缓存的位置，而 `draw()` 指定的是顶点缓存的位置。也就是说，我们可以将顶点缓存和索引缓存数据都放入一个巨大的容器中，绘制时只要指出数据所在的位置即可。因为数据切换处理比较费时，所以这种做法可以在一定程度上提升性能。

第 2 个参数表示需要绘制的 `primitive` 的数量。primitive 有“原始”“朴素”之义，这里表示点、线和三角形这 3 种显卡能处理的类型。第 3 个参数用于指定 `primitive` 的类型。

一般绘制三角形的情况比较多，不过偶尔也需要绘制直线。以战争游戏为例，在瞄准敌人时可能需要绘制 1 条直线来表示视线。在这种情况下，需要 2 个索引或者 2 个顶点来组成 1 个 `primitive`。再次强调一下，第 2 个参数表示的是 `primitive` 的数量而非顶点数量。1 条直线有 2 个顶点，1 个三角形有 3 个顶点，但它们二者的 primitive 的数量都是 1。

当然，该函数还提供了绘制点的模式，不过很少使用。

25.13 Scene 模块

和与显卡直接打交道的 Graphics 模块相比，Scene 模块主要负责游戏中的一些辅助性功能。读者之前编写的 Batch 类与 Model 类就属于这一部分。该模块和之前示例中创建的类库差别不大，只不过将示例中的 GraphicsDatabase 改成了 Container 这种更通用的名字。

除了字体相关的部分，该模块基本沿用了 Graphics 模块的内容，读者完全可以自行编写整个模块，甚至可以认为它和之前示例中的内容完全相同。

另外，借助 tools/XFileConverter.exe，我们可以将 DirectX 的默认格式 X 文件转换为本书使用的伪 XML 格式。这就意味着我们能够将美工人员提供的 X 文件通过该类库转换后放到游戏中使用。

ModuleTest 解决方案下的 ModelViewer 是一个用来查看绘制效果的小工具。启动该工具后，将伪 XML 文件拖放到窗口中即可看到图片。如果是动画，则可以在使用空格键切换的同时播放动画。

Model 类和 Batch 类与之前章节的示例相比没有什么变化。下面我们来看一些新增的类。

25.13.1 PrimitiveRenderer

示例中 PrimitiveRenderer 类用于逐个绘制三角形。除此之外，它也能绘制点与线，还可以绘制四边形。简单地指定好“左上”和“右下”这两点，即可开始绘制四边形，这在编写前端展现 UI 时非常方便。PrimitiveRenderer 类采用的是屏幕坐标系，也就是以像素为单位。

不过，因为不具备光照功能，所以如果希望加入光照效果，还需自行实现。此外，逐个绘制三角形的做法在性能上较差，因此该类不适合在大量绘制三角形的情况下使用。

具体用法的示例位于 ModuleTest 解决方案下的 PrimitiveRenderer 中。

25.13.2 StringRenderer

StringRenderer 类用于绘制字符串，常与 Font 类配合使用。之前 Framework 中的 drawDebugString() 和 DebugScreen 类的具体功能都是通过该类完成的。大家可以查看一下 Framework 类的代码，除了制作用于指定各个字符与纹理中位置的对应关系的表格稍微复杂之外，其余内容都很简单。

FontImplOS.h 中直接调用了 Windows 的功能，它使用系统自带的 MS Gothic 和 MS Mincho 字体绘制字符串。虽说这一功能无法做到通用，但是考虑到制作 PC 游戏时常常会用到该功能，所以就直接放到类库中了。字体的版权问题本身就非常麻烦，而我们又不可能将几千个字符做成图片。即便为每个字符绘制好相应的图片纹理，载入后恐怕内存也所剩无几了。而如果调用运行游戏的计算机上的字体来绘制，则完全不存在版权问题。另外，系统上的字体其实是以占用空间较小的字形曲线数据的形式保存的，只有在必要时才会将字符转换为图片，所以不会对内存造成什么压力。尤其在制作同人游戏时，往往也只能采用这种方法来生成字符。相关示例位于解决方案 ModuleTest 下的 WindowsFont 中。

`PrimitiveRenderer` 和 `StringRenderer` 功能单一且性能较差，一般只会在制作 demo 原型的阶段使用。不过在学习阶段，这样的功能类反而会帮助我们加深理解。

25.13.3 CollisionMesh

该类会在碰撞检测时派上用场。传入用于绘制画面的伪 XML 文件后，其中的顶点缓存与索引缓存就会按照 k-d tree 方法被整理好。理解了这部分代码，大家就能在一定程度上了解如何使用 k-d tree 方法处理地形碰撞了。

至于为什么不在第 22 章介绍这一示例，主要是因为它的代码太过复杂了。另外，使用 `float` 类型构建 k-d tree 时产生的误差是无法忽视的，这方面的处理会使代码更加复杂。虽说具体细节超出了本书的讨论范围，大家理解不了也情有可原，但如果想开发一个可以让角色在大地图上自由行走的游戏，无论如何都要用到这种方法。

相关示例位于 ModuleTest 中的 CollisionStatic 中。从高度为 500 的点向下生成一条长度为 1000 的线段，对线段与地形执行碰撞检测。相交处会出现一个红色的立方体。通过 a、s、w、z 键控制其移动时，可以看到一个红色的四边形沿着一个空的球体表面运动。

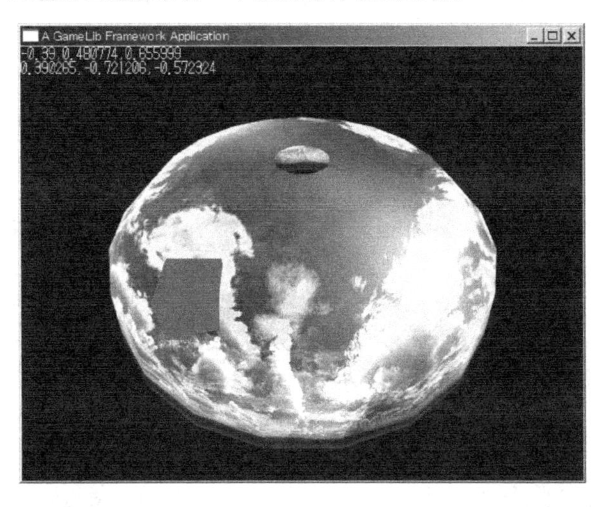

25.13.4 CollisionDetector

该类用于对运动的物体执行碰撞检测。其内部使用 k-d tree 实现，将之前讨论过的 2D 处理扩展到了 3D 空间中，同时在性能上做了一些改善。与之前的碰撞检测处理最大的不同是，程序可以一边生成结构一边执行判断。读者可以思考一下这样有什么好处。

示例位于 ModuleTest 中的 CollisionDynamic 中。程序在原点附近设置了 1000 个球，这些球靠近原点时会发生碰撞，然后彼此弹开。虽然画面上显示的是四边形，但处理时是按球体计算的。这 1000 个 `Model` 类的处理消耗了大部分计算性能，真正用于碰撞检测的开销其实很少。

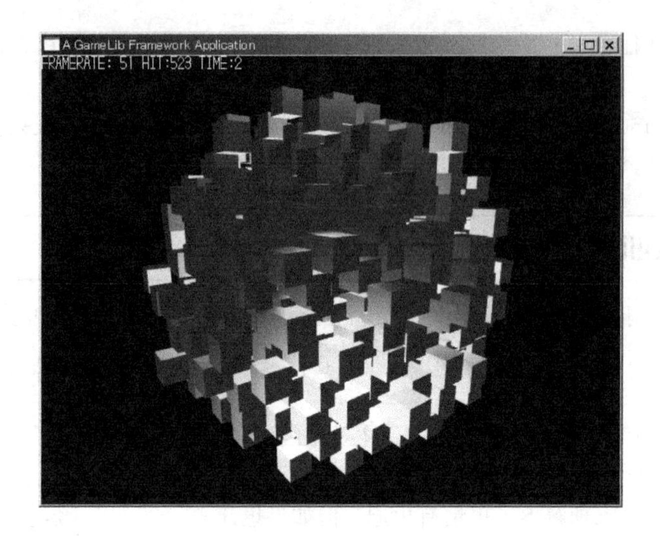

25.14 抗锯齿处理

目前主要功能类的用法都已经介绍完了，下面再介绍两个用于改善画质的功能，分别是**抗锯齿处理**（Multi Sample Anti Aliasing，MSAA）和**纹理过滤**。

首先来看看具体效果，为此我们准备了示例 AntiAlias。纹理过滤功能通过空格键开启，而抗锯齿处理则通过设置 main.cpp 中的布尔变量 `gMultiSampleAntiAlias` 的值来控制。

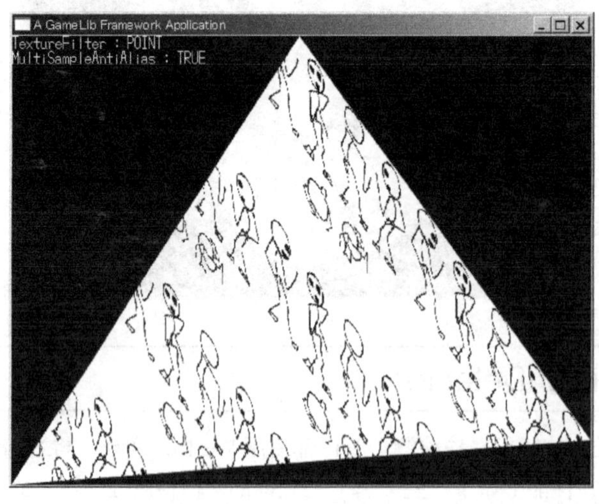

虽然示例只是简单地将纹理贴到了三角形中，但是已经足以确认这两种处理的效果了。

抗锯齿处理

首先来看抗锯齿处理。下面两张图片分别展示了处理前和处理后画面左下角所呈现出来的效果。差别是不是很明显？

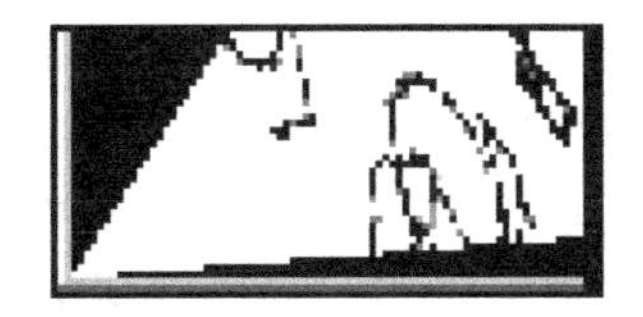
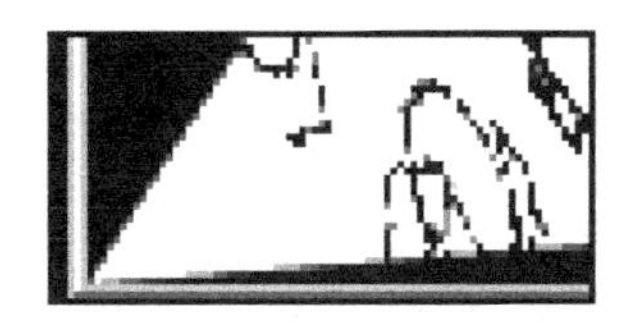

显然，右图三角形的各边更平滑。左图的白色区域直接变化到了黑色，而右图通过创建灰色区域很好地实现了过渡。简单来说，抗锯齿处理是一种减缓三角形各边锯齿程度的技术。

纹理过滤

再来看看纹理过滤处理。这里同样给出了处理前后的效果对比图，如下所示。

可以看出，左图的线条断断续续，而右图的线条相对要连贯得多。纹理过滤的效果看起来和抗锯齿处理非常相似，其实二者在本质上是一样的，只是使用的场合不同而已。抗锯齿处理作用于三角形的各边，而纹理过滤作用于"用于纹理贴图的三角形内侧"。

前面笔者特意关闭了这些功能，这也是类库生成的图像画质较差的原因之一。在最终版类库中可以自由开启这些效果，希望读者体验一下。不过，更高的画质往往伴随着更大的处理开销，这些处理也会导致计算时间增加。尤其是抗锯齿处理对性能的影响较大，读者测试一下游戏帧率就能感受到了。

需要注意的是，在运行 AntiAlias 示例时，也有可能感受不到抗锯齿处理和纹理过滤的效果。这是因为有些显卡不支持这些功能。如果是这种情况，我们也只能放弃了。笔者制作的类库在硬件不支持某些功能的情况下也能继续运行，所以大家不需要检测硬件是否支持各个功能。

至于这些功能内部具体是如何实现的，这已经超出了本书讨论的范围，理解之前恐怕要先学习信号与图像处理方面的知识。如果不想这么麻烦，也可以直接以纹理过滤和抗锯齿处理为关键字在网上搜索相关资料。

25.15 将《机甲大战》改用最终版类库实现

接下来我们将这一切运用到《机甲大战》中。先试着将解决方案 20_Lighting 下的 RoboFightWithDiffuseLighting 改用 `Final` 类库来实现。机甲类几乎不用做什么修改，只要将之前 `Library` 中的某些功能用 `Scene` 模块与 `Math` 模块替换即可。

笔者提供的示例位于 25_UsingFinalLibrary 解决方案下的 RoboFightUsingFinal 中。因为大部分功能已被 Scene 模块取代，所以之前使用的类库已经没有存在的必要了。改动最大的地方是光照处理。之前的光照计算部分全部被移除了，所以现在 Model::draw() 也不必再接收参数了。

此外，通过将光源设置在炮弹所在位置，就可以呈现出发光的炮弹照亮机甲和地面的效果。发光的物体在空中穿梭，视觉效果很好。但是我们不可能为每个炮弹都设置一个光源，所以只给离摄像机最近的三个炮弹设置了光源。通过运用一些技巧，永远对离摄像机最近的三个物体设置光源，看上去就突破了光源的数量限制。位置的轻微变化不会对点光源造成影响，因此这种手段不容易"露陷"。当然，对于地面这种大物体，就必须将其切分为非常小的单位，并为各单位选择最近的炮弹作为光源。

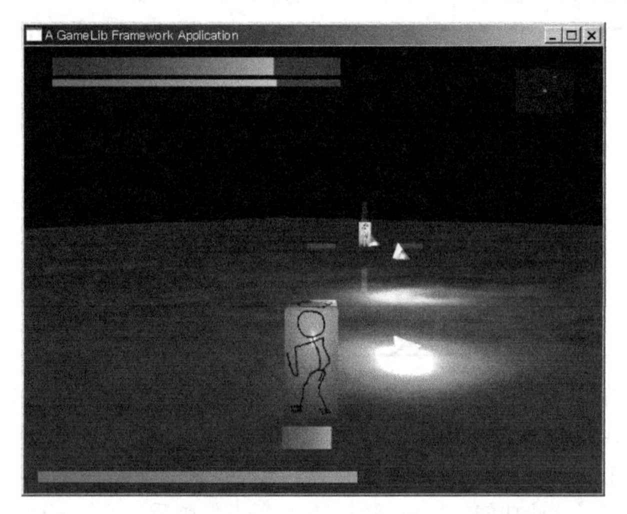

此外，我们还用到了 FileIO 模块中的压缩功能。先将数据放入 data 文件夹下，然后使用 Archiver.exe 生成档案文件 data.bin。启动时只要按以下代码进行设置，就可以使用档案文件了。

```
void Framework::configure( Configuration* c ){
    c->setArchiveNumber( 1 ); //档案文件只有一个
    c->setArchiveName( 0, "data.bin" ); //使用 data.bin
    c->setLoadMode( LOAD_ARCHIVE_ONLY ); //只读模式
}
```

现在我们已经可以使用该类库来开发游戏了。虽然功能较少，性能也谈不上有多好，但是在易用性和安全性方面是比较突出的。如果想快速制作一款游戏，使用它来开发特别合适。类库中并没有加入太多高深的功能，读者可以对其进行改造，也可以参考它自行编写一套类库。

笔者委托美工人员绘制了地面、天空和机甲，并通过 tool/XFileConverter 将素材转换为伪 XML 文件载入到游戏中，具体效果可参考示例 RoboFightFinal。

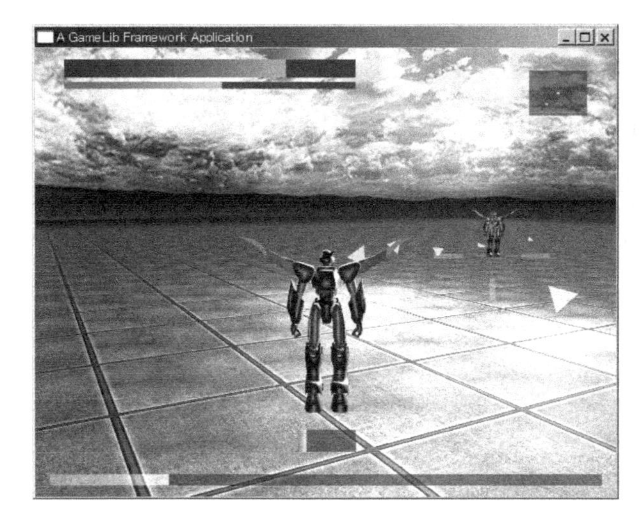

该示例仅替换了一些美术素材而已，读者可以和之前的示例对比一下。从中也可以感受到，程序员制作完游戏的功能模块后，剩下的就是美工人员的工作了。

25.16 X 文件

X 文件，即以 .x 为后缀的文件是 DirectX 的标准文件格式，使用范围很广。为了让类库也能够使用美工人员创建的 .x 文件，必须先将其转换成伪 XML 文件。.x 文件的解析程序非常复杂，读者恐怕难以自行完成。

为此，本书提供了相应的工具。

tools/XFileConverter.exe 是一个命令行程序，将 .x 文件名作为第一个参数传入后，会在同一文件夹下生成文件名相同但后缀为 .txt 的伪 XML 文件。类库只需加载该文件即可[①]。

不过有几点需要注意。首先，.x 文件中不包含纹理数据，所以必须将它和纹理放在同一文件夹下。其次，我们还要根据 .x 文件中记录的纹理路径对伪 XML 文件进行适当的变换。

举例来说，如果在伪 XML 文件中记录了下列内容，运行时就必须确保该绝对路径下存在相应的纹理文件。

```
<Texture name="tile" filename="D:\\hirayama\\tile.tga"/>
```

这种做法不够方便，因此可以替换成如下形式。

```
<Texture name="tile" filename="tile.tga"/>
```

如果采用相对路径，程序将在自身同级目录下查找纹理。而变换工具之所以未执行这一处理，是因为设计之初考虑的是文件的位置不会发生变化。

① XFileConverter 是一个非常庞大的程序，测试也不够充分，有可能含有 bug。准确地说，一定含有 bug。

25.17 本章小结

本章对随书类库的结构与用法进行了介绍。全书只有这一章没有一个非常明确的主题，不过本章提供了大量示例供大家学习理解，还是有一些价值的。

下一章从本质上来说是本书的最后一章，笔者将对大家都不愿意面对的 bug 展开说明。虽然该部分内容和游戏的玩法以及画面毫无关联，但游戏最终的规模在很大程度上是由开发人员对待 bug 的态度决定的。在讨论游戏的可玩性之前，最重要的是确保游戏能开发完成。

因此，在这方面我们不可以掉以轻心。

第26章

bug的应对方法

主要内容

- 性能下降
- 内存溢出
- 预防非法访问
- 自动释放指针
- 引用计数器
- 代码规范

补充内容

- 内存溢出的检测

之前的章节中我们基本上都是围绕某些功能的实现展开讨论的，本章则并非如此，我们将讨论一下bug的应对方法。

正如不可能事事完美一样，想要确保代码中永远不出现bug也是不可能的，我们只能尽量降低bug出现的概率，在bug出现后尽量减轻损失。那么，为此我们应该做些什么呢？本章将围绕这些内容展开讨论。

本章夹杂了很多笔者个人的主观想法。虽然总体而言本书的内容也谈不上有多客观，但是本章的主观性更强一些。

编程领域存在许多“流派纷争”，虽然理智的态度是敬而远之，但本章却对这类话题多有提及。和不同的观点发生碰撞其实也是一个学习的过程。针对笔者的观点，如果你无法认同，请一定认真思考一下为什么。如果思考后仍坚持己见，欢迎与笔者讨论。将来本书若有机会再版，笔者一定会将这些意见反映进去。

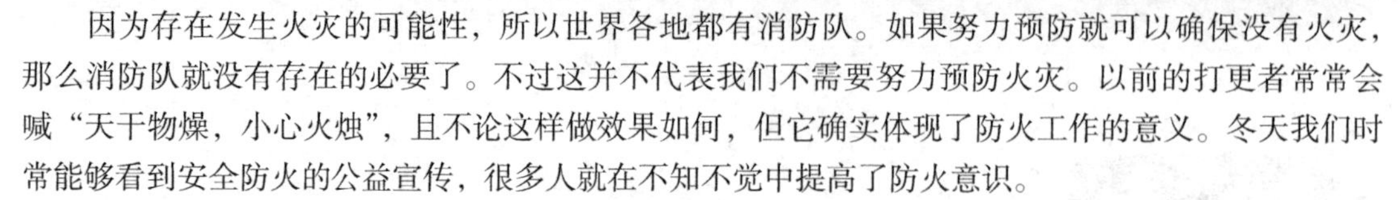

26.1 防火与灭火

因为存在发生火灾的可能性，所以世界各地都有消防队。如果努力预防就可以确保没有火灾，那么消防队就没有存在的必要了。不过这并不代表我们不需要努力预防火灾。以前的打更者常常会喊“天干物燥，小心火烛”，且不论这样做效果如何，但它确实体现了防火工作的意义。冬天我们时常能够看到安全防火的公益宣传，很多人就在不知不觉中提高了防火意识。

对于我们不希望出现的情况，一方面要减少它出现的概率，另一方面要设法减轻它出现时造成的危害。对于火灾就是要防火与灭火，对于疾病就是要预防与治疗。虽然二者的界限不易区分，但是大体上这样理解就可以了。

另外，平衡二者的投入成本非常重要。如果将资金全部用在购买灭火设备上，从而忽视了防火工作，可能就会因火灾频发而造成很大的损失。反之，如果只是一味地防火而没有准备足够的灭火器材，那么一旦发生火灾，损失也将非常巨大。健康方面亦是如此。相比兴建大量高级医院，将资金投入到健康教育等疾病预防方面说不定会取得更好的效果。

那么，对程序来说又是怎样的呢？

道理是一样的。我们自然应当实施一些预防 bug 的对策，但如果仅仅如此，在 bug 出现时不采取任何措施，那么再多的努力也是白费。

既不能寄希望于建立一套能够杜绝 bug 的开发体制，也不能想当然地认为既然 bug 无法避免，那么只要提高解决 bug 的水平就可以了。如果寄希望于不会出现 bug 的开发体制而疏于考虑 bug 的解决对策，就可能造成不可挽回的损失。同样，如果认为只要最后花点时间调试 bug 即可，而在前期不做任何准备工作，那么 bug 就可能无法完全解决。当然，在这种情况下也不可能专门留出多长的时间进行调试。

既然如此，针对这两方面，我们应该分别下多少功夫呢？具体又该做些什么呢？在回答这些问题之前，有必要先了解一下 bug 的本质。bug 是如何引起的？它属于哪种类型？会造成哪些危害？如果在掌握这些情况之前贸然做出决策，恐怕就无法真正地解决问题。

26.2 bug 的种类

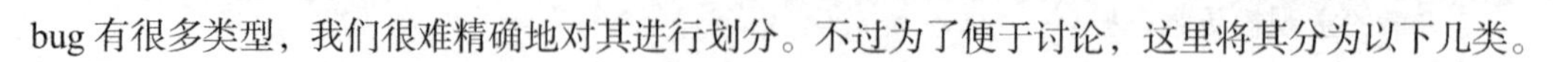

bug 有很多类型，我们很难精确地对其进行划分。不过为了便于讨论，这里将其分为以下几类。

- **逻辑 bug：最终实现的东西与设想的存在偏差甚至截然不同**
- **技术 bug：掉入了编程语言或者硬件方面的一些陷阱**
- **性能问题：代码性能太差，或者要开发的产品超出了机器能承受的性能**
- **内存溢出：内存的使用效率太差，或者要开发的产品在内存使用量上大大超出了机器的配置**

严格来说，后两者并不能称为 bug，不过在开发游戏时所有人都会遇到这两类问题。因此，从广义上来看，把它们列入 bug 的范围也无可厚非。

如此看来，并不是所有的 bug 都能靠程序员解决，程序员能够处理的只有技术 bug 而已。逻辑

bug 则跟游戏策划人的能力以及说明文档的质量密切相关。

因此，本章后半部分将着重对程序员需要关注的技术 bug 进行讨论，这里先对这 4 种 bug 进行一个简要的说明。

26.2.1 逻辑 bug

“程序的行为取决于你如何编写。”这话可能存在一些偏差，不过细细想来确实不无道理。

我们都是按照自己的设想来编写程序的，但是出于种种原因，最后开发出的成果和最初的设想可能存在一定的偏差。遗憾的是，计算机只会忠实地逐条执行代码指令。即便开发出的成果完全符合最初的设想，也不排除最初设想的方案存在逻辑漏洞的可能，这样最终的成品肯定也是不合格的。设计出现漏洞，或者编写代码时出现了偏差，最终结果都一样是错误的。

此外，如果逻辑的设计者与实现者不是同一人，情况可能会更糟。毕竟中间还存在沟通成本，这一阶段也很有可能出现疏漏，比如只通过口头转达需求而没有留下文档，或者留下的文档晦涩难懂，等等。解决这类问题需要团队成员之间互相配合，然而如果每个人都抱着“这不是我的责任”的心态，结果往往不了了之。要彻底解决这类问题，恐怕需要建立起某种良好的开发流程，不过这部分内容就不在本书的讨论范围之内了。

程序员造成的逻辑 bug

基于上述原因，这里我们只讨论程序员用代码实现自己脑中的设计时产生的 bug，看一下如何减少此类 bug 出现的概率，以及在出现这种 bug 后如何更快地进行修复以减轻损失。

最基本的原则是“不依靠人的大脑去解决复杂的问题”。人类的大脑并不擅长处理逻辑性或推理性太强的问题。因此，在处理数字或者符号时，最好先将其转换为一些简单的对象再进行处理。

记忆的过程也是如此。人类的大脑并不擅长记忆一些符号化的东西。当我们看到钢琴家在不看谱子的情况下演奏出一首长篇乐曲时，会惊叹其记忆力之强大，然而对大多数人来说，记一个电话号码就已经非常吃力了。这是因为我们无法同时思考多个问题，一会儿要记住这个，一会儿又要记住那个，等到记住后面的时候，前面的又忘记了。

对此，最根本的办法是将一个大问题分解为一堆简单的问题，并减少同时思考的对象数量。

分而治之

相信读者在开始学习编程时都被叮嘱过“要对函数适当地进行分解”，这正是“减少同时思考的对象数量”的基本做法。不要编写过于臃肿的类，也不要编写过于冗长的函数。类库太大或者单个代码文件的内容太多都不好，if 语句也应当避免过长。

```
if (
    ( mStageID == STAGE_5_2 &&
      mRobo[ 0 ].id() != mRobo[ 1 ].id() &&
      mMode == MODE_VS ) ||
    ( mStageID == STAGE_5_3 &&
      mRobo[ 0 ].id() == mRobo[ 1 ].id() &&
      mMode == MODE_STORY ) ){
  ...
```

这种长度的 if 语句在游戏代码中经常出现[①]。虽然一些人会在一开始就编写这样的代码，不过在大多数情况下这是需求不断追加的结果。当然从结果上来说并没有什么不同，二者都是 bug 产生的源头。

这类冗长的 if 判断超越了人类的理解能力，为了便于理解，最好将其拆分为多个条件。

```
bool is52 = ( mStageID == STAGE_5_2 );
bool is53 = ( mStageID == STAGE_5_3 );
bool isEnemy = ( mRobo[ 0 ].id() != mRobo[ 1 ].id() );
bool isVs = ( mMode == MODE_VS );
bool isStory = ( mMode == MODE_STORY );
bool condition0 = ( is52 && isEnemy && isVs );
bool condition1 = ( is53 && !isEnemy && isStory );
if ( condition0 || condition 1 ){
  ...
```

这种拆分的思想不仅存在于编程世界中，在我们的日常生活中也随处可见。试想，如果国家只设立市级行政区而不设立省级行政区，将会有什么影响呢？显然，中央必须和数量庞大的各市直接打交道，无疑会混乱不堪。对一个公司来说也是如此。如果除了董事长以外的其他 1000 人都是普通员工，公司就无法正常运营。这个世界总是把需要管理的对象按照一定的规模划分后统一进行管理，我们在编写代码时也应当借鉴这种思想。

这一点与之前对碰撞检测进行性能优化时的思路非常类似。如果往一块区域中放入太多的物体，碰撞检测的次数就会增加，所以应按照合理的规模进行划分。我们不妨参考 k-d tree 的树结构进行处理。现实世界中这种树结构也随处可见。比如公司会设置董事长和部门经理等管理层，这和在 k-d tree 中构建层级的理由完全一致，都是为了提高处理效率。

要说为何这样做更有效率，主要是因为分割后，不同区块之间的相互作用被消除了。以均等分割为例，不同箱子中的物体之间就没有必要再执行碰撞检测了。同样，当不同部门的员工之间需要沟通时，多半会通过他们的领导来完成，这样就能够避免各部门员工之间直接交流而造成混乱。

可以说，事情的复杂程度与它被划分后各个区块大小的平方和成正比。

以代码为例，假设 100 行代码的复杂度是 10 000，50 行代码的复杂度是 2500。如果将 100 行代码分为 2 个模块，总复杂度将会从 10 000 减少至 5000。同理，含有 100 个函数的类的复杂度大概是 2 个分别含有 50 个函数的类的复杂度的 2 倍。当然，这里的“2 倍”未必精确，不过有了这样的印象后，就容易养成对系统进行拆分的习惯了。

需要注意的是，过度拆分会使性能降低。这一点大家回忆一下 k-d tree 和等分切割法的内容就能理解了。如果将装有 4 个物体的区块分为 2 部分，结果每部分包含 3 个物体，按照刚才的算式，对比 4×4 和 $(3\times3)\times2=18$ 就可以看出，分割后的总复杂度变大了。在使用等分切割法的情况下，过度划分之所以会导致性能下降，是因为有些元素同时属于多个区块，处理发生了重复。公司中也会出现同样的现象，如果部门划分得太细，有些人就会同时属于多个部门，这反而更不便于管理。同理，如果编写了大量只有寥寥数行的类，就不容易对系统整体有一个清晰的认识，反而会给大脑增加负担。

综上所述，如果能恰到好处地对系统进行拆分，就能在很大程度上减少逻辑 bug 出现的概率。

---

① 这种长度不算什么，笔者早已对是它 5 倍长的 if 语句见怪不怪了。

添加注释

人类的记忆力其实非常有限，很多代码细节在 3 天后可能就记不清了。因此，即便是其他人不会触及的代码，也应当编写得能够让别人读懂。为此，注释就是一个很好的工具。

为各个函数加上一些简短的功能描述是一个好习惯，特别是那些复杂的处理代码，最好加上注释。比如，对于特别长的 `if` 语句，应当在 `if` 和 `else` 的右侧写上在什么情况下会进入该分支、会执行什么样的处理等内容。

不过需要注意的是，切勿过度注释，没有意义的注释等同于垃圾。

26.2.2 技术 bug

这类 bug 主要是程序员知识储备不足以及技能不够熟练导致的。其实技术 bug 和逻辑 bug 之间的界限非常模糊，比如用 `-1` 作为下标来访问数组所导致的 bug 就很难说属于哪一类。这里我们将编程语言或硬件方面不恰当的用法造成的 bug 统一归为技术 bug。

将 0 作为除数、错误地访问指针、数组下标越界等都会导致程序崩溃。如果使用了线程，`Mutex` 使用错误还有可能造成线程死锁。这些都和具体的代码规范相关，后面我们再详细讨论。

26.2.3 性能骤降

正如前面介绍的那样，性能骤降的原因无非是代码的执行效率太低，或者计算量超出了硬件能够承受的范围。

在介绍性能优化时我们提到过，代码的执行效率会根据程序员能力的高低而产生数倍的差异。不过在大部分情况下，重要模块的代码只会让那些优秀的程序员来编写，所以这类代码的优化空间并不大。

读者可以回想一下我们之前提到的 80：20 法则，即 20% 的代码消耗了 80% 的执行时间。用于绘制的类库、动画类库以及碰撞处理都属于这 20%，如果这部分代码是由编程老手编写的，就很难再进一步优化了。如果读者从事的是编写这类核心代码的工作，无疑要付出更多的努力，不过在游戏项目中，大部分代码属于游戏逻辑部分，一般来说性能不太可能会成为瓶颈。

这么看来，性能不足的原因更多是在于要实现的功能的计算量太大了。因此，即便努力对类库的代码进行优化，也未必会有多少改善。

如果在绘制画面时出现性能下降的情况，原因可能就是同屏出现的物体过多、模型顶点数量过多、shader 太过复杂，或者分辨率太高。当出现这种情况时，人们往往会寄希望于程序员来做出改善，但是就像之前所说的那样，在这种情况下，即使程序员愿意挑战，也不一定能取得很好的效果。

如果编写代码的程序员水平不高，从理论上来说代码确实会有很大的优化空间。但是程序员水平参差不齐也是开发中要面临的一个问题，预估问题时最好将这一情况也考虑进来。在实现一个功能时，最好从团队成员的能力出发，看看性能方面能做到什么程度，再根据这个结果来考虑设计。

开发了很多功能，最后却因为性能问题而不得不删掉，这不仅会造成浪费，还会打击士气。笔者编写的 shader 就曾因性能问题而被完全删除，那个 shader 还是笔者周末加班编写的，被删除后笔者甚至都想辞职了。美工人员肯定也有类似的感受，画的时候明明感觉很好，但最终的游戏画面看起来却惨不忍睹，这是让人难以忍受的。不过即便如此，在笔者接触的圈子内也没有见过谁会出于这个原因而在工作中漫不经心，大家几乎都会竭尽全力地去工作，即使这个功能最后会被删除。这种匠人精神无疑是值得肯定的，但是难道就没有一些折中的方案可以避免浪费吗？

一种有效的解决手段是，在开发时不要过早地进行优化。在策划方案没有完全确定或者美术素材没有彻底准备好之前，无须特意进行优化。不过如果要按这种做法来开发，开发人员必须脸皮够厚才行。毕竟这种想法很难被大部分人接受，至少笔者无法做到。

或者也可以按帧率可变的模式来开发游戏，这样当性能下降时兼容度会更好。但如果在意影像撕裂这一缺陷，这种做法就不可取了。另外，游戏逻辑的处理也会因此而变得复杂，可能会引入新的 bug。笔者恐怕这辈子都不会按可变帧率模式来开发商业游戏。

据笔者所知，开发过程中不被性能问题困扰的项目几乎不存在。

26.2.4 内存溢出

内存溢出是比性能骤降更严重的问题。因为在性能下降的情况下程序还能运行，而一旦发生内存溢出，程序当场就会崩溃。正式产品中是绝对无法容忍此类 bug 的。

内存溢出的原因其实很明确，要么是使用内存的方式不对，要么就是加载了过多的数据到内存中。和性能骤降类似，即便使用内存时格外小心，改善的效果也非常有限。就算可以花一两天时间把那些显而易见的错误修改过来，后面也很难再进一步改善了。

在大部分情况下，内存溢出的原因是对程序使用量估计不足。很多开发人员往往会粗略地进行估计，比如内存有 100 MB，要载入的数据有 90 MB，程序本身占用 10 MB，于是就认为没有问题，而这正是噩梦的开端。因为他们忽略了内存不可能全部用满这一点（用满就崩溃了）。

在现在的游戏中，内存主要用来存放载入的一些资源与数据，但是很多情况下数据被载入后所占用的容量和原始文件的容量是不同的。比如当读取某文件后还要执行某些处理才能让数据变得可用时，内存的使用量就会变大。伪 XML 文件就是一个很好的例子，读取后必须对它的内容进行解析才可以使用，而这肯定要消耗一定的内存。此外，纹理和顶点缓存等传入显卡的数据一般也会先放在主存中。在某些情况下，数据的副本也必须一直存放在主存中。另外，按照压缩后的文件容量进行估算也是我们常犯的一个错误。有时为了提升性能，载入压缩数据后还会额外生成一些数据，这样内存使用量就会比原始文件大不少。

内存使用量增加的具体情况恐怕只有编写该处理的程序员才清楚，美工人员或者其他程序员往往无从得知。比如将一些原本按 `short` 或 `char` 类型存储的值赋给对象中的 `int` 变量的情况。内存对齐的问题对文件存储的影响可能不大，但是在内存中就不一样了，`int` 值只能存放在可以被 4 整除的地址中。这就会浪费掉一些内存。

此外，读者是否清楚 `new` 的内部特性？一般在使用链表这样的数据结构时会大量用到 `new` 操作。链表的特性之一是相邻元素通过指针连接。因此，每次执行 `new` 操作时都会浪费几个字节。另外，一般情况下 `new` 只会返回能被 8 整除的地址，因为这样才能确保顺利放入 `double` 类型。如果再为 `new` 添加检测内存是否被释放的功能，就得再占用几十个字节的开销。最后，真正可使用的内存容量就会变得越来越少。

经过上述分析，思路是不是清晰了许多？

内存本身无法完全用于某个程序，而且我们也很难估算程序会使用多少内存容量，估算出错是常有的事。因此，最好一开始就留出余地。过去编写代码时采用的都是全局变量的方式，而且几乎不会使用 new 操作，即便如此还是难以精确估计，更何况现在 new 的使用早已司空见惯，精确预估内存使用量几乎是不可能的。明智的做法是“量入为出”，在确保还有内存的前提下陆续添加功能。

笔者的习惯是确保程序最多只占用全部内存容量的一半，在这一前提下进行开发。不过要守住这一原则很难，内存溢出的情况还是时有发生。毕竟当我们看到内存还有剩余时，就会忍不住去使用。

如果胆子够大，也可以提前申请超出实际需要的内存空间。不过一旦“露陷”就麻烦了，笔者并不推荐这种做法。

笔者还从未遇见过不曾为内存问题烦恼的程序员。

26.3 bug 的预防

下面我们将重点讨论技术 bug。本节会介绍一些预防此类 bug 的技巧。

技术 bug 具体可以分为以下几种。

- **将 0 作为除数**
- **错误地访问内存**
- **忘记释放内存**
- **线程死锁**

计算时如果以 0 为除数，程序当场就会崩溃，所以这种 bug 很容易找到，修复起来也比较简单，这里就不再讨论了。另外，线程死锁处理起来太过复杂，此处也不涉及。

下面我们将讨论的重点放在“错误地访问内存”与“忘记释放内存”这两类问题上。这里我们再对这两类问题进行细分，“错误地访问内存”包含以下几种情况。

- **数组越界**
- **访问已经释放了的指针**
- **访问未初始化的指针**
- **滥用比较危险的函数**
- **滥用 `std::vector`**

下面我们来逐个进行分析。

26.3.1 数组越界

数组的使用总是伴随着访问下标越界的风险。

```
int a[ 2 ];
int b;
a[ 2 ] = 0;
```

上面这段代码显然是错误的，但编译器并不会提示任何错误，代码甚至还能继续执行，因此短时间内问题不会被察觉。

越界错误的可怕之处在于程序不会因此而中断。一般来说，在通过 new 申请数组空间的情况下，由于 new 的特性，操作时可能会多申请一些空间。因此，在向首元素 –1 的位置或者尾元素 +1 的位置写入数据时，操作的可能就是这部分额外的空间，其他 new 操作所申请的空间并不会遭到破坏，因此程序不会崩溃。另外，在这部分“垃圾数据”未被使用之前，并不会造成危害。像上述代码那样不通过 new 创建数组的情况也是一样的。a[2] 指向的位置其实是变量 b 的位置，向其写入值并不会导致异常。程序会不会崩溃完全看运气。

最麻烦的是非法操作没有被发觉。如果程序立刻崩溃倒也还好，像这样初始化时看似正常，而在运行时出错的情况就非常棘手。比如程序往非法地址写入了数据，而该处本应存储某个对象的指针，经过很长时间后程序访问到该指针时才崩溃，这时查看崩溃处的代码是找不出问题的。这就给调试带来了很大的困难。

添加范围检测

简单来看，问题的根源在于没有对数组的范围进行检测。不过从性能方面考虑，C++ 和 C 语言在语法上未添加这一特性也是可以理解的。如果添加了下标的合理性判断，就需要多执行两个 if 操作（>=0，<N），这可能会给程序带来很大的负担[①]。如果把它集成到语言自身的特性中，无疑会带来很多问题。不过根据之前提到的 80：20 法则，大部分代码对性能的要求并没有那么苛刻，而数组相关的大部分操作就属于这类代码。由此看来，我们可以不用太担心范围检测会对性能产生影响。

实际上，如果不使用下标而是通过 at() 函数访问 std::vector 的元素，就会触发范围检测。

```
vector< int > a( 10 );
a.at( 10 ); //异常
a[ 10 ]; //没有异常
```

不过，我们希望能够采用和普通数组类似的操作方法。为了确保 std::vector 可以正常使用，我们可以为它编写一个专门的函数。当然，并不是非使用 std::vector 不可，我们也可以创建一个判断下标是否合法的数组类。

```
template< class T > class Array{
public:
   Array( int size );

   T& operator[]( int i ){
      ASSERT( i >= 0 && i < mSize );
      return mElements[ i ];
   }
};
```

operator[] 是下标操作符，其中包含了一个 ASSERT 处理，它能确保及时发现越界错误。模板技术是把双刃剑，不宜滥用，不过在这种情况下使用再合适不过了。借助该类，我们可以像下面这样编写代码。

```
Array< int > a( 10 );
a[ 10 ] = 0; //异常
```

GameLib 中提供的 Array 类的作用正在于此，它除了能执行范围检测之外，还能自动释放内

---

① 实际上，让下标参数使用 unsigned 类型，将 int 类型也转换为 unsigned，之后再判断值是否小于 N 就可以了。示例中为了方便理解没有体现出这一点。

存。不需要手动 delete，非常方便。即使游戏中从来没有用 new 创建过数组，错误调用了 delete 和 delete[] 后也不会产生 bug。Array 类的这些特性虽说牺牲了一些性能，但相对来说还是值得的。

当然，无论哪种技术方案都有弱点，比如上面的 Array 类。

```
Array< int > a( 10 );
*( &a[ 0 ] - 1 ) = 0; //没有异常
```

如果通过上述代码取出第 0 号元素指针后再减去 1，就会生成一个指向非法地址的指针，这种情况是无法自动检测出来的。C++ 支持指针操作，无论什么样的预防措施都有办法绕开，不过我们只要确保能在大多数情况下达到预防效果就够了。防火的目的在于降低火灾发生的概率，而不是保证火灾永远不发生。对于任何一种方法，既不能过度依赖，也不可疏忽轻视。

26.3.2 访问已经释放了的指针

请看下面的代码。

```
int* a = new int;
delete a;
*a = 0;
```

这段代码明显存在问题，但程序很可能不会崩溃。虽然执行了 delete，但 a 仍是一个合理的内存地址，向其中写入值并不会导致硬件出现异常。delete 操作只是标记了“该地址内容已被清空”，以便下次使用，往该处写入数据并不会使程序崩溃。不过从逻辑上来说，上面的代码肯定是错误的，如果碰巧在该位置执行了 new 操作，就会覆盖掉其他变量的值。

```
int* a = new int;
delete a;
int* b = new int;
*a = 0;
```

执行上述代码后 b 值有可能为 0（如果 new 申请的空间正好位于 a 原来指向的位置），也可能不是 0。

由此可以看出，“访问已经释放了的指针”和“数组越界访问”是同类问题。程序不会在错误的源头立刻停下，而是在后面的某个时刻爆发，这种问题非常棘手。

对于这类 bug，要么采取措施杜绝它出现，要么就设法让程序在它出现后立刻停止运行。和前面处理数组越界时类似，我们只能在后者上下功夫。

```
int* a = new int();
delete a;
a = 0; // 设置为 0
...
*a = 0; // 异常
```

delete 之后立刻将原指针赋值为 0。考虑到每次写两行代码比较麻烦，GameLib 中准备了 SAFE_DELETE 宏。之前已经介绍过这一概念，这里就不再赘述了。

然而，这并没有彻底解决问题。

```
int* a = new int();
int* b = a;
```

```
SAFE_DELETE( a );
*b = 0; //陷阱
```

复制指针的值非常容易。用 a 对 b 赋值之后，通过 b 并不能感知到 a 的地址已经被释放了。如果要检测，在原值 a 被释放时进行是最容易的，将 b 传给其他对象后就变得复杂了。

谁（类、函数、编写代码的人）执行了 new 操作就由谁负责 delete。在传递指针时，接收方必须先于传送方执行析构。

恪守这一原则能在很大程度上改善该缺陷，但有时我们无法严格遵守，而且在某些情况下这种设计是无法实现的。后面我们会介绍一种解决该问题的方法，不过离完美解决仍有很大差距。

26.3.3 访问未初始化的指针

这一问题与上一问题基本相同。

```
class A{
   A(){}
   void init(){
      mP = new int();
   }
   void set( int a ){
      *mP = a;
   }
   int* mP;
};
```

不难看出，上述代码的用意在于执行构造函数后在某处先调用 init() 申请内存空间，然后在适当的时候调用 set()。如果忘记调用 init() 会怎么样呢？因为 mP 的值不确定，所以很难说会造成什么样的后果。如果运气好，mP 指向了合理区域之外，导致程序立刻崩溃，问题就比较容易被发觉，反之，如果顺利地写入了 int 值，或者正好使用了某个本来就存放了指针的地址，不知不觉中内存数据就遭到了破坏。

要解决这一问题，就需要让程序在错误赋值的瞬间崩溃。

```
A() : mP( 0 ){}
```

构造对象时将 mP 的值设为 0，这样即使忘记调用 init()，操作的也是 0 指针，程序会因此而终止。此外，考虑到其他类中可能也存在未初始化的指针，析构时最好将自身持有的指针全部设置为 0。即便不是自己创建的指针也是如此，这样能提高“一旦使用未初始化的指针就立刻崩溃”的概率。实践证明这种方法非常有效，笔者强烈推荐大家使用。

在 GameLib 的代码中，所有的指针参数在使用前都被赋值为 0，析构后同样被设置为 0。即使是在定义后马上执行 new 操作并写入值的变量，也需要先初始化为 0。

```
A::A() : mP( 0 ){
   mP = new int();
}
```

然而，我们确实有必要找到一种彻底解决该问题的办法。这一问题的本质在于使用前没有对指针进行初始化。人们往往容易忽略那些步骤烦琐的操作。除非找到一种方法可以自动对指针进行初始化，并在使用后自动设置为 0，否则什么方案都不保险。后面我们将会介绍这样一种方法。

26.3.4 滥用比较危险的函数

请看下面的代码。

```
char b[ 4 ];
sprintf( b, "%f", 1.234567 );
```

问题显而易见。算上结尾的 '\0'，字符串 1.234567 共有 9 个字符，存放字符的数组长度至少为 9 才行。但是我们往往无法提前得知具体需要申请多大的空间，结果只能写一个自认为合适的数字。当然，有时传入的字符串会超过该长度，比如下面这种情况。

```
void foo( const char* s ){
   char b[ 1024 ];
   sprintf( b, "%s", s );
   (一些其他处理)
}
```

在上面的代码中，我们无法保证传入的字符串 s 的长度永远不超过 1024。

说到底还是函数 sprintf() 的功能太弱了。虽然可以使用允许指定最大长度的 sprintf() 函数，但是 C++ 中有更方便的 ostringstream，我们可以使用它来解决问题。能通过 C++ 类库完成的事情应尽量使用 C++ 来完成，除非有性能方面的要求，否则最好不要使用 C 语言时代遗留下来的函数。经验丰富的老手可能会说："还是按照自己习惯的方式比较好，我都没有写出过这种 bug。"对此笔者无意争论，不过建议没有明显喜好的读者按照笔者所说的方式去做。很多时候性能问题并没有那么严重[①]。

说到 C 语言的标准库，string.h 与 stdlib.h 中定义的函数都很危险。比如 strcat()、strdup()、strstr()、memset()、memcpy()、sprintf()、atoi() 和 atof() 等，它们的参数检测功能不够完善，而且容易造成内存泄漏。如果对性能要求不是十分苛刻，完全可以用 C++ 的 string 类型进行字符串处理。同样，我们可以将 sprintf() 替换为 ostringstream，将 atoi()、atof() 替换为 istringstream。

对于 memset() 和 memcpy()，从"禁止无视变量类型直接操作内存"这一原则来看，除非对性能有很高的要求，否则都应禁止使用。

```
A a;
memset( &a, 0, sizeof( A ) );
```

之前已经说过，如果 A 中含有虚函数，上述操作就会带来致命的问题。同样，memcpy() 也不会考虑类的特性，它会强行往内存中复制数据。通过 void* 访问内存是一种非常危险的行为。如果不是出于性能方面的考虑，则完全没有必要使用这类函数。除了性能更好以外，可以说这类函数没有任何优点。

类似这种情况，如果处理的是数组，我们可以通过循环来完成；如果需要清空一个类，可以编写一个将类的所有成员都置为 0 的函数；如果要复制一个类，可以重载赋值运算符。虽然这些步骤给开发增加了一些工作量，但为了避免新手程序员因蹩脚地模仿一些高级的写法而引入 bug，最好在一开始就明确禁用这些函数。从整体上来看，这种做法的代价更小。

① 性能确实会降低很多。笔者在 Final 类库中放入了自行实现的 OStringStream 类，它的性能就要好很多。

26.3.5 滥用 std::vector

std::vector 使用起来非常方便，因此也容易被滥用。

```
vector< int > a( 10 );
for ( int i = 0; i < 10; ++i ){
   a[ i ] = i;
}
int* p5 = &a[ 5 ]; //*p5 等于 5
a.erase( a.begin() + 4 );
ASSERT( *p5 == 5 ); // 这里将报错，因为值等于 6
```

vector 的内部其实是一个数组。调用 erase() 后，后面的元素会往前挪动以填补空缺。因此，在取得指向第 5 号元素的指针之后，如果谁又调用了 erase() 函数，指针所指的元素就会发生变化。在性能优化的章节中我们曾讨论过，erase() 函数的时间复杂度是 $O(N)$，效率并不高。std::vector 中包含了大量此类危险的函数，使用前务必要掌握它的具体细节。

除了好好学习此类函数之外，还可以采用另一种更简单的对策，那就是直接禁用这些函数。如果程序不需要用到自动扩容功能，直接使用前面的 Array 类就足够了，若希望使用自动扩容功能，则可以开发一个“低配版”的 vector 类。

不过也有人认为，既然 std::vector 本身就是标准模板库提供的功能，从代码的通用性和健壮性来说，最好还是使用它来开发。这种观点并没有错，但笔者见过太多滥用 erase() 和 pop_front() 导致 bug 的情况，因此对这种观点持保留态度。

GameLib 中提供了一个“低配版”的 vector，即 Vector 类，具体代码可以参考 VectorImpl.h。它只不过去掉了 std::vector 中的一些危险函数。如果读者很有把握，也可以直接使用 std::vector。

不管怎样，使用 std::vector 之前一定要认识到数组本身不支持动态扩容这一点。

26.3.6 忘记释放内存

下面我们来看一下忘记释放内存的情况。

其实就是 delete 与否的问题。如果通过 new 创建的对象都能被及时销毁，或者通过析构函数来销毁，这类问题就解决了。之所以会忘记释放内存，是因为延续了 C 语言时代“使用 init() 初始化，使用 finish() 销毁”的开发思路，没有很好地利用构造函数和析构函数。

一些读者可能还保留着大量使用全局变量的习惯，不适应 C++ 的做法。无论读者过去有什么样的开发经验，在“陋习”形成之前，一定要尽快掌握并适应 C++ 的编程风格。即便在 C 语言时代养成的习惯已根深蒂固，至少也要了解一下新的做法。

关于忘记释放内存的问题，有一点被经常提及，那就是在需要执行 delete[] 的时候误写成 delete。不过，如果涉及数组的地方都使用了之前介绍的 Array 类，就能避开这一问题，或者也可以在命名变量时使用复数形式来提醒程序员。正是出于这一考虑，在笔者的类库中，数组变量名都采用了单词的复数形式。不过，如果一开始采用 Array 就能解决问题，还是直接使用 Array 比较好，采用单词的复数形式来命名只是一种保护措施而已。在之前的章节中，笔者担心引入太多技巧会干扰读者的理解，因此才将这类预防 bug 的技巧放到了全书的末尾来介绍。

虽说只要正确销毁就能解决问题，但人们总是容易忘记销毁。对人类来说，预防某种问题的最佳策略就是从源头杜绝犯错的可能性。也就是说，如果有一种机制能在我们忘记对创建出来的对象进行销毁时报错，事情就会简单许多。我们会在下一节说明这一方法。

需要强调的是，不会发生内存泄漏的游戏几乎是不存在的。几百万行的代码、为数众多的开发人员、参差不齐的编程能力……在这种情况下一定会出现忘记释放内存的情况。即便采取了大量的预防措施，也很难保证程序在不出现任何内存问题的情况下持续运行一个月。

既然如此，不如准备好相应容量的内存，以确保在内存泄漏的情况下程序也能运行足够长的时间。虽说这种做法会让人觉得有些不负责，但是从现实情况来说，如果程序中有几十万次的 new 操作，调试起来就会非常困难。我们之前说过程序很难实现零 bug，这就是原因之一。程序员确实应当追求零 bug，而且零 bug 也有极低的概率可以实现，但如果觉得自己可以做到零 bug，未免就太过自信了。更何况现在也没有一种手段可以有效证明你的程序不存在任何 bug。

26.3.7 避免使用指针

忘记释放内存也好，非法访问也罢，这些 bug 都是因为对指针的错误使用才出现的。那些不存在指针概念的编程语言，比如 C#，就很难出现类似的 bug。因为范围检测和内存释放都会自动进行，所以这些语言不会出现忘记释放内存的情况，也不会出现访问已经释放了的内存的情况，“指针未初始化”这样的概念本身也压根不存在。上面提到的这些都是 C++ 独有的问题，如果使用 C# 或者 Java 来开发游戏，就不会有这样的烦恼。

遗憾的是我们只能依靠 C++。完完全全使用 C# 来开发游戏的时代还未到来。PC 游戏还有些许可能，但其他平台的游戏则可能性几乎为零，因此开发游戏时就不可避免地要和指针相关的 bug 斗争。

不过，和 C 语言不同，C++ 中有类的概念。灵活使用这一功能，可以大幅降低指针的危险性。

自动释放指针

如果将指针做成一个类会怎样呢？用指针类的析构函数来销毁自身所指的内存，就不会出现内存泄漏的问题了。另外，如果在构造函数中将自身初始化为 0，也就不会出现指针未初始化的情况了。

我们不妨尝试一下，代码如下所示。

```
template< class T > class AutoPtr{
public:
   AutoPtr( T* p = 0 ) : mP( p ){}
   ~AutoPtr(){
      SAFE_DELETE( mP );
   }
   T* operator->(){ return mP; }
   T& operator*(){ return *mP; }
private:
   T* mP;
};
```

这种指针类也称为智能指针。从代码中可以看出，如果不传入任何参数给构造函数，mP 就会被赋值为 0，因此不存在未初始化的情况。另外，因为析构函数中会将指针销毁，所以也不会发生内存泄漏。最后，为了让这个类用起来更像指针，代码中还准备了 operator->()，所以原来的写法

```
a->foo();
```

应当改成：

```
( a.operator->() )->foo();
```

该重载操作符将返回类中的 mP 成员，这样该类用起来就很像指针了。同样，operator*() 用于将代码写为指针的形式。

```
*a = 0;
```

展开上面的代码就是：

```
a.operator*() = 0;
```

注意，该重载操作符可能会被用于赋值，所以返回的是一个引用（T&）。请看下面的示例。

```
{
   AutoPtr< int > a = new int();
} // 这里将会释放
```

上面的代码虽然没有主动调用 delete，但是并不会发生内存泄漏。因为离开作用域后系统将自动调用析构函数，这时会自动销毁。也就是说，对于那些需要通过析构函数释放的指针变量，使用 AutoPtr 就能确保不会出现内存问题。尤其在“某个函数中申请的内存必须在离开该函数时释放”的情况下，这种做法非常有效。例如下面这段代码。

```
void foo(){
   int* a = new ();
   if ( error ){
      delete a; // <------ 这一行很容易被遗漏!
      return ;
   }
   （一些处理）
   delete a;
   return;
}
```

途中可能会跳出函数，因此容易忘记销毁，但使用 AutoPtr 之后，就不必担心这个问题了。

```
void foo(){
   AutoPtr< int > a = new();
   if ( error ){
      return;
   }
   （一些处理）
   return;
}
```

实际上，C++ 标准库中的 auto_ptr 提供了类似的功能，直接使用它即可。不过，它的实现比较复杂，为了简化，我们在 GameLib 的 Base 模块中提供了 AutoPtr 类。

在使用 AutoPtr 类的情况下，需要特别注意通过它来赋值时的情况。

```
void foo(){
   AutoPtr< int > a = new();
```

```
    AutoPtr< int > b = a;
}
```

采用上面这种写法时会出现问题。如果 b 已经指向了某块内存，再次对 b 赋值就会发生内存泄漏，而且因为现在 a 和 b 指向的是同一块内存，所以还会对同一个指针销毁两次。解决该问题的一个简单做法是禁止 AutoPtr 之间相互赋值。也可以在执行 b = a 后将 a 内部的 mP 设置为 0，虽然这种设计有些另类。随书类库中的 AutoPtr 禁用了赋值功能，虽然会带来一些不便，但确实杜绝了此类问题的发生。要禁止某个函数被外部调用，只需将其设置为 private 即可。

指针的复制问题

让我们再来看一下下列处理代码。

```
int* a = new int();
int* b = a; // 复制
delete a;
*b = 0; // 崩溃
```

原始指针被销毁后还残留着一个副本，这是一个常见的 bug。要防止这个 bug 出现，最简单的方式是禁止复制指针。比如，将 a 设置为 AutoPtr 类型后，因为 AutoPtr 和原始指针的类型不同，所以无法进行复制。

```
AutoPtr< int > a = new int();
int* b = a; // 错误！
```

如果 b 也是 AutoPtr 类型，我们就可以像之前那样禁用赋值运算符，编译时将提示错误从而避免 bug。

```
AutoPtr< int > a = new int();
AutoPtr< int > b = a; // 错误！
```

不过，完全禁止复制有时也会给我们带来一些困扰，比如在向函数传递参数时就会出现问题。

```
void foo( AutoPtr< int > );

AutoPtr< int > a = new int();
foo( a ); // 错误！
```

函数 foo 需要一个 AutoPtr 类型的参数，所以传参时会涉及值的复制。当然这里可以通过传递引用的方式来回避该问题，但是如果要对其他类的成员变量赋值就无能为力了。要解决这一问题，就必须使用能够被任意复制的“高级智能指针”。

使用引用计数器

现在我们引入引用计数器这一思路。引用计数器用于统计某个变量被使用的次数。

一开始通过 new 创建完成时将引用计数器的值设置为 1，每次复制时都对其加 1，每次进行析构时就对其减 1，当值变为 0 时执行 delete。引用计数器会对同一指针出现的所有地方进行统计，因此必须提前在适当的地方将它创建出来。

```
template< class T > class SharedPtr{
public:
    SharedPtr( T* p = 0 ) : mP( p ), mCount( 0 ){
```

```
        mCount = new int(); //new 一个引用计数器并将值设置为 1
        *mCount = 1;
    }
    ~SharedPtr(){
        --( *mCount ); // 减去
        if ( *mCount == 0 ){ // 如果值为 0
            SAFE_DELETE( mP ); // 删除
            SAFE_DELETE( mCount );
        }
    }
    void operator=( SharedPtr& p ){
        mCount = p.mCount;
        mP = p.mP;
        ++( *mCount ); // 多引用了一次，所以值加 1
    }
private:
    T* mP;
    int* mCount;
};
```

这里仅展示了核心部分的代码，其余部分与 AutoPtr 相同。

在构造函数中创建一个 int 变量并将值设置为 1。析构时对引用计数器减 1，一旦值为 0 就销毁所持有的指针，同时对引用计数器执行 delete。把 SharedPtr 对象赋值给其他 SharedPtr 指针意味着又多了一个引用，所以需要对引用计数器加 1。

如果某 SharedPtr 被赋值前已经指向了别的内存，应该如何处理呢[①]？类似这样的细节有很多需要考虑，不过引用计数器的大致功能就是这样。有了这个机制后就可以任意复制，不用担心有人错误地将仍在使用的内存释放掉，可以说解决了指针带来的大部分问题。

不过相应地也要损失一部分性能。引用计数器需要通过 new 创建，构造函数、析构函数以及赋值操作的处理也要复杂许多。如果要保证线程安全，因为引用计数器是共享的，所以还要用 Mutex 保护起来，这又会使性能进一步下降。所谓有得必有失，说的就是这个道理。AutoPtr 可能还好，但 SharedPtr 的开销就比较大了，在项目中滥用可能会导致整体性能下降。

不过，放弃这种做法未免也有些可惜，所以在对性能没有过高要求的情况下不妨积极采用这一做法。

GameLib 的 Base 模块中已经实现了 SharedPtr 类，读者不妨试试。该实现将 mP 和 mCount 放入同一个结构体中，虽然这样可以将 SharedPtr 的容量控制在 4 字节，但是通过箭头运算符访问时必须先通过指针访问该结构体，因此速度会慢一些。读者可以根据个人喜好与实际用途来选择合适的实现方式。

技术的极限

我们已经强调过多次，通过一些技术手段，任何技术性的解决方案都可以被绕开。

```
SharedPtr< int > a = new int();
delete &( *a );
```

这是一段毁灭性的代码。通过“*”取出里边的内容后，用“&”运算符就可以获得指针，这样就可以调用 delete 了。这种方式会造成某个已经被销毁的 SharedPtr 再次被销毁。

① 必须对 operator=() 进行修改，读者不妨思考一下具体的修改方式。

读者可能认为没有人会写出这种代码，但很多情形是我们难以预料的。就算不会犯上述错误，也可能会犯其他更简单的错误。例如程序员设置了一些全局的 SharedPtr 变量，并将 new 返回的指针存入其中，而全局变量只有当程序退出时才会被析构，这本质上和内存泄漏并没有太大区别。关于这一点，在拥有大量只会在程序退出时才会析构的对象的情况下也是一样的。如果违背了“只在必要时创建对象，一旦不需要了就即刻释放”的规则，之前讨论的这些方法就毫无意义。

通过技术方案解决问题的前提是使用者对该技术的特性有一定程度的了解。比如 SharedPtr 技术，如果程序员连它是什么都不知道，甚至认为还不如用普通的指针来实现，那么该技术就没有意义了。因此，要想让新技术起到效果，往往都需要进行专门的培训，每个参与者至少都要理解这些技术的运作原理以及具体的使用方法等。然而，即便是这种程度的要求，有时也无法达到。

如果认为团队的技术水平还未达到相应的阶段，或者团队不适合采用某种解决方案，就应当果断停止该技术的使用。过度依赖小聪明是危险的，如果有更好的方法来解决问题，那么我们何乐而不为呢？即使这一方法意味着要对全体成员进行培训以让他们注意内存释放的顺序，如果能够奏效，也是值得的。

26.3.8 GameLib 中的一些类

下面我们再对 GameLib 中的类进行一些补充说明，首先来看 Texture。

```
Texture t;
```

上述代码创建的对象内部是空的，如果按下面的方式编写，就会载入相应的文件。

```
Texture t = Texture::create( "robo.dds" );
```

下面的代码能让 b 和 a 都指向 robo.dds。

```
Texture a = Texture::create( "robo.dds" );
Texture b = a;
```

而下面的代码会使 a 中的 robo.dds 被销毁，结果 a 和 b 一样为空。

```
Texture a = Texture::create( "robo.dds" );
Texture b;
a = b; //a 也为空
```

如果要对经过初始化的空对象进行赋值，可以按以下方式进行。

```
Texture a;
a = Texture::create( "robo.dds" );
```

虽说这种 C 语言风格的代码看起来不是很好，但如果程序员非常清楚自己正在做的事情，这么写也无妨。

读者可能已经猜到，这些类的内部都包含了带引用计数器的指针。这一点查看一下 Texture 和 VertexBuffer 的头文件就能明白了。

```
private:
    class Impl;
    Impl* mImpl;
```

除此之外再无其他成员变量。这个 Impl 类持有引用计数器，功能与 SharedPtr 相同。因此，只要注意不使用全局变量，就不用担心会忘记释放内存，也不会出现访问已经被释放了的指针而导致程序崩溃，而且不必特意进行销毁。

当然也可以像之前那样创建对象后将指针放入 SharedPtr 来使用，不过，如果引用计数器已经放入到了类中，就没有必要在 SharedPtr 中创建一个 mCount 了，这样不仅可以提升性能，也可以不用特地嘱咐使用者将指针传给 SharedPtr 了。每次都要编写 SharedPtr 确实非常麻烦，如果能省略这一步骤就能轻松不少。

此外，这种做法可以保证安全性，我们不用担心实体对象（Impl*）被获取，就算被获取也会因为没有相应的头文件声明而无法调用相应的函数。比起直接用 new 创建对象，该做法要好得多。

26.3.9 代码规范

首先来看下面这段代码。

```
class A{
   void foo( float x );
   int a;
};

void A::foo( float x ){
   float a = x * x
   float b = x * x * x;
   float c = a + b;
   （可能有很多值）
   a = static_cast< int >( c ); //在成员变量中存储 ...?
}
```

上述代码希望在函数 foo() 中把 x 的平方值与立方值相加，并将结果转换成整数，但是却无法得到期待的结果。代码的本意可能是将转换后的结果赋值给成员变量 a，但是函数内已经定义了一个 float 类型的 a，所以会对其进行赋值，而类的成员变量不会发生任何变化。

成员变量的命名不当导致了这一 bug 的出现。如果在给成员变量命名时加上一些有意义的字符，就可以降低这种问题出现的概率，但也不能保证问题完全不会出现。

这正是笔者习惯以 m 开头命名成员变量的原因。虽说每次都要多打一个 m，但它能起到一定的保护作用，可以说是用小成本预防大危害的好办法。遵循这种代码规范能够起到预防 bug 的效果，所以还是要确立一种优秀的代码规范。关于这一点，相信大多数人也表示认同。

不过，具体采用哪种规范就因人而异了，比如对成员变量命名就有下面这么多种方式[①]。

```
m_aho
m_Aho
mAho
_aho
aho_
```

只要能够便于识别即可，具体选用哪种方式并不重要。不过，在项目中要求统一风格的情况下，如果有程序员不愿意改变自己的风格，可能就会起冲突。其实笔者以及笔者周围的程序员就是这种

① 其实 _aho 这种命名方式在 C++ 中是不允许的。C++ 规定变量名不能以下划线开头，也不能在变量名中包含连续的两个下划线。

“顽固分子”，不太愿意改变自己的做法，但事实上我们应该接受好的代码规范。

在团队开发的情况下，重要的不是代码规范的优劣，而是整体风格的统一。无论是谁，在读和自己编码风格差异较大的代码时效率都会变低，所以从成本上来说，全体成员都应该使用同一种代码规范。不过，鉴于笔者自身比较反感这种束缚个性的做法，这里就不展开讨论了。

代码规范的必备特性

要评价一种代码规范，就需要考察它的一些特性，其中比较重要的是以下 3 点。

- **不复杂**
- **不烦琐**
- **有必要**

每一条都非常清晰。首先，如果将代码规范按照“在什么情况下应该这样，在什么情况下应该那样”一条条列出来，就未免太过复杂，光是记住就已经很困难了，更不用说遵守了。其次，“成员变量统一以 `member` 开头命名”这样的规则太过烦琐，不容易执行，平白无故地多打 6 个字符实在没有意义。最后的“有必要”指的是必须能说清楚相应的理由，例如某代码规范要求成员变量必须使用某种特殊的命名方式，这么做是为了防止与局部变量同名而引发错误。每种代码规范都应该定期检测其是否满足这 3 个标准。

示例：if 判断的大括号

这里我们选取一个比较容易出问题的例子来讨论，那就是 `if` 判断的大括号问题。

```
if ( p ) ++a; ++b;
```

这段代码含有 bug 的可能性是 99%，写这段代码的人的真实意图可能是下面这样的。

```
if ( p ){
    ++a;
    ++b;
}
```

但是原来的写法会被编译器理解为：

```
if ( p ){
    ++a;
}
++b;
```

因此，笔者每次编写 `if` 判断时都会加上括号。

很多时候写代码的人会认为自己的写法没有问题而进行反驳，因为后来很多新兴语言要求必须加上大括号，所以会这样反驳的一般是老程序员。考虑到代码将来可能会被某个水平一般的程序员接手维护，所以笔者并不赞同这种写法。

笔者自己是一定会加上大括号的，并且也会劝他人这样做。笔者的代码规范并不复杂，阅读代码后基本上都能理解。从代码的缩进、命名方式，到括号的位置，都有相应的理由。不过，笔者不敢说这是最好的代码规范，所以读者如果发现有更合适的，不妨进行替换。其实在过去几年间笔者自己也已经替换了不下 5 次，在本书执笔期间也对代码规范进行了修改。

笔者的代码规范请参考 doc 文件夹下的 codingStandard.pdf。因为内容较多，所以就不放在正文中说明了。

26.4 bug 的处理

前面我们讨论的是日常开发时应当怎么做。建立良好的代码规范也好，通过一些技术方案来杜绝某些错误的出现也好，归根结底都是为了预防 bug 发生。

遗憾的是，仅凭这些并不能完全解决问题，bug 仍有可能出现，因此我们还应当考虑如何尽快修复 bug。不过这一部分值得讨论的内容并不是太多，从重要程度来看，预防的重要性更高，而对于已经出现的 bug，我们也只能思考如何去修复。修复 bug 的技术有很多，但最主要的还是通过一些原始的方法来修复，比如查看代码、添加 `cout` 打印状态、设置断点调试，以及通过 `ASSERT` 来验证某些特定条件是否成立等。

至于更高端的方法，笔者并不是很了解，也不是特别期待。这个世上可能存在一种能够自动分析代码并检测是否存在内存访问越界问题的程序，但是我们可以将它作为最后的手段，在那之前，我们还有很多事情能做。

相比具体技术，下面讨论的更多的是思路，不过笔者认为掌握这些就已经足够了。

26.4.1 运用分割思想

之前说过，100 行代码的复杂度会超过 2 个 50 行代码的复杂度之和，这一点同样适用于调试查错。在 100 行代码中调试要比在 50 行代码中调试 2 次更困难。也就是说，从调试的效率考虑，我们应当尽量对程序科学地进行分割。但注意不要过度分割，那样只会适得其反。另外，分割时应尽量减少那些会被多个区域共享的物体数量。尽量将处理放在某个类中单独完成，而且要确保单个类的代码量不会太大。

如有可能，还应确保能够为某个类单独编写测试代码。比如 `Math` 模块中的向量类与矩阵类，它们几乎没有依赖其他类，因此可以单独对函数进行测试。直接在盘根错节的游戏代码中进行调试属于下策中的下策，在理想状态下，在编写好某个类之后，就应该能够编写出针对该类的测试程序。

笔者虽是个“懒人”，没有贯彻这一原则，但对自己编写的可能会出现 bug 的代码都会进行单体测试，以确保能够正确运行。在某个类引用了其他类的情况下，虽然很难进行单体测试，但是如果被调用的类通过了测试，那问题就出在调用者一方。如果不像这样一点一点地排查错误出现的区域，就很难找出错误的具体原因。

26.4.2 基本思路是二分查找法

调试的基本思路是二分查找法。在 A 处一切正常，B 处却出现了问题的情况下，首先应调查 A 和 B 的中间位置是否能正常运行。如果该位置出现问题，那就说明 bug 位于前半部分，如果没有问题，则说明 bug 在后半部分。

这种用二分查找法来定位问题的思路非常重要。当我们在调试过程中陷入困境时，不妨先问问自己是否使用了二分查找法。对于盘根交错的复杂逻辑，我们往往会束手无策，很多人习惯像无头苍蝇一样通过 cout 到处打印状态，其实这时可以换一种思路。对笔者而言，在这种情况下，二分查找法就是灵丹妙药。

但是，如果代码中涉及多线程，就不适合使用二分查找法了。多线程导致的 bug 是很难通过查看代码来定位逻辑错误的，而且每次出现问题的时机也不尽相同，因此这种通过 cout 查看状态来定位问题区域的做法毫无意义。从这一角度来说，最好不要使用多线程。如果非要使用，为避免给其他代码带来麻烦，应确保多线程处理部分足够独立。

26.4.3 不要拖延

和癌症一样，bug 也会扩散。健康的身体里出现的癌细胞会随着身体的生长逐渐扩散，同样，如果在开发阶段混入了 bug，代码就会在存在 bug 的状态下不断增加，程序员可能会把某段含有 bug 的代码复制到别处，也可能会在某些已经存在 bug 的功能的基础上编写后续功能。显然，随着开发的推进，查找与消除 bug 的难度会越来越大。

越早粉碎 bug，整体的开发成本就越低。在最后留出两个月的时间专门处理 bug 的想法是愚蠢的，不如在代码量无法控制之前花两周的时间解决 bug 更为有效。

26.4.4 抛开 demo

游戏开发大体按照 demo 开发、设计、量产、测试与调试的流程推进，其中设计这一环节常常被跳过。在这种情况下，原型 demo 会被改造成最终产品的核心部分，因此以尽快运行起来为目的开发的 demo 就会化身为危险的“癌细胞”。不仅是 bug 问题，制作 demo 时为了求快，在设计上可能也比较随意，从而给后续代码的编写带来不便，增加 bug 发生的概率。看起来这好像是不重视设计所引起的，但在笔者看来，实际上很有可能不是不重视，而是根本不了解设计的意义。尤其是对现在的游戏来说，如果缺失了设计这一环节，就很难实现大规模开发。

请读者不要误解，笔者并不是要求大家去非常严谨地制作 demo。关于这一点，笔者的想法恰恰相反。demo 作为早期的原型，其代码绝对不可以放入正式产品中。对 demo 来说，第一要务是验证游戏的可玩性，因此开发速度非常重要，游戏参数等都可以以硬编码的方式直接写在代码中，游戏资源的载入也没有必要优化，即便每次卡顿 3 秒也不用在意，全局变量也可以使用。因此，这样编写出来的 demo 代码不应当用在正式产品中。

26.4.5 检测忘记释放的内存

对于忘记释放内存的问题，灵活应用我们之前讨论的预防对策可以消除一大部分，但很难做到百分之百消除。在忘记释放内存时，如果系统能够发出警告，就会为开发人员减轻不少负担。Visual Studio 就提供了这样的功能，只要包含 crtdbg.h 头文件，该工具就会在程序运行结束时对内存泄漏的情况进行检测并输出结果。

但是考虑到我们不会只在计算机上开发游戏，所以还是有必要了解一下如何自行实现该功能。

GameLib 的 Debug 版本中添加了该功能，程序结束时会对内存泄漏情况发出警告。另外，通过用 NEW 代替 new，就会提示内存泄漏发生于哪个代码文件的哪一行。而且，在数组下标错误导致非法访问内存的情况下，执行 delete 操作时也可能会检测到问题，并通过 ASSERT 提示。在进行游戏开发时，这些功能都是必不可少的。

那么，这一切应当如何实现呢？

本章的补充内容中会对此展开说明，不过实现过程会有些烦琐。在使用笔者提供的类库时，建议用 NEW 代替 new，这样一个小小的改动就能让调试查错轻松很多。

重新考虑预防和治疗之间的平衡

我们先讨论一个与内存无关的话题。

我们之所以会投入大量精力来预防疾病，是因为生病会给我们带来困扰。如果生病不会给我们带来什么困扰，就没有必要这样努力地去预防了。这里所说的“不会带来什么困扰”，指的是症状不严重，或者疾病很容易就能治好的情况。换句话说，就是疾病造成的危害小，或者治疗成本很低。因此，在决定花费多少成本用于预防时，往往会结合这些因素来考虑。

之前我们介绍了很多用于预防内存溢出的技术。之所以要下这么多功夫，是因为发生内存溢出时会很麻烦。如果内存溢出不是什么严重的问题，就没有必要编写这么多复杂的代码、使用这么多难懂的模板类了。这里“内存溢出不是什么严重的问题”指的是内存溢出造成的危害很小，或者很容易修复。除了使用的术语不同之外，道理和疾病预防是一样的。

之前我们展示了一些用于检测内存溢出的技术，这些技术的存在降低了内存溢出的修复成本。比如在忘记销毁类中的成员变量时，就会在程序结束时发出警告，并输出存在问题的文件名与代码的位置，这样就能很快修复问题。伴随着修复成本的降低，预防的成本也会相应地减轻。

因此，笔者不认为一定要用 AutoPtr 和 SharedPtr 来替代传统的指针。之前说过，使用它们需要在性能上付出一定的代价，而且会给程序的编写增加工作量，所以只要在合适的范围内使用就可以了。“合适的范围”的确定方法因人而异，需要具体分析，这就好像根据天空中乌云密集的程度来判断要不要带伞也因人而异一样。每天都带伞或者永远不带伞的人肯定是极少数的，我们在编写代码时也要掌握好平衡，避免出现这种走极端的情况。

26.5 《机甲大战》的处理

现在我们以《机甲大战》为例，看一下使用本章介绍的这些方法后会有什么样的效果，相关示例位于 26_LifeWithBugs 解决方案下的 RoboFightSafe 中。在介绍最终类库的章节中创建的示例几乎没有用到 new 操作，不太适合用于这方面的实践，因此我们选取了较早的项目来试验。虽然最终代码中夹杂了很多 AutoPtr、SharedPtr 这样的字符串，看起来有些别扭，但是因为不再需要编写用于初始化和释放内存的代码，所以代码量有所减少。

该示例不仅使用了 SharedPtr，还用到了 ConstSharedPtr。在传递 const VertexBuffer* 时，如果使用了 SharedPtr 类型，则参数不是 const 的函数也会被调用，这显然是不好的。ConstSharedPtr 的作用正在于此。SharedPtr 可以随时转换为 ConstSharedPtr，反过来则不成立。就像 char* 可以转换为 const char*，但反过来就不可以一样。

```
ConstSharedPtr< int > a = SharedPtr< int >();

ConstSharedPtr< int > void foo(){
   return SharedPtr< int >();
}
```

复制操作也没有问题，foo 函数返回的是 ConstSharedPtr，同时也可以返回 SharedPtr，具体可以参考 SharedPtrImpl.h。相关代码有些复杂，读者如果理解不了也没有关系。另外，虽然使用模板技术容易写出晦涩难懂的代码，笔者一般不喜欢使用，不过这里是个例外。模板技术虽然不常用，但学习一下也是有益无害的。

接下来需要关注的是 GraphicsDatabase 的头文件。在类的定义中有下面这样一行代码。

```
Array< SharedPtr< VertexBuffer > > mVertexBuffers;
```

模板的写法不好理解，其实简单来说就是 VertexBuffer 的 SharedPtr 的 Array。我们也可以给它起个 typedef 这样的别名。

```
typedef SharedPtr< VertexBuffer > VertexBufferPtr;
Array< VertexBuffePtr > mVertexBuffers;
```

它相当于之前的

```
VertexBuffer** mVertexBuffers;
```

也就是 VertexBuffer 的指针数组。

```
for ( int i = 0; i < n; ++i ){
   mVertexBuffers[ i ] = NEW VertexBuffer();
}
```

像上面这样创建元素后，按照之前的写法，销毁时必须调用 delete[] 将数组删除，但是经过这次的改造后，就不必编写释放处理的代码了。如果没有其他的类使用该顶点缓存，销毁时它将自动完成释放，如果别处还存在引用，则会延迟到使用完成后再自动释放。读者若想知道具体的原理，可以设置断点来跟踪处理过程，不过整个过程会比较复杂。

本章讨论的内存泄漏报告、Array、AutoPtr 和 SharedPtr 等功能都和 SAFE_DELETE 一样，只要包含 GameLib.h 头文件即可使用。

接下来是本章的补充内容，我们将对内存溢出检测技术的实现过程进行说明。

26.6 补充内容：如何检测内存溢出

基本思路是拦截 new 操作，并统计出必要的信息。为此，我们必须对 new 的内部实现有所了解。说实话该话题的技术性比较强，因此对 C++ 内部不熟悉，或者对这方面细节不感兴趣的读者可以不去理解太深的内容，只要知道什么样的需求可以用什么样的方法满足就可以了。

26.6.1 new 的原理

首先来看 new 的内部原理。简单来说，new T() 会调用 operator new() 申请内存，然后调用 T 类型的构造函数，处理过程基本上如下列代码所示。

```
T* newT(){
    size = sizeof( T );
    void* p = operator new( size );
    T* r = static_cast< T* >( p );
    r->T(); // 构造函数
    return r;
}
```

上述代码虽然无法直接运行，但处理流程是无误的。先通过 operator new() 申请一块原始内存，转换为 T* 后调用构造函数，最后返回指针。另外，该 operator new() 可以像下面这样定制。

```
void* operator new( size_t size ){
    ++gNewCount;
    return malloc( size );
}
```

malloc() 是 C 语言中用于申请内存的函数，调用该函数后即可申请一块内存。注意，上面的代码在一开始就包含了 gNewCount 自增的操作，这样每次调用 new 时都会对全局变量 gNewCount 加 1，进行 delete 时再对其减 1。于是，程序结束时该变量的值就等于忘记 delete 的次数，若该值不为零，则说明发生了内存泄漏。

26.6.2 delete 的原理

同样，delete 内部调用了 operator delete()，处理过程大致如下所示。

```
void deleteT( T* p ){
    p->~T(); // 析构
    operator delete( p );
}
```

因此，我们只要对 operator delete() 进行重载就可以了。

```
void operator delete( void* p ){
    --gNewCount;
    free( p );
}
```

free() 是 C 语言时代的内存释放函数，malloc() 和 free() 相对应。

26.6.3 添加信息

如果能够在执行 new 和 delete 时添加一些额外的信息，就会对查错有更多的帮助。但是，如果把这些信息全都按全局变量的形式记录下来，管理过程就会变得更加烦琐，所以在执行 malloc() 时可以多申请一些内存空间，把这些辅助信息放入多余的空间中。

```
void* operator new( size_t size ){
```

```
    int mallocSize = size + 3 * 4;
    char* p = static_cast< char* >( malloc( mallocSize ) );
    int* ip = static_cast< int* >( p );
    ip[ 0 ] = size; //写入空间大小
    ip[ 1 ] = 12345678; //完整性检测标记（前）
    ip = static_cast< int* >( p + 8 + size );
    ip[ 0 ] = 87654321; //完整性检测标记（后）
    return p + 8;
}
void operator delete( void* voidP ){
    char* p = static_cast< char* >( voidP ) - 8;
    int* ip = static_cast< int* >( p );
    int size = ip[ 0 ];
    int mark1 = ip[ 1 ];
    ip = static_cast< int* >( p + 8 + size );
    int mark2 = ip[ 0 ];
    ASSERT( mark1 == 12345678 && mark2 == 87654321 );
    free( p );
}
```

上述示例添加了内存区域完整性检查。在正式数据区的前方取 8 个字节，后方取 4 个字节，前方依次放置正式数据区的大小和 12345678 这个用于检测区域完整性的数字，后方放入 87654321 这个数字。结果会返回跳过前方 8 个字节后的地址，即正式数据区的地址。

在进行 delete 时，先根据传入指针的地址前移 8 个字节，取出正式数据区的大小以及 12345678、87654321 这两个标记数字，然后判断内存区域是否被破坏，如果破坏了则通过 ASSERT 提示。最后对原始指针，即 new 返回的指针再往前 8 个字节的指针执行 free()。通过这一处理，比如在下标值为 –1 时，就可以检测出错误。如果想进一步扩大检测范围，只要把相关标记的范围变大即可，当然这也需要消耗更多的内存。

26.6.4 文件名与行号

如果能在 new 时记录下相应的文件名以及具体行号就更方便了，不过普通的 new 操作无法做到这一点。实际上 new 可以添加一些参数，运行时系统将根据参数的情况调用对应的 operator new()。

```
int* a = new( "main.cpp", 8 ) int;
```

上述代码调用了包含 const char* 与 int 参数的 new，之后会执行下列函数。

```
void* operator new( size_t, const char*, int )
```

注意第一个 size_t 是必不可少的。在使用这个函数时，只要传入行号与文件名即可。C 语言时代流传下来的 __FILE__ 与 __LINE__ 宏正好可以用于获取代码当前的文件名和行号。

```
int* a = new( __FILE__, __LINE__ ) int;
```

如此编写即可。不过每次都这样写有些麻烦，我们可以准备相应的宏。

```
#define NEW new( __FILE__, __LINE__ )
```

现在只要简单地把原来代码中的 new 替换成 NEW 就可以了。有些读者可能不想使用宏，但如果使用内联函数的写法，得到的文件名和行号就是该内联函数的定义所在的文件名与行号，所以这里只能通过宏来实现。另外，如果像下面这样继续使用小写的 new，就无法使用 placement new，而且替换语言自带的关键字是一件非常恐怖的事情，因此我们采用了 NEW 这种写法。

```
#define new new( __FILE__, __LINE__ )
```

当然，如果使用小写 new 后没有出现问题，则也可以使用。它的好处是可以在使用者不知情的情况下完成升级。

大体的思路就是这样，不过要完整地实现还是非常麻烦的。比如，必须提供一个用于数组的 new；必须确保无论使用哪个 new 都能够通过只有一个参数的 delete 完成释放；返回的指针地址必须是 8 的倍数；为了能输出内存使用信息，必须构建相应的列表结构；如果处理中不允许再使用 new（否则会无限递归调用），就只能用 C 语言来实现；避免在未初始化时对其进行调用，等等。不过，如果对 C++ 不够熟悉，没有很好地理解原理，那么尝试这些改造是很危险的。

具体代码位于 src/GameLibs/Modules/Base 中的 MemoryManager.cpp 中，笔者是出于兴趣开发了这个功能，因此代码的可读性并不是很好，大家不用勉强自己去理解①。对大多数公司来说，只要有一个高手来开发这类功能就可以了，没有必要让每个程序员都亲自实现。另外，单人开发的游戏从规模上来说完全没有必要使用这类功能。再次强调一下，我们只要知道这类处理可以让调试查错变得更加方便就足够了。当然，如果有能力了解大致的实现思路就更好了。

虽然这个功能可以检测出内存泄漏，但它并不是万能的。该功能的一个很大的缺点就是只有在程序结束后才能知道内存是否发生了泄漏。对于不是内存泄漏而是释放的时机太晚了这类问题，该功能并不能检测出来。虽然它提供了 MemoryManager::writer() 函数来输出内存的状态，但如果不是在程序结束时调用，它将输出几万行的列表内容，并不能起到什么作用。

不过，如果每次进入主题画面时都输出内存状态，看看第一次进入和第二次进入时是否存在差异，还是可以检测出内存使用量是否随着时间的流逝而发生了异常的。不过我们很难用肉眼去分析几万行的数据，所以还需要编写用于解析的脚本，最终获取的信息其实并不多。

由此看来，该功能除了可以在程序结束时检测是否发生了内存泄漏之外，并不能起到什么太大的作用。

26.7 本章小结

本章讨论了 bug 相关的话题，介绍了自动释放指针、引用计数器、内存泄漏检测以及代码规范等内容，读者只要能够理解这些核心知识就可以了。

根本原则是从成本出发来考虑 bug 问题，思考各个环节需要投入多少精力才能达到最优的效果。

尤其需要注意的是，不可过度相信技术性的预防对策。引用计数器这类技术是用于排查那些马虎大意所造成的错误的，对于具备这方面知识的程序员来说是一个好工具。但如果程序员本身不理解这些技术存在的意义，就很难发挥出相应的效果了。

技术性的预防对策有时会被滥用。比如在对 new 进行“拦截”后，可以为其添加一些注释信息，

① MemoryManager.cpp 不仅能够检测内存泄漏，还能对内存进行管理。学习到现在，读者应该已经具备了相应的知识，所以不妨亲自开发看看。

并为每个 new 分配一个编号，后续再根据编号来取出相应的注释信息。的确，这样做会带来一些方便，但也要牺牲一部分性能。另外，如果过度依赖这些功能，可能就会忽视 bug 预防中最重要的"合理的模块分割"以及"良好的代码规范"原则。高价购入的代码检测工具确实会有一定成效，也有不少用它来检测内存数据损坏以及泄漏的成功案例，但是根据本章介绍的内容，显然还有更简单的方式能够达到目的，既然有这样的方案，我们何乐而不为呢？

代码规范也不是万能的。如果因为建立了代码规范就有所懈怠，一些未遵循规范的代码就很难被察觉出来。如果 99% 的代码都遵守了成员变量以 m 开头命名的规定，那么未按此规定编写的那一小部分代码就很难被发现。bug 处理没有特效药，我们能做的只是在可接受的成本范围内想方设法地降低 bug 发生的概率，并尽量减少修复成本。

下一章将对本书未深入涉及的领域进行简要说明。

第27章 进阶方向

主要内容

- 本书的不足之处
- 笔者读过的书
- 值得一读的书

经过了漫长的学习，本书终于接近了尾声。虽说本书的定位是游戏开发人员的入门读物，但有些地方讲得也比较深。如果某些地方没有讲解透彻，读者可以选择跳过，等到亲自动手开发游戏时就能理解这些内容了。

在大致理解了本书的内容之后，接下来要如何进一步提高自己的能力呢？这就是本章所要讨论的内容。

27.1 应该学习什么

其实，对于接下来如何进一步提高自己的能力这一问题，笔者也很难给出一个明确的答案。

之所以这么说，主要是因为“游戏编程”其实是一个界限模糊的概念。本书介绍的都是目前游戏开发中较为常见的领域，但不同的游戏用到的技术有时完全不同，在开发别的游戏时可能根本用不上本书介绍的技术。比如当开发一款只在背景图片上显示剧情的文字游戏时，光照以及动画方面的知识就完全用不上。

另外，程序员也存在多种分工。虽然本书以一个人也可以完成游戏的开发为目标介绍了各种技术，但是从前面的内容中我们也可以看出，只靠一名程序员来完成一个游戏的情况少之又少，现实中我们必须学会团队合作。笔者自身的经验也是如此，尽管笔者非常希望自己能够掌握各个领域的知识以独立进行开发，但实际上笔者一直在二三十人的团队中作为一个齿轮与同事相互配合着开发游戏。因此，根据工作内容的不同，开发方式以及需要学习的内容也会发生改变。

要想成为开发团队中优秀的一员，就必须清楚地了解大规模开发中存在的问题，并学习相应的解决策略。多人开发与单人开发的情况完全不同。在多人开发的情况下，每个人只关注自己负责的那一块，很多时候并不知道自己开发的功能会体现在游戏的哪个地方，于是责任感也不像单人开发时那么强。另外，成员之间沟通所花费的时间也会大量增加，如果沟通不到位，后面的麻烦就会接踵而至。除了技术上的困难，精神层面以及组织层面上的困难也会一个接一个地袭来。开发人员众多，开发周期漫长，在这种情况下，如果不能形成一种有效的开发体制来确保各成员持之以恒地贡献自己的力量，项目就无法长久地做下去。

除了游戏编程相关的技术之外，开发工具的能力、架设和管理服务器的能力、快速掌握他人开发的软件的能力等，这些本书未涉及的领域也是非常重要的。但如果还要学习这方面的内容，就会分散用于游戏开发本身的精力。若要自行开发游戏，就需要适当斟酌是否要在这方面付出精力了。

当然，也可以选择一个专门的方向深入研究，比如动画与渲染。如果能够掌握他人不具备的技术，就会成为该技术领域的强者。不过，开发的项目越大，负责某个专门的方向的人员比例就越小，很多公司会复用一套优秀的代码，渲染模块和碰撞处理模块尤为如此。这就意味着若想从事这方面的开发，能力必须达到“优秀工程师”以上才行。

此外，谁也无法保证刻苦钻研学成的技术永远不会被淘汰。游戏的发展趋势一直在变化，谁也不能保证目前这种以画质为卖点的时代会持续下去。另外，公司之间的专业化分工也在发展。像高级物理引擎类库这种并非一般的开发人员能够完成的产品，直接从专业公司购买往往效率更高。欧美在很早之前就有专门开发游戏引擎（类库与工具链）的公司，日本也有很多开发资源加载与音效处理类库的公司，很多游戏公司会选择直接购买它们的产品。

在游戏圈，学术前沿的很多新技术可能不会受到重视，这也是一个事实。普通人很难理解这类技术，因此这些技术很少被投入到游戏开发中。另外，大部分游戏策划人员并不擅长技术方面的东西，而且也不感兴趣，因此他们不会提议使用新技术来开发一个游戏。如果读者想发挥这方面的能力，不妨将自己的想法落实成一个策划方案，当然这需要有超高的热情与超强的能力才行。

因此，笔者认为比起深入研究某个领域，广泛涉猎更为重要，这也是笔者自身的体会。比如，工作中承担了将游戏移植新类库或者新硬件平台这类与游戏本身关系不大的开发任务，但如果只关注画质与性能方面的东西，就无法对游戏整体进行把握。相比只专注于自己手头工作的人，那些专业性稍弱但对游戏整体有所把握的人更有优势。也就是说，“多面手”更受欢迎。这样的人即使深入一个领域研究，也能做得很好。

下面我们就来介绍一下“多面手”所必须了解的领域。

27.2 工具开发

游戏开发中难免会用到许多工具。“工具”是一个模糊的概念，简单来说，就是指游戏本身之外的所有代码。

例如，之前我们在讨论资源加载时编写的档案文件生成器就是一个典型的工具。另外，将 PNG 与 BMP 转成 DDS 的程序也是一种工具。这些工具在开发过程中是不可或缺的。

下面就来给大家介绍两种不同类型的工具。

27.2.1 命令行工具

假设我们想在每天零点检测数据文件夹下是否出现了新的文件，如果出现了，就创建档案文件。在这种情况下，我们就希望有一个工具可以在几分钟或者几十分钟的时间内实现这一个功能。

这类工具与我们平时通过鼠标双击启动 .exe 文件后进行各种操作的做法完全不同，它可以通过在命令行中输入程序名称并回车来启动。这种方式的效率更高，而且也很容易通过代码启动。

那么，如何开发这种工具呢？

很遗憾，C++ 并不适合开发这种工具。虽然 C++ 性能优异，但是这并不意味着什么功能都能用它来简单地实现。比如上述例子中需要递归地检测文件夹下是否出现了新文件，这个处理看起来好像谁都可以编写，但如果用代码来实现就会非常麻烦，用 C++ 来完成的话还必须查询 Windows 相关函数的用法。读者回顾一下数据加载章节中编写的文件合并处理就能明白了。

这时我们不妨考虑使用一些成熟的命令行工具。UNIX 提供了许多命令行工具，组合使用这些工具可以解决很多问题。不过 Windows 没有提供类似的工具集合，而且很多用户也不习惯使用命令行操作。

建议读者先从适应命令行操作开始。开源项目 cygwin 是 UNIX 工具集在 Windows 上的移植版本，大家不妨先试着使用一下。市面上应该有很多介绍具体用法的图书，网络上也可以搜索到很多资料。

使用 UNIX 的工具集，可以非常简单地实现上述例子中的内容。

```
#!/usr/bin/perl -w
@f = `find data -newer "timestamp.txt"`;
if ( @f > 0 ){
    `./Archiver data`;
}
`touch timestamp.txt`;
```

该程序是用 Perl 语言编写的。Perl 的语法不适合编写较长的内容，但如果编写的内容较短，使用 Perl 就再合适不过了。Perl 是一门非常轻量的语言，只要掌握了简单的基础知识就能使用。下面我们来对这段代码进行说明。

Perl 代码

```
#!/usr/bin/perl -w
```

代码的第 1 行表示该文本文件是用 Perl 编写的。在 bash 命令行中输入该文本文件名然后回车，代码就能运行。Perl 和 C++ 不同，perl.exe 本身就是一个单独存在的程序，它负责读取并执行源代码。不过，每次都要输入 `perl.exe foo.pl` 实在太过烦琐，所以 perl.exe 也提供了输入 `foo.pl` 后即可执行源代码的功能。

```
@f = `find data -newer "timestamp.txt"`;
```

第 2 行代码表示将 `find` 程序的执行结果放入变量 `@f` 中。用 `` ` ` `` 包围起来的部分表示外部程序，控制台输出的内容将作为返回值返回。这种实用主义的设计是非常精妙的。

Perl 语言中不需要进行变量声明，所以 `@f` 一瞬间就被创建出来了。在编写大量代码时，这种不用声明变量的语言特性很容易引起 bug①，不过只编写几行代码的话则问题不大。`@f` 中的 `@` 表示它是一个数组变量，在这种情况下，右侧返回的内容将被按行分割，并被依次放入数组中。这里的数组不存在申请内存的概念，容量可以任意扩充，变量也没有类型区分，存入字符串它就是字符串，存入数字它就是数字。

```
if ( @f > 0 ){
    `./Archiver data`;
}
```

从第 3 行开始的 `if` 语句会判断数组的元素个数是否为 0，如果数组非空，就调用 `Archiver` 开始制作档案文件。Perl 会自动根据上下文将数组名称解释为数组的容量。这种实用主义正是 Perl 的精髓。

```
`touch timestamp.txt`;
```

最后一行用于更新由另外一个程序 `touch` 指定的文件的日期。这样一来，即便连续执行多次该程序，timestamp.txt 也是最新的，从而避免了重复生成档案文件。

像这样，仅通过短短几行代码就完成了非常复杂的处理，这正是 Perl 以及相关 UNIX 工具集的威力。可如果要用 C++ 来完成这一切，就非常麻烦了。

不过近几年 Perl 的实用主义也常被诟病，如果读者感到不适，也可以尝试使用 Python、Ruby 以及 C# 等。代码规模在 10 行左右的情况下适合用 Perl 语言编写，若代码规模超过 100 行就需要斟酌一下了，这种情况下笔者不会使用 Perl。

bash

实际上，bash 或 sh 程序也是自动化处理中不可或缺的工具，它相当于 Windows 下的命令行工具 cmd.exe，可以用来编写一些简单的程序，Perl 中未提供的一些琐碎功能可以通过它来完成。精通了 bash 和 Perl 之后，在进行自动化处理时将事半功倍。

---

① 比如名为 aho 的变量被错误地写成 aha 时并不会报错，而是会新建一个变量 aha。

不过，这些工具中有很多使用了 C++ 的类库，也有一些工具把性能放在了非常重要的位置。这些工具使用 C++ 来实现是最合适的。如果某个工具会被几十个人反反复复使用几百次，那么对这个工具而言速度就非常重要了。即便处理时间只缩短了 1 秒，只要乘以使用次数后算出总共节约的时间非常可观，就有必要这样做。虽然我们经常说不用对工具提出太高的性能要求，但这种说法也不是永远正确的。

27.2.2 GUI 工具

GUI（Graphical User Interface，图形用户界面）指的是拥有窗体并且能用鼠标操作的可视环境。程序员使用命令行工具时可能不觉得有什么不便，但对美工人员来说，这类不支持鼠标操作的工具就比较让人反感了。其实现在很多程序员也不喜欢用命令行工具，如果没有 GUI，这些工具可能都无人问津。

对精通命令行工具的程序员来说，GUI 工具也有它的便利之处。本书提供的用于将 PNG 转换为 DDS 的工具就是一个典型的例子，操作时选取相应的文件拖放到窗体，然后点击按钮即可，非常简单。而使用命令行工具时则必须输入混杂了汉字与英文的文件名，多有不便。

那么，如何开发 GUI 工具呢？

虽然 C++ 也能开发这类工具，但是实现起来非常麻烦。以 win32API 为关键字在网上搜索能够找到大量资料，但深入了解后就会让人感到绝望。光是绘制一个没有按钮和其他任何元素的空白窗体就要写 100 行左右的代码，而且所有函数都没有类，使用起来特别麻烦，此外还夹杂了大量早期遗留下来的函数，这些因素都令人望而却步。

C#

笔者最近习惯使用 C# 来开发 GUI 程序。使用 C# 开发 GUI 程序非常便捷，读者可以自行体验一下。C# 本身就是一门非常优秀的语言，类库也很齐全，游戏主体以外的功能几乎都可以用它来开发。即便是开发命令行工具，对于使用 Perl 难以实现的功能，也可以尝试用 C# 来完成。之前提到过笔者不会使用 Perl 来编写超过 1000 行的代码，在这种情况下，笔者会使用 C#。在使用 C++/CLI 的情况下，还可以将 C++ 和 C# 的代码整合到一个程序中。另外，还可以将 C++ 编写的游戏类库链接到 GUI 程序中，编写类似于“游戏查看器”之类的工具。

C# 中没有指针，内存释放全都依靠引用计数器来管理，因此 C++ 中出现的大部分 bug 在 C# 中不会存在。Visual Studio 中 C# 的代码补全功能也是 C++ 所不能比的，在编写代码阶段就能对语法进行检测。

建议读者一开始先试着开发那种直接调用命令行工具的 GUI 程序，使用 C# 开发会非常方便。这样分开后，工具本身还能通过命令行启动，而那些对性能要求较高的核心处理可以用 C++ 编写，这样取长补短的开发方式是最好的。

近年来使用 C# 开发 PC 游戏也成为了一种可行的选择。虽然性能与 C++ 相比仍有差距，但如果游戏对性能要求不高，则问题不大，而且计算负荷最重的渲染绘制模块在微软的类库中都有提供，因此不用太担心性能方面的问题。

购买 Visual Studio 时会自动附带 C# 编译器，当然也可以从网络上免费下载，读者不妨体验看看。最近 C# 方面的图书出版了很多，网络上的资料也随处可见，建议读者学习一下。

27.3 AI

AI（Artificial Intelligence，人工智能）是本书完全没有涉及的领域，笔者自身也没有相关经验，而且不同的游戏类型在处理上也有很大区别，因此需要针对不同的游戏类型学习相应的“套路”。

最近，用学术方法实现的游戏 AI 受到了人们的关注，了解一下这方面的内容也很有意思。

罗尔夫·菲佛（R.Pfeifer）和克里斯蒂安·沙伊尔（C.Scheier）编写的 *Understanding Intelligence* 是一本讲解如何用学术方法实现 AI 的入门读物。虽然专业性较强，但不精通数学和物理的读者也能读懂。书中介绍了很多以最简单的机制来生成复杂行为的技巧，对于不想使用之前那种单纯列举“当出现某种情况时就怎样怎样”的传统 AI 的读者来说，这是一本很好的入门书。

不过，阅读该书只能学到一些基本思路，无法学到代码实现方面的技术。毕竟它不是一本编程书，而且阅读该书需要了解的前提知识也比较深奥。

在 AI 相关的讨论中常被提及的一个词是“自动寻路”。该技术用于在复杂的地形中计算出一条路径，使其能够绕开障碍物到达目的地。大家常常提到的 A* 算法就可以在地形数据被导入程序后算出具体的行走路线。在风靡欧美的“迷宫杀戮”题材的游戏中，自动寻路可以说是一项必备技术。

如果朝着目标直线移动会碰到障碍物，而在角色前方加一个探测器虽然能够绕开障碍物，但是无法保证角色按最短路径行走，在这种情况下就需要找到一种方法来结合地形情况计算出一条合适的路线。原始的 A* 算法是提前计算路线的，不过它也存在许多改良版本，大家可以研究一下。据说有些算法可以在某条路线突然被挡住时找到其他可能的路线。

“遗传算法”也是一个有名的算法。与其说它是 AI，倒不如说它是一种用于寻求最优解的算法。所谓寻求最优解，指的是在有很多参数的情况下计算出如何分配各个参数才能达到最好的效果。比如，计算如何将 100 点数分配给力量、体力、速度这 3 个维度才能达到最强，就属于寻求最优解的问题。

遗传算法与生物进化的原理非常相似，逻辑比较简单，所以实现起来不会太难，不过要将它运用到实际产品中就需要多花一些心思了。

27.4 网络

现在什么东西都变得“网络化”了。对战游戏也加入了网络元素，几千人在同一个虚拟世界中进行角色扮演的 MMORPG 就是一个典型的例子。不过，对新手来说，网络相关的技术很难掌控。如果是对一对一的网络对战游戏进行逻辑编程可能还不要紧，但服务器的安装架设等工作就需要专业人士介入了。

当然，并不是说既然需要专业人士介入，我们就不用了解这方面的知识了。至少也应该掌握一些网络方面的知识，并能够根据相应的特性来优化游戏处理。

在游戏开发过程中，网络带来的困扰主要是网络通信的速度问题。另外，网络的不可靠性也让人头疼。也就是说，数据什么时候能收到，到底能不能收到，这些都是没办法保证的。数据的传输速度是有上限的，至少从目前的物理学理论来看，它不可能超过光速。假设数据要从札幌（日本北部城市）传输到博多（日本南部城市），两地之间的距离有 2000 公里，所以最快也要 1/150 秒左右才能完成数据传输，因为光在 1 秒内最多才只能传输 30 万公里。对 60 帧每秒的游戏来说，这就意味着每帧可以在两个城市之间传输一个来回。

如果服务器在国外，传输的时间就会更长。从地球一侧到达另一侧的距离大约为 2 万公里，数据传输需要花费 1/15 秒，也就是说 4 帧后数据才能到达，来回共需要耗费 8 帧。这和在同一台机器上连接两个手柄操作时需要考虑的东西完全不同。

此外，如果数据传输的时间总是固定的倒也还好，可实际上会时快时慢，在最坏的情况下，数据可能会丢失。因此，即便项目组配备了精通网络技术的专家，根据网络的特性来设计游戏的工作也是由程序员负责的。

若在游戏设计阶段没有彻底认识到这一点，网络游戏的开发就很难成功。假设要开发一个乒乓球游戏，设计之初完全没有考虑网络因素，打算以乒乓球的快速移动为卖点，这时如果有人提出要把该游戏改造成网络对战游戏，结果会怎么样呢？

不难想象，结果肯定不容乐观。

27.5 shader

老式显卡只能执行一些固定的计算，具备光照功能的老式显卡其实也只是一种能够按特定公式计算矩阵与向量的乘积以实现光栅化，然后执行 Z-Test 或 AlphaBlend 的设备。

不过从若干年前开始，我们就可以编写代码传给显卡运行了，这种程序称为 shader。在没有超出硬件能力范围的情况下，shader 程序可以运行任何代码。如果不考虑性能，那么不管是设置 10 个光源还是 100 个光源，该程序都可以进行计算。我们还可以通过代码绘制出卡通或者水墨风格的画面。借助这一技术，游戏的画质得到了很大的提高，如今一些游戏的 CG 甚至达到了电影级别。

不过它也带来了一些负面影响。

功能越强大，内部要处理的细节就越多，计算开销自然也更大。另外，`shader` 对开发过程也有很大影响，导致绘制画面的计算成本增加了许多。如果一开始就明确计划好要做的事情，然后根据目标来设计规则与系统，结果应该不至于这么混乱，但遗憾的是，游戏开发很多时候无法按照计划进行，“一开始就想好要做什么”是不现实的。技术的选型本身就很复杂，确定下来之后美工人员还必须学习如何运用该技术达到最好的效果，这中间都需要不断地进行探索。

游戏开发的大部分资金成本用在了美术方面，游戏性方面所占的比重变得很小。对于这一现状，笔者是持反对态度的，笔者提议将 shader 作为一种“不用花费太多精力就能绘制出效果还过得去的画面的技术”，但实际上很难推行。能够做到却不去做，总会让人有些不甘心。其实人们往往都有使用新技术的冲动，如果人数比例占项目成员一半的美工人员都有这种热情，那么想要控制住这种热情是不可能的。

shader 相关的学习资料有很多，网络上也能搜索到很多相关网站。其中，今给黎隆的《DirectX9 Shader 编程》[①] 可以说是必读图书。笔者不知道还有没有比它更好的参考书，但印象中从事相关工作

① 原书名是『DirectX9 シェーダプログラミングブック』，目前暂无中文版。——译者注

的同事都会阅读该书。如果想深入研究，建议读者阅读显卡厂商英伟达（NVIDIA）公司出版的 *GPU Gems* 系列，具体资源可以从网络上下载。

在达到一定水平后，如果想继续深入学习 shader，就不得不面对学术方面的东西了，数学、物理和英语方面的能力都是不可或缺的。

27.6 参考文献

按照惯例，本书的最后也应当附上相关的参考文献，为想要进一步学习的读者指明方向。不过遗憾的是，笔者无法提供一些很有帮助的文献。一方面笔者读过的书不算多，认真地从头读到尾的就更少了，另一方面笔者的阅读口味比较杂，对某些领域会有所偏爱，因此不敢妄自推荐。下面列举的都是笔者曾经参考过的图书。

27.6.1 数学与计算机科学

[1] 吉田武 . オイラーの贈物 [M]. 東京 : ちくま学芸文庫 , 2001.

以文库形式存在的数学教科书是比较少见的，由此也能看出该书的价值。该书从零开始介绍了理解公式 $e^{i\pi}=-1$ 所需要的相关知识，这一讲解方式非常好。多项式、指数函数、三角函数、微分和积分等都有涉及，内容比较全面。另外，书中的讲解方式通俗易懂，喜欢钻研数学的中学生也能阅读。掌握了该书介绍的数学知识，在开发游戏时数学方面应该就没有什么问题了。毕竟很多没有达到该书数学水平的人也在从事游戏开发工作。

遗憾的是该书已经绝版了。不过如果有很多读者咨询，说不定还会再版呢！

[2] 埃里克・伦盖尔 . 3D 游戏与计算机图形学中的数学方法 [M]. 詹海生 , 译 . 北京 : 清华大学出版社 , 2004.

该书可以算是 CG 从业人员的标准教科书了，笔者周围有很多人在使用。该书从向量与矩阵的基础概念开始，讲解了相交检测与光照处理，还介绍了物理引擎的基础技术。从易读性上来说，笔者认为少有能超越此书者。不过，该书未涉及数值计算的误差处理，因此实际编写代码时需要考虑到这一点。如果直接套用书中矩阵特征值的计算方法，可能会在实际开发中遇到问题。

[3] 伊理正夫 , 藤野和建 . 数値計算の常識 [M]. 東京 : 共立出版 , 1985.

该书对计算误差的相关内容进行了详细介绍。无论是解方程、计算积分还是执行相交判断，都会面临计算误差的问题。该书讨论了如何在实际开发中处理这类问题，专业性较强。

[4] 浜田穂積 . 近似式のプログラミング [M]. 東京 : 培風館 , 1995.

该书主要介绍了如何计算正弦、余弦和平方根这类计算机无法直接计算的函数。读者必须具备泰勒展开的相关知识，所以至少要有能够读懂上述文献 [1] 这种程度的数学水平，否则读起来会比较吃力。

不过，现在已经很少会直接使用这方面的知识了。标准库中的正弦和余弦实现其实已经够用，需要牺牲精度来提高计算速度的情况也越来越少。话虽如此，不得不说这是一本好书，所以抱着开阔眼界的心态去阅读一下也很不错，从中我们可以知道计算机是如何进行计算的。

[5] 威廉 · H. 普雷斯，威廉 · T. 韦特林，索尔 · 图科斯基，布赖恩 · P. 弗兰纳里 . C 数值算法 [M]. 傅祖芸，赵梅娜，丁岩石，译 . 北京：电子工业出版社，2004.

该书讨论了多种运算方法的的实现，包括随机数、统计处理、联合方程组和查找最优解等，讲解得通俗易懂。书中提供了 C 语言实现的代码，如果理解起来比较吃力也没有关系。不过，该书更适合专业人士阅读。另外，因为代码是用 C 语言编写的，所以习惯了 C++ 的读者可能会有些不适应。

[6] R.Sedgwick. Algorithms IN C[M]. Boston: Addison-Wesley Professional, 2001.

这是笔者看到过的讲解算法与数据结构的最通俗易懂的书了。也可能是因为读者的阅读量不大，不过该书的讲解方式确实很好。列表、堆栈、树和散列等概念都有详细的说明。读过该书之后，就没有必要再学习本书性能优化章节的内容了。

[7] Gino Van Den Bergen.Collision detection in interactive 3D environments[M]. Burlington: Morgan Kaufmann, 2003.

关于碰撞检测的处理内容，读完该书后基本上就能明白了。虽说书中推荐了一些比较极端的做法，但这也是该书的一大特点，相当有趣。需要注意的是，该书的内容并不完全是为游戏开发准备的。书中介绍了可以在一个程序中对球体、圆锥体、立方体以及椭圆体执行相交检测的 GJK 算法。虽然该算法对开拓我们的思维很有益处，但是在性能方面是否适用于游戏开发还有待商榷。

[8] philip J.Schneider, David H.Eberly. Geometric Tools for Computer Graphics[M]. Burlington: Morgan Kaufmann, 2002.

该书主要讲解了几何学方面的一些算法。从相交检测开始，介绍了很多在开发 3D 游戏时会遇到的问题，包括如何计算各种几何图形间的距离、如何求出包含指定的几个点的最小多边形（凸包算法）等。虽然它是一本比较厚的英文教材，不过并不需要我们按照从头到尾的顺序进行阅读，读者不妨试着阅读一下。

27.6.2 编程技术

[1] 比雅尼 · 斯特劳斯特鲁普 . C++ 程序设计语言 [M]. 裘宗燕，译 . 北京：机械工业出版社，2010.

这是 C++ 之父的著作。笔者当初学习 C++ 时买的就是这本书，现在也时不时地拿出来翻阅。虽然内容不是特别好懂，但是书中涵盖了 C++ 的大部分知识点，还对 C++ 很多语言细节的设计过程做了说明。不过该书并不适合所有人阅读。笔者仅阅读过这一本 C++ 方面的参考书，所以无法推荐其他更好的书。

[2] 斯考特·梅耶 . Effective C++[M]. 侯捷 , 译 . 北京 : 电子工业出版社 , 2006.

该书将使用 C++ 时需要注意的一些问题罗列了出来，非常实用。很多优秀的程序员阅读过该书。该书内容易懂且篇幅较短，建议读者读一读。

[3] 史蒂夫·迈克康奈尔 . 代码大全（第 2 版）[M]. 金戈 , 汤凌 , 陈硕 , 张菲 , 译 . 北京 : 电子工业出版社 , 2006.

阅读该书是了解如何编程的最快的一种方式。全书对编程的方方面面进行了讨论，所以篇幅较长，部分内容难免会有些枯燥，不过从中我们可以学习到程序员的思维方式，以及很多实用的 bug 处理方法。

[4] 兰德尔· L. 施瓦茨 , 汤姆·菲尼克斯 , 布莱恩· D. 福瓦 . Perl 语言入门 [M]. 盛春 , 蒋永清 , 王晖 , 译 . 南京 : 东南大学出版社 , 2009.

虽然在网上很容易就能搜到 Perl 的入门知识，但是如果读者希望找到一本可以随时翻阅的参考书，该书还是值得一看的。通过该书可以非常轻松地学会如何使用 Perl。

[5] Tom Christiansen, Nathan Torkington. Perl CookBook[M]. Sebastopol: O'Reilly Media, 2003.

如果想知道如何用 Perl 来实现某项功能，不妨翻阅一下该书。该书提供了大量示例，内容较多。一般我们只用 Perl 来实现一些琐碎的工作，因此很多人认为 Perl 语言中模块与类的相关知识没有必要学习。当然这并不是绝对的，笔者也不这么认为。

27.6.3 物理学

[1] David H.Eberly. Game Physics[M]. Burlington: Morgan Kaufmann, 2003.

该书探讨了物理引擎的相关内容，对开发很有帮助。除了第 2 章的解析力学部分，全书没有什么特别难懂的地方，只要具备高中物理的水平，并且英文没有什么问题，就能读懂。通过这本书我们可以看到开发一个物理引擎有多么烦琐。不过，如果只是想自己简单尝试一下，倒也不是什么太难的事。

虽然该书比较厚，但只要读者英文过关，其实并不难理解。国外的参考书一般篇幅较长，在笔者看来，这样反而比较好懂。

[2] 中川宪治 . 工科一般力学 [M]. 庄立球 , 蒋鉴 , 译 . 北京 : 高等教育出版社 , 1990.

这是一本面向大学生的物理教科书，是日本人编写的相关图书中比较好懂的一本。游戏开发中需要用到一些其他领域的技术，建议读者先学习相关的原理知识，所以读一读这种与计算机完全无关的教材也是一个不错的选择。

27.6.4 计算机图形学

[1] 今给黎隆 . DirectX9 シェーダプログラミングブック [M]. 東京 : 毎日コミュニケーションズ , 2004.

正如之前介绍的那样，该书几乎是入门 shader 的不二之选。阅读该书是掌握 shader 编程最快的方式，理解该书的内容后，就能制作出当今游戏流行的各种画面风格了。

[2] 费尔南多 . GPU 精粹 [M]. 姚勇 , 王小琴 , 译 . 北京 : 人民邮电出版社 , 2006.

这是一本不可不读的好书。倒不是说书中的内容全部都能用上，而是它展示了 shader 的具体用法。shader 的相关内容被细分到各章节，从这本书开始学习 shader 是一个不错的选择。

[3] Matt Pharr, Greg Humphreys. Physically Based Rendering[M]. Burlington:Morgan Kaufmann, 2004.

该书从最基础的内容开始对 CG 原理进行了详细介绍。书中包含大量彩色插图，还提供了很多实用的代码片段，阅读体验很好。不过该书较厚，是一本比较专业的 CG 读物，能够直接搬到游戏中使用的部分并不多。然而，凭借一些“小伎俩”来制作游戏特效的时代已经过去了，不掌握一定的理论知识是很难达到好的效果的。基于这一现状，笔者推荐大家阅读此书。该书的阅读难度较大，读者可以自行取舍，实际上笔者也没有全部读完。

27.7 一些期待的书

笔者编写此书的契机是在担任公司新人培训讲师时遇到了一些困扰，当时怎么都找不到一本合适的教材。虽然各个领域都能找出一些书，但这些书加起来就有 5 本以上，这对新人来说是很难消化的。另外，每本书的内容都很分散，缺乏系统性，依靠这样几本编程或 CG 的书是很难开发游戏的。

回顾自己当年的学习经历，可以说除了靠自己之外没有什么好的方法，和其他前辈交流后得到的答案也大体如此。这些游戏公司的老专家，大多是在游戏还不受重视的年代凭借兴趣自学成才的。因此，大家也认为新人只要有足够的兴趣并付出努力就能成才，于是都不太考虑培训方面的事情。然而游戏行业发展到今天，很多人选择进入游戏公司只是为了就业，游戏相关的工作也不过是千千万万种职业中的一种，在这种环境下要求新人自我成长是不现实的。

于是，为了给那些编程水平尚可但不太懂游戏开发的人介绍相关技术，笔者开始了本书的编写①。不过，现在回过头来看全书，感觉还是有很多不足。虽然之前针对本书不曾涉及的领域，笔者介绍了一些参考资料，但除此以外需要了解的内容还有很多。

下面就来介绍一下笔者希望能够出版的一些书。

① 当然，最后的成书比当初设想的更适合初学者。

27.7.1 以游戏为题材的编程书

虽然本书也根据需要介绍了编程相关的知识，但主题依然是游戏开发的方法，所以并不是一本纯粹的编程书。笔者期待能够有一本编程内容占八成、游戏方面的内容占两成的书，并且能够让读者通过该书掌握 C++。书中无须包含太过复杂的游戏处理，内容仅针对 2D 游戏的范围即可，这样既可以尽情地展开编程方面的讨论，也可以降低对读者技术背景的要求。如果内容编写合理，编程初学者也能成为该书的读者对象。

笔者之所以想要的不是一本纯编程的技术书，是因为如果没有将具体的使用目的和实现方式结合起来，读者就很难有良好的学习效果。对普通人来说，学习过程中最大的障碍是感受不到学习的意义。如果不能将编程知识与游戏的制作过程相结合，学习时将非常痛苦。“这段内容有必要学习吗?”“这部分知识应当如何应用?”类似这样的问题如果不得不自己一个个去琢磨，学习起来就会非常辛苦。虽然有一小部分人能够以编程为乐，但在大多数情况下，如果无法明确所学知识的用途，学习的热情就很难被激发出来。

当然，从这个角度来说，并不一定非要以游戏开发为题材，只不过游戏开发具有特殊的魅力，而且涉及的编程技术较多，规模的大小也可以灵活调整，所以才说游戏开发是学习编程的一个非常好的契机。虽然可能会因此流失一部分对游戏毫无兴趣的读者，但是正想学习游戏开发的读者一定会对该书有种相见恨晚的感觉。

27.7.2 以游戏为题材的物理与数学书

很多人认为物理引擎只有专家才能开发，不是我等一般人可以接触的领域。不过笔者认为，如果连简单的物理模拟过程都不会编写，恐怕也很难灵活运用别人写好的模块。

和计算机图形学相同，物理引擎的实现也采用了大量的技巧。普通人可能并不清楚这一点，认为高手开发出来的东西都是完美的，只要放心使用就可以了。

而这往往是悲剧的开始。

尤其在核心玩法高度依赖物理引擎的游戏中，若不理解物理引擎的内部运作原理，就无法开发出高质量的游戏，因此开发小组中往往需要有几位这方面的专家。

另外，物理引擎涉及几何学、代数和微积分等方面的知识，因此也可以作为一种学习数学的手段来使用。

我们也可以使用物理引擎来训练自己的编程能力，其中会运用到大量类的设计、计算误差的处理、算法与数据结构等知识。

如果有一本书以具有中学数学水平并稍微懂一些编程技术的人为对象，从零开始对物理引擎以及必要的数学知识进行讲解，最后再用代码实现，那么不仅对于游戏开发人员，对于只是想学习物理的读者来说，都是很有帮助的。

27.7.3 欢迎一起添砖加瓦

虽然笔者也希望看到很多其他类型的书，但目前最期待的就是以上两种。如果谁编写了这样的书，笔者一定会去购买并向他人推荐。

笔者认为目前日本需要的是那种浅显易懂且内容丰富的图书。一定要控制好内容的密度，让读者在轻松的氛围下吸收必要的知识。面向专业读者和面向新手读者的书，在写法上是截然不同的。

如果本书发售后评价尚可，笔者也可能会尝试着去写一下那样的书。不过，编程、物理以及数学都不是笔者的本职工作，本书也是笔者在不断学习的过程中编写完成的，所以一定会有更合适的作者来编写。当然，若这些作者有更重要的工作，无暇写书，笔者也非常乐意尽己所能。

后记

过去笔者一直想不明白，为什么没有一本书可以让读者通读后大致掌握游戏开发的内容。世上优秀的人那么多，难道没有一个人能写吗？直到编写完本书后笔者才发现，首先，相比创作时的艰辛，写书的经济回报并不高，其次，写书还会受到公司的种种约束，所以事情并没有想象的那么简单。优秀的人的确有很多，但是他们可以做其他比写书回报更高的事情，而不受公司约束的人往往又缺乏团队开发游戏的经验，从开发商业游戏的角度来看，他们并不能胜任此类图书的编写。

针对这种情况，难道我们就只能接受现实了吗？

如果缺乏一些途径让行业新人了解必须学习哪些知识才能开发游戏，就会造成人才不足。几年前我们还可以说“只要有兴趣，一个人也能开发出一款游戏，自学就行了”，然而从当今游戏的规模与技术的复杂程度来看，仅凭一人之力已经很难开发出一款像样的游戏了。

笔者虽然写了这样厚厚的一本书，但其实当年初入游戏公司时连本书十分之一的内容都未掌握。如果当初能有一本经典的入门教材，恐怕入职后的压力也不会那么大，之后的学习轨迹可能也会截然不同。

正是由于这样的经历，笔者才编写了本书。

此外，笔者也希望有更多游戏公司的优秀人士能通过本书产生写书的想法。整体而言，日本的游戏公司正在走下坡路，已经几乎没有什么能称为“企业秘密”的东西了。如果无法在业界共享游戏开发的基础技术，就无法扭转当前的局面。每个公司都有非常优秀的人才，如果这些人能以出书的形式普及技术，那就太好了。毕竟，技术只有普及开来才能彰显出它的价值。

如前所述，笔者一直期待着业界能够出现一本经典的入门教材，而本书正是为此所做的一次尝试。

致谢

首先，感谢 SHUWA SYSTEM 出版社的编辑给予我编写本书的机会，否则我写的这些内容恐怕只会放在某个网站上，或者投稿给某家杂志社，结果可能鲜有人问津。我一直觉得自己与写书这种事情无缘，所以如果没有编辑的盛情邀请，恐怕就不会有本书的存在。

其次，我要向允许我在工作期间编写本书的熊谷美惠女士，以及在程序开发方面给予我很多指导的上司佐井川师治先生表示感谢。如果没有公司的支持，本书也很难完成。我原本是打算利用双休日在家编写的，然而动笔之后才意识到按照那样的速度一年也写不完。

再次，我还要向为本书内容提出大量建议的铃木一生先生表示感谢。如果没有铃木先生的帮助，本书可能会惨不忍睹。另外，铃木先生也让我认识到光凭热情是很难完成一本内容丰富的书的。这里我还感谢阅读本书代码并给予反馈的平井贵志先生、读完全书并指出其中错误的伊藤昭浩先生和志良堂正史先生，以及对代码进行细心测试的山田英伸先生。说实话，对于编程方面的知识，我并没有什么自信，如果没有这些专家的帮助，真不知如何处理才好。

最后，我还要向参与素材绘制的各位工作人员表示感谢。感谢绘制了《机甲大战》背景的大森克彦先生、绘制了机甲的樋本浩一先生，以及绘制了《箱子搬运工》和《炸弹人》素材的塚本康城先生。本书虽然屡次出现“图片只不过是游戏的一小部分”“素材可以最后再制作”这类让人觉得不重视美术素材的观点，但其实我对这些优秀的素材创作者是非常感激的。此外，我还要向为本书制作了封面方案的中田爱澄先生表示感谢，虽然很遗憾本书最终未采用他的设计[①]，但是在编写本书的过程中，每次看到那个封面，都让我充满了战斗力。

除此之外，我还要感谢阅读了部分原稿并给出各种建议的朋友，以及在我因写书而耽误工作时也给予包容与支持的组内各位同事！

衷心感谢各位的支持与帮助！

① 见 src/NonFree 中的“初版封面 .png”。